U0888904

“十四五”国家重点出版物
出版规划项目

中国肥料研究与应用全书
Books of Fertilizer Research and Application in China

氮肥制造与加工

顾宗勤　主编

Nitrogen Fertilizers Manufacturing and Processing

化学工业出版社
·北京·

内容简介

本书系统阐述了氮肥制造与加工领域的技术成果和发展前沿，全面详细介绍了从生产原料的特性和资源分布、氮肥国内外市场到合成氨、尿素及其他氮肥的发展概况、生产原理、工艺流程、设备设施、技术推广、产品应用、相关标准、展望，以及生产过程中的安全管理和环境保护等内容。本书将工业生产与农业使用相结合，具有全面性、专业性、实践性强等特点。

本书对从事氮肥制造与加工行业的生产企业、工程公司、科研院所的专业技术人员具有较高的学术价值和工程应用参考价值，也可作为高等院校化工、农业相关学科本科生和研究生的教学参考书籍。

图书在版编目（CIP）数据

氮肥制造与加工 / 顾宗勤主编. -- 北京 : 化学工业出版社，2025. 6. --（中国肥料研究与应用全书）.

ISBN 978-7-122-47926-6

Ⅰ. TQ441

中国国家版本馆CIP数据核字第2025QJ8792号

责任编辑：刘　军　陈思逸　冉海滢　孙高洁
文字编辑：杨凤轩　师明远
责任校对：边　涛
装帧设计：王晓宇

出版发行：化学工业出版社
（北京市东城区青年湖南街 13 号　邮政编码 100011）
印　　装：北京建宏印刷有限公司
787mm×1092mm　1/16　印张 36　字数 884 千字
2025 年 11月北京第 1 版第 1 次印刷

购书咨询：010-64518888　　售后服务：010-64518899
网　　址：http://www.cip.com.cn
凡购买本书，如有缺损质量问题，本社销售中心负责调换。

定　　价：288.00元

版权所有　违者必究

《中国肥料研究与应用全书》编辑委员会

顾　问：

黎乐民　北京大学，中国科学院院士
赵玉芬　宁波大学，中国科学院院士
金　涌　清华大学，中国工程院院士
刘炯天　郑州大学，中国工程院院士
陈　勇　中国科学院广州能源研究所，中国工程院院士
李天来　沈阳农业大学，中国工程院院士
张洪程　扬州大学，中国工程院院士
邵明安　西北农林科技大学，中国科学院院士
张佳宝　中国科学院南京土壤研究所，中国工程院院士
徐明岗　山西农业大学，中国工程院院士

主　任：

张福锁　中国农业大学，中国工程院院士

委　员：（按姓名汉语拼音排序）

曹卫东　中国农业科学院农业资源与农业区划研究所，研究员
陈立平　北京市农林科学院，研究员
陈新平　中国农业大学，教授
杜　森　全国农业技术推广服务中心，研究员
顾宗勤　中国氮肥工业协会，教授级高级工程师
郎红旗　化学工业出版社，编审
沈其荣　南京农业大学，中国工程院院士
施卫明　中国科学院南京土壤研究所，研究员
王孝峰　中国无机盐工业协会，教授级高级工程师
修学峰　中国磷复肥工业协会，教授级高级工程师
张福锁　中国农业大学，中国工程院院士
张四代　《中国化工报》社有限公司，主任编辑
张卫峰　中国农业大学，教授
赵秉强　中国农业科学院农业资源与农业区划研究所，研究员
赵春江　北京市农林科学院，中国工程院院士
钟本和　四川大学，教授

本书编写人员名单

主　编：顾宗勤

编写人员：（按姓名汉语拼音排序）

白由路	曹占高	陈明良	戴丰育	董　洪	高　力
郜长水	顾宗勤	郭春荣	韩红梅	韩跃明	景丽颖
景双伍	亢树新	孔渝华	李　丹	李小定	李旭初
李　燕	梁　晓	蔺向光	刘华伟	刘金成	刘　蕊
刘振峰	刘振璐	卢正滔	罗　平	马明燕	牛天亮
任秋云	施福富	苏春生	苏建英	孙　慧	孙绍华
孙　喜	唐　硕	王芙蓉	王辅臣	王立庆	王明权
王亚楠	望娇赟	韦　勇	温　倩	吴军华	夏炎华
谢定中	徐志伟	于广锁	袁　亮	张　锋	张海霞
张平安	张清建	张世华	张雄斌	张艳萍	赵树良
朱治平	左永飞				

序言

肥料是粮食的“粮食”，是保障国家粮食安全、人类营养健康和生态环境安全的重要的战略物资。肥料产业是关乎“粮食－资源－能源－环境”乃至经济社会绿色可持续发展的巨大产业。

进入新时代，绿色低碳发展成为高质量发展的主旋律。国家在“十二五”至“十四五”期间不断出台政策来优化肥料产业结构，其中2015年工业和信息化部下发了《推进化肥行业转型发展的指导意见》，农业部出台《到2020年化肥使用量零增长行动方案》，从肥料生产端和消费端同时推动肥料产业升级以及产品结构调整，加之不断优化的肥料施用技术以及不断改进的农化服务技术体系实现了我国化肥消费总量在2015年达到峰值后连续10年持续下降。

当前，我国提出了2030年实现“碳达峰”、2060年实现“碳中和”的战略目标，在环境保护的高压态势下，新的肥料产品标准不断出台，肥料行业准入条件和环保标准不断提升，肥料产品质量逐渐提高，推动着肥料产业结构向着绿色低碳转型。因此，系统梳理中国肥料工业进步、分析肥料产业结构演变、了解行业技术现状等情况，对推动行业转型升级、提升国际竞争力、保障国家粮食安全、促进农业绿色发展以及提供国家政策制定依据都具有重要意义。基于此，受化学工业出版社的委托，我们组织了国内肥料领域的一线专家学者，编写了这套《中国肥料研究与应用全书》(以下简称《全书》)。

《全书》由十一个分卷组成，在强调历史性、阶段性、创新性的前提下，全面系统介绍了近年来我国肥料研究与应用领域，包括肥料创制、肥料产业、各大类肥料生产与加工、有机肥料制造、肥料生态环境效应、肥料精准科学施用技术等领域所取得的成果，充分反映了当前国内外肥料创新、生产与精准科学施用技术的最新进展。《全书》还通过成功案例分享和经验总结，结合国际前沿研究，细致分析了国家“十四五”

“十五五”肥料领域的研究现状、趋势和对策，针对农业可持续发展和行业绿色低碳转型的需要，对中国肥料发展方向和产品创新做了深入思考，提出了建议。

《全书》以独特的论述体系、编排方法和新颖丰富的内容，进一步开阔相关专业师生和肥料产业领域研发、管理人员的视野，提高科研工作者的系统思维和创新能力，创新绿色、清洁、可持续发展的肥料生产工艺，有助于高效率地发挥现有肥料品种的特长，提高现有肥料的应用效率，对我国新肥料的创制与科学施用具有重要的参考价值。

《全书》已顺利入选“十四五”国家重点出版物出版规划项目，这是对本书系的最大肯定与鼓励。

《全书》的编写得到了全国农业技术推广服务中心、中国氮肥工业协会、中国磷复肥工业协会、中国无机盐工业协会、中国化肥信息中心、中国农业科学院农业资源与农业区划研究所、中国科学院南京土壤研究所、北京市农林科学院、中国农业大学、南京农业大学、四川大学、西南大学、华东理工大学等单位的鼎力支持，这里表示衷心的感谢。

张福锁

2025 年 1 月

前言

氮肥行业既是国民经济基础行业，也是支农产业，更是资金密集、技术密集型产业，国家向来十分重视。20世纪下半叶，为了解决粮食短缺和人民温饱问题，国家每年投入大量资金，支持和发展氮肥工业。进入21世纪，我国氮肥工业逐步走上市场化道路，不再依赖国家优惠政策，靠自身的力量发展壮大，氮肥实现自给有余。到目前为止，氮肥行业已经获得了一大批具有自主知识产权的创新成果，涌现了一大批新产品、新设备、新技术。节能降耗、绿色发展不断实现新突破，产业升级、结构调整持续取得新进展。总体水平已位居世界前列，部分技术处于国际领先。尤其是水煤浆和干粉煤气化、原料气净化和合成气多品种开发利用、合成氨和尿素装置规模大型化和国产化等方面在国际上首屈一指。行业竞争力日益提高，发展潜力不断显现，发展前景持续看好，已成功地走出了一条适合我国国情，具有中国特色的发展道路。目前我国氮肥生产能力、产量、消费量，均稳居世界第一，远远超过其他国家，是世界氮肥生产非常重要的一极。氮肥工业的有力支撑，极大地促进了我国农业发展。粮食连年丰收，经济作物产量持续增长，使我们的餐桌变得更加丰富，手中的饭碗端得更加牢固，人民的生活过得更加富裕。

为了促进我国肥料工业的发展，中国农业大学张福锁院士组织有关专家编写《中国肥料研究与应用全书》，该书得到了国家新闻出版署的支持，并被列入“十四五”国家重点出版物出版规划项目。《氮肥制造与加工》作为其中一个分册，由中国氮肥工业协会理事长顾宗勤组织国内氮肥领域的知名专家学者共同编写。编写本书的主要目的在于，一是总结行业发展经验和体会；二是汇总行业近年来的历史数据；三是汇聚行业发展的最新成熟技术；四是展望未来行业发展趋势，以期对行业未来的发展能起到一定推动作用。全书凝聚了多位行业顶尖技术专家的多年经验，陈建如、丁明公、苗茂谦、甘世杰、贯晓一、李志坚、刘志臣、马宏波、王先厚、王翔、徐振刚、於子方、张建胜等多位行业专家对书稿进行校核，曹占高和孙绍华两位同志负责全书的联络、整理和串联工作，在这里向他们的无私奉献表示致敬。

由于时间仓促，书中难免有疏漏和不足之处，敬请广大读者批评指正。

顾宗勤

2024 年 10 月

目 录

中国肥料研究与应用全书

Books of Fertilizer Research and Application in China

FERTILIZER

第 1 章

总论

“民以食为天”，对于人民来说没有比吃饭更重要的事情。我国既是人口大国，又是农业大国。保障农业生产、保证人们吃饭和穿衣，无论是过去、现在，还是将来，无论是对国家，还是对每一个公民，都是十分重要的。化肥是粮食的“粮食”，是实现国家粮食安全的重要物质基础。过去几十年来，随着我国化肥工业的快速发展，我国从化肥严重短缺到自给有余，我国农业也从粮食严重不足到基本自给，取得了举世瞩目的巨大成就。我们在解决温饱问题之后，吃得越来越好，吃得越来越丰富。应该说，这其中化肥做出了重要的贡献。

1.1 氮肥与植物的关系

氮素与碳、氢、氧一样，是利用现代化学方法最早发现的植物组成元素[1]。然而，氮肥则是继磷肥之后大规模生产和使用的肥料[2]，所以氮肥与植物的关系十分复杂。

1.1.1 植物吸收氮素的形态

在自然界中，特别是在大气的组成中，氮气占约 70%，是空气组成成分中含量最多的元素。然而，除豆科植物可利用与其共生的固氮微生物的固氮作用，向自身提供氮素外，其他植物不能直接利用大气中的氮素。植物所吸收的氮素，主要是无机态氮，即铵态氮和硝态氮，也可吸收利用小分子的有机态氮，如简单的氨基酸、尿素等。但是，在自然界中，雷电等因素，也会把大气中的氮气转化为植物可能吸收的形态；同时，腐烂、分解的含氮物质也会释放一定量的氨（NH_3）进入大气，经过大气沉降，进入土体供植物吸收。在自然界中，很多植物长期不施用含氮肥料，也能生长，就是这个原因。所以，当时认为植物对氮素需求的迫切程度没有其他矿物质高，所以，氮肥大量生产与使用晚于磷肥就是这个原因。

1.1.2 氮在植物中的组成

在植物体中，氮是蛋白质的重要成分，蛋白质含氮 16% ～ 18%，蛋白质是生命现象的物质基础，没有蛋白质就不会有生命现象。

氮还是核酸的重要成分，而核酸是遗传信息的载体；氮也是叶绿素的组成成分，而叶绿素是光合作用所必需的；氮又是酶的构成成分，因此氮素以酶的形式对植物代谢产生积极作用。除此之外，氮还是某些激素、维生素的成分，由此可见，氮在植物生命活动中占有首要的地位，故又称生命元素[3]。

1.1.3 植物缺氮的主要表现

由于氮素在植物体内所起的重要作用，当植物氮素供应不足或缺乏时，叶片会失去正常的绿色，呈色泽均一的浅绿色或黄绿色。由于氮素缺乏时植物体内存贮的氮素会首先供应植物生长较快速的幼嫩部分，所以，植物缺氮现象首先表现在基部叶片。同时，植物还会表现出植株矮小，分枝分蘖少，侧芽呈休眠状态或枯萎，花和果实少，落花落果严重，成熟提早，产量、品质下降。

玉米缺氮时，下位叶片常呈“V”形向下延展黄化。果树幼叶小而薄，色淡，果小皮硬，含糖量相对提高，但产量低，品质下降。缺氮时，叶菜类蔬菜叶片小而薄，呈淡黄绿色，含水量少，纤维素增加，丧失柔嫩多汁的特色。在作物中，玉米、叶菜类、桃、苹果和柑橘等对氮素较为敏感[4]。

1.2 氮肥对农业的增产作用

氮素是作物需要量较大的营养元素之一，也是土壤中相对缺乏且较为活跃的营养元素。在作物生产中，氮素也是最为重要的元素。氮肥对农业的增产作用主要取决于作物种类、土壤氮素含量和氮肥形态。国内外农化专家普遍认为，在其他生产条件不变时，农作物施用化肥可增产 40% ～ 60%。全国化肥试验网 20 世纪 80 年代在国内进行了 5000 多个化肥肥效大田试验表明，粮食作物增产 41% ～ 56%，每千克养分化肥能增产粮食 8.5 ～ 9.5kg，增产效果与国外相近[5]。从能量观点看，在合理施用氮素的范围内，1kg 氮素化肥的合成约耗能 100kJ，而增产的生物产量转化为生物能量约为 423kJ，增加 3 倍多，效益十分显著。

1.2.1 作物种类

根据作物对氮素利用的情况，可把作物分为固氮作物和非固氮作物。

对固氮作物而言，主要是通过与固氮微生物的共生关系，固氮微生物将大气中的氮气转化为铵，进而转化为硝酸根，这些物质除供给固氮微生物本身使用外，还能供给其共生植物，这些植物大部分是豆科植物。所以，对于固氮作物来讲，对外加氮素的依赖度要小得多，只是在植物生长前期，植物还没有与固氮微生物形成共生固氮关系之前，需要从土壤中吸收氮素。但形成共生固氮关系后，就基本不需要从土壤中吸收氮素。所以，这类植物对氮肥的依赖度低，氮肥的增产作用不十分明显[6]。

而对非固氮作物而言，一生中所需氮素的 99% 以上都是从土壤中吸收的，进而维持或改善生命的状况。况且植物对氮素的需求量大，土壤中的氮素又因各种转化只能保持在一定水平，而土壤中的氮素主要依靠施用氮肥进行补充，所以，这类作物对氮素的依赖度高，氮肥供应不足会严重影响作物产量，只有施用氮肥才能维持作物较高的生产水平。所以，有人评价，目前地球上约 50% 的人是靠合成氨技术来养活的。

1.2.2 土壤氮素含量

以上所述，在非固氮作物中，植物需要氮素的 99% 来自于土壤。所以土壤的氮素状况直接影响氮肥的增产效果，

在自然界中，氮素是变价最多的元素之一，在土壤中也不例外。一般来讲，可以把土壤中的氮素分为有机氮素和无机氮素，其总量称为土壤全氮含量。

有机态氮约占土壤全氮含量的 99%，作物大多不能直接吸收。有机态氮存在于土壤

腐殖质、动植物残体或施入的人畜粪尿、堆肥、绿肥等之中，按其分解得快慢，可分为三类：一是易溶于水、易分解的氮素，如尿素、氨基酸和酰胺类物质中所含的氮素；二是易被弱酸、弱碱水解的氮素，如结构简单的蛋白质；三是不易分解的氮素，如腐殖质和结构复杂的核蛋白、酶蛋白等。特别是第三类，基本上不能分解供作物吸收，所以也称为无效氮。

无机态氮是指土壤中以铵离子存在的铵态氮和以硝酸根离子存在的硝态氮，它占土壤全氮的 1% 左右，易溶于水，可被作物直接吸收。

所以，在决定给作物施肥时，往往将土壤中的铵态氮、硝态氮称为速效氮；速效氮加上易分解的尿素、氨基酸、酰胺类物质，结构简单的蛋白质等有机态氮称为土壤有效氮，因为其大部分是通过碱解的方法测定的，所以也称碱解氮。

总的来说，我国土壤全氮含量偏低，大多在 0.05% ～ 0.20% 之间。土壤供氮能力弱，已成为限制作物增产的主要因素，施肥时应首先考虑施足氮素。我国地域辽阔，不同土类、气候条件、耕作制度和施肥水平等对土壤氮素的状况影响很大。一般东北地区土壤全氮含量普遍较高，平均在 0.35% 左右；其次是华南地区、长江中下游地区、西南地区，平均大多在 0.15% ～ 0.25% 之间；黄淮海地区、北部高原地区、青藏地区、西北干旱地区土壤全氮含量普遍偏低，平均约 0.1%，其中大部分低于 0.1%[3]。

1.2.3 氮肥形态

在化学合成氮肥中，氮肥主要形态有以下几种。

一是铵态氮肥，如硫酸铵、碳酸氢铵等。这类肥料中的氮素可直接被作物吸收，速效性高，但在碱性条件下，会引起氨的挥发，常常影响其肥效。

二是硝态氮肥，如硝酸钙、硝酸铵。这类肥料中的氮也可以直接被作物吸收，但是，硝酸根离子不能被土壤胶体所吸附，会引起淋溶损失，不仅造成肥效降低，还会影响水环境。这类肥料在通气不良时，还会被还原成氮氧化物（NO_x）排出土体。

三是酰胺态氮肥，主要是尿素，这种氮肥严格来讲是有机物，只是其结构十分简单，常常归为无机氮肥，这类肥料进入土体后，虽然也能被直接吸收，但不是植物吸收氮素的主要形态，需要转化为铵离子或进一步转化为硝酸根离子才能被植物大量吸收，这种转化受温度的影响，所以，在早春的施肥过程中，肥效比铵态氮肥或硝态氮肥慢。

四是混合态氮肥，即既含有铵态氮、硝态氮，还含有酰胺态氮的肥料。这主要是尿素硝铵溶液，近年来，也有人将尿素与硝酸铵混合，以固体形态出售。这种氮肥兼有上述氮肥的优缺点，一般肥效较好。现在也有人将速效态氮肥进行包膜制成缓释氮肥，在速效态氮肥中添加脲酶抑制剂或硝化抑制剂等制成稳定性肥料，大大提高了氮肥的肥效。

1.3 氮肥与有机肥

氮肥与有机肥是两种不同性质的物质，但由于两者的施用对象一致，同时也可能含有相同的物质，所以二者之间也相互关联。

1.3.1 氮肥与有机肥的区别

从物质组成上来讲，氮肥与有机肥有本质的区别，主要表现在以下几方面：

第一，成分不同。氮肥，特别是化学合成氮肥，成分单一，其主要功效是含有含氮物质，供应作物所需的氮素。而有机肥则是一个混合物，根据其来源不同，差异很大。就作物营养元素来讲，它含有植物所需的所有元素。

第二，养分浓度不同。化学合成氮肥中的主要功效元素氮素的含量都在15%以上，其中氮含量为45%及以上；而有机肥单一元素的含量几乎不可能超过5%，其中所含的营养物质也不一定是优势元素，只是含有一定量的营养元素而已。

第三，肥效不同。化学合成氮肥的肥效都是速效性的，即使尿素，也会在一周之内转化为速效养分供作物吸收；而有机肥中的氮素，只有极少量是速效性的，大部分以有机态存在，肥效慢，不能满足作物对迅速吸收的需求，但有机肥能满足植物后期对氮素的需求，在目前传统施肥模式下，对防止后期脱肥具有重要意义。

第四，功效不同。化学合成氮肥以满足植物当前当季对氮素的需求为主要功效，而有机肥则是以提高土壤有机质的量、改善土壤性状为主要功效的，在这方面，二者有不可替代的作用。

1.3.2 氮肥与有机肥的相互联系

由于氮肥与有机肥中都含有氮素，都能在不同程度上满足植物氮素的需求，同时二者都是以作物增产、提质、增效为目的的，所以，二者之间存在重要的关联性。二者配合使用，会起到相互促进、取长补短的作用。

第一，速、缓结合，提高氮肥肥效。由于化学合成氮肥中的氮素速效性高，而有机肥中的氮素缓效性好，二者配合使用，会起到速、缓结合的作用，对防止作物后期脱肥具有重要意义。

第二，平衡养分供应。化学合成氮肥养分单一，主要以供应作物氮素的成分为主，而有机肥则含有植物所需的各种营养元素，但含量较低，且不平衡，以氮、磷、钾为例，长期施用有机肥，则会造成磷素过剩而氮素不足。如果二者配合施用，对平衡土壤养分具有重要意义，特别是通过有机肥补充土壤中的微量元素是除微量元素肥料之外的化学肥料不可替代的。

第三，用养地结合，永续增产。化学肥料所提供的速效氮素一般仅能满足当季作物需求，同时，短期大量施用会造成土壤性状恶化，影响土壤长期可持续利用。而有机肥的施用除能提供一定量的作物养分外，还能增加土壤有机质含量，改善土壤理化性质，特别是还能提高土壤的保肥性，防止化学肥料的流失，提高化学肥料的肥效。

二者配合施用不仅能解决养分的速效与缓效问题。还能解决养分的平衡问题，同时还使土壤用养结合，提高化学肥料的功效，所以，有机无机肥料配合施用是未来农业的可持续发展之路。

1.3.3 农业生产中氮的需求与有机肥需求现状分析

氮素是蛋白质的重要组成元素，在蛋白质中氮素约占16%。根据我国2021年各种农产品产量与平均蛋白质含量分析[7]，我国每年产出的农产品中的氮素含量约为1300万吨，按目前我国氮素利用率35%计算，约需施用纯氮素3700万吨。

我国有机废弃物资源量大，据估计，每年我国农业废弃物约40亿吨[8]，其中含氮量约2200万吨，其中60%为养殖业废弃物。按资源利用率60%计算，农业废弃物中能向农田提供的氮素为1300万吨左右。按有机肥中氮素利用率50%计算，每年从有机废弃物中转入农产品中的氮素约为650万吨，所以，每年我国农业生产中所需3000万吨左右的氮素需要用化学肥料来补充。

需要注意的是，氮素施入土壤后，在土壤中的转化十分复杂，其中一部分会以挥发或淋溶的形式溢出土体，这不仅会浪费肥料、提高农业生产成本，同时还会造成环境污染。所以，提高氮素利用效率，保证国家粮食安全和农产品的有效供给；减少氮素损失，降低氮素肥料对环境的压力，将是未来氮素肥料生产和施用技术必须解决的问题。

1.4 氮肥生产原理简述和主要品种

1.4.1 氮肥生产原理简述

氮肥生产主要是合成氨的生产，在生产工艺上，各种氮肥都是合成氨的后加工产品。

氨的合成主要经过四道工序：①气化工序，即水、氧和烃（油或天然气成分）或煤（碳）反应产生“合成气”，合成气是含有氢和一氧化碳等的气体混合物；②“变换”工序，即合成气中的一氧化碳与水反应生成氢；③净化工序，即含氢原料气的净化；④合成工序，即氢与氮反应生成氨。

合成氨的生产过程就是制氢过程，其中氮来源于气化工序中空分工段的氮气，或者来自气化工序中空气燃烧时带入的氮气；氢来源于水和煤或烃中的氢。

典型合成氨总流程有以下几种[9]：

（1）煤为原料合成氨总流程

① 中小型化肥厂合成氨流程（以焦炭或无烟块煤为原料）（图1-1） 总反应为：

$$0.885C+1.5H_2O+0.5N_2+0.135O_2 \longrightarrow NH_3+0.885CO_2$$

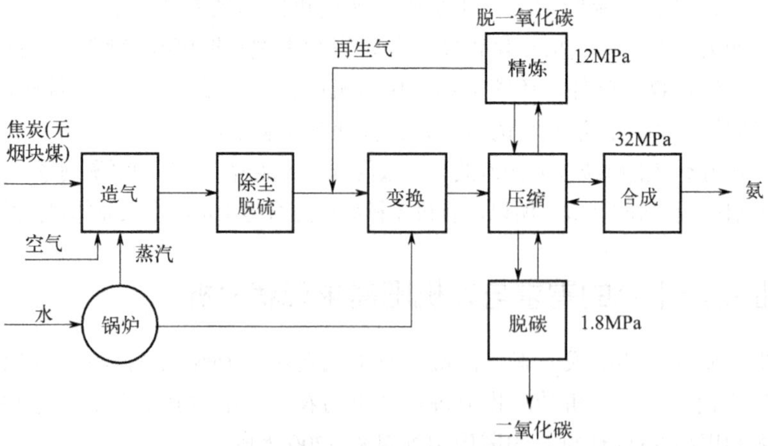

图1-1 中小型化肥厂合成氨流程

② 生产碳铵的流程（图 1-2） 总反应为：

$$0.885C+2.385H_2O(l)+0.5N_2+0.135O_2 \longrightarrow 0.885NH_4HCO_3+0.115NH_3$$

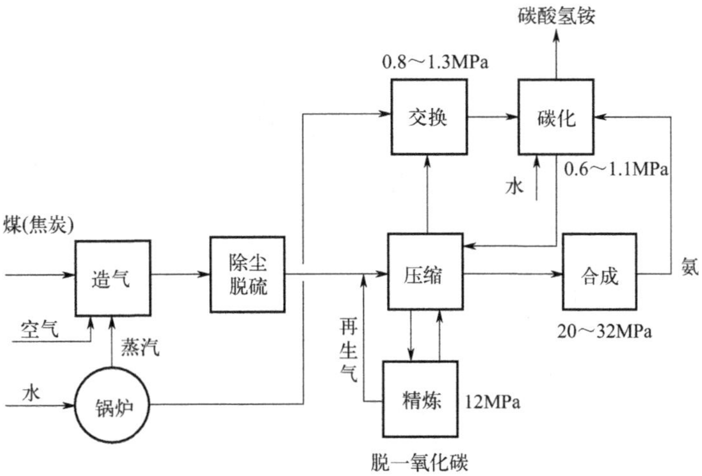

图 1-2　碳铵生产流程

③ 连续加压气化合成氨生产工艺流程（水煤浆）（图 1-3） 总反应为：

$$0.885C+1.5H_2O+0.5N_2+0.135O_2 \longrightarrow NH_3+0.885CO_2$$

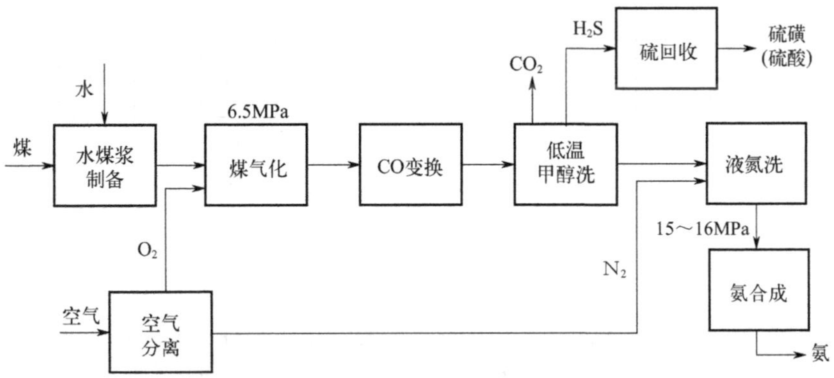

图 1-3　连续加压气化合成氨生产工艺流程

连续加压干粉煤气化和连续加压固定床气化合成氨生产工艺流程与上述水煤浆气化流程相比，除气化不同外，其他均与上述流程类似，总反应式也相同。

（2）以天然气为原料的大型氨厂合成氨总流程（图 1-4） 总反应为：

$$0.4425CH_4+0.615H_2O+0.5N_2+0.135O_2 \longrightarrow NH_3+0.4425CO_2$$

（3）以重油为原料的合成氨总流程（图 1-5） 当 m=14，n=23.5，r=0.08 时，总反应为：

$$0.044\ 重油+0.9795H_2O+0.135O_2+0.5N_2 \longrightarrow NH_3+0.623CO_2+0.0036H_2S$$

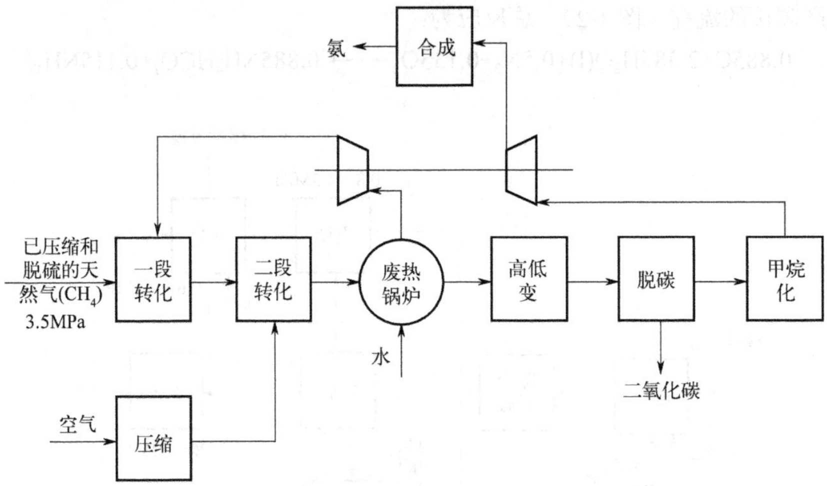

图 1-4　以天然气为原料的大型氨厂合成氨总流程

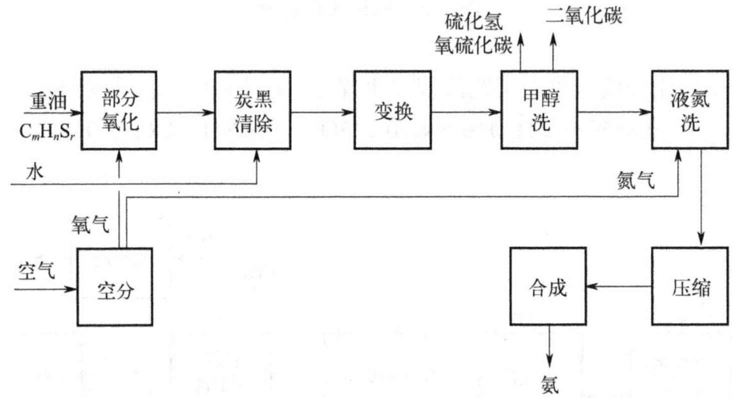

图 1-5　以重油为原料的合成氨总流程

氨还有另一来源，即炼焦副产，在工业上也有一定重要性。在生产焦炭（主要用于钢铁工业）的过程中，煤中的氨（质量分数一般为 1% ～ 2%）一般作为气体逸出，然后分离、回收、利用。

1.4.2　氮肥的主要品种

我国使用化肥已经 100 多年了，我国台湾在 1901 年开始进口硫酸铵（俗称肥田粉），1905 年东南沿海地区开始进口少量硫酸铵施用。随着工业化和现代化的不断推进，氮肥的品种在不断增多和品质在不断提高，最早的有石灰氮和硫酸铵，石灰氮和硫酸铵中的氮含量仅 20% ～ 21%，后来品种越来越多，如碳酸氢铵、氯化铵、硝酸铵、尿素等，尤其是尿素，氮含量为 46%，是所有氮肥中氮含量最高的，因此也是当前世界最为主要的氮肥产品。主要化肥品种含氮量如表 1-1 所示。

表1-1 主要化肥品种含氮量

氮肥品种名称	分子式	含氮量 /%
尿素	CH_4N_2O	46
硫酸铵	$(NH_4)_2SO_4$	21
硝酸铵	NH_4NO_3	35
碳酸氢铵	NH_4HCO_3	17
氯化铵	NH_4Cl	25
石灰氮	$CaCN_2$、CaO	20
磷酸二铵（DAP）	$(NH_4)_2HPO_4$	18
磷酸一铵（MAP）	$NH_4H_2PO_4$	12
硝酸铵钙（氨化硝酸钙）	$5Ca(NO_3)_2 \cdot NH_4NO_3 \cdot 10H_2O$	15.5

1.5 氮肥相关的主要标准

1.5.1 液体无水氨产品质量标准

液体无水氨产品质量国标 GB/T 536—2017 于 2018 年 7 月 1 日实施（表 1-2）。

表1-2 液体无水氨标准

项目		指标		
		优等品	一等品	合格品
氨含量 /%	≥	99.9	99.8	99.0
残留物含量 /%	≤	0.1（重量法）	0.2	1.0
水分 /%	≤	0.1		
油含量 /(mg/kg)	≤	5(重量法) 2（红外光谱法）		
铁含量 /(mg/kg)	≤	1		

1.5.2 农业（肥料）和工业用尿素质量标准

农业（肥料）和工业用尿素质量国标 GB/T 2440—2017 于 2018 年 7 月 1 日实施（表 1-3、表 1-4）。

表1-3 农业用（肥料）尿素标准 单位：%

项目①		等级	
		优等品	合格品
总氮（N）的质量分数	≥	46.0	45.0
缩二脲的质量分数	≤	0.9	1.5

续表

项目①			等级	
			优等品	合格品
水分②		≤	0.5	1.0
亚甲基二脲（以 HCHO 计）③的质量分数		≤	0.6	0.6
粒度④	d 0.85 ～ 2.80mm d 1.18 ～ 3.35mm d 2.00 ～ 4.75mm d 4.00 ～ 8.00mm	≥ ≥ ≥ ≥	93	90

① 含有尚无国家或行业标准的添加物的产品应进行陆生植物生长实验。

② 水分以生产企业出厂检验数据为准。

③ 若尿素生产工艺中不加甲醛，不测亚甲基二脲。

④ 只需符合四档中任意一档即可，包装标识中应标明粒径范围，农业用（肥料）尿素若用作掺混肥料（BB）生产原料，可根据协议选择标注。

表1-4　工业用尿素标准　　单位：%

项目		等级	
		优等品	合格品
总氮（N）的质量分数	≥	46.4	46.0
缩二脲的质量分数	≤	0.5	1.0
水分	≤	0.3	0.7
铁（以 Fe 计）的质量分数	≤	0.0005	0.0010
碱度（以 NH_3 的质量分数计）	≤	0.01	0.03
硫酸盐（以 SO_4^{2-} 计）的质量分数	≤	0.005	0.020
水不溶物的质量分数	≤	0.005	0.040

注：1. 工业用尿素对粒度不作要求，可根据供需双方协议约定参照农业用尿素标准，在包装标识中明示粒径范围。

2. 在工业用尿素生产工艺中加入甲醛等添加物的应在质量证明书中标明。

1.5.3　合成氨能源消耗限额标准

合成氨能源消耗限额国标 GB 21344—2023 于 2023 年 11 月 27 日发布，2024 年 12 月 1 日实施，指标见表 1-5。

表1-5　合成氨能耗限额等级　　单位：千克标准煤每吨

原料类型	合成氨单位产品综合能耗		
	能耗限额等级		
	1 级	2 级	3 级
优质无烟块煤①	≤ 1090	≤ 1100	≤ 1350
非优质无烟块煤、型煤	≤ 1180	≤ 1200	≤ 1520

续表

原料类型	合成氨单位产品综合能耗		
	能耗限额等级		
	1 级	2 级	3 级
粉煤（包括无烟粉煤、烟煤）	≤ 1340	≤ 1350	≤ 1550
褐煤	≤ 1700	≤ 1800	≤ 1900
天然气	≤ 996	≤ 1000	≤ 1200

① 优质无烟块煤指产品质量符合 GB/T 9143 要求，且粒度≥ 25mm、灰分（Ad）≤ 18%、热稳定性（TS+6）≥ 85%、软化温度≥ 1350℃的无烟块煤。

1.5.4　尿素能源消耗限额标准

尿素能源消耗限额要求并入 GB 21344—2023，2024 年 12 月 1 日实施，指标见表 1-6。

表1-6　尿素能源消耗限额等级　　单位：千克标准煤每吨

驱动类型	尿素单位产品综合能源消耗		
	能耗限额等级		
	1 级	2 级	3 级
二氧化碳压缩机汽轮机驱动	≤ 130	≤ 150	≤ 170
二氧化碳压缩机电动机驱动	≤ 115	≤ 138	≤ 165

1.5.5　合成氨取水定额标准

《工业用水定额　第 8 部分：合成氨》（GB/T 18916.8—2025）于 2025 年 8 月 1 日实施，指标见表 1-7。

表1-7　合成氨用水定额　　单位：m^3/t

原料类型	吨合成氨取水量	
	先进值	通用值
无烟块煤（型煤）	≤ 7.5	≤ 11.0
烟煤、褐煤	≤ 8.0	≤ 12.0
天然气	≤ 5.5	≤ 9.0

注：以焦炭、兰炭为原料采用固定层常压气化技术按无烟块煤（型煤）原料定额指标执行，以无烟粉煤、碎煤、块煤为原料采用加压纯氧连续气化技术按烟煤、褐煤原料定额指标执行，以焦炉气为原料按天然气原料定额指标执行

1.5.6 尿素取水定额标准

尿素取水定额国标 GB/T 18916.27—2017 于 2017 年 12 月 1 日实施，指标见表 1-8 ～表 1-10。

表1-8 现有尿素生产企业取水定额指标

加工工艺	吨尿素取水量 / (m^3/t)
气提法	≤ 3.0
水溶液全循环法	≤ 3.3

表1-9 新建和改扩建尿素生产企业取水定额指标

加工工艺	吨尿素取水量 / (m^3/t)
气提法	≤ 2.6
水溶液全循环法	

表1-10 先进尿素生产企业取水定额指标

加工工艺	吨尿素取水量 / (m^3/t)
气提法	≤ 2.4
水溶液全循环法	

1.5.7 煤制合成氨、尿素大气污染物排放标准

煤制合成氨、尿素行业（中国氮肥工业协会）清洁生产水平分级标准（大气污染物）T/CNFAGS 1—2021，于 2021 年 10 月 1 日实施，详见表 1-11。

表1-11 大气污染物排放限值要求 单位：mg/m^3

指标		一级	二级	三级	四级
备煤、输送及进料系统	颗粒物	20		50	未达到三级要求
原料煤干燥	颗粒物	20		50	未达到三级要求
	二氧化硫	50		100	
	氮氧化物	100		200	
低温甲醇洗尾气洗涤塔尾气	甲醇	50			未达到三级要求

续表

指标		一级	二级	三级	四级
硫黄回收尾气	二氧化硫	50	50	100	未达到三级要求
吹风气余热回收系统和三废混燃系统排放烟气	颗粒物	10	10①/20②	10①/30②	未达到三级要求
	二氧化硫	35	35①/50②	35①/200②	
	氮氧化物	50	50①/150②	50①/200②	
脱碳再生气提气、解析气、闪蒸气，放空 CO_2 气	硫化氢	5			—
燃煤锅炉烟气	颗粒物	10		20	未达到三级要求
	二氧化硫	35		50	
	氮氧化物	50		100	
尿素造粒尾气③	颗粒物	30（造粒塔）		50（造粒塔）	未达到三级要求
		20（造粒机）		30（造粒机）	
	氨	（30）（造粒塔）		50（造粒塔）	
		（20）（造粒机）		30（造粒机）	
企业边界	氨	0.3	0.5	0.75	未达到三级要求

① 配套锅炉蒸发量在 65t/h 及以上。

② 配套锅炉蒸发量在 65t/h 以下。

③ 造粒尾气氨污染物治理技术正在开发与完善中，本表中“一级”“二级”指标值（30）（造粒塔）/（20）（造粒机）为目标值。

注：合成氨生产过程排放的尾气、锅炉烟气、尿素造粒尾气等，指在温度为273K，压力为101325Pa时的状态，本表规定的排放浓度均指标准状态下干烟气中的数值。

1.5.8 氮肥企业水污染排放限值标准

氮肥企业水污染排放限值国标 GB 13458—2013 于 2013 年 7 月 1 日实施，详见表 1-12、表 1-13。

表1-12 氮肥企业水污染排放浓度限值及单位产品基准排水量　　单位：mg/L（pH除外）

序号	污染物项目	限值		污染物排放监控位置
		直接排放	间接排放	
1	pH 值	6～9	6～9	企业废水总排放口
2	悬浮物	50	100	
3	化学需氧量（COD_{Cr}）	80	200	
4	氨氮	25	50	

续表

序号	污染物项目	限值		污染物排放监控位置
		直接排放	间接排放	
5	总氮	35	60	企业废水总排放口
6	总磷	0.5	1.5	
7	氰化物	0.2	0.2	
8	挥发酚	0.1	0.1	
9	硫化物	0.5	0.5	
10	石油类	3	3	
单位产品基准排水量 /（m^3/t 氨）		10		排水量计量位置与污染物排放监控位置相同

表1-13　氮肥企业水污染物特别排放限值　　　单位：mg/L（pH除外）

序号	污染物项目	限值		污染物排放监控位置
		直接排放	间接排放	
1	pH 值	6～9	6～9	企业废水总排放口
2	悬浮物	30	50	
3	化学需氧量（COD_{Cr}）	50	80	
4	氨氮	15	25	
5	总氮	25	35	
6	总磷	0.5	0.5	
7	氰化物	0.2	0.2	
8	挥发酚	0.1	0.1	
9	硫化物	0.5	0.5	
10	石油类	3	3	
单位产品基准排水量 /（m^3/t 氨）		10		排水量计量位置与污染物排放监控位置相同

1.6　氮肥的技术创新

近年来，我国氮肥技术创新方面涌现了很多实用技术[10]，主要有：

1.6.1　合成氨方面

1.6.1.1　原料气的制备

原料气制备技术的选择应体现原料因地制宜的原则，即技术的选择和管理要以企业可获得原料为基础，充分体现节能减排和原料本地化的思想。不同的原料适用于不同的原料气制备工艺；不同的原料气制备工艺也要求与其相适应的原料。根据原料供应情况，选择适宜的原料气制备技术。烟煤原料适宜于采用水煤浆、干煤粉加压连续气化；无烟块煤（型煤）原料适宜于采用清洁型固定层间歇气化；天然气是合成氨的优质原料，同时又是汽柴油的理想替代品，国家政策鼓励优先用作城市燃气、工业燃料，限制用于已建成合成氨厂的扩建和新建；气源产地可适度发展天然气合成氨；鼓励综合利用焦炉气生产合成氨。

1.6.1.2 煤气化技术

烟煤气化技术分为水煤浆气化和干粉煤气化。

（1）水煤浆气化技术　水煤浆经高压煤浆泵加压计量后与氧气按一定比例经喷嘴送入气化炉，在 2.0 ～ 8.5MPa 压力、1350℃左右温度的条件下，进行部分氧化反应。原料煤要求灰熔点在 1300℃以下，灰分小于 13%，内水小于 8%，发热量为 25MJ/kg。吨氨耗原料煤（折标）1100 ～ 1200kg，吨氨耗氧 780 ～ 900m^3（标准状况），碳转化率在 96% ～ 98%。提高水煤浆浓度有利于节能，水煤浆浓度每提高 1%，耗氧量降低约 0.26%，有效气（$CO+H_2$）含量增加 0.7% ～ 0.8%，有效合成气增加约 0.53%；提高气化压力也有利于节约能耗，新建企业一般都选用 6.0MPa 以上的压力。

该技术经过浙江凤登公司等企业的长期实践摸索，已经成功在多个生产企业的水煤浆中掺烧医药等有机废水或高 COD 废水，取得很好的效果，提高了装置的经济效益。

水冷壁结构的水煤浆气化装置也已经成功在山西丰喜等企业应用，该技术可不需要设置备炉，降低了项目投资费用。可以气化高灰分、高灰熔点、低挥发分、高碱渣煤，扩展了水煤浆气化炉的原料来源。

（2）干粉煤气化技术　干煤粉由高压氮气（或 CO_2）密相输送与氧气按一定比例经喷嘴送入气化炉，在 2.5 ～ 4.0MPa 压力、1350 ～ 1700℃左右温度的条件下，进行部分氧化反应。干煤粉加压连续气化技术要求原料煤质稳定，化学活性好。理想的原料要求水分（收到基）＜ 15%，灰分（干燥基）＜ 25%，灰熔点流动温度（FT）＜ 1350℃并具有较好的黏温特性。吨氨耗原料煤（折标）1080 ～ 1150kg，吨氨耗氧 680 ～ 800m^3，碳转化率在 96% ～ 99%。原料气中的 $CO+H_2$ 有效气含量可达 90% ～ 92%。

水煤浆气化、干煤粉气化应优化渣水热量回收流程。高压闪蒸＋低压闪蒸＋真空闪蒸三级闪蒸水处理流程比高压闪蒸＋真空闪蒸两级闪蒸水处理流程回收更多的热量，同时循环冷却水用量减少。300kt/a 合成氨的工厂每小时可多回收 19t 的 0.02MPa 低压蒸汽，节约 1180t 循环冷却水。

煤气化装置中出气化室的高温粗原料气采用辐射式蒸汽发生器（辐射废锅）回收部分显热，产生高压饱和蒸汽，即“半废锅”流程。每立方千米有效气体（$CO+H_2$）可副产 3.0 ～ 10.0MPa 饱和蒸汽 650 ～ 1100kg，已在河南金山等企业应用。

1.6.1.3 一氧化碳变换

一氧化碳变换应采用低温变换工艺，推荐采用等温变换技术。

等温变换技术的核心是开发设计了等温变换反应器，及时移走变换反应所产生的反应热并产生中压饱和蒸汽，保证变换反应催化剂床层的温度可控并使催化剂床层温度分布更加合理，解决了干煤粉气化、水煤浆气化等高 CO、高水汽比条件下变换温度不易控制的难题。等温变换反应器直接回收反应热，产生高品位蒸汽，提高了反应热回收品质和回收效率；等温变换反应器可设置多个汽包，通过副产不同压力的蒸汽，在移走反应热的同时控制变换炉内温度，使催化剂温度分布更接近最佳反应温度曲线。等温变换反应器为全径向结构，替代传统变换系统中的多台设备，简化了生产流程，减少系统阻力；等温变换系统阻力≤0.2MPa（传统绝热式变换炉系统阻力在0.2～0.4MPa），系统压降降低0.1MPa，节省压缩功耗约4kW·h/t（NH_3）。

1.6.1.4 脱碳和深度净化

合成氨生产中变换与脱碳等压工艺较为合理，可以减少CO_2气在变换至脱碳过程中的压缩功耗，新建项目变换工段应与脱碳工段等压力设计。将现有压力等级低于脱碳压力的变换装置升级为与脱碳相同压力等级并采用等温变换技术，氢氮气压缩机电耗降低约55kW·h/t（NH_3）。

加压煤气化技术的企业，通常采用低温甲醇洗脱硫脱碳技术和液氮洗气体深度净化技术。低温甲醇洗脱硫脱碳技术应优化流程及冷量利用，降低动力和再生蒸汽消耗。采用半贫液循环技术时，半贫液工艺的低温甲醇洗装置冷量消耗比传统工艺流程节省30%以上，同时甲醇循环液、冷却水、气提氮气、脱盐水、低压蒸汽等公用工程消耗等都有明显降低。液氮洗气体深度净化技术适用于配套有空分的装置，采用纯氧或富氧加压气化的合成氨生产装置。液氮洗或深冷净化，除能脱除CO外，还能同时脱除甲烷和氩，使原料气中惰性气体降至1μL/L以下。消除了氨合成循环气的放空，降低了氢氮气的损失，提高氨合成催化剂的生产能力。

1.6.1.5 氨合成

氨合成技术创新重点是提高氨合成反应热的回收率，尽可能多地副产蒸汽（或热水），降低进水冷却器气体温度，回收分离液氨后循环气体的冷量，提高氨的合成率（即氨净值），减少气体放空量，对放空气体中的氨高效回收，减少氨水产生量和稀氨水的排放量。

氨合成方面技术创新主要体现在以下六个方面。

① 以大型低压氨合成装置替代小型高压氨合成装置，减少压缩功耗。氨合成压力降至20MPa左右，较31.4MPa氨合成，吨氨节电60～70kW·h。

② 新建的大型氨合成装置，一般采用低于15MPa的低压合成工艺；采用径向结构氨合成塔内件，塔阻力大大降低；合成塔热气出口与余热回收装置采用直连结构，省去了高温高压管道及弹簧支吊架等投资，解决了合成塔热气出口管道热应力问题；组合式氨冷器将传统的冷交换器、一级氨冷器和二级氨冷器集于一台设备，减少了设备投资费用；氨冷器采用两级氨冷，节能效果明显；选用离心式压缩循环机，减少油污给氨合成催化剂带来的影响；装填还原态催化剂，节约开车还原时间15天以上。

对于大型氨合成装置，用户可以根据全厂蒸汽平衡结果，采用废锅流程，副产4.0MPa饱和蒸汽，或4.0MPa（表压）、410℃过热蒸汽，过热蒸汽可用来驱动压缩循环机和冰机。

③ 采用产品氨加热器，回收冷量，降低冷冻系统消耗。

④ 高压氨分分离出的液氨进入中压氨分，闪蒸液氨中溶解的气体——闪蒸气送至压缩机的合成原料气进口加以回收，减少气体损耗。

⑤ 采用塔外进行还原的预还原型催化剂，可以缩短合成塔的升温还原时间，提高催化剂的活性。

⑥ 采用深冷法氨回收技术。中低压氨罐中的弛放气，在不减压的情况下通过外循环制

冷以气氨的方式回收其中的氨，减少氨水的产生。

1.6.2 尿素方面

① 新建装置应采用汽提工艺或水溶液全循环工艺。汽提工艺的尿素装置，采用高效塔板、径流式塔板，提高二氧化碳转化率和汽提效率，降低蒸汽消耗。水溶液全循环工艺的尿素装置，采用液相逆流换热式尿素合成、两次加热-降膜逆流换热的中压分解、三段吸收-蒸发式氨冷-低水碳比的中压回收、补碳-利用解吸水解余热的低压分解回收、回收中压分解热及低位能热的一段蒸发、尿素造粒尾气粉尘回收等关键技术，吨尿素蒸汽消耗降至1000kg以下。

② 二氧化碳汽提工艺尿素装置可通过串联中压技术进行节能改造。

③ 采用水洗涤等粉尘回收技术处理尿素造粒塔（机）排气中的粉尘，降低污染物排放。将尾气中的尿素粉尘和氨含量分别降到50mg/m^{3}和30mg/m^{3}以下。

④ 真空浓缩系统中，除第一级喷射器使用蒸汽作为动力外，其后的喷射器可采用脱盐水作为真空喷射器动力，以节约能耗。

1.7 发展高效肥，提高利用率

2015年初，农业部制定了《到2020年化肥使用量零增长行动方案》，提出2020年主要农作物肥料利用率达到40%以上的目标。该方案的目的是减少施肥，提高效率，降低排放，改善大气和水体质量，并且减少农民的支出，减轻农民负担。

以前我国的氮肥利用率很低，仅有30%～35%，近些年来，由于使用新型肥料和深施化肥等措施，氮肥利用率有了进一步提高。据农业部门测算，目前我国氮肥利用率已达到42.6%，与发达国家的50%～60%还有很大差距。

为了提高肥效，满足不同区域和不同作物的需要，不断丰富化肥种类，这为农业、农民提供了非常好的选择。我国目前有30余类肥料产品，包括14种必需的矿质元素及其他有益元素肥料，含有固体、液体等多种剂型，能够满足不同施肥方式的需求。在高效肥的开发上也取得了很大进展，如：新型易降解包膜缓释肥、控释肥、抗旱肥、稳定肥、增效氮肥、复合氮肥、生态有机肥、有机无机三维全价肥、活化增效肥、高塔硝基肥、氨化稳定网控肥、全水溶性复合肥、生态氮肥、速溶磷酸钾铵、多态氮肥、磷包氮缓释型配方肥、水溶肥、桉树专用肥、脲甲醛复合肥、硝基肥料、生物有机肥、水稻颖壳不闭合专用肥、驱虫宝有机肥、种肥、生物炭基复合肥、有机磷铵钙、生物质绿色肥料、土壤改良修复调节剂等。

实事求是地讲，化肥过量投入，尤其是氮肥过量投入，会导致瓜果品质下降，主要原因是瓜果的糖度降低，酸度上升，风味下降，这是因为过量投入氮肥导致果树营养生长过旺，并与果实争阳光、争养分，减少了糖向果实的分配。同时，由于叶片和果实的氮素含量过多，促进了氮代谢及含氮物质的形成，不利于果实糖分的积累，导致糖度降低，所以水果吃起来“很水”。这就像人患有“三高疾病”，“营养过剩”是原因之一，植物营养过多导致成为“虚胖子”，植物也会出现“病态”。

农业农村部通过多年的实验寻找出规律，明确了水稻、小麦和玉米的氮肥安全用量范围：如水稻的氮肥安全用量应该为 7 ～ 12kg/ 亩（1 亩 =666.67m^2），小麦 5 ～ 19kg/ 亩，玉米 8 ～ 19kg/ 亩。水果和蔬菜的安全用量范围，农业部门通过试验明确后将会公布。

1.8 氮肥的安全生产

1.8.1 合成氨的安全属性

氨属于危险化学品，是国家安全生产、运输和储运等严格控制的商品。氨是有毒气体，氨气能侵袭皮肤、黏膜和眼睛，可引起严重咳嗽、支气管痉挛、急性肺水肿，甚至会造成失明和窒息死亡。氨气浓度与人体生理反应的关系见表 1-14。

表1-14 氨气浓度与人体生理反应的关系

氨气浓度 / (μL/L)	人体生理反应
5 ～ 10	鼻子可察觉臭味
40	少数人眼部感受轻度刺激
100	暴露数分钟引起眼部刺激
400	引起喉头、上呼吸道严重刺激
700	暴露 30 分钟以上引起眼部永久性伤害
1700	30 分钟内致命
5000	严重肺水肿，片刻可致命

氨是易燃气体，《建筑设计防火规范》（GB 50016—2014）第 3.1.3 中，氨气爆炸极限为 15.7% ～ 27.4%。依据《建筑设计防火规范》（GB 50016—2014）液氨的火灾危险性分类应定性为乙类第 2 项。

液氨蒸发温度是 −33.5℃。一旦泄漏在室外条件下可马上形成氨气，有燃烧爆炸危险；氨气与空气或氧气混合能形成爆炸性混合物，遇明火、高热能引起燃烧爆炸；与氟、氯等接触会发生剧烈的化学反应；若遇高热，容器内压力增大，有开裂和爆炸的危险。液氨密度约为 639g/cm^3，液氨容易汽化，降低压力就急剧蒸发，并吸收大量的热。引燃温度为 651℃。

氨易溶于水，氨的水溶液称为氨水，氨水密度小于水，其密度随所含氨的浓度增大而减小。氨水是危险化学品（简称危化品），危化号是 82503。氨水呈碱性，氨水是不燃烧、无爆炸危险的液体，但在正常条件下，从氨水中分离的氨气具有强烈的气味，有毒、有燃烧和爆炸危险，液氨比氨水更具危险性。

国外将含氨大于 50% 的溶液当作液氨处理，而含氨大于 35% 而小于 50% 的溶液被视为氨水。

1.8.2 氮肥企业安全生产管理主要措施

（1）选择合格的设备产品　对于新建生产装置，要选用国内外先进厂家的产品，生产厂家要有安全生产资格许可证，特别是压力容器、管道等，要经过压力试验；高压电气、自动化控制设备及影响系统稳定运行的机泵等，均要选用合格产品。并要选用技术一流的施工队伍。

在产业升级和技术改造中，要淘汰安全落后的生产装置，选择坚持先进、适用的技术，最大限度化解衍生的安全风险。

（2）强化设备使用过程安全管理　设备专业安全管理实施寿命周期管理，做好设备检验、检测、特种作业人员管理。特种设备定期检验，梳理所有特种设备检验日期，及时掌握到期定检设备明细，保障特种设备的安全使用及定期检验，要做到特种设备到期检验率达到100%，新增特种设备及时注册。要掌握新项目建设进度，及时办理新增特种设备的使用注册登记工作，配合完成各类项目的验收。要利用停车机会做好设备检验，保障各装置所属特种设备的定期检验工作，使得生产周期内特种设备安全使用。

关键大型机组供应商每月要提供监测报告，并在线监测，建立微信群，及时沟通信息。内部每周对大型机组出具运行报告，全面掌握大型机组的运行工艺、设备、电仪等情况。运行设备监控，要重视核心设备和重点设备的在线监测，推行状态监测和诊断技术，实施状态监测检修。

工艺和设备联锁报警系统每三年要审核一次，包括各生产工序温度、压力等检测仪表，声光报警和安全联锁装置。要定期调校，由电仪分部技术人员依据原始开车数据统计，经过审核、调校后投用。

（3）储存与装卸的安全管理　装置要全部实现DCS（集散控制系统）控制，高危装置还要配置安全系统，实现双保险，所有装卸鹤位装设“联锁一体化控制柜”，防溢流、防静电。装卸过程中一旦某一环节出现异常或不规范操作，拒绝整个系统或者停止装卸作业。

新安装或检修首次使用的氨槽车，应用氮气置换至罐内气体氧含量小于2%；或抽真空，真空度不低于0.086MPa。

液氨装卸车鹤位之间的距离，不应小于4m；采用液氨泵充装时，液氨装卸车鹤位与充装泵的距离，不应小于8m。液氨的铁路装卸栈台应单独设置，每隔60m左右应设安全梯。

氨槽车的允装量，不得超过设计的最大充装量（充装系数0.52t/m^3），不得超过容积的85%，严禁超装、混装。槽车贮罐必须保持0.05MPa以上的余压。

氨槽车在装卸液氨时，必须规范接地。装卸工作完毕后，应静置10分钟后才可拆除静电接地线。

液氨储罐的储存系数不应大于0.9，储罐个数不宜少于2个。

（4）制定和完善规章制度　企业要设置专职安全生产管理机构，各下属单位配备配齐专职安全环保管理员。要制定全员安全生产责任制、安全隐患风险排查治理制度、安全环保培训教育管理制度，并及时更新和完善。要依据相关法律法规要求，及时完成各类安全生产许可证取证、备案及登记注册工作。

坚持领导干部24小时带班制。带班领导负责指挥公司重大异常生产情况和突发事件的应急处置，抽查公司各项制度的执行情况，保障公司的连续安全生产。生产车间建立由管理人员参加的车间值班制度，切实加强公司夜间和节假日值班工作，及时报告和处理异常情况及突发事件。

（5）注重员工的安全素养教育　一是推行全员化的安全培训，提高安全认知水平。重点落实计划、师资、教材和考核。二是采取多样化的培训方法，确保安全培训效果。结合行业特点，安全素养教育主要包括安全意识强化、反习惯性违章等内容。三是搭建模拟演练平台，提高安全培训针对性。从管理、组织、技术以及应急措施等方面实施培训，结合自身特点找根源、找问题，进而寻求改进措施、方案。

要实行全员安全生产责任制，编制《安全生产责任制》，明确所有岗位的安全生产职责。

深入开展事故警示教育和隐患排查治理。要善于借鉴外部事故，分析原因，总结经验教训，并结合自己的装置进行专项检查，查找隐患，力争做到举一反三。

对新员工、外来人员要进行入厂三级安全教育，提升公司全员安全素质。对外部参观人员要进行安全教育，穿安全服、安全帽。

（6）要加强安全的监督和检查　企业要有专门人员负责安全生产，对检查和监督人员首先要进行培训，提高他们的责任心，要监督到位，不断地提高执行人安全生产的意识，要敢于发现问题、善于发现问题，要从小处着眼，不给安全隐患留下任何死角。监督考核结果要与经济效益挂钩。

要将外协承包商纳入本企业安全管理，进行严格的资质审核，并签订安全环保协议书，缴纳安全环保风险金，同时依据公司相关制度进行监督管理与安全绩效考核。公司对外协承包商进行入厂安全教育，并做好建设施工、劳务作业等的安全监督管理，同时定期组织召开外协承包商安全管理工作会议，传达公司相关规定和要求，对需协调问题进行沟通。

（7）不断提高应急管理能力　要周密编制应急管理方案，并要结合项目实际、应急演练评估情况和新的法律、法规，及时修订应急救援预案。要调查周边敏感单位情况，核算事故泄漏源强、泄漏速率及处置半径，确定各种风向条件下的疏散目标。定期开展应急救援演练，锻炼队伍，不断提高应急管理能力。

（8）加强安全信息化、智能化建设　要加大投入，重视企业的信息化、智能化建设。要与所在化工园相衔接，积极推动安全、绿色、智慧园区建设，建成安全环保预警监控平台和智能指挥中心，实现园区化管理、一体化运营。

1.9　环境保护

环境保护主要从三方面入手，一是坚持采用清洁生产工艺从源头减少污染物产生；二是搞好污染物综合利用；三是采用先进的污染物治理技术。

1.9.1　清洁生产

① 固定层间歇煤气化装置应实施以“干法除尘＋间接冷却”为主要内容的“清洁型”技术改造，消除循环冷却水系统含酚、氰、氨等污染物的废气排放。

② 半水煤气、变换气湿法脱硫富液再生尾气应集中回收送锅炉等焚烧治理。

③ 搞好清洁化管理，减少跑冒滴漏。

1.9.2　污染物综合利用

（1）水煤浆气化及高温熔融协同处置废物　将不同性状的废物根据其成分和含量配制成

废物燃料，与煤和其他助剂混合研磨后制成质量分数约60%的废物煤浆，经气化和高温熔融协同处置。废物中的有机物转化成为以$CO+H_2$为主的合成原料气，用于生产氢气、合成氨、甲醇；固态残渣中玻璃化产物含量高于98.5%，实现了废物（尤其是危险废物）的无害化安全处置。

（2）加压煤气化变换冷凝液应进行脱氨处理，回收浓度约5%的氨水综合用于锅炉烟气的脱硫。脱除氨氮的废水，采用干煤粉气化技术时送至气化工序碳洗塔、灰水系统作为补水，采用水煤浆气化技术时作为水煤浆制备的水源，综合利用不排放。

（3）合成氨生产过程应采用逐级提浓方式回收氨水，实现合成氨生产过程稀氨水零排放。

（4）稀氨水蒸馏为液氨或用于锅炉烟气氨法脱硫

① 稀氨水蒸馏为液氨及综合利用　蒸氨塔底残液经处理后可用作工艺补水使用或排放至末端处理。

② 采用锅炉烟气氨法脱硫技术，减少烟气中二氧化硫的排放。综合利用稀氨水于锅炉烟气氨法脱硫，吸收1t二氧化硫，约消耗0.55t氨，氨利用率可达97%以上，无含氨氮废水产生与排放。

（5）解吸废液用作循环冷却水补水或经处理后用作锅炉补水。对于采用新型煤气化技术的企业该种废液可替代脱盐水用作气化装置的高、低压密封水，在节省脱盐水消耗的同时也减轻了循环水的热负荷。

（6）加压煤气化激冷洗涤循环水系统产生的含酸性气体的闪蒸气送火炬或硫回收装置处理，也可作为热源使用，冷凝液送末端水处理。

（7）蒸汽冷凝液可回收作为机泵密封水、液位流量计压力表的冲洗水使用。

（8）锅炉排污水的综合利用　设置闪蒸槽，闪蒸出低压蒸汽回用或用于锅炉给水除氧，闪蒸后排水送一次水箱用于制取脱盐水或用作循环冷却水系统补水。

（9）含油废水分类收集　油水分离，废油回收，废水综合利用。

（10）中水回用　末端处理合格后的含盐废水，经预处理除去大部分钙、镁离子，经反渗透装置制取的脱盐水回用于生产；中水替代一次水，减少一次水用量。

（11）环境容量受限，要求废水零排放的企业，高含盐废水可经蒸发或结晶副产工业氯化钠、硫酸钠。

（12）煤气化炉渣回收利用，多用于建材生产。

1.9.3 污染物治理

（1）实施吹风气余热回收装置的升级改造　以大型高压、次高压三废炉替代小型中低压吹风气余热回收装置，并配套相应的脱硝、脱硫、除尘设施。建设65t/h以上的三废炉，替代65t/h及以下副产中低压蒸汽的吹风气余热回收装置，回收造气吹风气、造气炉渣、细煤灰余热，副产高压、次高压蒸汽，蒸汽能量梯级利用，背压发电后供生产使用。

（2）燃煤锅炉的升级改造　区域供热一体化，减少大气污染物排放。在条件适宜的地区或工业园区，推进氮肥、甲醇等煤化工与区域集中供热一体化模式的实行，替代分散建设的燃煤工业锅炉。实施燃煤锅炉的优化改造，以大型高压、次高压燃煤锅炉替代本企业和周边区域的中低压燃煤锅炉，使锅炉热效率提高至90%左右。锅炉烟气污染物排放执行标准由《锅炉大气污染物排放标准》（GB 13271—2014）提高至《火电厂大气污染物排放标准》（GB

13223—2011），减少烟尘、二氧化硫和氮氧化物的排放。鼓励现有锅炉进行改造达到超低排放标准。

（3）低污染物含量的酸性气体回收技术　传统的克劳斯硫回收技术副产硫黄，尾气含 H_2S 0.3% ～ 0.5%，含 SO_2 0.2% ～ 0.8%，通常采用锅炉焚烧 + 锅炉烟气脱硫的方式处理。可采用湿法制硫酸技术副产硫酸（98%），尾气排放 SO_2 浓度可达到 100mg/m^3 以下；也可采用低温催化氧化制硫黄技术，尾气排放 SO_2 浓度可达到 100mg/m^3 以下。

（4）实施“氮肥生产废水超低排放”技术改造　其中包括循环冷却水超低排放和氮肥生产污水零排放。主要措施有：采用先进工艺和设备的清洁生产工艺改造，从源头上减少水的使用量和污水产生量；采用新型水处理技术或循环水补充脱盐水，提高冷却水的循环倍率，减少生产工艺用水量；采用闭路循环技术，减少洗涤冷却水使用量与污染物排放量；采用中水回用和分质盐结晶技术，基本做到废水零排放；并加强管理和在线监测。

（5）废水分类收集、分质处理　企业向地表水体、工业园区的公共污水处理厂或城镇排水系统排放废水时，应进行预处理，并按法律规定达到国家或地方规定的排放标准。

（6）合成氨企业应建立污水回用或成熟的生化末端处理系统，严密监控氨氮、总氮、化学需氧量等重点污染物的排放。

1.10　展望

化肥是农业丰收的重要支撑。虽然自 2015 年以后全国氮肥消费量连续两年有所降低，但 2018 年之后又有所回升。其中在工业消费方面，近几年增长较快；在农业消费方面，氮肥已经历从高峰期到下降期，后又转入平台期，今后需求每年还会略有回升，氮肥呈现刚需的特征。世界氮肥也是这样，国际能源署和国际化肥协会研究表明，合成氨直到 2040 年碳排放才可达峰。因此，化肥消费仍然是最基本的刚性需求，今后氮肥行业仍然需要发展和提高。

氮肥今后的发展方向，主要有以下几个方面。

（1）优化升级存量资产　氮肥行业要优化存量资产，加快产能结构升级。按照《产业结构调整指导目录（2024 年本）》指导，对处于国家限制类目录的环保、能耗、安全生产达不到标准的产能，依法依规有序关停退出；对于一批僵尸企业和扭亏无望的亏损企业，要借助危化品搬迁改造的机会，主动关闭、主动搬迁、主动转型。

对于现有的常压间歇固定床工艺的老合成氨装置，要分门别类，采取不同措施。对于生产规模较大、靠近原料煤地区、装置还在寿命内（还有很大利用价值）的生产装置，要采取中国氮肥工业协会倡导的河北东光“清洁型固定床工艺”模式进行改造，彻底解决该工艺安全环保问题。东光公司是我国第一家实施常压间歇固定床煤气化技术造气循环水系统改造的企业。2019 年下半年，示范工程（4 台造气炉）开工建设，11 月投入运行。改造投资约 1.2 亿元，合成氨生产能力达 58 万吨 / 年，单位吨氨投资 206.9 元，吨氨实际成本增加 31.46 元。

运行数据监测结果显示，除尘过滤器出口粉尘含量在 5mg/m^3 以下，洗气塔出口半水煤气温度在 25℃左右，增量水送气提装置，气提后洗涤水中主要污染物去除率：COD 24%、硫化物 99%、总氮 12%、挥发酚 23%。含 H_2S、有机物等有害成分的气提气送造气炉，增量水经气提塔气提后送废水末端治理，循环洗涤水与冷却水间接换热，从源头上杜绝了废气排放。除尘过程收集到的煤粉送三废炉燃烧，废水经处理后可达当地环保排放要求。

装置改造主要来源于三项技术：一是布袋干法除尘技术。经废热锅炉进行余热回收的半水煤气进入自洁式过滤器（布袋），干法捕集半水煤气中夹带的99%以上的煤粉、粉尘、盐分等物质及90%以上的焦油及气溶胶等物质，自洁式过滤器捕集的煤粉等物质，通过下部的仓泵，采用浓相气力输灰技术密闭输送至灰仓，收集后提供给三废炉作为燃料。二是循环水治理技术。半水煤气进入冷却塔间接冷却至40℃以下，通过半水煤气总管送入气柜。冷却塔冷却下来的半水煤气中蒸汽冷凝液送入气提塔，采用来自造气空气鼓风机的空气气提净化冷凝液，去除蒸汽冷凝液中溶解的微量可燃气成分。气提气送入造气炉进行助燃，气提净化后的冷凝液送至污水处理系统处理后达标外排或回收利用。三是气化炉的改造。主要是气化炉的上煤系统和出渣系统的自动化改造和炉子整体的密封改造，既彻底解决了炉子的气、水、渣、尘环保问题，又解决了炉子进料容易爆炸和出渣容易出现烫伤的安全问题，提高了生产操作的安全性和稳定性。

该改造技术中，自洁式过滤器捕集得到的煤粉中含有有机物及未燃尽碳，将其送至三废炉进行二次掺烧，取消了传统水洗除尘后废水沉降分离煤灰的装置，消除了废水、废气及污泥与湿渣的产生，达到废渣的“零排放”；造气冷却水实现间接冷却、密闭循环，造气过程中产生的增量水得到合理转化利用，实现废水“零排放”；采用间冷工艺，凉水塔冷却循环水不与半水煤气直接接触，避免通过自洁式过滤器后半水煤气中微量有毒有害有味气体进入冷却循环水，解决废气挥发问题，并且工艺过程无VOCs泄漏。通过利用进造气炉空气作为气提气，解决了气提废气处理问题，实现废气的“零排放”。

（2）推动原料路线改造　氮肥行业要继续推动原料路线改造升级，提高先进气化技术路线的比重。有竞争优势的西北地区，或者煤炭运输方便的沿海沿江地区，可以适当建设新的先进煤气化技术的生产合成氨装置或煤气化多联产项目；在天然气资源丰富并且价格合理的地区也可适当增加气头大化肥装置；继续鼓励使用焦炉尾气等副产气为原料生产合成氨，以保证氮肥的稳定供应。

为了降低合成氨生产成本，煤头合成氨装置应尽量使用当地煤。要扩大原料煤的适应范围，如使用高硫煤或低质煤，该煤的价格可降低一半以上，可大大提高竞争力。

要加强燃料煤锅炉的改造。对于锅炉压力等级低、发气量小、运行时间长、三废排量大的锅炉，要进行彻底改造。

（3）推进产品结构调整　近几年，氮肥行业非肥料领域的消费上涨较快，主要来自于环保领域、新材料领域和专用化学品等工业消费领域，年均增速高于5%。氮肥企业要逐步实现，由“以肥为主”转变为“肥化并举”的产业结构。氮肥行业要继续提高化肥利用率，直接用于传统的尿素、硝酸铵、碳酸氢铵等肥料的消费占氮肥总消费的比例逐步下降，用于改性肥料、专用肥料等新型增值化肥的消费占比逐步提高，大力发展高效环保的新型肥料，形成以增值高效肥料为主导的产品结构。

功能性肥料是今后我国肥料行业，尤其是新型肥料发展的方向和重点。传统肥料功能关注提供作物的养分，新型肥料则赋予了肥料更多新型功能。随着功能的不断增加和延伸，出现了水肥一体、药肥一体、种肥一体、肥机一体等发展趋势。这与现代企业需求的综合比较服务相适应，推动了行业的进步。

（4）提升科技创新水平　氮肥行业要加强核心关键技术攻关，进一步提升自主创新能力，尽快突破核心关键技术。在煤气化方面，加快研发和示范大型清洁高效煤气化炉、全废锅煤气化炉。提高气化炉对煤种的适应性和煤气化效率、装置可靠性、气化炉单炉生产能力，以及增强能量高效转化与回收利用、降低污染物排放量等。在净化合成方面，提升气体净化技术和大型合成关键技术的国产化率，以及催化剂的高效性和稳定性。在机泵方面，在提高大型空分压缩机、关键泵阀等装备国产化率的同时，还要努力降低运行能耗，提升产品质量和使用寿命。在产品结构方面，立足于合成气化学、能源和资源的充分利用，着力开发高技术含量、高市场需求、高附加值的产品，实现产业链现代化。在数字化发展方面，加强关键数字技术创新应用与产业全方位融合，协同推动数字产业化和产业数字化转型。通过工业互联网、数字化技术的应用创造新的增长点，推动与产业的深度融合，覆盖企业生产、运输、销售、管理、服务等多个方面，提升生产效率和本质安全水平。在创新体系建设方面，强化企业创新主体地位，健全产学研一体化创新机制。要加快关键核心技术成果转移、转化，实现创新链与产业链精准对接。在人才激励方面，落实和完善创新激励政策，注重创新人才和团队培养，严格保护知识产权和创新者合法权益。

（5）努力减少“碳排放” 氮肥行业是碳排放大户。生产 1 吨合成氨，煤头二氧化碳排放量约为 4.24 吨，天然气头约为 2.04 吨。2020 年合成氨行业二氧化碳总的排放量为 2.19 亿吨，占石化和化工行业排放总量的 19.9%。今后一段时期，煤炭仍将是我国的能源主体，也是氮肥的主要生产原料，在目前的情况下，最为有效的减少碳排放的办法还是做好工艺装置的“节能降耗”。要主动淘汰能耗高、污染重的设备和工艺。要开展对标达标工作，通过对标先进，查漏补缺、补强短板。要积极研发并推广节能降耗、清洁环保新技术、新工艺和新设备，包括煤炭高效利用、余热余压综合利用、大型机组节能改造、蒸汽系统优化改造、用能设备更新改造等。要充分利用数字化、智能化手段，实现源头控制、过程优化并重。

要优化能源结构。目前，我国的天然气用于民用领域，热利用率仅为 30% ～ 40%。如果用电来替代，热利用率可达 90% 左右。未来，民用领域使用新能源电力的场景增多后，节省下来的天然气可用于工业。天然气制合成氨和甲醇的碳排放强度相比以煤为原料的低 50% 以上。此外，测算到 2030 年，我国非化石能源消费占比将由 15% 左右提升到 25%，可再生新能源发电成本将大幅降低。远期看，行业可有序推进生产过程的电气化改造，减少蒸汽用量，降低化石燃料的使用。

要重点关注氢能的发展。一旦实现可再生能源价格与化石能源相当或比它稍高，储运技术有所突破，“绿氢”可能会被大量采用，可以彻底扭转行业对化石能源的路径依赖，大大减轻碳减排压力。

要做好二氧化碳资源化利用示范，如二氧化碳加氢气制甲醇、二氧化碳生产碳酸酯、二氧化碳生产生物基化学品、二氧化碳生产可降解塑料等。

要摸清行业碳排放底数，构建全行业碳核算、碳足迹、碳减排、碳评价的标准体系，做好碳资产管理培训，积极参与全国统一碳排放市场建设。

（6）关注清洁新能源 清洁新能源是指太阳能、风能、氢能、水能、生物能、海洋能、地热能和核能，主要来自自然界，不排放温室气体。从我国国情出发，实现碳中和潜力最大的方向是能源结构的清洁化、低碳化，根本性措施是实现能源生产清洁化和能源消费电气化。今后清洁新能源发电比重将持续上升，“十四五”时期，我国清洁新能源发展内生动力强劲，并网规模有望翻番。预计，化石能源总量在 2028 年左右达峰，清洁新能源在 2040 年前成为主导能源。2030 年前，清洁新能源比重每年需提高 1.3 个百分点，从 2019 年的 15.3% 提高至 31%。2030 至 2050 年是清洁新能源发展增速最快阶段，清洁新能源比重需每年提高2.2个百分点，到2050年达到75%。2050至2060年清洁新能源发展保持较高水平，其比重每年提高1.5个百分点，2060年实现90%能源需求由清洁新能源满足，实现能源生产体系全面转型。

使用清洁新能源可以减少化石能源的消耗，降低碳排放。随着技术的不断进展和突破，在清洁新能源的价格可以与化石能源价格相竞争时，氮肥生产将会大量使用清洁新能源，使用清洁新能源是氮肥行业的发展方向，利用清洁能源生产绿氨也是氮肥行业实现脱碳的最终路径。

参考文献

[1] Humphry Davy. Elements of agricultural Chemistry in a course of lectures for the board of agriculture. Landan: Logman, 1914.

[2] Erisman J W, Sutton M A, Galloway J, et al. How a century of ammonia synthesis changed the world. Nature Geoscience, 2008, 1: 636-639.

[3] Marschner H. Mineral Nutrition of Higher Plant. 2nd ed. London: Academic Press, 1995.

[4] 白由路．测土配方施肥原理与实践．北京：中国农业出版社，2007.

[5] 林葆，李家康．我国化肥的肥效及其提高的途径—全国化肥试验网的主要结果．土壤学报 ,1989,26(3):273–279.

[6] 板野新夫，胡济生． 种植大豆需要根瘤菌接种吗 ?. 农业科学通讯，1957 (11): 635–636.

[7] 国家统计局．中国统计年鉴 2022. 北京：中国统计出版社 ,2022.

[8] 汪筱琳，郭丹．我国农业废弃物资源化处理现状及问题分析．河北农机，2021 (9):167-168.

[9] 张成芳．合成氨工艺与节能．上海：华东理工大学出版社，1988.

[10] 曹占高．氮肥、甲醇工业节能减排先进技术．北京：化学工业出版社 ,2019.

中国肥料研究与应用全书

Books of Fertilizer Research and Application in China

FERTILIZER

第 2 章

氮肥工业发展沿革

早在19世纪，科学家就发现了氮元素对于植物生长的重要作用，农民对氮肥的需求也大幅增加。人们最早使用氮肥是开采利用硝酸钠矿，在智利阿塔卡马沙漠里发现的硝酸钠矿，曾经是世界上氮肥的主要来源。但人们意识到矿藏资源终究会开采完，于是不断探索和尝试各种人工合成氮肥的方法。到了19世纪后期，随着炼焦工业在欧洲各国的逐渐兴起，人们发现，可以用从煤气中回收的氨制成硫酸铵或氨水，作为氮肥施用，但这仍远远满足不了需要。直到1913年“哈伯-博施法”生产合成氨获得成功，氮肥工业才真正迅速发展起来[1]。

中国的氮肥工业始于20世纪30年代，此前中国没有合成氨生产，工业和农业需要的氨、硝酸、硫酸铵全部依赖进口，氮肥则以进口硫酸铵为主。一直到新中国成立前，全国也只有5个氮肥生产厂，氮肥年产量仅6000吨左右（折纯氮，下同）。为了满足粮食生产对化肥的需求，在党和政府的亲切关怀和支持下，我国氮肥工业实现了长足的进步，取得了惊人的业绩。尤其是改革开放以后，由于农业的快速发展及国家一系列优惠政策的扶持，氮肥总量取得一次又一次跨越[2]。1991年我国成为世界最大的氮肥生产国，2003年实现尿素产品净出口，2007年成为世界最大的尿素出口国，2015年氮肥产量达到历史最高值4791万吨，占世界总量的38%。到2020年，合成氨、氮肥和尿素产量分别达到5884万吨、4033万吨（折纯氮）和5623万吨（实物）。

在化肥工业的强力支撑下，我国农业生产取得了巨大进步。在错综复杂的国际环境中，我国成功地度过了几次粮食危机。粮食产量也从1958年的19765万吨，增长到2020年的66949万吨，增长了47184万吨，粮食人均产量和单位面积产量实现稳步增长；主要经济作物产量取得了几倍到几十、几百倍的增长，极大地丰富了人们的菜篮子、米袋子。在种植面积有限的情况下，化肥工业的发展保证了粮食总产的稳定增长，满足了不断增长的人口和日益提高的人民生活水平对粮食的需求。氮肥工业的发展为我国农业发展和粮食安全做出了巨大贡献。

2.1 氮肥工业的初期发展

2.1.1 氮肥工业艰难起步

1932年，我国著名化工实业家吴蕴初开始筹备天利氮气股份有限公司（简称天利氮气厂）。1935年9月天利氮气厂（简称天利）液氨试产成功，9月稀硝酸出货，10月浓硝酸问世。装置生产能力为年产浓硝酸32000担（1600t），硝酸铵、硝酸钙等共10000担（500t）。但仅2年后，工厂由于抗日战争被迫停工，全厂职工在炮火威胁下将重要机件拆迁到重庆。抗战胜利后，天利职工返沪修复工厂。

同一时期建设的另一家氮肥企业是由爱国实业家范旭东筹建的永利化学工业公司南京硫酸铵厂（简称永利铔厂或永利宁厂）[3]。永利铔厂于1937年2月正式投产，生产规模为：日产合成氨39t、硫酸120t、硫酸铵150t、硝酸10t。永利铔厂所制产品供不应求，且生产技术远超我国同期工业水平，是国内首屈一指的化工企业，也是东亚地区最大化工厂，被誉为“远东第一”。1948年，永利铔厂生产合成氮4952t、硫酸14242t、硫酸铵17977t。

2.1.2　新中国成立初期氮肥工业

新中国成立之初，我国氮肥工业基础非常薄弱，全国化肥供应十分有限，农民只能使用传统的粪肥、草木灰等。从新中国成立至“一五计划”的八年时间里，中国氮肥工业一方面迅速组织力量恢复大连化学厂和永利宁厂的生产，另一方面积极着手新建更多的氮肥厂。

1953 年，全国开始实施第一个五年计划，即“一五计划”。“一五”期间，我国重点建设了苏联帮助设计的 156 个大型项目，其中包括多个氮肥项目：兰州氮肥厂、吉林肥料厂、太原化肥厂，生产规模为年产 5 万吨合成氨配套 9 万吨硝酸铵。这三套装置的引进过程，也是先进设计、施工、生产技术与计划管理、技术管理和经济核算的学习过程，同时也为我国培养了一批技术人员和管理人员，为今后合成氨及其他化学工业的发展打下了良好的基础。

1956 年，在研究、分析永利宁厂和吉林肥料厂设计的基础上，化工部化工设计院自行编制年产 7.5 万吨合成氨装置的初步设计，并着手建设四川化工厂。四川化工厂在厂区布置、工艺流程等方面均有所改进，通过减少占地、采用先进工艺和优化流程等手段，有效节约了投资、降低了能耗，并为后期我国自力更生建设更多的氮肥厂提供了宝贵经验。

2.2　氮肥工业的发展壮大

2.2.1　自力更生发展小氮肥工业

20 世纪 50 年代，我国发展化肥工业采取大、中、小并举的方针。

1962 年，江苏丹阳化肥厂经过三年的艰苦努力，解决了碳化流程中二氧化碳与氨平衡问题。1963 年全年生产合成氨 2636t，超过设计能力 31.8%，全年生产化肥 10544t，实现利润 72 万元，在全国率先闯过了设备关、技术关、经济关。同年，800t/ 年的上海嘉定化肥厂闯过经济关，当年盈余 3 万元；2000 吨 / 年的浙江龙山化肥厂闯过经济关，当年盈余 5 万元。这些经验为生产碳酸氢铵的小型氮肥厂提供了宝贵的借鉴。

在此后近八年的时间中，小氮肥厂规模进一步提高，800 吨 / 年提高至 3000 吨 / 年，2000 吨 / 年提高至 5000 吨 / 年，同时不断进行探索、试点和技术攻关，越来越多的小氮肥厂逐渐闯过技术关、经济关，实现正常稳定生产。到了 1970 年，全国小氮肥厂生产合成氨 100.04 万吨，氮肥 76 万吨，占全国氮肥总产量的 50.22%。小氮肥厂的氮肥产量首次超过了全国氮肥总产量的一半。

20 世纪 70 年代至 21 世纪初的 30 年间，小氮肥行业多措并举、不断发展，从“挖潜提升、原料改造、节本增效、产品升级”出发，为我国氮肥实现自给贡献力量。小氮肥行业积极开展已有装置的挖潜改造工作，将 3000 吨 / 年的厂扩能改造为 5000 吨 / 年，将 5000 吨 / 年的厂扩能改造为 10000 吨 / 年。这些改造普遍提高了企业的综合生产能力。到 1979 年，全国小氮肥厂总数达到 1533 个，产量达到 658.4 万吨，占全国合成氨总产量的 55.6%。与此同时，还实施了以碳化煤球为主要内容的原料路线改造，以及以“合成氨生产蒸汽自给”和“两水闭路循环”为代表的节能改造，自力更生解决了小氮肥厂原料供应的难题，并显著降低了小氮肥厂的生产能耗。产品结构方面，通过实施“碳铵改尿素产品结构升级改造”，我国尿素产量进一步提高。1999 年，小氮肥企业生产尿素 987 万吨，占全国尿素产量的 33.6%。这一年我国尿素不再进口，自此摘掉了世界尿素进口大国的帽子。小氮肥企业在这一系列升级改造过程中，市场竞争力得到了显著提升，并为后续发展积累了一定的经济基础。“十五”和“十一五”时期，依托煤气化装置的先进性和大型化，小氮肥行业的面貌发生了巨大的变化，原来的一批小氮肥企业在生产规模、生产工艺、技术装备、能耗水平以及管理水平等方面有了显著提高，成长为颇具竞争力的大型氮肥生产企业，打破了传统的大、中、小氮肥企业的界限。也正是在这一时期的一系列改造过程中，氮肥行业得以对德士古水煤浆气化、壳牌煤气化等引进技术消化、吸收、再创新，形成了以多喷嘴对置式水煤浆气化技术、HT-L 航天煤气化技术以及水煤浆水冷壁加压气化技术为代表的多项具有自主知识产权的新型煤气化技术，相继应用于氮肥生产，从根本上改变氮肥行业的原料结构，并为氮肥行业的国产化、大型化进程奠定了基础。在产品结构调整方面，高浓度氮肥产品比例增加、复混率增大，同时有突出效益的是氮肥企业甲醇产量大幅度增加，这也是氮肥企业在减少 CO、CO_2 损失、综合利用方面取得的突出成绩。小氮肥企业甲醇产量的提高，不仅增加了企业的经济效益，也为氮肥企业产品多元化发展奠定了一定的基础。

小氮肥工业实现了从有到无、从小到大、从弱到强的蜕变与突破，是适合我国资源和经济情况、走具有中国特色发展道路不断发展壮大的民族工业，并与大、中型氮肥工业融为一体，共同构建我国氮肥工业，为保障我国粮食安全做出了突出贡献。

2.2.2 氮肥工业的摇篮——中型氮肥工业

中氮肥工业是我国氮肥工业的基础，我国最早的氮肥工业就起源于中型氮肥厂的兴建，并结合新老技术、中外技术，克服重重困难，不断艰难探索发展进步。

四川化工厂是我国自主设计建设的首个中型化肥厂，由化学工业部第一设计院于 1956 年开始设计建设，采用了适合我国国情和实际情况的设计方案、设施设备以及工艺路线，经历了四年的建设，于 1959 年建成投产，生产规模为年产合成氨 7.2 万吨、硫酸 8 万吨、硫酸铵 10 万吨、硝酸 8.2 万吨、硝酸铵 10.35 万吨。四川化工厂的建成投产标志着我国已经基本具备自力更生建设氮肥厂的能力。

为落实省级、专区级氮肥厂建设任务，满足各省、专区发展氮肥生产的需要，1958 年，化工部根据四川化工厂的建设经验，结合永利宁厂的工业化数据和生产经验，编制了年产 1 万吨、2.5 ～ 5 万吨合成氨的专区级氮肥厂和省级氮肥厂定型设计，建设投资和生产成本都比吉林化肥厂、四川化工厂有所降低。在此基础之上，我国自行设计、建成了 1 个年产 1 万吨合成氨专区级氮肥厂示范装置和三个年产 5 万吨合成氨省级氮肥厂（衢州化工厂合成氨分厂、上海吴泾化工厂和广州氮肥厂），这标志着我国氮肥工业进入自己设计、自己制作设备、自己施工建设的新阶段[4]。1965 年底，全国投产的中型氮肥厂共 15 个，年产合成氨 130 万吨。

在坚持自主设计建设的同时，我国也十分重视国外先进技术装备的引进。1963 年，国家批准引进的第一套以天然气为原料的化肥生产装置在四川泸州天然气化工厂开工建设。其中，合成氨装置从英国引进，采用天然气加压蒸汽转化法制合成氨原料气，年产氨 10 万吨；尿素装置从荷兰引进，采用水溶液全循环法，年产尿素 16 万吨，1966 年成功建成投产。1965 年，陕西兴平化肥厂开始建设，从意大利引进了年产 5 万吨的合成氨重油加压部分氧化法装置，国内与其配套的一部分合成氨生产装置和硝酸、硝酸铵生产系统，也于 1970 年相继建成投产。70 年代又先后在甘肃省刘家峡、黑龙江省浩良河、吉林省长山、湖北省应城以及天津、广州、新疆等地建成了一批以重油为原料年产合成氨 5 万～ 6 万吨的中型氮肥厂。到“六五”末，我国中型氮肥厂有 56 家，其中 27 家以煤为原料，8 家以重油为原料，12 家以天然气或焦炉气为原料，6 家以重油、煤为原料，2 家以气、煤为原料，1 家以重油、气为原料，合成氨总生产能力为 450 万吨左右。

通过引进以天然气、重油为原料的中型装置，加上我国自行设计、自制设备的一批中型氨生产装置厂，我国逐渐建成了以煤为主，煤、油、气原料并举的中型氨厂体系，这是我国氮肥工业的基础。

为增加氮肥供应，我国中型氮肥企业一直以来坚持开展填平补齐改扩建工作。特别是 20 世纪 80 年代以后，中型氮肥企业的生产能力在原料改造的过程中进一步扩大。例如，以重油为原料的兴平化肥厂（现陕西兴化集团有限责任公司）后经二期扩建合成氨生产能力达到 10 万吨 / 年、硝酸铵达到 22 万吨 / 年。实施“油改气”后，合成氨的年生产能力达到 18 万吨，硝酸铵的年生产能力达 33 万吨。鲁南化肥厂在国内首次引入水煤浆气化技术，由焦炭改为烟煤作为原料，建成年产 8 万吨合成氨德士古煤气化技术示范装置；黑龙江浩良河化肥厂将以重油为原料年产 12 万吨合成氨、20 万吨尿素装置，改为以煤为原料的德士古水煤浆造气装置，使合成氨年生产能力达到 18 万吨，尿素年生产能力达到 30 万吨。而且，部分中型氮肥厂从自身特点出发，还生产硫酸、硝酸、烧碱、纯碱，并开发了甲醇、双氧水、气体 CO_2、液体 CO_2、复合肥、醋酸、甲醛、三聚氰胺、电石气等多种化工产品和精细化学品的生产技术，从当初生产单一化工产品发展为以肥为主、多种经营的新格局。

几十年的风风雨雨，中型氮肥各企业为我国农业生产、国民经济的持续发展、人民生活的不断改善，作出了巨大的贡献。我国中型氮肥工业建设与发展反映了我国氮肥工业自力更生开发创新与消化吸收国外技术的成果，更有价值的是为我国小氮肥工业的建设和大型氮肥技术的引进奠定了技术和人才的基础，可以说中型氮肥工业是我国氮肥工业的摇篮。

2.2.3　引进大型氮肥生产装置和技术

早在 20 世纪 60 年代，化工部就认识到建设大型化肥装置的优越性，继而化工部第一设计院开始编制以天然气为原料、年产 20 万吨合成氨装置的设计方案，并安排了实验项目，但是在“文革”期间被迫中断。随着农业生产对化肥需求量的日益增长和我国石油、天然气资源的不断开发，我国从 1973 年开始自国外引进技术先进的大型氮肥生产装置。

1973 ～ 1979 年，我国引进了具有世界先进水平的 13 套大型合成氨、尿素装置。其中，以天然气为原料的 10 套，以石脑油为原料的 3 套，分别在四川成都（川化）、四川泸州（泸天化）、山东淄博（齐鲁二化）、云南水富（云天化）、贵州赤水（赤天化）、湖南岳阳（洞庭氮肥厂）、湖北枝江（湖北化肥厂）、河北沧州（沧化）、辽宁盘锦（辽化）、黑龙江卧里屯、江苏南京、安徽安庆、广东广州（广石化）等地建设。其中湖南岳阳洞庭氮肥厂和湖北化肥厂，因供气来源问题，原料由天然气改为石脑油。以上引进的 13 套化肥装置，到 1979 年 9 月湖北化肥厂建成投产，总共经历了约 6 年时间，从 1976 年到 1983 年共生产合成氨 1947 万吨，尿素 3089 万吨。

随后又引进了 8 套以渣油为原料和 2 套以煤为原料的大型装置，分别在浙江镇海（镇海化肥厂）、宁夏银川（宁夏石化）、新疆乌鲁木齐（乌石化）、内蒙古呼和浩特、江西九江（九江石化）、甘肃兰州、辽宁大连（大化）、吉林省吉林市（吉化）、山西潞城（山化）、陕西渭南（渭化）等地建设。这些装置的规模均为年产 30 万吨合成氨、48 万吨或 52 万吨尿素（或复合肥）。

我国从 80 年代中期开始引进节能大型合成氨装置，陆续有 10 套以天然气为原料的大型氮肥装置投产，分别在：河南濮阳、辽宁锦西（锦天化）、重庆建峰（2 套）、四川合江（川天华）、海南东方（海南富岛，2 套）、新疆乌鲁木齐（乌石化第 2 套）、宁夏银川（宁夏石化）、新疆塔里木（塔石化）。

节能型合成氨工艺的引进、消化和吸收，使我国大型合成氨装置的工艺技术上了一个新台阶，对 60 ～ 70 年代引进的以天然气、重油为原料的采用传统工艺流程的大型合成氨装置的节能技术改造及后来引进大型装置的工作起了很大的推动作用。

这批大型氮肥装置在当时具有国际先进水平，这些利用国家外汇引进的大型装置迅速提高了我国氮肥工业的技术水平和高浓度尿素的比例，对提高我国氮肥工业的生产技术水平和管理水平起到了重要作用。

2.3 大型氮肥装置的国产化和再创新

我国大型氮肥装置最初来源于国外引进，并在很长一段时间内依赖于进口，不仅需要购买昂贵的专利使用权和进口设备、材料，而且技术上落后于人、受制于人。要想实现自主发展、做大做强，必须推动大型氮肥装置的国产化、自主化。我国氮肥行业经历了顽强拼搏、开拓创新、团结奋斗的艰难历程，在不断进行技术改造以及多套装备引进过程中，积累了丰富的设计、安装、运行经验，并在这个过程中吸收、优化、完善与再创新，陆续开发出一系列拥有自主知识产权的重大技术成果，实现了从设备配件国产化，到关键单机国产化，再到完全成套装置国产化的重大突破，有力地促进了氮肥产业核心竞争力的提升。

2.3.1 大型合成氨装置国产化进程

2004 年，山东华鲁恒升集团有限公司克服了技术、资金、建设和开车四大困难，采用国产化日投煤量 750t 的多喷嘴对置式气化技术，建成 30 万吨 / 年合成氨装置（图 2-1），国产化率高达 93.8%，实现了大型氮肥国产化技术、装备和原料结构的重大突破，创造了全国第一套国产化大型洁净煤气化装置、第一套国产化大型空分装置、第一套国产化大型氨合成装置等“十个全国第一”。这个项目的成功投运标志着我国大型氮肥工业具备了自主知识产权的先进成套能力，并为相关企业的技术改造和发展起到了很好的示范作用。

图 2-1　2004 年，山东华鲁恒升集团有限公司建成的全国首套大型氮肥国产化示范装置主生产区

2005 年，我国第一套拥有自主知识产权的以天然气为原料、年产 20 万吨合成氨国产化装置在四川美丰化工股份有限公司建成投产。这是国内第一套以天然气为原料、拥有自主知识产权的大型国产化合成氨装置，创造了国内大型化肥工程项目建设周期短、投资省、开车顺利的最好业绩。2011 年该项目被评为四川省科技进步奖一等奖。

2018 年，中国石油天然气股份有限公司宁夏石化分公司 45/80 国产化大型化肥装置一次开车成功产出成品尿素（图 2-2）。项目设计生产能力为年产合成氨 45 万吨、尿素 80 万吨。一段转化炉、氨合成等由寰球工程公司自主设计，合成气压缩机、工艺空气压缩机、二氧化碳压缩机、高压液氨泵、高压甲铵泵以及 DCS 控制系统等由国内公司自主设计制造，主要装置、材料立足国内，国产化率达 95% 以上。该项目是我国国产单套生产能力最大的化肥装置，打破了国外大公司在大型化肥行业的技术垄断，结束我国大型化肥技术依赖进口的局面，对提高全行业的核心竞争力具有重要意义。

图 2-2　2018 年，首套以天然气为原料的 45/80 国产化生产装置在宁夏石化投产

除了以上具有里程碑意义的重点成套项目以外，我国氮肥行业在一大批关键生产装备和技术方面实现了突破，这些装备和技术相继应用于实际生产。

2011 年，我国首套日投煤量 1000 吨级国产化干煤粉气化制合成气装置在安徽临泉化肥厂成功投运，关键设备全部国产化，并显示煤种适应性宽、氧耗低、投资少、生产成本低等优势。次年，日投煤量 2000 吨级干煤粉气化装置在河南晋开 60 万吨 / 年合成氨项目中成功投运。目前，3000 吨 / 日的装置已于 2022 年在山东瑞星开车成功。

2011 年，国内首套水煤浆水冷壁气化装置在山西阳煤丰喜临猗分公司成功投运。这项技术充分发挥了水煤浆耐火砖和干煤粉水冷壁技术的优点，同时有效避开了它们的不足。此后又进行改进，开发了水煤浆水冷壁辐射废锅煤气化技术，副产高品质蒸汽，实现了合成气显热回收，提高气化炉整体能源转换效率。该技术第一套示范装置于 2016 年在山西阳煤丰喜临猗分公司成功投运，并获得 2017 年度中国氮肥工业协会技术进步特等奖。

2015 年，我国第一套国产化 60 万吨合成氨装置在沧州正元化肥有限公司正式投产（图 2-3）。项目采用的还原态催化剂，其制备、保存、装填、使用体系属国内外首创，采用的液氮洗是国内最大的国产化装置，采用的克劳斯硫回收工艺尾气直接去锅炉燃尽也是国内首次。该装置的技术水平达到行业一流，使得我国氮肥行业迈上了一个新的台阶。

图 2-3　采用自主知识产权技术的首套 60 万吨合成氨装置在沧州正元化肥有限公司投产

与此同时，目前氮肥行业已具备大型低能耗空分、一氧化碳等温变换、节能型低温甲醇洗和液氮洗等关键技术、装置的设计、制造能力。这些技术、装备不仅降低了投资和能耗，有力地支撑了氮肥工业的发展，也为近年来兴起的现代煤化工产业发展奠定了技术基础。

2.3.2　大型尿素装置国产化进程

我国尿素装置国产化设计开始于 20 世纪 60 年代，我国第一套国产化尿素生产装置于 1966 年在石家庄化肥厂三期建成，年产尿素 11 万吨，采用水溶液全循环法。在此基础上，随着对尿素反应机理不断加深认识，氮肥行业对尿素生产工艺进行了大量的改进和创新，不断使尿素生产技术向降低成本、降低能耗、提高效益、减少污染的方向发展，并且规模逐步扩大，从尿素生产技术应用于中小型尿素装置的改造和新建，到多套国产化大型尿素装置顺利投产，实现了大型尿素装置的国产化。其中具有代表性的技术有中国寰球工程公司开发的全流程节能尿素工艺和中国五环工程公司开发的高效合成、低能耗尿素工艺（THESES 工艺）。

山东华鲁恒升化工股份有限公司于 2004 年投产的 30 万吨 / 年大型氮肥项目，采用中国寰球工程公司开发的“水溶液全循环尿素高压系统节能增产新工艺”（TRIP- Ⅰ水溶液全循环改进工艺）成功对原有两套日产 500t 水溶液全循环工艺尿素装置进行节能增产改造。2018 年，宁夏石化分公司 45/80 国产化大型化肥项目成功投运，尿素装置采用中国寰球工程公司的全流程节能尿素技术，该尿素技术综合借鉴了各种尿素技术的优势，显示出氨耗低、能耗低、高压系统设备少、易于操作、弹性好、装置的投资低和维修方便等优势。这个项目的成功投运标志着我国已经具备大型尿素成套工业化技术开发和装备制造能力，是氮肥工业发展史上一个重要里程碑。

中国五环工程公司开发的 THESES 工艺突破了传统 CO_2 气提法能耗过高、框架过高、操作难度大等问题，先后应用于中型、大型尿素装置。首套工业化装置于 2017 年在四川美丰实业有限公司年产 15 万吨尿素项目一次性投料成功，各项工艺参数达到或高于设计指标。2018 年 5 月，山东华鲁恒升化工股份有限公司 100 万吨尿素装置投料成功，成为国内首套百万吨级尿素装置。2021 年安徽昊源化工集团有限公司年产 70 万吨尿素项目也实现一次性投料试车成功。

我国通过对引进技术的消化吸收再创新和技术攻关，从改造引进技术到形成多种具有自主知识产权的国产化尿素生产技术，并完成设计、建设和成功运营，技术逐渐成熟，规模一步步扩大，以实现大型氮肥装置的国产化。

2.4 氮肥工业发展现状与存在问题

从建立第一家氮肥厂到成长为全球第一大氮肥生产国、消费国，我国一路走来，战胜艰难险阻、攻克重重难关，取得了辉煌的发展成绩。“十四五”时期，国内外政治、经济环境发生巨大变化，行业发展面临新形势和新任务，同时也存在着许多问题需要解决。

（1）化解产能过剩取得积极进展，经济效益高低起伏　近十几年我国氮肥总量实现快速增长，年均增速保持4%左右，2015年达到顶峰值，合成氨、尿素的产能分别达到7310万吨和6050万吨。但氮肥总量的过快增长使得供应从自给有余发展到严重过剩，从而导致企业盈利能力下降，行业自2014至2016年连续三年出现大幅亏损，2016年全行业利润总额净亏损高达98亿元。为化解产能过剩矛盾，行业加快去产能工作，并取得显著成效。据中国氮肥工业协会统计，“十三五”期间，全行业累计退出合成氨产能1979万吨，尿素产能1787万吨。到2020年，我国合成氨、尿素产能分别为6676万吨和6634万吨。产能过剩得到有效遏制，行业盈利能力逐渐好转，2017年实现扭亏为盈，2018年全行业利润总额达到105.5亿元。2019年末到2021年，又出现市场价格剧烈波动，高低价差达到1300元/t，特别是2021年遭遇到从未出现过的原料价格上涨，行业效益再次面临考验。

（2）原料结构调整成果显著，能源消耗总量控制任务艰巨　新型煤气化技术应用于氮肥生产，从根本上改变了氮肥行业的原料结构。尤其是近十年，采用国产化新型煤气化技术的合成氨装置建设速度明显加快，我国氮肥原料结构调整成绩显著，以烟煤、褐煤为原料的产能占比不断提高，以无烟块煤和天然气为原料的产能占比逐步下降。2020年采用烟煤、褐煤为原料的合成氨产能达到3078万吨，占总产能的46.1%，以无烟块煤、天然气为原料的合成氨产能占比分别下降至29.1%和19.5%。但同时，氮肥以煤化工为主体的产业结构使得行业总体能源资源消费量巨大，面临的来自于各级政府和有关部门的监管、控制力度不断加强，特别是我国提出碳达峰、碳中和的“双碳”目标后，能源消耗总量控制任务更为繁重，无论是运行企业还是搬迁、改扩建以及新建企业均面临巨大压力。

（3）技术创新驱动装置国产化、大型化，行业核心竞争力有待加强　我国氮肥工业主要是依靠自己的力量发展起来的。多年以来，氮肥工业广大技术人员、干部职工在坚持自主开发的前提下，充分发挥行业团队精神，自力更生、艰苦奋斗，针对行业急迫的技术难题开展多学科多领域的技术创新，开发出一大批对行业发展有重大影响的新技术、新设备，大大提升了行业的国产化和大型化水平，并形成了一批大型企业集团，有力地支撑了氮肥工业的发展。2020年，合成氨、尿素产能达百万吨的企业分别有20家、24家。很多骨干企业还建设了技术和研发中心，中盐安徽红四方股份有限公司等16家氮肥企业的技术中心，先后通过国家认定成为国家企业技术中心。以河南心连心、四川金象和天津华景为依托分别成立了“中国氮肥工业（心连心）技术研究中心”、“中国氮肥工业（川金象）液体肥工程研究中心”和“硝酸硝基肥技术研究中心”，这些技术中心将为氮肥行业的整体技术进步提供有力支撑。但是我国氮肥行业在关键核心技术、装备、产品的部分性能和指标以及新产品的开发和应用领域等方面与发达国家的差距较大，严重影响我国氮肥利用效率和企业的市场竞争力。氮肥行业多年的发展经验表明，“核心技术”是买不来的、求不来的，即使能买到一些通用技术，其高昂的价格也最终转嫁到生产成本上，削弱产品竞争力。加快提升行业特别是企业的创新能力，走自主创新发展之路，是我国氮肥行业发展壮大的根本途径。

（4）产业链延伸拓展取得积极进展，高品质、高附加值产品开发不够　为适应农业发展的新形势和满足农民对肥料品种的新需求，氮肥行业不断优化产品结构，产品从新中国成立初期的硫酸铵发展到目前尿素、碳酸氢铵、硝酸铵、硫酸铵、氯化铵、增效尿素等十多个品种。除了常规品种产品，氮肥行业致力于发展绿色高效氮肥，不断开发肥料新品种，增效尿素、硝基复合肥、水溶肥、硝酸铵钙等新型肥料的产能、产量逐年增加。此外，依托产业优势，氮肥行业加大对煤化工下游产品的开发力度，在煤化工、精细化工、化工新材料等领域积极延伸产业链条，生产烯烃、乙二醇、聚碳酸酯等重要化工原料和化工新材料，往高端化、差异化发展，相当一部分企业已建成完善的产业链条，发展成为新型煤化工企业，鲁西化工、山东华鲁恒升是“坚持化肥、走出化肥”的典范企业，非化肥产品占比上升至80%以上。但必须认识到的是，目前氮肥产品仍以尿素为主，养分高效化、功能多元化、作物专用化的新型肥料占比还很低，且差异化不明显，不能满足我国农业由增产导向转向提质导向的要求。氮肥企业在合成气下游产品多元化方面取得一些突破，但大部分企业发展路径单一，以大宗和中低端产品为主，原创性及高端性产品短缺。多数产品解决的是有无、多少的问题，产品优劣问题还有待进一步解决。产品结构不合理致使行业同质化严重、抗风险能力不强。

（5）绿色发展成效明显，安全环保低碳发展任务繁重　随着国家对资源节约、环境保护要求的不断提高，氮肥行业节能减排意识显著增强，全行业把绿色发展作为一项社会责任和关系到自身生存与发展的大事，努力在清洁生产、安全低碳上下功夫。一大批先进节能减排技术、清洁生产技术和环境保护技术陆续得到推广应用，并取得了显著成效。“十三五”期间，全行业吨氨产品综合能耗下降近5%，COD、氨氮和总氮排放量下降约40%，颗粒物、二氧化硫、氮氧化物等大气污染物排放量下降约35%。但氮肥行业能源资源消耗量高，“三废”排放量大，污染物治理和循环利用水平低的矛盾依然十分突出。氮肥行业能源消耗量占化工行业的14%，氨氮、总氮、挥发性有机物和二氧化碳排放量分别占化工行业的30%、14%、10%和20%。行业环保水平有待进一步提升，煤气洗涤冷却水和工艺废气中挥发性有机物排放、尿素造粒尾气粉尘和氨排放、工业固体废物排放等问题突出，后期治理任务艰巨。碳减排压力较大，节能降耗等减碳措施潜力有限。随着国家对能源、排放约束性指标不断收紧，今后行业将面临更加严峻的资源及环境形势。氮肥行业在安全方面存在不少问题，相当一部分企业安全管理基础不牢靠、不扎实，事故隐患和安全风险交织并存。

（6）先进企业引领作用凸显，行业国际化经营水平有待提高　氮肥企业始终注重加强管理、改革创新，不断向国际先进水平学习，向大型氮肥的先进理念学习。经过多年的努力探索和企业整顿，现代企业制度和先进企业文化逐渐建立和完善，氮肥企业的产权结构和产业结构发生了深刻的变化。大多数企业，尤其是小氮肥企业进行了产权制度改革，不少企业改制为股份制企业、民营企业或上市公司，形成了多元化的新型产权结构，充分激发了企业的发展活力。企业间通过兼并重组、内部扩张、强强联合，形成了一批化肥产能过百万吨的大型企业集团，建成多个以肥为主、肥化并举的工业园区。更为可喜的是，一大批氮肥企业随着自身素质的提高，形成了具有自身特点的先进企业文化，将企业管理升华到文化管理的新境界，显著提升了企业的核心竞争力。管理制度的革新和文化建设的加强，使氮肥企业在面临优惠政策取消和市场化激烈竞争时，仍能具有强大的竞争力和旺盛的生命力，同时为行业树立先进榜样。但是我们要看到，尽管我国氮肥行业规模已居世界第一，氮肥出口量也稳居世界第一，而在规模上，我国还没有世界公认的大型化肥公司；在技术上，尽管我们有的企业可以达到“单项冠军”，但还达不到全面领先；在国际市场上，贸易量所占份额还不够大；

在成本上，我国企业还属于偏高的水平。因此，我国在世界上的影响力还很低，更谈不上拥有一批在国际上具有话语权的化肥化工企业集团。通过培育一批跨国发展和国际化经营的化肥化工企业集团，整合全球资源，适应全球化竞争，对于推动行业高质量发展、实现向氮肥强国跨越具有重要的战略意义。

参考文献

[1] 王文善. 氮肥工艺技术百年来的演变和发展简史. 中氮肥，2017(5): 1-5.
[2] 李寿生，等. 铿锵脚步：新中国成立 70 周年石油和化学工业发展纪实. 北京：化学工业出版社，2019.
[3] 李沛霖. 民国时期“远东第一”——南京永利铔厂. 文史博览（理论）,2010(8):4-6.
[4] 中国化工博物馆. 中国化工通史行业卷. 北京：化学工业出版社，2014.

中国肥料研究与应用全书

Books of Fertilizer Research and Application in China

FERTILIZER

第3章

氮肥生产原料

3.1 煤炭

煤炭是地球上蕴藏量最丰富，分布地域最广的矿产资源，广泛应用于钢铁、电力、化工等工业生产及居民生活领域。由我国能源禀赋特点决定，煤炭长久以来是我国的主体能源，但近年来，随着碳达峰碳中和政策的实施，煤炭在我国一次能源消费结构中的比重有所下降，不过短期内以煤炭为主的能源消费结构依然不会改变。对于氮肥生产而言，煤炭是重要的生产原料之一，我国尿素和合成氨工业中，以煤为原料的产能占比均在 70% 以上，因此煤炭在氮肥生产中的地位十分重要。

3.1.1 煤炭的分类

依据煤的自然性质和煤在热加工过程中所表现的特性，将各种性质不同的煤分为若干类别，使同一类煤有相近的特性。当前世界上较流行的煤炭分类标准有国际标准 ISO 11760:2018、美国 ASTM D388（2018）、中国 GB/T 5751—2009、俄罗斯 GOST 25543（2013）、澳大利亚 AS 2096(2013）等。国际流行的煤炭分类标准大致可分为科学-成因分类和应用分类两类。两种分类相比较所用术语和指标差异较大，而同一类别内部比较则具有相似性[1]。国际标准 ISO 11760 属于科学-成因分类、美国 ASTM D388 标准和澳大利亚 AS 2096 标准接近科学-成因分类，主要服务于科学研究工作，以及煤炭资源的地质评价工作。中国 GB/T 5751、俄罗斯 GOST 25543 标准属于应用分类，尤其是对于冶金煤的划分比较细致，主要目标是服务于煤炭加工和利用。GOST 25543 标准适用于非氧化的褐煤、烟煤与无烟煤[2]。

我国国家标准局发布的《中国煤炭分类》(GB/T 5751—2009)，依据干燥无灰基挥发分 V_{daf}、黏结指数 G、胶质层最大厚度 Y、奥阿膨胀度 b、透光率 P_M、煤的恒湿无灰基高位发热量 $Q_{gr,\ maf}$ 等 6 项分类指标，将煤炭分为 14 类，即褐煤、长焰煤、不黏煤、弱黏煤、1/2 中黏煤、气煤、气肥煤、1/3 焦煤、肥煤、焦煤、瘦煤、贫瘦煤、贫煤和无烟煤。

3.1.2 煤炭的应用

煤炭应用的历史非常久远，应用领域也非常广泛，根据使用目的主要分为三大类：

（1）提供动力　煤炭作为燃料提供热量或动力等，主要包括发电、建材、蒸汽机车、工业锅炉、冶金（烧结和喷吹）、生活等领域；

（2）作原料　主要指化工领域，煤炭作为原料生产化工产品，即煤化工领域；

（3）作材料　煤炭作为原材料生产焦炭、碳材料等。

以煤炭为原料生产氮肥属于第二类——煤化工领域。全球煤化工的发展始于 18 世纪后半叶，19 世纪形成了完整的煤化工体系，进入 20 世纪，许多有机化学品多以煤为原料进行生产，煤化工成为化学工业重要组成部分。煤化工分为现代煤化工与传统煤化工。现代煤化工通常指煤制油、煤制甲醇、煤制二甲醚、煤制烯烃、煤制乙二醇等等；传统煤化工涉及焦炭、电石、合成氨等领域，产品主要包括煤制焦炭、电石、合成氨等，产业链为“煤—焦炭”“煤—电石—PVC”“煤—合成氨—尿素”三条路线。

3.1.3 煤炭的性质

由于成煤植物来源不同和成煤作用程度的差异，煤炭具有多样性，并呈现不同的物理性质和化学性质，这决定了在加工过程中，煤炭表现出不同的工艺性质和气化性质。深入研究煤炭的性质，对加工利用方式选择和工艺条件确定，具有重要意义。

3.1.3.1 煤炭的工艺性质

（1）黏结性和结焦性　黏结性是指煤在干馏过程中，煤中有机质分解、熔融而使煤粒能够相互黏结成块的性能。结焦性是指煤在干馏时能够结成焦炭的性能。煤的黏结性是结焦性的必要条件，结焦性好的煤必须具有良好的黏结性，但黏结性好的煤不一定能单独炼出质量好的焦炭，这就是炼焦为什么要进行配煤的原因。

（2）发热量　煤的发热量是指单位质量的煤在完全燃烧时所产生的热量，常用 MJ/kg 表示。它是评价煤炭质量，尤其是评价动力用煤质量的重要指标。国际市场上动力用煤以热值计价。

（3）化学反应性　又称活性，是指煤在一定温度下与二氧化碳、氧或水蒸气相互作用的反应能力。它是评价气化用煤和动力用煤的一项重要指标。化学反应性强弱直接影响到耗煤量和煤气的有效成分。煤的活性一般随煤化程度加深而减弱。

（4）热稳定性　又称耐热性，是指煤在高温下燃烧或气化过程中，对温度剧烈变化的稳定程度，也就是块煤在温度急剧变化时，保持原来粒度的性能。它是评价气化用煤和动力用煤的又一项重要指标。热稳定性的好坏，直接影响炉内能否正常生产以及煤的气化和燃烧效率。

（5）透光率　指低煤化程度的煤（褐煤、长焰煤等），在规定条件下用硝酸与磷酸的混合液处理后，所得溶液对光的透过率称为透光率。随着煤化程度加深，透光率逐渐加大。因此，它是区别褐煤与长焰煤的重要指标。

（6）机械强度　煤的机械强度，是指块煤的抗碎强度、耐磨强度和抗压强度等综合性物理和力学性能，一般采用落下试验法测定。机械强度低的煤投入气化炉时，容易碎成小块和粉末，影响气化炉正常操作。因此，气化用煤必须具备较高的机械强度。

（7）可选性　是指煤通过洗选，除去其中的夹矸和矿物质的难易程度。

3.1.3.2 煤炭的气化性质

煤气化是氮肥生产工艺中一个重要的环节，因此考虑煤炭的气化性质是极为重要的。不同的气化工艺对原料煤的要求也有所不同。人们常说的“因煤而宜”就是指根据可用煤的性质确定可以选用的气化工艺，若煤的性质不适合气化工艺，则将导致煤气发生炉生产指标的下降甚至恶化。

（1）反应活性　表示煤炭反应活性的方法很多，煤的着火点、活化能、气化剂的转化率和直接反应速率等都能反映煤的反应活性的高低。

通常反应活性强的煤，在气化和燃烧过程中反应速率快，效率高。反应活性的强弱直接影响到产气率、耗氧量、煤气成分、灰渣和飞灰的含碳量及热效率等。反应活性高有利于各种气化工艺。

（2）黏结性　对于移动床气化方法，若煤料在气化炉上部黏结成大块，将破坏料层中气流的分布；黏结严重时，会使整个气化过程不能进行。对于传统流化床气化方法，若煤黏结成大颗粒或块，则会破坏正常的流化状态。通常气化用煤是不黏结或弱黏结性煤。

（3）结渣性　对移动床气化炉，大块的炉渣将会破坏床内均匀的透气性，从而影响生成煤气的质量，严重时炉箅不能顺利排渣。炉渣中包裹了未气化的原料，使排灰碳含量提高。对流化床来说，即使少量的结渣也会破坏正常的流化状态。

煤的结渣性不仅与煤的灰熔点和灰分含量有关，也与气化的温度、压力、停留时间以及外部介质性质等操作条件有关。在气化过程中，往往以灰熔点作为判断结渣性的主要指标。

（4）热稳定性　热稳定性好的煤，在燃烧或气化过程中，能以原来的粒度燃烧或气化，而不碎成小块；而热稳定性差的煤，则迅速碎裂成小块或粉煤。对于移动床气化炉来说，热稳定性差的煤，将会增加炉内阻力，降低煤的气化效率，并使带出物增多。

煤的热稳定性与煤的变质程度、成煤过程的条件、煤中的矿物组成以及加热条件有关。一般烟煤的热稳定性较好，褐煤、无烟煤和贫煤的热稳定性较差。因为褐煤中水分含量高，受热后水分迅速蒸发使煤块碎裂。无烟煤则因其结构致密，受热后内外温差大，膨胀不均产生应力，使块煤碎裂。贫煤急剧受热也容易爆裂。

（5）机械强度　机械强度高的煤在移动床气化炉的输送过程中容易保持粒度，从而有利于气化过程的均匀进行，减少带出物量。机械强度较低的煤，只能采用流化床或气流床进行气化，而且有利于提高气流床磨煤效率。一般来说无烟煤的机械强度较大。

（6）粒度分布　不同的气化方式对原料煤的粒度要求不同。

对于移动床气化炉，原料煤粒度的均匀性事关重大。粒度不均匀将导致炉内燃料层结构不均匀，大块燃料滚向炉膛壁，小颗粒和粉末落在燃料层中心，从而造成炉壁附近阻力较小，大部分气体从这里穿过，使这里的燃烧层上移，严重时可使燃料层烧穿。块度小的燃料有较大的比表面积，有利于气化，但阻力较大；而块度大的燃料阻力较小，比表面积也较小。移动床气化炉原料用煤一般要求进行分级过筛，不得让大小块以及煤屑混杂。对于流化床气化炉，原料煤粒度分布过宽，则气流带出小颗粒较多。

（7）燃料的水分、灰分和硫分　控制燃料的水分和灰分主要是为了维持正常气化过程，或者获得较好的气化效果。但用氧气作气化剂时，更应控制燃料的水分，否则氧耗量过高、气化效率太低。

煤中的硫有有机硫、黄铁矿硫（FeS_2）和硫酸盐硫。煤中硫酸盐硫一般不会超过全硫的10% ～ 15%，低硫煤所含多半为有机硫，而高硫煤则主要含黄铁矿硫。在选煤时有可能除掉一部分硫。气化固体燃料时，硫基本上以 H_2S 的形式和部分地以有机硫化物的形式（COS/CS_2）转移到煤气中。

3.1.4　国内外煤炭资源分布情况

煤炭是世界储量最丰富的化石燃料，主要分布在北半球北纬 30°～ 70°之间，这一区域的煤炭资源储量占世界煤炭资源储量的 70%。就煤炭质量而言，亚洲国家优质煤占总资源的比重较高。根据《BP 世界能源统计年鉴》(2021 年版)，截至 2020 年，全球煤炭探明储量达 10740 亿吨，其中烟煤、无烟煤 7536 亿吨，次烟煤、褐煤 3204 亿吨，储采比为 139，即探明储量还可以用 139 年。

3.1.4.1　煤炭资源在世界各地的储量和分布

煤炭资源储藏最丰富的国家为美国、俄罗斯、中国、印度、澳大利亚和南非等国，上述6个国家的煤炭储藏量之和占全世界煤炭储藏量的80%以上。2020年部分国家煤炭探明储量如表3-1所示。

表3-1　2020年部分国家煤炭探明储量

国家	烟煤和无烟煤/亿吨	次烟煤和褐煤/亿吨	总计/亿吨	占总量比例/%	储采比
美国	2189	300	2489	23.2	＞500
俄罗斯	717	904	1621	15.1	407
澳大利亚	737	765	1502	14.0	315
中国	1350	81	1431	13.3	37
印度	1060	50	1110	10.3	147

资料来源：《BP世界能源统计年鉴》（2021年版）。

3.1.4.2　中国煤炭资源量

中国煤炭资源丰富，但分布极不均衡，总体上是北多南少，西多东少。

我国煤炭资源量大于10000亿吨的省份有新疆、内蒙古两个自治区，其煤炭资源量之和为33650.09亿吨，占全国煤炭资源量的60.42%；探明保有资源量之和为3362.35亿吨，占全国探明保有资源量的33.04%。我国煤炭资源量大于1000亿吨的省份是新疆、内蒙古、山西、陕西、河南、宁夏、甘肃、贵州等8个省份，煤炭资源量之和为50750.83亿吨，占全国煤炭资源量的91.12%；这8个省份探明保有资源量之和为8566.24亿吨，占全国探明保有资源量的84.18%。

中国年产能1500万吨以上的煤矿有33个，分别分布于内蒙古、陕西、山西等省，产能最大的是位于鄂尔多斯市准格尔旗的中国神华能源股份有限公司哈尔乌素露天煤矿和位于呼伦贝尔市陈巴尔虎旗的国能宝日希勒能源有限公司露天煤矿，均为3500万吨/年。2020年产量最大的煤矿是黑岱沟露天煤矿，其产量高达2828万吨，它是我国自行设计、自行施工的特大型露天煤矿，产量位于第二的煤矿是中国神华能源股份有限公司补连塔煤矿，产量为2646万吨。

3.1.4.3　中国煤类的地理分布

按照上文提到的中国煤炭分类标准GB/T 5751—2009中，根据干燥无灰基挥发分等指标，将煤炭分为无烟煤、烟煤和褐煤，烟煤再根据干燥无灰基挥发分及黏结指数等指标，划分为贫煤、贫瘦煤、瘦煤、焦煤、肥煤、1/3焦煤、气肥煤、气煤、1/2中黏煤、弱黏煤、不黏煤及长焰煤。

我国各种煤类的具体分布如下：

（1）褐煤　集中分布在内蒙古东部、云南中西部和黑龙江东部地区，这3个地区的褐煤保有储量占全国该煤类的96%。辽宁、河北、广西、山东、吉林、甘肃、四川、新疆等地有少量分布，其余省份仅有零星赋存。

（2）低变质烟煤（包括长焰煤、不黏煤和弱黏煤） 主要分布在我国西北和华北各地，这两地区低变质烟煤保有储量，占全国该煤类的97.5%，其次是东北地区占全国的1.6%，其余地区仅有零星分布。从赋存储量多少来看，第一是陕西，占全国的34.9%；第二是内蒙古，占全国的27.9%；第三是新疆，占全国的20.3%。

（3）中变质烟煤（包括气、肥、焦、瘦煤） 除上海、福建、海南、香港和台湾外，其余各省份都有赋存，但数量和质量相差比较悬殊。其中，保有储量小于1亿吨的有北京、广东、西藏；保有储量在1亿～5亿吨的有天津、湖北、广西、浙江；保有储量在5亿～10亿吨的有江西、甘肃、湖南、吉林；保有储量在20亿～50亿吨的有宁夏、云南、江苏、青海、四川、辽宁；保有储量在50亿～100亿吨的有黑龙江、河北、新疆、河南、内蒙古、陕西；保有储量大于100亿吨的有山西、安徽、山东和贵州。特别是山西省，不仅储量丰富，而且质量优良，品种齐全，气、肥、焦、瘦煤都占有相当大的比例，是我国炼焦用煤的主要基地。

（4）高变质煤（包括无烟煤和贫煤） 高变质煤广泛分布在我国华北、中南、西南和华东南部地区。其中，湖南、湖北、贵州、四川分别占到各省煤炭资源的70%左右，广东占到80%以上，福建达到100%，北京也占到97.8%。由于这些省份的煤炭资源总量不多，虽然分布地域广阔，但所占比重很少。因此，从资源数量来看，我国高变质煤主要分布在山西和贵州两省。山西又集中分布在晋东南地区，贵州集中分布在黔中一带，这两省高变质煤储量占全国同煤类的75.3%。

无烟煤主要分布在山西、贵州、河南和四川等地，山西省的无烟煤储量居全国首位，储量约448亿吨，占比约40%，主要分布在晋城、阳泉等地区。贵州省保有储量约327亿吨，占比近29%，主要分布在毕节、遵义、安顺、平坝和习水等地区。河南省保有储量约70亿吨，占比6%左右，主要分布在永夏、焦作、郑州、济源、安阳等地区。四川省保有储量约54亿吨，占比近5%，主要分布在筱连煤田、芙蓉煤田。此外，重庆、福建、湖南、北京、河北、辽宁、广东、广西、安徽、宁夏等地的无烟煤保有储量合计232亿吨，占比20%左右。

3.1.5 煤炭贸易和价格情况

3.1.5.1 全球煤炭贸易概况

全球煤炭贸易流向是以国际范围内的煤炭资源分配来确定的，即从富煤区向需求区的转移。因煤炭在世界范围内的分布比较广泛，而且运输成本较高，所以各国煤炭生产一般用于自身需求。全球煤炭贸易量相对于消费量来讲并不大，国际煤炭贸易一般发生在邻近的国家之间。动力煤是国际贸易的主要品种，在贸易总量中占比约70%，其他煤种约占30%。从贸易形式来看，海运是国际贸易的主要形式，占国际贸易总量的90%以上。

国际煤炭市场大致可分为两个区域市场：亚太地区市场和欧美大西洋地区市场。亚太地区市场的煤炭出口国家及地区主要有：澳大利亚、印度尼西亚、俄罗斯、越南、朝鲜等；亚太地区市场的煤炭进口国家及地区有：中国、日本、韩国、印度、菲律宾、马来西亚、中国台湾、中国香港特别行政区等。欧美大西洋地区市场的煤炭出口国家及地区主要有：澳大利亚、南非、俄罗斯、波兰、美国、加拿大、哥伦比亚、委内瑞拉等；欧美大西洋地区市场的煤炭进口国家及地区主要有：英国、法国、德国、意大利、荷兰、比利时、丹麦、希腊等。

近几年，世界煤炭贸易量呈现波动变化，2018年增长3.2%，2019年增长2.5%。到

2020年，全球煤炭贸易量出现明显下降。中国煤炭经济研究会根据各国发布的数据测算，国际煤炭贸易量在经历了连续3年增长后，2020年同比下降9.5%左右。根据意大利煤炭协会发布的数据显示，2020年全球海运煤炭贸易量为11.57亿吨，比2019年的12.92亿吨下降10%，这是连续10年上升以来首次出现的下降。其中，动力煤贸易量为9.1亿吨，比上年的10.21亿吨下降11%；炼焦煤贸易量为2.47亿吨，比上年的2.71亿吨下降9%。

3.1.5.2 全球煤炭价格概况

煤炭价格作为一个特殊的指标，反映了煤炭市场的供求状况，是煤炭行业经济发展情况的重要指标。煤炭价格的变化除了影响煤炭生产行业的利益外，还与国家能源结构的战略性调整和转型升级密切相关。

表3-2列出了2011～2020年全球煤炭的价格情况。2013～2015年间，全球煤炭价格连续三年持续下跌；2016年受煤炭产量减少的影响，煤炭价格小幅增长；进入2017年之后，中国市场煤炭需求量增加，煤炭价格呈现大幅度的增长。2020年受客观因素影响，全球煤炭产量有所下降，国际煤炭贸易出现萎缩，煤炭价格大幅回落。

表3-2 2011～2020年全球煤炭价格 单位：美元/t

年份	西北欧市场价格	美国阿巴拉契亚中部煤炭现货价格指数	日本蒸汽煤现货到岸价	中国秦皇岛现货价格
2011	121.48	84.75	126.13	127.27
2012	92.50	67.28	108.47	110.08
2013	81.69	69.72	90.07	95.42
2014	75.38	67.08	76.13	84.12
2015	56.79	51.57	60.10	67.53
2016	59.87	51.45	71.66	71.35
2017	84.51	63.83	95.57	94.72
2018	91.83	72.84	112.73	99.45
2019	60.86	57.16	77.63	85.89
2020	50.28	42.77	69.77	83.10

资料来源：《BP世界能源统计年鉴》2021版。

3.2 天然气

3.2.1 天然气的定义与物理性质

天然气按气源可分为常规天然气与非常规天然气。在石油地质学中，常规天然气通常是指油田气和气田气，一般分为三种：从气井开采出来的气田气称为纯天然气，伴随石油一起开采出来的称为石油伴生气，含有石油轻质馏分的称为凝析气田气。非常规天然气主要包括页岩气、煤层气、煤制气。其中页岩气是从富含有机质、成熟的泥页岩中抽采出来的天然气，煤层气是从井下煤层抽采出来的煤矿矿井气，煤制气是指采用已开采原煤，经过气化工艺来制造合成的天然气。

天然气是各种轻烃类和非烃类的混合物。其中轻烃类以甲烷为主，占比达到80%以上，还有乙烷、丙烷、丁烷和含量极低的戊烷、己烷、环烷烃、芳香烃类（如苯、甲苯）等。非烃类主要有少量的二氧化碳、硫化氢、氮气、氢气、氨气、水蒸气和微量的惰性气体如氦气、氖气、氩气等。

天然气具有绿色低碳、清洁高效等特征，既是优质燃料气，也是制取合成氨、炭黑、乙炔等化工产品的原料气。由于开采、储运和使用天然气经济便利，天然气在世界范围内得到广泛利用。在美国、欧洲等经济发达国家，天然气管网设施建设布局十分成熟，天然气主要通过管道从气源地输往各地，辅以少量的液化天然气，满足市场需求。但在日本、韩国等国产天然气短缺的海洋型国家，主要通过在国际市场上购买液化天然气满足国内市场需求。

液化天然气（liquefied natural gas，LNG），是指气态的天然气在净化和脱除杂质组分后，在常压下，采用节流、膨胀和外加冷源制冷等工艺，冷却至其沸点温度（−161.5℃左右，因杂质不同而略有波动）后，液化形成的低温液体。LNG的主要成分是甲烷，含有少量的乙烷、丙烷、氮气，微量的硫、二氧化碳等，无色、无味、无毒、无腐蚀性，其体积约为同量气态天然气体积的1/625，其质量仅为同体积水的45%左右。

3.2.2 国内外天然气资源分布情况

3.2.2.1 全球资源

（1）天然气储量　全球天然气勘探已经进入稳定增储阶段。从20世纪50年代到90年代，世界天然气探明储量大幅增加，进入规模发现高峰阶段，该阶段在西伯利亚地区和波斯湾地区均发现巨大气田。同时，天然气运输与储存技术突飞猛进，通过铺设长距离输气管道和LNG船舶运输，天然气工业得到快速发展。自20世纪90年代以来，全球天然气勘探发现增速变缓，虽然新发现油气田数量较多，但储量规模较小，进入了稳定增储阶段。

从2020年全球各地区天然气剩余探明储量来看，其主要集中在中东地区和中亚-俄罗斯地区，分别为75.8万亿立方米、56.6万亿立方米，两地区占全球总剩余探明储量的70.4%。亚太、北美洲、欧洲三大消费市场剩余探明储量较少，仅分别占8.8%、8.1%和1.7%。

（2）天然气产量　近年来，全球天然气产量持续增长，2020年受全球疫情影响，产量有所回落。近五年年均天然气产量为3.78万亿立方米，其中，北美洲和中亚-俄罗斯地区天然气产量较高，占比分别为27.5%、21.5%；中东、亚太次之，占比分别为17.4%和16.5%；欧洲、中南美洲、非洲产量相对较低，占比分别为6.5%、6.1%、4.5%。各大地区产量增速差异较大，全球近五年年均天然气产量增速达1.9%，其中，北美洲、亚太、中东近五年年均增速较大，分别为3.2%、3.1%、2.7%；非洲、中亚-俄罗斯次之，近五年年均增速分别为2.1%、1.2%；欧洲、中南美洲呈现负增长，近五年年均增速分别为−3.5%、−3.0%。

全球天然气产量构成呈现多元化发展。全球陆上常规天然气产量在1990年进入平台期，海域天然气产量开始快速持续增长。2009年美国页岩气革命成功，页岩气产量开始快速增长，全球天然气产量多元化格局初步形成。2020年全球天然气产量中，陆上常规天然气产量约占50%，海域天然气占30%，页岩气占13%，致密气占6%，煤层气占1%。

3.2.2.2　国内资源

（1）天然气储量　中国天然气资源类型多样，资源量丰富，其中常规天然气地质资源量达79万亿立方米，技术可采资源量达22.4万亿立方米。非常规天然气包括致密气、页岩气和煤层气等，地质资源量达131万亿立方米，技术可采资源量达36.3万亿立方米。2000年以来，天然气勘探迎来大发展、大跨越，常规与非常规并进，累计探明14.6万亿立方米，占总探明储量87%。

为加快国内天然气勘探开发步伐，2019年国家能源局制定针对油气行业增储上产的“七年行动计划”，国内油气公司上游投资大幅增加，勘探开发力度明显增强。近两年，全国天然气增储上产态势良好，实现储量、产量双升。2020年，全国天然气新增地质储量1.29万亿立方米，其中，常规天然气新增1.04万亿立方米，页岩气新增1918亿立方米，煤层气新增673亿立方米[3]。剩余探明可采储量累计8.4万亿立方米[4]，储采比为43.3。

（2）天然气产量　中国已建成1座年产6000万吨油气当量的特大型油气田——长庆气田，天然气产能超过300亿立方米的两个大气区——塔里木和西南气区[3]，此外还有海上气区、青海气田、大庆油田、吉林油田、辽河油田等多个中小油气田，2020年全国常规天然气产量达到1611亿立方米。非常规天然气中，川渝、湖北等地页岩气产量约200亿立方米，山西、陕西等地煤层气产量达67亿立方米，内蒙古大唐克什克腾旗、新疆伊犁庆华、新疆伊犁新天、内蒙古鄂尔多斯汇能4个煤制气项目天然气产量达47亿立方米。2020年全国天然气总产量达1925亿立方米。

3.2.3　天然气贸易和价格情况

3.2.3.1　全球贸易和价格

（1）全球贸易　全球天然气贸易构成及变化趋势见图3-1。自2007年以来，全球天然气跨国贸易份额维持较高水平。2008年国际金融危机以后，管道气贸易量下滑，LNG贸易量支撑着天然气国际贸易量占全球消费量的比例保持在20%～25%。2020年全球贸易量达9401亿立方米，包括管道气贸易量4522亿立方米、LNG贸易量4879亿立方米，LNG贸易量在2020年首次超过管道气贸易量。

全球天然气贸易长期以供应欧美为主，但欧美进口比例逐年下降，亚太地区进口比例逐年上升。2005年欧美进口天然气4495亿立方米，占全球的70%，亚太地区进口占比仅19%。2020年欧美进口天然气4751亿立方米，占全球的51%，亚太地区进口3949亿立方米，占比升至42%。

从全球贸易变化趋势可以看出，天然气的液化、储存、再汽化成本已大幅降低，来源更加丰富，贸易合同更加灵活，电子商务更加便利，因此LNG贸易更加受到国际交易双方的青睐。2020年全球LNG贸易中，亚太与欧洲地区是主要进口地区，两个地区进口量占总进口量的 94.3%；出口方面，亚太与中东地区出口量占全球出口总量的 60% 以上。

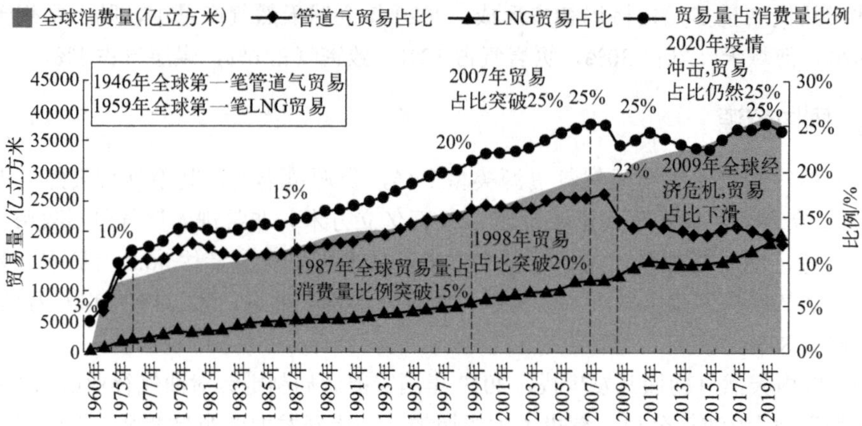

图 3-1　全球天然气贸易占比趋势图

（2）国际 LNG 贸易价格　国际 LNG 贸易价格与国际油价存在明显的强相关性。在“十二五”期间布伦特原油价格超过 100 美元 / 桶时，日本、韩国 LNG 进口价格超过 14.0 美元 /MMBtu（1Btu=1054.35J）。

3.2.3.2　国内贸易和价格

（1）管道天然气　截至2020年底，中国已先后同中亚3国（土库曼斯坦、乌兹别克斯坦、哈萨克斯坦）、缅甸、俄罗斯签订跨国管道天然气贸易合同，并分别通过中亚 A/B/C 线、中缅天然气管道、中俄东线管道进口到国内，2020 年进口量达 475 亿立方米。

（2）LNG　2020 年中国 LNG 总进口量达 6713 万吨，折合 940 亿立方米，来自澳大利亚、卡塔尔、马来西亚、印度尼西亚、俄罗斯等 20 余个国家。其中进口澳大利亚资源量最高，达到 406 亿立方米，占比 43%。

价格方面，马来西亚 LNG 价格最低，“十三五”期间平均进口价格为 5.56 ～ 8.11 美元 /MMBtu；卡塔尔价格最高，“十三五”期间平均进口价格为 7.94 ～ 10.49 美元 /MMBtu。其他国家进口价格介于马来西亚与卡塔尔之间（见表 3-3）。

表3-3　2011～2020年中国从各国进口LNG平均价格（含期货与现货）　单位：美元/MMBtu

国家	2011 年	2012 年	2013 年	2014 年	2015 年	2016 年	2017 年	2018 年	2019 年	2020 年
澳大利亚	3.49	3.40	3.40	3.60	5.62	5.92	6.78	9.06	9.15	6.83
马来西亚	8.54	8.11	8.15	8.45	7.83	6.18	6.69	8.11	7.60	5.56
印度尼西亚	4.04	4.18	3.93	6.24	8.35	6.47	7.43	9.19	8.99	6.30
卡塔尔	16.94	18.67	17.74	17.86	11.31	7.96	8.68	10.42	10.49	7.94
巴布亚新几内亚	0	0	0	14.23	10.93	6.85	8.05	9.95	9.95	7.21
平均价格	9.07	10.77	11.15	11.76	8.66	6.54	7.33	9.43	9.15	6.73

参考文献

[1] 董大啸，邵龙义. 国际常见的煤炭分类标准对比分析 [J]. 煤质技术，2015(2):54-57, 68.
[2] 久利马里耶夫 A M，戈洛温 Γ C，加加林 C Γ，等. 煤结构-化学指数分类与应用 [M]. 北京：化学工业出版社，2013.
[3] 国家能源局石油天然气司，等. 中国天然气发展报告（2021）[M]. 北京：石油工业出版社，2021.
[4] BP.BP Statistical Review of World Energy 2021. London, 2021.

中国肥料研究与应用全书

Books of Fertilizer Research and Application in China

FERTILIZER

第4章

氮肥市场和国际贸易

4.1 国内氮肥市场

4.1.1 氮肥消费

我国氮肥应用领域较广，包括种植业、人造板工业、三聚氰胺、脱硫脱硝、柴油车尾气处理、民用爆破器材、林业、渔业、畜牧业、草地和设施园艺等领域，可以大致分为农业和非农业两个领域。

关于我国农用化肥消费总量，官方数据主要来自国家统计局数据库和国家统计局出版的《中国统计年鉴》。《中国统计年鉴》[1] 统计的化肥消费量分两部分，即单质肥和复合肥，计算中国农业氮、磷、钾肥消费总量时需要计算复合肥中氮、磷、钾养分量，国内计算复合肥中氮、磷、钾含量时常采用氮、磷、钾比例法来计算，比如 15∶15∶15，但是中国复合肥品种多而杂，估算的氮磷钾比例误差较大；另外，复合肥定义不是很清楚，例如复合肥是否包括磷酸二铵尚不明确。因此，根据统计年鉴估算我国农业氮肥消费量误差较大，有时会出现消费量明显大于供应量的情况。

广义的化肥消费是指一国所拥有的化肥资源通过市场进入终端消费者手中，其量称之为表观消费量，表观消费量 = 生产量 + 进口量 − 出口量，这种方法忽视了库存的变化，因此与实际消费量之间有一定的差距。运用氮肥行业生产数据和海关进出口数据计算表观消费量具有较高的可靠度，因为一方面工业部门经营者相对集中，全国氮肥生产企业不过几百家，远远小于上亿的农户，数据采集相对容易；另一方面全国主要氮肥企业一直执行上报制度，中国氮肥工业协会在生产统计方面也有着优良的传统。而化肥一直是我国重要的一种贸易产品，国家海关系统对化肥贸易有相关的监测和上报系统，且贸易数据可以在国际很多机构进行校验，其准确度更高。近四十年中国生产量、进出口量及表观消费量情况见表 4-1[2-4]。

表4-1　1981～2020年中国氮肥生产量、进出口量及表观消费量　　单位：万吨纯氮

年份	生产量	进口量	出口量	表观消费量	非农领域消费量	农业领域消费量
1981	986	143		1129	12	1129
1982	1022	182		1203	13	1203
1983	1109	237		1346	14	1346
1984	1221	273		1494	15	1494
1985	1144	216		1360	18	1359
1986	1159	170		1329	20	1328
1987	1342	318	1	1659	22	1652
1988	1361	457	1	1816	25	1821
1989	1424	431	0	1855	28	1854
1990	1464	460		1923	30	1923
1991	1510	460		1970	32	1963
1992	1568	431		2000	35	2002

续表

年份	生产量	进口量	出口量	表观消费量	非农领域消费量	农业领域消费量
1993	1529	239	2	1766	38	1767
1994	1671	281	5	1947	43	1882
1995	1858	483	13	2329	48	2344
1996	2124	437	18	2543	50	2493
1997	2075	294	21	2347	55	2267
1998	2175	143	12	2306	58	2257
1999	2438	133	7	2564	71	2386
2000	2398	107	52	2453	85	2272
2001	2527	98	71	2553	92	2269
2002	2809	194	35	2968	111	2914
2003	2880	96	149	2826	122	2827
2004	3010	78	215	2873	194	2679
2005	3201	76	109	3168	387	2781
2006	3440	62	119	3383	422	2961
2007	3610	30	363	3277	433	2844
2008	3639	12	266	3385	486	2899
2009	3860	36	229	3667	467	3200
2010	3710	26	462	3274	376	2898
2011	3828	18	373	3473	622	2851
2012	4311	32	491	3852	714	3138
2013	4586	27	558	4055	625	3430
2014	4553	22	873	3702	695	3007
2015	4716	25	996	3745	772	3005
2016	4136	22	731	3427	789	2663
2017	3960	24	555	3430	893	2576
2018	3809	33	471	3371	1020	2443
2019	3970	32	584	3418	1054	2394
2020	4032	24	631	3426	997	2406

资料来源：氮肥生产量、非农领域氮肥消费量数据来自中国氮肥工业协会，氮肥进出口数据来自中国海关。

从表4-1可以看出，过去40年间，我国氮肥表观消费量整体呈增长趋势，到2013年，我国氮肥表观消费量达4055万吨纯氮，是迄今为止的最高值。农业领域消费量在“十二五”中期达到阶段性峰值，2013年国内农业领域氮肥消费量约为3430万吨纯氮。在“十三五”期间，农业领域氮肥消费量开始下降，而非农领域的消费量仍然整体呈增长趋势。

农业领域氮肥消费量主要受农业产业结构调整及肥料利用效率变化影响。国家统计局数据显示，近20年我国农作物播种面积整体呈增长趋势。根据国家“中国人饭碗里装的主要是中国粮”“口粮绝对安全”的粮食安全战略，小麦、水稻等口粮作物播种面积基本稳定。而玉米作为饲料粮作物的播种面积随市场价格波动较大。而随着人民生活水平提高，饮食更加丰富均衡，蔬菜作物播种面积整体呈增长趋势[1]。

从非农领域看，近年来氮肥消费量呈现快速增长的趋势（见表4-2），从2015年的772万吨纯氮增加到2019年的1054万吨纯氮。从几个主要非农领域氮肥消费量的变化趋势看，脲醛树脂、三聚氰胺、车用尿素对氮肥的需求近几年增长很快。用于生产人造板用脲醛树脂的氮肥消费量从2015年的385万吨纯氮到2019年的512万吨纯氮，增长127万吨，增幅33.0%。用于生产三聚氰胺的氮肥消费量从2015年的121万吨纯氮到2019年的188万吨纯氮，同比增长55.4%；用于生产车用尿素溶液（柴油车尾气处理剂）的氮肥消费量从2015年的8万吨增长到2019年的48万吨纯氮，增加40万吨纯氮，增幅500%。ADC发泡剂、氰脲酸近几年对氮肥的需求基本保持稳定。用于民用爆破器材制造的硝酸铵的氮肥消费量近年来维持在169万～201万吨纯氮/年的水平。

表4-2　国内非农领域氮肥消费量　　单位：万吨纯氮

年份	非农领域氮肥消费量	脲醛树脂	三聚氰胺	车用尿素	ADP发泡剂	氰脲酸	硝酸铵	其他
2015	772	385	121	8	22	24	169	42
2016	789	385	136	18	25	26	155	44
2017	893	454	146	22	25	25	176	46
2018	1020	502	188	28	25	25	198	54
2019	1054	512	188	48	25	25	201	55
2020	997	461	183	63	25	25	185	56

资料来源：数据由中国氮肥工业协会测算，未发表。

4.1.2 氮肥供应

4.1.2.1 产能和产量

2002～2015年，我国氮肥工业进入快速发展期，到2015年达到顶峰。据中国氮肥工业协会统计，2015年全国合成氨产能达到7532万吨，比2002年增长73.1%（表4-3）。由于产能增速明显高于需求增速，在2010～2019年这十年间产能呈明显过剩，市场供大于求，氮肥企业间竞争激烈，行业盈利水平偏低。

表4-3　2002～2020年我国合成氨产能和产量

年份	产能/万吨	产量/万吨	产能利用率/%
2002	4350	3654	84.0
2003	4400	3795	86.2
2004	4700	4222	89.8
2005	5100	4596	90.1

续表

年份	产能 / 万吨	产量 / 万吨	产能利用率 /%
2006	5500	4893	89.0
2007	5700	5094	89.4
2008	5970	5050	84.6
2009	6225	5325	85.5
2010	6559	4994	76.1
2011	6579	5221	79.4
2012	6850	6008	87.7
2013	7401	6198	83.7
2014	7417	6053	81.6
2015	7532	6678	88.7
2016	7305	6071	83.1
2017	7135	5630	78.9
2018	6689	5601	83.7
2019	6811	5765	84.6
2020	6676	5884	88.1

尿素作为产量最大的氮肥品种，其产能发展走势和合成氨基本一致（表 4-4）。2013 ～ 2015 年尿素产能均达到 8000 万吨 / 年以上，几乎在 2002 年的基础上翻了一倍，产能呈现明显过剩，产能利用率维持在 80% 左右。之后的几年，国外新增产能陆续投产，国内优惠政策取消，我国氮肥在国际市场没有竞争优势，且国内提出化肥零增长行动，需求持续疲软，市场竞争异常激烈，价格持续低迷。这几年间，部分竞争力弱的产能逐渐被淘汰，过剩产能不断下降。加上天然气原材料供应紧张、秋冬季重污染天气限产等因素也限制产能的发挥，2020 年，全国尿素产能下降至 6634 万吨，国内的氮肥供应与需求逐渐趋于平衡。表 4-4 数据显示，2020 年尿素产量下降至 5622 万吨，比 2015 年最高峰时下降 1437 万吨，降幅达 20.4%，2020 年尿素产能利用率恢复到 84.7%。

表4-4　2002 ~ 2020年我国尿素产能和产量

年份	产能 / 万吨	产量 / 万吨	产能利用率 /%
2002	4070	3523	86.6
2003	4150	3661	88.2
2004	4350	3940	90.6
2005	4600	4147	90.2
2006	5250	4579	87.2
2007	5700	4988	87.5
2008	5900	5104	86.5
2009	6428	5545	86.3

续表

年份	产能 / 万吨	产量 / 万吨	产能利用率 /%
2010	6605	5197	78.7
2011	6619	5345	80.8
2012	7130	6192	86.8
2013	8070	6710	83.1
2014	8070	6592	81.7
2015	8070	7059	87.5
2016	7710	6192	80.3
2017	7417	5337	72.0
2018	6954	5208	74.9
2019	6668	5481	82.2
2020	6634	5622	84.7

4.1.2.2 原料结构

由于我国富煤、少气、贫油的资源禀赋特点，我国合成氨工业的原料主要以煤为主，尤其是近 10 年来，新增产能主要以煤为原料。到 2020 年，以煤为原料的合成氨产量占比达 78.6%，以天然气为原料的合成氨产量占比为 21.0%，以石油为原料的合成氨产量占比为 0.4%，其他主要以焦炉气及乙炔尾气原料，占比为 3.2%。

4.1.2.3 产品结构

我国氮肥产品经历了从无到有，从低浓度到高浓度的发展过程（表 4-5）。在新中国成立初期，我国只有少量的硫酸铵和硝酸铵。在 20 世纪 60 ～ 70 年代，由于国外技术封锁，我国只能自力更生发展碳铵。在 1997 年以前，我国产量最大的氮肥品种是碳铵。1997 年，尿素成为第一大氮肥品种，之后碳铵逐渐被尿素取代。到 2020 年，尿素的产量达到 2603.3 万吨纯氮，占氮肥产量的比重为 64.6%；碳铵产量只有 76.2 万吨纯氮，占氮肥产量的比重降到 1.9%。氯化铵来自联碱副产，随着联碱产能扩张而产量增加，到 2020 年产量为 342.4 万吨纯氮，占氮肥产量比重为 8.5%。硫酸铵主要是己内酰胺、丙烯腈、氰尿酸等化工产品和焦化、钢铁、电力、煤化工等行业尾气治理的副产品，2015 年以来产量增长速度很快。到 2020 年，硫酸铵产量达 222.4 万吨纯氮，占氮肥产量的 5.5%。硝酸铵产量在 2002 年以前一直保持稳定增长。自 2002 年起，由于硝酸铵被纳入民爆产品管理，不能直接用作农用氮肥，短期内产量出现下降，直到 2004 年，随着国内基础设施建设加快，民用爆破器材需求旺盛，硝酸铵产量进入快速增长期，2015 年达到顶峰后进入结构调整期，产量有所下降，近年来，利用硝酸铵为原料的复合肥产品发展较快，硝酸铵产量又有所增长。到 2020 年，硝酸铵产量达到 196.1 万吨纯氮，占氮肥比重为 4.9%。2000 年以来，随着国家提倡科学施肥、平衡施肥和测土配方施肥，复合肥市场需求逐年增加，部分企业利用合成氨生产的二元（磷酸一铵、磷酸二铵、硝酸磷肥）、三元复合肥产量也呈增长趋势，主要在表 4-5 中其他这一项里。

表4-5　我国主要氮肥产品产量表[3]　　单位：万吨纯氮

年份	尿素	碳铵	氯化铵	硫酸铵	硝酸铵	其他	合计
2010	2407.6	418.4	238.9	不详	141.3	552.9	3759.1
2011	2475.2	344.4	288.5	不详	163	591.1	3862.2
2012	2878.3	341.1	315.3	不详	165.6	613	4313.3
2013	3105.1	274	305.2	不详	155.1	746.7	4586.1
2014	3052.4	240.2	307.9	不详	172.6	780	4553.1
2015	3268.2	200.1	285.8	不详	185.5	851.5	4791.1
2016	2866.8	138.6	276.8	152.8	132.3	612	4179.3
2017	2471.1	124.4	311.9	190	149.6	627.8	3874.8
2018	2410.7	86	289.1	199.4	168.6	655.4	3809.2
2019	2537.8	87.7	339.7	221	155.9	631.6	3973.7
2020	2603.3	76.2	342.4	222.4	196.1	585.4	4025.8

4.1.2.4　产量区域分布

我国氮肥产量分布在煤炭、天然气资源丰富的地区和氮肥消费量大的区域。各区域产量变化见表4-6、表4-7。

表4-6　2022年我国合成氨产量区域分布　　单位：万吨实物

省份	2022年合成氨产量	占全国比例/%	2015年合成氨产量	2022年与2015年的变化量
山东	730.8	12.0	781.2	−50.3
山西	599.5	9.8	542.6	56.8
河南	556.5	9.1	725.3	−168.8
内蒙古	528.9	8.7	404.7	124.2
湖北	496.9	8.2	490.5	6.4
新疆	381.7	6.3	317.9	63.9
安徽	357.6	5.9	404.0	−46.4
四川	347.2	5.7	403.2	−56.0
江苏	307.2	5.0	366.8	−59.6
云南	248.9	4.1	253.0	−4.1
陕西	248.9	4.1	226.4	22.5
河北	238.1	3.9	397.6	−159.5
重庆	168.6	2.8	188.0	−19.4
宁夏	118.4	1.9	94.5	23.9
贵州	119.8	2.0	265.0	−145.3
黑龙江	86.5	1.4	90.3	−3.8
海南	78.9	1.3	79.2	−0.3
浙江	74.3	1.2	72.3	2.1
江西	73.9	1.2	9.0	64.9

续表

省份	2022 年合成氨产量	占全国比例 /%	2015 年合成氨产量	2022 年与 2015 年的变化量
湖南	65.3	1.1	112.6	−47.3
青海	63.3	1.0	41.3	22.0
福建	64.4	1.1	89.6	−25.2
吉林	41.0	0.7	49.7	−8.6
辽宁	37.7	0.6	92.6	−54.9
甘肃	34.6	0.6	57.7	−23.1
天津	24.0	0.4	20.1	3.9
广西	3.0	0.0	102.5	−99.5
广东	0		0.6	−0.6

表4-7　2022年我国尿素产量区域分布　单位：万吨实物

省份	2022 年尿素产量	占全国比例 /%	2015 年尿素产量	2022 年与 2015 年变化量
山东	764.1	13.3	1059.7	−295.6
内蒙古	761.7	13.2	655.4	106.3
山西	665.0	11.5	808.1	−143.1
新疆	586.8	10.2	496.5	90.3
河南	515.5	8.9	834.8	−319.3
四川	315.5	5.5	340.6	−25.1
安徽	281.4	4.9	396.4	−115.0
河北	276.6	4.8	432.3	−155.7
陕西	230.9	4.0	241.9	−11.0
湖北	200.8	3.5	267.2	−66.4
江苏	191.7	3.3	263.4	−71.7
云南	143.2	2.5	159.0	−15.8
宁夏	141.0	2.4	82.0	59.0
海南	138.3	2.4	138.6	−0.3
重庆	115.6	2.0	172.8	−57.2
黑龙江	103.1	1.8	113.0	−9.9
江西	91.0	1.6	16.0	75.0
青海	84.8	1.5	56.1	28.7
贵州	61.8	1.1	162.2	−100.4
辽宁	51.2	0.9	102.4	−51.2
甘肃	34.8	0.6	58.0	−23.2
吉林	6.4	0.1	37.2	−30.8
广西	0		65.3	−65.3
湖南	0		39.4	−39.4
福建	0		37.2	−37.2
浙江	0		23.3	−23.3

4.1.3 我国氮肥进口量变化

随着国内氮肥产能的增长，我国逐渐摆脱了对进口氮肥的依赖。进入21世纪以来，我国氮肥年进口量下降至100万吨纯氮以下，近10年一直维持在20～30万吨纯氮的水平。从品种看，我国氮肥已经自给有余，基本不需要进口，但部分品牌好、质量有优势的复合肥每年仍有一定数量的进口，从而带进部分氮肥。

4.1.4 我国氮肥出口量变化

自2003年起我国成为氮肥净出口国，此后随着我国氮肥产能的增加，出口量呈逐年增长趋势，到2015年达到顶峰，之后出现下降。据中国海关统计，2015年我国氮肥出口量达996.3万吨纯氮，尿素出口量达1374.8万吨实物，我国成为世界第一尿素出口大国，尿素出口量占全世界国际贸易量的27.6%。自2016年开始，随着国内优惠政策取消，氮肥生产成本升高，国际竞争力不断被削弱，同时国外新增产能陆续投产，国际市场竞争激烈，我国氮肥出口难度增大，出口量逐年下降。到2018年氮肥出口量降至470.5万吨纯氮，尿素出口量降至244.3万吨实物。2019年、2020年，由于国际市场需求增加，国外落后产能退出，国内原材料价格下降，中国氮肥竞争力回升，氮肥出口量又有所恢复。

近20年来，我国的化肥出口关税和出口退税政策调整比较频繁，是影响氮肥出口的重要因素。在2004年以前，为了鼓励中国氮肥产业参与国际竞争，国家鼓励氮肥出口，对氮肥出口退税。2004年，为了保证国内化肥供应，不再鼓励出口，暂停尿素、磷铵出口退税政策。2005年开始对尿素征收出口关税260元/t。

由于2008年国际市场波动剧烈，价格创历史高位，为保证国内化肥供应，中国通过对化肥征收高额出口关税限制出口。以尿素为例，2008年先后多次提高出口关税，2008年9月对尿素征收的出口关税为出口价格的185%。2009年以后，美国次贷危机引发全球性金融危机，大宗商品价格跳水，国际市场供需关系也发生变化，我国每年根据当年的供需形势对化肥出口关税及出口退税率进行调整，一直到2019年才取消所有化肥品种的出口关税。

4.2 国际氮肥市场

4.2.1 世界氮肥生产概况

据国际肥料工业协会（IFA）统计，全世界共有85个国家有合成氨和氮肥产能，2020年全球合成氨产能达到2.208亿吨，其中有71%的合成氨产能以天然气为原料，有29%的合成氨产能以煤、石油、石油焦、焦炉气为原料。合成氨又加工成各种氮肥及化工产品，据IFA统计[7]，2020年全球氮肥产能达1.83亿吨，产量达1.573亿吨纯氮，其中产能、产量最多的是尿素。2020年全球尿素产能达到2.102亿吨实物，产量达到1.815亿吨实物，分别占全世界的52.8%和53.1%。

随着经济全球化发展，氮肥产能向天然气资源丰富的地区及化肥消费密集地区集中。东亚是氮肥产能最大的地区，其次依次是南亚、西亚、东欧和中亚、北美、非洲。2016～2020年间，全球尿素产能总量变化不大，从2016年的9642万吨纯氮增加至2020年的9670万吨纯氮。各区域有增有减，东亚地区产能逐年下降，从2016年的4193万吨纯氮下降至2020年的3738万吨纯氮，减少了455万吨纯氮；北美、东欧和中亚、南亚等地区产能增长较快，分别增加201万吨纯氮、153万吨纯氮、116万吨纯氮。

4.2.2 世界氮肥消费概况

2010～2020年间，全球农业领域氮肥需求和非农领域氮肥需求均保持增长，其中2020年农业领域氮肥需求比2010年增长6.7%，非农领域氮肥需求比2010年增长69.1%。据国际肥料协会调查，2022年全世界氮肥消费约14366万吨纯氮，其中农业氮肥需求为10857万吨纯氮，占75.6%；非农业氮肥需求量为3509万吨纯氮，占24.4%；2010～2022年间农业氮肥需求和非农业氮肥需求均保持增长，其中2022年农业氮肥需求比2010年增长10.8%，非农业氮肥需求比2010年增长46.7%。2020年全球尿素表观消费量达18149万吨，世界尿素消费主要分布在东亚、南亚、北美、拉美等地区，分别占到世界总消费量的35.6%、24.6%、10.7%、8.3%。2020年世界十五大尿素消费国分别为：中国、印度、美国、巴西、巴基斯坦、印度尼西亚、加拿大、伊朗、土耳其、澳大利亚、俄罗斯、阿根廷、孟加拉国、泰国和德国。这些国家消费量占世界总消费量的80.5%。

4.2.3 氮肥国际贸易格局

2010～2021年间，全球氮肥贸易呈增长趋势。据国际肥料工业协会统计，2020年全球尿素国际贸易量合计5203万吨，比2010年增长了28.6%。2020年全球尿素国际贸易量比2019年同比增长了6.7%。

全球尿素贸易主要的输出地是西亚、东欧和中亚、亚太地区、非洲，2020年这四个地区的尿素出口量分别是1810万吨、1020万吨、970万吨、850万吨；全球尿素贸易主要的输入地是亚太地区、西欧和中欧、北美，2020年这三个区域的尿素进口量分别是2040万吨、660万吨和550万吨。亚太地区是全球尿素贸易最活跃的地区，也是最大的净流入区域，2020年净流入尿素1070万吨。

参考文献

[1] 国家统计局数据库 .
[2] 张卫峰，张福锁，等. 中国肥料产业发展研究报告 2012. 北京：中国农业大学出版社 .
[3] 张卫峰，易俊杰，等. 中国肥料产业发展研究报告 2016. 北京：中国农业大学出版社 .
[4] 范可正，等. 中国肥料手册. 北京：中国化工信息中心，2002.

中国肥料研究与应用全书

Books of Fertilizer Research and Application in China

FERTILIZER

第5章

合成氨

5.1 煤炭制氨——气化

根据气化原料的粒度及其运动方式，煤的气化方法分为气流床气化、固定床气化、流化床气化三大类型。本节选取典型气化技术分别进行介绍。

5.1.1 水煤浆加压气化技术

水煤浆加压气化技术属于典型的气流床工艺，气流床又称射流携带床利用流体力学中射流卷吸的原理，将煤浆与气化介质通过喷嘴高速喷入气化炉内，射流引起卷吸，并形成高度湍流，从而强化了气化炉内的混合，有利于气化反应的充分进行。

气流床气化炉的高温、高压、混合较好的特点决定了它有在单位时间、单位体积内提高生产能力的最大潜能，符合大型化工装置单系列、大型化的发展趋势，代表了煤气化技术发展的主流方向，已广泛应用于大规模工业生产的煤处理量在1000t/d以上的气化炉几乎全为气流床气化炉，这就是一个明显的例证。

气流床气化炉煤种适应性较强，与固定床和流化床相比，其碳转化率高，合成气中不含焦油等产物。当然，由于其操作温度高，其比氧耗［生产1000m^3（CO+H_2）的氧耗量］要高于固定床和流化床。

5.1.1.1 水煤浆加压气化的工艺流程与基本原理

典型的水煤浆加压气化工艺包括制浆输送、加压气化、合成气显热回收与洗涤三个单元（见图5-1）[1]。制浆输送是保障，加压气化是核心，制备干净的合成气是目标。不同的专利商开发了不同的水煤浆加压气化技术，但原则流程基本相同，在下文中有不同技术流程的专门介绍，这里不再赘述。

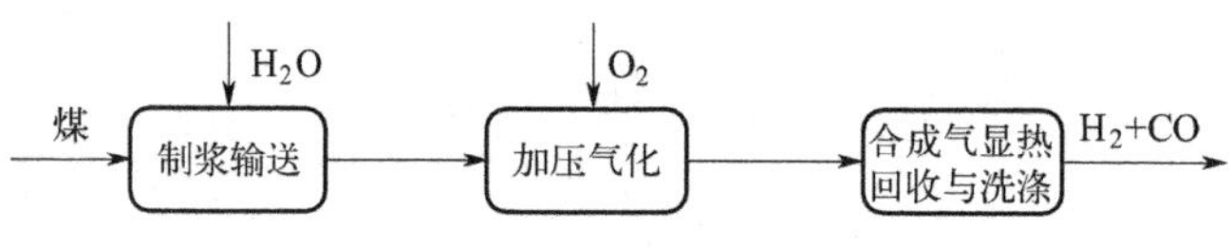

图5-1 水煤浆加压气化系统构成

（1）制浆输送

① 水煤浆的基本特性　水煤浆是将煤磨到一定粒度后，与水混合制得的浆体物料。水煤浆有以下基本特性。

A．水煤浆中煤的粒度　从有利于燃烧或气化的角度出发，要求其中煤炭的粒度（通过率≥98%的粒度）不大于300μm，最好小于200目（74μm）（见表5-1）。这种细度要求与煤粉电站锅炉燃烧用的煤粉细度相当。

表5-1 水煤浆粒度分布

目数	质量通过率/%	目数	质量通过率/%
8	100	200	60～70
14	98～100	325	23～35
40	90～95		

B．水煤浆中的煤含量 作为锅炉燃料或者气化原料，应尽可能减少其中的水含量。通常要求其中煤的质量分数（即水煤浆的浓度）大于58%。水煤浆产品的实际浓度与煤炭的质量、制浆技术及用户的需求有关。水煤浆允许含有高达30%～40%的水分，这里水分是指水煤浆中的全水分，包括隐含在煤中的内在水分。通常使用的煤炭也不是完全干燥的，一般已经含有5%～8%甚至更多的水分，因此制备水煤浆时加入的水分实际不到30%～40%。从气化和燃烧效率的角度讲，煤浆浓度无疑越高越好。开发稳定的高浓度水煤浆一直是努力的方向。

C．水煤浆的流变特性 流变性是指流体的流动特性。对于牛顿流体，流动时其黏度在温度恒定时为常数，不随速度梯度而变。水煤浆是一种非牛顿流体，它的黏度随流动时速度梯度（剪切速率）的大小而变，所以它的黏度称为“表观黏度”，不同剪切速率条件下可表现为不同值。为了便于使用，水煤浆应有良好的流动性，以利于泵送、雾化、燃烧或气化。作为普通燃料时，要求水煤浆在常温及$100s^{-1}$剪切速率下的表观黏度不高于1.0Pa·s。此外，还要求水煤浆具有“剪切变稀”的流变特性。也就是说，在它处于流动状态时，表现出具有较低的黏度，便于使用；当它停止流动处于静置状态时，又可表现出高黏度，便于存放。

D．水煤浆在储运中的稳定性 水煤浆是一种固、液两相混合物，不容易保持均态，很容易发生固、液分离现象，通常要求在储运过程中不产生“硬沉淀”。所谓“硬沉淀”，是指无法通过搅拌使水煤浆重新恢复原态的沉淀物。水煤浆不产生硬沉淀的性能，称为水煤浆的稳定性。所需要的存放稳定期根据用户要求及具体的用途而定，对长距离输送的水煤浆，一般为三个月；而对作为气化原料的水煤浆，24h的存放稳定期就能满足生产的需要。

② 影响煤成浆性的主要因素 煤的成浆性能受煤质影响很大。煤种不同，制浆的难易程度会有很大差别。影响成浆性的煤的理化指标很多，如煤的变质程度、孔隙结构、分析基水分含量（特别是内在水分含量）、灰分、挥发分、哈氏可磨性指数（HGI）以及煤的元素组成等，这些因素之间密切相关。孤立研究其中某个因素的影响，很难对煤的成浆性作出综合评价。一般认为：煤阶越低，内在水分含量越高，煤中O和C比值越高，亲水官能团越多，孔隙越发达，哈氏可磨性指数越小，煤中所含可溶性高价金属离子越多，煤的制浆难度越大[2]。

煤的变质程度、灰分、含水量等因素对颗粒表面的亲水性的影响显著，从而影响颗粒与分散剂、水之间的作用，导致浆体的黏度和稳定性大为不同。

A．内在水分含量 水煤浆浓度中的水分含量是指水煤浆中的全水分含量，包括原煤的内在水分和外在水分含量。内在水分分布在煤粒的内表面上，其分子和煤表面的极性官能团有较强的结合力，内在水分含量高低有时会有几倍至几十倍之差，因此当煤浆的质量浓度相同时，内在水分含量高，势必要减少起流动介质作用的水量，造成水煤浆的黏度高或难以获得高浓度的水煤浆。

B．孔隙结构及比表面积 煤的孔隙发达，则煤的比表面积大。在潮湿的环境下，煤发达的孔隙是造成其内在水分高的重要原因。同时高比表面积又会导致添加剂的高消耗。另外，发达的孔隙会储存大量的气体。成浆后水要慢慢渗入其中，出现煤浆“鼓包”“发干”等现象，加剧煤浆的“老化”，给水煤浆的制备、储存、运输等带来困难。

C．极性官能团 水是典型的极性物质。煤表面的极性官能团越多，煤的亲水性就越强，就会在煤表面吸附大量的水分子，增加煤的内在水分含量。煤的内在水分会在煤炭表面形成坚固的水化膜，减少了自由流动水量。另外，极性官能团还导致表面活性剂分子在煤表面的反吸附。因为分散剂都是一些两亲性的表面活性剂，一端是非极性的亲油基，一端是极性的亲水基，煤表面（主体是非极性的）吸附亲油基，将另一端亲水基朝外引入水中，亲水基吸附水可在煤表面形成一层水化膜而起到均匀分散、降黏等作用。若煤表面极性官能团含量多，则分散剂的亲水基与煤表面吸附，而将亲油基朝外引入水中，起到反作用，从而降低添加剂的药效和增大用量。

D．灰分　大量试验表明，相同浓度时，灰分越高，煤浆黏度越低，稳定性越好。从物理角度看，灰分高意味着制浆用煤的密度大。质量分数一定时，固体密度越大，煤浆中固体的体积分数越低，于是，浆的流动性越好。如灰分＜4%时，煤的密度可能只有1200kg/m^3，若质量分数为70%，其体积分数为66%；若灰分为25%，其密度大约为1500kg/m^3，则相同质量分数时，煤的体积分数须达到61%，两者相差5%。对同体积煤浆，后者多5%体积的水，在高浓度范围内，即使多1%的水，煤浆的流动性都会有明显的改观。所以，灰分越高，浆的表观黏度越低。

E．哈氏可磨性指数　煤的可磨性直接反映磨煤的难易程度，较为普遍的测定方法是采用哈特格罗夫法（简称哈氏法）。该法具有操作简单、再现性好等优点。将事先制备好的粒度在16～30目的煤样，在一台可磨性测试机上按规定破碎回转一定次数，然后将过200目筛网的筛下物称重。测试机必须经过校正，校正时采用ASTM的已知哈氏可磨性指数的一组标准煤样，得到一个线性方程。哈氏可磨性指数越高，表示煤越易磨碎，换言之，煤越软。可磨性好的煤实际上可以得到更多的微细颗粒，因而提高了堆积效率，易制得高浓度的水煤浆。当哈氏可磨性指数低于50时，煤浆浓度急剧下降。另外，哈氏可磨性指数是决定磨煤过程中能耗高低的重要指标，对磨机的选择、工况条件的确定有重要意义。

F．煤的岩相显微组分　文献[3]通过对24种中国典型煤种的研究，发现煤的岩相显微组分对水煤浆性质的影响较大。在相近的灰分条件下，对于烟煤，较高的镜质组含量和较低的丝质组含量有利于煤的成浆性、稳定性和流变性。最大镜质组反射率与煤变质程度密切相关，可以用煤的平均最大镜质组反射率来判断煤的成浆性。

③ 工艺流程与设备　水煤浆制备工艺通常包括选煤（脱灰、脱硫）、破碎、磨煤、加入添加剂、捏混、搅拌与剪切，以及为剔除最终产品中的超粒与杂物的滤浆等环节。各个环节的主要设备包括破碎装置、磨煤装置（磨机）、搅拌装置、滤浆装置以及水煤浆的泵送装置（图5-2）。

在制浆工艺中，破碎与磨煤是将煤炭磨碎至水煤浆产品所要求的细度，并具有较好的粒度分布、较高的堆积效率，它们是制浆厂中能耗最高的环节。为了减少磨煤功耗，除特殊情况（如利用粉煤或煤泥制浆）外，磨煤前必须先破碎。在水煤浆制备过程中，磨煤是一个关键环节。水煤浆制备过程的磨煤与其他工艺过程磨煤不同的地方主要是它不但要求产品达到一定的细度，而且更重要的是要求产品有良好的粒度分布。良好的粒度分布不仅有利于制得高浓度浆体，也有利于控制浆体的黏度，以便稳定输送，并保持均匀的流速。

制浆工艺的磨煤可选用干法，也可用湿法。磨煤回路可以是一段磨煤，也可以是由多台磨机构成的多段磨煤。原则上各种类型的磨机，例如雷蒙磨机、中速磨机、风扇磨机、球磨机、棒磨机等都可用于制浆。其中工程上通常使用的为球磨机、棒磨机，两者又可以分为振动式和搅拌式。

由于水煤浆的特殊性质以及各种泵适用场合的不同，并非所有类型的泵都适合用于水煤浆生产过程。相关文献[4,5]表明，在实际生产中的泵送设备一般常用叶片式中的离心式、回转式中的螺杆式、往复式中的隔膜式。在工厂实际操作中，低压煤浆泵（将煤浆从磨煤机出口槽输送到煤浆槽）一般采用离心泵，高压煤浆泵（将煤浆从煤浆槽输送到气化烧嘴）一般采用隔膜泵。

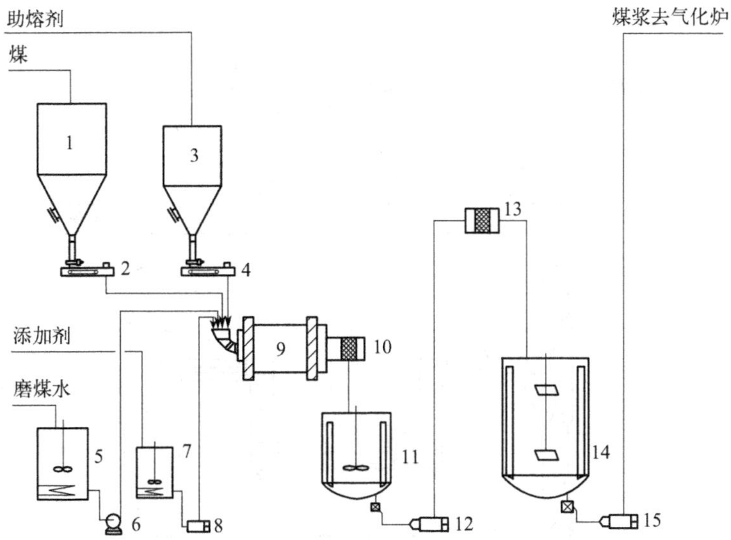

图 5-2 气化用水煤浆制备与输送流程

1—煤仓；2—煤称重进料机；3—助熔剂仓；4—助熔剂称重进料机；5—磨煤水槽；6—磨煤水泵；7—添加剂槽；8—添加剂泵；9—磨煤机；10—一级滚筒筛；11—磨煤机出口槽；12—磨煤机出口槽泵（低压煤浆泵）；13—二级滚筒筛；14—煤浆槽；15—煤浆给料泵（高压煤浆泵）

隔膜泵属于技术难度最大、产品附加值最高的泵类产品之一。它采用隔膜将输送介质与驱动介质（油类）隔开，使输送介质不仅无外漏，而且更重要的是输送的颗粒性介质与泵活塞运动部件不接触，免除了固体颗粒对泵造成的严重磨损，从而使泵的稳定性及可靠性大幅度提高。正是因为这些特点，隔膜泵在水煤浆生产行业获得广泛的使用。目前国内水煤浆气化工厂的高压煤浆泵均采用隔膜泵，常见的是荷兰的 GEHO 泵和德国的 FELUWA 泵。

两种泵的工作原理基本相似，都是输送介质与活塞不直接接触，由一个橡胶隔膜将其隔开，这样设计使泵的易损件数量降到最少。

GEHO 泵的电机带动减速机，减速机通过齿式联轴器推进齿轮副转动，齿轮副的大齿轮与曲轴连为一体，曲轴上的连杆与活塞杆上的十字头相连，这样曲轴的旋转运动就可转化为活塞的往复运动，从而完成液力端的抽吸及排出煤浆的过程。推进液系统通过监测杆对隔膜行程的监测，然后把信号送给 PLC，由 PLC 控制补排油，保证泵正常运行。图 5-3 为 GEHO 泵隔膜行程控制方式[1]。

FELUWA 泵通过减速箱的减速作用，使得电机转速降低到行程齿轮箱的传动速度。行程和减速组合箱将旋转运动转换为往复运动，然后将速度降低到活塞所需的行程次数。活塞在汽缸内作往复运动，排出液压油，从而带动隔膜移动，随后通过流动的液体激活泵软管变形。活塞向前运动时，挤压泵软管，泵软管通过收缩排出其中的煤浆。活塞向后运动时，泵头隔膜向内抽吸，而泵软管则恢复原形，即圆柱形，这样该泵头就会产生真空，从而使煤浆从阀门底部（吸入口）流入泵软管。在活塞向前运动期间，液压油将隔膜向前推动，传动液体以活塞排出的液体量的作用挤压泵软管，从而迫使煤浆通过压力阀流入垂直总管，活塞每个行程液压油都通过机械控制补排一次。图 5-4 为 FELUWA 泵隔膜行程控制方式示意图。

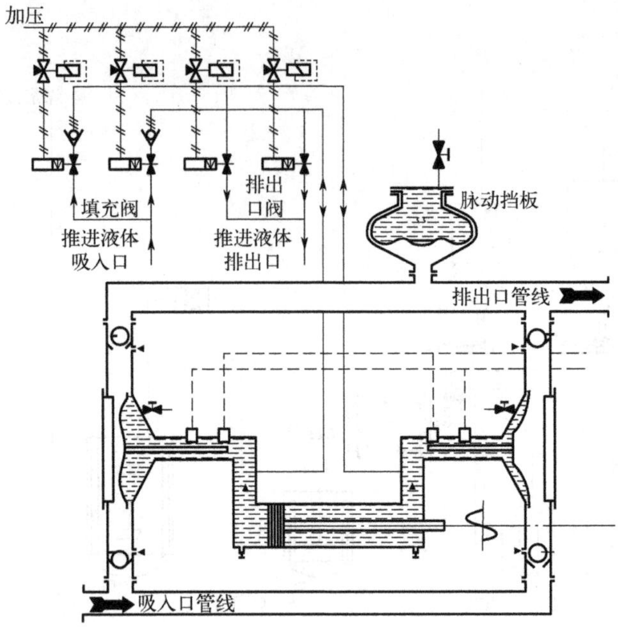

图 5-3　GEHO 泵隔膜行程控制方式

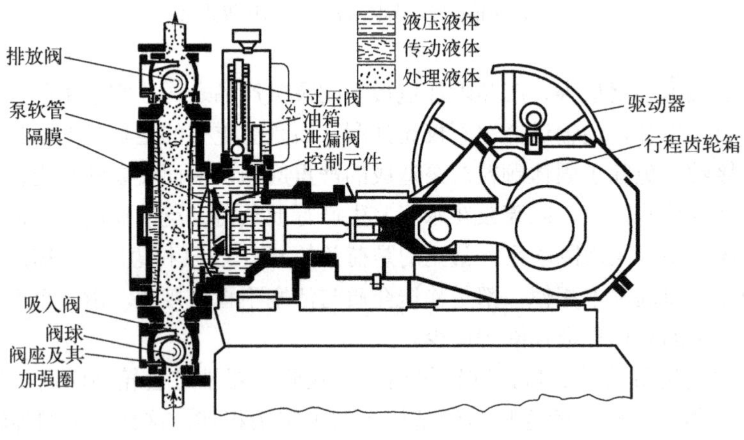

图 5-4　FELUWA 泵隔膜行程控制方式

（2）加压气化

① 水煤浆气化反应　水煤浆气化过程中，水煤浆经高压煤浆泵送至气化炉喷嘴，在喷嘴的作用下，水煤浆与氧气流进行动量交换，被雾化为雾状颗粒，雾状颗粒吸收热量进行蒸发、干燥、热解等过程，热解的产物有挥发分、气态烃（C_nH_m）以及半焦（主要成分是碳）。由于气流床气化过程中炉内高温辐射、对流及强烈的湍流作用，煤浆液滴的蒸发、干燥、热解应该是一个极其快速的过程。

煤在气化炉内的气化反应大体分两个阶段，第一阶段为部分氧化（燃烧）反应，见反应（5-1）、反应（5-2），称为一次反应，主要为热解析出的挥发分和形成的半焦的燃烧反应，其结束的标志是氧气消耗殆尽；第二阶段为气化反应，又称二次反应，由于第一阶段反应放热，为吸热的气化反应（5-3）、反应（5-4）创造了条件，反应（5-5）为均相水煤气反应。

$$C_nH_m+\left(n+\frac{m}{4}\right)O_2 = nCO_2+\frac{m}{2}H_2O\text{（放热反应）} \tag{5-1}$$

$$C+O_2 = CO_2\text{（放热反应）} \tag{5-2}$$

$$C+H_2O = CO+H_2\text{（吸热反应）} \tag{5-3}$$

$$C+CO_2 = 2CO\text{（吸热反应）} \tag{5-4}$$

$$CO_2+H_2 = CO+H_2O\text{（吸热反应）} \tag{5-5}$$

② 气化火焰 水煤浆气化是火焰反应过程，由于喷嘴结构、炉体结构不同，实际的水煤浆气化火焰中，物理和化学过程会同时发生，并相互作用，该过程包括：对流和传热、辐射传热、流体的湍流与混合、颗粒的弥散、煤颗粒的挥发、挥发分和氧化剂的燃烧反应、碳和氧化剂的反应、残炭的气化反应、灰渣形成、其他过程。

这些过程中究竟哪一个是水煤浆气化火焰反应的控制过程，其与喷嘴结构、炉体结构、工艺条件相关。

③ 典型的火焰类型 实际火焰一般分为预混火焰和扩散火焰，水煤浆气化炉内的单喷嘴火焰和撞击流火焰是典型的扩散火焰。水煤浆中含有 30% ～ 40% 的水分，而且水煤浆是一种典型的非牛顿流体，与粉煤不同，水煤浆通过喷嘴进入气化炉，先要进行雾化、水分蒸发、煤颗粒热解等过程，由于大量水分的存在，其着火燃烧及火焰与粉煤会有所不同。影响水煤浆扩散火焰[1]的因素有：气化炉的结构与尺寸、气化炉耐火衬里（水冷壁、耐火砖）和温度、煤种和煤粉颗粒的粒度分布、灰分及组成、氧气浓度与温度、水煤浆浓度与黏度、氧煤比、喷嘴结构及尺寸等。

迄今，有关水煤浆扩散火焰的研究主要集中在水煤浆的燃烧过程，而有关水煤浆气化中扩散火焰的研究几乎未见报道。当然，由于燃烧与气化过程有许多内在联系，水煤浆燃烧过程的研究结果对理解水煤浆气化过程中的火焰特征仍然具有重要的价值。

A. 单喷嘴火焰 在实际的气化过程中，如果火焰过长，势必将危及耐火砖寿命，为此，于遵宏及其合作者研究了双通道同轴射流时火焰长度与喷嘴及气化炉的结构变量和工艺变量之间的关系[6]，单喷嘴火焰见图 5-5，通过对图像的测量分析，最终获得了如下关系式：

$$\frac{L_f}{D_e}=AFr^bM^c \tag{5-6}$$

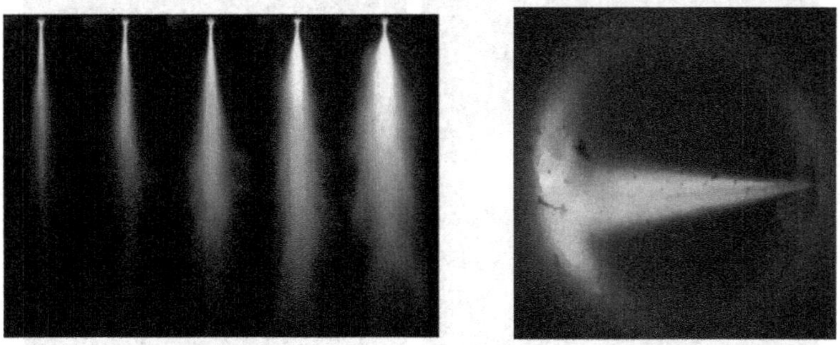

(a) 自由射流时的扩散火焰　　(b) 受壁面约束的单喷嘴射流扩散火焰

图 5-5 单喷嘴扩散火焰

式中 A、b、c——与实验条件有关的参数，在文献[7]的实验范围内，A=3.26，b=0.64，c=0.26；

L_f——火焰长度，m；

D_e——喷嘴当量直径，m；

Fr——Froude 数，无量纲；

M——喷嘴环隙通道流体动量与中心通道流体动量之比，无量纲。

$$D_e=\frac{1.13(m_c+m_a)}{\rho^{1/2}(G_c+G_a)^{1/2}} \tag{5-7}$$

$$Fr=\frac{(1+\frac{m_c}{m_a})\ u_c^2}{gD_e} \tag{5-8}$$

$$M=\frac{m_a u_a}{m_c u_c} \tag{5-9}$$

式中 m_a——喷嘴环隙通道流体质量流量，kg/s；

m_c——喷嘴中心通道流体质量流量，kg/s；

ρ——介质密度，kg/m^3；

G_a——喷嘴环隙通道流体动量，kg·m/s^2；

G_c——喷嘴中心通道流体动量，kg·m/s^2；

g——重力加速度，9.81m/s^2；

u_a——喷嘴环隙通道流体速率，m/s；

u_c——喷嘴中心通道流体速率，m/s。

B．撞击流火焰　火焰撞击长度为[7]

$$L_e=D/2+H_L-W/2 \tag{5-10}$$

式中，D 为喷嘴间距；H_L 为火焰撞击高度，即撞击中心点至火焰结束位置的垂直距离；W 为射流火焰在撞击位置的宽度。

撞击流火焰的长度明显小于单射流火焰的长度，随着负荷的增加，两者相差变大。这也充分说明了，撞击流的作用强化了燃烧效果，有利于后续气化反应的进行。炉内两喷嘴撞击流火焰见图 5-6，四喷嘴撞击流火焰见图 5-7。

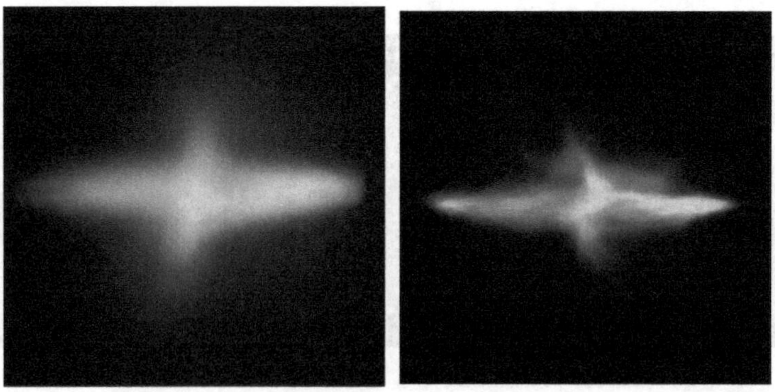

图 5-6　两喷嘴撞击流火焰

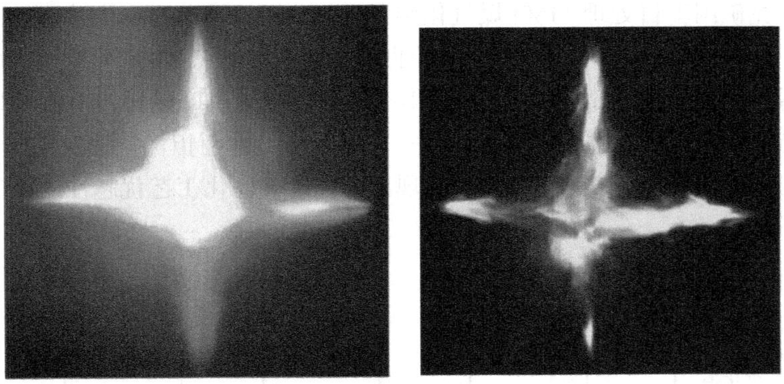

图 5-7 四喷嘴撞击流火焰

（3）合成气显热回收与洗涤

① 合成气显热回收　水煤浆气化过程中气化室出口温度一般在 1300℃以上，合理回收合成气高温显热是一个十分重要的工程问题。根据合成气后续用途的不同，合成气显热回收主要有废锅流程和激冷流程。废锅流程中，Texaco 气化技术采用全废锅（辐射废锅与对流废锅组合）技术；E-Gas 气化技术只采用对流废锅，对流废锅一般要求进口高温气体温度不高于 1000℃，因此高温合成气进入对流废锅前还需对合成气进行适当的降温，E-Gas 气化技术则采用二段喷入部分水煤浆的方式。激冷流程相对简单，Texaco 气化技术采用合成气与水直接接触的激冷方式，多喷嘴对置煤气化技术则采用了一种新的激冷室（复合式洗涤冷却室）结构，取得了良好的工程效果。

② 合成气洗涤　传统水煤浆气化过程中，合成气的初步净化均采用如图 5-8 所示的流程。其缺点主要是：洗涤塔出口合成气带灰；从洗涤塔出来的循环激冷水灰渣含量高，容易造成激冷环进水孔结垢堵塞；文氏管压降较高。这些工程问题往往会影响气化装置甚至后续装置的长周期稳定运行[8]。

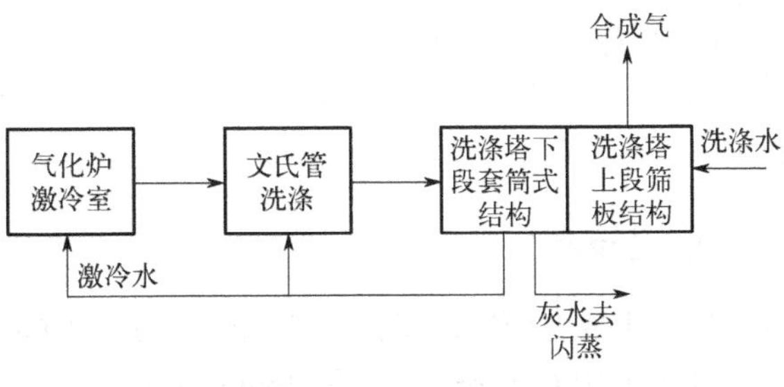

图 5-8 传统的合成气初步净化流程

为了解决上述工程问题，华东理工大学在开发多喷嘴对置煤气化技术时，在合成气初步净化系统采用了如图 5-9 所示的技术方案[9]。

一般旋风分离器除尘率可达 80% ～ 90%，大部分的粉尘及水分可以在此除掉，其优点有二：一是洗涤塔可以在较宽松的环境下工作，除去更多的细灰和小粒径液滴，洗涤效果更好；二是从塔底循环去洗涤冷却室的激冷水，含灰量明显降低，避免了洗涤冷却环（激冷环）进水孔的堵塞。这一工艺本质上说是一种分级净化的思想，已得到了工程实践的验证，效果明显。以兖矿国泰日处理1150t煤气化装置为例，洗涤冷却环（激冷环）进水孔从未发现结垢堵塞，洗涤塔后一部分合成气经脱硫直接去燃气轮机（IGCC）发电，燃气轮机一般要求进口合成气灰含量＜1mg/m³，运转两年多来，燃气轮机叶轮虽没有打开以证明叶片上无积垢，但燃机工作完好，并不为气体质量（含尘）不合格而担忧，变换反应器床层阻力降也没有增加，仍基本维持在0.07MPa，这些现象都是这一净化工艺优越性的明显例证。

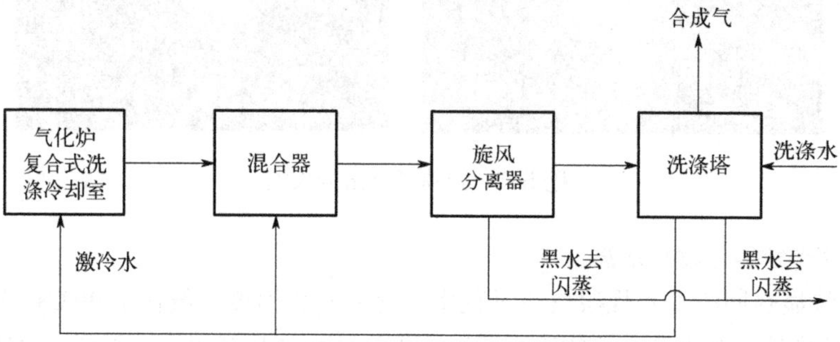

图5-9 分级式合成气初步净化流程

5.1.1.2 水煤浆加压气化技术特点

水煤浆加压气化技术的主要优点在于：

① 水煤浆容易实现高压输送，输送能耗比较低，有利于实现高压气化，能够应用于甲醇或合成氨等等压合成工艺，降低全系统能耗；

② 装置操作稳定性较高；

③ 煤浆中的部分水有利于促进煤气化反应进行；

④ 可以协同处置化工装置有机废液；

⑤ 气化系统投资较低。

其缺点在于：

① 对煤种要求比较高，不太适合于褐煤气化；

② 为了降低气化炉热损失，耐火衬里一般采用耐火砖结构，采用单喷嘴结构时气化炉下锥部耐火砖寿命比较短。

5.1.1.3 工程应用——引进技术

国外水煤浆加压气化技术主要有两家，即美国Texaco（先后被GE、AP并购）和E-Gas技术。1975年Texaco公司在美国Galifornia州的Montebello建成15t/d的中试装置，1978年开始建设150t/d的工业示范装置，1982年开始商业化推广。几乎在同期，美国Dow化学也开发成功了两段式水煤浆气化技术，即后来的E-Gas技术，1978年在美国Louisiana州的Plaquemine建成12t/d的中试装置，1983年建成500t /d工业示范装置。从其后的发展看，Texaco公司的商业推广要好于Dow化学。

（1）Texaco（GE）水煤浆气化技术

① 激冷型Texaco（GE）水煤浆气化技术　1979年，我国引进Texaco水煤浆气化技术，在山东鲁南化肥厂（简称山东鲁化，现兖矿鲁南化工有限公司）建设国内首套水煤浆气化工

业化装置，包括3台单炉投煤量300t/d的水煤浆气化炉（2开1备），气化压力达3.0MPa，配套建设8万吨/年合成氨装置[10]。其后，我国又在上海焦化厂（简称上海焦化，现上海华谊能源化工有限公司）和陕西渭河化肥厂（简称陕西渭化，现陕西渭河煤化工集团有限公司）引进了该技术[11]，上海焦化厂气化装置配置3台单炉投煤量500t/d的气化炉（2开1备），气化压力达4.0MPa，下游配套20万吨/年甲醇装置。陕西渭河化肥厂气化装置配置3台单炉投煤量750t/d的气化炉（2开1备），气化压力达6.5MPa，下游配套30万吨/年合成氨（52万吨/年尿素）装置。

图5-10为激冷型Texaco水煤浆气化工艺流程简图[1]。山东鲁化、上海焦化、陕西渭化典型操作煤种及气化结果分别列于表5-2和表5-3[12-13]。山东鲁化使用的北宿精煤为洗净煤，灰分含量低，故合成气有效气含量比较高，比氧耗和比煤耗比较低。

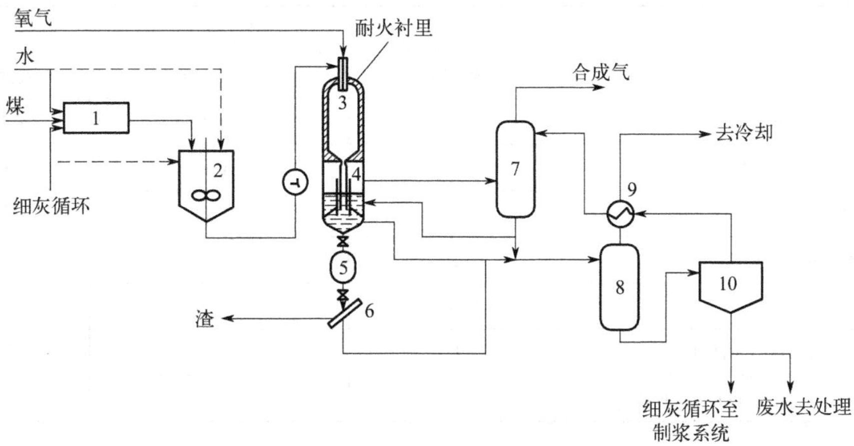

图5-10 激冷型Texaco水煤浆气化工艺流程简图

1—磨煤制浆；2—煤浆槽；3—气化炉；4—激冷室；5—锁渣斗；
6—捞渣机；7—洗涤塔；8—闪蒸罐；9—换热器；10—澄清槽

表5-2 典型工业装置煤质分析结果

项目	装置/煤种		
	山东鲁化/北宿精煤	上海焦化/神府煤	陕西渭化/华亭煤
工业分析			
M_{ad}/%	3.30	6.98	9.51
A_d/%	7.32	4.56	13.97
V_d/%	50.57	30.58	38.14
固定碳/%	42.11	64.86	47.89
总硫/%	2.51	0.43	0.42
热值/(kJ/kg)	31059	30170	27214
元素分析(d)/%			
C	74.73	71.23	66.27

续表

项目	装置 / 煤种		
	山东鲁化 / 北宿精煤	上海焦化 / 神府煤	陕西渭化 / 华亭煤
H	5.13	6.08	4.62
N	1.20	1.00	1.06
O	8.77	14.76	13.60
S	2.60	0.46	0.46
灰分	7.57	4.90	13.97

表5-3 典型工业装置操作条件及主要工艺指标

工艺指标	装置		
	山东鲁化	上海焦化	陕西渭化
单炉生产能力 /(t/d)	300	500	750
操作压力（表压）/MPa	3.0	4.0	6.5
煤浆浓度 /%	约 63	约 60	约 62
有效气（$CO+H_2$）体积分数 /%	约 82	约 80	约 80
碳转化率 /%	约 95	约 95	约 96
比氧耗 /[$m^3O_2/km^3(CO+H_2)$]	约 336	约 412	约 410
比煤耗 /[kg 煤 (干基)/$km^3(CO+H_2)$]	约 547	约 631	约 646

Texaco 水煤浆气化技术在国内应用初期，暴露了一些工程问题，主要是烧嘴寿命短、气化炉下部耐火砖寿命短、激冷环和下降管烧蚀、出激冷室合成气带水带灰、合成气洗涤系统积灰堵塞、进变换合成气细灰含量超标、碳转化率较低（一般在 95% 左右）等[14-26]，严重制约装置的长周期稳定运行，国内工程界和技术界作了大量的技术改进工作。从国内工程界发表的大量科技论文中可以粗略地看出，目前的 Texaco 水煤浆气化工艺至少有 60% 的技术经过了中国相关企业的改进。但是由于单喷嘴顶置气化炉物料容易短路、氧气和煤颗粒（液滴）混合不均、火焰对气化炉下部的冲蚀等结构缺陷，至今碳转化率仍然低于多喷嘴气化技术，气化炉下部的耐火砖寿命依然偏短（4000 ～ 5000h 左右），合成气带水带灰问题也未得到很好解决[27]。

2000 年后，Texaco 水煤浆气化技术的专利权几经转移，从 Texaco 公司转移到 Chevron-Texaco 公司，再从 Chevron-Texaco 公司转移至 GE 公司，2019 年又转至 AP 公司。由于国内煤化工行业的快速发展，Texaco（AP）水煤浆气化技术在国内得到了广泛应用。据统计，截至 2020 年 10 月，Texaco 水煤浆气化技术在国内在建和运行的气化炉共计 206 台。拟建的气化炉设计单炉最大投料量为 3000t/d，用于国家能源集团榆林煤制化学品（CTC）项目。

② 废锅型 Texaco（GE）水煤浆气化技术　针对 IGCC 发电系统需要回收高温合成气显热以提高系统效率的需要，Texaco 公司又开发了废锅型水煤浆气化工艺，图 5-11 为废锅型 Texaco 水煤浆气化工艺流程简图[1]。国内首钢集团在 20 世纪 80 年代末曾引进了该工艺，后被宁夏煤业集团收购，2004 年开始装置安装建设，用于 24 万吨 / 年甲醇装置，2007 年投入运行，气化炉配置为 2 开 1 备，气化压力达 3.8MPa，单炉投煤量为 500t/d。从运行初期看，

辐射废锅积渣严重，华东理工大学煤气化团队曾指导对其进行了改进。据了解，由于泄漏等问题该气化装置2020年暂停运行。由于废锅型Texaco水煤浆气化装置的一些工程问题，这一技术在国内并未得到其他项目的应用。

（2）E-Gas水煤浆气化技术 E-Gas气化炉内衬采用耐火砖，同时煤浆采用了两段分级进料方式[28]，约80%的煤浆与氧气通过喷嘴射流进入气化炉一段，进行高温气化反应；接近20%的煤浆从气化炉二段加入，与一段的高温气体进行热质交换，煤在高温下蒸发、热解，残炭与CO_2和H_2O进行气化反应，可以使上端出口温度降低到1040℃左右；1040℃的合成气通过一个火管锅炉（合成气走管内）进行降温，降温后的合成气进入陶瓷过滤器，分离灰渣，过滤器分离出的灰渣循环进入气化炉一段。该技术工艺流程简图见图5-12[29]。

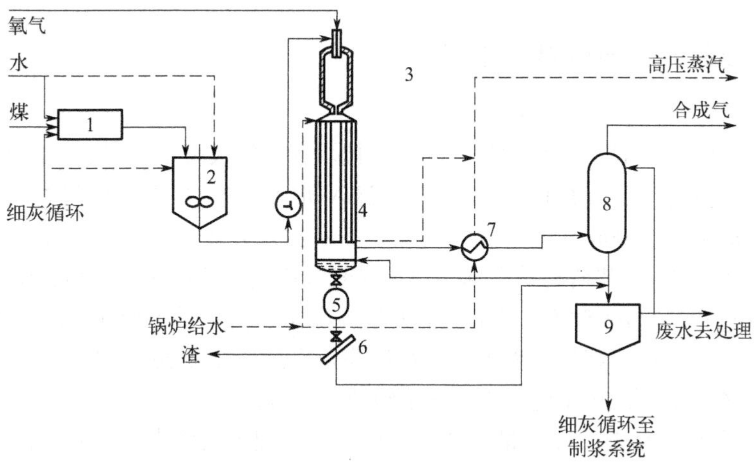

图5-11 废锅型Texaco水煤浆气化工艺流程简图

1—磨煤制浆；2—煤浆槽；3—气化炉；4—辐射废锅；
5—锁渣斗；6—捞渣机；7—对流废锅；8—洗涤塔；9—澄清槽

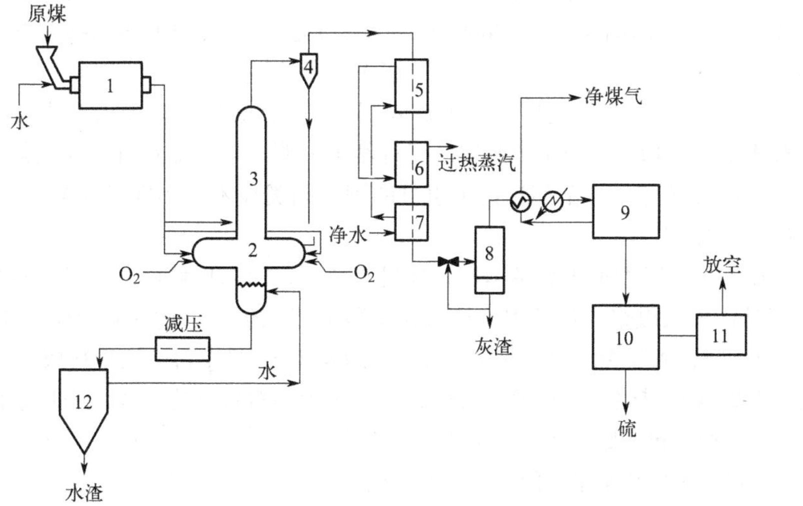

图5-12 E-Gas水煤浆气化工艺流程简图

1—磨煤机；2—一段气化室；3—二段气化室；4—高温分离器；5—余热锅炉；6—蒸汽过热器；
7—锅炉水预热器；8—除尘器；9—脱硫；10—硫回收；11—焚烧炉；12—渣水储槽

关于E-Gas气化技术的引进，1989年国内就有文献报道，探讨该技术应用于合成氨工业的可能性[30]。此后，中海油惠州炼油项目采用E-Gas技术配套建设了3台气化炉（2开1备），用于制氢，单炉设计投煤能力为2200t/d。该项目2016年开始建设，2018年8月试生产。运行两年来，暴露了一系列工程问题，主要是二段加入的水煤浆热解产生的细灰及焦油造成二段气化室出口及后系统的焦油热解器堵塞，制约气化装置的长周期运行。至今，最长运行周期仅45天。由于该技术两段式气化炉结构，二段气化室加入的水煤浆主要发生热解反应，产生的热解半焦再与水蒸气和CO_2反应，造成二段出口CH_4和焦油含量较高，配套制氢就必须额外配置CH_4转化或分离装置，这既增加了系统的投资与运行成本，也增加了长周期运行的风险。工程实践表明，该技术并不适宜于炼油厂煤气化制氢。

5.1.1.4　工程应用——国内自主技术

（1）多喷嘴对置式水煤浆气化技术

① 应用基础研究　针对引进的气流床气化技术存在的大量工程问题，自1988年，在中国石化集团公司的支持下，华东理工大学开展深入研究，建立区域模型和数字模型，先后建成了直径为300mm、1000mm的气流床气化炉冷模实验装置，并进行模拟计算，获得最优工艺操作参数[12,31-39]。这些研究结果为实现水煤浆气化装置的优化操作和长周期稳定运行提供了重要的理论指导。1995年，华东理工大学与山东鲁南化学工业（集团）公司合作，在国内首先成功开发了水煤浆气化喷嘴，并在该公司引进的Texaco水煤浆气化装置上得到了成功应用，1996年5月通过了化学工业部组织的专家鉴定。

② 中试装置运行情况　在大量基础研究后，华东理工大学煤气化团队首次提出了多喷嘴对置式水煤浆气化技术方案[39]，并对水煤浆气化工艺系统进行了全面创新，为开发自主知识产权的大型煤气化技术奠定了基础。1997年，华东理工大学、山东鲁南化学工业（集团）公司和化工部第一设计院（现中国天辰工程有限公司）联合攻关，建成了多喷嘴对置式水煤浆气化炉大型冷模装置，展开系统研究并建立数学模型，为开发中试装置和工业示范装置的工艺设计软件包奠定了基础[40-46]。2000年，单炉日处理22吨煤的多喷嘴对置式水煤浆气化炉中试装置建成，各项工艺指标全面超过了引进技术[47-49]。

③ 工业示范装置主要工艺指标　2005年日处理1150t煤的多喷嘴对置式水煤浆气化装置建成并首次试车成功。工业示范装置的运行结果表明，多喷嘴对置式水煤浆气化技术工艺技术指标、关键设备寿命等全部超过了引进的国外同类技术，实现了安全、稳定、长周期、满负荷、优化运行[50-52]。

同期，在国家经贸委重大装备国产化项目支持下，山东华鲁恒升化工有限公司也建设了一套多喷嘴对置式水煤浆气化装置。该气化示范装置气化压力达6.5MPa，单炉煤处理量为750t/d，配套生产合成氨30万吨/年，装置于2004年12月1日一次投料成功。

多喷嘴对置式水煤浆气化技术由磨煤制浆、多喷嘴对置气化、煤气初步净化及含渣黑水处理4个工段组成，包括磨煤机、煤浆槽、气化炉、喷嘴、洗涤冷却室、锁斗、混合器、旋风分离器、水洗塔、蒸发热水塔、闪蒸器、澄清槽、灰水槽等关键设备，工艺流程简图如图5-13所示。

山东华鲁恒升化工有限公司气化装置采用神府煤，国泰化工有限公司采用北宿精煤，两种煤的煤质分析列于表5-4[52]，气化炉出口合成气典型组成及主要工艺指标列于表5-5[52]。

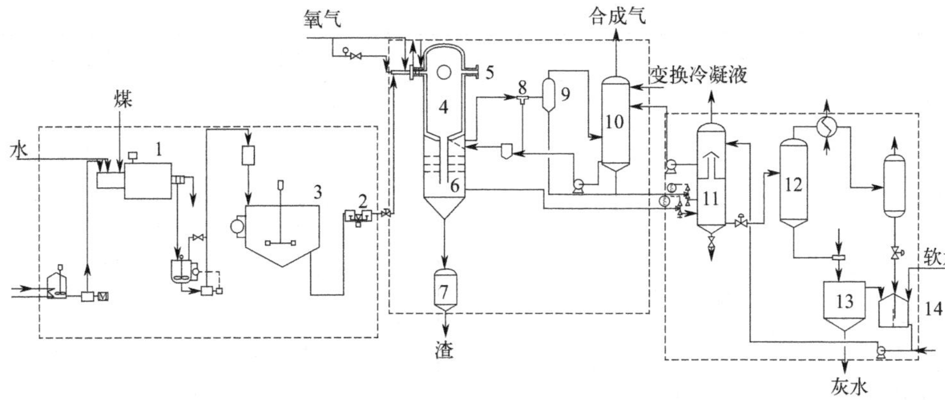

图 5-13　多喷嘴对置式水煤浆气化技术工艺流程简图

1—磨煤机；2—煤浆泵；3—煤浆槽；4—多喷嘴对置式气化炉；5—喷嘴；6—洗涤冷却室；7—锁斗；8—混合器；9—旋风分离器；10—水洗塔；11—蒸发热水塔；12—真空闪蒸器；13—澄清槽；14—灰水槽

表5-4　工业示范装置煤质分析结果

分析结果	神府煤	北宿精煤	分析结果	神府煤	北宿精煤
工业分析 /%			C	71.23	74.73
M_{ad}	6.98	3.30	H	6.08	5.13
A_{ad}	4.56	7.32	O	14.76	8.77
V_{ad}	30.58	50.57	N	1.00	1.20
固定碳	64.86	42.11	S	0.46	2.60
热值 /（kJ/kg）	30170	31059	灰分	4.90	7.57
元素分析（质量分数）/%			气化装置	华鲁恒升	兖矿国泰

表5-5　气化炉出口合成气典型组成及主要指标

指标	华鲁恒升	兖矿国泰
单炉规模 /（t/d）	750	1150
气化压力 /MPa	6.5	4.0
煤浆质量分数 /%	约 60	约 60
气化炉出口合成气组成（体积分数）/%		
H_2	34.85	36.33
CO	47.78	48.46
CO_2	16.80	14.21
H_2S	0.03	0.71

续表

指标	华鲁恒升	兖矿国泰
CH_4	0.02	0.05
N_2	0.43	0.24
其他	0.09	—
主要工艺指标		
有效气（$CO+H_2$）成分 /%	约 83	约 85
碳转化率 /%	＞98	＞98
比氧耗 /[m^3O_2/1000m^3($CO+H_2$)]	约 400	约 309
比煤耗 /[kg 煤 (干基)/1000m^3($CO+H_2$)]	约 581	约 535

在国家“十一五”863 计划、“十二五”863 计划、“十三五”重点研发计划的持续支持下，单炉日处理煤 2000 吨级、3000 吨级和 4000 吨级多喷嘴对置式水煤浆气化装置相继建成投运，实现了大型化跨越。2019 年 10 月，单炉日处理煤 4000 吨级的多喷嘴对置式水煤浆气化装置在内蒙古荣信化工有限公司（简称内蒙古荣信）建成投运，配套生产甲醇和乙二醇，是迄今为止世界上单炉处理规模最大的煤气化装置。

单炉日处理煤 2000 吨级、3000 吨级和 4000 吨级首套装置典型操作煤质见表 5-6，气化炉出口合成气典型组成及主要工艺指标列于表 5-7[51-52]。

表5-6　不同规模多喷嘴气化炉典型操作煤质

项目	装置与煤种		
	江苏灵谷	内蒙古荣信（一期）	内蒙古荣信（二期）
	神府	转龙湾煤 70%+ 赛蒙特尔煤 30%	70% 转龙湾煤 +20% 石拉乌素煤 +10% 赛蒙特尔煤
工业分析 /%			
M_{ad}	8.35	7.24	6.16
A_{ad}	8.22	5.76	6.86
V_{ad}	29.93	31.86	30.50
FC_{ad}	53.50	55.14	56.48
热值 /（kJ/kg）	27360	27340	27900
元素分析 /%			
C	68.09	71.07	70.35
H	3.85	4.50	4.02
O	10.48	10.15	10.95
N	0.80	0.85	0.98
S	0.21	0.43	0.68

表5-7　不同规模多喷嘴气化炉出口合成气典型组成及主要指标

项目	江苏灵谷	内蒙古荣信(一期)	内蒙古荣信(二期)
单炉规模 /（t/d）	2000 吨级	3000 吨级	4000 吨级
气化压力（表压）/MPa	4.0	6.5	6.5
煤浆质量分数 /%	约 62	约 57	约 59
气化炉出口合成气主要组成（体积分数）/%			
H_2	34.73	36.24	36.30
CO	48.15	44.74	45.60
CO_2	16.58	18.54	17.65
其他	0.54	0.48	0.45
主要工艺指标			
有效气（$CO+H_2$）成分 /%	82.9	81.0	81.9
碳转化率 /%	＞99	＞99	＞99
比氧耗 /[$m^3O_2/1000m^3$（$CO+H_2$）]	352	388	382
比煤耗 /[kg 煤(干基)/$1000m^3$（$CO+H_2$）]	568	560	559

与国内外同类技术相比，多喷嘴对置式水煤浆气化技术工艺指标具有明显优势。均采用北宿精煤的兖矿国泰与兖矿鲁南气化炉相比，碳转化率提高3%以上，比氧耗降低约8%，比煤耗降低2%～3%；同样，采用神府煤的山东华鲁恒升化工有限公司多喷嘴对置式气化炉与上海焦化气化炉相比，碳转化率提高3%以上，比氧耗降低约2%，比煤耗降低约8%。工业运行结果表明，多喷嘴对置式气化炉工艺指标先进，运行稳定可靠。

多喷嘴对置式水煤浆气化技术的工业化成功，标志着我国拥有了完全自主知识产权的大型煤气化技术，打破了国外跨国公司的技术垄断，有力支撑了我国现代煤化工行业的快速发展，是我国煤气化技术发展史上的里程碑。

④ 技术特点与优势　与单喷嘴水煤浆气化技术相比，多喷嘴对置式水煤浆气化技术具有以下显著的工艺特点。

A. 碳转化率高，氧耗、煤耗低　4个喷嘴对称布置在气化炉中上部同一水平面，水煤浆与氧气一起对喷进入气化炉，形成撞击流，在完成煤浆雾化的同时，强化了炉内热质传递，同时避免了单喷嘴顶置气化炉物料短路的问题，有利于增加煤颗粒的平均停留时间，从而促进气化反应的进行。

B. 喷嘴寿命长，煤浆雾化效果好　采用了独特的预膜式喷嘴结构，既有利于提高喷嘴的雾化效果，降低雾化后煤浆的平均粒径，促进气化反应，也大大缓解了喷嘴磨蚀，延长了喷嘴寿命。

C. 耐火砖寿命长　一方面通过流场调控，在炉内形成适宜的浓度和温度分布，为延长气化炉各部分耐火砖寿命创造良好条件；另一方面，发明了多段支撑的气化炉耐火砖结构，优化了拱顶耐火砖整体结构，有效延长了气化炉耐火砖寿命。

D. 容易实现大型化，降低气化炉的总体投资　单喷嘴水煤浆气化炉大型化的最大制约因素在于，大型化之后，喷嘴雾化性能会明显降低，导致碳转化率下降，氧耗、煤耗增加，灰渣中细灰增加，多喷嘴对置式气化炉每个喷嘴的煤浆只有单喷嘴的1/4，雾化效果好。

E. 气化炉操作稳定，在线率高　多喷嘴对置式水煤浆气化技术除了具有一般水煤浆气化工艺所拥有的进料稳定、安全可靠的优点外，还利用四个喷嘴两两对置的特点，开发了带压联投和无波动倒炉技术，显著提升了气化炉在线率。

F. 发明了新型洗涤冷却室结构　运用交叉流式洗涤冷却水分布器和复合床高温合成气冷却洗涤设备，既强化了高温合成气与洗涤冷却水间的热质传递过程，又很好地解决了洗涤冷却室带水带灰、液位不易控制等问题，并使合成气充分润湿，有利于后续工段进一步除尘净化，合成气激冷过程的操作稳定性和弹性明显增加。

G. 发明了分级净化式合成气初步净化工序　采用“分级净化”的概念，混合器、分离器、水洗塔三单元组合形成合成气初步净化工艺流程，即先“粗分”再“精分”，属高效、节能型。混合器后设置分离器，除去 80% ～ 90% 的细灰，使进入水洗塔的合成气较为洁净；加入水洗塔的洗涤水比加入混合器的润湿洗涤水更清洁，保证洗涤效果。得到的合成气细灰含量低，洗涤系统压降明显降低。

H. 黑水处理系统能量回收充分，装置效率高　采用含渣水蒸发产生的蒸汽与灰水直接接触，同时完成传质、传热过程，工业装置运行已证实有较长的操作周期和很好的能量回收效果。

I. 环境友好　粗渣残碳含量低、渣灰比例高，固体废渣易于处理。

总之，多喷嘴对置式水煤浆气化技术不仅气化效率显著提高，氧耗、煤耗明显下降，而且高温合成气激冷、洗涤、黑水处理系统与同类技术相比，具有明显优势。目前，国内主流的气流床煤气化技术及部分引进的国外气化技术均借鉴了多喷嘴对置式水煤浆气化技术高温合成气激冷、洗涤、黑水处理系统的单元技术及系统流程。

⑤ 工业应用情况　截至 2021 年 1 月底，该技术已经推广应用于国内外 63 家企业，在建和运行气化炉有 185 台，气化装置煤处理能力位列世界第一[53-54]。应用领域涵盖合成氨、甲醇、制氢、煤制烯烃、煤制油、乙二醇及燃气和 CO 等领域（见图 5-14），日处理煤量超过 20 万吨。

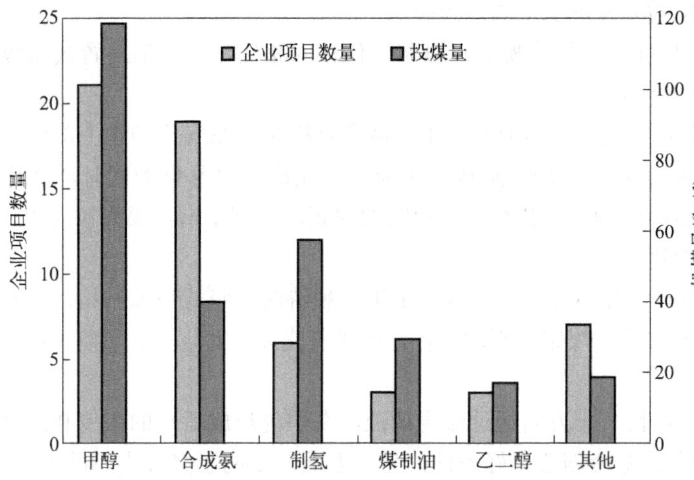

图 5-14　多喷嘴对置式水煤浆气化技术应用情况

⑥ 废锅-激冷组合多喷嘴对置式水煤浆气化技术　在多喷嘴对置式水煤浆气化技术激冷流程工业示范成功、广泛应用的基础上，华东理工大学和兖矿集团有限公司（现山东能源集

团有限公司）继续合作开发了废锅-激冷组合多喷嘴对置式水煤浆气化技术 。

废锅-激冷组合型气化炉与传统激冷型气化炉相比，相当于将激冷型气化炉的气化室与激冷室两部分分开后，在原气化炉中部连接辐射废锅，气化炉由气化室、辐射废锅和激冷室三部分组成。辐射废锅内部水冷壁由筒体单面水冷壁和辐射屏双面水冷壁构成，可回收高温合成气的显热，用于产生高压蒸汽，进一步提高能源利用效率。

2020 年 12 月，首套废锅-激冷组合多喷嘴对置式水煤浆气化炉在兖矿榆林投入运行，单炉日处理煤达 2000 吨，提升了大型煤气化装置的系统能效。

与激冷型气化炉相比，气化炉主体高度增加，系统投资也有增加。因此用户在具体项目中选用激冷型气化炉还是废锅-激冷组合型气化炉，要结合后系统合成气用途、全系统投入产出比等各方面因素综合考虑。

（2）晋华（清华）炉水煤浆气化技术

① 开发历程　自 2001 年，在科技部、国家发展和改革委员会等的支持下，清华大学开始研究水煤浆气化技术，开展了从煤气化基础理论到煤气化工艺设计的研究，并联合相关企业，从气化炉装备制造到气化装置工程建设等进行技术开发与实践，相继开发出第 1 代非熔渣-熔渣分级气化技术、第 2 代水煤浆水冷壁气化技术和第 3 代水煤浆水冷壁-辐射废锅组合的气化技术[55-58]，均有工业示范或工业应用的业绩。

2006 年 1 月，第 1 代非熔渣-熔渣分级气化炉（也称第 1 代晋华炉）在阳煤丰喜集团临猗分公司投入运行，单炉投煤量达 500t/d，配套年产 10 万吨甲醇装置。2011 年 8 月，国内首台工业化第 2 代水煤浆水冷壁气化炉（也称第 2 代晋华炉）在阳煤丰喜集团临猗分公司投入运行。2015 年，清华大学山西清洁能源研究院与山西阳煤化工机械（集团）有限公司、阳煤丰喜肥业（集团）有限责任公司、北京清创晋华科技有限公司等联合开发第 3 代水煤浆水冷壁气化炉（也称第 3 代晋华炉），与第 2 代晋华炉的区别是高温合成气冷却采用辐射式蒸汽发生器和激冷结合的工艺流程，2016 年 4 月国内首台采用水煤浆水冷壁耦合辐射式蒸汽发生器的工业化气化炉在阳煤丰喜集团临猗分公司投入运行。

② 主要技术特点　第 1 代晋华炉采用非熔渣-熔渣分级气化技术，气化炉采用耐火砖内衬。顶部的主烧嘴将全部水煤浆和部分氧气喷入气化炉，由于氧气低于当量比，气化炉上部的温度降低，温度在煤的灰熔点以下，处于非熔渣气化。侧面的二次烧嘴将剩余氧气补充送入气化炉，使二段的温度达到煤的灰熔点以上，在熔渣的条件下完成气化过程。

第 2 代晋华炉采用水冷壁内衬，这一点与各类商业化的粉煤气化技术类似，目的是解决传统耐火砖内衬气化炉需定期换砖、运行维护成本高的问题。第 2 代晋华炉采用膜式水冷壁代替传统的耐火砖内衬。气化炉操作温度可提升至 1400℃以上，拓宽了水煤浆气化炉使用原料范围，为“三高煤”的气化提供了新的技术选择。气化炉采用一体化组合式工艺烧嘴，解决了水冷壁气化炉无蓄热点火的难题，气化炉启动时间短。

第 3 代晋华炉在水冷壁炉膛的基础上，采用辐射废锅回收高温合成气显热实现了水煤浆气化的部分热回收，同时副产高压蒸汽，提升了气化系统的热效率。该技术在气化炉底部直连辐射废锅，解决了高温高压气、液、固三相复杂条件下设备的密封和热膨胀问题。辐射废锅采用环形单筒体和径向双面膜式水冷壁的特殊结构，在保证换热面积的条件下有效减小了辐射废锅的体积。采用辐射废锅回收热量后进入激冷室的粗煤气温度大幅降低，激冷水量减少，灰水循环量减少，灰水处理系统投资减小，能耗降低。优化了气化室排渣口，通过强化炭颗粒在气化室内的返混从而提高了碳转化率和有效气含量。

③ 工艺流程 第 1、2、3 代晋华炉水煤浆气化技术基本流程类似，不再一一列出，下面只给出第 3 代晋华炉（水冷壁废锅气化）工艺流程简图（见图 5-15），该工艺流程由磨煤制浆、气化和合成气初步净化及渣水处理三个工艺单元组成，包括磨煤机、煤浆槽、水煤浆水冷壁气化炉、辐射废锅、锁斗、文丘里洗涤器、洗涤塔、饱和热水塔、闪蒸罐、沉降槽、灰水槽等关键设备。

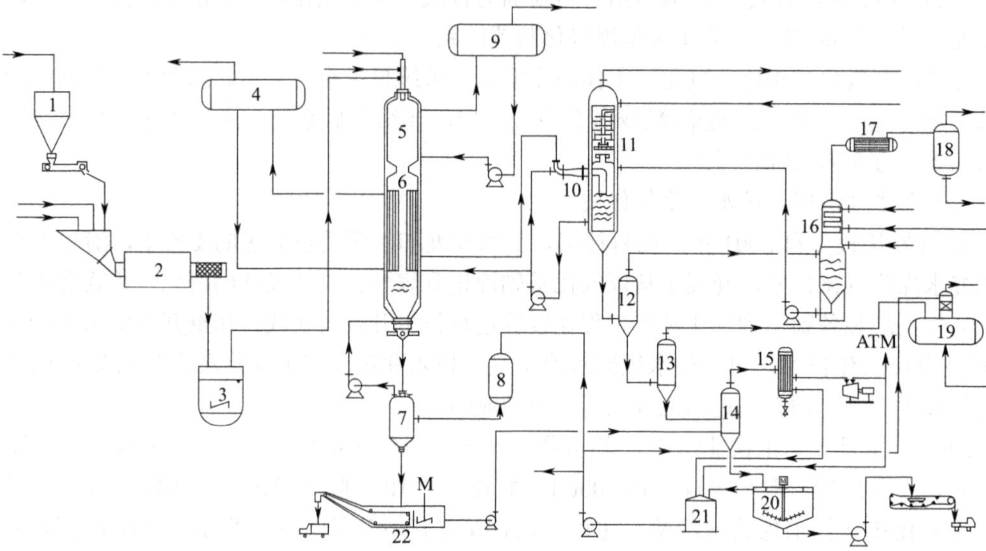

图 5-15 第 3 代晋华炉气化工艺流程简图

1—煤斗；2—磨煤机；3—煤浆槽；4—辐射废锅汽包；5—气化炉；6—辐射废锅；7—锁斗；8—锁斗冲洗水罐；9—水冷壁汽包；10—文丘里洗涤器；11—洗涤塔；12—高压闪蒸罐；13—低压闪蒸罐；14—真空闪蒸罐；15—真空闪蒸冷却器；16—饱和热水塔；17—酸性气体冷却器；18—酸性气体分离器；19—除氧器；20—沉降槽；21—灰水槽；22—渣池

④ 典型装置运行情况

A. 阳煤丰喜肥业（集团）有限责任公司采用四台水煤浆气化炉，其中 3 台为氧气分级水煤浆气化炉，1 台为水煤浆水冷壁激冷气化炉，2015 年开始，其中 1 台氧气分级水煤浆气化炉拆除，改造为水煤浆水冷壁废锅气化炉（即第 3 代晋华炉），2016 年 4 月投料运行。

该水煤浆水冷壁废锅气化炉是在原有气化炉的基础上进行改造的，改造后的气化炉单炉投煤量为 500t/d，气化压力达 4.0MPa，每小时副产 5.4MPa 饱和蒸汽 29t。该装置考核期间气化煤质分析列于表 5-8，气化炉主要工艺指标列于表 5-9。

表5-8 第3代晋华炉运行考核煤质

项目	数值
工业分析 /%	
M_{ad}	3.90
A_{ad}	11.76
V_{ad}	33.48
FC_{ad}	50.86

续表

项目	数值
热值（ar）/（kJ/kg）	25220
元素分析（ad）/%	
C	70.44
H	4.40
O	8.27
N	0.86
S	0.37

表5-9 第3代晋华炉运行考核主要指标

项目	数值
气化压力（表压）/MPa	3.79
辐射废锅副产蒸汽量 /（t/h）	29.15
有效气（$CO+H_2$）成分 /%	80.72
碳转化率 /%	97.71
比氧耗 /[$m^3O_2/1000m^3$（$CO+H_2$）]	374.2
比煤耗 /[kg 煤（干基）/$1000m^3$（$CO+H_2$）]	581.8

B．河南金山集团金大地化工有限公司年产 45 万吨合成氨装置搬迁改造项目，采用 3 台气化压力达 6.5MPa 的水煤浆水冷壁废锅气化炉，2 开 1 备，以神木煤和焦作煤的混煤为原料。2019 年 2 月气化装置一次投料开车成功，2019 年 3 月打通全部流程，产出合格合成氨产品。

2020 年，金大地四期 60 万吨 / 年小苏打项目继续选用晋华炉作为煤气化装置，采用两台晋华炉，与前一期三台晋华炉一起构成四开一备运行。金大地四期项目已于 2021 年 12 月成功投料并投入运行。

总之，第 3 代晋华炉水煤浆气化技术集合了水煤浆气化与粉煤气化的部分优点，水冷壁式耐火衬里的采用，拓宽了水煤浆气化技术的煤种适应范围，通过辐射废锅回收高温合成气显热的同时副产高压蒸汽，不仅提高能量利用效率，而且降低生产成本。

⑤ 推广应用情况 截至 2020 年底，晋华炉已累计与国内外 32 家煤化工企业签订气化炉 71 台套，应用范围涵盖合成氨、煤制甲醇、煤制乙二醇、煤制氢等煤化工领域，其中 24 台套气化炉已投运[66]。

（3）SE（单喷嘴）水煤浆气化技术

① 研发过程及工艺流程 针对传统炼厂制氢方法成本高、效率低等问题，结合炼厂高硫石油焦和废弃物处理的迫切需求，华东理工大学和中国石化集团公司合作，成功开发了 SE 水煤（焦）浆气化成套技术，在中国石化集团镇海炼化建设 3 套单炉投煤（焦）量达 1000t/d 的示范装置，其工艺流程简图见图 5-16。该装置于 2019 年 1 月投料运行，2019 年 10 月 26 日通过了 72 小时连续运行考核标定，装置考核期间使用的神府煤煤质分析列于表 5-10，主要工艺指标列于表 5-11。

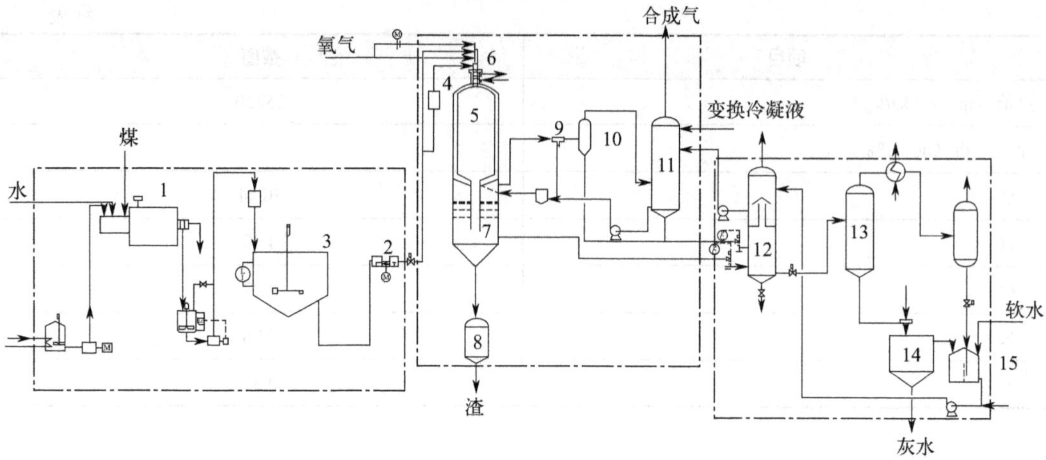

图 5-16　SE 水煤浆气化技术工艺流程

1—磨煤机；2—煤浆泵；3—煤浆槽；4—煤浆分配阻力部件；5—SE 水煤浆气化炉；6—双浆双氧喷嘴；7—洗涤冷却室；8—锁斗；9—混合器；10—旋风分离器；11—水洗塔；12—蒸发热水塔；13—真空闪蒸器；14—澄清槽；15—灰水槽

表5-10　SE水煤浆气化炉运行考核煤质

项目	数值
工业分析 /%	
M_{ad}	5.82
A_{ad}	7.05
V_{ad}	31.55
FC_{ad}	55.58
热值 /（kJ/kg）	28238
元素分析 /%	
C	75.88
H	4.42
O	10.69
N	0.96
S	0.56

表5-11　SE水煤浆气化炉运行考核主要指标

指标	数值
气化压力 /MPa	6.18
煤浆质量分数 /%	59.7
有效气（$CO+H_2$）成分 /%	80.43
碳转化率 /%	98.9
比氧耗 /[$m^3O_2/1000m^3$（$CO+H_2$）]	370.7
比煤耗 /[kg 煤 (干基)/1000m^3（$CO+H_2$）]	551.4

② 主要技术特点　SE 水煤浆气化成套技术的创新点是采用双煤(焦)浆双氧长寿气化喷嘴、两路煤浆自动分配技术及以平推流流场结构为主的 SE 水煤（焦）浆高性能气化炉，强化了雾化过程，延长了颗粒在炉内的平均停留时间，提高了总体的碳转化率。

③ 主要问题　单喷嘴顶置的气流床气化炉固有的一些缺点，在 SE 水煤浆气化技术中并未完全消除，还需在今后的工程实践中不断完善。

④ 应用情况　该技术已经应用于中国石化集团镇海炼化水煤浆气化制氢二期项目，建设单炉投煤量 2500t/d 级气化装置。

5.1.2 加压气流床粉煤气化技术

加压粉煤气化技术，按照通常生产装置化学工程特征分类法，即气化炉的类型划分属气流床。气流床气化是一种并流式气化，用氧和蒸汽作气化剂，将粉煤（5 ～ 90μm）带入气化炉，在高温（1400 ～ 1750℃）、高压（4.0 ～ 6.5MPa）下，瞬间（6 ～ 8s）进行不完全燃烧反应，物料在运动过程中同时进行着热解、燃烧及吸热的气化，这种运动床层气化反应形态，相当于流化领域中气体对固体颗粒的气流输送，故称为气流床气化[59]。

5.1.2.1 粉煤加压气化技术特点

粉煤加压气化是煤炭气化的一种重要形式。气化原料采用细小粒度和干燥的煤粉，煤粉在惰性气体的输送下，与气化剂经由同轴射流烧嘴或燃烧器一起进入气化炉，在气化炉内进行混合、燃烧和非均相气化反应。该技术主要特点如下：

（1）干煤粉进料　粉煤加压气化技术采用干煤粉进料，入炉粉煤颗粒尺寸 ≤ 90μm 的占总质量的 90%，≤ 5μm 的占总质量的 10%，便可满足要求；干煤粉采用惰性气体（氮气或二氧化碳）浓相输送，固气比约 400kg/m^3，悬浮速度为 7 ～ 10m/s，且输送技术成熟。

（2）气化炉内操作温度高，煤种适应性广，气化效率高　气化炉内允许操作温度在 1400 ～ 1750℃，故煤的灰熔点选取范围宽，加之干煤粉进料，煤种选取不受成浆性影响，因此煤种适应性更广；高的气化温度促使碳转化率高（可达 99% 以上），有效气（$CO+H_2$）含量 ≥ 90%，CH_4 含量在 100 ～ 400mL/m^3；相同煤种下与水煤浆气化相比，冷煤气效率提高 10%，氧耗量降低 25% ～ 30%，有效气含量提高 10%。

（3）氧耗低　与湿法进料水煤浆气化相比，氧耗低 25% ～ 35%，与其配套的空分装置投资相应较低。

（4）膜式水冷壁结构，液态排渣　由于膜式水冷壁的金属表面涂有低导热 SiC 材料，外侧涂有液态渣、固渣层，液态渣在其表面形成稳定的 3 ～ 5mm 固渣层，其余液态渣沿固态渣表面流出，固渣层起到以渣抗渣，防止高温气体冲刷及磨损的作用，增加了水冷壁使用寿命。

（5）自动化程度高　气化装置采用自动化技术集中控制，设置故障安全联锁系统，实现点火、开工、参数调节等过程的可视化和自动操作，保证整个系统安全高效运行。

（6）废锅和激冷双流程　粉煤加压气化技术中，高温合成气热量回收方式有两种工艺流程，水激冷流程或废锅流程。水激冷流程中高温合成气直接通过水进行降温，气体显热转移到水的蒸发潜热中；废锅流程是将高温合成气的热量间接回收，副产高、中压蒸汽。两种流程适用项目不同，可根据需求选择。

5.1.2.2 干煤粉气流床气化炉——航天粉煤加压气化技术

（1）发展历史 2005 年初，中国航天科技集团组织研发粉煤加压气化技术，并获取了一系列自主知识产权技术专利，统称 HT-L 气化技术。2006 年 6 月，安徽临泉化肥厂及河南濮阳龙宇甲醇厂分别建设同等规模工业示范装置，设计能力为日处理煤 750t(实际达 1000t)，气化炉规格为 DN2800/3200，操作压力达 4.0MPa，设计温度在 1400 ～ 1750℃，皆配套生产甲醇 20 万吨 / 年。两套装置于 2008 年 9 月前后一次投产成功。自此，HT-L 气化技术开始在国内推广应用。2012 年，日处理煤 2000t 大型气化炉分别在河南晋煤开封化工集团（四套）、山东瑞星化工集团（一套）先后投产，装置具体由北京航天万源煤化工工程技术有限公司（现航天长征化学工程股份有限公司）创新研发并完成工程设计。2013 年该公司开始研发超大型粉煤气化炉，日处理煤 3500t，压力达 6.5MPa，同时副产 10MPa 高压蒸汽，装置在山东瑞星化工集团兴建，于 2021 年 8 月 26 日投产，装置运行安全平稳。半废锅、超大型（实际可投煤 4000t/d）、高压（6.5MPa）粉煤气化炉属世界首创，它的投产，使粉煤加压气化技术进入新时代。从不断创新的角度出发，航天工程在进一步研发全废锅流程的粉煤加压气化技术，满足国家绿色、环保、碳中和的需要。

（2）工艺流程及主要设备

① 第一代航天气化装置

A．工艺分析 航天炉是航天长征化学工程股份有限公司自主研发的一种环管式水冷壁气化炉。该气化炉煤种适应性广，从烟煤、无烟煤到褐煤均可气化，高灰分、高水分、高硫的煤种同样适用。技术先进，有效气（$CO+H_2$）组分含量高（90% ～ 92%），碳转化率高（约 99%），煤耗、氧耗低，该气化技术是具有自主知识产权完全国产化的气流床气化工艺[60]。

典型的航天炉工艺流程示意如图 5-17 所示。

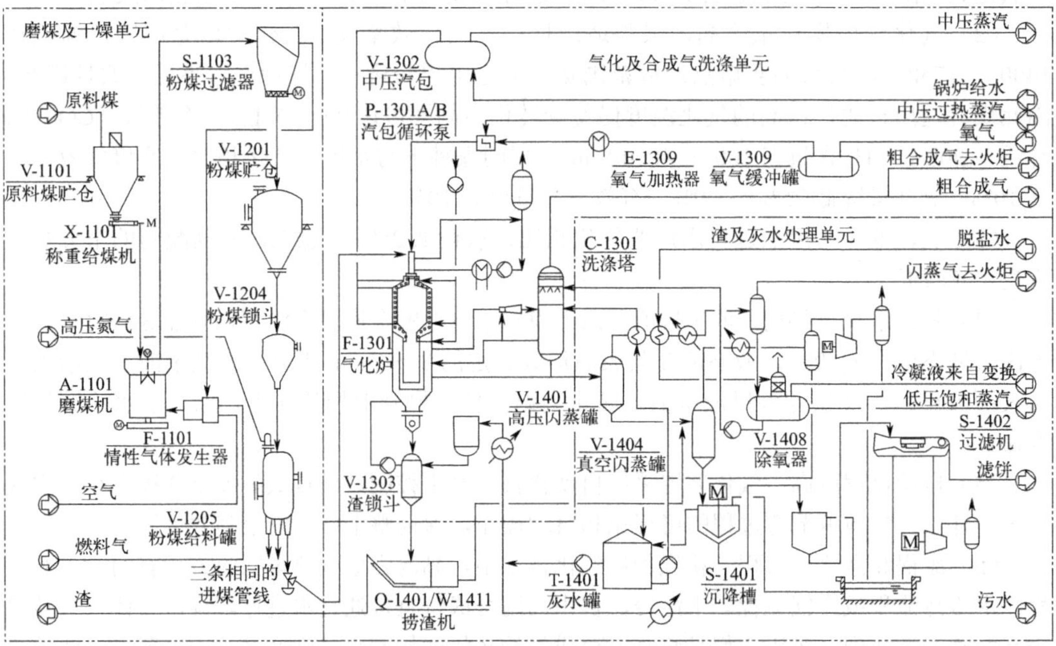

图 5-17 HT-L 航天粉煤加压气化工艺流程

航天炉粉煤气化装置由四个单元组成，即磨煤及干燥单元、粉煤加压及输送单元、气化及合成气洗涤单元、渣及灰水处理单元。

（a）磨煤及干燥单元　该单元使用中速磨机进行煤的研磨及干燥，若为单条生产线，每台磨机原料煤处理能力可从 30 ～ 80t/h；若配备两条生产线，则一开一备（多台炉时可多开一备）。来自原料煤贮仓的碎煤（粒度≤ 50mm）在磨煤机内磨成粉状，当煤的灰熔点 T_3 大于 1450℃，适当加入少量石灰石（助溶剂）共同研磨，并由热风炉送来高温惰性气流烘干。粉煤颗粒尺寸≤ 90μm 的占总质量的 90%，≤ 5μm 的占总质量的 10%，水分质量分数，典型值＜ 2% 即可满足要求。

（b）粉煤加压及输送单元　经研磨合格的粉煤经分离储存在常压粉煤贮仓内，通过粉煤锁斗间隔送入粉煤给料罐；粉煤锁斗常压进料，加压向粉煤给料罐放料，循环运行。粉煤由粉煤给料罐用惰性气体浓相连续向气化炉烧嘴供料，并与气化炉之间保持恒定的正压差。

（c）气化及合成气洗涤单元　粉煤分多路进入气化炉烧嘴的煤粉管，氧气经氧气加热器加热后（约 180℃）先在混合器内与一定量的蒸汽混合，然后按一定的氧 / 煤比要求进入烧嘴。煤粉在炉膛内进行高温部分氧化反应，生成的合成气主要组分 $CO+H_2$ 含量在 90% ～ 92%，其他为 CO_2 和极少量的 CH_4 等。合成气在激冷室被激冷，熔渣迅速固化，出气化炉的合成气再经文丘里洗涤器和洗涤塔用水进一步润湿洗涤，通过洗涤塔后合成气的温度约 215℃，合成气送往界区外（如变换单元）。生成的熔渣留在水中迅速沉淀，并通过渣锁斗及捞渣机排出。炉膛水冷壁产生的少量中压饱和蒸汽由中压汽包送出。

（d）渣及灰水处理单元　从气化炉激冷室排出的渣经破渣机、渣锁斗，排到捞渣机，进行渣水分离，水回收处理利用；气化炉及洗涤塔底部排出的灰水，经高压、低压、真空三级闪蒸，回收低压蒸汽、去除不凝性气体，并将灰水进行汽提，灰水中加入絮凝剂、分散剂等，固体颗粒经絮凝、沉淀、过滤后，细灰滤饼收集，灰水循环利用。

B．主要设备　航天粉煤气化炉是气化装置的核心设备，图 5-18 为航天工程全激冷气化炉，即一代 HT-L 气化炉，操作压力达 4.0MPa，反应后的高温气体全部用水激冷。气化炉的系列规格按能力分，有日处理煤 1000t 级的 DN2800/3200 及 DN3200/3200、日处理煤 1500t 级的 DN3200/3800、日处理煤 2000t 级的 DN3800/3800。气化炉由烧嘴及炉体两部分组成，与其配套的有汽包和破渣机。

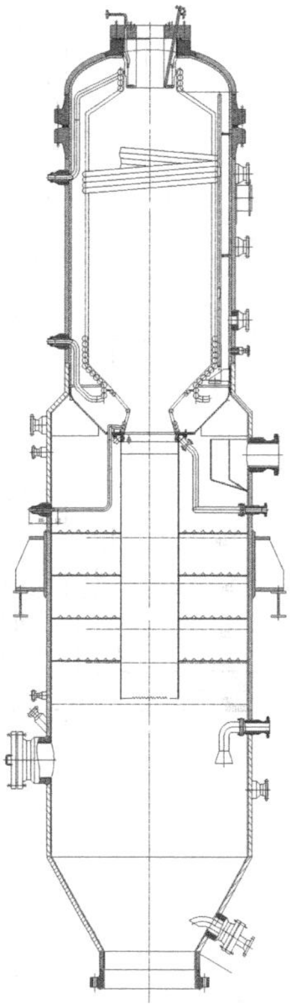

图 5-18　航天工程全激冷气化炉（一代）

（a）工艺烧嘴部分　即组合式单一烧嘴，点火开工烧嘴与生产烧嘴组合为一体，生产烧嘴中含煤粉通道及氧、蒸汽混合物通道，用水夹套进行保护，烧嘴的材质采用耐高温及耐磨高合金钢。烧嘴的适应性强，负荷范围为 40% ～ 110%，生产上有多次连续使用超过 400 天的纪录。

（b）气化炉体部分　气化炉顶部置入烧嘴，上部为反应段，由外壳和内件盘环式水冷壁组成；下部为激冷段，内分布由激冷环、下降管、分布器组成。气化炉壳体材料采用高强度铬钼钢，水冷壁等为不锈钢，下部壳体是复合钢材。

② 第二代航天气化装置 [61]

A．工艺分析　现代先进煤气化技术具有六大特征：气化反应高温化，气化过程高压化，转化效率最优化，气化炉体大型化，操作维护智能化，关键设备国产化（在国内）。航天工程在一代航天炉基础上，开发了压力为 6.5MPa、含辐射锅炉热回收式的二代气化炉，能力超大型粉煤气化炉，日处理煤 4000t，副产 10.0MPa 高压蒸汽。气化炉上部仍为反应段，下部为辐射锅炉和激冷段。出反应段约 1500℃的气体经辐射锅炉，降至 750 ～ 850℃，水激冷后 230 ～ 245℃气体出气化炉。出气化装置气体温度在 205 ～ 215℃，汽 / 气 (即气体中水蒸气分压与干气分压之比) 在 0.4 ～ 0.5，若用来生产合成氨，后工序变换反应（气体中含 CO ≥ 65%O）采用绝热-增湿-控温变换流程，仍无需外加蒸汽，而气化反应的高位热能得到了充分回收利用。

超大型高压粉煤气化装置于 2021 年 8 月 26 日在山东瑞星化工集团投产，该炉型高温、更高压，千立方米有效气体煤耗、氧耗都低于一代炉，渣 / 灰比高，操作平稳且更智能。超大型炉单套气化装置，按年操作 8000 小时计，可配套生产合成氨百万吨 [62]。

二代航天炉工艺流程示意如图 5-19 所示。

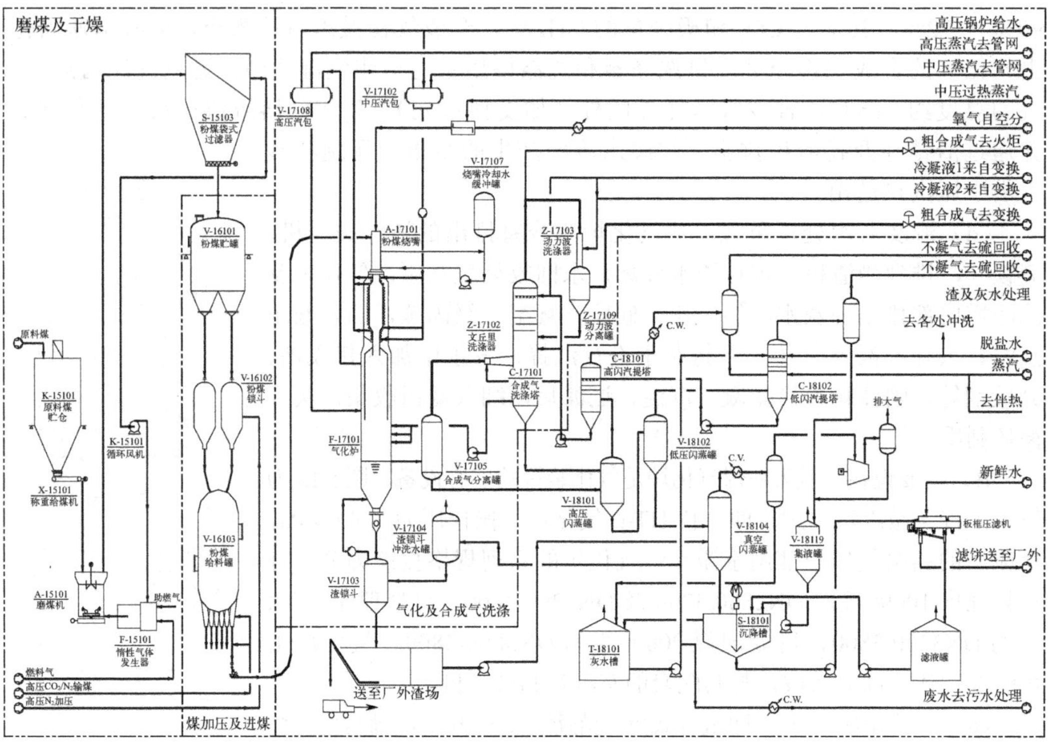

图 5-19　HT-L 二代航天粉煤加压气化工艺流程

B．主要设备　二代航天粉煤气化炉有部分热回收式与全热回收式两种，即半废锅热回收式气化炉和全废锅热回收式气化炉，见图 5-20、图 5-21。气化炉内反应后的约 1500℃气体，进入下段辐射锅炉副产高压蒸汽，气体再经激冷后出气化炉。气化炉操作压力达 6.5MPa，日处理煤 4000t 级气化炉规格为 DN3800/4400。仍然采用单一烧嘴，这样操作便利、稳定，易于控制。航天工程半废锅热回收式气化炉主要技术参数见表 5-12。

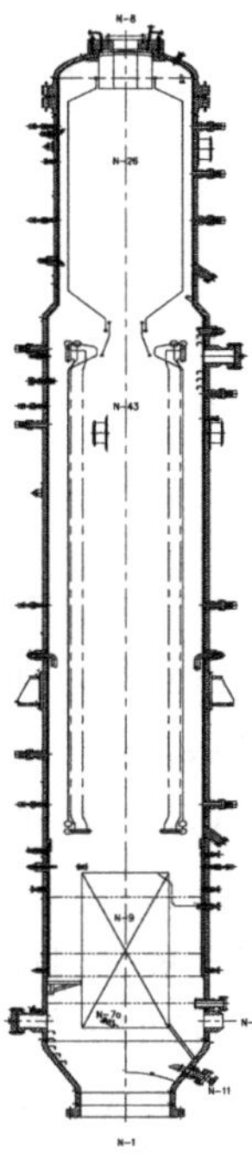

图 5-20　HT-L 半废锅热回收式气化炉（二代）

图 5-21　HT-L 全废锅热回收式气化炉（二代）

表5-12　航天工程半废锅热回收式气化炉主要技术参数

项目	参数
气化原料	无烟煤 / 烟煤 / 褐煤 / 石油焦 /（半）焦炭 / 兰炭
投煤量（入炉煤）/(t/h)	2000 ～ 4000

续表

项目	参数
有效气流量 /(m^3/h)	130000 ～ 260000
气化压力 /MPa	4.0 ～ 6.5
蒸汽产量（压力 10MPa）/(t/km^3)	0.5 ～ 0.6
废液处理量（可选）/(t/h)	8 ～ 16
外排废水量 /(t/h)	10 ～ 20
冷煤气效率 /%	83 ～ 85
热能利用效率 /%	＞ 96

航天工程同时研发了全废锅热回收式气化炉，即在半废锅热回收式气化炉上直连一个中压废热锅炉，废锅内包括高、中压蒸汽过热段和中压蒸汽蒸发段。该炉型已在工业试验装置上实施，操作压力达 6.5MPa，日处理煤 20t。全废锅热回收式气化炉可用于煤化工以外的工业上，如燃气发电。

烧嘴的布置形式仍采用顶置结构，单一烧嘴内部煤粉、氧和蒸汽皆采用双流道，以实现增大气化炉能力的需要。在保证流场对称性的前提下，单一烧嘴既能够满足燃料的充分掺混，又能够满足细灰返回的需求，此外还可实现 CO_2 处理、有机废液处理等目的。

干粉气化产生的含尘高温合成气显热以辐射废锅 + 对流废锅形式回收，最大限度优化了煤化工项目的能量利用，热煤气效率＞ 96%，同时实现了废水“近零排放”（2000t 级气化炉外排废水约 10t/h）；独特的燃烧流场和工艺流程设置，保证气化过程的高碳转化率，可实现细灰零排放。

二代热回收式气化炉的碳转化率高，外排固废少，副产蒸汽量大，装置整体效率高，是目前最为经济、高效和环保的煤气化技术之一，也是适应未来新型煤化工环保要求的技术。

（3）航天炉技术特点

① 干煤粉进料，操作温度高，有效气含量高　被磨制成 7 ～ 90μm 的煤粉颗粒，经过热风干燥后，由 CO_2 气体浓相输送。气化炉内高压操作，操作温度在 1400 ～ 1650℃范围内，煤种适应性广，有效气含量高。

② 单烧嘴顶置组合燃烧器（可根据需求制定烧嘴组合及射流方式）　燃烧火焰、炉内物料流场与炉膛结构匹配较好，炉内煤粉热解区、火焰燃烧区、烟气射流区、烟气回流区以及二次反应区分布合理，煤粉反应完全；火焰形状稳定性好；烧嘴采用水冷夹套式冷却方案，可保证烧嘴长周期运行稳定可靠。设计寿命达 20 年，烧嘴头部局部维护频率为 6 ～ 12 月一次，烧嘴寿命行业领先。

③ 气化性能　该气化技术煤种适应范围广，气化效率高，碳转化率达 99%，有效气体（$CO+H_2$）含量在 90% ～ 92%，CH_4 气体仅有几十至几百 μL/L，整个气化装置最长连续运行（A 级）419 天，平均连续运行 280 天，年操作均超过 345 天，装置稳定性行业领先。

④ 密闭式盘管水冷壁结构及水冷壁耐火材料　多头并联水冷壁管结构，可以保证管程流阻分布均匀，强制循环可防止局部传热恶化发生“爆管”故障。金属管壁与 SiC 耐火材料组合，能降低水冷壁金属材料的蚀损率，保证耐火材料的使用温度低于 1200℃，水冷壁外形成 3 ～ 5mm 稳定的固渣层，以渣抗渣，以提高耐火材料使用寿命。

⑤ 水激冷方案与废锅方案　航天炉针对不同项目要求研制了激冷流程工艺气化炉和废锅流程气化炉，可根据企业最终产品需求进行选择。

⑥ 操作压力高，单炉处理煤量大，尤其适用于大型煤化工项目。6.5MPa、日投煤量3000 ～ 4000t 的大型粉煤气化炉已投产运行。

⑦ 可实现多种物料气化方案（包括固废、废液及 CO_2 等的处理）。

⑧ 具备智能工厂操作系统和完善的技术服务体系，全部设备国产化，一次性投资少，运行维护成本较低。

（4）运行情况及主要问题

① 运行情况 以安徽昊源化工集团装置为例，2011 年 10 月安徽昊源两套航天炉粉煤气化装置工程项目正式开工，一期项目气化炉于 2013 年 4 月 14 日首次成功点火，该项目从基建到首次点火成功仅用 18 个月的时间，二期项目于 2014 年 4 月一次性点火成功。2016 年，其单炉连续运行的最长时间高达 320 天，创气流床气化技术连续运行时间世界纪录。2017 年，新疆中能玛纳斯 2000t 级气化炉连续运行（A 级）419 天，再创新高。

通过对煤质特性、磨煤颗粒以及合成气灰分进行相关检测，并系统地分析优化，航天炉粉煤加压气化装置得到了很大改进，让气化装置可以有效适应不同的煤种类型，保持长周期稳定运行。航天炉粉煤加压气化装置单炉日处理煤量在 1000 ～ 3500t，每小时的产气量（$CO+H_2$）为 70000 ～ 240000m^3，有效气体（$CO+H_2$）含量在 90% ～ 92%。

② 主要问题 对于热回收式气化炉，辐射段换热管壁容易积灰，影响传热效率及长周期运转，需要进一步改进下部结构，如增加吹灰及振打装置，以达到高效和更长运行天数。

（5）工业应用情况 航天炉目前国内已签约的项目遍及 20 个省份，超过 50 多个企业，气化炉的签约总量达 110 多套，已投产气化炉超过 72 台，主要用于生产合成氨、尿素、甲醇、烯烃和乙二醇等化工产品，已投产日投煤量 1000t 的气化炉有 10 多台，日投煤量在 1500 ～ 2000t 的气化炉有 60 多台。

5.1.2.3 干煤粉气流床气化炉——西门子GSP气化技术

（1）发展历史[63] 西门子 GSP(gaskombiant schwarze pumpe) 气化技术，起源于东德的黑水泵公司，1976 年该公司开发了粉煤加压气化工艺。1980 年东德弗莱堡（Freiburg）燃料学院建成了 W100 和 W5000 两套气化试验装置，气化能力分别在 100 ～ 125kg/h 及 5 ～ 25t/h，压力分别为 3.0MPa 及 4.0MPa。1984 年德国黑水泵化工厂利用 GSP 气化技术建立了一套 W30 气化装置，日投煤量 720t，压力为 3.0MPa，产品煤气供城市煤气作调峰气源，原料为褐煤。1990 年后，该技术在再生物质、石油焦、城市垃圾、含氯废物及其他燃料等气化领域也得到一定应用。GSP 气化技术在 2008 年进入中国，采用的企业少，仅有神华宁夏煤业集团（简称神华宁煤）一家，后被西门子公司兼并。

（2）技术特点及工艺流程

① 技术特点

A. 干煤粉进料，煤种适应性广，水冷壁结构，灰熔点适用范围宽。粉煤进料避免了煤种对成浆性的影响，无论是褐煤还是烟煤都适用。水冷壁结构的使用允许了更高的气化温度，一般在 1350 ～ 1600℃范围，拓宽了煤种灰熔点选取范围，增强了煤种适应性。

B. 技术指标 碳转化率在 98% ～ 99%，合成气中无重烃，甲烷体积分数低于 0.1%，有效气 ($CO+H_2$) 的体积分数约 90%，冷煤气效率在 80% 以上。

C. 维护费用 紧凑的气化工艺流程及组合顶置单喷嘴的使用，简化了操作流程，缩短了开、停车时间（由冷态到满负荷状态需约6h），降低了维护成本。

D. 有害气体近零排放；炉渣中无可溶性有害物质，可用作建材原料；污水中无酚、氰等有害物，整个系统中水可循环利用。

E. 较高的自动化水平。

其他技术特点可参见表5-13。

表5-13　GSP气化技术特点

项目		具体特点
气化技术类型		干煤粉加压气流床气化技术
气化技术名称		西门子GSP气化技术
气化炉组合方式		考虑化工生产连续性，不推荐单一气化炉方式；使用多台气化炉的大规模化工生产可考虑不设置备用炉
进料方式		干煤粉、氧气及少量水蒸气（视煤质情况需要）通过组合式烧嘴同步进入气化炉
进料位置		气化炉顶部向下喷射
烧嘴类型与特点		多层同心圆组合式烧嘴，中心为点火开工烧嘴，外围是主烧嘴，包含氧气与水蒸气混合物通道和粉煤通道
气化炉燃烧室流场结构		气化炉内为喷射、旋转气流
耐火衬里		水冷壁结构
激冷室内合成气冷却方式		空腔式多喷头喷水激冷
气化介质		氧气、水蒸气
粉煤输送载气		可用二氧化碳或氮气
技术运行的阶段		已大规模工业应用
运行周期		单炉连续运行＞150天
原煤粒度要求		入炉的为经过研磨的煤粉，对原煤粒度基本没有要求
煤的工业分析		考虑经济性，煤种灰分需要小于25%
操作条件		压力在2.5～4.0MPa，温度在1350～1600℃（与煤质相关）
粗煤气成分体积分数		H_2可达22%，CO可达68%，CO_2可达5%～7%，CH_4小于0.1%，其余为N_2、H_2S等，实际组分随煤种而变化
工艺指标	氧耗	$320m^3O_2/km^3(CO+H_2)$，神华宁煤煤制烯烃项目，2000t/d投煤量
	气化用蒸汽消耗	18t/（h·台），2000t/d投煤量
	单炉煤气产量	约$130000m^3/h$（与煤质有关）
工业适用领域		工业用合成气生产、IGCC发电等

② 工艺流程　GSP气化工艺采用顶置组合式同心射流单喷嘴、干煤粉进料、纯氧气流化床气化、粗合成气激冷、液态排渣流程。该流程主要有煤粉加压计量输送单元、气化激冷单元、气体除尘冷却单元、黑水处理单元，示意图见图5-22。

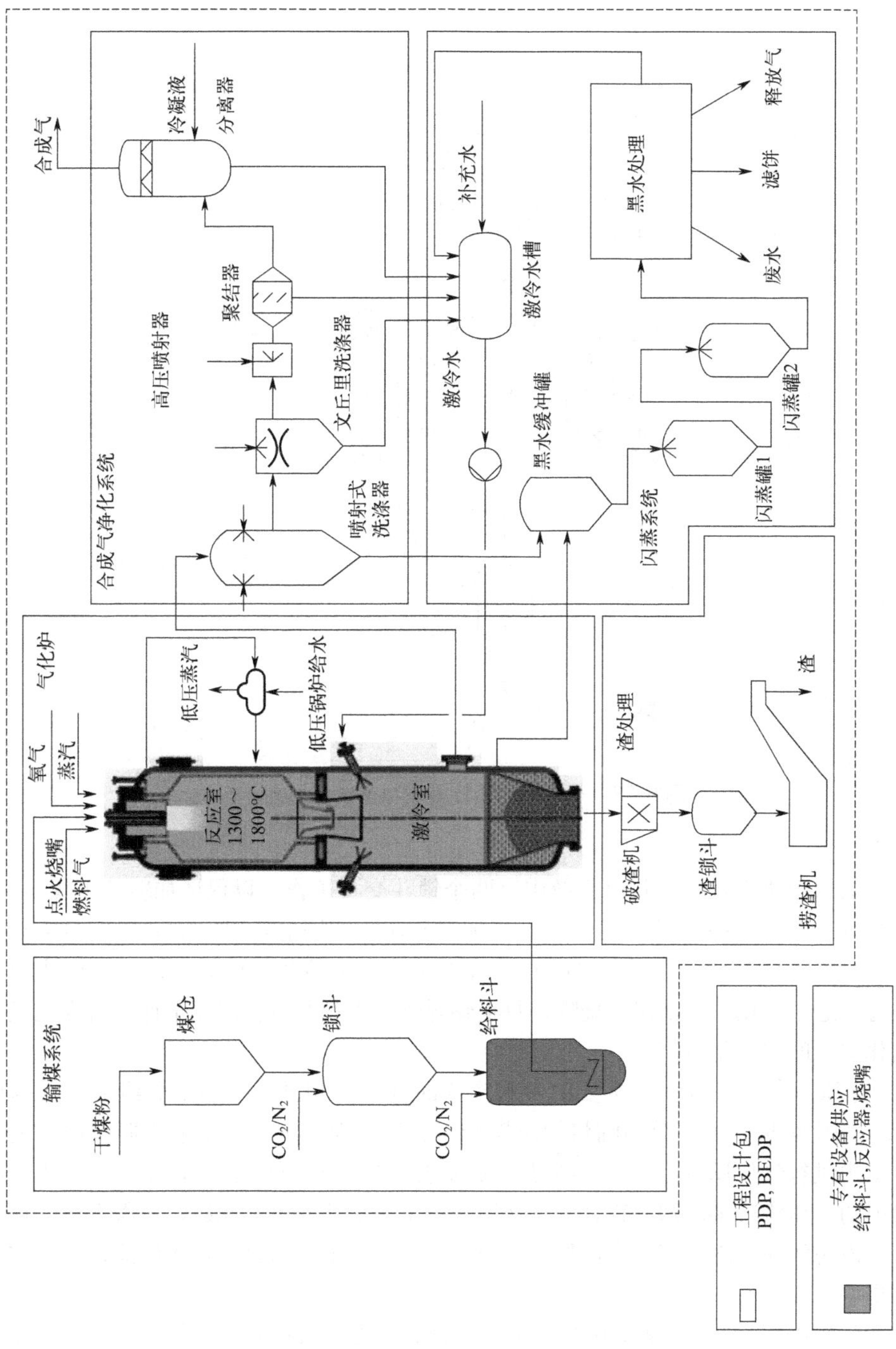

图 5-22　GSP 气化工艺流程

A．煤粉加压计量输送单元　去除金属后的碎煤由输送带输送，经磨煤机研磨和热惰性气体干燥，得到粒径适于气化、含水量便于输运的煤粉，合格的煤粉由低压氮气送至煤粉加压投料系统，该系统作为顺序系统被集成在自动控制系统中，主要由储仓、锁斗、密相流化床与加料斗三部分组成，如图 5-23 所示。

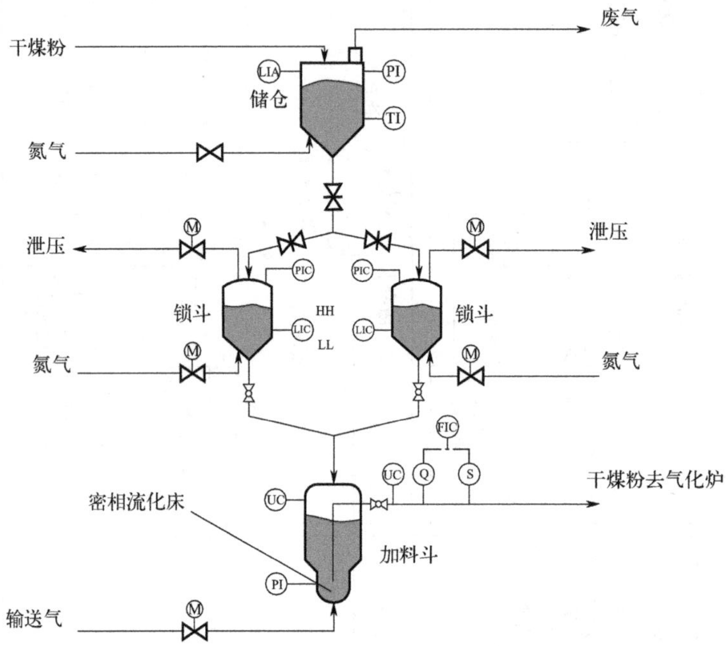

图 5-23　干煤粉加压计量投料系统示意图

储仓中的煤粉进入锁斗，每个系统中有两个锁斗交替工作，以保证加料斗中煤粉料位。锁斗中的煤粉由气体（CO_2 或 N_2）加压至与加料斗压力相同后，煤粉依靠重力由锁斗下落至加料斗，加料斗中煤粉经输送气（CO_2 或 N_2）形成部分流化，而后以密相流形式通过浸没的输煤管输送至气化炉顶部组合烧嘴，每根输煤管线上都装有粉煤流量计，粉煤流量由加料斗和气化炉之间的压差控制。

B．气化激冷单元　气化炉主要由带水冷壁的气化室和激冷室两部分组成，结构如图 5-24 所示。气化炉顶置组合单喷嘴将加压煤粉、氧气和少量蒸汽（要求依据煤种而定）喷射到气化室中进行气化反应，产生的高温合成气与液态渣一起向下流动，由气化室进入激冷室，被喷射的高压激冷水冷却。粗合成气从激冷室出来后达到饱和状态，进入下游气体除尘冷却单元。液态渣在激冷室底部水浴形成颗粒状固渣，定期由渣锁斗排入渣池，并通过捞渣机装车运出。

C．气体除尘冷却单元　从气化炉出来的粗合成气进入气体除尘冷却单元，该单元包括喷射式洗涤器、文丘里洗涤器、高压喷射器、聚结器、分离器等部分。粗合成气经三级文丘里洗涤器与水充分混合后再经聚结器除去细灰与炭黑颗粒，然后由分离器除去合成气中的水和颗粒，净化后的合成气最后被输送到下游使用。

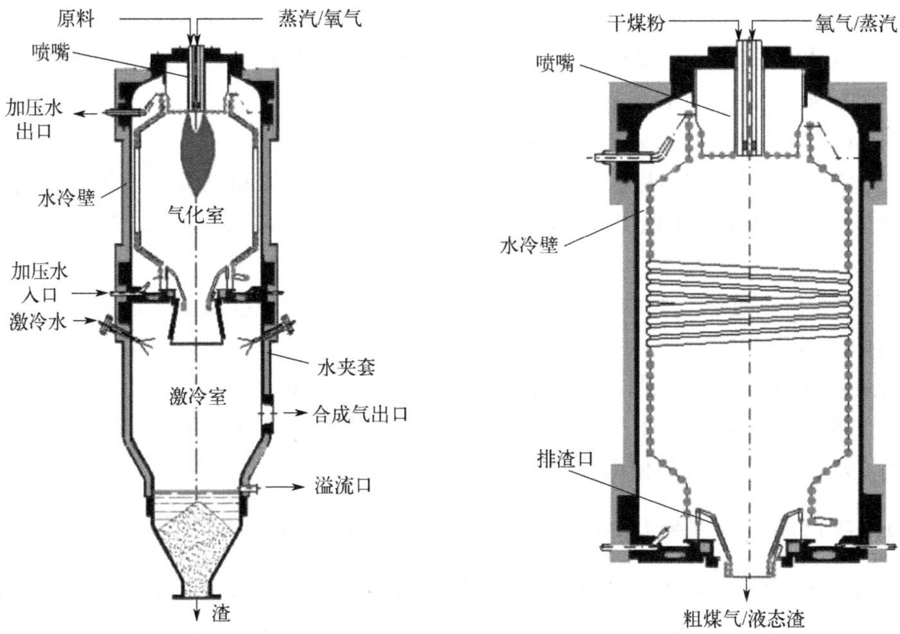

图 5-24　气化与激冷单元

D. 黑水处理单元　由激冷室和喷射式洗涤器排出的黑水中含有溶解气体和细灰渣，经减压除去黑水中的大部分气体，黑水还需要送至两级闪蒸罐，闪蒸后的黑水送入加有少量絮凝剂的沉降槽沉降，沉降槽上部净水和滤液一起送回气化炉激冷室作激冷水使用。为控制水中总盐含量，少量废水需送污水场处理，脱盐水需补充进气化系统。沉降槽下部沉降物经压滤机压滤后的滤饼装车外送。

（3）运行情况及主要问题

① 运行情况　神华宁煤煤制烯烃项目运行情况见表 5-14。

表5-14　神华宁煤煤制烯烃项目运行情况

业主名称	神华宁夏煤业集团
项目名称	煤制 167 万吨甲醇转 52 万吨烯烃项目
项目地点	宁夏宁东能源化工基地
煤种情况	长焰煤（灰分：18% ～ 20%）
气化炉数量	日投煤量 2000t 级 SFG500 气化炉 5 台
有效气量	520000m^3/h
服务内容	提供符合中国标准的工艺包，专有设备制造安装、技术服务指导、理论和现场培训
项目历程	2007 年签订合同，并完成中国标准的工艺包（PDP）设计；2008 年第一批德国进口气化炉送达项目现场；2009 年第一批气化炉完成吊装；2010 年试车，产出精甲醇；2011 年开始试生产；2012 年气化炉满负荷运行，甲醇产量超过 5000t/d
意义	国内煤制烯烃项目首次采用干煤粉气流床气化技术，并取得了成功，为后续 GSP 气化技术在神华宁煤的应用奠定了基础

② 主要问题

A．加料过程环节多，复杂的加料系统导致煤粉在输运过程中易出现堵塞情况。

B．设备国产化率低，投资较高。

C．没有独立灰水处理技术支撑，无法形成完整技术体系。

D．合成气与灰渣由气化室一起出来后，只经过激冷分离和三级文丘里洗涤器湿法洗涤，粗合成气带灰严重，难以保证净化后的合成气灰尘含量小于 $1mg/m^3$，大量的细灰带出，严重影响后续系统的运行。

E．气化炉烧嘴连续运行约 90 天，烧嘴附近水冷壁易出现挂渣差和因烧嘴旋流角度过大导致的炉壁超温问题。

F．水冷壁内衬膜式壁较薄，仅有 3.5mm，使用寿命较短。

（4）工业应用情况　西门子 GSP 气化技术在中国有 3 个项目，共计运行 31 台，其中神华宁煤有 29 台，是其最大的使用方。

5.1.2.4　干煤粉气流床气化炉——科林粉煤气化技术

（1）发展历史　科林粉煤气化技术气化炉简称为科林气化炉（Choren coal gasifier，CCG）。该技术前身与 GSP 气化技术同源。1990 年东西德合并后，Wolf 博士（前东德燃料研究所研发部部长）与其同事以及黑水泵厂的技术骨干共同成立了科林的前身公司，在黑水泵厂 200MW 工业气化装置的基础上，进一步研究完善形成了现在的科林粉煤气化技术和 Carbo-V 生物质气化技术。

山东兖矿集团和贵州开磷集团合资共建的贵州开阳化工有限公司 50 万吨 / 年合成氨项目首次引进 CCG 气化技术，该项目使用两台投煤量 1500t/d 的 CCG，于 2010 年底开工建设，2012 年 10 月首次点火开工，2013 年 2 月成功进入试生产阶段。项目所需 CCG 气化技术许可、专有设备供货及工艺包设计均由德国科林公司提供。使用煤种的平均灰分为 26%，灰熔点为 1500℃，含硫量大于 3%，是典型的贵州本地“三高”劣质煤的特点（高灰、高硫、高灰熔点）。

（2）技术特点及工艺流程

① 技术特点

A．顶置 3+1 多喷嘴下喷结构　如图 5-25 所示，科林气化炉采用源于德国黑水泵化工厂气化装置的多喷嘴下置方式，在顶部 3 个工艺烧嘴呈 120°均匀分布，中心为长明灯（点火）烧嘴，以区别于 GSP 气化炉，多烧嘴协同工作，与 GSP 气化炉相比，温度分布会更均匀，更易实现大型化。

图 5-25　CCG 刨面图及烧嘴局部图

B．煤种适应性广，技术指标较好 干煤粉进料不受成浆性影响，煤种适应性广。科林粉煤气化技术气化操作温度高（1350～1650℃），碳转化率可达到约99%，合成气有效成分($CO+H_2$)含量约90%，反应温度高，不含有机物、焦油等，冷煤气效率可达77%～82%左右。

C．水激冷流程 科林气化炉采用激冷环用水激冷结构，与水煤浆气化炉下部结构类似，由激冷环加下降管的方式构成，装置可靠性增加，工艺配置简单，便于操作管理。

D．整体投资及运行维护费用低 从科林公司购买工艺包，大部分设备可国内制造（不含专利设备），与国外全进口设备比投资成本较低。采用水冷壁结构，无耐火砖，设备寿命长，主体设备寿命可达20年；顶置多烧嘴，负荷调节范围宽。

E．节能、环保效果好 煤耗与GSP气化炉相比较低，炉渣中含碳量低，可作水泥原料；黑水经过两级闪蒸实现水循环再利用，系统产生的废水中不含苯、酚等大分子物质。

② 工艺流程 科林粉煤气化技术是一种采用干煤粉加压进料，氧气作为气化剂，液态排渣的煤气化技术。如图5-26所示，该技术工艺主要包括：煤粉制备及输送单元、气化激冷单元、合成气净化单元及灰水处理单元。

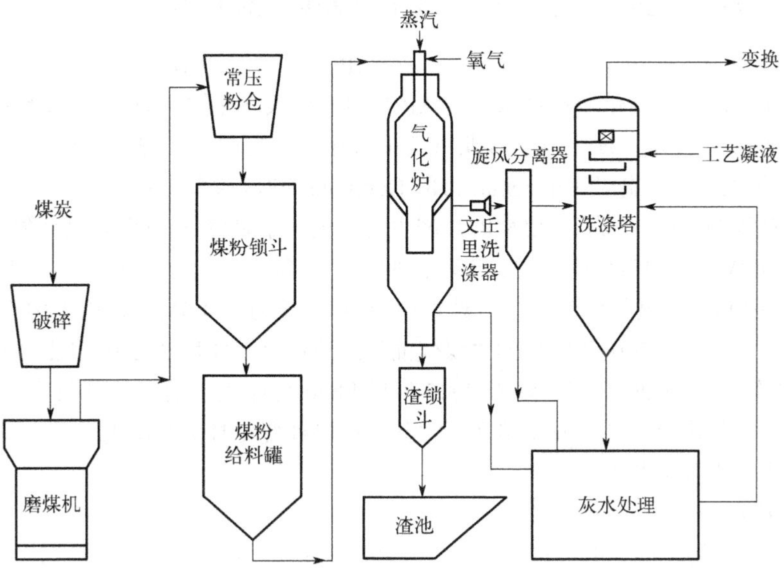

图5-26 科林粉煤气化技术工艺流程简图

A．煤粉制备及输送单元 原料煤经破碎后送入磨煤机内研磨同时干燥，且其中90%的颗粒粒度小于90μm时即可满足入炉煤粉粒度要求，符合粒度要求的煤粉，由惰性气体通过密相输运送至烧嘴。

B．气化激冷单元 粉煤与氧气（加入少量水蒸气）由三个烧嘴一起进入气化炉，在高温高压下进行气化反应，生成合成气。根据煤的灰组分和灰熔融特性，气化炉内操作温度控制在1350～1650℃，气化压力在3.5～4.0MPa。粗合成气与液态灰渣一起由气化室进入激冷室，冷却后的粗合成气继续进入下游工序；液态灰渣激冷后，经渣锁斗进入渣池排出系统。

C．合成气净化单元 冷却后的粗合成气经文丘里洗涤器、旋风分离器和洗涤塔除尘后，温度约为210℃，压力为3.8MPa的粗合成气送至后工序。

D．灰水处理单元 系统排出的灰水减压后首先进行高压闪蒸去除水中溶解气，之后进行真空闪蒸，闪蒸后的灰水进入沉降槽沉降。从沉降槽底部抽出的浓灰水，经过滤后装车外运，上部清水进入灰水槽，大部分继续在系统中循环使用，小部分排出系统。

（3）运行情况及主要问题

① 运行情况　贵州开阳化工有限公司年产 50 万吨合成氨项目，采用两台日投煤量 1500t 的科林气化炉。科林气化炉，采用单一贵州煤作为气化原料，自 2013 年投产以来，年运行时长超过 330 天。2018 年后，由于煤炭供应问题，项目采用贵州本地煤和陕蒙煤掺混燃烧的方式，原煤灰分在 15% ～ 20% 范围，在原料煤变化的情况下，最长运行周期达 291 天，气化炉在线率可达 100%，合成气有效成分（$CO+H_2$）含量约 90%，碳转化率约 99%，渣灰比达到 7∶3，废水中没有有机物分子。单台气化炉每小时平均合成气量达 70000m^3，最高合成气量达 95000m^3/h。

② 主要问题　现有运行案例较少，目前运行的开阳项目，采用贵州无烟煤。另外，多烧嘴的控制系统较复杂。

（4）工业应用情况　科林气化炉目前在两个项目中得到应用，分别是贵州开阳化工有限公司 50 万吨 / 年醇氨项目以及陕煤集团榆林化学有限责任公司一期 180 万吨 / 年乙二醇项目。

5.1.2.5　干煤粉气流床气化炉——AP公司干粉煤气化技术

（1）发展历史　美国空气产品公司（简称 AP 公司）于 2018 年收购了荷兰皇家壳牌集团的煤气化业务及渣油气化专利技术，故 AP 公司干粉煤气化技术即指 Shell 粉煤气化技术。

Shell 粉煤气化技术，属于继水煤浆气流床气化技术后的二代煤气化技术。1993 年采用 Shell 粉煤气化工艺，在荷兰 Buggenun 市的 Demkolec 建成大型工业化工厂，装置设计能力为单炉日处理煤 2000t，压力达 2.5MPa，产生的煤气用于燃气-蒸汽联合循环发电（IGCC），发电量为 250MW。于 1998 年完成 3 年示范期，进入商业化运行。2000 年，中国石化集团同时引进三套 Shell 粉煤气化装置，日处理煤 2000t，压力达 4.0MPa，用于中石化湖南洞庭氮肥厂、湖北化肥厂、安庆化肥厂的“煤代油”改造项目。此后从 2000 年起 10 年内我国引进 Shell 粉煤气化装置 20 余套。随着 2005 年后 Shell 粉煤气化装置陆续投产，暴露了很多问题，最严重的是排渣口经常发生堵塞，尤其是在煤种变化时更会出现。

（2）技术特点及工艺流程

① 技术特点

A. 干煤粉进料，煤种的适应性较好　干煤粉进料是利用加压氮气输送，连续性好，便于操作。由于 Shell 气化炉采用干煤粉气流床气化，反应温度高（1400 ～ 1650℃），因而煤种的适应范围较宽，当煤种灰熔点过高时，可添加适量的助熔剂（石灰石）或进行煤种搭配，较高水分、灰分和含硫量的煤种也能适应。

B. 气化温度高，热效率高　Shell 粉煤气化温度为 1400 ～ 1650℃，在这样的高温下碳转化率高达 99%，并且粗合成气中的有效气体（$CO+H_2$）含量在 85% 以上。Shell 粉煤气化工艺采用气激冷 + 对流废锅形式，干法除灰，热煤气效率高，原煤中 77% ～ 82% 的热能被转化为合成气（即冷煤气效率），约 13% 的热能被废热锅炉回收，产出高压及中压蒸汽，总的热效率约 95%。

C. 采用水冷壁结构　Shell 气化炉中采用水冷壁结构，利用以渣抗渣原理，通过开车时的挂渣对炉壁进行保护，无需耐火砖衬里，运转周期长，维护量少，使用寿命一般都在 10 年以上，无需备炉。

D. 先进的控制系统　气化操作采用了先进的工艺控制技术，输入输出点多达 3000 多个，采用分程、串级、前馈、比值调节以及顺序控制和逻辑控制，通过 DCS、ESD（紧急停车系统）、PLC（可编程控制器）实现生产中的监控和管理，自动化程度高，保障系统能够在稳定状态下运行。

E．粗合成气激冷冷却　Shell 粉煤气化技术通过粗合成气循环冷却系统将气化炉出口温度激冷至约 850℃，气体中夹带的灰渣液滴被固化并冷却，从而形成飞灰颗粒，避免了液渣在膜式壁上的凝固堆积。进入废热锅炉的气体为避免积灰设有吹灰及振打装置。

F．烧嘴寿命长　Shell 粉煤气化烧嘴的设计使用寿命为 8000h，并且维护量小。

G．环保性能好　Shell 粉煤气化技术在整个生产过程中，高温气化不产生焦油、酚等有机物，污水中无氰化物，易于处理，必要时可以做到近零排放。产生的飞灰被干灰过滤器除尘回收，可作为建筑材料。

② 工艺流程　Shell 粉煤气化简略工艺流程见图 5-27，从工业示范装置到大型工业化装置皆采用废热锅炉及干法除尘流程。

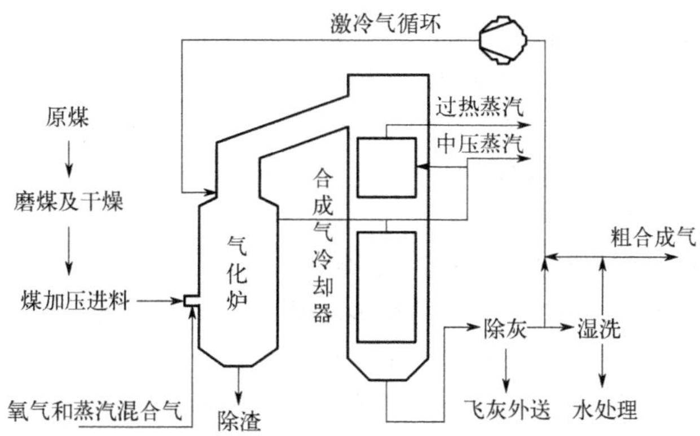

图 5-27　Shell 粉煤气化工艺流程

Shell 粉煤气化工艺流程，首先是粉煤制备单元，即原煤被送至微负压的磨煤机中研磨成粉，同时经热风炉送来的热风干燥后，与热风一起进入粉煤袋式过滤器，在此煤粉被收集下来，经螺旋机送至低压粉煤贮仓。

粉煤贮仓中的煤粉靠重力送至锁斗，锁斗中的煤粉经加压进入给料罐，煤粉用管道浓相输送至烧嘴，同时，氧气和水蒸气的混合气也进入烧嘴，通过气化炉下部的四个烧嘴送至炉内。气化温度为 1400 ～ 1650℃，气化压力为 4.0MPa，煤粉在气化炉内瞬间完成升温、部分氧化反应等。气化反应产生的合成气在顶部激冷室被激冷至约 850℃。然后经输气管进入废热锅炉的气体返回室，合成气通过热回收进行冷却；炉内产生的液态渣经气化炉壁向下流入渣池，通过除渣系统送至渣场。

被冷却至约 340℃的合成气，送至除灰系统，通过耐高温素瓷过滤器除去干灰，洁净的合成气从过滤器顶部出来，送往洗涤系统，经过湿洗的合成气被送往后工序（变换）。洗涤系统前、后各抽出一部分气体混合后温度在 200 ～ 250℃，此混合气体进激冷气压缩机，返回至气化炉顶部激冷室，作为激冷气。飞灰经过锁斗进入灰罐，用气流输送至灰库。

目前，带废锅流程的气化炉在运行时存在着废锅段泄漏的问题，造成的原因一般是焊接工艺不好、水质不达标、水位控制不好等。另外，气化炉及联体废锅设备庞大，装置投资高。

（3）Shell 气化炉　Shell 气化炉是一个联体式的组合设备，如图 5-28 所示，气化炉与副产蒸汽锅炉通过输气导管连接为一个整体。

气化炉采用竖管膜式水冷壁形式，主要由内筒与外壳两部分组成，内筒与外壳间有较大环形空间，内筒与外壳的间距为800mm，炉体中部是反应室（气化区），下部为熔渣激冷室，炉体上部为气体激冷室。燃烧反应后熔融液渣靠重力沉降至炉底，由渣口流出，掉入渣池激冷，渣经锁斗排出；1400 ～ 1650℃粗合成气带灰上行，为使飞灰凝固，由激冷气压缩机送入激冷室的气体（200 ～ 250℃）与高温气混合，气体温度降至800 ～ 850℃，经输气导管（设有水冷壁）进入副产蒸汽锅炉。

废锅采用水管式结构，顶部是转向室，从上至下依次为蒸汽过热段、蒸发Ⅰ段、蒸发Ⅱ段，副产蒸汽锅炉内设有吹灰及振打机构。

气化炉烧嘴安装在炉体反应室下部，环炉体由4 ～ 6个烧嘴中心对称布置，还有一个点火烧嘴，在开车时进入炉内，正常生产时移炉外。

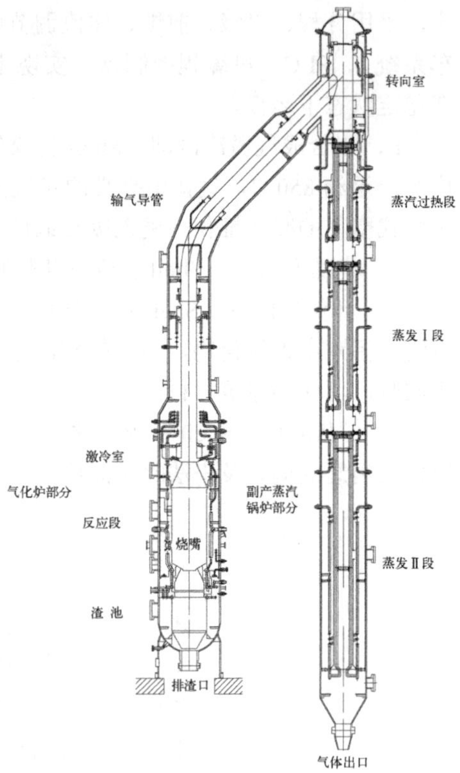

图5-28 Shell气化炉

（4）运行情况及主要问题[64]

① 运行情况 Shell气化装置国内引进20余套，随着Shell粉煤气化技术在国内应用项目的增多，国内对该技术进行了较多改进，煤质管理水平和装置在线率不断提高，由于气化炉原因导致的停车次数逐渐减少。

2019年7月3日，潞安煤基清洁能源公司3000t/d气化炉已连续稳定运行210天，截至2020年，多家企业单炉单次连续运行时长可超过200天，云维集团大为制氨公司单炉单次连续运行时长已经突破280天。在中石化安庆化肥厂、贵州天福及云沾化项目中，Shell粉煤气化技术还尝试了煤与石油焦掺混燃烧，其中，贵州天福在2012年采用煤与石油焦混运行，累计运行265天。

② 主要问题

A. 气化炉烧嘴隔焰罩易烧坏 在最初的试车及生产过程中Shell气化装置烧嘴隔焰罩频繁出现烧穿事故，为了保证系统的稳定运行，经过国内研发制造了第二代隔焰罩，此问题得到初步解决。

B. 气化炉底部堵塞频繁 气化炉在操作过程中，由于煤种的变化，炉温判断滞后（炉内无测温点），氧/煤比无法及时调节，造成渣口堵塞。停车挖渣一次需10天到两周，这是Shell气化装置不能保证年运行天数的主要原因，企业生产中煤种固定不变难以做到，此故障不易解决。

C. 合成气冷却器（废锅）积灰 Shell粉煤气化技术中合成气冷却器积灰问题，是影响气化装置长周期运行的技术难题，目前该问题还未能完全解决。导致合成气冷却器积灰的原因，一般有操作因素和气化炉顶部粗合成气激冷后温度不到位两种，其中操作因素包括煤种选择、氧煤比及激冷比控制不当等。实践表明，操作因素的影响是次要的，粗合成气激冷后温度影响是主要因素。

D. 激冷气压缩机运行能耗高，系统故障率高 Shell气化装置需要大量的激冷气来冷却顶部激冷室的合成气，激冷气压缩机功耗较高，一般在 2 ～ 3MW。

（5）工业应用情况　从 2000 年至 2014 年底，国内企业共与 Shell 公司签订了 20 余份合同，引进了约 30 台气化炉。其中 11 套装置 13 台气化炉用于生产甲醇，8 套装置 8 台气化炉用于生产合成氨，1 套装置 2 台气化炉用于生产氢气，2 套装置 7 台气化炉用于生产合成油品。湖北双环 Shell 煤气化装置，从开车运行就一直不正常，目前气化装置在停车改造，广西柳州化肥厂因为破产也已经被拆除。

此外，AP 公司投建的内蒙古久泰新材料有限公司 100 万吨乙二醇气体岛项目于 2020 年 7 月 1 日启动 AP 气化炉首台气化室内件的装配工作，该项目同时采用 AP 公司干煤粉气化技术和航天干煤粉气化技术。

5.1.2.6　干煤粉气流床气化炉——两段式干煤粉加压气化技术

（1）发展历史　两段式干煤粉加压气化技术由西安热工研究院在大量的理论研究和试验分析基础之上研发成功。两段式干煤粉加压气化炉可利用自身的第二段化学反应降低高温煤气温度，提高煤气有效能，从而省去庞大的煤气压缩机、煤气冷却器和除尘器，减小设备规模，降低设备造价。

图 5-29　干煤粉浓相输送及气化特性试验装置

1997 年，在科技部和国家电力公司的资助下，西安热工研究院建立了国内第一套粉煤加压气化特性试验装置，该装置日投煤量 0.7 ～ 1.0t，操作压力达 3.0MPa，试验装置见图 5-29。2004 年，日投煤量 36 ～ 40t 的中试装置在陕西渭河化肥厂建成，操作温度在 1400 ～ 1600℃，操作压力在 3.0 ～ 4.0MPa，流程图如图 5-30 所示。该中试装置 2005 年完成试验研究，2006 年 5 月通过中国科技部验收，中试装置如图 5-31 所示。

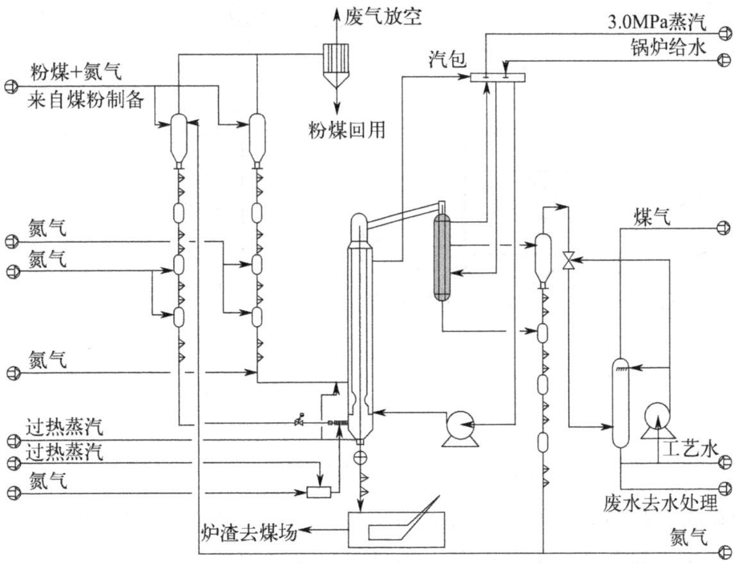

图 5-30　气化中试装置工艺流程

（2）技术特点及工艺流程

① 技术特点

A．气化炉二段再次投煤、加入氮气和水蒸气，利用一段的高温合成气，进行煤的干馏热解、挥发分裂解、水蒸气分解等反应，可显著降低二段出口合成气温度和系统自耗，减小合成气冷却净化系统的设备尺寸和投资。

B．气化炉内无耐火砖衬里，采用水冷壁结构，可以形成固渣保护层，达到以渣抗渣的效果，维护量减少，运行时间较长。

图 5-31　两段式干煤粉加压气化中试装置

C．气化炉内气化温度可达到 1400 ～ 1600℃，拓宽了煤种灰熔点的选择范围，气化压力可达 3.0 ～ 4.0MPa，碳转化率约 99%，有效气（$CO+H_2$）组分含量可达 90%。

D．相比国外同类技术，该技术冷煤气效率可提高 2% ～ 3%，比氧耗较低。

E．两段式气化炉具有激冷和废锅双流程，可匹配不同工艺要求。

F．高温气化基本不产生焦油、苯、酚等有机物。

② 工艺流程　两段式干煤粉加压气化技术具备适合煤气化工艺要求的激冷流程和适合发电工况要求的废锅流程。

激冷流程系统简单，投资较少，其生产过程是直接使用激冷水将高温煤气激冷至 300℃以下，该工艺流程适用于化工领域。内蒙古世林公司采用的两段式气化炉采用激冷流程，无废锅激冷工艺流程简图如图 5-32 所示。

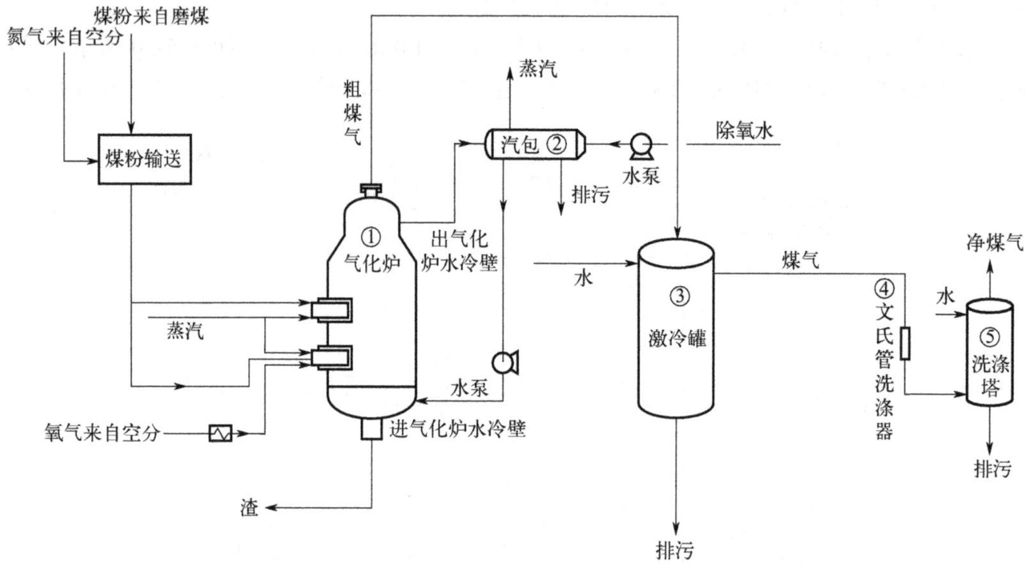

图 5-32　激冷气化工艺流程简图

废锅流程回收粗煤气中 15% ～ 20% 的热量用于生产中压或高压蒸汽，总体热效率高，可达 98%，该工艺流程更适合 IGCC 发电项目，目前已应用于华能绿色煤电项目中。废锅工艺流程简图如图 5-33 所示。

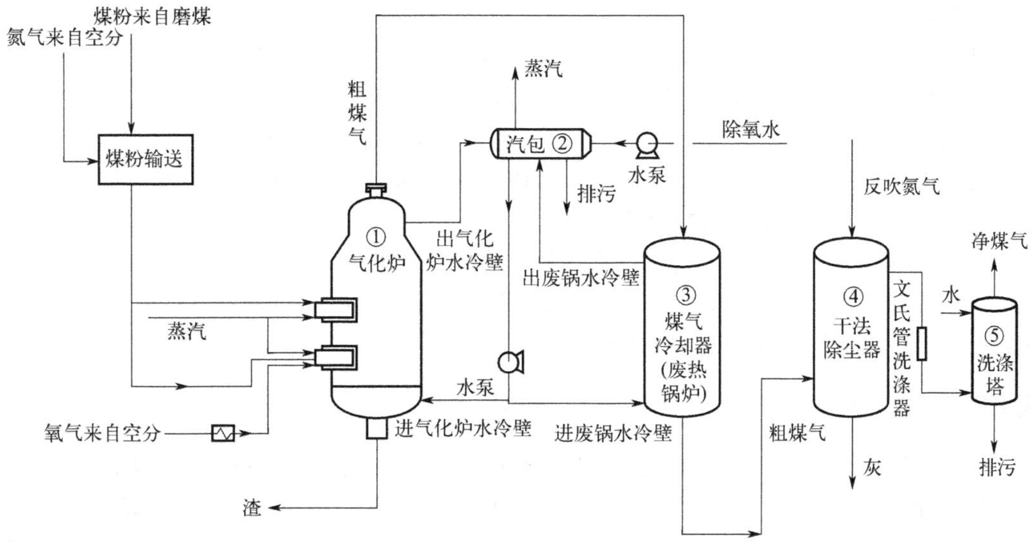

图 5-33　废锅工艺流程简图

（3）运行情况及主要问题

① 运行情况　激冷流程两段式干煤粉加压气化技术，在内蒙古世林公司的 30 万吨 / 年煤制甲醇项目中得到应用，项目已于 2012 年建成投产。华能天津 IGCC 绿色煤电项目采用废锅流程的两段式干煤粉加压气化技术，气化炉日处理煤量达 2000t，操作压力达 3.0MPa，有效气产量可达 $137km^3/h$。该项目建成了我国首套拥有自主知识产权的干煤粉加压气化 IGCC 发电装置。2012 年 11 月项目通过运行考核，同年 12 月投入商业化运行。废锅流程工业运行数据见表 5-15。

表5-15　2000t/d废锅流程工业运行数据

工况	入炉煤量 /(kg/h)	蒸汽流量 /(kg/h)	有效气量 /(m^3/h)	冷煤气效率 /%	比煤耗 (daf) /(kg/km^3)	比氧耗 /(kg/km^3)
1	79665	133	142856	82.21	482	301
2	78497	133	141841	83.03	484	301
3	79416	132	146041	83.49	469	290
设计值	79168	132	137600	82.59	492	309

② 主要问题　废锅流程存在废锅内积灰严重情况，传热效率下降，不易操作。最大问题是气化炉上段煤粉不能按设计量加入，影响正常生产。

（4）工业应用情况　两段式干煤粉加压气化技术在国内共计建设 10 个项目、13 台气化炉。其中 2 套装置 4 台气化炉用于发电，8 套装置 9 台气化炉用于生产合成氨、甲醇等化工产品。

5.1.3　常压间歇固定床气化技术

固定层无烟块煤（型煤）间歇式常压气化工艺（也称常压间歇固定床气化技术）即在固

定层煤气发生炉内，交替通入空气、水蒸气，与原料块煤（型煤）反应制取生产合成氨的原料气体——半水煤气。间歇式煤气化过程在固定层煤气发生炉中进行，块状原料由炉顶间歇加入，气化剂通过燃料层进行气化反应，灰渣落入灰箱后排出炉外。

固定层无烟块煤（型煤）间歇式常压气化工艺，为制得烃含量低的原料气，必须采用热稳定性好的无烟煤或焦炭，块煤粒度范围在 10 ～ 100mm，如使用粉煤，则应压制成煤球或煤棒。要求煤的灰熔点 T_2 在 1250℃以上。

与煤气化过程相配套，固定层间歇式煤气化工艺技术还应包括半水煤气除尘、余热回收，煤气冷却（冷凝）和含酚、氰、氨等污染物的冷却（冷凝）水的治理技术，以及吹风气余热回收技术、造气炉渣余热回收技术等。

5.1.3.1 技术内容

（1）改进型固定层间歇式煤气化工艺技术主要内容[65] 20 世纪 90 年代以来，固定层间歇式煤气化工艺技术水平显著提升，能源资源消耗有效降低。自动加煤、自动探焦、不停炉下灰、气力输灰、外置式炉底、高压水夹套、富氧制气等一系列技术得到广泛应用，半水煤气余热集中回收、吹风气余热回收、造气炉渣余热回收、煤气洗涤水闭路循环技术在行业中得到推广，实现了废气、固体废弃物的余热回收综合利用，基本上实现了废水零排放。以上工艺技术集成的固定层间歇式煤气化技术称为“改进型固定层间歇式煤气化技术”。

改进型固定层间歇式煤气化工艺流程，把提高原料利用率、热能利用率作为重点，全面回收废气、固体废弃物余热，煤气洗涤冷却水基本上实现了零排放。

（2）清洁型固定层间歇式煤气化工艺技术主要内容[66] 在改进型固定层间歇式煤气化技术基础之上，清洁型固定层间歇式煤气化工艺技术还包括以下内容：

① 采用“干法除尘 + 间接冷却降温”等方式的煤气除尘降温技术，实现无“含酚、氰、氨等大气污染物”的造气循环冷却水系统废气排放。

② 针对含颗粒物大气污染物排放的造气炉相关设备改造，内容包括采用全封闭式振动筛、布袋除尘、雾森抑尘、气化炉渣封闭排放、粉尘物料密闭输灰、产尘点全部密闭、封闭或设置集气罩。

③ 三废炉、吹风气余热回收装置烟气污染物的达标排放（超低排放、特别排放）。

5.1.3.2 技术原理

（1）传统型固定层间歇式煤气化工艺技术原理[67-70]

① 气化炉燃料层的分区 间歇式煤气化过程在固定床煤气发生炉中进行，块状原料由炉顶间歇加入，气化剂通过燃料层进行气化反应。在稳定的气化条件下，燃料层大致可分为以下几个区域（见图 5-34）：最上部燃料与煤气接触，水分蒸发，称为干燥区。燃料下移继续受热，释放出烃类气体（挥发分），称为干馏区。气化反应主要在气化区中进行，当气化剂为空气时，在气化区的下部，进行碳的燃烧反应，称为氧化层，其上部主要进行碳与二氧化碳的反应，称为还原层；以水蒸气为气化剂时，在气化区进行碳与水蒸气的反应，不再区分氧化层或还原层。燃料层底部为灰渣区，灰渣区既可预热从底部进入的气化剂，又可保护燃料层不致过热而变形。

② 间歇式制半水煤气的工作循环 间歇式制半水煤气，自上一次开始送入空气至下一次再送入空气时为止，称为一个工作循环，每个工作循环包括下列五个阶段（见图 5-35）。

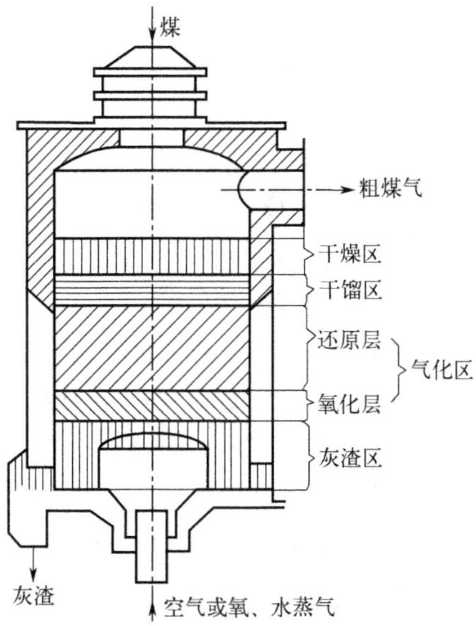

图 5-34　间歇式固定层煤气发生炉燃料层分区示意图

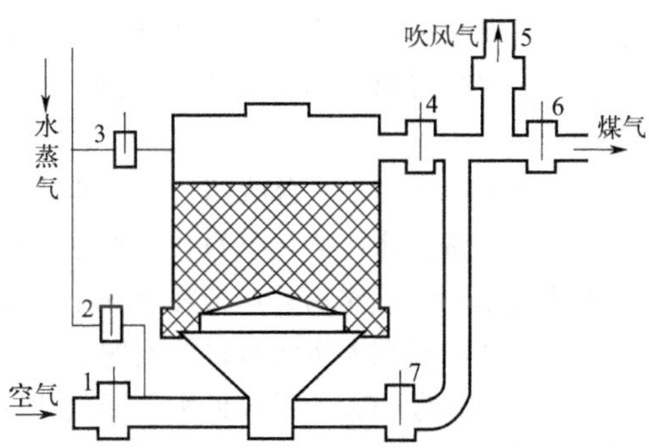

阶段	阀门开闭情况						
	1	2	3	4	5	6	7
吹风	○	×	×	○	○	×	×
一次上吹	×	○	×	○	×	○	×
下吹	×	×	○	×	×	○	○
二次上吹	×	○	×	○	×	○	×
空气吹净	○	×	×	○	×	○	×

注：○阀门开启；×阀门关闭

图 5-35　间歇式生产半水煤气各阶段气体流向示意图

A. 吹风阶段　空气从炉底吹入，自下向上以提高燃料层温度，然后将吹风气经回收热量后放空。

B. 蒸汽一次上吹制气阶段　蒸汽自下而上送入燃料层进行气化反应，此时燃料层下部温度下降，上部温度升高。

C. 蒸汽下吹制气阶段　蒸汽自上而下吹入燃料层继续进行气化反应，使燃烧层温度趋于均衡。

D. 蒸汽二次上吹制气阶段　蒸汽下吹制气后燃料层温度已显著下降，且炉内尚有煤气，如立即吹入空气将引起爆炸。为此，先以蒸汽进行二次上吹，将炉子底部煤气排净，为下一步吹风创造条件。

E. 空气吹净阶段　目的是要回收存在炉子上部及管道中残余的煤气，此部分吹风气加以回收，作为半水煤气中 N_2 的来源。

③ 间歇式煤气化主要反应　以空气为气化剂时，碳与氧之间的主要反应为：

$$C+O_2 = CO_2$$

$$C+\frac{1}{2}O_2 = CO$$

$$C+CO_2 = 2CO$$

$$CO+\frac{1}{2}O_2 = CO_2$$

气相中 CO 平衡含量随着温度升高而增加，CO_2 的平衡含量随着温度的升高而下降。当温度高于 900℃时，碳与氧反应的主要产物为 CO，CO_2 含量甚少。

用水蒸气作气化剂时，碳与水蒸气的主要反应为：

$$C+H_2O(g) = CO+H_2$$

$$C+2H_2O(g) = CO_2+2H_2$$

生成的产物除 CO、H_2 外，还可能发生如下反应：

$$CO+H_2O(g) = CO_2+H_2$$

$$C+2H_2 = CH_4$$

在总压为 0.1MPa、温度高于 900℃时，在水蒸气与碳反应达到平衡时，含有等量的 H_2 和 CO，其他组分接近于零。而 H_2O、CO_2 和 CH_4 的平衡组成随着温度提高而降低，意味着在高温下水蒸气分解率高、水煤气中 H_2 及 CO 含量多。欲制得 H_2 和 CO 含量高的水煤气，反应应在低压高温下进行。

④ 技术特点　以无烟块煤为原料；每台煤气发生炉间歇制气，三台或四台为一组，共用一台风机；单台炉回收半水煤气余热，单台炉用一台煤气洗涤塔；吹风气直接放空不回收潜热或经燃烧后仅用于副产低压蒸汽；煤气发生炉炉渣简单回收残炭后外送或按普通工业废物处置；煤气洗涤冷却水悬浮物含量高，管道及喷头易堵塞，存在大量污水排放问题。

⑤ 运行数据　循环时间在 120 ～ 150s；常用半水煤气中的 CO_2 含量高低来判断气化区温度的高低，一般控制 CO_2 含量在 8% ～ 12%，炉顶温度控制在 350 ～ 400℃，炉底温度控制在 200 ～ 250℃。

⑥ 环境绩效　吨氨排放吹风气约 2200m^3，其中含 CO 3.5% ～ 8%，含 H_2S 200 ～ 800mg/m^3；吨氨排放造气炉渣约 270kg，其中含碳约 9% ～ 20%；吨氨排放煤气洗涤水 10 ～ 50m^3，其中含有较多的氨氮、氰、酚、硫化物等。

⑦ 经济性指标　吨氨消耗入炉无烟块煤（型煤）1100 ～ 1500kgce。吹风气潜热不回收的企业，吨氨需外供蒸汽 2000kg 以上；吹风气潜热回收的企业，吹风气余热回收后可基本实现造气工序的蒸汽自给。吨氨耗电 40 ～ 80kW · h。

（2）改进型固定层间歇式煤气化工艺技术原理[65]

① 技术原理　改进型固定层间歇式煤气化工艺包括传统型固定层间歇式煤气化工艺技术、吹风气余热回收技术、造气炉渣余热回收技术、造气煤气洗涤循环冷却水零排放技术。

② 技术特点　每台造气炉间歇制气，三台或四台为一组，共用一台风机；多台炉回收半水煤气余热，多台炉共用一台煤气洗涤塔；吹风气、造气炉炉渣经燃烧后回收余热副产中压蒸汽，蒸汽先发电后供生产用汽，实现能量的梯级利用；造气炉炉渣经锅炉或三废炉燃烧后的废渣残碳含量降至 3% 以下，可用作建材。煤气洗涤冷却水经降温除尘后循环使用，实

现超低排放或零排放。

③ 运行数据 循环时间在120～150s；常用半水煤气中的CO_2含量高低来判断气化区温度的高低，一般控制CO_2含量在8%～12%，炉顶温度在230～260℃，炉底温度150～180℃。

④ 环境绩效 吨氨产生吹风气约2200m^3，其中含CO3.5%～8%，含H_2S 200～800mg/m^3，吹风气经余热回收装置燃烧后排放烟气约2800m^3，其中含CO 0.1%～1.3%，SO_2含量小于500mg/m^3；吨氨排放造气炉渣约270kg，其中含碳约9%～20%，经三废炉或其他燃渣锅炉燃烧后，炉渣残碳含量小于3%，其可用作建筑材料；吨氨排放煤气洗涤水小于2m^3，送末端水处理装置，先进企业实现了煤气洗涤水的零排放。

⑤ 经济性指标 吨氨消耗入炉无烟块煤（型煤）1000～1250kgce；吹风气余热回收副产蒸汽基本实现了造气工序的蒸汽自给；造气炉渣可副产约900kg蒸汽送尿素等用汽工序。吨氨耗电50～120kW·h。

（3）清洁型固定层间歇式煤气化工艺技术原理[66] 与改进型固定层间歇式煤气化工艺技术相比，清洁型固定层间歇式煤气化工艺技术造气循环冷却水系统全封闭，实现了大气污染物无组织的“超低排放”。清洁型固定层间歇式煤气化工艺技术有以下特点：

① 无洗气塔排水、开放式地沟输水时产生的大气污染物无组织排放 造气工序降温冷却水采用管道密闭循环，解决了开放式地沟输送降温冷却水（煤气洗涤冷却水）在排水、输送过程由于溶解废气逸出后产生的无组织排放问题。

② 无沉淀池表面大气污染物无组织排放 经废热锅炉余热回收后的半水煤气采用袋式干法除尘，可捕集半水煤气中夹带的99%以上的煤粉、粉尘、盐分等物质及90%以上的焦油及气溶胶等物质，处理后的半水煤气中粉尘浓度≤5mg/m^3，煤气洗涤冷却水中悬浮物含量可降至50mg/L以下，冷却水系统不再需要设置沉淀池。

③ 无“含酚、氰、氨等大气污染物”的冷却塔废气排放 采用间接换热方式对造气循环水进行降温，解决了造气循环水直接冷却时产生的挥发性污染物向大气逸散的问题，实现了“无含酚、氰、氨等大气污染物的冷却塔废气排放”。

煤气中未反应蒸汽冷凝后产生的“增量冷凝水”，采用空气气提的方式，气提后含硫化氢、挥发酚、氨等物质的气提空气进入造气炉燃烧，气提净化后的冷凝液送至污水处理系统处理后达标外排或回收利用。气提塔可以气提出98%的H_2S、20%以上的COD、20%以上的挥发酚和10%以上的氨氮。

5.1.3.3 工艺流程

（1）传统型、改进型固定层间歇式煤气化工艺流程 传统型、改进型固定层间歇式煤气化工艺流程见图5-36。

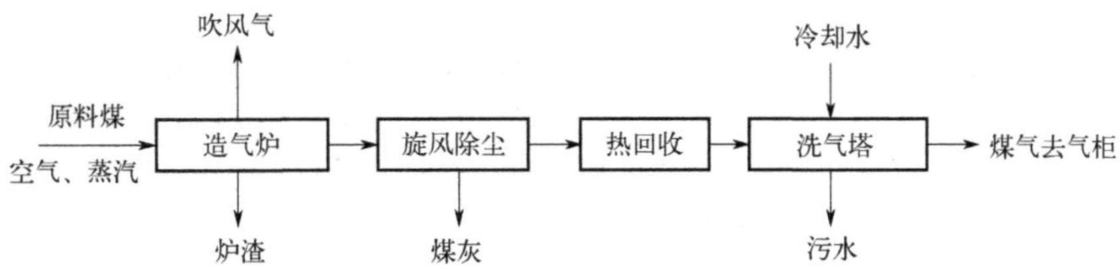

图5-36 传统型、改进型固定层间歇式煤气化工艺流程图

（2）清洁型固定层间歇式煤气化工艺流程　清洁型固定层间歇式煤气化工艺流程见图 5-37。

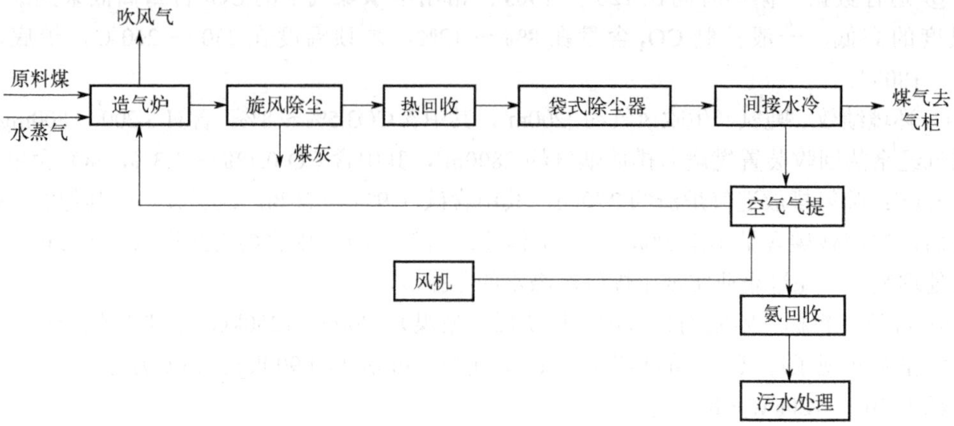

图 5-37　清洁型固定层间歇式煤气化工艺流程图

5.1.3.4　环境保护

（1）吹风气环保治理　固定层间歇式煤气化工序产生的有组织排放废气为吹风气。吹风气组成随煤种和气化条件控制的差异而有所不同，无烟煤的硫含量相对较低，作为固定层煤气发生炉使用的原料煤，一般要求其硫含量小于 1%，吹风气经余热回收装置燃烧后排放烟气量约 2650 ～ 3000m^3/t NH_3，其中 SO_2 含量小于 500mg/m^3。吹风气余热回收装置配套锅炉的蒸发量一般在 50t/h 以下，大多数企业排放烟气不需要设置专门的脱硫设施，其中的 SO_2 浓度可满足《锅炉大气污染物排放标准》（GB 13271—2014）要求。

“三废流化混燃炉”于 2002 年成功运行，主要用以回收吹风气和气化炉渣的余热。“三废炉”可以配烧一定量的烟煤，单套规模最大的“三废炉”配套锅炉的蒸发量已达到 120t/h，视锅炉蒸发量不同，“三废炉”烟气排放执行《锅炉大气污染物排放标准》（GB 13271—2014）或《火电厂大气污染物排放标准》（GB 13223—2011），全部配套建设了除尘、脱硝、脱硫设施。

（2）循环冷却水系统环保治理

① 改进型固定层间歇式煤气化造气循环冷却水系统大气污染物无组织排放情况　无烟块煤固定层间歇式常压气化生产工艺吨氨煤气洗涤冷却水量 30 ～ 50m^3，其中主要污染物成分有总氮、氨氮、COD、氰化物、挥发酚、硫化物、悬浮物。洗涤水经沉淀、降温后循环使用。

A．洗气塔排水至输水地沟时，煤气洗涤冷却水中溶解气体逸出后产生的无组织废气排放。

B．开放式输水地沟中，煤气洗涤冷却水中溶解气体逸出后产生的无组织废气排放。

C．平流沉淀池表面，煤气洗涤冷却水中溶解气体逸出后产生的无组织废气排放。

D．高温煤气洗涤冷却水采用冷却塔直接晾水冷却时，冷却水中溶解的气体被冷却空气气提产生的含酚、氰、氨等污染物的冷却塔排气。

② 清洁型固定层间歇式煤气化造气循环冷却水系统全封闭，实现了大气污染物无组织的“超低排放”。

A．清洁型固定层间歇式煤气化无洗气塔排水、开放式地沟输水时产生的大气污染物无组织排放。造气工序降温冷却水采用管道密闭循环，解决了开放式地沟输送降温冷却水（煤气洗涤冷却水）在排水、输送过程由于溶解废气逸出后产生的无组织排放问题。

B．清洁型固定层间歇式煤气化无沉淀池表面大气污染物无组织排放。经废热锅炉余热回收后的半水煤气采用袋式干法除尘，可捕集半水煤气中夹带的99%以上的煤粉、粉尘、盐分等物质及90%以上的焦油及气溶胶等物质，处理后的半水煤气中粉尘浓度≤ $5mg/m^3$，煤气洗涤冷却水中悬浮物含量可降至 $50mg/m^3$ 以下，冷却水系统不再需要设置沉淀池。

C．清洁型固定层间歇式煤气化无“含酚、氰、氨等大气污染物”的冷却塔废气排放。采用间接换热方式对造气循环水进行降温，解决了造气循环水直接晾水冷却时产生的挥发性污染物向大气逸散的问题，实现了“无含酚、氰、氨等大气污染物的冷却塔废气排放”。

煤气中未反应蒸汽冷凝后产生的“增量冷凝水”，采用空气气提的方式，气提后含硫化氢、挥发酚、氨等物质的气提空气进入造气炉燃烧，气提净化后的冷凝液送至污水处理系统处理后达标外排或回收利用。气提塔可以气提出98%的 H_2S、20%以上的COD、20%以上的挥发酚和10%以上的氨氮。

采用间接冷却技术的“清洁型固定层间歇式煤气化”，其气提装置的空气进入量远小于原冷却塔进入空气量，气提后增量水中各项污染物浓度高于原造气循环水排水中各项污染物的浓度，气提后的增量水如直接排入末端水处理装置，而原有末端废水治理设施存在能力不足的情况，需要新建氨回收装置和“增量水”末端废水治理设施。

5.1.3.5 技术发展

造气工段是合成氨生产的龙头，制气的能耗占合成氨总能耗的65%左右，因此，造气技术一直是氮肥企业关注的重点。

（1）煤气化技术发展 [65,71-73]

① 装置规模由小到大 20世纪50年代，我国中、小型氮肥厂造气工序的流程和设备，大都沿用30年代从美国和60年代从苏联引进的技术，煤气炉规格选择大都在 $\phi1000\sim1900mm$，此后在改造过程中，煤气炉不断扩大到 $\phi2550mm$、$\phi2600mm$、$\phi2610mm$、$\phi2650mm$、$\phi2680mm$ 等多种规格，进入21世纪，炉膛又扩大到 $\phi2800mm$。

② 气化炉技术的创新发展

A．锥形煤气发生炉技术 2004年10月，淄博昊科机械有限公司研制的锥形煤气发生炉在齐鲁一化成功应用。锥形煤气发生炉在UGI间歇式煤气炉基础上，改变原夹套锅炉的结构形式，由直筒形改为上部小、下部大的锥体形。形成新的气化特点，有利于床层蓄热、蒸汽分解率提高，使半水煤气中氧含量和甲烷含量均在原基础上明显降低。该技术适用于直筒形固定层间歇式煤气发生炉改造或新建。改造后，气化强度增加20%左右，半水煤气中 O_2 含量在0.15%左右，甲烷含量下降15%，返焦率降低20%～30%，吹风气中的一氧化碳含量比直筒炉低2%～3%。

B．耐压水夹套炉体技术 唐山天元化工设备有限公司开发的耐压水夹套炉体于2004年在河北省中昊宣化化肥厂成功应用。该技术取消外套，保留内套，在内套的外壁设置环管连接冷管的结构形式；内套增加来源于冷管的向外与内压合力相平衡的集中载荷，变为多个受内压并各自平衡的受压腔体，提高内套设备受力平衡能力。该技术适用于传统水夹套造气炉的改造或新建。采用该技术，夹套内壁工作温度较易控制在露点以上，消除露点腐蚀，延长设备使用寿命；降低炉内炭层与夹套的传热温差，减少炉内热量损失。

C. 增氧气化技术 “十二五”期间，有氧气供应条件的企业实施了增氧气化技术改造。将入炉空气中的氧含量由21%增加到24%～25%，采用富氧空气制气，提高了吹风效率，缩短了吹风时间，增加了制气时间，提高了单炉发气量。制气强度提高15%，蒸汽分解率提高5%，炉渣残碳含量降低1%～2%，吨氨原料煤消耗下降20～30kg。

③ 原料的调整 早期的固定层间歇式煤气发生炉以焦炭为原料。20世纪50年代中期用无烟块煤代替焦炭制取原料气获得成功，为利用我国比较丰富的无烟块煤资源，扩大氮肥原料来源，加快氮肥工业发展创造了条件，后又开发碳化煤球制合成氨技术，解决了无烟块煤缺乏地区的原料问题。

④ 造气炉制气过程控制 随着计算机的发展，造气炉微机集成油压控制技术作为科研成果首先于20世纪80年代在小氮肥行业推广应用，90年代初开始在中氮肥行业推广应用。造气炉微机集成油压控制系统在技术上既继承了传统机械控制装置直观、可靠的优点，又应用现代集成油压技术结合计算机控制技术，充分发挥机电仪各方面特长，实现了造气控制装置机电一体化。造气炉微机集成油压控制系统由于能有效地解决制气工艺生产过程中“争风”“抢汽”问题，稳定了蒸汽压力，提高了半水煤气质量，使单炉产气量提高了3%～5%，并使造气炉有效工作时间延长，从而提高了生产效率，氢氮比合格率提高10%以上，合成氨产量提高8%～10%。微机与油压技术应用于氮肥厂造气岗位，代替了原来的水压控制机，其优点有三：一是节能，40kW高压水泵电机用7.5kW油压泵电机代替，节电效益明显；二是微机油压系统运行平稳，控制设备与工艺设备的故障率明显下降，设备维修费用大大降低；三是操作方便，减轻了工人的劳动强度，改善了工人的劳动环境。

（2）余热回收技术发展[65] 90年代以来，低温变换、新型氨合成塔内件和新型氨合成催化剂、循环流化床燃渣锅炉等重点技术，经过多年的试验摸索后取得了成功。在蒸汽自给的基础上继续发展到有超过1.6t/t NH_3的富余蒸汽可供小氮肥厂其他化工产品用汽需要。

（3）煤气除尘洗涤水的循环利用和废水废气中酚、氰、氨污染物治理技术发展[66] 固定层无烟块煤（型煤）间歇式常压气化生产工艺产生的煤气除尘洗涤水中主要污染物成分为：COD、氨氮、氰化物、挥发酚、硫化物、悬浮物，包括了《合成氨工业水污染物排放标准》中限定的所有污染物种类。吨氨循环冷却洗涤水量30～50m^3，洗涤水经沉淀、降温后循环使用。就煤气除尘洗涤水的循环利用和废水废气中酚、氰、氨污染物的治理来讲，固定层间歇式煤气化煤气除尘降温技术的发展历程可分为四个阶段，第一到第三阶段解决了系统堵塞与废水排放量大的问题，第四阶段解决了含酚、氰、氨废气的排放问题。

第一阶段（20世纪80年代之前）：造气洗涤冷却水排放量大（包括洗气塔排水量、脱硫除尘器排水量，共约100m^3/t NH_3），该洗涤冷却水中颗粒物在沉降池中经简单的物理沉降后直接排放（悬浮物含量900mg/L以上）。

第二阶段（20世纪80～90年代）：煤气除尘洗涤水闭路循环，水中悬浮物采用平流沉淀池沉降，高温循环冷却水通过在开式冷却塔中与空气对流换热、蒸发降温后循环使用。这一阶段，造气循环冷却水中悬浮物含量约500mg/L，排放量为5～20m^3/t NH_3或以上。采用的方法可分为沉淀、冷却闭路循环和沉淀、冷却、生化处理闭路循环两大类。前者具有操作管理简单、基建投资及运行费用较低等优点，但可能存在氰化物和硫化物等有害物质经过冷却塔挥发到大气中造成二次污染的问题。后者在操作上较前者复杂，投资较多，但在污染物质的去除效果上，尤其是对氰化物的去除效果比前者好，南方中小氮肥厂多有采用。

第三阶段（20 世纪 90 年代末期）：水中悬浮物采用平流沉淀池＋微涡流澄清池的形式沉降去除，水中悬浮物含量降至 50mg/L 以下，基本上解决了设备与管路的堵塞问题，循环水系统可实现超低排放（约 $1m^3/t\ NH_3$ 或更低）。采用这一类型煤气除尘降温技术的间歇式煤气化工艺称为“改进型固定层间歇式煤气化工艺”。

第四阶段（2019 年至今）：采用“干法除尘＋间接冷却降温”煤气除尘降温技术，实现了无含酚、氰、氨大气污染物的沉淀池和冷却塔废气排放。将采用了以“干法除尘＋间接冷却降温”为主要内容的煤气除尘降温技术的固定层间歇式煤气化技术称为“清洁型固定层间歇式煤气化技术”，其主要特征是：实现无“含酚、氰、氨等大气污染物”的造气循环冷却水系统废气排放。

5.1.3.6　装置建设

1990 年之前，我国自主设计建设的以煤为原料的合成氨厂全部采用了固定层间歇式煤气化工艺。2013 年，以无烟块煤（型煤）为原料，采用间歇式煤气化技术的合成氨产量达 3672 万吨，历年来产量最高，占当年全国合成氨总产量的 59.3%。

“十二五”以来，受原料价格上涨，产品价格下跌，安全、卫生、环保要求日益严格等因素影响，经济条件较好的一批企业实施了新型煤气化技术替代的原料结构调整改造，一大批远离原料产地、装置落后、技术与生产管理水平差的企业停产退出。

5.1.3.7　综合评述

国家发展和改革委员会《产业结构调整指导目录（2024 年本）》将“采用固定层间歇气化技术合成氨”列为限制类，新建装置不推荐采用；将“没有配套建设吹风气余热回收、造气炉渣综合利用装置的固定层间歇式煤气化装置，设有配套工艺冷凝液水解解析装置的尿素生产设施，高温煤气洗涤水在开式冷却塔中与空气直接接触冷却工艺技术”列为落后生产工艺装备。

对清洁型固定层间歇式煤气化与新型煤气化就大气污染物排放从有组织、无组织、大气挥发性有机物（VOCs）三个方面进行对比和分析，认为清洁型固定层间歇式煤气化生产可达到与新型煤气化生产基本相当的大气污染物排放水平。

5.1.4　加压固定床气化技术

按照排渣方式的不同，加压固定床气化技术分为干排渣和液态排渣加压固定床气化技术。干排渣加压固定床气化技术特点主要是操作温度在灰熔点（软化温度 ST）以下，代表炉型为赛鼎炉和鲁奇炉；液态排渣加压固定床气化技术特点主要是操作温度在灰熔点（流动温度 FT）以上，代表炉型为 BGL 炉。基于加压固定床气化干排渣和液态排渣原理、工艺流程、原料要求等相差不大，在后续的叙述中不再重复叙述相同内容，有显著差异地方单独叙述。

5.1.4.1　国内、外发展现状

（1）国外发展现状　加压固定床气化技术最早由德国鲁奇公司于 20 世纪 30 年代开发，第一代工业化固定床加压气化炉内径为 2.6m，以褐煤为原料，主要用于生产城市煤气，气化强度较低，单炉产气量仅为 5000 ～ 8000m^3/h。后又相继衍生出第二代、第三代气化炉，单炉生产能力得到显著提高。

液态排渣加压固定床气化技术是在 20 世纪 50 年代中期，由英国天然气公司和德国鲁奇

公司为生产 SNG 联合开发的 British Gas /Lurgi 气化技术，简称 BGL 气化技术。BGL 气化技术是在干排渣加压固定床鲁奇炉的基础上开发出的一种以液态排渣的固定床加压气化技术，其最大的改进是将干排渣鲁奇炉的炉箅结构改为熔渣池的液态排渣，提高了气化炉的操作温度和生产能力，使加压固定床气化更加适合于灰熔点低的煤。

（2）国内发展现状　1989 年，赛鼎公司深入研究固定床加压气化关键设备，重点是对气化炉的加料溜槽、破粘装置、炉箅转动部件及炉体结构的开发，最终成功开发了 ϕ3.8m、压力为 3.0MPa、台产气量达到 50000m^3/h 的固定床加压气化炉。并于 1996 年 4 月由赛鼎公司设计、太原重型机器厂制造的成套的 ϕ3.8m 气化炉，1998 年 12 月山西化肥厂建成投用，一次试车成功，实现了稳定运行，完全达到设计指标。

随后赛鼎公司与郑州机械研究所等合作，在固定床加压气化炉的核心设备——炉箅的结构、材料以及铸造等方面进行深入研究，研制出更高效、长周期运转的 ϕ3.8m 碎煤加压气化炉的炉箅及驱动装置，国内市场占有率达到 90% 以上。

为了进一步提高碎煤加压气化技术对市场的适应性，2009 年赛鼎工程公司、太原理工大学和义马煤气化厂开展多元气化剂碎煤加压气化技术试验，研究表明采用多元气化剂能显著降低蒸汽消耗，增加原料煤气中有效气体的含量，减少煤气中水生成量，降低温室气体排放。为了更深入研究多元气化剂对碎煤加压气化的影响，2011 年赛鼎工程公司、太原理工大学和新疆庆华筹建 ϕ200mm、6.0MPa 碎煤加压气化实验室。

与此同时，赛鼎公司在 2010 年率先开发出 ϕ3.8m、气化压力达到 4.0MPa 固定床加压气化技术，并应用于我国已投产的大唐克旗、新疆庆华、新疆新天煤制天然气项目中。赛鼎工程公司还于 2009 年开始致力于开发内径为 5.0m、4.0 ～ 6.0MPa 的碎煤加压气化炉，2015 年获得国家“863”项目支持，项目名称：大规模碎煤加压气化技术开发与示范。该气化炉的内径为 5.0m，气化压力为 6.0MPa，炉箅采用新型的 6 层炉箅、5 层布气结构，气化炉密封采用双层密封结构，已完成全部设计工作和示范气化炉制造，实物图如图 5-38 所示。

图 5-38　赛鼎炉内径为 5.0m 气化炉

5.1.4.2　气化过程

原料煤经过煤锁间隙从气化炉的上部加入，先后经历干燥、干馏、半焦的气化，残焦燃烧和灰渣的排出过程，气化剂则从气化炉底部进入气化炉，通过与物料逆流接触，与固体原料煤反应生成煤气和焦油。

（1）炉内热工特性　煤的气化过程整体是一个吸热过程，包括煤的干燥、干馏和一系列的还原反应，生成煤气、焦油带出的显热，灰渣排出时的显热以及向周围环境散失的热损失，只有甲烷化和水煤气变换反应是放热反应，但这不足以维持以上气化过程所需要的热量，需要通过煤（更确切地说是残焦）与气化剂中的氧气进行燃烧或部分氧化反应直接提供热量，形成了一个动态的自平衡状态，建立气化炉内的各个反应床层。相比其他大型煤气化技术，加压固定床气化炉系统简单，热量利用效率最高，热损失最小。

（2）燃料床层结构及其特性　一般在气化炉内煤焦反应层大致分为以下数层：从下至上依次是灰渣层、第一反应层、第二反应层、甲烷化层、干馏层和干燥层。但又不能清晰地将各层分开，各层之间往往是相互交叉的。在实际的生产过程中更多是讨论气化的有效床层高度，这个有效床层为上述的第一反应层、第二反应层和甲烷化层三层的高度之和，另外干燥层和干馏层处在气化准备阶段。在气化过程中大量的煤气主要在第一反应层、第二反应层和甲烷化层生成，具体各反应层高度受原料煤性质、气化压力、氧负荷等多种因素影响，具有决定性的因素是原料煤的性质。通常可以通过工业化试验研究获取不同原料在特定工况下的有效床层高度，以及不同原料的有效床层高度和温度之间的关系，其结果见图5-39。左边为各气化床层温度曲线，右边为依据工业实际运行划分的气化炉内各反应层，横坐标为温度。

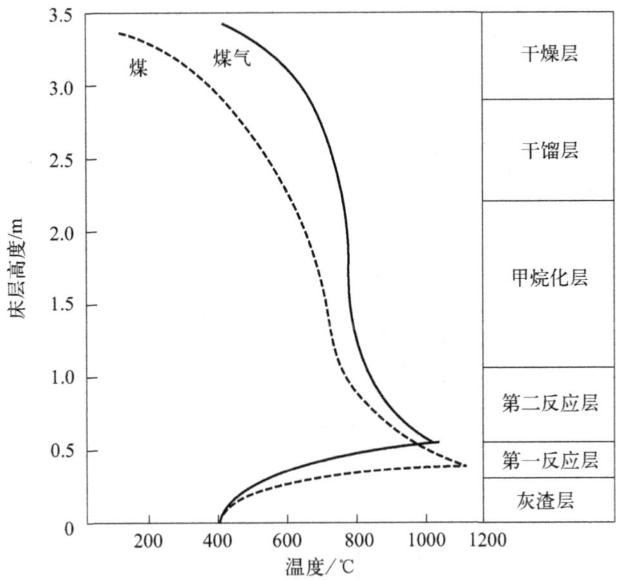

图5-39　煤焦气化床层高度和温度之间的关系

一般煤的反应活性随着煤的变质程度变化而有规律变化，所以不同反应活性的煤，其水分、挥发分、固定碳等煤质特性也在发生一定规律的变化，需要的停留时间就存在显著的差异，直接反映在气化炉床层高度不同。

图5-40是用水蒸气-氧气流作为气化剂的加压气化过程简图[74]，图的上方为原料煤的元素、灰分（A）、水分（W）组成，下方为气化剂的组成，左边表示加压气化炉中燃料层及上部空间，右边表示气化的最终产物：煤气组成、焦油、煤粉等带出物和灰渣等。

当原料煤为无烟煤或焦炭时，气化煤气中几乎没有焦油，这与使用变质程度低的年轻煤气化的工艺流程具有显著差异，可以大幅降低配套煤气水处理投资和运行费用，与此同时也不用配套副产焦油产品回收装置。

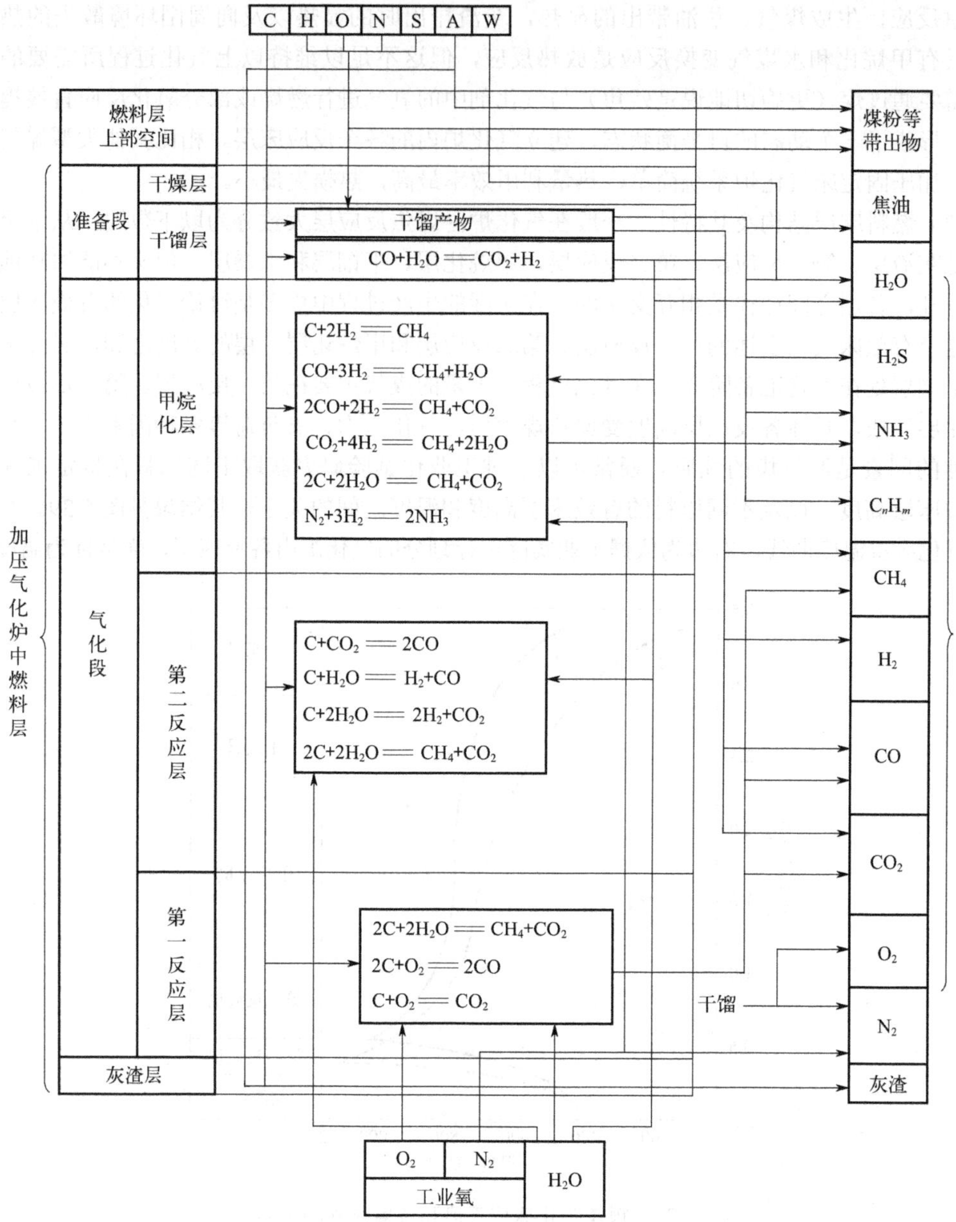

图 5-40 加压固定床气化过程简图

5.1.4.3 煤质对加压固定床气化过程的影响

煤的性质决定了煤气化过程工艺条件、参数和消耗指标，特别是煤的粒度、水分、挥发分、灰分、机械强度、热稳定性、黏结性等对加压固定床气化过程都有不同程度的影响。

（1）入炉煤粒度的影响 加压固定床气化过程对入炉煤要求有一定的粒度，煤的粒度大小对气化强度、焦油产率、粗煤气组成以及带尘量、气化技术指标、经济指标等都有较大的影响。这些影响主要是由于粒度的改变，使煤的比表面积等随之发生变化，从而改变了煤气化多相反应过程的动力学过程以及传热和传质条件。

① 粒度与比表面积的关系　煤的比表面积和煤种及煤的粒度有着直接的关系，粒度越小，比表面积越大。几种煤的比表面积见表 5-16。

表5-16　几种煤的比表面积

煤类型	粒度 /mm	总表面积 /cm^2	体积 /cm^3	比表面积 /(cm^2/cm^3)
煤砖	120×60×30	2340	216	10.8
煤球	20	56.3	4.18	13.5
褐煤	15	28.8	1.76	16.4
气煤	12	13.5	0.914	14.8
黏结性烟煤	10	7.5	0.524	14.3
碎焦	6	1.48	0.113	13.2
无烟煤	4	0.51	0.042	12.1

在实际的气化生产中入炉煤并不是规则的球体，并且粒度大小也不一，颗粒堆积时形成的空隙远比规则的球形颗粒的大且结构复杂，所占床层的总体积也大得多，气流通过床层的流通截面积增大，气流速度有所增加。

② 粒度与传热的关系　煤焦和灰分都是热的不良导体，导热系数小，传热速度慢，因此粒度的大小对传热过程的影响非常明显，进而影响焦油的产率。粒度越大，传热越慢，煤粒内外温差就越大，煤粒内的焦油蒸气的扩散和停留时间增加，焦油的热分解加剧，收率降低，轻质组分增加。

③ 粒度与气化强度的关系　合适的入炉煤的粒度不仅有利于提高气化强度，还不会引发后系统因为带尘问题导致的不稳定运行。为了控制粗煤气中粉煤的带出量，气化炉实际生产能力有一个上限，对加压固定床气化而言，粉煤带出量不应超过入炉煤总量的 1%，为限制 2mm 的煤粒不被带出，炉内上部空间煤气的实际速度最大为 0.90 ～ 0.95m/s。入炉煤的粒度除考虑颗粒的带出速度外，还与气化用炉型、炉体结构及气化时的煤质有关。

不同压力下煤的粒度、气化能力与炉膛床层压力降之间的关系如图 5-41 所示。气化炉床层阻力随着生产能力的提高或煤粒度的减小而增加，提高操作压力，降低气流速度，则床层阻力就会变小。

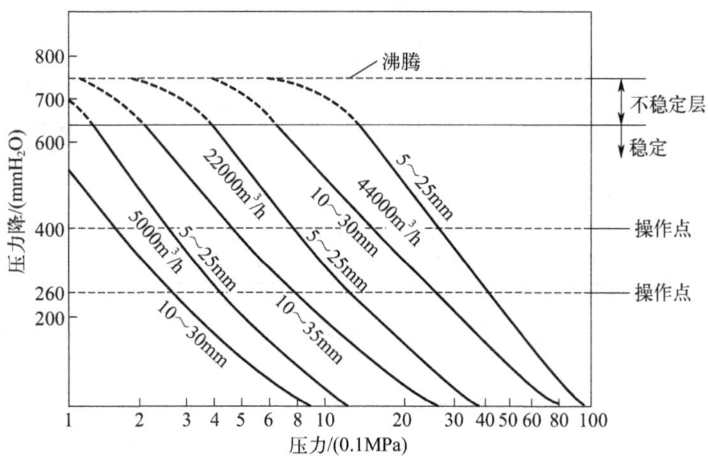

图 5-41　不同压力下煤的粒度、气化能力与炉膛床层压力降之间的关系[75]

（$1mmH_2O$=9.80665Pa）

④ 粒度对气化指标的影响　入炉煤粒度的大小以及粒度的分布对煤炭气化过程的各项指标有重要的影响。从理论上分析，原料煤粒度小，表面积大，气固相温差小，因此干燥速度、反应速率加快，煤气中 CH_4 含量应增加，各项指标应有所降低。但表 5-17 中各项消耗指标随煤粒度增加而降低。其原因是粒度小的煤，粗煤气带出物增加，床层分布不均等因素造成消耗增高。由表 5-17 可以看出，在气化煤为粒度 0 ～ 40mm 的未筛分原煤时，由于碎煤中灰分含量集中，煤耗高，水蒸气和氧气的消耗量增加。所以正确选择煤的粒度是很重要的。

表5-17　褐煤不同粒径气化试验结果

项目	编号			
	1	2	3	4
煤粒度 /mm	0 ～ 40	3 ～ 40	6 ～ 40	10 ～ 40
0 ～ 6mm 的煤颗粒含量（质量分数）/%	28.4	—	—	3.0
灰分含量（质量分数）/%	32.41	28.80	23.62	21.46
水蒸气消耗 /[kg/(m^3 粗煤气)]	1.26	1.05	0.97	0.94
氧气消耗 /[m^3/(m^3 粗煤气)]	0.159	0.14	0.136	0.128
煤消耗 /[kg/(m^3 粗煤气)]	1.23	1.022	0.97	0.93

综上所述，煤的粒度大小对加压固定床气化的影响较大。煤粒度过小还会造成气化炉加料时产生偏析现象，即颗粒大的煤落向炉壁，而较小的颗粒和粉末落到床层中间，这样气化炉横断面上的阻力不均匀，易造成燃料床层偏斜或烧穿，严重影响气化炉的运行安全。但煤粒度过大又易造成加煤系统堵塞和架桥，灰渣中的残碳含量也会升高。所以一般加压固定床气化要求入炉煤的粒度最大与最小之间的比为 5，在低负荷生产时可放宽到 8，最小粒度一般应大于 6mm，小于 6mm 的粉煤应控制在 5% 以下，最大粒度应控制在 50mm 以下，大于 50mm 的煤应小于 5%。ϕ3.8m 加压气化炉一般要求入炉煤粒度分布见表 5-18。加压固定床气化一般采用的煤粒度：褐煤 6 ～ 80mm，烟煤 6 ～ 50mm，焦炭和无烟煤 5 ～ 50mm。如果需要提高氧负荷，有必要提高入炉煤的粒度，减少小粒度入炉煤的比例。

表5-18　入炉煤粒度分布

粒度 /mm	占入炉煤比例 /%		粒度 /mm	占入炉煤比例 /%	
	标准	范围		标准	范围
0 ～ 5	2.5	＜ 5	13 ～ 25	17.5	15 ～ 20
5 ～ 6	9.7	9 ～ 11	25 ～ 50	15.2	15 ～ 20
6 ～ 13	52.6	50 ～ 55	50 ～ 100	2.5	＜ 5

（2）入炉煤水含量的影响　加压气化与常压气化相比，气化炉炉温要比常压气化炉温低，气化炉炉体长度更高，所以允许入炉煤的水分含量高。实践证实适量的水分对加压气化是有好处的，水分含量高的煤往往挥发分含量较高，在干馏阶段，煤半焦形成时的气孔率大，当其进入气化层时，反应气体更容易通过内扩散进入煤粒内部快速气化，生成的煤气质量更好。但是气化炉型不同对气化用煤的水分含量要求也是不同的。对加压固定床气化炉来说，气化炉顶部温度必须高于煤气的露点，避免液态水出现，如果煤气中水分含量太高，入

炉煤需要进行预干燥以降低煤气的露点，实际气化中并未出现水分含量太高以至于温度超过露点的情况（褐煤气化时水含量高达37.5%）。另外，煤中水分含量太高而加热的速度又太快时，煤中水分逸出太快，容易使煤块碎裂而引起出炉煤气的含尘量增高。同时由于煤气中水含量增高时，在后续工段的煤气冷却过程中，会产生大量的煤气水，增加废水处理量，这只是从经济效益分析，一般生产中，要求煤中水分含量在10% ～ 20%左右。

（3）煤灰含量的影响　煤中灰分含量高不仅增加了运输的费用，而且对气化过程有许多不利的影响。气化时碳的表面会被灰分覆盖，从而减少气化剂和碳的接触面积，降低了气化效率；同时灰分的增加，不可避免地增加了炉渣的排出量，随炉渣排出的碳损耗量也必然增加。此外，随着煤中灰分的增加，气化的各项消耗指标均增加，如氧消耗指标、蒸汽消耗指标和煤消耗指标都有所上升，从而导致净煤气产率下降。

对于加压固定床气化干排渣气化用煤，灰分含量可高达55%左右而不至于影响生产的正常进行。这是由于加压操作时，气化剂的浓度高，扩散能力强，气化剂能够透过煤灰表面与碳进行较为完全的反应。同时，进入炉中的气化剂的流动速度也比常压气化小，气化剂在炉内停留时间长，有较长的时间和煤反应。低灰分含量的煤有利于煤的气化反应，能提高气化效率、生产出优质煤气，但低灰煤价格高，使煤气的综合成本上升。具体采用哪一种原料煤，要结合具体的气化工艺、当地的煤炭资源来综合考虑。一般，加压固定床气化炉排出的灰渣中碳含量小于5%，常压固定床气化炉残碳含量在15%左右，对于液态排渣的气化炉残碳含量在2%以下。

（4）煤的黏结性的影响　煤的黏结性是指煤在高温干馏时的黏结性能。黏结性煤在气化炉内进入干馏层时会产生胶质体，这种胶质体黏度较高，它将较小的煤块黏结成大块，其机理与炼焦过程相同，这就使得干馏层的透气性变差，从而导致床层气流分布不均和阻碍料层的下移，使气化过程恶化。因此，黏结性煤对气化过程是一个极为不利的因素。根据实验及实际工业化经验，加压气化煤种的自由膨胀序数一般应小于1，若自由膨胀序数大于1，则应在炉内上部设置搅拌装置以破除煤受热后黏结产生的大焦块。当煤的自由膨胀序数大于7时其破黏效果也不佳，换言之，加压固定床气化炉适应煤种为自由膨胀序数小于7的弱黏结性或不黏结性煤，黏结性较强的烟煤不适合于加压固定床气化炉。

（5）煤的机械强度和热稳定性的影响　煤的机械强度是指煤的抗碎能力。易破碎的煤在筛分后的传送及气化炉加煤过程中必然产生很多煤屑，这样会增加入炉煤的粉煤含量，使煤气带出物增加。故采用加压固定床气化技术应选用抗碎能力较高的煤种。

煤的热稳定性是指煤在经受高温和温度急剧变化时的粉碎程度。热稳定性差的煤在气化炉内容易粉化，给气化过程带来不利影响。另外，由于热稳定性差，气化时煤块破碎却增加了反应表面积，从而增加了气化反应速率，提高了气化强度。

（6）煤的化学活性的影响　煤的化学活性是指煤同气化剂反应时的活性，也就是指碳与氧气、二氧化碳或水蒸气相互作用时的反应速率。煤种不同其反应活性是不同的，一般煤的变质程度越低，煤焦的气孔率越大，其内表面积越大，反应活性越高。煤的反应活性越高，则发生气化反应的起始反应温度越低，气化温度也越低，这有利于甲烷生成反应的进行，煤气热值也相应提高。甲烷生成反应释放的热量又促进其他气化反应的进行，为气化层反应提供了部分能量，从而降低了氧气的消耗。

在气化温度相同时，煤的反应活性越高，则气化反应速率越快，反应接近平衡的时间越短。因此，反应活性高的煤气化炉的生产能力较大，与反应活性低的煤相比，最大可相差

40% ～ 50%。但是煤的反应活性对气化过程的影响在温度较低时较大，当温度升高时，温度对反应速率的影响显著加强，弥补煤焦反应活性低的影响程度。

综上所述，加压固定床干排渣气化炉可以考虑在上述条件下选用高阶褐煤、长焰煤及黏结指数＜ 4 的低阶烟煤、贫瘦煤、无烟煤为原料，依据目标产品不同选用不同原料。基于气化煤气中富含甲烷气体非常适合生产煤制天然气、煤气化生产燃料气、间接液化煤制油-气联产的大型煤化工项目。

相比干排渣加压固定床气化，液态排渣的加压固定床气化是在灰熔点以上操作的，提高了气化温度，所以在气化原料的选择上就可以适当降低对煤与二氧化碳反应活性的要求，但对原料的热稳定性要求更高。

BGL 气化炉入炉煤的粒度范围为 6 ～ 50mm，以块煤或型煤为宜，也可以通过喷嘴喷入水煤浆、焦油渣、粉煤参加气化，一般控制煤的灰熔点（FT）低于 1400℃，水分和灰分含量均小于 20%。

5.1.4.4 工艺流程

（1）加压固定床气化（典型流程）

① 加压固定床气化装置　主要包括加压气化炉、煤锁、灰锁、膨胀冷凝器（液态排渣没有）、粗煤气洗涤器和废热锅炉六大部分，以及配套的液压控制系统和润滑系统。目前加压固定床气化应用最多、最典型的流程图如图 5-42 所示。

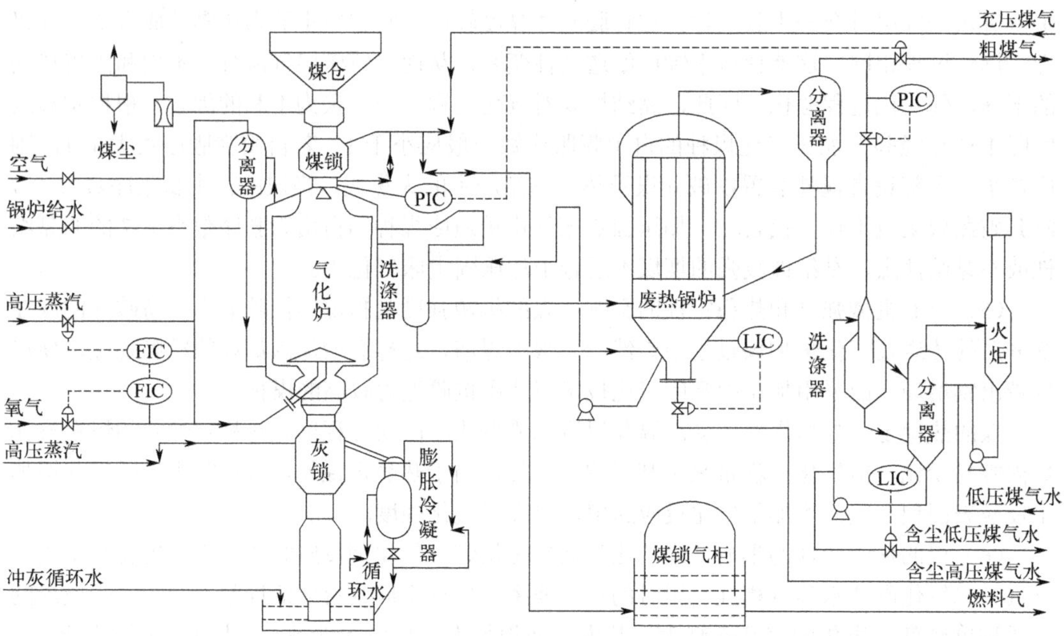

图 5-42　加压固定床气化典型工艺流程图

加压固定床气化装置运行时，具有一定粒度的原料煤经由自动操作的煤锁间隙加入气化炉内。煤仓的容量可供 4 小时用，它装有料位测量装置。

煤锁装满煤之后，进行充压，从常压充至气化炉的操作压力，再向气化炉加煤，之后煤锁再泄压至常压，以便开始下一个加煤循环过程。这一过程的实施既可以采用自动方式，也可使用手动操作。煤锁充压的煤气来自两部分，一部分是煤气冷却装置的粗煤气，另一部分是气化炉的粗煤气使煤锁分两步充压。煤锁泄压的煤气收集于煤锁气气柜，并由煤锁气压缩机送至煤气冷却工段。泄压后留在煤锁中的少部分煤气，用煤锁引射器抽出，经煤尘气分离器除去煤尘再经开车煤气洗涤系统洗涤后送气柜。

气化剂由蒸汽、氧气或蒸汽、氧气和二氧化碳组成，在气化剂混合管中混合，混合后的气化剂经气化炉下部的旋转炉箅送入气化炉，先与灰渣层进行换热，然后在燃烧区燃烧一部分，为吸热的气化反应提供所需的热量。

在气化炉的上段，入炉煤向下移动，与向上流动的气流逆流接触。煤从上往下先后经过干燥、干馏和气化后，只有灰残留下来，灰由气化炉中旋转炉箅排入灰锁再经灰斗排至水力排渣系统。

灰锁也进行充压、泄压的循环。灰锁拥有可编程电子程序器，也可自动操作。充压采用过热蒸汽来完成。为了进行泄压，灰锁接有一个灰锁膨胀冷凝器，其中充的水来自循环冷却水系统的水，逸出的蒸汽在水中冷凝并排至排灰系统。

产生的粗煤气采用废锅流程，利用废锅回收粗煤气余热副产低压蒸汽供气化使用，从而减少了外供低压蒸汽的需求量。

气化所需蒸汽的一部分在气化炉的夹套产生，为此向气化炉夹套中加入中压锅炉水，在气化炉中产生的蒸汽经夹套蒸汽分离器送往气化剂系统，蒸汽 / 氧气在此按比例混合好后喷射入气化炉。

煤锁和灰锁的大小和装卸料的频率决定了产气量的大小。

气化原料为烟煤或褐煤时，气化产生的粗煤气用循环煤气水加以洗涤并使其饱和，饱和并冷却后的煤气进入低压废热锅炉，通过生产 0.5MPa 低压蒸汽来回收一部分煤气中蒸汽的冷凝热。在废热锅炉下部收集到冷凝液的一部分，用洗涤冷却循环水泵送出。多余的煤气水送往后续处理系统。

加压固定床干排渣气化炉普遍为带夹套的碎煤加压干法排灰气化炉，每台气化炉有一台 / 两台煤锁、一台灰锁、一台洗涤冷却器和一台废热锅炉与之配套。

加压固定床液态排渣气化工艺流程和干排渣气化工艺流程基本相同，不同之处在于气化炉本体，干排渣采用旋转的炉箅布气，在灰熔点（ST）以下操作，排出的是干渣；液态排渣气化炉取消了炉箅结构采用熔渣池结构，气化剂是通过对称均匀布置的 4 ～ 6 个气化烧嘴喷入气化炉内的，相应地减少干排渣气化炉箅及驱动，增加气化渣激冷，取消膨胀冷凝器。

② 煤气水处理　煤气水处理包括煤气水分离、酚氨回收两个单元。加压气化产生的粗煤气中含有大量的水蒸气、粉尘和气化过程产生的副产物，即焦油、轻油、萘、酚、脂肪酸、溶解的气体和无机盐类等，而且温度也较高。因此，粗煤气需要进行冷却和洗涤，以降低温度和除去粗煤气中的有害物质。在粗煤气的洗涤和冷却过程中，这些杂质成分进入水中，形成了有气、液和固三态存在的多种成分的煤气水。所以加压气化过程中产生的废水成分较为复杂，一般含有焦油、酚、氨和尘等多种杂质，虽然由于煤种的不同，各种成分的含量也不尽相同，但这种废水不能用常规的生化、过滤、反渗透等方法直接处理，而必须首先将水中的油、尘、酚和氨等进行分离和回收，这样一方面回收了煤气水中的有价值的物质，可产生一定的经济效益；另一方面也使煤气水能够达到一般煤气水处理方法的进水要求。根据加压固定床气化工艺的特点，其煤气水处理工艺一般流程见图 5-43。

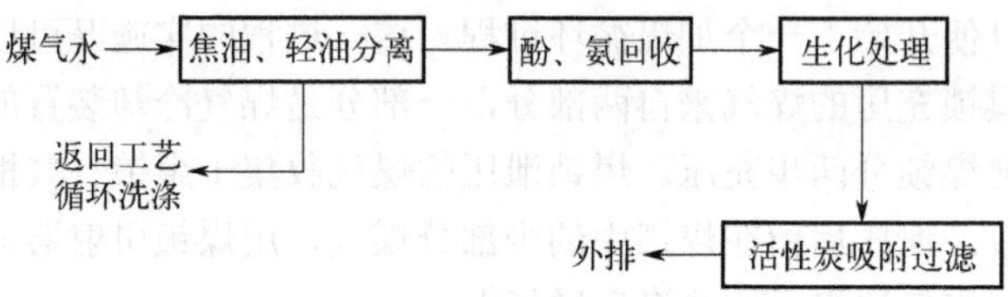

图 5-43　煤气水处理工艺一般流程

上述流程中，经过焦油、轻油分离后的水大部分返回工艺装置循环使用，多余的水作为工艺废水，再逐步经过酚、氨回收和生化处理等工艺过程达到国家排放标准后排放。

这种工艺流程主要的缺点：

A．气化生成的粗煤气经直接水洗冷却至 215℃，不回收粗煤气显热和蒸汽冷凝热，造成大量显热得不到利用，而且还要消耗大量冷却水。当生产合成气时，须对粗煤气中 CO 进行变换，也要补入一定量的中压蒸汽，造成单位产品能耗高、成本高。

B．煤锁采用气化产生的煤气充压，由于煤气中含焦油等较多，泄压后煤锁中剩余的煤气直接进入煤斗。

C．灰锁泄压时带尘蒸汽冬天在大气中冷凝成水滴落入四周污染环境。

D．操作自动化水平低，需要提高可视化、智能化水平，降低操作工人劳动强度。

加压固定床液态排渣气化技术的煤气水处理流程和加压固定床干排渣气化流程除个别工艺参数，如粗煤气出口温度高、煤气水量少等外，配置完全相同。

（2）无烟煤、焦炭气化工艺流程

① 加压固定床气化装置　包括煤锁系统、气化炉系统、灰锁系统、废热回收系统、开车火炬系统等，其工艺流程见图 5-44[76]。

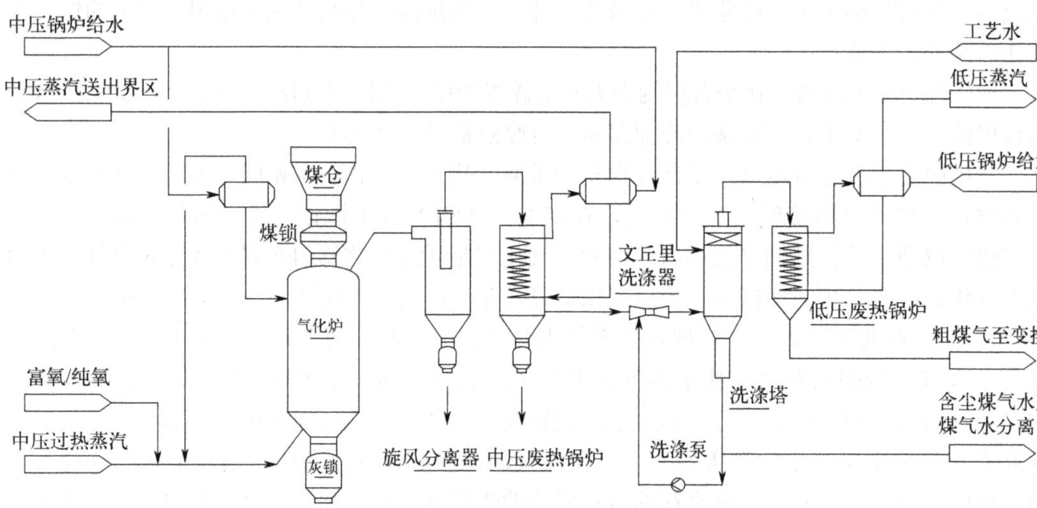

图 5-44　无烟煤加压固定床气化工艺流程

以无烟煤为原料煤，在气化炉内与蒸汽和氧反应，生成约 550℃的粗煤气从气化炉粗煤气出口引出，送入旋风分离器进行煤尘分离，然后送入中压废热锅炉进行热量回收，粗煤气温度降低至 300℃左右，同时副产 4.5MPa、300℃蒸汽送气化炉外供蒸汽总管，粗煤气则送入洗涤冷却器进行降温洗涤，除去粗煤气中未分离的煤尘，温度降低到约210℃，继续进入低压废热锅炉，副产压力为0.5MPa的低压饱和蒸汽，粗煤气温度降低到约181℃，同时粗煤气中的过饱和水冷凝下来。粗煤气经气水分离后，送至变换工段。粗煤气中冷凝液经煤气水分离装置、煤气水汽提装置处理达标后，再送入全厂生化处理进行进一步处理。

② 煤气水处理系统　依据无烟煤气化煤气水中污染物特性、温度、压力参数将煤气水分为高温煤气水和低温煤气水两部分，然后依据水质特征分别分离和回用，做到煤气水清污分流，分质分级利用。整个煤气水分离采用大循环，即分离后的煤气水先经过变换洗涤，然后经过气化洗涤（见图5-45）。

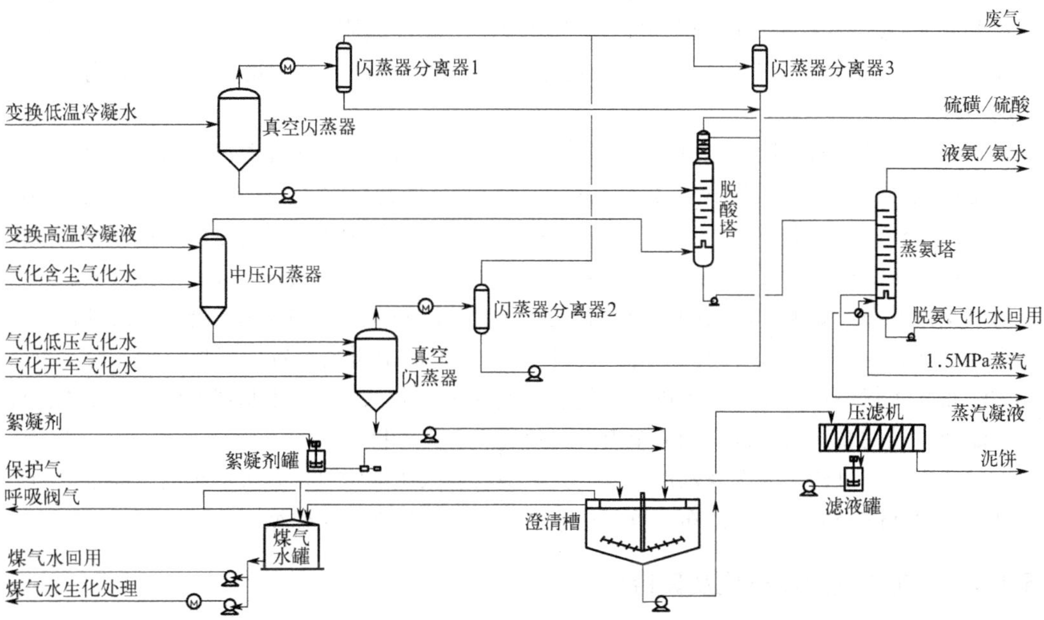

图5-45　无烟煤加压固定床气化煤气水处理系统

A．高温气化水闪蒸　来自气化和变换冷却装置的气化水经减压后进入中压闪蒸器，闪蒸出的蒸汽和少量溶解在气化水中的不凝气从高温中压闪蒸器顶部送出，此股闪蒸汽依次与喷射气化水、循环冷却水换热后进入气液分离器，分离出的冷凝液进入气化水缓冲槽，不凝气及饱和水汽送至锅炉装置焚烧。中压闪蒸器底部的液体及泥渣进入真空闪蒸系统。

来自中压闪蒸器底部的气化水与来自气化的低压气化水一起进入真空闪蒸器。真空闪蒸器在真空条件下操作，底部的气化水及泥渣混合物送至澄清槽。顶部出来的闪蒸汽经脱盐水回收余热冷却后进行气液分离。真空闪蒸分离器底部出来的冷凝液送至气化水缓冲槽，顶部气体进入真空泵。真空泵出口物料进入真空泵气液分离器对气水进行气液分离，分离出的水送往气化水缓冲槽，不凝气从顶部排至气化火炬。

B．变换冷凝液闪蒸　来自变换冷却装置的含氨冷凝液，几乎不含有颗粒物，所以单独进入真空闪蒸器，真空闪蒸器底部的气化水送至气化水缓冲槽。顶部出来的闪蒸汽经循环水冷却后进行气液分离。真空闪蒸分离器底部出来的冷凝液送至气化水缓冲槽，顶部气体进入真空泵。

真空泵出口物料进入真空泵气液分离器对气水进行气液分离，分离出的水送往气化水缓冲槽，不凝气从顶部排至气化火炬。

C．澄清沉降　来自真空闪蒸器的气化水进入澄清槽进行沉降。加入絮凝剂可以使气化水中的泥渣沉降，澄清槽中设置缓慢转动的澄清槽耙料机，它将沉淀的泥渣推至澄清槽底部出口。澄清槽底部的泥渣及水经过压滤机给料泵送往板框压滤单元。澄清后气化水送至变换冷却与气化装置循环使用。同时为了进一步脱除气化水中所含有的氨，将气化水缓冲槽中部分气化水送往氨汽提及精馏装置。

D．压滤　来自澄清槽底部的浓缩气化水进入板框压滤机后，通过滤布过滤进一步分离出其中的泥渣，将泥渣压成滤饼用车直接运出。滤液通过泵送回至澄清槽。板框压滤机用于固体和液体的分离，与其他离心脱水机、带式过滤机相比，板框压滤机具有更高的泥饼含固率和优良的分离效果。固液分离的基本原理是：混合液流经过滤介质（滤布），固体停留在滤布上，并逐渐在滤布上堆积形成过滤泥饼。而液体部分则渗透过滤布，成为不含固体的清液。

随着过滤过程的进行，泥饼厚度逐渐增加，过滤阻力加大。过滤时间越长，分离效率越高。特殊设计的滤布可截留粒径小于 1μm 的颗粒物。压滤机除了具有优良的分离效果和泥饼高含固率外，还可提供进一步的分离过程：在过滤的过程中可同时对过滤泥饼进行有效的洗涤。板框压滤机中由交替排列的滤板和滤框构成一组滤室。滤板的表面有沟槽，其凸出部位用以支撑滤布。滤框和滤板的边角上有通孔，组装后构成完整的通道，能通入悬浮液、洗涤水和引出滤液。板、框两侧各有把手支托在横梁上，由压紧装置压紧板、框。板、框之间的滤布起密封垫片的作用。由供料泵将悬浮液压入滤室，在滤布上形成滤渣，直至充满滤室。滤液穿过滤布并沿滤板沟槽流至板框边角通道，集中排出。

过滤完毕，可通入清洗涤水洗涤滤渣。洗涤后通入压缩空气，除去剩余的洗涤水。随后打开压滤机卸除滤渣，清洗滤布，重新压紧板、框，开始下一工作循环。

5.1.4.5　加压固定床气化及其特点

加压固定床气化是一个自热式、逆流接触的移动床工艺，采用氧气＋水蒸气或氧气＋水蒸气＋二氧化碳为气化剂，在 3.0 ～ 6.0MPa 压力和 950 ～ 1350℃的温度条件下对煤焦进行气化，制得合成气用于制备合成氨、合成甲醇、二甲醚、合成油、氢气和合成化学品等。

加压固定床气化与其他气化方法比较，有如下特点：

① 加压固定床气化是移动床逆流接触气化过程，原料煤通过煤锁将常压煤斗中的煤间歇加入到气化炉内进行连续气化，气化剩余的灰渣与气化剂充分换热后通过灰锁间歇地排出气化炉，这种逆流气化过程创造了良好的热交换条件，表现为气化指标先进，消耗定额低。例如同样是生产 1t 液氨，加压固定床气化需要的氧气消耗仅为气流床气化的 1/3 ～ 1/2。另外加压固定床气化对原料的适应性范围较广，最基本的要求是煤的粒径。粒径小于 5mm 的煤不超过 3% ～ 5%，煤最大粒径小于 50mm，最小粒径要求在 5 ～ 10mm。其他要求如灰分、水分、灰熔点、反应活性等都不是技术本身的要求，而是从经济效益的角度提出来的。

② 煤气化过程在一定压力下进行。比常压煤气化强度大，后加工过程动力消耗低。对煤的机械强度、热稳定性等几乎没有要求。大于 5mm 的煤都可以使用，提高了煤的利用率和煤种适应性。

③ 对煤种的选择范围宽。原料煤从褐煤、烟煤、贫瘦煤、无烟煤、兰炭、气化焦到焦炭，只要煤中水分和灰分含量小于 50% 就可以气化。如果无烟煤、半焦、气化焦等为气化原料时，水处理系统简单，显著降低投资和运行费用。

④ 加压固定床气化可以采用氧气 + 蒸汽、空气 + 蒸汽为气化剂制取中热值煤气和低热值燃料气，也可以在气化剂蒸汽 + 氧气中添加二氧化碳，用来调节 H_2/CO 的比例，并可显著节省蒸汽消耗。

⑤ 由于加压固定床气化在炉内预先有个干馏过程，所以煤气中含有焦油、酚、氨和硫化氢等副产物，回收这些副产物流程复杂、投资较大，若不回收或处理不好易造成污染。煤气中含有 CH_4 等烃类，对制城市煤气是有利的，对制合成气还需进一步加工，这是不利的。

⑥ 加压固定床气化技术成熟，操作简单，投资最低，同时也是所有大型煤气化工艺中氧耗量最低、空分投资最省、操作费用最低的工艺。

⑦ 气化炉的生产能力高，一台加压固定床气化炉相当于 10 台常压固定床气化炉。

⑧ 煤气化过程中产生的甲烷量相当于天然气中甲烷总量的 45% 左右，即有 45% 的甲烷是在气化炉内生成的，从而降低了甲烷合成的负荷，提高了煤制天然气过程的热效率。

⑨ 加压固定床气化是集煤干馏和半焦气化于一体的气化工艺，可以回收煤中部分有机物，获得部分石油化工的替代产品。

⑩ 加压固定床液态排渣气化技术，采用液态排渣，气化温度高，蒸汽消耗少，气化强度高，一台液态排渣气化炉的气化强度等同于相同直径干排渣气化炉的 3 ～ 4 倍。

5.1.4.6　装置建设

（1）赛鼎炉应用情况　赛鼎炉碎煤加压干法排灰气化由于其煤种适用范围宽，可以从褐煤、长焰煤、弱黏结性烟煤、贫煤、无烟煤到焦炭进行选择，操作可靠性高，广泛应用于煤制油、煤制天然气、合成氨、合成化学品、煤基新材料等不同的领域。

（2）鲁奇炉和 BGL 炉的应用情况　鲁奇炉和 BGL 炉在我国应用较少，鲁奇炉在山西化肥厂（现天脊集团）30 万吨 / 年合成氨项目中的 3 台气化炉保持运行。

5.1.4.7　技术创新

（1）加压固定床气化在传统煤化工优化升级

① 原料煤粒度的控制　加压固定床气化技术原料的适应范围广，一般要求粒度在 5 ～ 50mm，但是由于精细化控制的要求，对原料精准控制尤为重要（表 5-19）。

表5-19　不同粒径控制

气化炉类型	小于 6mm/%	6 ~ 13mm/%	13 ~ 50mm/%	大于 50mm/%
5# 气化炉	13.86	24.64	60.05	0.86
7# 气化炉	11.72	8.27	69.58	10.55

② 气化炉床层高度的修正　如晋控天庆采用晋城 15# 煤作为赛鼎炉气化原料，该煤种具有煤化程度较高、挥发分低（≤ 7%）、固定碳含量高（≥ 72%）、灰分低（≤ 20%）、硫含量相对较高（2.5% ～ 4.5%）、灰熔点高（≥ 1450℃）的特点。从煤质来看，晋城 15# 煤有

利于加压固定床气化炉的高负荷运行，有利于气化层维持较高的温度，从而提高蒸汽分解率。针对煤质特征和工艺条件对气化炉进行修正，修正结果见图 5-46。

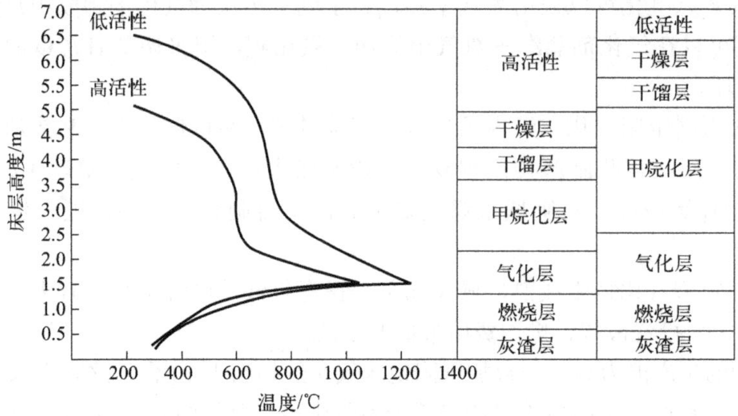

图 5-46　气化炉床层高度修正

通过分析可知，由于无烟块煤具有固定碳含量高和反应活性低的特点，其所需的床层高度达 6.5m 左右，而高活性的煤气化床层高度一般在 5.0m 左右。

③ 废热回收系统　当加压固定床气化采用无烟煤为原料时，气化产生的粗煤气中油含量极低，且粗煤气的出口温度达到 550℃左右，传统的方式是通过喷淋冷却将粗煤气中的尘和油洗涤下来，达到净化煤气的作用，洗涤后的合成气温度降至 210℃左右，然后经废锅副产低压蒸汽，这造成了热量的极大浪费和蒸汽品质不平衡。

原晋煤集团和赛鼎公司联合开发新的适合无烟煤的加压固定床气化工艺及气化炉（JM-S 炉），流程见图 5-44。

通过对入炉煤粒径、气化炉床层高度以及煤气显热回收升级改造运行节能效果显著：单炉处理能力提高 22.22%，外供中压蒸汽减少 41.80%，km^3 粗煤气煤耗降低 2.22%，氧耗降低 19.97%，粗煤气产量增加 25.06%，有效气（H_2+CO+CH_4）组成增加 2.73%，经过测算 JM-S 炉示范项目与其他常规炉型相比吨合成氨成本可降低约 208 元，年节约运行成本至少 3000 万元。

④ 煤锁气高位能量分级利用　采用二氧化碳充压，气源来自二氧化碳返炉缓冲罐，取消煤锁气柜，增设煤锁充压气高位能量利用系统。将加煤时煤锁充泄压过程能量进行分级利用，可减少送往煤锁气气柜的气量，从而减少压缩机的能耗（见图 5-47）。

⑤ 多元气化剂系统　气化剂中添加部分二氧化碳不仅可以调整煤气组成，而且可以节省部分蒸汽，从而减小废热回收设备的能力，减小煤气水 / 油水分离装置、酚氨回收装置、废水生化处理装置的能力。二氧化碳在煤气工厂里作为废物排入大气，因其廉价易得，研究及实践表明，碎煤加压气化过程中添加部分二氧化碳作为气化剂是可行的。

实际运行中是否添加 CO_2，这要根据煤气产品中 CO 含量是否满足后加工产品的要求而定，如果煤气最终产品无需 CO，甚至还要把煤气中的 CO 用水蒸气变换成氢气，就没必要在气化剂中添加二氧化碳，只有粗煤气中一氧化碳含量不能满足煤气最终加工产品的要求时，气化剂中添加 CO_2 才有实际意义。

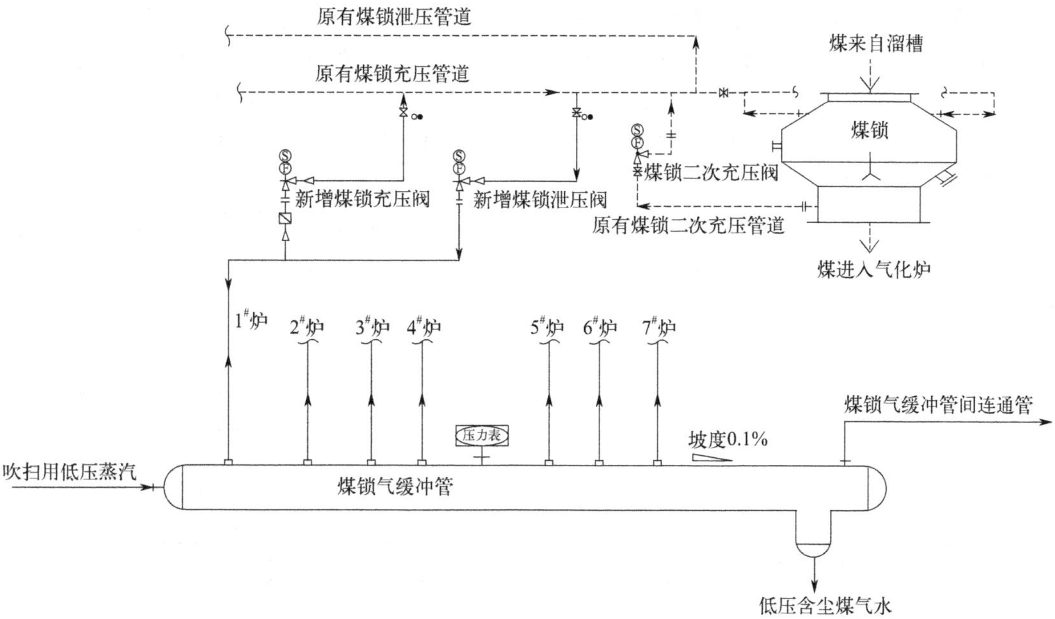

图 5-47 煤锁气高位能量分级利用示意图

虚线表示原有管线，实线表示加压气化技改新增加管线。2# ～ 7# 炉设置与 1# 炉相同

由于水蒸气的存在对其他的气化反应有促进作用，因此气化剂中添加 CO_2 的量不宜过大，其添加量一般不超过气化剂的 15% 左右。

⑥ 煤气水系统的优化 采用晋城无烟煤为原料时，气化煤气水中油类、酚类等有机物浓度较低，可以不考虑其中油和酚的回收。此时气化煤气水分离装置的功能就是分离气化水中的煤泥和溶解气，依据无烟煤气化煤气水中污染物特性、温度、压力参数将煤气水分为高温煤气水和低温煤气水两部分，然后依据水质特征分别分离和回用，做到煤气水清污分流，分质分级利用，整个煤气水分离系统采用大循环即分离后的煤气水先经过变换洗涤然后经过气化洗涤。具体气化煤气水的处理只需设置气化水闪蒸器、澄清槽、沉降分离以及压滤装置就能达到处理要求。

（2）加压固定床气化技术在新能源领域的应用 生物质原料经过“初破 + 干燥 + 分选 + 二次破碎 + 成型”的预处理工艺，制备成满足赛鼎炉气化要求的生物衍生燃料（RDF）。其具体包括：收集的生物质通过运输车将其运送至生物质预处理厂，然后通过的生物质用行车送入初级破碎装置，生物质经两级破碎至 100mm 以下，以满足转筒干燥机的需求；破碎后的生物质经输送带送入转筒式干燥机进行烘干，使含水量降至 10% 以下；干燥后的生物质经磁选装置与筛选和分选装置去掉其中的金属组分与惰性组分，再送入二次破碎装置；二次破碎装置使用单轴破碎机将其破碎至 40mm 以下后，通过输送带，直接投入成型机内，经挤压成型后运至气化厂。

将原料预处理及成型合格的 RDF 送至气化框架顶部的料仓，通过设置的锁斗间隙送入气化炉，锁斗为压力交替变化的疲劳容器，成型的 RDF 从加料溜槽进入锁斗，然后上阀关闭通过两次充压达到气化炉内压力，打开下阀使成型 RDF 进入气化炉，锁斗料位由锁斗下料位计进行监测，成型 RDF 全部进入气化炉内后下阀关闭，进行泄压，锁斗气经过分级回收利用，剩余部分经引风机送至废气焚烧。

蒸汽、氧气通过比例调节后混合，从炉体下部的气化剂入口进入气化炉内，然后经历灰渣换热、富氧燃烧、还原区、干馏区和干燥区，最后产生的粗煤气从气化炉上部煤气出口进入非催化转化炉，非催化转化炉内通入氧气和水蒸气，气化炉产生的粗煤气、焦油、尘、甲烷等在非催化转化炉内一体化转化，产生的转化气经废热锅炉回收热量副产高压过热蒸汽后，经洗涤送至下游变换冷却装置生产合成气，这种合成气和煤制合成气一样，可以生产氢气、合成氨、合成甲醇、合成油、甲烷等不同的产品。气化炉膛底部的灰渣和气化剂换热后，排出气化炉，经过处理后用于生产草木灰。生物质气化生产合成气工艺流程见图 5-48。

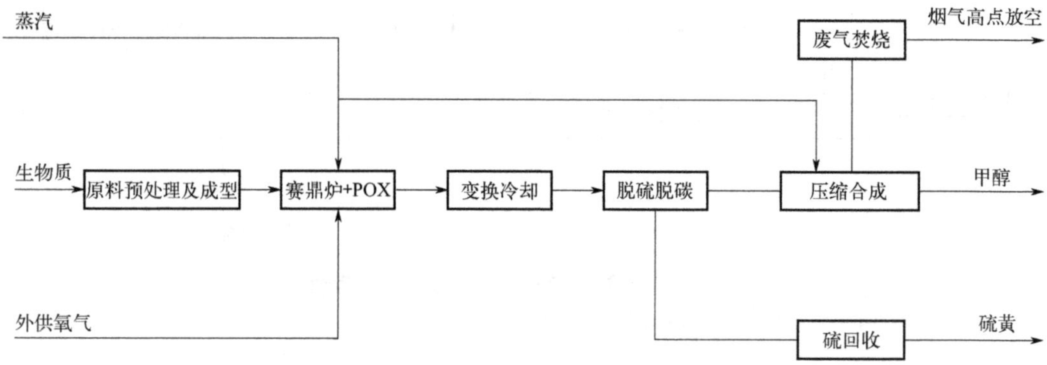

图 5-48　生物质气化生产合成气工艺示意图

随着风光电技术不断成熟，成本逐步降低，可以利用风光电电解水制备绿氧替代空分装置，气化废锅回收的煤气显热代替锅炉，减少生物质或煤气气化变换装置，用电解水产生的绿氢补充调整 H_2/CO 比例合成甲醇或其他化学品。

通过风光电电解水耦合充分利用非化石能源即生物质中的碳，通过光伏或风力发电后电解水产生氧气和氢气，氧气作为气化剂，氢气耦合充分利用气化生物质中的碳资源，生产更多有价值的化学品（见图 5-49）。

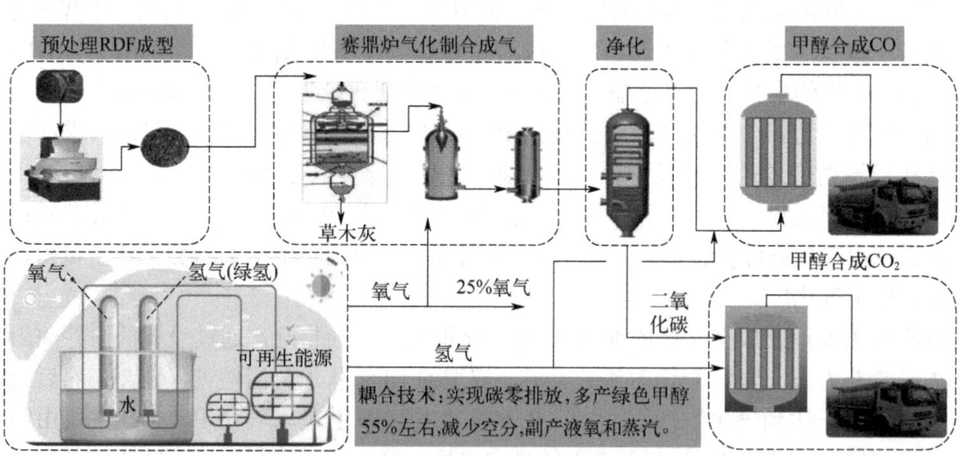

图 5-49　生物质气化耦合光伏发电电解水技术

（3）加压固定床气化技术在市政领域的应用 中国化学集团和华东理工大学、上海泽玛克有限公司开发加压固定床液态排渣气化技术气化城市垃圾。赛鼎公司在山东鲁南化肥厂建设万吨级的中试装置，于2022年投入使用，已经对100%的生活垃圾、100%秸秆进行了试烧试验。

5.1.4.8 消耗定额

基于加压固定床气化原料煤的适用范围广，涉及褐煤、长焰煤、弱黏结烟煤、贫煤、瘦煤、无烟煤、半焦和焦炭等几乎所有的煤种，所以生产消耗指标的差异性很大，区间范围见表5-20。

表5-20 生产消耗指标（加压固定床干排渣）

序号	项目	单位	指标
1	比氧耗	m^3/km^3 干煤气	115 ～ 210
2	比煤耗	t/km^3 干煤气	0.45 ～ 1.05
3	蒸汽消耗	t/km^3 干煤气	0.85 ～ 1.65
4	冷煤气效率	%	＞85
5	粗煤气产量	m^3/t 煤	950 ～ 2300
6	碳转化率	%	＞98
7	废水排放量	t/t 煤	0.8 ～ 1.1

5.1.4.9 安全及环保

（1）安全措施 生产煤气是在高温、加压下操作的，具有爆炸和中毒的危险，特别是无色无味的CO，是最危险的有毒有害气体，一旦泄漏被人吸入可中毒或发生爆炸，故在安全设计方面非常重要。为了防止发生意外造成事故，一般都设置有紧急停车联锁，一旦工艺参数达到危险值时，仪表联锁会自动将运行设备停车，以保证装置的安全。加压固定床气化炉是一个典型的化学反应器，进入炉内的气化剂中有氧气，而炉内上部为易燃易爆的煤气，所以在设计上需要设置一些安全联锁，以防止工艺参数超过安全值而发生事故。气化炉的联锁系统可由气化炉DCS来实现，也可设置单独的PLC系统。一般的加压气化炉设有以下联锁。

① 气化炉顶部法兰温度高 该联锁的设置目的是防止煤在煤锁中架桥而加不到气化炉内，而炉内已缺煤，当温度超过一定值时，气化炉将会因严重缺煤造成粗煤气中氧气含量超标，存在安全隐患。联锁设计值一般为650℃，超过该值时联锁动作，气化炉停车。

② 灰锁温度高 灰锁设计温度为470℃，联锁设计值为450℃，该联锁一方面保护灰锁不能超过设备设计温度，另一方面防止炉箅将火层排入灰锁而破坏气化炉工况。

③ 气化炉洗涤冷却器出口煤气温度高 洗涤冷却器中喷入煤气水，将从气化炉出来的粗煤气洗涤降温到约200℃。一旦该温度超过250℃，说明一方面煤气没有得到冷却和洗尘，另一方面洗涤冷却器出口煤气温度超过废热锅炉及管道的设计值，使设备安全受到影响。当该温度超过250℃时，气化炉联锁停车。

④ 气化炉夹套液位低 气化炉夹套液位与锅炉的汽包液位一样，过低时将会造成夹套内鼓，严重时会烧坏夹套造成漏水，引起炉内灭火，导致事故发生。该液位指示若低于5%时，联锁停车。

⑤ 气化剂温度低　气化剂温度是指蒸汽与氧气混合后的入炉温度，该温度过低有可能是由于氧气过量或夹套自产蒸汽带水。氧气过量将造成火层超温灰结渣，蒸汽带水将会造成局部灭火，它们都会带来设备损坏或其他严重后果。气化剂温度低联锁停车值按低于气化剂设计温度 60℃设置。

⑥ 气化炉夹套压力高　气化炉设计操作压力为 4.0MPa，夹套压力略高于气化炉压力，夹套压力超高将造成设备损坏，一般夹套压力高联锁值按操作压力的 1.05 倍设置。

⑦ 气化炉与夹套压差高　设计上气化炉外壳体承受高压，内壳体仅承受夹套与气化炉的压差，即气化剂通过气化炉料层的阻力。压差超高会使夹套内壳体内鼓，造成设备事故。一般夹套与气化炉压差高联锁设定值为 250kPa。

⑧ 气化炉出口煤气温度高　气化炉出口煤气温度与所使用的原料煤种有关，但一般均不超过 700℃，为保证气化炉设备安全，该温度达 700℃时联锁停车。

⑨ 氧气、蒸汽总管压力低　将会使汽氧比失调或气化剂供给不足，破坏气化炉工况。一般氧气、蒸汽总管压力低联锁值按 4.2MPa 设置，以保证气化剂正常进入气化炉。

除以上联锁之外专门设置手动紧急停车按钮，在气化炉发生其他事故时，可以手动将气化炉紧急停车。

以上联锁的设定值按不同装置的设计参数选取，但必须保证气化炉设备的运行安全。联锁逻辑图见图 5-50。

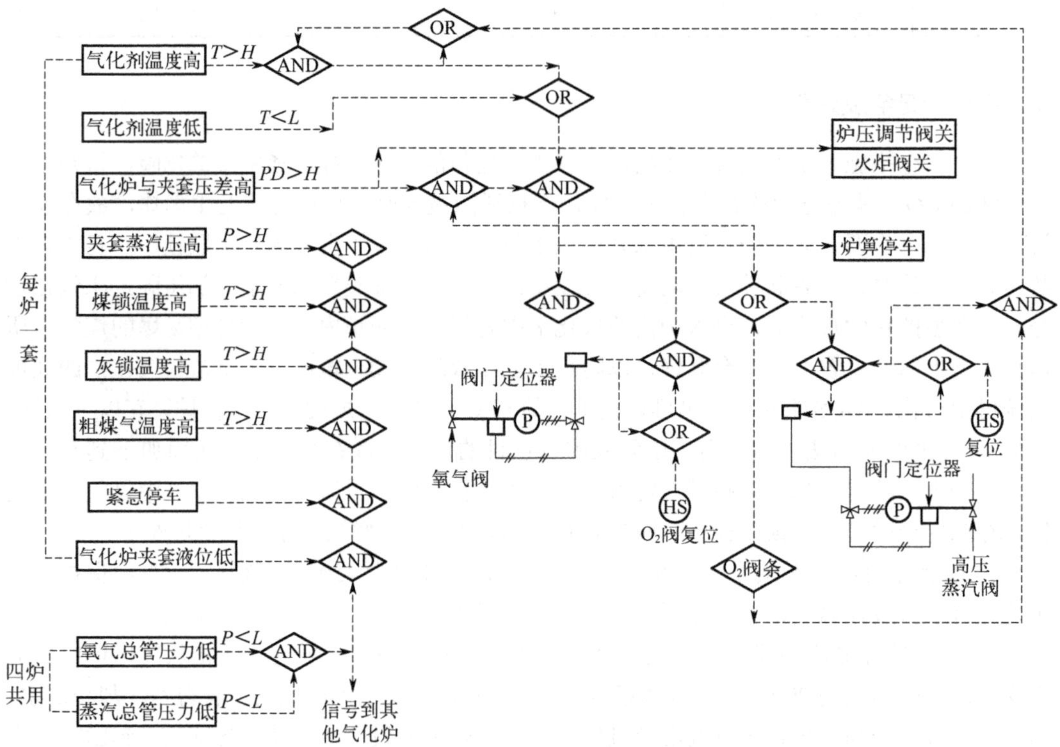

图 5-50　气化联锁停车系统

（2）环境保护及处理措施　现以晋城无烟煤为原料，采用赛鼎炉气化技术，按照单炉日产 300t 合成氨，废气排放及处理措施见表 5-21。

表5-21 废气排放

排放物名称	排放点	排放物性状	排放情况	排放量 /m^3	组成	处理措施
开车废气	气化炉	开车煤气	间断	1.69	N_2、CO_2，少量 CO、H_2、CH_4 等	送火炬
释放气	煤锁旋风分离器	空气＋少量煤气	连续	5.33	N_2、O_2，少量 CO、CO_2	送锅炉

废水排放量为 20m^3/h，经过蒸氨后送生化处理的煤气水水质指标见表 5-22。

表5-22 去生化处理煤气水成分分析

分析项目	总氨	总酚	CO_2	H_2S	油	COD	SS	处理措施
单位	g/L	mg/L	g/L	mg/L	mg/L	mg/L	mg/L	生化处理
数值	0.49	40	8.65	30	0.81	395.9	22	

将上述煤气水经过生化处理后即可达标中水回用。

气化过程不产生飞灰，带出的煤尘在经过煤气水分离、压滤后可作为锅炉燃料（见表5-23）。

表5-23 固体废物排放情况

名称	排放点	排放量	主要成分	排放规律	治理措施
灰渣	气化炉灰锁	依据煤质	SiO_2、Al_2O_3、Fe_2O_3、CaO、MgO 等	连续	综合利用作建材产品、井下填充或渣场堆放

5.1.4.10 综合评述

加压固定床是现代气化技术主流之一，具有氧耗低、煤种适用性宽、应用范围广的特点，尤其适合联产 CNG 或 LNG 的项目。加压固定床气化是移动床逆流气化过程，逆流气化过程创造了良好的热交换条件，因此气化指标先进，消耗定额低。例如生产 1t NH_3 氧耗仅为气流床气化的 1/3 ～ 1/2，该炉型对原料的适应范围较广，最基本的要求是煤的粒径，粒径小于 5mm 的煤不超过 3% ～ 5%，煤最大粒径小于 50mm，最小粒径要求在 5 ～ 10mm。其他要求如灰分、水分、灰熔点、活性等都不是技术本身的要求，而是从经济效益的角度提出来的，这也决定了加压固定床气化技术应用领域非常广泛，必将在“双碳”“双控”背景下不断开发出新的应用场景。

5.1.4.11 发展趋势

加压固定床气化技术存在的问题是要限制煤气化床层最高温度低于灰熔点，因此带来了如下的问题：灰熔点太低的煤不宜作为气化原料；气化强度低，特别是活性差的煤不宜作为气化原料；单位产品煤气蒸汽消耗量大，污水处理投资和操作费用较高；煤气中有效成分（H_2+CO+CH_4）含量相对低，热效率较低。

（1）技术发展趋势

为了发展加压固定床气化技术，改进和克服上面所存在的问题，干排渣加压气化技术在以下三个方面重点进行技术开发。

① 开发并推广更大容积、低污染、低排放、低能耗、低氧耗的大规模碎煤加压气化技术，致力于解决加压固定床气化技术气化能力小、蒸汽消耗高等问题，以期开发出具有我国自主知识产权的低氧耗、低蒸汽消耗的大规模加压固定床气化技术。

② 针对气化原料有不同变质程度的煤、生物质、垃圾气化、城市污泥等多样性，需要依据原料特性进行针对性开发，使气化炉的性能发挥到最大限度。

③ 进一步提高气化炉的可视化、智能化技术水平，降低操作人员劳动强度。

（2）市场发展趋势

① UGI 常压造气替代　随着常压造气炉的逐步淘汰，JM-S 炉是主要替代炉型，它以赛鼎炉为基础，以投产运行的晋控金石和晋控天庆两个项目为蓝本，进行优化升级，主要从单炉处理能力、蒸汽消耗、水处理流程以及能量利用等方面进行系统优化研究，提高效率。

② 生物质气化技术　在化石能源日渐枯竭、“双碳”“双控”的大背景下，生物质能源是理想的替代能源，被誉为继煤炭、石油、天然气之后的“第四大”能源。预计到 2050 年，将有 60% 的工业燃料和工业供热都采用生物质能源。赛鼎工程有限公司正在开发利用赛鼎炉气化生物质的技术，发展生物质气化生产绿色燃料必将为碳中和发展添砖加瓦。

③ 油气联产项目　采用低阶煤为原料时，加压固定床气化产生的煤气具有甲烷含量高、副产低温煤焦油、热效率高等优势，在煤炭分质分级综合利用方面具有先天性的优势，特别适合用于油气联产项目，保障国家能源安全。

④ 城市生活垃圾气化项目　利用煤化工成熟的“加压固定床液态排渣气化技术 + 非催化一体化转化技术”耦合，实现垃圾资源化、减量化、无害化转化，生产不同产品。

5.1.5 流化床气化技术

当气体或液体以一定速度通过颗粒床层并使颗粒悬浮、保持连续运行状态时，便出现了颗粒床层的流化。流化床气化就是利用流态化技术原理，使煤颗粒在气化介质中处于沸腾状态并发生气化反应[1]。流化床气化技术主要包括德国温克勒流化床气化技术、由德国温克勒流化床气化技术衍生出的恩德流化床气化技术、科达流化床气化技术、灰熔聚流化床气化技术和循环流化床气化技术。最早的温克勒流化床气化技术专利形成于 1922 年，首个气化装置于 1925 年投运，后续约有 70 余台气化炉在世界各地投运，但由于各种原因，大多数温克勒气化炉都先后停产。本节重点介绍恩德流化床气化技术、灰熔聚流化床气化技术和循环流化床气化技术这三种气化技术的反应原理、工艺流程及工艺特点、装置建设及应用情况等内容。

5.1.5.1 恩德流化床气化技术

（1）工艺概述　恩德流化床气化技术是朝鲜恩德“七七”联合企业引进德国温克勒气化技术后，通过生产实践及多次技术变革形成的实用新型煤气化技术。20 世纪 90 年代，我国引入了恩德流化床气化技术，成立了中外合作抚顺恩德粉煤气炉制造安装有限公司（现为辽宁恩德工程建设有限公司），并结合我国国情进行了技术创新和升级，提高了技术水平，于 1999 年获得了中国实用新型专利，于 2000 年通过了粉煤气化装置生产制造服务的 ISO 9902 认证[77]。目前，恩德流化床气化技术已形成 10000、20000、50000、50000 和 60000m^3/h 不同容量等级的气化炉产品，实现 50 多台气化炉工程应用业绩，具有技术成熟度高、投资低、建设周期短、煤种适应范围广、操作简单等优点，在中小型合成氨、甲醇、乙二醇及二甲醚生产装置新建及改造中得到广泛应用。但也存在一些不足，如煤气携带飞灰的含碳量偏高、单台炉产气量低等问题。

（2）反应原理　恩德流化床气化技术基于流态化基本原理，炉内物料呈沸腾状，气固两相接触及混合均匀，热传导及热交换速率快，传热效率高。气化炉炉膛底部为锥形，具体结构如图 5-51 所示[78]。气化剂分多路分别从一次风喷嘴和二次风喷嘴进入气化炉。一次风喷嘴设置在锥段进煤口的下方，在炉体上均匀分布，一次风沿切线方向呈一定仰角进入气化炉并螺旋上升。在 950 ～ 1000℃的温度条件下，入炉煤在一次风气化剂的作用下发生流化，较大的煤颗粒在气化炉底部呈悬浮状、形成密相区，并与气化剂发生热解、气化及燃烧反应，生成气化煤气。较细的煤颗粒由反应气体携带离开密相区，在气化炉的中上部形成稀相区，并与二次风喷嘴通入的气化剂发生气化反应，以提高碳的利用率。少部分未反应的细颗粒半焦随煤气进入旋风除尘器，分离下来的较大粒径的细颗粒半焦返回至气化炉底部进一步参与气化反应。大颗粒气化底渣落到气化炉底部灰斗，从排灰管排出气化炉。

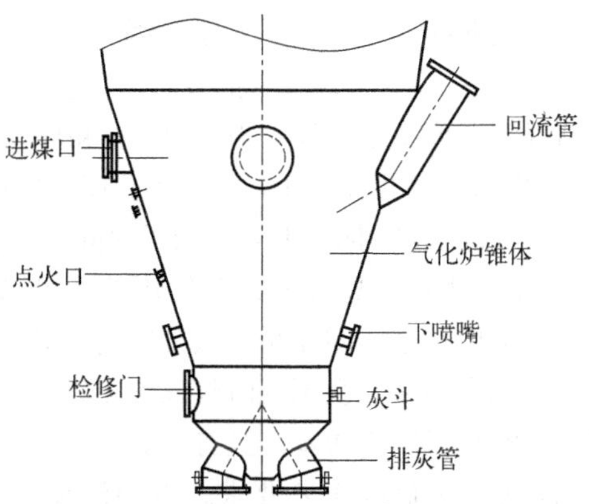

图 5-51　恩德流化床气化炉底部结构示意图[78]

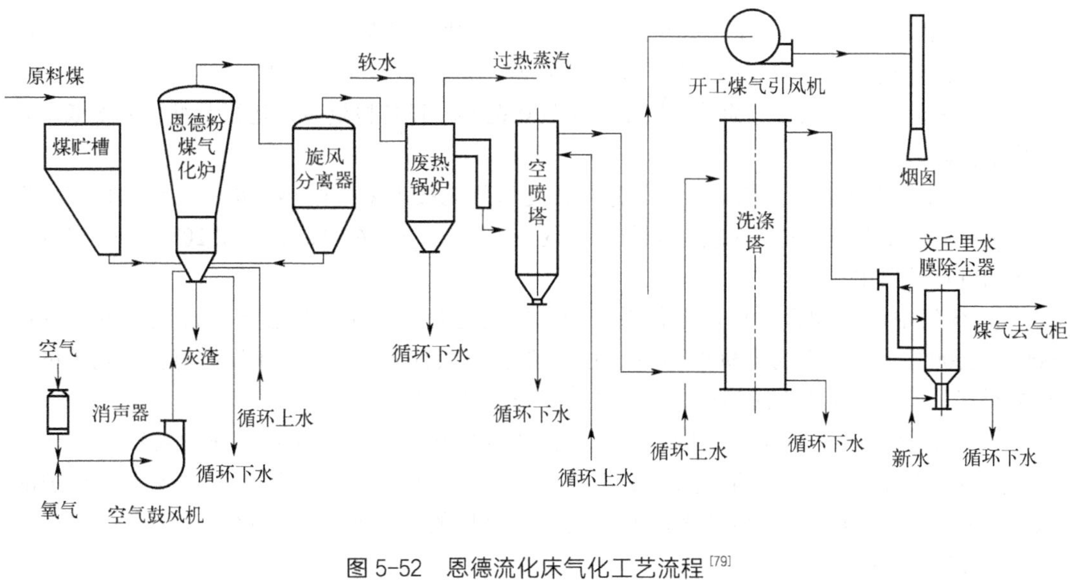

图 5-52　恩德流化床气化工艺流程[79]

（3）工艺流程　恩德流化床气化工艺流程如图 5-52 所示 [79]，主要由备煤、进煤、气化、排渣、煤气冷却除尘及净化等系统组成。

备煤系统：原料煤经干燥、破碎后得到粒度在 0 ～ 10mm 的颗粒，采用胶带输送机送至煤贮槽备用。恩德流化床气化工艺可使用褐煤、不黏煤、弱黏煤和长焰煤等，但要求煤有较高的活性，煤灰软化温度（T_2）大于 1250℃，入炉煤需要干燥到水分含量在 12% 以内。

进煤系统：由备煤系统提供的合格入炉煤通过 3 台螺旋给料机，从气化炉底部的锥体部位给入。

供气系统：气化剂（空气、水蒸气，或富氧空气、水蒸气）通过一次风喷嘴和二次风喷嘴分别给入气化炉。气化剂的具体组成需根据下游工艺需求确定。

气化系统：在 900 ～ 1000℃条件下，由进煤系统加入到气化炉的煤与气化剂相互作用，实现干燥、脱挥发分、气化，以及焦油和酚类的裂解，并生成煤气。

排渣系统：气化炉产生的底渣经水冷螺旋出渣机排入密封灰斗，再经皮带输送机送往渣仓，这部分底渣含灰量约占总灰量约 40%。

煤气冷却除尘及净化系统：从气化炉顶部排出的高温粗煤气首先进入旋风分离器进行气固分离，未分离下来的细颗粒飞灰随煤气一同进入废热锅炉回收热量、产生蒸汽，废热锅炉出口煤气温度约 200℃。煤气经空喷塔和洗涤塔除尘冷却后进入文丘里水膜除尘器进一步除尘，经过布袋除尘器后出站煤气温度小于 35℃，压力大于 4kPa。

（4）工艺特点　在温克勒气化技术的基础上，恩德流化床气化技术改进了炉型结构、实现了细颗粒半焦的分离及回送、优化了废热回收流程，形成了独特的技术特征，具体如下 [77,80]：

① 煤种适应性强。生产实践表明，恩德流化床气化技术可以采用褐煤、长焰煤、不黏煤或弱黏结性煤为原料，煤种适应性强，即便是高灰分的劣质粉煤也能使用并达到较好的气化效果，大幅提高了煤炭资源的利用率。我国低阶煤储量丰富，价格低廉，如果在低阶煤产地建厂生产，可节省运费，大幅降低制气成本，具有较好的经济和社会效益。

② 气化效率高，煤气品质满足后续工艺要求。恩德流化床气化炉的气化效率可达到 76%，煤气中有效成分（$CO+H_2$）可达 70%，无论是用作工业燃气还是合成气，均可满足生产要求。

③ 技术成熟度高、运行成本低。恩德流化床气化技术在朝鲜三十多年成功运行的基础上进行了改进创新，在我国中小型合成氨、甲醇、乙二醇等行业得到应用验证，成熟度高。再者，恩德流化床气化工艺简单，属于常压气化范畴，设备投资少，运行及维护成本低，制气成本低。

④ 废热利用率高，蒸汽品质高。恩德流化床气化技术采用废热锅炉回收高温粗煤气携带的热量并产生蒸汽。每万立方米煤气可产约 5.5t 蒸汽（p=0.6MPa），其中 20% 的蒸汽外送，其余的气化炉自用。

⑤ 煤气中污染物含量低，净化系统简单。在运行过程中，炉膛各处温度基本维持在 900 ～ 1000℃，一般不低于 900℃。在如此高的温度条件下，焦油、重质碳氢化合物等可以充分裂解，因此，净化系统简单，建设及运行维护投资少。

⑥ 可靠性强，负荷调变范围大。恩德流化床气化炉的运行负荷与炉内物料的流化速度及气化残留物燃尽所需的时间密切相关。残留物燃尽所需的最短时间决定了气化炉的最大负荷，炉内物料的最小流化速度决定了气化炉的最小负荷。气化炉运行负荷都可在 55% ～ 105% 范围内调节。

（5）装置建设 恩德流化床气化技术是在德国温克勒流化床气化技术基础上不断创新而形成的，拥有多项专利技术，目前已形成10000～60000m^3/h不同容量等级的气化炉产品[77]。

（6）技术创新 恩德流化床气化技术与传统的温克勒气化技术相比，有三项技术创新：

① 炉膛底部结构改成锥体，气化剂通过喷嘴进入气化炉，代替了炉箅。

② 在炉膛出口增加了气固分离器及返料装置，可将煤气携带的部分细颗粒半焦捕集下来并返回炉膛进一步参与气化反应，提高了颗粒停留时间，促进了碳的转化。

③ 在流程上有创新，将废热锅炉设置在气固分离器的尾部，减轻了磨损，提升了设备的可靠性和连续运转率。

（7）生产消耗 恩德流化床气化炉的流化速度较低，与相同产气量的加压灰熔聚流化床气化炉或循环流化床气化炉相比，恩德流化床气化炉尺寸庞大、气化强度较低。理论分析表明，采用富氧或纯氧气化有利于提高气化强度，提高煤气有效成分含量。

（8）安全环保 恩德流化床气化过程产生的污染物少。气化飞灰和底渣的堆放容易造成环境污染，将飞灰和底渣燃烧供热或发电是一项良好选择，但部分企业不具备条件或难以完全消纳，飞灰和底渣的处置问题是须考虑的重点内容之一。黑龙江黑化集团有限公司采用恩德流化床气化技术制备煤气，因气化炉排出的飞灰量大、无法堆放导致下游分厂停车。分析结果表明，飞灰含碳量约30%～40%，平均粒径为16μm，可以处理焦化废水，并且其吸附性能优于市售的粒状活性炭，达到了以废治废的目的[81]。

（9）综合评述 恩德流化床气化技术具有煤种适应性广、气化过程污染少、气化效果好、废热利用副产蒸汽品质高、气化温度温和、投资及运行成本低等优势，与我国煤种多样、煤质特性差异大的能源供给现状适应度高，可应用在中小型化肥企业新建项目及原有落后工艺路线升级改造项目，例如一氧化碳、乙二醇、甲醇等化工原料及中间体的生产，以及天然气和工业燃气等技术领域。自该技术引入我国就成立了公司，可提供较完善的技术支持和服务，通过与不同厂家技术人员联合攻关，在原有设计理念的基础上进行了创新，形成了成套技术。目前，国内已建成多套恩德流化床气化炉，积累了操作运行经验，实现了长周期稳定优化运行。

恩德流化床气化炉内，颗粒的流化速度低，气化强度相对较低。目前运行的气化炉均采用常压气化技术，与后续工艺的匹配度较差，不利于大型化发展。经技术改进，恩德流化床气化炉的底渣含碳量可控制在3%～5%，飞灰含碳量可控制在15%～20%，较传统恩德流化床气化炉底渣含碳量（约15%）和飞灰含碳量（约30%）均有大幅降低，但飞灰和底渣中仍有一定量的碳未能充分利用，需要进行工艺改进或寻找残炭利用途径[78]。

（10）发展趋势 恩德流化床气化技术是一项适合我国国情的中小型气化技术，具有推广和应用价值。虽然加压及大型化是煤化工的发展趋势，但是恩德流化床气化技术基于其技术特征，未来仍可定位在中小型煤化工项目，与高温高压煤气化技术形成互补，替代落后、高污染的煤气化技术，提升企业的经济、社会和环保效益。

清洁、高效、低碳的煤气化技术对煤化工的发展至关重要。针对恩德流化床气化技术存在的飞灰和底渣含有未燃尽炭的问题，可将飞灰、底渣掺入锅炉用煤加以利用；未来可以通过技术攻关，进一步提升碳转化率和冷煤气效率，并降低生产成本。现有研究结果表明，恩德流化床气化飞灰具有较好的吸附特性，可以探索飞灰制吸附材料的应用研究，提升经济和社会效益。

5.1.5.2 灰熔聚流化床气化技术

（1）工艺概述 常规流化床气化飞灰的含碳量较高，使得系统碳转化率及冷煤气效率较低，为了解决这一技术瓶颈问题，国内外开展了灰熔聚流化床气化技术的研究和开发工作。国外的灰熔聚流化床气化技术主要是由美国 Institute of Gas Technology 开发的 U-Gas 气化工艺，以及由 Westing House Electric 开发的 KRW 气化工艺。

自 20 世纪 80 年代初开始，中国科学院山西煤炭化学研究所开展了灰熔聚流化床气化技术的研究和开发工作，形成了具有我国自主知识产权的气化技术。20 世纪 90 年代完成了不同燃料的灰熔聚流化床气化试验，将流化床适用煤种从高活性褐煤、次烟煤扩展到低活性烟煤、无烟煤、石油焦；开发了氧 / 蒸汽鼓风灰熔聚流化床粉煤气化制合成气工艺，完成了中试研究及工业示范，实现了高灰分、高灰熔点、高硫分“三高”劣质无烟煤的高效利用[77]。2010 年以来，开发了多段分级转化流化床煤气化技术，完成了操作压力为 3.0MPa，给煤量为 100t/d 的多段分级转化流化床中试装置的设计、建设，并开展了中试研究，实现了 2.8MPa 流化床气化炉的稳定运行[82]。灰熔聚流化床气化装置如图 5-53 所示。

（2）反应原理　灰熔聚流化床气化炉的结构如图 5-54 所示，该技术的核心原理是中心射流，这是其区别于恩德流化床气化技术的关键。灰熔聚流化床气化技术以粉煤为原料，根据煤气用途及产物组分要求的不同，可以空气、富氧空气、富氧水蒸气等为气化剂，在适当的气速及温度条件下，煤颗粒在床层中沸腾起来，气固两相充分混合，并发生干燥、热解及气化反应，未能完全反应的细颗粒半焦经旋风分离器分离后，经返料器返回炉膛继续参与气化反应；逃逸出系统的飞灰经分离、冷却后，由细粉进料管密相输送至气化炉的密相区，与由中心射流管通入的高浓度氧气发生反应，形成的局部高温使得煤灰熔聚成球，进而逐渐变大、变重，借助重量的差异实现灰球与半焦的分离，从而提高了碳的转化率和能源利用效率[83]。

图 5-53　灰熔聚流化床气化装置

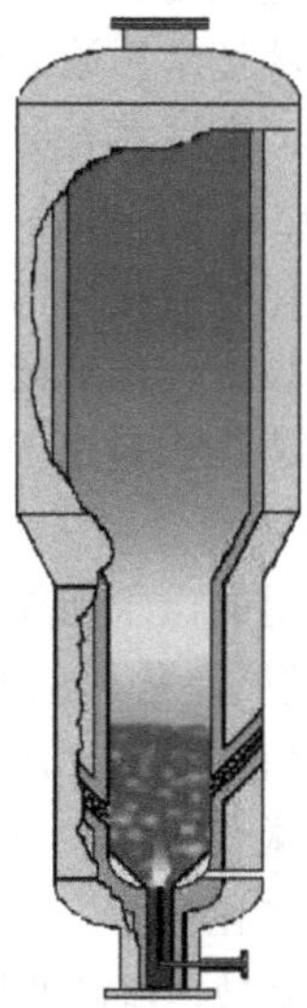

图 5-54　灰熔聚流化床气化炉结构示意图

（3）工艺流程　灰熔聚流化床气化技术的工艺流程如图 5-55 所示，主要包括备煤系统、进煤系统、供气系统、气化系统、除尘系统、废热回收及煤气净化系统、排渣系统，以及操作控制系统等，各系统的功能及特点如下[83]：

备煤系统：原料煤经过破碎、筛分后得到粒度在 0 ～ 6mm（高活性煤种可以放宽到

8mm）的颗粒，经干燥后（烟煤水分含量要求＜5%，褐煤水分含量要求＜12%）储存备用。

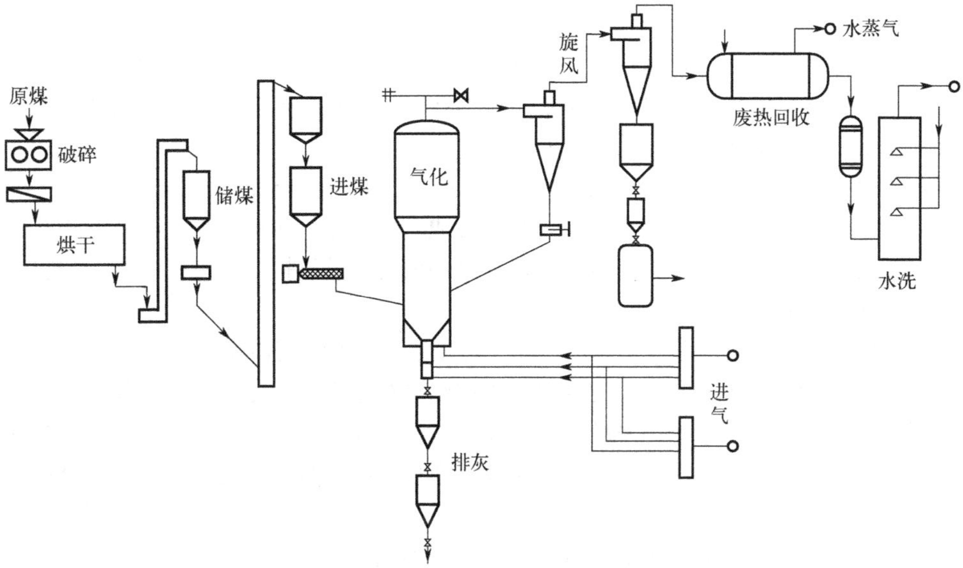

图 5-55 灰熔聚流化床气化技术的工艺流程[83]

进煤系统：由备煤系统提供的合格入炉煤首先进入煤锁斗系统，达到进入气化炉所需的压力条件，由给料器计量并输送至气化炉。

供气系统：气化剂包括氧气、空气和蒸汽，经分布板、环形管和中心射流管分别进入气化炉。

气化系统：在 950 ～ 1100℃条件下，由进煤系统加入到气化炉的煤与气化剂发生反应，实现干燥、脱挥发分、气化、灰团聚及分离，以及焦油和酚类的裂解，并生成煤气。

除尘系统：从气化炉顶部排出的高温粗煤气首先进入一级旋风分离器，分离下来的粗颗粒飞灰返回至气化炉进一步参与气化反应；未分离下来的细颗粒飞灰随煤气一同进入二级旋风分离器继续进行气固分离，分离出少量飞灰并排出系统，这部分飞灰可以去往其他工段加以利用。

废热回收及煤气净化系统：经两级除尘后的高温煤气依次进入废热锅炉、蒸汽过热器和脱氧水预热器回收热量，再经洗涤塔进行净化冷却，之后送至后续工序。

排渣系统：在中心射流氧的作用下炉膛底部形成局部高温区（1200 ～ 1300℃），使气化灰渣团聚成球，借助密度的差异实现灰球与半焦的分离，在保持气化炉不结渣的情况下，根据运行状态有选择地将低碳含量的底渣排入上灰斗，进而排入下灰斗，经减压后排出系统。

操作控制系统：灰熔聚流化床粉煤气化系统采用 DCS 系统进行操作控制，并对气化过程中的主要工艺参数进行自动监测和采集。

（4）工艺特点

① 煤种适应性强。灰熔聚流化床气化技术可采用褐煤、烟煤、无烟煤、石油焦等多种原料进行气化，原料适应范围广。可以廉价的粉煤为原料，特别适合高灰分、高硫分、高灰熔点、低活性等煤的气化，并且能达到较好的气化指标。

② 气化强度高，煤气中污染物含量低。虽然灰熔聚流化床气化炉内的流化速度低，但

可采用加压操作，相比于恩德流化床气化炉的气化强度提升 4 ～ 10 倍。粗煤气中不含焦油，洗涤废水中酚含量低，净化处理简单，并且无废气排放，有利于环境保护。

③ 气化剂分级给入气化炉，有利于温度与反应的调控。一部分气化剂从炉膛底部通入到气化炉，形成温和反应区，可以抑制结渣问题的发生；另一部分气化剂从中心射流管通入到气化炉，形成局部高温区，可以促进半焦中碳的转化，并且可使灰渣团聚成灰球，促使半焦与灰球有效分离，降低了底渣中的含碳量。

④ 技术成熟度高、运行成本低。该技术具有我国自主知识产权，设备实现国产化，与高温高压气化技术相比，装置投资少，投资和运行成本低，适合应用在中小型企业新建及改造项目上。气化炉结构简单，为单段流化床，并且炉内无转动机构，无论是制造、安装，还是控制运行及维修均较容易。

⑤ 飞灰处理工序简单，能源利用效率高。从气化炉排出的高温粗煤气中夹带一定量的含碳飞灰，经一级旋风除尘器分离后返回气化炉继续进行燃烧及气化反应，实现了高温含碳飞灰热量的回收利用，有利于提高系统的碳转化率。高温煤气进一步经二级旋风分离器分离出少量飞灰后，进而依次进入废热回收系统及煤气净化系统，缓解了飞灰对废热回收系统的磨损，减轻了后续工段飞灰处理负担。

（5）装置建设及应用情况　2002 年，常压灰熔聚流化床煤气化工业示范装置在陕西城化股份有限公司投运；2008 年，0.6MPa 加压灰熔聚流化床煤气化工业示范装置在石家庄金石化肥有限责任公司投运，该压力等级气化炉于 2009 年在晋煤集团天溪煤制油分公司投运。2012 年，0.4MPa 加压灰熔聚流化床气化工业示范装置在云南文山铝业有限公司投运，将应用领域拓展到工业燃气制备领域。

（6）技术创新　传统的流化床煤气化工艺为保持炉内为还原性气氛，密相区料层需要维持一定的含碳量（通常不低于 40%），但是在流化状态下难以将灰渣和料层进行分离，使得排出系统的底渣含碳量较高。灰熔聚流化床气化技术依据射流原理实现了工艺创新，通过营造局部高温区实现了灰渣团聚及其与半焦料层的分离，从而提高了碳转化率，拓宽了气化煤种。

在此基础上，中国科学院山西煤炭化学研究所通过集成快速流态化技术，开发了多段分级转化流化床煤气化技术，气化炉结构如图 5-56 所示。气化炉下部为浓相射流段，通过高温射流可以选择性实现灰渣分离的功能；气化炉上部为快速提升段，强化了细粉的气固混合并提高了细粉在炉内的停留时间，并通过分段给氧方式提高了气化炉上部温度，促进了细颗粒半焦中碳的反应，有利于提高气化炉的碳转化率和生产能力[82]。

（7）生产消耗　山西煤炭化学研究所在内径为 1m、给煤量为 24t/d 的灰熔聚流化床粉煤气化中试平台上开展了系列试验研究，考察了氧气浓度、系统压力、燃料种类等因素对气化炉运行特性的影响，积累了大量试验数据[84]。试验用煤质分析结果显示，不同燃料的空气干燥基含碳量为 36.84% ～ 70.93%，空气干燥基挥发分含量为 6.35% ～ 30.18%，试验选用的燃料特性差异较大、有代表性，可以较好地评估灰熔聚流化床气化的运行特性。气化炉运行结果显示，炉膛底部气化剂流化速度在 1.0 ～ 1.8m/s 之间，是典型的鼓泡流化床气化。当气化温度为 1000 ～ 1187℃、氧气浓度为 55% ～ 82% 时，无论是褐煤、烟煤、无烟煤还是石油焦，均能实现灰的熔聚和分离，底渣含碳量小于 10%，说明中心射流原理营造的局部高温有利于底渣中碳的进一步转化，不同燃料的碳转化率在 84% ～ 90% 之间，煤气有效成分（$CO+H_2$）的含量最高达到 69%。

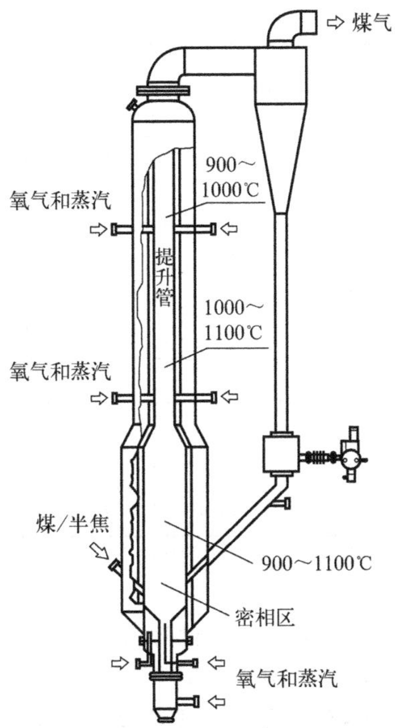

图 5-56　多段分级转化流化床煤气化炉结构示意图[82]

为满足晋煤集团关于高灰分、高硫分、高灰熔点特征无烟煤制备化学品的需求，中国科学院山西煤炭化学研究所设计了 6 台 0.6MPa 灰熔聚流化床气化炉。该项目于 2009 年完成气化系统的冷态调试、热态调试并于当年投入生产运行，制备出合格甲醇。生产实践表明全系统运行稳定，标志着灰熔聚流化床气化技术在低活性无烟煤气化领域取得一定进展。气化装置采用晋城无烟煤为原料。该煤种的灰分含量、硫含量均较高，分别为 23.17% 和 1.61%，煤灰的变形温度为 1460℃。灰熔聚流化床气化炉操作运行参数及结果如表 5-24 所示[83]。气化炉运行压力为 0.53 ～ 0.59MPa，气化炉运行温度在 1022 ～ 1048℃，运行参数与设计参数接近。煤气中有效气体 ($CO+H_2$) 含量为 68% ～ 71%。由于晋城无烟煤的反应活性较差，煤的密度大、入炉煤的大颗粒占比高，气化底渣含碳量较高，在 18% ～ 40% 之间，但气化后底渣中的硫含量明显降低，小于 0.5%，达到锅炉用煤的要求，因此，将气化炉排出的底渣与锅炉燃料掺混后作为企业配套循环流化床锅炉的燃料，实现了气化底渣的利用。

表5-24　气化炉运行数据和煤气组成[83]

项目	工况					
	1	2	3	4	5	6
给煤量 /(kg/h)	12540	12540	12540	12540	12540	12540
温度 /℃	1024	1022	1029	1040	1045	1048
炉顶表压 /MPa	0.59	0.56	0.58	0.53	0.56	0.58
氧气量 /(m^3/h)	5338	5215	5274	5390	5548	5783
蒸汽量 /(kg/h)	14423	17334	14536	13450	14452	13552

续表

项目		工况					
		1	2	3	4	5	6
氧煤比 /(m^3/h)		0.426	0.416	0.42	0.43	0.44	0.46
蒸汽煤比 /(kg/h)		1.15	1.38	1.16	1.07	1.15	1.08
煤气组分 /%	CO	26.0	24.7	26.8	29.5	29.8	29.9
	CO_2	26.5	27.7	27.6	26.2	25.6	26.2
	H_2	42.7	45.0	41.6	40.4	41.2	40.9
	N_2	3.3	1.1	2.4	2.6	2.9	1.7
	CH_4	1.4	1.4	1.5	1.2	1.2	1.2
	O_2	0.1	0.1	0.1	0.1	0.1	0.1
	$CO+H_2$	68.7	69.7	68.4	69.9	71.0	70.8

注：给煤量为冷态常压条件下标定结果，实际入炉煤的量略大。

在灰熔聚流化床气化技术的基础上，山西煤炭化学研究所设计并建成了多段分级转化流化床气化中试装置，工艺流程如图 5-57 所示，由备煤系统、给料系统、气化炉、旋风除尘器、废热锅炉、水洗和脱硫装置等组成。以神木半焦为原料，开展了 72h 长周期运行考核，考察了装置的运行特性、煤气化性能指标和生产消耗。气化过程中，密相区温度为 950 ～ 1100℃，压力为 1.0 ～ 2.8MPa，氧气 / 空气气化条件下，给煤量为 1.6 ～ 4.2t/h，煤气有效成分含量约 74%，碳转化率约 85% ～ 90%，优化工况条件下，1000m^3 有效气（$CO+H_2+CH_4$）的比氧耗可降低至 300m^3 以下 [82]。保持密相区操作条件不变的情况下，二次风的通入会提升炉膛中上部的温度，煤气产率和碳转化率均有所增加，飞灰量显著减少，促进了飞灰中碳的转化。

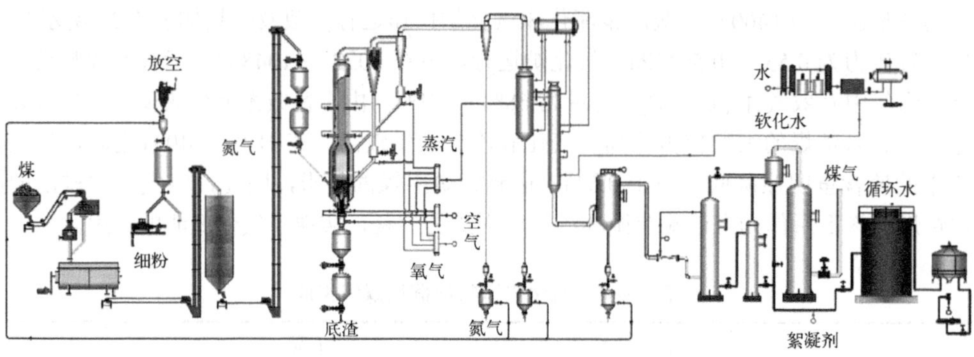

图 5-57　多段分级转化流化床煤气化工艺流程 [82]

以神木烟煤为原料，对多段分级转化流化床气化工艺进行了经济效益核算，气化炉压力为 3.0MPa，给煤量为 1500t/d，气化炉直径为 2.4m，气化炉原料规格及生产消耗如表 5-25 所示，气化产品及副产物组成及含量如表 5-26 所示。初步估计气化装置建设和设备购置及安装费用为 5518 万元，这部分投资不含流动资金和财务成本，经过估算煤气生产成本为 0.45 元 /m^3。

表5-25　气化炉原料规格及生产消耗[82]

序号	原料	规格	消耗	单位
1	煤	$d_p \leqslant 6mm, M_{ar} \leqslant 10\%$	62500	kg/h
2	氧气	99.6%,3.3MPa	28500	m^3/h
3	氮气	99.6%,3.3MPa	12500	m^3/h
4	脱盐水	0.6MPa, 室温	76000	kg/h
5	新鲜水	4.0MPa, 室温	33750	kg/h
6	电	380V	12147	kW·h

表5-26　气化产品及副产物组成及含量[82]

序号	项目	数值	单位
1	煤气量	125625	m^3/h
2	外供蒸汽	11	t/h
3	排渣量	26.25	t/h
4	飞灰量	2.75	t/h
5	煤气成分		
	H_2	39.52	%
	N_2	4.55	%
	CO	30.35	%
	CH_4	3.03	%
	CO_2	21.83	%
	H_2S	0.08	%
	COS	0.01	%
	H_2O	0.63	%

（8）安全环保　与高温气化技术相比，灰熔聚流化床气化温度相对温和（950～1100℃），但气化炉内有明显的密相区，煤颗粒在床层中处于沸腾状态，气固两相混合充分，气化炉稀相区仍含有一定量的未反应碳，有助于焦油和酚类的裂解。粗煤气中不含焦油，洗涤废水中酚含量低，净化处理工序简单，并且无废气排放，有利于环境保护。灰熔聚流化床气化技术实现了三高无烟煤的清洁转化，气化飞灰和底渣仍含有一定量的未反应碳，通过与锅炉原料掺烧实现了底渣的再燃，解决了底渣处置问题，但对于不具备锅炉的企业而言，还需探索飞灰和底渣的利用途径，或通过气化炉技术升级进一步提升碳转化率。

（9）综合评述　灰熔聚流化床气化技术是我国自主开发的煤炭清洁气化新技术。该技术与我国能源禀赋及煤质特征相切合，煤种适应范围宽，可使用褐煤、烟煤、无烟煤、石油焦等多种燃料，并能获得较好的气化效果，特别是对高灰分、高灰熔点的煤种具有较好的适应性。灰熔聚流化床气化技术具有负荷调变范围宽、氧耗及蒸汽消耗低、产品气不含焦油、制气成本低等优势，可应用在中小型氮肥厂或甲醇厂等制气工段的新建或改造项目。

目前，已有多家企业选用灰熔聚流化床气化技术制备合成气或工业燃气，取得了较好的经济效益和环保效益。目前已工业化的灰熔聚流化床气化技术的运行压力仍较低，单台产气量与气流床气化技术仍有较大差距，多段分级转化流化床加压气化技术完成了中试，尚需长周期工程运行验证。

（10）发展趋势　灰熔聚流化床气化技术对替代我国原有落后固定床气化技术，实现中小型氮肥厂、甲醇厂清洁生产具有实际应用价值。由于中心射流管区域温度高、物料磨损严重，长期稳定运行仍面临一定挑战，需要进一步开展技术创新及应用验证。

目前，0.4MPa、0.6MPa低压灰熔聚流化床气化技术实现了工业应用并积累了运行经验，为该技术的优化设计及推广应用奠定了技术基础，未来可在中小型氮肥厂的技术升级及改造项目中发挥重要作用。加压及大型化是煤气化技术的必然发展趋势。对于大型化肥厂及甲醇厂的新建及改造项目，煤气压力需要提高至3.0MPa以上，以便与后续工艺匹配对接。目前，已开发的灰熔聚流化床气化技术尚未实现如此高的运行压力，经升级后的多段分级转化流化床气化技术实现了2.8MPa中试装置稳定运行，有待进一步进行工程验证及长周期运行考核。

5.1.5.3　循环流化床气化技术

（1）工艺概述　中国科学院工程热物理研究所自20世纪80年代以来，一直致力于循环流化床关键技术和成套设备的研发工作。在循环流化床燃烧技术的基础上，通过技术创新，开发了具有我国自主知识产权的循环流化床气化技术，建成了常压循环流化床气化小试平台（0.15t/d、0.25t/d、0.5t/d）、常压循环流化床气化中试平台（2.5t/d、5t/d）、加压循环流化床气化中试平台（8t/d）以及系列大中型冷态试验平台等，完成了大同烟煤、内蒙古烟煤、神木煤、神木半焦、贵州煤及准东高碱煤等数十个煤种的循环流化床气化试验，积累了丰富的基础数据和操作运行经验，为煤气化工程项目的可行性论证及工程设计提供了翔实可靠的数据。

（2）反应原理　循环流化床气化技术的核心原理是高倍率高碳循环，这是其区别于鼓泡流化床气化技术的关键。气化剂从炉膛底部通入，在上升过程中，与入炉原料煤充分混合及流化，发生热解、气化及燃烧反应，生成气化煤气。气化温度为900～1050℃，气体流化速度为2.5～5.0m/s。高浓度含碳细颗粒半焦随煤气进入高效旋风分离器，分离下来的较大粒径的细颗粒半焦通过高循环倍率自平衡返料器返回至气化炉底部进一步参与反应，促进了碳的转化。大颗粒气化底渣落到气化炉底部灰斗，从排灰管排出气化炉。

（3）工艺流程　循环流化床气化工艺流程如图5-58所示[85]，主要由循环流化床煤气化系统（气化炉炉膛、旋风分离器、返料器等）、煤气余热回收系统（空气预热器和余热锅炉，或蒸汽过热器和余热锅炉等）、煤气除尘系统（旋风除尘器和布袋除尘器等）、煤气冷却系统（热管换热器、热管冷却器和空冷器等）及辅助系统组成，其中辅助系统包括给煤系统、供风系统、灰渣冷却系统、制氮系统、公用工程系统和自动控制系统等。

将原煤破碎成10mm以下的粒度，再由螺旋给煤机从炉膛中下部加入，与经预热的高温气化剂发生氧化还原反应，生成CO和H_2以及少量CH_4；反应后部分大颗粒参与炉膛内循环，另外部分细颗粒半焦随煤气带出气化炉，出气化炉的细颗粒半焦大部分经过旋风分离器气固分离后，通过返料器返回气化炉继续参与反应；煤气经过空气预热器降温到700℃左右（同时产生550～650℃的高温预热空气，用作气化剂），然后煤气经余热锅炉继续降温到约200℃（同时产生蒸汽，部分用作气化剂，部分外供），再经旋风除尘器、煤气冷却器和布袋除尘器等冷却并除尘，收集到的飞灰送到灰仓，清洁煤气经加压后供给用户；炉膛底部灰渣通过滚筒式冷渣器排出气化炉，并送入渣仓。

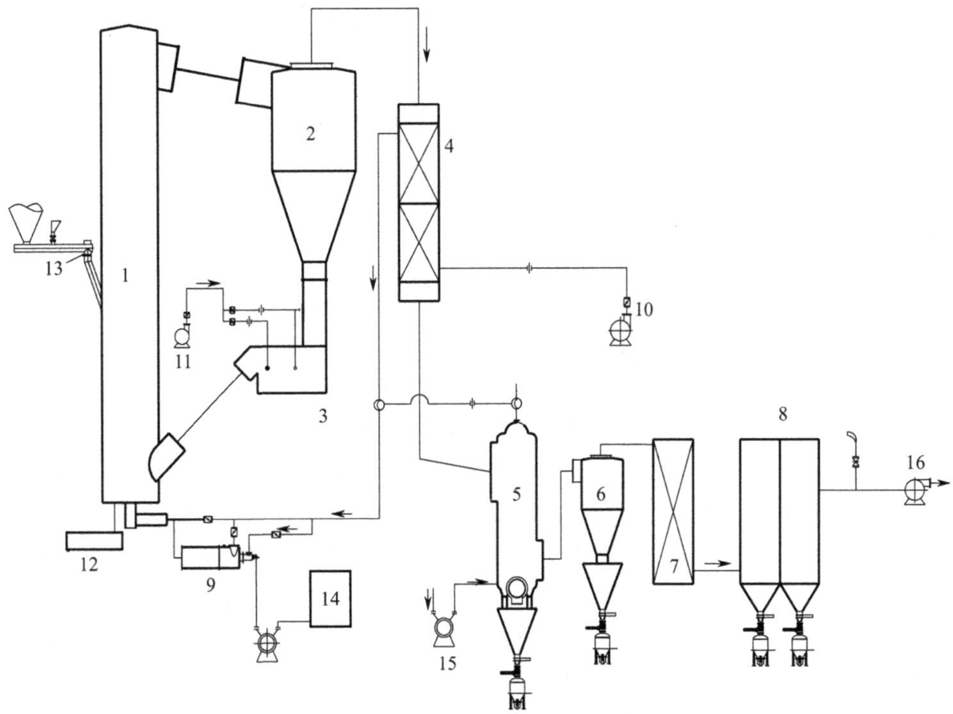

图 5-58　循环流化床气化工艺流程[85]

1—提升管；2—旋风分离器；3—返料器；4—空气预热器；5—余热锅炉；6—旋风除尘器；7—煤气冷却器；8—布袋除尘器；9—点火燃烧器；10—气化炉鼓风机；11—返料风机；12—冷渣器；13—螺旋给料机；14—油箱；15—水泵；16—煤气加压机

（4）工艺特点

① 循环倍率高、气化强度大　中国科学院工程热物理研究所自主开发的高通量U形自平衡返料器，循环倍率在40～100之间，不仅具有处理量大、气化强度大、炉内传热传质性能好的特点，还延长了煤颗粒在气化炉内的停留时间，有利于提高工艺的碳转化率。物料循环回路中无机械和转动部件，解决了高温机械阀用作返料器和煤气出口阀门时可靠性差的问题。

② 煤种适应性广　循环流化床气化技术对煤的水分、灰分、含氧量及粒径等指标不敏感，可使用褐煤、长焰煤、烟煤、不黏或弱黏结性煤，煤源得到很大拓展，特别是为低阶煤的清洁高效利用提供了良好的途径。

③ 建设及运行成本低　循环流化床气化炉结构简单，循环回路由保温耐火耐磨材料砌筑而成，没有运转和易损部件，可靠性和稳定性高，所有气化设备实现了国产化，建设及运行维护成本低。循环流化床气化技术以0～10mm的廉价粉煤为原料，原料煤资源丰富、产量大、备煤工序简单，制气成本低。

④ 连续运转率高　循环流化床气化技术经过了近十年研发及七十余套气化炉的工业运行验证，安全可靠，指标先进。系统连续运转率高，达95%，单次最长连续运转时间达560天。循环流化床气化温度温和，采用固态排渣，不需要消耗过多的氧气及热量熔化灰渣。

⑤ 气化炉操作弹性大，开停炉方便　工程运行经验表明，循环流化床气化炉可在设计负荷的50%～110%范围内调节；可根据用户需求采用富氧/纯氧气化；开停炉操作方便，几分钟内即可实现停炉，停炉数天后仍可快速启动。

⑥ 副产物综合利用率高　循环流化床气化装置可以副产过热蒸汽，供气化、变换使用，或外供给其他工厂产生经济效益。循环流化床气化温度温和，气化飞灰石墨化程度低、反应活性高，可作为活性炭的原料。通过与残炭燃烧技术相结合，可实现飞灰及底渣的燃烧利用，从而提高能源综合利用效率。

（5）装置建设　目前，循环流化床气化技术已实现超过 70 台气化炉的工程应用业绩，为我国华东、华北、华南、西北以及印尼的不同工艺用户提供燃料气、合成气或氢气。每年实现约1100万吨低阶煤的清洁气化利用，产气量约323亿立方米（折合天然气48亿立方米），可替代落后的固定床气化炉约 700 台，减排含焦油和酚的废水约 300 万吨。

2011 年，首套常压循环流化床煤气化工业示范装置在宁夏华盈矿业有限公司镁业分公司顺利完成约 440h 试车，运行期间，出站冷煤气量达到 25000m^3/h，满足设计指标要求，煤气热值达到 4.83MJ/m^3，为后续工艺镁合金冶炼提供了合格燃料。运行结果表明，气化底渣含碳量＜ 3%，碳转化率和冷煤气效率分别为 91.59% 和 69.29%[86]。

煤种适应性标志着煤气化技术对不同煤质煤种的适应能力，可以适应多个煤种或多种煤质的技术意味着用户可以就近采购煤种，或根据市场煤价选择煤种，具有更强的地域优势和技术经济性，因此，拓宽煤种适应性一直是各气化技术竞相突破的瓶颈问题之一。循环流化床气化技术的煤种适应性广，高挥发分烟煤、褐煤、无烟煤，以及易结渣高碱煤等都得到了长周期工业化验证。

2015 年 5 月，5 台 40000m^3/h 循环流化床气化炉在中铝广西分公司建成投产。由于当地煤炭资源匮乏，制气用煤全部依赖进口或内地供应。为了降低生产成本，采用印尼高碱煤作为气化原料，煤灰中 Na_2O 含量高达 8.46%，该煤具有强结渣倾向性。通过三元体系相图理论计算[77]，向印尼高碱煤中掺入一定量的当地劣质百矿煤，可使煤灰所处的位置远离钠长石结晶区而向莫来石区域移动，从而可提高煤灰的熔融温度，可有效抑制结渣问题的产生，完成了印尼高碱煤的配煤气化工业试验。试验过程中气化风量为 19000m^3/h，给煤量为 12.3t/h，蒸汽量为 4.2t/h。试验共进行了 168h，在试验运行条件下煤气中 H_2 含量为 18.87%，CO 含量为 17.42%，CH_4 含量为 2.96%，CO_2 含量为 12.53%，煤气热值为 5.30MJ/m^3，煤气热值可满足后续氧化铝焙烧工艺的生产需求[85-87]。

2019 年 12 月，由中国科学院工程热物理研究所和兰石集团共同开发的国内首套加压循环流化床煤气化装置在甘肃金昌化学工业集团有限公司投入商业运行，为 20 万吨 / 年合成氨生产线提供原料气，以替代其原有落后的固定床气化技术。这是我国首次将清洁高效的循环流化床煤气化技术应用到合成氨领域，可实现无废气废水排放，完全消除了固定床气化炉的污染顽疾，还可利用当地煤质较差、传统技术不易气化的粉煤，原料煤成本降低 30% ～ 50%，为企业节约成本近 5000 万元。设计压力为 0.3MPa，给煤量为 500t/d。神府煤纯氧气化条件下，H_2 含量为 40.69%，CO 含量为 34.86%，CH_4 含量为 3.52%，氧耗为 272m^3/[km^3(CO+H_2)]，煤耗为 763kg/[km^3(CO+H_2)]。1.1MPa 加压循环流化床煤气化装置已于 2021 年 5 月建成，将为盘锦浩业化工有限公司规划建设的悬浮床加氢装置提供 100km^3/h 氢气，为产业结构优化升级提供技术支持。

（6）技术创新　与传统的鼓泡流化床气化技术相比，循环流化床气化技术的核心创新点为高循环倍率、无风室布风、高效气固分离耦合高通量返料。

针对循环流化床气化炉内高气固流速及高浓度未反应碳的特征，开发了基于高碳循环的高倍率循环流化床气化强化技术。通过气化剂分级，于循环流化床气化炉炉膛高灰浓度氧化区通入一级气化剂，控制高灰浓度区域温度远低于煤灰软化温度；于循环流化床气化炉炉膛高碳浓度还原区通入二级气化剂，从而可以突破煤灰变形温度的限制，大幅提高了气化反应温度，提升了气化效率。

针对传统流化床气化炉采用炉篦影响安全稳定运行的弊端，开发了无风室布风技术，实现了气化炉大截面无风室均匀布风。布风装置设置在气化炉底部，进风总管分为多个布风管，每个布风管上设置一个或多个风帽，这是我国具有自主知识产权的专利技术。该技术布风均匀，具有防磨、防漏渣、大颗粒排渣功能，排渣通过性好，高温操作稳定性强，而且在气化炉压火停炉过程中，彻底解决了风室安全隐患。

针对流化床气化炉存在的飞灰逃逸严重、含碳量高的瓶颈问题，开发了高效气固分离耦合高通量返料技术，实现了细颗粒飞灰的高效捕集，并通过高通量返料器返回炉膛，为飞灰中碳的转化提供了机会。高通量返料器是循环流化床煤气化的核心技术之一，在满足高倍率循环要求的同时，实现了系统高压差下的返料自平衡，有利于反应的进行，并减少返料器窜气对旋风分离器效率的影响，提高了煤气品质。

（7）生产消耗　与常压固定床气化相比，循环流化床煤气炉可以采用 0 ～ 10mm 的粉煤为原料，煤气站人员配置明显减少；设备大型化后，相同煤气量电耗、水耗和环保费用的投入均降低。常压固定床气化炉与循环流化床气化炉的直接生产成本比较显示仅由使用块煤改为使用粉煤一项就节省了一半的原料煤的成本，电费、水费均有减少，蒸汽效益显著。采用 3 台 60000m^3/h 的循环流化床气化炉实现了用煤当地化，替代了以外地无烟块煤为原料的 20 台固定床气化炉，所制备的合成气用于生产 40 万吨合成氨和 60 万吨尿素，吨氨成本降低 241.36 元，为企业带来显著的经济效益。

（8）安全环保　循环流化床气化温度温和，污染物排放量少，环保性能好。工业装置外排废水量低（约 15kg/10000m^3），废水不含焦油，仅含微量的酚类，容易处理，通过全厂废水处理装置处理即可。气化底渣含碳量低，没有有害物质，可随锅炉燃料一起燃烧，实现资源化利用；气化炉产生的飞灰具有高的比表面积和良好的气化反应活性，可作为活性炭的原料，也可送往锅炉燃烧，燃料综合利用效率高。

（9）综合评述　循环流化床气化技术是我国自主开发的煤炭清洁气化新技术，在循环流化床锅炉技术基础上实现了重大变革和创新，与固定床、气流床气化技术形成优势互补，对我国煤炭高效清洁利用起到了支撑作用。已有的工程运行结果表明，循环流化床气化技术煤种适应性广、投资少、制气成本低、环保性能好、连续运转率高，在化工、建材、有色金属冶炼等行业的工业燃气制备及中小型化肥厂的原料气制备等领域实现成功应用，为企业淘汰落后产能、提升经济效益提供了解决方案。

与恩德流化床气化技术、灰熔聚流化床气化技术相比，循环流化床气化技术在气化强度方面有一定提升；与大规模加压气流床气化技术相比，仍存在运行压力低、单台煤处理量偏小、碳转化率及冷煤气效率低的问题。

（10）发展趋势　基于我国能源结构特征及工业用能迫切需求，在未来一段时期内，常压循环流化床气化技术可面向工业燃气及中小型化肥厂等改造及新建项目，发挥这一技术的煤种适应性广、制气成本低、环保性能好、负荷调变灵活等优势，为我国煤制气行业做出实质性贡献。

近年来，合成氨工业在制备技术改进、产业规模提升以及产品结构调整等方面，都面临着挑战与机遇。因此，亟须开发成本低廉、规模调变灵活、市场适应性强的新型煤气化制合成氨原料气成套技术并实现工业化应用。加压循环流化床气化技术是一种比较适合中国国情的清洁高效煤气化技术，但是，用于大化肥和甲醇厂等大型化工装备改造和新建还有一定的距离，问题的关键在于能否增加煤处理量并将气化压力提高到 3.0MPa 以上。目前，设计压力为 0.3MPa、煤处理量为 500t/d 的加压循环流化床煤气化装置已实现连续稳定运行。设计压力为 1.1MPa、煤处理量为 2500t/d 的加压循环流化床煤气化技术已完成安装，尚需长周期工程运行验证。针对更高压力、更大煤处理量的加压循环流化床煤气化技术及高温煤气化技术仍在开发中，是今后一段时期内的发展重点。

5.2 煤炭制氨——净化

5.2.1 变换

变换是一氧化碳和水蒸气在催化剂的作用下生成氢气和二氧化碳的过程，一氧化碳变换工艺技术的发展与变换催化剂、变换反应器的发展密不可分，国内的变换工艺经过多年的发展取得了长足的进步。变换工艺由于压力的不同，历史上出现过常压变换工艺及加压变换工艺；根据原料气是否含硫，分为无硫变换工艺及耐硫变换工艺；根据选用催化剂的不同，分为中温变换工艺、中串低工艺、中低低工艺、全低变工艺；根据反应器的不同，分为绝热变换工艺及等温（或控温）变换工艺。目前主要应用的是全部使用 Co-Mo 系宽温耐硫变换催化剂的工艺（简称全低变工艺）。

5.2.1.1 反应机理

一氧化碳变换的反应方程式如下：

$$CO + H_2O \rightleftharpoons CO_2 + H_2 \tag{5-11}$$

变换反应是一个可逆的放热反应，温度是其最重要的工艺条件，不同变换催化剂都有一个最优活性温度范围，一定温度范围内升高温度有利于催化剂加快反应速率，降低变换末端温度有利于变换反应向右进行。

变换机理大致为：水蒸气分子在催化剂表面被吸附分解为 H_2 和氧原子，在催化剂表面氧原子与 CO 分子碰撞生成 CO_2。

Hou[88] 等对 $MoO_3/\gamma\text{-}Al_2O_3$ 变换催化剂进行研究，发现 Mo^{5+} 在变换反应中起到重要作用，硫化后，催化剂的变换活性与催化剂的缺陷结构密切相关。他们认为，Mo^{5+} 配位体中的 S 离子在水煤气中存在一个动态的氧化-硫化平衡［式（5-12)］。借助 X 射线光电子能谱结果，他们推断在变换反应条件下，硫化钼不断在四价和五价之间转换来完成变换反应［式（5-13)、式（5-14)］。现代煤气化技术产生的粗煤气中存在一定量的有机硫（如羰基硫、硫醇、硫醚），它们会在变换催化剂的作用下发生氢解［式（5-15)、式（5-16)、式（5-17)］。

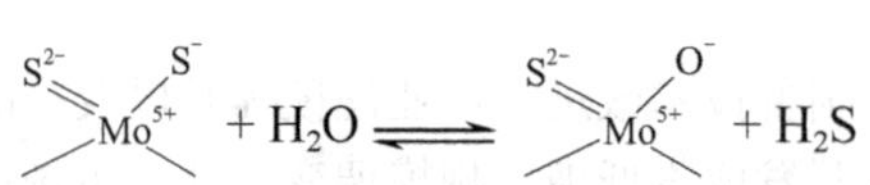
（5-12）

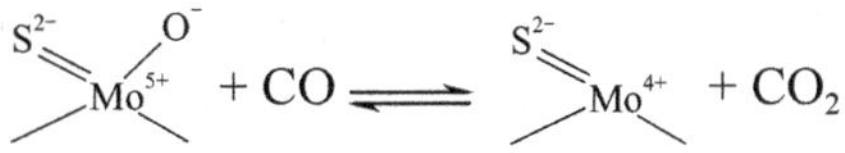

（5-13）

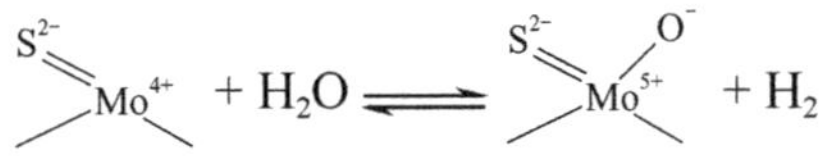

（5-14）

$$COS + H_2 \longrightarrow H_2S + CO \quad (5\text{-}15)$$

$$RSH + H_2 \longrightarrow RH + H_2S \quad (5\text{-}16)$$

$$R—S—R + 2H_2 \longrightarrow 2RH + H_2S \quad (5\text{-}17)$$

Co-Mo 系宽温耐硫变换催化剂使用前活性组分以氧化态的形式存在，活性很低，使用前通常需要用含硫工艺气进行硫化，使催化剂中的活性组分转化为硫化态，硫化后催化剂具有较好的活性，硫化效果的好坏对硫化后催化剂的活性起重要作用。通常硫化时一般选用 CS_2 为硫化剂，硫化为放热过程，主要化学反应如下[89]：

$$CS_2 + 4H_2 \longrightarrow 2H_2S + CH_4 \quad -240kJ/mol$$

$$MoO_3 + H_2 + 2H_2S \longrightarrow MoS_2 + 3H_2O \quad -48.15kJ/mol$$

$$CoO + H_2S \longrightarrow CoS + H_2O \quad -13.4kJ/mol$$

$$COS + H_2O \longrightarrow H_2S + CO_2 \quad -35.17kJ/mol$$

$$CO + 3H_2 \longrightarrow CH_4 + H_2O \quad -21.48kJ/mol$$

当温度达约 200℃时 CS_2 的氢解才具有较大的转化率。

5.2.1.2 发展历史

变换工艺技术的发展史也可以说是变换催化剂的发展史，从最早的常压中温变换工艺，到后来的中串低、全低变工艺都是先有催化剂，再根据催化剂性能进行工艺配套的。

（1）Fe-Cr 系中温变换催化剂　Fe-Cr 系中温变换催化剂是最早工业应用成功的变换催化剂[90-91]，它广泛应用于氨厂和制氢装置中的 CO 变换过程，其工业操作温度通常为 300 ～ 500℃，已有超过一百年的工业应用历史。Fe-Cr 催化剂主要存在铬污染、起活温度高和容易粉化等问题，现已很少使用。

（2）Cu-Zn 系低温变换催化剂　从表 5-27 可见，降低变换催化剂的反应温度可以明显提高反应平衡常数，降低出口 CO 平衡含量，提高 CO 转化率，可以明显降低生产的能耗，为此，美国于 1963 年开发成功了第一个 Cu-Zn 系低温变换催化剂，与 Fe-Cr 系中温变换催化剂相比，CO 变换反应的起活温度降低了 100℃左右；1965 年我国研制成功了第一个 Cu-Zn 系低温变换催化剂，随后又研制出了 Cu-Zn/Al_2O_3 低温变换催化剂。由于 Cu-Zn 低温变换催化剂在 180℃左右就可以起活，其在中温变换催化剂串低温变换催化剂工艺（简称中串低工艺）中作低温变换催化剂使用时，不仅可以大大提高变换率，而且与中温变换工艺相比，还可以提高产量，降低能耗。Cu-Zn 低温变换催化剂存在活性温区窄、耐毒性能差和耐热性能差等问题，因此，Cu-Zn 低温变换催化剂性能的局限性使之只能应用于无硫工艺中。

表5-27　CO变换反应平衡常数与反应温度的关系[92]

温度 /℃	200	250	300	350	400	450	500
平衡常数 /(K_p)	210.82	83.956	38.833	20.303	11.723	7.337	4.904

（3）Co-Mo 系耐硫宽温变换催化剂　为了满足煤化工和重油制氢发展的需要，20 世纪 60 年代发明了 Co-Mo 系耐硫宽温变换催化剂，并于 70 年代得到成功应用。由于 Co-Mo 耐硫宽温变换催化剂具有很宽的活性温区、耐硫无上限、遇水不粉化、更强的抗毒及有机硫加氢能力等综合优秀性能，能满足现代各种煤气化技术的普及、发展与应用的需要，因此，目前 95% 以上的变换及制氢装置都采用了全低变工艺。

Co-Mo 系耐硫变换催化剂根据使用压力的不同分为低压、中压、高压耐硫变换催化剂。我国开始应用的耐硫变换催化剂都是进口的，主要有巴斯夫公司的高压耐硫变换催化剂 K8-11，托普索公司的低压耐硫变换催化剂 SSK 等。国内于 20 世纪 80 年代开始研究 Co-Mo 系宽温变换催化剂。1985 年上海化工研究院以混碾法首先研制成功了片状 B301 型催化剂[93]。1986 年湖北省化学研究所以浸渍法研制了球形 B302Q 型催化剂[94]，1990 年开发出了 B303Q 变换催化剂并在全低变工艺应用成功[95-96]，1992 年又成功开发出了 EB-6 系列高压耐硫变换催化剂[97]。1994 年齐鲁化工研究院开发出的高压耐硫变换催化剂应用成功[98]。

Co-Mo 系耐硫变换催化剂的制备已有许多专利文献报道[99-102]。这种催化剂与 Fe-Cr 系和 Cu-Zn 系变换催化剂比较，具有以下特点：

① 具有较宽的活性温区　其活性温区一般为 160 ～ 480℃，湖北省化学研究所发明的催化剂经工业应用证明，在 180℃以下就有足够的变换活性[103]，因此该催化剂被称为宽温变换催化剂。但作为宽温变换催化剂使用是有条件的，需要一定含量的 H_2S，操作温度愈高、汽气比愈大，要求 H_2S 的最低含量也相对提高[104]。

② 有良好的耐硫与抗毒性能　Co-Mo 系催化剂的活性成分是硫化物（必须将其由氧化物变成硫化物后方具活性），因此可耐高硫，这是 Fe-Cr 系和 Cu-Zn 系变换催化剂所无法比拟的。对其他有毒害物质的抗毒性也比较好，少量的 NH_3、HCN、C_6H_6 等对催化剂的活性均无影响。

③ 具有耐高水汽分压的性能。

④ 强度高　这类催化剂经硫化后，其强度可显著提高，而 Fe-Cr 系催化剂还原态的强度通常比氧化态的要低些。

⑤ 寿命长　一般在工业装置中这种催化剂可使用 5 年左右，也有不少应用 10 年以上的例子。

为了使这类催化剂在工业装置中得到理想使用效果，湖北省化学研究所对催化剂的硫化方法及固体硫化剂进行了研究，固体硫化剂的发明应用证明，该硫化剂硫化的催化剂不仅可以根除 CS_2 存在的一系列问题，而且变换活性要比用 CS_2 好[105]，特别是低温活性。

1997 年齐鲁化工研究院开发了预硫化耐硫变换催化剂[106]。2014 年，华烁科技股份有限公司开发成功了适用于全低变流程的系列预硫化耐硫变换催化剂，催化剂低温活性完全达到器内硫化的同等水平。预硫化耐硫变换催化剂的使用主要解决了催化剂硫化放空时造成的环境污染问题，同时也明显缩短了开车时间，节省了硫化费用，减少了硫化设备的投资。

5.2.1.3　工艺流程

我国合成氨工业经过 60 多年的发展，现已掌握了以煤、油、天然气、焦炭、工业尾气、油田伴生气和液态烃多种原料生产合成氨、尿素的技术。随着催化剂技术、装备制造技术的发展，作为合成氨工艺中的变换工艺技术也呈现出多样性，并处在不断发展的过程中。

以富含硫的煤、渣油等为原料的合成氨装置，均应选择Co-Mo系耐硫宽温变换催化剂，变换工艺为全低变工艺。以天然气为原料的合成氨装置，选择Fe-Cr系串Cu-Zn系催化剂，变换工艺为中串低工艺。变换反应器有轴向、轴径向、等温和控温等结构。至于选择何种结构的变换反应器和工艺，应根据原料种类、装置的规模、工艺技术与设备制造的可靠度和全厂的热量平衡等确定。

（1）中温变换工艺 20世纪50年代至80年代后期，我国建设的中、小合成氨装置多以焦炭或无烟煤为原料，变换基本上采用的都是Fe-Cr系中温变换催化剂，工艺为中温变换工艺。变换的压力有常压、0.8MPa、1.3MPa、2.0MPa等。变换出口CO含量一般控制在2%～3%，采用饱和热水塔作为主要的热量回收形式，吨氨蒸汽消耗量≥1000kg，为进一步降低能耗，设置了第二热水塔回收系统余热供精炼再生使用。该工艺最多时全国有一千多套装置应用。该工艺存在能耗高、变换率低、催化剂使用寿命短等缺点。

（2）“三触媒”净化工艺 以煤为原料的中串低工艺中使用并再串甲烷化催化剂的流程称之为“三触媒”净化工艺。“三触媒”净化工艺为：半水煤气脱硫→中温变换→变换气脱硫→一次脱碳→ZnO脱硫→Cu-Zn低温变换→二次脱碳→甲烷化→压缩机四段入。由于Cu-Zn系低温变换催化剂对硫敏感，所以工艺流程设计采用2次脱硫和2次脱碳，该工艺存在“冷热病”、能耗高、流程复杂等问题，导致生产成本高[107]。

（3）无硫中串低工艺 20世纪70年代，我国引进了以天然气、油田气为原料，日产千吨氨的大型化肥装置。由于进变换的转化气中不含硫，变换采用Fe-Cr系中温变换催化剂串Cu-Zn系低温变换催化剂（简称无硫中串低工艺）。流程为：转化气→Fe-Cr中温变换→废锅→甲烷化炉进气换热器→Cu-Zn低温变换→脱碳。该工艺一直沿用至今。

（4）中变串耐硫低变工艺 20世纪80年代随着Co-Mo系耐硫宽温变换催化剂的国产化成功，在中温变换后串一段低温变换，低温变换采用Co-Mo系耐硫宽温变换催化剂，该工艺称为中变串耐硫低变工艺（简称“中串低工艺”）。中串低工艺显著降低了变换反应的终端温度，使变换气的CO含量降低到1.0%，吨氨蒸汽消耗量也从≥1000kg降低到约400kg，不仅变换的能耗大幅降低，也大大增加了变换的操作弹性。中串低工艺应用成功后迅速在全国得到推广，但Fe-Cr系中温变换催化剂的铬污染等环保问题依然存在。

（5）中低低工艺 20世纪90年代，利用宽温变换催化剂耐硫和低温活性好的特性，中串低工艺应用成功之后，河北正元公司提出的一段中温变换+两段低温变换工艺，称为中低低工艺[108]，变换出口气中CO含量可降低到0.3%。与中串低工艺比较，中低低工艺仅设置二段中温变换甚至一段中温变换，由于蒸汽消耗进一步降低，因此取消了第二热水塔。

（6）全低变工艺 1990年开发成功了全部采用耐硫宽温变换催化剂的全低变工艺，全低变工艺进一步降低了蒸汽消耗，变换气中剩余的蒸汽含量更低，因此又开发出无饱和热水塔全低变工艺、变换兼有机硫转化工艺等[109]。2008年华烁公司开发了高压全低变工艺[110]。典型的全低变工艺流程如图5-59所示。

（7）中、高压绝热耐硫变换工艺 20世纪70年代末以来，随着渣油气化、德士古水煤浆气化、壳牌粉煤气化、鲁奇碎煤气化等加压气化技术的引进和国内加压煤气化技术的快速发展，与之配套的催化剂、设备和变换工艺也得到较大的发展。由于气化压力高，变换压力也较高，变换压力有3.0MPa（碎煤加压）、4.0MPa、6.0MPa、8.0MPa、10.0MPa。

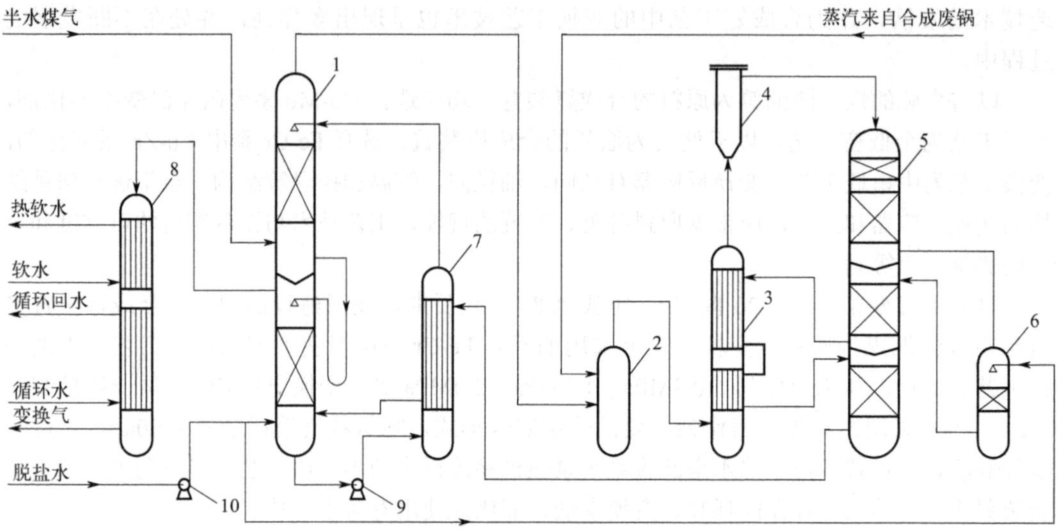

图 5-59　全低变工艺流程图

1—饱和热水塔；2—汽水分离器；3—主热交换器；4—电加热器；5—变换炉；6—增湿器；7—循环热水加热器；8—变换冷却器；9—循环热水泵；10—补水泵

水煤浆气化或碎煤加压气化采用的传统变换工艺都是二段或三段绝热变换，段间用废锅回收变换反应热副产不同品位蒸汽，这类工艺比较成熟，大多数装置都采用此工艺。该工艺的缺点是设备多、流程长、占地面积大，而且存在中压废锅易泄漏、煤气预热器易堵等问题。

（8）控温（等温）变换工艺　干粉煤气化或若干工业尾气中的CO含量达到60%以上，受热力学平衡的制约，一段催化剂存在超温的问题，单段绝热反应难以达到要求，需要设置多段反应，导致工艺流程长，换热网络复杂，投资成本明显增加，生产操作难度大。为了解决这些问题，采用控温（等温）变换工艺是较好的选择。

2012年湖南安淳公司开发了在一次变换中使用耐硫变换催化剂的等温变换反应器[111]。河北正元公司同时提出并实施了等温变换装置[112]。Co-Mo耐硫变换催化剂具有活性温区宽的特点，以及良好的有机硫加氢性能，为了充分发挥这类催化剂同时完成变换和有机硫加氢等特性，华烁公司提出具有温升（有热点）、制造成本低、催化剂装卸简单、装置能够大型化的控温变换反应器，2013年与江苏普格公司合作开发，并于2014年应用成功[113]。

控温变换工艺根据Co-Mo系耐硫宽温变换催化剂的特性来设计控温变换反应器的结构，可以根据不同的净化要求设计变换反应温区，在同一反应器内不仅能在低温区实现深度变换的目的，同时能够在高温区实现加氢转化有机硫的目的。

等温变换工艺充分发挥等温反应器快速移除热量的特性，能够在较窄的温区内完成变换反应，因此反应器内没有明显的温升。

2012年开始应用的控温（等温）变换工艺（图5-60）解决了多段绝热变换工艺的大部分缺点。一台控温（等温）变换反应器可以完成两台甚至三台绝热变换反应器的变换及热回收要求，因此控温（等温）变换工艺得到较快推广。目前，控温（等温）变换工艺已用于干粉煤气化、水煤浆气化及工业尾气等变换装置中。

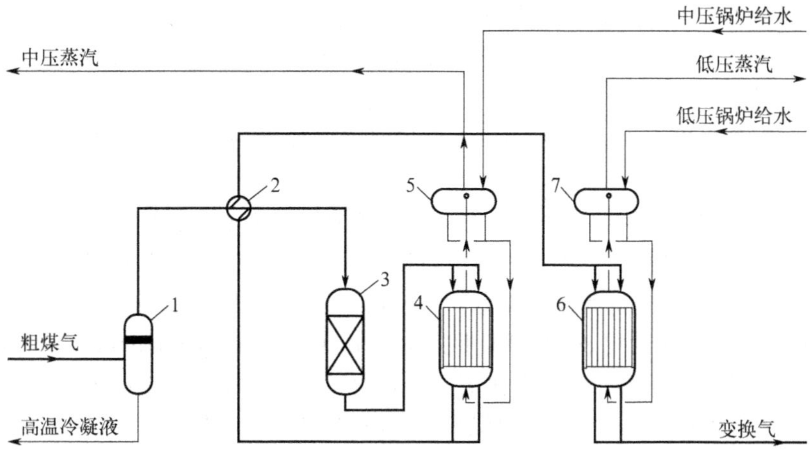

图 5-60　控温（等温）变换典型工艺流程图

1—煤气分离器；2—煤气预热器；3—净化炉；4—第一变换炉；5—中压汽包；6—第二变换炉；7—低压汽包

（9）工艺特点

① 全低变工艺特点

A．杜绝了中温变换催化剂因过度还原、硫中毒而造成的活性下降、阻力增大等问题，催化剂用量减少一半以上；

B．变换床层温度下降了 100 ～ 200℃，气体体积缩小 25%，同样规格的变换炉，大幅提高了装置能力，同时需要的换热面积减少一半以上；

C．蒸汽消耗低，吨氨蒸汽消耗量最低可至 80kg；

D．操作容易、启动快，增加了有效运行时间。

② 控温（等温）变换工艺特点

A．避免常规绝热流程第一变换炉反应剧烈、易超温、低水气比下高温发生甲烷化副反应的问题，这也是选择控温（等温）变换工艺的主要原因之一；

B．变换反应由三到四段简化为二段甚至一段，变换反应热的回收大部分由内置换热管完成，流程短，操作简单平稳，易控制；

C．变换催化剂操作温度低，使用寿命长；

D．可采用装填密度更大、活性更好的小颗粒催化剂，在相同的装填量下提高生产能力。

5.2.1.4　变换炉

（1）轴向变换炉　轴向变换炉具有结构简单可靠、催化剂装卸方便、维护成本小等优点，在变换装置中被广泛使用。在大多数装置中，轴向变换炉可分成多段，使一台变换炉通过段间换热或喷水降温完成变换反应。但轴向变换炉受设备横截面的限制，相对流通面积较小，床层压降较大，因此当需要变换的原料气量较大时，需要将变换分成多套或采用多台变换炉并联的方式。

（2）轴径向变换炉　轴径向变换炉对于提高催化剂利用率、简化结构非常有利。

轴径向变换炉设有外分布器及中心管，外分布器一般采用强制分布，10% 原料气经轴向、90% 原料气经外分布器进入催化剂层反应，反应气经中心管收集出反应器 [114]。

轴径向变换炉较传统的轴向变换炉有明显的优点：①气体流通面积大，床层阻力降较小，加高变换炉筒体高度可以增加催化剂装填量，不需要扩大直径，也不会增加床层阻力降；②变换炉壳体被低温的原料气保护，不会超温，不仅安全可靠，而且壳体造价大幅降低；③可采用装填密度更大、活性更好的小颗粒催化剂，在相同的催化剂装填量下生产能力进一步提高。

（3）控温（等温）变换炉　控温（等温）变换炉是将换热管束置于反应器内，利用管程水的相变得到非常大的换热系数以达到快速移除反应热的目的。相较于绝热变换炉，控温（等温）变换炉移出反应热的效率要高得多，因此，可明显缩短变换流程。

英国 ICI 公司于 20 世纪 80 年代末期推出的 LAC（Leading Ammonia Concept）合成氨工艺中采用管壳式变换炉，管内装催化剂，管间为工艺冷凝液[115]。德国林德公司于 90 年代初期在 LAC 合成氨工艺中首次采用等温变换反应器（ISR），该等温变换反应器采用螺旋冷却管束使催化剂床层保持恒温，同时将换热管内的工艺冷却水蒸发后用作转化原料蒸汽[116]。国内 1993 年首次在天然气制氨工艺中使用等温变换炉，等温段内设不锈钢蛇管[117]。上述等温变换炉仅应用于以天然气为原料的合成氨装置中，变换催化剂采用铜-锌低温变换催化剂。由于市场需求少，这一技术只有少数厂应用。

湖南安淳和河北正元塔器于 2012 年下半年分别实现了等温变换炉的工业应用。为了更好地发挥 Co-Mo 耐硫变换催化剂的加氢性能，华烁科技股份有限公司提出了控温变换的概念，开发出了控温变换炉。上述炉型具有结构简单、压降低的特点，已成功应用于各种类型的化工装置中（见图 5-61、图 5-62）。

5.2.1.5　装置建设

（1）全低变工艺在山西天泽煤化工集团股份公司煤气化厂的应用　该公司煤气化厂“24.40.20”工程 (即年产 240kt 合成氨、400kt 尿素、200kt 甲醇) 为常压固定床间歇气化，煤气中 CO 含量为 30% ～ 31%，采用了华烁科技股份有限公司的全低变工艺，为与脱碳压力匹配，变换压力提升到 3.3MPa，这是全国第一套以固定床造气为龙头的中压低水气比全低变工艺。该装置设置一台预变换炉，装填保护剂 12m^3、抗毒剂 28m^3，一台 DN4000 变换炉分三段，共装填 EB-6 催化剂 121m^3，没有设置饱和热水塔及水加热器，段间用喷水增湿的方法回收变换反应热来减少蒸汽加入量，流程见图 5-63。

自 2008 年 7 月开始投入运行，2008 年 10 月 29 日系统满量，第一炉变换催化剂一直运行到 2019 年 10 月才更换，其间，系统一直满负荷甚至超负荷运行，蒸汽消耗量≤ 370kg/t NH_3，出口 CO 含量根据后续要求控制为 1.5% ～ 2.5%，取得了满意的效果。

变换出口 CO 含量可根据产品需要调整。

（2）等温变换工艺在沧州正元化肥有限公司的应用　沧州正元化肥有限公司年产 60 万吨合成氨、80 万吨尿素项目，采用航天粉煤加压气化技术，气化粗煤气具有高 CO 含量、高水气比的特点，为解决采用传统的绝热变换工艺时一段变换容易超温、操作不稳定的问题，该项目变换装置一段变换采用河北正元化工工程设计有限公司开发的 ZY 型等温变换技术。该变换装置第一段设两台 DN4000 等温变换炉，正常时并联运行，当有一台设备检修或更换催化剂时，另一台满足全气量运行条件，保证生产稳定。该项目于 2015 年 3 月 8 日一次投料试车成功，至今等温变换装置稳定运行，合成氨日产量稳定在 2100 ～ 2200t，流程见图 5-64[112]。

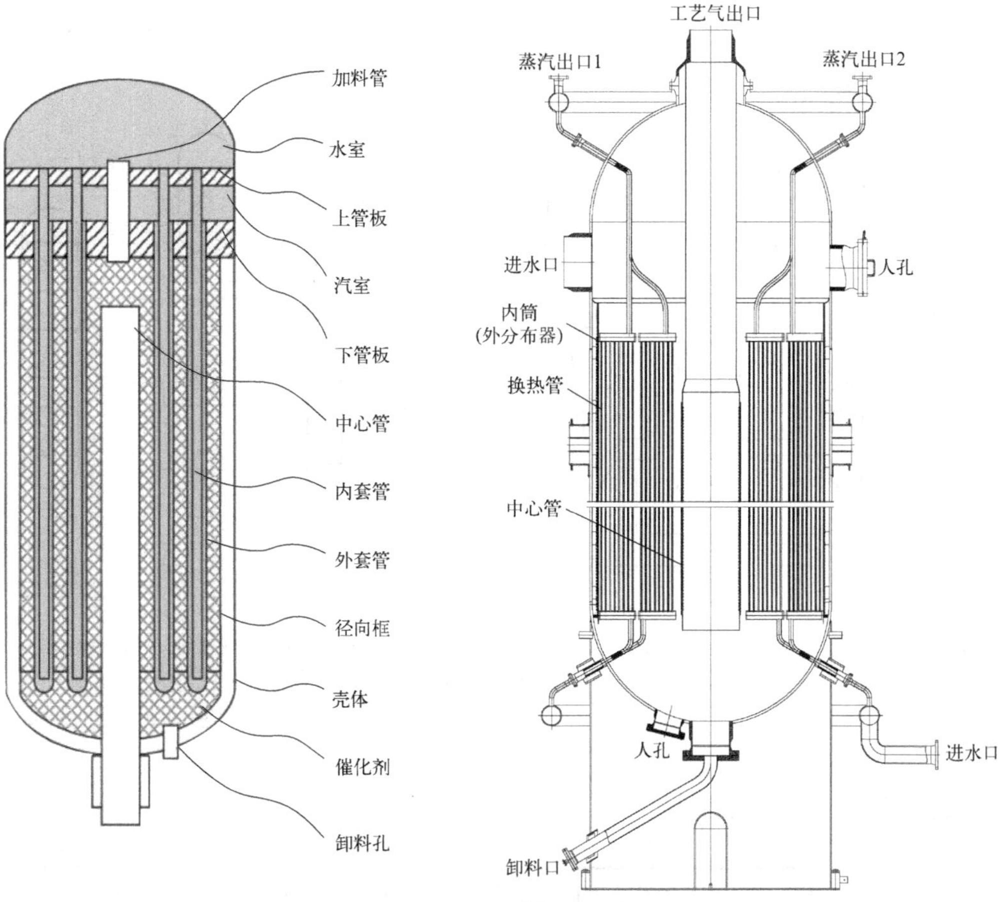

图 5-61　等温变换炉示意图

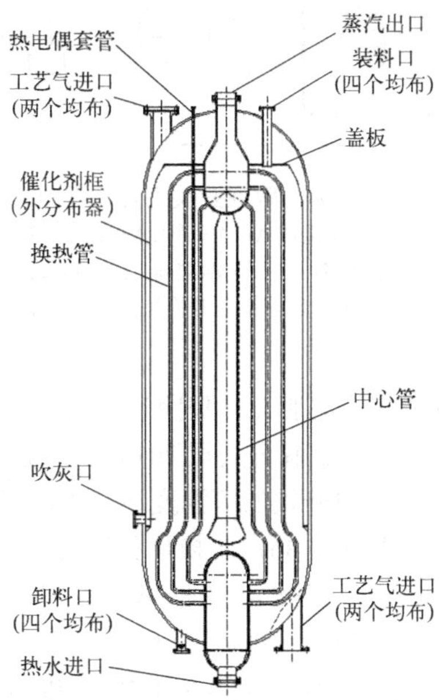

图 5-62　控温变换炉示意图

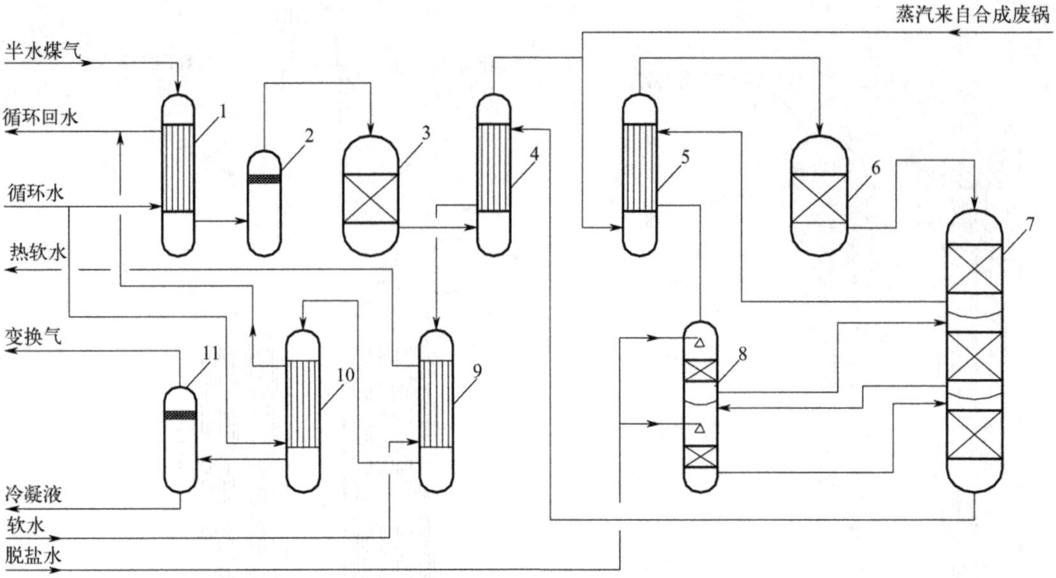

图 5-63　全低变工艺流程图

1—煤气冷却器；2—油分；3—净化炉；4—主热交；5—中间热交；6—预变换炉；7—变换炉；8—增湿器；9—软水加热器；10—变换气冷却器；11—变换气分离器

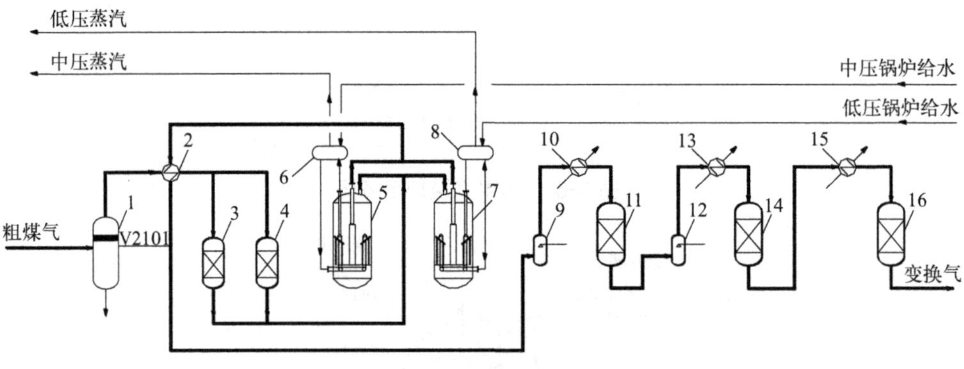

图 5-64　等温变换工艺流程图

1—煤气分离器；2—煤气预热器；3—净化炉 A；4—净化炉 B；5—第一变换炉 A；6—中压汽包 A；7—第一变换炉 B；8—中压汽包 B；9—1# 增湿器；10—1# 低压废锅；11—第二变换炉；12—2# 增湿器；13—2# 低压废锅；14—第三变换炉；15—3# 低压废锅；16—第四变换炉

（3）等温变换工艺在山西阳煤丰喜肥业（集团）有限责任公司临猗分公司的应用　山西阳煤丰喜肥业（集团）有限责任公司临猗分公司 2013 年实施 10 万吨“醇改氨”项目，该项目采用了湖南安淳高新技术有限公司开发的等温变换技术，煤气化采用 4.0MPa 的水煤浆气化，煤气量为 101100m^3/h，汽气比为 1.36，变换运行压力为 3.7MPa。原设计变换装置出口 CO 体积分数为 17% ～ 19%。改造后流程示意图见图 5-65[118]。

改造后变换炉进口压力为 3.34MPa，进口温度为 250℃（床层温度为 265℃，平面温差＜ 3℃），出口温度为 260℃。变换炉阻力为 0.018MPa，进口 CO 含量为 45%，出口 CO 含量为 0.6%，自产 3.6 ～ 3.8MPa 蒸汽 12t/h，满足合成氨变换工艺要求。

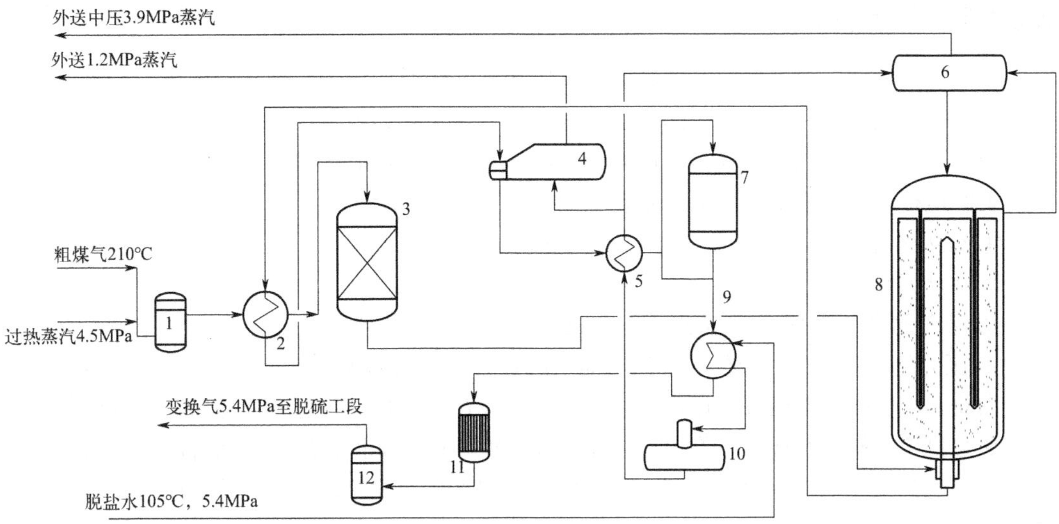

图 5-65 改造后的等温变换工艺流程图

1—气水分离器；2—热交换器；3—净化预变炉；4—变换气废热锅炉；5—锅炉给水加热器；6—汽包；7—汽包给水预热器；8—等温低温变换炉；9—脱盐水加热器；10—脱氧槽；11—变换器冷却器；12—变换器分离器

（4）控温变换工艺在湖北三宁化工有限公司的应用 该公司的合成氨原料结构调整及联产 60 万吨 / 年乙二醇项目，气化为 6.5MPa 水煤浆工艺，变换工艺为新型控温变换工艺，采用了华烁科技股份有限公司开发的控温变换炉、立式废锅、自热净化炉等多台创新设备，有效气量为 270000m^3/h，是全球最大的单套变换装置。该装置的第一变换炉规格为 DN4000，装填催化剂 154m^3，第二变换炉规格为 DN4000，装填催化剂 145m^3。2021 年 2 月正式投入运行，第一变换炉出口（简称一变出口）CO 含量约 2%，第二变换炉出口（简称二变出口）CO 含量约 0.5%。应用结果表明该工艺具有流程简单、操作方便、热回收效率高等优点，流程见图 5-66。

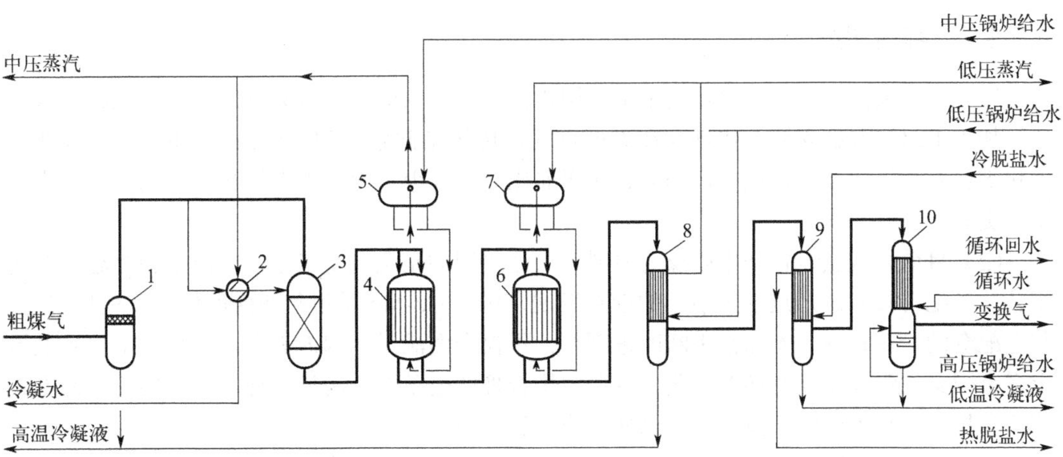

图 5-66 控温变换工艺流程图

1—煤气分离器；2—煤气预热器；3—净化炉；4—第一变换炉；5—中压汽包；6—第二变换炉；7—低压汽包；8—低压废锅；9—脱盐水加；10—变换气水冷器

5.2.1.6 安全环保

（1）安全管理　变换原料气属易燃、易爆物质，生产场所为易燃易爆场所。一氧化碳变换生产中易产生火灾、爆炸危险的物料有氢气、一氧化碳、甲烷等；主要毒性物料为一氧化碳和硫化氢；腐蚀性物料为氢，氢在高温高压下对设备和管道有腐蚀。

生产运行过程中的安全危害主要表现在以下几个方面：

① 火灾爆炸危险，如 H_2、CH_4、CO 逸出；

② 中毒危险，如 CO 逸出；

③ 潜在危险，如 H_2 在高温高压下对设备和管道的腐蚀性；

④ 压力超过设备或管道的设计压力而引起设备或管道的爆炸。

为此，生产必须严格按操作规程和工艺指标执行，严禁设备超压、超温、超设计负荷运行。加强日常巡检，发现事故隐患，立即处理。加强设备维护管理，定期对压力容器进行安全检测。完善系统泄漏、中毒、着火、爆炸等异常事故处理应急预案，并定期组织学习，加强培训演练。

（2）环保控制　变换生产中会产生废水、废气、固废及噪声，必须采取针对措施加强管控。

① 废水　主要来自于各分离器、汽包和废锅排污水。高温冷凝液送往气化污水系统回收热量再利用，低温冷凝液送往汽提塔闪蒸处理，闪蒸后的酸性溶液送往气化污水处理系统；锅炉排污水经锅炉排污闪蒸槽处理后闪蒸汽排入大气中，余水回收处理。

② 废气　废气主要是汽提解析气和开停车时的放空气体、汽包或废锅高点放空气体等。开停车放空气体、升温硫化放空气体、安全阀排放气均应经火炬管线送往火炬燃烧后达标排放。汽提塔不凝汽去硫回收工序回收酸性气体。

③ 固废　固废主要是废弃吸附剂和催化剂。废弃吸附剂应转运至油污处理装置进行回收处理，废弃催化剂中含有贵金属钴和钼，应交由具有固废回收资质的企业回收处理。

④ 噪声　正常生产中一般噪声较小，开停车需要放空时产生较大噪声。因此对于放空量大、压力高的管道放空安装消声器，减少放空形成的噪声。

5.2.1.7 综合评述

（1）由于天然气、石油价格的上涨，国内油头、气头的合成氨装置绝大多数已改为煤制气。加上 Fe-Cr 中温变换催化剂存在着严重的环境污染问题，到目前为止，Fe-Cr 中温变换催化剂已基本退出市场，同时，Cu-Zn 低变催化剂也很少采用。中串低和中低低工艺逐步退出历史舞台。

（2）目前合成氨装置基本以煤为原料，广泛采用的是全低变工艺（含控温和等温全低变工艺）及配套技术。经过三十多年的创新发展，国产 Co-Mo 系耐硫变换催化剂及变换工艺、与之配套的专业设备等方面都不断改进创新，不仅全面满足了国内需求，而且还出口到世界上多个国家。耐硫宽温变换催化剂、各种结构合理的设备以及满足各种原料需要的工艺形式等成套技术已趋于成熟，技术水平已处于国际领先地位。

（3）随着各种现代化制气技术的发展，中、高压变换工艺将会明显增加。目前控温（等温）变换工艺正在发展之中，但存在以下值得注意的问题：①变换反应器有漏水的问题，变换反应器漏水是由于设备结构或设备制造不过关；②部分装置存在反应温度控制不稳定、出现超温和生成有机硫等问题；③ CO 含量不是很高的情况下，也采用控温（等温）变换工艺是不合适的。

（4）变换工艺将随着煤气净化技术、变换催化剂和变换设备的创新和发展而发展。粗煤气净化剂将出现新的研究成果。变换催化剂也会在进一步提高抗毒性、廉价活性元素替代、新活性和结构助剂等方面取得创新进展。变换设备，特别是控温（等温）变换反应器，需要在防止泄漏、合理温度控制、提高使用寿命等方面下功夫。变换工艺应进一步创新优化。

5.2.2 低温甲醇洗工艺

以各种原料制取的粗原料气中[119]，都含有 H_2、CO 等有用组分及 H_2S、CO_2 等酸性组分[120]。其中硫化物是后续合成反应的毒物[121]，必须在合成工序前加以脱除；原料气中的 CO_2 及 CO 变换产生的 CO_2 等氧化物是后续合成氨反应的毒物，也需要脱除，而后续为合成甲醇和合成甲烷等反应时，CO_2 虽然不是毒物，但为了保证反应的碳平衡，也要将 CO_2 部分脱除[122-123]。因此，化工装置必须有一套脱硫脱碳净化工艺以净化原料气[124-125]，表 5-28 为典型合成甲醇和合成氨进脱硫脱碳装置原料气组成，压力为 2.0 ～ 8.0MPa，温度约 40℃。

表5-28　典型合成甲醇和合成氨原料气组成

成分	合成甲醇原料气摩尔分数 /%	合成氨原料气摩尔分数 /%
H_2	44.11	52.84
CO	18.96	0.60
CO_2	36.00	45.82
H_2S	0.18	0.12
COS	0.01	0.001
N_2	0.15	0.15
Ar	0.02	0.02
CH_4	0.36	0.02
NH_3	0.0001	0.0001
H_2O	0.22	0.17

低温甲醇洗工艺是应用最为广泛的脱硫脱碳工艺，是一种典型的物理吸收脱除酸性气体的方法[126-127]。该工艺使用冷甲醇作为溶剂，同时脱除原料气体中的硫化物和二氧化碳[128-129]。

低温甲醇洗工艺具有工艺气体净化度高、选择性好的优点，能够有效脱除原料气中的 H_2S、CO_2 和 COS 等组分[130-131]。净化气中总硫含量小于 0.1μL/L，CO_2 含量小于 10μL/L，有效气体回收率大于 99.6%。低温甲醇洗装置主要输出物流包括：①净化气，其有害杂质含量满足净化要求指标；②酸性气，其 H_2S 浓度满足硫回收要求；③ CO_2 产品气，其 CO_2 浓度满足下游装置要求；④达标排放的尾气，主要组成为 CO_2 和 N_2；⑤回收甲醇后的废水。

典型的低温甲醇洗装置包括以下几个部分：①原料气冷却；② H_2S、COS 与 CO_2 的脱除；③甲醇富液闪蒸回收有用气体；④ CO_2 产品气解吸（可选）；⑤甲醇富液解吸及 H_2S 浓缩；

⑥甲醇热再生；⑦甲醇 / 水分离；⑧尾气水洗。

5.2.2.1 工艺原理

低温甲醇洗是一种典型的物理吸收过程[132]。物理吸收和化学吸收的根本不同点在于吸收剂分子与气体溶质分子间的作用力不同。物理吸收中，各分子间的作用力为范德华力；而化学吸收中为化学键。这二者的区别使得它们在吸收平衡曲线、吸收热效应、温度对吸收的影响、吸收选择性以及溶液再生等方面存在不同[133]。

物理吸收中，气液关系开始时符合亨利定律，溶液中被吸收组分的含量基本上与其在气相中的分压成正比。吸收剂的吸收容量随酸性组分分压的提高而增加，溶液循环量与原料气量及操作条件有关。操作压力提高，温度降低，溶液循环量减少。气体在稀溶液里溶解遵循亨利定律[134]：

$$P_e = Ex$$

式中，P_e为气体的平衡分压，MPa；E为亨利常数；x为气体在吸收剂中的摩尔分数。

一般地，亨利系数E随着温度的降低而变小，在平衡分压一定的情况下，气体在吸收剂中的摩尔分数x增大；在相同温度下，平衡分压越大，液相浓度x越大。所以低温、高压下气体易溶于吸收剂。

低温甲醇洗中，H_2S、COS 和 CO_2 等酸性气体的吸收，吸收后溶液的再生以及 H_2、CO 等溶解度低的有用气体的解吸曲线，其基础就是各种气体在甲醇中的溶解度（见图 5-67）[135]。

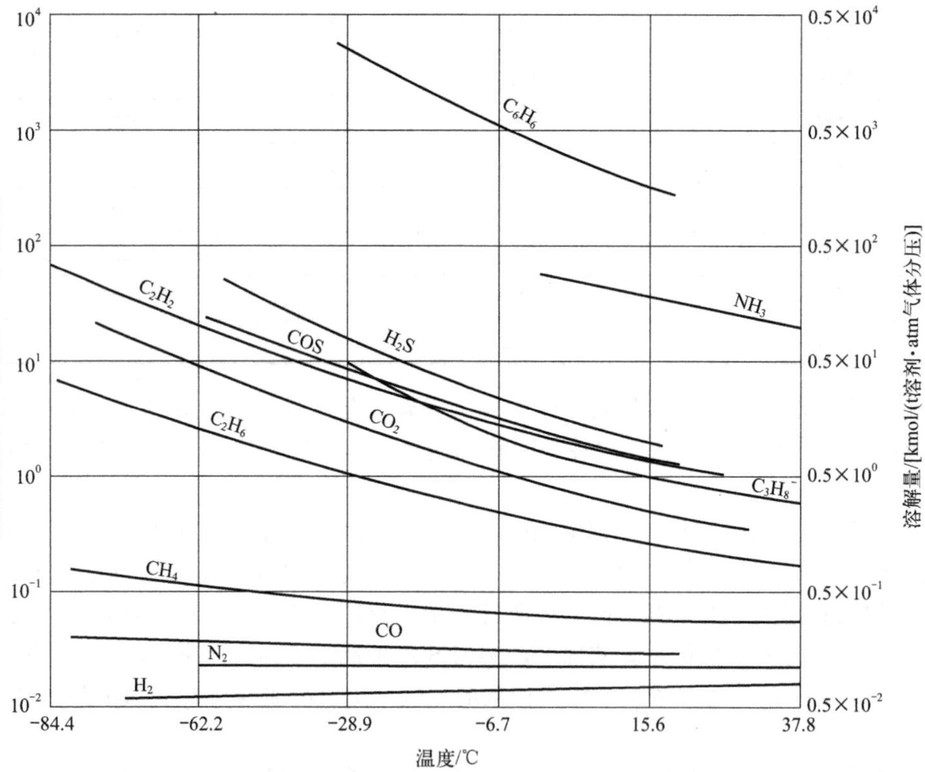

图 5-67 相关气体在甲醇中的溶解度

低温下，甲醇对酸性气体的吸收是很有利的。当温度从 20℃降到 −40℃时，CO_2 的溶解度约增加 6 倍，吸收剂的用量也大约可减少 6/7。低温下，例如 −50 ～ −40℃时，H_2S 的溶解度又差不多比 CO_2 大 6 倍，这样就有可能选择性地从原料气中脱除 H_2S，而在溶液再生时先解吸回收 CO_2。低温下，H_2S、COS 和 CO_2 在甲醇中的溶解度与 H_2、CO 相比，至少要大 400 倍。因此，如果低温甲醇洗装置是按脱除 CO_2 的要求设计的，则所有溶解度和 CO_2 相当或溶解度比 CO_2 大的气体，例如 COS、H_2S、NH_3 等以及其他硫化物都一起脱除，而 H_2、CO 等有用气体则损失较少。

通常，低温甲醇洗的操作温度为 −70 ～ −30℃，各种气体在 −40℃时的相对溶解度如表 5-29 所示[136]。

表5-29　−40℃时各种气体在甲醇中的相对溶解度

气体	气体的溶解度 /H_2 的溶解度	气体的溶解度 /CO_2 的溶解度
H_2S	2540	5.9
COS	1555	3.6
CO_2	430	1.0
CH_4	12	
CO	5	
N_2	2.5	
H_2	1.0	

当气体中有 CO_2 时，H_2S 在甲醇中的溶解度约比没有 CO_2 时降低 10% ～ 15%。溶液中 CO_2 含量越高，H_2S 在甲醇中溶解度的减少也越显著。

当气体中有 H_2 存在时，CO_2 在甲醇中的溶解度就会降低。当甲醇含有水分时，CO_2 的溶解度也会降低，当甲醇中的水分含量为 5% 时，CO_2 在甲醇中的溶解度与无水甲醇相比约降低 12%。

同样，根据气体在甲醇中的不同溶解度，可采用分级减压、惰性气体 (氮气) 气提或加热再生解吸的方法回收溶解的有用气体，以及得到 CO_2 产品气、H_2S 酸性气体、放空尾气。

在中压下解吸可以回收溶解在甲醇中的少量 H_2 和 CO，闪蒸压力越低回收的有效气体越多，由于同时解吸的 CO_2 量增加，循环气体量越大，所需要的压缩功越大，即电耗越大，所以需要权衡二者最终确定最优的中压值。

在低压 (常压，甚至负压) 下解吸溶解的 CO_2，压力越低解吸量越大，回收得到的 CO_2 产品越多，但压力太低 CO_2 气输送困难，负压操作则还需要电耗才能实现。

采用氮气气提，可进一步降低甲醇中溶解的 CO_2 分压，可使 CO_2 解吸更彻底些，相当于负压 (接近真空) 操作，通入的气提氮越多，CO_2 分压降低得越多，解吸得越彻底。最终采用升温解吸，即热再生，使甲醇完全再生得到贫甲醇，同时得到 H_2S 酸性气体。H_2S 在甲醇中溶解度最大，也最难解吸，采用外来热源加热甲醇到沸腾，用精馏的办法将 H_2S 彻底解吸出来。加热介质用量越大，甲醇再生得越彻底。

酸性气体溶于甲醇后会释放出大量热量，使甲醇的温度升高，甲醇的吸收能力下降。为了使甲醇保持在较低的温度，需要在吸收塔各段之间设置冷却器用于冷却甲醇。表 5-30 列出了几种气体在甲醇中的溶解热。

表5-30　相关气体在甲醇中的溶解热

气体	H_2S	CO_2	COS	CS_2	H_2	CH_4
溶解热 /(cal/mol)	4600	4050	4150	6600	914	800

注：1cal=4.19J。

根据以上工艺原理，低温甲醇洗系统至少应包括：原料气的吸收、有效气体的中压解吸、低压解吸及氮气提、热再生、甲醇水分离、排放气水洗等单元。

5.2.2.2　工艺优点

低温甲醇洗工艺具有以下主要优点[137-138]：

① 可以同时脱除原料气中的 H_2S、COS、RSH、CO_2、HCN、NH_3、NO 以及烷烃、芳香烃、粗汽油等组分，且可同时脱水使气体彻底干燥，所吸收的有用组分可以在甲醇再生过程中回收。

② 气体的净化度很高。净化气中总的硫含量可脱至 0.1μL/L 以下，CO_2 含量可脱至 10μL/L 以下。

③ 在低温下 H_2S 和 CO_2 在甲醇中的溶解度都很大，溶液循环量小，低温甲醇洗装置处理规模可以比较大。

④ 吸收的选择性比较高。在低温下 H_2 和 CO 等在甲醇中的溶解度都较低，有效气体回收率可达到 99.6% 以上。同时，H_2S 和 CO_2 在甲醇中的溶解度也有区别，可以在不同设备或在同一设备的不同部位分别吸收而在不同的设备和条件下分别回收。

⑤ 甲醇的热稳定性和化学稳定性都较好，饱和蒸气压小，溶剂损失小，甲醇溶剂也比较便宜、容易获得。

⑥ 合成氨装置当低温甲醇洗和液氮洗联合使用时更加合理。液氮洗需要在 −190℃左右的温度下进行，并要求气体彻底干燥，而低温甲醇洗的净化气就同时具有干燥和 −60℃左右的特点，这就节省了投资和动力消耗。

5.2.2.3　三循环八塔低温甲醇洗工艺简述

先进低温甲醇洗工艺流程为三循环八塔工艺，其中三循环分别为第一贫液循环、第二半贫液循环和第三含硫半贫液中压洗涤循环。本工艺流程具有能耗低、运行稳定的特点，可兼顾节能、环保等多方要求，其工艺流程简图如图 5-68 所示。

先进低温甲醇洗系统的原料气先在前系统用锅炉给水洗涤，使其中的 NH_3 降至 2μL/L 以下。

洗氨后的原料气与出压缩机后的循环闪蒸汽混合并喷射少量防结冰甲醇，经换热器 E01 与合成气、净化气、CO_2 气和尾气换热冷却并在分离罐 V01 分离出水分后进入吸收塔 C01 下塔的脱硫段。

C01 塔分为四段，最下段为脱硫段，上面的三段为脱碳段。在脱硫段，原料气用从脱碳段来的部分富含 CO_2 甲醇液洗涤，脱除 H_2S、COS 和部分 CO_2 等组分后进入脱碳段，进入脱碳段的气体已不含硫。在 C01 塔顶用贫甲醇液洗涤，同时通入部分半贫液，将原料气中的 CO_2 脱除至满足净化要求。净化气由塔顶引出，经 E01 与原料气换热回收冷量后送出系统。吸收塔 C01 脱碳段间设有两个段间冷却器，用以降低吸收富液温度，提高吸收能力。

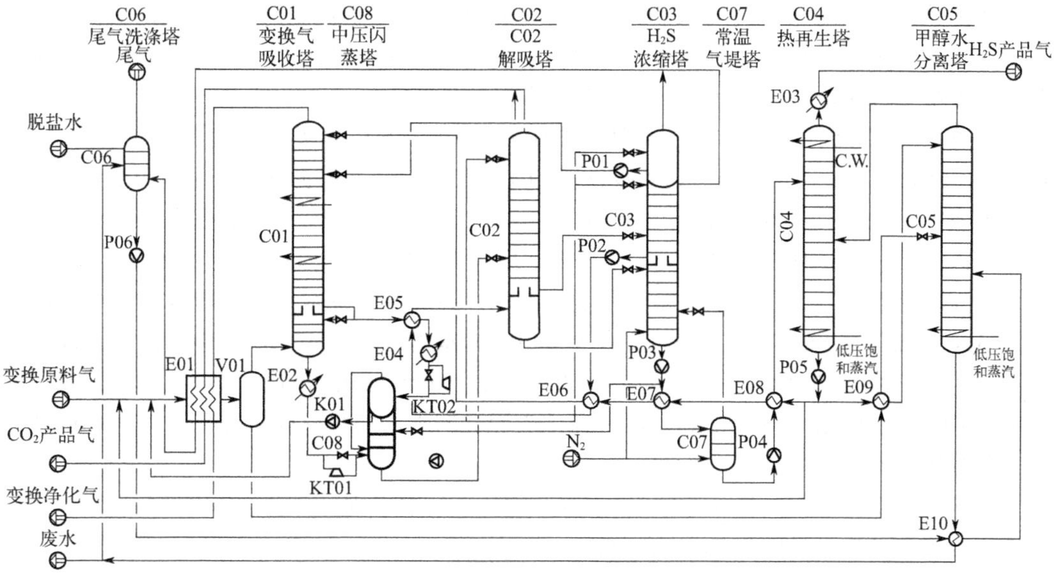

图 5-68　低温甲醇洗工艺流程简图

吸收了 H_2S 和 CO_2 后，从 C01 塔底出来的含硫甲醇富液经换热、降温和减压后在 C08 塔下段闪蒸出溶解的 H_2、CO 及少量 CO_2、H_2S 等气体。同样，从 C01 塔脱碳段出来的不含硫的甲醇液经换热、降温和减压后在 C08 塔上段闪蒸出溶解的 H_2、CO 及少量 CO_2 等气体。为减少循环气量，用 P03 泵送来的部分富甲醇洗涤闪蒸汽，减少闪蒸汽中的 CO_2 气量，洗涤后的富液返回 C03 塔气提段。C08 塔出来的闪蒸汽经循环气压缩机 K01 增压，返回到原料气中以回收有用气体。采用含硫半贫甲醇液洗涤中压闪蒸汽，形成本工艺的甲醇液第三循环。

从 C08 塔下段出来的含硫甲醇减压后送入 C02 塔中部，闪蒸出溶解的 CO_2，同时溶解的 H_2S 也部分闪蒸出来。从 C08 塔上段出来的不含硫甲醇液部分进入 C02 塔上部，C02 塔顶得到 CO_2 产品气，此气体通过 E01 与原料气换热后可作为高浓度的 CO_2 产品气送出系统。当不需要 CO_2 产品气时，此气体与尾气混合后去 C06 塔水洗后放空。

从 C02 塔下段出来的含硫甲醇减压后送入 C03 塔中部，闪蒸出溶解的 CO_2，同时溶解的 H_2S 也部分闪蒸出来。从 C08 塔上段出来的不含硫甲醇液部分进入 C03 塔顶的闪蒸罐，低压下闪蒸出溶解的 CO_2，此气体可并入尾气中，也可单独换热回收冷量后作为高浓度 CO_2 产品气离开系统。

从 C03 塔顶闪蒸罐出来的不含硫甲醇液，一部分作为半贫液，用泵 P01 送到吸收塔 C01 上段下部；另一部分回到 C03 塔上段，用以洗涤尾气中的硫化物。采用不含硫半贫甲醇液洗涤原料气，形成本工艺的第二循环。C03 塔上部得到硫含量合格的尾气，经 E01 换热升温后进入 C06 塔用脱盐水洗涤，水洗后达到排放标准的尾气经高烟囱放空，而 C06 塔底含有少量甲醇的洗涤水经换热后送入甲醇水分离塔 C05，回收甲醇。

从 C03 塔上段下部出来的含硫溶液作为系统中溶液温度最低的冷源与甲醇液在 E06 和 E05 换热升温后进入 C02 塔下部，闪蒸后再到 C03 塔下段上部，经闪蒸、氮气气提，C03 塔底得到 CO_2 含量较低且温度也较低的甲醇液，此甲醇液含有少量 CO_2 和基本上原料气中所有的硫化物，用 P03 泵升压，少部分送至 C08 塔中段洗涤闪蒸汽，大部分在换热器 E07

与贫甲醇换热升温至常温后进入C07塔，用少量低压氮气在常温下进一步气提，使甲醇液中的CO_2充分解吸。C07塔顶气体送C03塔，C07塔底甲醇液用P04泵升压，在E08中与从热再生塔C04来的贫甲醇换热后进入C04塔进行热再生。

热再生塔底得到贫甲醇，塔顶得到富含H_2S的气体。贫甲醇从C04塔底出来用P05升压，经E08、E07和E06换热降温后送到吸收塔C01顶部，完成甲醇循环。采用贫甲醇液洗涤原料气形成本工艺第一循环。C04塔顶得到的H_2S浓度较高的气体，作为酸性气产品送往硫回收工序；必要时部分H_2S气循环回C03塔内，用以提高酸性气产品中的H_2S浓度。

从V01罐分离出来的含水甲醇中还含有CO_2，经E09换热后进入甲醇水分离塔C05中部。从尾气洗涤塔C06塔底出来的含有少量甲醇的水溶液也进入C05塔中部；从C04塔底出来的少量贫甲醇通过E09换热后作为C05塔顶的回流。C05塔顶的甲醇蒸气返回热再生塔C04中部，C05塔底得到甲醇含量达到排放标准的水，换热降温后部分循环回C06塔使用，部分排出系统。

系统中二十多台换热器组成的换热网络用以回收冷量并保证必要的工艺条件。同时设计中通过设置透平装置回收吸收塔富液势能。

5.2.2.4 设备优化

在优化的工艺流程基础上对设备选型也进行优化，对于保证装置运行效果、节省投资、减小劳动强度等方面都有着积极的意义，推荐的设备优化方案如下：

（1）采用塔板和填料相结合　低温甲醇洗的塔径多由液相负荷决定，采用填料可以减小塔径，各塔可在液相量相对较大的地方采用填料，如吸收塔的主洗段、解吸塔的中间段等，计算塔径相对较小，整个塔的塔径也会降下来，有利于大型设备运输。

（2）设备材质选择　装置不同设备用材结合国内外市场及工程进度要求情况，选择更为合理，减少装置总投资，缩短工期。低温塔设备优先选用低温碳钢，但如工期紧张，材料采购时间较长，可考虑低压低温塔选用不锈钢。

（3）采用多种类型换热设备相结合　采用多种类型换热设备相结合的方法，如管壳式、绕管式、板式等，提高传热效率。

（4）降低系统腐蚀　降低系统腐蚀可以延长装置使用寿命，避免因腐蚀杂质造成设备结垢堵塞、效率降低。可以设置加碱措施，控制系统甲醇液的pH值，防止酸性腐蚀。优化甲醇水分离塔设计，降低系统水含量，减轻因水造成的系统腐蚀。

（5）合理设置过滤器　选择适宜的部位设置不同规格和型式的精密过滤器，减少换热器结垢，提高换热器的传热效果。同时，各塔塔板也减少了结垢，提高了传质效果。精密过滤器需要采用可自动清洗的过滤器，降低清洗劳动强度，保护人员安全，改善现场环境。精密过滤器尽量采用一开一备的设置，保证过滤的连贯性。

（6）设备备用　低温甲醇洗装置所有的泵多采用一开一备，但静设备除过滤器外多无备用。为了保证装置开工率，个别易坏设备也可采用备用，如热再生塔的再沸器、甲醇水分离塔的再沸器，以及废水换热器等。

（7）采用液力透平回收甲醇富液势能　作为一项重要的节能措施，设置液力透平回收甲醇富液势能已经成为大趋势。其方案是，吸收塔送出的高压不含硫甲醇富液和含硫甲醇富液在进中压闪蒸塔前分别增设液力透平，回收其势能或用于发电或驱动泵。

（8）采用真空解吸策略　在碳中和背景下，应尽量减少碳排放，甚至不排放CO_2。可以采用真空解吸替代氮气气提，得到高产量、高纯度的CO_2产品气，有利于CO_2进一步回收利用。采用真空解吸后，除净化气、酸性气中少量CO_2外送外，进低温甲醇洗原料气中的CO_2都得到回收，再配合合理的CO_2下游用途，可以做到零排放。

（9）设备布置优化　低温甲醇洗系统的甲醇液流动在部分位置是通过位差和压差实现的，合理地设置设备空间高度以及裙座支撑高度，减小管道、阀门、换热设备阻力降，可以避免加泵，节省投资、占地及电耗。

5.2.2.5 装置控制

根据低温甲醇洗装置的规模、特点及生产设施的控制要求，同时考虑到管理功能，以及最大限度地减少现场人员及现场操作界面，低温甲醇洗装置利用整个项目的集中分散型控制系统（DCS）来进行装置工艺参数的操作、监视、控制，生产能力的调整以及工厂的管理等。低温甲醇洗装置的安全联锁及紧急停车系统由整个项目的 SIS 系统来实现。

低温甲醇洗装置控制主要通过流量、压力、液位、温度控制实现。

流量控制以控制贫甲醇流量、半贫甲醇流量及脱硫甲醇流量为重，以保证净化指标、合理的流量控制和分配，可以降低运行费用。同时，在CO_2解吸塔和H_2S浓缩塔顶要保证一定的无硫富甲醇流量，以再吸收解吸气中的硫化物，保证CO_2产品气和尾气中硫含量满足控制指标要求。

低温甲醇洗装置按压力分三个等级，分别为吸收塔的高压系统，闪蒸回收有效气体的中压系统，解吸、气提和热再生的低压系统，各系统通过压力控制以保证在设定的压力下进行操作。

低温甲醇洗液位控制是系统稳定连续操作的基础，各塔段、容器需要保证在合理的液位区间。

低温甲醇洗装置温度操作范围极大，甲醇液温度在 −70℃到 +100℃范围内变化，系统中 20 多台换热器组成的换热网络用以回收冷量并保证必要的工艺条件。温度控制主要用以监控系统运行是否正常，当各温度测量点标识温度达到设计值时，系统各项控制指标，如甲醇用量、净化指标等也基本可以判定为正常。

5.2.2.6 装置操作

（1）装置开车操作

① 开车前准备工作

A．水联运，吹扫，干燥；

B．确认各盲板的位置正确，凡检修时拆装过的盲板都已复位；

C．所有检修过的设备及仪表经有关人员确认好用；

D．确认系统内所有的工艺阀门处于正确状态；

E．氮气置换。

② 氮气充压

A．高压吸收系统用高压氮气或中压氮气充压，充后压力需要满足可将液体压入中压系统的要求；

B．中压闪蒸系统用高压氮气或中压氮气充压，充后压力需要满足可将液体压入低压系统的要求；

C．低压闪蒸、气提和热再生系统用低压氮气充压；

D．建议充压速度不大于100kPa/min。

③ 灌注甲醇　检查确认罐区甲醇液位和送液流程，无问题后，由现场操作员打开去贫甲醇罐补甲醇阀（其他各阀应检查确认处于关闭状态），此后罐区就可以启动送甲醇泵向系统灌注甲醇。灌注甲醇时先在贫甲醇罐建立合适液位后，打开贫甲醇泵及贫甲醇流量阀，向洗涤塔输送甲醇。当洗涤塔脱硫段和脱碳段液位分别建立合适液位后，打开洗涤塔液位调节阀，利用压力差向中压闪蒸塔输送甲醇。后续沿流程依次给各塔、容器建立合适液位。

④ 系统冷却及再生系统投用　溶液循环正常，各塔罐液位都正常后，联系调度，开启制冷冰机，投用氨冷器（或丙烯深冷器），对溶液循环系统进行降温冷却，系统降温速度建议不大于3℃/h。系统冷却的同时投用热再生塔系统，同时为控制贫甲醇中水含量，应创造条件，尽快开启甲醇水分离塔。

⑤ 原料气导入　当低温甲醇洗系统甲醇循环正常，贫甲醇温度降至−20℃以下且上游具备送气条件时，联系上游送原料气进低温甲醇洗系统。进气时首先保证喷淋甲醇投用，同时开旁路阀使上、下游系统压力均衡。

导气后甲醇中吸收的CO_2在低压系统解吸降温，富甲醇温度降至−60℃左右，与贫甲醇换热后得到的低温贫甲醇返回洗涤塔，对原料气进行洗涤，使其中的H_2S、CO_2达到净化要求，向外送净化气。

（2）操作中常见问题解决策略

① 降低系统甲醇中水含量　降低系统甲醇中水含量设计策略如下：

A．对换热网络的合理匹配，使得进吸收塔之前的甲醇水分离罐温度更合理，减少原料气带入主系统的水量。

B．合理设计甲醇水分离罐的几何尺寸，同样减少原料气带入主系统的水量。

C．合理确定甲醇水分离塔的设备参数，如塔板数、塔径、再沸器传热面积、换热器传热面积等，保证甲醇和水的分离效果。

D．合理设计甲醇水分离塔的工艺条件，特别是塔顶甲醇的加入量。

E．增加必要的设备和措施来减少甲醇水分离罐带入甲醇水分离塔的气体量，减轻甲醇水分离塔的操作负荷。

F．增加必要的系统甲醇中水含量不正常的操作手段，使得装置在不停车和不损失甲醇的情况下逐步降低水含量。

低温甲醇洗系统中循环甲醇中水含量的升高会导致甲醇对H_2S、CO_2的吸收能力下降，系统腐蚀风险提高，降低系统甲醇中水含量的操作策略如下：

A．保证系统干燥合格，以免造成甲醇中水含量偏高。

B．保证甲醇水分离塔在运行工况下运行稳定，排放系统中的水分。

C．保证热再生系统的水冷器和再沸器不泄漏，以免造成水泄漏到甲醇中。必要时可以设计成有备用设备，一旦泄漏可以切换。

② 净化气中硫及CO_2超标　净化气中总硫含量设计指标为$< 0.1\times10^{-6}$，CO_2含量有时要求$< 10\times10^{-6}$，一旦发生超标现象，可以从以下几个方面进行解决：

A．保证贫甲醇中的水含量在较低水平（< 0.3%）　低温甲醇洗系统中循环甲醇的纯度对吸收H_2S的影响较大。实际操作过程中，当循环甲醇中水分含量超过0.6%，即贫甲醇纯度降至99.4%以下时，贫甲醇对H_2S的吸收大幅度减少。在实际中发现，纯度在99.5%以

上的贫甲醇对 H_2S 吸收后，总硫含量可降至 0.04×10^{-6}，当贫甲醇纯度降至 99.4% 以下时，总硫含量上升至 0.1×10^{-6} 左右。因此降低循环甲醇中的水分含量至关重要。必要时可辅助置换少量循环甲醇，以尽快达到提升循环甲醇质量的目的。

B．保证系统中氨含量在较低的水平　在贫甲醇中水含量和硫含量均在正常范围内时，对系统中氨含量进行分析，当系统中氨含量超过 6.5μL/L 时，净化气中总硫含量会出现超标的情况。所以，系统中氨含量是造成净化气中总硫含量超标的原因之一，所以尽可能保证系统中氨含量在较低的水平。操作中保证系统氨含量在较低的水平，一方面要保证原料热气系统氨含量小于 3μL/L，另一方面要优化酸性气体的温度和浓度，将系统氨排出系统，这样维持系统氨的进出平衡，不积累。

C．消除低温甲醇洗系统杂质影响　低温甲醇洗系统中甲醇质量受原料气中携带的部分杂质，如有机硫、催化剂粉尘及系统中的 FeS 等杂质影响。通过设置高效的过滤器可以过滤系统的固体杂质。通过减排措施排出有机硫等杂质，维持系统有机硫等杂质的进出平衡，不积累。

③ CO_2 产品气及尾气中硫含量超标　主要解决措施同上述。还要注意两个分配比，一是从吸收塔脱碳出来的甲醇分配到脱硫段的量，保证出脱硫段的净化气中硫含量＜ 0.5μL/L；二是无硫甲醇液分配到 CO_2 解吸塔和氮气气提塔的量，二者要均衡，保证 CO_2 产品气及尾气中硫含量尽量低。

④ 排放气中甲醇含量超标　根据《石油化学工业污染物排放标准》（GB 31571—2015）新标准，低温甲醇洗装置尾气中甲醇含量要求≤ $50mg/m^3$，个别装置存在尾气排放不满足国家排放标准要求。尾气中甲醇含量高，同时会造成系统中甲醇消耗量高。

有效的优化解决措施是增加排放气水洗塔。水洗塔有板式塔和填料塔两种，可根据企业现场情况进行选择，最好选择高效的塔板或填料。

⑤ 甲醇消耗量高　典型低温甲醇洗工艺流程中，系统中甲醇物料向外排放总共 5 处，其中气相 4 处（净化气、CO_2 产品气、尾气、酸性气），液相 1 处（废水），这 5 处中的任何一处甲醇超标都会引起甲醇消耗增加。减少甲醇损失的优化策略包括：

A．要保证净化气中不夹带甲醇，运行时保证甲醇分布器以及除沫器等设备完好。低温甲醇洗系统中各塔和罐上部空间均起气流分离的作用，设计时一定要留有合适的分离空间，特别是气体离开系统的塔和罐，如吸收塔、解吸塔、酸性气体分离罐等。生产中一旦发生跑液现象，可在塔外增设分离罐加以解决。

B．保证排放气（CO_2 气及尾气）中甲醇含量达标，其有效措施是进行水洗。

C．保证排放废水中甲醇含量达标，除了优化操作甲醇水分离塔外，设计上最好设置甲醇水溶液闪蒸罐。

D．保证酸性气体中甲醇含量低，除了控制酸性气体温度合理外，提高酸性气体浓度、减少酸性气体量也很关键。

E．要减少进入低温甲醇洗系统的杂质，如有机硫和氨等，以避免采用排放甲醇的办法来减少系统杂质量。

⑥ 系统冷量不足　低温甲醇洗系统可能会出现冷量供应不足的情况，特别是在高温季节表现得最为明显，可能成为制约生产运行的瓶颈问题，操作中遇到冷量不足的情况时，应当：

A．要保证系统循环冷却水质量和温度，可以保证冰机的制冷效果。

B．要保证贫富甲醇换热器以及原料气进系统换热器的效果，减少冷量损失。如果效果不佳，可通过增加换热面积加以改善。

C．要保证设备的保冷效果。

⑦ 降低排放气中CO含量　虽然目前国家并未对排放气中CO含量指标有严格控制要求，但未来由于国家对环保的严控，系统存在环保隐患问题，需要采取降低CO含量的技术优化措施[139-141]。

针对现有运行装置优化措施：降低中压闪蒸压力，或增加氢气气提，必要时增加循环气压缩机。

针对新设置装置，尽可能将原料气分为变换气和未变换气两路，吸收塔设置为变换气吸收塔和未变换气吸收塔，未变换气吸收塔的富液打到变换气吸收塔，在变换气吸收塔中未变换气吸收塔富液中溶解的CO得以解吸，最终排放气中CO含量较低。如果未变换气吸收塔的富液不能打到变换气吸收塔，可以在中压闪蒸时用变换气这侧的中压闪蒸汽汽提未变换气吸收塔出来的中压富液，并合理设置中压闪蒸压力，保证排放气中的CO含量在较低的水平。

5.2.3 液氮洗工艺

合成氨工业中原料气经气化、变换、脱硫脱碳工序后，除了含有氢气（H_2）与氮气（N_2）外，还含有少量的一氧化碳（CO）、氩气（Ar）、甲烷（CH_4）、二氧化碳（CO_2）、甲醇（CH_3OH）等气体。其中，含氧化合物[142-143]（如CO_2、CO、CH_3OH）是氨合成催化剂的毒物（CO含量要求小于5×10^{-6}，$CO+CO_2$含量小于10×10^{-6}）[144-145]，其余气体（如痕量的Ar、CH_4）是氨合成反应中的惰性气体，它们的存在会不断累积在循环过程中从而影响合成氨反应的正常进行，在原料气进入合成氨工序前必须彻底清除掉这些气体，否则它们将对合成氨系统产生不可估计的危害。其中，CO_2是酸性气体，CH_3OH是极性较强的有机醇，它们都是比较容易从原料气中脱除出去的物质。但CO不是碱性或酸性气体，并且CO在各种溶液中的溶解度都非常小，相比其他物质而言从原料气中脱除出去比较困难[146]。

目前，合成氨工业中常见的脱除原料气中CO的方法可分为化学方法和物理方法两种。最常见的方法是铜氨液洗涤法、甲烷化法以及液氮洗涤法。其中，铜氨液洗涤法与甲烷化法属于化学方法，而液氮洗涤法属于物理方法。

液氮洗涤法是一种利用H_2与其他物质的沸点相差比较大，以及CO和CH_4沸点高于N_2和H_2的特点，在−189.0℃左右的低温条件下，以液氮为吸收剂吸收与氮沸点接近的CO、CH_4、Ar的方法。除了能够减少氨合成回路中惰性气体的含量，还能够提高合成气的有效压力，以提高氨合成系统的生产强度或氨的单程合成率。

液氮洗涤法具有气体净化度高（H_2+N_2纯度可以达到99.00%，可有效降低氨合成过程中弛放气的量）[147]、冷量利用合理、动力消耗低、流程简单、管理方便、无污染等优点[148-149]，在上游配置低温甲醇洗工艺时更有利于冷量的利用，通常为合成氨工厂中的原料气进入反应器前的最后一道净化工序。

5.2.3.1 工艺原理

液氮洗工艺的原理主要为吸附原理、混合制冷原理、液氮洗涤原理[147]。

（1）吸附原理　吸附是一种物理现象，不发生化学变化。由于分子间引力作用，在吸附剂表面产生一种表面力。当流体流过吸附剂时，流体与吸附剂充分接触，一些分子由于不规则运动而与吸附剂表面碰撞，有可能被表面力吸引，被吸附到固体表面，使流体中这种分子减少，达到净化的目的。

分子筛对极性分子的吸附力远远大于非极性分子，因此，从低温甲醇洗工序来的气体中 CO_2、CH_3OH 因其极性大于 H_2，就被分子筛选择性地吸附，而 H_2 为非极性分子，因此分子筛对 H_2 的吸附就比较困难。被吸附到吸附剂表面上的分子达到一定量，即达到了吸附平衡，这时每公斤吸附剂的吸附量达到最大值，称为静吸附容量（或称平衡吸附容量）。

在吸附过程中，由于流体的流动速度的影响和出口气体纯度等的要求，全部吸附剂并不能都达到吸附平衡，尚有一部分吸附剂未饱和，这时的吸附容量是单位吸附剂的平均吸附容量，称为动吸附容量。

一般情况下，动吸附容量仅为静吸附容量的 0.4 ～ 0.6 倍。吸附剂床层的切换时间是根据吸附剂在一定操作条件下的动吸附容量来确定的，如果到了切换时间而不及时切换，出口气体中杂质含量就会超标，因此必须严格按照设计要求定时切换吸附器而进行再生。

分子筛含有大量直径均一微孔，分子直径大于微孔的分子不能够被吸附，分子直径小于分子筛微孔的分子能够被吸附，因此分子筛具备较强选择性与较好吸附能力，通过分子筛吸附可以实现混合气体的净化与分离。在相同条件下，分子筛的吸附能力随压力升高而增强，随温度升高而降低；分子的极性越强，越容易被分子筛吸附。进入液氮洗装置的原料气中，CO_2 与 CH_4 的极性大于 H_2，被分子筛选择性吸附。分子筛的再生是通过高温氮气的吹扫，分子筛在高温条件下吸附能力下降，从而使吸附的分子从微孔中释放。

（2）混合制冷原理　众所周知，在一定条件下，将一种制冷工质压缩至一定压力，再节流膨胀，产生焦耳-汤姆逊效应（J-T 效应）即可进行制冷。科学实践已经证明："将一种气体在足够高的压力下与另一种气体混合，这种气体也能制冷"。这是因为在系统总压力不变的情况下，气体在掺入混合物后分压是降低的，相互混合气体的主要组分（如 H_2 与 N_2、CO、CH_4、Ar 等）的沸点至少平均相差 33℃，最好相差 57℃，这样更有利于低沸点组分 H_2 的提纯和低、高沸点组分的分离，并且消耗也低。

液氮洗工序就运用了上述原理。在换热器中用来自氮洗塔的产品氮洗气，冷却进入本工序的高压氮气和来自低温甲醇洗工序的净化气；而在氮洗塔中，净化气和液氮成逆流接触；在此过程中，不仅将净化气中的 CO、CH_4、Ar 等洗涤下来，同时也配入部分氮气。但这部分氮气并不能使出氮洗塔的产品气体中 H_2/N_2 达到 3∶1，因此，还有另外一种配氮方式（此配氮过程是在换热器之间完成的），使 H_2/N_2 最终达到 3∶1；同时，在整个氮气与净化气体混合的过程中，将中压氮气配到净化气中，其分压下降，产生 J-T 效应而获得了液氮洗工序所需的绝大部分冷量。

（3）液氮洗涤原理　液氮洗涤近似于多组分精馏，它利用氢气与 CO、Ar、CH_4 的沸点相差较大，将 CO、CH_4、Ar 从气相中溶解到液氮中，从而达到脱除 CO、CH_4、Ar 等杂质的目的，此过程是在液氮洗工序的核心设备——氮洗塔中完成的。由于氮气和一氧化碳的汽化潜热非常接近，因此，可以基本认为液氮洗涤过程为一等温过程。表 5-31 为液氮洗工序中涉及的气体物性参数。

表5-31 液氮洗工序中气体物性参数

气体名称	大气压下沸点/℃	大气压下汽化热/(kJ/kg)	临界温度/℃	临界压力/atm
CH_4	−161.45	509.74	−82.45	45.79
Ar	−185.86	164.09	−122.45	47.98
CO	−191.50	215.83	−140.20	34.52
N_2	−195.80	199.25	−147.10	33.50
H_2	−252.77	446.65	−240.20	12.76

注：1atm=101325Pa。

从表5-31可以看出，各组分的临界温度都比较低，氮的临界温度为−147.1℃（其他组分可见表5-31），从而决定了液氮洗涤必须在低温下进行。从各组分的沸点数据可以看出，H_2的沸点远远低于N_2及其他组分，也就是说，在低温液氮洗涤过程中，CH_4、Ar、CO容易溶解于液氮中，而原料气体中的氢气，则不易溶解于液氮中，从而达到了液氮洗涤净化原料气体中CH_4、Ar和CO的目的。

氮洗塔共有16块理论板、60块实际板。每一块理论板上气液相都达到热力学平衡，即离开每一块理论板的气相和液相都达到平衡，每一组分在气相（用v表示）和液相（用l表示）中的逸度都相等，表示如下：

$$f_i^{\mathrm{v}} = f_i^{\mathrm{l}}$$

每一组分的逸度都可以用其组成、系统压力与逸度系数ϕ，表示如下：

$$\phi_i^{\mathrm{v}} y_i p = \phi_i^{\mathrm{l}} x_i p$$

式中 ϕ_i——逸度系数；

y_i、x_i——某组分组成；

p——系统压力。

平衡时每一组分在气液相中组成的比值K，表示如下：

$$K_i = \frac{y_i}{x_i} = \frac{\phi_i^{\mathrm{l}}}{\phi_i^{\mathrm{v}}}$$

式中 ϕ_i——逸度系数；

y_i、x_i——某组分组成。

液相逸度系数受系统温度的影响要比气相逸度系数强。因此，K值受系统温度的影响很大。在氮洗塔入口条件下，K值随温度的变化如表5-32所示。

表5-32 氮洗塔中K值随温度的变化

组分	温度℃		
	−195	−191	−185
H_2	12.500	11.100	9.450
N_2	0.071	0.100	0.158
CO	0.047	0.077	0.117
Ar	0.032	0.048	0.083
CH_4	0.005	0.009	0.018

K 值大的组分，例如 H_2，在液氮中的溶解度很小，而 K 值小的组分，例如 CH_4，在液氮中的溶解度很大，因而很容易从气体中洗涤干净。

氮洗塔的操作温度降低时，易溶组分的 K 值也减小。操作温度从 −185℃降到 −195℃时，CO 的 K 值会降到原来值的 40%，在塔顶 CO 含量一定（例如 1×10^{-6}）的情况下，K 值的降低就可以使洗涤氮的用量减少相应的量。

由于降低氮洗塔的操作温度可以减少洗涤氮的用量，因而重要的是要使氮洗塔在尽可能低的操作温度下运行。

5.2.3.2 液氮洗工艺的特点

液氮洗工艺主要具有以下特点[150]：

① 液氮洗装置原料气来源于低温甲醇洗装置，原料气中对深冷操作有害的物质已大幅度地减少。甲醇洗涤法和液氮洗涤法都是在低温条件下操作的，并且二者相互匹配使用的节能效果会更好。

② 氮洗塔操作温度的降低可以减少液氮的用量。因此，使氮洗塔在低温（即比常温低 200.0℃以上，一般为 −189.0℃）下运行是非常重要且必要的操作，可以通过调节低压液氮、高压氮气用量来控制吸收的速度，以达到净化要求。

③ 液氮洗工艺使用的换热器大多数情况下都是铝合金板翅式换热器。铝合金板翅式换热器适用于多流股之间的传热，且各流股之间的传热温差相比于其他种类换热器较小（0.5 ～ 5.0℃），有效能损耗小。在运行过程中，铝合金板翅式换热器的温度变化率小于 25.0℃ /h，并且流股之间的最大温差为 50.0℃。

④ 液氮洗装置是在低温下运行的，这会促使热量从大气传入装置内部。传入的这些热量一定多消耗冷公用工程低压液氮的用量。由于可供应的低压液氮量是严格控制的，所以极其重要的是要采用保温性能非常好的绝热材料使大气传入的热量降至最小。传统的方法是用冷箱将工艺装置封闭起来，其间用绝热材料填充，充分绝热后，冷箱外壁温度可保持在 0℃以上，以防霜冻。冷箱内用低压氮气吹除，保持微正压，防止潮气进入。

⑤ 分子筛吸附器的作用是脱除原料气中残留的 CH_3OH、CO_2 等高沸点杂质，消除其对低温设备的影响（管道和设备堵塞、冷箱换热器冻结等）。

⑥ 液氮洗工艺中可以加入废气回收装置，以回收溶解在氮洗塔的底液中的大量 CH_4、H_2、CO 等产品，以减少原料气体的消耗、提高利用率。

⑦ 液氮洗涤 CO 为一物理过程。CO 在液氮中的溶解度基本符合亨利定律。由于氮和 CO 的沸点相差不大，液氮蒸发热与 CO 溶解热也相差不多，因此液氮洗涤 CO 的过程温度变化不大。

5.2.3.3 液氮洗典型工艺流程

液氮洗典型工艺流程如图 5-69 所示[149]。

传统液氮洗工艺流程的主要设备包括：减压阀（V1、V2）、闪蒸罐（D1）、分子筛吸附器（A/B）、多流股铝合金板翅式换热器（E1、E2、E3）以及氮洗塔（T1）。来自低温甲醇洗工艺的粗原料气首先进入分子筛吸附器，脱除其中的 H_2O、CO_2、CH_3OH 等杂质，防止这些高沸点杂质进入冷箱后，在低温条件下凝固而造成管道堵塞、设备冻结等问题[151-152]。经过分子筛吸附脱除了 H_2O、CO_2、CH_3OH 等杂质的原料气随后进入铝合金板翅式换热器 E2，与氮洗塔顶部的精制气、底部的尾液和闪蒸汽回收氢逆向换热。经过铝合金板翅式换热器E2冷却到一定的温度后，原料气进入了铝合金板翅式换热器E5继续换热冷却。经过铝合金板翅式换热器E5换热冷却后，原料气进入氮洗塔T1的底部，由液氮从上到下进行洗涤，以溶解气体中CH_4、CO、Ar等杂质。

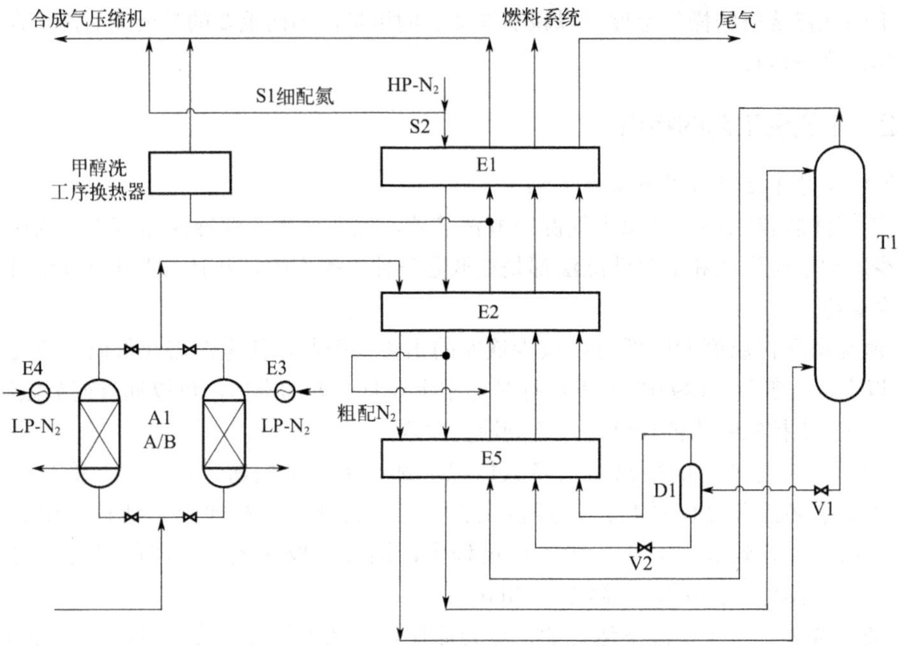

图5-69 液氮洗典型工艺流程图

洗涤后的精制气从氮洗塔T1的顶部流出，再次经过铝合金板翅式换热器E5换热后，液氮洗系统按比例调节的方式对精制气进行粗配氮，然后精制气再去往铝合金板翅式换热器E2回收冷量。经铝合金板翅式换热器E2加热到一定温度后，精制气分为两股：一股去往低温甲醇洗工艺，回收冷量后再次返回液氮洗工艺；另一股经板翅式换热器E1复热后，与低温甲醇洗工艺回来的一股进行混合，按照氢气与氮气的摩尔比3∶1进行细配氮，送往氨合成工序。

从空分来的N_2分为两股，一股根据氢气与氮气摩尔比情况对精制气进行细配氮；另一股经铝合金板翅式换热器E1和E2冷却后分为两股，一股对精制气进行冷量补充与粗配氮，另一股进入了铝合金板翅式换热器E5经冷却后得到液氮，进入氮洗塔T1作为洗涤液。

氮洗塔T1底部的尾液经过减压阀V1减压后，进入闪蒸罐D1气液分离。分离后的气相部分（主要为氢气，称为“粗氢气”）先后经过铝合金板翅式换热器E5、E2、E1换热回收冷量，之后进入甲醇洗循环气压缩机回收氢；分离后的液相部分经过减压阀V2减压后，先后经铝合金板翅式换热器E5、E2、E1进行换热、回收冷量、升高温度，进入燃料气压缩机，压缩后送至燃料气管网。

进入液氮洗的原料气中，多数组分的临界温度较低，因此液氮洗涤操作需要在低温条件下进行。

CH_4、CO和Ar的沸点高于液氮。当这些气体接触到液氮并凝结时，一些液氮就会蒸发掉。在操作条件下，液氮洗涤的程度取决于气液平衡关系。因此，CO 能否溶解在液态氮中取决于液态氮洗涤操作的压力、温度和 CO 的平衡饱和蒸气压[153]。

5.2.3.4　设备设计说明

液氮洗装置的主要设备分为分子筛和冷箱内设备两部分，其中关键设备集中在冷箱内，包括氮洗塔和三组板翅式换热器。

氮洗塔是液氮洗冷箱中的关键设备之一，该设备的设计压力为 4.0 ～ 6.5MPa, 设计温度为 −196℃，属于三类压力容器。氮洗塔为板式塔，塔盘类型为高效筛板塔，塔高 17.4m，共 55 块塔盘，板间距为 250mm，塔盘为小孔筛板，塔的底部还有一块泡罩盘。氮洗塔材料在设计中要考虑在不锈钢和铝合金中选择，建议采用不锈钢。

板翅式换热器具有传热效率高，可以多流股相变换热并且具有结构紧凑轻巧、省材料等优点，被广泛应用于液氮洗装置中。

铝合金板翅式换热器主要用于低温（温度可低到 −269℃），而且工艺物流间的传热温差可以很小（0.5 ～ 5℃），适用于多流股（可多至 10 流股）间的传热过程。

板翅式换热器隔板厚度一般为 0.5 ～ 1.0mm。Linde 板翅式换热器中的流道深度为 6.5 ～ 9.5mm，与流道中的体积流量有关。如果一物流的体积流量大大超过另一物流，则流量大的流道深度会加大到三倍。翅片的厚度一般为 0.2 ～ 0.6mm。

在 4.0 ～ 6.5MPa 的设计压力下，从机械结构方面考虑，每一换热器单元的最大容积为 4.6m^3。因此同一位号的换热器往往设计成若干平行的换热单元，使每一单元的体积都不超过最高限。板翅式换热器经受的热应力过大时会损坏，因此，在操作运行中，温度变化的速率不能超过 25℃ /h。而且一个换热器单元的任何端部，任何两个物流间的最大温度差异都不得超过 50℃。

板翅式换热器中共同的参数如下：

传热面对体积比：1400m^2/m^3

设计温度：−195/+50℃

设计压力：4.0 ～ 6.5MPa

材质：铝合金

5.2.3.5　装置控制

液氮洗装置利用集中分散型控制系统（DCS）来进行装置工艺参数的操作、监视、控制，生产能力的调整以及工厂的管理等。液氮洗工艺的控制由两部分组成，一部分是分子筛吸附器系统的控制，另一部分是冷箱相关设备的控制。

（1）分子筛吸附器系统的控制　分子筛吸附器系统为一全自动操作系统单元，每台分子筛吸附器工作 24 小时后再生，再生步骤如下：

① 减压　将分子筛吸附器卸压通火炬，压力小于 50kPa，约 40 分钟。

② 预热　用低压氮预热至常温，约 180 分钟。

③ 加热　加热至大于 190℃，约 324 分钟。

④ 预冷　预冷至低于 50℃，约 276 分钟。

⑤ 充压　充压至小于工作压力，约 40 分钟。

⑥ 冷却　用甲醇洗来的原料气冷却至低于 −45℃，约 548 分钟。

⑦ 切换准备。

（2）冷箱相关设备的控制

① 原料气冷却和合成气加热　在正常稳定的操作中，用于原料气冷却的设备是不加控制的，但在工厂开停车过程中要注意升降温的速度不得超过25℃/h，而且在换热器冷端或热端处任何两个冷热物流间的温度差不得超过50℃。

② 高压氮流量控制　高压氮气的总流量是由以下三个因素确定的：

A．去氮洗塔顶的洗涤氮量；

B．用于调节合成气氢氮比为3∶1的液化的高压氮量；

C．用于进一步精细调节合成气氢氮比为3∶1的高压氮量。

高压氮的总流量是在冷箱前测定的。流量降至控制边缘时会报警，流量降至工艺过程不能控制时就会停车。

③ 合成气中的氢氮比　合成气中的氢氮比是用控制阀控制的。合成气的氢氮比是用AIC测量的，此调节器串级控制系统调节氮气流量设定值，使其保持准确的75∶25氢氮比。氢氮比控制系统可以认为由三个部分组成：

A．流量控制以维持氮气流量的稳定；

B．一次前馈调节可以处理原料气流量的变化；

C．二次前馈调节可以调节高压氮气流量使氢氮比符合规定值。

④ 氮洗塔

A．洗涤氮流量　氮洗塔的洗涤效果与洗涤氮用量有很大关系。正常操作时，要求净化气中的CO含量控制在2×10^{-6}以下。因此，需要有足够的洗涤氮用量，可是另外又要求洗涤氮用量尽量减少，使H_2的损失降低。原料气量一定时，适宜的洗涤氮用量就相当于所允许的CO含量在塔内分布情况。

洗涤氮流量的控制由三个部分组成：

（a）流量控制使洗涤氮用量保持稳定；

（b）一级前馈调节考虑到原料气流量的变化；

（c）二级反馈调节使洗涤氮流量调整到刚允许CO穿透进入精制气时的最低值。

B．原料气进塔温度　很多操作失常，例如原料气流量突然增加等会使原料气进塔温度超过正常值。结果净化效果降低，塔内CO浓度分布上移，洗涤氮流量就要增加。这样，用于调节组成的高压氮量就会减少，最终合成气可能不合格。

为防止这种情况出现，在原料气进塔管线上加温度控制，设定值高于正常操作温度2℃。如果温度超过设定值，控制阀就会将底液直接排放到废气通道。这部分液体蒸发，就会使进来的原料气冷却，温度逐渐降至正常值，控制阀也会缓慢关闭。

C．氮洗塔的液位　氮洗塔的液位是用控制阀控制的，使出塔的液体流量稳定，只允许液位在高、低液位报警设定值之间波动。

⑤ 冷箱　液氮洗装置是在比环境温度低200℃以上的温度下运行的。所以极其重要的是要采用保温性能非常好的绝热材料使从大气传入的热量降至最小。

传统的方法是用冷箱将工艺装置封闭起来，中间用绝热材料填充。充分绝热后，冷箱外壁的温度可保持在0℃以上，这就可以防止霜冻。

冷箱的顶部与底部要有喷氮气管，通低压氮吹除。冷箱的正压防护用两套安全阀控制，两套安全阀都调节到始终有吹除氮通过，这样就可保证冷箱始终处于少许正压状态，防止潮气进入冷箱冻结，降低绝热性能，总的吹除氮流量用现场的指示器显示。

连续吹除也可保证冷箱内小的泄漏处不至于有可燃气体聚集。

在冷箱吹除气低压氮中断的事故中，冷箱内的氮气温度会降至接近工艺温度，冷箱内的压力会降低，形成部分真空。为保护冷箱由于部分真空而损坏，设有安全阀，设定值为−0.50kPa。

冷箱的所有液体排放点都连到一总管通排污罐。类似地，所有安全阀的排放，根据可能排放的最低温度，或者排到“冷”总管，或者排到“热”总管。冷总管通至排放罐入口，热总管连到火炬系统。

5.2.3.6　装置操作

（1）装置开车操作

A．开车前的确认工作

（a）所有设备及管线安装调试结束，各项检测合格，设备管线吹扫合格；

（b）所有测量仪表调试完毕且投用正常，所有阀门及盲板处于正确位置；

（c）冷箱裸冷检查合格，珠光砂装填结束，氮气小流量吹扫开启；

（d）分子筛程序调试完成，对应程控阀确认无误。

B．气密试漏

（a）确认冷箱开车线各手阀、调节阀均已关闭，所有安全阀安装校验合格，可以正常使用，确认关闭高低压设备之间的手阀及仪表阀门，防止窜气；

（b）稍开进冷箱高压氮气管线手阀的旁路阀给冷箱高压系统充压，控制升压速率在100kPa/min，根据压力提升等级（0.5MPa、1.0MPa、1.5MPa……）阶段性地对冷箱内外所有连接法兰、仪表接口、焊口等进行仔细查漏；

（c）冷箱内部高压部分气密期间需密切注意与之相连的低压部分的压力变化，谨防窜气超压，如有阀门内漏窜气，应卸压后进行处理，然后充压气密，直至合格；

（d）分子筛部分的气密充压可通过打开与冷箱连接的原料气管线上切断阀的旁路阀进行，与冷箱高压部分共同进行气密检查。

C．系统氮气置换和干燥

（a）向冷箱中导入低压氮气或利用高压氮气对冷箱进行氮气置换和干燥，打开各个排放阀门及排液导淋，控制冷箱压力不要超过 0.50MPa；

（b）分子筛吸附器保持通入少量氮气以保正压，防止其他介质窜入；

（c）在各分析点间隔三次采样分析 O_2 含量＜ 0.2%，H_2O 含量＜ 10×10^{-6} 时，置换和干燥合格，关闭各排放手阀和各控制阀封闭冷箱。

D．分子筛吸附器再生　将分子筛吸附器程序控制在手动位置，人工控制程控阀的开关进行分子筛吸附器的再生处理。一般情况下分子筛吸附器为两台设置（一台运行、一台再生），要求在原始开车前将两台分子筛吸附器均再生合格备用。

E．冷箱内的制冷　当空分装置高压氮气用量满足制冷需求后，打开冷箱制冷放空阀，向冷箱导入高压氮气，通过调节冷箱各制冷放空阀的开度，控制氮洗塔压力在 0.5MPa 左右，同时保持各换热器端面温差不得超过 50℃，以防产生较高的温差应力而损害设备。降温速率不得超过 15℃ /h。当氮洗塔塔釜液位达到 100% 时，可以减少或停止制冷，等待原料气的导入，若氮洗塔液位过高，可通过塔底导淋进行排放。

F．导气开车　确认低温甲醇洗产出的净化气指标合格后，可以将其导入分子筛吸附器进行分子筛吸附器的冷却降温，待分子筛吸附器出口温度与低温甲醇洗送来的净化气温度相当后，可以联系分析人员对分子筛吸附器出口的净化气进行取样分析，分析合格后可导入冷箱。

净化气导入冷箱前，需要关闭冷箱制冷各阀。将分子筛吸附器与冷箱均压，均压后打开各开车阀门，依据冷箱压力，逐步关闭低温甲醇洗开车线上的调节阀，逐步打开液氮洗的放空阀，当净化气进入冷箱后，相应调节冷箱内部塔罐液位控制板换热温度，同时，洗涤氮和粗配氮应随原料气量增大而增大，当低温甲醇洗开车线上的调节阀全部关闭后，导气完毕。当冷箱温度、液位正常后，通知化验室分析取样，当 CO 含量＜ 2×10^{-6}，并用精配氮调节 H_2/N_2 比为 75% 左右时，可以向下游合成工序送气。

（2）操作问题分析建议　液氮洗涤装置运行中常见问题如下：

问题 1：冷量不足，氮洗塔液位过低。

操作建议：多表现在氮洗塔及后续中压闪蒸罐的液位过低，而前段中部板换的各点温度大幅下降，长时间运行易导致系统波动，液氮洗外送合成气中 CO 含量超标。建议尝试通过加大氮洗塔进口洗涤氮用量，减少粗配氮用量的方式来平衡冷箱内部冷量。

问题 2：冷量过剩，冷箱连续排液。

操作建议：为了预防冷量不足引起的氮洗塔液位过低问题，冷箱多采取了较为稳妥的过冷操作，这样就导致了冷箱内部塔罐的液位过高，需要定期排液将多余的冷量移出。为解决这一问题可以将进低温甲醇洗单元的一部分常温气提氮气用来给冷箱排液复热气化，这样一来减少了火炬系统的蒸汽消耗，还可以将这部分冷量通过气提氮气回收送至低温甲醇洗单元，降低了低温甲醇洗单元的冷量消耗。

5.2.4 铜洗

铜氨液洗涤法属于化学吸收方法，即在高压和低温下用铜盐的氨溶液在铜洗塔内吸收气体中少量的一氧化碳并生成新的络合物，可使一氧化碳含量降至 10×10^{-6} 以下，同时还能除去原料气中的二氧化碳、硫化氢、氧等，吸收后的溶液在减压和加热的条件下再生。通常将铜盐的氨溶液吸收一氧化碳的操作称为“铜洗”或“精炼”，铜盐的氨溶液简称“铜液”，净化后的气体称为“铜洗气”或“精炼气”。

铜液是铜离子、酸根离子及氨组成的水溶液。为避免设备遭受腐蚀，不用强酸，而用蚁酸、醋酸和碳酸等弱酸的铜盐氨溶液[67,154-155]。

蚁酸亚铜在氨溶液中溶解度大，吸收 CO 的能力较强，气体净化度高，但蚁酸价格高且易挥发损失，需要的补充量大，运行成本高；碳酸铜氨溶液中的碳酸根离子，来自原料气中的 CO_2，该铜液价格便宜，但吸收能力差（只有醋酸铜氨液的 70% 左右），铜液循环量大、能量消耗高、气体净化度低，32MPa 下操作，吸收后气体中的 $CO+CO_2$ 含量仍在（150 ～ 200）$\times10^{-6}$，仍需进一步精制；醋酸铜氨液的吸收能力与蚁酸铜氨液接近，醋酸铜氨液组成比较稳定，再生时损失较少。铜氨液洗涤法，以醋酸铜氨液为最优。国外，曾经采用的铜洗操作一般采用蚁酸或碳酸铜氨液，而国内一直采用醋酸铜氨液。

醋酸铜氨液是由醋酸（CH_3COOH, HAc）、铜、氨和水经化学反应后配制成的一种溶液。它的主要成分是 $[Cu(NH_3)_2]Ac$ 和 $[Cu(NH_3)_4]Ac_2$ 以及过量的氨和醋酸等。

铜在铜液中以低价铜离子（Cu^+）和高价铜离子（Cu^{2+}）两种形态存在。两者浓度之比

（Cu^+/Cu^{2+}）称为铜比，两者浓度之和 (Cu^++Cu^{2+}）称为总铜。低价铜离子的溶液无色，能以 $[Cu(NH_3)_2]Ac$ 的形式吸收 CO 和 O_2 等，但当低价铜离子浓度过大时，容易析出金属铜；高价铜离子的溶液呈蓝色，$[Cu(NH_3)_4]Ac_2$ 没有吸收 CO 和 O_2 的能力，但它可以在一定条件下溶解金属铜并转化成为低价铜离子，使低价铜离子保持稳定。铜液中的总铜极限值由铜在铜液内的溶解度决定，总铜一般维持在 2.2 ～ 2.5mol/L。极限铜比在 8 ～ 10 之间，实际生产中为了有较高的吸收能力，同时又要防止金属铜的析出，铜比一般控制在 5 ～ 8 范围内。

醋酸是为了形成 $[Cu(NH_3)_2]Ac$ 和 $[Cu(NH_3)_4]Ac_2$ 而存在的，过量的醋酸能阻止碳酸铜氨液的形成及碳酸铜沉淀的生成。操作中醋酸含量以超过总铜的 10% ～ 15% 较为合适。

氨在铜液中以络合氨、固定氨和游离氨三种形态存在，三者的浓度之和称为总氨。络合氨就是与低价铜离子、高价铜离子络合在一起的氨，固定氨就是与酸根离子结合在一起的氨，游离氨就是物理溶解状态的氨。由于络合氨和固定氨的浓度由铜离子和酸根离子浓度而定，所以总氨增加，游离氨浓度也增加。游离氨能和 CO_2、H_2S 反应，也参与了铜液吸收 CO 和 O_2 的反应，当铜液中游离氨不足时，$[Cu(NH_3)_2]Ac$ 将分解产生 CuAc 沉淀；当进塔 CO_2 含量高而游离氨不足时，将产生 $CuCO_3$ 沉淀。

铜液再生后残余 CO 和 CO_2 的含量分别控制在 $0.05m^3/m^3$ 和 1.5mol/L 以下。

5.2.4.1 技术原理[67,156]

（1）铜液吸收的基本原理

① 铜液吸收CO的基本原理 铜液吸收CO是在游离氨存在下，依靠低价铜离子进行的，其反应如下：

$$Cu(NH_3)_2Ac+CO（液相）+NH_3 \rightleftharpoons [Cu(NH_3)_3CO]Ac+Q$$

② 铜液吸收 CO_2 的基本原理 铜液吸收 CO_2 依靠铜液中的游离氨，其反应如下：

$$2NH_3+CO_2+H_2O \rightleftharpoons (NH_4)_2CO_3+Q$$

生成的 $(NH_4)_2CO_3$ 会继续吸收 CO_2 而生成 NH_4HCO_3：

$$(NH_4)_2CO_3+CO_2+H_2O \rightleftharpoons 2NH_4HCO_3+Q$$

③ 铜液吸收 O_2 的基本原理 铜液吸收 O_2 是依靠低价铜离子进行的，其反应如下：

$$4[Cu(NH_3)_2]Ac+8NH_3+4HAc+O_2 = 4[Cu(NH_3)_4](Ac)_2+2H_2O+Q$$

④ 铜液吸收 H_2S 的基本原理 铜液吸收 H_2S 主要是依靠其中的 NH_4OH 进行的，其反应如下：

$$2NH_4OH+H_2S \rightleftharpoons (NH_4)_2S+2H_2O+Q$$

除上述反应外，还有 H_2S 溶解在铜液中与低价铜离子发生反应生成硫化亚铜沉淀：

$$2[Cu(NH_3)_2]Ac+H_2S \rightleftharpoons Cu_2S+2(NH_4)_2Ac$$

微量 H_2S 能够被铜液吸收而除去。如果原料气中 H_2S 含量过高，生成黑色的沉淀，会堵塞设备、管道、填料层，增大铜液黏度和使铜液发泡，造成带液事故，还导致铜耗过高。为此，要求进铜洗系统的 H_2S 含量越低越好。

（2）铜液再生的基本原理 铜液吸收了 CO、CO_2、O_2 和 H_2S 以后，便失去了原有的吸收能力，必须将其解吸、再生，才能恢复吸收能力。再生过程包括以下内容：将 CO、CO_2 和 H_2S 从铜液中解吸出来；将被氧化成的高价铜离子还原为低价铜离子；调节铜比，补充所消耗的氨、醋酸和铜，并将铜液冷却至吸收所应维持的温度。其基本原理如下：

① CO、CO_2、H_2S 的解吸反应　解吸反应是吸收反应的逆过程，其反应式如下：

$$Cu(NH_3)_3Ac \cdot CO \rightleftharpoons Cu(NH_3)_2Ac + CO + NH_3 - Q$$

$$(NH_4)_2CO_3 \rightleftharpoons 2NH_3 + CO_2 + H_2O - Q$$

$$(NH_4)_2S \rightleftharpoons 2NH_3 + H_2S - Q$$

温度、压力对再生过程的影响与吸收相反，再生应在高温和低压下进行。

② 高价铜离子被还原为低价铜离子的反应　高价铜离子被还原，并不是低价铜离子被氧化的逆过程，而是液相中的一氧化碳先与低价铜离子作用，将低价铜离子还原成金属铜，生成的金属铜在高价铜离子存在下再被氧化成低价铜，与此同时，高价铜离子本身也可能被 CO 还原成低价铜离子。

③ 补充所消耗的氨、醋酸和铜，并冷却降温　铜液再生过程中，由于加热温度升高，铜液中的氨、醋酸挥发一部分，必须补充一定量的氨和醋酸。

吸收过程中，部分 H_2S 与低价铜离子反应生成了 Cu_2S 沉淀，降低了铜液中总铜，必须给铜液中补充铜。

在解吸、还原反应以后，铜液需冷却、降温，使其恢复吸收能力，再循环使用。

5.2.4.2　工艺流程[155,157]

铜洗流程由吸收和再生两个部分组成（见图 5-70）。

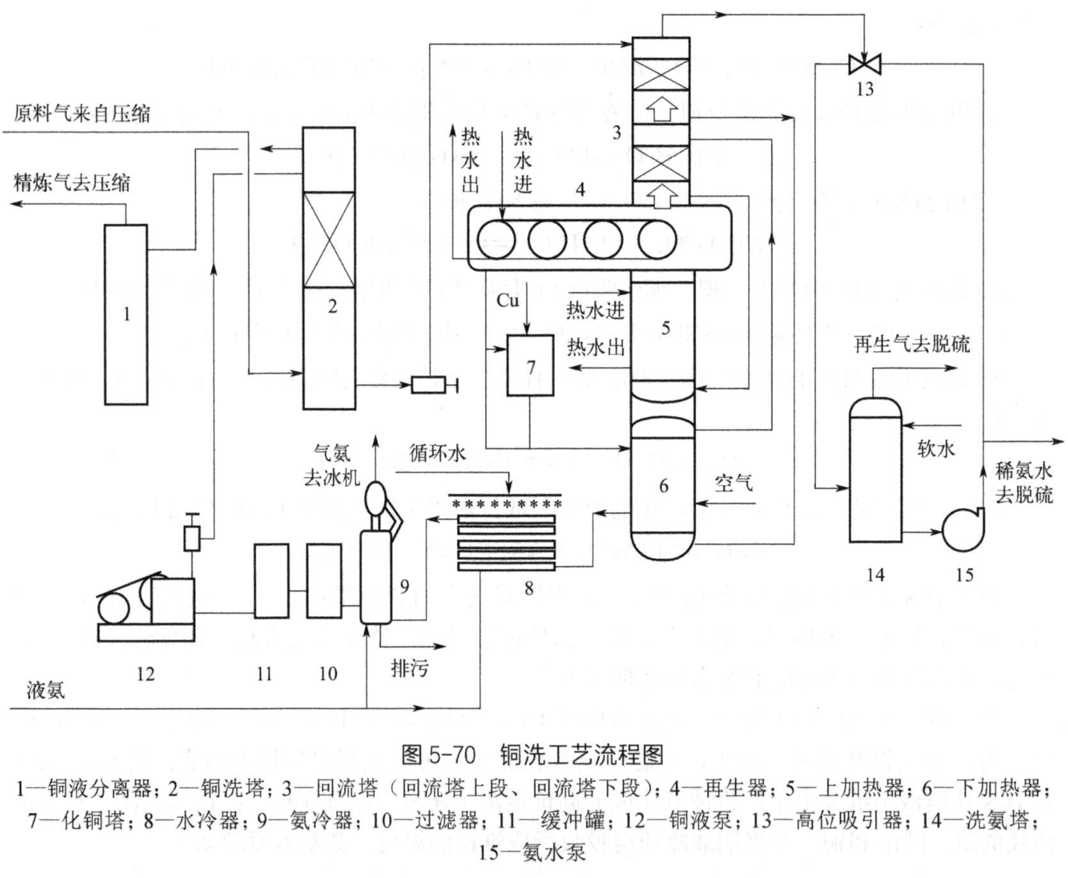

图 5-70　铜洗工艺流程图

1—铜液分离器；2—铜洗塔；3—回流塔（回流塔上段、回流塔下段）；4—再生器；5—上加热器；6—下加热器；7—化铜塔；8—水冷器；9—氨冷器；10—过滤器；11—缓冲罐；12—铜液泵；13—高位吸引器；14—洗氨塔；15—氨水泵

来自压缩工段的原料气经总油分离器后，从塔底进入铜洗塔，与从塔顶喷淋下来的铜液在填料上逆流接触，使气体中 CO、CO_2、O_2 和 H_2S 等被铜液吸收。铜洗后的精炼气由塔顶出来，经铜液分离器分离铜液后，去压缩工段。

吸收气体后的铜液，由铜洗塔底部出来，经减压后，进入回流塔上段顶部喷淋而下，回收再生气中的氨、醋酸和热量后，从回流塔上段底部去下加热器，与再生器出来的 78℃左右的热铜液换热，换热后的铜液再进入回流塔下段顶部喷淋而下，再进一步回收再生气中的氨、醋酸和热量。然后进入上加热器，继续与来自变换或合成工段的回收余热后的 103℃左右的循环热软水换热到 78℃左右，然后进入再生器。再生器内的铜液，也由该循环热软水加热和保温，使铜液温度维持在 78℃左右，解吸再生完全。再生后的铜液从再生器下部流出，经化铜塔，经下加热器换热流入水冷器冷却并补充氨。然后，进入氨冷器进一步冷却至 8 ～ 12℃后，进入过滤器，滤去铜液中油污杂质，再经缓冲罐至铜液泵进口，由铜液泵打入铜洗塔，循环使用。

5.2.4.3 技术特点

铜洗后精炼气中 $CO+CO_2$ 含量≤ 25×10^{-6}，精制度不高；生产过程要消耗铜、醋酸、液氨、蒸汽或热水，消耗高；再生气中大量氨只能回收为稀氨水，易造成稀氨水过剩；溶液容易泄漏。

5.2.4.4 运行数据

（1）吸收过程

操作压力：12.0 ～ 15.0MPa ;

操作温度：8 ～ 15℃ ;

铜液中铜比一般控制在 5 ～ 7，总氨含量一般控制在 9 ～ 13mol/L。

（2）再生过程

再生器温度：76 ～ 80℃ ;

再生时间：约 30 分钟 (铜液在再生器中停留时间不低于 20 分钟)。

5.2.4.5 经济性指标

自用氨：3 ～ 10kg/t NH_3;

电解铜：0.1kg/t NH_3;

冰醋酸：0.2kg/t NH_3;

铜洗再生耗蒸汽或等热量热水：100 ～ 300kg/t NH_3;

电耗：50kWh/t NH_3。

5.2.4.6 环境影响

铜洗再生气中约含有 72% 的 H_2+CO、12% 的氨。排放再生气，将对周边环境造成严重影响并使合成氨生产原材料消耗增加。铜洗再生气的回收分两步。因为氨能与合成气中的二氧化碳反应生成碳酸氢铵，易在管道或设备内结晶形成堵塞，首先回收其中的氨，使再生气中的氨含量少于 0.04%。自铜洗再生塔顶部出来的再生气，经缓冲器进入吸氨器，用循环稀氨水吸收气体中的氨，再经再生器氨水分离器分离水滴后，去脱硫工段或压缩机进口作为原料气利用。稀氨水由氨水泵打循环，达到一定浓度后送脱硫工段作脱硫液或送入氨水逐级提浓系统。再生气氨回收要考虑全厂氨回收系统的水平衡，控制好循环氨水的流量和温度，及时调节新鲜水的补充量及合格氨水的送出量，确保再生气的净化质量。

历史上，铜洗回收的稀氨水主要综合利用于半水煤气氨水液相催化脱硫。自该脱硫工艺被国家发展改革委《产业结构调整指导目录（2011 年本）》列为“第三类 淘汰类”落后生产工艺装备后，稀氨水的平衡与综合利用成为企业减少含氨氮废水排放的主要问题。对于生产碳铵的企业，可直接回收利用。对于生产尿素的企业，可经两级吸收产生 5% ～ 8% 氨水（约 0.05 ～ 0.1m^3/t NH_3），送尿素工艺冷凝液槽去尿素深度水解装置回收利用。稀氨水也可综合利用于锅炉烟气脱硫。

5.2.4.7 技术发展与应用情况[67,154,157]

铜氨液洗涤法是最早采用的氨合成原料气净化方法，1913 年在德国 Oppau 的合成氨厂首先使用。20 世纪 90 年代以前，我国建设的以煤为原料的中小型合成氨厂几乎全部采用了铜氨液洗涤法净化原料气中的 CO 和 CO_2。

我国最后采用铜洗工艺建设合成氨装置的企业是新疆宜化化工有限公司（2010 年投产），以次烟煤为原料采用常压富氧气化技术，40 万吨合成氨 / 年，3.5MPa 脱碳采用低温甲醇洗工艺，醇洗后气体中 CO、CO_2、H_2S 含量分别为 1.8%、0.3%、0.0014mg/m^3，12.0MPa 铜洗工艺吨氨消耗合成氨 5kg、醋酸 0.042kg、铜 0.040kg。该企业已自主于 2020 年将原料气深度净化由铜洗工艺改为醇烃化工艺。

采用铜洗工艺技术的历程中，应用和进步的主要技术内容有：

① 水洗脱碳或采用 1.6MPa 碳酸丙烯酯脱碳的企业，采用的铜洗工序需增设氨洗或碱洗。水洗脱碳后 CO_2 含量≤ 2%，1.6MPa 碳酸丙烯酯脱碳后 CO_2 含量在 1.2% ～ 1.5%，因含 CO_2 量较高，仅经铜洗工序不能满足净化要求，需增设氨洗或碱洗，才能使气体中 CO+CO_2 含量降到允许含量。

② 对铜洗塔实施高效传质技术改造。20 世纪 90 年代之前，铜洗塔结构绝大多数以散堆型填料塔为主。90 年代，采用垂直筛板、金属孔板波纹规整填料的改造铜洗塔技术在行业中得到推广。改造后，装置生产能力提高 30% ～ 50%，塔压降减少 30% ～ 50%。吨氨铜液循环量减少 30% 左右，再生系统的蒸汽消耗、冷却水消耗和氨冰机冷冻量消耗大大降低。

③ 综合利用氨合成、变换热水，铜洗蒸汽消耗大幅度降低。综合利用软水加热器回收氨合成反应热，或综合利用变换第二饱和热水塔下部热水段回收变换气余热，使水温提高至 103℃以上供铜洗再生铜液使用，实现铜洗工段再生铜液不用锅炉蒸汽。

④ 采用双段回流塔替代单段回流塔，铜洗能耗显著降低。早期的回流塔属于单段回流。用双段回流替代单段回流，回流塔出口再生气温度显著降低，铜洗氨耗、蒸汽耗明显减少。

5.2.4.8 综合评述

铜液在加压下吸收 CO、CO_2，通过减压和加热的方法再生。生产过程要消耗铜、醋酸、液氨、蒸汽或热水，回收再生气中的氨副产大量稀氨水，在各种净化方法中能耗最高、污染物产排量最大。

铜液呈蓝色，泄漏后污染环境，影响美观。

中华人民共和国国家发展和改革委员会《产业结构调整指导目录（2011 年本）》将“铜洗法氨合成原料气净化工艺”列为限制类技术，新建装置限制采用。由于成本较高等原因，该工艺已被醇烃化、醇烷化等新的节能和绿色工艺所替代。

5.2.5　联醇、双甲及醇烃化工艺

早期的联醇工艺以气体净化为目的，在压缩机五段出口与铜洗工序进口之间增加一套甲醇合成装置，以合成氨生产中需要清除的CO、CO_2 及原料气中 H_2 为原料生产甲醇。甲醇合成反应在高压（10.0 ～ 15.0MPa）下进行，大部分原先要在铜洗工序除去的 CO 和 CO_2 在甲醇合成塔内与 H_2 反应生成甲醇。为提高甲醇产量，20 世纪初又开发了低压联产甲醇工艺，甲醇合成反应在 5.0MPa 下进行，该工艺甲醇系统和合成氨系统联合，将制气中的富氮气和甲醇合成气中的放空气均回收到合成氨系统中产氨，而优质的水煤气送甲醇系统产醇（也称醇氨联产），同时一些公用设施互相补充，使企业获得最佳的经济效益。

双甲工艺 [158]（或称之为醇烷化工艺），即合成氨原料气双甲精制工艺，通过甲醇化串联甲烷化的方法净化精制合成氨原料气，使进入氨合成工段的气体中 $CO+CO_2$ 含量≤ 10×10^{-6}，满足合成氨生产对原料气的要求。双甲工艺经过不断地实践摸索和改进发展，根据生产需要，氨醇比（氨与甲醇的物质的量比）可实现从（1∶1）～（20∶1）的大范围调节，反应压力可因地制宜按 5.0 ～ 30MPa 设计，甲醇化和甲烷化可以等压也可不等压。

醇烃化工艺 [159] 即合成氨原料气醇烃化精制工艺，是双甲工艺的升级工艺，采用醇烃化替代双甲工艺的甲烷化，减少了甲烷的生成，解决了甲烷积累导致氨合成系统放空量增加的难题，除了副产醇类，还副产烃类化合物，将有害的 CO、CO_2 变成有用的甲醇、二甲醚及液态烃，达到净化精制和生产多种产品的双重目的。

5.2.5.1　反应机理

（1）甲醇化反应 [160]　原料气中 CO、CO_2 与 H_2 在铜催化剂作用和一定温度下生成粗甲醇，经过冷却、分离送入中间贮槽，此工艺类似于合成氨的联醇工艺，但对醇后气的指标要求高，因而要求醇塔的设计要有更高的转化率和更好的热利用率。相关反应式如下。

主反应：$CO+2H_2 \rightleftharpoons CH_3OH \quad \Delta H_{(298.15K)}=-90.64kJ/mol$

$CO_2+3H_2 = CH_3OH+H_2O \quad \Delta H_{(298.15K)}=-49.49kJ/mol$

副反应：$4CO+8H_2 = C_4H_9OH+3H_2O$

$2CO+4H_2 = (CH_3)_2O+H_2O$

$2CH_3OH = (CH_3)_2O+H_2O$

$CO+3H_2 = CH_4+H_2O$

$CO_2+H_2 = CO+H_2O$

$nCO+2nH_2 = (CH_2)_n+nH_2O$

主反应一氧化碳与氢合成甲醇是放热反应，25℃下反应热为 90.64kJ/mol。主反应是气相可逆反应，压力对反应起着重要的作用。一氧化碳合成甲醇的平衡常数可用下式表示：

$$K_p = \frac{p_{CH_3OH}}{p_{CO}\, p_{H_2}^2}$$

式中，K_p 为甲醇的平衡常数；p_{CH_3OH}、p_{CO}、p_{H_2} 分别表示甲醇、一氧化碳、氢气的平衡分压。

对于国产联醇催化剂，发现下列方程式能适用铜基催化剂上的甲醇合成反应：

$$\frac{dy_m}{d\tau_0}=k_T(1+2y_m)^2p^{2.1}(y_{CO}y_{H_2})^{0.7}\left(1-\frac{y_m}{K_{pm}p^2y_{CO}y_{H_2}^2}\right)$$

$$k_T=\exp(-2.18447-3044.67/T)(100/p)^{0.8}$$

$$K_{pm}=\left[\exp(A_0+A_1/T)\right]\times10^5$$

$$A_0=-17.325-0.4325\times10^{-2}p-0.1192\times10^{-3}p^2+0.2683\times10^{-7}p^3$$

$$A_1=11769.05+3.3518p+0.7675\times10^{-2}p^2-0.1639\times10^{-4}p^3$$

式中，y_m 表示甲醇瞬时摩尔分数，%；τ_0 表示甲醇分解基混合气的接触时间，s；k_T 表示生成甲醇的反应平衡常数；y_{CO}、y_{H_2} 分别表示进口气体组分 CO、H_2 的摩尔分数，%；p 表示反应压力，10^{-5}Pa。

甲醇化过程中采用了国产的较成熟的联醇催化剂 C207，其主要活性组分是铜、锌、铝。由于甲醇产量需求增加，特别是低压甲醇化并入双甲工艺后，也可装填铜含量更高的低压催化剂，如 C301、C303 等，其低温活性更好，合成效率更高。

甲醇化的副反应取决于甲醇合成催化剂的性能和反应条件，据黑龙江黑化集团公司发表的应用论文[161]，该公司采用 Topsøe 的联醇串甲烷化技术，技术供应商要求，当温度低于 205℃时，硫保护催化剂 MG 901 和甲醇合成催化剂 MK101 不能接触合成气，否则可能结蜡，损害催化剂，蜡也会在冷凝器、分离器和粗甲醇槽内积累，影响正常生产。另外低空速也会加重结蜡现象。

（2）甲烷化反应　经甲醇化工序后的醇后气，含 $CO+CO_2$ 的量为 0.03% ～ 0.3%，经换热后温度达到 280℃，进入甲烷化工序，净化气中 CO、CO_2 在镍催化剂的作用下，与 H_2 生成甲烷。其反应方程如下：

主反应：$CO+3H_2 = CH_4+H_2O \quad \Delta H_{(298.15K)}=-206.18kJ/mol$

$CO_2+4H_2 = CH_4+2H_2O \quad \Delta H_{(298.15K)}=-165.02kJ/mol$

副反应：$O_2+2H_2 = 2H_2O$

$2CO = CO_2+C$

$CO+H_2 = H_2O+C$

$Ni+4CO = Ni(CO)_4$（g）

甲烷化催化剂多采用南化公司研制的 J105 型催化剂，该催化剂以镍为活性组分，氧化铝为载体，另含 MgO 及稀土元素等促进剂。

甲烷化反应也是放热可逆反应，但因进甲烷化工序的 $CO+CO_2$ 含量低，几乎可视为不可逆反应，可确保其精制原料气的作用。

（3）烃化反应　烃化反应是醇后气中约 0.3% 的 $CO+CO_2$ 与 H_2 在铜铁催化剂下反应，正常工况下烃化反应的生成产物是可冷凝分离的碳氢化合物，即 20% ～ 30%（质量分数）的甲醇、10% ～ 20%（质量分数）可溶性醇醚混合物，其余为水。若前工段运行不正常而引起催化剂温度超过 280℃，生成产物是可冷凝不溶于水的长碳链的碳氢化合物（石蜡），石蜡会堵塞管道，影响水冷器和氨冷器的换热效果，影响正常生产。

$$(2n+1)H_2+nCO \longrightarrow C_nH_{2n+2}+nH_2O$$

$$2nH_2+nCO \longrightarrow C_nH_{2n}+nH_2O$$

$$2nH_2+nCO \longrightarrow C_nH_{2n+2}O+(n-1)H_2O$$

$$(3n+1)H_2+nCO_2 \longrightarrow C_nH_{2n+2}+2nH_2O$$

5.2.5.2　发展历史

在实际生产中，有多种利用工业生产中含有 CO 和 H_2 的尾气来联产甲醇的工艺，如乙炔尾气、黄磷电炉尾气、炼厂尾气、电石尾气等，含有大量的 CO 或 H_2，合理利用，联产甲醇，以此实现资源综合利用，改善企业产品结构，提升企业的经济效益。联醇、双甲和醇烃化工艺巧妙地将气体净化和甲醇生产相结合，既实现了合成氨合成气的净化，同时生产了甲醇。

20 世纪 60 年代末，联醇工艺在我国实现工业化。甲醇合成装置串联在合成氨生产装置之中，用合成氨原料气中的 CO、CO_2 和 H_2 合成甲醇，同时减轻精炼负荷。联醇工艺在不断快速的发展过程中，由一级联醇 + 铜洗，发展到一级联醇 + 甲烷化的双甲工艺，再到两级联醇 + 甲烷化的双甲新工艺，再到两级联醇（醇醚）+ 烃化新工艺。

双甲工艺及醇烃化工艺的技术开发和工程化应用发展，大致可分为三个阶段。

第一阶段，甲烷化成功替代铜洗。经过大量试验不断地改变工艺条件、流程及设备结构，解决联醇出口的气体指标和压力等级与传统甲烷化进口气体不一致的问题，用甲烷化成功替代铜洗。

第二阶段，确定了可调氨醇比的工艺思维及工艺条件。根据生产需要，创立了一种可调氨醇比的工艺条件和工艺设备配置方法，醇氨比可在（1∶20）～（1∶1）的范围内进行调整，且可保证工艺运行稳定，净化精制气的指标不变。这种流程运用了双级醇化工序，保证了一级产醇、二级净化的效果，并且考虑了催化剂的更换和非正常停车的工艺及设备事故等影响因素。

第三阶段，双甲工艺升级为醇烃化工艺。湖南安淳高新技术有限公司在双甲工艺的基础上开发了醇（醚）化新工艺和催化剂，采用两级甲醇（醚）化、烃化，将有害的 CO、CO_2 变成有用的甲醇、二甲醚及液态烃，副产品甲烷气体很少，大部分为醇类物质和少量的烃类物质。相比铜洗工艺，醇烃化工艺减排增产成效更加突出，消除了废气、废液对环境的污染，实现三废“零排放”；将 CO、CO_2 转化成有用的甲醇或醇醚混合物，比甲烷化减少了净化过程中有效氢的消耗。

5.2.5.3　工艺流程[162-164]

（1）联醇工艺原则流程

如图 5-71 所示，由变换送来经过净化的变换气，其中含有约 28% 的 CO_2，为了减少氢气的消耗并提高粗甲醇的质量，变换气经压缩机加压至 2×10^6Pa 进洗涤塔 T01，用水或其他脱碳溶剂吸收 CO_2，使 CO_2 含量降低到 1.5% ～ 3.0%。然后回压缩机 C01 进一步压缩到 13×10^6Pa，经水冷和油分离器 V01，分离去油、水后与甲醇循环机 C02 出口的循环气混合，进循环机滤油器 V02，进一步分离油水后进入活性炭过滤器 V03，吸附滤除气体中夹带的少量润滑油、铁锈及其他杂质，出来的比较纯净的甲醇合成原料气，经甲醇合成塔 R01 的主、副线进入甲醇合成塔。出塔气体进入套管式水冷却器 E01 管内，管外用冷却水冷却，使气态甲醇、二甲醚、高级醇、烷烃与水冷凝或溶解成液体，在甲醇分离器 V04 中分离出来。被分离出来的液体粗甲醇经减压后到粗甲醇中间贮槽，以剩余压力送往精馏工段。经分离液体后的一部分气体，由甲醇循环机 C02 循环，继续合成甲醇；另一部分气体经醇后气分离器 V05，进一步分离去气体中少量甲醇，进铜洗塔、碱洗塔进行精制，使精制气中 $CO+CO_2$ 含量≤ 25×10^{-6}，再回压缩机 C01，加压至 32×10^6Pa，送氨合成系统。醇后气分离器 V05 分离下来的少量稀甲醇，减压后去粗甲醇中间贮槽。

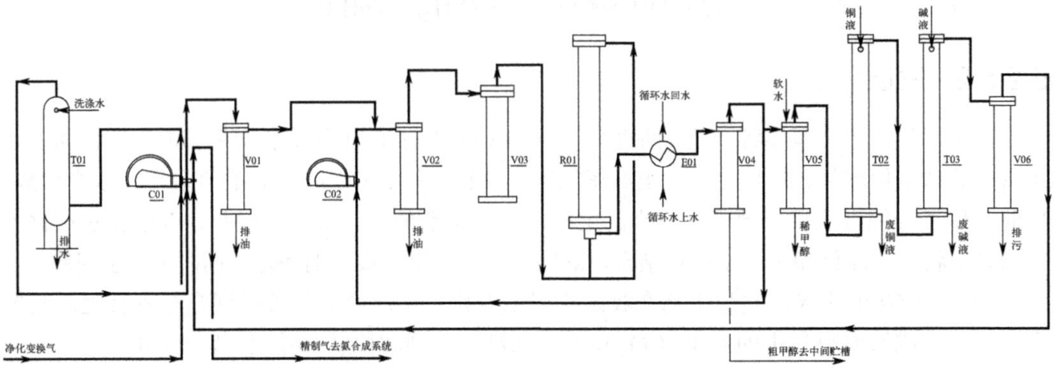

图 5-71　联醇工艺原则流程

T01—洗涤塔；C01—压缩机；V01—水冷和油分离器；C02—甲醇循环机；V02—循环机滤油器；V03—活性炭过滤器；R01—甲醇合成塔；E01—套管式水冷却器；V04—甲醇分离器；V05—醇后气分离器；T02—铜洗塔；T03—碱洗塔；V06—分离器

（2）双甲工艺原则流程 [161]

如图 5-72 所示，造气出来的半水煤气经粗脱硫、变换、脱碳、精脱硫工序后，CO 含量为 1.5% ～ 5%，CO_2 含量为 0.2% ～ 0.5%，H_2S 含量＜ 0.1×10^{-6}，经压缩机压缩到 13.0MPa，送入双甲工段。未反应气经醇化预热器与反应后气体换热，温度升至 200℃左右，进入甲醇化塔反应，反应后气体经醇化预热器换热，再水冷至 40℃左右，进入甲醇分离器分离甲醇，

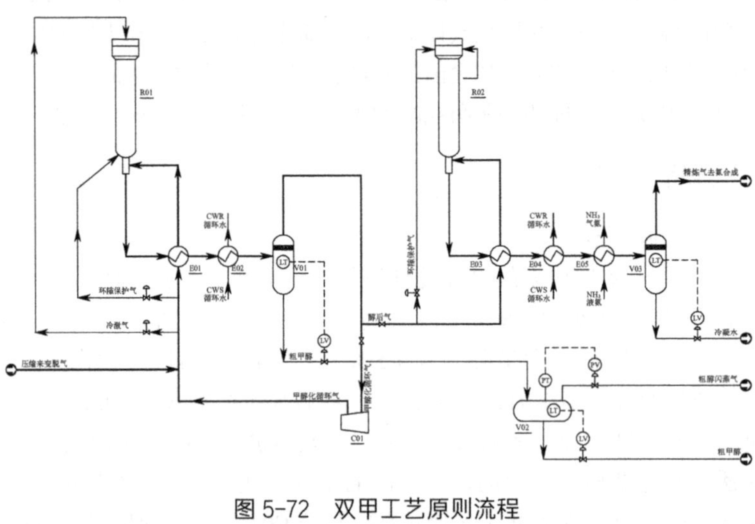

图 5-72　双甲工艺原则流程

R01—甲醇化塔；E01—醇化预热器；E02—醇化水冷器；V01—甲醇分离器；C01—醇化循环机；V02—粗甲醇槽；R02—甲烷（烃）化塔；E03—烷（烃）化预热器；E04—烷（烃）化水冷器；E05—烷（烃）化氨冷器；V03—烷（烃）化水分离器

粗甲醇送入粗甲醇槽，醇后气中 $CO+CO_2$ 含量控制在 0.1% ～ 0.3%，进入烷化预热器，温度升至 200℃左右，进入甲烷（烃）化塔，甲烷化反应后的气体依次经过烷（烃）化预热器、烷（烃）化水冷器、烷（烃）化氨冷器，温度降至 10℃左右，进入烷（烃）化水分离器分离水后，精炼气中 $CO+CO_2$ 含量≤ 10×10^{-6}，升压送入氨合成系统。

根据原则流程和应用厂家的实际情况，双甲装置可设计成等压或非等压，所谓非等压就是甲醇化与甲烷化不在同一压力等级，通常甲醇化压力选择 13.0MPa，甲烷化压力选择 30.0MPa。在此情况下，醇后气先经压缩机压缩至 30.0MPa 后，送入甲烷化系统，精炼气直接送入氨合成系统即可。

（3）可控氨醇比的双甲工艺流程　双甲工艺的主要目的是净化精制合成氨原料气，同时副产甲醇。但随着市场需求变化，企业从经济效益出发必须随时调整产品结构，即氨醇比要进行大幅度调节，在甲醇市场旺盛时，氨醇比要求达到（1∶1）～（2∶1），此时产醇和精制原料气都是双甲工艺的重要任务。其工艺流程中设置 2 个甲醇化塔，第 1 个甲醇化塔的作用是产醇，80% 的 $CO+CO_2$ 在此反应生产甲醇，第 2 个甲醇化塔的作用是净化，经过两个甲醇化塔后，醇后气中 $CO+CO_2$ 含量≤ 0.3%。如果甲醇需求疲软，双甲工艺以净化精制为主，甲醇作为副产品尽量少，氨醇比为 10∶1 甚至 15∶1，此时未反应气只通过其中的 1 个塔，第 2 个塔备用。在工艺配管设计中，两个甲醇化塔可串可并，也可单开，非常灵活，工艺流程详见图 5-73。

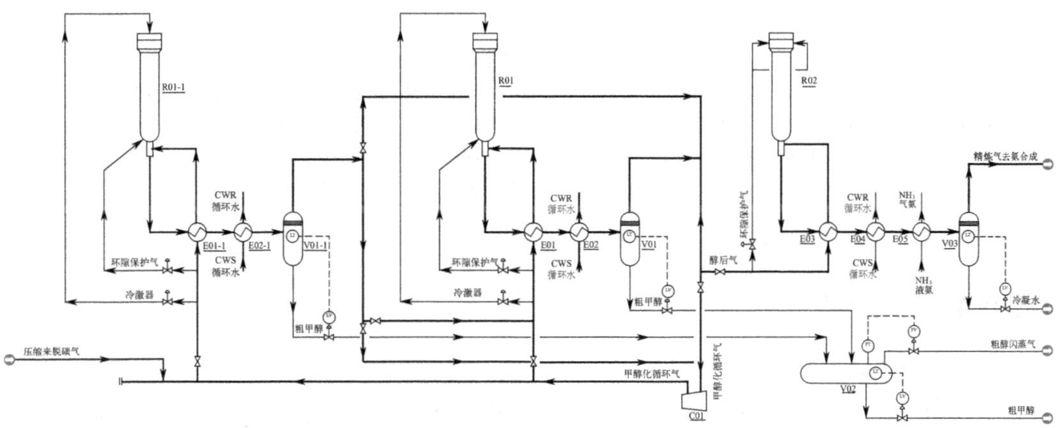

图 5-73　可控氨醇比的双甲工艺流程

R01—1# 甲醇化塔；E01—1# 醇化预热器；E02—1# 醇化水冷器；V01—1# 甲醇分离器；R01-1—2# 甲醇化塔；E01-1—2# 醇化预热器；E02-1—2# 醇化水冷器；V01-1—2# 甲醇分离器；C01—醇化循环机；V02—粗甲醇槽；R02—甲烷（烃）化塔；E03—烷（烃）化预热器；E04—烷（烃）化水冷器；E05—烷（烃）化氨冷器；V03—烷（烃）化水分离器

（4）双级双压双甲工艺节能流程　随着市场需求的进一步深化，甲醇需求量不断增长，甲醇扩产成为合成氨企业的发展最佳选择之一，氨醇联产是获取最佳经济效益的最灵活方式，湖南安淳高新技术有限公司首先推出双级双压双甲工艺流程，得到了广泛应用。该流程详见图 5-74，第一级甲醇化（即低压甲醇化）采用 5.0 ～ 8.0MPa，反应器采用水管式，甲醇产量的 90% 在此完成；一级甲醇化的醇后气（$CO+CO_2$ 含量≤ 0.3%）加压至 13.0MPa 或同压力等级下与氨合成，送入第二级甲醇化及甲烷（烃）化，原料气净化精制至 $CO+CO_2$ 含量≤ 10×10^{-6}。此流程的优点一是大量的甲醇在低压下合成，节省了压缩电耗；二是在

5.0MPa 压力下甲醇化，可以利用反应热副产中压蒸汽背压作为动力，背压后蒸汽仍可作工艺用汽；三是由于甲烷化与氨合成等压下反应，可以利用氨合成反应热，维持低成分（$CO+CO_2$ 含量≥ 0.3%）下甲烷（烃）化的反应温度，无需外供热维持反应。老厂技改中，可根据原有压缩机的各段压力合理设计低压甲醇化、中压甲醇化、甲烷（烃）化、氨合成各工段的压力等级，投资省，运行节能效果显著。

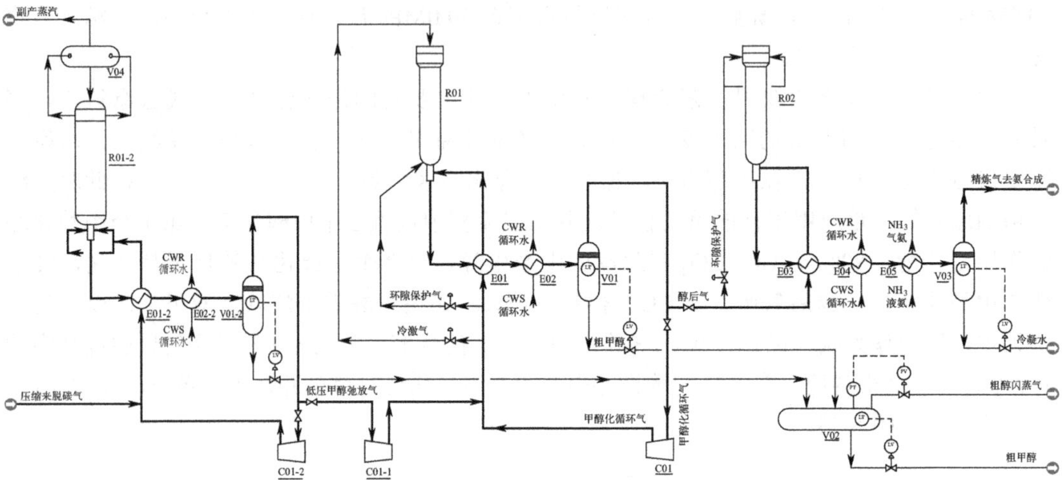

图 5-74 双级双压双甲工艺节能流程

R01—甲醇化塔；E01—醇化预热器；E02—醇化水冷器；V01—甲醇分离器；C01—醇化循环机；R01-2—低压甲醇化塔；E01-2—低压醇化预热器；E02-2—低压醇化水冷器；V01-2—低压甲醇分离器；C01-2—低压醇化循环机；C01-1—压缩机；V02—粗甲醇槽；R02—甲烷（烃）化塔；E03—烷（烃）化预热器；E04—烷（烃）化水冷器；E05—烷（烃）化氨冷器；V03—烷（烃）化水分离器；V04—汽包

5.2.5.4 工艺特点

（1）联醇工艺的特点　联醇工艺是在合成氨生产工艺中，利用原料气中的一氧化碳和氢气合成甲醇，不仅降低了合成氨生产中原料气精炼工序的负荷，提高了有效气体的利用率，同时还生产了经济价值高的化工原料——甲醇，使合成氨企业的产品结构得以调整改进，发展多种经营，为企业增添了活力。

联醇工艺设计除满足甲醇合成的条件外，还必须满足合成氨生产条件，使甲醇生产与合成氨生产“串联”起来。首先联醇生产时甲醇合成压力必须在甲醇合成的最低压力、甲醇合成催化剂最低 CO 分压和合成氨最高压力（原料气精制）限制的范围内进行选择，根据我国合成氨工艺的特点，大部分联醇操作压力选择在 10.0 ～ 15.0MPa；其次联醇原料气由合成氨生产和甲醇生产共同使用，由于脱碳气成分不能满足合成甲醇原料气理论配比 $\dfrac{n(H_2)-n(CO_2)}{n(CO)+n(CO_2)}$ 要求（低于 2.15），甲醇生产只能采用部分循环技术，即联醇原料气进入甲醇合成塔反应后，其中一部分经甲醇循环机再回到甲醇合成塔进口，继续进行甲醇合成反应，另一部分气体则经分离出甲醇后成为合成氨原料气，去原料气精制工序。当醇氨比较小（如 1∶10）时，停开甲醇循环机，全部反应气体分离甲醇后去精制工序。联醇后气体还必

须满足 $\frac{n(H_2)}{n(N_2)}=3.0$ 要求，以维持氨合成气体的平衡，联醇原料气中过高的CO含量不仅影响原料气精制的质量，增加原料气的损耗，还由于联产甲醇消耗过多的氢气，使合成氨生产难以维持下去。

由于联醇原料气的组成达不到甲醇合成原料气的最佳配比，CO的含量远远低于甲醇合成的计算量，调节CO分压不能作为控制甲醇合成反应的手段，因此联醇催化剂与甲醇催化剂有很大的区别。联醇催化剂具有较高的CO转化率，当醇氨比较高时，催化剂的活性高，合成反应十分激烈，大量的反应热放出，甲醇反应器设计时应考虑将大量反应热及时移走，否则将烧坏催化剂；但在醇氨比较低时，其甲醇合成反应处于抑制状态，反应热难以维持反应温度，甚至需要外供热维持催化剂床层温度，所以联醇反应器及系统设计中需充分估计以上两种极端情况，并设计维持生产的控制手段。

（2）双甲工艺的特点　双甲工艺最大的特点是精制度高，同时操作简单，运行稳定，为后序工段及整个合成氨厂的生产运行和节能降耗奠定了基础。

① 与化学吸收法铜洗工艺比较　双甲工艺与铜洗工艺比较具有节能、节物、运行稳定、净化环境的优点。

A．节约蒸汽　采用双甲工艺，变换气中CO含量提高，变换需要补充的蒸汽减少，例如氨醇比为3∶1时，变换气中CO含量为4.9%，而铜洗工艺要求变换气中CO含量为2.4%～2.5%，则变换过程中，补加蒸汽减少约300kg/t NH_3；铜洗工艺中需要蒸汽进行铜液再生，此项蒸汽消耗量为150～300kg/t NH_3 也可免除，两项合计节约蒸汽450～600kg/t NH_3。

B．节约原料气　铜洗工艺稳定性差，精制气经常微量超标，容易带液、冒液，按影响总产量的2%计，折成含氢74%原料气（原料气体积为标准体积，下同）约62m^3/t NH_3；铜液吸收了CO，并溶解了 H_2 等有效气体，再生后回收不完全，损失25m^3/t NH_3；铜洗工艺需要补充液氨，除回收氨水外，仍消耗液氨8～10kg/t NH_3，折成原料气即29m^3，三项合计消耗原料气116m^3/t NH_3。双甲工艺中醇后气中尚有0.3%的CO+CO_2，这些CO和 CO_2 通过反应生成甲烷，需消耗氢气；生成的甲烷在氨合成中要增加放空量，两项合计吨氨多耗原料气66.75m^3。双甲工艺与铜洗工艺比较仍节约原料气49.25m^3/t NH_3。

C．电耗低　铜泵耗电20kW·h/t NH_3，铜液冷冻耗电10.97kW·h/t NH_3，再生气回收压缩耗电17.3kW·h/t NH_3。双甲工艺的甲醇化采用双级双压法，其中第一级压力为5.0～7.0MPa，压缩机高压段气量减少，可节电60.89kW·h/t NH_3，以上合计节电109.16kW·h/t NH_3。

D．双甲工艺运行过程无需消耗铜、冰醋酸、液氨。

E．微量稳定　铜洗工艺的微量一般都在 20×10^{-6} 以上，且经常带液喷液，生产运行难以稳定；双甲工艺运行稳定，微量≤ 10×10^{-6}。

F．环境效益好　铜洗过程中，铜液易跑、冒，对生产现场及周边环境造成污染；双甲工艺没有液体、气体的渗漏，环境良好。

② 与深度低变-甲烷化工艺比较　深度低变-甲烷化工艺是一种比铜洗工艺更先进稳定的合成氨原料气的净化精制工艺，主要特点是要求变换气中CO含量≤0.3%，进甲烷化的CO+CO_2 含量≤0.7%，这是当时的气化与变换技术水平下难以达到的指标。

由于深度低变-甲烷化工艺对变换要求高，其变换消耗蒸汽多，假如双甲工艺氨醇比为10∶1，与深度低变-甲烷化工艺比较，可节省642.81kg/t NH_3 的蒸汽，另可生产100kg/t

NH_3 的甲醇产品。所以双甲工艺适应性更强，应用范围更广泛，经济效益显著。

5.2.5.5 装置建设及应用情况

（1）联醇工艺应用情况　20 世纪 90 年代以后，逐步增加了精脱硫工序，随着精脱硫和精脱氯等深度净化技术的发展，联醇催化剂的使用寿命延长到 12 ～ 16 个月，最长纪录达四年以上，联醇工艺的优越性得到充分发挥，至 21 世纪初，约三分之二的间歇煤气化合成氨配套建设了联醇装置。

（2）双甲（醇烃化）技术推广应用概况　湖南安淳高新技术有限公司开发的醇烃化工艺于 1998 年首次在湖南衡阳氮肥厂和湖南岳阳化工股份有限公司使用，醇烃化与甲烷化工艺相比，新鲜气中甲烷含量降低 30% 以上，节能效果显著，系统运行更加平稳。之后，醇烃化工艺成功应用在国内一些大型联醇项目上，取得了良好的经济效益和社会效益。

2004 年，“合成气醇烃化精制新工艺及应用”获国家科技进步奖二等奖，并被列为国家重点环境保护实用技术（A 类），同时被列入国家科技部科技成果重点推广计划。2017 年，合成气醇烃化精制工艺技术被列为中国氮肥工业协会“十三五”期间氮肥、甲醇行业节能减排先进适用技术（第二批）。

据不完全统计，至 2021 年底，双甲工艺（醇烷化工艺）及醇烃化工艺投产应用的工业化生产装置已累计超过 100 套。

双甲工艺和醇烃化工艺，是合成氨工艺中传统净化技术的替代性技术，具有中国特色的开创性的合成气精制技术。

5.2.5.6 综合评述

联醇工艺是我国科学研究、工程技术人员在发展中国化学工业中的优秀成果，具有中国特色和独创性，为中国化学工业发展发挥了巨大作用。

双甲工艺及醇烃化工艺结合了我国联醇工艺和深度低变-甲烷化工艺的优点，弥补了二者的不足，将对氨合成有害的 CO、CO_2 变成有用的甲醇、二甲醚，达到合成氨原料气净化精制和生产多种产品的双重目的，具有精制度高、能耗物耗低、环境效益好、操作稳定、操作弹性大等优点，得到了政府有关部门和行业协会等大力推广，得到了氮肥行业广泛应用和充分认可 [165]。双甲工艺及醇烃化工艺符合国家节能环保产业政策，在合成氨和制氢工业上都可应用，特别是在企业升级改造、异地搬迁、环境治理、节能降耗等需求上，有着较强的技术适用性。

双甲工艺、醇烃化工艺是具有开创性和突破性的革新技术，在中国首先提出并成功实现工业化，具有自主知识产权，为中国氮肥工业乃至世界化学工业的发展和技术进步做出了卓越贡献。

5.2.6 干法脱硫

干法脱硫由于设备简单、操作平稳、应用广泛，在我国化工特别是化肥生产中对气体净化发挥了重大作用，通常可分为粗脱硫和精脱硫。干法粗脱硫有一定脱硫精度（指标为 H_2S 含量约 1×10^{-6}），20 世纪 70 年代以前在天然气、城市煤气与各种燃料气中得到广泛应用，特别是在推广我国独创的合成氨碳铵工艺初期，以活性炭、氧化铁为主的干法粗脱硫对打通其流程，提供国家急需的化肥，发挥了重要作用。20 世纪 80 年代开始，随着生产发展与技术进步，为实现合成氨与甲醇工业的长周期稳产、高产，必须解决煤制原料气中的硫化氢 H_2S 与羰基硫 COS 造成的氨合成、甲醇合成关键催化剂的中毒及失活问题，延长氨合成、甲醇合成催化剂寿命，干法精脱硫（总硫指标为 H_2S+COS 含量＜ 0.1×10^{-6}）迅速发展。本节重点介绍我国干法精脱硫技术的开拓及重大进展。

5.2.6.1　高温脱硫剂及高温脱硫工艺

（1）氧化锌 ZnO 脱硫剂　氧化锌脱硫剂被认为是一种脱硫精度高、硫容高、性能可靠、应用广泛的干法脱硫剂，脱硫原理为活性组分 ZnO 与 H_2S 反应生成稳定的 ZnS[166]。

反应方程式为：

$$ZnO + H_2S \xlongequal{\quad} ZnS + H_2O \quad \Delta H_{298}^{\ominus}=-76.62\text{kJ/mol}$$

国外对氧化锌脱硫剂的研究已有百余年历史，以美国 UCI、英国 ICI、德国 BASF、丹麦 Topsøe 等公司为主 [167]。我国 1956 年起，以化工部化肥工业研究所（以下简称化工部化肥所）为代表的单位陆续开发出一系列氧化锌脱硫剂，初期仅用于炼油装置及合成氨厂中保护低变催化剂，脱硫精度只能达到 1×10^{-6} 以下。20 世纪 70 年代由于大化肥的引进，我国氧化锌脱硫剂的精度不断提高，T304 脱硫精度提高至 0.3×10^{-6} 以下，达到当时的国际先进水平，此后 T305 进一步达到 0.1×10^{-6} 以下，昆山市精细化工研究所的 T307 和湖北省化学研究所（以下简称湖北化学所）的 EZ-2 更是分别将脱硫精度提高至 0.06×10^{-6} 和 0.03×10^{-6} 以下 [168]。

目前优异的氧化锌脱硫剂在 300 ～ 400℃高温条件下，穿透硫容可以达到 30% 以上，饱和硫容约 35%，接近理论饱和硫容 37.3% 的极限。但是氧化锌脱硫剂价格相对较高，低常温下只能脱除硫化氢且硫容很低、经济性很差，在高浓度 CO 和 CO_2 氛围中易发生析碳、甲烷化等副反应，近十余年的研究主要是通过其他金属氧化物改性，提高氧化锌脱硫剂对有机硫的转化吸收能力，形成了氧化锌基复合金属氧化物脱硫剂，功能和应用领域都得到了扩展。

（2）加氢转化催化剂及高温脱硫工艺　氧化锌脱硫剂对 H_2S 的脱除效果比较好，但对 COS、硫醇、噻吩 C_4H_4S 等有机硫的脱除效果欠佳，所以早期有机硫脱除必须先采用钴钼加氢催化剂将其转化为 H_2S，然后通过氧化锌脱硫剂将 H_2S 脱除，这就是传统的“钴钼加氢串氧化锌”高温脱硫工艺。该工艺在国外的天然气转化装置上应用较多，在国内石油炼制以及石脑油制合成氨装置上也得到普遍应用。

有机硫加氢反应主要涉及以下一些反应：

$$COS + H_2 \xlongequal{\quad} H_2S + CO$$

$$C_2H_5SH + H_2 \xlongequal{\quad} H_2S + C_2H_6$$

$$C_4H_4S + 4H_2 \xlongequal{\quad} H_2S + C_4H_{10}$$

常用的有机硫加氢转化催化剂除了 Co-Mo 系，还有 Ni-Mo 系和 Fe-Mo 系。通常 Ni-Mo 系更适用于气源中碳氧化物和烯烃含量较高的工况，在石油炼制中应用较广；Fe-Mo 系适用于 CO 体积分数低于 8%、烯烃体积分数低于 5% 的气源，如焦炉气的有机硫加氢 [169]。最常用的仍是 Al_2O_3 负载的 Co-Mo 系催化剂，一般在 300 ～ 400℃进行加氢反应，有机硫的转化率可以达到 80% ～ 100%，其中噻吩的加氢转化相对 COS 和硫醇等难度要大。

加氢转化催化剂的最佳活性组分是 MoS_2，故催化剂投用前需要将氧化态的活性组分转换成金属硫化物，这一过程被称为硫化。通常硫化是在 H_2-N_2 气或 H_2 中配入二硫化碳 CS_2 等硫化剂进行的，硫化物浓度在 0.5% ～ 1%，常压或低压，温度约 300℃，直至反应器进出口硫化物浓度基本一致为止。近些年随着技术的进步，在催化剂生产加工阶段就提前预硫化的新技术、新产品已经获得了应用，这样加氢转化催化剂开车时使用更为简单。

上海吴泾化工厂为我国第一套以轻油为原料的 30 万吨 / 年大型合成氨国产化装置，其原料净化采用钴钼加氢串氧化锌的高温脱硫工艺，在 3.8MPa 和 330 ～ 380℃，进口硫含量在 $(100 \sim 200)\times10^{-6}$ 条件下，出口总硫含量＜ 0.1×10^{-6}，加氢转化催化剂寿命长达 8 年 [170]。但是目前国内煤制合成氨装置上已很少采用高温脱硫工艺，逐步以中低温的精脱硫工艺取代。

5.2.6.2 常温精脱硫剂及常温精脱硫工艺

（1）羰基硫 COS 水解催化剂　以煤为原料制取的原料气中硫化物除 H_2S 外，COS 是主要的有机硫，其含量为 $(100 \sim 200)\times10^{-6}$，其他有机硫含量很低，有时 CS_2 含量可达 COS 的 1% ～ 10%。原料气一般经过湿法脱硫→变换或部分变换（可将 COS 的 75% ～ 95% 转化为 H_2S）→脱碳→干法粗脱硫后，H_2S 含量＜ 1×10^{-6}，COS 含量还有 $(1 \sim 10)\times10^{-6}$，远未达到精脱硫的指标，因此 COS 水解催化剂及其相关的精脱硫技术急待开发。

20 世纪 80 年代，郭汉贤教授 [171] 是我国提出和开发 COS 水解催化剂的先驱，对脱除 COS 的钴钼氢解路线与国外新近开发的低常温（30 ～ 150℃）水解路线进行对比，并指出 COS 水解技术在我国的应用前景。相关反应式如下：

$$COS+H_2 \xrightarrow{350 \sim 400℃} H_2S+CO \qquad \Delta H_{298}^{\ominus}=+6.99\ \ kJ/mol$$

$$COS+H_2O \xrightarrow{30 \sim 150℃} H_2S+CO_2 \qquad \Delta H_{298}^{\ominus}=-35.53kJ/mol$$

氢解是吸热反应，需要高温热源，高温时伴有甲烷化副反应，低温时又降低 COS 转化率。水解是放热反应，高温时受平衡转化率影响，COS 转化率反而降低，水解可在低常温下进行，关键是水解催化剂的活性。郭汉贤 [172-173] 还对 COS 水解反应的热力学、动力学、反应机理与 O_2 中毒等重大问题进行了详细讨论。国外从 20 世纪 60 年代开始研究 COS 水解催化剂，出现了美国 UCI 公司的 G41-P、C53-2-01 与丹麦 Topsøe 的 CKA 等品种，但它们的使用温度均在 100℃以上，COS 转化率不理想。80 年代中、末期，我国太原理工大学、化工部化肥所与湖北化学所先后开发了 TGH-3Q、T82-2-4 与 Y-2-4 及 EH-1Q 型常温 COS 水解催化剂，其低常温下 COS 转化率均达到或超过国外的水平 [174]。

（2）COS 催化水解技术的开发

① 常温 ZnO 精脱硫剂，COS 水解催化剂串 ZnO 常温精脱硫工艺　1987 年英国 ICI 公司的 Puraspec 工艺即水解催化剂串 ZnO 常温精脱硫工艺，刚完成工业化应用，就被引进到山东省齐鲁二化 10 万吨甲醇 / 年装置中首次应用。1992 年 9 月我国化工部化肥所开发的 COS 水解催化剂串氧化锌常温精脱硫工艺也到该装置中应用，可能是由于在露点温度下操作，这两次应用的催化剂寿命均为 3 ～ 6 个月，但对国内同行震动很大。当时我国中小氮肥厂经过近 30 年的奋斗，已初具规模，如前所述，在增加产量的同时，急需常温精脱硫技术实现长周期稳产、高产的目标。当时甲醇也是重要与紧缺的化工原料，我国虽然还未掌握低压甲醇的合成技术，但独创的生产合成氨同时联产甲醇即联醇工艺获得快速发展，由于工艺气的含硫（H_2S+ COS）量高，不少化肥厂的甲醇催化剂的寿命只有短

短 1 ～ 2 个月。在开发先进的常温 COS 水解催化剂时应尽快开发 H_2S 精脱硫剂与其组成常温精脱硫工艺。经过多年努力，我国先后开发了 COS 水解催化剂串氧化铁或活性炭的两种常温精脱硫工艺。

② 氧化铁精脱硫剂，COS 水解催化剂串氧化铁常温精脱硫工艺　氧化铁是一种传统的大容量干法脱硫剂，已有百余年历史，但早期主要用于粗脱硫。20 世纪 70 年代，太原理工大学在国内率先开始常温氧化铁脱硫剂的开发，相关成果填补了国内空白。

常温下氧化铁脱硫剂主要是 γ 型和 α 型的水合氧化铁 $Fe_2O_3 \cdot H_2O$，其脱硫反应方程式为：

$$3H_2S + Fe_2O_3 \cdot H_2O = Fe_2S_3 \cdot H_2O + 3H_2O \quad \cdots$$

常温水合氧化铁脱除 H_2S 的反应产物非常容易再生形成硫黄，再生反应为：

$$Fe_2S_3 \cdot H_2O + 3/2O_2 = Fe_2O_3 \cdot H_2O + 3S \quad \cdots$$

也有研究认为，氧化铁在脱硫过程中其实起到了催化剂的作用，催化了 H_2S 与 O_2 反应生成单质硫和水 [175]。

早期一般认为只有氧化锌可将 H_2S 含量脱除至（0.1 ～ 1）$\times10^{-6}$，郭汉贤等 [176] 通过反应平衡计算得出水合氧化铁脱除 H_2S 的最大精度达到（0.477 ～ 6.36）$\times10^{-9}$，能够与氧化锌相媲美。在此基础上，将出口 H_2S 含量＜ 1×10^{-6} 作为检测脱硫剂工作硫容的穿透指标，开发出 TG 系列的常温氧化铁脱硫剂，小粒度（通常粒径＜ 1mm）工作硫容达到 30% 以上，取代了国外进口的氧化铁脱硫剂。1990 年 TG-1 型氧化铁脱硫剂被化工部命名为 T502 型氧化铁脱硫剂。

湖北化学所开发出 EF-2 型特种氧化铁常温精脱硫剂，进一步将出口 H_2S 的脱除精度提高至＜ 0.03×10^{-6}，空速为 $1000h^{-1}$ 的条件下原粒度（通常 $\phi3$ ～ 5mm）工作硫容可达 23%，且抗压碎强度和耐水性能优良，后被命名为 T703 型常温氧化铁精脱硫剂 [177]。北京三聚环保新材料股份有限公司于 2008 年开发出无定形羟基氧化铁脱硫剂，因其活性组分羟基铁的独特结构特征获得了较强的 H_2S 脱除能力，小粒度（＜ 1mm）硫容高达 52% 且在无氧工况下也有较高的硫容，最近十余年在市场上获得了广泛的应用 [178]。

氧化铁脱硫剂用于含 COS 和 H_2S 原料气的精脱硫，需要与 COS 水解催化剂组合使用，才能确保出口总硫含量＜ 0.1×10^{-6} 的指标。1987 年郭汉贤等配合中国科学院进行了 MFT 合成油的中间试验，针对 H_2S 浓度为 50 ～ $300mg/m^3$、COS 浓度为 100 ～ $200mg/m^3$ 的原料气，TG-1 氧化铁脱硫剂作为精脱 H_2S 的手段，与 TGH 有机硫水解催化剂组合形成了“TG-TGH-TG”的夹心净化流程，在常温、常压、空速为 200 ～ $230h^{-1}$ 的条件下，出口 H_2S 含量低于仪器检测限（＜ 0.2×10^{-6}）。1997 年湖北化学所在无锡化肥厂的单醇生产中首次采用 T504 水解催化剂串 EF-2 氧化铁精脱硫剂的“夹心饼”净化工艺，进口气中 H_2S 浓度为 3 ～ $6mg/m^3$，COS 浓度为 2 ～ $4mg/m^3$，精脱硫后 H_2S、COS 浓度均＜ $0.02mg/m^3$，完全达到精脱硫目的，运行寿命大于 1 年，成倍延长了甲醇催化剂使用寿命。

③ 活性炭精脱硫剂，COS 水解催化剂串 EAC-1 活性炭的 JTL-1 常温精脱硫工艺 [179, 180]　1991 年湖北化学所选择优质活性炭，加入活性组分与特种添加剂，经干燥、焙烧即可制成 EAC-1 活性炭精脱硫剂，其脱硫原理是工艺气中的 H_2S 与残留的 O_2 发生下列反应：

$$2H_2S + O_2 = 2H_2O + 2S \downarrow \qquad \Delta H_{298}^{\ominus} = -434.0kJ/mol$$

当时采用国内最先进的 WLSP-852 型微量硫分析仪（检测限≤ 0.03×10^{-6}）对 EAC-1 与

ZnO 精脱硫剂的硫容进行多次对比测定，得出下列结论：a．精脱硫剂小粒度（多为 20 ～ 40 目）硫容是排除了内扩散因素下的硫容，比原粒度（ϕ4mm×5mm）硫容要提高 2 ～ 4 倍，国内文献上发表的大多数硫容数据均为小粒度硫容，给应用厂家带来很大的误导，采用原粒度硫容才有指导意义。b．实验室测定的 EAC-1 与 ZnO 精脱硫剂原粒度硫容分别为 8.1% 与 1.7%，EAC-1 的原粒度硫容高 3.8 倍；北京化工实验厂工业旁路试验（半水煤气为气源）的结果为：EAC-1 与 ZnO 精脱硫剂的原粒度硫容分别为 13.75% 与 2.05%，EAC-1 的原粒度硫容高 5.7 倍。c．EAC-1 的原粒度穿透空速是 ZnO 精脱硫剂的 2 倍（分别为 12000h^{-1} 与 6000h^{-1}），穿透空速高即表示其脱 H_2S 的反应速率快，故硫容也高。

针对 ZnO 精脱硫剂常温下的低硫容，樊英民[181] 指出，从热力学角度来看，反应几乎是不可逆的，可进行得相当完全，但温度低于 200℃时，反应速率下降，这是由于反应物中的 H_2S 分子要克服扩散阻力进入脱硫剂内表面以及要实现 S^{2-} 和 O^{2-} 的体相扩散，低温下扩散系数减小，使这些扩散过程成为反应的控制步骤。

由“EAC-1—EH-1Q 水解催化剂—EAC-1”组成的 JTL-1（夹心饼）常温精脱硫工艺，精脱硫后的总硫（H_2S+COS）含量＜ 1.0×10^{-7}，水解催化剂使用温度仅从 40 ～ 45℃提高至约 55℃，其寿命可达 2 年以上[182]。JTL-1 工艺的流程图见图 5-75，说明：工艺气常为水汽饱和，在水解塔前增设一加热器，可使工艺气通过水解塔时，升高温度约 30℃，使催化剂避免毛细凝聚现象导致的失活；加热器的另一作用是在水解催化剂每运行 0.5 ～ 1 年，活性有所下降时，再升温 3 ～ 5℃，活性又提高，循环操作可使水解催化剂的寿命≥ 3 年。在加热器前面加设 EAC-1 精脱硫塔，将工艺气中的 H_2S 脱除，防止水解催化剂中毒，称这一工艺为“夹心饼”工艺。

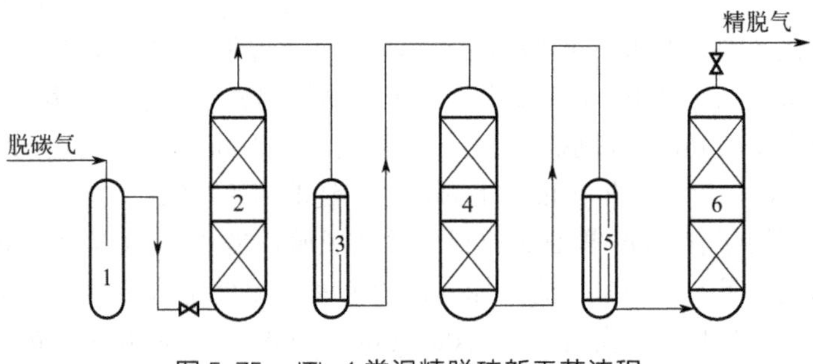

图 5-75　JTL-1 常温精脱硫新工艺流程

1—汽水分离器；2—第一脱硫塔；3—加热器；4—水解塔；5—冷却器；6—第二脱硫塔

1993 年湖北化学所相继开发了 EAC-2、EAC-3 活性炭精脱硫剂，30℃下其 H_2S 的硫容分别为 14.0% 与 16.0%，比 EAC-1（硫容 8.0%）分别提高 75% 与 100%，60℃时 H_2S 的硫容分别为 9.0% 与 16.0%（60℃时 EAC-1 的硫容低而不能使用），使活性炭系列精脱硫剂使用寿命显著延长，温度的使用范围变宽。

（3）EZX 多功能转化吸收精脱硫剂[183]　1995 年湖北化学所又开发了活性炭系列的 EZX 多功能转化吸收精脱硫剂（简称 EZX 精脱硫剂），它是以优质活性炭为载体，添加活性组分、稳定剂，经干燥、活化制成的。EZX 精脱硫剂在常温与空速为 1000h^{-1} 时，对 H_2S、COS、CS_2 的脱除均有较高的硫容，分别达到 9%、4.0%、3.5%，可能是由于硫化物直接与 EZX 精脱硫剂中的活性组分反应生成一种复合物而被化学吸附。

① EAC-2 串 EZX 精脱硫剂的 JTL-4 常温精脱硫工艺[184]　因为在一些常用的煤制气中 CS_2 与 COS 共存，COS 水解催化剂在低温、常温下不能脱除 CS_2，EZX 精脱硫剂的开发成功，极大地拓宽了常温精脱硫的内涵及其应用范围，解决了水解催化剂不能解决的问题，开辟了第二条常温精脱硫的路线，系国际首创。

虽然 EZX 精脱硫剂也能脱除 H_2S，但在工程上还是由成本更低的 EAC-2 来承担，EZX 精脱硫剂专门脱除 COS 与 CS_2。由 EAC-2 串 EZX 精脱硫剂组成的 JTL-4 常温精脱硫工艺（见图 5-76），克服了 COS 水解催化剂不能在露点下操作和 CS_2 不能在常温下被脱除的两大国际难题，实现了真正常温下的精脱硫即 H_2S+COS+CS_2 含量＜ 0.1×10^{-6}[185]。

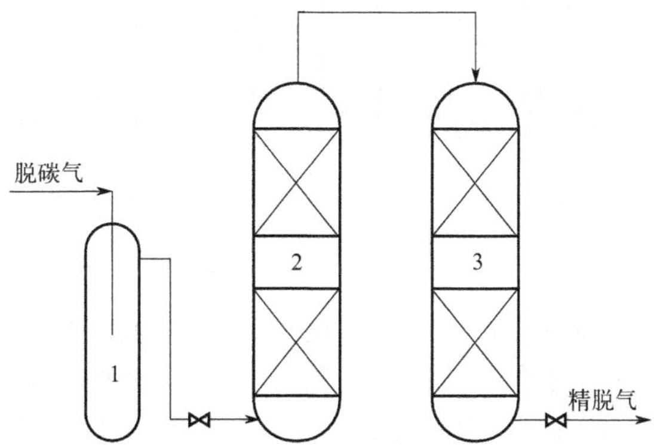

图 5-76　JTL-4 常温精脱硫新工艺流程

1—汽水分离器；2—第一脱硫塔；3—第二脱硫塔

由于 JTL-4 新工艺的优点十分显著，很快被列为“全国小氮肥十项新技术”进行推广。经过 8 年的 JTL-4 新工艺推广（加上均温型内件的配套使用等因素），保护甲醇催化剂所取得的业绩最为成功，单塔联醇催化剂的寿命从过去的 2 ～ 3 月提高至 3 ～ 4 年，生产强度从 500 ～ 800t 甲醇 /m^3 催化剂提高至平均值 6970t 甲醇 /m^3 催化剂，均提高 10 倍以上，充分证明我国独创的联醇工艺对氮肥与甲醇行业的贡献。

②“JTL-1 串 EZX 精脱硫剂”的 JTL-5 常温精脱硫工艺[186]　EZX 精脱硫剂能在常温下精脱 CS_2 至＜ 0.03×10^{-6}，湖北化学所开发的 JTL-1 串 EZX 精脱硫剂的 JTL-5 常温精脱硫工艺可以将 H_2S+COS+CS_2 精脱至＜ 0.1×10^{-6}。山西介休市光华化工有限公司是先用质优价高的晋城煤后改为质次价低的高硫煤作原料的小合成氨厂（2.5 万吨氨 / 年），在碳化出口气中除了 H_2S 与 COS 外还有 CS_2，1995 年 10 月采用 JTL-5 常温精脱硫工艺（见图 5-77），效果十分显著：碳化出口气体总硫 H_2S+COS+CS_2 含量从（8 ～ 40）$\times10^{-6}$ 降至＜ 0.1×10^{-6}，完全达到精脱硫指标，彻底解决了微量硫使氨合成催化剂中毒和铜耗高的问题，初步解决了国际上的精脱硫难题——常温下对 COS、CS_2 的转化吸收。每年因节约催化剂开车费用、增加有效生产时间、节约铜耗、增产等产生综合效益达 130 余万元，成绩十分显著。

5.2.6.3　中温耐硫水解催化剂及精脱硫工艺

以煤为原料的低压甲醇生产中，为满足甲醇合成气碳氢比的要求，变换工艺 CO 变换率仅 30% 左右，有机硫 COS 的转化率也相应降至约 60%，变换气中 COS 含量达（20 ～ 100）$\times10^{-6}$，会污染、降解脱碳溶剂，增加常温精脱硫的负荷。虽然常温有机硫水解催化剂已得到大规模工业应用，但在高含量 H_2S、高含量 COS、较高温度与微量 O_2 的条件下，很容易发生硫酸盐化中毒反应致使常温水解催化剂失活，开发适用于部分变换的中温有机硫水解催化剂，再配套常温精脱硫工艺，使合成气中总硫含量＜ 0.1×10^{-6}，满足中小型甲醇（单醇）生产的要求。

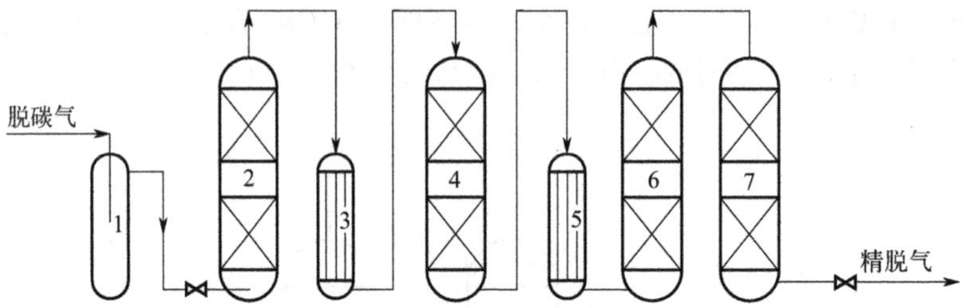

图 5-77　JTL-5 常温精脱硫新工艺流程

1—汽水分离器；2—第一脱硫塔；3—加热器；4—水解塔；5—冷却器；6—第二脱硫塔；7—第三脱硫塔

在煤制粗煤气生产精细化工产品、煤热化电多联产、IGCC 等生产中，粗煤气中除了 H_2S、COS 和微量 O_2 以外，还有微量 HCN、硫醇、硫醚、噻吩等硫化物和不饱和烃，由于没有变换工段，这些组分的存在，影响后工序的安全运行，同时也影响尾气的达标排放，因此开发同步解决这些毒物的多功能净化剂显得尤为重要。

（1）EH-2 中温耐硫水解催化剂　湖北化学所开发了以活性氧化铝为载体、负载过渡金属和特种助剂的 EH-2 中温耐硫水解催化剂，在 100 ～ 250℃温区达到抗硫酸盐化中毒并转化 COS 和 CS_2 的双重目的。该催化剂在含 CO 气体中不发生甲烷化、歧化或变换等副反应，属国际首创。

（2）EH-2 中温耐硫水解催化剂串 JTL-1 的 JTL-7 精脱硫工艺[187]　20 世纪 90 年代后期，国内新建了多套规模在 3 万～ 20 万吨 / 年的煤基低压甲醇装置。湖北化学所开发了用于单醇生产的 JTL-7 精脱硫工艺，即在粗煤气部分变换后采用 EH-2 中温耐硫水解催化剂，将有机硫 COS 和 CS_2 进一步转化为 H_2S，然后在脱碳后串接 JTL-1 工艺，将合成气中总硫含量脱除至＜ 0.1×10^{-6}。该工艺 1999 年开始相继在河南安阳、山东鲁南、河南新郑、浙江衢州、山东寿光等几十个化肥厂的低压单醇生产中应用。JTL-7 精脱硫工艺示意图如图 5-78 所示。

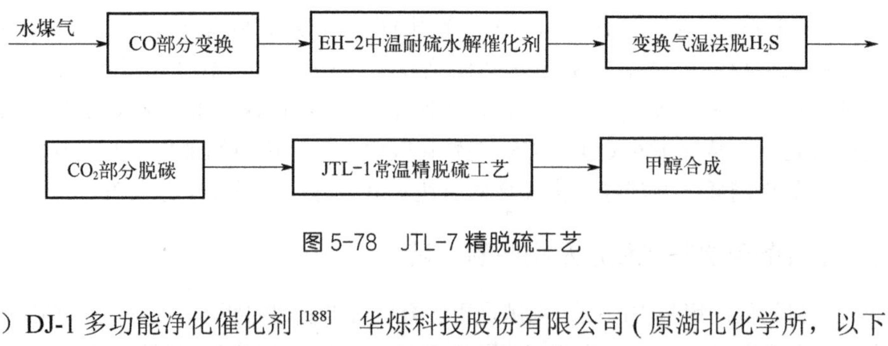

图 5-78　JTL-7 精脱硫工艺

（3）DJ-1 多功能净化催化剂[188]　华烁科技股份有限公司 (原湖北化学所，以下简称华烁公司) 在耐硫脱氧剂、中温耐硫水解剂等催化剂基础上研制了一种新型 DJ-1 多功能净化催化剂，该催化剂具有耐硫脱氧、有机硫转化、氢氰酸转化、不饱和烃加氢等多种功能，应用于粗煤气与焦炉煤气净化生产甲醇、醋酸、天然气、DMF、TDI及IGCC煤气净化等领域。

多功能净化催化剂的主要化学反应如下：

$$O_2 + 2H_2 = 2H_2O$$

$$CS_2+2H_2O = 2H_2S+CO_2$$

$$C_4H_4S+4H_2 = H_2S+C_4H_{10} \quad \cdots\cdots$$

$$HCN + H_2O = NH_3+CO \quad \cdots\cdots$$

多功能净化催化剂活性高、副反应少，HCN的转化率≥80%，O_2的脱除率>99%，COS和CS_2转化率≥90%，H_2S通过湿法脱硫被脱除，为后续装置的正常运行提供保障。

5.2.6.4 合成气深度净化精脱硫剂及深度净化精脱硫工艺

常温精脱硫技术可将合成气中总硫含量脱除至<0.1×10^{-6}，使甲醇催化剂寿命从几个月延长至3～4年。大型甲醇厂在低温甲醇洗后总硫含量有时超标至（0.1～0.6）$\times10^{-6}$，国外甲醇合成专利商配套的保护剂一般与甲醇催化剂使用寿命一样只保证2年。因此行业内提出需将合成气中总硫含量脱除至<10×10^{-9}，使甲醇催化剂使用寿命延长到5～6年，保证甲醇装置在2个大修周期即4年内少更换1次甲醇催化剂，显著提高经济效益。

华烁公司开发了EH-5型有机硫深度水解催化剂串HTS-2型H_2S深度精脱硫剂组成的深度净化精脱硫工艺、单独使用EZX-3水解转化吸收型深度净化精脱硫剂或EZX-4加氢转化吸收型深度净化精脱硫剂的深度净化精脱硫工艺，这三种工艺均可将低温甲醇洗后合成气中总硫含量脱除至10×10^{-9}，确保下游氨合成、甲醇、乙二醇、甲烷化、费托等催化剂长周期稳定运行。

（1）EH-5深度水解催化剂串HTS-2深度精脱硫剂的深度净化精脱硫工艺[189-191] EH-5深度水解催化剂将低温甲醇洗出口COS进一步水解转化为H_2S，HTS-2深度精脱硫剂将H_2S脱除，此工艺为我国独创，且已授予中国、南非、澳大利亚和印度发明专利。该工艺由上述两种催化剂串联组成，使用温度在30～180℃，出口COS、H_2S含量均<5×10^{-9}，2008年已开始在陕西金巢煤制油，内蒙古、新疆、青海等大型甲醇装置中成功应用。

（2）水解转化吸收型深度净化精脱硫工艺 该工艺只采用一种催化剂，同时具有水解转化COS和脱除H_2S两种功能，工艺简单，催化剂总装填量小，设备投资大幅减少，同时床层阻力降也明显降低。国外Topsøe公司的HTZ-4催化剂保护床工艺、Johnson Matthey公司的Puraspec 2020工艺等也是水解转化吸收型净化剂同时脱除COS和H_2S[192]。

华烁公司开发出的EZX-3水解转化吸收型深度净化精脱硫剂[193]，采用活性氧化锌添加特种助剂制备而成，使用温度在30～180℃，出口COS和H_2S含量均<5×10^{-9}，成功保护了下游甲醇、乙二醇、煤制油、煤制天然气等煤化工的合成催化剂。以该催化剂为核心的水解转化吸收型深度净化精脱硫工艺2016年开始在宁夏、内蒙古、贵州等大型甲醇，河北深州煤制乙二醇等装置中成功应用。

（3）加氢转化吸收型深度净化精脱硫工艺 有些新型煤化工装置因使用煤种不同，在低温甲醇洗出口除COS和H_2S外，还发现含有硫醇，采用上述两种工艺无法脱除硫醇，华烁公司开发了EZX-4加氢转化吸收型深度净化精脱硫剂，通过在催化剂上添加特种活性组分，将COS和硫醇氢解为H_2S脱除，该催化剂解决了硫醇难以脱除的难题。

以该催化剂为核心的加氢转化吸收型深度净化精脱硫工艺不需要向系统中补水，使用温度在 180 ～ 250℃，出口 COS 和 H_2S 含量均＜ $5×10^{-9}$，工艺于 2014 年 5 月首次在贵州天福 20 万吨甲醇 / 年装置上成功应用。

5.2.6.5 微量硫化物的分析

煤制合成气中微量硫化物的分析对合成氨装置的运行十分重要。二十世纪七八十年代，我国整体引进的大型合成氨厂大多采用配套的在线微量硫分析仪，但是精度也只能达到 $0.5×10^{-6}$，实际运行效果较差。而中小型合成氨厂大多未进行微量硫准确分析，基本上采取间歇的化学分析或仪器分析总硫的方法，涉及微库仑法、荧光法、色斑法、汞量滴定法、亚乙基兰法、检测管法等，都只能分析硫化氢或者测定总硫，对 COS 等形态硫不能分析而且检测限也达不到工艺的要求 [194]。

西南化工研究院率先开发出 WLSP-852 型微量硫色谱分析仪，该仪器利用色谱柱对不同硫化物的分离并采用火焰光度检测器（FPD）进行检测，具有灵敏度高、选择性好的特点，H_2S、COS、硫醇、硫醚、噻吩等都可分别检出，检测限＜ $0.05×10^{-6}$。湖北化学所开发出 HC-2 型微量硫分析仪，同样采用 FPD 检测器，由于解决了微量硫化物的吸附问题，提高了微量形态硫分析的灵敏度和准确性，检测限低至 $0.02×10^{-6}$，2006 年进一步开发出的 HC-15 型高灵敏度微量硫分析仪更是将检测限降至＜ $5×10^{-9}$ 并通过中国计量科学研究院的检定。上述专用的微量硫分析仪作为精脱硫技术的重要组成部分，已在化肥厂和煤化工装置获得广泛应用。

5.2.6.6 工业应用

常温精脱硫工艺已广泛应用在如甲醇（单醇）生产、保护甲烷化和氨合成催化剂、保护联醇和氨合成催化剂、焦炉煤气净化、尿素生产、食品二氧化碳等工业中，获得了明显的经济效益 [195-199]。

另外，DJ-1 多功能净化催化剂在 IGCC 粗煤气净化中的应用 [200]，合成气深度净化工艺在大型甲醇装置中的应用 [201] 效益明显。

5.2.6.7 安全环保

（1）安全管理　合成氨的精脱硫净化单元涉及一氧化碳、氢气、甲烷和硫化物等易燃易爆有毒有害物质，需要特别注意防爆、防火、防中毒。安全危害主要表现在以下几个方面：

① 火灾及爆炸危险　如 CO、H_2、CH_4 的逸出着火，活性炭、氧化铁等精脱硫剂遇氧燃烧；

② 中毒危险　如 CO 逸出，CO_2 窒息，硫化物逸出；

③ 超压爆炸　操作压力超过设备或管道的设计压力而引起设备或管道的爆炸；

④ 潜在危险　因硫化物等具有腐蚀性，长期运行可能造成设备管道腐蚀。

另外需要重视检修作业的安全。行业内多起涉及精脱硫净化单元的安全事故均在装卸净化剂和停车检修时发生，操作人员忽视了使用后的精脱硫剂吸附了大量的硫化物，易解析释放造成人员中毒，危及生命。

（2）环保控制　精脱硫净化单元的环保问题主要涉及废液、废气和固废处理，需要采取措施加强管控。

① 废液　主要来自于各分离器和导淋的废水排放，而这些废水通常来自于工艺气冷凝后的过饱和水，组分比较简单，可以收集后循环利用或者进全厂的废水处理系统以实现达标排放。

② 废气　废气主要是开停车时系统吹扫、活化的放空气，开停车放空气、升温硫化放空气和安全阀排放气等均应经火炬燃烧后达标排放。

③ 固废　固废主要是使用后的净化催化剂和瓷球等。应该根据净化剂的主要组成针对性地进行无害化处理，比如氧化锌脱硫剂可以回收氧化锌，氧化铁精脱硫剂可以再生处理，活性炭精脱硫剂可以进焚烧炉，但是相关的处理都需要注意配备硫回收系统，避免硫化物重新进入大气污染环境。相关废净化剂一般都属于危废，需要委托有资质的单位进行转移处置。

5.2.6.8　综合评述

自 20 世纪 80 年代末期以来，常温精脱硫（总硫 H_2S+COS 含量＜ 0.1×10^{-6}）技术的研究、开发与应用已经成为干法脱硫中最活跃、发展最快的领域之一。

5.2.7　湿法脱硫

湿法脱硫即液相氧化法脱硫，是利用碱性溶液吸收气相中的硫化氢，然后在脱硫催化剂的作用下，将其催化氧化为单质硫，而后回收硫黄副产品。其特点为：可将硫化氢直接转化为单质硫，脱硫效率高，净化后的气体硫化氢残留量低；既可常压操作，也可加压操作；脱硫催化剂可经再生循环使用，运行成本低。

湿式氧化法建设投资较少，工艺紧凑，设备简单，运行费用低，具有诸多优势。国内的湿式氧化法脱硫催化剂也随着市场需求不断更新换代，脱硫技术也逐步成熟、稳定。

5.2.7.1　发展历程[202-205]

（1）氨水液相催化法

① 简介　此方法最早是德国在第二次世界大战后开发的，称为 Perox 法，国外主要用于焦炉煤气的脱硫净化。1950 年氨水液相催化法第一次应用于德国迈恩茨炼焦厂，焦炉煤气处理量（标态）为 $3\times10^5m^3/d$。

我国 70 年代将这种方法用于规模较小的合成氨厂的煤气脱硫。1959 ～ 1963 年上海化工研究院、大连化工公司设计研究院分别进行了氨水液相催化法水煤气、半水煤气、焦炉煤气脱 H_2S 的试验研究。1960 年天津化工公司设计研究院完成了氨水液相催化法水煤气、半水煤气脱 H_2S 的扩大试验。1964 ～ 1965 年在丹阳化肥厂进行了生产试验，成功后首先在浙江省衢州化工厂砷碱法半水煤气脱硫装置上试用，后在中小型化肥厂推广。1982 年南京化工学院进行了加压脱硫试验并在六合化肥厂油煤气加压（1.4 ～ 1.5MPa）脱硫装置上的应用获得成功。

② 反应原理

A．稀氨水溶液吸收 H_2S ：

$$NH_3 + H_2S \rightleftharpoons NH_4HS + 45.98kJ$$

B．析硫反应：

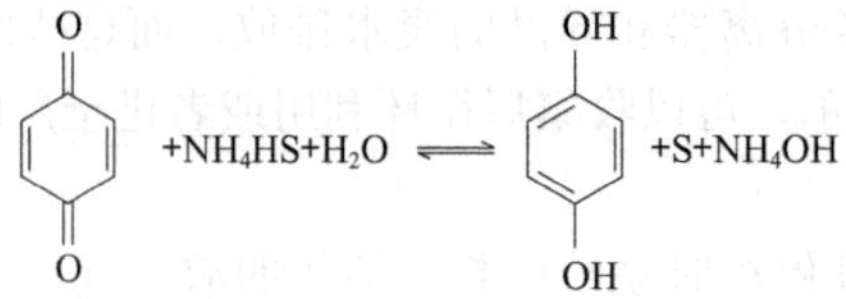

C．再生反应：

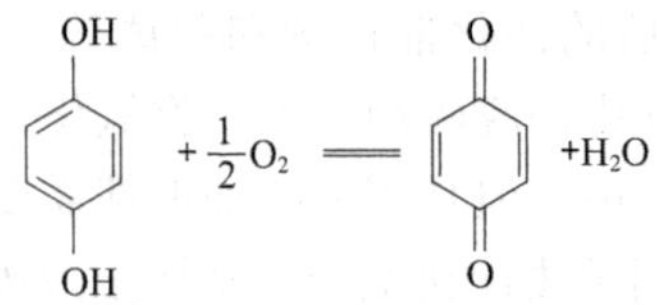

③ 综合评述 从 20 世纪 70 年代起我国将该法用于小型合成氨厂半水煤气脱硫，成功地取代了当时的砷碱法脱硫工艺，革除了对剧毒的三氧化二砷（俗称砒霜）的使用，氨水液相催化法过程比较简单，同时合成氨厂用氨来配制脱硫液，供应方便，且可以利用废氨水，从而降低脱硫运行费用。

氨水液相催化法利用对苯二酚来氧化硫氢根离子，但是对苯二酚氧化 HS^- 的反应速率较慢，当反应时间不足时，大量 HS^- 进入再生反应器，氧化生成硫代硫酸盐和硫酸盐，造成硫回收率低。另外，对苯二酚易发生聚合反应而造成损失，因而脱硫液中的对苯二酚浓度也不宜过高，一般在氨水溶液中添加 0.3g/L 的对苯二酚催化剂[206]。当半水煤气中的二氧化碳含量较高时，采用此法也会影响脱硫效率。

（2）蒽醌二磺酸钠法

① 简介 蒽醌二磺酸钠法，国外称为 Stretford 法，我国称 ADA 法。该方法于 1958 年由英国西北煤气局（Northwestern Gas Board）和克莱顿苯胺公司（Clayton Aniline）共同研究开发，1959 年 5 月建立中试试验装置并运转，后推广用于各种气体的脱硫净化。我国于 20 世纪 60 年代末已将此法应用于水煤气、半水煤气、焦炉煤气等气体的脱硫过程。

② 反应原理 用蒽醌二磺酸钠（ADA）作催化剂，用稀碳酸钠溶液脱除气体中的硫化氢，后期为了加快吸收硫化氢的速率和氧化速率，在溶液中又加入偏钒酸钠和少量酒石酸钾钠[207]，以防止从溶液中析出沉淀。所以称为改良蒽醌二磺酸钠法。

A．以稀碱液吸收硫化氢，形成硫氢化物：

$$Na_2CO_3 + H_2S \xrightarrow{pH\ 8\sim9} NaHS + NaHCO_3$$

B．在液相中硫氢化物与偏钒酸盐反应，生成还原性焦钒酸盐，并析出元素硫：

$$2NaHS + 4NaVO_3 + H_2O \longrightarrow Na_2V_4O_9 + 4NaOH + 2S\downarrow$$

C．焦钒酸盐被 ADA 所氧化，生成偏钒酸盐：

$$Na_2V_4O_9 + 2ADA(氧化态) + 2NaOH + H_2O \longrightarrow 2ADA(还原态) + 4NaVO_3$$

D．还原态 ADA 被空气氧化再生：

$$2ADA(还原态) + O_2 \longrightarrow 2ADA(氧化态) + 2H_2O$$

③ 综合评述 早期的 ADA 法采用的是碳酸钠碱性溶液加入 2,6-和2,7-蒽醌二磺酸钠，但是单加入 ADA 的溶液吸收硫化氢后的氧化速率较慢，副反应占比大，后来开发了钒-ADA 作为混合的氧化催化剂。ADA 法脱硫技术成熟，溶液无毒，性能稳定，对碳钢无腐蚀，过程完善，规范化程度高，技术经济指标较好。但是该方法存在溶液成分复杂、悬浮颗粒细回

收困难和副反应占比较高等问题，随着副产物的增多，溶液密度的不断增加，最终会影响吸收硫化氢的效果。

（3）栲胶法

① 简介　1976 年由广西化工研究所等单位进行了栲胶脱硫的试验研究工作，成功后在都安氮肥厂、柳州化肥厂工业装置上应用，并逐渐推广到中小型合成氨厂。随后，北京化工实验厂等单位也都开展了多方面的研究，使栲胶法脱硫工艺不断完善、提高，并将应用范围扩大到天然气、焦炉煤气的废气净化。

② 反应原理　栲胶由植物皮（如栲树、落叶松）、果（如橡椀）、叶（如漆树）和干（如坚木、栗木）的水淬液熬制而成。其主要成分是丹宁，丹宁是化学结构十分复杂的化合物组成的混合物。由于来源的不同（如叶、根、皮等）丹宁的组分也不一样，大体上可分为水解型和缩合型两种，它们都是由多羟基芳族化合物组成的。

用栲胶进行脱硫是按照醌（酚）类物质、变价金属络合物两元氧化还原体系的反应模式推理的反应过程。

A．以碱性溶液吸收硫化氢：

$$Na_2CO_3 + H_2S \longrightarrow NaHS + NaHCO_3$$

B．溶液中五价钒离子氧化 HS^- 析出硫黄，五价钒离子被还原为四价钒离子：

$$2V^{5+} + HS^- \longrightarrow 2V^{4+} + S + H^+$$

同时醌态栲胶氧化 HS^- 析出硫黄，醌态栲胶被还原成酚态栲胶。

C．醌态栲胶氧化四价钒离子，使钒离子获得再生：

$$2TQ + V^{4+} + 2H_2O + e \longrightarrow V^{5+} + 2THQ + 2OH^-$$

D．酚态栲胶被氧化，使栲胶得以再生，同时生成 H_2O_2：

$$2THQ + O_2 \longrightarrow 2TQ + H_2O_2$$

E．H_2O_2 氧化四价钒离子和 HS^-：

$$2V^{4+} + H_2O_2 \longrightarrow 2V^{5+} + 2OH^-$$

$$HS^- + H_2O_2 \longrightarrow H_2O + OH^- + S$$

③ 综合评述　栲胶法是我国特有的脱硫技术，栲胶脱硫的原理是利用天然栲胶中多羟基芳烃化合物结构中存在的酚式与醌式结构互变，通过偏钒酸钠进行氧化还原反应来实现脱硫。栲胶法脱硫的特点是脱硫催化剂来源丰富，价廉易得，运行费用比改良 ADA 法低，脱硫液腐蚀性小，脱硫效果较好。但是栲胶中含有大量表面活性物质，需要进行熟化处理后才能添加到脱硫系统中，否则会造成严重发泡现象。

（4）酞菁钴法

① 简介　1958 年，美国研究酞菁类化合物对硫醇氧化的催化作用，于 1960 年实现汽油脱硫醇的工业应用，从而得到无味汽油；1960 年苏联开始研究把酞菁化合物用作气体脱硫的催化剂，由于氰化氢中毒问题未能用于工业生产。

东北师范大学从 1977 年开始研究解除氰化氢中毒的方法并研制出耐氰催化剂，1983 年突破中毒关[208]，1986 年 8 月通过吉林省科委组织的技术鉴定。此后，进行了催化剂的合成、脱硫剂的性能试验，合成氨厂半水煤气、变换气脱硫工业试验取得成功，并逐步推广到煤气、焦炉煤气、合成氨厂半水煤气、炼厂气等气体的脱硫过程中。

② 反应原理　酞菁钴法（简称 PDS 法）脱硫的主要成分是双核酞菁钴磺酸盐。酞菁钴磺酸盐在酸碱介质中不分解，热稳定性好，无毒，对硫化物有很强的催化活性。这种高活性的产生在于它们分子结构的特殊性，即贯穿于整个分子的大 π 电子共轭体系与中心金属的可变性能及酞菁环对中心金属离子不同价态的稳定作用相结合是构成这类化合物特殊催化性能的基础[209]。

反应机理如下：

A．气相中的硫化氢经碱液吸收形成 HS^-；

$$H_2S + OH^- \longrightarrow HS^- + H_2O$$

B．催化剂与分子氧作用，易形成 1∶1 的超氧配合物；

$$ML + O_2 \longrightarrow MO_2L$$

C．硫氢根离子与超氧配合物反应生成超氧自由基；

$$MO_2L + HS^- \longrightarrow HS\cdot + ML + O_2^-\cdot$$

$$O_2^-\cdot + H_2O \longrightarrow HO_2\cdot + OH^-$$

D．硫氢根自由基在碱液中形成多硫化物；

$$2HS\cdot + OH^- \longrightarrow HS_2^- + H_2O$$

E．多硫化物与超氧离子反应生成单质硫；

$$O_2^-\cdot + 2HS_x\cdot \longrightarrow 2S_x + 2OH^-$$

$$HO_2\cdot + HS_x^- \longrightarrow S_x + 2OH^-$$

其中 x 为 2，3，4，5，6，7，8。

在强碱介质中，局部过热的情况下发生副反应：

$$HO_2\cdot + H_2O \longrightarrow H_2O_2 + OH^-$$

$$2HS^- + 4H_2O_2 \longrightarrow S_2O_3^{2-} + 5H_2O$$

$$HS^- + 4H_2O_2 \longrightarrow SO_4^{2-} + 4H_2O + H^+$$

$$2S + 2H_2O_2 + 2OH^- \longrightarrow S_2O_3^{2-} + 3H_2O$$

$$S + 3H_2O_2 + 2OH^- \longrightarrow SO_4^{2-} + 4H_2O$$

$$S_2O_3^{2-} + 4H_2O_2 \longrightarrow 2SO_4^{2-} + 3H_2O + 2H^+$$

综上所述，双核金属酞菁类化合物催化 H_2S 的液相氧化反应过程为自由基反应历程[210]，其中 HS^- 和 O_2 在催化剂分子上实现的电子转移是自由基的引发过程，该过程也是整个反应的控速步骤。由于 $HS^\bullet$ 自由基和 O_2^- 由催化剂分子的两个中心金属离子协同产生，且 O_2^- 通过交换反应可以产生 $HS^\bullet_x$ 自由基，因而双核金属酞菁类化合物在催化 H_2S 液相氧化反应中表现出极高的催化活性[211]。

③ 综合评述　酞菁钴法脱硫的开发应用大致经历了三个阶段。初期，仅在碱性水溶液中添加 PDS 催化剂进行脱硫。在推广应用中发现单独使用 PDS 的效果不好，而 PDS 与其他催化剂 (如 ADA、对苯二酚等) 合用才能获得好效果，在此期间几乎所有的 PDS 脱硫工艺都是在原有脱硫液中添加 PDS 而由其他工艺过程转变过来的。实践证明，现今国内所有湿式氧化法脱硫过程都能完成这种转换。第三阶段是研制出新型酞菁钴类催化剂，如 888 脱硫催化剂，可以单独使用，不必再添加其他“助催化剂”。

PDS 法脱硫适用范围广，使用厂家多，既可脱除无机硫，也可脱除部分有机硫；具有抑制和消除硫黄堵塔的功能；添加量少，使用浓度低，一般催化剂浓度为 30 ～ 40mg/L 即可，运行费用低，通常情况下，脱除 1kg H_2S 消耗脱硫催化剂 1 ～ 1.5g 左右；工艺设备的条件范围宽，浮选的硫颗粒大，易分离，溶液中悬浮硫含量低。

该法一直是湿式氧化法脱硫的主导技术。但是 PDS 法副反应较多，特别是 pH 值高、温度高的情况下，副反应生成速率较快，需要定期排液来维持溶液中的复盐含量，避免含量过高而影响脱硫效率。因此很多 PDS 法脱硫后续都配有脱硫液浓缩提盐工艺，以此来保证脱硫液性质的稳定。

（5）络合铁法

① 简介　在湿式氧化法开发初期列出的可作为氧化剂或催化剂的众多化合物中，氧化铁最受关注，除了它优良的催化氧化性能外，很重要的是它价廉易得。

早在 1920 年前后，美国宾夕法尼亚州匹兹堡的 Koppers 公司就开发了悬浮氧化铁脱硫工艺（铁碱法），曾一度被广泛采用。但由于其本身存在的缺陷（腐蚀、磨蚀、副反应严重、易沉淀）而逐渐被其他方法取代。尽管如此，铁碱法的原则流程却一直沿用至今，为湿式氧化法流程之经典，为了克服铁碱脱硫液易形成沉淀的缺点，20 世纪 70 年代起发展了络合铁脱硫工艺。

络合铁法具有气体净化度高、溶液工作硫容大、$Na_2S_2O_3$ 生成率低等优点，代表性工艺为 20 世纪 70 年代美国空气资源公司开发的 LO-CAT 工艺，采用 EDTA 和多聚糖复合双组分络合剂来稳定铁离子溶液，另外还添加了催化剂 ARI-301。世界上已建成 150 套 LO-CAT 装置，脱硫效率最高达 99.99%。该工艺主要用于处理炼厂气和天然气，具有氧化速率快、脱硫效率高的特点，但存在硫颗粒小、脱硫剂降解、再生速率慢及成本高、脱硫液成分复杂等方面问题。

② 反应原理　络合铁法的原理是 H_2S 在碱性溶液中被络合铁盐催化氧化成元素硫，被 H_2S 还原的催化剂可用空气再生，将 Fe^{2+} 氧化为 Fe^{3+}。铁离子在碱性溶液中不稳定，极易沉淀从而在溶液中析出，因此需要选择合适的络合剂，从而使 Fe^{2+}、Fe^{3+} 稳定存在于溶液中。

A．吸收反应　气体中的 H_2S 溶于脱硫液后，首先与脱硫液中的碱反应：

$$H_2S + Na_2CO_3 \longrightarrow NaHS + NaHCO_3$$

B．催化反应　在催化剂作用下，生成的硫氢根离子与溶液中的三价铁离子快速发生氧化还原反应，生成单质硫：

$$HS^- + OH^- + 2Fe^{3+} \longrightarrow 2Fe^{2+} + S\downarrow + H_2O$$

其中二价铁、三价铁均为络合态。

C．再生原理　为恢复溶液吸收硫化氢的能力，就必须对溶液进行再生，再生过程主要是二价铁离子经过氧化变为三价铁离子：

$$2Fe^{2+} + \frac{1}{2}O_2 + H_2O \longrightarrow 2OH^- + 2Fe^{3+}$$

其中二价铁、三价铁均为络合态。

③ 综合评述　络合铁法脱硫主要优势在于脱硫效率高和可抑制脱硫副反应的生成，最早始于 20 世纪 70 年代的美国，LO-CAT 工艺就是目前国外主要的络合铁脱硫工艺。国内对络合铁脱硫技术的研究也很多，存在诸多问题：a．络合铁催化剂络合态不稳定，分解出的 Fe^{3+} 被还原为 Fe^{2+} 后，易与脱硫液中的硫氢根离子反应形成硫化亚铁沉淀，堵塞脱硫塔及管道；b．络合铁催化剂可以抑制硫代硫酸盐生成，但是运行过程中硫酸盐含量逐渐升高，硫

酸盐溶解度低，易在设备、管道中结晶沉淀，不仅加快了脱硫塔及管道的堵塞、腐蚀，还会影响脱硫效率；c. 络合铁催化剂产生的硫颗粒较细，不利于硫泡沫的浮选。

5.2.7.2 工艺过程

湿法脱硫流程简图见图 5-79。

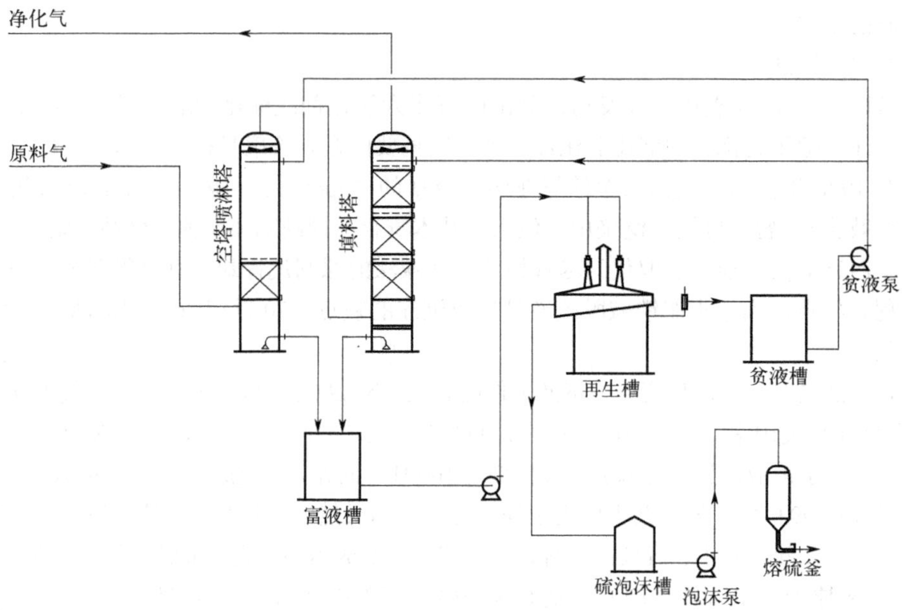

图 5-79 湿法脱硫流程简图

（1）吸收工艺　根据入口硫化氢的含量，选择脱除方式，通常用填料塔进行把关，入口硫化氢含量高时，增加脱硫级数，气相依次通过脱硫塔，在塔内经脱硫液充分吸收 H_2S 后，进入下一道工序。

（2）再生工艺　从再生槽喷射出来的脱硫贫液经液位调节器进入贫液槽。经贫液泵加压后的脱硫贫液通过调节流量，然后分别从顶部进入空塔喷淋塔和填料塔，在塔内，脱硫贫液与塔底上来的煤气逆流接触，吸收煤气中的 H_2S 气体。

空塔喷淋塔和填料塔底部富液流入富液槽，经富液泵加压后进入再生槽喷射器。富液高速通过喷射器喷嘴时，其吸气室形成负压自动吸入空气，富液与空气两相并流经喷射器喉管、扩散管由尾管排出，并由再生槽底部向上流动，完成脱硫催化剂的氧化再生。

（3）熔硫工艺　再生槽中的悬浮硫颗粒被空气浮选形成硫泡沫，从再生槽上部溢流出再生槽进入硫泡沫槽。硫泡沫经泡沫泵加压进入压滤机，加工成硫膏后进入熔硫釜进行熔硫，过滤后清液返回脱硫系统循环使用。

在净化脱硫过程中，煤气中所夹带的杂质、脏物和生产中产生的废弃物，只能通过硫泡沫带出系统外。故在加工硫黄的同时，也净化系统自身，是维护系统正常稳定、有序运行的重要环节。

5.2.7.3 主要脱硫设备

（1）脱硫塔[212]　用于脱硫的塔型很多，主要有填料塔、空塔喷淋塔、旋流板塔等，各有利弊。化肥厂多采用填料塔，选择何种脱硫塔要根据生产要求和硫负荷来定。

① 填料塔　填料塔（见图5-80）尽管设备庞大，基建费较高，但其操作稳定，脱硫效率较高。因此，还是被广泛采用的，其中填料为聚丙烯鲍尔环或阶梯环或拉西环或青瓷填料等，填料塔空塔气速一般不宜超过1m/s，否则，其液沫夹带过多甚至液泛。此外，塔顶应设旋流板除沫器，并在其上方定期加水清洗，以防硫黄沉积。同时一般塔内还有初始气体分布器和液体再分布器，以便气液分布均匀，有助于脱硫效率的提升。

对于散装填料塔而言，大多数厂家都是采用规格型号不同的聚丙烯鲍尔环。一般来说尺寸越小，比表面积越大，空隙率越小。从吸收效果看，选择比表面积大的填料好，但从降低阻力防堵来说，空隙率大的填料好，因此，选择填料要权衡利弊。

脱硫塔的直径是根据气体在塔内停留截面的流速（一般为0.4～0.8m/s）来确定的，具体根据脱硫效率要求和硫负荷来定。脱硫塔内溶液的喷淋密度一般取40～60$m^3/(m^2\cdot s)$，以保证所有的填料表面都被淋湿。

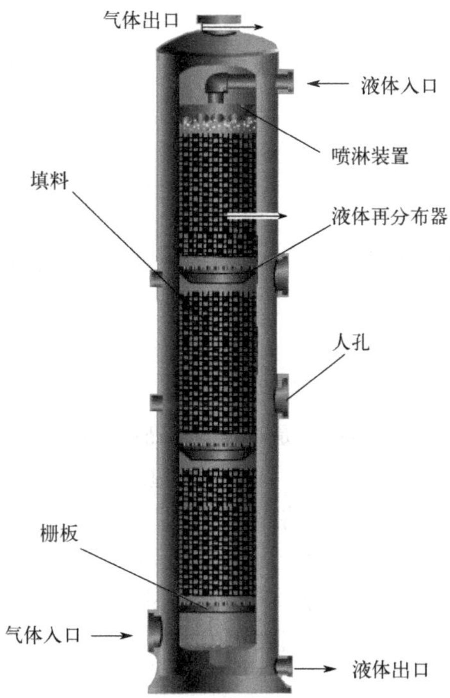

图5-80　填料塔

② 空塔喷淋塔　空塔喷淋塔（见图5-81）的突出优点是阻力降低，且由于新型雾化喷头不易堵塞且雾化性能好，因而，该塔的脱硫效率也有所提升。一般情况下，该塔置于填料塔吸收前，作为预脱硫塔应用。空塔喷淋塔喷头个数应与液量相匹配，如喷头个数过多，由于送液压头不足，喷液雾化不良，便不能达到预期的脱硫效果。喷头的设计及加工应严格要求，并经塔外空喷试验合格后再安装。此外，塔顶最好设有旋流板除沫器。

③ QYD塔　QYD塔（见图5-82）应用于加压脱硫系统，以QYD加压传质内件代替填料层，单孔流速可达到0.4～1.0m/s，所以气泡在液体中的状态为湍动状态。气泡不断地分裂、破碎并形成无数的细微气泡群，产生激烈无定向运动，塔内液体扰动剧烈，气液充分乳

化混合，气液之间的传质由静态转化为动态，大幅度提高了传质速度，可防止堵塔。

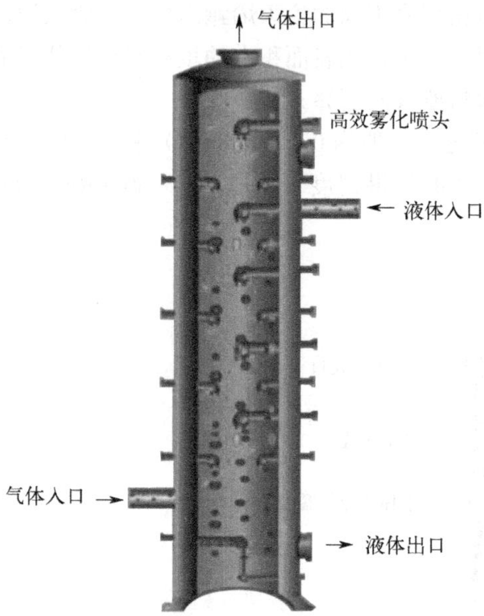

图 5-81　空塔喷淋塔

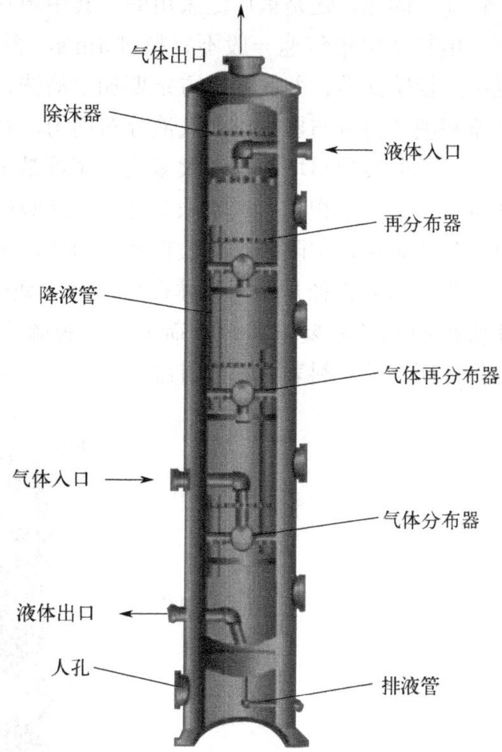

图 5-82　QYD 塔

（2）再生槽　再生槽（见图 5-83）是湿法脱硫最关键设备之一。氮肥行业大多数使用喷射氧化再生槽，其工艺先进，效果好。一般工艺过程是富液经过再生泵加压后通过喷射器喷嘴时形成射流，并产生局部真空自动将空气吸入。此时气液两相被高速均匀分布，处于高度湍动状态，经收缩管、喉管、扩散管、尾管强化反应后进入氧化再生槽。射流液变成泡沫液，经多孔板分布器均匀分布切割上浮进行元素硫的浮选。即溶液中硫颗粒互相碰撞增大，再聚集形成泡沫层溢流到硫泡沫槽送往回收熔硫岗位。

图 5-83　再生槽

规范的喷射氧化再生槽为三件套。内侧筒体为反应槽，中间设清液环槽，外层（顶帽）为泡沫环槽。按其结构技术要求，特别要注意三个地方。第一，内筒顶端（贫液进清液环槽处）与硫泡沫溢流堰的距离应保持在 600 ～ 800mm。第二，槽内必须设有孔板分布器（或称筛板），其孔径大小很重要，一般孔径为 12 ～ 15mm，孔距为 25 ～ 35mm，以两层为宜。由于孔板分布器形成上下压差，故要注意与尾管结合处间隙不能太大（＜ 10mm）。而且孔板分布器多为组装，一定要焊牢固定。第三，安装喷射器一定要垂直同心，否则形成不了射流（液速 18 ～ 25m/s）影响空气吸入量。另外，尾管距离槽底 400 ～ 600mm 为宜（高槽＜ 1m），否则会影响再生槽利用率和溶液停留时间。再者，液相配管，即再生槽出液管径要比进液管径大 1.5 ～ 2 倍（以上数据多为经验数据，仅供参考），管径比失调或液位调节器设计太小都会造成想加大循环量而加不上去。还有喷射器选型要符合循环量工艺要求，布点平均，开启运行要均衡。

（3）富液槽和贫液槽　富液槽要有足够的停留时间，目前生产经验表明，富液槽停留时间在 5 ～ 8min 时，副反应的生成率大幅降低，贫液槽起缓冲作用，防止泵抽空，一般设计停留时间在 3 ～ 5min 左右。

（4）硫泡沫过滤机　硫泡沫过滤机有真空转鼓过滤机、卧式离心机及板框压滤机。真空转鼓过滤机生产能力大，自动化程度高，但是滤饼含液量大，一般在 30% ～ 50% 左右，且需备三层楼房，基建费用较高。由卧式离心机得到的滤饼较干，含液量一般在 30% 左右，且便于用水洗涤。板框压滤机应用最多，其价格便宜，操控方便，滤饼含液量一般在 30% ～ 40%，近年来技术升级，经过二次挤压后，含液量可降到 20% 左右。

（5）熔硫釜　熔硫釜用来处理过滤后的硫膏产品，将其变成纯度为 95% 以上的硫黄成品。经过过滤机过滤后硫膏的含液量在 30% ～ 40%，当硫膏量达到熔硫釜处理量时，关闭料斗加料阀，打开热源对釜内硫膏加热，釜内硫膏全部熔融为浓硫液体后放硫即可。熔硫釜为夹套容器，夹套内走蒸汽，一般要求蒸汽压力为 0.4 ～ 0.5MPa，温度为 140 ～ 150℃。釜内一般设计加热盘管，盘管内走蒸汽，双层加热。

5.2.7.4　操控要点[213]

（1）溶液组分　溶液组分是决定脱硫效率高低的先决条件，调整好溶液碱度、催化剂浓度并控制各组分在指标内。同时根据工艺指标和分析数据情况及时适量补充脱硫过程中所消耗的原料，是保证脱硫工艺正常运行的基本条件。根据进气 H_2S 含量、要求的气体净化度及溶液的吸收净负荷确定溶液组成。催化剂按技术持有者推荐的数据配制。制备脱硫液不能用硬水，以避免钙镁离子进入系统形成沉淀。

（2）温度　操作温度的调控优化十分重要。脱硫和析硫、再生、回收三个工艺环节的温度调控影响化学平衡以及传质、浮选等物理过程，而且若用氨水脱硫，只有解决了温度问题才能控制好碱度。脱硫吸收是放热反应，降低温度对吸收有利，再生环节中随着温度的升高而加快氧化以及硫颗粒的聚集。用 Na_2CO_3 作碱源，脱硫温度应控制在 30 ～ 38℃。再生温度控制在 35 ～ 42℃为宜（适宜的再生温度为 38℃）。当脱硫温度过低时，析硫反应速率降低（亦不利于水平衡），可能会出现碱、盐结晶的析出，增加碱耗和阻力增高，再生不完全，影响贫液质量。若脱硫温度过高，则 H_2S 气体在脱硫液中溶解度降低，使吸收推动力变小（分压差降低），影响气体净化度。同时，会造成副反应增加，当脱硫温度在 45℃以上时，副反应明显加快，超过 50℃时，反应速率便会急剧上升。溶液的腐蚀性也随温度升高而加剧。

（3）空速和喷淋密度　根据双膜理论，吸收介质必须以分子扩散的方式从气相主体先后通过气膜、液膜进入液相主体，在吸收硫化氢的过程中，传质阻力主要受气膜阻力影响。流速越大，则气膜的厚度越薄，因此增大气体的流速，可以减少传质阻力，但流速过大，气液接触时间短，一定喷淋密度下，脱硫效率反而降低。喷淋密度越大，填料层越不容易积硫，但随着喷淋密度的增加，气流通道随液量增加而减小，脱硫塔阻力上涨，气体夹带脱硫液、硫泡沫增多，进而堵塞捕雾层，因此，气体流速与喷淋密度都要控制在一定范围，设计的脱硫塔气体流速一般在 0.4 ～ 0.6m/s，喷淋密度在 40 ～ 60$m^3/(m^2 \cdot h)$。

（4）再生空气量和吹风强度　再生空气量应根据脱硫 H_2S 量的高低及生产负荷情况来确定，由适宜的再生压力和空气吸入阀的开关大小来调节。当空气吸入阀全部打开时，则再生空气量增加，吹风强度升高，有利于溶液的再生氧化，但空气量过大，则硫泡沫层不稳定，硫浮选分离差，会造成悬浮硫含量高，同时还会导致副反应速率加快。再生空气量在一定程度上应随着生产负荷变化而相应增减。理论上每氧化 1kg H_2S 需要空气量为 1.57m^3。实际操作中再生空气量是理论量的 8 ～ 15 倍（以满足浮选要求），再生空气量的大小是由喷射器气液比决定的，即喷射器液相压力（液体流速要求达到 18 ～ 25m/s）和喷射器工艺状况，满足催化剂吸氧再生所需要的氧气量。

吹风强度影响再生硫浮选和泡沫层的聚合形成。一般再生槽要求吹风强度在 60 ～ 80$m^3/(m^2 \cdot h)$。再生槽直径大或喷射器开得多，吹风强度降低，溶液不湍动，则浮选不出硫来。若喷射压力过大，液面翻腾跳跃，易将聚合的硫泡沫打碎，造成返混，影响贫液质量。

另外，要维持适当的泡沫层，液面高度控制应低于硫泡沫溢流面 10 ～ 20cm，让硫泡沫连续自由溢流最好。也可以采用间歇式溢流，但每 3 ～ 4h 必须溢流一次，关键是液位调节操作要心中有数，一般硫泡沫溢流面能占 1/2 以上即可。

（5）溶液循环量　在正常生产操作中根据生产负荷和 H_2S 进出口量的变化来调整溶液循环量。溶液循环量的确定不单是以溶液工作硫容来计算的，还应兼顾液气比，喷淋密度和溶液在再生槽内的停留时间等来综合考虑。在设备允许的情况下，适当提高溶液循环量是有好处的。在溶液组分适宜的情况下，当气量大、硫化氢含量高时，为保证脱硫效率，应适当增加溶液循环量，即增大液气比和喷淋密度，且要保证溶液在富液槽中的析硫时间和再生槽中的氧化时间，故溶液循环量要大小兼顾。选择了适宜的液气比和喷淋密度后要严格和稳定地控制溶液循环量，避免为了节约动力，或随着负荷高低变化而随便地减少溶液循环量，否则很容易造成堵塔。

（6）电位值[214]　氧化还原电位反映水溶液中所有物质表现出来的宏观氧化还原性。氧化还原电位越高，氧化性越强，氧化还原电位越低，氧化性越弱。因此可以通过测定氧化还原电位，来快速地监测脱硫液的氧化还原能力，而且氧化还原电位测定较为方便，比起溶液的组分测定分析更快捷、更方便。

电位值能够快速、准确地反映出脱硫溶液的状态变化，电位值与所吸收的硫化物的浓度有密切关系。实际脱硫液成分复杂，因此针对某一工厂来说，可根据实际情况探索出一套实际溶液组成随电位的变化规律后，利用电位分析的快捷性，随时反映生产过程脱硫液的变化情况，从而能及时、均衡地添加各种化工原料，以保证脱硫液组分浓度相对稳定，防止不良后果的产生。

在实际生产中，要控制贫液电位的变化，贫液电位反映出该脱硫液的氧化能力，不宜过低，过低则氧化能力不足，无法保证硫化氢的脱除效率；不宜过高，过高会导致副反应加剧，因此保持合适的电位值，脱硫效率和溶液组分也相对稳定。同时监测富液的电位变化，富液电位变化反映脱硫液吸收硫化氢后的变化，电位值的高低与入口硫化氢的含量及脱除效率相关联，电位值也不宜过低，过低的电位值再生时间长，会给再生过程造成负担，也有可能造成再生不完全。总之，可以用电位值来判断再生能力的好坏，以便迅速地调整工艺，控制生产的稳定性。

5.2.7.5 防腐与环保

脱硫设备主要用碳钢制作，为了防腐，在吸收塔、喷射再生槽的内外表面均适当涂刷防腐材料。防腐材料一般采用环氧树脂或者玻璃鳞片。溶液泵的主要过流部分及主要管道一般采用不锈钢304制作，泵的密封一般采用机械密封，以减少溶液的漏损。

各种脱硫液对普通碳钢的腐蚀性都不大，主要腐蚀因素是硫代硫酸盐、硫酸盐和硫膏[202]。

湿式氧化法脱硫是将硫氢根离子转化为单质硫，再生放空气中基本上不含 H_2S，符合放空标准。

湿式氧化法脱硫溶液自含钒催化剂被替换后，目前采用的催化剂一般无毒。脱硫溶液由于副反应的生成，复盐含量增长到一定程度后，需要置换部分脱硫液，因此一般配套提盐工艺设备，将脱硫废液中的盐提取出来，但是目前提取出来的盐也没有市场，只能作为固废进行处理。因此，从反应源头来控制副反应，抑制复盐的生成，环保、高选择性、低副反应的催化剂是今后市场的发展方向。

5.2.8 脱碳

5.2.8.1 技术概述

常压固定床间歇煤气化工艺变换后气体中二氧化碳含量一般为26%～28%，在进入氨合成工序前要将其脱除。这是因为一方面，二氧化碳可使氨合成催化剂中毒，要求将进入氨合成工序的原料气中的二氧化碳净化至微量；另一方面，二氧化碳又是制造尿素、纯碱、碳酸氢铵、干冰等产品的原料。因此必须将原料气中的二氧化碳除去并回收。

除去联产碳酸氢铵和联产纯碱工艺，脱碳过程兼具氨加工和二氧化碳脱除双重功能，不必单独设置脱碳过程，目前在间歇煤气化合成氨工业生产中脱碳工序常用的方法有吸收法和吸附法。吸收法脱碳根据吸收剂的性质不同又可分为物理吸收法、化学吸收法和物理化学吸收法脱碳，都属于溶剂吸收的过程，也称为“湿法脱碳”。吸附法脱碳即变压吸附法脱碳，也称为“干法脱碳”。目前主要在用的脱碳工艺技术状况如下。

（1）物理吸收法　利用二氧化碳比氢气、氮气等在吸收剂中溶解度大的特性，除去原料气中的二氧化碳。主要优点在于溶剂吸收气体遵循亨利定律，一定温度下，吸收能力仅与溶解气体气相分压成正比，溶剂再生比较容易，只要减压闪蒸，或用惰性气体气提就可达到再生的效果，再生能耗较低。常用的方法有碳酸丙烯酯法（PC法）、聚乙二醇二甲醚法（NHD法）。碳酸丙烯酯法和聚乙二醇二甲醚法脱碳过程原理基本相同，优点是对二氧化碳、硫化氢等酸性气体有较大的溶解能力，且溶液无毒、无腐蚀性。

20世纪80年代之前，部分小碳铵厂为了生产少量的液氨，也常采用低压水洗来除去变换气中的部分CO_2。水洗法脱除二氧化碳，工艺流程和设备都比较简单，操作方便，且水价廉易得、无毒，易于再生，但由于吸收能力较小，操作中存在水循环量大、电耗高、气体净化度低、有效气体损失较多、再生设备体积庞大等许多缺点而被淘汰。

（2）化学吸收法　利用二氧化碳是酸性气体与碱性溶液进行化学反应而被除去。主要优点是吸收速度快、净化度高，按化学反应计量关系进行，吸收压力对吸收能力影响不大，其缺点是再生能耗较高。我国早期建成的部分中型合成氨厂（特别是采用变换后串联低压甲烷化净化的“三触媒流程”）采用热钾碱法，吸收液中加入活化剂和缓蚀剂的热钾碱法也称作改良热钾碱法。

（3）物理化学吸收法　脱碳时既有物理吸收又有化学吸收，常用的方法有甲基二乙醇胺法（MDEA法）。在加压和有活化剂存在的条件下吸收二氧化碳，经减压和加热再生，与化学吸收法相比，此法再生能耗明显降低，与物理吸收法相比，氢气、氮气等损失少。部分中小型合成氨厂采用此法。

（4）变压吸附法　利用吸附剂在加压下对二氧化碳进行吸附、减压下进行解吸的原理，对气体进行净化和提纯。变压吸附法具有能耗低、运行费用低、流程简单、自动化程度高、运行安全稳定、吸附剂寿命长等优点。

5.2.8.2　碳酸丙烯酯法

碳酸丙烯酯（propylene carbonate，PC，简称为碳丙）是一种无色（或略带黄色）、无毒、无腐蚀性、性质稳定的略带芳香味的透明液体。分子式为$CH_3CHOCO_2CH_2$，分子量为102.09，沸点为234.8℃，冰点为−48.9℃，密度（25℃）为1.198kg/L，黏度为2.76×10^{-3}Pa·s（20℃），闪点为128℃，着火点为133℃[215-217]。

（1）技术原理[215-217]　碳酸丙烯酯是具有一定极性的有机溶剂，对二氧化碳、硫化氢等酸性气体有较大的溶解能力，而氢气、氮气、一氧化碳等气体在其中的溶解度甚微。在常温常压下，二氧化碳在碳酸丙烯酯中的溶解度是氢的116倍，因此可用碳酸丙烯酯从气体混合物中选择吸收二氧化碳，其溶解度主要与二氧化碳压力和碳酸丙烯酯溶剂温度有关，理论溶解度可按下式计算：

$$\lg x_{CO_2}=\lg p_{CO_2}+\frac{726.69}{273.15+t}-3.3762$$

从上式可以看出，碳酸丙烯酯的吸收能力与压力成正比，碳酸丙烯酯特别适合在较高压力下使用；吸收能力与温度成反比，溶剂温度升高，吸收能力下降。吸收二氧化碳之后的溶液（富液）经减压解吸或用鼓入空气的方法即可得到再生而无需消耗热量。

（2）工艺流程　碳酸丙烯酯法（PC法）是典型的物理吸收法，其工艺过程由吸收、闪蒸、常解、真解、气提、溶剂回收等部分组成，工艺流程图如图5-84所示。

在加压、常温（或低温）条件下，在脱碳塔内碳丙溶液吸收变换气中的CO_2和H_2S等，吸收二氧化碳之后的溶液（富液），采用多段式分解再生（高、低压闪蒸，常解，真解和气提）。为降低溶剂消耗，需要对四气（净化气、闪蒸气、混解气、气提气）夹带的碳丙进行洗涤回收。

（3）技术特点　PC法是典型的物理吸收法。碳丙溶液具有溶解CO_2量大的特点，也可以同时脱除气体中的大部分硫化物，吸收剂再生不必加热，总能耗较低，但操作压力较低时脱碳气净化度较差。

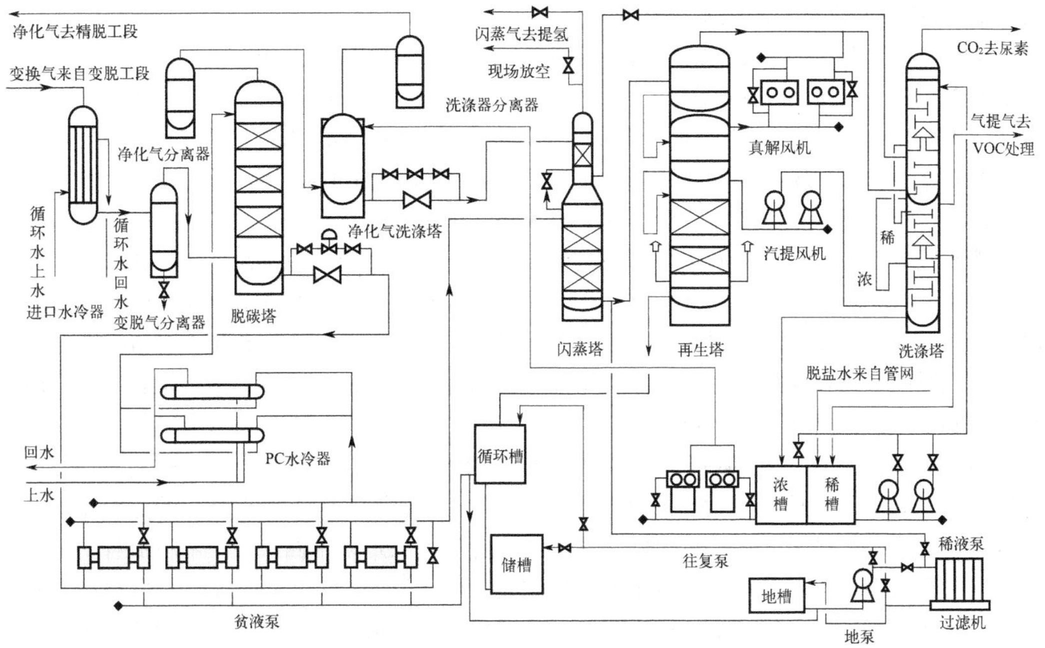

图 5-84 常压-真空解吸碳酸丙烯酯脱碳工艺流程图

（4）运行数据

操作压力	0.8 ～ 4.3MPa（绝大多数为 1.7 ～ 2.7MPa）
操作温度	吸收温度≤ 40℃
解吸温度	常温
净化气 CO_2 含量	≤ 0.5% (1.7MPa)，≤ 0.2%（2.7MPa）
产品 CO_2 浓度	≥ 98.0%

鉴于变换气中 H_2S 进入脱碳系统，在液相系统生成硫黄，沉积硫可使贫液水冷器及吸收塔产生硫堵等问题，在变换气进入碳酸丙烯脂脱碳装置前一般需要将 H_2S 脱除至≤ 10mg/m^3。

（5）环境影响　脱碳闪蒸气、常解气、气提气含有的有害气体成分主要为硫化物，其中以硫化氢为主。常解气中 CO_2 含量约 98%，H_2S 浓度在 20mg/m^3 以下，进一步脱硫后可作为生产尿素、纯碱、液体二氧化碳或干冰等的原料；闪蒸气中 H_2S 浓度在 10mg/m^3 以下；气提气中 H_2S 浓度在 5mg/m^3 以下，气提气一般经过水洗后排放，过剩的 CO_2 气体由固定排放管排放至高空。

（6）经济性指标

动力电耗	73 ～ 125kWh/t NH_3(2.7MPa 压力级脱碳电耗可达到≤ 90.0kWh/t NH_3)
溶剂消耗	0.5 ～ 1kg/t NH_3

（7）技术发展与推广应用 [215,218]　碳酸丙烯酯法（又称 Fluor 工艺），由 Fluor 公司开发，于 1964 年工业化。该工艺由于能同时脱除二氧化碳、硫化氢及有机硫等，加之能耗较低，在合成氨厂得到广泛的应用。

南化集团公司化工研究院、化工部第六设计院、杭州市化工研究所等单位联合开发的 PC 法脱碳技术，于 1978 年在浙江龙山化工厂试用成功，1979 年通过国家科委和化工部联合鉴定。PC法脱碳技术发展主要有两个阶段。

第一阶段，为PC法脱碳技术发展初期。自1978年试用成功，PC法很快在一些小氮肥企业得到采用，特别是在碳铵改产尿素的改造过程中，应用范围不断扩大，技术上也趋于成熟，但同时也暴露出一些问题，主要有：净化气中CO_2含量比碳化流程高，邹县氮肥厂一般都在1.1%～1.8%，不正常时在2%～2.7%，个别超过4%；净化气中O_2含量高，约在0.2%，有的装置高达0.5%；变换气中H_2S进入脱碳系统，在液相系统生成硫黄，沉积硫使贫液水冷器及吸收塔产生硫堵，造成贫液温度高、吸收塔内偏流，恶化了操作条件，使净化气“跑高”；由于净化气中CO_2含量高，铜洗塔易形成结晶，铜洗塔出现雾沫性带液，需时常停车热洗。针对净化气中CO_2含量偏高的问题，邹县等氮肥厂采取了增加脱碳气氨洗和变换气脱硫两项技术措施，解决了硫堵和铜洗问题。同时这一阶段，溶剂消耗高，一般为1～2kg/t NH_3，高者达到3kg/t NH_3。

第二阶段，为PC法脱碳技术明显提升阶段。1990年以来，山东省化工规划设计院在总结经验的基础上，设计了一批新的PC法脱碳装置。新装置有以下特点：一是对主要工艺参数进行了优化；二是采用涡轮机组回收脱碳富液能量；三是采用四级减压解析流程，节省再生过程的动力消耗；四是系统设置全流量过滤器实现了溶液洁净化；五是运用网络技术对出系统的净化气进行了分级清洗，最大限度地降低所夹带的溶剂量，减少溶剂消耗。采用以上技术措施后，在1.6MPa压力为操作条件下，净化气中CO_2含量可达到指标要求的0.2%左右，彻底甩掉了中压氨洗，新增加的能量回收装置，在吸收压力为1.6MPa下，吨氨可节电22kWh左右，而溶剂消耗则由1～1.5kg/t NH_3降低到0.5kg/t NH_3以下。山西天泽煤化工集团股份公司是国内采用碳酸丙烯酯脱除CO_2工艺装置最多、合成氨产能最大的企业，共有8套装置，操作压力在2.1～3.3MPa，合成氨生产能力达到150万吨/年。2007年山东省化工规划设计院为该公司煤气化厂搬迁年产24万吨合成氨40万吨尿素项目，设计的操作压力为3.3MPa的脱碳装置，为当时国内单套产能最大、操作压力最高的，实际脱碳能力可满足日产95t合成氨需要，碳丙液消耗＜0.5kg/t NH_3，电耗达到60kWh/t NH_3。21世纪以来，随着溴化锂制冷技术的应用，利用合成氨、尿素生产过程产生的低位能余热（热水、蒸汽冷凝液、低压蒸汽）通过溴化锂制冷机组制取的低温冷媒水冷却碳丙液，使碳丙液贫液温度由35℃降至15℃，可显著提高溶液吸收能力，PC法脱碳装置的能耗和物料消耗进一步降低，循环液动力消耗减少约26kWh。

（8）综合评述　碳丙法是典型的常温物理吸收法，溶液循环量较大，吸收和再生过程都无需加热和冷冻，总能耗较低。该方法适宜于2.7MPa压力下合成氨生产；1.7MPa压力条件下，由于净化度较差，适宜于有联醇工艺的合成氨装置脱碳。

5.2.8.3　聚乙二醇二甲醚法

聚乙二醇二甲醚法又称Selexol或NHD法。聚乙二醇二甲醚结构式为$CH_3—O—(C_2H_4O)_n—CH_3$。该溶液是n=2～9的混合物，分子量在250～280，凝固点在−29～−22℃，闪点为151℃，燃点为157℃，蒸气压（25℃）＜1.33Pa，密度（25℃）为1.031kg/L，黏度（25℃）为5.8×10^{-3}Pa·s，比热容（25℃）2.05kJ/(kg·K)。

（1）技术原理[215,217]　聚乙二醇二甲醚是一种物理溶剂，在加压、低温条件下，在脱碳塔内吸收变换气中的CO_2和H_2S，在再生系统通过降压闪蒸和空气气提实现溶剂的再生，并循环使用。聚乙二醇二甲醚对CO_2和H_2S有良好的选择吸收性，从而使上述气体与其他气体分离。

（2）工艺流程 [215,217]　聚乙二醇二甲醚法（NHD 法）属物理吸收法，工艺流程如图 5-85 所示。

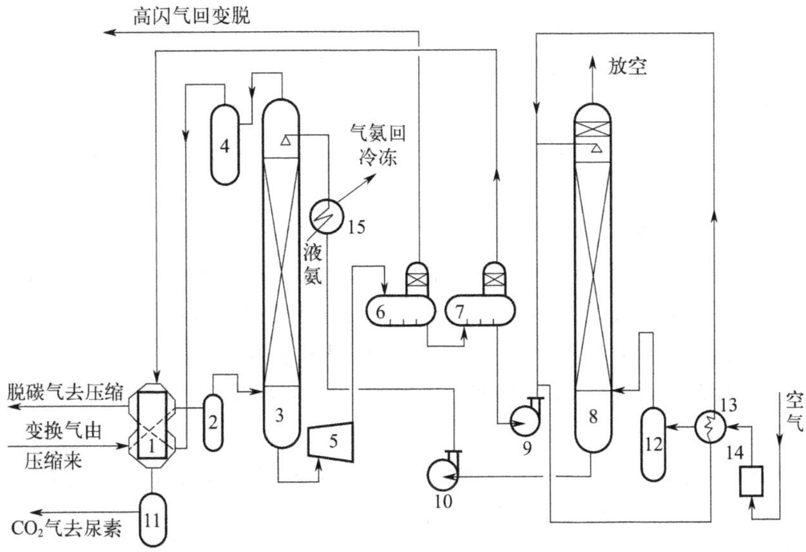

图 5-85　聚乙二醇二甲醚法（NHD 法）脱碳工艺流程图

1—气-气换热器；2—气水分离器；3—脱碳塔；4—脱碳气气液分离器；5—涡轮机；6—高压闪蒸槽；7—低压闪蒸槽；8—汽提塔；9—富液泵；10—贫液泵；11—二氧化碳气液分离器；12—空气水分离器；13—空气冷却器；14—空气鼓风机；15—氨冷凝器

变换气脱硫后（H_2S 含量≤ 5×10^{-6}），经压缩至一定压力和温度（35℃），再经气-气换热器冷却至 8℃左右，通过气水分离器进一步除去油水后，进入脱碳塔下部，气体在塔内与从塔顶喷淋下来的 NHD 溶液进行逆流接触，气体中的 CO_2、H_2S 等酸性气体被溶剂吸收，脱碳后的净化气中 CO_2 含量≤ 0.2%，净化气出脱碳塔顶部去下工序。

脱碳塔底部排出的富液经涡轮机回收能量减压至 0.8MPa 入高压闪蒸槽，高闪气含有较多 H_2、N_2 气体予以回收，然后溶液进入低压闪蒸槽，闪蒸出产品 CO_2 后，进入气提塔经空气气提，溶液得到彻底再生并循环使用。

（3）技术特点 [215,217]

① NHD 溶剂无腐蚀性，无毒无味，对环境无污染，化学稳定性和热稳定性好。

② 净化度高。NHD 法是一种脱除 CO_2 和 H_2S 等酸性气体的物理吸收法。净化气中 CO_2 含量≤ 0.1%，硫化氢含量＜ 1×10^{-6}，解吸的 CO_2 纯度≥ 98.5%，氮氢气损失小。

③ 溶剂蒸气压低，挥发损失小。溶剂消耗小于 0.2kg/t NH_3。

④ 能耗较低，再生时不需要蒸汽。

由于采用低温吸收，需配备冰机制冷系统，电耗增加；同时溶剂会被稀释，当循环溶剂含水量超标（≥ 5%）时溶剂需要定时进行脱水处理。

（4）运行数据 [215,217]

操作压力　　1.3MPa 以上

吸收温度　　−2 ～ 5℃

净化气 CO_2 含量　　≤ 0.1%

产品 CO_2 纯度　　≥ 99%

净化气 H_2S 含量　　< 1×10^{-6}

（5）环境影响　NHD 法脱碳对环境的主要影响因素为废气排放。生产中一般要求将变换气中的硫脱至 5×10^{-6} 以下，因此高闪气、气提气、CO_2 气中的 H_2S 含量一般较低，这些气体的排放对周边大气环境影响较小。

（6）经济性指标

动力电耗　　105 ～ 170kW · h/t NH_3

溶剂消耗　　≤ 0.2kg/tNH_3

H_2+CO 损失　　8m^3/tNH_3

（7）技术发展与推广应用 [215,218-219]　聚乙二醇二甲醚（Selexol）工艺 1967 年工业化，由 Allied Chemical 公司开发，是世界上公认的总能耗较低的脱碳方法之一。南京化学工业（集团）公司研究院于 1980 年开始着手研究，实验得出了用于气体净化的聚乙二醇二甲醚较佳的工艺配方，开发了与 Selexol 法相似的工艺过程，命名为 NHD 法，并于 1993 年和 1994 年相继投产成功。

（8）综合评述　NHD 法脱碳是低温物理吸收，溶液循环量小，能耗较低；但需要冷冻降温，配套冰机增加电耗。在无低压蒸汽来源，且电价较低，吸收压力≥ 1.6MPa 时可以考虑选用。

适应于各种原料气体净化的酸性气脱除，由于需要冷冻降温，有低温余冷界区条件的更具选择优势，可进一步降低能耗。

5.2.8.4　甲基二乙醇胺法

甲基二乙醇胺（MDEA），分子式为 $C_5H_{13}NO_2$, 分子量为 119.17, 密度（20℃）为 1.039kg/L，闪点为 126.7℃，凝固点为−21℃，沸点（102kPa）为 246℃，黏度（20℃）为 101×10^{-3}Pa · s，蒸气压（20℃）< 1Pa, 汽化潜热为 519.16kJ/kg。能与水和醇混溶，微溶于醚，在一定条件下对 CO_2 等酸性气体有很强的吸收能力，化学性质稳定，无毒不降解 [215,217]。

（1）技术原理 [215,217]　MDEA 水溶液通过物理性能与化学性能吸收 CO_2，然后通过减压或加热将 CO_2 从 MDEA 溶液中释放出来，从而达到脱除、回收气体中 CO_2 的目的。

（2）工艺流程　甲基二乙醇胺法（MDEA 法）是物理化学吸收法，吸收液一般采用含甲基二乙醇胺 50% 的水溶液，另加一定量的活化剂和稳定剂。工艺流程有一段吸收流程和二段吸收流程。其典型工艺流程为二段吸收流程，工艺过程包括吸收塔上、下两段吸收，二级闪蒸，蒸汽气提等部分，工艺流程图如图 5-86 所示。

（3）技术特点　脱除 CO_2 效率高，净化气中残留 CO_2 含量可在 0.1% 以下，具有脱碳脱硫的双重作用，使净化气总硫含量降至 1×10^{-6} 以下。解吸的 CO_2 纯度可在 99% 以上，H_2、N_2 气损失小，MDEA 溶剂损失小，一般小于 0.2kg/t NH_3，对碳钢基本不腐蚀。但再生过程需要消耗一定量的蒸汽。

（4）运行数据

吸收压力　　1.3 ～ 4.9MPa

吸收温度　　50 ～ 80℃

净化气 CO_2 含量　　≤ 0.1%(2.7MPa)，≤ 0.2%(1.6MPa)

净化气硫化物含量　　≤ 1×10^{-6}(2.7MPa)，≤ 2×10^{-6}(1.6MPa)

产品 CO_2 纯度　　> 99%

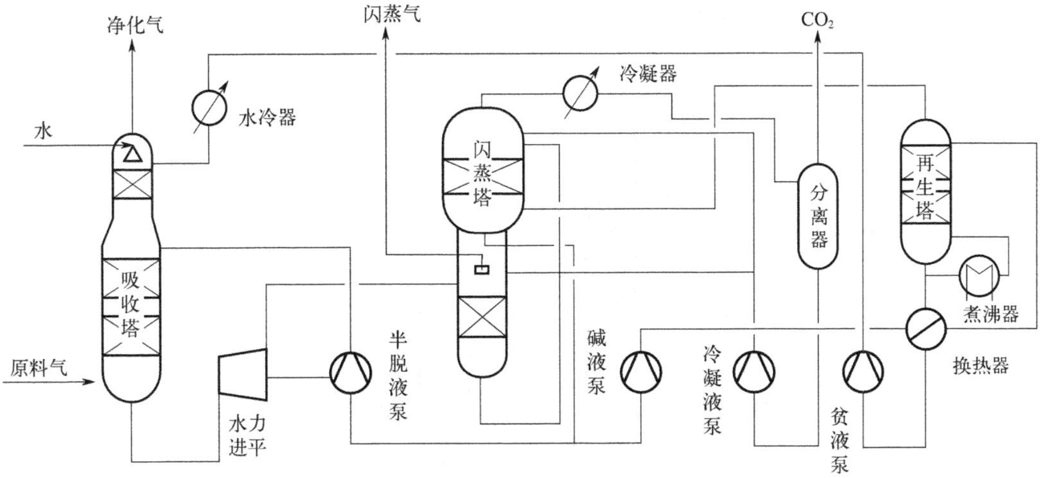

图 5-86 甲基二乙醇胺法二段吸收工艺流程图

（5）环境影响 MDEA 法脱碳对环境的主要影响因素为废气排放。排放的废气为生产中过剩的 CO_2 气，其中含有害气体 H_2S。无变换气脱硫情况下，CO_2 气中 H_2S 浓度可达到 $130mg/m^3$。

（6）经济性指标

动力电耗 65 ～ 108kW · h/t NH_3

蒸汽消耗 0.5 ～ 1.67t/tNH_3

溶剂消耗 ＜ 0.3kg/tNH_3

（7）技术发展及推广应用[215,220] 20 世纪 70 年代初，BASF 公司开发了一种以甲基二乙醇胺（MDEA）水溶液为基础的脱 CO_2 新工艺。南京化学工业（集团）公司研究院于 1981 年开发了 MDEA 溶液脱硫工艺，1989 年下半年成功地应用于脱除部分 CO_2 的工业装置。1991 年 8 月第一套年产 1 万吨氨全脱工业化装置在湖北襄樊氮肥厂投入应用。

（8）综合评述 MDEA 法在较低压力（如 0.68MPa）下吸收时气体净化度也可达标，能与各种变换压力相匹配，但再生时蒸汽消耗量随吸收压力降低而增高，其吸收压力从 2.7MPa 降到 1.3MPa，则蒸汽消耗量从 0.7t/tNH_3 上升至 1.5t/tNH_3，故一般吸收压力 ≥ 2.7MPa, 该工艺在投资和公用工程、物料消耗等方面与其他方法相比有一定的竞争力，有富余低压蒸汽来源、脱碳操作压力低的厂可优先考虑选用。

5.2.8.5 改良热钾碱法[67,68,216,221]

（1）技术原理 改良热钾碱法在国外称作本菲尔 (Benfield) 法，是利用热的改良碳酸钾水溶液吸收气相中的 CO_2 的方法。总反应如下：

$$CO_2+K_2CO_3+H_2O \rightleftharpoons 2KHCO_3$$

纯碳酸钾水溶液与 CO_2 的反应速率较慢，当加入少量活化剂 DEA（2,2-二羟基二乙胺）时，反应速率可提高 10 ～ 1000 倍。

（2）工艺流程 国内改良热钾碱法用得最多的是两段吸收两段再生流程，工艺流程图如图 5-87 所示。

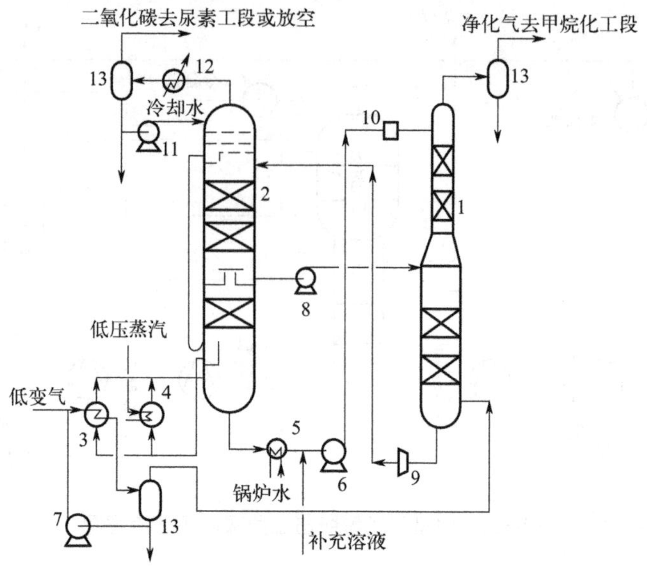

图 5-87 两段吸收两段再生改良热钾碱法脱碳流程图

1—吸收塔；2—再生塔；3—再沸器；4—蒸汽再沸器；5—锅炉水预热器；6—贫液泵；7—冷激水泵；8—半贫液泵；9—水力透平；10—机械过滤器；11—冷凝液泵；12—二氧化碳冷却器；13—分离器

（3）技术特点　改良热钾碱法是一种脱除 CO_2、H_2S 等酸性气体的化学吸收法。即利用气体中 CO_2 与吸收剂中的活性组分起化学反应生成不稳定化合物，而加热再生时不稳定化合物又被分解释放出活性组分和 CO_2。改良热钾碱溶液中含有碳酸钾、活化剂 EDA、缓蚀剂 V_2O_5 和消泡剂等，溶液吸收 H_2S 的速度比吸收 CO_2 的速度快 30 ～ 50 倍，为稳定溶液中的 V_2O_5，同时防止在碳酸钾溶液中的 H_2S 被氧化成单质硫，附着在塔壁与填料上造成带液或泛塔，要求进入热钾碱脱碳吸收塔前，原料气中 H_2S 要脱至 10×10^{-5} 以下。

（4）运行数据

操作压力	1.3 ～ 2.7MPa
操作温度	吸收塔上塔 70 ～ 80℃，下塔 95 ～ 115℃
净化气 CO_2 含量	≤ 0.5%
产品 CO_2 纯度	≥ 99%
吸收能力	20 ～ $25m^3/m^3$

（5）环境影响　吸收 CO_2 后的热钾碱溶液在再生过程中释放出的 CO_2 中含有一定硫化物，直接排放可能对大气产生一定影响。

（6）经济性指标

蒸汽消耗	1.8t/t NH_3
电耗	80kWh/t NH_3
冷却水消耗	$50m^3$/t NH_3
总能耗	5.48×10^7kJ/t NH_3

（7）技术发展及推广应用　改良热钾碱法（本菲尔法）是在 1950 年由 United States Bureau of Mines 的 Benson 和 Field 开发的，早期的热钾碱法是用 25% ～ 30% 浓度的碳

酸钾溶液脱除原料气中的 CO_2 和 H_2S，吸收温度等于或接近再生温度，因此溶液再生时所需要的热量少，热交换器和冷却器尺寸也小。但是单纯的热碳酸钾溶液吸收 CO_2 的速度很慢，达不到很高的净化度，而且溶液的腐蚀性较大。为了克服上述缺点，从 20 世纪 60 年代开始出现各种改良方法，这些方法都是在碳酸钾溶液中添加不同的催化剂和缓蚀剂。

向碳酸钾溶液中加入活化剂可以大大加快碳酸钾与二氧化碳的反应速率。可作为活化剂的物质很多，如三氧化二砷、硼酸或磷酸等的无机盐，有机胺类（如氨基乙酸、二亚乙基三胺，尤其是醇胺类如一乙醇胺、二乙醇胺、二甲基乙醇等）。加入活化剂，加快了二氧化碳的吸收和解吸速度，可以使吸收和再生在较低的温度下进行，因而减轻了溶液对碳钢设备的腐蚀。与此同时，在碳酸钾溶液对碳钢腐蚀机理的研究方面也取得了很大进展，即向溶液中加入缓蚀剂可以降低溶液对设备的腐蚀性，这样吸收和再生系统的主要设备可以由普通的碳钢制作。到 20 世纪 60 年代，对该法的操作（如防止起泡等）取得了丰富的经验，出现了很多成熟的方法和流程。

最早实现工业化的是以三氧化二砷为活化剂的改良砷碱法（G-V 法）。三氧化二砷既是有效的活化剂，又是良好的缓蚀剂，该法一度得到发展。但由于三氧化二砷是剧毒物质，在发现了新的活化剂和缓蚀剂以后，该法逐渐被新法取代。20 世纪 70 年代，以氨基乙酸为活化剂、五氧化二钒为缓蚀剂的氨基乙酸法逐渐工业化（我国称为无毒脱碳法）。在国际上应用最多的是以二乙醇胺为活化剂、五氧化二钒为缓蚀剂的改良热钾碱法和以二乙醇胺和硼酸的无机盐为活化剂、五氧化二钒为缓蚀剂的催化热钾碱法等。

在我国 20 世纪 70 年代引进的大型氨厂及早期中型氨厂采用本菲尔工艺，典型流程为两段吸收两段再生流程。1993 年南化公司研究院开发了“复合催化热钾碱技术及溶液蒸汽喷射闪蒸技术”，1995 年大连化学公司热钾碱系统取消了钒化工艺。经过不断改进的改良热钾碱法，提高了溶液的吸收能力，降低了净化气中的 CO_2 含量，降低了蒸汽消耗，但能耗仍较高，后期国内新建合成氨装置很少采用该技术。

（8）综合评述　改良热钾碱法是早期合成氨装置采用较多的脱碳技术，适应于有废热蒸汽来源、对 CO_2 回收率要求较高的界区条件。

5.2.8.6 变压吸附法

两种相态不同的物质接触时，其中密度较低物质的分子在密度较高的物质表面被富集的现象和过程叫吸附。吸附按其性质的不同可分为化学吸附、活性吸附、毛细管凝缩和物理吸附四类。变压吸附（PSA）气体分离装置中的吸附主要为物理吸附。物理吸附依靠吸附剂与吸附质分子间的分子力（包括范德华力和电磁力）进行，其特点是吸附过程中没有化学反应，吸附过程进行得极快，参与吸附的各相物质间的动态平衡在瞬间即可完成，并且这种吸附是完全可逆的。吸附剂的物理吸附具有两个基本性质：一是对不同组分的吸附能力不同，二是吸附质在吸附剂上的吸附容量随吸附质的分压上升而增加，随吸附温度的上升而下降。

（1）技术原理　利用吸附剂（硅胶、活性氧化铝、活性炭和分子筛等）对不同的吸附质（CO_2、CO、H_2、N_2、H_2S、CH_4 等）在不同的分压下有不同的吸附容量、吸附速度和吸附力，即在一定压力下对被分离的气体混合物的各组分有选择吸附的特性，加压吸附除去原料气中的杂质组分，减压脱附这些杂质而使吸附剂获得再生。

（2）工艺流程　目前，变压吸附脱碳技术在国内主要有三种：

第一种，两段抽真空变压吸附脱碳技术。第一段用于将二氧化碳提浓到98.5%（体积分数），第二段用于将净化气中的二氧化碳脱到0.2%～0.8%，然后进入甲烷化或联醇工段，第二段的解吸气全部放空或去燃烧，有效气体损失很大，电耗高，工艺流程见图5-88。

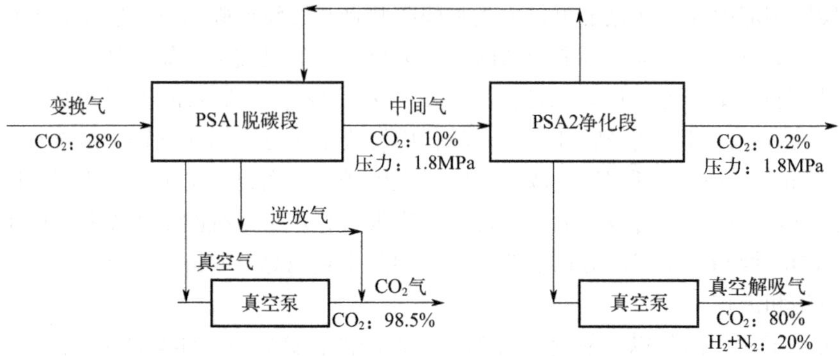

图5-88　两段抽真空变压吸附脱碳技术工艺流程图

第二种，两段吹扫变压吸附脱碳技术Ⅰ。第一段用于将二氧化碳提浓到98.5%（体积分数），第二段用于将净化气中的二氧化碳脱到0.2%～0.8%，然后进入甲烷化或联醇工段，第二段的解吸气全部返回第一段吹扫和升压，大幅度提高有效气体回收率，没有动力设备及电耗，工艺流程见图5-89。

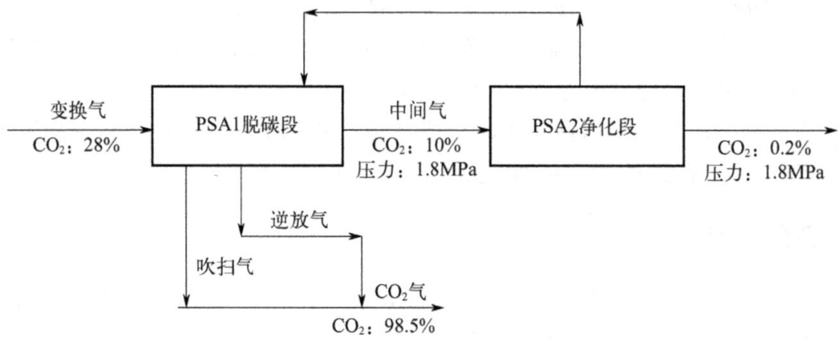

图5-89　两段吹扫变压吸附脱碳技术Ⅰ工艺流程图

第三种，两段吹扫变压吸附脱碳技术Ⅱ。第一段用于将二氧化碳提浓到98.5%（体积分数），第二段用于将产品氢气中的$CO+CO_2$含量控制在1×10^{-5}以下，经过压缩后直接进入氨合成工段，第二段的解吸气全部返回第一段吹扫和升压，大幅度提高有效气体回收率，没有动力设备及电耗，工艺流程见图5-90。

（3）技术特点

① 两段抽真空变压吸附脱碳技术

优点：自动化水平高，装置占地面积稍小，投资略低。

缺点：有效气损失大，需要大量真空泵，电耗高，现场卫生稍差。

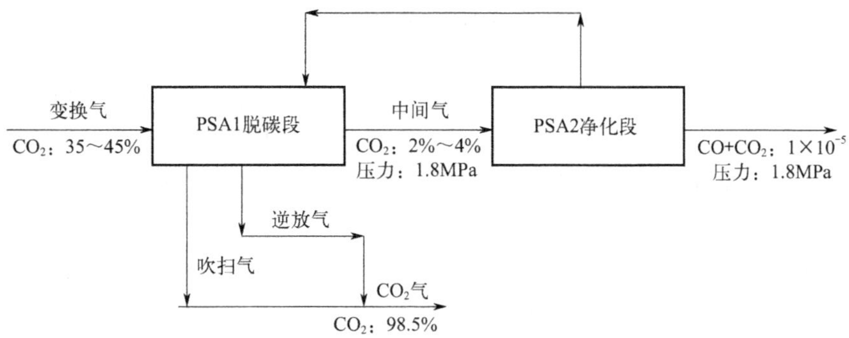

图 5-90　两段吹扫变压吸附脱碳技术Ⅱ工艺流程图

② 两段吹扫变压吸附脱碳技术Ⅰ

优点：有效气损失少，无动力设备及电耗，经济效益好，自动化水平高，现场整洁。

缺点：装置占地面积较大，投资略高。

③ 两段吹扫变压吸附脱碳技术Ⅱ

优点：有效气损失少，无动力设备及电耗，经济效益好，自动化水平高，装置占地面积较小，投资较低，现场整洁。

（4）运行数据

A．两段抽真空变压吸附脱碳技术

操作压力：　1.8MPa

操作温度：　≤ 40℃

净化气中 CO_2 含量：　≤ 0.2%

产品 CO_2 气纯度：　≥ 98.5%

B．两段吹扫变压吸附脱碳技术Ⅰ

操作压力：　1.8MPa

操作温度：　≤ 40℃

净化气中 CO_2 含量：　≤ 0.2%

产品 CO_2 气纯度：　≥ 98.5%

C．两段吹扫变压吸附脱碳技术Ⅱ

操作压力：　1.8MPa

操作温度：　≤ 40℃

产品氢气中 CO+CO_2 含量：　≤ 0.001%

产品 CO_2 气纯度：　≥ 98.5%

（5）环境影响

① 两段抽真空变压吸附脱碳技术　生产运行时无废渣、废液排放，固体吸附剂寿命大于 15 年，无毒无害，失效后可加以回收利用，也可按一般固体废弃物处置。真空解吸气可以回收，含少量杂质气体的一段解吸气放空排入大气，其中的 H_2S 等会对装置周边大气环境产生不利影响。真空泵密封水 COD 含量较高，需并入废水治理。

② 两段吹扫变压吸附脱碳技术Ⅰ　生产运行时无废渣、废液排放，固体吸附剂寿命大于 15 年，无毒无害，失效后可加以回收利用，也可按一般固体废弃物处置。真空解吸气可

以回收，含少量杂质气体的一段解吸气放空排入大气，其中的 H_2S 等会对装置周边大气环境产生不利影响。

③ 两段吹扫变压吸附脱碳技术Ⅱ　生产运行时无废渣、废液排放，固体吸附剂寿命大于 15 年，无毒无害，失效后可加以回收利用，也可按一般固体废弃物处置。真空解吸气可以回收，含少量杂质气体的一段解吸气放空排入大气，其中的 H_2S 等会对装置周边大气环境产生不利影响。

（6）经济性指标

① 两段抽真空变压吸附脱碳技术

动力电耗：	50 ～ 60kW · h/t NH_3（含循环水耗电等）
循环水消耗：	$10m^3/tNH_3$
吸附剂消耗：	$0.25kg/tNH_3$
氢气回收率：	≥ 96%
氮气回收率	≥ 88%
CO 回收率	≥ 85%
CO_2 回收率	≥ 65%

② 两段吹扫变压吸附脱碳技术Ⅰ

动力电耗：	无（驱动程控阀和仪表用电等小于 5 度，1 度 =1kWh）
循环水消耗：	无
吸附剂消耗：	$0.25kg/tNH_3$
氢气回收率：	≥ 99.5%
氮气回收率	≥ 98%
CO 回收率	≥ 96%
CO_2 回收率	≥ 70%

③ 两段吹扫变压吸附脱碳技术Ⅱ

动力电耗：	无（驱动程控阀和仪表用电等小于 5 度）
循环水消耗：	无
吸附剂消耗：	$0.25kg/tNH_3$
氢气回收率：	≥ 98%
CO_2 回收率	≥ 70%

（7）技术发展及推广应用[222]　20 世纪 70 年代初期，美国空气产品和化学品公司开始把变压吸附气体分离技术用于合成氨变换气脱碳的研究，并于 1979 年申请了专利。

西南化工研究院于 1990 年完成了 PSA 脱碳技术的实验研究。湖北襄阳氮肥厂 1991 年 8 月建成了我国第一套采用 PSA 技术从变换气中脱除 CO_2 的工业装置，采用真空解吸工艺，变换气处理量为 $3000m^3/h$、吸附压力为 0.7MPa，净化气中 CO_2 含量为 0.14%，氢气回收率为 95.86%，吨氨耗电 86kWh，耗水 3.6t。早期的 PSA 脱碳技术，由于采用的“均压”次数少造成变压吸附脱碳技术的气体回收率低（90% 左右），还有投资大及程控阀寿命等诸多问题，无法与湿法脱碳相比，仅适用于小型碳铵企业部分脱碳调整产品结构增产部分液氨产品和联醇生产。

成都某公司于 2004 年成功开发出一种两段全回收变压吸附气体分离方法专利技术。该专利技术采用两段法工艺，第一段称为提纯段，可从吸附相获得≥ 98.5% 高浓度

CO_2；第二段称为净化段，可根据工艺需要将 CO_2 含量控制在 0.2% ～ 1%，也可将氢气浓度提高到 99.99%，将 $CO+CO_2$ 控制在 $(5 \sim 10)\times10^{-6}$。利用吸附剂在降压过程中，二氧化碳浓度不断提高的特点，只要吸附剂中二氧化碳饱和度足够和压力降到一定程度，解吸出来的二氧化碳浓度不需置换就可达到 98.5%(体积分数) 以上，只要吸附剂中二氧化碳浓度达到 98.5%(体积分数) 后的压力高于常压，就可不抽真空获得足够的产品二氧化碳气量。第二段利用杂质含量较低的混合气来解吸吸附剂中吸附的二氧化碳，不需真空泵解吸，而且解吸气能够返回第一段再生后的吸附塔加以回收。氢气收率≥ 99.5%（产 99.99% 的氢气收率为 98%），吨氨耗电 5 度，综合经济效益远高于国内外传统的湿法和变压吸附法。

2016 年开始，成都天立化工科技有限公司将两段吹扫变压吸附技术Ⅰ的流程进一步改进形成了技术Ⅱ，第一段用于将二氧化碳提浓到 98.5%（体积分数），第二段用于将产品氢气中的 $CO+CO_2$ 含量控制在 1×10^{-5} 以下，经过压缩后直接进入氨合成工段，取消甲烷化或联醇工段，该技术已在内蒙古伊品生物科技有限公司等四家用户投运。

（8）综合评述　PSA 脱碳技术具有工艺流程简单、原料气净化度高、自动化程度高、运行稳定、安全可靠、无污染、能耗低、运行费用低等优点。适合于多种压力下的 CO 变换装置后的脱碳，尤其适用于较低压力下的脱碳。

5.3　煤炭制氨——氨合成工艺

氨合成是合成氨装置最后一道工序，也是最为重要的工序之一，与制气工序分别被称为合成氨工序的“龙头”与“龙尾”，对整套装置的能耗水平、产品成本、安全环保均起着举足轻重的关键作用，历来受到生产企业与技术开发单位的高度重视。

合成工序的主要任务是将前工段制备合格的氢氮原料气高效、低能耗地转化为目标产品氨。根据后续氨加工产品的不同，氨产品可以是以液体状态直接出售的液氨产品或用于生产尿素等。产品用于生产氨水、硝酸盐，联产碳铵、氯化铵或三聚氰胺-碳铵联产时，以气氨形式提供。此时，液氨直接在本工段汽化，充分利用其冷量后以气氨产品送出。

5.3.1　氨合成反应的热力学基础

5.3.1.1　氨合成反应的化学平衡

氨合成反应属于体积缩小的可逆放热反应，合成反应方程式如下[67]：

$$\frac{1}{2}N_2+\frac{3}{2}H_2 \rightleftharpoons NH_3(g) \quad \Delta H^{\ominus}_{298}=-46.22kJ/mol \tag{5-18}$$

化学平衡常数 K_p 可表示为：

$$K_p=\frac{p^*_{NH_3}}{(p^*_{N_2})^{1/2}(p^*_{H_2})^{3/2}}=\frac{1}{p}\times\frac{y^*_{NH_3}}{(y^*_{N_2})^{1/2}(y^*_{H_2})^{3/2}} \tag{5-19}$$

式中 p、p^*——分别为总压和组分平衡分压，atm；

y^*——平衡组分的摩尔分数。

理想状态或很低压力下，平衡常数仅是温度的函数，可由以下二式计算[223]：

$$\lg K_p = \frac{2250.322}{T} - 0.85340 - 1.51049\lg T - 25.8987\times10^{-5}T + 14.8961\times10^{-8}T^2 \quad (5\text{-}20)$$

$$\lg K_p = -2.691122\lg T - 5.519265\times10^{-5}T + 1.848863\times10^{-7}T^2 + (2001.6/T) + 2.6899 \quad (5\text{-}21)$$

式中 T——温度，K。

实际生产的高温、高压工况下，系统由于分子间相互作用力的存在，并非理想状态，平衡常数 K_p 不仅与温度有关，而且与压力和气体组成有关。平衡常数表达式中的气体分压应该用气体的逸度所代替，相应以逸度表示的平衡常数 K_f 仍然只是温度的函数，仍可以利用上式求取。K_f 与 K_p 的关系如式（5-22）所示，当压力很低趋于零时，$K_\gamma=1$，这时 $K_p=K_f$[223]。

$$K_f = \frac{f^*_{NH_3}}{(f^*_{N_2})^{1/2}(f^*_{H_2})^{3/2}} = \frac{p^*_{NH_3}\gamma_{NH_3}}{(p^*_{N_2}\gamma_{N_2})^{1/2}(p^*_{H_2}\gamma_{H_2})^{3/2}} = K_p K_\gamma \quad (5\text{-}22)$$

式中 K_f 为以逸度表示的平衡常数。f 和 γ 为各平衡组分的逸度和逸度系数，γ 可以理解为对系统非理想性的量度，是一个与系统温度、压力甚至组成有关的修正系数。纯气体组分的逸度系数值仅与温度、压力有关。

5.3.1.2 真实工况下平衡常数K_p数据的获取

若将各反应组分的混合物看成是真实气体的“理想溶液”，则式（5-22）中各组分的逸度或逸度系数值可直接取该纯组分相同温度、总压下的值。纯组分的逸度可以查阅文献[224]提供的数据表获得；逸度系数可以通过文献[223]和文献[224]提供的普遍化逸度系数或文献[223]的经验公式计算获得。

鉴于大部分情况下高压气体混合物并非理想溶液，气体混合物中各组分的逸度系数值还与气体组成有关，这时可以采用文献[67]提供的公式计算。

在各组分逸度系数为已知的情况下，即可以利用式（5-20）、式（5-21）获得某一温度下的 K_f 值及该温度、压力、组成下的逸度系数，按式（5-22）求得该工况下的平衡常数 K_p。

虽然加压下的氨合成反应的平衡常数与温度、压力、气体成分有关，但在工业计算中，气体组成对平衡常数 K_p 的影响并不十分显著，大部分情况下可以忽略，这时，也可以利用如下经验公式计算加压下的 K_p 值[223]。

$$\lg K_p = -\frac{2074.8}{T} + 2.4943\lg T + \beta T - 1.8564\times10^{-7}T^2 + I \quad (5\text{-}23)$$

式中 T——温度，K；

β——与压力有关的系数；

I——积分常数。

不同压力下 β、I 值见表 5-33。

表5-33　不同压力下 β、I 值

压力 / 大气压 *	10	30	50	100	300	600	1000
$\beta/10^{-5}$	0	3.40	12.56	12.56	12.56	108.56	268.33
I	−1.993	−2.021	−2.090	−2.113	−2.206	−3.056	−4.473

文献 [223] 给出了依此式计算出的 K_p 值，文献 [223] 还列出了部分根据实验数据计算的平衡常数 K_p 值。需要注意的是：式（5-23）中的 K_p 与前文表述的 K_p 互为倒数关系，使用时应加以注意。

求出 K_p 之后，根据原始气体组成可采用式（5-24）求解系统的平衡氨含量，进而求取平衡状态的气体组成。

$$\frac{y_{NH_3}^*}{(1-y_{NH_3}^*-y_i^*)^2}=K_p p\frac{r^{1.5}}{(1+r)^2} \tag{5-24}$$

式中　r——氢氮比

y_i——混合气体中惰性气体的摩尔分数。

文献 [227] 还列出了部分氨合成的平衡氨含量数据，可供直接查阅、使用。

5.3.1.3　氨合成反应的热效应

纯的氢氮混合气在常压和加压下完全转化为氨的反应热可分别由以下二式计算[223]。

常压下反应热可由下式计算：

$$\Delta H^{\ominus}=-9500-4.96T-0.000575T^2+0.0000017T^3 \tag{5-25}$$

加压下氨合成的反应热与压力和温度的关系按下式计算：

$$\Delta H_F=-\left(0.54526+\frac{840.609}{T}+\frac{459.734\times10^6}{T^3}\right)p-5.3468T-0.2525\times10^{-3}T^2+1.69167\times10^{-5}T^3-9157.09 \tag{5-26}$$

式中　ΔH_F——反应热，kcal/kg NH_3；

p——压力，大气压；

T——温度，K。

工业生产条件下，氨合成反应热不仅与温度、压力有关，而且与气体组成有关。同时，正常生产中氢氮混合气不可能完全转化为氨，且反应气中一般情况下还含有相当比例的惰性气体，此时的反应热可以理解为原料气部分按上式完全转化的反应热（ΔH_F）与未反应气混合热之和。

$$\Delta H_R=\Delta H_F+\Delta H_M \tag{5-27}$$

式中　ΔH_R——表观反应热，kcal/kg NH_3；

ΔH_M——混合热，kcal/kg NH_3。

由于气体混合时吸热，表观反应热比假设全部转化的反应热值小。

5.3.2 氨合成反应动力学

5.3.2.1 氨合成反应的本征动力学

氨合成反应为气固相催化反应，目前主流的观点认为，H_2、N_2合成氨的反应过程可理解为外扩散（H_2、N_2从气流主体扩散至催化剂外表面）—内扩散（H_2、N_2从催化剂外表面通过催化剂内部微孔扩散至催化剂内部）—吸附（N_2被催化剂的活性中心吸附并离解为活性N原子）—加氢（H_2与活性N原子反应连续生成NH、NH_2并最终形成NH_3）—氨脱附—氨内扩散—氨外扩散的序贯过程。其中N_2的活性吸附过程被认为是反应的控制步骤。此为“解离式机理”。

也有观点认为加氢过程由分别吸附的H_2和N_2的加成反应完成并成为整个反应过程的控制步骤。此为所谓的“缔和式机理”[225]。

基于解离式机理，并在假定催化剂表面活性并不均匀、氮的吸附遮盖度中等、气体为理想气体及反应距平衡状态不是很远等前提下，苏联科学家捷母金和佩热夫于1939年推导出了微分动力学方程式如式（5-28）所示[67]。

$$r_{NH_3}=K_1p_{N_2}\left(\frac{p_{H_2}^3}{p_{NH_3}^2}\right)^a-K_2\left(\frac{p_{NH_3}^2}{p_{H_2}^3}\right)^{1-a} \tag{5-28}$$

式中 r_{NH_3}——过程的瞬时速率，即正逆反应速率之差；

K_1、K_2——正、逆反应的速率常数；

p_{N_2}、p_{H_2}、p_{NH_3}——氮、氢、氨气体的分压；

a——常数，视催化剂性质及反应条件而异，由实验确定。

对于一般工业铁催化剂，a可取0.5，于是上式变为：

$$r_{NH_3}=K_1p_{N_2}\frac{p_{H_2}^{1.5}}{p_{NH_3}}-K_2\frac{p_{NH_3}}{p_{H_2}^{1.5}} \tag{5-29}$$

K_1、K_2与温度、正逆反应活化能E_1、E_2及平衡常数K_p的关系为：

$$K_1=K_1\mathrm{e}^{-\frac{E_1}{RT}};\quad K_2=K_2\mathrm{e}^{-\frac{E_2}{RT}}$$

$$K_1\ /\ K_2=K_p{}^2$$

该式是基于气体为理想气体之假设而导出的，因此仅适于理想气体。而在加压下，气体并非理想气体，该式在加压状态下使用势必会造成较大偏差，这时可以通过对动力学速率常数加以修正以获得更加满意的计算结果。

另外，当反应距平衡甚远时，式（5-29）也不再适用，特别是当$p_{NH_3}\to 0$时，由式（5-29）计算的反应速率将趋于无限大，这显然不合理。

1963年，捷姆金等人推导出新的普遍化的动力学方程式。在推导中假设反应分为两步。第一步为氮的活性吸附，吸附方程式：$N_2\xrightleftharpoons{\text{活性表面}}(N_2)$，即方程式（1）。其中，$(N_2)$表示活性表面的吸附氮。第二步为吸附氮的加氢，加氢方程式：$(N_2)+H_2\rightleftharpoons(N_2H_2)$，即方程式（2a）；$(N_2H_2)+2H_2\xrightleftharpoons{\text{活性表面}}2NH_3$，即方程式（2b）。其中，$(N_2H_2)$表示活性表面的吸附

N_2H_2。同时认为（2b）阶段速率快，处于平衡状态，整个反应速率取决于方程式（1）和方程式（2a）的速率。根据上述两段反应，得出：

$$r_{NH_3}=\frac{k^* p_{N_2}^{1-a}(1-\frac{p_{NH_3}^2}{K_p^2 p_{N_2} p_{H_2}^3})}{(\frac{l}{p_{H_2}}+\frac{1}{K_p^2}\times\frac{p_{NH_3}^2}{p_{N_2}p_{H_2}^3})^a(\frac{l}{p_{H_2}}+1)^{1-a}} \tag{5-30}$$

式中，$\frac{l}{p_{H_2}}$ 为吸附态 N_2 脱吸速率与氢化速率之比，实验测得：

$l=1.73\times10^{-2}$atm（450℃），因而 $\frac{l}{p_{H_2}}\ll1$。

式（5-29）在下列两种极端情况下可做如下简化：

① 当系统接近平衡时，$(1/K_p^2)\left[p_{NH_3}^2/(p_{H_2}^3 p_{N_2})\right]\to1$，而 $l/p_{H_2}\ll1$，即此时 $l/p_{H_2}\ll(1/K_p^2)\left[p_{NH_3}^2/(p_{H_2}^3 p_{N_2})\right]$，因此可将式（5-30）分母中 l/p_{H_2} 项略去，于是：

$$r_{NH_3}=k^*K_p^{2a}p_{N_2}(\frac{p_{H_2}^3}{p_{NH_3}^2})^a-\frac{k^*}{(K_p^2)^{1-a}}(\frac{p_{NH_3}^2}{p_{H_2}^3})^{1-a}$$

若令 $k^*K_p^{2a}=k_1$；$k^*/(K_p^2)^{1-a}=k_2$，即为式（5-28）。

② 当系统远离平衡时，$(1/K_p^2)\left[p_{NH_3}^2/(p_{H_2}^3 p_{N_2})\right]\to0$，式（5-30）可写成：

$$r_{NH_3}=\frac{k^*}{l^a}p_{N_2}^{1-a}p_{H_2}^a \tag{5-31}$$

新的动力学方程计算各种工况下的反应速率均能获得满意的效果，但计算较为烦琐。鉴于正常工业生产中绝大部分情况下，氨合成塔入口循环气中均含有部分未完全分离的氨，这时利用式（5-29）计算，结果还是比较满意的。

在氢氮比 r=3 时，式（5-29）经过推导可以获得以催化剂堆积体积表示的动力学方程。

$$V_0\frac{dy_{NH_3}}{dV_K}=k_2p^{-0.5}(\frac{4}{3})^{1.5}\frac{22.4\delta(1+y_{NH_3})^2(1-y_{io})^{-1.5}\left[L^2(1-y_{io})^4(1-by_{NH_3})^4-y^2{}_{NH_3}\right]}{y_{NH_3}(1-by_{NH_3})^{1.5}} \tag{5-32}$$

式中，V_0 为标准状态下氨分解基体积流量，m³/h；V_K 为催化剂堆积体积，m³；y_{io} 为氨分解基惰性气体摩尔分数；y_i 为混合气体中惰性气体实际摩尔分数；σ 为催化剂比表面积，m²/m³；$L=\frac{y_{NH_3}^*}{(1-y_{NH_3}^*-y_i^*)^2})=0.325\times K_pp$，$b=(1+y_{io})/(1-y_{io})$。

若令 $k=(\frac{4}{3})^{1.5}\times22.4k_2$

则式（5-32）可简化为：

$$\frac{dy_{NH_3}}{dt_o}=\frac{V_o dy_{NH_3}}{dV_K}=kp^{-0.5}(1-y_{io})^{-1.5}\frac{\left[L^2(1-y_{io})^4(1-by_{NH_3})^4-y^2{}_{NH_3}\right](1+y_{NH_3})^2}{y_{NH_3}(1-by_{NH_3})^{1.5}} \tag{5-33}$$

式中 $t_o=\frac{V_K}{V_o}$，即氨分解基虚拟接触时间，h。

将上式移项积分：

$$k = p^{0.5} V_{os} \int_0^{y_{NH_3}} \frac{y_{NH_3}(1-by_{NH_3})^{1.5}(1-y_{io})^{1.5}}{(1+y_{NH_3})^2\left[L^2(1-y_{io})^4(1-by_{NH_3})^4 - y_{NH_3}^2\right]} dy_{NH_3} \tag{5-34}$$

式中　V_{os}——氨分解基空间速度，h^{-1}。

式（5-33）、式（5-34）为工程上常用动力学方程，k 称为反应速率常数，单位是 $atm^{0.5}/h$ 或 $atm^{0.5}/s$。

反应速率常数 k 与所使用的催化剂性能有关，可以在实验室内通过在特定的反应条件下对特定催化剂活性测试数据求得。

为方便使用，文献 [223]（P154 ～ 162 表 2-1-41）给出了纯氢氮气（此时 b=1，y_{io} =0）不同 L、平衡氨含量和出口氨含量下式（5-34）的积分结果值，此数据可以使催化剂活性评价工作省去很多烦琐的数值积分计算工作，通过实验室催化剂活性实测数据快速求得催化剂的反应速率常数。

5.3.2.2　内扩散对氨合成反应速率的影响

前面讨论的动力学方程是基于对催化剂内表面氨合成过程控制步骤的辨识，针对主要反应控制步骤而推导出的纯化学动力学方程。实际工业生产中，合成反应速率尚需考虑到原料与反应产物的内、外扩散对总体反应速率的影响。研究表明，工业反应器的气流条件足以保证气流与催化剂颗粒外表面间的传递过程足够强烈，外扩散的阻力可以忽略不计；但原料与反应产物通过催化剂内孔的内扩散阻力则比较大，不能忽略。

内扩散对反应速率的影响通常通过内表面利用率 ξ 表示，实际的反应速率是内表面利用率 ξ 和化学动力学速率的乘积。内表面利用率与催化剂粒度和反应工艺条件有关，也与催化剂本身的性能（加工工艺、活性高低等）有关。文献 [67] 给出了某型号催化剂内表面利用率与温度、粒度、氨含量的关系，可以看出：催化剂粒度越小、温度越低、氨含量越高（离反应平衡越近），内表面利用率越高。这可以作为合成塔催化剂床层内不同位置催化剂粒度选择的参考依据。

5.3.3　氨合成催化剂

5.3.3.1　氨合成催化剂发展历史简述

自 1913 年德国 BASF 公司首次将合成氨实现工业化以来，以铁为主体的氨合成催化剂一直占有绝对主导地位，磁铁矿加少量助催化剂共熔制备氨合成催化剂的方法在全世界沿用了一百多年 [226]。

为了改善铁系催化剂的综合性能，开发催化活性更佳的催化剂以减少合成氨生产的能耗和对高温、高压等苛刻生产条件的依赖，科学家们一直在不懈努力探寻，做了大量的研究工作，不仅通过调整催化剂配方体系以筛选最优配方，其间还重点实验研究了过渡金属锇、铀、铁、钴、钼 、钨、钌等对氨合成具有潜在催化作用的物质制备氨合成催化剂的可能性。据介绍，仅 BASF 在 1910 ～ 1920 年就实验了 5000 多个不同催化剂体系，做了超过 20000 次实验。其中，含钴催化剂的开发是传统 Fe_3O_4 基熔铁催化剂的一个重要发展。1978 年，英国 ICI 公司申请了有关含钴催化剂的专利，1979 年开发成功 74-1 型含钴催化剂。

1972 年 Aika K、Ozaki A 等发现以钌为活性组分、金属钾为促进剂、活性炭为载体的催化剂对合成氨具有很高的活性。在此基础上，英国石油公司（BP）和美国凯洛格（Kellogg）公司合作于 1990 年初开发成功了钌基氨合成催化剂，并于 1992 年在加拿大 Ocelot 制氨公司进行了工业化生产。据报道，钌基催化剂在低温、低压下具有比铁系催化剂高得多的活性，而且反应活性对低 H_2/N_2 及气相中的氨含量，甚至水、CO、CO_2 不敏感[226]。

5.3.3.2 国内氨合成催化剂的开发与应用

国内有关科研单位、大专院校在 20 世纪 50 年代初期即开始研究氨合成催化剂，南化公司研究院、福州大学、浙江工业大学、厦门大学、郑州大学、华南理工大学等科研院所和大专院校均开展过氨合成催化剂的研究。南京化学工业公司于 1951 年研制了 A102 型氨合成催化剂。这是我国自行研制的第一个氨合成催化剂，此后又研制成功 A106 型和 A109 型等氨合成催化剂。1979 年，浙江工业大学研制成功 A110-2 型低温氨合成催化剂[224]，此后南京化工研究院、福州大学、郑州大学和湖北化学研究所等相继研制成功 A110-1、A110-3、A110-4、A110-5Q (球形) 等，形成了我国 20 世纪 80 年代以来广为应用的 A110 系列催化剂[226]。90 年代中期之前，A106、A109、A110 三种型号的催化剂一直作为我国中小型合成氨装置使用的主要催化剂品种。

福州大学于 80 年代初研制成功了 A201 型含钴催化剂，之后又开发了钴含量更低并添加 CeO_2 的 A202 型含钴型催化剂。郑州大学、浙江工业大学等也相继开发了含钴或含钴和稀土促进剂的催化剂。据介绍，添加钴元素的熔铁型 A201、A202 型催化剂的活性（特别是低温活性）比传统熔铁催化剂 A110 可以提高约 5% ～ 10%，而且催化剂易被还原、活性衰减速度慢[227]。

华南理工大学则在 90 年代初期在国内外首创以稀土元素作为铁系催化剂的助剂，发明了 A203 型氨合成催化剂。该催化剂具有优越的低温活性、抗毒性和耐热性，曾经在湖南、广东等华南地区占有较高的市场份额[228-231]。

90 年代中后期，福州大学、浙江工业大学、厦门大学等先后开展了对钌基催化剂的研究，福州大学魏可镁教授团队经过多年不懈努力，于 2019 年在江苏禾友化工有限公司成功实现了以改性石墨为载体的钌基氨合成催化剂的工业化应用。工业实验装置与凯洛格工艺类似，也采用铁-钌联用，即将钌系催化剂置于铁系催化剂之后，充分发挥其低温、低 H_2/N_2 比工况下的高活性优势，达到了明显提高催化剂活性及氨合成单程转化率的目的[232]。

钌系催化剂之所以采用与铁系催化剂联用的技术方案，是基于金属钌在自然界中存量极少，属于最为稀少、昂贵的金属之一，即使其在目前所有氨合成催化剂中表现出了最为突出的催化性能，但由于其高昂的造价，工业实践中综合性价比仍难与熔铁催化剂相抗衡，因此并未获得大面积运用。

特别需要指出的是：由浙江工业大学刘焕章教授团队 1986 年首创，于 1992 年研制成功的以维氏体 $Fe_{1-x}O$ 为前驱体的 A301 型低温低压熔铁型氨合成催化剂，是国内具有自主知识产权的熔铁型氨合成催化剂的新一代革命性产品（1998 年研制成功的 ZA-5 型催化剂，低温活性获得进一步提高）。该催化剂具有卓越的低温活性、易还原性和更宽的操作温区。而且生产成本与普通熔铁型催化剂差别不大，比铁钴催化剂及稀土型铁催化剂更具成本优势，因此逐步在市场中得到广泛认可，市场占有率不断上升[233-236]。

5.3.3.3 催化剂形态的优化和升级

郑州大学自1970年末就开发了球形催化剂，浙江工业大学、南化公司研究院联合河南温县催化剂厂，华南理工大学与阳山催化剂厂也都进行了球形催化剂的研制工作。据报道，与无定型催化剂相比，球形催化剂的催化活性相当或更高，但由于其近似球形的外形特征，不仅具有比无定型催化剂低30%～50%的床层阻力、较好的抗压强度，而且流动性好，装卸过程中不易发生“架桥”现象，床层阻力更加均匀[237～240]。

为了改善无定型催化剂的流动特性、降低床层阻力，绍兴上虞催化剂有限公司等一些催化剂生产单位通过对无定型催化剂实施强化磨角，提高催化剂的形状系数，有效提高了催化剂装填后的堆积密度，降低了床层阻力及装填、运行中催化剂粉尘的产生，也明显改善了用户的使用体验。

5.3.4 氨合成过程的工艺控制

5.3.4.1 工艺参数的选择

如前文所述，氨合成反应的热力学基础研究提供了氨合成反应在一定的温度、压力、气体成分条件下可能达到的最高转化率数据；氨合成动力学和催化剂性能的研究揭示了在一定的操作条件下，单位催化剂可能实现的氨的时空产率。

从热力学原理出发，高压、低温有利于提高氨合成反应的平衡转化率，但催化剂使用温区又受到催化剂活性范围及耐热温度的限制，使以上这两个条件经常不能协调一致。比如，从提高转化率的角度考虑，较低的温度条件对提高单程转化率有利，但操作温度过低，催化剂反应活性很低，设备的时空产率反而得不到提高；又比如，提高操作压力，平衡转化率和反应速率都可以提高，但设备制作的成本及制作难度也会随之加大，同时原料气压缩功耗也随之增加。因此，从技术可达成性和运行经济性方面考虑，也需要认真权衡。

受热力学平衡转化率的制约，NH_3合成反应在一定条件下并不能达到完全转化，而且需要在催化剂存在的情况下才能获得较为满意的时空产率，实现经济运行。目前，一般工业装置单程转化率仅能达到20%～30%，这就意味着，70%～80%的反应气需要在分离反应产物后循环利用。

工业装置工艺参数主要根据以上理论研究成果，结合反应器和流程配置条件，综合平衡投资、运行成本等因素而确定。

（1）温度　氨合成反应作为可逆放热反应，存在最适宜温度，最适宜温度与反应气体成分、压力及催化剂活性有关，最适宜温度T_m与平衡温度T_e，正逆反应的活化能E_1、E_2之间的关系如下式。

$$T_m = \frac{T_e}{1 + \dfrac{RT_e}{E_2 - E_1}\ln\dfrac{E_2}{E_1}} \tag{5-35}$$

图5-91为$H_2/N_2=3$，不同压力、惰性气体含量下平衡温度与某型号催化剂最适宜温度曲线。

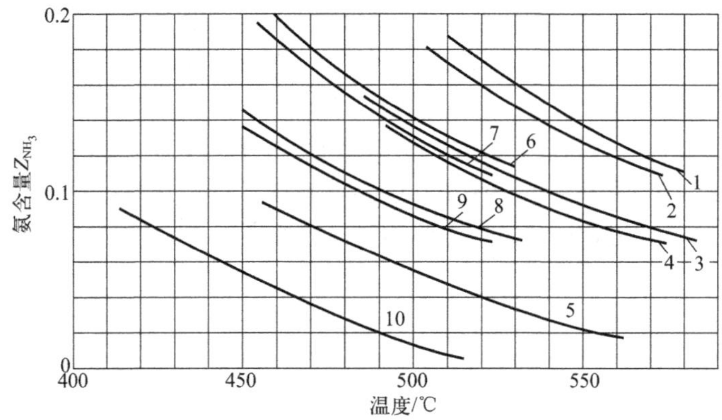

图 5-91　H_2/N_2=3 的条件下平衡温度与最适宜温度

1、2、3、4、5—分别为 300atm、y_{io}=12%，300atm、y_{io}=15%，200atm、y_{io}=15%，200atm，y_{io}=18%，1500atm、y_{io}=13% 的平衡温度曲线；

6、7、8、9、10—分别为 300atm、y_{io}=12%，300atm、y_{io}=15%，200atm、y_{io}=15%，200atm、y_{io}=18%，150atm、y_{io}=13% 的最适宜温度曲线

从图 5-91 可以看出，一定压力下，氨含量越高，平衡温度与最适宜温度越低；其他条件不变，惰性气体含量越高，最适宜温度越低；压力越低，最适宜温度也越低。

式（5-35）和图 5-91 的最适宜温度与平衡温度的关系只是基于纯动力学计算得出的，实际应用中，由于扩散对反应过程也有影响，从而也会影响最适宜温度，一般内扩散阻力越大，最适宜温度越低。理论上，操作温度沿最适宜温度曲线运行可以获得最高的催化剂时空产率。但催化剂床层进口原料气中氨含量最低，对应的最适宜温度最高，这就意味着如果催化剂床层温度严格按最适宜温度操作，床层进口温度将成为催化剂床层的最高温度，要实现这一目标，必须借助更高品位外部热源加热进口原料气，系统靠自身反应热已不能维持自热平衡，这显然极不合理。同时，床层进口的最适宜温度一般也超过了催化剂本身正常的最高使用温度范围（一般氨合成催化剂最高使用温度≤ 520℃，图 5-91 中大部分工况下最适宜温度均超过了此值）。因此，一般反应器进口操作温度均低于最适宜温度，但这并不会使催化剂用量明显加大，因为合成塔进口氨含量低，离平衡很远，即使操作温度偏离最适宜温度，反应速率也很快，床层进口是否在最适宜温度下操作对反应的影响很小。

（2）压力　操作压力提高不仅可以提高反应速率，增加合成塔生产强度，而且也可以增加平衡转化率，降低产品冷凝分离的难度和功耗，因此从化学反应和时空产率角度考虑，提高操作压力都是有利的。但是，操作压力的提高加大了原料气压缩功的消耗和设备制作的难度，同时也使系统发生泄漏和设备事故的风险增加。因此，最适宜操作压力不仅与设备投入、原材料、动力成本、合成系统冷凝分离工艺配置等有关，而且与催化剂性能、原料气制备与净化工艺（净化水平、惰性气体含量等）也密切相关。图 5-92 给出了操作压力与原料气压缩功、循环气压缩功、氨分离冷冻功和系统总功耗的关系。

从图 5-92 可以看出，10.0 ～ 30.0MPa 区间内（1atm=0.101MPa），系统总功耗变化并不十分明显。一般情况下，操作压力的选择更多考虑装置投资、装备加工能力和运行成本等因素。原料气中惰性气体含量较高，系统生产负荷较大，一般选择较高的操作压力；反之，则

选择较低的操作压力。20 世纪前，国产合成氨装置大多采用 22.0 ～ 31.4MPa 操作压力。进入 21 世纪，随着合成氨行业的转型升级，国内设备加工能力、运输条件和吊装等工程能力显著提升，加之装置大型化后离心压缩机的更多采用，并考虑到高压合成对设备加工、运输、安装、密封、氢腐蚀（氢脆）及安全生产等提出的挑战，大型装置有低压化的趋势。目前，新建装置已经很少采用 30.0MPa 左右的高压系统，除去部分原料气中惰性气体含量较高的装置采用 20.0 ～ 26.0MPa 外，更多的装置已经采用 11.0 ～ 18.0MPa 的操作压力。

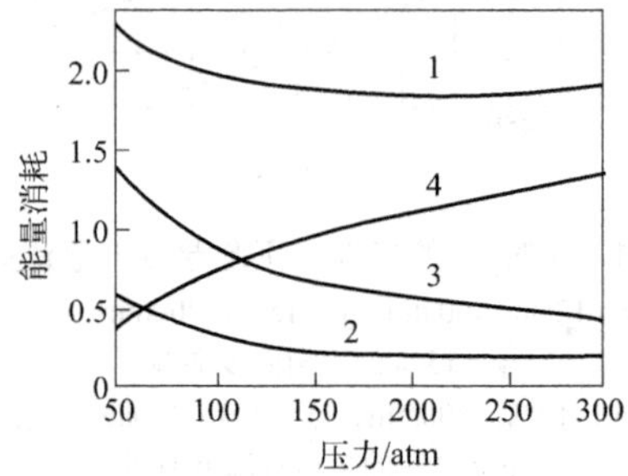

图 5-92　合成系统能量消耗与操作压力的关系（以 150atm 原料气的压缩功为比较的基准）

1—总功耗；2—循环气压缩功；3—氨分离冷冻功；4—原料气压缩功

随着低温高活性催化剂的开发和推广，原料气制备系统压力的提升及国内冷法净化（甲醇洗 + 液氮洗）工艺、设备的日臻成熟，系统造价的显著降低，冷法净化工艺越来越普遍被采用，推动合成系统操作压力有进一步降低的趋势，有些开发、设计单位甚至提出了所谓“等压合成”的工艺思路，即取消合成气压缩机，加压气化的净化原料气不再升压，直接送至 7.0 ～ 8.0MPa 左右低压合成装置进行氨合成反应 [241]。

（3）空速　空速（空间速度）是单位时间内单位体积催化剂处理的原料气量。对于特定的合成系统，空速与催化剂生产强度的关系如表 5-34 所示。

表5-34　空间速度对合成塔出口氨含量和生产强度的影响

空间速度 /h^{-1}	1×10^4	2×10^4	3×10^4	4×10^4	5×10^4
出口氨含量 /%	21.7	19.02	17.33	16.07	15.0
生产强度 /[kg(NH_3)/(m^3·h)]	1350	2417	3370	4160	4920

由表 5-34 可以看出，催化剂的生产强度基本与空速的 0.8 次方成比例关系。即空速增加一倍，生产强度约提高 $2^{0.8}-1=0.74$ 倍左右，在系统压差、冷却分离能力允许的情况下，提高空速可以显著增加系统生产能力。但增加空速，原料气与催化剂接触时间变短，氨净值降低，系统阻力加大，循环机和冷冻功单耗增加。同时，空速加大，氨净值降低导致合成塔进出口温差变小，热回收装置冷端损耗比例加大，反应热回收率降低，极限情况下还会造成合成塔系统的自热平衡难以维持。从节能降耗的角度考虑，适当降低空速，采用低空速、高氨净值操作对装置的长期、经济运行更为有利。

（4）进、出口氨含量　当其他条件一定时，降低进口氨含量、提高出口氨含量均会提高系统的单程转化率，使生产能力得以提升。出口氨含量的提高需要更好的反应器设计和较低的操作空速。而进口氨含量与系统操作压力、冷凝温度、新鲜气补入位置等因素有关。若不计惰性气体对氨热力学性质的影响，合成塔进口氨含量可根据式（5-36）计算的气相中饱和氨含量结合补充新鲜气的影响计算获得。若考虑到系统内其他气体组分对平衡氨含量的影响，可查阅文献 [224]。

$$\lg y_{NH_3}^* = 4.1856 + \frac{5.9879}{\sqrt{p}} - \frac{1099.5}{T} \tag{5-36}$$

式中　$y^*_{NH_3}$——气相平衡氨含量，%；

p——混合气总压力，atm；

T——温度，K。

依靠传统的冷凝分氨工艺，氨含量降到一定程度后，靠进一步降低氨冷温度来降低进口氨含量将变得非常困难，并造成冰机功耗显著升高，经济上得不偿失。通常根据不同的原料气成分和工艺流程，合成塔入口氨含量控制在 1.5% ～ 3.0% 左右。

（5）氢氮比　按照氨合成反应平衡关系的研究成果，以化学计量比的原料气可以获得最高的平衡转化率。但基于反应速率考虑，这并非最佳选择。根据反应动力学的研究，最适宜的氢氮比随氨含量的不同而变化。反应初期，离平衡较远，氢氮比 r=1 时反应速率最大，r=1 为最适宜氢氮比。随着反应的进行，系统气相氨含量不断提高，最适宜的氢氮比也不断增大，当反应接近平衡时，最适宜的氢氮比接近 3.0。

要想按照最适宜的氢氮比控制原料气组成，必须把原料 H_2 或 N_2 气按反应进度逐步补入，这在实际工业生产中很难实现，这是因为目前大部分的生产工艺中，氢氮气在进入合成系统时，已经是混合物，如果将氢氮气分别补入合成系统，不仅要增加分离提纯的投资与能耗，而且，氢氮气分别设置压缩机，也会使工艺更加复杂，投资更高；另外，合成塔的设计也会相当困难。因此，工业上，对于熔铁型催化剂，氢氮比控制在略低于 3.0，一般在 2.5 ～ 2.9 左右，并根据催化剂的反应活性表现进行动态调整。

（6）惰性气含量　惰性气这里主要指的是原料气中不能参与氨合成反应的 CH_4、Ar 等气体成分，CH_4 主要来源于原料气制备过程中原料未能完全转化、分解或原料气净化过程（甲烷化净化工艺），Ar 则主要由原料气制备过程中随空气或空分装置中 O_2、N_2 带入。惰性气不参与氨合成反应，会在系统中不断积累，惰性气的存在，降低了有效气体的分压，阻滞原料与生成物的扩散，不论从反应平衡角度、动力学角度还是冷凝分氨角度对系统都会造成不利影响，会降低系统的生产负荷、单程转化率，减少合成塔出口的氨含量从而增加循环功耗和冷冻功耗。因此，单从氨合成系统考虑，惰性气含量越低越好。

为了降低惰性气的负面影响，保持氨合成系统的惰性气含量稳定，需要通过连续放空部分循环气的措施将惰性气排出系统，而伴随着惰性气放空，成比例的 H_2、N_2、NH_3 也会一起排出，即使分离、回收放空气中有效气体可以避免有效气体的过多损失，但也势必会增加原料气消耗及原料气压缩功耗，提高生产成本。因此，要综合平衡原料气制备与净化、原料氢氮气压缩、氢氮气循环、冷冻分离、弛放气（放空气）分离回收等方面的成本，系统平衡、全面优化，合理选择各工艺环节合适的惰性气控制指标，从而使装置运行成本最低，实现综合效益最大化。

5.3.4.2　催化剂的升温还原控制

催化剂的性能对合成氨系统的生产能力、能源消耗、产品成本具有举足轻重的影响。在工艺、装置一定的情况下，催化剂活性的改善与提高将会使系统生产能力提高，消耗下降。氨合成催化剂的活性不仅取决于其化学配比 / 组成、制备工艺，而且还与其还原质量密切相关，对于磁铁矿型熔铁系催化剂，其还原过程的主要反应为式（5-37）（文献 [67]），还原过程的化学平衡常数与温度 (K) 的关系式如式（5-38）（文献 [67]）所示。

$$Fe_3O_4 + 4H_2 = 3Fe + 4H_2O(g) \qquad \Delta H_{298}^{\ominus} = 149.9\text{kJ/mol} \tag{5-37}$$

$$\lg K_p = 4\lg \frac{p_{H_2O}}{p_{H_2}} = -5500/T + 4.89 \tag{5-38}$$

由以上两式可以看出，温度、H_2O、H_2 分压是影响还原效果的主要控制因素。确定还原条件的原则一方面是要使铁的氧化物充分还原为具有催化活性的α-铁，同时还要使还原生成的铁金属晶粒不致重结晶而聚集长大，以保证有尽可能大的比表面积和尽可能多的活性中心。还原操作主要围绕以上三个因素，通过温度、气体循环量（空速）、压力、氢含量等指标的控制而展开。

（1）温度和提温速度　还原过程是吸热的化学反应，只有达到一定的还原温度，氧化态催化剂才能被还原完全，提高还原温度、增加供热负荷可以提高还原速率、缩短还原时间、保证还原深度。但还原温度过高、提温速度过快会使还原速率过快、气相水汽浓度（分压）过高，增加催化剂反复氧化、还原，晶体颗粒聚集、长大的风险，影响催化剂活性。要根据催化剂还原进度适时、缓慢地提高还原温度，并保证全部催化剂均可达到最终还原温度。

（2）空速　还原空速控制的主要目的是控制催化剂床层的升温速率和气相水汽浓度（分压）。空速大，温升平缓、水汽含量低，有利于获得理想的还原效果；但过高的空速又会带来循环机功耗和开工电炉、加热炉能耗的增加，应在保证还原质量的前提下，结合循环机输气能力、加热炉供热负荷适当控制。

（3）压力　还原压力的控制与空速的出发点相同，保持低压操作，有利于降低水汽分压、提高还原质量，但低压操作在维持同样空速的情况下同样会增加循环机功耗，过低的压力还会使循环机输气能力严重受限，影响还原进度，延长还原时间。

（4）氢含量　高氢含量有利于提高还原质量，使还原速度更快、还原更加彻底，应尽量采用高氢还原。但在开工电炉、加热炉供热功率不足时也可适当考虑充分利用氨合成的反应热弥补外供热量的不足。

（5）还原进程的控制　催化剂的还原过程控制不佳，不仅会使部分催化剂被还原得不够彻底，也可能会导致催化剂的反复氧化还原。理想的做法是对催化剂实施分段、分层还原。

为了实现分层还原，部分内件技术开发单位、催化剂生产厂家和生产企业做出了有益的贡献。1994 年初，正元塔器针对自身 JR 型多段绝热内件的技术特点，在山西大同工农化肥厂提出并实施了催化剂的分层还原方案，之后将分层还原作为内件技术要求和操作规程的主要内容写入了其内件操作说明书，指导用户高效、科学地进行催化剂升温、还原工作；绍兴上虞催化剂有限公司、浙江工业大学催化剂厂（杭州基本科技有限公司）也针对其氨合成催化剂的性能，对不同型式的合成塔内件的升温还原方案提出了具体升温还原操作建议与要求[242]。

特别需要强调的是，升温还原过程要特别重视顶层催化剂的充分还原。对于不能采用纯氢还原的情况，顶层催化剂部分还原后会伴随还原过程发生氨的合成反应，形成还原过程中床层温度分布的倒置。催化剂床层中、下部温度会因为氨合成反应的放热快速提升，逼近催化剂最高耐热温度，这会限制顶部催化剂温度的提高，使之不能提升至彻底还原所需的温度，转入正常生产后，也再难有机会实施这部分催化剂的彻底还原，严重影响催化剂的使用效果。

为了确保催化剂被彻底还原，在条件允许的情况下，至少在还原初期尽量采用纯氢或高氢还原，并维持适宜的还原空速，保证顶部催化剂的彻底还原，条件允许的情况下还要适当维持顶部催化剂高温还原时间，并通过还原过程水汽浓度、催化剂床层温度等指标合理判断还原进度和还原质量。

5.3.4.3 催化剂的离线还原、部分更换

如前所述，为了保证催化剂的还原质量，需要合理控制还原过程中温度、压力、空速、氢含量等指标，并尽量采用分层还原的控制方案。但是，限于生产现场的实际情况，这些保证催化剂还原质量的条件有时并不完全具备。特别是，合成塔内件的结构设计有时往往难于做到还原与生产的同时兼顾。有些内件的内部换热流程本身就限制了部分区域催化剂温度提升。比如，冷管型内件中冷管周围低温区域的存在、某些段间换热器串联换热流程、底部催化剂温度提升较困难等。这些矛盾，仅仅依靠操作现场调节手段往往难以合理解决。同时，催化剂的还原不仅需要物料、动力等成本的投入，而且还会占用正常的生产时间。随着装置的大型化，催化剂还原期间能源、物料消耗及对正常生产时间的挤占而产生的经济成本也越发升高。

（1）催化剂的离线还原　为了解决这些问题，减少催化剂还原时间，充分发掘装置的有效生产时间，节约装置原始开车、催化剂更换及升温还原过程的成本、消耗，保证催化剂的还原质量，合成塔内件开发单位、催化剂供应商和合成氨生产企业均付出了积极努力。开发了催化剂的离线还原技术并被越来越多的新建大型合成氨装置部分或全部采用。

① 预还原催化剂　预还原催化剂是使用前将氧化态催化剂置于特殊设计的还原装置中进行充分还原，然后在严格控制的工艺条件下，缓慢向床层内通入很低浓度的 O_2 使催化剂颗粒表面部分进行氧化、钝化，然后包装交付的催化剂。经过钝化的催化剂含氧量仅为氧化态催化剂的 10% 左右，而且催化剂在运输装填过程中，在 100℃以下保存、运输无需特殊保护。

采用预还原催化剂，不仅可以将使用现场催化剂还原时间减少 80% 以上，有效增加实际生产时间，而且可有效消除某些结构型式的合成塔内部结构对催化剂还原质量的潜在影响[243]。

② 还原态催化剂　所谓“还原态催化剂”即氧化态催化剂在装塔之前在专用的还原装置中被还原完全后，不必像预还原催化剂一样进行钝化操作，而是在惰性气体保护下采用专用容器转移、装填至生产反应器内，开车时也不必再进行还原操作，升温至催化剂活性温度后直接转入正常生产的催化剂。还原态催化剂虽然转运、装填过程需特殊防护而稍显烦琐，但其不必进行操作控制要求极其严格的钝化操作，开车时也不必再进行 20 ～ 30h 的升温还原操作，对于升温还原过程物料投入、停产损失巨大的大型装置具有特殊优势。

在还原态催化剂的使用实践中，浙江工业大学于 1981 ～ 1984 年间首先在 6 台 500 新内件中装填氧化态催化剂后异地进行还原，催化剂不再卸出，用户整体更换内件和催化剂[244]。

湖南安淳在 2007 年新建一套年产 1500 吨的催化剂（预）还原装置，该装置采用氨裂解法制取 H_2、N_2，在 0.6 ～ 0.8MPa 还原压力下，实现大电炉、高氢、低压、低水汽浓度等最

佳还原条件。催化剂被还原后系统循环降温至床层温度50℃以下，用氮气置换，通过筛网筛除细粉，装入专用包装桶并充入氮气正压保护备用。该公司与浙江上虞催化剂有限公司合作的产品已销往英国、马来西亚、韩国等国，并在国内多家化工企业的18.30、40.60工程项目氨合成装置的合成塔和醇烃化装置的醇化塔及烃化塔使用，也经常用于更换合成塔第一段催化剂[245]。

河北正元集团在2013年初建设、2015年初投运的60万吨合成氨/年超大型合成氨装置中，国内外首次采用异地还原方式全部装填还原态催化剂，形成了从催化剂被还原、保护性存储、运输到装填过程的整套技术、装备体系。该项目一次顺利开车成功。达到预期效果，取得了很好的经济效益。该技术也得到卡萨利等专利商和合成氨企业的认可，先后在一些企业45万吨合成氨/年、20万吨合成氨/年等多套不同结构合成塔上进行了成功应用[246-247]。

（2）催化剂的部分更换　针对反应器内不同位置催化剂随使用期间活性衰减明显不同的特点，特别是国内煤头小氮肥企业合成催化剂使用周期短，催化剂更换频繁，而大部分情况下更换催化剂仅因为占催化剂总量10%～15%的少量一段催化剂由于原料气中有毒介质的侵害活性下降或丧失，绝大部分催化剂反应活性并未明显降低的问题。中石油乌鲁木齐化肥厂、四川天华股份有限公司等单位也对其引进的布朗工艺的第一合成塔成功实施了催化剂的部分更换，获得了很好的使用效果[248-251]。

部分更换催化剂不必吊装内件，投入少、用时短、经济效益显著。尤其对于气体净化条件较差、催化剂更换较频繁和装填量大、内件吊装困难、占用时间长的大型装置具有特殊的积极意义。

5.3.5 氨合成内件的型式与特点

氨合成塔是合成氨装置的关键设备，它不仅要为氨合成反应提供合适的反应条件，使原料氢氮气高效转化为氨，氨合成塔的结构和材料也要能够长期耐受氨合成反应高温，高压，氢、氮腐蚀等苛刻的使用条件，确保系统工艺与设备安全运行。为了达到此目的，氨合成塔通常设计成内件与外筒分离的结构。内件不仅要进行良好的保温，大部分还通过内件与外筒环隙之间流过的较低温度的未反应原料气加以隔绝，这样，内件与外筒就进行了明确的功能分工，高压外筒负责承受高压，但不承受高温，采用较为普通的碳钢材料或低合金钢制作即可，而内件则承受高温，只承受内件催化剂床层与环隙间的压差，不承受高压，采用耐高温和氢、氮腐蚀的材料如奥氏体不锈钢制作。即做到设备操作环境“高温不高压、高压不高温”。内件可以定期更换、更新或通过改进结构型式实现技术性能升级。

氨合成塔（主要是内件）的结构设计主要是围绕如何最大限度发挥催化剂的活性，提高合成气反应效率使生产效率最大化而进行的，合成塔内件的性能与合成氨装置高效、稳定生产关系重大。因此，无论从提高系统生产效率还是从充分利用合成塔提供的设备高温、高压空间的角度，都要求氨合成塔内件要精心设计、不断优化，尽最大可能提高原料气单程转化率和生产强度，降低装置建设投资和运行成本。

合成塔内件的结构型式主要分冷管型和绝热型两大类。冷管型内件包括单管并流冷管型、单管折流型、分流型等多种型式；绝热型内件又可分为冷激型、间接换热型、冷激-换热组合型等。

5.3.5.1 冷管型内件

1980 年以前，除去引进的十几套 30 万吨合成氨 / 年以上的大化肥装置外，国内单套合成氨装置大多小于 10 万吨合成氨 / 年，由于装置生产规模较小，气体净化条件相对较差，催化剂更换频繁，内件主要选用现场安装及催化剂装卸、更换更为方便的冷管型内件。

最早的冷管型内件为双套管式，其结构型式如图 5-93 所示，其主要由内件筒体、底部换热器、分气-集气盒、套管冷管束、中心管、中心管内布置的电加热器、内件顶盖（俗称小盖）、热电偶套管等组成。换热管束由数量不等、均匀分布于催化剂床层内的双层套管组成，未反应气体经底部换热器管间与管内的反应后高温气体换热后进入分气盒，然后进入各个双套管的内管再经内外套管间环隙与管外催化剂床层中反应气换热，冷却反应气、自身温度提高后汇入集气盒经中心管上升到催化剂床层进口而后进入上部绝热层与催化剂进行反应，出催化剂绝热层的高温气体进入冷管间一边反应。一边与冷管内进塔气换热，最后进底部换热器管内与进塔气换热后出塔。电加热器为催化剂原始开车升温还原及系统停车后开车升温提供热源。

从理论上说，如果设计得当，冷管型内件可以通过边反应边换热实时移走合成反应热使反应沿最适宜温度曲线进行，实现氢氮气的高效转化。但双套管内件的内管中冷气上升过程中会与环隙间气体换热而温度升高，使进入环隙的冷气温度升高，从而使之与床层间传热温差减小，削弱外套管的传热能力，不利于床层内反应热的快速移出，影响床层温度向最适宜温度曲线靠近。

鉴于双套管的问题，发展了并流三套管内件（图 5-94）。并流三套管内件与双套管内件相比只是在内外套管间增加了一层套管，即内管为双层结构，利用双层内管间“滞气层”形成的热阻防止环隙气与内套管内冷气的热交换，有效降低环隙入口冷气温度，增强冷气移热能力，使床层温度快速向最适宜温度曲线靠近。

套管式内件换热管中内外套管一端固定，一端相对自由，因此可有效避免因换热管热胀冷缩产生的温差应力，但套管式内件也存在着结构复杂、造价高、换热元件占用空间大、过多挤占高压空间、催化剂装填量小限制内件生产能力发挥的问题；同时，由于气体在合成塔内流通路径长，加之冷管束的存在占据了部分流通截面，催化剂床层流通面积显著减少，床层阻力也较大。

为了解决套管式内件这些问题，国内有关单位先后开发了单管并流型、单管折流型、分流型等多种冷管型内件，从不同角度提高了冷管型内件的性能[251,252]。

（1）单管并流型内件　该内件结构较为简单，造价低、空间占用少，与套管内件相比，高压空间利用率明显提高，催化剂装填量大，但其冷管束布置在催化剂床层内，在催化剂床层温度波动较大时伸缩受限，易产生较大的温差应力，造成冷管束联箱或冷管本身拉裂破坏，结构可靠性较差。

（2）单管折流型内件　单管折流型内件取消了催化剂床层的上部绝热层，以下部绝热层替代之，这样布置的优势是：冷管束上端环管集箱暴露于催化剂床层外部，可以相对自由地伸缩，有效解决冷管束热应力消除问题，防止冷管束焊口拉裂及换热管断裂。另外，通过调整冷管束布管中上行和下行管的比例，对冷管束的移热能力进行控制，从而可以更加灵活地控制催化剂床层温度分布，使实际温度分布曲线更加平滑，床层温差较小，催化剂不易超

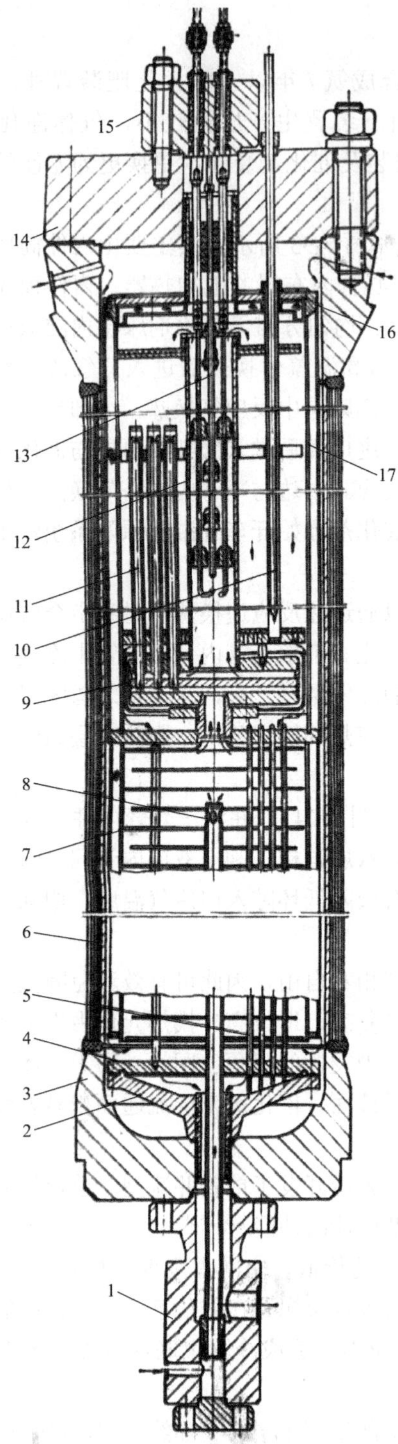

图 5-93 双套管式冷管型内件结构图

1—塔体下部；2—托架；3—底盖；4—花板；5—热交换器；6—外筒；7—挡板；8—冷气管；9—分气盒；10—温度计管；11—冷管（双套管）；12—中心管；13—电炉；14—大法兰；15—头盖；16—催化剂筐盖；17—催化剂筐

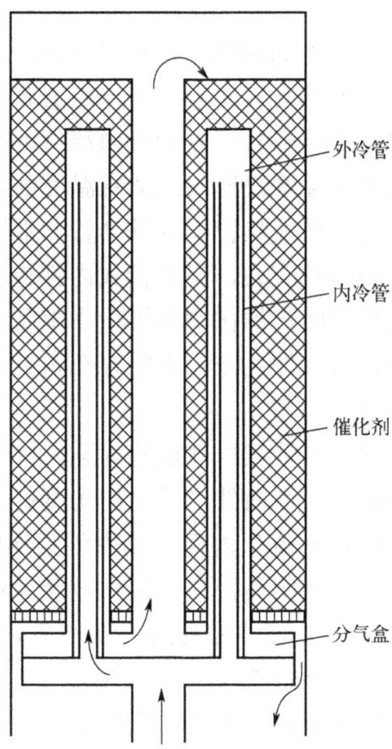

图 5-94 并流三套管冷管型内件结构图

温。但由于其取消了上部绝热层，限制了上部催化剂床层温度的快速提升，使上部催化剂床层温度更加偏离最适宜温度，影响催化剂活性的发挥。另外，对于原料氢氮气净化度较低、上部催化剂活性下降较快的用户，上部催化剂活性下降容易造成上部催化剂床层反应放热量与冷管束移热量失衡而形成恶性循环，催化剂床层热点过快下移到底部绝热层，使下部催化剂超温，形成与最适宜温度曲线相背离的温度分布，合成塔氨净值降低，生产性能快速下降。极限情况下，顶部催化剂温度过低，会出现内件无法维持自热平衡的状态，使用户不得不提前更换催化剂。

并流型内件与折流型内件存在的共同问题是，催化剂床层温度调节手段单一，在生产负荷及催化剂活性发生变化时只能通过合成塔进口冷副线或循环流量调节，难以获得理想的调控效果。

（3）分流型内件　分流型内件则主要是针对以上冷管型内件温度调节手段少、控制效果不佳问题而发展来的。此型内件将冷管束布置于催化剂床层中央，形成了上下绝热层加中间可调节冷气流量的冷管层的结构布置。这样布置的优点是调节手段更多，温度调控更加灵活、方便，内件冷管束占用空间更小，催化剂装填量及生产能力也更大。

湖南安淳开发了对称U形冷管束分流型内件，对称U形冷管束如图5-95所示。冷管束中间为内外环管，上部连倒U形管，下部连正U形管，进气管插入外环管，出气管插入内外环管。U形管为椭圆扁管。冷管束布置在催化剂床层的第一层径向段。以环管为中心，U形管在冷热变化工况下，可伸可缩。在还原过程中，冷管内不通入冷气（独立管线），即不是“冷管”，因而不会影响催化剂还原质量。因冷管束进气管线独立，解决了温度调节问题。

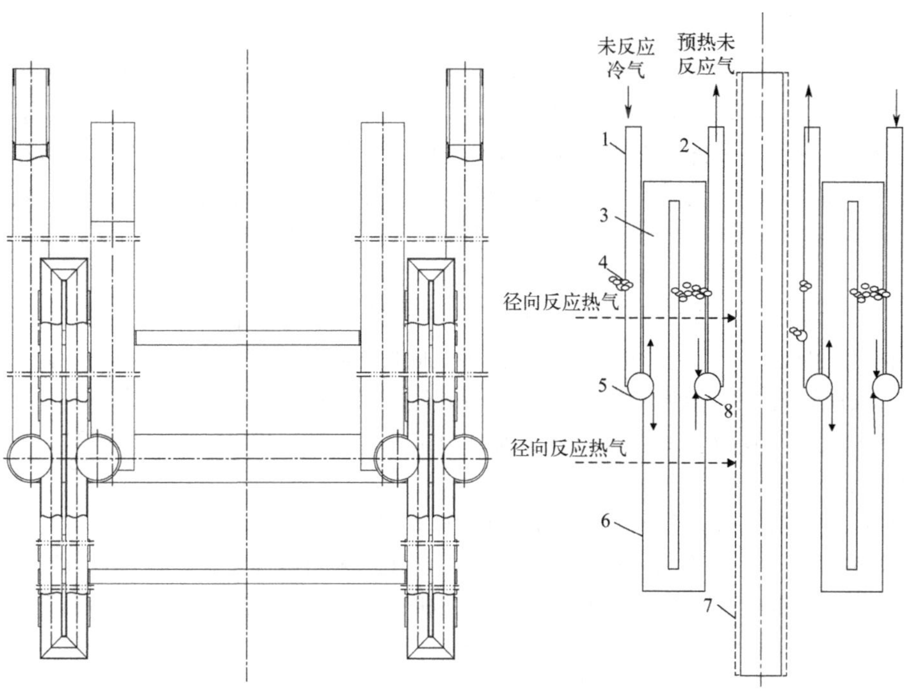

图5-95　对称U形冷管束

1—未反应冷气下降管；2—预热气上升管；3—上U形冷管；4—催化剂；5—外环管；6—下U形冷管；7—中心集气套管；8—内环管

冷管型内件具有连续的催化剂床层，对于较小生产规模、直径较小的合成塔，具有催化剂装卸方便、现场组装工作量小、流程配置较为简单的优势。但一般情况下冷管占用高压空间较多，内件催化剂装填量较少，合成塔生产能力小；合成塔温度调节手段较少，经常会造成调节目标互相制约，使催化剂床层温度分布偏离设计值，催化剂使用寿命偏短；存在"冷管效应"即冷管周围存在低温区，影响催化剂还原质量并造成正常生产时催化剂活性难以充分发挥；气体在催化剂床层内流通路径长、冷管占据气体流通面积造成床层阻力较大等问题。

5.3.5.2 绝热型内件

针对冷管型内件存在的问题，国内有关单位20世纪70年代即开展了绝热型内件的开发研究。绝热型内件催化剂床层根据工艺要求一般分为2～4段（层），各段催化剂床层绝热反应，段间设置冷激混合器或换热式冷却单元，通过高温反应气与低温未反应气直接混合或间接热交换降温将气体温度调整到后续床层催化剂反应所要求的适宜温度。

（1）冷激型内件　冷激型内件采用绝热反应，段间通过低温未反应气与高温反应气混合降温达到调节各段催化剂床层温度的目的。床层内气体的流向可以采用轴向或径向，段间冷激混合器可以设计成固定式或可拆式。国内冷激式合成塔的代表有1980年末贵州远明公司开发的YD型合成塔内件、南京化工研究院开发的NC型菱形分布器冷激合成塔等。YD型合成塔内件冷激混合器与内件筒体焊接成一个整体，催化剂通过冷激分布器与中心管之间的缝隙装卸；NC型内件冷激分布器设计为菱形，直接布置于催化剂床层内，菱形分布器可设计成可拆式或固定式，催化剂通过菱形分布器周围环隙装卸，层间不再进行隔离。

冷激型氨合成塔结构简单、造价低，但由于冷激过程25%～40%的反应气不能与全部催化剂接触、反应，形成事实上的"短路"或"走近路"，从而造成同样催化剂用量时，氨净值较低，使循环和冷冻功耗增加。对于气体净化条件较差的应用场合，冷激型合成塔还会因为冷激气中毒性物质的引入使下部催化剂中毒而减少催化剂的使用寿命。随着用户对氨合成系统节能降耗要求的不断提高，冷激型内件逐步退出历史舞台，新建装置已很少采用。

（2）冷激-换热组合型内件　用于小型合成塔的冷激-换热组合型内件主要由清华大学与河北省化肥工业公司共同开发的TV型三段轴径向换热-冷激型内件（图5-96），化工部第四设计院开发的轴向冷激-绝热型内件，南京国昌开发的轴径向NC内件等[252-253]。

大中型装置冷激-换热组合型内件主要有南京国昌、湖南安淳、南京聚拓等公司开发的四段轴径向、准全径向内件等。

南京国昌开发的GC型四段轴径向内件和南京聚拓开发的DC型准全径向内件等结构相似。如图5-97所示，内件采用四段结构，一段催化剂采用轴向结构，一、二段间采用冷激调温、二、三、四段催化剂均采用径向流动、段间间接换热结构，段间换热器布置于内件中心。该内件南京国昌的主要用户有寿光联盟等。

为了降低大型装置的内件吊装的难度，南京聚拓、南京国昌借鉴国外设计经验将内件设计成分段式结构，即将内件分成两段，两段内件间采用特殊的结构，利用自身重力和迷宫密封等措施实现密封，催化剂分段装填，内件分段吊装，有效降低了现场组装的吊装机械起重能力的要求（图5-98）。南京聚拓年产合成氨60万吨以上ϕ3200、ϕ2800该型内件已在山东瑞星、寿光联盟等装置应用。

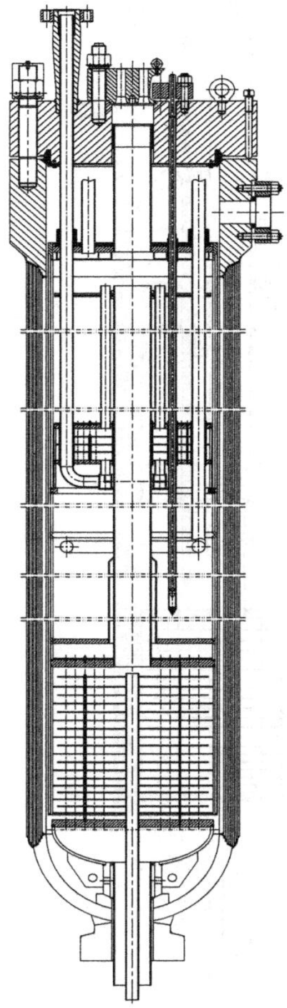

图 5-96　TV 型三段轴径向换热-冷激型内件

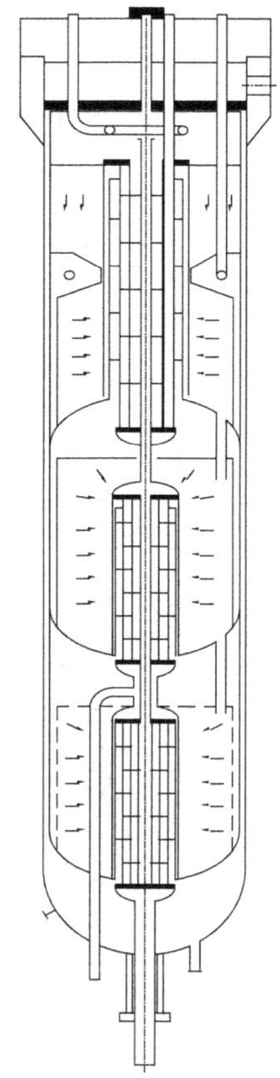

图 5-97　DC 型准全径向内件

（3）间接换热型内件　国内绝热型间接换热型内件最早由清华大学房德中教授等于1970年开发，该绝热型段间换热型 $\phi800$ 内件于1970年中期在北京化工实验厂实现了工业应用，内件催化剂床层采用三段，两轴一径布置，一、二段催化剂采用轴向布置，三段为径向布置，各段催化剂反应温度均可以通过单独设置的冷却副线、段间换热器灵活调节。考虑到小直径内件制造、组装的难度和北京化工实验厂较好的气体净化条件，该内件的段间换热器直接与内件筒体焊接在一起，组装前把催化剂一次装填，该内件使用了近11年后和催化剂一起更换[251]。1990年初，在清华大学TV型绝热型内件的基础上，石家庄正元塔器推出了JR绝热型段间间接换热型内件，该内件采用了积木式装配结构，一、二段间换热器可自由拆装，二、三段间换热器与底部换热器串联布置一体制作，设置催化剂装卸孔道。通过中部、底部换热器串级强化传热，减少换热器对高压空间的占用，使小直径合成塔绝热型内件的高压空间利用率达到行业领先水平，如图5-99所示[249]。

随着行业的转型升级，装置大型化成为主流，大型装置国内各技术开发单位更多采用了绝热型间接换热的结构。

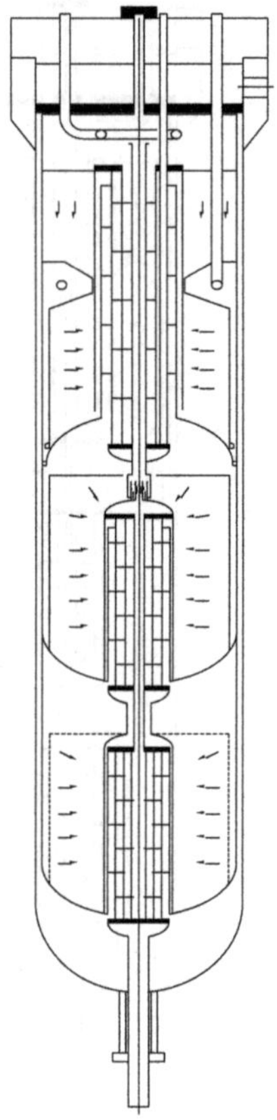

图 5-98 分段式内件

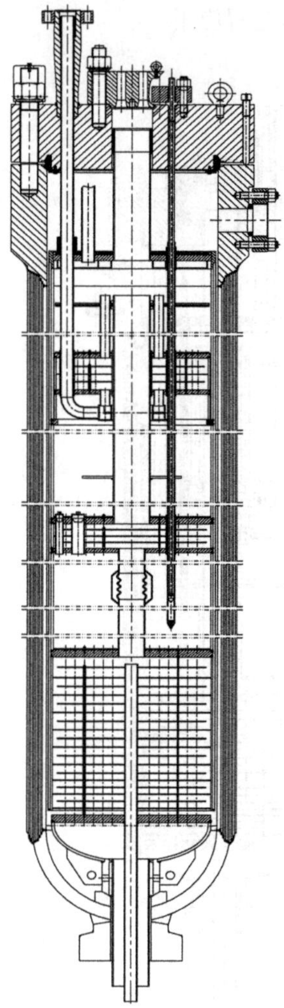

图 5-99 JR 绝热型段间间接换热型内件

南京国昌 2004 年针对华鲁恒升 30 万吨水煤浆气化工艺大型合成氨装置开发了 GC 型 ϕ3000 低压（11.0MPa）大型合成塔，该塔采用一轴两径结构。之后，在华鲁恒升二期、鲁西集团、山东明升达 30 万～ 60 万吨合成氨 / 年项目中则采用了 15.0MPa 全径向段间换热结构如图 5-100 所示[254-255]。

正元塔器则于 2009 年沿用其成熟的绝热间接换热技术，开发、设计了适于固定床间歇气化工艺 24 万吨 / 年的 22.0MPa，ϕ2400 一轴两径氨合成塔；2012 年，配合沧州正元 60-80 项目，丰喜泉稷公司 30 万吨合成氨等项目开发了 ϕ3000、ϕ2600，15.0MPa 三段径向合成系统（图 5-101），该系列氨合成塔一改绝大部分开发单位内件在高压外筒内由底部封头支撑的传统设计，采用了上部平口法兰悬挂式结构，解决了顶部各调温副线内件热膨胀补偿难度大的问题，使内件向下自由伸长，内件热膨胀补偿变得更为简单[246]。

另外，北京寰球工程公司也开发了绝热型段间换热型内件，催化剂床层采用轴径向或全径向，该 ϕ3200 内件已分别在日产 1000t 和 1500t 氨装置成功实现工程应用。

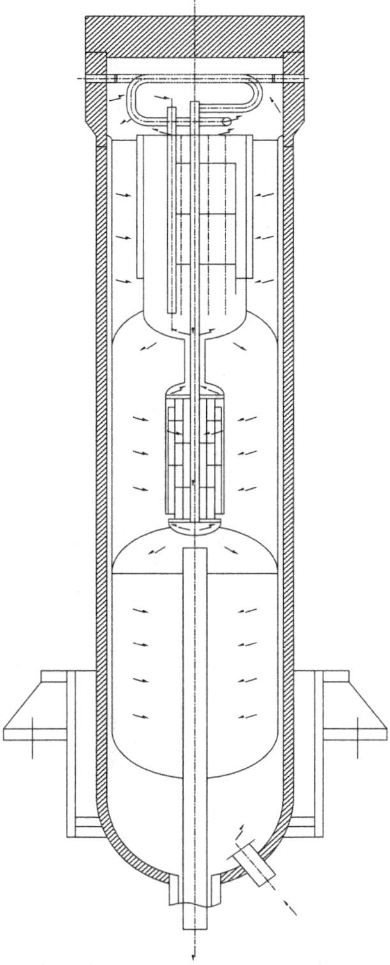

图 5-100 全径向段间换热型内件

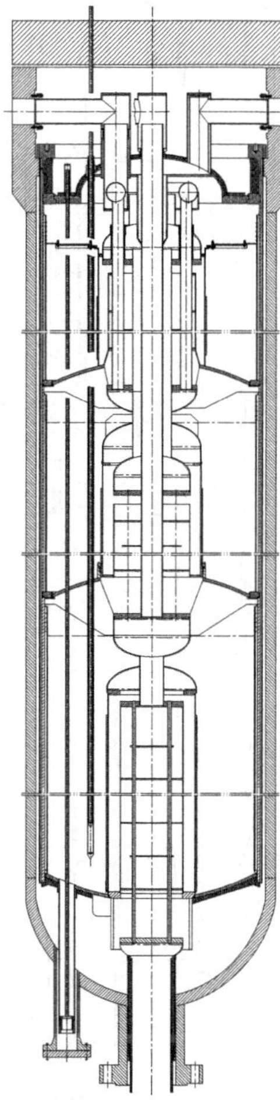

图 5-101 三段径向绝热间接换热型内件

湖南安淳公司开发的绝热段间换热型内件在内蒙古大唐鼎旺化工有限公司 20 万吨 / 年等装置中也得到工业化应用。其结构如图 5-102 所示。

绝热型内件尽管催化剂床层内无移热元件，床层温差较大，首段催化剂进出口温差甚至可达 120 ～ 150℃，绝大部分催化剂床层内反应温度偏离理想的最适宜温度曲线。但是绝热型内件气体分布均匀，催化剂还原彻底、充分；没有冷管效应，催化剂活性好；温度控制灵活方便，各层催化剂温度均可实现单独、有效调控。因此，同样的操作条件下，绝热型内件表现出了比冷管型内件更为优越的操作性能，加之绝热型内件结构放大容易，内件造价随直径增大不如冷管型内件明显，从而使绝热型内件在中大型装置中具有冷管型内件无可比拟的优势。

另外，湖南安淳开发的内冷间接换热型内件（图 5-103）中冷管束埋在催化剂内，占据催化剂床容积相对较少，采用对称 U 形管冷管束，减轻了冷管效应，增加传热温差。该内件为内冷间接换热型全径向内件，可称为与上述三类并列的第四类内件。该内件被贵州开磷、河南金大地、山西天泽、福建永安智胜等企业使用。

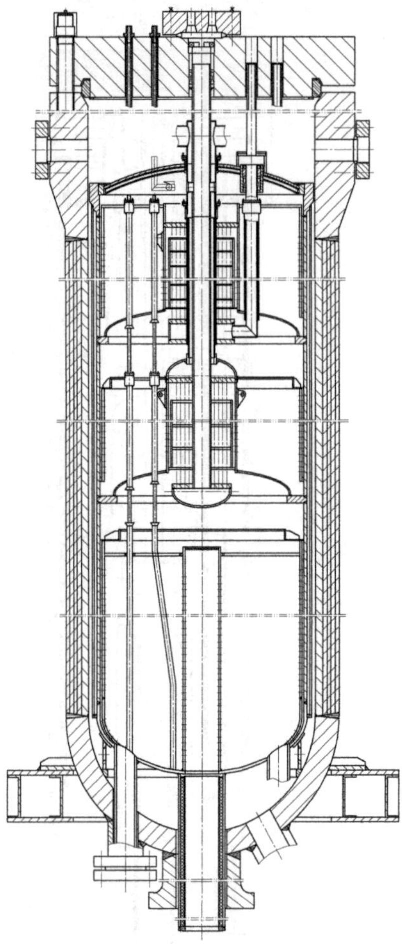

图 5-102　安淳绝热段间换热型内件

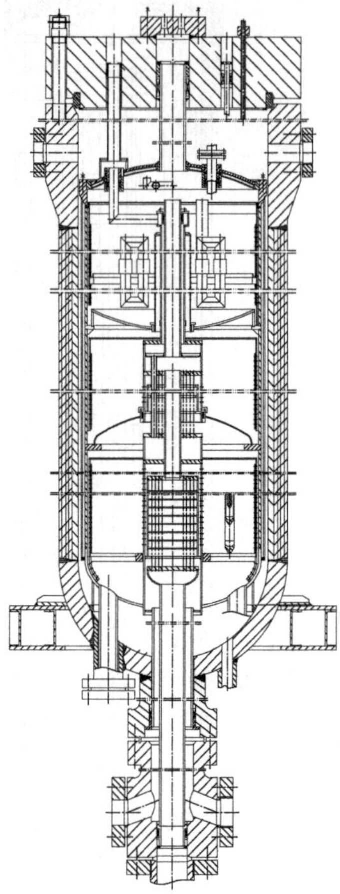

图 5-103　安淳内冷间接换热型内件

5.3.6　氨合成系统的工艺流程

合成系统工艺流程配置主要围绕如何满足合成塔内反应条件要求、充分回收反应余热、高效分离和回收氨产品等目标而进行的。要达到此目的，需要结合内件本身的技术特点、不同原料制备工艺路线和下游氨加工产品的具体要求，综合平衡、系统考虑，进行必要的系统优化和因地制宜设计。下面分别就合成塔运行与调节、反应余热回收利用、氨冷凝分离、惰性气放空与含量控制等方面介绍氨合成系统的工艺流程的特点。

5.3.6.1　合成塔的保护与温度调节

根据不同内件的技术特点，流程设计上存在一进一出、两进两出和分流式流程之分。

（1）一进一出流程　如图 5-104 所示，进塔气经塔外热交换器被出塔气预热后进塔，一股经环隙将承受高压的外筒与处于高温反应区的内件隔离、保护，再经塔内热交换器预热后进催化剂床层反应，另外的预热后进塔气则通过调温副线分别进塔，调节各催化剂床层温度。

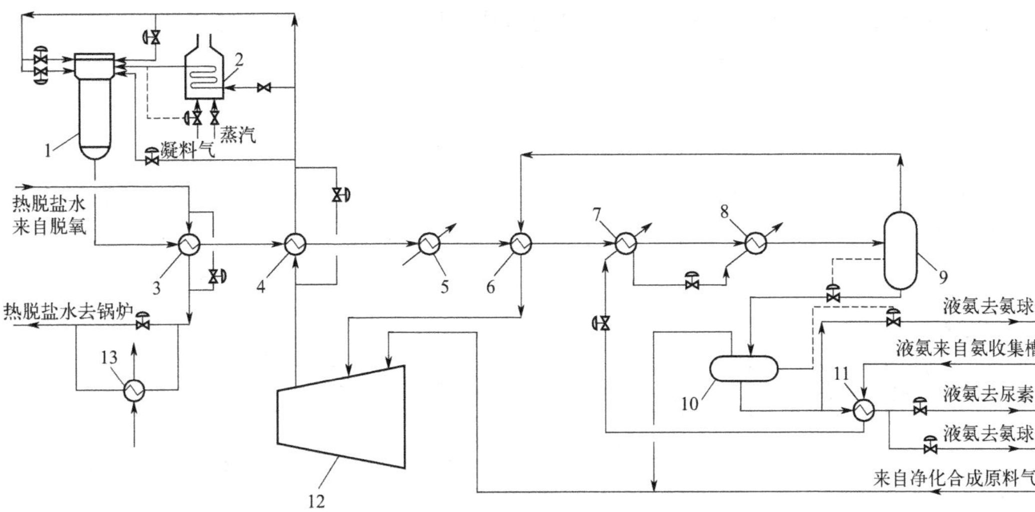

图 5-104　氨合成塔一进一出流程

1—氨合成塔；2—开工加热炉；3—高温水加热器；4—热交换器；5—水冷却器；6—冷交换器；7—一级氨冷；8—二级氨冷；9—高压氨分离器；10—中压氨分离器；11—氨加热器；12—循环机；13—热水调温及热回收器

（2）两进两出流程　此流程进塔冷气不经塔外热交换器预热先进合成塔环隙保护外筒，之后出合成塔经塔外热交换器利用出塔气预热后二次进入合成塔，被塔内热交换器进一步预热后再进催化剂床层反应，根据内件结构和流程配置的不同，一次进塔冷气可以是全部或部分循环气。图 5-105 为部分冷气两进两出流程，此流程不经预热进塔经环隙的部分冷气冷却合成塔外筒后出塔，进塔外热交换器上段与另一部分直接经塔外热交换器下段预热的气体混合后，再按内件设计要求，经各调温副线进合成塔参与合成反应。

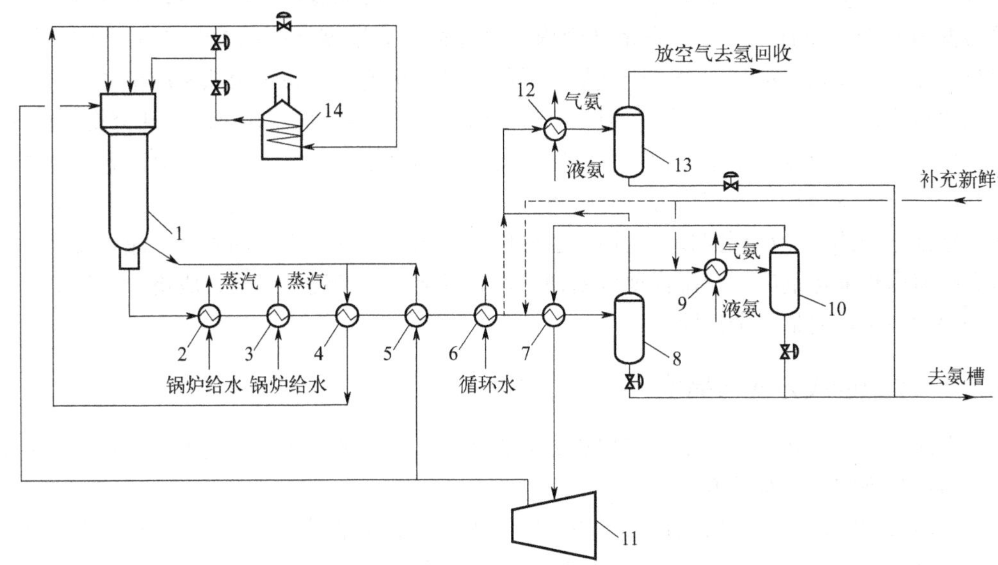

图 5-105　氨合成塔部分冷气两进两出流程

1—氨合成塔；2—中压废锅；3—低压废锅；4—热交换器上段；5—热交换器下段；6—循环水冷却器；7—冷交换器；8—第一氨分离器；9—氨冷器；10—第二氨分离器；11—循环压缩机；12—放空气氨冷却器；13—放空气氨分离器；14—开工加热炉

（3）分流式流程　此流程部分分流气体进合成塔环隙冷却、保护合成塔壁后不再出塔预热，直接用作内件调温副线气使用，如图 5-106 所示。

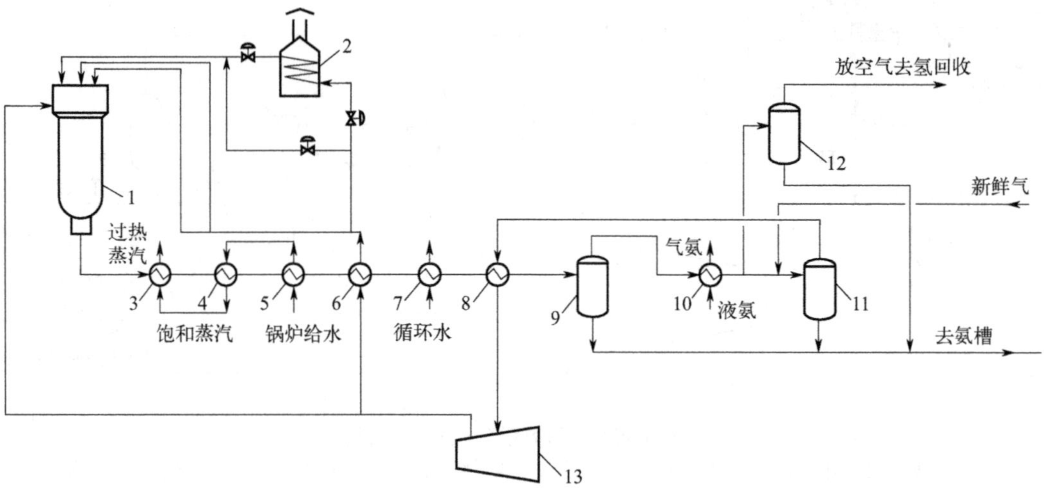

图 5-106　氨合成塔分流式流程

1—氨合成塔；2—开工加热炉；3—蒸汽过热器；4—中压废锅；5—锅炉给水加热器；6—热交换器；7—循环水冷却器；8—冷交换器；9—氨分离器Ⅰ；10—氨冷器；11—氨分离器Ⅱ；12—放空气氨分离器；13—循环压缩机

三种流程比较，一进一出流程，系统和设备配置简洁，余热回收利用最为充分，床层温度调节灵活可靠。但合成塔壁温度稍高，对内件制作精度及保温可靠性要求较高，对于下文讨论的前置锅炉流程，合成塔外筒还需采用低合金钢等耐热温度较高的材料制造。二进二出流程合成塔壁温度低，设备安全性更有保证，合成塔采用普通碳钢制作即可，但合成塔结构及管线配置复杂，而且由于冷气在塔环隙内与内件换热后温度会提高 30℃左右，塔外热交换器热气冷端温度相应提高，冷气全气量进塔的二进二出流程，系统余热利用率与一进一出流程相比可降低 10%～15% 左右，通过冷气分流，大部分冷气可直接进塔外热交换器预热，可以有效改善余热回收利用率，但流程管路配置和换热设备结构更为复杂。分流式流程从系统管路配置、设备结构复杂程度方面与一进一出流程相近，但分流冷气未能经塔外热交换器换热，使部分余热不能得到回收、利用，也降低了余热回收利用率。同时，分流式流程分流气量会随着内件催化剂床层调温需要频繁调节，有时会出现调温气量与合成塔冷却保护气量要求冲突的情况，面临安全风险。

5.3.6.2　余热回收方式与品位

氨合成反应余热回收方式主要有加热热水或副产蒸汽两种方式，回收蒸汽方式又分为副产过热蒸汽与饱和蒸汽两种方式。

根据废热回收器与合成塔流程布置的安排，即合成塔催化剂床层出口与废热回收器之间是否设置换热器及设置单台或两台换热器区分，又可分为前置式、中置式和后置式三种方式。前置式流程，催化剂床层出口不设置换热器，高温反应气在合成塔内不经降温直接出塔进入废热回收器（配套内件见图 5-100、图 5-102）；中置式流程，出催化剂床层高温反应气先经内件底部换热器上段与进塔未反应气换热后出塔，进废热回收器回收部分余热后再次进入合成塔，在内件底部换热器下段与进塔低温未反应气再次换热后出合成塔；后置式流程相当于将中置式流程内件底部换热器下段移出塔外，与塔外热交换器合为一体，出催化剂床层高温反应气先经内件底部换热器预热进口合成气，然后出合成塔进入废热回收器回收余热（配套内件底部结构见图 5-96、图 5-97 等）。单从氨合成系统本身考虑，前置式流程余热利用价值最高，副产过热蒸汽流程一般按图 5-106 布置。中置式流程和后置式流程余热回收品位相对较低，一般只用于回收中低压饱和蒸汽或加热高压锅炉给水。由于中置式流程设备结构复杂，合成塔空间利用率较低，配管繁复，内件密封隔离点多，目前已很少采用。图 5-105 为后置式副产中低压蒸汽流程。图 5-104 为后置式加热高压锅炉给水流程。

从设备造价与流程复杂性考虑，前置式流程对热回收设备及管路材料、合成塔筒体操作条件要求最为苛刻，耐高温，耐高压、耐氢、氮腐蚀材料用量较多，高温管路热应力大。后置式流程虽然热回收品位偏低，但流程顺畅、高温管路用量很少，设备造价低、投资省，对于配备高压动力锅炉的用户，采用图 5-104 所述流程，加热高压锅炉给水，不仅可以使流程大为简化，也可实现余热的充分回收和高品位综合利用。

合成反应热除用于副产蒸汽、加热锅炉给水之外，有的单位选择通过系统平衡，采用与其他用热工段耦合的方式回收利用反应热，如正元塔器就在固定床气化工艺中，利用合成塔出口废热锅炉出口低位余热加热变换饱和热水塔循环热水，再经过半水煤气气提-增湿方式提高半水煤气汽 / 气，代替变换工段外加中压蒸汽，实现低位余热提级高效利用，如图 5-107 所示 [256]。

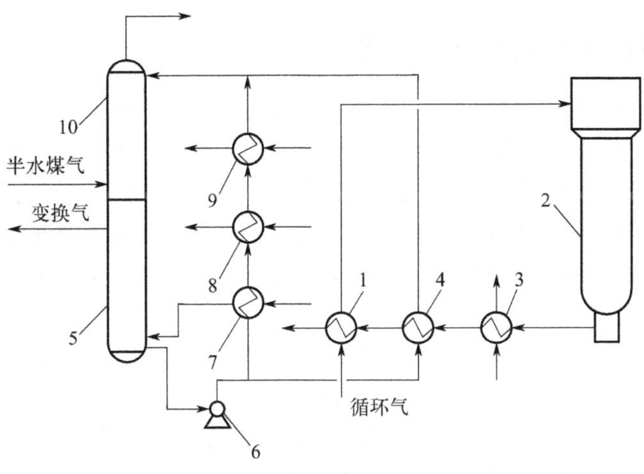

图 5-107 用热工段耦合回收氨合成余热

1—塔前预热器；2—合成塔；3—废热锅炉；4—水加热器；5—热水塔；6—循环热水泵；7—变换第一水加热器；8,9—变换调温水加热器；10—饱和塔

5.3.6.3 氨的冷凝与回收

反应生成的氨需要进行冷却、冷凝与分离。如前文所述，混合气体中的饱和氨含量与温度、压力和气体成分有关，由文献 [224] 提供的图表可知，要使合成塔内反应生成的气氨充分冷凝，需要将混合气降到相当低的温度。而且，温度降到一定程度后再降低温度，气相氨含量降低程度有限，而冰机压缩功耗却上升明显，综合平衡冷冻功耗和循环机能耗，一般采用冷凝分氨的流程，合成塔进口氨含量控制在 1.5% ～ 3.0%。为了实现以上冷凝分氨的目标

及合理配置冷冻冰机，节约制冷功耗，根据合成系统操作压力、惰性气体含量、氨分压等不同的操作条件及氨产品的形态，通常采用单、两、三级氨冷流程。

（1）单级氨冷流程 单级氨冷工艺流程短、设备造价低、操作方便，但由于氨蒸发压力低，冰机压缩比大、功耗较高。因此适用于操作压力较高，水冷分氨比例较大，氨冷负荷相对较小的 31.4MPa 中、小型氨合成系统。对于最终氨加工产品为碳酸氢铵或配套生产硝酸盐、联碱生产氯化铵或采用碳酸氢铵与三聚氰胺联产的装置，由于液氨产品在氨合成工段蒸发、回收冷量后以低压气体形态送出，靠系统所产液氨自身蒸发制冷即可维持系统冷量平衡、不必设置冰机制冷的场合，也大多采用单级氨冷流程。

（2）两级氨冷流程 此流程设置两级不同蒸发压力（温度）的氨冷器，冷冻冰机也分成两级进气或设置两台冰机分别压缩两级氨冷器的气氨，与设置单级氨冷器相比，冰机压缩比降低，功耗明显下降。两级氨冷流程多用于氨冷负荷较大的大、中型低压合成装置。

（3）三级氨冷流程 对于个别操作压力较低、新鲜气中惰性气体含量高、合成塔氨净值及单程转化率低、合成循环机及氨冷负荷大、功耗过高的情况，有时也采用三级氨冷流程。三级氨冷器冷凝分氨，可以进一步优化各级氨冷蒸发压力，节省系统冷冻和循环机功耗。

其他降低冷凝分氨功耗的措施：为了降低冷冻负荷，充分利用生产系统的低位余热，河北正元、湖南安淳等单位利用系统内副产的低压蒸汽或热水为热源采用溴化锂吸收式制冷机组制取低温冷水，在循环水水冷分氨后设置低温水冷器，全部或部分取代两级氨冷流程的第一氨冷，也达到了明显降低氨冷负荷的目的 [256,257]。

5.3.6.4 新鲜气补充与惰性气放空位置

（1）新鲜气补充位置 新鲜气补充与惰性气放空位置的选择主要考虑以下几个方面，第一，新鲜气的补入不能对合成催化剂造成不利影响。新鲜气不可避免地会含有微量 CO_2、H_2O、CO 等对催化剂有毒害的成分，补入位置的选择要尽量使此类成分在进入合成塔前得到去除；第二，新鲜气的补入要尽量避免对氨的冷凝分离、合成塔的进口氨含量造成不利影响；第三，新鲜气的补入位置要与新鲜气放空位置协调，尽量不要造成放空气中惰性气体成分稀释，增加放空气量。

基于以上考虑，新鲜气的补入位置主要有：a. 冷交换器热气入口；b. 氨冷器入口；c. 氨冷器后氨分离器入口；d. 冷交换器冷气出口四个位置。

选择 a、b 位置，新鲜气的补入对合成塔入口氨含量影响较小，也可以使有害成分（特别是 CO_2、H_2O）随着氨的冷凝分离得到去除。但新鲜气的补入，降低了气相氨分压，增加了氨冷的负荷。同时，新鲜气中 CO_2 含量较高时会与氨反应生成固态氨基甲酸铵，增加冷交换器和氨冷器换热管堵塞的风险。图 5-105 流程的新鲜气选择在此位置补入 (虚线即补气在冷交换器热气入口，实线即补气在氨冷器入口)。选择 c 位置，新鲜气补在氨冷器出口，氨分离器之前。此位置补入可以避免换热管的堵塞，也可以有较为理想的净化效果，但新鲜气的补入会使氨冷后循环气体温度升高，使部分已冷凝液氨蒸发，合成塔进口氨含量增加，影响合成塔的生产能力。要保证合成塔进口氨含量不变，则需要更低的氨冷温度和较高的冷冻功耗。图 5-106 流程选择在此位置补入。选择 d 位置，新鲜气补在冷交换器冷气出口，进合成塔前。此方案，新鲜气补入不会对冷冻分氨效果造成不利影响，使冷冻负荷降至最低。同时，因不含氨的新鲜气的补入，进塔气氨含量也会降低 0.5 ～ 1.0 个百分点，对改善催化剂反应条件、提高氨净值效果明显。但此种补气方案新鲜气中有毒、有害杂质必须确保得到充分净化，否则，含有害成分新鲜气直接进入催化剂床层会造成催化剂快速中毒失活。因此，此方案仅适于气体净化条件有充分保证的工况，如冷法净化工艺或新鲜气设置分子筛脱 H_2O、CO_2 的工艺。图 5-104 即采用此种补气方案。

（2）惰性气放空位置　惰性气放空位置一般会根据新鲜气补气位置和放空气氨回收工艺不同而相应设置。对于以上 a、b 补气位置，一般将放空置于补气之前，这时需要设置单独的放空气氨冷器或水洗除氨装置以防止氨的损失。而选择 c 补气位置，放空气则选择在氨冷器出口、新鲜气补充位置之前，并设置专门的放空气氨分离器。选择 d 补气位置，放空气位置一般会选择冷交换器冷气出口、新鲜气补入位置之前。

5.3.6.5　已有装置的挖潜与节能

现有装置的节能技改，不可能对原有系统进行大拆大建形式的改造，而是根据原有装置的瓶颈环节，重点突破，配合系统流程的重新优化组织，实现投入产出效益最大化[258]。对合成系统的升级改造，最为便捷、有效的方式是内件和催化剂的升级，通过采用性能更加优越的合成塔内件和高活性催化剂，可以以较少的资金和时间投入获得明显的增产节能效果。

除此之外，还有的单位则通过额外增加并联或串联的附属合成塔，形成所谓的“并塔”或“串塔”流程，增加原料气与催化剂的接触时间，提高氨净值，达到增产节能目标[259]，见图 5-108。此流程，充分利用现有冷却分离系统，通过降低合成塔的空速，增加氨净值，达到提高产能、降低能耗的目的。但此改造方案也会对系统造成一定的不利影响，如双塔并联运行（图中虚线部分）时，管路配置复杂，双塔气量和催化剂床层温度调节难度较大；串

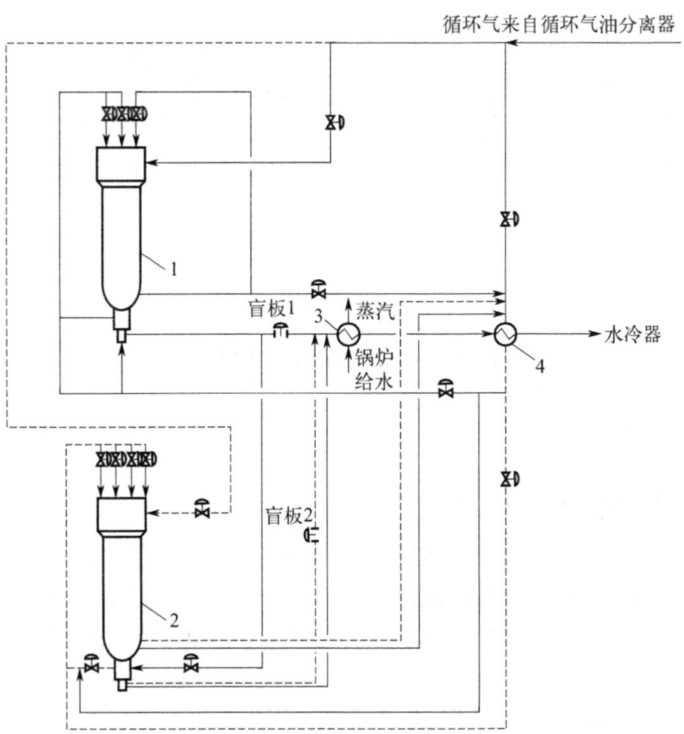

图 5-108　氨合成“并塔”和“串塔”流程

1—1# 氨合成塔；2—2# 氨合成塔；3—废热锅炉；4—塔前换热器

联运行（图中实线部分）时，不仅系统阻力有所增加，且因为增加较多高温、高压管路和管件，全系统管路热应力也需重新平衡、核算。

另外的单位则通过内部两套装置的整合，采用双系统串联的工艺，单台循环机拖动两套合成系统运行，不仅可以充分利用循环机压差的设计裕量，而且通过两次合成分离，单程转化率几乎成倍提高，使原料气中惰性气体浓缩倍数更高，减少放空量和氢氮原料气损失，如图 5-109 所示[260]。对于具有相邻布置的多套合成系统、系统阻力较小、循环机设计压差满足双系统运行要求的装置，本方案可以在基本不需对各自系统进行过多改造的条件下即可使循环压缩功得到有效降低。

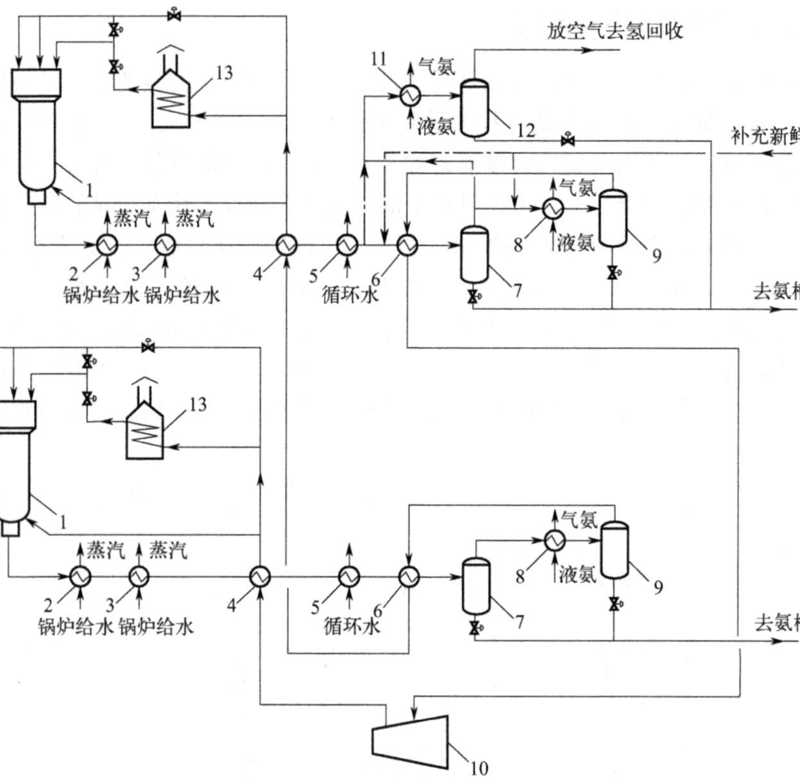

图 5-109 氨合成双系统串联流程

1—氨合成塔；2—中压废锅；3—低压废锅；4—热交换器；5—循环水冷却器；6—冷交换器；7—第一氨分离器；8—氨冷器；9—第二氨分离器；10—循环压缩机；11—放空气氨冷却器；12—放空气氨分离器；13—开工加热炉

5.3.6.6 管路的合理配置与节材

为了解决氨合成塔出口与废热回收器间高温耐氢管道热应力平衡难度大、材质要求高、造价昂贵的问题，石家庄正元塔器设备有限公司于 1994 年在国内首先尝试在 ϕ600 氨合成系统采用合成塔与废热回收器直连的创新方案，经过不断完善，于 2000 年初形成了针对不同结构合成塔、不同工艺流程的直连方案和配套结构废热回收器型式，并为行业内广为采纳、推广。合成塔与废热回收器直连，通过取消或最大限度地缩短合成塔出口与废热回收设备之间高温管道的措施，使管路温差应力最小化，基本取消了高温耐氢管道的使用，不仅装置工程造价显著降低，而且装置本质安全水平也得到了质的提高。

5.3.7 总结与展望

总之，依靠国家政策支持、全行业团结与协作，采取消化吸收、改进创新、先跟跑后并跑和领跑的务实策略，通过多年的不懈努力，我国合成氨系统工艺、技术水平取得了质的提高，有力支持了行业的发展壮大，已经形成了自主开发、设计、制造的完整技术体系，可以完全立足国内技术力量和装备加工能力，设计、建设适合不同原料路线小型年产万吨级到60万吨合成氨以上超大型系列生产装置，并实现了装置安全、稳定、长周期、满负荷、高效运行，总体技术水平达到世界先进水平，逐步实现了与国外先进技术提供商技术水平相当、可以同台竞技、一些领域领先的局面。

但是，还要清醒地认识到，我们目前还仅仅处于与国外技术并跑的阶段，还缺少领跑的原创性技术，与其合成氨生产能力、消费量世界第一大国的地位还有相当大的差距。主要表现在以下几个方面：

（1）缺少原创性技术　大部分设备与工艺技术缺乏实质性创新，大多处于模仿与局部改进提高阶段，还缺少鲜明的技术特点。

（2）基础研究比较薄弱　比如新型合成催化剂，基础动力学基础设计数据缺乏，可获得性差，大部分新型催化剂还很难获得系统和可直接用于工程实践的动力学方程、活化能、活性系数等数据。公开可用的仅限于某些特定条件下分散的活性测试数据。

（3）知识产权保护意识较为淡薄　有些创新成果开发单位没能及时申请专利保护，另外一些技术则存在知识侵权的风险。

下一步的努力方向：

（1）加强基础研究　以催化剂基础动力学数据的深入测试研究为例，目前，出于知识产权保护和经济方面考虑，催化剂生产单位大多只能提供特定测试条件下催化剂性能的活性、耐热性、使用温度区间、升温还原控制等较为宏观的性能数据，缺少更加翔实可用的动力学方程、活化能、反应速率常数、阻力系数等基础设计数据，在此情况下，对于内件和合成氨系统装置的精细设计与已有装置升级改造，设计单位大多只能利用已有资料中老型号催化剂的动力学方程结合现有催化剂的使用经验对合成塔的催化剂用量加以计算，不能做到精准设计，造成不必要的投资浪费或者不能实现设计目标。

（2）继续开发具有价格竞争力的低温高活性催化剂，大幅提高合成系统单程转化率，提高出塔氨含量。为实现低压或等压合成、进一步降低动力消耗创造条件。

（3）开发价廉易得、加工工艺简便的耐氢、耐高温金属材料，降低热壁合成塔加工、制造成本和提高使用安全性，为进一步简化氨合成塔结构、优化热回收流程、提高反应热回收和利用效率打下基础。

（4）优化大型设备的结构设计，降低加工难度与制造成本，开发更加高效的大型合成气与制冷压缩机组，提高运行效率，降低动力消耗。

（5）借鉴等温（控温）变换改造的成熟经验，通过开发内冷-控温式氨合成塔等技术，缩短合成流程、简化系统管道布置，实现合成工艺的突破性升级。

（6）积极探索和开发有效降低氨合成塔入口的氨含量、提高氨分离效率的工艺方法，通过冷凝分离＋变温吸附、惰性溶剂吸收-解吸等方式实现氨产品的充分分离，降低合成塔入口氨含量，争取将现有合成塔的单程转化率提高10%～25%，在合成系统处理能力得到显著提高的同时，使吨氨循环功耗和冷冻功耗进一步下降。

这方面一些大专院校和科研院所等已经开展了一些有益的探索，应进一步加强吸附剂、吸收溶剂的筛选和工艺技术、设备结构的研发，争取尽快实现工业化。

（7）瞄准“双碳”目标，开发以绿氢为原料，适于偏远地区的模块式、撬装，适应负荷大范围波动，灵活开、停，超低水资源消耗，高可靠性，全自动化，无人值守的本质安全性系列氨合成装置。随着碳达峰、碳中和目标的临近，可再生能源绿电技术将成为主流，而易液化、便于长距离管道输送或汽运的绿氨将极有可能成为绿氢的载体和传统化石燃料的代用品。基于可再生能源基地大多处于人烟稀少的偏远地区，远离能源消耗中心的特点，仅消耗电能，就地空分制氮、水电解制氢、全自动无人操作的合成氨装置很可能会成为调峰、储能的优选手段。

（8）采用大数据、人工智能等现代信息技术，通过对氨合成系统操作数据的采集、分析，优化合成系统的操作控制，实现运行成本最小化。同时，实现系统故障的识别与预警，提高系统本质安全性。

5.4 天然气制氨

5.4.1 天然气制氨技术现状

5.4.1.1 概述

天然气的主要成分为甲烷，通常还含有少量乙烷、丙烷、丁烷等低碳烷烃和氮气、二氧化碳等惰性气体，以及硫化氢、有机硫化物等。以天然气为原料的大型合成氨技术以其技术成熟、流程简捷、装置投资低、环境友好、生产操作稳定等特点成为世界主流合成氨原料路线，产能占比约为70%。基于我国煤多气少的资源禀赋，国内合成氨生产主要以煤为原料，以天然气为原料的合成氨装置占比约为20%。

天然气制氨装置通常包括合成气制备、合成气净化与氨合成三个工序。合成气制备的方法有蒸汽转化法、部分氧化法、换热式转化法等，其中蒸汽转化法是目前最典型、最普遍、工业应用最多的方法。因此，本章节将着重介绍天然气蒸汽转化制氨技术。

天然气蒸汽转化制氨的典型流程如图5-110所示。

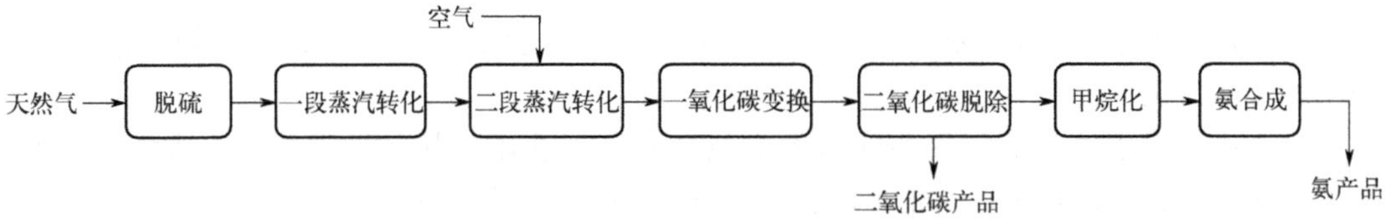

图5-110 天然气蒸汽转化制氨典型流程示意图

天然气首先经过脱硫等预处理单元，然后在一、二段蒸汽转化炉中与水蒸气发生蒸汽转化反应，生成氢气、一氧化碳、二氧化碳等工艺气体。工艺气体经过一氧化碳变换、二氧化化碳脱除、甲烷化等净化单元得到氨合成反应所需氢气及氮气。氨合成反应在氨合成塔中进行，生成的气氨经热回收及冷冻系统冷凝为液氨后从合成回路分离出来。

5.4.1.2 天然气制合成氨技术发展历史

以天然气为原料制合成氨工艺技术的发展大致可分为三个阶段：传统型蒸汽转化制氨工艺阶段、低能耗制氨工艺阶段及装置单系列产量最大化阶段。

（1）传统型蒸汽转化制氨工艺阶段 20世纪60年代，美国凯洛格（Kellogg）公司率先开发了天然气加压蒸汽转化制氨工艺、以蒸汽透平驱动的大型高压离心式压缩机组的单系列大型合成氨装置，其吨氨能耗约为42GJ，成为合成氨工业发展史上的一次飞跃。

传统型合成氨工艺以Kellogg工艺为代表，以两段天然气加压蒸汽转化为基础，包括天然气脱硫、一段与二段天然气蒸汽转化、一氧化碳变换、湿法脱碳、甲烷化及氨合成（合成气压缩＋氨合成＋冷冻分离）等工艺单元。英国帝国化学工业集团（ICI）公司、德国伍德（Uhde）公司、丹麦托普索（Topsøe）公司、美国布朗·路特（Braun Root）公司等合成氨技术专利商也相继开发出与Kellogg工艺水平相当、各具特色的工艺技术。

（2）低能耗制氨工艺阶段 20世纪70年代，由于世界性能源危机和天然气价格上涨等因素的影响，世界上著名的合成氨公司竞相开发了各具特色的节能型工艺，使吨氨能耗从20世纪60年代的40GJ降至90年代的30.2GJ左右，总能耗降低约24%。这是合成氨工业史上又一次突破性技术飞跃。

具有代表性的低能耗制氨工艺主要有美国凯洛格·布朗·路特公司（KBR公司，由原Kellogg公司和Braun Root公司合并而成）的低能耗工艺、Uhde-ICI-AMV工艺、Topsøe低能耗工艺等。低能耗制氨工艺技术主要以节能降耗为目的，立足于改进和发展工艺单元技术，采用了降低水碳比、温和转化、提高一段炉热效率、提高转化压力、适度降低合成压力、燃气轮机驱动空气压缩机、增加绝热预转化、新型氨合成塔、对合成弛放气中的氨和氢气进行回收、效率更高的转动设备等主要措施。

（3）装置单系列产量最大化阶段 近年来，世界合成氨装置的规模进一步大型化，以利用较大的产量带来规模经济效益。2000年后全球投产的合成氨装置规模多在2000t/d以上。目前合成氨装置单系列最大规模为3300t/d。

由于设备能力、规格等方面的限制，传统合成氨工艺在装置规模不断扩大时受到越来越多的限制，需要通过新的工艺技术实现装置规模的突破，如自热式转化工艺、双压氨合成技术等。新型材料和新型催化剂的研发，也为装置特大型化提供了有力的支撑。

5.4.1.3 国外天然气制氨技术现状

目前，国外以天然气为原料的大型合成氨技术专利商主要有美国KBR公司、丹麦Topsøe公司、德国Uhde公司等，其工艺技术各有特点。

（1）美国KBR公司天然气制氨技术 美国KBR公司的合成氨技术应用广泛，其传统铁基合成氨工艺已有50余年历史，是低能耗制氨工艺阶段典型的工艺之一。图5-111为美国KBR公司低能耗合成氨工艺典型流程图。

合成氨工业发展史上的第一次革命是美国KBR公司（当时名称为Kellogg公司）的大型合成氨工艺。该工艺采用蒸汽透平为驱动力，装置吨氨能耗约为42GJ。此后，KBR公司通过降低水碳比、一段蒸汽转化炉采用温和转化、降低一段蒸汽转化炉排烟温度、提高高压蒸汽过热度、降低脱碳单元能耗、提高转化压力、降低合成压力、采用新型氨合成塔、采用燃气轮机驱动空气压缩机等新型工艺来降低能耗，并取得显著成果。其典型节能型合成氨工艺采用顶烧式一段蒸汽转化炉和卧式氨合成塔，空气压缩机由燃气透平驱动，二段转化炉中加入约 50% 过量空气，一段蒸汽转化炉燃料消耗低，过剩氮气通过冷箱脱除，合成氨工艺能耗较低，吨氨能耗约 29.3GJ。

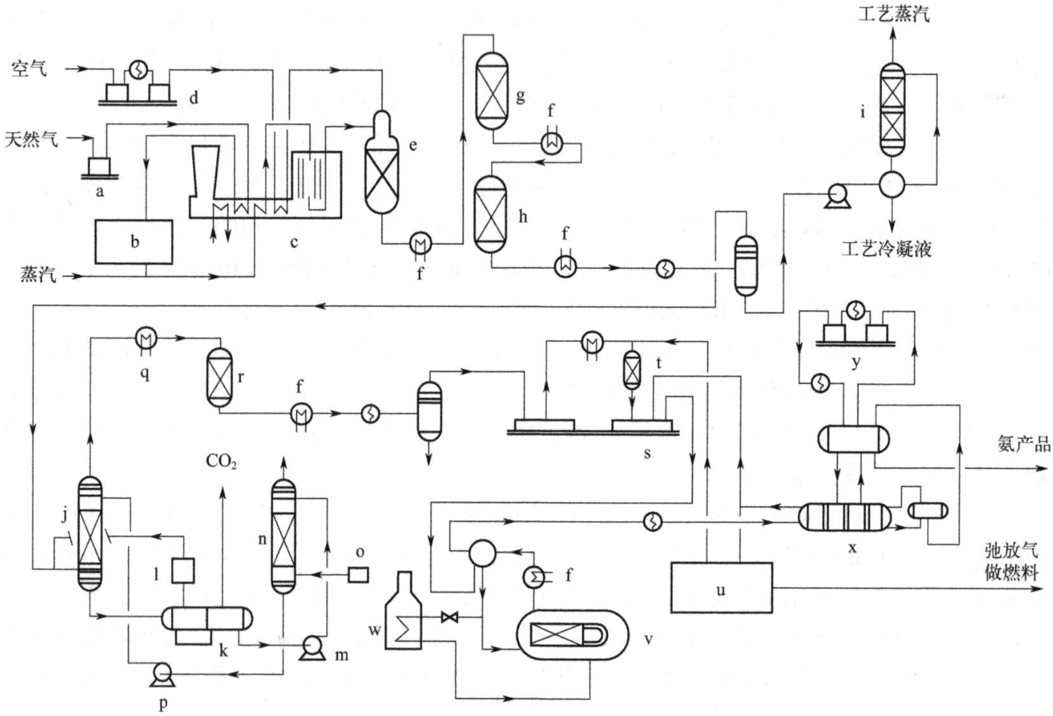

图 5-111　美国 KBR 公司低能耗合成氨工艺典型流程图[261]

a—天然气压缩机；b—脱硫；c—一段转化炉；d—空压机；e—二段转化炉；f—热量回收；g—高温变换；h—低温变换；i—工艺冷凝液汽提塔；j—CO_2 吸收塔；k—CO_2 闪蒸罐；l—循环气压缩机；m—半贫液泵；n—汽提塔；o—汽提塔风机；p—贫液泵；q—甲烷化进料预热器；r—甲烷化反应器；s—合成气压缩机；t—干燥器；u—氢回收；v—氨合成塔；w—开工加热炉；x—氨冷器；y—冰机

铁系氨合成催化剂的开发目前处于成熟期，其催化效果在高温下已接近平衡氨浓度。1972 年 Ozaki 等发现以钌为活性组分、金属钾为促进剂、活性炭为载体的催化剂对氨合成反应有很高的活性，在常压下的活化能为 69.1kJ/mol[262]，开创钌催化剂研究之先河。BP 公司和 Kellogg 公司合作，于 1990 年 10 月开发出以钌催化剂为基础的 Kellogg 先进合成氨工艺（KAAP），并在加拿大 Ocelot 制氨公司的氨厂进行工业化生产。1998 年又采用 KAAP 建立了 2 套日产 1850 吨氨的合成氨装置。为了与单缸合成气压缩机相配套，KAAP 设计在 8.96MPa 压力下操作。在此压力下，合成气压缩机、合成回路的管道及设备投资得到节省，所节省的成本足以抵消钌催化剂成本的增加。据资料介绍，采用 KAAP，每吨氨的生产成本可降低 2.2 ～ 6.6 美元，节能 1.2GJ[263]。

蒸汽转化炉的尺寸限制也是合成氨装置规模扩大后的瓶颈，通常采用预转化和换热式转化技术提高装置能力。预转化是采用高活性低温转化催化剂，在原料气进入一段蒸汽转化炉之前，完成部分转化任务。原料气引入预转化炉，可吸收其中所有硫化物，保护一段转化催化剂及低变催化剂，改善一段蒸汽转化炉操作条件，延长转化炉管寿命，大大节省操作费用。同时，可减少燃料消耗，提高合成氨装置的产量。换热式转化工艺利用二段转化出口气的高温气体作为热源，为一段转化反应提供热量。为维持转化系统热平衡及适合的氢氮比，二段炉需导入过量空气、富氧空气或纯氧。换热式转化炉可与一段蒸汽转化炉、二段转化炉或自热式转化炉并联或串联操作。KBR 公司曾将换热式转化（KRES）工艺用于改造项目。

图 5-112 为 KBR 公司 KRES/KAAP 组合工艺流程图。

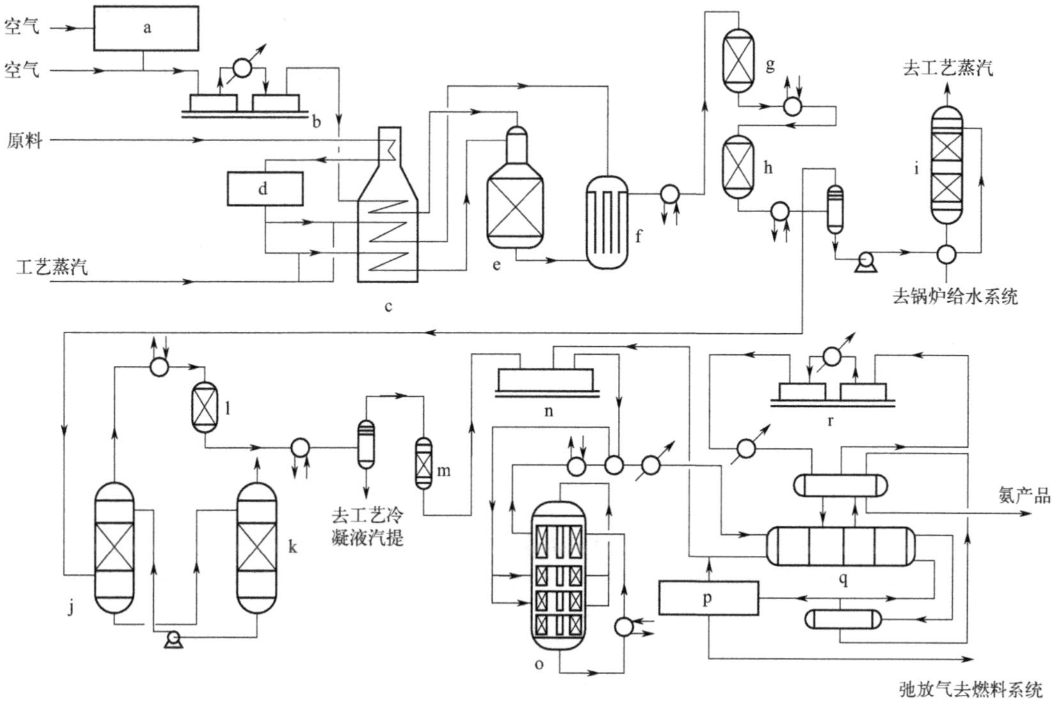

图 5-112　KBR 公司 KRES/KAAP 组合工艺流程图[261]

a—空分；b—空压机；c—工艺加热炉；d—脱硫；e—自热式转化炉；f—换热式转化炉；g—高温变换；h—低温变换；i—工艺冷凝液汽提塔；j—CO_2 吸收塔；k—CO_2 汽提塔；l—甲烷化反应器；m—干燥器；n—合成气压缩机；o—KAAP 氨合成塔；p—弛放气回收系统；q—氨冷器；r—冰机

（2）丹麦 Topsøe 公司天然气制氨技术　丹麦 Topsøe 公司在 20 世纪 60 年代建成世界上第一套日产 1500t 合成氨装置，随后在世界各地新建和改造了多套大型合成氨装置。目前，单系列 3000t/d 规模的合成氨工艺也已实现工业化。图 5-113 为 Topsøe 公司低能耗合成氨工艺典型流程图。

Topsøe 公司的一段转化炉为侧烧式转化炉，通过改进催化剂减小转化炉尺寸，整体设计紧凑。

Topsøe 公司氨合成系统的压力一般在 14 ～ 28MPa 之间，并设计了两塔三床层两废热锅炉的合成回路（S-250 系列）流程。该流程由两段径向 S-200 型氨合成塔Ⅰ和一段径向 S-50 型氨合成塔Ⅱ组合而成，氨净值高，两台氨合成塔出口都设置副产高压蒸汽（12MPa）装置，可产生更多的高压蒸汽，以达到低能耗天然气制氨装置的要求。为了进一步扩大单套合成氨装置规模，Topsøe 公司又推出了 S-350 氨合成回路系统，在 S-300 型合成塔后串联一台 S-50 型合成塔，可以进一步提高氨的转化率，同时提高其副产蒸汽量。

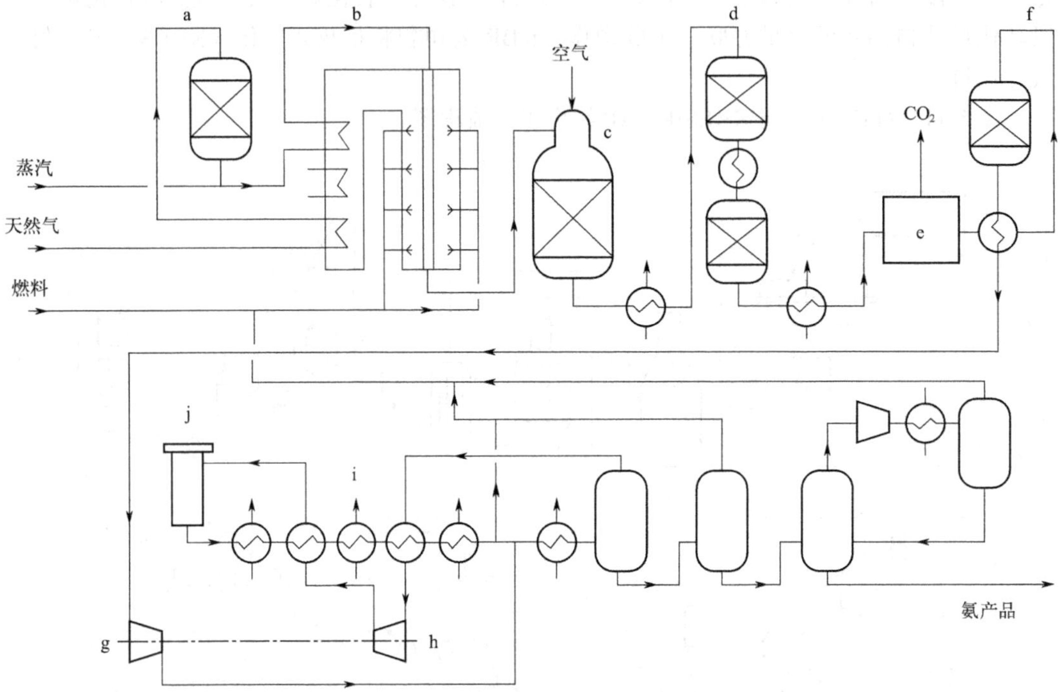

图 5-113　Topsøe 公司低能耗合成氨工艺典型流程图[261]

a—脱硫；b—一段转化炉；c—二段转化炉；d—变换；e—CO_2 脱除；f—甲烷化；g—合成气压缩机；h—循环气压缩机；i—热量回收；j—氨合成塔

换热式转化技术是提高单系列合成氨装置产量的重要手段之一。Topsøe 公司的换热式转化器（Haldor Topsøe Exchange Reformer，HTER）可与原一段转化炉、二段转化炉并联操作。在保持水碳比不变的情况下，约 20% 原料在 HTER 中进行蒸汽转化反应，在一段转化炉负荷减小的同时，仍保持较高的转化出口温度，以保证甲烷的转化率和高压蒸汽产量。Topsøe 公司 HTER 工艺流程示意图如图 5-114 所示。如果将 HTER 工艺用于改造，可将合成氨装置规模增大 20% ～ 25%。

（3）德国 Uhde 公司天然气制氨技术　英国 ICI 公司在 20 世纪 70 年代最早开发了低压、低温、高活性的铁钴系氨合成催化剂 ICI-74-1，可使合成压力降至 8.5MPa。随后 Uhde 公司与 ICI 公司合作，开发形成 Uhde-ICI-AMV 低能耗合成氨工艺。图 5-115 为 Uhde-ICI-AMV 低能耗合成氨工艺典型流程图。

Uhde 公司合成氨工艺的主要特点是采用高转化压力（达到 4.1MPa）以节省压缩功，一段转化炉的转化管和出口集气管采用刚性连接，水碳比在 3.0 左右，二段转化炉出口甲烷含量约为 0.6%（摩尔分数，干基），进一段转化炉的混合气温度达到 580℃，进二段转化炉工艺空气温度达到 600℃。如果需要外送的蒸汽量较小，二段转化炉出口气的热量可以一部分用于副产高压蒸汽，另一部分用于过热高压蒸汽。氨合成部分多采用低压氨合成工艺，其合成回路压力约 10.8MPa。

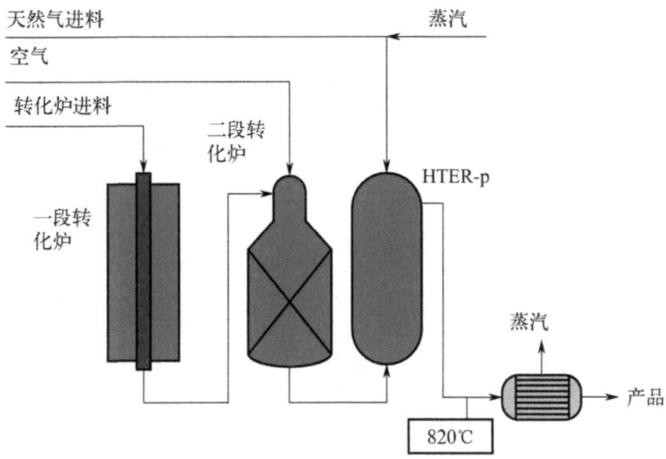

图 5-114　Topsøe 公司 HTER 工艺流程图

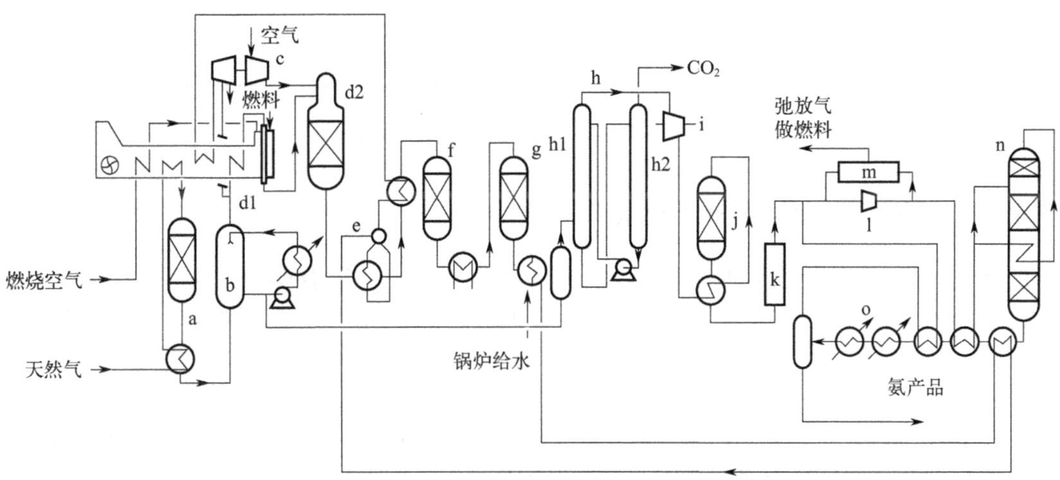

图 5-115　Uhde-ICI-AMV 低能耗合成氨工艺典型流程图[261]

a—脱硫；b—饱和塔；c—空压机；d1—一段转化炉；d2— 二段转化炉；e—废热锅炉；f—高温变换；g—低温变换；h—CO_2 脱除；h1—CO_2 吸收塔；h2—再生塔；i—单级压缩机；j—甲烷化；k—冷却和干燥；l—循环压缩机；m—氢回收；n—氨合成塔；o—冷冻系统

为解决装置规模扩大后，催化剂装填量增加，氨合成塔的尺寸不利于设备制造、运输的问题，Uhde 公司开发了双压氨合成技术。新鲜气首先进入低压氨合成系统和配套的余热回收、冷却、氨分离装置，再进入高压合成回路进行氨合成反应，单系列氨合成装置规模增加至 3300t/d，但所有设备尺寸均与 2000t/d 氨合成装置相同，不仅减少了合成气压缩的能耗，而且减小了合成回路的设备尺寸，降低了由设备尺寸增加带来的工程风险，装置能耗降低约

4%。Uhde 公司已经建设了 4 套基于双压氨合成工艺，单系列规模为 3300t/d 的合成氨装置并成功投产。图 5-116 为 Uhde 公司双压氨合成工艺流程图。

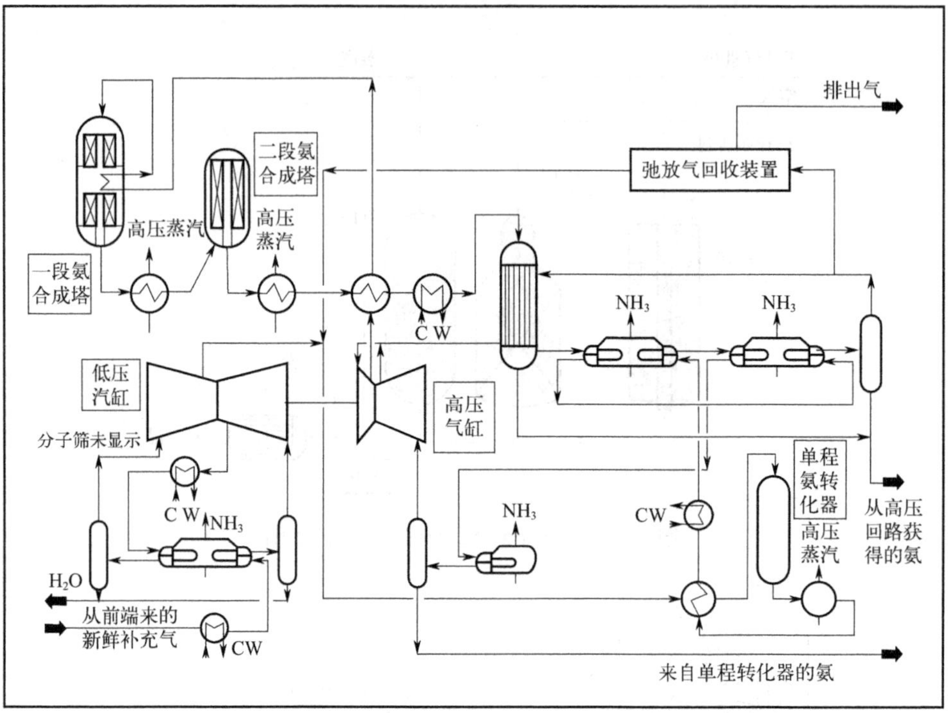

图 5-116　Uhde 公司双压氨合成工艺流程图

5.4.1.4　国内天然气制氨技术现状

我国自 20 世纪 70 年代起，先后从日本东洋工程（Toyo Engineering）公司引进两套天然气蒸汽转化制氨技术，建在川化及齐鲁；自美国 Kellogg 公司引进八套天然气蒸汽转化制氨技术，分别建在泸州、赤水、云南、沧州、辽河、大庆、洞庭及枝江，后两套装置因天然气未能按计划送到而改为石脑油。以上装置规模都是年产 30 万吨合成氨。

20 世纪 80 年代，新一轮的引进工作开始。自德国 Uhde 公司引进 ICI-AMV 法天然气蒸汽转化制氨技术，建于河南濮阳；自法国德希尼布（Technip）公司引进 Braun 工艺天然气制氨技术两套，建于辽宁锦西及重庆建峰；自意大利塔克尼蒙特（Tecnimont）公司引进 Braun 工艺天然气制氨技术，建于乌鲁木齐；自日本千代田（Chiyoda）公司引进 ICI-AMV 法天然气蒸汽转化制氨技术，建于海南富岛。

20 世纪 70 年代引进的天然气制合成氨装置均进行了以“节能降耗”和“扩能增产”为目的的技术改造，吨氨能耗由 41.87GJ 降至 33.49GJ，且生产能力提高了 15% 以上。21 世纪初，中国石油组织大庆石化、宁夏石化、乌鲁木齐石化开展三套 1000t/d 合成氨装置增产 50% 改造，具备了 1500t/d 合成氨的能力（45 万吨 / 年）。此外，我国还曾建造了多套以渣油为原料的大型氨厂，20 世纪 90 年代，在高油价和石油深加工技术进步的双重压力下，为了改善装置的经济性，多套装置开始进行以“原料结构和产品结构调整”为核心内容的技术改造。宁夏石化第一化肥厂、新疆乌鲁木齐石化第一化肥厂等装置由于渣油供应问题，渣油型装置陆续“油改气”，改用天然气部分氧化工艺。

21 世纪以来，我国引进天然气制氨装置共三套，均为 45 万吨 / 年合成氨规模，分别位于海南富岛、重庆建峰、新疆库尔勒。海南富岛二期和重庆建峰均采用 KBR 公司技术及专利设备，新疆库尔勒市的中国石油塔里木石化采用 Topsøe 公司技术及专利设备。

图 5-117 为寰球公司天然气制氨工艺流程示意图，该工艺流程主要包括天然气的压缩和脱硫、工艺空气压缩、蒸汽转化、一氧化碳变换、二氧化碳脱除、甲烷化、合成气压缩、氨合成、氨冷冻、氨回收和氢回收等单元。该技术具有能耗低、操作简单、运行安全等特点，吨氨综合能耗小于 30GJ，主要技术经济指标达到国际同类装置的先进水平，打破了国外对大型天然气制氨技术长期垄断的局面。

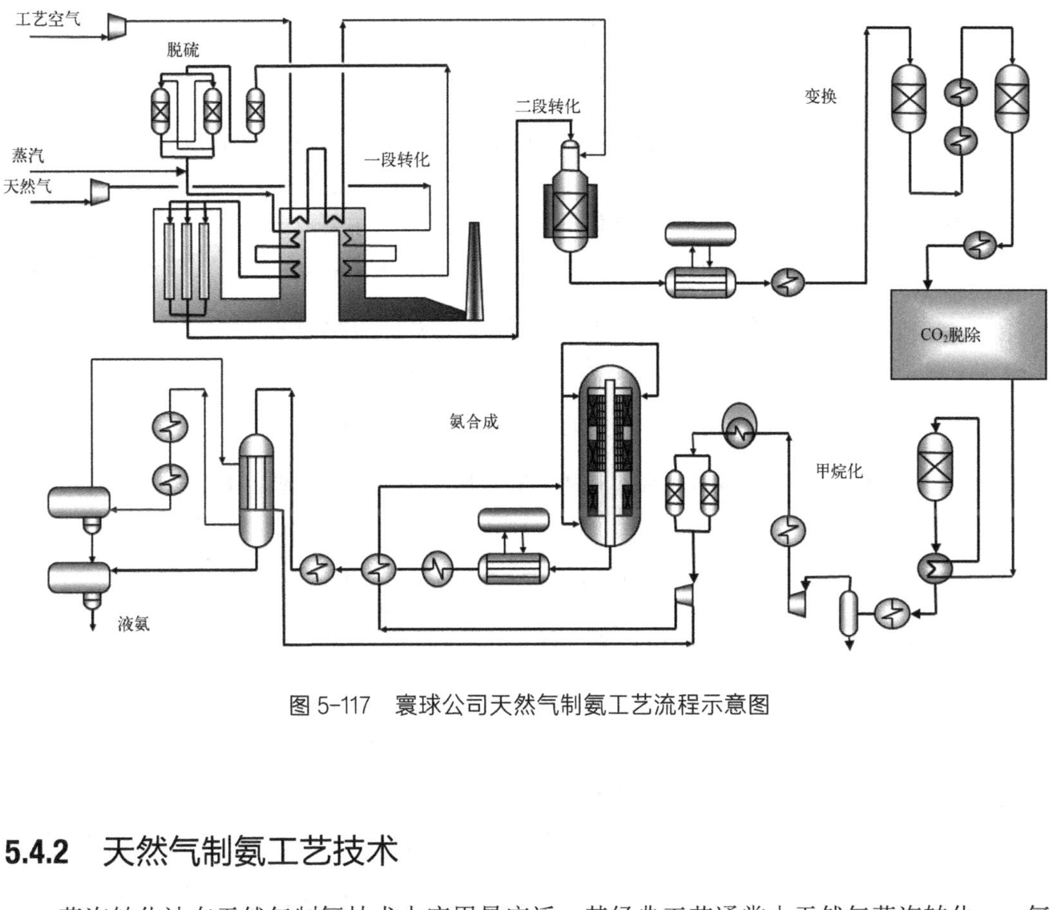

图 5-117　寰球公司天然气制氨工艺流程示意图

5.4.2　天然气制氨工艺技术

蒸汽转化法在天然气制氨技术中应用最广泛，其经典工艺通常由天然气蒸汽转化、一氧化碳变换、MDEA 脱碳、甲烷化、氨合成与氨冷冻、弛放气回收等单元组成，如图 5-118 所示。本节将分单元进行详细介绍。

5.4.2.1　天然气蒸汽转化

合成氨装置中的天然气蒸汽转化单元通常包括一段转化和二段转化两个部分，一段转化为外部供热的管式反应器，通过燃烧提供转化所需的热量，二段转化中通入空气，通过氢气与氧气的燃烧放热进一步转化残余甲烷，同时引入氮气作为合成氨原料。

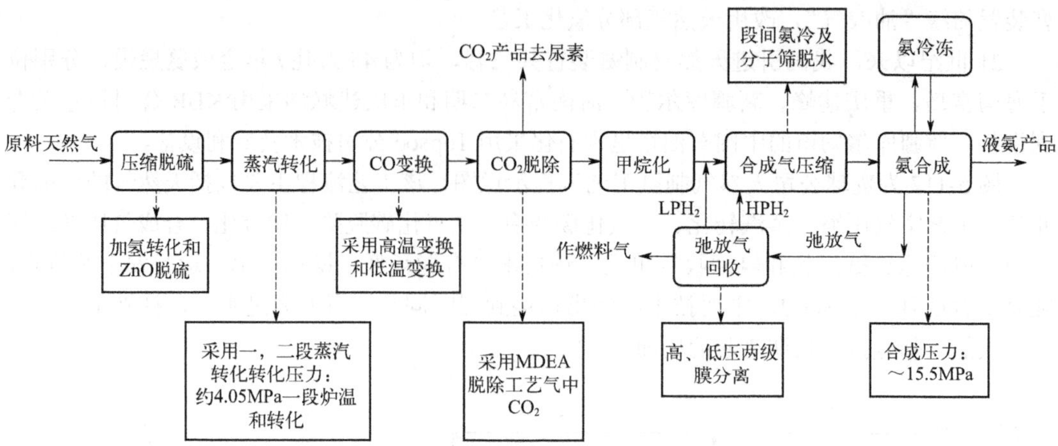

图 5-118　天然气制氨经典工艺流程图

（1）蒸汽转化参数分析　天然气中的主要成分是甲烷，通常还含有少量 C_2H_6、C_3H_8、C_4H_{10} 等烷烃和 CO、CO_2、H_2 等组分。在烃类转化制合成气的各方法中，蒸汽转化工艺是最重要和最具代表性的技术。在一段转化炉中，甲烷进行的主要反应如下[264]：

$$CH_4+H_2O = CO+3H_2 \qquad \Delta H_m^{\ominus}=206.3kJ \tag{5-39}$$

$$CH_4+2H_2O = CO_2+4H_2 \qquad \Delta H_m^{\ominus}=165.3kJ \tag{5-40}$$

$$CO+H_2O = CO_2+H_2 \qquad \Delta H_m^{\ominus}=-41.2kJ \tag{5-41}$$

$$CO_2+CH_4 = 2CO+2H_2 \qquad \Delta H_m^{\ominus}=247.3kJ \tag{5-42}$$

对于天然气中含有的少量多碳烃类物质，其反应原理与甲烷类似，其反应方程式可表示如下：

$$C_nH_m+nH_2O = nCO+(n+\frac{m}{2})H_2 \tag{5-43}$$

在一定条件下，蒸汽转化过程中可能发生析碳反应，它是蒸汽转化过程中应当重点防止发生的有害副反应：

$$2CO = CO_2+C \qquad \Delta H_m^{\ominus}=-171kJ \tag{5-44}$$

$$CO+H_2 = C+H_2O \qquad \Delta H_m^{\ominus}=-122.6kJ \tag{5-45}$$

$$CH_4 = C+2H_2 \qquad \Delta H_m^{\ominus}=82.4kJ \tag{5-46}$$

所以对于天然气中含有一定量多碳烃类的情况，为了避免在一段转化反应中发生析碳而损坏催化剂，可以在一段转化前设置预转化，将多碳烃类转化为 CH_4 及氢气再进入一段转化炉。

甲烷蒸汽转化反应（5-39）、反应（5-40）和反应（5-42）是强吸热反应，变换反应（5-41）是中等放热反应，甲烷蒸汽转化总反应过程是强吸热的。所以，为了实现甲烷转化过程，工业上通常都要通过不同方式向转化反应系统供热——采用外部供热的管式转化炉、添加一定量空气靠氧气与甲烷进行放热反应、采用间歇供热方式、采用换热式转化炉供热技术等。

二段转化是天然气蒸汽转化制合成气的第二步，其目的是进一步转化一段转化气中的残余甲烷，并添加一定量的氮气以满足氨合成所需之氢氮比。

二段转化炉内进行的主要反应如下[264]：

$$H_2+1/2O_2 = H_2O \qquad \Delta H_m^{\ominus}=-241kJ \tag{5-47}$$

$$CO+1/2O_2 = CO_2 \qquad \Delta H_m^{\ominus}=-283.2kJ \tag{5-48}$$

$$CH_4+1/2O_2 = CO+2H_2 \qquad \Delta H_m^{\ominus}=-35.6kJ \tag{5-49}$$

在催化剂层进行与一段转化炉中类似的转化及变换反应（5-39）、反应（5-40）与反应（5-41）。

上述反应中，氢与氧燃烧反应速率比其他反应要快 1×10^3 ～ 1×10^4 倍，因此，在二段转化炉顶部空间中主要进行的是氢与氧的燃烧反应，反应生成水并放出大量热。当混合气到达催化剂层时，氧的转化率已达到99%以上。在催化剂层进行的主要是甲烷蒸汽转化反应（5-39）和变换反应（5-41），由于反应吸热，工艺气的温度从顶部空间 1200 ～ 1250℃逐渐下降到出口处约 950 ～ 1000℃。

二段转化炉内进行的反应是自热式的，无需外部供热。显然，空气添加量是十分重要的。其他条件不变时，它将决定提供热量的多少和二段转化炉的出口温度。二段转化炉出口气体的平衡组成同样由反应（5-39）和反应（5-41）决定，其温度则由热平衡决定。

为了降低能耗，一些专利商还开发了节能型流程，采取减轻一段转化炉负荷的办法（将负荷移向二段转化炉）来达到节能目的，一方面允许提高二段转化炉出口气中未转化的甲烷含量，另一方面在二段转化炉添加过量空气来维持二段转化系统的热平衡，多余的氮气和未转化的残余甲烷则在合成气净化工序中除去。在节能流程中，二段转化炉采用过量空气或富氧空气时，顶部空间气体温度为 1300 ～ 1350℃。

烃类蒸汽转化的工艺条件包括压力、温度和水碳比。甲烷、一氧化碳、二氧化碳平衡浓度与温度、压力、水碳比的关系如图 5-119 ～图 5-121 所示。

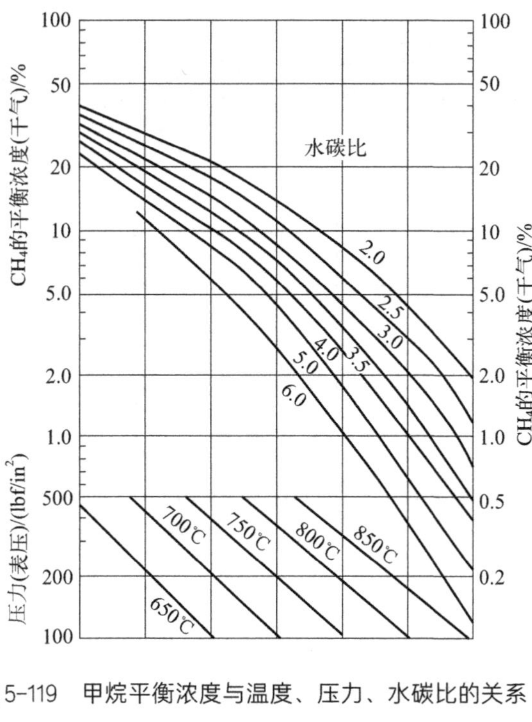

图 5-119　甲烷平衡浓度与温度、压力、水碳比的关系[265]

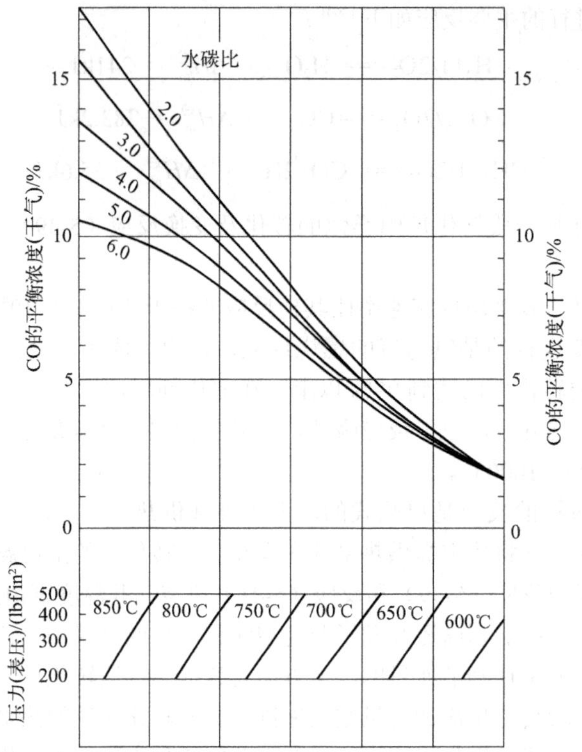

图 5-120　一氧化碳平衡浓度与温度、压力、水碳比的关系[265]

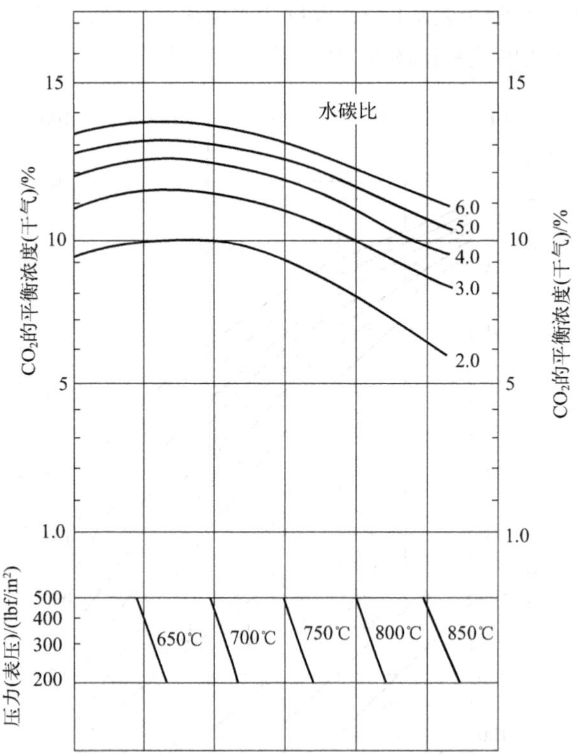

图 5-121　二氧化碳平衡浓度与温度、压力、水碳比的关系[265]

① 压力 烃类蒸汽转化反应是体积增大的可逆反应，甲烷的平衡含量与转化压力的平方成反比：

$$CH_4\text{的平衡含量} \propto 1/f(p)^2 \tag{5-50}$$

提高压力对转化反应不利，即不利于充分利用原料。但是随着科学技术的发展，蒸汽转化的压力逐渐提高。20世纪50年代前，转化压力为常压。60年代末，转化压力提高到3～3.5MPa。寰球公司合成氨技术中所采用的转化压力约为4MPa，其原因包括：

A. 提高压力有利于节约压缩功 烃类蒸汽转化反应是体积膨胀的反应，而气体压缩功与气体的体积成正比。经转化和净化后的合成气在氨合成工序需要进一步压缩至10MPa以上以满足氨合成反应的需要，压缩原料烃的压缩功低于压缩合成气的压缩功，因此原料气加压是合理的。如原料气压力由0.4MPa升至3MPa，总压缩功可降低约25%。但转化压力超过4MPa以后，生产每吨氨的总功耗减少已不多，所以转化压力不宜过高。

B. 提高压力可强化传热 烃类蒸汽转化是一个强吸热反应。有一个大的给热系数是保证生产、强化设备传热的前提，而提高压力是提高床层给热系数的有效措施之一。获得较大的给热系数，势必导致床层压力降增大，如无足够的初始压力，过程亦将无法进行，因此选择较高的操作压力是十分必要的。

C. 提高压力有利于过量蒸汽冷凝热的回收 转化压力、水蒸气分压愈高，气体的露点愈高，蒸汽冷凝液的利用价值愈高，可回收的热量愈多，装置总体能耗愈低。

D. 提高压力可节省设备投资 提高压力后加工气体的体积减小，反应速率、传质速率和传热系数均有所改善，减少了催化剂用量及设备尺寸，从而降低装置的投资。

综上所述，提高压力会带来一系列好处，但需要采用提高转化温度和水碳比来补偿压力提高对转化反应的不利影响，而当水碳比一定时，提高转化温度是唯一可行的办法，这要受到转化管材质的限制。而且转化压力提高到一定限度后，总能耗的减少量不多，所以适宜的转化压力对合成氨装置总体能耗非常重要。

② 温度 烃类蒸汽转化反应是一个强吸热反应。从化学平衡或反应速率来考虑，提高温度都是有利的。温度升高的限制主要在于管材的耐热性能。应力、操作温度、使用寿命之间的关系可由拉森-密尔曲线来决定。

工业上通常采用分段转化的流程。即在较低的温度下，在外部供热的一段转化炉内进行烃类蒸汽转化反应，然后在有耐火衬里的钢制二段转化炉内加入空气，利用空气中的氧和一段转化气中的H_2、CO等发生反应，放出的反应热供甲烷进一步转化，同时也加入了氨合成需要的氮气。

在传统的合成氨工艺中，考虑到一段转化炉内转化管温度存在轴向及径向的不均匀性，为使转化管拥有较长的寿命，最高管壁温度应低于930℃，所以管出口温度应维持在830℃以下，此时残余甲烷含量在9.5%左右。在二段转化炉内加入的氧气首先与氢反应，产生的热供给甲烷进行转化反应。在压力为3.3MPa、水碳比为3.5时，二段转化炉出口温度为1000℃左右，出口残余甲烷含量可保证低于0.5%。

以KBR公司、寰球公司等为代表的技术商采用了节能型流程，通过降低一段转化炉出口温度的方式降低能耗，允许一段转化炉出口残余甲烷含量高达14%，多余的负荷转移到二段转化炉，二段转化炉的热量平衡采用添加过量工艺空气来解决。

③ 水碳比 从平衡来讲，提高水碳比有利于甲烷的转化，转化压力越高，这种影响越显著。水碳比对反应速率的影响有不同的说法，有研究认为水蒸气在镍基催化剂表面的吸附抑制活性的发挥，也有研究认为水蒸气增加，推动力增加，有利于甲烷的转化反应[266]。

较高的水碳比，不仅可以降低转化炉出口残余甲烷含量，更重要的是可以有效防止析碳反应的发生。但是过高的水碳比会带来不利影响，包括增加转化系统的阻力、燃料气消耗增加、影响二段转化炉和变换系统的正常运转、不利于降低能耗等。在技术上允许的情况下，总是力求降低水碳比。我国在20世纪70年代引进的大型合成氨技术中，水碳比为3.1～3.3。80年代后，推出的节能流程大多采用了降低水碳比的节能措施，通常采用的水碳比为2.5～2.7。

采用低水碳比操作，必须提高转化炉管内转化气的温度，并相应提高转化炉管管壁温度，这对转化炉管的壁厚及材质均提出了较高的要求，此外对催化剂的活性和抗积碳能力也提出了更高的要求，所以水碳比的确定还需要综合考虑装置能耗、制造成本、设备制造水平和催化剂性能等因素。

（2）工艺流程　蒸汽转化技术的核心包括一段蒸汽转化、二段蒸汽转化、高温合成气的余热回收和一段炉高温烟气的余热回收，典型的天然气蒸汽转化工艺流程如图5-122所示。

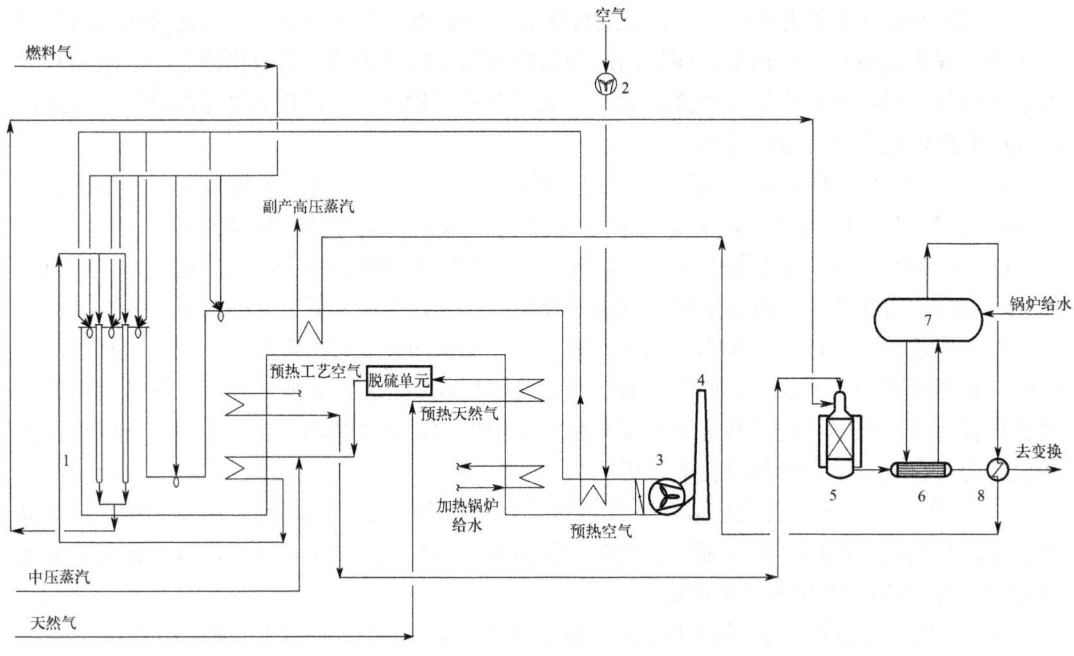

图5-122　天然气蒸汽转化工艺流程图

1—一段转化炉；2—鼓风机；3—引风机；4—烟囱；5—二段转化炉；6—废热锅炉；7—汽包；8—蒸汽过热器

进入蒸汽转化前，天然气首先需要进行压缩和脱硫处理，脱硫处理方式与天然气中的硫含量相关，通常需要先加氢使有机硫转化为无机硫，随后采用干法脱硫。作为原料的天然气经分液后被天然气压缩机压缩至5MPa以上，与来自合成工序的一股富含氢的合成气混合，进入转化炉对流段预热，随后进入加氢反应器。在加氢反应器中，有机硫在加氢催化剂的作用下，加氢转化为硫化氢。从加氢反应器出来后，在载有氧化锌脱硫剂的氧化锌反应器中进行脱硫。氧化锌反应器一般至少需要设置两台，任何一台都可以作为第一反应器；也可以只使用一台反应器进行正常生产，另一台反应器进行脱硫剂的更换。脱硫后的气体中总硫含量小于$1×10^{-7}$（体积分数），温度约为370℃，送至蒸汽转化单元。

经预处理和压缩后的天然气首先需要配入中压蒸汽，达到一定的水碳比，然后进入一段转化炉对流段的混合气预热盘管，加热到约560℃，送到一段转化炉辐射段顶部的上集气管。每根上集气管又将气体分配到装有催化剂的转化管中。气体在转化管内边吸热边反应，转化管底部的气体温度达到800℃以上，甲烷含量约为14%，每一排转化管的气体汇合于一根水平的下集气管，最后汇合于一根输气总管，然后送入二段转化炉。

二段转化炉所需空气来自空气压缩机，并在对流段的空气预热盘管预热到约500℃后进入二段转化炉。一段转化气和空气在二段转化炉顶部燃烧放热，通过催化剂床层时继续反应并吸收热量，离开二段转化炉气体温度约1000℃，残余甲烷含量约0.6%。

二段出口转化气送入废热锅炉副产高压蒸汽，再进入蒸汽过热器将所产饱和蒸汽过热，转化气本身温度降到约370℃，送往变换单元。

在一段转化炉炉膛中，燃料天然气从炉顶的烧嘴喷入燃烧。烟道气的流动方向自上而下，与管内工艺气流向一致。离开辐射段炉膛的烟道气温度在1000℃以上，需要充分进行余热回收，进入对流段后可以流过混合进料预热器、工艺空气预热器、蒸汽过热器、锅炉给水预热器、原料气预热器和燃烧空气预热器等盘管后，用引风机排入烟囱。

5.4.2.2 一氧化碳变换

一氧化碳与水蒸气在催化剂上进行变换反应，生成氢气和二氧化碳。氢气是氨合成反应的原料，因此为了节约原料天然气量，要尽可能提高氢气产率。同时CO对氨合成催化剂有严重毒害作用，也必须除去。通过采用一氧化碳变换的方式，可以提高CO转化率和H_2产率，降低原料天然气消耗，从而提高工厂经济效益。

针对以天然气为原料的蒸汽转化出口气体性质，通常采用两段变换技术，通过配置合理的多级余热回收换热器，实现装置能耗优化。

（1）一氧化碳变换参数分析　在合成氨原料气中，一氧化碳和水蒸气的变换反应是一个可逆的放热反应，如式（5-41）所示[264]。影响变换反应平衡的主要因素包括温度、压力和汽气比。

① 温度　平衡变换率随温度降低而增大，高温下反应速率快但是CO转化率低，低温下进行CO变换反应有利于降低出口CO含量，所以温度是变换反应重要的工艺条件。变换反应是放热反应，随反应进行，温度不断升高。大体上，CO浓度每降低1%，温度要升高$9/(1+W)$至$10/(1+W)$℃，式中W代表汽气比。同时需要考虑催化剂特性，目前市场上已经开发了各类变换催化剂，其中高温变换催化剂要求的操作温度一般为300～500℃，低温变换催化剂要求的操作温度一般为180～250℃。天然气制合成氨技术中最常采用的是高、低温变换组合工艺流程，高温变换入口温度约为370℃，低温变换进口温度约为210℃。

② 压力　因CO变换反应是体积不变的可逆反应，压力对变换反应平衡无影响，而变换催化剂的活性却随压力提高而有所增加。大型合成氨装置采用天然气蒸汽转化法制合成气时，需综合考虑转化工序与净化工序的压力。

③ 汽气比　汽气比（即蒸汽/干气比）是变换操作的一个重要调节手段。从平衡关系可知，汽气比增大，则平衡转化率提高。当压力、温度和空速一定时，增加蒸汽量即提高变换反应器进口汽气比，有利于提高变换率。但是，蒸汽量继续增加，变换率反而降低了，这是因为增加蒸汽量虽然对平衡有利，但降低了反应气体的分压，缩短了催化接触反应时间，因而不利于反应。

汽气比太高，在温度较低的低温变换反应器会有水蒸气冷凝而损坏催化剂。为防止冷凝液占据孔隙，引起催化剂活性下降，操作温度应保持在比工艺气体的露点温度高15℃以上。

催化剂对变换过程的汽气比也有限制。高温变换催化剂一般要求蒸汽/干气比不小于0.35，低温变换催化剂一般要求蒸汽/干气比不小于0.25。

（2）工艺流程　一氧化碳变换的工艺流程需要根据合成氨生产中所采用的原料、总的生产工艺要求、变换中使用的催化剂特性等情况综合考虑确定，还要结合全厂蒸汽平衡充分利用高温余热副产蒸汽和预热锅炉给水情况设计换热网络，变换工艺流程如图 5-123 所示。

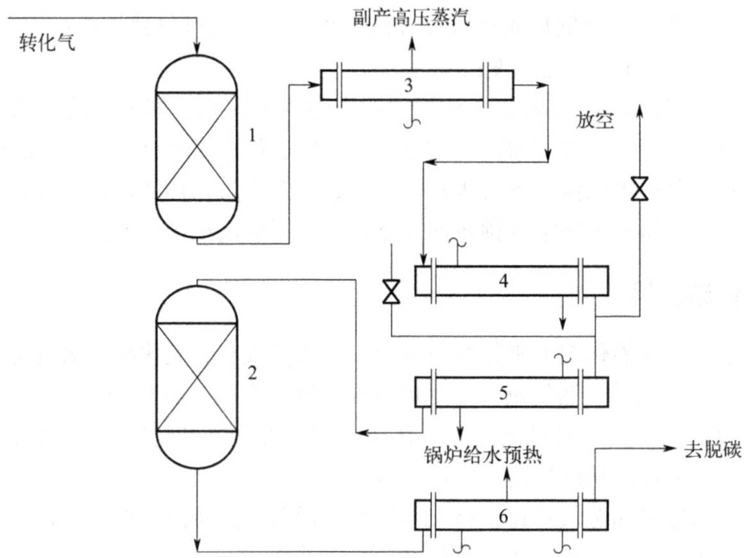

图 5-123　变换工艺流程图

1—高温变换反应器；2—低温变换反应器；3—变换气废热锅炉；4,5—锅炉给水预热器；6—锅炉给水预热器

从二段转化炉出来的气体经过转化气废热锅炉与蒸汽过热器降温，温度在 370℃左右进入高温变换反应器，反应后气体中 CO 浓度降至 3% 左右，温度约 425 ～ 440℃，再进入变换气废热锅炉，产生高压蒸汽，气体在锅炉给水预热器中换热冷却至 220℃左右进入低温变换反应器，出低温变换反应器的残余 CO 含量降至 0.3% ～ 0.5% 左右。由于转化气中蒸汽含量较高，在高温变换反应器和低温变换反应器中均不需要再补加蒸汽，因此变换反应的蒸汽 / 干气比是由转化单元的水碳比所决定的。在大型合成氨装置中，为了降低能耗，有些工艺流程采用低水碳比操作。当一段转化炉水碳比由 3.75 降到 2.5 时，高温变换反应器的进口汽气比由 0.61 降至 0.39，低温变换反应器进口的汽气比由 0.48 降至 0.23。但在低汽气比操作时，如用常规催化剂，其副反应较多，因此，一定要选用适应于低汽气比的新型催化剂。

5.4.2.3　MDEA脱碳

天然气制合成氨工艺中最常采用的脱碳工艺是 MDEA 法。MDEA 法脱除 CO_2 工艺是德国 BASF 公司最早在 20 世纪 70 年代开发的一种低能耗脱 CO_2 工艺。1971 年 BASF 公司的氨三厂首次投入使用，此后几年里，另有 8 套装置采用了 BASF MDEA 工艺。这些装置的成功操作经验，使 MDEA 工艺自 1982 年后备受欢迎，之后广泛应用于氮肥装置。生产实践表明，MDEA 法不仅能耗低，而且吸收效果好，能使净化气中 CO_2 含量降至 0.01%（体积分数）以下；溶液稳定性好，不易降解，挥发性小；对碳钢设备腐蚀性小，对烃溶解度低。

近年来，我国已经实现了 MDEA 溶液的国产化，并相应开发了 MDEA 脱碳物性基础数据包，将 MDEA 脱碳工艺中涉及的 CO_2 吸收、CO_2 汽提及闪蒸解吸过程的机理、流程、模拟结果进行物性甄别、定性和定量分析，为工程设计提供依据。在此基础上，完善了流程模拟模型，进行了工艺流程和工艺参数的优化设计，进一步降低了能耗，在实际应用中具有操作弹性大、综合能耗低、脱碳效果好等优点。

（1）MDEA 脱碳参数分析　MDEA 法是一种以甲基二乙醇胺（MDEA）水溶液为基础的脱碳方法，通过加入特种活化剂进一步改进该溶剂。这种方法在投资、公用工程、物料消耗等方面比其他脱碳方法更为经济，具有很强的竞争力，是当今能耗最低的脱除 CO_2 方法之一。所用活化剂为哌嗪、咪唑、二乙醇胺、甲基乙醇胺等。MDEA 对 CO_2 有特殊的溶解性，吸收 CO_2 后生成碳酸氢盐，可加热再生，工艺过程能耗低。MDEA 工艺的操作条件为吸收压力小于 12MPa，CO_2 分压大于 0.05MPa，吸收温度在 50 ～ 90℃，再生压力在 0.05 ～ 0.19MPa，与天然气制氨工艺非常匹配，还可以用低温变换出口合成气余热作为 MDEA 溶液再生的热源，降低装置能耗。

在 MDEA-H_2O 脱除二氧化碳的体系中，既存在化学吸收，也存在物理吸收，同时在水溶液中还存在各种解离反应。为建立严格的气体溶解度计算模型，必须对各种反应和相平衡进行严格和充分的考虑，才能使得所建立的模型可以顺利地扩展到混合气体的溶解度计算。

① 气液平衡。MDEA 脱碳体系中包含 CO_2、H_2O 和 MDEA 在气液两相中的平衡关系，这对于模拟脱碳过程至关重要。CO_2 的气液平衡计算采用亨利常数方法，即：

$$f_i = x_i\gamma_i^* H_i^* \tag{5-51}$$

式中　f_i——气相组分i的逸度；

H_i^*——组分亨利常数；

x_i——组分在液相中的摩尔分数；

γ_i^*——活度系数，其参考态是在纯水中的无限稀释态。

H_2O 和 MDEA 的计算采用标准蒸气压法，即：

$$f_i = x_i\gamma_i p_i^* \tag{5-52}$$

式中　p_i^*——H_2O和MDEA的饱和蒸气压。

f_i 是组分 i 在气相中的逸度，可由 Peng-Robinson 方程计算。H_2O 和 MDEA 的饱和蒸气压 p_i^* 也可由 Peng-Robinson 方程计算。

② 化学反应。MDEA 水溶液吸收酸性气体 CO_2 和 H_2S 时，在水溶液中存在的主要反应包括：水的解离、MDEA 的质子化、CO_2 和 H_2S 的一级与二级水解等，如表 5-35 所示。

表5-35　MDEA脱碳过程中的主要化学反应

化学反应	反应式
水的解离	$H_2O \rightleftharpoons H^+ + OH^-$
MDEA 的质子化	$MDEA + H^+ \rightleftharpoons MDEAH^+$
CO_2 的一级水解	$CO_2(aq) + H_2O \rightleftharpoons HCO_3^- + H^+$
CO_2 的二级水解	$HCO_3^- \rightleftharpoons CO_3^{2-} + H^+$

（2）工艺流程　图 5-124 为 MDEA 法脱二氧化碳二段吸收流程。

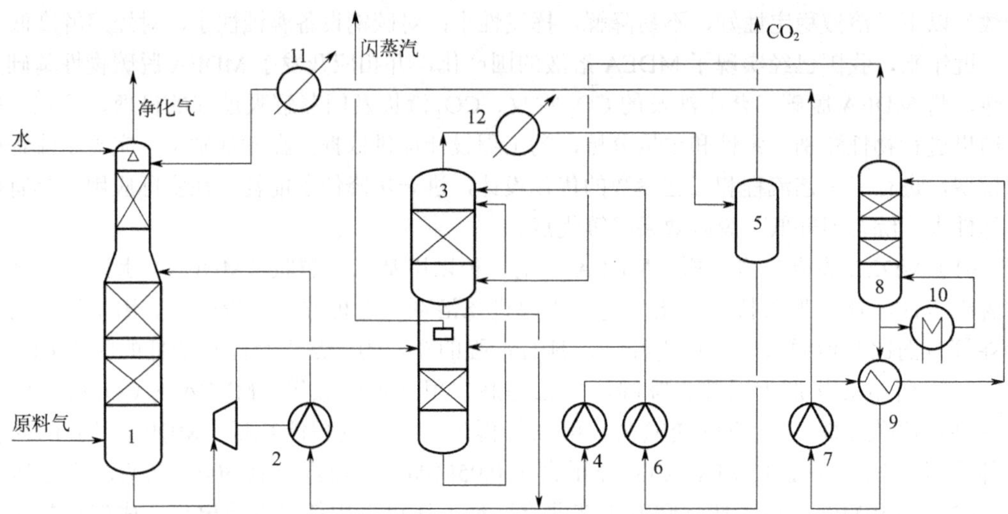

图 5-124　MDEA 法脱二氧化碳二段吸收流程图

1—吸收塔；2—半贫液泵；3—闪蒸塔；4—再生塔进料泵；5—分离器；6—冷凝液泵；7—贫液泵；8—再生塔；9—换热器；10—再沸器；11—冷却器；12—冷凝器

原料气进入吸收塔下段中吸收，下段吸收液用闪蒸塔底部已脱除大部分 CO_2 的半贫液，上段吸收用加热再生后的贫液，气体与溶液在塔内逆流接触，脱除 CO_2 后的净化气从吸收塔顶部引出，CO_2 浓度一般可达 0.005% ～ 0.1%（体积分数）。

离开吸收塔底的富液，在水力透平中回收能量作为半贫液泵的动力。经水力透平回收能量后的溶液分二级闪蒸，高压闪蒸段操作压力稍高于进气的 CO_2 分压，溶解的惰性气体在较高压力下弛放出去，大部分高浓度的 CO_2 在接近大气压的低压闪蒸段放出。

闪蒸再生后的半贫液大部分用泵打回吸收塔下段，小部分溶液送至再生塔加热汽提，汽提后的贫液与再生塔进料换热冷却，再用冷却器冷却后进入吸收塔顶部喷淋。

再生塔顶部出来的气体可进入低压闪蒸段下部，有利于 CO_2 气体的解吸。从低压闪蒸段出来的 CO_2，经过冷却器冷却后可送至尿素装置，冷凝液回流入塔。

上述二段吸收流程能耗低，但投资大，有些情况下也可以采用简单的一段吸收流程。在一段吸收中，脱除 CO_2 在一段吸收塔中完成。富液闪蒸同二段吸收一样，也分二级闪蒸。但闪蒸后的全部溶液到再生塔用蒸汽汽提再生。一段吸收流程能耗较大，但投资低，在有大量低位热能可选用时，采用一段吸收流程合适。

5.4.2.4　甲烷化

合成气进入氨合成单元之前，其中包含的一氧化碳、二氧化碳、氧等少量杂质是氨合成催化剂的毒物，必须进行脱除，使得进氨合成塔的原料气中 CO 等含氧化合物总含量小于 0.001%（体积分数）。

对于天然气为原料的合成氨厂，甲烷化法流程简单，具有设备小、操作简便、费用低廉等优点，广泛用于原料气中少量杂质的脱除。应用于海南富岛与重庆涪陵的 KBR 合成氨技术中在甲烷化单元后设置分子筛干燥器和冷箱，以脱除合成气中的甲烷、氩等惰性气，其优点是产品合成气的纯度很高，惰性气甲烷和氩几乎脱尽，且干燥无水，同时可以脱除二段炉中加入的过量氮气，调节氨合成所需的氢氮比，有利于后续氨合成反应，但是深冷分离设备操作相对复杂，投资较高，在合成氨装置规模进一步扩大至60万吨/年以上时采用经济效益更佳。

（1）甲烷化法参数分析 经脱碳净化的合成气中仍含少量的CO和微量的CO_2，CO和CO_2都是氨合成反应的有害物，通过甲烷化法可将这些物质与氢气反应脱除，使CO+CO_2浓度不大于0.001%（体积分数）。甲烷化反应的化学方程式是：

$$CO + 3H_2 \longrightarrow CH_4 + H_2O \tag{5-53}$$

$$CO_2 + 4H_2 \longrightarrow CH_4 + 2H_2O \tag{5-54}$$

当有氧存在时，氧与氢立即结合生成水，见式（5-47）所示。

生成的甲烷是氨合成反应的惰性气，不会对反应造成影响，而生成的少量水通常在氨合成工序中通过分子筛干燥器或氨冷却方式分离。值得注意的是，这几个反应都是强放热反应，会造成显著的温升，每反应1%CO会造成温升约72℃，每反应1%CO_2会造成温升约60℃，每反应1%O_2会造成温升约165℃。所以工艺流程中必须严格监控进入甲烷化反应器的合成气中CO、CO_2和O_2含量，避免甲烷化反应器超温。

① 温度 甲烷化反应器通常进口温度为280～330℃，而催化剂床层的绝热温升与原料气中CO和CO_2的含量成正比，当CO和CO_2含量超过3%时，绝热温升可使床层温度达510℃以上。如长期在这样高的温度下操作将造成催化剂烧结和活性丧失。因此，甲烷化反应器不允许进口气体中碳氧化物的含量超过3%。

在催化剂体积一定的条件下，提高温度可使反应活性增加。因此，如进口气体组成不变，提高进口温度就等于增加催化剂的表观活性，也就是提高了处理能力，可以使用较大的空速，减少催化剂体积。但在选用操作温度时，必须考虑相应增加的设备费用，并为上游脱碳工序等的超温事故留有足够的安全裕度，而且在催化剂老化或中毒时，也能通过提高温度来补偿损失。

② 压力 提高压力对CO和CO_2的甲烷化反应有利，既增加反应物分子接触，提高转化率，又减小体积使反应平衡右移，降低残余CO和CO_2含量。因此，CO和CO_2残余量与压力成反比。但是合成氨装置中的甲烷化反应压力需要根据上游转化系统的压力确定。

（2）工艺流程 甲烷化工艺流程简单，来自脱碳工序约50℃工艺气体经甲烷化反应器进出口换热器预热到约320℃后进入甲烷化反应器，经镍催化剂作用，将少量CO、CO_2加氢反应生成甲烷。反应后气体温度可达到350℃左右，依次经甲烷化反应器进出口换热器和水冷器冷却到40℃左右，分液后送合成气压缩与氨合成工序。为了满足开车时甲烷化反应器入口气的升温需要，还需要设置一台甲烷化开车加热器，可选用高压蒸汽作为加热热源。

5.4.2.5 氨合成

氨合成反应是可逆反应，反应温度约为360～500℃。从热力学角度分析，较高的压力和较低的温度有利于该反应的化学平衡向氨的生成方向移动。从动力学角度分析，高温下可以获得更高的反应速率，从而降低催化剂装填量。氨合成塔结构复杂，内部设置多个反应床层和内部换热器，综合考虑化学平衡和反应速率的影响，以获得最优的反应条件，提高氨合成反应转化率。典型的氨合成工艺流程如图5-125所示。

（1）氨合成参数分析 氨的合成反应为可逆放热反应。

$$\frac{3}{2}H_2 + \frac{1}{2}N_2 \rightleftharpoons NH_3 \tag{5-55}$$

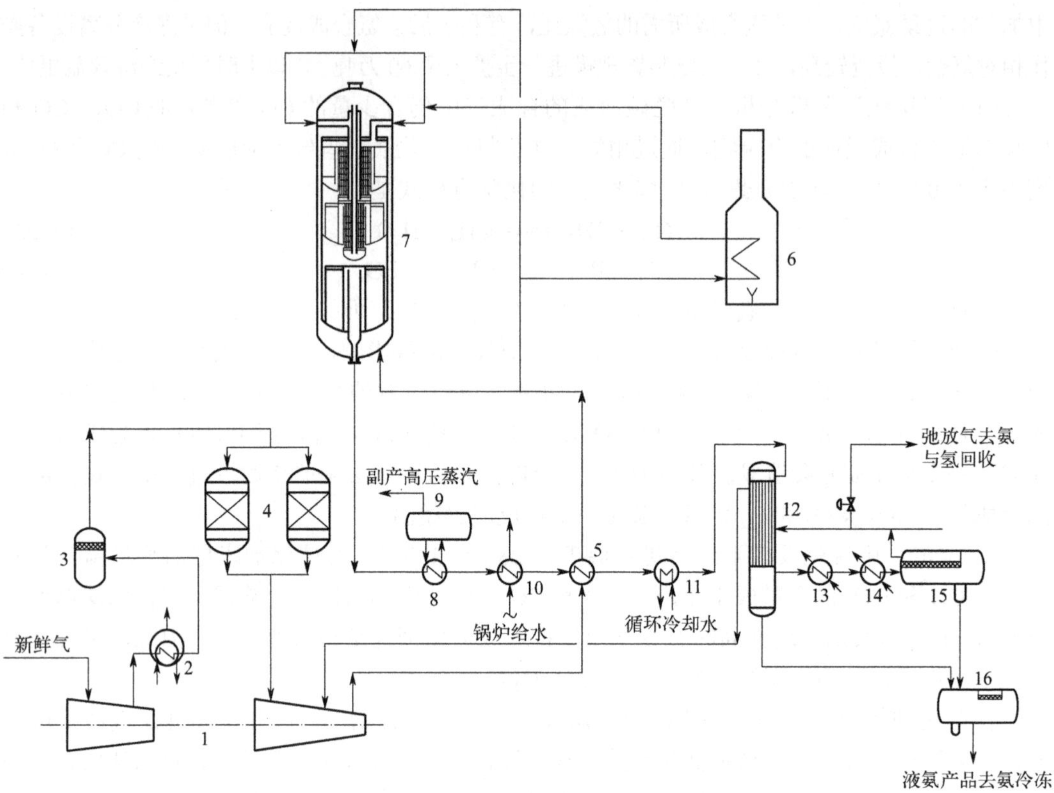

图 5-125　氨合成工艺流程图

1—合成气压缩机；2—氨冷器；3—分离器；4—分子筛干燥器；5—热交换器；6—开工加热炉；7—氨合成塔；8—废热锅炉；9—汽包；10—锅炉给水预热器；11—水冷器；12—冷交换器；13—一级氨冷器；14—二级氨冷器；15—氨分离器；16—氨闪蒸罐

这个反应是放热反应，且反应后体积缩小，因此低温及高压有利于反应平衡向右移动，而在反应过程中，温度、压力、空速、氢氮比、惰气含量、进塔氨含量等因素均对氨合成有重要影响。

① 温度　温度对合成反应的影响是两方面的，既影响化学平衡又影响化学反应速率。由于合成反应是放热的，温度升高不利于氨的生成，但可提高反应速率。为此，在使用催化剂初期，因催化剂的活性好，故可降低操作温度；而在使用催化剂的中、末期，可通过适当提高操作温度增加反应速率来抵偿催化剂活性的衰减。

此外，温度还和氨合成塔出口副产蒸汽的等级有关。对于天然气制合成氨装置，合成所产蒸汽可以送至转化单元与转化所产蒸汽共同在一段转化炉对流段过热，所以可以用于产生高压饱和蒸汽，氨合成塔出口温度在 430℃左右即可。而对于需要副产中压过热蒸汽的情况，氨合成塔出口温度需要在 440℃以上，为此往往需要增加催化剂装填量。

氨合成塔催化剂末期各床层预期操作温度及氨浓度见图 5-126。

② 压力　由于氨合成反应是体积减少（物质的量减少）的反应，氨的浓度会随压力升高而增加，同时，压力升高会使气体体积减小而增加了停留时间，使生成氨的化学反应更趋于平衡。因此，较高压力有利于氨转化率的提高，经典流程中气头氨合成压力为 11 ～ 19MPa。

但是，为降低压缩机能耗，氨的合成压力趋向于不断降低。目前世界上已建成 8.0 ～ 9.0MPa 的氨合成回路，含钴的铁系催化剂和新型钌基催化剂，使低压合成成为现实。

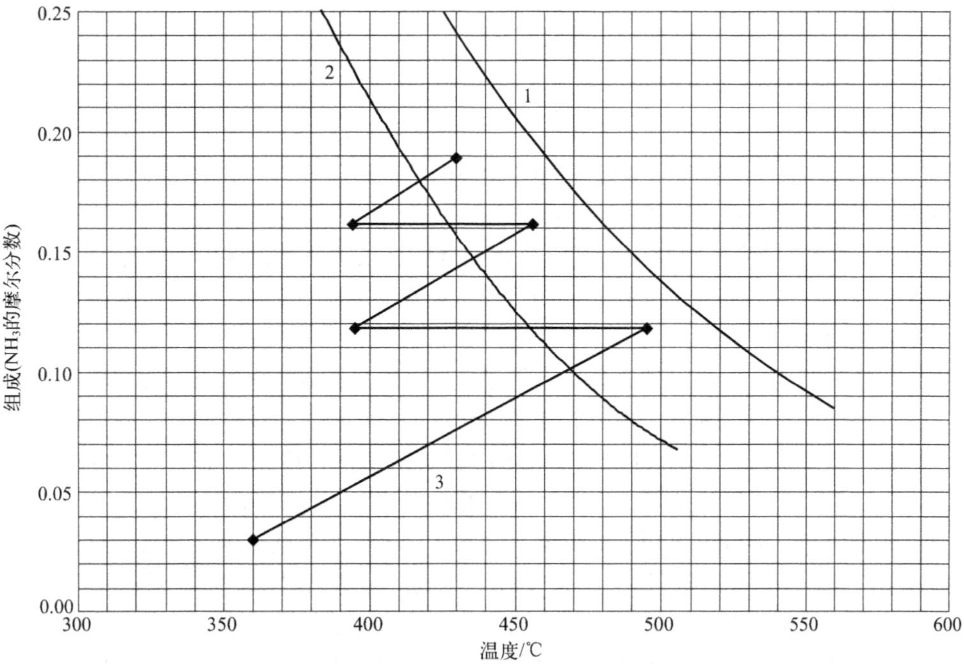

图 5-126　氨合成塔催化剂末期各床层预期操作温度及氨浓度

1—反应平衡曲线；2—最佳反应温度曲线；3—氨合成塔内反应过程曲线

③ 空速　当合成塔内工艺气流速较高时，在催化剂床层上进行合成反应时间就较短，导致出塔气中的氨浓度较低。然而由于在提高空速后会有更多的气体流进反应器，带来的氨产量增加又可补偿由于反应不完全（停留时间短）而导致氨浓度的降低。所以在催化剂活性下降时，常用增大空速来增加氨产量，但此时会使合成回路中的阻力降增加，压缩机循环段的功耗增加；合成塔床层内温度会比低空速时有所降低。通常，在催化剂活性的初期采用低空速、高净值操作，而在催化剂活性的末期采用高空速、低净值操作，以确保设计的氨产量不变。

④ 氢氮比　进入合成工序的新鲜气（不包括循环气）的氢氮比通常接近 3，在合成塔内获得最大转化率的氢氮比为 2.7 ～ 3，为获得合成塔进口混合原料气的最佳氢氮比，新鲜气的氢氮比可以稍偏离 3。

⑤ 惰气含量　对于以天然气为原料的合成氨装置，新鲜气中包含 CH_4、Ar 等惰性气体，在合成回路中会逐渐累积，需从循环段进口的管线上放出弛放气，并将弛放气洗涤后排至燃料气系统，用来调节循环气中惰性气浓度。惰性气在合成循环回路中的积累会导致氨合成率的降低和合成回路的压力升高，使生产能力下降。

⑥ 进塔氨含量　进塔氨含量的选定，涉及冷冻功耗和循环功耗，也涉及氨合成塔和氨分离装置投资的权衡。氨冷级数与氨合成压力有关。25 ～ 32MPa 压力下，常采用一级氨冷，进塔氨含量在 3% ～ 4%；20MPa 时，采用二级氨冷，进塔氨含量在 2% ～ 4%；10 ～ 15MPa 时，

可以使用二级或三级氨冷，前者进塔氨含量在4%左右，后者进塔氨含量在2%左右。

（2）工艺流程　氨合成工艺发展一百多年来，工艺流程虽然变化甚多，但至今其基本单元不变，包括合成气的压缩、氨的合成及反应热的利用、氨的分离、循环气的再压缩、惰性气的排放和氢气回收利用、氨冷冻等。下面以典型的低能耗氨合成技术为例对氨合成工艺流程进行介绍。

① 合成气的压缩　来自合成气净化工序氢氮比约为3∶1的合成气经合成气压缩机一段压缩到约8MPa。一段压缩出口工艺气经水冷、氨冷和分液后，进入分子筛干燥器脱去水和CO_2，然后进入合成气压缩机二段压缩到约14MPa，最后与来自合成回路冷交换器的循环气进行缸内混合后压缩至约15MPa进入合成回路。

② 氨的合成及反应热的利用　氨的合成是氢气、氮气在氨合成塔中进行的。出合成气压缩机循环段的合成气进入热交换器，与出塔气换热后温度升到约200℃进入氨合成塔，入塔气中氨含量约为3%。

氨合成塔为立式，由高压外壳和高净值塔内件两部分构成。内件设有三层催化剂筐，在第一、二床层内设有热交换器，内装有铁系催化剂，以实现氨净值的提升。同时氨合成反应热较大，在450℃时每生成1mol氨可放出54.5kJ的反应热，或相当于产生1.44t/t NH_3低压饱和蒸汽的热量。离开氨合成塔的合成气温度通常在425℃以上，氨浓度可达19%左右。

氨合成塔出口高温气体可用于加热锅炉给水或直接副产蒸汽，以回收反应热。经过系统和能量优化，反应热先副产高压（约12MPa）蒸汽，再预热锅炉给水，所产蒸汽送至转化单元进行过热，以提供装置压缩机运转的动力蒸汽。预热锅炉给水后，合成气进入热交换器预热入塔气。此外，氨合成部分还需要设置一台开工加热炉，提供氨合成塔内催化剂升温还原时所需热量。

③ 氨的分离　氨的分离采用冷凝分离法，利用氨气在高压下易被冷凝的原理而使液态氨分离。当操作压力为14～30MPa时用水冷却，仅能分离出部分氨，气相尚含氨8%～11%。因此，必须用液氨作制冷剂，将气体冷却到更低的温度，以使气体中的氨含量降低至合适的范围。

热交换器出口的合成气经逐步冷却并冷凝出液氨产品。合成气首先在水冷器冷却到40℃左右，随后进入冷交换器管程，与从氨分离器出来的冷循环气换热后冷却到约30℃，部分液氨被冷凝下来并分离进入氨闪蒸罐。最后，合成气进一步在一级氨冷器和二级氨冷器中冷却至−4℃以下进入氨分离器。

氨分离器分离出的气体进入冷交换器的壳程回收冷量，随后循环气返回合成气压缩机二段，与新鲜合成气混合并进一步压缩。由氨分离器分离出的高压液氨，经减压阀排放到氨闪蒸罐，其操作压力约为1.8MPa，闪蒸出来的溶解气送到氨与氢回收系统。氨闪蒸罐的液氨送至氨冷冻系统并最终作为产品送出。

5.4.3　天然气制氨关键设备

天然气制合成氨装置中的很多设备在设计中面临高温、高压、临氢、腐蚀等非常苛刻的设计条件，技术难度大，对于采用引进技术建设的多套气头大型合成氨装置，关键设备均为引进。经过多年的自主开发，我国已经逐渐实现了大型一段转化炉、氨合成塔、合成气余热回收器（合成废热锅炉）等设备的国产化设计与制造。国产化空气压缩机、合成气压缩机等大型机组也已经逐渐成熟，并在国内外逐渐推广应用，降低了项目投资，改变了我国同类设备长期依赖进口的局面，提升了国内装备制造商的制造和研发能力，实现了国内制造业的转型升级和“中国制造”的品牌形象提升。

5.4.3.1　一段蒸汽转化炉

一段蒸汽转化炉是天然气蒸汽转化法制合成氨的关键设备，它包括许多根耐热合金钢管（转化炉管），管内填充转化催化剂。烃类蒸汽转化反应在催化剂床层上进行，所需的反应热由管外燃烧器提供。管外用于加热的空间称为辐射段，烟气的热量在对流段回收，然后由引风机引至烟囱排放。

一段蒸汽转化炉一般为箱式、直接火焰、管式炉结构，按加热方式分为顶烧炉、侧烧炉、梯台炉、底烧炉等。不同的燃烧器安置方式，造成了加热介质与反应介质间不同的相对流动形态。例如：顶烧炉为并流加热，侧烧炉为错流加热，梯台炉为改进的错流加热，底烧炉为逆流加热。目前，梯台炉和底烧炉在工业中已较少采用。图 5-127 为顶烧炉、侧烧炉、梯台炉示意图。

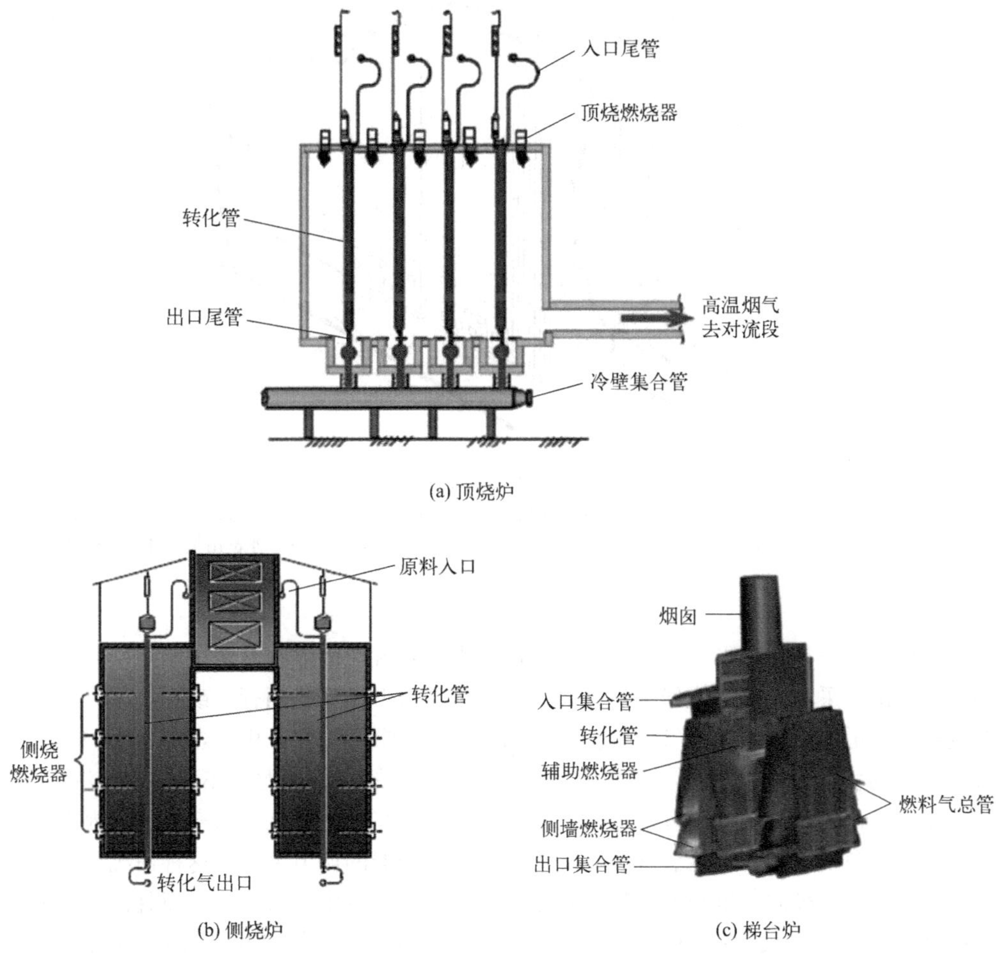

图 5-127　顶烧炉、侧烧炉、梯台炉示意图[267]

顶烧炉是立式箱型炉的一种，其辐射段和对流段连成一体，在辐射段内排布转化炉管和顶部燃烧器。目前，美国 KBR 公司、德国 Uhde 公司和寰球公司的一段蒸汽转化炉均采用顶烧炉型式。炉顶有原料气、燃料气总管等，转化管用底部支架支撑，向上膨胀。每排转化管两侧有一排燃烧器。烟道气从下烟道排出。由于燃烧器火焰与转化管平行，即使用液体燃料火焰较长时，也不会发生火焰冲击炉管的现象。此外，炉管与燃烧器相间排列，炉管周围温度也比较均匀。燃烧器设置在炉管进口一端，燃烧放出热量最大部位是炉管内需要热量最多的区域，可使混合气很快达到较高的转化温度；在炉底转化缓慢，所需热量相对较少，此时，并流给热以较小的推动力与它相适应。顶烧炉的辐射段结构较为紧凑，炉子宽度不受产量的限制，适宜大型化。图 5-128 为 KBR 公司顶烧转化炉结构示意图。

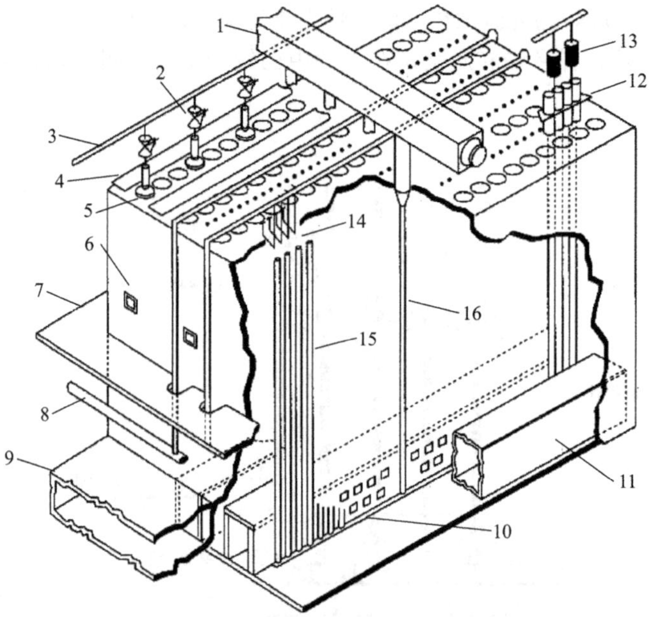

图 5-128 顶烧转化炉结构示意图[267]

1—输气总管；2—阀门；3—燃烧器分总管；4—走台；5—烧嘴；6—视火孔；7—平台；8—混合原料气总管；9—烟道气去对流段；10—出口气分总管；11—烟道；12—转化管上法兰；13—弹簧吊架；14—上猪尾管；15—转化管；16—上升管

侧烧炉辐射段是长条形，燃烧器分成多排，水平布置在辐射室两侧炉墙上。为避免火焰对炉管的冲击，采用无焰燃烧器。炉管在炉膛内呈锯齿形排列成两行，或直线单行排列，有上烟道和下烟道之分，热的烟气一般往上流动，故以上烟道为多。由于燃烧器沿炉墙上、下布置，最大的优点是可以根据需要调节炉管沿轴向受热的负荷。尤其在石脑油蒸汽转化时，为了防止析碳，入口混合气不宜有过大的热负荷，而应在蒸汽转化较为充分的前提下逐渐升高温度，以避免动力学析碳的出现。侧烧炉可采用燃烧器的调节来适应这种情况。但由于炉管单面受热，炉管径向温度较不均匀，正常操作时炉管常发生弓形弯曲。而且，因为最多只能安排四排炉管，如果生产规模较大时，则占地面积较大。图 5-129 为 Topsøe 公司侧烧转化炉结构示意图。

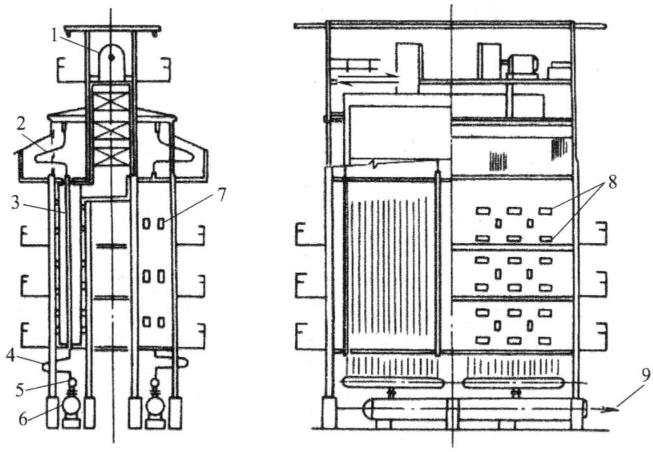

图 5-129 侧烧转化炉结构示意图

1—引风机；2—上猪尾管；3—转化管；4—下猪尾管；5—分总管；6—衬里总管；7—视孔；8—烧嘴；9—去二段转化炉总管

由于转化炉管处于高温和高压下，故采用耐热合金钢材料，费用昂贵。一段蒸汽转化炉的投资约占全厂的 25% ～ 30%，而炉管的投资则约占一段蒸汽转化炉的一半。辐射段内的转化炉管是由离心浇注方式生产的，含有铬、镍的耐高温合金，其发展主要经历了三个阶段，从 20 世纪 70 年代的 HK40(Cr25Ni20)，经历 80 年代的 HP40Nb(Cr25Ni35Nb)，到目前的微合金 (Cr25Ni35Nb+Ti+Zr)，其抗高温蠕变性能增强，这就可以使转化管的壁厚显著下降。对于典型的合成氨装置转化炉，其壁厚经历了从 30mm(HK40) 下降到 17mm(HP40Nb)，到目前的 11mm(微合金)。在目前镍价长期看涨的情形下，如果其壁厚下降一半，对于降低昂贵的转化管投资意义重大。转化管的材料改进，使其吸热强度从 60 年代的 $60kW/m^2$ 提高到目前的 $90kW/m^2$，吸热强度的提高不但可以减少转化管数量，降低投资，还可以有效地减少庞大的转化炉体积，对装置的大型化发展十分有利。除转化炉管外，猪尾管的材料选择也很重要，会影响到转化炉是否能够长周期高效运行[267]。

燃烧器对炉膛分布均匀性的影响很大。一段转化炉正常操作时主要燃料为天然气和弛放气。燃烧器在转化炉中所起的作用不仅是提供热量，其燃烧速率、燃烧强度还有火焰形态对速度场会有影响。因此在大型一段转化炉设计的时候，燃烧器的选择极其重要，对于燃烧器的要求除了应保证发热量之外，对火焰的形状有明确的要求，并且需要通过试烧来验证。

一段蒸汽转化炉对流段的布置通常有三种类型。其一是放置在辐射段上部，从占地面积上看，放在辐射段上方的结构最为紧凑，而且还可降低引风机能耗，但钢结构复杂，特别是对流段在烟囱与辐射段之间，给施工安装和检修、现场巡检工作造成不便。其二是放在辐射段旁边的“Π”型结构，其占地面积较小，对流段施工安装和检修较为方便。其三是对流段为卧式“一”字形排列结构，施工安装和检修最为方便，钢结构最简单，但占地面积最大[264,267]。

在过去四十余年，国内大型合成氨装置一段蒸汽转化炉的设计均采用引进技术，寰球公司经过多年的技术积累，自主研制设计了一段蒸汽转化炉 HQRF®（Huan Qiu Primary Reformer），并已在中国石油宁夏石化 45 万吨 / 年合成氨装置中成功应用，达到国内领先水平。HQRF 辐射段炉体结构和管道布置如图 5-130 所示。

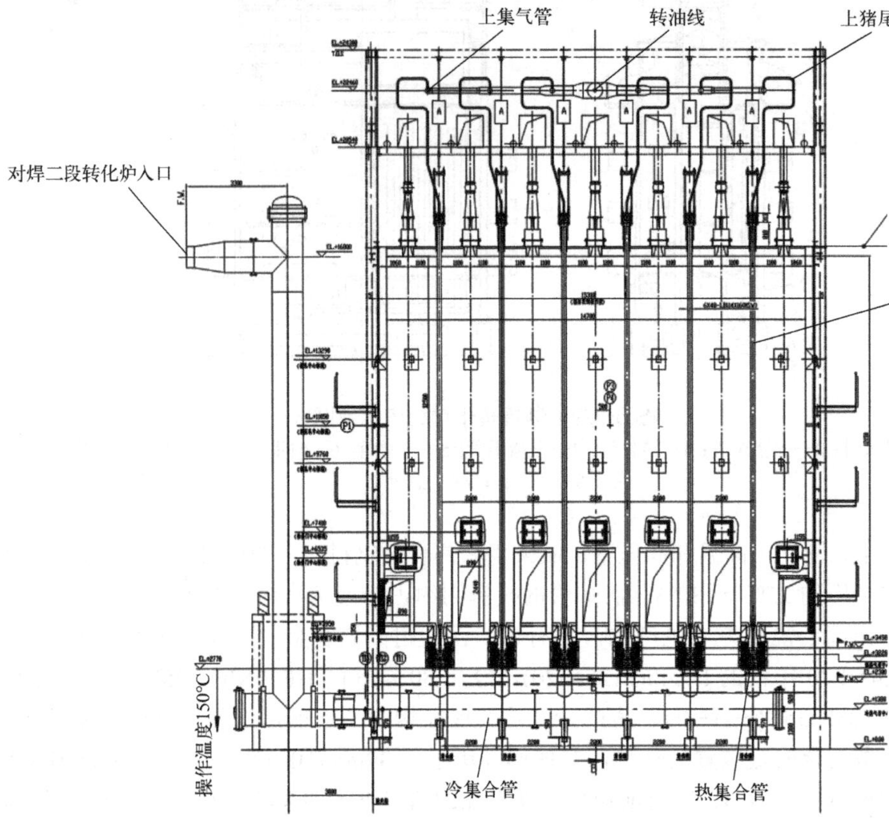

图 5-130　HQRF 辐射段炉体结构和管道布置图

大型一段蒸汽转化炉由于体积庞大，导致物料及燃料分配、炉膛内部流动场的不均匀性增加，因此研究炉膛内部的烟气温度、流速分布对工程设计具有重要的意义。例如，研究燃烧器的负荷分配和位置参数，以及炉底烟道开孔的分布对炉内烟气的温度场、流动场和分布的影响等问题，有助于转化管受热均匀，避免燃烧器脱火造成二次燃烧现象，达到延长炉管寿命和转化炉操作稳定的目的。采用 CFD（计算流体力学技术）模拟方法，可将转化炉内部流动过程的细节呈现出来，进而对炉内复杂湍流燃烧过程进行详细而定量的研究与分析，优化转化炉的设计和运行 [268]。对一段蒸汽转化炉内的流动、燃烧和传热过程进行详细的数值分析研究后，可得到不同操作条件下，一段蒸汽转化炉辐射段和对流段内的速度、温度分布和流动阻力情况，从而分析确定结构尺寸的设计。

转化炉炉管由于在操作中温度近千摄氏度，热膨胀量大，炉管系统的设计对一段蒸汽转化炉稳定运行至关重要。设计中需要准确地分析一段蒸汽转化炉管系的应力状态，并综合考虑上集气管、上猪尾管、转化炉管、下猪尾管和热、冷集合管至二段蒸汽转化炉的所有管系。HQRF 转化管系应力分析模型如图 5-131 所示。

转化炉炉管应力分析主要研究危险区域热集合管的位移变形是否合理、管道系统对相连设备的管口作用力是否满足设备的许用要求，确定合理的管道支吊架，特别是弹簧支吊架的位置和设定荷载，分析出整个管道系统的应力分布状态。

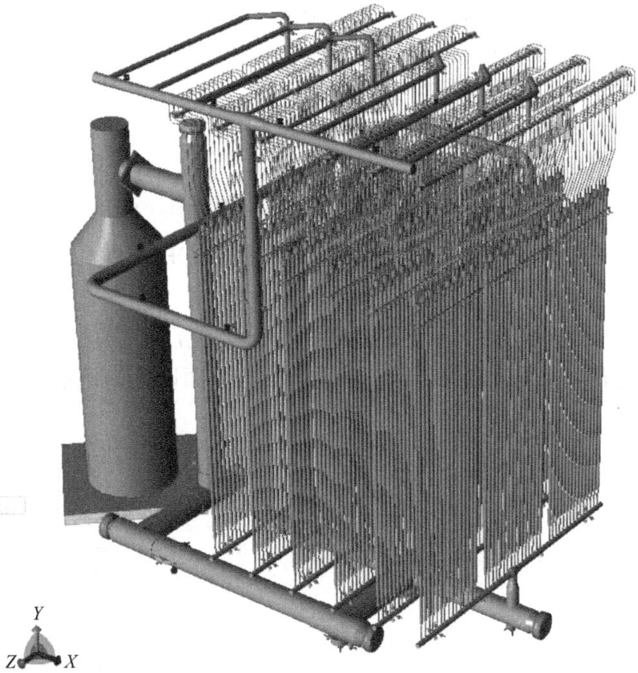

图 5-131 转化管系应力分析模型示意图

5.4.3.2 氨合成塔

氨合成塔是合成氨工厂的关键设备。氨合成塔的设计需要保证氨合成反应在最佳温度下进行，以获得较大的生产能力和较高的反应转化率。氨合成塔在结构设计上力求简单、可靠，并满足高温和高压的要求。近年来我国建成的大型天然气制氨装置氨合成塔均为三床内部间接换热式，但结构形式略有不同。

KBR 公司采用卧式氨合成塔，以海南富岛 45 万吨 / 年合成氨装置为例，其氨合成塔操作压力为 15MPa，塔内三个绝热床层整合成一体化的催化剂筐，可整体移动，共装填催化剂 85.1m^3，初次装填采用南方化学 A110/A110H 型催化剂，如图 5-132 所示。

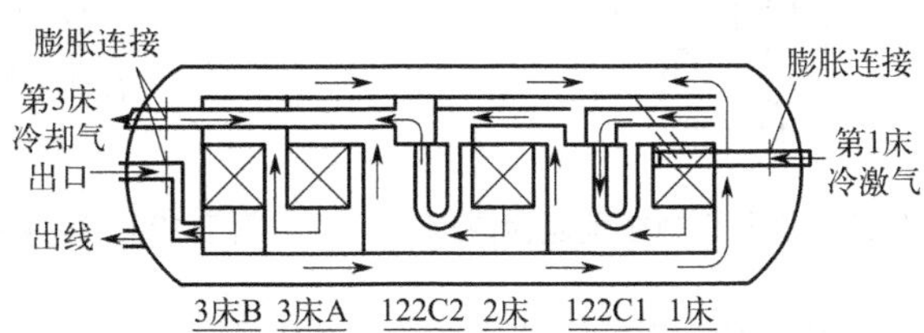

图 5-132 KBR 公司卧式氨合成塔

卧式氨合成塔占地面积大，高压容器内部空间利用率低，但具有以下优势：

① 气体径向流动，压降较小，降低了合成气压缩机的压缩功耗；可以采用高活性的小颗粒催化剂，从而提高出口氨浓度；床层间采用间接换热，转化率较高，压降小。

② 卧式氨合成塔为内冷式反应器，能在较高温度下回收等级较高的反应热用以副产蒸汽。

③ 与立式径向塔相比，降低运行中催化剂床层“下沉”而影响气流分布的危险。

④ 内件可整体拉出，设备维修及催化剂装卸方便。

TOPSOE 公司采用立式氨合成塔（见图 5-133），以中国石油塔里木 45 万吨 / 年合成氨装置为例，氨合成塔操作压力为 19MPa，塔内三个绝热床层整合成一体化的催化剂筐，可整体移动，共装填催化剂 54.5m^3。其特点是采用 TOPSOE 专利高性能催化剂 KM1/KM1R，氨合成塔尺寸较小。

寰球公司在国内最早实现了大型氨合成塔的国产化，并成功应用于宁夏石化 45 万吨 / 年天然气合成氨装置中，该塔结构如图 5-134 所示，下面以此为例进行详细介绍。

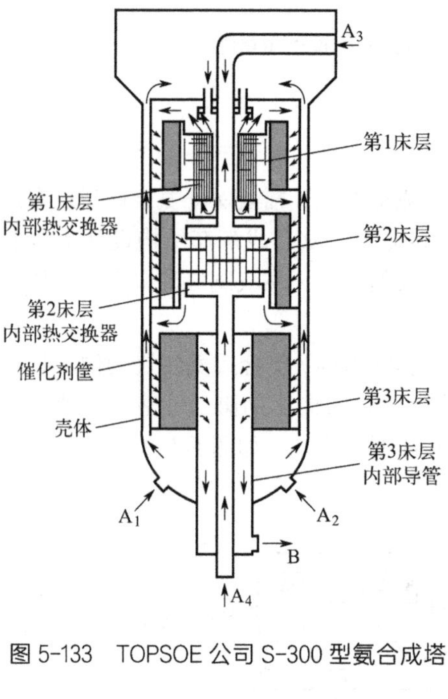

图 5-133　TOPSOE 公司 S-300 型氨合成塔

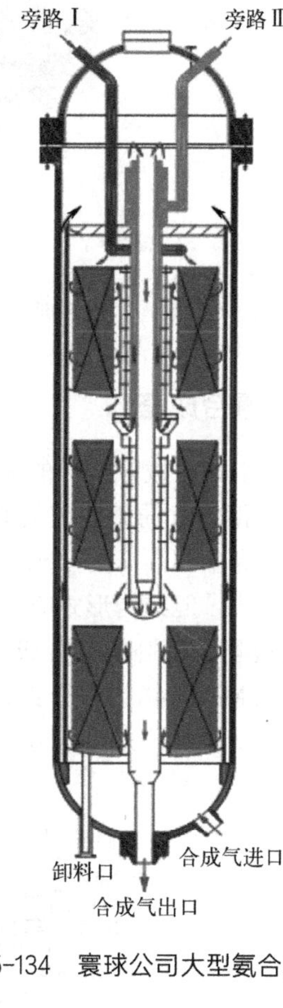

图 5-134　寰球公司大型氨合成塔

寰球公司大型氨合成塔采用立式反应器结构，由高压外壳和低压内件构成，内件包括三个催化剂床层和两台内部换热器。该塔典型的操作压力为 11 ～ 15MPa，合成气进气温度一般在 185 ～ 230℃范围内，具有较高的氨净值，合成塔高度约 27m，为裙座结构。

氨合成塔高压外壳处于高温、高压、临氢环境，以往的高压外壳采用多层包扎与大型锻件相结合的制造工艺，即筒体采用耐高温、抗氢腐蚀的铬钼钢内筒，外包扎多层高强度钢板，上、下球形封头与筒节间采用大型锻件连接。由于国内冶炼水平的提高、制造业的发展及装备的提升，宁夏石化45万吨/年合成氨装置所用大型氨合成塔外壳首次采用无纵焊缝的锻焊结构，主材采用1.25Cr0.5Mo的材料，氨合成塔大盖密封采用可拆的双锥密封结构，便于操作、检维修。

氨合成塔低压内件包括三个催化剂床层，质量约为130t，装有铁系催化剂。一床可根据具体情况选择径向或者轴向流动，轴向流动的优势在于气体分布较为均匀，对有害物（如少量压缩机带油）可尽量减轻其危害，有效利用催化剂，但会增加阻力降，且只能选用大颗粒催化剂。二、三床催化剂量大，为减少气体压力降，采用径向流动床，因此全塔压降小，循环气压缩机的功耗低；在催化剂床层之间设有两台内部换热器，用于控制二、三床的床层进气温度，与冷激式的调温相比，氨净值高，做到了高效、节能；三床反应后高温气体不经冷却出塔，出塔气体温度高，高温热能的利用率较高。内件的主要材料为S32168不锈钢。

氨合成塔内件复杂，对各床层催化剂装填量、内部换热器和塔内件的设计都进行了充分优化，通过使用计算流体力学技术（CFD）建模计算，对氨合成塔催化剂床层入口气体分布器及其气流分布进行研究，研究分析计算了外网筒上的开孔分布情况、开孔数量、开孔大小、开孔率、孔中心距等，根据气流沿筒壁轴向与径向所呈现出的变化情况、上下床外网筒的内壁金属线网的分布情况、分气集气筒分段分室的布置情况以及相同内网筒的相关情况进行分析，从而指导压力容器内件尺寸的精准设计，改进关键部件结构，保证合成气在催化剂床内的稳定、均匀分布，使得该塔具有生产能力大、全塔压降小的特点，实现高氨净值、副产高压蒸汽的节能效果。

内件结构设计对氨合成塔至关重要，因为氨合成回路中，任何阻力的损失都需要通过合成气压缩机循环段加压来弥补，减少阻力损失就意味着降低能耗。氨合成塔是氨合成回路中阻力降最大的位置点，控制氨合成塔内阻力损失是氨合成塔设计中必须考虑的问题。氨合成塔内部结构复杂，其各个部件的尺寸设计受到反应、换热、阻力降、机械强度、应力计算等多种因素的影响，具体结构可拆分成入口管、环隙、中心管、各换热器、各床层、出口管等约30个部分分别设计计算。

为了满足氨合成塔机械设计要求，包括管口载荷施加方案、裙座转化环的结构优化、氨合成塔内气体分布器优化设计等结构优化工作都至关重要，每一处关键尺寸都需要多方案比选和计算。目前国际先进的氨合成塔阻力降通常为0.2～0.3MPa。

氨合成塔一床设有气体分布器，用于控制一床温度的冷合成气旁路，合成气通过此气体分布器与一床入口高温气体混合后进入催化剂床层。由于氨合成塔内空间限制，此处气体混合容易发生不均匀的情况，使得在反应过程中出现沿圆周方向温度不均匀的情况，影响反应效率。

经过CFD模拟并结合实际工程经验，通过设置挡板、优化开孔位置与尺寸等方式对气体分布器结构进行了优化。从温度分布、速度分布与压力分布三个方面对优化后的气体分布器结构进行了评价，氨合成塔气体分布器CFD模型如图5-135所示。

（1）温度分布　图5-136为气体分布器计算区域温度分布图，图5-137为出口截面温度分布图。通过对气体分布器的结构优化，保证了进入催化剂床层的混合气体温度均匀。

（2）速度分布　图5-138是出口截面速度分布图。优化后出口截面气流最高速度由2.70m/s降低到2.23m/s，气流速度较高的区域向内侧移动，改变了原来出口截面最外围流速状态，分布比较均匀，优化效果明显。

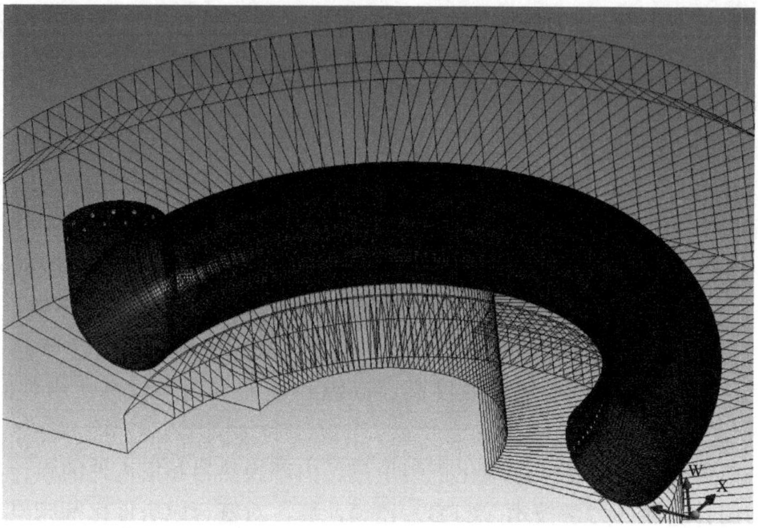

图 5-135　氨合成塔气体分布器 CFD 模型

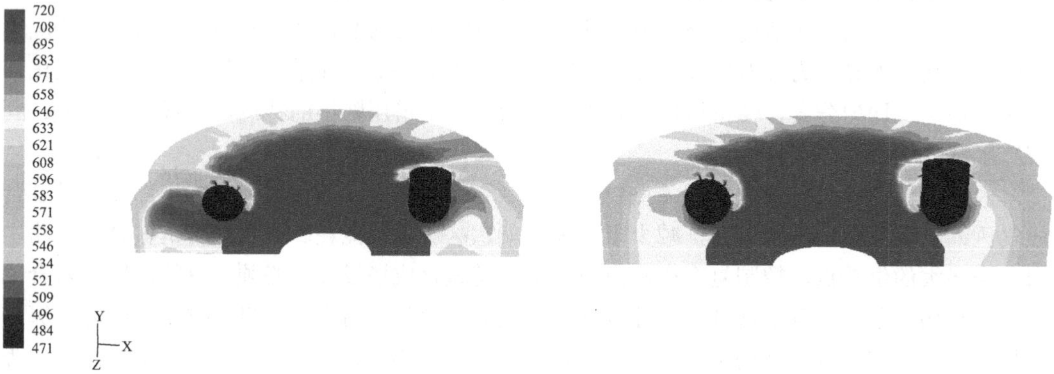

(a) 优化前　　(b) 优化后

图 5-136　气体分布器计算区域温度分布图

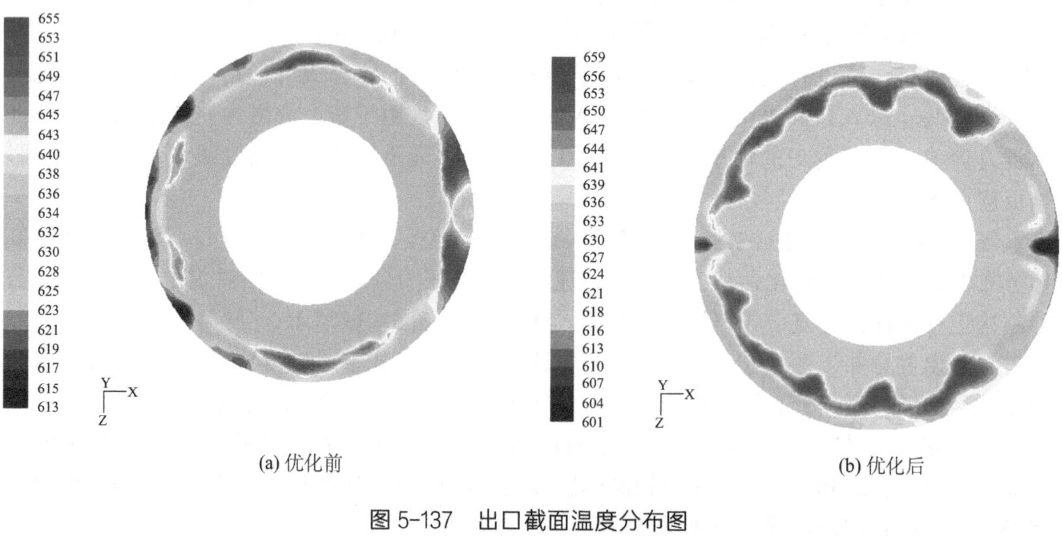

(a) 优化前　　(b) 优化后

图 5-137　出口截面温度分布图

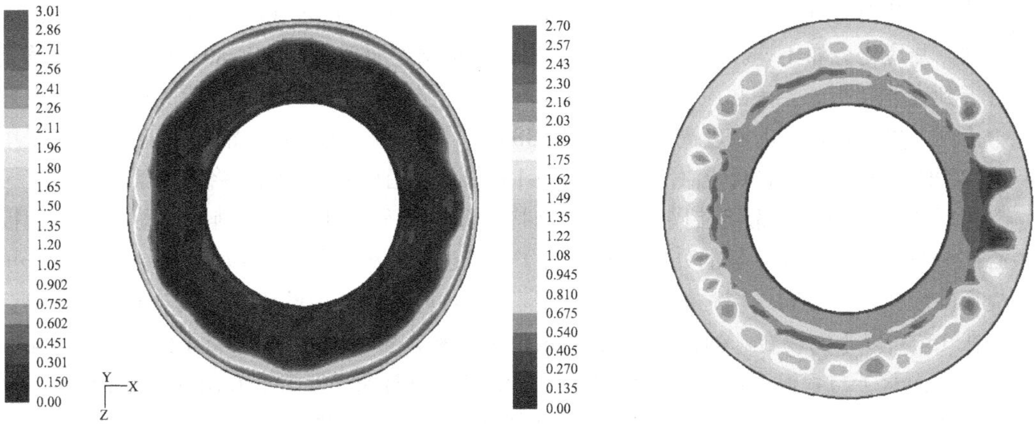

(a) 优化前　　(b) 优化后

图 5-138　出口截面速度分布图（单位：m/s）

（3）压力分布　图 5-139 为气体分布器计算区域压力分布图。优化后，分布器内外压差减小，有利于混合气体的均匀分布。

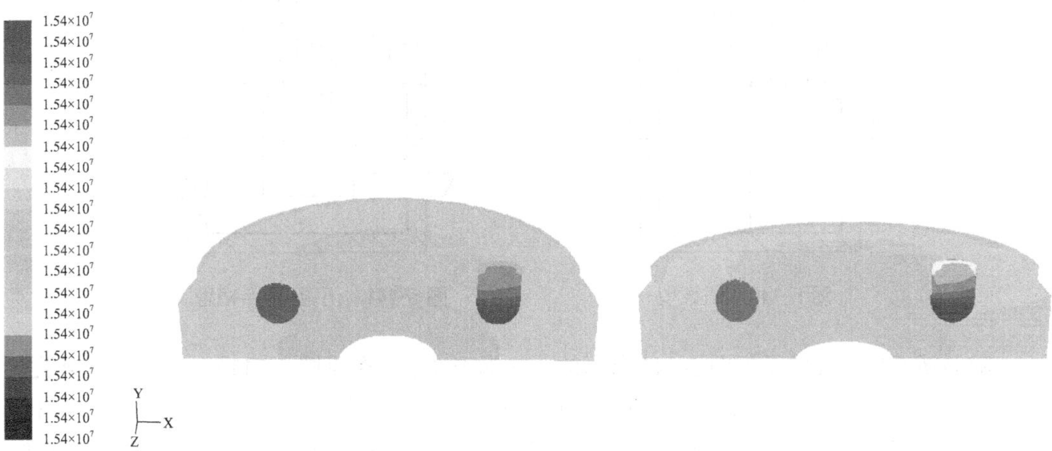

(a) 优化前　　(b) 优化后

图 5-139　气体分布器计算区域压力分布图

5.4.3.3　废热锅炉

合成气废热锅炉是合成氨高压圈的关键设备之一，它利用反应热副产高压蒸汽，从而使热能被有效地利用与回收，是装置高效运行的重要保障。

由于合成气（氢、氮、氨）具有高温、高压、大流量及腐蚀等问题，多年来国内外针对废热锅炉的苛刻工作条件对其结构、强度、耐腐蚀及如何保证安全、可靠操作等问题做了大量研究，促进废热锅炉向大型化、蒸汽高压化、结构合理化和操作自动化方向发展。

20 世纪 60 年代，伍德公司就设计了一种合成气废热锅炉，如图 5-140 所示，采用 U 形管型式。所有管子焊在厚管板上，初期设计时，U 形管的热端焊在厚管板的一侧，冷端管子设置在厚管板的另一侧，见图 5-140。

此管子排列存在的最大缺点是热气流偏于一侧，造成进口侧管板温度偏高，管板板面温度不同，热应力分布不均。经使用证明，进出口管板温差应严格控制在 80℃以下，否则管箱中管板到壳体转折处会因热应力过大而破裂。同时还必须在管子与管板连接处的管端采取热保护措施，以防进口端的温度高于氮化温度 380℃（管板材质为低合金钢时）。套管材料采用 Incloy800H 或 Inconel，管板也采用堆焊 Inconel 材料，管箱设置分程隔板将冷热气体分开。

随后伍德公司与博希格共同开发了新结构。即 U 形管采用同心圆排列，热端位于管板中心部分，冷端配置在管板的外缘。整个管子呈辐射状排列，如图 5-141 所示，从而保证了管板径向应力均匀分布。同时也降低了管箱周边的热应力。这种设计已经成功地用于进出口温差在 150℃以下的场合。同样管子采用 Incoloy 材料，管板面堆焊 lnconel 材料，以避免产生氮化。而管子与管板连接采用内孔焊接，以消除间隙腐蚀。但由于 Incoloy800H 材料对氯化物和碱性物引起的应力腐蚀裂纹很敏感，因此操作时必须特别注意锅炉水质。

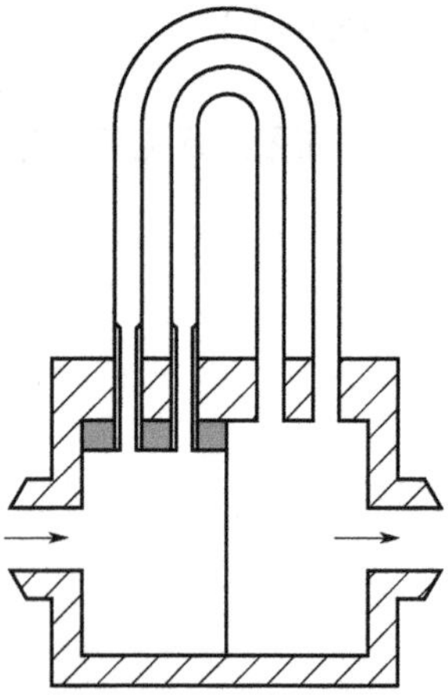

图 5-140　伍德型

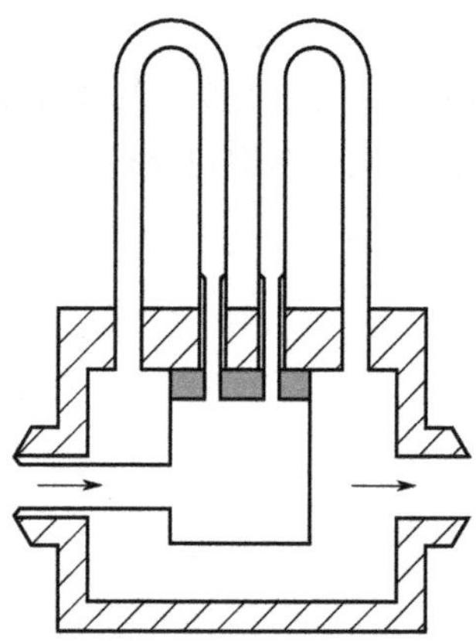

图 5-141　伍德-博希格型

随后博希格又开发了如图 5-142 所示的废热锅炉（示意图见图 5-143），它为带有蒸发空间的立式倒 U 形管式。该废热锅炉除上述优点外，最突出的是壳程介质为锅炉给水，这样，高压外筒仅承受高温高压锅炉水的作用，而不承受高温高压的氢、氮、氨混合气体的腐蚀。这就使得外筒的设计和制造问题易于解决。换热管内的介质虽然是腐蚀性的合成气，但由于管子是“泡”在水中的，管壁的温度较低，在选材的等级上可降低一些。需要耐高温高压、耐合成气腐蚀的筒体仅局限在合成气的入气室部分。

寰球公司自 2010 年起在中原大化 30 万吨 / 年合成氨装置中成功应用了首台国产化设计、制造、产高压蒸汽的合成气废热锅炉，打破了我国多年来引进大型合成氨装置高压合成气废热锅炉关键设备的格局，其设计技术达到国际先进水平。合成气废热锅炉可以按气、水流经管内或管外分为水管式或火管式锅炉。水管式锅炉高温工艺气流经管外，锅炉给水流经管内而沸腾汽化。火管式锅炉高温工艺气流经管内，锅炉给水流经管外而沸腾汽化。合成气火管式废热锅炉为卧式换热器，合成气废热锅炉结构如图 5-144 所示。管程走高温、高压的合成气，壳程为高压水及蒸汽。管外的水吸收热量后形成的汽水混合物沿上升管而进入汽包，而汽包中汽和水经过分离后，炉水则沿下降管重新进入废热锅炉的壳程，形成循环。这种循环是靠汽水混合物与炉水的密度差实现的[269]。

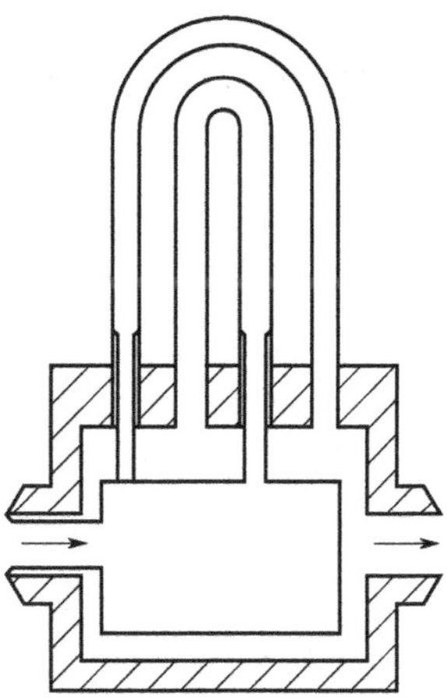

图 5-142　博希格型

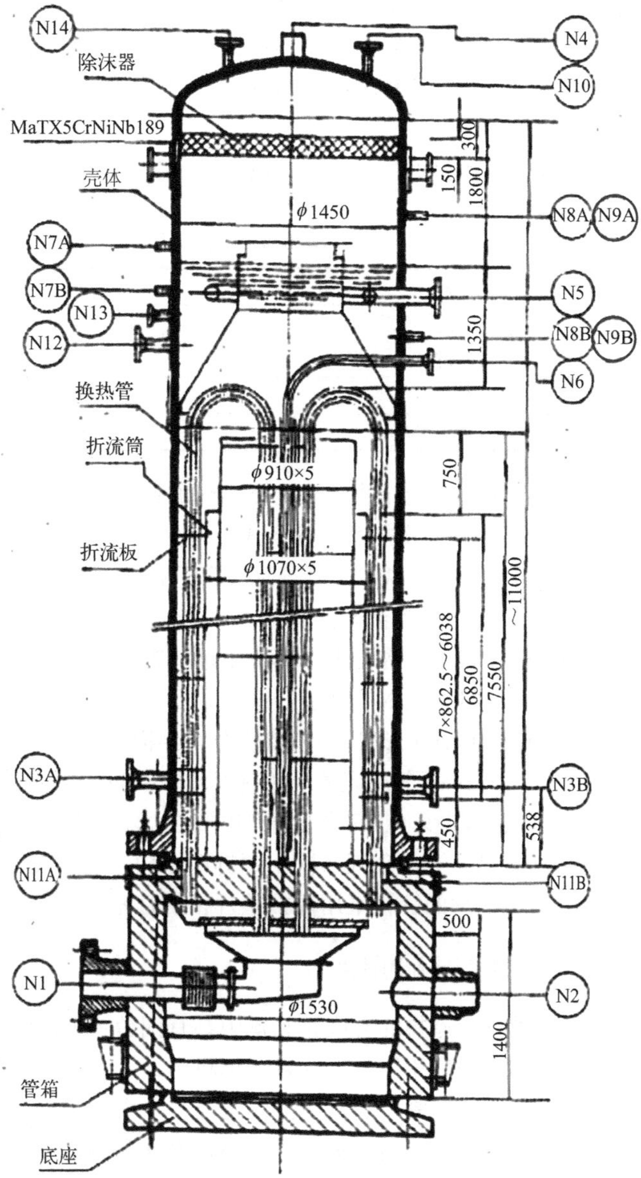

图 5-143　博希格倒 U 形管式废热锅炉示意图

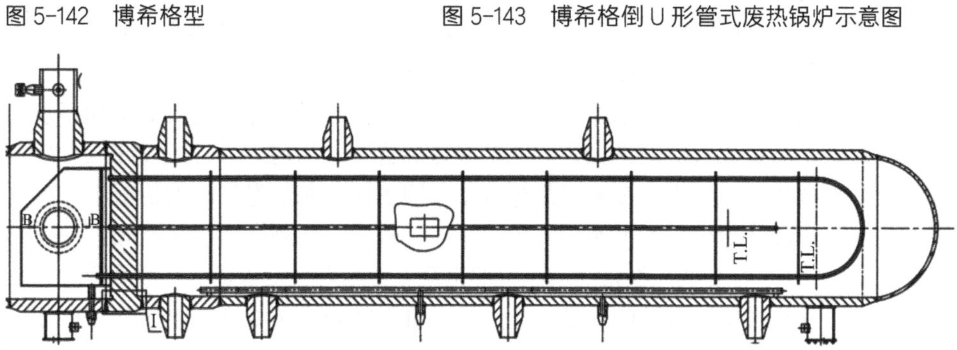

图 5-144　合成气废热锅炉结构图

合成气废热锅炉由于处于高温、高压、氢、氮、氨腐蚀环境，对于使用的材料有很高的要求。其中管程采用铬钼钢及不锈钢材料；壳程采用碳钢材料；局部结构采用了镍铬合金材料及堆焊镍基合金的材料；换热管高温部分，采用耐高温高压、耐合成气腐蚀、隔热性能优良的隔热材料。

合成气废热锅炉主要设计参数见表 5-36。

表5-36　合成气废热锅炉主要设计参数

项目	壳程	管程
介质	锅炉给水＋蒸汽	合成反应气
介质特性	—	易燃、易爆、中度毒性
设计温度 /℃	346	370/465
设计压力 /MPa	13.7	17

寰球公司自主设计的合成气废热锅炉具有以下特点：

① 采用全新的换热器布管形式，换热管采用倾斜及垂直交叉，冷、热交替布置，大大降低了高压特厚管板的温差应力，使得管板温度分布均匀，最大限度地保证了管板的安全性。

② 合成气进口管创新结构设计，合成气高温进口，采用耐高温、高压，抗氢、氮、氨腐蚀的隔热填料函结构，不仅解决了进口管与管箱壳体之间的温差应力，也避免了使用膨胀节结构，降低材料成本，制造、维修方便。

③ 调整高压管箱形式，采用带分气盒结构。高压管箱的分气盒结构将高温气体和换热后的冷气体分开，使得高压管箱壳体及换热管采用普通的铬钼钢材料，仅分气盒采用镍铬合金材料及不锈钢材料，整体减少了镍铬合金材料用量，大幅降低了成本，同时也确保了设备的安全使用。

④ 高温热套管及分气盒采用可拆卸结构，便于设备维修及安装。

⑤ 废热锅炉的管程采用焊接垫片密封，密封性能好。

5.4.3.4　大型压缩机组

以天然气为原料的合成氨装置中共有四台大型压缩机组，分别为天然气压缩机组、空气压缩机组、合成气压缩机组和氨压缩机组。随着合成氨生产规模的大型化发展，活塞式压缩机由于排气量的限制，通常不能满足需要，必须采用多台并联操作，导致投资高、占地面积大、操作维修不便。由于离心式压缩机设计和制造水平的提高，当前世界上大型合成氨厂的气体压缩均采用离心式压缩机。

为了降低能耗，合成氨装置大型化后离心式压缩机多采用汽轮机驱动，根据全厂蒸汽平衡可采用不同形式的汽轮机，例如凝汽式、抽汽凝汽式、背压式汽轮机。

大型离心式压缩机组结构复杂，存在高转速、变工况、长期连续运转等实际要求，长期依赖进口，特别是对合成气压缩机而言。在合成氨装置发展的前期，合成反应压力高，多在30MPa 以上，导致机组压比大，在装置规模较小，即机组体积流量较小的情况下，离心式压缩机存在着在高压段叶轮出口宽度小、机组多变效率较低等问题，所以往复式压缩机或者离心式压缩机（低压）＋往复式压缩机（高压）的串联方案具有一定的优势。而由于合成氨生产规模的大型化，往复式压缩机受限于排气量，单台机组能力已不能满足工艺需求，且往复式压缩机组机械结构复杂，易损件多，在线稳定运行时间较离心式压缩机短，需考虑设置备机。因此，在新建的合成氨装置（1000t/d 以上规模）中，合成气压缩机均选用离心式压缩机组。

合成气压缩机组气量大，压比高，合成气分子量小（8～9左右），机组转速高（多在10000r/min以上），且循环段为缸内混合，透平额定功率高，对机组的高压缸及驱动透平的设计制造要求较高。在2000年之前，国内合成氨装置中合成气压缩机组主要由GE、三菱、德莱塞兰等国外供货商提供。而随着国内压缩机厂商技术能力的提升，现在已有能力为1500吨/日的合成氨装置提供成熟可靠的产品。

根据不同的工艺要求，合成气压缩机的吸入与排出压力不同，有单缸/两缸/三缸的配置，机组的驱动多选用抽凝式蒸汽透平，以达到蒸汽焓值的最大化利用。基于API 617要求，水平剖分的机组不适用于6～8MPa的工作压力，因此合成气压缩机的壳体均为筒式锻造壳体，典型合成气压缩机筒型壳体剖面如图5-145所示。

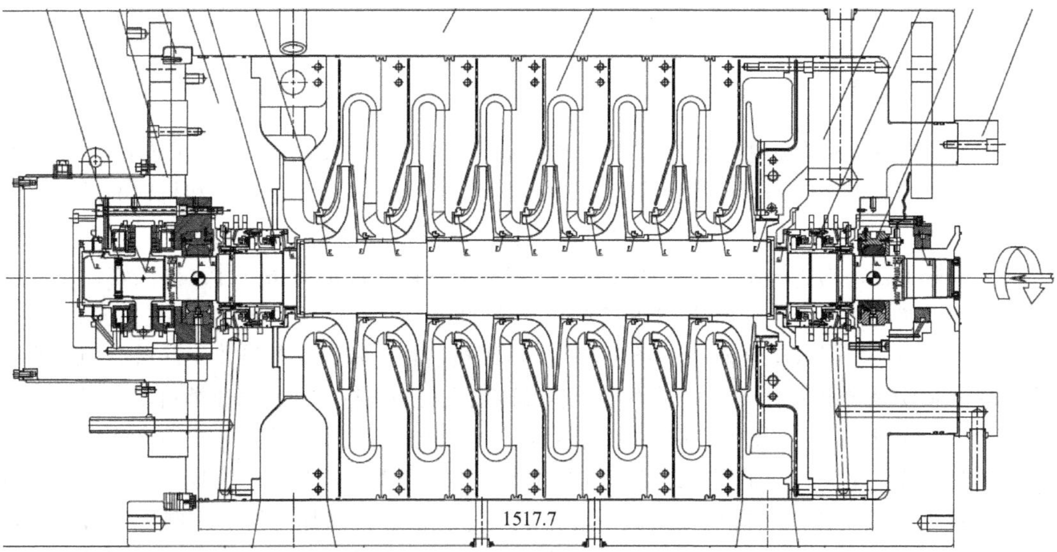

图5-145　典型合成气压缩机筒型壳体剖面图

大型合成氨装置国产化合成气压缩机组为两缸三段压缩，由高压抽凝透平驱动，正常运行转速在10000r/min以上，驱动透平额定功率约20MW。其高、低压缸筒体驱动端为筒底，内壳体由自由端插入安装，在水平剖分的隔板两端设置进出口蜗室、密封和轴承；通过对压缩机通流部分采用CFD优化设计，采用全三元流场理论，开发改善通流表面精度的方法并减少泄漏损失和机械损失。叶轮过盈装配在无键光轴上，过盈量、松脱转速、强度均经过有限元分析，叶轮内表面进行了高精度加工，盘盖焊接时在叶道内加入变形防止剂、表面整形剂，防止焊接变形，并在焊接后采用真空热处理防止表面被氧化，特殊的加工方式提高了机组的整体效率，扩大了机组的运行范围。机组一段、二段、循环段的多变效率为81.2%、73.5%、78.2%，达到了进口产品的设计水平。

转子设计中，采用阻尼环技术，通过提高缓冲力和降低转子系统的激振力，确保了压缩机运转时极低的振动水平，隔板为无叶扩压器和叶片回流器的组合体，采用优质碳素钢制造，高精度数控机床加工的导流叶片减少了摩擦损失；径向轴承为带喷油嘴的五块可倾瓦轴承，采用直接润滑方式，提高了冷却效果，推力轴承为两面各六块瓦的双面金斯伯雷式轴承，带自动调心功能；叶轮口环、平衡盘密封均采用软密封、小间隙密封方式，减少了内泄漏量，降低能耗，轴端密封采用串联式干气密封。

在蒸汽透平的设计中，通过高强度的调节级动叶结构设计，提高了叶角，减小喷嘴出汽角，提高了调节级的效率。开发了中压抽汽多阀调节进汽室及相关的调节部套；针对高压调阀阀碟振动的情况对阀梁总成进行结构改进，进一步完善了高转速大功率蒸汽透平的设计。机组的系统、部件、辅机的设计及选型与国外供货商的同类产品基本达到同一水平。

5.4.4 技术发展与展望

由于清洁环保理念在我国的逐渐深入及“双碳”目标的提出，天然气制合成氨在工艺流程上具有废气、废水排放量小，碳排放量低且易捕集，容易规模化且成本低等优点，未来将在我国合成氨领域应用的比例势必将逐渐升高。超大型化、绿色低碳、清洁生产、数字智能、新技术应用，将是未来合成氨技术的主流发展方向。

5.4.4.1 超大型化

大型化规模技术是实现合成氨装置的集约布局、节能降耗、安全环保的重要方式[270]。目前世界上最大的以天然气为原料的合成氨装置规模为3300t/d，依靠工艺技术和材料的进步，进一步增加单系列合成氨装置的规模，是降低装置投资和能耗的有效方法。对于以天然气为原料的合成氨工艺，为了限制一氧化碳变换、二氧化碳脱除工序的设备尺寸，蒸汽转化压力需要进一步增加，如当装置规模从3300t/d增加至4700t/d时，转化压力需要提高约0.5MPa，提高压力可以进一步降低综合能耗，降低合成气压缩机能耗，减少设备尺寸，有利于CO_2的吸收而减少MDEA溶液使用量，但是不利于蒸汽转化反应的进行。天然气压缩机、空气压缩机的功率与装置规模同比例增加，这些设备都已经在空气分离等工业装置中有应用经验。

在蒸汽转化工序，如采用传统的蒸汽转化方式，一段蒸汽转化工艺的规模与其转化炉所需炉管数大致成正比，装置规模扩大，转化炉尺寸和炉管数增加，投资比例相应增加。表5-37对比了2200t/d、3300t/d与4700t/d合成氨装置一段转化炉与二段转化炉的设备规格，其中2200t/d与3300t/d装置均已经实现了工业应用，而4700t/d的装置为概念设计。

表5-37 合成氨装置规模与合成气制备关键设备尺寸对比表

合成氨装置规模 /(t/d)	2200	3300	4700
一段转化炉体积 /m^3	3025	4445	7088
转化管数量级及规格	288根，6排，5"	408根，8排，5"	570根，10排，5.12"
二段转化炉尺寸	ϕ4.5m×17.4m	ϕ5.0m×19.4m	ϕ5.5m×20.5m
二氧化碳吸收塔尺寸	ϕ5.0m/3.3m×42.6m	ϕ6.1m/4.1m×42.6m	ϕ7.1m/4.6m×42.6m
二氧化碳解吸塔直径与填料型式	ϕ6.1m, PRM 50	ϕ7.6m, PRM50	ϕ7.9m, IMTP 70 (或ϕ8.6m, PRM 50)

装置规模大型化后，采用自热式转化工艺代替传统的一段转化加二段转化工艺，可以有效地降低投资。对于自热式转化技术，装置规模扩大仅需增加自热式反应器的体积，空分装置在达到一定规模时投资的增加也并不显著。自热式反应所需水碳比低，反应器出口工艺气温度高，不仅确保了甲烷的高转化率，也减小了后续单元设备尺寸，装置投资低。根据测算，如图5-146所示，对于4000t/d合成氨装置，自热式转化技术比传统蒸汽转化技术的综合能耗增加约6%，但总投资可减少约14%。

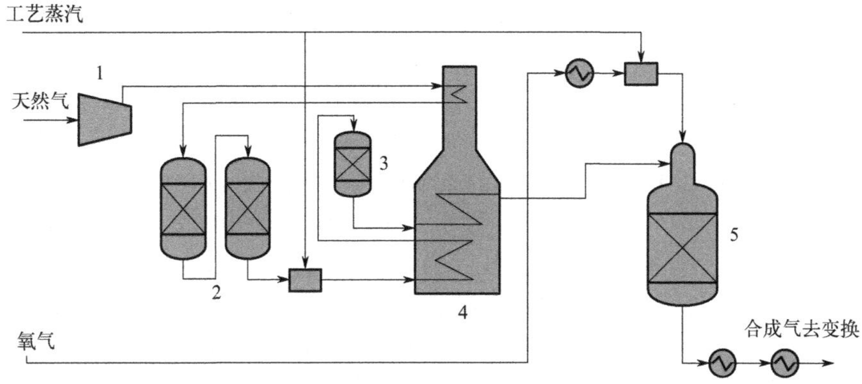

图 5-146 4000t/d 合成氨装置自热式转化工艺流程

1—天然气压缩机；2—脱硫；3—预转化；4—加热炉；5—自热式转化 (ATR)

在脱碳工序，二氧化碳低压解吸塔是尺寸最大的设备，当装置规模扩大时，如继续扩大会超过设备的运输极限。通过采用高效填料，可以降低二氧化碳解吸塔的尺寸，如当装置规模从 3300t/d 扩大到 4700t/d 时，将塔内填料由 PRM50 更换为 IMTP70，则可以将塔直径降低 0.8m，详细对比参见表 5-37。

在氨合成工序，采用双压氨合成工艺是进一步实现装置大型化的有效方法，其中低压合成压力通常为 11MPa，高压合成压力为 20MPa。对于 4700t/d 的装置规模，三台氨合成塔尺寸均限制在 3.2m 以内，与目前大型合成氨装置氨合成塔的尺寸相当，不会存在运输问题。对于合成气压缩机，由于转化压力的提高，合成气压缩机功率提高了约 33%。上述相关设备尺寸数据对比参见表 5-38。

表5-38 合成氨装置规模与氨合成关键设备参数对比表

合成氨装置规模 /(t/d)	2200	3300	4700
工艺流程	单压双回路工艺	双压氨合成工艺	双压氨合成工艺
合成气压缩机功率 /kW	25864	28600	38078
合成气压缩机转速 /(r/min)	9575	9674	8859
氨合成塔数量	2	3	3
氨合成塔尺寸	ϕ3.0m×11.3m	ϕ3.2m×18.9m	ϕ3.2m×18.9m
	ϕ2.9m×10.2m	ϕ3.0m×12.5m	ϕ3.2m×12.5m
	—	ϕ2.9m×12.2m	ϕ3.2m×19.4m

5.4.4.2 绿色低碳

太阳能光伏发电与风力发电技术的发展进步，使得可再生能源发电的成本越来越低，这些会带来合成氨工业革命性的变化。由于可再生能源的特点，传统上以化石能源为原料的大型化发展特点将不再适用，分布式、小型化的合成氨技术对于可再生能源而言将更加重要。基于可再生能源的合成氨技术，主要是以可再生能源发电，以电解水制取氢气，空气分离单元制取氮气，随后氢气和氮气为原料合成氨。同时，电解水制氢与空分都会产生氧气，可以作为重要的化工原料支撑其他化工装置的生产。新型绿色合成氨技术在未来将扮演越来越重要的角色。

目前，世界多家合成氨专利商均开发了绿色合成氨技术。如美国Uhde公司基于其碱液电解制氢技术，将合成氨作为其氢能产业链的重要一环。氨不仅仅作为原料，同时也作为一种储能方式，图5-147是Uhde公司开发的20MW可再生能源发电对应的50t/d合成氨装置模块；Casale公司开发了A60小型合成氨技术，其装置能力为100t/d，目标是小型化、集约化、模块化设计，减少设备数量，合成压力为20MPa，仅使用水冷或者空冷将氨在合成回路中冷却下来；Topsøe公司也已经投资发展了绿色合成氨技术，主要关注SOC_4NH_3固体氧化物燃料电池，充分发挥氨的高储能密度性质与易输送特性，以太阳能、风、水和空气为原材料生产氨，同时将氨作为消费能源应用于生活领域。

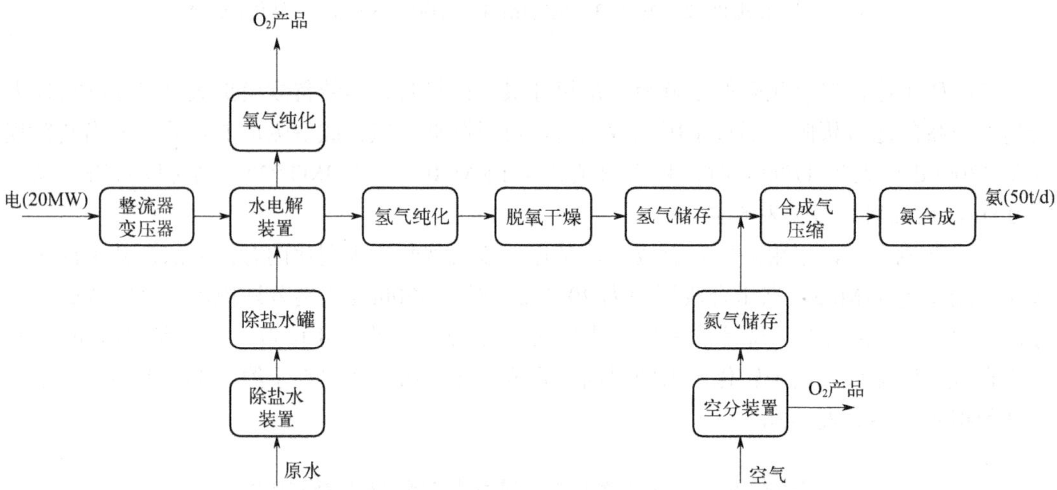

图5-147　20MW电解制合成氨典型工艺流程图

对于氨合成流程，小型合成氨装置与传统大型装置基本相同，并具有以下特点：

① 合成气压缩机由于规模较小需使用电驱往复式压缩机；

② 氨合成塔仍可以使用三床径向结构，不过由于尺寸较小，可采用传统冷激型式调节床层温度，而非内部间接换热型式；

③ 氨合成塔出口无须设置余热回收器副产蒸汽，除了加热入塔气外，可使用水冷器和氨冷器进行冷却和液氨分离；

④ 小型合成氨相比大型合成氨在投资上不占优势，其优势在于可以实现模块化设计、制造，避免了复杂的现场施工安装工作，模块化设备运至现场后可实现即插即用。

5.4.4.3　清洁生产

绿色发展将是合成氨行业布局调整和转型升级过程中的核心理念，实施环境友好的清洁生产技术是未来合成氨发展的必然和唯一选择，也是贯彻《中国制造2025》关于绿色制造的重要体现。合成氨企业是投入和产出大户，生产过程中不生成或尽量少生成副产物、废物，实现或接近零排放的清洁生产技术将日趋成熟和完善，在绿色发展领域大有可为。

对于以天然气为原料的合成氨技术，生产过程中的主要排放物包括氮氧化物、VOC、

CO 和 CO_2 等。

（1）降低 NO_x 排放的措施　一段蒸汽转化炉和锅炉中燃料气的燃烧会带来烟气的排放，其中的氮氧化物（NO_x）是主要污染源，CO_2 是温室气体。降低 NO_x 排放的主要方法包括采用低 NO_x 燃烧器和烟气脱硝技术。其中脱硝技术又包括选择性催化还原技术（SCR）和选择性非催化还原技术（SNCR），原理均是通过在烟气中加入定量氨与氮氧化物反应进行氮氧化物的脱除。目前 SCR 脱硝技术比其他脱硝技术应用更广泛，开发高低温活性、低成本、长寿命的 SCR 催化剂是烟气脱硝技术的重要方向[271]。

（2）降低 VOC 排放的措施　甲醇是合成氨生产中 VOC 排放的主要物质，甲醇作为副产物在变换反应过程中生成，并与 CO_2 共同排放至大气中或送至尿素装置。高温变换反应温度高，由于化学平衡的限制甲醇生成量很小，而低温变换的反应条件更加有利于甲醇的合成，所以降低甲醇排放的根本方式是通过优化变换催化剂的选择性，减少低温变换反应过程中的甲醇生成量。如庄信万丰等催化剂供应商已经开发了高选择性低温变换催化剂，可以降低约 90% 的甲醇生成量。另一种方式是降低工艺气冷凝温度，使得工艺冷凝液分离过程中更多甲醇溶解在水中，随工艺冷凝液排放。对于 VOC 排放限制较高的情况，也可以在 CO_2 排放前增加水洗塔使甲醇溶解在水中排放，或通过排放气催化氧化措施将排放气中的甲醇在催化剂的作用下氧化为 CO_2 和水，催化剂通常为铂或钯催化剂，价格昂贵，同时排放尾气通过催化剂床层会有阻力降，需要 CO_2 排放气有一定压力。

（3）降低 CO 排放的措施　CO 排放会在一段转化炉燃烧不充分时产生，降低 CO 排放的根本方式是烧嘴的设计和空气 / 燃料比的控制，但是烧嘴燃烧处的空燃比很难用传统方式估算，可以采用 CFD 计算方式针对燃料气组成对烧嘴进行优化，保证空气供应比例，以减少 CO 排放。

（4）降低 CO_2 排放的措施　近年来碳排放导致的温室问题越来越受到关注，碳中和概念的提出对合成氨工业也将产生越来越大的影响，减少碳排放是大势所趋。合成氨装置中原料天然气和燃料天然气中的碳元素通常都会以 CO_2 的形式排向大气，即使对于下游采用氨和 CO_2 合成尿素的化肥工厂，尿素在使用时会被土壤中的细菌分解，其中 NH_3 以离子形式被植物吸收，而部分碳仍会以 CO_2 的形式排放。所以降低碳排放的根本所在是减少天然气的使用量，如采用换热式转化工艺降低燃料天然气的消耗量，同时也减少了蒸汽产生量，用电能替代蒸汽作为部分压缩机的驱动方式。如下游没有尿素装置，脱碳系统排出的高纯度 CO_2 可以用于油田开采回注，也可以作为原料生产化工产品，如 H_2 与 CO_2 合成甲醇工艺等。一段转化炉或锅炉中烟气中的 CO_2 则可通过碳捕集技术（CCS）收集后综合利用，由于烟气具有压力低、CO_2 含量相对较低等特点，化学吸收法是最具有工程可行性的 CO_2 回收方法，其中醇胺法在回收低浓度 CO_2 的工业应用中较其他方法更有优势。醇胺法尤其是 MEA 吸收法，在天然气工业中已有约 60 年的商业应用，是目前公认的较为成熟的 CO_2 分离技术。但目前来看，碳捕集和利用项目仍缺乏成熟的商业化模式，随着未来碳税交易或其他碳减排政策日趋完善，大规模、高效、低成本 CO_2 捕集技术将发挥越来越重要的作用。

5.4.4.4　数字智能

智能化生产是传统石油化工行业提质增效、创新发展的重要抓手，也是传统合成氨工业“焕发新生”的重要机遇。合成氨工艺流程中涉及多种化学反应，很难用简单的计算方法实现全流程自动控制，而流程模拟技术与生产自动控制系统可以提供新的解决方案。采用大型通用流程模拟系统的接口技术，以严格的机理模型为基础，可以对生产过程进行模拟，也是其他应用软件的平台。实现模拟系统闭环优化的软件，能把实时数据库的数据提供给流程模拟软件，并把流程模拟的计算结果通过实时数据库提供给 DCS 的操作员，实现在线的实时生产操作调优。只有实现实时数据和关系数据的共享，才能使生产数据及时整合处理，成为生产管理和经营决策的依据。经过多年的努力攻关，我国大型天然气制氨装置已经实现了在 CIMS 中应用实时数据库平台，不但提供了与关系数据库的 ODBC 接口，而且提供了实时数据的 Web 接口 Process Explorer，并使用 ODBC 实现实时数据库和关系数据库的数据交换，同时可以实现实时数据的信息发布，提高氮肥生产管理的精准、效率。此外，智能化生产还包括对装置所有设备的管理，通过先进的计算机控制系统收集所有设备信息，实时监控操作数据避免给设备造成损坏，同时以机器学习算法学习历史数据与其他同类产品、同类装置的故障数据，对设备进行实时“处方型维护”，最大程度地保证装置连续稳定运行。

未来，随着移动互联网、云计算、大数据等为特征的第三代信息技术快速发展，网络互联趋向移动化和泛在化，合成氨装置的生产管理将从计算机与计算机、人与人、人与计算机的交互逐渐向人、机、物的互联方向过渡，将合成氨模拟计算技术、工艺操作与优化技术、安全生产与管理技术等通过大数据学习方式由计算机进行整合，实现“装置数字化、网络高速化、数据标准化、应用集成化、感知实时化”[272]。

5.4.4.5 新技术应用

采用新型催化剂和新工艺，从源头上减少能耗是合成氨装置节能的理想措施[273]。自从 20 世纪 60 年代合成氨实现大型化以来，工艺技术并没有发生过质的改变。新型催化剂的开发是优化工艺参数，实现能耗降低的必然选择。新工艺则有助于提高目的产品的收率、提高装置的操作弹性，从而降低能耗。

在合成氨低能耗的技术开发过程中，主要工艺技术将会进一步提升，其核心体现在新型催化剂的开发和应用。合成气制备工艺将发展预转化技术、低水碳比转化技术、换热式转化技术等。国内外的一段转化催化剂供应商仍在致力于提高催化剂的比表面积和强度，以达到提高反应活性、降低水碳比、减少阻力降的目的。如国内使用最为广泛的四川天一公司 Z111 型催化剂和克莱恩公司 C11 型催化均为多孔碟面结构，其中 Z111 型为 6 孔结构，如图 5-148（a）所示，C11 型为 10 孔结构，如图 5-148（b）所示，而庄信万丰公司最新开发的 CATACEL SSR™ 催化剂采用了折叠片状结构，结构如图 5-148（c）所示，不仅显著增加了比表面积，还通过流体力学优化了催化剂微结构内部的气流分布，在增加了 20% 天然气负荷的情况下阻力降可降低 6%。

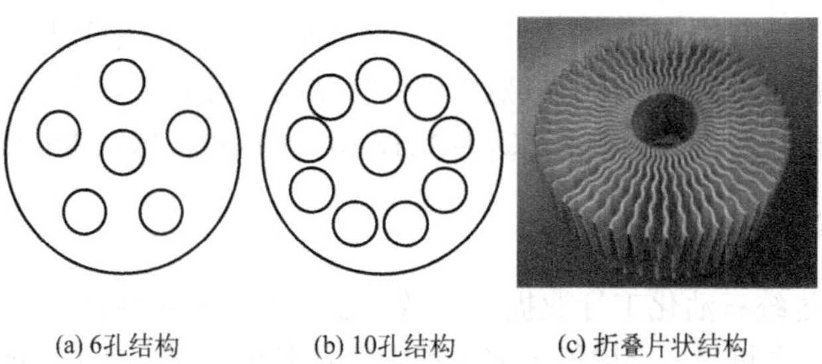

(a) 6孔结构　(b) 10孔结构　(c) 折叠片状结构

图 5-148　一段转化催化剂结构图

对于合成气净化工艺主要开发新型 CO 变换技术与高效 CO_2 脱除技术。CO 变换工艺将重点研发等温 CO 变换和低水汽比 CO 变换等技术。由于欧洲 REACH（《关于化学品注册、评估、许可和限制规定》的简称）出于职业卫生健康考虑限制了含 Cr^{6+} 物质的使用，已有催化剂厂商开发了新型低铬高温变换催化剂，在不影响催化剂性能的前提下，Cr 含量可降至 0.02% 以下。CO_2 脱除工艺将开发无毒、无害、吸收能力更强、再生热耗更低的净化技术。

氨合成工艺将重点研发如何增加氨合成转化率、降低合成压力、减小合成回路压降、合理利用能量，开发气体分布更加均匀、阻力更小、结构更加合理的合成塔及塔内件，开发低压、高活性合成催化剂，实现“等压合成”。由福州大学、中国石油等单位联合开发的低温、低压高活性钌基氨合成催化剂，通过催化剂配方优化，降低了催化剂中的钌含量，在 7 ～ 10MPa 压力下也具有良好的反应活性，是发展低压合成氨工艺的重要基础。

由于绿色合成氨概念的推广，以电作为能源进行合成氨将在未来发挥越来越重要的作用，所以基于电化学的常压合成氨工艺在未来也具有很大的发展空间。目前国内外有多种电化学合成氨体系，传统工艺采用液体电解质体系，虽然可以实现常温常压下合成氨，但是目前氨产率普遍较低；目前研究最多的是采用陶瓷膜的电化学合成氨技术，但是通常需要在450℃以上才能获得良好的导电性；采用质子交换膜电解质的电化学合成氨技术可在常温常压下进行，且电流效率高，氨产率大，但是存在涉氨环境下膜材料的稳定性问题[274]。这些技术距离大规模工业化还有一定距离。

5.5　焦炉煤气制氨

5.5.1　焦炉煤气

焦炉煤气是炼焦过程中的副产品。炼焦配煤在焦炉中经过高温干馏生成焦炭，同时得到一种可燃的混合气体，称为荒煤气。荒煤气中含有大量的焦油、苯、萘、酚以及含氮和含硫化合物等杂质，需经鼓风冷凝、电捕焦油、脱硫脱氨以及洗脱苯等冷却净化工序处理，最终得到以不凝性气体为主的混合气——焦炉煤气。

焦炉煤气产量及组成因炼焦配煤和焦化操作条件不同而有所差别。根据实际生产经验，一般生产 1t 焦炭所产焦炉煤气量约为 400 ～ 430m^3，其中约 40% ～ 45% 返回焦炉作为炭化室加热的燃料，剩余焦炉煤气可进行综合利用生产化工产品，产生经济效益。

焦炉煤气主要成分为 H_2 和 CH_4，两者体积之和可占到焦炉煤气总体积的 80% 以上。此外还含有一定量的 CO、CO_2、N_2 和烃类等。其热值一般在 17 ～ 19MJ/m^3。因此，焦炉煤气既是一种优质的化工原料也是一种二次能源。焦炉煤气典型组成如表 5-39 所示。

表5-39　焦炉煤气典型组成

组分	H_2	CO	CO_2	CH_4	C_nH_m	N_2	O_2	热值 /(MJ/m^3)
体积分数 /%	54 ～ 60	5 ～ 8	1.5 ～ 3	23 ～ 28	2 ～ 3	3 ～ 7	0.3 ～ 0.6	17 ～ 19

根据国家统计局统计数据显示，2022 年中国焦炭产量为 47295.3 万吨，则每年富余焦炉

煤气量约 1100 亿 m^3，折标准煤约 6285.3 万吨。这部分焦炉煤气若不能进行妥善利用，将造成巨大的资源浪费和经济损失。同时，焦炉煤气中还含有部分焦油、苯、硫化物等有害成分，而且 CH_4 是一种温室气体，直接放散或不合理的利用还将造成严重的环境污染和温室气体排放。

“十二五”以来，国家为促进焦化行业结构调整和转型升级，制定了焦化行业准入条件，要求焦化企业同步配套建设焦炉煤气净化和利用设施。同时，随着我国日益严格的环保政策，以及“碳达峰、碳中和”发展战略的提出，如何将焦炉煤气更加高效合理地利用已成为焦化企业生存和发展的关键要素。

经过多年的发展，按照资源合理利用的原则以及不同的市场需求，我国焦炉煤气的综合利用已形成了焦炉煤气制甲醇联产合成氨、焦炉煤气制 LNG 以及焦炉煤气生产 LNG 联产甲醇、合成氨等经典工艺路线。近年来，随着焦化产业大型化、高质量发展的要求提高，又开发出了焦炉煤气生产乙二醇、F-T 合成化学品，以及焦炉煤气制高纯氢气用于氢能产业等产品路线，使焦炉煤气的下游应用更加广泛。

本章就焦炉煤气制氨的相关工艺路线和主要单元技术进行重点介绍。

5.5.2 焦炉煤气的净化

5.5.2.1 焦炉煤气杂质种类及危害

经荒煤气净化装置出来的焦炉煤气中仍含有一定量焦油、苯、萘、硫化物等杂质，会对后续生产系统的正常运行产生很大影响。一般焦炉煤气中主要杂质指标如表 5-40 所示。

表5-40 焦炉煤气杂质指标 单位：mg/m^3

项目	硫化氢	有机硫	焦油	苯	萘	氨	氰化氢
含量	20 ～ 50	100 ～ 300	50 ～ 150	2000 ～ 4000	100 ～ 200	≤ 200	≤ 150

其中焦油、苯和萘会逐渐在后部流程的管路、阀门、冷却器以及催化剂和填料表面上积累，形成堵塞，影响设备和催化剂的正常使用。焦炉煤气中硫化物种类复杂，包括硫化氢和多种形态的有机硫，会对设备、管道造成腐蚀，对氨合成、甲醇合成等工艺的影响尤为严重，少量的硫化物就会造成催化剂活性的明显降低，甚至失活。

因此，为满足焦炉煤气综合利用生产化工产品的要求，必须对其进行进一步的净化处理。常规焦炉煤气净化工序包括焦炉煤气的预净化和精脱硫，预净化装置用于脱除焦炉煤气中的焦油、萘和苯等杂质，精脱硫装置则通过加氢转化工艺，脱除焦炉煤气中的硫。

5.5.2.2 预净化

（1）变温吸附（TSA）工艺原理　变温吸附是利用吸附剂对不同组分的吸附能力不同，以及平衡吸附量随温度的上升而下降的特性，采用常温吸附、升温脱附并使吸附剂获得再生，通过循环操作的方法达到连续净化原料气的目的。典型的双吸附器流程如图 5-149 所示[275]。

原料气由吸附器 A 底部进入，经吸附剂完成吸附后由顶部排出，随后进入再生阶段。

同时，吸附器B处于再生状态，再生气经加热器加热后，从吸附器顶部进入，携带由吸附剂脱附下来的物质从底部排出，随后进入吸附阶段。两台吸附器交替进行上述步骤，完成对气体的净化。

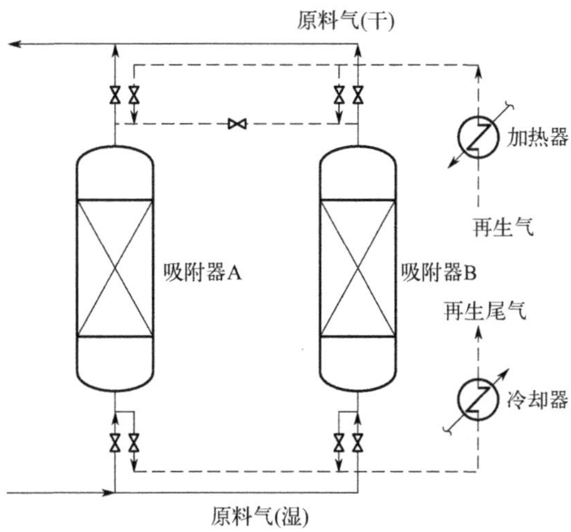

图 5-149 典型的两个吸附器轮流操作的流程

变温吸附（TSA）工艺技术成熟先进，被广泛应用于焦炉煤气中焦油、萘和苯的脱除，并通过了大型焦炉煤气净化装置长周期运行的考验，被证明是焦炉煤气脱除焦油、萘和苯最有效的方法。

（2）工艺流程描述 焦炉煤气净化的变温吸附（TSA）装置由除油、脱萘、脱苯三个单元工段组成，分别脱除焦炉煤气中的焦油、萘和苯，以达到后续流程的要求。总体工艺流程为：来自界外的焦炉煤气首先进入除油单元，脱除焦油和部分萘后进入脱萘单元脱除萘等杂质，再进入脱苯单元进行脱苯，净化后的焦炉煤气送出界区。再生气先分为两股气流分别对脱苯和脱萘单元的吸附剂进行加热再生，再经冷却、分液和减压汇合后对除油单元的吸附剂加热再生。再生气在高温下将吸附的杂质解吸出来，经冷却后，再生气中的焦油、萘等杂质和再生气分离并分别送出界区。

再生气可根据后续配套产品和工艺路线进行选择。当后续配套甲醇、合成氨装置时，可使用甲醇、合成氨弛放气，也可以使用净化后的焦炉煤气或PSA提氢解析气等。

TSA工艺根据处理焦炉煤气量和焦炉煤气中杂质的含量来确定吸附塔数。为建立吸附与再生的循环操作，至少应为两塔，多则可达数十塔。各单元工艺流程介绍如下。

① 除油单元 本单元以3塔工艺为例。来自界外的焦炉煤气进入除油单元，进行除油和粗脱萘，该单元由3台除油吸附塔、1台除油再生加热器、2台除油再生冷却器、2台除油再生气分离器组成。3台除油吸附塔交替进行吸附和再生过程，实现焦炉煤气的连续净化。为保证装置的连续运行，除油再生冷却器和除油再生气分离器采用1开1备。工艺流程示意图见图5-150。

原料焦炉煤气自底部进入处于吸附状态的除油吸附塔，由吸附剂吸附焦炉煤气中的绝大部分焦油和少量萘等杂质，然后焦炉煤气由除油吸附塔顶部流出。

除油吸附塔完成吸附后，即转入再生过程。来自脱苯脱萘装置的再生气经除油再生加热器加热至约 150℃，由除油吸附塔顶部进入，以逆吸附方向对除油吸附塔床层进行加热，加热过程中吸附的焦油等杂质不断脱除，直至脱附干净为止，由再生气从除油吸附塔底部带出，随后进入除油再生冷却器进行冷却。冷却后的再生气进入除油再生气分离器，分离出的焦油等杂质进入焦油储槽。再生气根据需求和工艺配置，可设置再生气净化塔经净化后送出界区，也可送至燃料管网作为燃料。净化后的除油吸附塔需经不加热的再生气冷吹至 40℃后，完成再生过程，可再次进行吸附。

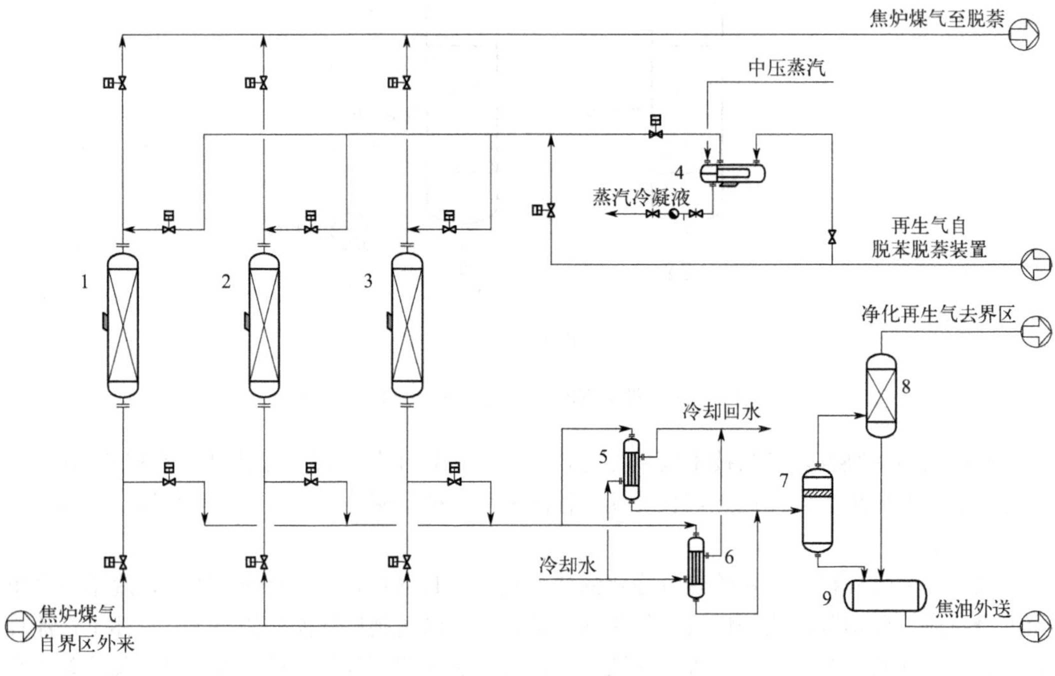

图 5-150　除油单元工艺流程示意图

1,2,3—除油吸附塔；4—除油再生加热器；5,6—除油再生冷却器；7—除油再生气分离器；8—再生气净化塔；9—集焦罐

② 脱萘单元　脱萘单元流程与除油单元流程基本相同，各设备数量根据焦炉煤气杂质含量进行配置。其工艺流程如下：

由除油单元来的脱焦油后的焦炉煤气自底部进入处于吸附状态的脱萘吸附塔，由吸附剂吸附完成焦炉煤气的精脱萘，然后焦炉煤气由脱萘吸附塔顶部流出。

脱萘吸附塔吸附饱和后，即转入再生过程。再生气经脱萘再生加热器加热至约 220～260℃，由脱萘吸附塔顶部进入，以逆吸附方向对脱萘吸附塔床层进行加热，加热过程中吸附的萘等杂质不断脱除，直至脱附干净为止，由再生气从脱萘吸附塔底部带出，随后进入脱萘再生冷却器进行冷却。冷却后的再生气进入脱萘再生气分离器，分离出萘等杂质。再生气去除油单元作为该单元的再生气。净化后的脱萘吸附塔经冷吹至 40℃后，完成再生过程，可再次进行吸附。

③ 脱苯单元　脱苯单元与除油、脱萘单元工艺流程基本相同。其工艺流程如下：

由脱萘单元来的除油脱萘后的焦炉煤气自底部进入处于吸附状态的脱苯吸附塔，由吸附剂吸附完成焦炉煤气苯的脱除，然后焦炉煤气由脱苯吸附塔顶部流出。脱苯吸附塔吸附饱和后，即转入再生过程。再生气经脱苯再生加热器加热至约 150℃，由脱苯吸附塔顶部进入，以逆吸附方向对脱苯吸附塔床层进行加热，加热过程中吸附的苯等杂质不断脱除，直至脱附干净为止，由再生气从脱苯吸附塔底部带出，随后进入脱苯再生冷却器进行冷却。冷却后的再生气进入脱苯再生气分离器，分离出苯等杂质。再生气去除油单元作为该单元的再生气。净化后的脱苯吸附塔经冷吹至 40℃后，完成再生过程，可再次进行吸附。

（3）主要工艺操作参数

① 除油单元主要操作参数见表 5-41。

表5-41 除油单元主要操作参数

序号	工序名称	操作压力 /MPa	操作温度 /℃
1	吸附	约 0.7	约 40
2	逆放	0.7 →再生气压力	约 40
3	热吹	再生气压力	40 → (120 ～ 150)
4	冷吹	再生气压力	(120 ～ 150) → 40
5	升压	再生气压力→ 0.7	约 40

注：1．再生气压力与其种类及去处有关；

2．再生气量一般为处理气量的 10% ～ 15%。

② 脱萘单元主要操作参数见表 5-42。

表5-42 脱萘单元主要操作参数

序号	工序名称	操作压力 /MPa	温度 /℃
1	吸附	约 0.7	约 40
2	逆放	0.7 →再生气压力	约 40
3	热吹	再生气压力	40 → (220 ～ 260)
4	冷吹	再生气压力	(220 ～ 260) → 40
5	升压	再生气压力→ 0.7	约 40

③ 脱苯单元主要操作参数见表 5-43。

表5-43 脱苯单元主要操作参数

序号	工序名称	操作压力 /MPa	温度 /℃
1	吸附	约 0.7	约 40
2	逆放	0.7 →再生气压力	约 40
3	热吹	再生气压力	40 → (120 ～ 150)
4	冷吹	再生气压力	(120 ～ 150) → 40
5	升压	再生气压力→ 0.7	约 40

④ 产品气技术指标见表 5-44。

表5-44 产品气技术指标

序号	项目	指标
1	温度	约40℃
2	总压力降	≤ 50kPa
3	焦油含量	≤ 1mg/m³
4	萘含量	≤ 1mg/m³
5	苯含量	≤ 10mg/m³

5.5.2.3 精脱硫

（1）精脱硫工艺原理　经预净化回收后的焦炉煤气中，仍含有硫化氢约20～50mg/m³，有机硫约100～300mg/m³。其中有机硫形态复杂，一般的湿法或干法脱硫难以脱除，尤其是硫醚和噻吩。其中硫醚需加热至400℃以上，才可分解为烯烃和H_2S。而噻吩热稳定性强，在500℃条件下也难分解。但通过加氢转化为硫化氢，即可很容易脱除。

目前焦炉煤气精脱硫主要采用铁钼加氢催化剂，首先将有机硫几乎全部转化为硫化氢，再通过氧化锌脱硫剂将硫化氢脱除至0.1×10^{-6}以下，以满足焦炉煤气后续加工的要求。

由于有机硫加氢转化需在较高温度(300～400℃)下操作，为避免化工装置的冷热病，普遍采用铁钼加氢串中温脱除工艺。该方法在焦炉煤气制甲醇、合成氨工艺中已应用多年，具有良好的脱硫效果。

（2）工艺流程描述　下面以二级加氢、二级脱硫的铁钼加氢串中温脱硫工艺为例，进行焦炉煤气精脱硫的工艺流程描述。其工艺流程示意图如图5-151所示。

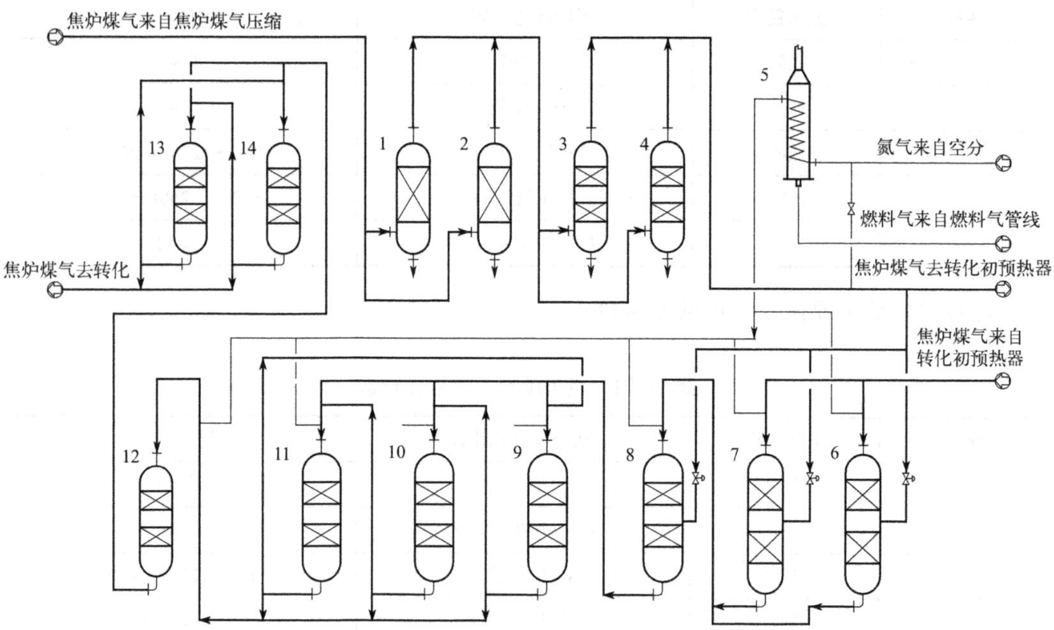

图5-151　焦炉煤气精脱硫工艺流程示意图

1,2—过滤器；3,4—预脱硫槽；5—升温炉；6,7——级加氢预转化器；8——级加氢转化器；9,10,11—中温脱硫槽；12—二级加氢转化器；13,14—氧化锌脱硫槽

来自焦炉煤气压缩的压力为2.0～3.5MPa，温度为40℃的焦炉煤气，首先经过过滤器和预脱硫槽，滤去焦炉煤气中的油雾并脱除硫化氢和氧。预处理后的焦炉煤气送至转化初预热器，利用余热升温到300～350℃。

升温后的气体首先进入一级加氢预转化器，焦炉煤气中的有机硫在此加氢转化为硫化氢，另外气体中的氧气与氢反应生成水。随后进入一级加氢转化器，进一步将有机硫转化为硫化氢。加氢转化后的焦炉煤气进入中温脱硫槽，脱去绝大部分硫化氢。之后焦炉煤气再经过二级加氢转化器将残余的有机硫进行转化，最后经氧化锌脱硫槽把关，使焦炉煤气中的总硫达到0.1×10^{-6}以下。氧化锌脱硫槽同时填装脱氯剂，脱除焦炉煤气中的氯。

中温脱硫槽一般设置三台，操作时可串联可并联。氧化锌脱硫槽一般为两台，正常操作时可两台串联，单台需要更换催化剂时，短时单台操作。开车时或更换新催化剂后，加氢催化剂需进行升温硫化。升温气体通过升温炉来加热，通常升温炉设在转化装置区内。

（3）主要工艺操作参数　精脱硫装置主要工艺操作参数见表5-45。

表5-45　精脱硫装置主要工艺操作参数

序号	指标	参数
1	过滤器入口压力	2.0～3.5MPa
2	过滤器入口温度	约40℃
3	一级加氢预转化器入口压力	2.0～3.5MPa
4	一级加氢预转化器入口温度	300～400℃
5	一、二级加氢转化器入口温度	350～400℃
6	催化剂层热点温度	350～420℃
7	氧化锌脱硫剂层温度	350～400℃
8	各设备阻力	≤0.05MPa
9	系统阻力	≤0.1MPa
10	氧化锌脱硫槽出口总硫含量	$\leqslant 0.1\times10^{-6}$

（4）主要设备　以焦炉煤气处理气量为20000m^3/h的实际工程案例为例，精脱硫配套的主要设备为：

① 过滤器（2台）

内径：2400mm，高度：约12500mm；

内装高效吸油剂，分两层填装，每层高度为3.5m，装填量为30m^3；

吸油剂型号：TX-1；

操作压力：3.0MPa，操作温度：40℃。

② 预脱硫槽（2台）

内径：2400mm，高度：约12500mm；

内装活性炭脱硫剂，分两层填装，单层装高度为3.5m，装填量为30m^3；

催化剂型号：T-201；

操作压力：3.0MPa，操作温度：40℃。

③ 一级加氢预转化器（2 台）
内径：2400mm，高度：约 14500mm ；
内装铁钼加氢转化催化剂，分两层填装，单层填装高度为 3.0m，装填量为 30m^3；
催化剂型号：JT-8；
操作压力：2.9MPa，操作温度：300 ～ 400℃。
④ 一级加氢转化器（1 台）
内径：2400mm，高度：约 14500mm ；
内装铁钼加氢转化催化剂，分两层填装，单层填装高度为 3.0m，装填量为 30m^3；
催化剂型号：JT-8；
操作压力：2.9MPa，操作温度：400℃。
⑤ 中温脱硫槽（2 台）
内径：2600mm，高度：约 17500mm ；
内装中温氧化锌脱硫剂，分两层填装，单层装填高度为 4.0m，装填量为 35m^3；
催化剂型号：T-305；
操作压力：2.9MPa，操作温度：400℃。
⑥ 二级加氢转化器（1 台）
内径：2400mm，高度：约 14500mm ；
内装加氢转化催化剂，分两层填装，单层装填高度为 3.0m，装填量为 30m^3；
催化剂型号：JT-8；
操作压力：2.9MPa，操作温度：400℃。
⑦ 氧化锌脱硫槽（2 台）
内径：2400mm，高度：约 9500mm ；
内装中温氧化锌脱硫剂，单层填装，装填高度为 3.5m，装填量为 16.0m^3；
脱硫剂型号：T-305；
床层上部装填 250mm 高脱氯剂，装填量为 1.0m^3，型号：T-408；
操作压力：3.0MPa，操作温度：400℃。

（5）装置投资　焦炉煤气处理气量为 20000m^3/h 的精脱硫装置投资约 2000 万元。

5.5.2.4　低温甲醇洗在焦炉煤气净化中的应用

（1）概述　低温甲醇洗工艺技术成熟可靠，利用甲醇在低温下对 CO_2、H_2S、COS 等酸性气体溶解度大的特性，脱除原料气中的酸性气体。该技术具有气体净化度高，溶剂甲醇价廉易得，能耗和运行费用低，生产运行稳定、可靠等诸多优点，被广泛应用于国内外煤化工领域气体中酸性气体的脱除。

近年来，随着我国焦化行业的产能置换和提质升级，行业整体向着焦炉大型化、规模化发展，焦炉煤气综合利用规模也不断上升。因此，对应焦炉煤气净化的传统脱硫等技术的设备将变得十分庞大或复杂。

针对传统焦炉煤气净化工序中存在的问题，赛鼎工程有限公司将化工产品回收装置的净化过程与焦炉煤气综合利用的净化过程统筹考虑，通过针对性的工艺开发和优化，将低温甲醇洗工艺创新地应用于焦炉煤气的净化过程中，替代传统脱硫技术，开辟了焦炉煤气净化的新工艺路线。

低温甲醇洗工艺在前文中已进行了详细的介绍，本节对低温甲醇洗工艺在焦炉煤气净化中的应用进行针对性的介绍。

（2）低温甲醇洗工艺应用于焦炉煤气净化的优点　与传统焦炉煤气净化工艺相比，低温甲醇洗工艺具有以下特点和优点：

① 焦化产品回收装置，大多采用湿法脱硫工艺，较常用的工艺为 PDS 栲胶脱硫，脱硫精度较低，处理后焦炉煤气中总硫含量仍有约 250 ～ 500mg/m^3。且此工艺脱硫液在再生过程中有副反应发生，造成系统含盐量增高，影响脱硫效果。因此需对含盐量进行控制，将产生的盐类排出系统。故存在脱硫废液难处理，容易造成二次环境污染问题。

低温甲醇洗为物理吸收过程，不会发生副反应。该工艺可以将焦炉煤气中的总硫含量脱除到 5×10^{-6} 以下，产生的酸性气体可以送硫回收装置生产浓硫酸，产生的废水可以直接送生化处理，解决了传统常压湿法脱硫工艺废液难处理的问题。

② 焦化产品回收后的焦炉煤气，仍含有一定量的焦油、苯、萘、硫化物、HCN 等杂质，为满足焦炉煤气的应用，需进一步通过 TSA、精脱硫工序进行净化。

低温甲醇洗装置能同时有选择性地将气体中油类、硫化物、CO_2、HCN 等杂质进行脱除，在替代常压湿法脱硫的同时，能够完全替代 TSA 净化装置。而精脱硫装置进气中硫含量≤ 5×10^{-6}，可简化后续脱硫工序，延长脱硫剂使用寿命，节约操作费用。因此，低温甲醇洗工艺的应用，能够减少焦炉煤气净化的装置投资、占地、消耗和操作费用。

③ 采用低温甲醇洗工艺净化后，焦炉回炉煤气中总硫含量的降低，会减轻焦炉烟气脱硫、焦炉煤气发电尾气脱硫和化工装置工业炉尾气脱硫的负荷，从而减少投资和运行费用，也更加容易保证烟气脱硫指标的达到。

（3）工艺流程描述　用于焦炉煤气净化的低温甲醇洗工艺流程示意图如图 5-152 所示[276]。

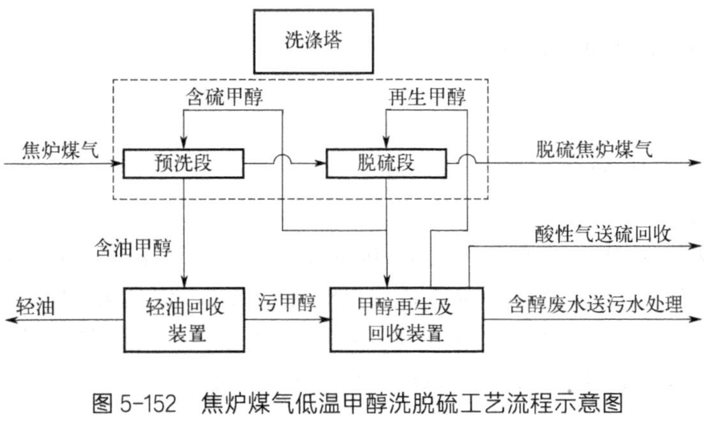

图 5-152　焦炉煤气低温甲醇洗脱硫工艺流程示意图

自化工产品回收装置送来的焦炉煤气，总硫浓度为 5 ～ 12g/m^3。经焦炉煤气压缩机将压力提升至约 0.9MPa 后进入低温甲醇洗单元。

焦炉煤气首先进入洗涤塔，洗涤塔共分为两段，下段为预洗段，上段为脱硫段。焦炉煤气先在预洗段，经少量含硫甲醇液洗涤，脱除其中的油类等重组分后进入脱硫段。焦炉煤气在脱硫段经贫甲醇液（再生甲醇）洗涤，脱除 H_2S、COS 和部分 CO_2 等组分，满足净化要求时，净化气从塔顶引出，送往下游装置。

从洗涤塔脱硫段出来的含硫甲醇富液与从热再生塔（甲醇再生及回收装置）来的贫甲醇液换热后进入热再生塔进行热再生。再生得到的贫甲醇液从热再生塔底出来经换热降温后送到洗涤塔顶部作为吸收剂，完成甲醇循环。热再生塔塔顶分离出具有较高 H_2S 浓度的酸性气进入酸气洗涤塔，经脱盐水洗涤后作为酸性气产品送往硫回收工序。预洗段出来的含油甲醇送至轻油回收装置，通过萃取的方式将甲醇与轻油分离，轻油作为产品送罐区储存，污甲醇经再生循环使用。低温甲醇洗所需的冷量由氨压缩制冷提供。

（4）主要操作指标　用于焦炉煤气净化的低温甲醇洗装置的操作指标如表 5-46 所示。

表5-46　低温甲醇洗主要操作指标

序号	指标名称	指标
1	洗涤塔操作压力	0.6 ～ 1.2MPa
2	洗涤塔操作温度	约 −36℃
3	热再生塔操作压力	约 0.25MPa
4	热再生塔操作温度	约 90℃
5	甲醇水分离塔操作温度	约 140℃
6	甲醇水分离塔操作压力	约 0.25MPa
7	系统阻力	0.1 ～ 0.15MPa
8	出口总硫含量	$\leqslant 5\times10^{-6}$

（5）主要设备　以焦炉煤气处理量为 190000m^3/h 的实际工程案例为例，低温甲醇洗配套的主要设备为：

① 洗涤塔（2 台）

规格：ϕ2700mm× 约 47000mm

材质：304

② 热再生塔（2 台）

规格：ϕ2400mm/3400mm× 约 24000mm

材质：Q245R

（6）装置投资　焦炉煤气处理量为 190000m^3/h 的低温甲醇洗装置投资约 1 亿元。虽然同等处理量的低温甲醇洗装置的投资要高于 PDS 栲胶工艺，但是从整体焦炉煤气净化工艺流程来看，由于上述低温甲醇洗的诸多优点，在烟道气净化、脱硫废液处理、TSA 装置、精脱硫装置等方面节省了较多的装置投资及操作费用，流程更加简单，同时具有良好的环保效益。

2021 年 9 月 2 日，山西聚源煤化有限公司与赛鼎工程有限公司签订了 300 万吨 / 年焦化项目焦炉煤气低温甲醇洗净化装置工程总承包合同，此项目是世界首套采用低温甲醇洗技术进行焦炉煤气净化的工程项目。

5.5.3　焦炉煤气转化制合成气

焦炉煤气经净化后，仍需要经过一系列的处理，才能获得氨合成所需的合成气。处理流程包括气体组分的改变和无效组分的脱除。根据焦炉煤气组成特点，通常通过转化和变换工艺改变气体组分，脱除无效组分的工艺一般包括脱碳、甲烷化、变压吸附、液氮洗等工艺。根据产品方案，对上述工艺进行不同的组合，以得到合格的氨合成气。

由于本书前文相关章节已对变换、液氮洗、甲烷化、脱碳、变压吸附等工艺进行了详细描述，本节不再复述。针对焦炉煤气中甲烷含量较高的特点，本节将对焦炉煤气制氨工艺流程中使用较多的转化工艺进行介绍。

5.5.3.1 概述

目前，工业上焦炉煤气综合利用普遍采用的甲烷转化方法有蒸汽转化法、催化部分氧化法以及非催化部分氧化法。

蒸汽转化法为吸热反应，转化过程需要消耗大量的蒸汽和燃料，操作费用高。由于操作条件和运行工况的要求，转化炉及其烧嘴、集气管等设备和零部件材质要求较高，导致价格昂贵，一次投资较大。同时，甲烷转化率较低，适用于甲烷含量高的天然气转化。目前，焦炉煤气的转化过程已不再使用此工艺。

催化部分氧化法是在传统蒸汽转化的二段炉转化的基础上开发出来的。该方法通过在转化炉上部燃烧部分焦炉煤气提供热量，无需外部加热，较蒸汽转化法热效率更高，反应速率更快；采用催化剂促进转化反应的进行，甲烷转化率高，但催化剂对硫含量有要求，在转化前必须脱除硫化合物；转化炉结构简单，工艺流程短，一次投资较低。催化部分氧化工艺目前已有大量工程业绩，工艺成熟可靠，能够长周期稳定运行，是目前国内使用最多的转化工艺。

非催化部分氧化法原理与烃类部分氧化工艺相同，非催化部分氧化法不使用催化剂，因此无需在转化前进行脱硫，流程简单，投资和操作费用较低。同样由于没有催化剂促进反应的进行，其转化温度一般为 1300 ～ 1400℃，比催化部分氧化法高 300 多摄氏度。虽然可以副产更多的中高压蒸汽，但是也导致其氧耗高，需要消耗更多的有效气。据测算，相同气量的焦炉煤气生产甲醇联产合成氨，使用非催化部分氧化法较催化部分氧化法产能低约 10%。同时较高的温度对转化炉炉体、烧嘴、耐火衬里、废热锅炉的设计、制造、操作和维护提出更高的要求，尤其是烧嘴使用寿命较短。目前，非催化部分氧化转化装置仅在宁夏宝丰集团投产两套，结合生产运行经验，已进行了大量的优化改进，目前装置运行正常。

下面重点对当前使用较多的催化部分氧化工艺进行介绍。

5.5.3.2 工艺原理

催化部分氧化又称为自热转化。转化炉上部设有燃烧室，在燃烧室内焦炉煤气中的部分 H_2、CO、CH_4 等与氧气燃烧产生热量，温度可达到 1300 ～ 1500℃。发生的燃烧反应如下：

$$H_2 + 1/2\ O_2 \longrightarrow H_2O \qquad \Delta H = -241\text{kJ/mol}$$

$$CO + 1/2\ O_2 \longrightarrow CO_2 \qquad \Delta H = -283.2\text{kJ/mol}$$

$$CH_4 + 2\ O_2 \longrightarrow CO_2 + 2\ H_2O \qquad \Delta H = -802.26\text{kJ/mol}$$

燃烧段产生的高温气体向下进入转化催化剂床层，为甲烷转化反应提供热量的同时，进行甲烷转化反应。催化部分氧化法一般采用镍基催化剂，由活性组分 NiO，以及 Al_2O_3、MgO 等载体和少量助剂组成。在催化剂作用下，甲烷转化主要发生以下反应：

$$CH_4 + H_2O \longrightarrow CO + 3\ H_2 \quad \Delta H = 206.4\text{kJ/mol}$$

$$CH_4 + CO_2 \longrightarrow 2\,CO + 2\,H_2 \quad \Delta H = 247.4kJ/mol$$

$$CH_4 + 1/2\,O_2 \longrightarrow CO + 2\,H_2 \quad \Delta H = -35.6kJ/mol$$

$$CO + H_2O \longrightarrow CO_2 + H_2 \quad \Delta H = -41.2kJ/mol$$

此外，焦炉煤气中的少量烃类也与蒸汽发生反应。研究表明，在温度＞600℃的条件下，镍基催化剂可使焦炉煤气中的低碳烃类与蒸汽反应完全转化为甲烷，随后进行甲烷的转化反应。最终，转化炉出口合成气以 H_2 和 CO 为主，甲烷含量≤0.6%。

5.5.3.3 工艺流程描述

以焦炉煤气制甲醇联产合成氨工艺为例，介绍焦炉煤气催化部分氧化工艺，工艺流程简图如图 5-153 所示[277]。

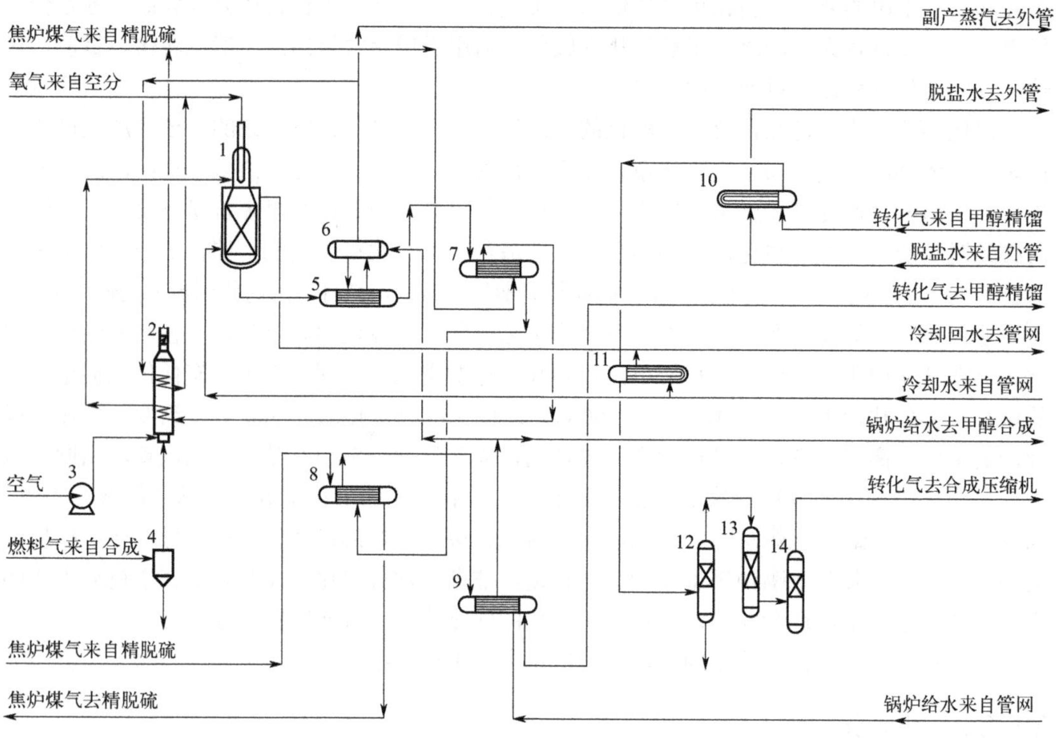

图 5-153　催化部分氧化工艺流程简图

1—转化炉；2—预热炉；3—空气鼓风机；4—燃料气混合器；5—废热锅炉；6—汽包；7—焦炉煤气再预热器；8—焦炉煤气初预热器；9—锅炉给水预热器；10—脱盐水预热器；11—水冷器；12—气液分离器；13—氧化锌脱硫槽；14—过滤器

来自精脱硫的焦炉煤气总硫含量＜0.1×10^{-6}，压力为 2.3MPa，温度约 400℃。首先与转化废热锅炉自产蒸汽混合，蒸汽流量根据焦炉煤气的流量进行调节。随后进入焦炉煤气预热器加热至约 500℃后，再经预热炉预热至 650℃进入转化炉上部。与来自预热炉的纯氧-蒸汽混合燃烧产生热量。氧气流量根据转化炉出口温度和焦炉煤气流量来调节。随后，合成气向下通过催化剂床层进行甲烷转化反应，转化气由转化炉底部引出，温度为 950～980℃，压力约 2.2MPa，甲烷含量≤0.6%。

转化气首先进入废热锅炉回收热量并副产 2.8 ～ 4.0MPa 中压蒸汽，转化气温度降至约 520℃。废热锅炉副产蒸汽过热后除供给转化自用外，富余蒸汽送往蒸汽管网。然后转化气进入焦炉煤气再预热器与入炉焦炉煤气和蒸汽换热后，温度降至约 435℃。再进入焦炉煤气初预热器加热原料焦炉煤气，温度降至约 335℃。经锅炉给水预热器与来自锅炉的除氧水换热后，温度降至约 170℃。经甲醇精馏装置再沸器，降温至约 150℃。经脱盐水预热器与脱盐水站来的脱盐水换热至 110℃；最后经冷却器降温至 40℃，由气液分离器分离工艺冷凝后，进入氧化锌脱硫槽进一步脱氯、脱硫后，转化气送往甲醇合成气压缩装置。

燃料气为甲醇合成弛放气和甲醇精馏的不凝气，两股气经燃料气混合器混合后进入预热炉底部，与空气鼓风机送来的空气混合后燃烧，为焦炉煤气-蒸汽预热提供热量。

如果焦炉煤气经转化、变换制氢直接生产合成氨，则从焦炉煤气初预热器出来的转化气直接送往变换装置进行变换反应，后续转化气冷却和氧化锌脱硫精制工艺则放在变换工段。焦炉煤气及 PSA 制氢尾气作为燃料气，为焦炉煤气-蒸汽预热提供热量。

5.5.3.4　主要操作指标

（1）压力指标　甲烷与蒸汽的转化反应是气体体积增大的反应，因此反应压力的降低有利于平衡转化率的提高。但是转化后气体体积增大约 2 倍，低压操作会使得气体压缩功变大，增加了动力消耗，也使装置的体积较大，一定程度上增加投资和占地。因此，催化部分氧化法操作压力一般控制在 2.0 ～ 3.5MPa。各装置压力指标如表 5-47 所示。

表5-47　催化部分氧化法压力指标

序号	指标名称	指标
1	蒸汽管网蒸汽压力	2.5MPa
2	焦炉煤气初预热器入口焦炉煤气压力	2.45MPa
3	空分来氧气压力	2.5MPa
4	精脱硫来焦炉煤气压力	2.3MPa
5	废热锅炉给水压力	4.2MPa
6	常温氧化锌脱硫槽出口转化气压力	2.0MPa
7	空气鼓风机出口压力	6.0MPa
8	汽包压力	2.5 ～ 4.0MPa

（2）温度指标　甲烷蒸汽转化反应为吸热反应，提高反应温度，既可以提高反应速率，又可以提高甲烷转化率。因此，可以通过提高温度来弥补加压带来的不利影响。在 2.0 ～ 3.5MPa 操作压力下，一般转化炉出口温度控制在 950 ～ 980℃，才可使转化气中 CH_4 含量＜ 0.6%。各装置温度指标如表 5-48 所示。

表5-48　催化部分氧化法温度指标

序号	指标名称	指标
1	汽包蒸汽温度	约 229℃
2	焦炉煤气初预热器入口焦炉煤气温度	40℃

续表

序号	指标名称	指标
3	焦炉煤气初预热器出口焦炉煤气温度	300 ～ 320℃
4	空分来氧气温度	100℃
5	锅炉给水温度	102 ～ 104℃
6	精脱硫来焦炉煤气温度	约 380℃
7	焦炉煤气再预热器出口焦炉煤气温度	约 530℃
8	预热炉出口焦炉煤气温度	650 ～ 660℃
9	预热炉出口氧气温度	300℃
10	转化炉出口转化气温度	950 ～ 980℃
11	废热锅炉出口转化气温度	约 520℃
12	焦炉煤气再预热器出口转化气温度	约 430℃
13	焦炉煤气初预热器出口转化气温度	约 330℃
14	锅炉给水预热器出口转化气温度	约 170℃
15	第一水冷器出口转化气温度	95 ～ 105℃
16	第二水冷器出口转化气温度	40℃
17	常温氧化锌脱硫槽出口转化气温度	40℃
18	锅炉给水预热器出口锅炉给水温度	190℃

（3）其他工艺操作参数

① 硫化物会使镍基催化剂中毒，在进转化装置前必须脱除硫化物，使得焦炉煤气中硫含量≤ 0.1×10^{-6}。

② 为保证转化温度和操作安全，原料气进转化炉前需预热至燃点以上，一般控制在 650 ～ 660℃，才可通氧。

③ 水碳比：通入一定量的蒸汽有利于甲烷转化反应的进行，可以避免焦炉煤气在受热后发生析炭反应，同时降低转化炉的操作温度，使得设备运行稳定，延长使用寿命。但过高的水碳比消耗大量蒸汽，同时吸收较多热量，造成能源的浪费。一般水碳比用 $\sum n(H_2O)/\sum n(C)$ 表示，要求＞ 2.0。

④ 氧碳比：通氧量是保持转化炉温和甲烷转化率的关键指标。但过高的通氧量，会使炉温偏高，造成超温事故。转化炉出口温度要求＜ 1000℃。一般氧气与焦炉煤气流量比控制在 0.17 ～ 0.19。

5.5.3.5 主要设备

以焦炉煤气处理量为 $50000m^3/h$ 的焦炉煤气制甲醇联产合成氨实际工程案例为例，催化部分氧化装置的转化炉、预热炉、废热锅炉及部分换热设备配置及技术规格如下：

（1）转化炉及烧嘴　转化炉采用内部衬里加外部水夹套结构，转化炉炉体采用低合金钢，壳体衬里为耐火绝热材料和耐火混凝土，烧嘴附近及燃烧室衬里采用高纯刚玉浇注料。

内径为 3200mm，H=20900mm；

内装催化剂层高 4.4m；
上部装填 Z205 催化剂，高度为 0.9m，体积为 7.23m^3；
下部装填 Z204 催化剂，高度为 3.5m，体积为 28.14m^3；
操作压力：2.3MPa，操作温度：900 ～ 1600℃；
烧嘴形式：单孔喷射式烧嘴，含冷却水系统。
（2）预热炉
ϕ6245mm，H=39700mm，烟囱高 15000mm；内有加热管，操作参数见表 5-49。

表5-49　预热炉操作参数

项目	操作介质	
	焦炉气-蒸汽	蒸汽
管内操作压力 /MPa	2.35	4.0
管内操作温度 /℃	500 ～ 660	250 ～ 450

（3）废热锅炉（带汽包）
废热锅炉：卧式，ϕ1900mm；
汽包：ϕ1800mm×5000mm；换热面积：265m^2。
操作参数见表 5-50。

表5-50　废热锅炉操作参数

项目	管程	壳程	汽包
操作介质	转化气	水，蒸汽	水，蒸汽
操作温度 /℃	960/520	250	250
操作压力 /MPa	2.3	4.0	4.0

（4）焦炉煤气再预热器
固定管板式，壳体内径为 1500mm；
换热管：ϕ19mm×2mm，L=6000mm；
换热面积：1000m^2。操作参数见表 5-51。

表5-51　焦炉煤气再预热器操作参数

项目	管程	壳程
操作介质	转化气	焦炉煤气
操作温度 /℃	535 ～ 430	350 ～ 500
操作压力 /MPa	2.25	2.3

（5）焦炉煤气初预热器
固定管板式，壳体内径为 1400mm；
换热管：ϕ25mm×2mm，L=6000mm；
换热面积：610m^2。操作参数见表 5-52。

表5-52 焦炉煤气初预热器操作参数

项目	管程	壳程
操作介质	焦炉煤气	转化气
操作温度 /℃	40 ～ 300	430 ～ 275
操作压力 /MPa	2. 5	2.25

5.5.4 焦炉煤气制氨工艺路线

焦炉煤气制氨是我国最早进行焦炉煤气利用的途径之一。早在 20 世纪 60 年代，我国就自主开发了焦炉煤气经甲烷转化、变换等工艺的焦炉煤气制氨技术。传统焦炉煤气制氨工艺指焦炉煤气经净化后，首先通过转化工艺，将焦炉煤气中的甲烷、烃类转化为 CO 和 H_2；再经变换工艺，将 CO 和 H_2O 变换为 H_2 和 CO_2；后经过脱碳工艺，脱除合成气中的 CO_2；最后配入 N_2，得到 $H_2/N_2=3/1$ 的合成气，进行氨合成。此工艺路线与煤制合成氨相比，投资少、能耗低，制氨成本低，是焦炉煤气经济实用的利用途径，具有较好的经济和社会效益。

21 世纪以来，随着我国经济的飞速发展尤其是钢铁行业的强力拉动，焦化产能得到了飞速扩张，由此焦炉煤气的综合利用技术也不断创新，焦炉煤气生产合成氨的工艺路线也呈现多样性。2012 年，陕西龙门煤化工有限公司打通了焦炉煤气分离制甲烷，联产甲醇和合成氨的工艺路线，使焦炉煤气中的各组分物尽其用，成为了焦炉煤气资源化分质利用的经典工艺路线。

以下将结合实际项目的设计方案或工程案例，对当前我国主要的焦炉煤气制氨工艺路线进行介绍，由于各项目建设条件、公辅设施依托条件以及部分装置技术方案选择的不同，文中数据仅供参考借鉴。

5.5.4.1 焦炉煤气制氢生产合成氨

（1）概述　焦炉煤气是富氢气体，其中含有近 60% 的 H_2 和近 30% 的 CH_4，通过焦炉煤气制取氢气进而生产合成氨，是焦炉煤气制氨最直接的方法，能够充分利用焦炉煤气中的氢元素，使合成氨生产规模最大化。

（2）工艺流程描述　焦炉煤气制氢生产合成氨工艺路线的方块流程图如图 5-154 所示。

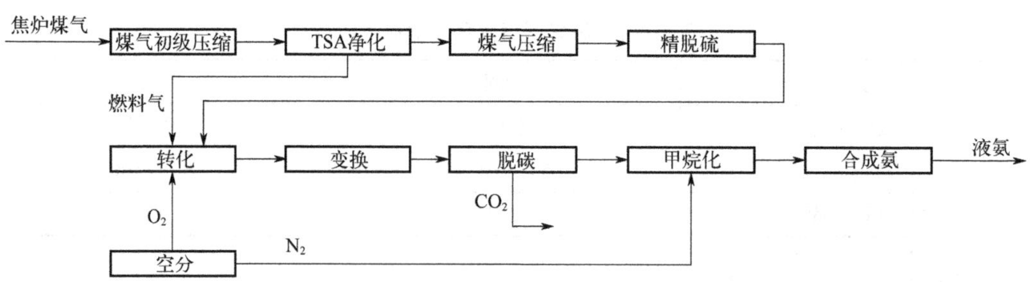

图 5-154 焦炉煤气制氢生产合成氨工艺流程方块图

焦炉煤气首先经煤气初级压缩，加压至 0.6MPa 后，进入 TSA 装置，脱除焦炉煤气中的焦油、萘和苯；再经焦炉煤气压缩机增压至 3.0MPa 后，进入精脱硫装置，将气体中总硫脱至 0.1×10^{-6} 以下。

净化后的焦炉煤气采用纯氧催化部分氧化的转化工艺将气体中的甲烷和极少量多碳烃转化为 CO 和 H_2；然后进入变换冷却装置，在催化剂的作用下将合成气中的 CO 与水蒸气反应制成 H_2。随后进入脱碳装置，将变换后的合成气中的 CO_2 全部脱除，此阶段焦炉煤气的脱碳一般选用 PSA 工艺或 MDEA 工艺。两者相比，MDEA 工艺气体回收率高，同等规模其投资和占地较小，脱除的 CO_2 纯度高，可实现将来与 CO_2 捕集、利用和封存（CCUS）技术的耦合。但是其消耗大量蒸汽，能耗较大，不如 PSA 工艺经济。因此，焦炉煤气处理量较小时，一般使用 PSA 工艺，牺牲部分气量，减少生产成本；焦炉煤气处理量较大时，则选用 MDEA 工艺。

脱碳后的富氢气体进入甲烷化装置，进一步将合成气中的 CO 和 CO_2 脱除，以满足合成氨的要求，同时与来自氮气压缩装置的氮气混合为 H_2/N_2=3∶1 的合成气后，进行氨合成。

（3）与氢能的耦合　氢气不仅仅是重要的工业原料，也是一种高能量密度且无污染的理想清洁能源。作为一种二次能源，既可以从传统化石能源如煤炭、石油、天然气等制取，也可以通过风、光、水等可再生能源制备。氢气的热值高 (140.4MJ/kg)，其热值为液化石油气的 2.5 倍、汽油的 3 倍。与其他燃料相比，氢气无色无味无毒，燃烧产物只有水，而水又可以电解生成氢气，可循环利用。因此，氢能的发展，对于我国能源体系的清洁化、多元化具有重要意义。氢能作为多能源传输和融合交互的纽带，被认为是未来清洁低碳能源系统的核心之一，这使得氢能产业在全球得到了快速发展。

近年来，我国也不断出台各项政策，大力推动氢能产业的发展。目前，我国氢能产业已经初步形成从基础研究、应用研究到示范演示的全方位格局，在完整的氢能产业链均有布局，涵盖制氢、储运、加注、应用等环节。因此，对氢能的需求量也将不断变大。

在众多制氢路线中，焦炉煤气制氢具有较大的成本优势，如表 5-53 所示。焦炉煤气加工费用仅为 0.3 元 /m^3 左右，加上焦炉煤气成本，合计约为 0.6 ～ 1 元 /m^3。

表5-53　不同制氢方式成本

序号	工艺路线	氢气成本 /(元 /m^3)
1	电解水制氢	2.5 ～ 4.0
2	天然气蒸汽重整制氢	0.8 ～ 1.5
3	甲醇裂解制氢	1.8 ～ 2.5
4	液氨裂解制氢	2.0 ～ 2.5
5	焦炉煤气制氢	0.6 ～ 1.0
6	氯碱、甲醇等弛放气制氢	0.6 ～ 1.0
7	煤气化制氢	0.7 ～ 1.5

因此，焦炉煤气制氢生产合成氨工艺路线能够进行氢能产业与合成氨工业的耦合。此工艺路线将焦炉煤气中的甲烷和多碳烃通过转化工艺变为 CO 和 H_2，CO 又通过变换最终彻底转化为氢气，氢气产量比焦炉煤气直接提取氢气提高 70% 左右，能够为氢能产业的发展提供大量廉价氢气。同时，在当前氢能市场培育阶段，本工艺路线又可以应对市场的不确定因素，进行 H_2 与合成氨产能的灵活调节，规避风险。

H_2 作为产品销售，其质量一般需满足氢燃料电池用氢标准（GB/T 37244—2018），或高纯氢和超纯氢标准（GB/T 3634.2—2011）。

焦炉煤气制氢生产合成氨工艺路线脱碳后的富氢气体中的氢含量或杂质浓度尚不满足氢燃料电池用氢或超、高纯氢气的需求，需进一步通过 PSA 工艺把关，提高氢气纯度。目前，我国 PSA 工艺经过多年的不断完善，装置单系列最大处理能力已超过 200000m³/h，出现了 20 床或 20 床以上的多塔工艺，并研制出多种新型吸附剂，如金属离子负载型吸附剂、特殊孔径专用吸附剂等，提取的氢气纯度可达到 99.9999%，完全满足超纯氢气产品的要求。由 PSA 装置得到的合格氢气，经压缩机加压至 22MPa，通过氢气充装柱装入氢气长管拖车外售。工艺流程方框图如图 5-155 所示。

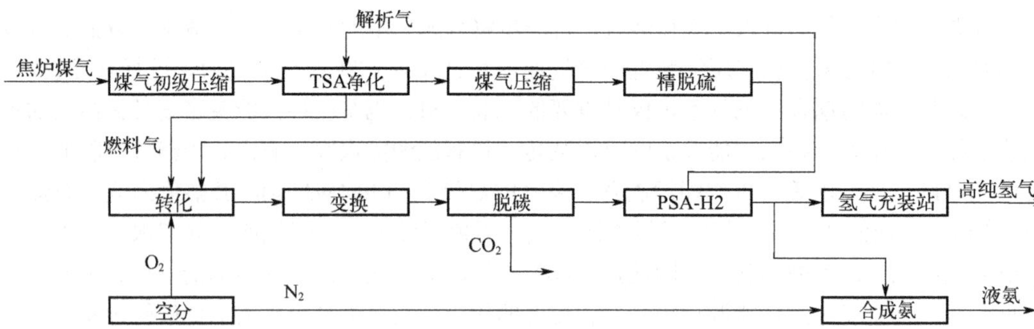

图 5-155　氢氨联产工艺流程方块图

但是，本工艺流程在获得大量氢气的同时，焦炉煤气中的 C 几乎以 CO_2 的形式排放，带来较高的碳排放。在我国当前“碳达峰、碳中和”的发展战略背景下，此工艺路线应当耦合 CCUS 技术，以实现工艺流程的低碳排放，和产品氢气由“灰氢”到“蓝氢”的转变，才能更加具有竞争力。

（4）主要技术经济指标　本部分以焦炉煤气处理量为 22500m³/h 氢氨联产的案例为例，进行主要技术经济指标的描述。

① 产品方案及装置规模　22500m³/h 焦炉煤气，可生产 H_2 约 28000m³/h，折质量约 2.5t/h（2 万吨 / 年）；如氢气全部用于生产液氨，可生产液氨约 14t/h，即 11 万吨 / 年。因此，合成氨装置建设规模为 10 万吨 / 年，最大 110% 负荷；考虑氢能产业的发展以及焦炉煤气制氢良好的经济效益，未来可全部转产氢能，氢气充装站建设规模为 2 万吨 / 年。

H_2 产品质量符合《质子交换膜燃料电池汽车用燃料　氢气》（GB/T 37244—2018）要求。液氨产品质量符合《液体无水氨》（GB/T 536—2017）中优等品的规定。

② 主要原料及消耗

A．原料　原料焦炉煤气组成如表 5-54 所示。

表5-54　原料气组成

组成	H_2	CO	CO_2	CH_4	N_2	C_2H_6	O_2	合计
体积分数 /%	59.8	10.3	3.2	20.0	4.1	2.2	0.4	100

B．公用工程消耗　合成氨按 70% 负荷考虑，合成氨产量为 7 万吨 / 年，燃料氢气产量为 1 万吨 / 年，主要公用工程消耗见表 5-55。

表5-55　公用工程消耗

序号	名称	规格	单位	消耗量
1	新鲜水	0.40MPa，17℃	t/h	28
2	循环水	0.40MPa，32～42℃	t/h	1860
3	电	10kV/380V	kW	11500
4	仪表空气	0.4MPa，−40℃露点	m^3/h	560
5	蒸汽	0.5MPa 饱和蒸汽	t/h	3
6	蒸汽	3.4MPa 过热蒸汽	t/h	2
7	锅炉给水	4.5MPa，105℃	t/h	6.5
8	蒸汽	4.0MPa，250℃	t/h	−6.2
9	氮气	0.6MPa，40℃	m^3/h	6000

③ 投资及经济效益　总投资约3.5亿～4亿元，其中主要生产装置设备购置费约1.5亿元。

此工艺路线耦合了氢能，具有良好的经济效益。但是目前氢能产业主要集中在东南沿海较为发达的地区，且氢气储存困难，建设企业应充分考虑市场供需问题，做好产品结构的调整，规避风险。

5.5.4.2　焦炉煤气制LNG联产合成氨

（1）概述　LNG是liquefied nature gas的英文缩写，是通过深冷技术将天然气冷却到低温（＜−161.4℃）或高压处理液化得到的，主要成分是甲烷，是一种高效、低碳、环保的清洁能源。

当前，为应对气候变化，全球能源消费结构向着清洁化、低碳化加速转变，天然气消费占比稳步上升。据《中国天然气发展报告（2024）》，2023年我国天然气消费量为3945亿立方米，占一次能源消费总量的8.5%。但是2023年天然气产量仅为2324亿立方米，大量依靠进口，进口量为1656亿立方米，对外依存度较高。随着我国“双碳”目标的提出，以及环保政策的趋严倒逼，预计2025年我国天然气消费规模达到4300亿～4500亿立方米，2030年达到5500亿～6000亿立方米，对我国天然气的供应和保障提出了更高的要求。

焦炉煤气中甲烷含量约25%，焦炉煤气制LNG联产合成氨的工艺路线，在生产合成氨的同时，可以将焦炉煤气中的CH_4提取出来制取LNG，能够缓解区域LNG供应不足的问题。

（2）工艺流程描述　根据主产品的不同，焦炉煤气制LNG联产合成氨的工艺路线可以分为两种，即以液氨为主产品的工艺路线和以LNG为主产品的工艺路线。两者的区别在于焦炉煤气中CO的处理方式。以液氨为主产品，则通过变换装置，将CO变换为H_2，以提高合成氨产量。以LNG为主产品，则不设置变换装置，通过甲烷化装置焦炉煤气中CO和CO_2与H_2发生甲烷化反应，生成CH_4，提高LNG产量，同时由于H_2的消耗，造成合成氨产量的下降。

本节通过以液氨为主产品的技术方案进行LNG联产合成氨技术路线的介绍，其工艺流程方块图如图5-156所示。

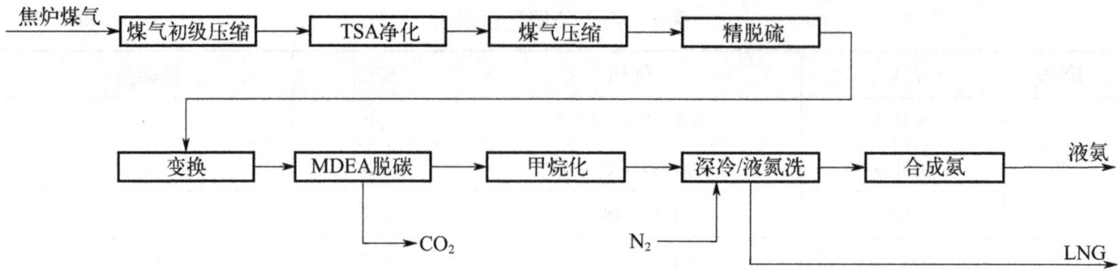

图 5-156 液氨为主产品的LNG联产合成氨工艺流程方块图

焦炉煤气首先经过净化工序，脱除其中的焦油、萘、苯以及硫化物，以满足后续工序的要求。净化后的焦炉煤气中焦油和萘含量＜ 1.0mg/m^3，苯含量＜ 10mg/m^3，总硫含量＜ 0.1×10^{-6}。

由于以液氨为主产品，净化后的焦炉煤气进入变换冷却装置，在催化剂的作用下将合成气中的CO尽可能多地转化为H_2，以提高液氨产量。随后变换气进入MDEA脱碳装置，脱除合成气中的CO_2。由于CO和CO_2对合成氨催化剂有不利影响，在脱碳装置后设置甲烷化装置，进一步将合成气中的CO和CO_2脱除，同时生成CH_4。而甲烷化反应又会消耗H_2，因此也需尽可能提高CO变换率。但是CO变换量越大，所需的汽气比越大，当CO浓度在1%以下时，反应相同量的CO所消耗的中压蒸汽量急剧增大，且使得后续冷却负荷加重，变换冷凝液量增多。因此，CO变换率可控制在0.7%～1%左右。

从甲烷化出来的合成气进入深冷分离单元。深冷分离单元有两个目的，一是得到LNG产品，二是得到合成氨原料气。传统深冷分离装置分离出LNG后，气体中仍含有少量的CH_4等惰性气体，会增加氨合成耗气量和循环气量，进而增加合成氨设备体积和催化剂用量。因此，本工艺流程深冷分离装置耦合了液氮洗，采用“混合冷剂循环＋氮气节流制冷＋精馏液化”的工艺流程进行LNG的分离与氨合成气的净化。该流程的设置主要有以下优点：

① 深冷分离装置与液氮洗装置操作工况基本一致，耦合无障碍；

② 液氮洗装置能耗低、无污染，精制气纯度高，可直接获得$H_2/N_2=3/1$的氨合成气，可降低氨合成能耗和装置投资。

耦合液氮洗的深冷分离工艺流程示意图如图5-157所示[278]。

从深冷分离装置前段吸附塔出来的净化气进入冷箱，在主换热器的管道内部分冷凝后，两相流体进入气体提纯分离塔，富甲烷液从塔底流出送到后续闪蒸塔。富氢气体从分离塔顶部流出进入氮洗塔的底部。在氮洗塔中，上升的富氢气体与塔顶回流的液氮逆流并进行洗涤，同时将H_2与N_2的比例调节为3∶1。塔顶流出的H_2与N_2混合气经过主换热器升温后出冷箱，作为氨合成气进入氨合成装置。氮洗塔的塔釜液组成主要为N_2、CO以及部分溶解的H_2和CH_4。这股液体膨胀后也送入闪蒸塔进行闪蒸，以提高CH_4的回收率。闪蒸塔内甲烷不断被提浓至合格LNG，由塔底采出，经过冷后送至LNG储罐。闪蒸塔顶出来的气体在主换热器中升温后作为燃料送全厂燃料气管网。

整体来看，“变换-甲烷化-深冷/液氮洗”的流程配置还具有产品可灵活调节的优点。当LNG市场较好时，可以降低CO变换程度，提高甲烷化负荷，以获得更多的LNG；当液氨市场较好时，反之以提高液氨产量。

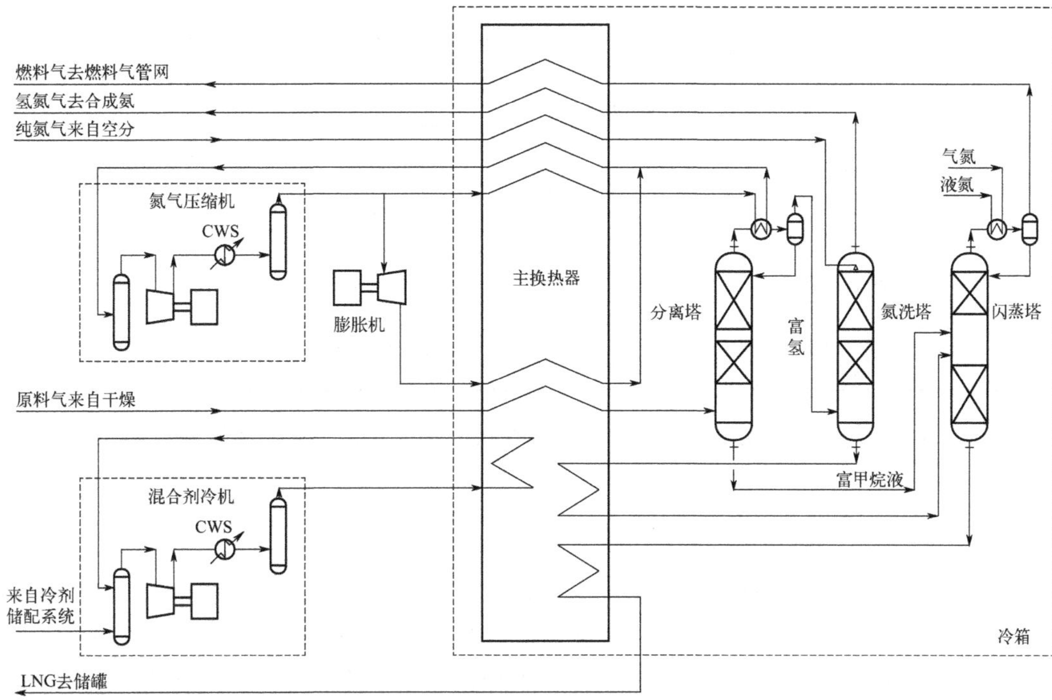

图 5-157　耦合液氮洗的深冷分离装置流程示意图

（3）主要技术经济指标　本部分以焦炉煤气处理量为 70000m^3/h 的案例为例，进行主要技术经济指标的描述。

① 产品方案及装置规模　根据焦炉煤气处理量及工艺流程配置，可生产 LNG 约 10 万吨 / 年，同时联产液氨约 18 万吨 / 年。因此，装置建设规模为 10 万吨 / 年 LNG，18 万吨 / 年合成氨。

LNG 产品质量符合《液化天然气》（GB/T 38753—2020）中常规类的规定。液氨产品质量符合《液体无水氨》（GB/T 536—2017）中优等品的规定。

② 主要原料及消耗

A．原料　焦炉煤气组成见表 5-56。

表5-56　原料气组成表

组成	H_2	CO	CO_2	CH_4	N_2	C_nH_m	O_2	合计
体积分数 /%	59	8	3	23	4	2.5	0.5	100

B．公用工程消耗　主要公用工程消耗量见表 5-57。

表5-57　公用工程消耗

序号	名称	规格	单位	消耗量
1	电	10kV/380V	kW	39000
2	新鲜水	0.4MPa，17℃	m^3/h	150
3	循环水	0.4MPa，32 ～ 42℃	t/h	9000

续表

序号	名称	规格	单位	消耗量
4	蒸汽	0.5MPa，饱和	t/h	25
5	蒸汽	2.8MPa，232℃	t/h	−24
6	蒸汽	4.0MPa，480℃	t/h	12
7	锅炉给水	2.0MPa，105℃	t/h	3
8	锅炉给水	4.0MPa，150℃	t/h	25
9	仪表空气	0.6MPa，40℃	m^3/h	620
10	氮气	0.6MPa，40℃	m^3/h	7850

③ 投资及经济效益　总投资约 10 亿～ 11 亿元，主要生产装置设备购置费约 4 亿～ 4.5 亿元。

5.5.4.3　焦炉煤气制甲醇联产合成氨

（1）概述　焦炉煤气制甲醇具有工艺流程简单、能耗低、投资小等诸多优点，其生产成本低于煤制甲醇，作为焦炉煤气综合利用、焦化产业链延伸的重要手段，得到了大力的推广和应用。

焦炉煤气制甲醇合成气富氢，随着反应的进行，焦炉煤气中 N_2、CH_4 等惰性气体及富余 H_2 不断累积，逐渐影响甲醇合成工况的正常运行。为了解决这种情况，必须将循环气的一部分排放掉，来降低惰性组分的浓度。排放掉的这部分气体称为弛放气。

甲醇弛放气主要成分为氢气和氮气，其组成如表 5-58 所示。弛放气一般部分作为燃料送至锅炉、加热炉或焦炉烧掉。

表5−58　甲醇弛放气组成

组分	H_2	N_2	CO	CO_2	CH_4
体积分数 /%	72 ～ 78	8 ～ 16	1.5 ～ 5	2 ～ 8	2 ～ 5

甲醇弛放气中，氢气含量在 72% ～ 78% 之间，经过简单的变压吸附，即可得到合成氨所需的 H_2，配入氮气后，便可进行氨合成。因此甲醇弛放气生产合成氨，工艺流程简单，生产能耗较低。在实现了废气综合利用的同时，带来了良好的经济效益，是一条经济环保的工艺路线。

（2）工艺流程描述　焦炉煤气制甲醇联产合成氨工艺流程方块图如图 5-158 所示。

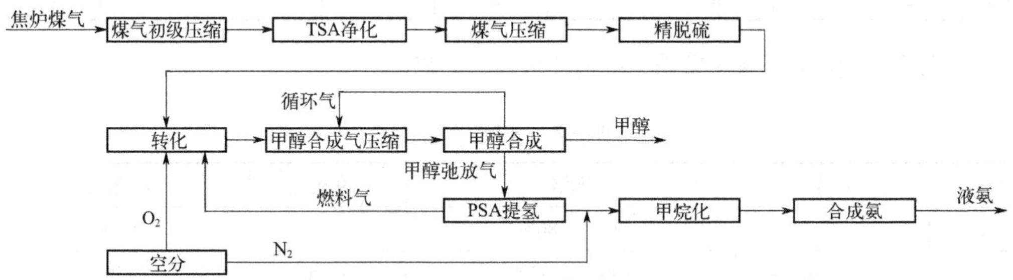

图 5-158　焦炉煤气制甲醇联产合成氨工艺流程方块图

经 TSA 和精脱硫净化后的焦炉煤气中焦油和萘含量＜ 1.0mg/m³，苯含量＜ 10mg/m³，总硫含量＜ 0.1×10^{-6}。随后进入催化部分氧化的转化装置，在催化剂的作用下 CH_4 和低碳烃类转化为 CO 和 H_2。转化后的合成气中，氢气含量约 70%，氢碳比约 2.4 ～ 2.6，高于甲醇合成所需的氢碳比（甲醇合成最佳氢碳比为 2.05 ～ 2.1），因此后续无须设置脱碳装置。转化气直接进入甲醇合成气压缩段，加压至约 3.0MPa，并经分离器分离掉冷凝水后与甲醇合成循环气混合后，加压至 6.0MPa 送至甲醇合成生产甲醇。来自甲醇合成的弛放气减压后，进入 PSA 装置提取 H_2。随后与来自空分的中压氮气按照 H_2/N_2=3/1 的比例混合后，经氢氮压缩机加压后进入氨合成工序。

本工艺流程可根据市场行情，调节甲醇和液氨产品比例，降低因市场价格波动带来的风险。

（3）主要技术经济指标　本部分以焦炉煤气处理量为 50000m³/h 的案例为例，进行主要技术经济指标的描述。

① 产品方案及装置规模　根据焦炉煤气处理量，甲醇产量最大为 20.8 万吨 / 年，相应液氨产量为 4.5 万吨 / 年。考虑到甲醇合成催化剂负荷降低、弛放气量增大、合成氨生产能力提升，以及根据市场因素，装置调节甲醇和液氨产量的灵活性，甲醇装置建设规模为 20 万吨 / 年，合成氨装置建设规模为 10 万吨 / 年。

甲醇产品质量符合《工业用甲醇》（GB/T 338—2011）中优等品的规定。液氨产品质量符合《液体无水氨》（GB/T 536—2017）中优等品的规定。

② 主要原料及消耗

A．原料消耗　焦炉煤气组成见表 5-59。

表5-59　焦炉煤气组成

组成	H_2	CO	CO_2	CH_4	N_2	C_nH_m	O_2	合计
体积分数 /%	57.40	7.24	2.56	24.05	5.18	2.77	0.8	100

B．公用工程消耗　主要公用工程消耗量见表 5-60。

表5-60　公用工程消耗

序号	名称	规格	单位	消耗量
1	电	10kV/380V	kWh	8251
2	新鲜水	0.4MPa，17℃	m³/h	174
3	循环水	0.4MPa，32℃	t/h	9285
4	脱盐水	0.4MPa，40℃	t/h	27
5	锅炉给水	4.5MPa，105℃	t/h	100
6	蒸汽	8.83MPa，535℃	t/h	96
7	蒸汽	3.4MPa，435℃	t/h	−10
8	蒸汽	1.0MPa，190℃	t/h	−10.6
9	蒸汽冷凝液	0.6MPa，65℃	t/h	−19.3
10	氧气	2.6MPa，100℃	m³/h	9370
11	氮气	0.4MPa，40℃	m³/h	4700
12	仪表空气	0.4MPa，−40℃露点	m³/h	1500

③ 投资及经济效益　总投资约 7.2 亿元，其中主要生产装置设备购置费约 2.7 亿元。

5.5.5 小结

综上所述，利用焦化副产的焦炉煤气制氨是一种技术成熟可靠、投资少、成本低、环境友好的氨合成技术路线。经过多年的技术开发与研究，已形成了合成氨与氢能、甲醇、LNG 等多种产品联产的技术路线，实现了焦炉煤气中 H_2、CO、CH_4 主要成分的“分质利用”，使得工艺流程更加合理、资源利用效率更高、经济效益更好，符合国家产业发展政策。

尽管各种路线的能耗、环保、经济效益各不相同，但是能够满足建设企业及区域实际需求的技术路线即为最优路线。在当前我国提出“双碳”政策和“能耗双控”的发展战略与要求的背景下，焦炉煤气制氨及其综合利用全流程的工艺优化、单元技术升级、行业间的耦合，作为重要的节能减排措施仍需不断研究和推广。

5.6 商品氨及下游产品

5.6.1 概述

氨，一种含氮和氢的无机化合物，化学式为 NH_3，分子量为 17.031，无色、具有强烈的刺激性气味。熔点为−77.73℃，沸点为−33.5℃，常温常压下为气态，气体密度为 0.771kg/m^3，极易溶于水。氨作为氮源，可直接用作农业肥料施用或作为中间产品生产各类氮肥产品[279]。在化工领域中，主要用于合成硝酸、胺类、酰胺类和氨基酸等产品，是塑料、橡胶、医药和农药等领域重要的中间体；在环保脱硝领域，是重要的还原剂之一。

商品氨，又称商品液氨或商品氨水，是市场中作为商品流通的液氨和氨水的总称。

液氨，又称为无水氨，一种无色液体，具有强烈刺激性气味。氨气在常压下冷却至−33.5℃，或常温下加压至 700 ～ 800kPa 直接液化成液氨。在 −33.5℃、101.3kPa 时，密度为 0.888kg/m^3。将气态氨转化为液态是为了储存和运输便利。

氨水，为氨溶于水后形成的溶液，无色透明，具有刺激性气味。在常温、常压下，1 体积水能溶解约 700 体积的氨；工业用氨水通常为含氨 20% ～ 25% 的水溶液，氨水中部分氨分子与水反应生成一水合氨（$NH_3 \cdot H_2O$），并发生微弱水解生成铵根离子（NH_4^+）和氢氧根离子（OH^-），水溶液呈弱碱性。

商品氨和氨的化学性质相近，对皮肤和眼睛有着强烈的刺激作用，可引起疼痛和烧伤，导致炎症并发生水肿、上皮组织破坏等。呼吸时吸入氨容易引起氨中毒，引发鼻炎、咽炎、气管炎、支气管炎等症，严重者表现为呼吸道黏膜刺激和灼伤，造成气管阻塞，引起窒息。氨具有一定的腐蚀性且易挥发，通常于阴凉、干燥、通风处储存，远离火种、热源，防止阳光直射，禁止与乙醛、丙烯醛、硼等物质共存，应与酸类、氧化剂、卤素、金属等分开存放。液氨和氨水均属于危险化学品，需严格按照相关制度进行管理和防护，液氨一般采用耐压钢瓶或钢槽储存，氨水采用密闭性容器储存。

5.6.2 商品氨供应

5.6.2.1 世界商品氨供应

就应用领域而言，世界合成氨多数用于生产氮肥产品，占世界产量的75%左右，仅少量用于工业生产。就地域分布而言，80%以上的氨用于本国消费，仅有10%左右的氨进行出口贸易。世界商品氨供应量在1700万～2000万吨之间，以海运为主，主要与运输距离、运输成本和安全有关。

俄罗斯、伊朗、沙特是世界重要的商品氨输出国，而印度、美国、摩洛哥、中国、墨西哥和乌克兰是世界主要商品氨进口国，2020年合计进口量占国际贸易总量的44%。

世界商品氨贸易格局已形成较为稳定的三大流向：一是中东流向东亚地区，中东是重要的氨生产和输出地；二是北美流向拉丁美洲地区，北美是氨生产、消费和输出集中地区；三是东欧流向北欧和非洲，东欧凭借廉价、丰富的天然气资源和海运便利是商品氨重要的输出地。

5.6.2.2 中国商品氨供应

“十二五”以来，大量合成氨新增项目建成投产，氨供应显著增加。2015年国内氨供应达到历史巅峰，产量为6678万吨（实物量），供应过剩问题愈发突出，市场受挫。企业迫于压力，一方面进行产业结构调整，淘汰和升级落后产能；另一方面加大下游产业和用户开发，增加商品氨供应以减轻传统氮肥市场低迷带来的亏损。

同时，受国内产能分布不均、国内外成本差异和市场区域局限性等因素影响，东南部沿海地区下游产业发达，借助港口和海运优势条件，大量进口商品氨以满足需求。据海关统计，2020年国内商品氨进口量达115万吨，较2010年增长86万吨，年均增速29.7%。

5.6.3 商品氨需求

氨下游需求主要分为两大领域：农业需求和工业需求。农业需求是氨的主体需求领域，生产各类氮肥产品；工业需求主要是生产工业硝酸铵、TDI/MDI、己内酰胺、丙烯腈等产品，以及用作脱硝还原剂、脱硫剂、制冷剂和蚀刻剂等，在医药、纺织、塑料、建筑、电子和制冷等行业应用广泛。

近年来，国家不断倡导农业减肥增效，农业需求基本持稳。工业需求增加较为显著，尤其是用作烟气脱硝还原剂方面，随着国家超低排放要求的严格管理，需求不断增长。

5.6.3.1 农业需求

农业需求包括尿素、碳酸氢铵、磷酸铵、氯化铵等氮肥品种，其中尿素、碳酸氢铵产品基本为合成氨企业配套生产，不涉及商品氨需求；硫酸铵涉及焦化行业副产以及己内酰胺副产两部分，单独成章。

（1）磷酸铵　磷酸铵是含有氮和磷两大主要营养元素的二元高效复合肥产品，主要包括磷酸一铵（MAP）和磷酸二铵（DAP），具体详见磷肥分册。

磷酸铵主流生产工艺以磷矿石、合成氨、硫酸为原料，以硫酸对磷矿石进行分解、萃取制得磷酸，它再与氨进行中和反应生成磷酸铵，通过控制磷酸与合成氨在中和槽内中和度可以控制 MAP、DAP 不同产物的产出，中和度控制在 1.0 ～ 1.5 时，产物以 MAP 为主，DAP 一般是在一次氨中和基础上进行二次中和得到的，料浆中和度提高至 1.7 ～ 2.0。合成氨主要用于中和磷酸和提供所需氮源，MAP 和 DAP 工艺条件与氮含量不同，对合成氨的消耗有所差异。

国内磷酸铵生产原料氨主要依赖市场采购，仅部分企业配套建设有合成氨装置，多无法自给自足。由于商品氨安全、供应问题，磷酸铵企业逐渐建设合成氨装置，企业自给能力显著提升，对商品氨需求有所下降。

（2）硝酸铵　硝酸铵是同时含有硝态氮和铵态氮两种养分形态的氮肥品种，氮含量为 35%，具体详见硝酸铵部分。

硝酸铵以硝酸与合成氨为原料制得，国内除个别企业采用常压中和法工艺生产外，其余企业均采用管式反应器法生产，工艺过程包括中和、浓缩和造粒。氨消耗主要集中在中和工段，额定消耗为 220kg/t 产品。硝酸铵生产基本配套合成氨装置，个别企业需外采，商品氨需求较少。

（3）氯化铵　氯化铵是采用联碱法（即联合制碱法）生产纯碱的副产品，以液氨、二氧化碳、氯化钠等为生产原料生产，详见氯化铵部分。

氨主要用于碳化过程吸收 CO_2，生成 $NaHCO_3$。按照氯化铵中氮含量折算氯化铵产品理论用氨量为 317.8kg/t 产品，但实际生产过程中，反应转化率无法达到 100%，部分氨未参与反应，实际氨额定消耗 340kg/t 产品。联碱法生产氯化铵的企业多数有合成氨装置，少量外采，商品氨需求较少。

5.6.3.2　非农需求

（1）己内酰胺　学名 ε-己内酰胺（CPL），分子式为 $C_6H_{11}NO$，分子量为 113.16。熔点为 69℃，沸点为 139℃，室温下为白色叶片状结晶，易潮解，易溶于水和乙醇。工业己内酰胺纯度一般为 99.9% ～ 99.94%，含有 0.04% ～ 0.1% 的水。

己内酰胺易发生水解、聚合、氧化等反应，在高温下发生聚合反应生成聚己内酰胺（聚酰胺 6，俗称尼龙 6），主要用于生产尼龙 6 纤维、工程塑料和薄膜、尼龙工业丝，民用尼龙 6 纤维约占己内酰胺总消费量的 54%，尼龙 6 帘子布消费量约占消费总量的 10%，尼龙工程塑料和薄膜约占 24%。

（2）丙烯腈（acrylonitrile，AN）　分子式为 C_3H_3N，分子量为 53.06，熔点为 −83.6℃，沸点为 77.3℃，常温下为一种无色的有刺激性气味液体，密度为 $0.806g/cm^3$。微溶于水，易溶于多数有机溶剂。

丙烯腈（AN）是一种重要的有机化工原料，是丙烯下游需求仅次于聚丙烯的产品，主要用于生产丙烯酰胺、丙烯酸酯、己二腈、丙烯腈纤维（腈纶）、丙烯腈-丁二烯-苯乙烯（ABS）树脂、苯乙烯-丙烯腈（SAN）树脂和丁腈橡胶等，丙烯酰胺和丙烯酸酯广泛应用于油漆、建筑和油田开采用化学品等方面；己二腈是尼龙 66 的主要原料，用于生产聚酰胺纤维；丙烯腈纤维（腈纶）是三大合成纤维之一；ABS、SAN 树脂，在机械、电气、汽车等制造工业中有着广泛应用；丁腈橡胶主要用于军工、汽车、航空工业等耐油类、密封类和塑性改性类材料。2020 年，丙烯腈纤维（腈纶）、ABS 树脂和丙烯酰胺三大消费领域占丙烯腈总需求的 90% 以上 [280]。

（3）硝酸　分子式为 HNO_3，分子量为 63.01，沸点为 86℃，常温下为无色透明液体，具有强烈刺激性气味。详见第八章硝酸、硝酸铵部分。

硝酸以合成氨和空气为原料制得，目前国内最为主流的生产工艺为双加压法，氨的平均消耗水平为284kg/t产品。硝酸生产企业多配套合成氨装置，氨供应充足，仅少数企业外部采购，商品氨需求较少。

（4）味精　又称谷氨酸单钠，化学名为α-氨基戊二酸一钠，分子式为$C_4H_7NO_4Na \cdot H_2O$，分子量为187.13。熔点为225℃，沸点为333.8℃，常温下为白色柱状结晶体。易溶于水，微溶于乙醇，不溶于乙醚。

味精是一种鲜味剂，加入蔬菜、肉类等食品中可增加风味，食盐能诱发其鲜味。能尝出鲜味的最低浓度（阈值）为0.014%，在120℃时失去结晶水，155℃时分子内脱水形成有害的焦谷氨酸，但不致癌。味精在体内代谢分解得到谷氨酸，可与酮酸发生氨基转移作用，合成人体所需的其他氨基酸。

（5）甘氨酸　学名氨基乙酸，分子式为$C_2H_5NO_2$，分子量为75.07，熔点为248℃，常温下一般为白色至灰白色结晶粉末，是氨基酸系列中分子量最小、分子结构最简单的一种，无毒、无味。易溶于水，微溶于乙醇和乙醚。根据甘氨酸的生产工艺和产品质量的不同，可分为工业级、饲料级、医药级和食品级四种规格。

工业级甘氨酸主要用于农药行业，是生产除草剂草甘膦的重要原料，绝大部分工业级甘氨酸均用于生产草甘膦，尤其转基因大豆、玉米的大规模种植，对草甘膦需求日渐增长。饲料级甘氨酸主要作为一种动物饲料添加剂，是鸡类家禽的重要氨基酸补充源，可以有效促进小鸡的成长，还可防止饲料氧化变质，延长保质期限。医药级甘氨酸可用于医学微生物和生物化学氨基酸代谢研究，用于金毒素缓冲剂、抗帕金森病药物、肝功能恢复药物、抑制胃溃疡等药物合成。食品级甘氨酸主要用作增味剂和香料等，可以起到增补、防腐和稳定的作用，还可用于调配功能性饮料，用于调节胃液酸度和提高肌肉活力等[281]。

（6）脱硝还原剂　脱硝是指脱除燃烧烟气中氮氧化物（NO_x）的过程。氮氧化物排放是造成臭氧层空洞和产生光化学烟雾的主要原因，也是雾霾的成因之一，涉及火力发电、水泥、钢铁、陶瓷、冶金、机动车尾气等行业，是国家氮氧化物排放监管和污染物治理的主要对象。

利用氨作为脱硝还原剂的脱硝工艺有选择性催化还原法（SCR）、选择性非催化还原法（SNCR）。其中，SCR是以氨、尿素或碳氢化合物作为脱硝还原剂，在300～450℃条件下，将烟气中NO_x催化还原为N_2和H_2O，催化剂一般为贵金属、钒金属、铁和铜的氧化物、沸石、活性炭和活性焦等，脱硝率可达70%～90%。SNCR是借助炉顶850～1050℃的高温条件，直接喷入氨，将NO_x还原为N_2，脱硝效率为50%左右[282]。利用氨对烟气进行脱硝，可广泛应用于火电、钢铁、水泥、工业锅炉等领域。

（7）其他

① 苯胺，俗称阿尼林油，分子式为$C_6H_5NH_2$，分子量为93.13。熔点为−6.15℃，沸点为184.4℃，常温下为无色油状液体，遇光和空气颜色变深。微溶于水，与多数有机溶剂混溶。苯胺是染料工业中最重要的中间体之一，主要用于制造橡胶助剂、异氰酸酯等，是生产农药的重要原料。

② 己二腈（ADN），学名1,4-二氰基丁烷，分子式为$C_6H_8N_2$，分子量为108.14。熔点为2.49℃，沸点为295℃，常温下为无色透明油状液体，易燃。溶于甲醇、乙醇、氯仿和苯，微溶于水、环己烷、乙醚、二硫化碳和四氯化碳等。己二腈主要用来生产己二胺，是生产尼

龙 66 的重要中间体，广泛应用于汽车、工程塑料、电器零件、工业丝等领域。

③ 己二胺，学名 1,6-二氨基己烷，分子式为 $C_6H_{16}N_2$，分子量为 116.2。熔点为 40.5℃，沸点为 205℃，常温下为白色片状结晶体，有氨臭，可燃。微溶于水，难溶于乙醇、乙醚和苯，在空气中易吸收水分和二氧化碳。己二胺主要用于合成尼龙 66 和聚氨酯树脂，也可用于制备交联剂、黏合剂、航空涂料、环氧树脂固化剂、橡胶硫化促进剂等，以及纺织和造纸工业用稳定剂、漂白剂等。

④ 磺胺，学名对氨基苯磺酰胺，分子式为 $C_6H_8N_2O_2S$，分子量为 172.21。熔点为 164℃，沸点为 400.5℃，常温下为白色至淡黄色结晶粉末。微溶于冷水、乙醇、甲醇和丙酮，易溶于沸水、甘油、盐酸，不溶于氯仿、苯、石油醚。磺胺是磺胺类药物的重要中间体，主要用于消炎用药类。

⑤ 吡啶，又名氮杂苯，分子式为 C_5H_5N，分子量为 79.10。熔点为 −41.6℃，沸点为 115.3℃，常温下为无色或微黄色液体，有恶臭。与水、醇、醚、石油醚、苯等互溶。

吡啶用于制造维生素、磺胺类药、杀虫剂及塑料等；也可作为碱性溶剂使用，也是脱酸剂和酰化反应的优良溶剂；也可用作聚合反应、氧化反应、丙烯腈的羰基化反应等的催化剂；还可以用作硅橡胶稳定剂、阴离子交换膜的原料等。

⑥ 吗啉，学名 1,4-氧氮杂环己烷，分子式为 C_4H_9NO，分子量为 87.12。熔点为 −4.6℃，沸点为 128.2℃，常温下为无色、有氨味的油状液体。与水和多数有机溶剂混溶。吗啉主要用于合成橡胶硫化促进剂，还可用于生产缓蚀剂、增亮剂、抛光剂、乳化剂、作物保护剂等。

⑦ 氨法脱硫，烟气脱硫（FGD）通过吸收、反应等方式将烟气中二氧化硫大量脱除，以达到烟气中二氧化硫的排放标准。氨法脱硫利用氨吸收氧化烟气中的 H_2S、SO_2 等，生成硫酸铵、亚硫酸铵、亚硫酸氢铵等产品，脱硝效率高，副产物有一定的经济效益，但其在反应过程中容易发生氨逃逸或者亚硫酸氨逃逸等问题，会造成二次污染。近几年，氨法脱硫凭借经济效益好、不产生废石膏等优势，被广泛推广应用于烟气二氧化硫治理。目前，已投运的氨法脱硫对氨的需求约 40 万吨。

⑧ 制冷剂，制冷剂是一类沸点温度低，在常温或低温下能液化的物质，常用的制冷剂有氟利昂、丙烷、乙烯和氨等。合成氨的沸点极低，是一种天然制冷剂，在大型冷库中有少量的应用，但有毒、可燃的物理特性，阻碍了进一步推广应用，目前主要用于大型冷库或者设备制冷，在家用冰箱等制冷设备方面暂无应用实例。

⑨ 电路蚀刻剂，电路板是电子元件的支撑体和线路连接的提供者，电路蚀刻是将材料利用化学反应或者物理作用进行腐蚀和雕刻来去除目标物质的技术。随着电子产品不断微小化和精细化，传统机械加工方式不再适合，而蚀刻过程无外力冲击、不变性、平整度好，可以做到细微零件的加工，是电路板加工最为重要的一道工序。蚀刻液是蚀刻技术中必要的原料液体，常见的蚀刻液有六种类型：酸性氯化铜、碱性氯化铜、氯化铁、过硫酸铵、硫酸 / 铬酸、硫酸 / 双氧水。其中碱性氯化铜以氯化铜、液氨和氯化铵为主要成分。

5.6.4 未来趋势展望

5.6.4.1 供应展望

近几年，工业下游产业生产和氨运输受到较大阻碍，商品氨国际贸易有所萎缩。几年后，全球经济和运输迅速恢复，商品氨国际贸易逐渐恢复至2019年水平。据统计，2021～2025年间，全球仍将有1600万吨合成氨新增产能，主要集中在印度和尼日利亚。其中，印度新增产能均配套下游尿素，商品氨和尿素进口预计减少；尼日利亚新增产能将导致商品氨出口明显增长。俄罗斯Acon、KUAZ、阿里亚蒂三大尿素项目投产会减少该国商品氨的出口量；巴西、土耳其等地装置关停则导致供应减少，需求缺口增大。

国内经历过连续几年产能退出和结构调整工作后，得益于下游产业的发展，合成氨产能再次呈现增长趋势。而且，企业经营的灵活性和产品多样化提高，根据市场行情来规划产品生产和销售计划，抗风险能力提高，商品氨的供应弹性浮动能力提高，尤其在传统氮肥市场较为低迷，氨下游市场较为活跃期间，商品氨贸易将明显增加。

据统计，“十四五”期间，国内合成氨产能年均增速约1.0%。合成氨供应增加的情况下，商品氨的供应亦将增加，尤其是东部地区己内酰胺、丙烯腈、胺类等下游产业发达，商品氨贸易活跃，口岸贸易频繁。随着下游产业的不断扩张，国内东西部商品氨贸易和氨进口预计再次增长。

5.6.4.2 需求展望

全球人口增长等导致世界粮食危机加剧，各国政府加大了对农业生产的重视和扶持，农业对包括氮肥、磷肥、钾肥在内的养分需求保持稳步增长。据IFA统计，2020年南亚、北美、拉丁美洲、西亚等地化肥需求量合计增加400万吨纯氮，全球氮肥需求1.51亿吨纯氮，2021年再次增长320万吨纯氮，到2025年底预计全球氮肥需求达1.62亿吨纯氮，年均增速1.5%。

“十四五”期间，在国家化肥零增长和减量增效等政策和确保粮食丰收的要求下，肥效提高和有机肥替代或将导致氨农业需求下降[283]。工业方面，己内酰胺、丙烯腈、DMF、乙醇胺等行业仍有新增产能投产，年均增速分别为10.5%、15.3%、1.3%、13.3%。环保脱硝领域，国务院发布的《“十四五”节能减排综合工作方案》中明确要求2025年钢铁行业有5亿吨产能完成超低排放改造；水泥和工业锅炉方面污染物排放监管日益严格，氨需求预计仍有65万吨的增长空间，年均增速约2.9%。

参考文献

[1] 于遵宏，王辅臣．煤炭气化技术．北京：化学工业出版社，2010.

[2] 张荣曾．水煤浆制备技术．北京：科学出版社，1996.

[3] 尉迟唯，李保庆，李文，等．煤的岩相组分对水煤浆性质的影响．燃料化学学报，2003, 31(5): 415-419.

[4] 魏建胜．奈莫NEMO泵在水煤浆生产线应用的探讨．通用机械，2005(10): 47-50.

[5] 张生昌，李强，叶晓琰，等．水煤浆输送用隔膜泵产品研究．流体机械，2003, 31(4): 6-8.

[6] 郭庆华，梁钦锋，颜卓勇，等．同轴自由射流火焰的实验研究．燃烧科学与技术，2008, 14(5): 441-445.

[7] 郭庆华．多喷嘴对置式气流床气化过程与火焰撞击特性研究[D]．上海：华东理工大学，2009.

[8] 王旭宾．德士古煤气化渣水系统堵塞问题的探讨．上海化工，1998, 23(5): 30-33.

[9] 陈雪莉．气流床煤气化系统中初步净化过程研究[D]．上海：华东理工大学， 2003.

[10] 韩伯琦，曾庆纯．德士古水煤浆加压气化及NHD气体净化制合成气工艺介绍(上)[J]．化肥工业，1995, 22(1): 11-14.

[11] 章荣林．水煤浆加压气化技术对煤种的适应性[J]．氮肥设计，1992, 30(6): 45-50.

[12] 王辅臣，龚欣，于广锁，等．射流携带床气化炉内宏观混合过程研究(Ⅲ)过程分析与模拟[J]．化工学报，1997, 48(3): 336-346.

[13] 范立明．水煤浆加压气化原料用煤更换总结．化肥工业，2000, 25(5): 16-20.

[14] 李健，付少华，蒋小川．德士古水煤浆加压气化装置应用技术总结[J]．氮肥设计，1996, 34(5): 56-58.

[15] 蒋威德，韩伯琦．德士古煤浆气化技术及装置运行分析[J]．煤化工，1997, 2:18-26.

[16] 王旭宾．德士古煤气化装置运行状况及问题的探讨[J]．煤气与热力，1997, 17(6):6-9.

[17] 王旭宾．德士古煤气化装置运行状况及故障分析[J]．化肥工业，1998, 25(4):22-26.

[18] 王旭宾．德士古煤气化炉耐火砖问题探讨[J]．煤气与热力，1998, 28(6): 9-12.

[19] 许波．德士古煤气化装置运行问题探讨 [J]．煤化工，1999, 4:34-37, 40.
[20] 王旭宾．德士古煤气化工艺技术完善探讨 [J]．化肥工业，1999, 26(4): 53-55.
[21] 崔嵬，吕传磊，徐厚斌．德士古水煤浆加压气化技术的应用及创新 [J]．化肥工业，2000, 27(6): 7-8, 17.
[22] 陈方林．我公司德士古水煤浆加压气化装置的改进 [J]．中氮肥，2001, 3:55-56.
[23] 朱冬梅，聂成元，孙清涛，等．水煤浆加压气化炉带水原因分析及应对措施 [J]．化肥设计，2002, 40(2): 32-34.
[24] 罗庆洪．水煤浆加压气化炉用 Cr_2O_3-Al_2O_3-ZrO_2 砖的损毁模式 [J]．耐火材料，2005, 38(4): 265-267, 270.
[25] 陈方林．德士古水煤浆加压气化试车总结 [J]．中氮肥，2001, 4:31-32.
[26] 刘远园，马少龙，秦敏建．德士古水煤浆加压气化技术存在问题探析 [J]．化工管理，2016, 21:81.
[27] 刘晓兵 . GE 德士古水煤浆气化炉带水分析 [J]．中国设备工程，2020, 8:171-172.
[28] 费家法．陶氏煤气化工艺概况 [J]．小氮肥技术设计，2002, 23(1): 5-8.
[29] 汪寿建．现代煤气化技术发展趋势及应用综述 [J]．化工进展，2016, 35(3): 653-664.
[30] 黄景梁 . DOW 煤气化法及其在合成氨工业中的应用 [J]．煤化工，1989, 4:34-38.
[31] 龚欣，于建国，肖克俭，等．德士古气化炉冷态流场测试 [J]．华东化工学院学报，1993, 19(2): 128-133.
[32] 傅淑芳，龚欣，沈才大，等．德士古气化炉冷态停留时间分布测试 (Ⅰ)[J]．华东化工学院学报，1993, 19(2): 133-138.
[33] 龚欣，于建国，王辅臣，等．冷态德士古气化炉流场与停留时间分布研究 [J]．燃料化学学报，1994, 32(2): 189-195.
[34] 肖克俭，于遵宏，沈才大．德士古气化炉冷态流场的数学模拟 [J]．石油学报 (石油加工), 1992, 8(2): 94-102.
[35] 于遵宏，沈才大，王辅臣，等．水煤浆气化炉气化过程的三区模型 [J]．燃料化学学报，1993, 21(1): 90-95.
[36] 于遵宏，沈才大，王辅臣，等．水煤浆气化炉的数学模型 [J]．燃料化学学报，1993, 21(2): 191-198.
[37] 王辅臣．射流携带床气化过程研究 [D]．上海：华东理工大学，1995.
[38] 王辅臣，龚欣，于广锁，等．射流携带床气化炉内宏观混合过程研究 (Ⅰ) 冷态浓度分布 [J]．化工学报，1997, 48(2): 193-199.
[39] 王辅臣，龚欣，于广锁，等．射流携带床气化炉内宏观混合过程研究 (Ⅱ) 停留时间分布 [J]．化工学报，1997, 48(2): 200-207.
[40] 叶正才，吴韬，王辅臣，等．射流携带床气化炉内混合过程的研究 [J]．华东理工大学学报，1998, 24(4): 385-388.
[41] 叶正才，吴韬，王辅臣，等．射流携带床气化炉内混合过程的数值模拟 [J]．华东理工大学学报，1998, 24(6): 627-631.
[42] 刘海峰，王辅臣，吴韬，等．撞击流反应器内微观混合过程研究 [J]．华东理工大学学报，1999, 25(3): 228-232.
[43] 刘海峰，刘辉，龚欣，等．大喷嘴间距对置撞击流径向速度分布 [J]．华东理工大学学报，2000, 26(2): 168-172.
[44] 龚欣，刘海峰，王辅臣，等．新型水煤浆气化炉 [J]．节能与环保，2001, 6:15-17.
[45] 纪利俊，刘海峰，王辅臣，等．撞击流反应器停留时间分布 [J]．华东理工大学学报，2006, 32(1): 24-27.
[46] 王辅臣，刘海峰，龚欣，等．水煤浆气化系统数学模拟 [J]．燃料化学学报，2001, 29(1): 33-38.
[47] 韩文，赵东志，祝庆瑞，等．新型 (多喷嘴对置) 水煤浆气化炉的开发 [J]．化肥工业，2001, 28(3):18-20.
[48] 龚欣，王辅臣，刘海峰，等．新型撞击流气流床水煤浆气化炉 [J]．燃气轮机技术，2002, 15(2): 23-24.
[49] 于广锁，龚欣，刘海峰，等．多喷嘴对置式水煤浆气化技术 [J]．现代化工，2004, 24(10): 46-49.
[50] 于遵宏，于广锁．多喷嘴对置式水煤浆气化技术的研究开发与工业应用 [J]．中国科技产业，2006, 2: 28-31.
[51] 王辅臣，于广锁，龚欣，等．多喷嘴对置煤气化技术的研究与示范 [J]．应用化工，2006, 35(Z1):119-132.
[52] Wang F C, Zhou Z J, Dai Z H, et al. Development and demonstration plant operation of an opposed multi-burner coal-water slurry gasification technology[J]. Frontiers of Energy and Power Engineering in China, 2007, 1(3):251-258.
[53] Chris Higman. GSTC Global Syngas Database. Global Syngas Technologies Conference[M]. USA: Austin, 2019.
[54] Wang F C, Yu G S, Liu H F, et al. Opposed multi-burner gasification technology: Recent process of fundamental research and industrial application[J]. Chinese Journal Chemical Engineering Journal, 2020.
[55] 张建胜，胡文斌，吴玉新，等．分级气流床气化炉模型研究 [J]．化学工程，2007, 35(3):14-18.
[56] 吴玉新，蔡春荣，张建胜，等．二次氧量对分级气化炉气化特性影响的分析和比较 [J]．化工学报，2012, 63(2):369-374.
[57] 毕大鹏，赵勇，管清亮，等．水冷壁气化炉内熔渣流动特性模型 [J]．化工学报，2015, 66(3):888-895.
[58] 丁满福，张建胜，马宏波．水煤浆水冷壁气化炉结构的优化设计及应用 [J]．中国化工装备，2015, 17(4):44-48.
[59] 许祥静．煤气化生产技术 . 3 版．北京：化学工业出版社，2015.
[60] 卢正滔，姜从斌．航天粉煤气化技术（HT-L）的进展及装置运行情况．化肥工业，2012（4）.
[61] 航天工程公司．航天粉煤气化技术应用及发展规划．中国氮肥、甲醇技术大会资料汇编，中国氮肥工业协会出版，2021.
[62] 中国寰球化学工程公司，中石化兰州设计院．氮肥工艺设计手册．北京：化学工业出版社，1989.
[63] 贺永德．现代煤化工技术手册．北京：化学工业出版社，2011.
[64] 卢正滔．采用 Shell 加压粉煤气化技术改造我国大、中型氨厂的评价（上）．化肥工业，2001（5）: 3-9, 61.
[65] 曹占高．氮肥、甲醇工业节能减排先进技术．北京：化学工业出版社，2017.
[66] 曹占高，魏金风，王亚楠．清洁型固定层间歇煤气化与新型煤气化合成氨生产技术大气污染物排放水平比较．肥料与健康，2021, 6: 1-10.
[67] 陈五平．无机化工工艺学（一）合成氨．北京：化学工业出版社，1981.
[68] 陈五平．无机化工工艺学：上册合成氨、尿素、硝酸、硝酸铵．北京：化学工业出版社，2019.
[69] 梅安华．小合成氨厂工艺技术与设计手册．北京：化学工业出版社，1995.
[70] 杨春升．小型合成氨厂生产操作问答．北京：化学工业出版社，1998.
[71] 李永恒．中氮肥煤造气技术改造调查与评述．化肥工业，1996,6.
[72] 冯振堂，徐丽萍，王国祥．固定床煤气发生炉制气技术进展．小氮肥设计技术，2006,2.
[73] 邹文礼 . ZWLϕ2800mm 锥形煤气发生炉的研制与应用．小氮肥，2005,5.
[74] 贺永德．现代煤化工技术手册 .2 版．北京：化学工业出版社，2003.
[75] 许祥静，等．煤炭气化工艺 . 2 版．北京：化学工业出版社，2004.
[76] 李大尚，梁杰华，黄一民，等．无烟煤加压连续气化制备氨合成气装置：中国，201220256324.8. 2012-06-01.

[77] 唐宏青．现代煤化工新技术．北京：化学工业出版社，2009.
[78] 金管会，唐兴洲，胡奇，等．恩德流化床气化工艺制取工业燃气的发展与应用．中氮肥，2020(2) : 5-9.
[79] 王成文，刘静．恩德粉煤气化工艺的设计和应用．燃料与化工，2005, 36(2): 8-11.
[80] 田帅．恩德炉煤气化技术．中小企业管理与科技 (上旬刊), 2015(2): 223.
[81] 李成林，杨春霞，宋春来，等．恩德炉废灰处理焦化废水．黑龙江科技大学学报，2014, 24(2): 149-152.
[82] 房倚天，王志青，李俊国，等．多段分级转化流化床煤气化技术研究开发进展．煤炭转化，2018, 41(3): 1-11.
[83] 李庆峰，赵霄鹏，黄戒介，等．灰熔聚流化床粉煤气化技术 0.6MPa 工业炉运行概况．化学工程，2010, 38(10): 123-126.
[84] 王洋，吴晋沪．中国高灰、高硫、高灰熔融性温度煤的灰熔聚流化床气化．煤化工，2005(2): 3-5, 15.
[85] 张海霞，刘伟伟，于旷世，等．循环流化床工业气化炉高钠煤配煤气化研究．煤炭学报，2017, 42(4): 1021-1027.
[86] 刘周恩，崔艳红．循环流化床低阶粉煤气化工业示范试验研究．煤化工，2016, 44(4): 1-5.
[87] 张守玉，陈川，施大钟，等．高钠煤燃烧利用现状．中国电机工程学报，2013, 33(5):1-12.
[88] Hou P, Meeker D,Wise H, et al.Kinetic studies with a sulfur-tolerant water gas shift catalyst [J].Journal of Catalysis, 1983, 80(2): 280-285.
[89] 孔渝华，陈劲松，王先厚，等 . EB-1 球形耐硫变换催化剂的高效快速硫化新方法 [J]．化工设计通讯 ,1989,15(3): 1-6.
[90] Mittasch A. Early studies of multicomponent catalysts[J]. Advances in Catalysis, 1950, 2: 82-103.
[91] 余祖熙，等．化肥催化剂使用技术 [M]．北京：化学工业出版社，1988.
[92] 向德辉，刘惠云．化肥催化剂实用手册 [M]．北京：化学工业出版社，1992.
[93] 肖席珍，赵学信 . Co-Mo 耐硫变换催化剂 [M]．北京：化学工业出版社，1994.
[94] 孔渝华，陈劲松，穆中，等．耐硫一氧化碳变换催化剂及其制备：中国，87107892.9.1987-11-14.
[95] 陈劲松，李小定 . EB-4 球形耐硫变换催化剂的研制 [J]．湖北化工，1990(4):41-43.
[96] 陈佛水，陈劲松，李小定，等．一氧化碳低温变换工艺：中国，1019568B. 1992-12-23.
[97] 李小定，李耀会，吕小婉，等 .Co-Mo/MgO-Al_2O_3 水煤气耐硫变换催化剂失活的研究 [J]．应用化学 ,1994,11(1):58-62.
[98] 毛鹏生，张新堂，纵秋云，等．新型耐硫一氧化碳变换催化剂的工业应用 [J]. 氮肥设计，1996, 34(5): 35-40.
[99] Segura M A, L.Aldridge C, L.Riley K, et al. Water gas shift process: US, 4054644.1977-10-18.
[100] Lorenz E, Wodtcke F, Ebenhoech F L, et al. Catalyst reaction of carbon monoxide with steam: US.1970-9-22.
[101] Augier A, Rueil-Malmaison. Carbon monoxide conversion catalyst: US, 3899577.1975-8-12.
[102] Aldridge C L, Kalina T.Water gas shift process:US,3850840.1974-11-26.
[103] 高从新，王师祥．全低变工艺的实施与应用效果 [J]．小氮肥设计技术，1994(3):41-46.
[104] 陈劲松，华南平．小氮肥合成氨变换工段催化操作数据手册 [M]．北京：化学工业出版社 ,1992.
[105] 陈劲松，李小定．小型合成氨变换工段优化操作手册续编 [M]．北京：化学工业出版社，1993.
[106] 周红军，王毓秀．预硫化耐硫变换催化剂的研制 [J]．中氮肥，2000(5): 52-53.
[107] 柴俊义，裴瑞堂．对三触媒流程净化工艺改革的探讨 [J]．中氮肥 ,1993 (4):66-69.
[108] 金锡祥，刘金成．“中-低-低”变换工艺和“准零汽耗”技术 [J]．小氮肥设计技术 ,2003,24(1):19-23.
[109] 陈劲松．一种变换兼有机硫转化的净化方法：中国 ,1063152C.2001-3-4.
[110] 张雄斌，李小兵，鲁煜坤，等．控温变换技术及其工业应用 [J]．化肥工业，2015, 42(4): 22-26.
[111] 谢定中．等温低温 CO 变换反应器：中国 ,101721956 B.2011-12-21.
[112] 王宏葛 .ZY 型等温变换装置生产运行总结 [J]. 氮肥技术 ,2017,38(5):37-41.
[113] 张雄斌．自热净化炉和变换反应及热回收装置：中国 ,20200139745.7.2020-1-21.
[114] 程喆元．轴径向变换炉应用简介 [J]. 大氮肥 ,1999,22(6):382-385.
[115] Evans T.Least cost approaches to ammonia plant efficiency[J], Nitrogen & Methanol,1998,232:41-52.
[116] 温福江 .90 年代合成氨工艺技术新进展 [J]. 石油化工动态 ,1997,5(5):33-39.
[117] 李琼玖，叶传湘．天然气制氨一次等温变换炉设计的优化 [J]. 四川化工 ,1997(1):54-56.
[118] 李化民．等温低温变换技术在“醇改氨”装置中的应用 [J]. 煤化工，2015,43(1):29-31.
[119] 汪寿建．现代煤气化技术发展趋势及应用综述 [J]．化工进展，2016, 35(3): 653-664.
[120] 管晨羽，李燕，张述伟．某厂低温甲醇洗中杂质硫的影响及消除研究 [J]．化学工程，2020, 48(9): 14-19.
[121] 曹小华，罗永明，赵雨桐，等．甲硫醇催化分解的典型活性中心研究进展 [J]．能源环境保护，2022, 36(1): 1-10.
[122] Julien L, Heldebrant D J. A call to (green) arms: a rallying cry for green chemistry and engineering for CO_2 capture, utilisation and storage[J]. Green Chemistry, 2018, 20(22): 5058-5081.
[123] 金玲，郝成亮，吴立新，等．中国煤化工行业二氧化碳排放达峰路径研究 [J]．环境科学研究，2022, 35(2): 368-376.
[124] Mai B, Adjiman C S, Bardow A, et al. Carbon capture and storage (CCS): The way forward[J]. Energy & Environmental Science, 2018, 11(Part A): 1062-1176.
[125] Chen W H, Chen S M, Hung C I. Carbon dioxide capture by single droplet using Selexol, Rectisol and water as absorbents: A theoretical approach[J]. Applied Energy, 2013, 111(4): 731-741.
[126] Tan Y, Nookuea W, Li H, et al. Property impacts on Carbon Capture and Storage (CCS) processes: A review[J]. Energy Conversion & Management, 2016, 118: 204-222.
[127] Weiss H. Rectisol wash for purification of partial oxidation gases[J]. Gas Separation & Purification, 1988, 2(4): 171-176.
[128] Spigarelli B P, Kawatra S K. Opportunities and challenges in carbon dioxide capture[J]. Journal of CO_2 Utilization, 2013, 1: 69-87.
[129] Borhani T N, Wang M. Role of solvents in CO_2 capture processes: The review of selection and design methods[J]. Renewable & Sustainable Energy Reviews, 2019, 114: 1-20.
[130] Gatti M, Martelli E, Maréchal F, et al. Multi-objective optimization of a rectisol®process[J]. Computer Aided Chemical Engineering, 2014, 33: 1249-1254.

[131] Macdowell N, Florin N, Buchard A, et al. An overview of CO_2 capture technologies[J]. Energy & Environmental Science, 2010, 3(11): 1645-1669.
[132] Chen J, Lam H L, Qian Y, et al. Combined energy consumption and CO_2 capture management: Improved acid gas removal process integrated with CO_2 liquefaction[J]. Energy, 2021, 215(PA): 119032.
[133] 夏明珠，严莲荷，雷武，等．二氧化碳的分离回收技术与综合利用 [J]．现代化工，1999, 05: 48-50.
[134] Gossett J M. Measurement of Henry's law constants for C1 and C2 chlorinated hydrocarbons[J]. Environmental Science & Technology, 1987, 21(2): 202-208.
[135] 戴文斌，唐宏青．低温甲醇洗工艺气体溶解度的计算 [J]．计算机与应用化学，1994(1): 44-51.
[136] 张沫．低温甲醇洗的换热网络优化 [D]．大连：大连理工大学，2011.
[137] 亢万忠，唐宏青．低温甲醇洗工艺技术现状及发展 [J]．大氮肥，1999(4): 259-262.
[138] 李雅静．某厂煤制甲醇低温甲醇洗工艺的模拟与改造 [D]．大连：大连理工大学，2013.
[139] 中共中央关于党的百年奋斗重大成就和历史经验的决议 [N]．人民日报，2021, 11, 17(001).
[140] 胡鞍钢．中国实现 2030 年前碳达峰目标及主要途径 [J]．北京工业大学学报 (社会科学版), 2021, 21(3): 1-15.
[141] Wu J, Pu G, Guo Y, et al. Retrospective and prospective assessment of exergy, life cycle carbon emissions, and water footprint for coking network evolution in China[J]. Applied Energy, 2018, 218(4): 479-493.
[142] 李玉顺，顾朝晖，杨声，等．液氮洗的模拟与优化 [J]．化学工程，2016, 44(12): 66-69.
[143] 廖巧丽，米镇涛．化学工艺学 [M]．北京：化学工业出版社，2001.
[144] 孙彦泽，谷志杰．浅谈合成气深冷分离技术 [J]．石化技术，2017, 24(3): 84-85.
[145] 高峰，尹俊杰．探讨液氮洗原料气中氮气含量的高限值 [J]．大氮肥，2012, 35(3): 181-184.
[146] 肖铭，李燕，管凤宝，等．液氮洗联产 LNG 工艺模拟与改良 [J]．现代化工，2019, 39(8): 216-220.
[147] 杨国洞，张泽海，刘欣，等．液氮洗装置优化改造总结 [J]．氮肥技术，2016, 37(6). 26-27.
[148] 张寒修，王延吉．液氮洗生产问题探讨 [J]．辽宁化工，2018, 47(3): 235-237.
[149] 李燕，张述伟，俞裕国．液氮洗模拟分析与优化 [J]．大连理工大学学报，2004, 44(2): 212-217.
[150] 孙彦泽，谷志杰．浅谈合成气深冷分离技术 [J]．石化技术，2017, 24(3): 84-85.
[151] 张卫波．合成气氮含量高对液氮洗装置的影响分析及应对措施 [J]．天津化工，2014, 28(1): 31-33.
[152] Andersson J, Lundgren J. Techno-economic analysis of ammonia production via integrated biomass gasification[J]. Applied Energy, 2014, 130(5): 484-490.
[153] 张旭，颜立伟，李云，等．合成氨液氮洗深冷净化过程模拟及分析 [J]．化工进展，2010, 29(s1): 484-488.
[154] 化肥工业大全．北京：化学工业出版社，1988.
[155] 梅安华．小合成氨厂工艺技术与设计手册．北京：化学工业出版社 ,1995.
[156] 杨春升．小型合成氨厂生产操作问答．北京：化学工业出版社，1998.
[157] 李平辉．合成氨原料气净化．北京：化学工业出版社，2010.
[158] 谢定中，严朝建，卢健，等．一种合成氨原料气的双甲精制工艺：中国，94110903.8[P].1994-03-30.
[159] 谢定中，戴丰育，冯勇，等．醇醚物及醇烃物和合成氨联产工艺：中国，02109000.9[P].2002-04-16.
[160] 冯元琦．联醇生产．北京：化学工业出版社，1994.
[161] 王庆才，李桂颖，张鸿伟，等．双甲净化新工艺在 18・30 工程中的应用 [J]．中氮肥，2001 (4).
[162] 谢定中．年产 15 万吨“双甲”精制氨合成高压圈的设计与运行 [J]．化肥设计，2002, 40 (5).
[163] 谢定中，范逢源．合成氨原料气双甲 (醇烷化) 精制工艺条件的讨论 [J]．化工进展，2006, 25 (7).
[164] 谢定中，卢健．论双甲 (或醇烃化) 工艺因地制宜设计及经济、环保综合分析 [J]．化肥工业，2007, 34 (2).
[165] 李平辉．合成氨原料气净化 [M]．北京：化学工业出版社 ,2010.
[166] 向德辉，刘慧云．化肥催化剂实用手册．北京：化学工业出版社，1992:54-59.
[167] 赵骧．脱毒催化剂现状及其进展．工业催化，2005 (13) :191-195.
[168] 冯续．国内氧化锌脱硫剂研究现状和需求预测．化工进展，2002, 21 (10) : 773-775.
[169] 张海鹰，王旭珍，郑军，等．高温煤气中羰基硫的加氢脱除研究进展．应用化工，2008, 37 (8) : 943-947.
[170] 杜彩霞．有机硫加氢转化催化剂的使用．工业催化，2003, 11 (9) : 13-17.
[171] 郭汉贤．羰基硫脱除及水解技术应用展望．化肥工业，1988 (1) : 52-64.
[172] 郭汉贤．开发羰基硫催化水解技术的若干理论问题．化肥与催化，1986 (4) : 56-61.
[173] 郭汉贤，张青林．羰基硫水解催化剂的硫酸盐化中毒．太原工业大学学报，1986 (4) : 15-21.
[174] 王国兴，孔渝华，王俊士，等．常温有机硫 COS 水解催化剂及制备：中国，92104524.7[P].1995-7-8.
[175] 贺恩云，樊惠玲，王小玲，等．氧化铁常温脱硫研究综述．天然气化工 (C1 化学与化工)，2014, 39 (5) : 70-73.
[176] 太原工业大学煤化工研究所 . TG 氧化铁常 (低) 温精脱硫技术的发展及应用．工业催化，1994 (1) : 44-51.
[177] 胡典明，王国兴，魏华，等 . EF-2 型氧化铁精脱硫剂的研制．天然气化工 (C1 化学与化工)，1999, 24 (2) : 31-36.
[178] 刘振义，刘凤仁．无定形羟基氧化铁制备方法及制得的羟基氧化铁脱硫剂：中国，101585556B[P]. 2008-05-23.
[179] 王国兴，孔渝华，叶敬东，等．活性炭精脱硫剂及制备：中国，96118013.7[P]. 2000-05-18.
[180] 孔渝华，王国兴，王先厚，等．常温精脱有机硫及无机硫新工艺：中国，92105197.8[P]. 1996-09-23.
[181] 樊英民．低温氧化锌脱硫剂实验室研究总结．化肥与催化，1990 (3) : 45-52.
[182] 湖南省益阳地区氮肥厂．常温 COS 水解与精脱硫新工艺使用小结．氮肥技术，1992 (4) : 41-43.
[183] 李增敏，孔渝华，王先厚，等．常温 H_2S、COS、CS_2 转化吸收型精脱硫剂及其制备：中国，94102711.2[P]. 1994-03-02.
[184] 王先厚，王国兴，孔渝华，等．转化吸收型常温精脱硫工艺：中国，95112604.0[P]. 1995-12-20.
[185] 劳久祥，黄磊，王先厚，等 . JTL-4 常温精脱硫新工艺在联醇生产中的首次应用．化工设计通讯，1996, 22 (2) : 10-12.
[186] 任培春，孙国杰，张德武，等 . JTL-5 常温精脱硫新工艺保护氨合成催化剂的应用总结．小氮肥设计技术，1997 (1) : 33-35.

[187] 孔渝华，王国兴，段长生，等. 原料气中温耐硫水解有机硫的净化方法：中国，01106660.1[P]. 2001-04-26.
[188] 孔渝华，王先厚，雷军，等. 一种多功能原料气净化剂及其制备和应用方法：中国，201110250178.8[P]. 2011-08-29.
[189] Kong Yuhua, Zhao Mailing, Hu Hongjun, et al. Deep purification technology of syngas and its first application in a coal-based oil pilot plant: South Africa, 2009/00792[P]. 2009.
[190] Kong Yuhua, Zhao Mailing, Hu Hongjun, et al. Deep purification technology of syngas and its first application in a coal-based oil pilot plant: Australia, 2009208699[P]. 2009.
[191] Kong Yuhua, Zhao Mailing, Hu Hongjun, et al. A process for purification of syngas: India, 276212[P]. 2009.
[192] 雷军，王先厚，张清建，等. 煤制合成气深度净化技术在国内外的研究进展. 化肥设计，2017，55（3）: 1-3.
[193] 雷军，张清建，魏华，等. 一种深度净化精脱硫剂及其制备方法：中国，201610536607.0[P]. 2016-07-08.
[194] 沈雅闲. 气相中微量总硫分析方法简介. 氮肥技术，1993（3）: 59-60.
[195] 张新风，张湘江，叶盛芳，等. 国内甲醇合成催化剂工业应用新进展. 化肥工业，2010，37（1）: 44-50.
[196] 张全文. 联醇后气体净化脱硫技术总结. 小氮肥，2001(6)：5-8.
[197] 王先厚，王国兴，李增敏，等. 焦炉气常温精脱硫新工艺的开发. 煤化工，1998，26（3）: 30-35.
[198] 胡波，瞿国忠，许浩，等 . CO_2 原料气脱氢技术的应用. 小氮肥，2009，37（2）:17-19.
[199] 张清建，王先厚，陈健，等 .THC 系列食品 CO_2 脱烃催化剂的工业应用. 低温与特气，2011，29（5）:39-44.
[200] 张清建，王先厚，雷军，等 .IGCC 煤气多功能净化催化剂的开发及应用. 煤化工，2013，165（2）: 16-18.
[201] 张清建，雷军，魏华，等. 合成气深度净化专用技术及其工业应用. 煤化工，2017，45(6):1-5.
[202] 朱世勇. 环境与工业气体净化技术 [M]. 北京：化学工业出版社，2001.
[203] 王祥光. 脱硫技术 [M]. 北京：化学工业出版社，2012.
[204] 张龙、徐志伟. 工业气体催化过程分析原理及应用 [M]. 北京：化学工业出版社，2012.
[205] 沈浚，等. 化肥工业丛书——合成氨 [M]. 北京：化学工业出版社，2001.
[206] 王祥云. 合成氨气体净化技术进展（上）[J]. 化肥工业，2005,32(1):13-22.
[207] 曲广杰，商革，等. 改良蒽醌二磺酸钠（ADA）法脱硫系统稳定运行的几点认识 [J]. 化工设计通讯，2013,39(2):22-26.
[208] 杨树卿. 等 . 双核酞菁钴磺酸盐催化脱硫机理研究 .I 抗 CN-中毒性能研究 [J]. 催化学报，1991,12(6):459-465.
[209] 杨树卿. 等 . 双核酞菁钴磺酸盐催化脱硫机理研究. Ⅱ催化脱硫机理和动力学. 催化学报，1993,14(2):150-154.
[210] 杨树卿，等. 双核酞菁钴磺酸盐催化脱硫机理研究. Ⅲ -M(Ⅱ)Pc-PcM(Ⅱ) 的电子结构及 M(Ⅱ) 与 Pc 间的键合方式. 分子科学学报，1996,12(3):204-210.
[211] 陈彬，等. 双核金属酞菁类化合物催化脱硫机理研究. 分子科学学报 ,1996,12(4):261-264.
[212] 黄子衍. 湿式氧化法脱硫工艺设备及流程的评述. 小氮肥设计技术，1988(4):33-37.
[213] 王祥光. 湿式氧化法脱硫的工艺过程及操控要点. 氮肥技术，2003, 24(2):35-37.
[214] 张冬云，薛敏华，王孝英，等. 栲胶法脱硫过程中电位变化的研究 [J]. 天然气化工 (C1 化学与化工), 2006, 31(004):21-23.
[215] 谢为杰. 化肥工业大全. 北京：化学工业出版社，1988.
[216] 周学良，碳酸丙烯酯脱除 CO_2 工艺操作手册. 杭州：浙江科学技术出版社，1992.
[217] 李平辉. 合成氨原料气净化. 北京：化学工业出版社，2010.
[218] 曲平，俞裕国. 合成氨装置脱碳工艺发展与评述. 贵州化工，1997, 3.
[219] 林民鸿 . NHD 脱碳技术在小氮肥厂的应用. 小氮肥设计技术，1995, 03：25-30.
[220] 张学模. 多胺法（改良 MDEA 法）脱除 CO_2 在四万吨尿素及小化肥装置中的应用. 小氮肥设计技术，1994, 04.
[221] 梅安华. 小合成氨厂工艺技术与设计手册. 北京：化学工业出版社，1995.
[222] 范安平，唐莉，陈健. 新型变压吸附脱碳技术的开发与应用. 中氮肥，1997,05：20-23.
[223] 中国寰球化学工程公司，中国石油化工总公司. 氮肥工艺设计手册：氨合成，甲醇合成气体压缩 . 1 版. 北京：化学工业出版社，1989.
[224] 石油化学工业部化工设计院. 氮肥工艺设计手册：理化数据 . 1 版. 北京：石油化学工业出版社，1977.
[225] 王丽华，陈守正，等. 氨合成催化剂及其催化反应机理研究进展. 化学进展，1999, 11（4）:376-382.
[226] 刘化章，罗雄军. 氨合成催化剂 100 年：时间、启迪和挑战（上）. 氮肥技术，2015, 36（6）:13-20.
[227] 魏可镁. 氨合成催化剂研究进展. 工业催化，1992, (1X）:8-13.
[228] 黄传荣，黄布怡. 预还原氨合成催化剂的应用. 化肥工业 ,1998, 25（2）:30-32.
[229] 张岐丰 . A203 型低温氨合成催化剂使用小结. 化工设计通讯，1999, 25（1）:9-11.
[230] 郭新法，唐海亮 . A203 低温催化剂在氨合成系统的应用. 化肥设计，2007, 45（4）: 32-37.
[231] 刘仲水，周金山，舒爱清，等 . A203 型低温氨合成催化剂使用小结. 化肥设计，1997（6）: 29-30.
[232] 王榕，林建新，俞秀金，等. 氨合成铁、钌催化剂联用工艺. 化工学报，2007, 58（1）: 95-101.
[233] 刘化章. 氨合成催化剂的进展. 工业催化，2005，13（5）: 1-8.
[234] 冯中毅，李勇 . A301 预还原型氨合成催化剂的应用. 大氮肥，2004, 27（3）: 149-151.
[235] 张立军，杨得一 .JR2400 氨合成系统开车运行总结. 化肥工业，2012，39（2）: 39-43.
[236] 许海生，罗雄军，蔡金法，等 . A301 型氨合成催化剂在不同结构的塔内件中的还原方法. 化肥工业，1996, 23（1）:39-42.
[237] 黄竹根. 球形氨合成催化剂的生产和使用. 中氮肥，1986（6）: 38-43.
[238] 王文祥，李凡，郭宪吉，等 . A110-5Q 高强度氨合成球形催化剂物理化学性能的研究. 化工学报，1990（5）:583-588.
[239] 卢人舫，胡继华 . HA310Q 型易还原低温高活性球形氨合成催化剂在我厂的应用. 化肥工业，1994(6）:35-37.
[240] 刘化章，胡樟能，蒋祖荣，等. 高效制造球形氨合成催化剂的喷洒成球法. 工业催化 ,1995（1）:31-35.
[241] 单月惠，孙南屏，李相军，等. 等压合成氨工艺节能计算. 纯碱工业，2019（6）:28-30.
[242] 蔡金法，何雪华. 氨合成催化剂绝对分层还原. 小氮肥设计技术，2003, 24（2）:44-46.
[243] 白晓林，郭喜文，李瑞清. 预还原氨合成催化剂的性能及应用. 氮肥技术，2014,35（1）:12-17.

[244] 孙礼申．氨合成塔内件与催化剂整体预还原使用小结．浙江化工，1985（4）:40-42.
[245] 谢定中，杨伍军．XA201-H-1 还原态催化剂的生产制备和工业应用．化肥设计，2012,50（2）: 2-3.
[246] 赵素峰．谭振洋．氨合成塔直接装填还原态催化剂技术及应用．氮肥技术，2017, 38（5）:16-19.
[247] 秦宏泽，杨胜利．还原态氨合成催化剂在卡萨利氨合成系统的应用．氮肥与合成气，2017,45（6）:1-2.
[248] 彭忠良，刘斌．合成塔更换部分 A110-1H 预还原催化剂总结．大氮肥，2013, 36（4）:236-238.
[249] 刘金成，李印昌，陈会来．JR 型氨合成塔内件运行经验总结．化肥工业，2009, 36（3）:17-20.
[250] 唐洪刚，尤留芳．事故型氨合成催化剂的部分更换．小氮肥，2003（12）:16-17.
[251] 奥斯曼・吐尔地，艾合买提江・热依木．部分更换氨合成塔催化剂后的效果分析．广东化工，2014,（13）:44-46.
[252] 刘金成．国内小氮肥合成塔内件技术综述．小氮肥设计技术，1990（4）:35-46.
[253] 殷慕真．小氮肥厂氨合成塔内件技术改造进展．小氮肥设计技术 ,1996（3）:10-21.
[254] 刘起军，肖伟，李明霞，等．华鲁恒升年产 30 万吨低压氨合成装置设计总结．大氮肥 ,2014,37（4）:241-246.
[255] 张金成，王延吉，李方臣，等．GC-R023 型氨合成塔技术及应用．化肥工业，2012, 39（3）:47-51.
[259] 金锡祥，刘金成．"中低低" 变换工艺和 "准零汽耗" 技术．小氮肥设计技术，2003,24（1）:19-23.
[257] 刘慧琴，张丽巧．JR2600 型氨合成系统运行总结．氮肥技术，2017, 38（6）:28-30.
[258] 马辉，乔洁，江超．DN2500 氨合成塔优化改造运行总结 [J]．山东化工，2016, 5（20）:123-124.
[259] 徐希江，黄志宏．氨合成双塔串并联技术应用总结 [J]. 小氮肥，2014, 42（6）:11-13.
[260] 张立军．氨合成工段双塔串联在我省的运行及经济效益分析 [J]．小氮肥设计技术，1989（1）:16-17.
[261] 沈浚，朱世勇，冯孝庭．化肥工学丛书——合成氨 [M]．北京：化学工业出版社，2001.
[262] 郭涛．KBR 卧式氨合成塔及催化剂还原 [J]．大氮肥，2005, 28(2):3.
[263] 卢夺，朱速起，吴成华．托普索 S-300 氨合成塔内件工艺原理及安装 [J]．石油化工装备 ,2010,39(6).
[264] 大连工学院．大型氨厂合成氨生产工艺（烃类蒸汽转化法）[M]．北京：化学工业出版社，1984.
[265]《化工工艺系统设计》编委会．化工工艺系统设计 [M]．北京：石油工业出版社，2013.
[266] 刘镜远，等．合成气工艺技术与设计手册 [M]．北京：中国石化出版社，2001.
[267] 钱家麟，等．管式加热炉 [M]．北京：中国石化出版社，2007.
[268] 李鹏．CFD 在石油工业方面的应用 [J]. 科技创新与应用，2015（3）: 79.
[269] 古大田，方子风．化工设备设计全书废热锅炉 [M]．北京：化学工业出版社，2002.
[270] 温倩，李志坚．国内外合成氨行业分析和新动能构建思考 [J]．化学工业，2018, 036(004):1-6.
[271] 宁汝亮，刘霄龙，朱廷钰．低温 SCR 脱硝催化剂研究进展 [J]．过程工程学报，2019,19(2):223-234.
[272] 覃伟中．传统石化企业的智能工厂建设探索 [J]．中国工业评论，2016, 12(01):38-43.
[273] 王岩．化工节能技术现状及发展趋势 [J]．石油石化节能，2019(6):30-32.
[274] 刘淑芝，韩伟，刘先军，崔宝臣．电化学合成氨研究进展 [J]．化工学报．2017, 68(7): 2621-2630.
[275] 李建锁，王宪贵、王晓琴．焦炉煤气制甲醇技术 [M]．北京：化学工业出版社，2009.
[276] 中石化上海工程有限公司．化工工艺设计手册 [M]. 5 版．北京：化学工业出版社，2021.
[277] 杨跃平，阎承信，焦炉煤气利用技术 [M]．北京：化学工业出版社，2021.
[278] 王贵．焦炉煤气脱硫技术进展与分析 [J]．煤化工，2021，49（4）:57-61.
[279] 陈冠荣，等．化工百科全书．北京：化学工业出版社 ,1998.
[280] 罗保军，等．丙烯腈的生产现状及发展前景．化工科技市场 ,2003(10):11-14.
[281] 龚文照．甘氨酸合成方法及发展前景．山西化工 ,2021,41(4):21-24.
[282] 吴碧君等．烟气脱硝工艺及其化学反应机理．电力环境保护 ,2006(2):29-31.
[283] 温倩．合成氨行业发展情况及未来走势分析．肥料与健康 ,2020,47(2):6-13.

中国肥料研究与应用全书

Books of Fertilizer Research and Application in China

FERTILIZER

第6章

尿素

6.1 概述

尿素[1]，化学名称为脲或碳酰胺，结构式为 $CO(NH_2)_2$ 或 NH_2CONH_2。

人类及哺乳动物所排泄的尿液中含有尿素，它是蛋白质新陈代谢后氮元素的最终产物。

尿素的学名是脲（urea），它可以看作是碳酸的二酰胺。碳酸 H_2CO_3 是含有一个羰基的二元羧酸，所以尿素又称为碳酰二胺或碳酰胺。尿素还可以视为氨基甲酸 NH_2COOH 的一酰胺。

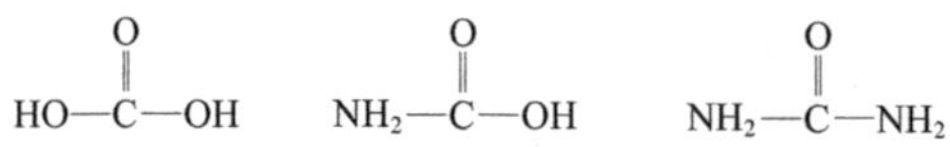

碳酸　　氨基甲酸　　尿素

尿素的分子量是 60.065，纯尿素中氮的质量分数为 46.65%。纯尿素在室温下呈无色无臭的针状或斜方棱柱结晶。常见的造粒塔造粒的尿素产品为直径 0.8 ～ 2.8mm 的球形半透明颗粒。

尿素易溶于水、液氨，也溶于甲醇、乙醇、甘油，不溶于乙醚、氯仿。尿素在水中或液氨中的溶解度均随温度的升高而增加。

尿素的主要物理化学性质见表 6-1。

表6-1　尿素的主要性质

项目	指标	项目	指标
分子量	60.055	标准生成吉布斯自由能	−197.3kJ/mol
熔点	132.7℃ (101325Pa)	标准燃烧热	632.5kJ/mol
	150℃（304MPa）	熔融热	250kJ/g(132.7℃) (吸热)
密度（固态）	1330kg/m^3 (25℃)	比热容（固态）	1.55kJ/(kg·K) (25℃)
密度（液态）	1220kg/m^3	比热容（液态）	2.09kJ/(kg·K)
堆积密度	750kg/m^3 (粒状)	在水中溶解热（无限稀）	230kJ/g (25℃) (吸热)
	630 ～ 710kg/m^3 (结晶)		
标准生成焓	−333.3kJ/mol	结晶热（自饱和水溶液）	197kJ/g (25℃) (放热)

固体尿素在常温常压是稳定的，但是在特定的条件下，尿素可发生缩合反应生成缩二脲、缩三脲、三聚氰胺；尿素可水解，生成氨基甲酸铵，最终成为氨和二氧化碳；尿素可与强酸反应生成盐；尿素与盐类相互作用生成络合物；尿素溶解于液氨中，形成不稳定的氨合物；尿素能与多种有机化合物进行化学反应。

6.2 尿素生产技术

尿素生产技术，无论采用哪种工艺流程，基本分为三个阶段：

高压合成段，氨和二氧化碳反应生成尿素，二氧化碳转化率在 50% ～ 75% 范围；

分离和回收段，未转化为尿素的氨和二氧化碳经加热分解从溶液中分离出来，并经冷凝吸收以甲铵液的形式返回高压合成段；

浓缩和造粒段，70% ～ 75% 的尿素溶液（简称尿液）经真空浓缩至 95% ～ 99.5% 熔融尿液，再经造粒工序加工成一定粒径的尿素颗粒。

尿素生产的基本过程如图 6-1 所示。但对于其具体的流程、工艺条件、设备结构、设备布置等，各尿素工艺均有所不同。迄今世界各地的尿素工厂，绝大多数都是由几家工程公司开发设计的，已形成几种典型的工艺流程。不论哪种工艺流程，其主要原料氨和二氧化碳的消耗大体是相同的，工艺的先进与否主要体现在循环水、电、蒸汽等公用工程的消耗上，特别是蒸汽消耗，尿素装置的蒸汽消耗占整个装置能耗的 90% 以上。尿素生产工艺的改进过程，实质就是公用工程消耗降低的过程。下面介绍当今几种主要的尿素生产工艺。

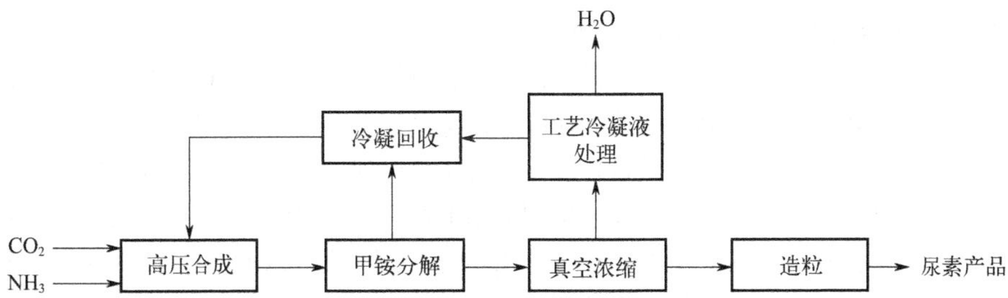

图 6-1　尿素生产工艺流程

当前，世界上最具有竞争力的尿素生产工艺技术，主要有荷兰斯塔米卡邦（Stamicarbon）公司的 CO_2 气提工艺、意大利 Snamprogetti 公司的氨气提工艺、日本三井东压 / 东洋工程公司的 ACES 工艺，以及中国五环工程有限公司的高效合成、低能耗尿素工艺和四川金象化工集团的 JX 尿素技术，当然还包括逐渐退出历史舞台的水溶液全循环尿素工艺。国产化技术及装备在我国尿素工业中发挥着举足轻重的作用，为我国尿素技术的发展及进步做出了巨大贡献。下面将对各个尿素工艺作详细介绍。

6.2.1 水溶液全循环工艺

传统水溶液全循环工艺，又称碳铵盐水溶液全循环工艺，是在 20 世纪 50 年代最早实现全循环的尿素生产流程。其中代表性的工艺有：蒙特卡提尼法、东洋高压法、斯塔米卡邦法。1956 年由荷兰斯塔米卡邦公司设计的第一个工业规模的全循环工艺尿素厂投入生产。1958 年凯洛格公司在美国采用意大利蒙特卡提尼的全循环工艺，建成了日产 200t 的尿素工厂。1958 年日本东洋建设的全循环工艺尿素厂也开始运行。

我国在 20 世纪 60 年代初引进一套斯塔米卡邦的水溶液全循环尿素装置，建在四川泸州。1967 年，中国五环工程有限公司及上海化工研究院自行开发及设计的石家庄化肥厂日产 400t 水溶液全循环尿素装置成功投产。随后中国五环工程有限公司完成年产 11 万吨尿素通用设计，其后又有十多套同规模的水溶液全循环尿素装置建成投产。20 世纪 80 年代，为了解决全国小化肥厂产品单一的问题，化工部委托中国五环工程有限公司（原化工部第四设计院）开发设计年产 4 万吨水溶液全循环尿素装置，1986 年在河南辉县化肥厂、山东邹县化肥厂开车成功。1988 年中国五环工程有限公司完成年产 4 万吨尿素通用设计，随后一大批小化肥厂由碳酸铵成功改产尿素，至 2010 年我国水溶液全循环尿素装置共有 187 套，总产能达 3484 万吨 / 年，占我国尿素总产能的 40% 以上。

水溶液全循环工艺虽然属于 60 年代技术水平，但由于我国尿素工艺研究和工业生产发展过程中均以该工艺为主，因此积累了工艺设计、设备制造、操作技术和生产管理的丰富经验，为小氮肥厂改产尿素提供了宝贵的经验及技术支撑，使小尿素装置投产以后能稳定运行。随后，传统水溶液全循环工艺技术不断优化升级，原材料及公用工程消耗也逐步有所降低。随着产业升级，淘汰落后产能，高能耗、高氨耗、小规模的水溶液全循环工艺逐渐被先进的 CO_2 气提和氨气提等尿素工艺所取代。下面对此工艺做详细的介绍。

6.2.1.1 典型工艺流程描述[1,2]

水溶液全循环工艺流程分为：二氧化碳压缩、原料液氨的供应、尿素合成、循环回收、尿液蒸发、尿素造粒以及工艺冷凝液处理等几个工序（见图 6-2）。

（1）二氧化碳压缩　来自合成氨装置净化工序的原料 CO_2 气体（CO_2 体积分数≥ 98.98%），送入界区时压力为 0.2 ～ 0.23MPa，温度为 40℃。CO_2 原料气在进入压缩机一段入口分离器之前，加入一定量的空气用于高压合成圈设备和管线的防腐，以保证进入高压合成圈之前的 CO_2 气体中氧含量达到 0.5% ～ 0.8%(体积分数)。压缩机出口设有氧分析仪，用于检测气体中的氧含量。

加入钝化空气的原料 CO_2 气体，经一段入口分离器后进入 CO_2 压缩机一段，经五段压缩至 20MPa、125 ～ 140℃送入尿素合成塔。

早期的尿素装置由于规模小（400t/d 左右）、CO_2 流量小、压力高 (约 20MPa) 的原因，压缩机一般采用五段对称平衡往复式压缩机。

（2）原料液氨的供应　来自合成氨装置氨合成工序或者液氨罐的原料液氨，送入尿素装置界区时压力为 2.2 ～ 2.5MPa，温度约 25℃，经液氨过滤器后送入液氨缓冲罐。

液氨缓冲罐内的溢流隔板将其分为原料室和回流室两个区。界区来的新鲜液氨进入原料室；由中压循环系统冷凝回收的液氨，进入回流室，一部分回流液氨靠重力流入中压吸收塔，多余的液氨流过溢流隔板进入原料室，与新鲜原料液氨混合。

原料液氨与溢流液氨汇合后，经高压液氨泵加压至 20MPa、液氨预热器预热到 45 ～ 55℃后送入尿素合成塔。

高压液氨泵采用卧式三联柱塞泵，可通过旁路调节阀或者电机变频器调节泵出口流量。

液氨预热器为管壳式换热器，壳侧采用 0.1 ～ 0.2MPa 蒸汽加热液氨；液氨预热器之后有一段约 10m 长的 1.2MPa 蒸汽夹套，在 0.1 ～ 0.2MPa 闪蒸蒸汽量不足时，利用夹套蒸汽作补充；开车时，也可利用蒸汽夹套加热液氨，给系统升压。

（3）尿素合成　尿素合成塔的进料由三股物料汇合而成，分别是来自 CO_2 压缩机的 20MPa、125 ～ 140℃的原料 CO_2 气体；来自高压液氨泵的 20MPa、45 ～ 55℃的原料液氨；来自高压甲铵泵的 20MPa、90 ～ 95℃的回收甲铵液。

尿素合成塔是一个中空的高压容器，合成塔内设有塔盘（筛板），以减少塔内溶液返混、增加气液接触面。在合成塔内，第一步 NH_3 和 CO_2 快速反应生成氨基甲酸铵［如式（6-1）所示］，是一个可逆强放热反应，反应速率快，容易达到平衡；第二步氨基甲酸铵脱水生成尿素［如式（6-2）所示］，是一个可逆微吸热反应，反应速率慢，需要 40 ～ 50 分钟才能达到接近平衡转化率的状态。

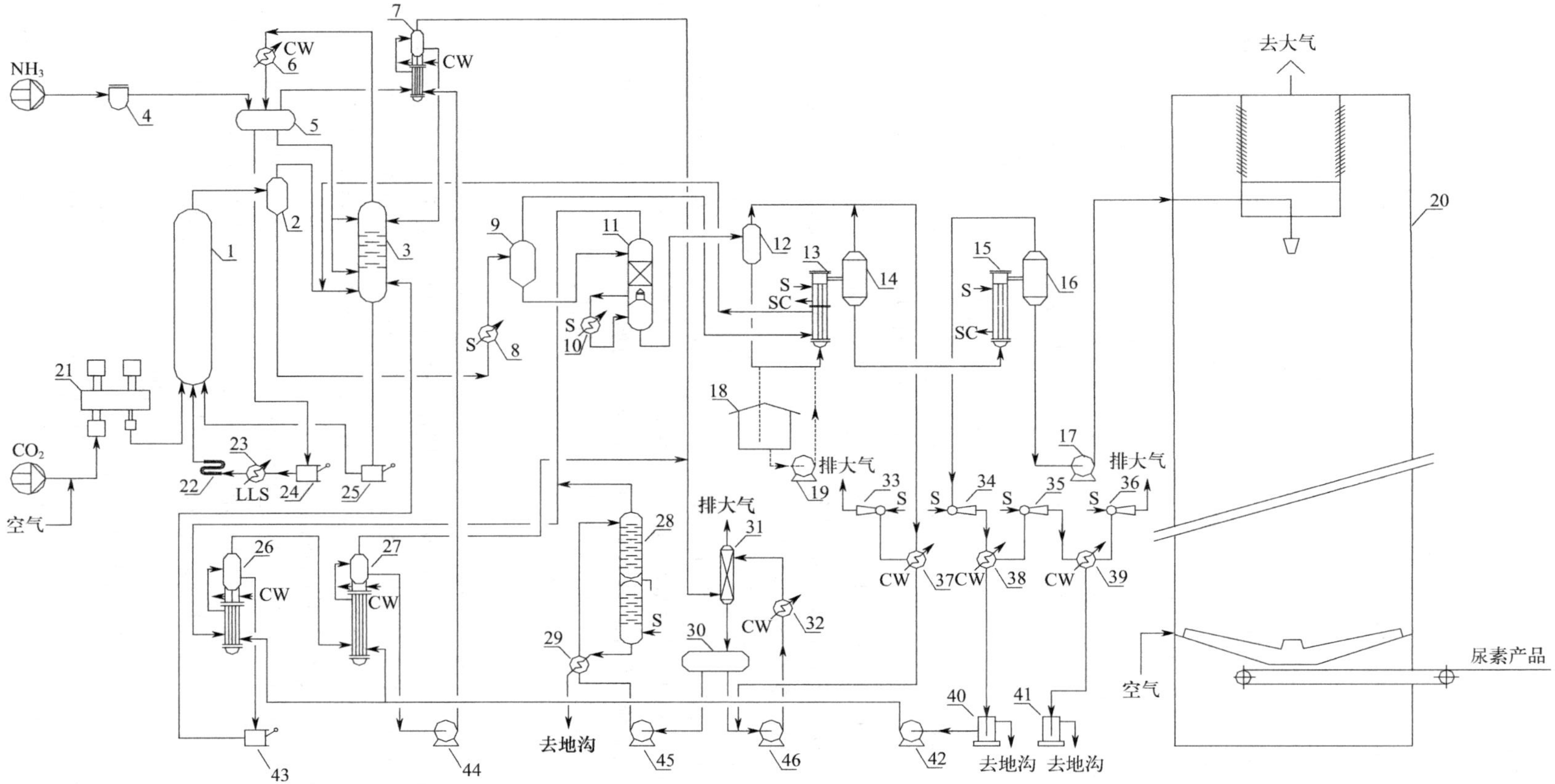

图 6-2 传统水溶液全循环尿素工艺流程示意

1—合成塔；2—预分离器；3—中压吸收塔；4—液氨过滤器；5—液氨缓冲罐；6—氨冷凝器；7—惰性气体洗涤器；8—中压分解加热器；9—中压分解分离器；10—低压分解加热器；11—低压分解分离器；12—闪蒸槽；13—一段蒸发加热器；14—一段蒸发分离器；15—二段蒸发加热器；16—二段蒸发分离器；17—熔融尿素泵；18—尿素缓冲槽；19—尿素溶液泵；20—造粒塔；21—二氧化碳压缩机；22—蒸气夹套；23—液氨预热器；24—高压液氨泵；25—高压甲铵泵；26—低压循环第一冷凝器；27—低压循环第二冷凝器；28—解吸塔；29—解吸塔预热器；30—碳铵溶液槽；31—尾气吸收塔；32—碳铵液冷却器；33—一段蒸发喷射器；34—升压器；35—二段蒸发喷射器；36—二段蒸发后喷射器；37—一段蒸发冷凝器；38—二段蒸发冷凝器；39—中间冷凝器；40—二段蒸发冷凝液槽；41—中间冷凝器液封槽；42—蒸发冷凝液泵；43—中压甲铵泵；44—氨水泵；45—解吸塔给料泵；46—碳铵液循环泵

SC—蒸汽冷凝液；CW—循环冷却水；LLS—0.35MPa 低压蒸汽；S—1.2MPa 低压饱和蒸汽

工业上，物料从合成塔底部进入，从塔顶排出，在塔内的停留时间约 1h。塔内 NH_3/CO_2 摩尔比为 3.8 ～ 4.2，H_2O/CO_2 摩尔比为 0.65 ～ 0.7，塔顶温度为 (188±2)℃，CO_2 转化率一般约 65% ～ 68%。

$$2NH_3 + CO_2 \rightleftharpoons NH_2COONH_4 + 32560kcal/kmol(0.1MPa、25℃) \qquad (6\text{-}1)$$

$$NH_2COONH_4 \rightleftharpoons NH_2CONH_2 + H_2O - 4200kcal/kmol(0.1MPa、25℃) \qquad (6\text{-}2)$$

水溶液全循环工艺作为最早的尿素工艺，与后续出现的 CO_2 气提、NH_3 气提、ACES 工艺不同，前者高压圈只有尿素合成塔一台高压设备，后者有 3 ～ 5 台高压设备。

（4）循环回收　尿素合成塔排出物料中除含有尿素和水以外，还有未反应的 NH_3 和 CO_2，它们以游离 NH_3、游离 CO_2 及氨基甲酸铵的形态存在于尿素溶液中。这部分物料必须和尿素分离，作为原料回收并循环使用。

由于 NH_3 与 CO_2 的分离和回收方法不同，就有各种不同的尿素生产工艺流程。在未反应物分离回收的高压圈，在加热的同时使用一种气体通过含有未反应物的尿素溶液，改变尿液原来的气-液平衡，促使氨基甲酸铵分解及 NH_3 和 CO_2 与尿液分离，这便是后续介绍的各种气提工艺。没有高压分解回收系统，仅在中、低压段采用减压、加热的方法使氨基甲酸铵分解及 NH_3 和 CO_2 与尿液分离的方法，就是典型的水溶液全循环工艺。

水溶液全循环工艺循环回收系统包括：中压分解回收和低压分解回收两部分。

① 中压分解回收（一段循环）　氨基甲酸铵的分解及 NH_3 和 CO_2 与尿液分离都是吸热及体积增加的过程，故减压及加热有利于此过程的进行。当合成塔出来的尿液通过调节阀由 20MPa 减压至 1.7MPa 时，氨基甲酸铵分解吸热，尿液中的 NH_3 和 CO_2 绝热闪蒸，在预分离器内气、液分离，液相温度由 188℃降至 120℃。

出预分离器的液相，进入升膜式中压分解加热器，壳侧的蒸汽将管侧溶液由 120℃加热到 160℃左右，提供氨基甲酸铵进一步分解所需的热量。气液混合物进入中压分解分离器，在此进行气、液分离。液相由 1.7MPa 减压至 0.3MPa 后，进入低压分解塔。气相进入一段蒸发加热器下段，利用部分气体的冷凝反应热作尿液浓缩的加热源，同时气相温度由 160℃降至 120℃，与预分离器出口气体一起，进入中压吸收塔底部的鼓泡段。

中压吸收塔分为上下两段，下段为鼓泡段，上段为精洗段。在鼓泡段内，用低压循环来的稀甲铵液吸收来自预分离器和中压分解分离器的气体。在此，气体中的一部分 NH_3、绝大部分 CO_2 和几乎全部水蒸气，被吸收而转入液相。未被吸收的气体则继续上升到精洗段，与自顶部喷淋的回流液氨（约占回流氨的 90%）相遇，气体中的 CO_2 几乎完全被液氨吸收。自中压吸收塔顶部排出的约 47℃气体几乎是纯的气氨，以及 O_2、N_2 和随原料 CO_2 气进入系统的惰性气体，原料液氨中溶解的惰性气体，以及在此温度、压力下的饱和水蒸气，进入氨冷凝器。冷凝后的液氨流入液氨缓冲罐的回流室。

在中压吸收塔内，气态氨、二氧化碳以及进入的水蒸气冷凝并生成氨基甲酸铵时，放出大量的热。为了保持塔底需要的温度，需移出热量。为此还有一路回流氨（约占回流氨的 10%）送至中压吸收塔底部，通过液氨蒸发吸热来移走氨基甲酸铵的生成热，塔底温度由加氨量自动控制调节。汽化了的回流氨，随同工艺物料中的过剩气氨一起回到氨冷凝器。

不凝的惰性气体离开氨冷凝器时带走少量气态氨，进入惰性气体洗涤器中回收，用来自低压循环第二冷凝器的氨水作为吸收剂。氨水在惰性气体洗涤器中增浓后，经液位槽流出，去中压吸收塔顶部。如果中压吸收塔鼓泡段内 CO_2 吸收不充分，则在精洗段有可能生成氨基甲酸铵固体。为了防止生成结晶引起堵塞，从塔顶加入来自惰性气体洗涤器的氨水，以溶解吸收氨基甲酸铵固体，并将之带回中压吸收塔底部。加入的氨水应当控制为小流量，以免有过量水带入高压系统。

中压循环系统的压力，由位于惰性气体洗涤器气相出口管上的压力调节阀控制。排出的惰性气体去尾气吸收塔进一步回收气氨后放空。

中压吸收塔底部的浓甲铵液中各组分质量分数分别为：41% NH_3、34%CO_2、25% H_2O。甲铵的结晶温度约为70℃，为避免固体甲铵的析出，操作温度高于甲铵结晶温度10～20℃。因此中压吸收塔底部甲铵液的温度控制在90℃左右。通过高压甲铵泵将甲铵液加压至20MPa后送至合成塔。

② 低压分解回收（二段循环） 来自中压分解分离器的尿液由1.7MPa减压至0.3MPa后，氨基甲酸铵进一步分解吸热，尿液中的 NH_3 和 CO_2 绝热闪蒸，液相温度由160℃降至120℃。气液混合物进入低压分解塔，与低压分解加热器来的气相相遇，使尿液经过精馏塔后温度上升到134℃左右。这样可以显著地减少由低压分解分离器出来的气相中的水分，除了回收部分热量外，还对整个系统的水平衡有利。

低压分解塔设有管壳式低压分解加热器，用蒸汽加热溶液至147～150℃。尿液中剩余的氨基甲酸铵分解，游离的 NH_3 和 CO_2 从溶液中汽化出来。塔底分离出来的尿液送至闪蒸槽，以进一步汽化尿液中残余的氨和二氧化碳。

离开低压分解塔顶部的气相和解吸塔解吸出来的气体均进入低压甲铵冷凝系统，冷凝回收气相中的 NH_3 和 CO_2。

低压分解塔和解吸塔出来的气体是 NH_3、CO_2 和 H_2O 的混合气，在两个串联的低压循环第一和第二冷凝器中冷凝。这两个冷凝器均用二段蒸发冷凝器的冷凝液作吸收剂，以回收二段蒸发气相中的氨和尿素。

进入第一冷凝器中的气体，部分地被冷凝后，残余未被冷凝的气氨进入第二冷凝器。在第一冷凝器中气体的冷凝程度，通过冷凝器上部液位槽出口的稀甲铵液温度来控制。

从第一冷凝器出来的稀甲铵液用低压甲铵泵送至中压吸收塔，作中压分解气的吸收液；第二冷凝器出来的氨水用氨水泵送至惰性气体洗涤器，作离开氨冷凝器的含有少量氨的惰性气体的吸收液。

来自第二冷凝器的未冷凝气，和来自中压系统惰性气体洗涤器的气体一起进入尾气吸收塔，经来自一段蒸发冷凝器的氨水洗涤后，不凝气排大气。

（5）尿液蒸发 出低压分解塔底部的尿素溶液先经过闪蒸，再进行蒸发。

① 尿液的闪蒸 尿素溶液经减压后，送到闪蒸槽，压力约为0.06MPa。经减压、绝热闪蒸，尿液温度从150℃降到105～110℃，有相当一部分水、NH_3 和 CO_2 闪蒸出来。离开闪蒸槽的尿液浓度约为74%（质量分数）。

闪蒸槽出来的气体，与一段蒸发分离器出来的气体一并进入一段蒸发冷凝器冷凝。尿液则进入尿液缓冲槽。正常操作时，尿液缓冲槽内尿液温度维持在95℃左右，并且处于低液位操作，以缩短尿液停留时间，减少缩二脲的生成。

② 尿液的蒸发 尿液缓冲槽内的尿液，经尿素溶液泵送到蒸发系统的一段蒸发加热器，尿液在一段蒸发加热器中提浓至95%～96%。

一段蒸发加热器分为两个部分，下部为余热回收段，由来自中压分解分离器的分解气的冷凝反应热来加热提浓尿液；上部加热器的热量是由中压蒸汽供给的。一段蒸发出口尿液温度约为 130℃。尿液出口温度由蒸汽供给量自控调节。

一段蒸发压力维持在 0.033MPa，其真空度由一段蒸发冷凝器和蒸汽喷射器来维持的。一段蒸发冷凝器出口管线上设有自控调节阀。通过控制调节阀的开度吸入空气，以保持一段蒸发系统的压力在正常操作范围内。

一段蒸发分离器出来的气体大部分是水蒸气，但仍含少量的 NH_3 和 CO_2。它与闪蒸槽出来的气相一起，在一段蒸发冷凝器中冷凝，冷凝液进入碳铵溶液槽内，再经解吸系统回收 NH_3 和 CO_2。

浓度为 95% ～ 96% 的尿素溶液，自一段蒸发分离器流入二段蒸发加热器。一段蒸发与二段蒸发间的管线为 U 形管以平衡两者压差。

二段蒸发压力为 0.003MPa，它是用各级冷凝器和三级蒸汽喷射器抽真空而达到的。二段蒸发加热器出口的尿液，在二段蒸发分离器内气液分离，气相用升压器抽出，出升压器的气 / 汽混合物在二段蒸发冷凝器内冷凝，未冷凝的气体经二级蒸汽喷射器送至中间冷凝器，在中间冷凝器中不凝的气体用三级蒸汽喷射器抽出，并送入排气筒放空。

二段蒸发分离器的出口尿液的浓度约为 99.7%（质量分数），温度为 140℃左右。二段蒸发加热器的热源为中压蒸汽，温度由蒸汽流量自控调节。

二段蒸发冷凝器的冷凝液，含有少量的尿素和 NH_3，进入二段蒸发冷凝液液封槽。部分二段蒸发冷凝液经二段蒸发冷凝液泵返回生产系统：一部分作为低压循环系统第一、第二甲铵冷凝器的吸收液；另一部分作为高压、低压甲铵泵填料函的密封水，多余部分排入废水池。

中间冷凝器的冷凝液，含有微量的 NH_3 和 CO_2，流入中间冷凝液液封槽，溢流排下水道。

二段蒸发不设压力调节，出二段蒸发分离器的熔融尿液，经熔融尿素泵送至造粒塔造粒。当尿液浓度未达到 98% ～ 99.7%（质量分数）时，可将二段蒸发分离器出口的尿液返回到尿液缓冲槽。

熔融尿素泵的吸入和排出管线，采用 0.28 ～ 0.3MPa 饱和蒸汽夹套，蒸汽温度为 142℃，仅比尿素熔点高出几摄氏度，以尽量避免高温，减少缩二脲的生成。

（6）尿素造粒　熔融尿素经过滤器后，进入造粒喷头进行造粒。

造粒喷头是一个不锈钢或铝合金的中空的圆锥体。喷头上有大量的孔径不完全相同的小孔，喷头旋转时，熔融尿素从小孔甩出，从几十米高空喷洒下来，在下降过程熔融尿素液滴逐渐固化冷却成为颗粒。造粒塔底的出料温度一般维持在 50 ～ 60℃。

早期的造粒塔多采用自然通风，利用空气的热压头，空气通过造粒塔底部的百叶窗进入塔内，与降落的尿素液滴逆流接触，由塔顶排出，空气出口温度约 65 ～ 70℃。

早期的喷头上装有就地和远传液位，当造粒喷头的孔开始有堵塞时，喷头液位上升，高液位报警，这时应该迅速更换喷头。

（7）工艺冷凝液处理　碳铵溶液槽内的稀碳铵溶液，主要来自一段蒸发表面冷凝液、尾气吸收塔循环液和装置开停车时系统排放的冲洗液，含有 NH_3、CO_2 和少量的尿素。设置解吸系统（没有水解系统）对 NH_3、CO_2 加以回收。

碳铵溶液槽的稀碳铵液由解吸塔给料泵送至解吸塔，解吸塔的进料分冷热流，冷流不经过换热器直接送至解吸塔顶部，尽可能保持解吸塔顶部温度低些，以防止出气含水量过多，避免过多的水进入低压循环吸收系统。热流经过换热器与自解吸塔流出的溶液换热升温到约 125℃，然后从距离塔顶的第五块塔板上面的位置进入解吸塔，这样可以降低解吸塔的蒸汽消耗量。

解吸塔的塔顶压力为0.35MPa，塔底引入1.2MPa蒸汽，与碳铵液逆流接触，以蒸汽为气提气，从溶液中分离出NH_3和CO_2，气体从塔顶排出去低压吸收第一冷凝器；液体从塔底流出，经换热器将温度由147℃降至70℃，排入下水道。

早期的水溶液全循环工艺，由于没有水解塔，解吸出来的液体中尿素没有处理，解吸废液也没有回收利用，直接排至下水道，既不环保，也不节约资源。后期的尿素工艺逐渐优化完善，净化的工艺冷凝液中NH_3和尿素含量在3×10^{-6}以下，可以去除盐水站、循环水站等，不再随意排入环境。

6.2.1.2 工艺特点

水溶液全循环尿素工艺的特点如下：

① 合成压力高达20MPa、氨碳比为3.8～4.2，是众多尿素工艺中最高的，因此其CO_2转化率也较高，为63%～65%。

② 原料消耗高，氨耗为580kg/t，二氧化碳消耗为785kg/t。

③ 能耗高，中压蒸汽消耗为1200～1400kg/t；循环水消耗、电耗，都远高于其他尿素工艺。因为没有高压冷凝回收，没有副产低压蒸汽供利用，中压蒸汽消耗大；因为合成压力高，导致CO_2压缩机、高压氨泵、高压甲铵泵的排出压力高，功率大，电耗很高；回收的冷凝热，没有合理的回收利用，多通过循环水带走，因而循环水消耗高。

④ CO_2没有脱氢设备。装置安全设计不合理，合成塔有过爆炸的案例，尿素装置存在较大安全隐患。

⑤ 中压吸收塔的工艺操作比较难，它是水溶液全循环尿素工艺的心脏。负荷波动会引起CO_2上窜，造成中压吸收塔超温、超压，甚至堵塔、堵氨冷凝器而导致短期停车；中压系统互联设备多，防爆设计较复杂；一吸冷却器（又称外冷器）容易结垢（冷却水侧），需短期停车处理。

6.2.1.3 消耗指标

传统水溶液全循环工艺吨尿素消耗指标如表6-2所示。

表6-2 尿素装置消耗定额（以吨尿素计）

名称	规格	消耗定额	备注
液氨	NH_3含量≥99.9%	0.58t	以100% NH_3计
CO_2	CO_2含量≥98%	0.785t	以100% CO_2计
冷却水	Δt=10℃	150t	
电		150kWh	压缩机用电驱
蒸汽	1.3MPa、195℃	1.2～1.4t	不含压缩机用汽
蒸汽		无	副产外供

6.2.1.4 主要设备和生产控制指标

（1）CO_2压缩机

型式：往复式压缩机，五段压缩（通常第五段为倒级差式）。

一段入口：0.1～0.13MPa，40℃

五段出口：20MPa，160℃

脱硫脱氢：没有设置

五段出口氧含量：0.5% ～ 0.6%(体积分数)

（2）高压氨泵

型式：往复泵（多为三柱塞式，极少数为五柱塞式）

入口：1.7MPa，40℃

出口：20MPa，40℃

氨预热器：将液氨预热至 45 ～ 55℃

（3）合成塔

NH_3/CO_2（摩尔比）：3.8 ～ 4.2

H_2O/CO_2（摩尔比）：0.65 ～ 0.7

CO_2 转化率：63% ～ 65%

合成压力：20MPa

合成塔出料温度：188℃ ±2℃

（4）中压吸收塔

压力：1.7MPa

塔底溶液温度：90 ～ 95℃

出塔甲铵液组成：NH_3 41%（质量分数）、CO_2 34%（质量分数）、H_2O 25%（质量分数）

（5）中压分解回收

压力：1.7MPa

出口尿液温度：157 ～ 160℃

出口尿液组成：尿素 61.38%（质量分数）、NH_3 8.22%（质量分数）、CO_2 3.16%（质量分数）、H_2O 27.24%（质量分数）

（6）低压分解回收

压力：0.3MPa

出口尿液温度：148 ～ 150℃

出口尿液组成：尿素 70.29%（质量分数）、NH_3 0.83%（质量分数）、CO_2 0.55%（质量分数）、H_2O 27.91%（质量分数）

6.2.2 JX 尿素技术

JX 尿素技术是 2007 年由四川金象化工集团组织开发成功的新型全循环法尿素生产技术，与传统全循环工艺相比，具有节能、环保、安全、可靠、投资省的优点。

6.2.2.1 典型工艺流程描述

JX 尿素生产装置由下列工序组成，流程中所述压力除有说明外，均为绝压，其工艺流程见图 6-3。

（1）二氧化碳压缩　原料二氧化碳气由合成氨装置脱碳工序送来，其浓度≥ 98.8%（干基、体积分数），送入界区时压力≥ 0.12MPa，温度为 40℃。二氧化碳先通过 CO_2 液滴分离器（F-101），将 CO_2 气体中的液滴除去后进入 CO_2 压缩机（K-101）。

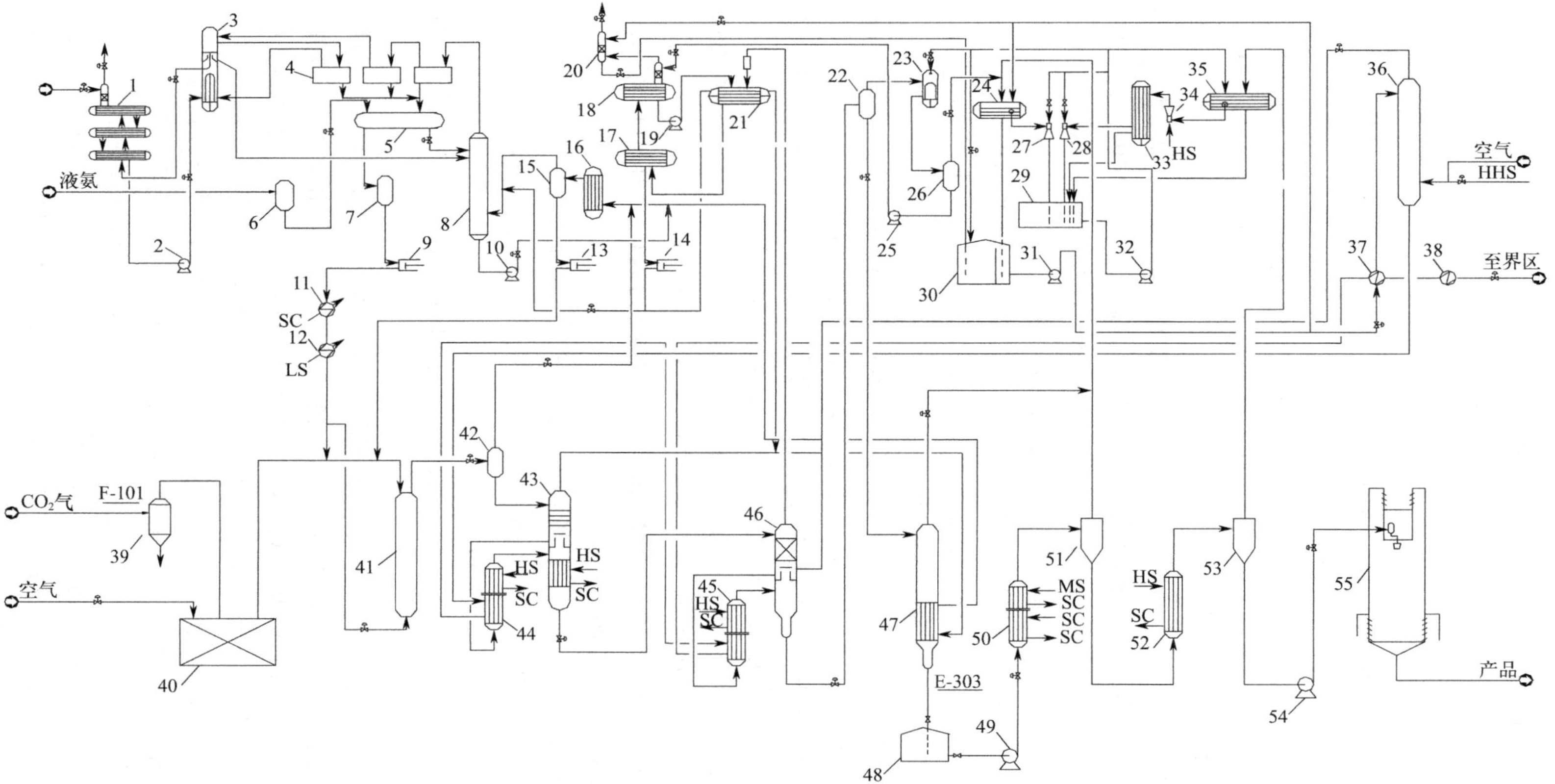

图 6-3 JX 尿素工艺流程示意

1—精洗器；2—精洗泵；3—惰洗器；4—氨冷凝器 A/B/C；5—液氨缓冲槽；6—液氨过滤器；7—液氨缓冲过滤器；8—一段吸收塔；9—高压氨泵；10—一吸塔循环泵；11—1# 氨预热器；12—2# 氨预热器；13—一甲泵；14—二甲泵；15—甲铵分离器；16—甲铵冷凝器；17—二段吸收器 A；18—二段吸收器 B；19—二段循环泵；20—二段吸收塔；21—二段预吸收器；22—闪蒸槽；23—闪蒸冷凝器；24—一段蒸发冷凝器；25—闪蒸冷凝液泵；26—闪蒸冷凝液槽；27—一段水喷射器；28—二段水喷射器；29—水喷射泵循环槽；30—碳铵液槽；31—解吸泵；32—水力喷射循环泵；33—中间冷凝器；34—二段蒸汽喷射器；35—二段蒸发冷凝器；36—解吸水解塔；37—解吸塔换热器；38—解吸净液冷却器；39—CO_2 液滴分离器；40—CO_2 压缩机；41—尿素合成塔；42—预分离器；43—一段分解塔；44—一段分解加热器；45—二段分解加热器；46—二段分解塔；47—预蒸发器；48—尿素溶液贮槽；49—尿液泵；50—一段蒸发加热器；51—一段蒸发分离器；52—二段蒸发加热器；53—二段蒸发分离器；54—熔融尿素泵；55—造粒塔

SC—蒸汽冷凝液；HS—高压蒸汽；MS—中压蒸汽

二氧化碳压缩机是五段对称平衡型压缩机。二氧化碳气体经过五段压缩，最终压力约23MPa，送入尿素合成塔（C-201）。为了调节生产负荷，可利用压缩机的一回一付线调节打气量在70%～100%的允许范围内。在CO_2入口总管和每台压缩机五段出口总管上均装有放空管线。此外在入尿素合成塔的CO_2总管上也装有就地放空阀，以便于开停车及处理突发事故。

为了防止腐蚀，在二氧化碳压缩机二段入口分离器前加入防腐空气，出二氧化碳压缩机气体含O_2量约为0.3%～0.4%（体积分数）。

（2）氨加压　原料液氨从合成氨装置氨库送来，温度约20℃，进界区时压力约2.2MPa，经流量计计量及液氨过滤器（F-102）除去机械杂质后，进入液氨缓冲槽（F-304）。为控制（缓冲槽）液位，在其入口管线上设置有液位调节阀。

蒸发式氨冷凝器（E-305A/B/C）冷凝的液氨也进入液氨缓冲槽。其中一部分作为一段吸收塔（C-303）顶部回流氨用，其余液氨与原料液氨混合，入高压氨泵（P-101）加压到约23MPa，经1#和2#氨预热器预热后，进入尿素合成塔（C-201）。为了防止高压氨泵气蚀并除去液氨中杂质，泵的进口总管设置了液氨缓冲过滤器（F-103）。高压氨泵采用变频调速，改变泵的转速以调节进入合成塔的氨量，从而达到调节合成塔NH_3/CO_2的目的。为了开停车方便，每台氨泵设有副线，氨可经蒸发式氨冷凝器B返回液氨缓冲槽。开车时用中压蒸汽将氨加热至150℃，并将合成塔升压至7.94MPa。

正常生产时，送入合成塔氨量，其中10%～30%送入合成塔底部，其余与循环工序返回的甲铵液和CO_2气混合后入合成塔顶部，以此来调节顶部混合物的温度。

（3）尿素合成　二氧化碳压缩机出口的CO_2气体压力约23MPa、温度约115～125℃，进入尿素合成塔（C-201）。进入尿素合成塔的CO_2量决定系统生产负荷。

甲铵分离器来的甲铵液，经一甲泵（P-301）加压至约23MPa，送入尿素合成塔（C-201）。

从2#氨预热器（E-102）来的液氨，送入尿素合成塔（C-201）。

尿素合成塔（C-201）压力为22.1～22.6MPa，温度为192～194℃，NH_3/CO_2（摩尔比）约4.1～4.3，二氧化碳转化率≥73%。

尿素合成塔压力通过位于合成塔出口管线上的压力调节阀自动控制。

为防止停车时管道堵塞，设置高压冲洗水泵（P-702）将蒸汽冷凝液加压，送到尿素合成塔（C-201）的进、出口物料管线进行冲洗置换。

（4）循环系统　循环系统包括一段分解、二段分解、常压闪蒸、预蒸发、一段循环回收和二段循环。

① 一段分解　出尿素合成塔的合成液中含有尿素、氨基甲酸铵、过剩氨和水，通过压力控制阀减压到1.8MPa进入预分离器（F-301），合成液在此闪蒸。闪蒸液相进入一段分解塔（C-301），闪蒸液相在流经4层筛板组成的精馏段时与下部来的气体进行传质传热作用，使得出塔气温度降低，达到降低出塔气体中水含量和节省加热器蒸汽用量的目的。出精馏段液相进入一分加热器（一段分解加热器），一分加热器分为上下二段，上下段壳侧分别用1.27MPa饱和蒸汽和解吸净水加热。一分加热器温度控制在150℃。加热后物料进入一段分解塔中部的分离段，进行气液分离。分离后的尿液经液体分布器入塔下段的降膜式加热器换热管内壁，在此溶液被加热至158～160℃，溶液中的甲铵和过剩氨被进一步分解和分离出来，溶液经液位调节阀减压后送至二段分解塔（C-302）。由于采用“预精馏”流程，合成液在一段分解塔精馏过程中，液相中所含的氨大部分被分离至气相，因而液相中含氨量很低。

在缺氧的条件下，不锈钢材料是不耐腐蚀的。为此在一分加热器液相入口和一段分解塔下箱体加入空气，以减轻一段分解系统设备、管道腐蚀。加入空气量用流量计计量。

② 二段分解 出一段分解塔的液体经液位调节阀减压到0.4MPa后进入二段分解塔（二分塔，C-302）上部进行闪蒸分离。液体与填料精馏段与塔下分离段来的气体进行传质传热作用，以降低出塔气体温度和提高进二段分解加热器（二分加热器）的液体温度。

二分加热器用一段分解加热器来的解吸净水和0.6MPa的蒸汽加热。出二分加热器物料温度为135～140℃，该温度由壳侧蒸汽加热调节阀自动控制。物料被加热后进入二分塔下部的分离段，进行气液分离。分离后的液体经液位调节阀入常压闪蒸槽，闪蒸后的尿液经液位调节阀入预蒸发器，气体至闪蒸冷凝器。

③ 常压闪蒸 闪蒸槽（F-306）操作压力约0.11MPa，闪蒸后的尿液经液位调节阀入预蒸发器，气体入闪蒸冷凝器（E-310），冷凝液入闪蒸冷凝液槽（F-307），再经闪蒸冷凝液泵（P-306）返回二段吸收器B作吸收剂，根据系统水平衡和闪蒸冷凝液组成需要，在闪蒸冷凝器中加入水喷射循环泵来的蒸发冷凝液作吸收剂。

④ 预蒸发 预蒸发器为降膜式加热器，入预蒸发器的尿液经液体分布器被分布在换热管内壁，尿液沿管壁向下流动过程中被加入壳程的一段分解气体加热汽化。

预蒸发器压力用调节阀控制在0.034～0.004MPa。出预蒸发器尿液温度约为102～106℃，浓度约为85%，经尿液泵（P-401）送入一段蒸发加热器（E-401）或流入尿素溶液贮槽（F-302）。

⑤ 一段循环回收 从预分离器顶部出来的气体进入甲铵冷凝器。从一段分解塔顶出来的气体，加入经二段预吸收器预热后的二甲液，进入预蒸发器（E-303）下部热能回收段壳程，在热能回收段，气体的冷凝热将管程的尿液加热并浓缩，出热能回收段壳程的气液混合物，进入甲铵冷凝器，用调温水泵（P-704）送来的调温水移走冷凝热和反应热，将温度控制在102～105℃，出甲铵冷凝器的气液混合物入甲铵分离器（F-303），分离后的甲铵液通过一甲泵（P-301）加压到23MPa送入尿素合成塔。出甲铵冷凝器的气体进入一段吸收塔（C-303）。一段吸收塔由三段组成，下段为鼓泡吸收段，中部为填料粗洗段，上段为泡罩精洗段。在精洗段顶部加入从液氨缓冲槽（F-304）来的回流氨和从惰洗器（E-306）来的浓氨水作吸收剂。进入一段吸收塔（一吸塔）的气体从下至上流经一段吸收塔时，气体中的CO_2和水汽几乎被全部吸收。为控制一吸塔底部溶液浓度，二甲泵送出的二甲液的1/3通过流量调节阀送入甲铵分离器至一吸塔的气相管线中。出一吸塔的甲铵液，通过一吸塔循环泵（P-302）送入甲铵冷凝器，一吸塔液位通过泵出口管线上的液位调节阀控制。

出一吸塔的气氨在三台串联的蒸发式氨冷凝器（E-305A/B/C）内冷凝。液氨流至液氨缓冲槽（F-304），出氨冷凝器C的气体进入惰洗器（E-306），气体中的氨被精洗泵（P-303）送来的氨水所吸收。出惰洗器的气体经过压力控制阀送入精洗器（E-307）。一段循环压力控制在1.7MPa。

由于原料CO_2气及液氨中含有H_2、CO、CH_4等可燃性气体，为防止腐蚀，系统又加入了防腐空气，当洗涤回收氨后，这些可燃性气体与空气可能会形成燃爆性气体混合物。因此必须控制氨冷凝器和惰洗器出口气体氨含量不宜过低，使气体混合物不进入可燃爆区，其控制方法一般是调节蒸发式氨冷凝器的冷却水量和风量以及调节惰洗器（E-306）的冷却水量，从而达到控制氨冷凝温度和惰洗器洗涤液的温度，使其相对应的气体组分处于安全区域。出惰洗器的气体经压力调节阀减压后，进入精洗器（E-307A/B/C），气体中的氨被加入的水吸收，吸收放出的热被加入管程的冷却水移走。出精洗器的氨水，通过精洗泵送入惰洗器。出精洗器的气体含氨量小于 0.1%，经压力调节阀减压后通过阻火器 (L-301) 排入大气。

精洗器的功能是尽可能回收氨，因此洗涤过程和洗涤回收氨后的气体有可能进入可燃爆区，为防止爆炸及爆炸后设备损坏及发生人员安全事故，精洗器设计时不仅考虑要有良好的静电接地，同时设备也采用抗爆设计。

为防止开车及操作人员误操作引起惰洗器过度吸氨，导致气体进入燃爆区带来安全问题，在惰洗器液位槽上部设置隔爆区。

⑥ 二段循环　出二段分解塔（C-302）的气体依次进入二段预吸收器（E-308）及二段吸收器 A 和二段吸收器 B，在此同时加入闪蒸冷凝泵来的稀氨水作吸收剂。出二段吸收器 A 的甲铵液流入二甲泵（P-403），加压后的二甲液的 2/3 经预热后送往预蒸发器（E-303）下部热能回收段，其余 1/3 送入一段吸收塔。二段吸收器液位由二甲泵转速进行控制。出二段吸收器 B 的气体，再经二段吸收塔洗氨，经压力调节阀减压后通过阻火器 (L-302) 排入大气。出二段吸收器 B 的液体通过二段循环泵（P-305）送入二段预吸收器。二段循环吸收所产生的热量，用冷却水移走。与一段循环回收相似，二段吸收器 B 和二段吸收塔的气体也可能进入燃爆区，虽然其危险性远小于精洗器，但从安全考虑，也采用抗爆设计。

（5）蒸发造粒系统　出预蒸发器（E-303）的尿液经尿液泵（P-401）送入一段蒸发加热器（E-401）。在系统刚开车或蒸发不正常时，尿液可送到尿素溶液贮槽（F-302），待生产稳定后再返回一段蒸发加热器（E-401）。

一段蒸发加热器的下段用蒸汽冷凝液加热，上段用蒸汽加热。出一段蒸发加热器的气液混合物入一段蒸发分离器（F-401），分离后的尿液入二段蒸发加热器。一段蒸发加热器操作压力为 0.03 ～ 0.034MPa，操作温度为 130℃，尿液在此被浓缩至 95% ～ 96%。二段蒸发加热器（E-402）用蒸汽加热。二段蒸发加热器操作压力为 0.003 ～ 0.005MPa。出二段蒸发加热器的物料温度为 138 ～ 140℃，在二段蒸发分离器（F-402）进行气液分离。气体送入二段蒸发冷凝器（E-404）。分离后的熔融尿素浓度≥ 99.6%，经熔融尿素泵（P-402）送往尿素造粒塔 (L-401) 顶部，经造粒喷头 (L-402) 造粒。

预蒸发的气体和一段蒸发的气体在一段蒸发冷凝器（E-403）中冷凝，冷凝液至碳铵液槽（F-403）。一段蒸发冷凝器的末端（J-402）抽至循环槽 (F-404) 放空。

二段蒸发的真空度由喷射器和配套的抽真空设备来产生和维持。它们包括：二段蒸发冷凝器（E-404）、二段蒸汽喷射器（J-404）、中间冷凝器（E-405）和二段水喷射器（J-405）。二段真空系统产生的冷凝液入循环槽（F-404），循环槽内的稀氨水通过循环泵 (P-403) 将稀氨水送入水喷射泵和常压闪蒸冷凝器，循环槽的过剩稀氨水通过溢流管线流入碳铵液槽 (F-403)。

二段蒸发冷凝器（E-404）夏天冷却水温高时用低温水冷却。

（6）解吸水解系统　一段蒸发冷凝液和搜集的工艺废水流至碳铵液槽（F-403），经解吸塔给料泵（P-501）、解吸塔换热器（E-501）送入解吸水解塔（C-501）顶部。溶液从上往下流经各塔板时，溶液被加热，溶液中的尿素与水发生反应，生成 NH_3 和 CO_2，同时溶液中的 NH_3 和 CO_2 又被底部加入的蒸汽气提出来，为防止腐蚀，在塔底部加入防腐空气。解吸水解塔操作压力为 1.05MPa，操作温度为 186 ～ 188℃（塔底），出解吸水解塔顶部的气体送入二段分解塔精馏段下部，出塔底部的解吸净水中尿素和氨含量均小于 3×10^{-6}，它经一段分解加热器下段、二段分解加热器下段及解吸塔换热器回收热量，经解吸净液冷却器(E-502) 冷却，液位调节阀送入蒸发式氨冷凝器作补充水或送出界区供脱盐水的补充水。

6.2.2.2　工艺特点

（1）高合成转化率　尿素转化率可达 73% 以上，高转化率的实现，得益于该工艺采用了一种特殊型式的换热式合成塔，同时，合成塔采用高合成压力（21.6 ～ 22.6MPa）、高合成温度（192 ～ 194℃）。

（2）充分回收低位能热量　一段分解气的部分冷凝热和反应热用于预蒸发器浓缩尿素溶液，同时，多层次回收蒸汽冷凝液热量。

蒸汽冷凝液第一次在中压饱和器中膨胀，膨胀蒸汽用于一段蒸发器上段浓缩尿素溶液。

出中压饱和器的冷凝液在低压饱和器中膨胀，膨胀蒸汽用于伴热、夹套保温和公用工程站。

出低压饱和器的冷凝液用于一段蒸发器下段浓缩尿素溶液。

出一段蒸发器下段的冷凝液用于氨预热器加热液氨。

（3）工艺冷凝液处理工序与循环工序巧妙组合　这种组合不仅简化了工艺冷凝液处理工艺流程，还节省了蒸汽和冷却水消耗，这种组合通过下述措施实现。

① 解吸水解塔气体导入二段分解塔精馏段下部，通过与冷的尿素溶液接触气体得以精馏，减少了气体中的含水量，同时节省了二段分解加热器蒸汽用量。

② 出解吸水解塔底的解吸净水，依次通过一段分解加热器下段、二段分解加热器下段、解吸塔换热器，充分回收解吸净水的显热。

（4）独特设计的二次一段分解系统　第一次分解采用传统的再沸分解，分解温度为150℃，第二次采用逆流降膜式分解，分解温度为 160℃，这种组合不仅提高了甲铵及过剩氨的分解率，同时也节省了蒸汽消耗。

（5）独特设计的一段回收系统　不仅提高了甲铵液中的 CO_2 浓度 [36% ～ 38%（质量分数）]，减少了返回合成塔水量，同时显著提高了一段吸收塔的可操作性和降低了出一段吸收塔气体中微量 CO_2 含量。

（6）氨冷凝器　采用蒸发式氨冷凝器，减少了冷却水用量。

（7）独特设计的一段尾气回收系统　由惰洗器和特有的组合式氨精洗器组成，该系统不仅将一段放空尾气中的氨降至 0.1% 以下，还具有良好的安全性。

（8）独特设计的组合式二段吸收系统　该系统不仅减少了冷却水用量（冷却水温升可达到 10℃以上）和氨的放空损失，同时也提高了系统可操作性。

（9）运转率高　运转率高得益于：工艺流程简短，高压设备少；工艺条件温和，选材合理，设备及管道管件腐蚀轻微，故障率低；可操作性强，由于操作原因引起停车的概率非常低。

（10）设置常压闪蒸系统　闪蒸气通过闪蒸冷凝器冷凝，冷凝液返回二段循环系统，降低了解吸水解塔负荷，节省了蒸汽和冷却水消耗。

（11）消耗低　原料及公用工程消耗低，得益于：合成塔转化率高、良好的节能措施、可操作性好、高的运转率。

（12）高安全性　在可能出现可燃性气体燃烧和爆炸的场所，采用防爆和抗爆措施，使装置具有高的安全性。

6.2.2.3 设计值与实测值消耗定额比较

JX 尿素工艺消耗情况见表 6-3。

表6-3 设计值与实测值消耗定额比较

名称	规格	单位	设计值	实测值
液氨	以 100%NH_3 计	kg	575	570
二氧化碳	以 100%CO_2 计	kg	750	740
蒸汽	1.275MPa	kg	900	850
冷却水	Δt=10℃	m^3	80	60
电（含 CO_2 压缩）		kWh	125	120
解吸水解液	氨	mg/kg	≤ 5	≤ 3
	尿素	mg/kg	≤ 5	≤ 3

6.2.3 斯塔米卡邦的 CO_2 气提工艺

斯塔米卡邦公司 (B.V.Stamicarbon) 于 1947 年成立，是荷兰国营矿业公司 (DSM) 的子公司；2009 年 10 月被意大利 Maire Tecnimont Group 收购，成为研发中心。斯塔米卡邦公司在 20 世纪 40 年代后期开始研究尿素生产工艺。早期尿素生产存在着合成塔等设备的严重腐蚀问题，影响生产的正常进行和生产技术的推广。直至 1953 年，斯塔米卡邦提出在二氧化碳原料气中加少量氧气的办法，解决了尿素设备的腐蚀问题，为后来尿素生产的大规模发展开辟了道路。由该公司设计的第一个工业规模的尿素厂于 1956 年投产。

在 20 世纪 60 年代初，斯塔米卡邦与荷兰国营矿业公司研究中心一起，开发了新的尿素工艺，即二氧化碳气提法。1964 年开始建设日产 20t 尿素的实验厂，1967 年二氧化碳气提工艺的尿素厂正式投产，随后此工艺被世界各国广泛采用。

1994 ～ 1996 年，斯塔米卡邦公司开发了 2000^{+TM} 尿素工艺，即适用于日产小于 2300t 的池式反应器工艺和日产大于 2300t 的池式冷凝器加合成塔工艺。该工艺的改进之处在于：将立式甲铵冷凝器改为卧式，工艺介质改走壳程；高压圈设备和管线采用 Safurex 材料；尿素高压设备框架高度也由 76m 降至 53m，若采用池式反应器，高压设备框架高度可降至 23m。

2008 年，斯塔米卡邦又推出 Avancore 尿素工艺，它是基于完全采用 Safurex 材料的尿素工艺。斯塔米卡邦认为，Safurex 材料具有非常好的抗腐蚀性能，在 183℃无氧的尿素合成反应物料环境中 75 天，Safurex 材料的年腐蚀速率仅为 0.05mm。采用 Safurex 材料，设备可以在无氧条件下运行，其随后新设计的尿素装置取消了钝化空气、脱氢反应器、高压洗涤器、高压喷射器等设备。尽管如此，极少有采用 Avancore 尿素工艺的尿素厂进行无氧操作。而最近几年，斯塔米卡邦新设计的尿素工艺中，也不再提及无氧操作，CO_2 气体中的氧含量也由 0.1%(体积分数) 提高至 0.3%(体积分数)。

斯塔米卡邦 CO_2 气提工艺，在世界范围内有超过 240 套装置，占世界尿素总能力的 62% 左右。我国在 2000 ～ 2015 年左右，也引进了 2000^{+TM} 尿素工艺，斯塔米卡邦 CO_2 气提工艺的进化历史如图 6-4 所示。

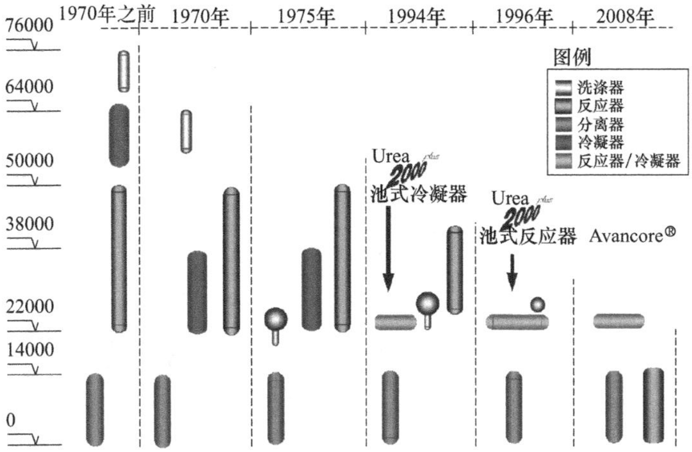

图 6-4 斯塔米卡邦 CO_2 气提工艺进化史

6.2.3.1 典型工艺流程描述

典型的斯塔米卡邦 CO_2 气提工艺分为：二氧化碳压缩和脱硫脱氢、原料液氨的供应、尿素合成、低压分解和回收、尿液蒸发、尿素造粒，以及工艺冷凝液处理等几个工序（见图 6-5）。下面以池式冷凝器为例做详细介绍。

（1）二氧化碳压缩和脱硫脱氢　来自合成氨装置净化工序的原料 CO_2 气体（CO_2 体积分数≥ 98.98%），送入时界区压力为 0.2 ～ 0.23MPa，温度为 40℃。CO_2 原料气在进入二氧化碳压缩机一段入口分离器之前，加入一定量的空气用于脱氢反应和高压圈设备的防腐，以保证进入高压圈之前的 CO_2 气体中 O_2 含量达到 0.3%(体积分数)。

加入钝化空气的原料 CO_2 气体，经一段入口分离器后进入二氧化碳压缩机一段；一段出口冷却器之后设置有粗脱硫塔用于脱除硫化氢，经粗脱硫后的 CO_2 气体经二段入口分离器进入压缩机二段；二段出口设置有水解塔和精脱硫塔，经精脱硫后的 CO_2 气体中总硫含量小于 1×10^{-7}；脱硫后的 CO_2 气体，经三段入口分离器后，进入压缩机三段；三段出口设置有脱氢 / 醇反应器，用于脱除原料气中的 H_2、甲醇、CO、甲烷等可燃性气体，这些可燃性气体的脱除率达到 95% 以上；脱氢后的 CO_2 气体进入压缩机四段，经四段压缩至 14.3MPa 后去 CO_2 气提塔。

若上游来 CO_2 气体中不含硫，则不需要上述脱硫设备。脱硫是为防止下游脱氢催化剂中毒。脱氢的目的是降低高压圈气相中可燃性气体的浓度，使高压洗涤器排出气体中可燃性气体浓度在爆炸区域之外，防止其发生爆炸，脱氢催化剂多为铂系催化剂。

CO_2 压缩机多采用蒸汽驱动的离心压缩机，四段压缩。

（2）原料液氨的供应　来自合成氨装置氨合成工序或者液氨罐的原料液氨，送入尿素装置界区时压力为 2.2 ～ 2.5MPa，温度约 25℃，经液氨过滤器后送入高压液氨泵。经高压液氨泵加压至 16.1MPa，经高压甲铵喷射器送入池式反应器或池式冷凝器。

正常工况，送入尿素装置的 NH_3 和 CO_2 原料的摩尔比为 2∶1。

（3）尿素合成　尿素高压合成段是尿素装置的核心。合成氨装置来的液氨、CO_2 气体，以及尿素装置回收段返回的高压甲铵液，在高压圈发生甲铵生成、甲铵脱水生成尿素的反

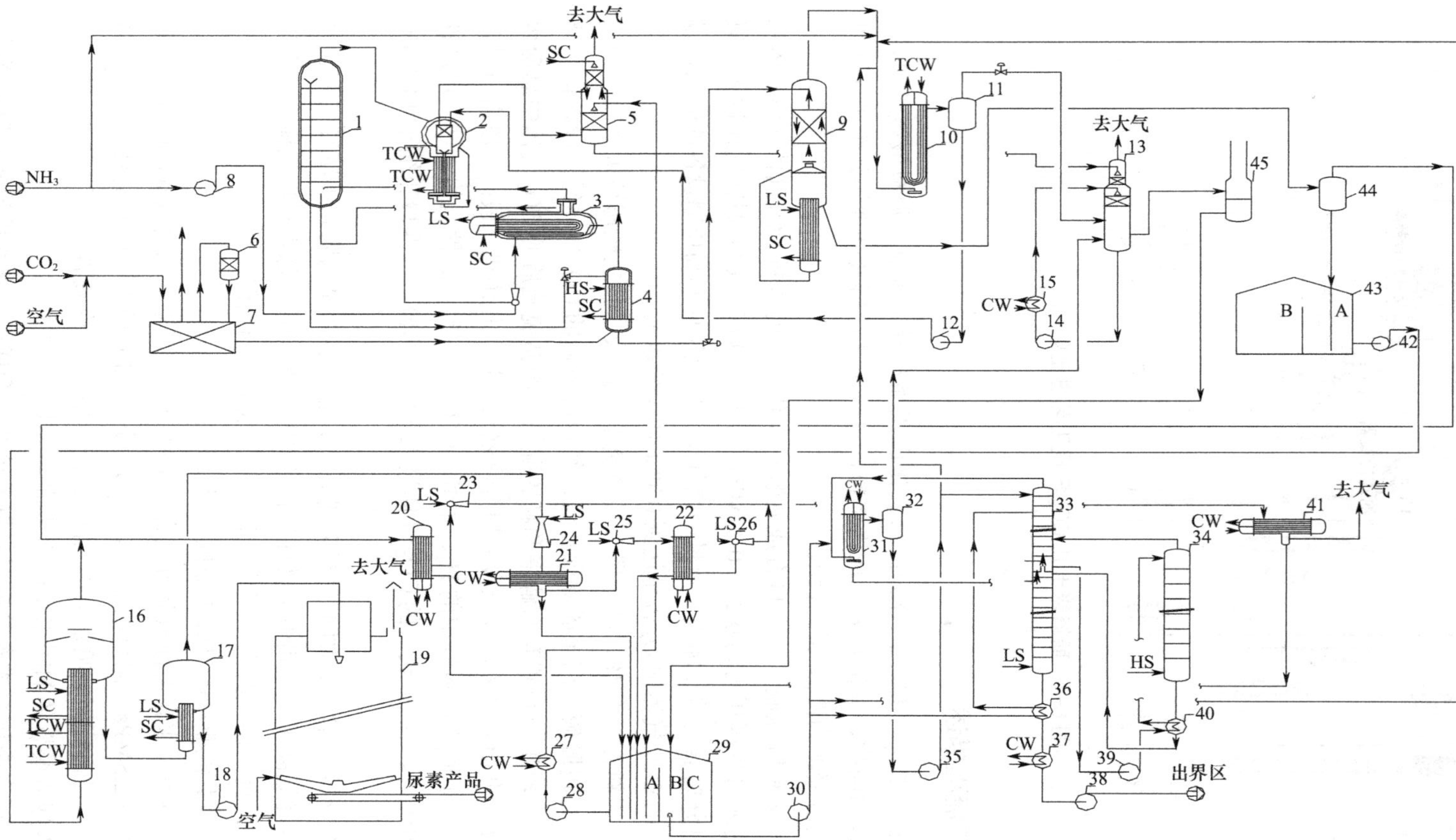

图 6-5　斯塔米卡邦的 CO_2 气提工艺流程示意

1—合成塔；2—高压洗涤器；3—池式冷凝器；4—气提塔；5—4bar 吸收塔；6—脱氢反应器；7—二氧化碳压缩机；8—高压液氨泵；9—精馏塔；10—低压甲铵冷凝器；11—低压甲铵冷凝器液位槽；12—高压甲铵泵；13—常压吸收塔；14—常压吸收塔循环泵；15—常压吸收塔冷却器；16——段蒸发；17—二段蒸发；18—熔融尿素泵；19—造粒塔；20——段蒸发冷凝器；21—二段蒸发冷凝器；22—二段蒸发后冷凝器；23——段蒸发喷射器；24—升压器；25—二段蒸发第一喷射器；26—二段蒸发第二喷射器；27—4bar 吸收塔给料冷却器；28—4bar 吸收塔给料泵；29—氨水槽；30—解吸塔给料泵；31—回流冷凝器；32—回流冷凝器液位槽；33—解吸塔；34—水解塔；35—回流泵；36—解吸塔换热器；37—净化工艺冷凝液冷却器；38—净化工艺冷凝液泵；39—水解塔给料泵；40—水解塔换热器；41—最终冷凝器；42—尿液泵；43—尿液槽；44—闪蒸槽；45—放空筒

SC—蒸汽冷凝液；CW—循环冷却水；LS—低压饱和蒸汽；HS—高压蒸汽；TCW—调温水

应。合成塔、气提塔、池式冷凝器、高压洗涤器这 4 台设备组成“尿素高压合成圈”；若尿素装置日产小于 2300t，则池式冷凝器和合成塔整合为一个设备，即池式反应器，“尿素高压合成圈”变为 3 台设备——高压洗涤器、气提塔、池式反应器。

与其他尿素工艺一样，尿素合成反应分为两步：第一步 NH_3 和 CO_2 快速反应生成氨基甲酸铵，是一个可逆强放热反应，反应速率快，容易达到平衡，反应多在池式冷凝器中完成；第二步氨基甲酸铵脱水生成尿素，是一个可逆微吸热反应，反应速率慢，需要 40 ～ 50 分钟才能达到接近平衡转化率的状态，这个反应一部分在池式冷凝器中完成，绝大部分在合成塔内完成并接近反应平衡。

将气提塔顶部出来的 187℃、14.3MPa 气提气，高压甲铵喷射器送来的高压液氨和高压甲铵液，一起送入池式冷凝器壳侧。池式冷凝器采用特殊设计的 U 形管、浸入式冷凝器，气提气中的 NH_3 和 CO_2 被分散在池式冷凝器壳侧的液体池中，并在此冷凝反应生成甲铵；冷凝反应放出的热用于生成 0.45MPa 的低压饱和蒸汽。副产低压蒸汽用于低压段甲铵的加热分解、解吸塔及真空喷射器的驱动蒸汽。通过低压蒸汽的压力调节，改变池式冷凝器管侧的蒸汽温度，从而改变管壳侧的传热温差和池式冷凝器的负荷。低压蒸汽压力可调节池式冷凝器壳侧的压力为 14.3MPa，从而也调节了高压甲铵喷射器出口压力。

池式冷凝器通过气、液两根管道分别将生成的尿素和甲铵、未反应的 NH_3 和 CO_2 送入尿素合成塔底部。在合成塔内，甲铵吸热脱水生成尿素，合成塔容积和池式冷凝器壳侧的容积，给尿素合成反应提供了足够的停留时间，使反应接近平衡状态。甲铵脱水生成尿素所需的热量，来自 NH_3 和 CO_2 冷凝反应放热。合成塔的反应条件为 183℃，14.1MPa，塔内 NH_3/CO_2 摩尔比为 3.1，H_2O/CO_2 摩尔比为 0.51，CO_2 转化率接近 60%。

合成塔内的高效塔盘将反应空间隔成几个相对独立的反应室，每个反应室中的气液流向一致。塔盘上开有不同数量的小孔，塔盘留有液体上升通道，反应物料自下而上的过程中，绝大部分气体从液相鼓泡通过，经筛板小孔进入上一层反应室，而液体自液体上升通道进入上一层反应室。合成塔塔盘有效避免物料返混、短路和滞留，有利于提高合成转化率。

合成塔顶部出来的尿液从下液管自流到 CO_2 气提塔，合成塔出液经气提塔内液体分布器均匀地分配到每根气提管中，沿塔壁成液膜下降，与塔下部导入的 CO_2 气体在管内逆流接触，气相中 NH_3 分压较低，促使甲铵分解。壳侧以 205℃、1.72MPa 饱和蒸汽加热，可通过调节壳侧蒸汽压力来调节气提塔的负荷。合成反应液中过剩氨及未转化成尿素的甲铵将大部分被气提分解和分离。气提气从塔顶排出回到池式冷凝器，含有 53.9%（质量分数）尿素、10.9%（质量分数）NH_3 和 8.6%（质量分数）CO_2 的尿液从塔底排出，经减压至 0.40MPa 后送精馏塔。

从合成塔顶部出来的气体（含有 O_2、N_2，以及未反应的 NH_3 和 CO_2）进入高压洗涤器（简称高洗器）。高洗器分为上、下两段，下段为管壳式换热器，上段为填料层。在高洗器下段换热管内，合成塔气相中绝大多数的氨和二氧化碳被冷凝，冷凝所产生的热量被壳侧调温冷却水移走，这部分热量作一段蒸发加热的热源。离开换热管的气体在上段填料层，与高压甲铵泵送来的 76℃、14.0MPa 高压甲铵液逆流接触。洗涤后的气相中含有 O_2、N_2，以及少量的 NH_3 和 CO_2，经减压至 0.4MPa 送至 4bar（$1bar=10^5Pa$）吸收塔，在 4bar 吸收塔内经蒸汽冷凝液和工艺冷凝液洗涤吸收残留的 NH_3 和 CO_2 后，剩余惰性气体排大气。高压洗涤器出来的 165℃、14.0MPa 高压甲铵液，进入高压甲铵喷射器，以来自高压液氨泵的 30℃、16.1MPa 的高压液氨作驱动介质，将高压甲铵液送入池式冷凝器。

（4）低压分解和回收　气提塔排出物料中除含有尿素和水以外，还有未反应的NH_3和CO_2，它们以游离NH_3、CO_2及氨基甲酸铵的形态存在于尿素溶液中。在低压分解回收段，将所有未反应的NH_3和CO_2与尿素溶液分离，作为原料回收并循环使用。

气提塔出来的173℃、14.3MPa尿素-甲铵溶液，经减压至0.40MPa，一部分氨基甲酸铵分解吸热，尿液中的NH_3和CO_2绝热闪蒸，液相温度由173℃降至114℃。剩余尿液经液体分布器进入精馏塔的鲍耳环填料层。

经过填料层的尿素-甲铵溶液从循环加热器底部进入换热管，经壳侧的0.45MPa低压蒸汽加热，尿液中剩余的甲铵分解，游离的NH_3和CO_2从溶液中汽化出来。出循环加热器尿液温度上升到135℃左右。甲铵分解后的气相在填料层与气提塔来的尿素-甲铵液逆流接触，分解气温度降低，这样可以显著地减少由低压分解分离器出来的气相中的水分，除了回收部分热量外，还对整个系统的水平衡有利。精馏塔底分离出来的尿液经减压至0.044MPa送至闪蒸槽，经减压、绝热闪蒸，尿液温度从135℃降到83.9℃，有相当一部分水、NH_3和CO_2闪蒸出来，这部分气体与一段蒸发分离器出来的气体一并进入一段蒸发冷凝器冷凝。离开闪蒸槽的尿液浓度约为72.5%（质量分数），尿液进入尿液槽。正常操作时，尿液槽内尿液温度维持在83.9℃左右，并且处于低液位，以缩短尿液停留时间，减少缩二脲的生成。

精馏塔顶部出来的气相进入低压甲铵冷凝器，低压甲铵冷凝器为浸没式换热器。低压分解气相与来自氨水槽的液体和来自第一解吸塔回流冷凝器的部分冷凝液一起，从下部进入低压甲铵冷凝器，两相并流上升，在此几乎所有的NH_3和CO_2被冷凝吸收。吸收冷凝放出的热量被管侧的调温水带走。气液混合物从浸没式低压甲铵冷凝器上部溢流到低压甲铵冷凝器液位槽。液位槽出来的甲铵液经高压甲铵泵加压至14.1MPa，送至高压洗涤器。液位槽顶部出来的气相经减压后送至常压吸收塔，经蒸汽冷凝液和工艺冷凝液进一步洗涤吸收气相中残留的NH_3和CO_2。为控制出低压甲铵冷凝器的甲铵液中的水含量，往低压甲铵冷凝器中加入一股工艺冷凝液。低压甲铵冷凝器的压力控制在0.32MPa，温度在76℃，在此温度、压力下甲铵液中的水含量应控制在31%（质量分数）。

（5）尿液蒸发　尿液槽内的尿液，经尿液泵送到蒸发系统的一段蒸发加热器，尿液在一段蒸发加热器中提浓至95%（质量分数）。

一段蒸发加热器分为两个部分，下部为热能回收段，由来自高洗器的调温水加热提浓尿液；上部加热器的热量是由0.45MPa低压蒸汽供给。一段蒸发加热器出口尿液温度约为130℃。尿液出口温度由蒸汽供给量自控调节。

一段蒸发压力维持在0.034MPa，其真空度是由一段蒸发冷凝器和蒸发喷射器产生真空来维持的。一段蒸发冷凝器出口管线上设有自控调节阀。通过控制调节阀的开度吸入空气，以保持一段蒸发系统的压力在正常操作范围内。

一段蒸发分离器出来的气体大部分是水蒸气，但仍含少量的NH_3和CO_2。它与闪蒸槽出来的气相一起，在一段蒸发冷凝器中冷凝，冷凝液进入氨水槽A区，再经解吸系统回收NH_3和CO_2。

浓度为95%的尿素溶液，自一段蒸发分离器流入二段蒸发加热器。一段蒸发与二段蒸发间的管线为U形管，以平衡两者压差。

二段蒸发压力为0.003MPa，它是用各级冷凝器和三级蒸汽喷射器抽真空而达到的。二段蒸发加热器出口的尿液，在二段蒸发分离器内气液分离，气相用升压器抽出，出升压器的气/汽混合物在二段蒸发冷凝器内冷凝，未冷凝的气体经二段蒸发第一喷射器送至二段蒸发后冷凝器，在二段蒸发后冷凝器中不凝的气体用二段蒸发第二喷射器抽出，与一段蒸发冷凝器来的不凝气一起送入最终冷凝器，在最终冷凝器中的不凝气送入排气筒放空。

二段蒸发分离器的出口尿液的浓度约为99.7%（质量分数），温度为140℃左右。二段蒸发加热器的热源为174℃、0.88MPa的饱和蒸汽。

各蒸发冷凝器下来的冷凝液，含有少量的尿素和NH_3，均进入氨水槽A区。

二段蒸发不设压力调节，出二段蒸发分离器的熔融尿液，经熔融尿素泵送至造粒塔造粒。当尿液浓度未达到98%～99.7%（质量分数）时，可将二段蒸发分离器出口的尿液返回到尿液槽。

熔融尿素泵的吸入和排出管线，采用0.28～0.3MPa饱和蒸汽夹套，蒸汽温度为142℃，仅比尿素熔点高出几摄氏度，以尽量避免高温，减少缩二脲的生成。

（6）尿素造粒 熔融尿素经过滤器后，进入造粒喷头进行造粒。

造粒喷头是一个不锈钢（或铝合金）的中空的圆锥体。喷头上有大量的孔径不完全相同的小孔，喷头旋转时，熔融尿液从小孔甩出，从几十米高空喷洒下来，在下降过程中熔融尿素液滴逐渐固化冷却成为颗粒。造粒塔底的出料温度一般维持在50～60℃。

造粒塔多采用自然通风，利用空气的热压头，空气通过造粒塔底部的百叶窗进入塔内，与降落的尿素液滴逆流接触，塔顶排出，空气出口温度约65～70℃。

（7）工艺冷凝液处理 来自蒸发冷凝器的冷凝液包含少量的氨、二氧化碳以及尿素，经真空大气腿流入氨水槽。氨水槽用隔板分为三个间隔(二小一大)，各间隔之间在下部有孔连通。因此，液位相同但不完全相混。大间隔用来贮存工厂排放液或冲洗的工艺液体。一、二段冷凝液流入第一小间隔，因为含氨和二氧化碳较少，用作吸收塔的吸收液，经4bar吸收塔给料泵送往4bar吸收塔，吸收了氨和二氧化碳的液体进入常压吸收塔，进一步吸收氨和二氧化碳，之后液体经排气筒返回氨水槽第二小间隔。

来自氨水槽第二小间隔的工艺冷凝液，经解吸塔给料泵加压，一路送至低压甲铵冷凝吸收系统，另一路经过解吸塔换热器，加热到110℃送到第一解吸塔上部，解吸出氨和二氧化碳。解吸塔的操作压力为0.3MPa。出第一解吸塔的液体，经水解塔给料泵加压到1.8MPa，经水解塔换热器换热，温度由137℃升高至195℃，进入水解塔的上部。水解塔的下部通入2.45MPa的蒸汽，在205℃环境中液体中的少量尿素水解成NH_3和CO_2。气相进入第一解吸塔上部，液相经水解塔换热器换热后温度为148℃，进入第二解吸塔上部，操作压力为0.3MPa，塔下部通入0.4MPa的蒸汽进行解吸，塔底温度为143℃。从液相中解吸出来的氨和二氧化碳及水蒸气，直接导入第一解吸塔的下部，与第一解吸塔中的液体进行质热交换。出第一解吸塔的气体，含水量小于40%，在回流冷凝器中冷凝。冷凝液一部分作为回流液回流到第一解吸塔的顶部，进行质热交换，以减少出塔气相的含水量，另一部分送到低压甲铵冷凝器。未被冷凝的气体进入常压吸收塔，进一步回收NH_3和CO_2后放空。在第二解吸塔解吸后的液体氨含量小于5×10^{-6}，尿素含量小于5×10^{-6}。经解吸塔换热器换热和废水冷却器冷却后送往除盐水站。

6.2.3.2 工艺特点

斯塔米卡邦的CO_2气提工艺的特点如下：

（1）高压圈设备和管线采用Safurex材料，超级双相钢。斯塔米卡邦认为，Safurex具有超强抗腐蚀性能，可以减少加氧量，甚至进行无氧操作。采用Safurex材料，高压设备寿命能延长 2 ～ 3 倍，脱氢反应器、高洗器和喷射器等设备可以取消，相同的合成压力下，平衡分压更高，CO_2 转化率更高。

（2）合成塔的反应条件为 183℃，14.1MPa，塔内 NH_3/CO_2 摩尔比为 3.1，H_2O/CO_2 摩尔比为 0.51，CO_2 转化率接近 60%。

（3）采用池式冷凝器或池式反应器，工艺介质走壳程，反应容积增加。装置能力小于 2300 吨 / 天时，冷凝器与合成塔合二为一，为池式反应器；装置能力大于 2300 吨 / 天时，池式冷凝器和合成塔分开设置，但是合成塔的容积缩小，仅为传统尿素合成塔容积的三分之二。

（4）气提气在池式冷凝器副产 0.45MPa 低压蒸汽；蒸汽及蒸汽冷凝液走管程，冷凝液用泵强制循环。

气提塔负荷高，气提气量大，副产蒸汽量高，但品位低，只能用于低压分解和一段蒸发；二段蒸发和蒸发喷射器，仍需用中压蒸汽减压后的 0.88MPa 饱和蒸汽。剩余大量 0.45MPa 蒸汽外送，除用作压缩机注汽外，其他装置很少利用。

（5）池式冷凝器或反应器中 U 形管与管板连接采用内孔焊，不存在管板与管子间的间隙，故不存在间隙腐蚀。但是内孔焊对管板的加工复杂、焊接工艺要求较高，也容易出问题。

（6）采用 CO_2 作气提气，气提效率较高，气提塔的负荷较大，因此气提塔出液中 NH_3 和 CO_2 的含量较低，分别为 8.6% 和 10.9%。提纯回收段负荷低，无需两段分解回收，只需一段低压分解。另外由于气提塔负荷较高，因此中压蒸汽（2.5MPa 饱和）消耗较高，达到吨尿素消耗 930kg。

（7）采用池式冷凝器，框架高度降低，由 76m 降至 53m ；若采用池式反应器，高压设备框架高度可降至 23m。

6.2.3.3 消耗指标

斯塔米卡邦的 CO_2 气提工艺吨尿素消耗指标如表 6-4 所示。

表6-4 尿素装置消耗定额（以吨尿素计）

名称	规格	消耗定额	备注
液氨	NH_3 含量≥ 99.9%	0.568t	以 100% NH_3 计
CO_2	CO_2 含量≥ 98%	0.735t	以 100% CO_2 计
冷却水	Δt=10℃	76t	不含压缩机用水
电		22kWh	不含压缩机用电
蒸汽	2.4MPa 饱和蒸汽	0.93t	不含压缩机用汽
蒸汽	0.35MPa、147℃	0.2t	副产外供

6.2.3.4 主要设备和生产控制指标

（1）CO_2 压缩机

型式：离心式压缩机，四段压缩

一段入口：0.1 ～ 0.13MPa，40℃

四段出口：14.2MPa，120℃

脱硫脱氢：有

四段出口氧含量：约 0.3%(体积分数)

（2）高压液氨泵

型式：离心泵

入口：2.5MPa，40℃

出口：15.9MPa，49.2℃

氨预热器：无

（3）高压甲铵泵

型式：离心泵

入口：0.23MPa，72.8℃

出口：13.9MPa，76.2℃

甲铵液组成：NH_3 30.4%（质量分数）、CO_2 38.3%（质量分数）、H_2O 31.1%（质量分数）

（4）合成塔

NH_3/CO_2（摩尔比）：3.1

H_2O/CO_2（摩尔比）：0.51

CO_2 转化率：接近 60%

合成压力：14.0MPa

合成温度：183 ～ 186℃

合成塔出液组成：尿素 33.8%（质量分数）、NH_3 30.6%（质量分数）、CO_2 16.6%（质量分数）、H_2O 18.8%（质量分数）

（5）池式冷凝器

压力：14.2MPa

温度：179.4℃

副产蒸汽压力：0.35MPa

出液组成：尿素 22.1%（质量分数）、NH_3 36.4%（质量分数）、CO_2 25.5%（质量分数）、H_2O 15.9%（质量分数）

（6）高压洗涤器

压力：13.8MPa

温度：出口气相 90 ～ 110℃ ；出口液相 165℃

调温水温度：入口 125 ～ 130℃ ；温升 10℃

出液组成：NH_3 38.9%（质量分数）、CO_2 40.8%（质量分数）、H_2O 20.2%（质量分数）

（7）气提塔

压力：14.2MPa

温度：188℃

加热蒸汽：1.85MPa、211℃

出口尿液组成：尿素 53.9%(质量分数)、NH_3 8.6%(质量分数)、CO_2 10.9%(质量分数)、H_2O 26.3%（质量分数）

（8）低压分解回收

压力：0.3MPa

出口尿液温度：135℃

出口尿液组成：尿素 67.3%（质量分数）、NH_3 4.7%（质量分数）、CO_2 3.1%（质量分数）、H_2O 24.9%（质量分数）

（9）解吸塔

压力：0.25MPa

塔底液体温度：143℃

排出液组成：$NH_3 \leqslant$ 1mg/kg、尿素浓度$\leqslant$ 1mg/kg

（10）水解塔

压力：1.6MPa

温度：205℃

斯塔米卡邦在 2017 年又在 2000^{+TM} 尿素工艺的基础上，开发出了全新的双管程池式冷凝器超低能耗工艺，又称 5XX 工艺。该工艺着重对热能的综合利用做了较大的合理改进，使得吨尿素产品中压蒸汽（过热）的预期消耗值降至 600kg 以下，至今已有两套装置开车成功，从考核结果看，基本达到了预期效果。

6.2.4 东洋工程的 ACES 21 尿素工艺

日本三井东压化学公司（Mitsui Toatsu Chemicals，MTC），是 1968 年由东洋高压工业公司和三井化学工业公司合并组成的。

东洋工程公司（Toyo Engineering Corporation，TEC）创立于 1961 年 5 月。

三井东压-东洋工程公司，于 20 世纪 60 年代共同开发了水溶液全循环 A 法，随后又开发了 B 法、C 法、改良 C 法及 D 法。其中，1969 年出现的改良 C 法业绩最多，达 29 套；1980 年出现的 D 法只有 2 套业绩。改良 C 法对未反应物回收及处理原则与传统的水溶液全循环工艺基本相同，但它在设备材料、热能回收利用、尿素造粒等方面做了较大改进。采用耐腐蚀性强的钛衬里合成塔，提高合成的压力和温度（25MPa、200℃），CO_2 转化率达 69.5%，降低能耗；对 NH_3 和 CO_2 生成甲铵的反应热回收利用率更高，因而循环水消耗也相应减少；低压循环采用 CO_2 气提，使尿液在较低的加热温度下与 NH_3 和 CO_2 有较高的分离效果；改良 C 法采用结晶法得到固体结晶尿素，再将其干燥、熔融后造粒，使缩二脲含量降至 0.3%，产品质量更高。

1983 年第一套 ACES 工艺尿素装置在韩国投产，日产 600t；1988 年第二套 ACES 工艺尿素装置在西班牙投产，日产 750t。至此，ACES 工艺实现工业化，该工艺把水溶液全循环工艺与二氧化碳气提技术相结合。1983 年至 2008 年间，世界各地建成投产 ACES 尿素装置 13 套，多集中在印度尼西亚，其余在印度、巴基斯坦、中国、巴西、西班牙，分别为 1 ～ 2 套，中国于 1995 年引进 2 套。

印度尼西亚是东洋 ACES 尿素工艺的发轫地，2006 年出现的 ACES 21 尿素工艺就是东洋工程公司与印度尼西亚 P.T. Pupuk Kujang 公司共同开发的，该装置日产 1725t，是 ACES 21 尿素工艺的第一套工业化装置。截至 2021 年，ACES 21 尿素工艺有 10 套装置在运行，最大能力为 3850t/d。ACES 21 尿素工艺具有低投资和低能耗两大优点，它首次采用两段合成，高压甲铵冷凝器为立式浸没型，工艺介质走壳程，相当于第一合成塔，有约 75% 的尿素在高压甲铵冷凝器生成，尿素合成塔只有 25% 的尿素生成，这样尿素合成塔的容积可以相对缩小；采用高压甲铵喷射器，使得高压设备可以近地面布置；蒸汽消耗比 ACES 工艺进一步降低，达到吨尿素消耗

752kg 2.4MPa 饱和蒸汽。

6.2.4.1 典型工艺流程描述

典型的 ACES 21 尿素工艺分为：二氧化碳压缩和脱硫脱氢、原料液氨的供应、尿素高压合成段、尿素提纯、尿液蒸发、尿素造粒、回收段及工艺冷凝液处理等几个工序。

（1）二氧化碳压缩和脱硫脱氢　来自合成氨装置净化工序的原料 CO_2 气体（CO_2 体积分数≥ 98.98%），送入界区时压力为 0.2 ～ 0.23MPa，温度为 40℃。CO_2 原料气在进入 CO_2 压缩机一段入口分离器之前，加入一定量的空气用于脱氢反应和高压圈设备的防腐，以保证进入高压圈之前的 CO_2 气体中 O_2 含量达到 0.5%(体积分数)。从压缩机一段出口抽出一股 CO_2 气体，它约占总气量的 4.7%(体积分数)，送至低压分解塔作气提气和平衡低压段的氨碳比。

为避免尿素装置 CO_2 原料气中含有的 H_2、甲醇、CO 等可燃性气体在尿素装置气相空间富集，形成爆炸性气体。在压缩机三段出口设置脱氢 / 醇反应器，采用催化氧化法，这些可燃性气体的脱除率达到 95% 以上，其反应式如式（6-3）～式（6-5）所示。若上游来 CO_2 气体中含硫，为防止脱氢催化剂硫中毒，还需要在一段或二段出口设置脱硫塔。

$$2H_2 + O_2 \xrightarrow{\text{催化剂}} 2H_2O \tag{6-3}$$

$$2\,CH_3OH + 3O_2 \xrightarrow{\text{催化剂}} 4H_2O + 2CO_2 \tag{6-4}$$

$$2CO + O_2 \xrightarrow{\text{催化剂}} 2CO_2 \tag{6-5}$$

CO_2 压缩机多采用蒸汽驱动的离心压缩机，四段压缩，有两个缸体（低压缸和高压缸）。经压缩机四段压缩至 15.8MPa 后 CO_2 气体送至气提塔。同时为监测气体中 H_2 和 O_2 浓度，确保装置安全，在压缩机四段出口 CO_2 管线设置有 H_2/O_2 浓度在线分析仪。

（2）原料液氨的供应　来自合成氨装置氨合成工序或者液氨罐的原料液氨，送入尿素装置界区时压力为 2.2 ～ 2.5MPa，温度为 25℃，经入口过滤器送入液氨缓冲罐，缓冲罐的压力控制在 1.86MPa。设置有氮气压缩机，当液氨缓冲罐压力下降时，通过压力调节阀往缓冲罐补入一定量氮气，以维持缓冲罐压力不变。

出缓冲罐的液氨，经氨升压泵加压至 2.5MPa 后送高压液氨泵入口，由高压液氨泵加压至 19.7MPa 后，再经过两个串联的高压液氨预热器加热后送尿素高压合成段。其中，1# 高压液氨预热器采用 138℃蒸汽冷凝液加热液氨至 72℃，2# 高压液氨预热器采用 0.6MPa 低压蒸汽加热液氨至 138℃。

（3）尿素高压合成段　尿素高压合成段是尿素装置的核心。合成氨装置来的液氨、CO_2 气体，以及尿素装置回收段返回的高压甲铵液，在高压圈发生甲铵生成、甲铵脱水生成尿素的反应。合成塔、气提塔、高压甲铵冷凝器这 3 台设备组成“尿素高压合成圈”。

与其他尿素工艺一样，尿素合成反应分为两步：第一步 NH_3 和 CO_2 快速反应生成氨基甲酸铵［如式（6-1）所示］，是一个可逆强放热反应，反应速率快，容易达到平衡，反应多在高压甲铵冷凝器中完成；第二步氨基甲酸铵脱水生成尿素［如式（6-2）所示］，是一个可逆微吸热反应，反应速率慢，需要 40 ～ 50 分钟才能达到接近平衡转化率的状态，这个反应大部分在高压甲铵冷凝器中完成，剩余部分在合成塔内完成并接近反应平衡。

合成塔有三股进料：高压液氨、高压甲铵液、高压 CO_2 气体。高压甲铵冷凝器下来的 180℃、15.3MPa 的高压甲铵液，进入高压甲铵喷射器，以来自高压液氨泵、2# 高压液氨预热器的 138℃、19.7MPa 的高压液氨作驱动介质，将高压甲铵液送入合成塔底部。正是由于高压甲铵喷射器给合成圈内甲铵液的循环提供动力，3 台高压设备才得以近地面布置。来自 CO_2 压缩机四段出口的 125℃、15.8MPa 的 CO_2 气体，约占总 CO_2 气量 18%，提供了合成塔内甲铵脱水生成尿素反应所需的热量，以保证合成塔内温度在 182 ～ 184℃范围内。

在高压甲铵冷凝器内，CO_2 转化率约为 46%，合成塔作为第二反应器，在 182℃、15.3MPa、NH_3/CO_2 比为 3.7、H_2O/CO_2 比为 0.58 的条件下，CO_2 转化率接近 62% ～ 63%。合成塔内的 5 块塔盘将反应空间隔成 6 个相对独立的反应室，每个反应室中的气液流向一致。塔盘上开有不同数量的小孔，塔盘留有液体上升通道，反应物料自下而上的过程中，绝大部分气体从液相鼓泡通过，经塔盘小孔进入上一层反应室，而液体自液体上升通道进入上一层反应室。合成塔塔盘有效避免物料返混、短路和滞留，有利于提高合成转化率。

合成塔顶部出来的尿液自流到气提塔顶部，经气提塔内液体分布器均匀地分配到每根气提管中，沿换热管内壁成液膜下降，与塔下部导入的 CO_2 气体在管内逆流接触，用于气提的 CO_2 约占总气量的 82%。气相中 NH_3 分压较低，促使液相中的甲铵分解。壳侧以 214℃、2.06MPa 饱和蒸汽加热，可通过调节壳侧蒸汽压力来调节气提塔的负荷。合成反应液中过剩氨及未转化成尿素的甲铵将大部分被气提而分解和分离。气提气从塔顶排出回到高压甲铵冷凝器，含有 49.3%（质量分数）尿素、12.9%（质量分数）NH_3 和 12.7%（质量分数）CO_2 的尿液从塔底排出，经减压至 1.75MPa 后送下游提纯段。

高压甲铵冷凝器为立式结构，由上、下两部分组成：上部洗涤段，下部冷凝反应段（见图 6-6）。来自高压甲铵泵的 105℃、15.8MPa 高压甲铵液，送入高压甲铵冷凝器顶部填料层，与下部冷凝反应段上来的 O_2、N_2，以及未反应的 NH_3 和 CO_2 逆流接触，吸收一部分 NH_3 和 CO_2。剩余气体从高压甲铵冷凝器顶部出来，减压至 1.75MPa 后大部分送回收段的高压吸收塔，进一步吸收 NH_3 和 CO_2；小部分送高压分解塔底部，利用气体中的 O_2 作钝化气体，在高压分解塔内形成钝化膜。高压甲铵冷凝器填料层下来的甲铵液，经设备内部的下液管流向冷凝器底部。

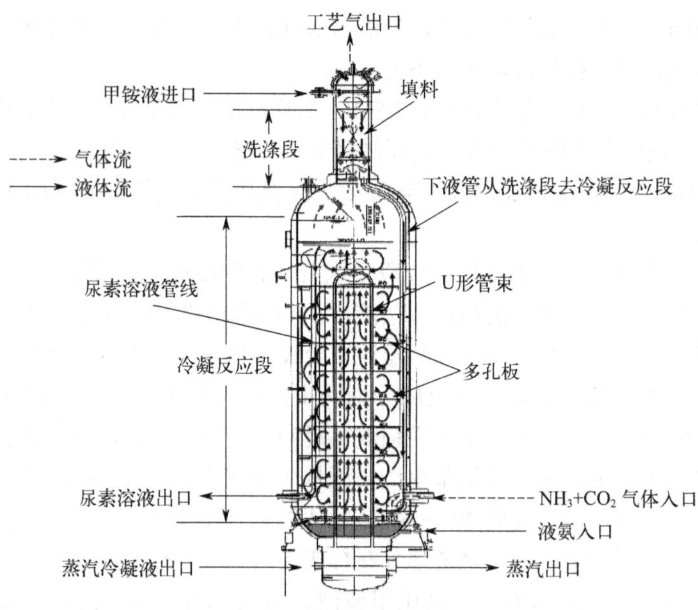

图 6-6　高压甲铵冷凝器

高压甲铵冷凝器的下部冷凝反应段，为一U形管、浸入式换热器，蒸汽/蒸汽冷凝液走管程，工艺介质走壳侧。气提塔顶部出来的184℃、15.3MPa气提气，上段填料层下来的高压甲铵液，一起送入高压甲铵冷凝器壳侧底部。气提气中的NH_3和CO_2被分散在壳侧的液体池中，并在此冷凝反应生成甲铵；有一部分甲铵进一步脱水生成尿素，CO_2转化率达到46%。与合成塔类似，9块塔盘将壳侧空间分为10个小室。尿素-甲铵液自下而上通过各层塔盘来到冷凝器上部，并通过溢流管流入高压甲铵喷射器，以高压液氨作驱动介质，将尿素-甲铵液送入合成塔。

冷凝反应放出的热用于生成0.6MPa的低压饱和蒸汽。副产低压蒸汽用于下游提纯段甲铵的加热分解、解吸塔及真空喷射器的驱动蒸汽。通过低压蒸汽的压力调节，改变高压甲铵冷凝器管侧的蒸汽温度，从而改变管、壳侧的传热温差和高压甲铵冷凝器的负荷。低压蒸汽压力可调节高压甲铵冷凝器壳侧的压力为15.3MPa，从而调节了高压甲铵喷射器出口压力。

（4）尿素提纯（中/低压分解） 气提塔排出物料中除含有尿素和水以外，还有未反应的NH_3和CO_2，它们以游离NH_3、CO_2及氨基甲酸铵的形态存在于尿素溶液中。在尿素提纯段，其实也是中/低压分解段，采用减压、加热的方式使所有未反应的NH_3和CO_2从尿素溶液分离出来，作为原料回收并循环使用。经提纯段，含67%（质量分数）尿素、0.5%（质量分数）NH_3的提浓尿液经尿液泵送至蒸发系统。

气提塔出来的171℃、15.3MPa尿素-甲铵溶液，经减压至1.75MPa，一部分氨基甲酸铵分解吸热，尿液中的NH_3和CO_2绝热闪蒸，液相温度由171℃降至136℃。剩余尿液经液体分布器进入高压分解塔顶部。

高压分解塔为一列管式降膜加热器，分为上、下两段。气提塔来的液体经液体分布器均匀地分配到每根换热管中，沿换热管内壁成液膜下降，与塔下部导入的高压甲铵冷凝器出口气体在管内逆流接触，后者一方面作气提气，促使甲铵分解，另一方面利用气体中的O_2给高压分解塔作防腐气体，在设备内部形成钝化膜。甲铵分解所需的热量一部分来自上段壳侧158℃、0.6MPa饱和蒸汽的冷凝潜热；另一部分来自气提塔汽包的中压蒸汽冷凝液的冷却显热，中压蒸汽冷凝液由214℃降至158℃。出高压甲铵分解器的尿素溶液温度控制在152～153℃，以抑制缩二脲的产生。分解气从塔顶出来进入一段蒸发加热器的下段壳侧，利用冷凝热来加热提浓尿液，含有60%（质量分数）尿素、8%（质量分数）NH_3和3%（质量分数）CO_2的尿液从塔底排出，经减压后送下游低压分解塔。

出高压分解塔的尿液经调节阀减压至0.35MPa、温度降至117℃后进入低压分解塔。低压分解塔分为三段，上段为4块塔盘，中段为列管式加热器，下段为填料层。

进入低压分解塔上部的尿素-甲铵液，利用溶液的显热首先闪蒸出部分NH_3和CO_2，接着进入四块塔盘区域，与来自解吸塔的含NH_3、CO_2和H_2O的气体逆流接触，大部分剩余甲铵、游离氨从尿液中分解和分离出来。甲铵分解所需的热量，来自解吸气中的水蒸气冷凝放出的热量。分解气温度降低，这样可以显著地减少低压分解塔出气中的水含量，除了回收部分热量外，还对整个系统的水平衡有利。

离开塔盘的尿液，进入中段列管式降膜加热器，经液体分布器均匀地分配到每根换热管中，沿换热管内壁成液膜下降，经壳侧0.6MPa饱和蒸汽加热，尿液中剩余的甲铵分解，游离的NH_3和CO_2从溶液中汽化出来，出循环加热器尿液温度上升到135～138℃左右。加热器出来的尿液进入填料段，与来自CO_2压缩机一段出口的、约占总气量4.7%(体积分数)

的 CO_2 气体逆流接触，气相中 NH_3 分压较低，尿液中剩余的游离 NH_3 经 CO_2 气提分离。填料段出来的含有 64%（质量分数）尿素、0.7%（质量分数）NH_3 和 0.4%（质量分数）CO_2 的尿液收集在低压分解塔液位槽中，经减压至 0.057MPa 后送下游闪蒸槽。低压分解塔顶部出来的气相进入回收段的低压吸收塔。

在闪蒸槽中，尿液经减压、绝热闪蒸，尿液温度从 135℃降到 95℃，有相当一部分水、NH_3 和 CO_2 闪蒸出来，这部分气体在闪蒸冷凝器中冷凝，冷凝液去氨水槽。离开闪蒸槽的尿液浓度约为 67%（质量分数），进入尿液槽的小隔间，尿液槽为常压槽，闪蒸槽的下液管需维持一定液位高度的“大气腿”，防止负压的闪蒸槽破真空。正常操作时，尿液槽内尿液温度控制在 95℃左右，并且处于低液位操作，以缩短尿液停留时间，减少缩二脲的生成。尿液槽中的尿液经尿液泵，送至下游真空浓缩系统。

（5）尿液蒸发　在蒸发系统，尿液经两段蒸发浓缩，被提浓至 99.7%（质量分数）后，送造粒塔。

蒸发系统由于尿液浓度很高，气-液两相中氨的浓度又很低，就不可避免地生成缩二脲，缩二脲生成反应如式（6-6）所示。

$$2NH_2CONH_2 \longrightarrow NH_2CONHCONH_2 + NH_3 \tag{6-6}$$

在蒸发造粒系统，只能通过降低尿液的停留时间和控制蒸发温度，来降低缩二脲的生成率。一段蒸发和二段蒸发分离器伴管、熔融尿素泵的吸入和排出管线夹套，均采用 0.28MPa、142℃饱和蒸汽，该温度仅比尿素熔点高出几摄氏度，以尽量避免高温，减少缩二脲的生成。

尿液槽内的尿液，经尿液泵送到蒸发系统的一段蒸发加热器。一段蒸发压力维持在 0.033MPa，其真空度是由一段蒸发表面冷凝器和第二蒸汽喷射器产生真空来维持的。一段蒸发表面冷凝器出口气相管线上设有自控调节阀。通过控制调节阀的开度吸入空气，以保持一段蒸发系统的压力在正常操作范围内。

一段蒸发加热器分为上、下两段，下段为余热回收段，由来自高压分解塔的气体中 NH_3 和 CO_2 冷凝吸收，放出的热量加热提浓尿液；上段加热器的热量由 0.6MPa 低压蒸汽供给。一段蒸发出口尿液温度约为 132℃。

一段蒸发分离器出来的气体大部分是水蒸气，但仍含少量的 NH_3 和 CO_2。它与闪蒸冷凝器不凝气、二段蒸发冷凝器不凝气一起，在一段蒸发表面冷凝器中冷凝，冷凝液进入氨水槽，再经解吸系统回收 NH_3 和 CO_2。

浓度为 95% 的尿素溶液，自一段蒸发分离器流入二段蒸发加热器。一段蒸发与二段蒸发间的管线为 U 形管以平衡两者压差。

二段蒸发压力为 0.003MPa，它是用各级冷凝器和三级蒸汽喷射器抽真空而达到的。二段蒸发表面冷凝器出口气相管线上设有压力调节阀，通过控制调节阀的开度吸入空气，以保持二段蒸发系统的压力在正常操作范围内。

二段蒸发加热器采用 0.6MPa 饱和蒸汽加热，在二段蒸发分离器内气液分离，气相用升压器抽出，出升压器的气 / 汽混合物在二段蒸发表面冷凝器内冷凝，未冷凝的气体经第一喷射器送至一段蒸发表面冷凝器；一段蒸发表面冷凝器中不凝的气体用第二喷射器抽出，送入最终冷凝器；最终冷凝器中的不凝气经最终吸收塔（常压吸收塔）出口管线放空。二段蒸发出口的尿液浓度约为 99.7%（质量分数），温度为 138℃左右，经熔融尿素泵送至造粒塔造粒。当尿液浓度未达到 98% ～ 99.7%（质量分数）时，可将二段蒸发分离器出口的尿液返回到尿液槽。

各蒸发冷凝器下来的冷凝液，含有少量的尿素和 NH_3，均进入氨水槽。

（6）尿素造粒 与其他尿素工艺不同，ACES 21 尿素工艺采用固定型造粒喷头。

99.7%（质量分数）熔融尿素经过滤器除去比喷孔尺寸大的杂物，而流入高位槽中，然后分送至每个喷头，分送支管上装有截止阀以便调节流量和检修。东洋工程采用声振型造粒喷头，塔内一般布置 4 ～ 12 个喷头。高位槽设有液位报警，并根据液位的高低决定使用喷头数。喷洒的熔融尿液从几十米高空喷洒下来，在下降过程中熔融尿素液滴逐渐固化冷却成为颗粒，约 80℃时落到流化床冷却器，进一步冷却到高于大气温度 10 ～ 15℃后从溢流口流出。经回转筛筛去大颗粒尿素，送入溶解槽溶解。合格的尿素产品经皮带送去包装。流化床冷却器的出料温度一般维持在 45 ～ 50℃。

造粒塔采用机械通风，塔底有流化床冷却器风机，塔顶设置有湿式除尘系统和引风机。塔底进来的空气与降落的尿素液滴逆流接触，含尿素粉尘的热空气进入塔顶粉尘洗涤系统，在填料段与喷淋的 20%（质量分数）稀尿液逆流接触洗涤，以回收尿素粉尘和氨，然后由丝网除沫器除去气体带走的尿素液滴，稀尿液由循环泵供给并循环使用。丝网除沫器由净化工艺冷凝液清洗。经洗涤后的温度约 39℃、尿素粉尘含量小于 $50mg/m^3$ 的空气排入大气。

通过往洗涤液补充净化工艺冷凝液，并排出尿液的方式，循环洗涤液的尿素浓度维持在 20%（质量分数）左右。洗涤系统排出的尿液，流入塔底的溶解槽，溶解筛分出来大颗粒尿素后，返回尿液槽重新送蒸发造粒。

（7）回收段 回收系统是将提纯系统分离出来的 NH_3、CO_2 和部分水，在 3.4MPa 和 16.5MPa 两个压力等级进行回收，最终以甲铵液的形式返回合成系统。

① 低压吸收 低压分解塔来的气体，进入低压吸收塔壳侧底部，进行鼓泡吸收。低压吸收塔分为上下两部分，上段为填料洗涤层，下段是一个卧式管壳式换热器，管侧走循环水，以移走壳侧气体冷凝放出的热量，壳侧的操作条件为 0.34MPa、45℃。

来自氨水槽的氨水从填料洗涤层上段喷淋而下，与未吸收的气体逆流接触，进一步洗涤气相中残留的氨。低压吸收塔排出的惰性气体，主要来自进低压分解塔的 CO_2 气体中所含的惰性气体，气量很少，带走的 NH_3 也很少，因此低压吸收塔排放量极少。这部分含微量 NH_3 的惰性气体送至尿素装置连续火炬。

从填料层下来的氨水，进入换热器壳侧，作 NH_3 和 CO_2 的吸收液。在低压吸收塔中，低压分解气中几乎所有的 NH_3 和 CO_2 都被回收，并制成稀甲铵液，经高压洗涤泵，送至高压吸收塔的下段填料层，作洗涤剂。

② 高压吸收 来自一段蒸发热能回收段的甲铵液和未冷凝的 NH_3 与 CO_2 组成的气液混合物，进入高压吸收塔冷却器的壳侧底部，进行鼓泡吸收。高压吸收塔冷却器是一个卧式管壳式换热器，管侧走调温水，以移走壳侧气体冷凝放出的热量，壳侧的操作条件为 1.65MPa、106℃。

来自高压吸收塔底部的稀甲铵液，经过 2# 高压洗涤泵，送至一段蒸发热能回收段作吸收液，并返回至高压吸收塔冷却器的壳侧底部。从高压吸收塔冷却器排出的高浓度的甲铵液，通过甲铵升压泵送到高压甲铵泵，并最终送入高压甲铵冷凝器。

离开高压吸收塔冷却器的未冷凝的 NH_3 和 CO_2 气体混合物，引入高压吸收塔底部换热段。高压吸收塔分为三段，上部为两段填料层，下部为立式 U 形管换热器。在高压吸收塔，一部分 NH_3 和大部分 CO_2，被上段填料层下来的稀甲铵液吸收，产生的热量由 U 形管内的循环水移走。吸收后的甲铵液一部分返回高压吸收塔冷却器，另一部分经过 2# 高压洗涤泵送至一段蒸发热能回收段作吸收液。未吸收的NH_3、惰性气体，进入上部下段填料层，与来自低压吸收塔的稀甲铵液逆流接触，大部分的NH_3被洗涤回收。下段填料层出来的未吸收的NH_3、惰性气体，继续往上进入上段填料层，经来自氨水槽的氨水逆流接触，进一步洗涤回收NH_3。出上段填料层的稀甲铵液经减压后，送至低压吸收塔。而未吸收的NH_3和惰性气体混合气，送至连续火炬。

（8）工艺冷凝液处理　来自各蒸发冷凝器的冷凝液包含少量的NH_3、CO_2以及尿素，经真空大气腿流入氨水槽。氨水槽内用隔板分为三个间隔（二小一大），各间隔之间在下部有孔连通。因此，液位相同但不完全相混。大间隔用来贮存工厂排放液或冲洗的工艺液体。二段蒸发冷凝液单独流入第一小间隔，因为含氨和二氧化碳较少，用作高压吸收塔的吸收液；一段蒸发冷凝液、闪蒸冷凝液、常压吸收塔冷凝液，流入另外第二小间隔。

来自氨水槽第二小间隔的工艺冷凝液，经解吸塔给料泵加压，一路送至常压吸收塔，另一路经过解吸塔换热器，加热到110℃送到第一解吸塔上部，解吸出NH_3和CO_2。第一解吸塔的操作压力为0.4MPa。出第一解吸塔的液体，经水解塔给料泵加压到2.4MPa后经水解塔换热器换热，温度由137℃升高至195℃，进入第一水解塔的底部。

水解塔由两部分组成：第一水解塔和第二水解塔。第一水解塔装有多块塔盘，防止返混，同时也有利于气体均匀分散在液相中。经水解塔换热器加热的氨水进入第一水解塔底部，和注入的2.45MPa水解蒸汽一起，经过各块塔盘往塔顶流动。在2.4MPa、210℃环境中绝大部分的尿素水解为NH_3和CO_2。反应如式（6-7）所示。

$$NH_2CONH_2 + H_2O \longrightarrow CO_2 + 2NH_3 - 131.1kJ \tag{6-7}$$

第一水解塔塔顶的液相流入第二水解塔，并往下流动，与上来的中压蒸汽逆流接触，液相残留的尿素水解为NH_3和CO_2。出水解塔的氨水中尿素含量小于1mg/kg。水解塔顶部分离出来的气相进入第一解吸塔上部，液相经水解塔换热器换热后温度为165℃，进入第二解吸塔上部，与塔下部通入的0.6MPa蒸汽逆流接触，液相中的NH_3和CO_2被解吸气提出来，塔底温度为147℃。从液相中解吸出来的NH_3、CO_2及水蒸气，直接导入第一解吸塔的下部，与第一解吸塔中的液体进行质热交换。第一解吸塔顶部出来的气体，含有回收的NH_3和CO_2，返回低压分解塔。经第二解吸塔解吸后的液体含氨和尿素的量均小于5mg/kg，经解吸塔换热器换热和废水冷却器冷却至45℃后送往两个地方：一个是作造粒塔粉尘回收系统的补水；另一个送出界区，供其他工艺装置使用。

6.2.4.2　工艺特点

三井东压/东洋工程的ACES 21尿素工艺（流程见图6-7）的特点如下：

① 高压设备材料采用双相钢28Cr-8Ni-1Mo-2W（DP28W^{TM}）。此材料具有良好的耐腐蚀性能、强度高、对缺氧不敏感、氯离子应力腐蚀和热膨胀系数与碳钢相近等一系列优点，从而使尿素装置投资降低，同时装置能更安全可靠地运行。

② 采用两段合成反应，高压甲铵冷凝器为立式浸没型，工艺介质走壳程，反应容积大大增加，相当于第一合成塔，约有75%的尿素在高压甲铵冷凝器内生成，尿素合成塔中只有约25%的尿素生成，合成塔的容积可以相对缩小。

③ 高压甲铵冷凝器工艺侧温度较高，副产0.6MPa低压饱和蒸汽，品位较高，可供中压分解、低压分解、一段/二段蒸发、真空喷射器等使用；高压甲铵冷凝器内，蒸汽及蒸汽冷凝液走管程，采用蒸汽冷凝液循环泵强制循环。

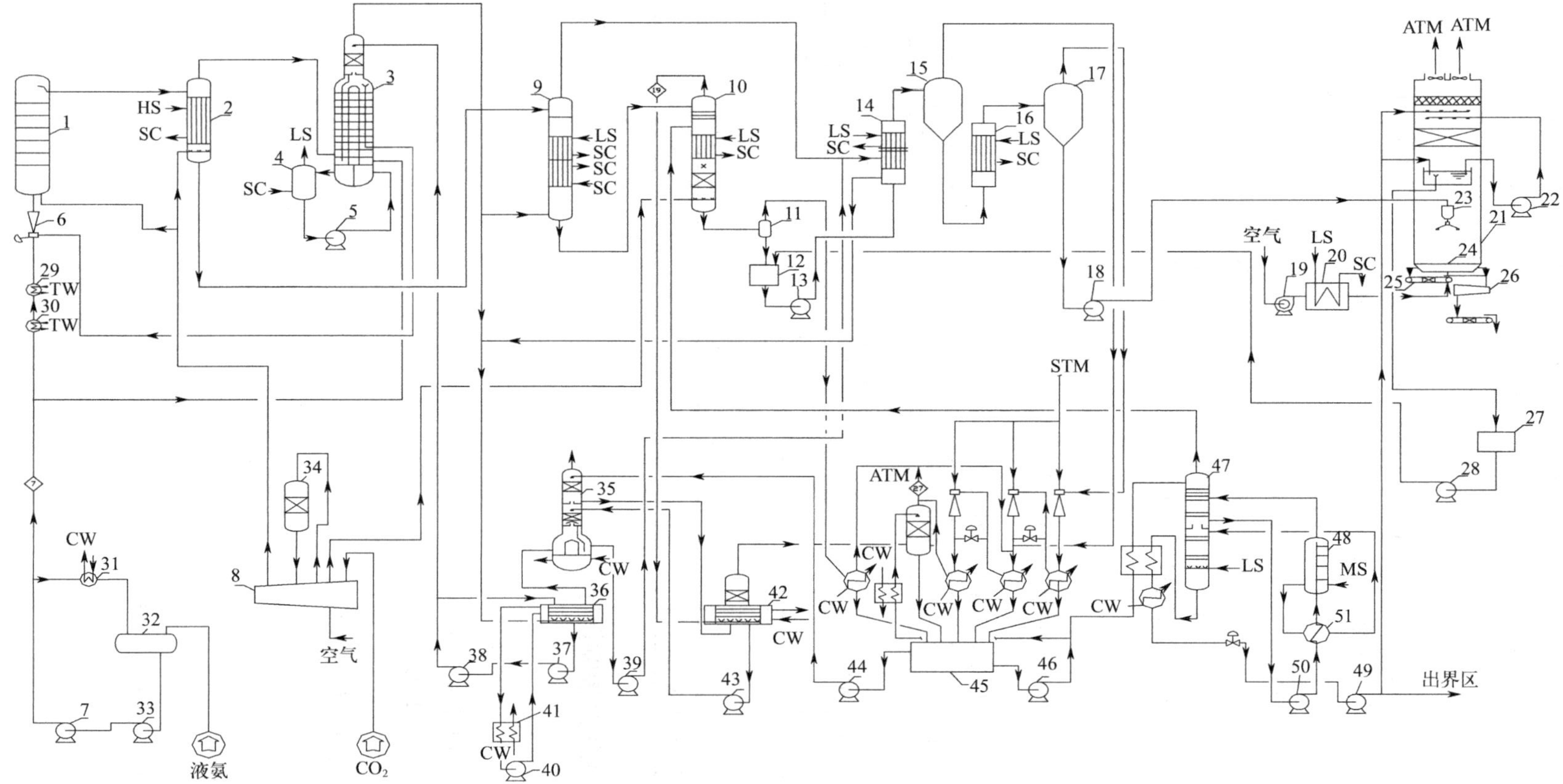

图 6-7 ACES 21 尿素工艺流程示意

1—合成塔；2—气提塔；3—高压甲铵冷凝器；4—低压汽包；5—蒸汽冷凝液循环泵；6—高压甲铵喷射器；7—高压液氨泵；8—CO_2 压缩机；9—高压分解塔；10—低压分解塔；11—闪蒸分离器；12—尿液槽；13—尿液泵；14—一段蒸发加热器；15—一段蒸发分离器；16—二段蒸发加热器；17—二段蒸发分离器；18—熔融尿素泵；19—流化床冷却器风机；20—流化床冷却器空气加热器；21—造粒塔；22—粉尘洗涤循环泵；23—造粒喷头；24—流化床冷却器；25—产品皮带；26—筛分机；27—尿素溶解槽；28—溶解槽泵；29—1# 高压液氨预热器；30—2# 高压液氨预热器；31—氨循环冷却器；32—液氨缓冲罐；33—氨升压泵；34—脱氢反应器；35—高压吸收塔；36—高压吸收塔冷却器；37—甲铵升压泵；38—高压甲铵泵；39—2# 高压洗涤泵；40—调温水泵；41—调温水冷却器；42—低压吸收塔；43—1# 高压洗涤泵；44—低压吸收塔泵；45—氨水槽；46—解吸塔给料泵；47—解吸塔；48—水解塔；49—净化工艺冷凝泵；50—水解塔给料泵；51—水解塔换热器

SC—蒸汽冷凝液；CW—循环冷却水；LS—0.6MPa 低压饱和蒸汽；HS—高压蒸汽；TW—调温水；ATM—大气；STM—蒸汽；MS—中压蒸汽

④ 高压甲铵冷凝器的反应条件为 180℃、15.3MPa，NH_3/CO_2 摩尔比为 2.9，H_2O/CO_2 摩尔比为 0.64，CO_2 转化率接近 46%；合成塔的反应条件为 182 ～ 184℃、15.3MPa，塔内 NH_3/CO_2 摩尔比为 3.7，H_2O/CO_2 摩尔比为 0.58，CO_2 转化率接近 62% ～ 63%。

⑤ 采用 CO_2 作气提气，气提效率较高，但气提塔的负荷并不高，气提塔出液中 NH_3 和 CO_2 的含量比 2000^{+TM} 尿素工艺高，分别为 12.89% 和 12.66%。气提塔负荷后移至中压段，采用两段分解回收，这样气提塔中压蒸汽（2.5MPa 饱和蒸汽）消耗降低，即吨尿素消耗 750kg。

⑥ 从 CO_2 压缩机段间引出部分 CO_2 送至低压分解塔进行低压气提，而后以甲铵液的形式返回尿素合成塔，这样既可提高低压分解效率，也可以节省 CO_2 压缩机的压缩功。

⑦ 高压合成系统采用高压甲铵喷射器，以 19.7MPa 的液氨压力，将甲铵液送至合成塔，使得合成塔可以地面布置，而高压甲铵冷凝器近地面布置在 15m 标高上。高压回路的物料不靠位差流动，无需高层框架，可降低投资，方便施工安装和操作维修。

6.2.4.3 消耗指标

ACES 21 尿素工艺吨尿素消耗指标如表 6-5 所示。

表6-5 尿素装置消耗定额（以吨尿素计）

名称	规格	单位	消耗定额	备注
液氨	NH_3 含量≥ 99.9%	t	0.568	以 100% NH_3 计
CO_2	CO_2 含量≥ 98%	t	0.735	以 100% CO_2 计
冷却水	Δt=10℃	t	76	不含压缩机用水
电		kWh	29	不含压缩机用电
蒸汽	2.4MPa 饱和蒸汽	t	0.75	不含压缩机用汽
蒸汽	0.5MPa、158℃	t	0	副产外供

6.2.4.4 主要设备和生产控制指标

（1）CO_2 压缩机

型式：离心式压缩机，四段压缩

一段入口：0.1 ～ 0.13MPa，40℃

四段出口：15.7MPa，125℃

脱硫脱氢：有

四段出口氧含量：0.5%(体积分数)

（2）高压液氨泵

型式：离心泵

入口：2.5MPa，37℃

出口：19.5MPa，37℃

2 台氨预热器：将液氨预热至 138℃

（3）高压甲铵泵

型式：离心泵

入口：1.8MPa，106℃

出口：15.7MPa，106℃

甲铵液组成：NH_3 35.27%(质量分数)、CO_2 40.14%(质量分数)、H_2O 24.27%(质量分数)

（4）合成塔

NH_3/CO_2（摩尔比）：3.7

H_2O/CO_2（摩尔比）：0.58

CO_2 转化率：接近 60%

合成压力：15.2MPa

合成温度：182 ～ 184℃

合成塔出液组成：尿素 32.46%（质量分数）、NH_3 35.19%（质量分数）、CO_2 13.61%（质量分数）、H_2O 18.66%（质量分数）

（5）高压甲铵冷凝器

NH_3/CO_2（摩尔比）：2.9

H_2O/CO_2（摩尔比）：0.64

压力：15.2MPa

温度：180℃

副产蒸汽压力：0.5MPa

出液组成：尿素 26.39%(质量分数)、NH_3 32.0%(质量分数)、CO_2 22.56%(质量分数)、H_2O 18.99%（质量分数）

（6）气提塔

压力：15.2MPa

出液温度：171℃

加热蒸汽：1.96MPa、214℃

出口尿液组成：尿素 49.31%（质量分数）、NH_3 12.89%（质量分数）、CO_2 12.66%（质量分数）、H_2O 24.93%（质量分数）

（7）中压分解回收

压力：1.65MPa

出口尿液温度：152℃

出口尿液组成：尿素 60.1%（质量分数）、NH_3 7.76%（质量分数）、CO_2 3.27%（质量分数）、H_2O 28.59%（质量分数）

（8）低压分解回收

压力：0.26MPa

出口尿液温度：129℃

出口尿液组成：尿素 64.26%（质量分数）、NH_3 0.74%（质量分数）、CO_2 0.43%（质量分数）、H_2O 34.25%（质量分数）

（9）解吸塔

压力：0.3MPa

塔底液体温度：147℃

排出液组成：NH_3 浓度≤ 1mg/kg、尿素浓度 1mg/kg

（10）水解塔

压力：2.3MPa

温度：210℃

6.2.5 高效合成、低能耗尿素工艺

中国五环工程有限公司，原化工部第四设计院，始建于1958年8月，一直从事尿素技术的研发、设计及工程总承包工作，经过多年潜心研究，开发的“高效合成、低能耗尿素技术”(Technology of High Efficiency Synthesis and Energy Saving，THESES工艺）于2012年5月获得国家发明专利授权。

2017年1月，THESES工艺首套工业化装置——四川美丰实业有限公司合成氨、尿素装置环保隐患治理搬迁改造项目年产15万吨尿素装置，一次投料成功，各项工艺参数达到或高于设计指标。

2018年5月，THESES工艺第二套工业化装置——山东华鲁恒升股份有限公司肥料功能化项目100万吨尿素装置，一次投料成功，各公用工程消耗低于行业平均值，特别是吨尿素2.5MPa蒸汽消耗低至682kg，领先于国内外同行业。

2021年3月，THESES二代工艺的工业化装置——云南祥丰石化有限公司尿基有机复合肥项目30万吨尿素装置，一次投料成功，吨尿素2.5MPa蒸汽消耗低至620kg。

2017年至2021年，采用THESES工艺的国内尿素装置达11套，已建成投产的有4套。THESES工艺是我国拥有自主知识产权的尿素专利技术，它有着显著的技术优势：能耗低、投资低、框架高度低、技术风险低、工艺流程简洁、所有设备都可国产化。

THESES工艺既可用于新建日产100～5000t装置，也适用于对现有的水溶液全循环尿素装置、氨气提工艺尿素装置和传统CO_2气提法工艺尿素装置的扩产及节能改造。

6.2.5.1 典型工艺流程描述

THESES工艺分为：二氧化碳压缩和脱硫脱氢、原料液氨的供应、尿素高压合成、中压分解和回收、低压分解和回收、尿液蒸发、尿素造粒，以及工艺冷凝液处理等几个工序。

（1）二氧化碳压缩和脱硫脱氢　来自合成氨装置净化工序的原料CO_2气体（CO_2体积分数≥98.98%），送入界区时压力为0.2～0.23MPa，温度为40℃。CO_2原料气在进入CO_2压缩机一段入口分离器之前，加入一定量的空气用于脱氢反应和高压圈设备的防腐，以保证进入高压圈之前的CO_2气体中O_2含量达到0.6%(体积分数)。

为避免尿素装置CO_2原料气中含有的H_2、甲醇、CO等可燃性气体在尿素装置气相空间富集，形成爆炸性气体。在压缩机三段出口设置脱氢/醇反应器，采用催化氧化法，这些可燃性气体的脱除率达到95%以上，其反应式如式（6-3）～式（6-5）所示。若上游来CO_2气体中含硫，为防止脱氢催化剂硫中毒，还需要在一段或二段出口设置脱硫塔。

CO_2压缩机多采用蒸汽驱动的离心压缩机，四段压缩，有两个缸体（低压缸和高压缸）。经压缩机四段压缩至15.3MPa后CO_2气体送高压合成圈，同时为监测气体中H_2和O_2浓度，确保装置安全，在脱氢反应器之后CO_2管线设置有H_2/O_2浓度在线分析仪。

（2）原料液氨的供应　来自合成氨装置氨合成工序或者液氨罐的原料液氨，送入尿素装置界区时压力为2.2～2.5MPa，温度为10～30℃，经入口过滤器送入液氨缓冲罐，缓冲罐的压力控制在2.2MPa。液氨缓冲罐设置压力调节阀，当缓冲罐压力下降时，通过压力调节阀往缓冲罐补入一定量氮气；压力高时，通过调节阀往尾气洗涤器排出气体，以维持缓冲罐

压力稳定。

出缓冲罐的液氨，由高压液氨泵加压至 19.3MPa 后，再经过高调水液氨预热器和中调水液氨预热器加热至 132℃后送入高压圈。其中有约 88%（质量分数）的高压液氨作为高压喷射器动力介质，将来自全冷凝反应器的尿素合成液升压送到尿素合成塔底部。另外约 2% 的液氨被送入全冷凝反应器，10%（质量分数）的液氨被送入高压洗涤器的底部，用于提高高压洗涤器中液相的 N/C 比，回收气相中的 CO_2。

（3）尿素高压合成　尿素高压合成段是尿素装置的核心。合成氨装置来的液氨、CO_2 气体及高压甲铵泵返回的高压甲铵液，在高压圈发生生成甲铵、甲铵脱水生成尿素的反应。合成塔、气提塔、全冷凝反应器、高压洗涤器这 4 台设备组成“尿素高压合成圈”。

与其他尿素工艺一样，尿素合成反应分为两步：第一步 NH_3 和 CO_2 快速反应生成氨基甲酸铵［如式（6-1）所示］，是一个可逆强放热反应，反应速率快，容易达到平衡，反应多在全冷凝反应器中完成；第二步氨基甲酸铵脱水生成尿素［如式（6-2）所示］，是一个可逆微吸热反应，反应速率慢，需要 40 ～ 50 分钟才能达到接近平衡转化率的状态，这个反应大部分在全冷凝反应器中完成，剩余部分在合成塔内完成并接近反应平衡。

根据生成尿素两步反应的特点，THESES 工艺设计了两段式尿素合成流程，使每步反应在其最适宜的工艺条件下进行。

第一段在全冷凝反应器内进行，主要进行合成甲铵及脱水生成尿素的反应。全冷凝反应器是 THESES 工艺的关键设备，为一立式设备，集甲铵冷凝及尿素合成于一体，下部为冷凝段，上部为反应段（见图 6-8）。冷凝段为管壳式冷凝器，从合成塔顶部出来的气体（含有 O_2、N_2 等惰性气体，以及未反应的 NH_3 和 CO_2）、气提塔顶部出来的气提气，以及高压洗涤器下来的高压甲铵液，一起进入全冷凝反应器管侧底部，由下至上在管内流动，冷凝反应并放出热量。蒸汽冷凝液在壳侧自然循环蒸发副产低压蒸汽。由于管侧充满液体，工艺物料温度可达 175 ～ 180℃，可副产 0.6MPa 以上的低压蒸汽，比通常的流程高 0.15MPa，能供后续工序合理使用。上部反应段内主要进行甲铵脱水生成尿素的反应，其出口尿素质量分数可达 26% ～ 30%，可有效分担尿素合成塔的负荷，减小尿素合成塔容积，因此，能实现尿素装置的大型化，最大产能可达 4600t/d 或更高。全冷凝反应器操作压力为 13.6 ～ 15.1MPa，操作温度为 175 ～ 180℃，氨碳比为 2.4 ～ 2.6，水碳比为 0.53 ～ 0.56，合成转化率为 42% ～ 44%。

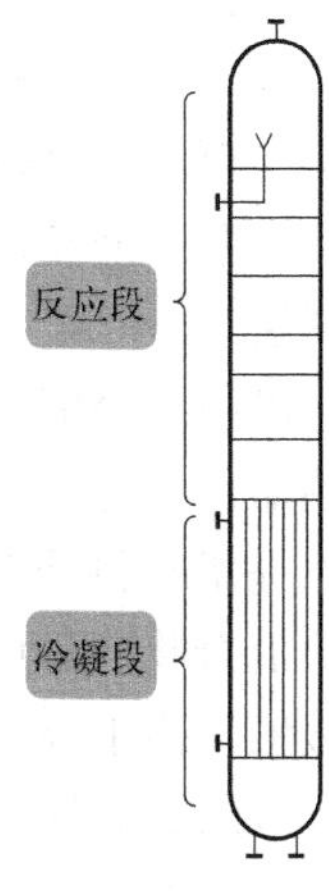

图 6-8　全冷凝反应器

第二段在尿素合成塔内进行，主要进行甲铵脱水生成尿素的反应。正常时约 93% 的原料液氨进入尿素合成塔，15% ～ 20% 的 CO_2 加入到尿素合成塔底部，以维持反应温度及热量平衡。全冷凝反应器下来的 180℃、14.0MPa 高压甲铵液，进入高压甲铵喷射器，以来自液氨预热器 137℃、18.5MPa 的高压液氨作驱动介质，将高压甲铵液送入合成塔底部。正是由于高压甲铵喷射器给合成圈内甲铵液的循环提供动力，尿素合成塔布置在地面，全冷凝反应器接近地面布置，高压框架和荷载大大降低，高压框架降至 46 米，主框架降至 27 米。尿素合成塔为高压圈压力最高的设备，并且仅有 15% ～ 20% 的 CO_2 进入到尿素合成塔，因此，塔内惰性气体含量低。操作压力为 13.6 ～ 15.1MPa，操作温度为 172 ～ 183℃，氨碳比为 3.2 ～ 3.5，水碳比为 0.50 ～ 0.53，总合成转化率为 60% ～ 63%，比传统流程提高 1% ～ 3%。

合成塔顶部出来的尿液从下液管自流到气提塔，经气提塔内液体分布器均匀地分配到每根气提管中，沿塔壁成液膜下降，与塔下部导入的CO_2气体（约占总气量的80%～85%）在管内逆流接触，气相中NH_3分压较低，促使甲铵分解。壳侧以204℃、1.7MPa饱和蒸汽加热，可通过调节壳侧蒸汽压力来调节气提塔的负荷。合成反应液中过剩氨及未转化成尿素的甲铵将大部分被气提分解和分离。气提气从塔顶排出回到全冷凝反应器，含有46.5%（质量分数）尿素、14.08%（质量分数）NH_3和15.7%（质量分数）CO_2的尿液从塔底排出，经减压至2.3MPa后送中压分解塔。另外，为调节中压系统的氨碳比，合成塔出液分出约3%的尿液减压后去中压分解塔。

从全冷凝反应器顶部出来的气体进入高压洗涤器（简称高洗器）。高洗器分为上、下两段，下段为管壳式换热器、上段为填料层。在高洗器下段换热管内，合成塔气相中绝大多数的氨和二氧化碳被冷凝，冷凝所产生的热量被壳侧调温冷却水移走，这部分热量作一段蒸发热能回收段、2# 高压液氨预热器的加热热源。离开换热管的气体在上段填料层，与高压甲铵泵送来的110℃、14.0MPa高压甲铵液逆流接触。洗涤后的气相中含有O_2、N_2，以及少量的NH_3和CO_2，经减压至0.4MPa送至尾气洗涤器，在尾气洗涤器内经蒸汽冷凝液和工艺冷凝液洗涤吸收残留的NH_3和CO_2后，剩余惰性气体排大气。高压洗涤器出来的165℃、14.0MPa高压甲铵液，靠重力流入全冷凝反应器。

（4）中压分解和回收　来自气提塔的尿素-甲铵液，以及约3%的合成塔出液，经调节阀减压至约2.3MPa后进入中压分解塔，一部分氨基甲酸铵分解吸热，尿液中的NH_3和CO_2绝热闪蒸，液相温度由176℃降至143℃。剩余尿液经液体分布器进入中压分解塔的鲍耳环填料层。

出中压分解塔的尿素-甲铵溶液从底部进入中压分解器，中压分解器为一列管式升膜式加热器，分为上、下两段。下段使用全冷凝反应器副产的0.6MPa的蒸汽进行加热，上段利用气提塔壳侧冷凝液进行加热。未生成尿素的甲铵液分解为NH_3和CO_2，出中压分解器的气液混合物回到中压分解塔，在塔内气液分离，气相在填料层与高压圈来的尿素-甲铵液逆流接触，由于分解气温度约161℃，一方面可加热尿液-甲铵液，促使一部分甲铵继续分解；另一方面分解气温度也被降低，这样可以减少气相中的水分。中压分解塔出口液相经减压后去后续的低压分解回收系统。

出中压分解塔的气体进入预浓缩加热器的壳侧，在进入预浓缩加热器之前与来自中压碳铵液泵的甲铵液混合，在预浓缩加热器壳侧利用混合的反应热加热管侧的尿液。出预浓缩加热器壳侧的气液混合物进入中压甲铵冷凝器，用调温水进一步移走反应热后，进入中压冷凝器液位槽进行气液分离。液相经高压甲铵泵升压后送入高压洗涤器，气相减压后送至尾气洗涤器进一步洗涤后排大气。

THESES工艺的中压分解系统没有过剩的氨需要冷凝回收，也就没有液氨冷凝器、中压吸收塔，因此中压流程简捷、操作简单且容易。中压分解系统的操作弹性较大，可在1.8～2.5MPa范围内运行，可将15%～20%气提塔分解负荷转移到中压分解系统，从而降低2.4MPa中压蒸汽消耗，而且能维持系统的水平衡。

（5）低压分解和回收　中压分解塔出来的160℃、2.3MPa尿素-甲铵溶液，经减压至0.40MPa，一部分氨基甲酸铵分解吸热，尿液中的NH_3和CO_2绝热闪蒸，液相温度由173℃降至114℃。剩余尿液经液体分布器进入低压分解塔的鲍耳环填料层。

经过填料层的尿素-甲铵溶液从循环加热器底部进入换热管，经壳侧的0.6MPa低压蒸汽加热，尿液中剩余的甲铵进一步分解，游离的 NH_3 和 CO_2 从溶液中汽化出来。出循环加热器的尿液温度上升到135℃左右，而后进入低压分解塔下部的分离器分离。甲铵分解产生的气相在填料层与气提塔来的尿素-甲铵液逆流接触，分解气温度降低，这样可以显著地减少从低压分解分离器出来的气相中的水分，除了回收部分热量外，还对整个系统的水平衡有利。

低压分解塔底分离出来的尿液经减压至0.1MPa后送至闪蒸槽。

低压分解塔顶部出来的气相进入低压甲铵冷凝器，低压甲铵冷凝器为浸没式换热器。低压分解气与来自闪蒸冷凝器的液体、来自回流冷凝器的部分冷凝液一起，从下部一并进入低压甲铵冷凝器，两相并流上升，在此几乎所有的 NH_3 和 CO_2 被冷凝吸收。冷凝放出的热量被管侧的循环水带走。气液混合物从浸没式低压甲铵冷凝器上部溢流到低压吸收塔。气液混合物在低压吸收塔下段液位槽进行气、液分离，气体上升进入填料吸收段，有上、下两段填料，下段填料使用来自尾气洗涤器给料泵的氨水进行洗涤，之后分离出的气体再进入上段填料进行吸收，使用冷却后的蒸汽冷凝液进行精洗，最大限度降低氨损失。洗涤后的液体通过管道溢流至低压甲铵冷凝器底部，低压甲铵冷凝器的压力控制在0.4MPa，温度在43℃，在此温度、压力下甲铵液中的水含量应控制在39%（质量分数）。

（6）尿液蒸发　在蒸发系统，尿液经预浓缩、两段蒸发浓缩，被提浓至99.7%（质量分数）后，送造粒塔。

低压分解塔底分离出来的尿液经减压至0.1MPa后送至闪蒸槽，经减压、绝热闪蒸，尿液温度从135℃降到95℃，有相当一部分水、NH_3 和 CO_2 闪蒸出来，这部分气体送至闪蒸冷凝器冷凝，冷凝后的液相经闪蒸冷凝液泵送至低压甲铵冷凝器作低压分解气的吸收液。离开闪蒸槽的尿液浓度约为69.6%（质量分数），经过U形管流入真空预浓缩器。真空预浓缩器的压力控制在0.033MPa，利用中压分解气中的 NH_3 和 CO_2 冷凝反应放出的热量加热提浓尿液至浓度为87%，出真空预浓缩器的尿液温度约104℃。

出真空预浓缩器的尿液，经尿素溶液泵送到蒸发系统的一段蒸发加热器，尿液在一段蒸发加热器中提浓至95%（质量分数）。

一段蒸发加热器分为两个部分，下部为热能回收段，由来自高洗器的调温水加热提浓尿液，因为预浓缩回收的热量较多，分担了一段蒸发的热负荷，因此高调水回收的热量，基本满足一段蒸发需要；上部加热器正常工况时，几乎不耗蒸汽，只需少量的0.6MPa低压蒸汽以维持温度不下降。一段蒸发出口尿液温度约为130℃。

一段蒸发压力维持在0.034MPa，其真空度是由一段蒸发表面冷凝器和蒸汽喷射器产生真空来维持的。一段蒸发表面冷凝器出口管线上设有自控调节阀。通过控制调节阀的开度吸入空气，以保持一段蒸发系统的压力在正常操作范围内。

一段蒸发分离器出来的气体大部分是水蒸气，但仍含少量的 NH_3 和 CO_2。它与闪蒸冷凝器出来的不凝气、真空预浓缩器出来的气体一起，在一段蒸发表面冷凝器中冷凝，冷凝液进入氨水槽。

浓度为95%的尿素溶液，自一段蒸发分离器流入二段蒸发加热器。一段蒸发与二段蒸发间的管线为U形管以平衡两者压差。

二段蒸发压力为0.003MPa，它是用各级冷凝器和三级蒸汽喷射器，抽真空而达到的。二段蒸发加热器出口的尿液，在二段蒸发分离器内气液分离，气相用升压器抽出，出升压器的气/汽混合物在二段蒸发表面冷凝器内冷凝，未冷凝的气体经二段蒸发第一喷射器送至二段蒸发后冷凝器，在二段蒸发后冷凝器中不凝的气体用二段蒸发第二喷射器抽出，与一段蒸发表面冷凝器来的不凝气一起送入最终冷凝器，在最终冷凝器中的不凝气送入排气筒放空。

二段蒸发分离器的出口尿液的浓度约为99.7%（质量分数），温度为140℃左右。二段蒸发加热器的热源为159℃、0.6MPa低压蒸汽。

各蒸发冷凝器下来的冷凝液，含有少量的尿素和NH_3，均进入氨水槽A区。

二段蒸发不设压力调节，出二段蒸发分离器的熔融尿液，经熔融尿素泵送至造粒塔造粒。当尿液浓度未达到98%～99.7%（质量分数）时，可将二段蒸发分离器出口的尿液返回到尿液槽。

熔融尿素泵的吸入和排出管线，采用0.28～0.3MPa饱和蒸汽夹套，蒸汽温度为142℃，仅比尿素熔点高出几摄氏度，以尽量避免高温，减少缩二脲的生成。

（7）尿素造粒　熔融尿素经过滤器后，进入造粒喷头进行造粒。

造粒喷头是一个不锈钢的中空的圆锥体。喷头上有大量的孔径不完全相同的小孔，喷头旋转时，熔融尿液从小孔甩出，从几十米高空喷洒下来，在下降过程中熔融尿素液滴逐渐固化冷却成为颗粒。造粒塔底的出料温度一般维持在50～60℃。为进一步降低产品温度，防止高温时，尿素吸水结块，在进包装之前，设置粉体流冷却器。从塔底出料，经皮带送至粉体流冷却器，采用循环水进一步冷却降温至45℃后，再进包装。

早期的造粒塔多采用自然通风，利用空气的热压头，空气通过造粒塔底部的百叶窗进入塔内，与降落的尿素液滴逆流接触，从塔顶排出，空气出口温度约65～70℃。

近年来，环保要求日趋严格，造粒塔顶排放的含尿素粉尘和微量氨的空气，需经除尘处理设施后才能排大气。THESES工艺造粒塔顶除尘设施，有两种方式：湿法除尘和干法除尘。

最初，造粒塔顶设置粉尘洗涤设施。在填料段喷淋的20%（质量分数）稀尿液，与塔底上来的含尘热空气逆流接触洗涤，以回收尿素粉尘和氨。经洗涤后，可将粉尘含量从100～300mg/m^3降低至20mg/m^3，氨含量从70mg/m^3降低至30mg/m^3。虽然满足环保要求，但是湿法除尘的水蒸发量大，导致塔顶排出气体中带饱和水蒸气形成拖尾，现场感官效果不好。

从2020年开始，造粒塔顶除尘设施，开始尝试采用干法滤袋除尘，除尘效果较好，尿素和氨含量可脱除至10mg/m^3以下；补水量小，每小时补水量约2.3m^3；塔顶无尾气飘逸，现场感官效果好。但是滤袋除尘，也存在滤袋糊袋、运行阻力高、处理风量不足等缺陷。

（8）工艺冷凝液处理　来自蒸发冷凝器的冷凝液包含少量的氨、二氧化碳以及尿素，经真空大气腿流入氨水槽。氨水槽内用隔板分为三个间隔(二小一大)，各间隔之间在下部有孔连通。因此，液位相同但不完全相混。大间隔用来贮存工厂排放液或冲洗的工艺液体。各段冷凝液流入第一小间隔，因为含氨和二氧化碳较少，用作吸收塔的吸收液，经尾气洗涤器给料泵送往尾气洗涤器和低压吸收塔，吸收了氨和二氧化碳后的液体返回氨水槽第二小间隔。

来自氨水槽第二小间隔的工艺冷凝液，经解吸塔给料泵加压，一路送至低压甲铵冷凝吸收系统，另一路经过解吸塔换热器，加热到108℃后送到第一解吸塔上部，解吸出氨和二氧化碳。解吸塔的操作压力为0.4MPa。出解吸塔上塔的液体，经水解塔给料泵加压到2.6MPa后经水解塔换热器换热，温度由137℃升高至195℃，进入水解塔的上部。水解塔的下部通入2.1MPa以上的蒸汽，在205℃环境中使液体中的少量尿素水解成NH_3和CO_2。气相进入解吸塔上塔上部，液相经水解塔换热器换热后温度为151℃，进入解吸塔下塔顶部，操作压力为0.42MPa，塔下部通入0.6MPa的蒸汽进行解吸，塔底温度为145℃。从液相中解吸出来的氨和二氧化碳及水蒸气，直接导入解吸塔上塔的下部，与解吸塔上塔的液体进行质热交换。出解吸塔上塔的气体，含水量小于40%，在回流冷凝器中冷凝。冷凝液一部分作为回流液回流到解吸塔上塔的顶部，进行质热交换，以减少出塔气相的水含量，另一部分送到低压甲铵冷凝器。未被冷凝的气体进入常压吸收塔，进一步回收NH_3和CO_2后放空。在解吸塔下塔解吸后的液体氨含量小于3mg/kg；尿素含量小于3mg/kg。经解吸塔换热器换热和废水冷却器冷却后，一部分用作造粒塔顶粉尘处理设施的补液，剩余部分送出界区。

THESES工艺流程见图6-9。

6.2.5.2 工艺特点

THESES尿素工艺的特点如下：

① 高压设备材料采用00Cr25Ni22Mo2，所有设备均可实现国产化，投资低。

② 设计结构独特的全冷凝反应器将传统的高压冷凝器与合成塔组合，下部为冷凝段，上部为反应段。

上部反应段可有效分流传统工艺的尿素合成塔的容积，易于实现装置的大型化和扩产改造。在下部冷凝段，工艺介质在管程自下而上流动，变传统的降膜式冷凝为浸没式鼓泡冷凝，传热系数高；低NH_3/CO_2比，高H_2O/CO_2比，冷凝温度高，可副产0.6MPa以上的饱和蒸汽，作为中压分解的热源；高压物料走管侧，锅炉给水走壳侧，不需要使用特殊的内孔焊技术，技术风险小；锅炉给水自然循环，不需要锅炉给水循环泵，节省电耗。

③ 根据尿素合成理论，将尿素合成高压圈设计成两段式反应过程：

第一段在全冷凝反应器内进行，主要进行甲铵合成及部分甲铵脱水生成尿素的反应，正常时只有少量原料液氨加入。全冷凝反应器的反应条件为175～180℃，13.6～15.1MPa，NH_3/CO_2摩尔比为2.4～2.6，H_2O/CO_2摩尔比为0.53～0.56，CO_2转化率接近42%～44%；

第二段在尿素合成塔内进行，主要进行甲铵脱水生成尿素的反应。合成塔的反应条件为172～183℃，13.6～15.1MPa，NH_3/CO_2摩尔比为3.2～3.5，H_2O/CO_2摩尔比为0.50～0.53，CO_2转化率接近62%～63%。

④ 设置简捷的中压循环系统，无回流氨，无中压吸收塔和液氨冷凝器，操作简单。

中压系统可在1.8～2.5MPa压力范围内操作，操作弹性大；兼顾气提塔和中压分解的负荷分配，使中压分解分流气提塔的负荷，同时提高中压系统的操作压力，降低返回高压圈的甲铵液的水含量，不增加合成塔的水碳比。

在气提塔负荷和副产低压蒸汽量之间找到一个平衡，既要副产低压蒸汽能够满足下游中压分解、低压分解、一段/二段蒸发所需，也要注意不能过度提高气提塔负荷，通过消耗中压蒸汽来副产过量的低压蒸汽。

中压分解加热器可以使用高压圈副产的低压蒸汽作为热源，既降低了中压蒸汽的消耗，也实现了低压蒸汽的合理利用。

(5) 高压圈设备布置兼顾动力流和重力流，将尿素合成塔布置在地面，全冷凝反应器近地面布置，高压框架和荷载大大降低，节省了高压管材用量，高压设备安装、操作和检修方便，建设费用和维护费用低。

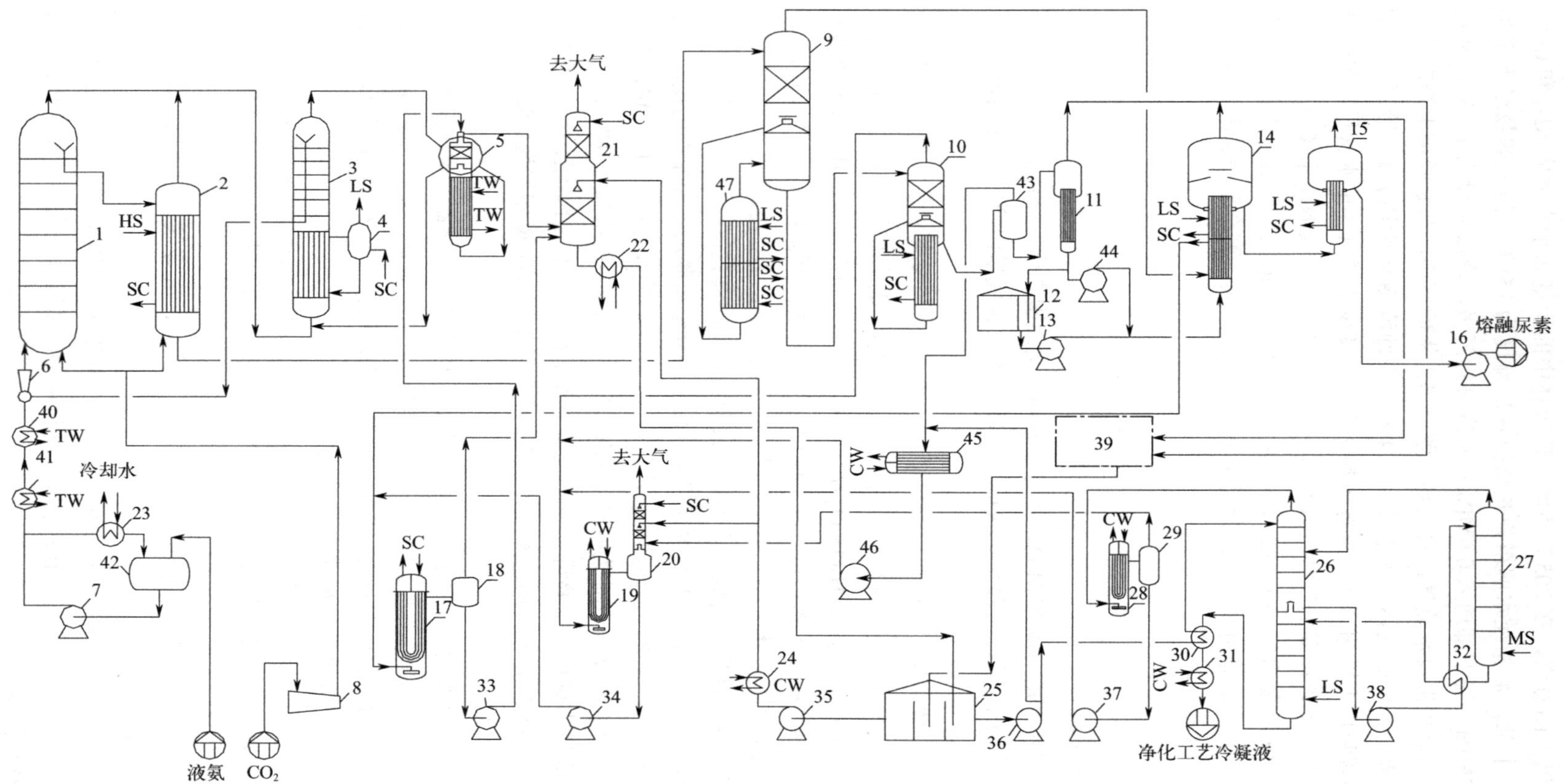

图 6-9　THESES 工艺流程示意

1—合成塔；2—气提塔；3—全冷凝反应器；4—低压汽包；5—高压洗涤器；6—高压喷射器；7—高压液氨泵；8—CO_2 压缩机；9—中压分解塔；10—精馏塔；11—真空预浓缩器；12—尿液槽；13—尿液回收泵；14—一段蒸发器；15—二段蒸发器；16—熔融尿素泵；17—中压吸收塔冷却器；18—中压冷凝器液位槽；19—低压甲铵冷凝器；20—低压吸收塔；21—尾气洗涤器；22—尾气洗涤器冷却器；23—氨循环冷却器；24—尾气洗涤器给料冷却器；25—氨水槽；26—解吸塔；27—水解塔；28—回流冷凝器；29—回流冷凝器液位槽；30—解吸塔换热器；31—废水冷却器；32—水解塔换热器；33—高压甲铵泵；34—中压甲铵泵；35—尾气洗涤器给料泵；36—解吸给料泵；37—回流泵；38—水解给料泵；39—真空冷凝系统；40—1# 高压液氨预热器；41—2# 高压液氨预热器；42—液氨缓冲罐；43—常压闪蒸槽；44—尿素溶液泵；45—闪蒸冷凝器；46—闪蒸冷凝液泵；47—中压分解器

SC—蒸汽冷凝液；CW—循环冷却水；LS—0.6MPa 低压饱和蒸汽；MS—0.9MPa 低压饱和蒸汽；HS—1.9MPa 饱和蒸汽；TW—调温水

（6）高压圈和低压循环系统负荷降低，设备尺寸规格减小，建设投资降低；虽然增加了中压循环系统，但整个尿素装置的投资低于传统 CO_2 气提法尿素装置。

（7）造粒塔顶设置除尘设施，即湿法除尘和干法滤袋除尘，两种方法都可采用。

采用湿法除尘，在填料段喷淋的 20%（质量分数）稀尿液，与塔底上来的含尘热空气逆流接触洗涤，以回收尿素粉尘和氨。经洗涤后，可将粉尘含量从 100 ～ 300mg/m^3 降低至 20mg/m^3；氨含量从 70mg/m^3 降低至 30mg/m^3。虽然满足环保要求，但是湿法除尘，水蒸发量大，导致塔顶排出气体中夹带饱和水蒸气，在某些特定气候条件下易形成拖尾。

采用干法滤袋除尘，除尘效果较好，无拖尾现象。补水量小，每小时补水量约 2.3m^3；塔顶无尾气飘逸，现场感官效果好。但是滤袋除尘，也存在滤袋糊袋、运行阻力高、处理风量不足等不足。

6.2.5.3 消耗指标

THESES 尿素工艺吨尿素消耗指标如表 6-6 所示。

表6-6 尿素装置消耗定额（以吨尿素计）

名称	规格	单位	消耗定额	备注
液氨	NH_3 含量≥ 99.9%	t	0.568	以 100% NH_3 计
CO_2	CO_2 含量≥ 98%	t	0.735	以 100% CO_2 计
冷却水	Δt=10℃	t	65	不含压缩机用水
电		kWh	26	不含压缩机和造粒塔除尘设施用电
蒸汽	2.4MPa 饱和蒸汽	t	0.60	不含压缩机用汽
蒸汽	0.5MPa、158℃	t	装置内消耗，无外送	副产

6.2.5.4 主要设备和生产控制指标

（1）CO_2 压缩机

型式：离心式压缩机，四段压缩

一段入口：0.1 ～ 0.13MPa，40℃

四段出口：15.3MPa，125℃

脱硫脱氢：有

四段出口氧含量：0.5%(体积分数)

（2）高压液氨泵

型式：离心泵

入口：2.2MPa，37℃

出口：19.3MPa，37℃

2 台氨预热器：将液氨预热至 132℃

（3）高压甲铵泵

型式：离心泵

入口：2.2MPa，110℃

出口：14.5MPa，110℃

（4）合成塔

NH_3/CO_2（摩尔比）：3.2 ～ 3.5

H_2O/CO_2（摩尔比）：0.50 ～ 0.53

CO_2 转化率：62% ～ 63%

合成压力：13.6 ～ 15.1MPa

合成温度：172 ～ 183℃

（5）全冷凝反应器

NH_3/CO_2（摩尔比）：2.4 ～ 2.6

H_2O/CO_2（摩尔比）：0.53 ～ 0.56

压力：13.6 ～ 15.1MPa

温度：175 ～ 180℃

副产蒸汽压力：0.5MPa

（6）气提塔

压力：14.3MPa

出液温度：168℃

加热蒸汽：1.6MPa、204℃

（7）中压分解回收

压力：1.7 ～ 2.5MPa

出口尿液温度：160℃

（8）低压分解回收

压力：0.3MPa

出口尿液温度：135℃

（9）解吸塔

压力：0.3MPa

塔底液体温度：147℃

排出液组成：NH_3 ≤ 1mg/kg、尿素≤ 1mg/kg

（10）水解塔

压力：1.7MPa

温度：205℃

6.2.6 氨气提工艺

意大利 Snamprogetti 公司创立于 1956 年，原是埃尼（Eni）集团的一个子公司，现成为 Saipem 集团的子公司，从 20 世纪 60 年代初开始进行尿素生产工艺技术的研究。

1966 年，Snamprogetti 公司在意大利建成投产第一套以氨作为气提剂、日产 70 吨的尿素装置。1970 ～ 1975 年，Snamprogetti 公司在意大利、墨西哥、美国又陆续建成投产了 7 套日产 300 ～ 1000 吨的尿素装置，没有高压甲铵喷射器，其设备采用框架式立体布置。

1975 年以后，Snamprogetti 公司持续改进了设计，引入高压甲铵喷射器，以液氨为驱动介质，将高压甲铵液送入合成塔；高压设备水平布置，施工安装和维修方便；氨碳比较高，为3.3～3.6，有利于合成转化率的提高和减轻工艺介质的腐蚀性；气提塔选用钛材或衬锆双金属气提管，气提出液温度可达205～230℃。这就是第二代氨气提工艺，也是目前广泛采用的尿素工艺。

6.2.6.1 典型工艺流程描述

氨气提工艺主要包括：二氧化碳压缩，原料液氨的供应，尿素高压合成，尿素提纯和中、低压回收，尿液蒸发，尿素造粒及工艺冷凝液处理等几个工序，其工艺流程见图6-10。

（1）二氧化碳压缩 来自合成氨装置净化工序的原料CO_2气体（CO_2体积分数≥98.98%），送入界区时压力为0.2～0.23MPa，温度为40℃。CO_2原料气在进入CO_2压缩机一段入口分离器之前，加入少量的压缩防腐空气，以保证进入高压圈之前的CO_2气体中O_2含量达到0.25%(体积分数)，以钝化高压回路设备的不锈钢表面，防止由反应物料引起的腐蚀。

大型工厂中，CO_2压缩机多采用蒸汽驱动的离心压缩机，四段压缩，有两个缸体（低压缸和高压缸）。经压缩机四段压缩至15.8MPa后送高压合成圈。

氨气提工艺，CO_2压缩机段间没有设置脱硫和脱氢装置。

（2）原料液氨的供应 来自合成氨装置氨合成工序或者液氨罐的原料液氨，送入尿素装置界区时压力为2.2～2.5MPa，温度为10～30℃，经入口过滤器除去催化剂粉末等机械杂质后，送入氨回收塔洗涤回收气相氨，并收集在氨回收槽，与来自氨冷凝器的34℃液氨相混合，氨回收槽的压力控制在1.6MPa。

出氨回收槽的液氨经氨升压泵加压到2.25MPa，温升约1℃。一小部分液氨送入操作压力为1.62MPa的中压吸收塔，剩余部分（约占91%）被送入高压液氨泵。

液氨经多级离心式高压液氨泵加压到约23.0MPa，送高压液氨预热器预热至94℃后，送入高压合成圈。

（3）尿素高压合成 氨气提工艺的“尿素高压合成圈”由合成塔、气提塔、一级高压甲铵冷凝器、二级高压甲铵冷凝器、甲铵分离器这5台设备组成。

来自高压液氨预热器的94℃液氨作为高压喷射器的驱动液体，将甲铵分离器出来的高压甲铵液送入尿素合成塔。液氨在此与CO_2压缩机送来的15.5MPa、约120℃的CO_2气体进行两步反应生成尿素。

尿素合成塔顶部的操作条件：压力为15.5MPa，温度为188～190℃，NH_3/CO_2摩尔比为3.3～3.6，H_2O/CO_2摩尔比为0.5～0.7，CO_2转化率为60%～62%。

出尿素合成塔的尿素合成反应液用调节阀控制流量，并减压进入气提塔上部，气提塔的操作压力约14.6MPa。气提塔是一个立式降膜式分解器，尿液经气提塔内液体分布器均匀地分配到每根气提管中，沿塔壁成液膜下降，并借助重力流至底部，与溶液中沸腾逸出的氨气在管内逆流接触，气相中CO_2分压较低，促使甲铵分解。实际上，气提塔是一个管壳式换热器，2.17MPa、219℃的饱和蒸汽走壳侧，在管端的上部封头处有一个特殊设计的管板，以便均匀地分布尿素溶液。事实上，每根列管都有一个插入式分布器（金属环），以便将尿素溶液均匀地分布到管壁并形成液膜，金属环孔（$4\times\phi3.2$mm切线开孔）的作用是限流，通过孔的尺寸和液位控制流量。液膜的流动及其被加热，促使甲铵分解并蒸发。过量氨从溶液中沸腾逸出所起的自气提作用，促使溶液中CO_2含量降低。含有NH_3和CO_2的气体从气提塔顶部排出。甲铵分解所需热源由来自气提塔蒸汽冷凝液分离器的2.17MPa，219℃的饱和蒸汽冷凝提供。

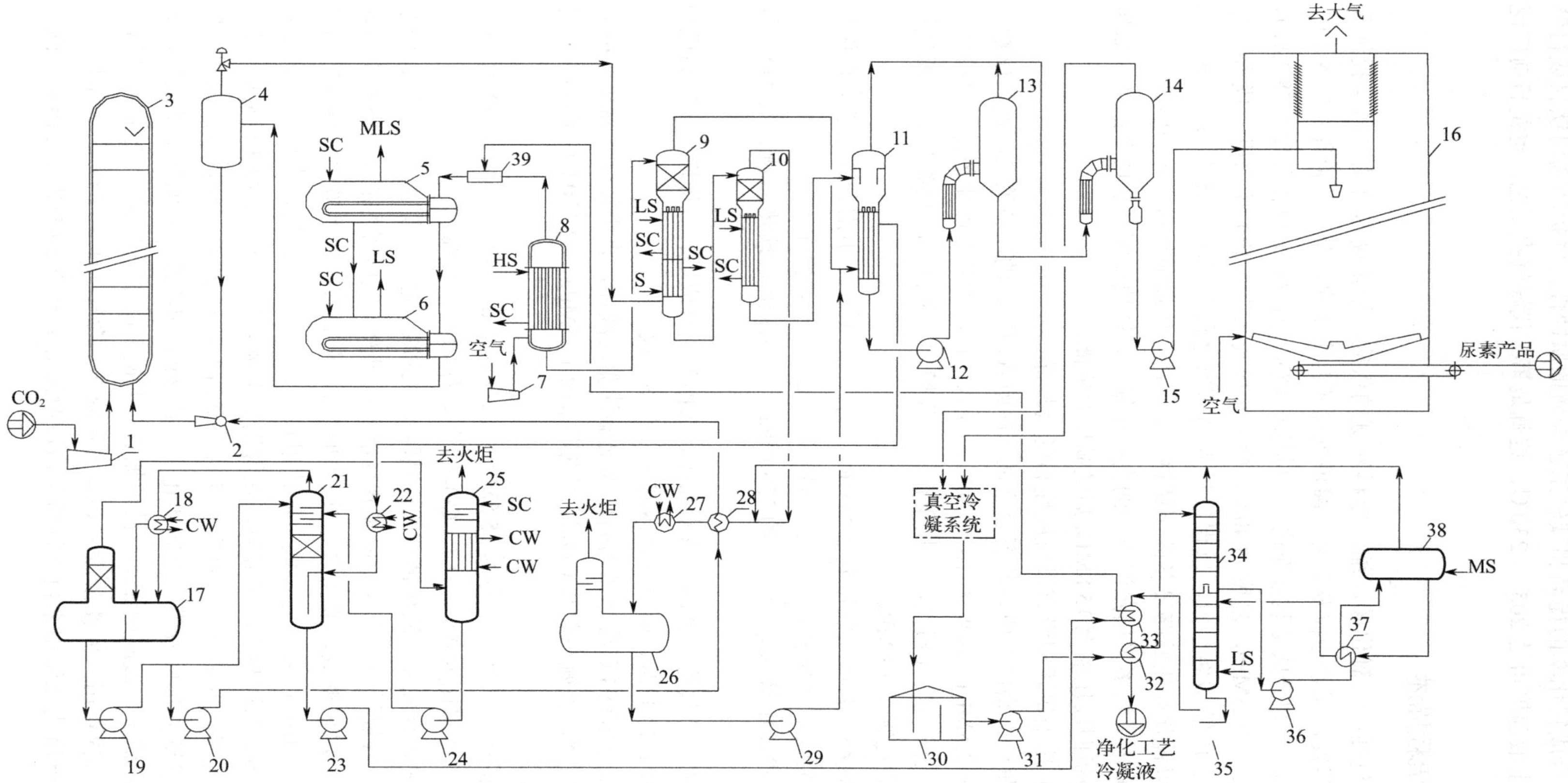

图 6-10　氨气提工艺流程示意

1—二氧化碳压缩机；2—高压甲铵喷射器；3—合成塔；4—甲铵分离器；5—一级高压甲铵冷凝器；6—二级高压甲铵冷凝器；7—钝化空气压缩机；8—气提塔；9—中压分解塔；10—低压分解塔；11—真空预浓缩器；12—尿素溶液泵；13—一段蒸发；14—二段蒸发；15—熔融尿素泵；16—造粒塔；17—液氨贮槽；18—氨冷凝器；19—氨升压泵；20—高压液氨泵；21—中压吸收塔；22—中压甲铵冷凝器；23—高压甲铵泵；24—氨水泵；25—中压惰性气体洗涤塔；26—碳铵溶液槽；27—高压液氨预热器；28—低压甲铵冷凝器；29—碳铵溶液泵；30—氨水槽；31—解吸塔给料泵；32—解吸塔预热器；33—高压甲铵预热器；34—解吸塔；35—净化工艺冷凝液泵；36—水解器给料泵；37—水解器预热器；38—水解器；39—混合器

MLS—0.34MPa 蒸汽；LS—0.54MPa 蒸汽；SC—蒸汽冷凝液；HS—2.17MPa 蒸汽；MS,S—饱和蒸汽；CW—循环冷却水

另外，一股少量的压缩钝化空气通过气提塔钝化空气压缩机送入气提塔底部，以便钝化气提塔。

出气提塔顶的混合气体和来自中压吸收塔的甲铵溶液进入甲铵冷凝器，在此，除少量不凝性气体外，全部混合物均被冷凝，送甲铵分离器气液分离后，液相通过甲铵喷射器送到尿素合成塔；含有惰性气体和少量 NH_3、CO_2 的未冷凝气体从甲铵分离器顶部经调节阀减压后排出，直接进入中压分解器液位槽的底部 (主要起钝化空气作用)。

在甲铵冷凝器入口设置有甲铵混合器，它使甲铵溶液均匀地分散在气提气中，再进入甲铵冷凝器管程，提高冷凝效果。

在甲铵冷凝器中，高温高压气体冷凝所释放的热量，在一级高压甲铵冷凝器可副产 0.54MPa 的蒸汽，在二级高压甲铵冷凝器副产 0.34MPa 的蒸汽。

（4）尿素提纯和中、低压回收

① 尿素提纯和相应的塔顶气体回收　分二级减压的方式进行。第一级压力为 1.7MPa，第二级压力为 0.36MPa。

尿素提纯用的换热器称为分解器，因为，尿素-甲铵液中剩余的甲铵将在这些分解器中进行加热分解。

② 1.7MPa 压力下的中压提纯和回收　由气提塔底部排出的残余 CO_2 含量较低的尿素溶液，经调节阀减压膨胀至 1.7MPa 后，进入中压分解塔上部。中压分解塔主要由三部分组成：

上部：中压分解器分离器，在尿液-甲铵溶液进入中部中压分解器管束之前，释放出的闪蒸气体在此进行气液分离。

中部：降膜式中压分解器（管束分两段），甲铵在此进行分解，分解反应所需热量以两种方式提供，在壳侧上部，由 0.54MPa 蒸汽冷凝供热；在壳侧下部，由来自气提塔蒸汽冷凝液分离器的蒸汽冷凝液供热。

下部：中压分解器液位槽，经中压提纯后的浓度为 60% ～ 63%（质量分数）的尿素溶液收集在此。

从中压分解器分离器顶部排出的富含 NH_3 和 CO_2 的气体，送往降膜式真空预浓缩器的壳侧，在此被来自中压碳铵液泵的碳铵溶液部分吸收。

在壳侧冷凝和吸收所产生的热量，用于提浓来自低压分解塔的 69% ～ 71%（质量分数）尿素溶液，并将之加热浓缩至 84% ～ 86%（质量分数），以节省真空浓缩段的低压蒸汽用量。

来自真空预浓缩器壳侧的气液混合物送到中压甲铵冷凝器，在此 CO_2 几乎全部被吸收和冷凝，热量被管侧冷却水移走。

从中压甲铵冷凝器出来的气液混合物进入中压吸收塔下部，从溶液中分离出来的气相，进入精馏段，精馏段由鲍尔环填料段和 4 块泡罩型塔板组成，在此，剩余的 CO_2 被吸收，NH_3 被精馏。

用纯净的液氨作为塔盘的回流液，以维持进入塔内物料的能量平衡，清除氨和惰性气体中所含的 CO_2 和 H_2O。回流氨是通过氨升压泵从液氨贮槽中抽出送到中压吸收塔的。

含有少量 $[(2 \sim 10)\times10^{-5}]CO_2$ 和惰性气体的气氨，从中压吸收塔精馏段顶部排出，在氨冷凝器中部分冷凝，气液二相送到液氨贮槽。

含有饱和氨的不凝气体离开液氨贮槽进入中压氨回收塔，在此与来自界区的液氨逆流接触，以回收气氨。

从中压氨回收塔顶部排出的气体进入降膜式中压氨吸收器，在此与稀氨水逆流接触，使气相中的氨被完全吸收，吸收所产生的热量使液体温度升高，因而影响氨的进一步吸收，为维持液体温度在一个合理的水平，在中压氨吸收器的壳侧用冷却水移走热量，以保证氨吸收的顺利进行。

中压惰性气体洗涤塔位于中压氨吸收器顶部，由四块塔板组成。在此，惰性气体用中压冲洗水进行最后的洗涤，使气体中的氨含量降至最低，吸收热对温度影响不大，洗涤后的惰性气体集中送至连续火炬。

为了监控中压惰性气体洗涤塔出口气体组分，防止形成爆炸性组分，在中压惰性气体洗涤塔出口气相管线上设有 H_2 分析仪，当 AAH 报警时，开启手动阀，用中压蒸汽进行稀释，防止燃爆事故发生。

来自中压氨吸收器的 NH_3-H_2O 溶液通过氨溶液泵返回到中压吸收塔。中压吸收塔的液位过高时，可通过手动阀将多余液体排至碳铵溶液槽。

中压吸收塔底部送出的甲铵液通过多级离心式高压甲铵泵送至高压合成圈。甲铵泵的流量通过流量控制阀进行控制。

中压惰性气体洗涤塔气相出口管线上，设有压力调节阀，以控制中压系统的压力。

③ 0.36MPa 压力下的低压提纯和回收　由中压分解器液位槽底部排出的残余 CO_2 含量非常低的尿素溶液，经调节阀减压膨胀至 0.36MPa，进入低压分解塔上部。低压分解塔主要由三部分组成：

上部：低压分解器分离器，在溶液进入管束之前，释放出的闪蒸气体在此进行气液分离。

中压：降膜式低压分解器管束，残留的甲铵在此进行分解，分解反应所需热量由 0.54MPa 蒸汽冷凝提供。

下部：低压分解器液位槽，经低压提纯后的浓度为 69% ～ 71%（质量分数）的尿素溶液收集在此。

离开低压分解器分离器的气体首先与来自解吸塔和水解器出口的气体混合，然后送入氨预热器，在此 NH_3 和 CO_2 被部分冷凝，冷凝热被管侧的高压液氨回收，并预热液氨，热量得到回收利用。

离开氨预热器的气体进入低压甲铵冷凝器，在此，剩余的 NH_3 和 CO_2 被完全冷凝，冷凝热由管侧的冷却水移走。

低压甲铵冷凝器排出的碳铵液进入碳铵溶液槽，大部分碳铵液通过中压碳铵液泵经真空预浓缩器、中压甲铵冷凝器送到中压吸收塔底部，少量的碳铵液被送到解吸塔精馏工序作为回流液。

低压氨吸收器和低压惰性气体洗涤塔位于碳铵溶液槽的顶部，出口管线上设有压力调节阀，以控制低压分解系统的压力。

（5）尿液蒸发　在蒸发系统，尿液经预浓缩、两段蒸发浓缩，被提浓至 99.75%（质量分数）后，送造粒塔。

离开低压分解器液位槽底部浓度约 70%（质量分数）的尿素溶液，经液位控制阀首先送到真空预浓缩器，浓缩到 85% ～ 86%（质量分数）后通过尿素溶液泵送至一段蒸发加热器，真空预浓缩器和一段蒸发加热器的操作压力均控制在 0.03MPa。

离开低压分解器液位槽底部的尿素溶液，减压至 0.03MPa 后，进入真空预浓缩器的上部。真空预浓缩段主要由三部分组成：

上部：真空预浓缩器分离器，在溶液进入管束之前，释放出的闪蒸气体在此进行气液分离。气体排放至真空系统。

中部：降膜式真空预浓缩器，残留量很低的甲铵在此进行分解，并蒸发水分，所需热量由来自中压分解器的气体在壳侧冷凝提供。

下部：真空预浓缩器液位槽，浓度为84%～87%（质量分数）的尿素溶液收集在此。

离开真空预浓缩器液位槽的尿素溶液，通过尿素溶液泵送至升膜式一段蒸发加热器底部，该设备的操作压力与真空预浓缩器管侧相同，即0.03MPa。该压力由压力控制阀进行控制。

0.34MPa的饱和蒸汽进入一段蒸发加热器的壳侧，以提供管侧尿素溶液浓缩所需的热量。

离开一段蒸发加热器的工艺气液混合物，进入一段蒸发加热器分离器进行气液分离，一段蒸发和真空预浓缩分离的气体，一起送至一段蒸发冷凝器，浓度约95%（质量分数）的尿液，靠重力自流到二段蒸发加热器底部。二段蒸发加热器的压力控制在0.003MPa。

0.34MPa的饱和蒸汽进入二段蒸发加热器的壳侧，以提供管侧尿素溶液浓缩所需的热量。

离开二段蒸发加热器的工艺气液混合物，进入二段蒸发加热器分离器进行气液分离，二段蒸发分离的气体，经蒸汽喷射器抽至二段蒸发冷凝器，浓度约99.75%(质量分数）的尿液，经熔融尿素泵送至造粒塔。

（6）尿素造粒　熔融尿素经过滤器后，进入造粒喷头进行造粒。采用的旋转造粒喷头，为不锈钢（或铝合金）中空的圆锥体。喷头上有大量的孔径不完全相同的小孔，喷头旋转时，熔融尿液从小孔甩出，从几十米高空喷洒下来，在下降过程中熔融尿素液滴逐渐固化冷却成为颗粒。造粒塔底的出料温度一般维持在50～60℃。

造粒塔采用自然通风，利用空气的热压头，空气通过造粒塔底部的百叶窗进入塔内，与降落的尿素液滴逆流接触，从塔顶排出，出口空气温度约65～70℃。

与其他工艺不同的是，氨气提工艺在熔融尿素泵的入口管线里，加入少量98%（质量分数）的浓硫酸，硫酸与尿液中的氨反应生成硫酸铵，减少造粒尾气中氨的排放。

（7）工艺冷凝液处理　本工序是将由真空冷凝系统排出的含NH_3、CO_2和尿素的工艺水进行处理，以便得到几乎不含NH_3、CO_2和尿素的工艺冷凝液，并送至界区。

由真空系统排出的含NH_3、CO_2和尿素的工艺水收集在工艺冷凝液槽。如果需要，通过密闭排放回收泵，可将收集在密闭排放槽的碳铵液送至工艺冷凝液槽；通过事故排放地下槽泵，将收集在事故排放地下槽的含氨溶液送到工艺冷凝液槽。工艺冷凝液经解吸塔给料泵送至解吸塔上部。在进入解吸塔之前，先经解吸塔预热器以来自解吸塔底部的净化冷凝液预热。

解吸塔设有55块塔板，由安装在第35和36块塔板（从塔底算起）间的升气管塔盘将解吸塔分为两个部分，下塔由35块塔板组成，上塔由20块塔板组成。

解吸塔工艺条件：

压力（塔顶)：0.37MPa

温度（塔顶)：122℃

温度（塔底)：153℃

上塔排出的工艺冷凝液由水解器给料泵送到尿素水解器，在适宜的工艺条件下，尿素水解成NH_3和CO_2。

尿素水解器作为一个反应器需要足够的热量，以便水解尿素。

尿素水解器工艺条件：

压力：3.33MPa

温度：235℃

尿素水解器排出的气体和解吸塔顶部排出的气体在进入氨预热器前与低压分解器排出的气体混合，以回收热量。

由尿素水解器底部排出的冷凝液，经水解器预热器换热降温后，进入解吸塔下塔顶部，在此，NH_3 和 CO_2 被最终气提。在解吸塔底部加入 0.54MPa 的低压蒸汽，以提供气提所需的热量。

由解吸塔底部排出的净化工艺冷凝液经高压甲铵预热器、解吸塔预热器、最终工艺冷凝液冷却器换热后，温度由 153℃降至 50℃。

经解吸水解系统处理后的冷凝液，尿素和 NH_3 的含量降至 3mg/kg 以下，该工艺冷凝液送至界区（作为锅炉给水或其他用处）。

开车期间和操作不正常时，工艺冷凝液可以循环回到工艺冷凝液槽，直至冷凝液中 NH_3 和尿素含量达到规定的 3mg/kg，才能送出界区。

6.2.6.2 工艺特点

Snamprogetti 公司的氨气提尿素工艺的特点如下：

① 高压设备材料采用 00Cr25Ni22Mo2；气提塔采用 00Cr25Ni22Mo2 衬锆的双金属管，较好地解决了设备腐蚀问题，防腐加氧量低，除了在 CO_2 压缩机入口，还需在气提塔底部补入少量的空气；另外因为双金属管的耐腐蚀性，可耐受的壳侧蒸汽温度达 219℃，因此管、壳侧传热温差增大，换热面积大幅缩小，仅为原来钛材管换热面积的 60%。

② 气提塔采用氨气气提，气提效率较低，气提塔出液中氨含量高达 25.46%（质量分数），过量的氨进入中压系统，导致中压系统氨过量，需要中压吸收塔、氨冷凝器以回收过量氨；中压系统设备多，流程复杂，且中压吸收塔作为整个装置的核心，操作难度较高，稍有不慎，CO_2 极易上窜至氨冷凝器，进入液氨储罐。

③ 同等规模，氨气提高压设备的尺寸和换热面积均比 CO_2 气提工艺的小。以 2640t/ 天装置为例，氨气提的四台高压设备质量要比 CO_2 气提的四台高压设备质量少 400t，有利于设备的大型化。

④ 合成塔的反应条件为 188 ～ 190℃，15.5MPa，塔内 NH_3/CO_2 摩尔比为 3.3 ～ 3.6，H_2O/CO_2 摩尔比为 0.65 ～ 0.7，CO_2 转化率接近 60% ～ 62%。

合成塔的操作压力是各尿素工艺中最高的（水溶液全循环尿素工艺除外），有两方面的原因，一是氨碳比高，平衡压力高；二是 CO_2 气体全部进入合成塔，惰性气体分压高。

⑤ 合成塔由于氨碳比较高，高压回路的工艺介质中有过量氨的存在，减轻了设备的腐蚀程度，合成塔的封塔时间可达 72 小时，从而提高了装置的年运转时间。

⑥ 高压甲铵冷凝器有 2 台，根据不同的冷凝反应温度，副产 0.54MPa 和 0.34MPa 两个压力等级的低压蒸汽；因为水碳比高，其副产的 0.54MPa 低压蒸汽是各工艺中最多的。

高压甲铵冷凝器为卧式冷凝器，壳侧走蒸汽及蒸汽冷凝液，管侧走高压甲铵液，不仅节省设备投资，而且因为壳侧容积大，能够实现气液分离，省去低压汽包。

⑦ 所有高压设备都布置在地面，没有高压框架，施工安装、操作维修方便，投资也低。这是因为高压甲铵喷射器的存在，利用高压液氨，将高压甲铵液送入合成塔。

⑧ 采用卧式水解器，水解温度为235℃，压力为3.43MPa，为各工艺中最高的，但是其水解速率高，可以缩短介质在水解器内的停留时间，减小水解器容积。

⑨ 中压和低压洗涤塔，采用蒸汽冷凝液洗涤，吸收液直接返回系统，既维持系统的水平衡，也减少氨的排放。与Stamicarbon的2000^{+TM}尿素工艺不同，后者将4bar吸收塔和常压吸收塔的液体返回氨水槽，经解吸水解系统回收氨和CO_2后，才返回系统。不仅增加解吸水解系统的负荷，还多消耗蒸汽和循环水。

6.2.6.3 消耗指标

Snamprogetti公司的氨气提尿素工艺吨尿素消耗指标如表6-7所示。

表6-7 尿素装置消耗定额（以吨尿素计）

名称	规格	单位	消耗定额	备注
液氨	NH_3含量≥99.9%	t	0.568	以100% NH_3计
CO_2	CO_2含量≥98%	t	0.735	以100% CO_2计
冷却水	Δt=10℃	t	72	不含CO_2压缩机用汽
电		kWh	27	不含压缩机和造粒塔除尘设施用电
蒸汽	3.8MPa饱和蒸汽	t	0.04	不含压缩机用汽
蒸汽	2.4MPa饱和蒸汽	t	0.70	不含压缩机用汽
蒸汽	0.54MPa、161℃	t	装置内消耗，无外送	副产
蒸汽	0.34MPa、147℃	t	装置内消耗，无外送	副产

6.2.6.4 主要设备和生产控制指标

（1）CO_2压缩机

型式：离心式压缩机，四段压缩

一段入口：0.1～0.13MPa，40℃

四段出口：15.8MPa，125℃

脱硫脱氢：无

四段出口氧含量：0.25%(体积分数)

（2）高压液氨泵

型式：离心泵

入口：2.3MPa，36℃

出口：23MPa，36℃

1台氨预热器：将液氨预热至94℃

（3）高压甲铵泵

型式：离心泵

入口：1.64MPa，79℃

出口：15.3MPa，79℃

甲铵液组成：NH_3 45.32%（质量分数）、CO_2 22.04%（质量分数）、H_2O 32.64%（质量分数）

（4）合成塔

NH_3/CO_2（摩尔比）：3.3 ～ 3.6

H_2O/CO_2（摩尔比）：0.65 ～ 0.70

CO_2 转化率：接近 60% ～ 62%

合成压力：15.5MPa

合成温度：188 ～ 190℃

合成塔出液组成：尿素 32.91%（质量分数）、NH_3 31.81%（质量分数）、CO_2 15.43%（质量分数）、H_2O 19.86%（质量分数）

（5）气提塔

压力：14.6MPa

出液温度：204℃

加热蒸汽：2.17MPa、219℃

出口尿液组成：尿素 42.98%（质量分数）、NH_3 25.46%（质量分数）、CO_2 7.40%（质量分数）、H_2O 24.16%（质量分数）

（6）中压分解回收

压力：1.74MPa

出口尿液温度：159℃

出口尿液组成：尿素 63.41%（质量分数）、NH_3 6.31%（质量分数）、CO_2 1.71%（质量分数）、H_2O 28.57%（质量分数）

（7）低压分解回收

压力：0.36MPa

出口尿液温度：144℃

出口尿液组成：尿素 70.79%（质量分数）、NH_3 1.95%（质量分数）、CO_2 0.71%（质量分数）、H_2O 26.55%（质量分数）

（8）解吸塔

压力：0.38MPa

塔底液体温度：155℃

排出液组成：NH_3 ≤ 1mg/kg、尿素≤ 1mg/kg

（9）水解塔

压力：3.43MPa

温度：325℃

6.2.7 尿素造粒

尿素溶液和结晶尿素在储存和运输方面，都不如颗粒状尿素方便。除非特殊需要，例如车用尿素需要利用尿素溶液、三聚氰胺需要熔融尿素作原料，大部分的尿素产品仍然是各种造粒方法生产出来的颗粒尿素。

颗粒状尿素中约 90% 的 ϕ0.85 ～ 2.8mm 小颗粒、ϕ1.18 ～ 3.35mm 中颗粒是通过造粒塔生产的，ϕ3 ～ 6mm 颗粒则是利用流化床、转鼓等造粒设备生产的。不同的用途对尿素产品的粒径要求是不一样的。表 6-8 为尿素产品的粒径与用途、加工方法的关系。

表6-8 尿素产品的粒径与用途、加工方法的关系[1]

用途	粒径范围 /mm	加工方法	用途	粒径范围 /mm	加工方法
工业	小于 0.5（结晶）	结晶法	散混复合肥料	2 ～ 4	机械成粒
畜牧业饲料	0.5 ～ 1（微粒）	塔式造粒	林业肥料	3 ～ 5	机械成粒
农业肥料	1 ～ 3	塔式造粒	深施级肥料	6 ～ 12	机械成粒

6.2.7.1 塔式造粒

塔式造粒，即造粒塔造粒，其过程为：熔融尿素从位于造粒塔顶的造粒喷头喷洒分散成液滴之后，在重力和浮力作用下降落，在降落路程中与从塔下进入的冷空气流逆向接触，彼此产生传热传质作用，熔融尿素经过降温、凝固、冷却三个阶段，从初始熔融液态变成为近于常温的粒状固态，在造粒塔底部得到的颗粒状尿素经漏斗或刮料机收集送至皮带输送机再运至包装贮运工序。

造粒塔多采用钢筋混凝土结构，塔内壁通过涂树脂涂料、贴玻璃布或树脂鳞片胶泥进行防腐，也有建成钢结构内衬不锈钢的造粒塔。

依据通风的形式，造粒塔分为自然通风造粒塔和机械通风造粒塔。

（1）自然通风造粒塔　利用空气的热压头进行自然通风的尿素造粒塔始建于 20 世纪 60 年代初期。空气从塔底百叶窗流入，与喷洒下降的熔融尿素逆流接触，换热后上升的热空气携带着尿素粉尘从塔顶百叶窗直接排入大气。

塔底不设冷却装置，因而塔体较高，传热区（造粒喷头至刮料机）高约 50 ～ 85m；在 50 ～ 90℃出料范围内，出塔尿素温度每增加 10℃，塔高可降低 4 ～ 5m。

塔顶不设除尘设施，空气进出塔体压差很小，不需要引风机和抽风机。但是塔顶排出热空气中尿素粉尘含量较高，约 100 ～ 300mg/m^3（干基），同时还含有少量的氨，约 60 ～ 90mg/m^3。

自然通风造粒塔，虽然结构简单，运行费用低，但是含尘空气直接排大气，不满足现行的环保要求；夏季环境温度较高时，塔底出料温度较高，达 65℃以上，不满足塑料袋包装要求，塔底出料需经过流化床冷却器（空冷）或者粉体流冷却器（水冷）冷却至 50℃以下，再去包装。

根据塔顶出风形式，自然通风造粒塔可分为内通风型造粒塔和外通风型造粒塔：

图 6-11 所示为外通风型造粒塔，该塔有效高度为 85m。

图 6-12 所示为内通风型造粒塔，该塔有效高度为 75m。

（2）机械通风造粒塔　近年来，随着国家环保要求的日趋严格，造粒塔尾气（含尿素粉尘和氨）不能再直接排入大气。已建和新建的造粒塔顶增加了除尘设施，因风压较大，需采用机械通风。

机械通风有塔底送风、塔顶抽风-塔底送风和塔顶抽风三种型式：

① 塔底送风型式　图 6-13 所示为塔底送风型造粒塔。为采用固定造粒喷头，最终蒸发装置位于塔顶，全塔高约 60m，塔径较小，塔底设有流化床冷却器，塔底的离心式引风机向流化床冷却器送入冷却空气，经流化床冷却器上升的空气与固定造粒喷头喷洒下来的高温尿液逆流换热，热空气从塔顶出风口排入大气。

这种塔顶设置最终蒸发装置的造粒塔，在现在的尿素装置中极少应用。当前蒸发系统多放置在尿素框架。

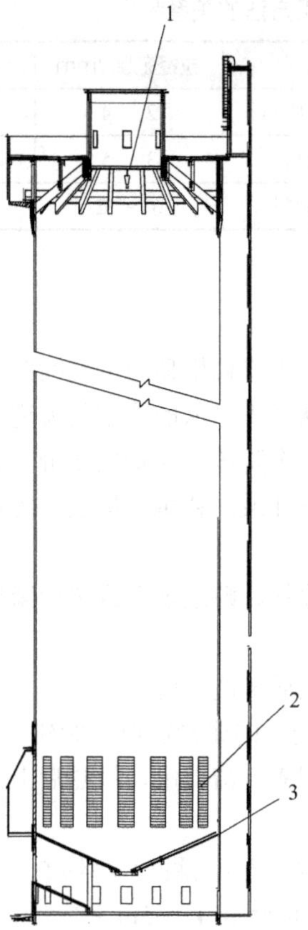

图 6-11　外通风型造粒塔

1—造粒喷头；2—塔底百叶窗；3—刮料机

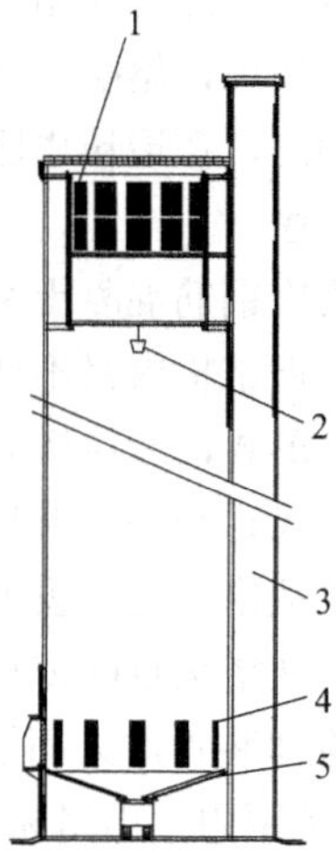

图 6-12　内通风型造粒塔

1—塔顶百叶窗；2—造粒喷头；3—电梯间；4—塔底百叶窗；5—刮料机

② 塔顶抽风-塔底送风型式　图 6-14 所示为塔顶抽风-塔底送风型造粒塔。采用固定造粒喷头，塔底设有流化床冷却器，空气由引风机送入塔内，经流化床冷却器后夹带大量尿素粉尘。为了回收粉尘，在塔顶设有湿法除尘设施，即由多个喷头、填料、丝网除沫器组成的清洗系统，捕捉尿素粉尘和吸收氨，饱和空气由抽风机抽进至大气。

东洋的 ACES 尿素工艺的造粒塔采用的是塔顶抽风-塔底送风型造粒塔。

③ 塔顶抽风型式　图 6-15 所示为塔顶抽风型造粒塔。采用旋转造粒喷头，塔顶设置布袋除尘器回收尿素粉尘，喷撒而下的尿素颗粒经刮料机收集后，经尿素皮带送粉体流产品冷却器（水冷），冷却至小于 50℃后去尿素包装。因除尘设施有阻力降，塔顶需设置抽风机。

中国五环的 THESES 工艺，采用的就是塔顶设有干法除尘或湿法除尘设施和抽风机的造粒塔。

造粒喷头，作为塔式造粒的关键设备，其运行的好坏，影响出塔空气中粉尘含量、尿素产品粒径分布，以及是否粘塔壁。

喷头喷孔加工是否良好，对粉尘产生的影响很大。喷孔如有毛疵，出塔粉尘含量会高达 150 ～ 700mg/m^3，采用加工良好的喷孔，出塔粉尘含量会降至 30 ～ 50mg/m^3。

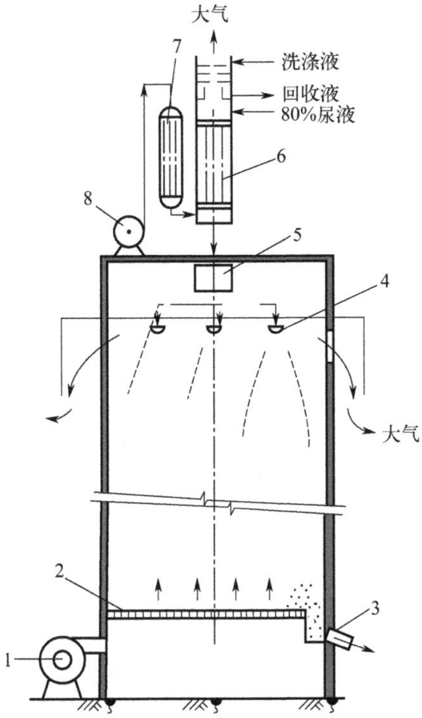

图 6-13 塔底送风型造粒塔[1]

1—塔底引风机；2—流化床冷却器；3—出料口；4—固定造粒喷头；5—分配槽；6—蒸发器；7—空气加热器；8—空气鼓风机

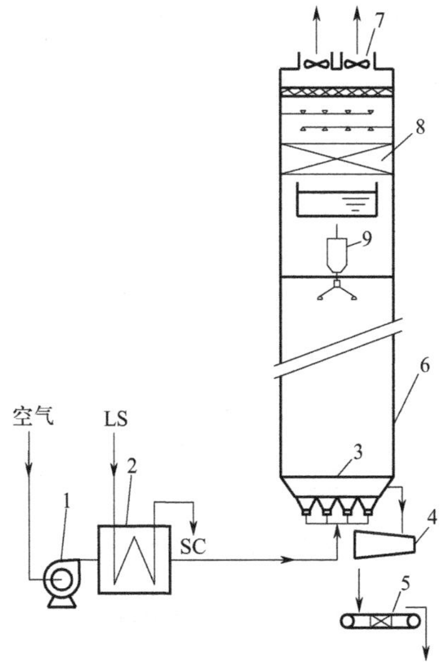

图 6-14 ACES 尿素工艺塔顶抽风-塔底送风型造粒塔

1—塔底引风机；2—空气加热器；3—流化床冷却器；4—筛分机；5—成品皮带；6—造粒塔；7—塔顶抽风机；8—湿法除尘设施；9—固定造粒喷头

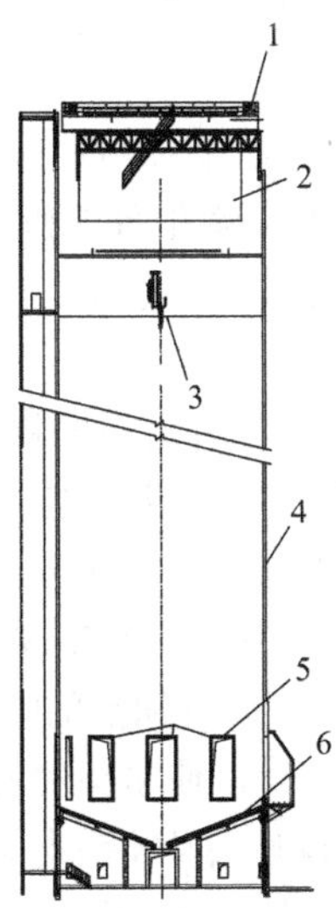

图 6-15 中国五环 THESES 工艺塔顶抽风型造粒塔

1—塔顶抽风机；2—布袋除尘器；3—旋转造粒喷头；4—造粒塔；5—百叶窗；6—刮料机

喷头造出的粒径大于 $\phi0.8\sim2.5$mm 颗粒的质量分数高时，则易于粘塔壁，粘集料装置；粒径过小的颗粒质量分数高时，尿素贮存时易结块，运输和包装时易产生粉尘飞扬。

对喷头而言，喷孔直径设计不当，过大过小均会引起粘塔壁，旋转型喷头则有转速的影响，固定型喷头则有喷洒角度的影响。尿素粘塔壁十分有害，破坏塔壁建筑防腐层，且严重威胁安全生产。

按造粒喷头的结构分类，可分为直孔喷头、斜孔喷头。

按造粒喷头的工作原理分类，可分为固定型、旋转型和振动型三类型式。其中旋转型喷头又分为带压式喷头、常压式喷头。

① 固定型喷头[1]　塔式尿素造粒曾经使用过固定型喷头，因其喷头数量过多、操作维修不方便，而被旋转型喷头所取代。图6-16所示为固定型喷头，图6-17所示为固定型喷头装置示意图。

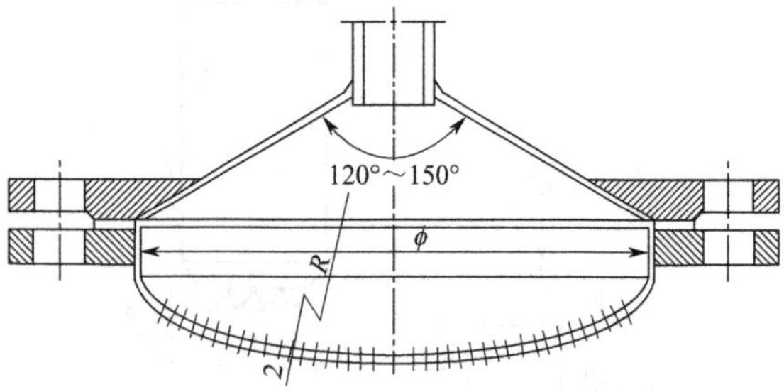

图 6-16　固定型喷头

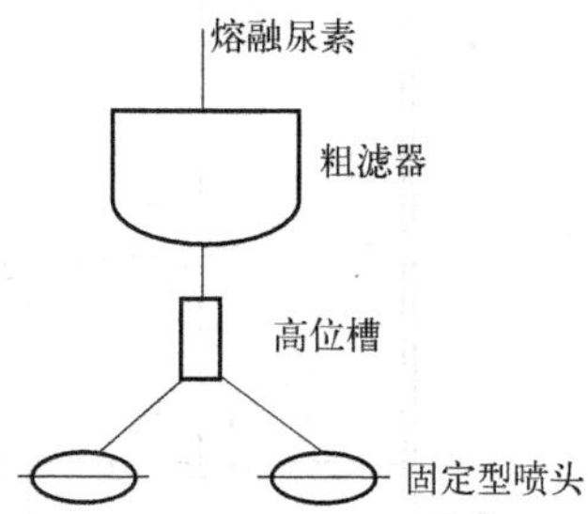

图 6-17　固定型喷头装置示意

其工作原理：熔融尿素经熔融尿素泵送至位于塔顶的熔融槽，经粗滤器除去比喷孔尺寸大的杂物而流入高位槽内，然后分送至每个喷头，分送支管上装有截止阀以便调节流量和检修。塔内一般布置多个喷头，根据装置的能力确定喷头的数量。

固定型喷头类似于淋浴用的喷头，喷头生产能力的调节主要取决于喷头前安装的高位槽内的液位的高度。液位高低决定喷量大小，因此具有自动调节性能。当进料增加时，高位槽液位上升，喷量增加，二者保持一定的关系。

固定型喷头系靠进料管液柱重力喷洒，因而喷孔受到相同的作用压力，故各孔径是一致的。由于每个喷孔面积和静压相同，故喷量一致。在造粒塔截面内颗粒轨迹密度相等时，则其质量密度亦相等，这是固定型喷头的优点。

采用固定型喷头可以避免旋转型喷头所出现的塔内中空现象，提高了塔横断面的利用率。使用固定型喷头的造粒塔多为矩形断面，也有圆形塔。图 6-18 所示为圆形塔内喷头分布图。

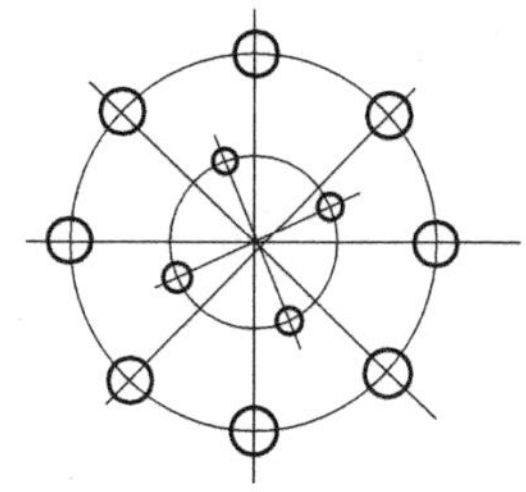

图 6-18　固定型喷头布置图

② 旋转型喷头[3]　目前的塔式造粒中，绝大多数喷头为旋转型造粒喷头。喷头在传动装置驱动下绕轴铅垂线作同心圆旋转进行熔融尿液的喷洒和造粒。通过变频电机，改变频率从而改变电机转速，进而调节喷头的转速，使喷头的转速与熔融尿液的流量（装置的负荷）相匹配。图 6-19 所示为变频调速的造粒喷头及喷头支架。

旋转型喷头的结构与尺寸受造粒塔直径的影响，喷头上开孔的直径、孔数及喷头的转速决定了喷头的造粒能力和产品颗粒的大小。单个喷头的生产能力最大可以达到150～200t/h。

按照造粒机理分类，喷头可以分为带压式喷头和常压式喷头。

A. 带压式喷头　带压式喷头的工作原理：将熔融尿素泵送来的尿液直接送入喷头造粒，其生产能力和喷洒区域除受制于喷头本身的设计和喷头旋转速度外，还取决于熔融尿素泵的扬程。如果扬程足够大，喷头可以不旋转就能保证喷头的生产能力，相当于固定式喷头。

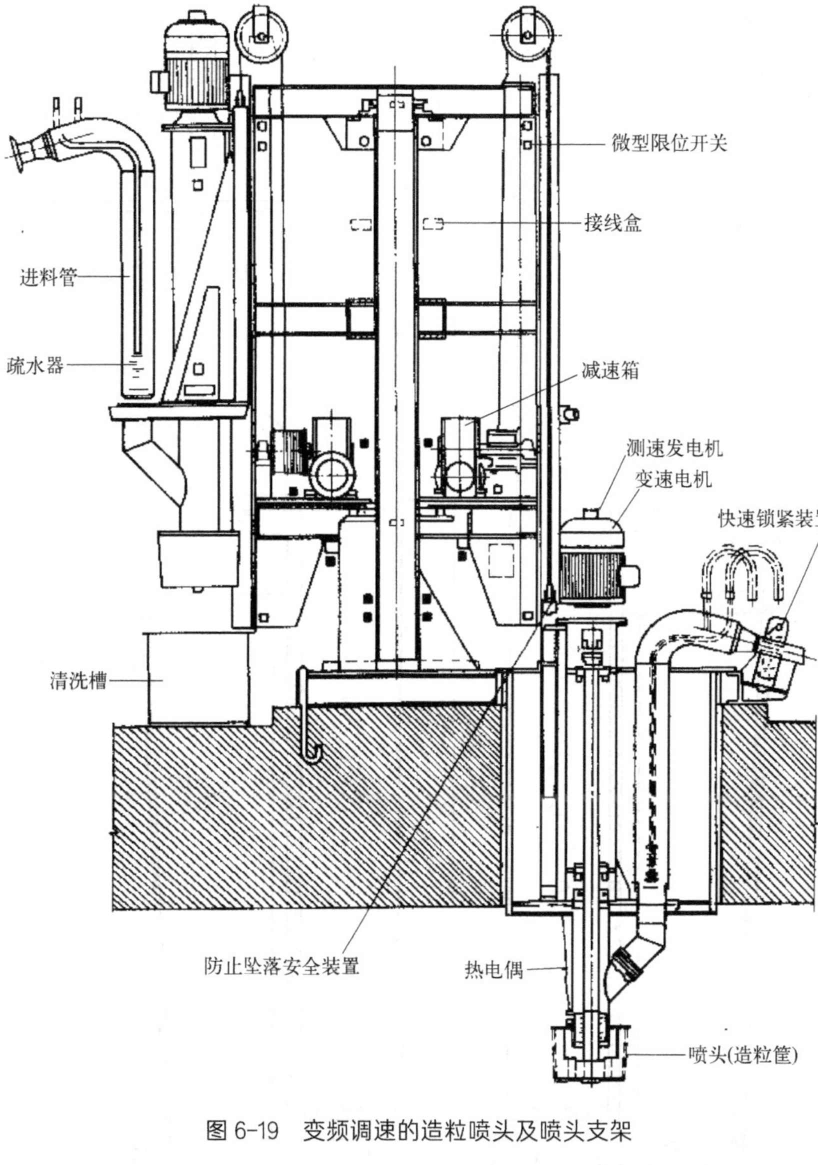

图 6-19 变频调速的造粒喷头及喷头支架

带压式喷头的优点：即使喷头的小孔发生一定比例的堵塞，在不考虑颗粒质量的前提下，喷头照样可以安全运行，有较长的运行周期（比如 1 个月以上）而不用频繁清洗。

带压式喷头的缺点：熔融尿素泵及系统的任何波动都会对喷头的生产能力和喷洒区域造成影响，对于塔径较小而装置能力较大的装置，例如 1100t/d 的装置配 16m 直径的造粒塔，还会出现尿素挂壁现象。另外，由于尿液带压，溶液中携带的氨和水，在尿液被喷头喷出后，减压闪蒸，游离氨和水蒸气从尿液中逸出，造成尿素液滴破裂，而产生额外的粉尘。

目前带压式喷头仅在国内使用，在国外已被取代。

B. 常压式喷头 常压式喷头是将熔融尿素泵送来的尿液泄压后再送入造粒喷头，目前国内外广泛应用的喷头，无论是直孔喷头，还是斜孔喷头，均为不带压的方式。

常压式喷头的优点：尿液减压后进入喷头，可以使尿液中游离氨和残余水蒸气在造粒前及时排出，从而避免尿素液滴破裂，产生尿素粉尘。

另外，因喷头不带压，一旦喷孔堵塞，需要及时清洗。其清洗周期一般为 10 ～ 15 天。

图 6-20 为旋转型喷头结构示意图，图 6-21 美国 Tuttle 公司的梯形喷头。

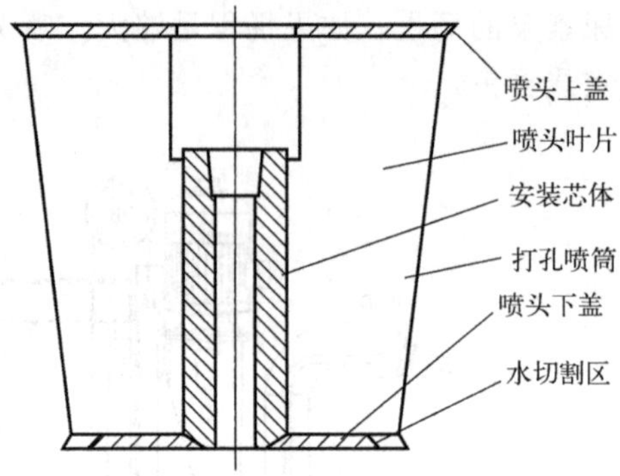

图 6-20　旋转型喷头结构

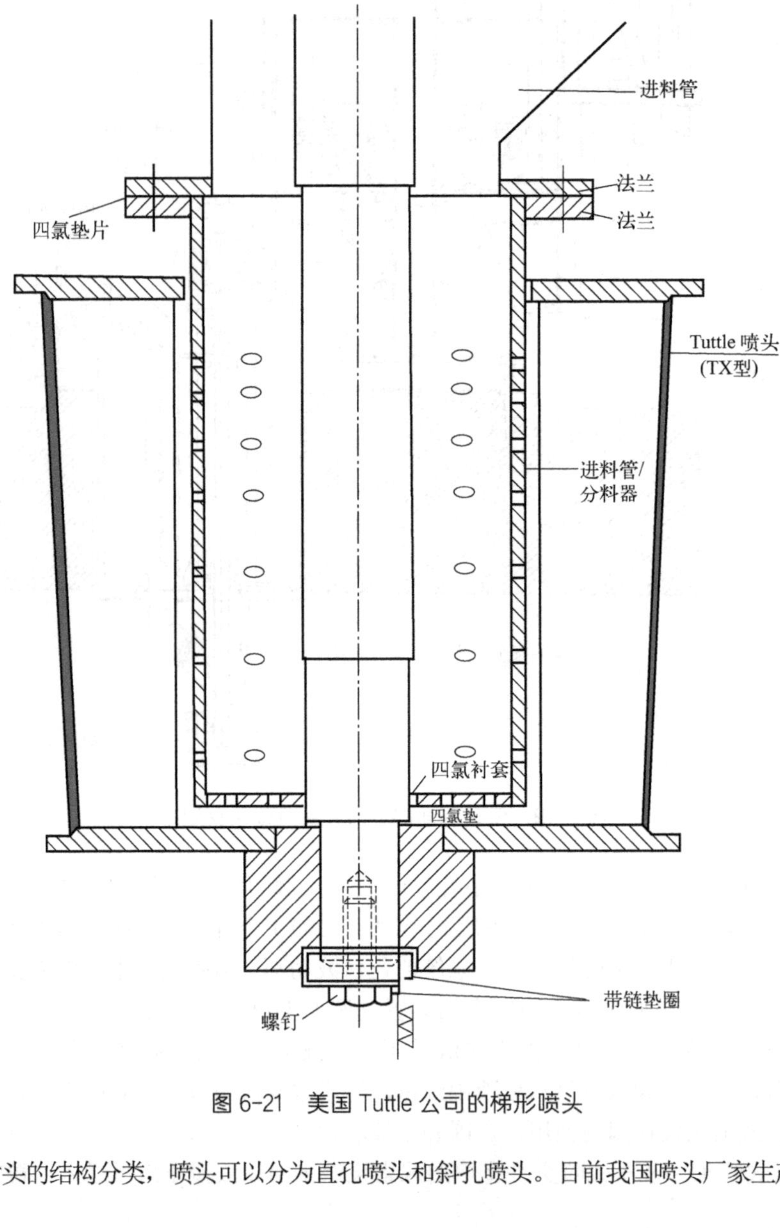

图 6-21　美国 Tuttle 公司的梯形喷头

按照喷头的结构分类，喷头可以分为直孔喷头和斜孔喷头。目前我国喷头厂家生产的多为不锈钢直孔喷头，进口多为铝合金斜孔喷头，例如美国 Tuttle 公司的喷头。国产直孔喷头具有加工难度小、使用寿命长的特点，但是存在着颗粒喷撒不均匀、冷却效果差、粉尘含量多等缺点；进口的斜孔喷头虽然喷洒均匀、生产效率高，但普遍存在着焊缝容易开裂、使用寿命低、价格昂贵的问题。

A．直孔喷头　一般地，直孔喷头的全锥角在 20°～30°，喷孔均为直孔形式，利用喷头较大的全锥角可以适当增大造粒塔内的喷洒面积，达到良好的冷却效果。喷头材料为 304 或 316L 不锈钢，使用寿命较长，一般为 3～5 年。

目前国内设计的直孔喷头为带压式，国外设计的为不带压式。

直孔喷头尿素液滴喷洒速度单一，导致喷洒范围相对集中，不利于尿素的冷却和凝固，易于出现二次分化的现象。图 6-22 为直孔喷头尿液出口合成速度示意图。

B．斜孔喷头　由于喷头采用斜孔方式，全锥角一般为 10°，喷孔需用数控铣床加工，加工难度大，制造成本高，不像直孔喷头那样用钻床加工；另外，由于采用斜孔，喷头不能采用不锈钢材料，一般使用铝合金材料（6061T6），因而使用寿命短，一般为 2～3 年。

斜孔喷头速度如图 6-23 所示，当开孔方向与喷头旋转方向一致时，可合成较大的喷洒速度，当开孔方向与旋转方向相反时，合成速度大幅降低，因而斜孔喷头的速度范围更大，尿素颗粒的喷撒范围更加分散、均匀，最终尿素的冷却效果更好，粉尘含量也更低。

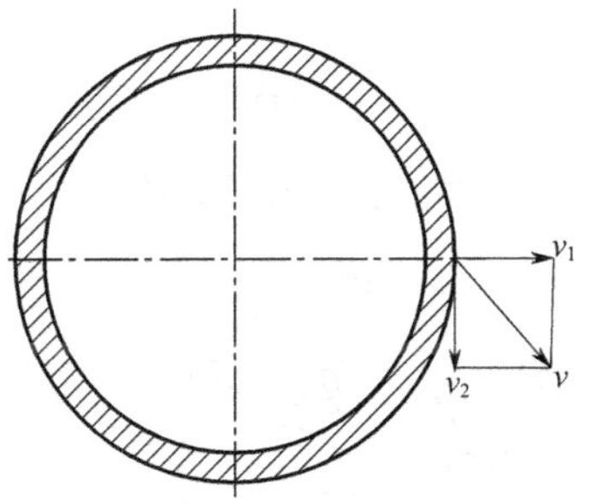

图 6-22　直孔喷头出口尿液合成速度

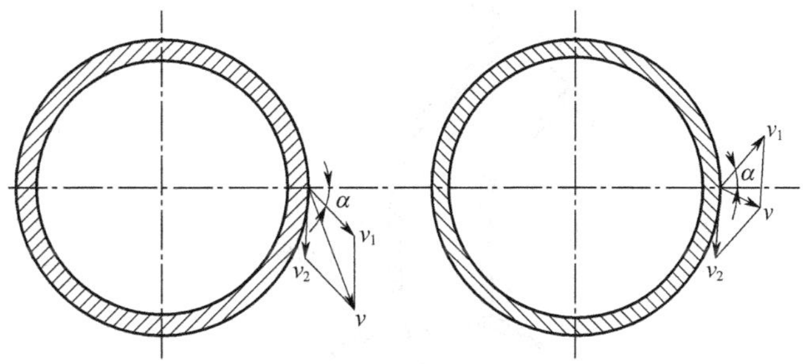

图 6-23　斜孔喷头出口尿液合成速度

直孔和斜孔两种喷头在造粒塔内的横向喷洒密度比较如图 6-24 所示。

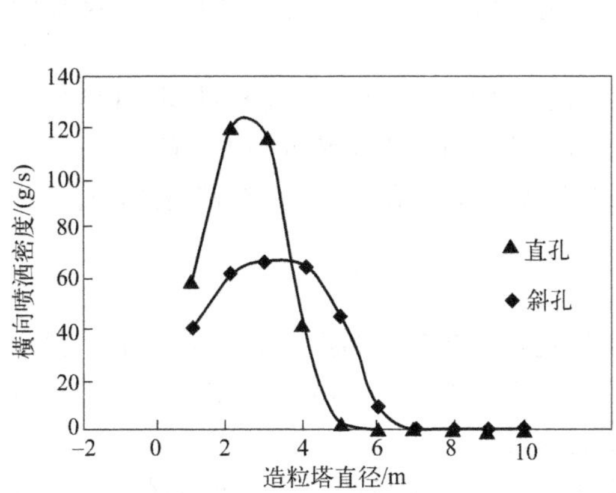

图 6-24　直孔和斜孔两种喷头的横向喷洒密度比较[3]

③ 振动型喷头　图 6-25 所示为一种振动型喷头。其工作原理是熔融尿素流入喷头时，一小部分物料通过狭长切口冲向振动板，使振动板产生高频振动，振动板所在区域形成一个谐振器，连续发出一定频率的声波作用于球弧形液面上，在声波能量以及尿液自重的共同作用下，熔融尿素从喷孔挤出来形成一连串液滴抛洒降落而成球形粒状物。

大部分物料从切口上方旁路喷射球弧表面，从上流向中心形成液膜层覆盖在喷孔上。

谐振器对液膜的挤压作用类似点眼药水，液滴是间断产生的，所以形成的颗粒粒度比其他类型喷头要均匀一些。

振动型喷头造出的颗粒直径 d_p 与喷孔直径 d_0 有关，即

$$d_p=f(d_0) \tag{6-8}$$

振动频率 λ 与生产负荷 U_0 成正比，与喷孔直径 d_0 成反比。

$$\lambda=U_0/d_0 \tag{6-9}$$

由上分析可知，振动型喷头的优点是粒度均匀，喷头能够自动适应负荷变化。

熔融尿素出喷孔时，仅受自身重力和声波压力的作用，受力较小，下落时速度分别为 v_1 和 v_2，如图 6-26 所示。喷头底部弧度很大，v_1 和 v_2 之间的夹角很小，近似于垂直向下。这种方式避免了尿素附着塔壁的现象，造粒塔的直径也比旋转造粒的直径要小。

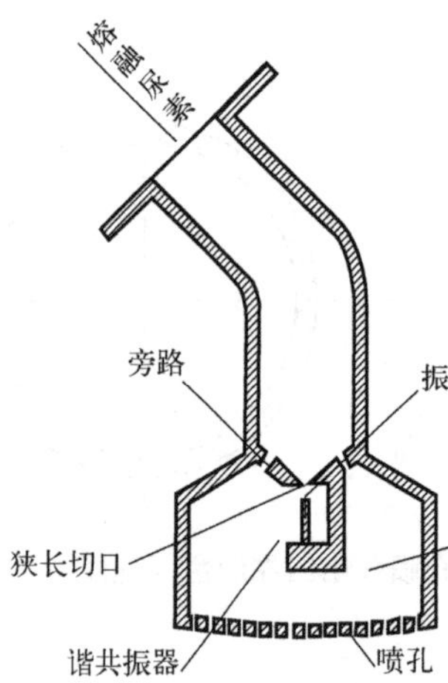

图 6-25　振动型造粒喷头

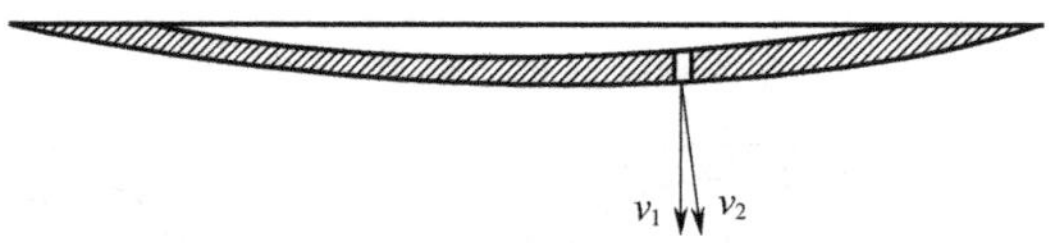

图 6-26　振动型喷头尿液喷出速度

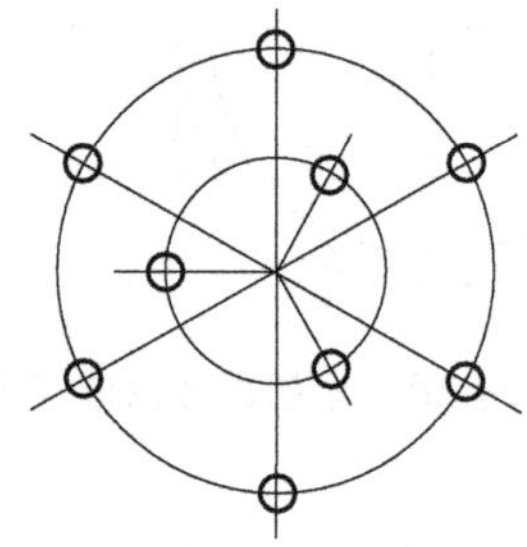
图 6-27　东洋 ACES 21 尿素工艺喷头布置图

东洋 ACES 21 尿素工艺的造粒塔采用的便是振动型造粒喷头。振动型造粒喷头体积较小，布置方便，一般采用多喷头布置，根据装置的生产能力选择合适的喷头数量（如图 6-27 所示），由于振动型喷头数量多，喷孔堵塞时，须经常清洗，操作维修并不方便。

6.2.7.2　流化床造粒

现代广泛使用的流化床造粒工艺有：挪威海德鲁（Hydro）法，现被德国伍德公司收购，简称 UFT（伍德流化床法）；荷兰斯太米卡邦（Stamicarbon）法；日本东洋（TEC）喷射流化床法；绿色造粒公司流化床法。

图 6-28 为 UFT 流化床造粒工艺流程图，图 6-29 为荷兰斯太米卡邦（Stamicarbon）流化床造粒工艺流程图，图 6-30 为日本东洋（TEC）喷射流化床造粒工艺流程图。

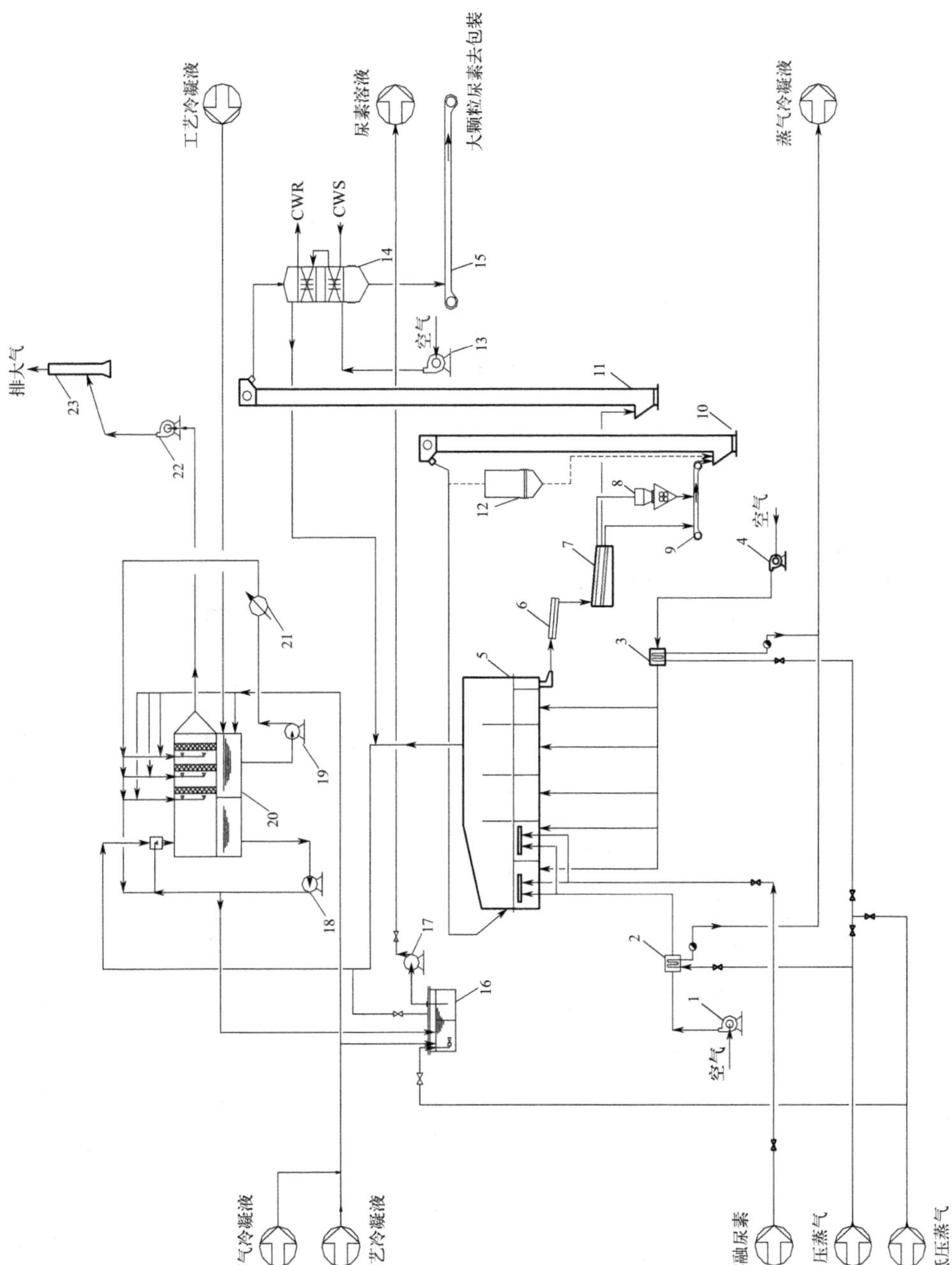

图 6-28 UFT 流化床造粒工艺流程示意

1—雾化空气鼓风机；2—雾化空气加热器；3—流化空气加热器；4—流化空气鼓风机；5—造粒机；6—振动筛给料器；7—筛分机；8—破碎机；9—返料皮带；10—返料斗提机；11—产品斗提机；12—开车料斗；13—除湿风机；14—产品冷却器；15—产品皮带；16—循环槽；17—尿素溶液循环泵；18—浓液循环泵；19—稀液循环泵；20—粉尘洗涤器；21—稀液冷却期；22—洗涤器引风机；23—排气筒

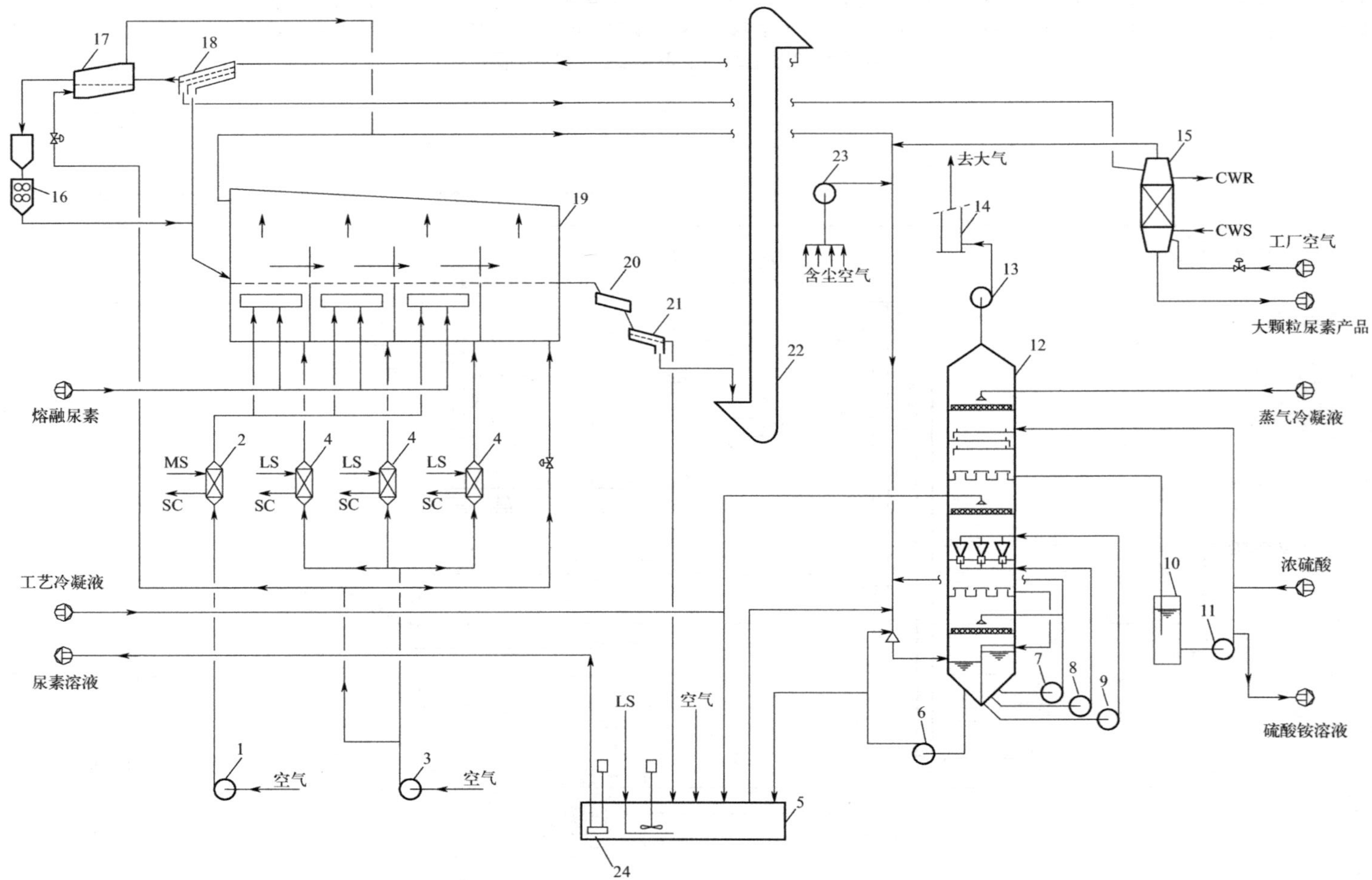

图 6-29 荷兰斯太米卡邦（Stamicarbon）流化床造粒工艺流程示意

1—雾化空气鼓风机；2—雾化空气加热器；3—流化空气鼓风机；4—流化空气加热器；5—溶解槽；6—粉尘洗涤循环泵；7—稀尿液泵；8—MMV 入口喷射泵；9—MMV 出口喷射泵；10—硫酸铵溶液槽；11—酸洗循环泵；12—粉尘洗涤器；13—洗涤器引风机；14—排气筒；15—产品冷却器；16—破碎机；17—大块产品冷却器；18—筛分机；19—造粒机；20—振动筛给料器；21—筛分机；22—斗提机；23—含尘废气引风机；24—尿液循环泵

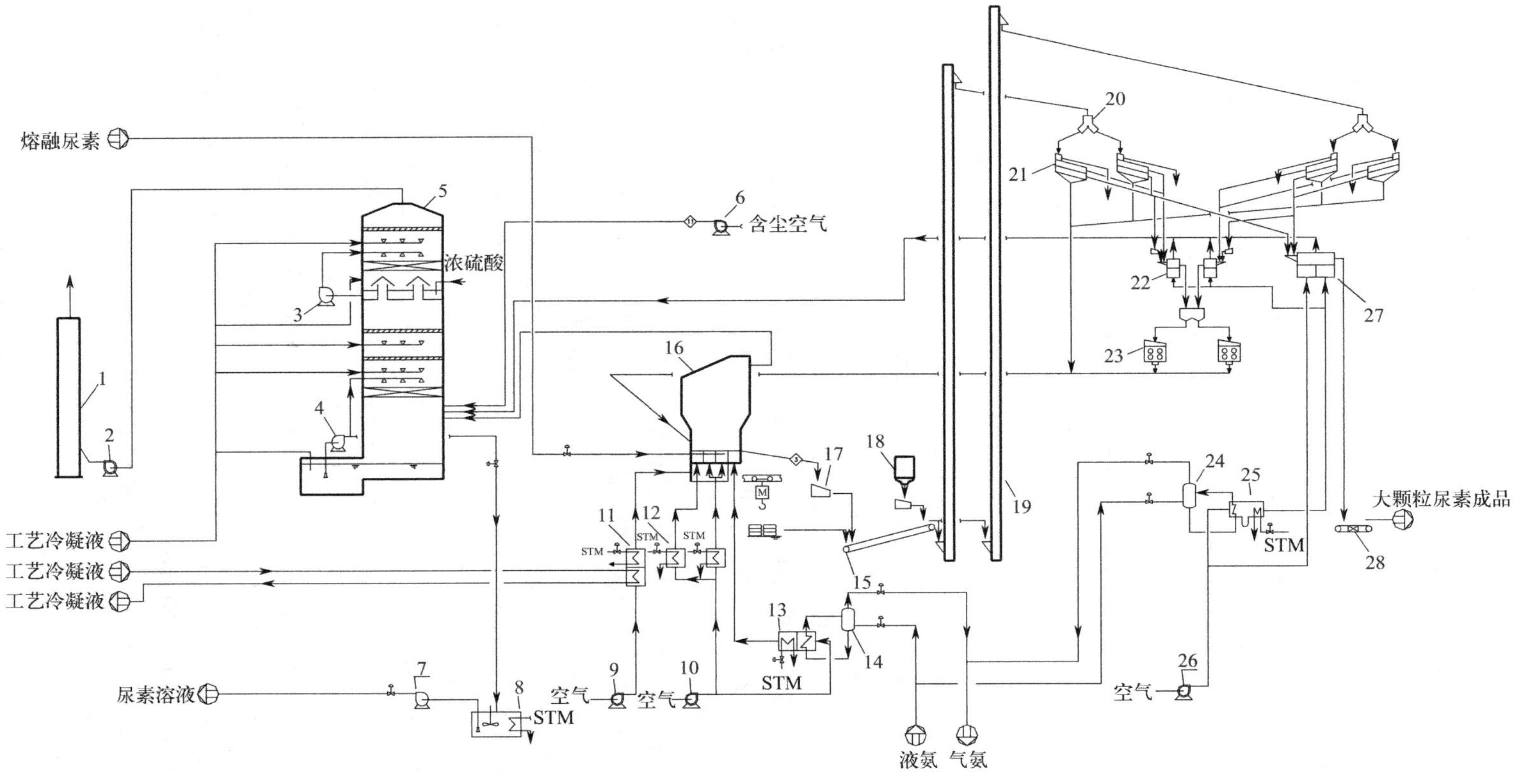

图 6-30　东洋（TEC）喷射流化床造粒工艺流程示意

1—放空筒；2—洗涤器引风机；3—2# 粉尘洗涤循环泵；4—1# 粉尘洗涤循环泵；5—粉尘洗涤器；6—含尘废气引风机；7—尿液循环泵；8—溶解槽；9—雾化空气鼓风机；10—流化空气鼓风机；11—雾化空气加热器；12—流化空气加热器；13—造粒机空气氨冷器；14—造粒机液氨闪蒸槽；15—大颗粒出料皮带；16—造粒机；17—振动筛给料器；18—晶种料斗；19—斗提机；20—分料器；21—筛分机；22—大块产品冷却器；23—破碎机；24—产品冷却器液氨闪蒸槽；25—产品冷却空气氨冷器；26—产品冷却器鼓风机；27—产品冷却器；28—产品皮带

STM—蒸汽；M—电机

流化床造粒工艺由下列四部分系统组成：造粒系统、循环和产品冷却部分、除尘和回收部分、甲醛-尿素溶液制备系统。

（1）造粒系统　造粒系统核心设备是造粒机，由上箱体和下箱体组成。上箱体上部空间悬挂不锈钢丝网防止顶部结块尿素脱落砸坏造粒喷嘴和多孔板，下箱体顶面是流化（多孔）板和造粒喷嘴、集液管。

先向多孔板加入细小粒子作为晶种，然后从多孔板下方通入加热空气使之形成流化床。埋在流化床层中喷嘴将浓度为 95% ～ 97% 的熔融尿素喷入流化床，熔融尿素被包围在喷嘴周围的热空气雾化为极细的雾滴黏附在晶种粒子的表面上，经过一定时间这些尿素晶种便长大到规定的尺寸，在造粒机内部冷却床被冷空气从 110 ～ 120℃冷却到 90℃送到循环系统。

流化造粒床和流化冷却床可以合在一起，也可以分成两个设备。

（2）循环和产品冷却部分

① 循环系统　循环系统主要由多层振动筛和破碎机所组成。

常用三层式振动筛，将尿素颗粒筛分为四种规格尺寸：结块尿素、超大颗粒、产品颗粒、小颗粒。

a．筛顶出来的结块尿素送到溶解单元，制成 40% ～ 50% 尿液送回尿素蒸发系统。

b．超大颗粒来自中层筛，送至破碎机破碎成晶种返回造粒机流化床。

c．出底筛下面的细小颗粒也作为晶种返回造粒机流化床。

d．来自底筛上的合格产品尿素送到产品冷却器，用冷冻空气（除去空气中的水分）将产品由 90℃冷却到 60℃左右，经过计量送去贮存和包装。

② 产品冷却系统　流化床造粒法尿素颗粒表面水蒸气压力是很低的，用普通的不加除湿的空气去冷却，则颗粒尿素表面处于吸水状态，将增加颗粒结块性。在湿度大的天气条件下，采用氨冷除湿是合理的。

为了节能，改气-固冷却法为固-固水冷却法也是可取的。

（3）除尘和回收部分　由于流化床造粒，流化冷却床、产品冷却、固体颗粒破碎和输送过程均产生大量尿素粉尘。为防止粉尘外泄，上述各处均在负压下运行。集尘管系与粉尘洗涤塔相连。下部为填料段，用循环尿液进行洗涤，在中部和上部分设丝网除雾层，用补充清水喷洒洗涤，出洗涤塔顶气相含尿素粉尘符合设计要求，一般为 30mg/m^3。根据当地环保排尘量的要求来决定洗涤塔内件设计。

粉尘洗涤塔有多种型式，除立式塔外还有卧式洗涤塔；除填料式外还有无填料洗涤塔。

大量粉尘经过洗涤后得以回收。循环洗涤尿素溶液浓度约增加到 40% ～ 50%（质量分数），抽出一部分送回上游尿素蒸发工序。回收量约为产品的 4%。

粉尘中还有较多的游离 NH_3，它来自熔融尿素的溶解 NH_3、输送和造粒过程中缩二脲生成和尿素水解而释放的 NH_3、甲醛-尿素携带的 NH_3、在洗涤塔内仅以尿素-水溶液无法加以吸收。如果环保有严格的 NH_3 排放要求，需要在洗涤塔顶部增加酸洗段，可以用硫酸或硝酸来吸收 NH_3，生成 $(NH_4)_2SO_4$ 或 NH_4NO_3。

（4）甲醛-尿素溶液制备系统 [4]　由于尿素和甲醛可以生成单羟基甲醛尿素，然后再与尿素发生聚合反应生成聚亚甲醛尿素，从而提高了尿素产品的强度。

制取单羟基甲醛尿素有如下 2 种方法：

① 直接法　就是把商品级甲醛水溶液用计量泵送入到熔融尿素泵入口，经泵送至塔式造粒或机械造粒，要求逗留时间不大于 30 秒钟。

直接法的优点是工艺过程简单，运行无结晶堵塞。

但是存在诸多缺点不能忽视，主要缺点是：

A．单羟基甲醛尿素的生成是放热反应，该热量在熔融尿素泵进出口管系中无法除去，因此处于平衡状态，反应不能进行到底，因此对提高尿素产品硬度有一定影响。

B．游离甲醛会释放至大气（塔式造粒）或进入工艺水系统（机械造粒的粉尘回收溶液返回上游蒸发冷凝系统），并残留于最终尿素产品，最后进入土壤和水体，这种对环境的影响有待评估。

② UF 制备

A．UF85　通常名为UF85，U表示尿素，F表示甲醛，组分U∶F∶H_2O=64∶21∶15（质量比）。

UF85 制备是在 UF85 工厂进行的，然后用保温车辆送到用户。

UF85 制备路线是：商品尿素 + 商品甲醛溶液 + 苛性碱（如 NaOH，KOH 等）在反应釜内加热保温，并停留足够时间。在碱性条件下生成单羟基甲醛尿素和二羟基甲醛尿素，经过浓缩和精制除去杂质和有害物，制得 UF85 商品。

B．UF45　UF45 组分U∶F∶H_2O=12.5∶32∶55.5（质量比），还含有少量游离NH_3，在 70～90℃下送入熔融尿素泵口，该方法的优点是浓度低，在输送过程中不发生结晶堵塞。

类似 UF45 制备方法，可以衍生出多种规格的 UF 稀溶液。

稀的 UF 溶液中含有比较多的游离 NH_3，在造粒和回收过程对环境会有影响。

UF 稀溶液含有大量水分，对造粒过程和产品尿素强度是不利的。

C．MMU　MMU 是单羟基尿素（monomethylol urea）的缩写。

MMU 生产工艺是东洋的专利技术。此技术特点是 MMU 的制备附属于流化造粒装置。做到就地使用甲醛和尿素生产添加剂，用于成粒或造粒工艺。

MMU 生产工艺的主要优点：一是甲醛和尿素在合成塔进行约 30 分钟长时间的预反应，做到出合成塔物料中无游离甲醛，从而保证了生产过程、粉尘回收、最终产品中都没有游离甲醛，对环境无甲醛污染；二是由于 MMU 预反应的完全性，在熔融尿素泵入口和泵出口管线中只需要很短的时间即可完成单羟基甲醛尿素聚合反应生成聚亚甲醛尿素、亚甲醛二脲，分散在整个熔融尿素体系中，起到增加最终尿素产品强度的作用；三是由于在线生产和使用 MMU，其成本大大低于昂贵的 UF85 成本，所得到的产品强度两者是相同的。

其实 MMU 的组分 U∶F∶H_2O=64∶21∶15（质量比），与 UF85 相一致，只是生产过程不一样。

MMU 溶液浓度高，在使用过程中易存在结晶堵塞的现象；MMU 工艺中需用液 NH_3 调节溶液的碱度，加入 NH_3 最后送入粉尘洗涤塔再经烟囱排入大气，对环境不利。

国家标准规定农业用尿素含甲醛（HCHO）≤ 0.6%[4]。

6.2.7.3 双转鼓造粒

双转鼓是指转鼓造粒和转鼓产品冷却。其流程框图如图 6-31 所示。

双转鼓造粒的工艺流程包括：转鼓造粒、转鼓冷却和循环、粉尘洗涤和回收部分。其工艺流程描述如下：

（1）转鼓造粒　有 3 股尿素物料进入双滚筒流化工艺的第一个转鼓——流化造粒转鼓：

① 来自破碎机的小颗粒尿素通过晶种皮带送到大颗粒装置内晶种料斗，然后经溜管进

入造粒机。有造粒塔的装置，也可以用造粒塔出来的小颗粒尿素作晶种，可不上破碎机。

② 由尿素装置熔融尿素泵送来的 98.85% 熔融尿素减压到 0.7MPa 后进入造粒机内的尿液喷嘴，尿液喷至滚动的料帘上，以使晶种长大。

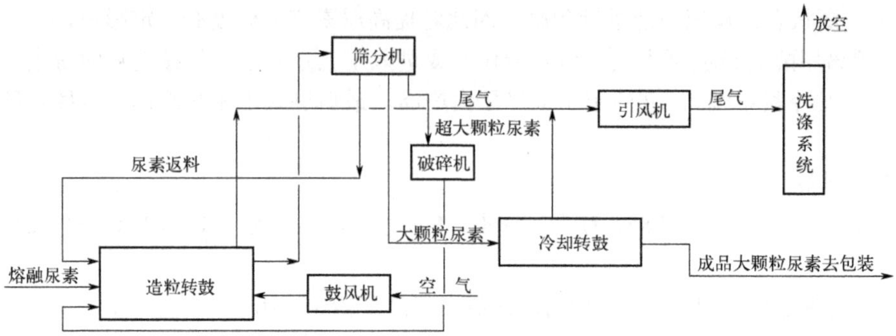

图 6-31　双转鼓造粒工艺流程框图

③ 筛分机来的尿素返料，也送进造粒机。

为延长大颗粒尿素的储存时间，在熔融尿素泵的进口加入适量的 37% 甲醛溶液（甲醛质量最多占尿素成品的总质量的 0.3%）。

在特殊设计的流化造粒转鼓中，雾化的熔融尿素与尿素晶种不断碰撞并结晶，使颗粒尿素逐步长大。流化空气由流化空气鼓风机送入造粒机内的流化床，结晶热由流化空气移走。开车时流化空气经流化空气加热器加热到约 105℃后进入造粒机。

尿素颗粒一边长大，一边向出口运动，并逐步流出流化造粒转鼓。此时尿素的温度为 85 ～ 105℃。

（2）转鼓冷却和循环　造粒转鼓的另一端排出的尿素颗粒，经中间产品斗提机送至双层筛分机。根据本装置特点，筛分机布置在最上层筛网筛出的少量超大颗粒尿素直接送到地面收集，最下层筛出的小颗粒尿素则通过溜管返回至造粒机。超大颗粒尿素可单独销售。在两层筛中间引出的大颗粒尿素即为合格产品。

粒径合格的大颗粒尿素经溜管进入接触冷却转鼓，在此转鼓中，冷却风和冷却水移走尿素的显热，使尿素的温度低于 60℃后，经成品胶带输送机送到包装系统包装。

（3）粉尘洗涤和回收　造粒机、筛分机、冷却转鼓、斗提机处含尿素粉尘的气体由引风机引出，送入尾气洗涤器，该洗涤器采用高效分离技术。该洗涤器洗涤效果好，阻力降小。气体进入洗涤器后垂直向下运动，与垂直向上喷射雾化的洗涤液逆流接触，尾气中尿素粉尘与水充分接触洗涤，然后经过二次洗涤后排入大气。为防止洗涤液溢出进入引风机，洗涤器的进风管设计成向下倾斜。尾气中尿素粉尘含量≤ 30mg/m^3，低于国内现有自然通风造粒塔的粉尘含量。当洗涤液的浓度达到 43% ～ 45% 时，洗涤液被送回尿素装置。洗涤液由尿素装置水解解吸系统的工艺冷凝液补充，以保持洗涤器下部的液位。

双转鼓造粒的详细工艺流程如图 6-32 所示。

6.2.7.4　旋转成粒法（钢带造粒法）

1983 年山特维克（Sandvik）开发了旋转成型工艺，采用一步法把液态或熔融态产物转变成均匀的高质量物锭（半球形固体），该方法具有速度快、效率高和较大的灵活性。

该法具有多种用途，可用在硫黄、制蜡、松香、食品和精细化工领域。它也可以用于熔

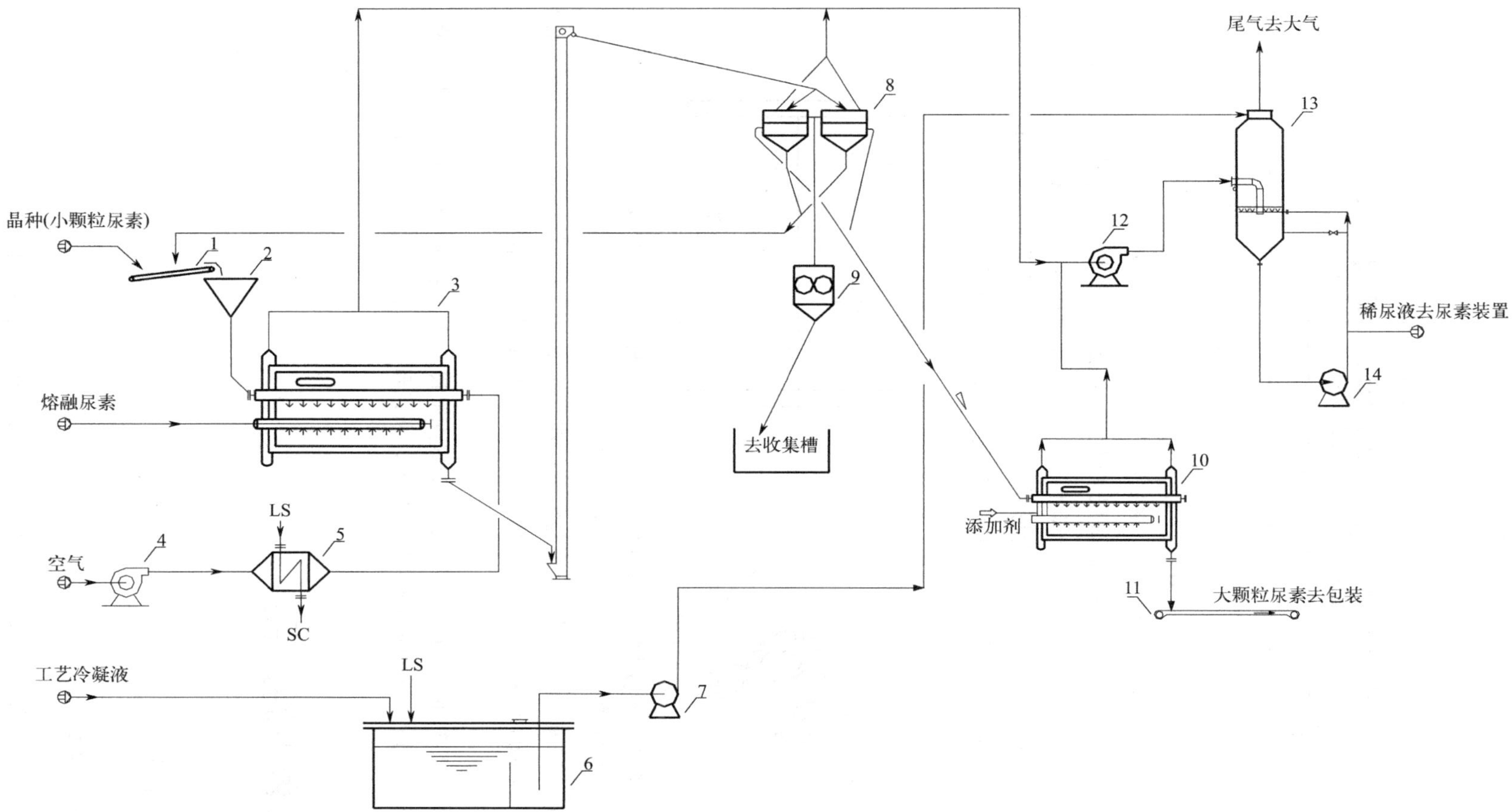

图 6-32 双转鼓造粒工艺流程示意

1—晶种胶带输送机；2—晶种料斗；3—转鼓造粒机；4—流化空气鼓风机；5—流化空气加热器；6—地下槽；7—稀尿液泵；8—筛分机；9—破碎机；10—冷却转鼓；11—成品皮带；12—引风机；13—粉尘洗涤器；14—洗涤液循环泵

融尿素造粒，其过程原理见图 6-33 ～图 6-35。

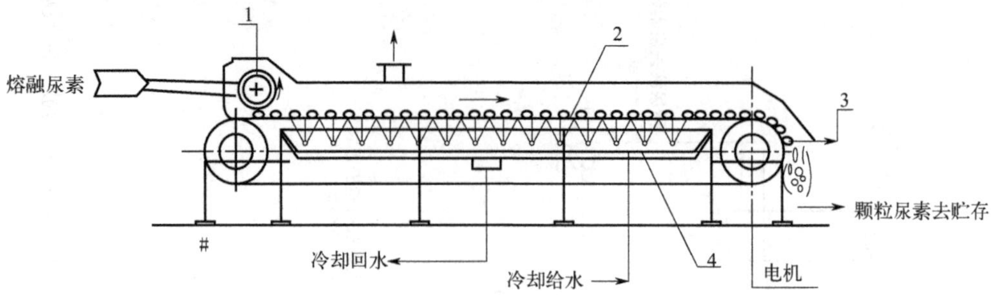

图 6-33　旋转成粒机示意图

1—旋转成粒机；2—钢带冷却器；3—出口刮刀；4—水槽

图 6-33 是旋转成粒机示意图。熔融尿素经泵送入旋转成粒机，在下端经过小孔滴向特制的不锈钢输送带，输送带的底侧用冷却水喷射，移走熔融尿素的冷却和结晶热。熔融物在钢带表面快速地成锭，即半球形或球台形固体颗粒，当固体温度降至 50 ～ 60℃时到达终端，由刮刀把颗粒从钢带上刮下来，然后直接就地包装或经胶带输送至散装仓库。

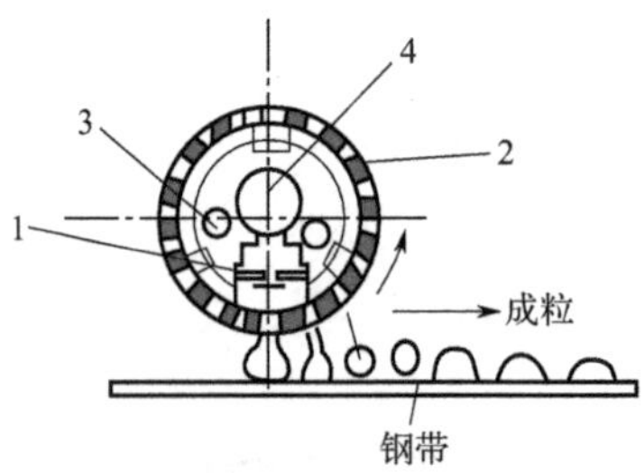

图 6-34　旋转成粒机功能示意图

1—计量杆；2—旋转机壳；3—蒸汽管；4—熔融尿素室

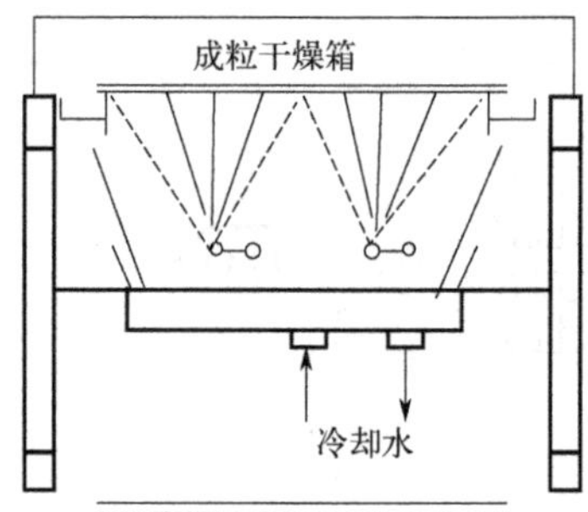

图 6-35　产品冷却示意图

在图 6-34 中，旋转机壳圆周速度与钢带冷却器的速度同步，保证熔融尿素滴下来不重叠，形成一个适宜的形状。蒸汽进出管维持温度，防止熔融尿素结晶堵塞。计量杆起计量控制液滴的流出作用。

图 6-35 是图 6-33 的断面图，上层钢带的底面喷冷却水，起到冷却作用。水与钢带之间有密封。水不会溅到钢带顶面与成粒物料接触，所以颗粒尿素始终保持干燥状态。

6.3　尿素下游产品

6.3.1　脲醛树脂

6.3.1.1　产品概况

脲醛树脂（UF 树脂）是尿素和甲醛在碱性或酸性催化剂作用下，经加成反应、缩聚反应生成初期树脂，然后在固化剂或加热作用下，形成的不溶、不熔的末期树脂。

脲醛树脂具有胶合强度高、耐水、耐热、耐腐蚀性、固化快、固化胶层无色、制作简单、操作性能好、性能优良、成本低廉、原料来源丰富等一系列特点，成为我国人造板生产的主要胶种，并在材料黏结、竹木加工、纸张黏结、钢化涂料、多彩花纹涂料等行业中广泛应用，是市场上需求量最大的胶黏剂之一。

不同类型的下游应用，使得脲醛树脂的配方、性能要求和施用流程存在一定差异。

传统的胶合板用脲醛树脂由甲醛和尿素以摩尔比 (1.4 ～ 2.0) ∶1 缩聚而成，有浓缩型（脱水）和非浓缩型（不脱水）两种。为了适应胶合板生产多层压机自动装卸的工艺要求，通常在施用过程中加入添加剂或改性剂。

刨花板用脲醛树脂的特点是甲醛与尿素的摩尔比较低，一般在 1.2 ～ 1.6 范围内，近年来继续向低摩尔比方向发展，可达到 1.05，甚至 0.9。用于刨花板的树脂需要固含量达 60% ～ 70%、树脂与水混合性好、用于表层和内部具有不同的固化时间等性质。

中密度纤维板用脲醛树脂的甲醛与尿素的摩尔也比较低，其特性与生产工艺对脲醛树脂性能的要求不同于胶合板和刨花板，要求脲醛树脂的黏度控制在较窄的范围内，胶的黏度低、初黏性小、渗透性好。

6.3.1.2　目前生产情况

我国大约 80% 的脲醛树脂胶黏剂是木材加工企业自产自用的，只有大约 20% 是由化工企业生产的，因此脲醛树脂胶黏剂的生产高度分散。

2020 年，根据我国人造板用胶黏剂的消耗量，按脲醛树脂胶黏剂（含改性）占比 85% 估算，脲醛树脂胶黏剂（含改性）消耗量约为 1600 万吨。近十年来，脲醛树脂胶黏剂消费量增长约 46%。

6.3.1.3　未来发展趋势

随着社会的发展和生活水平的提高，人们的环保和健康意识不断增强。近十余年，环保型的低甲醛释放脲醛树脂胶黏剂在国内大型人造板企业得到广泛的开发与应用。脲醛树脂产品的发展趋势是，设法降低游离甲醛含量，同时又不致影响树脂的使用性能，以适应不同种类人造板制板工艺对低甲醛释放树脂的不同要求。

国家于 2002 年 1 月首次公布了强制标准《室内装饰装修材料　人造板及其制品中甲醛释放限量》GB 18580，限制人造板生产企业必须使用低甲醛释放量的脲醛树脂胶黏剂。国标于 2017 年更新，于 2018 年 5 月 1 日实施，更新的标准规定甲醛释放限量值为 $0.124mg/m^3$，限量标识为 E_1。新标准提升了甲醛释放量限制。

2021 年 10 月 1 日实施的 GB/T 39600—2021《人造板及其制品甲醛释放量分级》中，E_1 级不超过 $0.124mg/m^3$、E_0 级不超过 $0.050mg/m^3$、E_{NF} 级不超过 $0.025mg/m^3$。人造板国标的升级，使得以“醛类”树脂胶黏剂为主导的人造板行业受到严峻挑战。因此，对脲醛树脂进行改性，制备低毒或无毒、胶接强度高、耐水性能好的胶黏剂势在必行。

为减少废水排放对环境造成的污染，可采用高浓度甲醛与脲醛预缩液为原材料生产脲醛树脂胶黏剂。可极大减少脱水量，解决制胶车间污水问题；脲醛预缩液在中性环境中较稳定，具有固体含量高、储存运输方便等特点。

预计，非环保型胶黏剂及其制品的市场占有率将会越来越小。结合我国生物质原料的特点，开发符合我国国情的高性能生物质基木材胶黏剂将成为我国木材胶黏剂领域的未来发展趋势。随着黏接理论和胶合工艺的不断创新，新型胶黏剂不断涌现，为满足可持续发展的需要，开发低成本、高性能、可再生、功能化、低毒甚至无毒的木材胶黏剂仍将是国内外主要发展方向。

6.3.2 车用尿素溶液

6.3.2.1 产品概况

车用尿素溶液，又称为“柴油车尾气处理液”，欧洲称之为 AdBlue，美国称之为 DEF（diesel exhaust fluid，即柴油机尾气处理液），车用尿素溶液最基本的功能是将汽车尾气中的 NO_x 转化为 N_2 和水，从而降低汽车尾气中有害气体的排放，减少污染。

车用尿素溶液中尿素含量为 31.8% ～ 33.2%，按照欧Ⅳ标准，目前统一 32.5% 浓度的车用尿素溶液为符合标准的车用尿素溶液。车用尿素溶液无色、无毒且不燃烧，使用安全，是一种非爆炸性、非易燃和对环境不会造成损害的溶液。车用尿素溶液归属为可输送液体的低风险类别，既不是燃料，也不是燃油添加剂。

车用尿素溶液存储在柴油车上特别的存储容器内，当废气从发动机排出后，车用尿素溶液会与废气一起到达卡车催化转化器，然后将氮氧化合物转化为无害的氮和水，从而大大降低废气排放量，是重型卡车、客车等柴油车达到尾声排放标准的优选产品。车用尿素溶液为易耗品，平均消耗量一般为柴油使用量的 3% ～ 5%。

在国内车用尿素溶液标准方面，目前实施的是 2013 年 5 月 7 日出台的车用尿素溶液国家标准《柴油发动机氮氧化物还原剂 尿素水溶液（AUS 32）》（GB 29518—2013），用 AUS 32 GB 29518 标识。国家标准对反映产品质量好坏的缩二脲、醛类等杂质和金属离子等指标作出明确规定，具体见表 6-9。

表6-9 车用尿素溶液国家标准（AUS 32 GB 29518）

项目	质量指标	试验方法
尿素含量（质量分数）/%	31.8 ～ 33.2（目标值 32.5）	详见国标
密度（20℃）/(kg/m^3)	1087.0 ～ 1093.0（目标值 1090.0）	SH/T 0604
折射率 n_D^{20}	1.3814 ～ 1.3843（目标值 1.3829）	GB/T 614
杂质含量		详见国标
碱度（以 NH_3 计，质量分数）/%	≤ 0.2	
缩二脲（质量分数）/%	≤ 0.3	
醛类（以 HCHO 计）/(mg/kg)	≤ 5	
不溶物 /(mg/kg)	≤ 20	
磷酸盐（以 PO_4 计）/(mg/kg)	≤ 0.5	
钙、铁、铝、镁、钠、钾 /(mg/kg)	每种物质均要求≤ 0.5	
铜、锌、铬、镍 /(mg/kg)	每种物质均要求≤ 0.2	
一致性确认	与参考谱图一致	详见国标

6.3.2.2 现有装置情况

目前全国车用尿素生产企业有 100 多家，年产能在 200 万吨左右。其中，较大生产规模的企业有河南心连心化肥有限公司（80 万吨 / 年）、四川美丰化工股份有限公司（60 万吨 / 年）、江苏可兰素汽车环保科技有限公司（60 万吨 / 年）和雅苒中化环保（青岛）有限公司。车用尿素品牌有润迪环保、美丰加、可兰素、昆仑之星和悦泰海龙等。

6.3.2.3 未来发展趋势

从国家政策导向看，车用尿素溶液市场潜力巨大。随着中国车用尿素溶液市场的不断规范，车用尿素溶液的产品质量也在不断地提升。车用尿素溶液质量管控方法未来应重点关注原料、生产和存储三个环节。

首先是原料杂质的把关。普通农业尿素，杂质含量很高，无法满足车用尿素的生产要求。应使用满足质量要求的专用尿素。专用尿素是含有痕量缩二脲、氨和水的尿素，不含醛和其他有害物质。这就要求生产企业把好原料入厂关，避免不合格原料进入生产系统。

生产过程的杂质含量主要从三个方面进行控制，一是金属离子的控制；二是不溶物的控制；三是醛、缩二脲和磷酸盐的控制。因此，通常采用反渗透加 EDI 组合技术制备的纯水，工艺过程可能带入杂质的环节必须加以控制，把控生产过程的质量。

存储环节控制合适可延长产品保质期。高温环境会加速车用尿素溶液的水解并产生 NH_3，最直接的反应指标就是成品的碱度。车用尿素发展初期以小型桶装方式通过加油站、物流园、汽配店等渠道销售，运输与包装成本较高，且储运环节质量不容易保证。未来，随着需求量的不断增加，与加油站配套或单独建设车用尿素加注站将成为产业趋势，供应渠道将进一步完善，用户购买车用尿素的便利度和质量保证将大幅提高。

车用尿素生产的经济效益显著，投资回报率较高，其作为尿素产业链的延伸项目，有利于传统氮肥企业降本增效、拓展新领域。

6.3.3 氰尿酸

6.3.3.1 产品概况

氰尿酸（简称 CA）亦称三聚氰酸、异氰尿酸，学名为 2,4,6-三羟基-1,3,5-三嗪。分子式为 $C_3H_3N_3O_3$，具有酮式和醇式两种互变异构体。

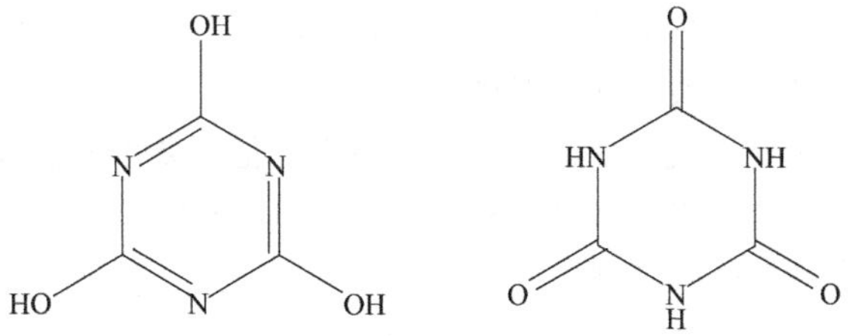

醇式（氰尿酸） 酮式（异氰尿酸）

氰尿酸具有酰胺的化学性质，是一种重要的有机中间体。以它为原料可以合成数百种重要的衍生物，主要有氰尿酸酯类、氰尿酸盐类、氯代异氰尿酸等，涉及医药、农药、染料、涂料、纺织、机械、电气、轻工等多个领域。

氰尿酸作为一种重要精细化工产品被广泛用作水质稳定剂、选择性除草剂、软体动物类杀虫剂等，是高效消毒杀菌除藻剂二氯异氰尿酸钠(钾)和三氯异氰尿酸的主要原料。此外，它还广泛用于生产抗氧化剂、阻燃剂、光稳定剂、高级颜料、固化剂、热稳定剂、抗裂剂、抗紫外线吸收剂、交联剂、硫化剂、层压塑料和高温玻璃钢等化工产品。由氰尿酸延伸新的化合物数目还在不断增加，已经成为人们日常生活密切相关的精细化学品[5]。

6.3.3.2 市场发展情况

目前国内生产企业包括：河北冀衡化学、乌海市宏宇化工、安徽中元化工、内蒙古利康生物、中盐内蒙古化工、诸城泰盛化工、聊城中联实业、泰安华天等企业。规模较大的企业包括河北冀衡（6万吨/年）、内蒙古利康精细化工（5万吨/年）等。

目前，氰尿酸及其氯化衍生物市场较好，被广泛用作广谱高效杀菌剂和消毒剂。国内市场下游需求保持稳定，出口方面需求稳增，2019年出口氰尿酸氯化衍生物约18万吨，同比往年增量较多。氰尿酸系列产品广泛用于食品加工、饮用水消毒、养蚕业和水稻种子的消毒，现已在工业废水、游泳池水、医院、餐具等的清洁中用作消毒剂，在养蚕及其他养殖中用作灭菌剂。除此之外，氰尿酸还广泛用于氰尿酸一甲醛树脂、环氧树脂、抗氧剂、涂料、黏合剂等的合成，在医学上用于药物卤三羟嗪的生产。

经过几十年的发展，氰尿酸工艺比较成熟，其中直接热解法在生产中占有重要的地位，环保及能耗问题也在通过不断的技术进步加以解决。熔盐法虽然工艺简单，流程短，但是熔盐回收问题还没有很好地解决，有待于进一步完善。溶剂法是一种清洁高效的生产方式，若是在溶剂选取方面取得突破，必能获得广泛应用[6]。

6.3.3.3 未来发展趋势

氰尿酸未来发展趋势，一是生产工艺的清洁化、绿色化，二是产品的开发升级。

从工艺来看，非溶剂法因工艺成熟、操作简便、经济性好的优势占据了主要地位，且在清洁生产方面取得了一定的效果，但尚未完全达到环保要求。溶剂法在理论上可以实现无三废排放，能够与当前倡导的绿色清洁生产要求相契合，因此越来越受到人们的重视，其关键在于溶剂的筛选，既要满足收率和纯度的提高，还需要综合考虑成本问题，同时也要考虑溶剂的使用对周围环境带来的影响。

与传统制备方法相比，很多新兴制备方法[7]如二氧化碳氨化合成法、三聚氰胺水热合成法、离子液体法、废旧密胺树脂催化降解法等，具有工艺简单、绿色环保和符合循环经济产业政策等优势，是未来氰尿酸行业的发展方向。

从产品开发来看，随着人民生活水平提高和对卫生健康要求的提高，医疗、餐饮、日常消毒剂、漂白剂、水处理剂等的需求量还会增长，同时开发市场更加欢迎的片状、棒状产品，拓展消费范围，提高产品附加值。

6.3.4 ADC发泡剂

6.3.4.1 产品概况

ADC发泡剂学名偶氮二甲酰胺，又称偶氮甲酰胺，是应用最为广泛的肼基发泡剂，外观为淡黄色结晶粉末。

ADC 发泡剂属于有机类热分解型发泡剂，具有发气量大，气泡均匀、致密，对制品不污染，不助燃，无臭，对模具不腐蚀，容易控制温度等特点，应用于常压发泡和加压发泡。在合成材料中广泛应用于聚氯乙烯、聚乙烯、聚丙烯、合成橡胶、天然橡胶及硅橡胶等的常压或加压发泡加工。

6.3.4.2　现有装置情况

目前国内 ADC 发泡剂生产厂家有 30 余家，年产能约 40 万吨。

2020 年，我国 ADC 发泡剂产量约 23 万吨，开工率约 55% ～ 60%，出口约 2.4 万吨。

目前国内外装置的主要差异在如下环节[8]：

（1）水合肼合成装置　目前在大规模使用的主要是尿素法和酮连氮法。国内外 80% 的厂家采用的是尿素法水合肼合成工艺，其余采用酮连氮法合成工艺。两者相比较各有优缺点：尿素法合成工艺简单，产品水合肼纯度高，无丙酮类有机残留，但收率偏低，原料消耗高，副产物多，蒸发浓缩过程中蒸汽消耗量较大。

国外已普遍采用酮连氮法或过氧化氢法生产，而我国仍主要采用尿素法，能耗、物耗大，污染物处理压力大。

（2）联二脲合成装置　联二脲的合成主要分为采用低浓度水合肼的有酸缩合和采用高浓度水合肼的无酸缩合两种方法，国内 80% 的厂家采用有酸缩合法，其他厂家包括全部国外厂家均采用无酸缩合法。

采用有酸缩合法，可以不对水合肼浓缩，大幅度减少了蒸汽消耗，但由于其中含有大量的无机盐类杂质，联二脲的产品质量与无酸缩合工艺制备的联二脲相比略差，纯度略低。

（3）ADC 合成装置　目前，大规模使用的生产工艺只有氯气氧化法和双氧水氧化法两种。全世界目前只有日本永和采用双氧水氧化法，其余均采用氯气氧化法。

氯气氧化法具有原料来源广泛、成本低、易控制等优势，但其氧化产物为 15% 左右的稀盐酸，需要进行额外处理；双氧水氧化法成本高，反应过程存在爆炸的危险，要求高，但产品质量好，氧化产物为水，属于环保型氧化工艺。

6.3.4.3　未来发展趋势

以尿素为原料生产 ADC 发泡剂是绝大多数企业采用的生产工艺，该工艺的工业污水主要含有氯化钠、氯化铵、未反应完全的尿素和水合肼，以及反应副产物等，其水质特点是高盐、高氨氮、高 COD、高毒性，可生化处理性差。将 ADC 发泡剂工业污水高效去除 COD 并达标排放或回用、降低处理成本、提高污水中资源利用率的方法，成为 ADC 发泡剂生产绿色环保升级的重要方向[9]。

从技术发展趋势来看，采用绿色合成工艺，如改进水合肼合成工艺、双氧水氧化法 ADC 合成工艺等，可从源头减少污染物排放量，是更加绿色环保的生产方式。

从产品升级趋势来看，行业产品主要集中在低端产品，改性发泡剂领域国内企业涉足不多。未来针对市场需求的产品升级、原粉后加工、下游改性，将更能满足客户需求。

此外，ADC 发泡剂产业上游适当向西部转移、下游改性靠近消费地，进行布局优化、优势互补，可发挥地区资源优势、能源优势以及低成本的环保优势，提升产业发展质量。

6.3.5 缩二脲

6.3.5.1 产品概况

缩二脲，又称双缩脲或氨基甲酰脲，外观为白色结晶粉末，不结块、不潮解，储存性能好。其含氮量为40.8%，蛋白质含量为21.9%，缩二脲是尿素深加工的一种产品。

缩二脲作为一种用途广泛的精细化工产品，在工业上可用作生产泡沫塑料和海绵橡胶的发泡剂，用作生产油漆、胶水、润滑油的添加剂，用作生产纺织品、纸张的阻燃剂；在农业上用作缓效肥料，还具有防止杂草发芽的作用；在医药上缩二脲及其衍生物可制备安眠药、镇静剂等；在畜牧业上主要用作反刍动物的非蛋白饲料添加剂。

6.3.5.2 发展历程

国际上，19世纪60年代南非就建立了饲料级缩二脲的工业装置。1972年美国道化学公司在得克萨斯州弗里波特建立了生产装置。目前世界上缩二脲的主要生产国有美国、日本、德国等，其中美国的产能最大，90年代年产量超过100万吨，产品规格也有多种，缩二脲含量从50%～80%不等。日本也大量生产缩二脲，主要用于饲料。在国外，缩二脲用于掺入饲料中，代替鱼粉、肉粉和豆粉等精饲料，都已取得良好的效果。

我国缩二脲产品的开发应用起步较晚，且生产工艺不完善，产品数量有限，质量有待提高。国内仅有上海、湖南、辽宁等省少数厂家生产，相继开发成功了饲料缩二脲，年产量约数百吨，而国内市场年需求量约为数千吨，缺口较大。我国缩二脲主要依靠进口，因而相关化工产品发展受限。

6.3.5.3 未来发展趋势

缩二脲在许多国家，如美国、日本等国被指定用作非蛋白氮饲料添加剂。美国农业部食品和药物管理局已颁布了动物饲料用缩二脲产品标准，欧盟已正式将缩二脲作为反刍动物蛋白质饲料添加剂。

随着国民经济的发展和人民生活水平的不断提高，蛋白质的需求将越来越大，为满足这一快速增长的需求，牛、羊的大规模圈养将是发展方向，而缩二脲将得到更多的研究和开发。

6.3.6 三聚氰胺

6.3.6.1 产品概况

三聚氰胺别名密胺或氰尿酰胺，学名三氨三嗪，分子式为$C_3N_6H_6$，分子量为126.12，它是一种重要的氮杂环有机化工原料，白色结晶粉末，无毒，无味，相对密度为$1570g/cm^3$，熔点为354℃，不易溶于水，可溶解于甘油、吡啶、热乙二醇、乙酸、甲醛等有机溶剂。

三聚氰胺呈弱碱性，能够与各种酸反应生成三聚氰胺盐。在强酸和强碱液中，三聚氰胺发生水解，氨基逐步被羟基取代，生成三聚氰酸二酰胺、三聚氰酸一酰胺和三聚氰酸。三聚氰胺还可与醛类反应生成加成化合物，其中三聚氰胺与甲醛水溶液的反应最为重要。

三聚氰胺用途十分广泛，它是基础有机化工的中间产品，可作为特殊医药原料，主要与甲醛合成三聚氰胺-甲醛树脂。该树脂具有不易着火、耐热、耐水、耐老化、耐化学腐蚀特性，有良好的绝缘性和机械强度，是塑料、木材、造纸、纺织等工业的一种重要化工原料，主要用于涂料、层压板、模塑料、黏合剂等方面。

① 涂料　三聚氰胺树脂在丙烯酸系、醇酸系和环氧树脂系涂料中作为交联剂。这些涂料可用作建筑、桥梁、运输车辆、机械设备、家具及家电产品的面漆，其特点是色泽光亮，耐腐蚀、耐老化。

② 层压板　层压板分低压及高压两种类型，高压层压板用作贴面材料，具有装饰美观、耐久、耐热及耐污染特点，主要用在家具贴面及底面。低压层压板适用于立面材料，如家具、镶板及隔板、工业用层压板，主要特质为耐电，可用于各种电器。

③ 模塑料　三聚氰胺-甲醛树脂与填充剂混合，可用于压制餐具、纽扣、小工具外罩、机械零件等，具有强度好、耐热、光亮等特点。

④ 黏合剂　三聚氰胺树脂黏合力强，耐水、耐热性能优于脲醛胶。另外三聚氰胺树脂可与脲醛树脂配合，改善制品性能。

⑤ 纺织　三聚氰胺树脂作为纺织纤维的处理剂，使纤维具有防缩水、防皱、防霉的性能。

⑥ 造纸　三聚氰胺用于纸张处理及施胶，制成防缩、防潮纸，后者用于印刷钞票和军用地图等。

除以上用途外，三聚氰胺也可作为水泥减水剂、地毯乳胶背衬、皮革鞣剂、玻璃纤维纸、绝热材料的阻燃剂及刨花板的甲醛清除剂等。

6.3.6.2 现有装置情况

截至2021年底，我国三聚氰胺产能为199.5万吨，有三聚氰胺生产企业20家（以集团计），目前我国三聚氰胺产能占全球三聚氰胺总产能的70%，成为世界第一生产大国。从企业分布来看，生产企业主要集中在新疆、山东、四川和河南，这四个地区的产能占到全国总产能的71.7%。

近四十年间，我国三聚氰胺生产装置从年产几百吨发展到年产6万吨，技术有了突飞猛进的发展。到2021年底，单套装置产能在5万吨以上的有25套，产能合计133万吨，与2015年相比，产能5万吨以上生产装置比重由55%增长至66.7%，产能小于3万吨的装置由26套减少至11套。

当前国内三聚氰胺生产企业产能最大的为四川金象公司，共8套生产装置，产能为37万吨；其次是山西丰喜公司，5套生产装置，产能为17.5万吨。

6.3.6.3 未来发展趋势

自2000年以来，我国三聚氰胺行业得到快速发展，目前已是世界第一大生产国和消费国。在高速发展的过程中，同样不可避免地出现一些问题，如产能过剩、能耗较高、产品质量参差不齐等，这些都需要通过不断的技术创新来解决。未来三聚氰胺行业发展的主要方向有以下几点：

① 产能仍将继续增长，落后产能逐渐退出。

② 能源消耗下降、产品质量进一步得到提升。当前各企业三聚氰胺生产装置工艺技术不同，产品质量、能耗物耗、环保水平参差不齐，存在技术上不平衡、不充分的矛盾。推广低位能回收利用新技术，降低能耗水平；发展尾气利用途径，打造高效、环保的尾气综合利用产

业；对于低压气相法三聚氰胺工艺，解决产品有黑色杂质、产品粒度分布宽、松堆密度小等问题，产品质量得到很大提升。

③ 下游应用行业需求增大。目前国内三聚氰胺主要应用领域仍为木材加工、模塑粉、木材胶黏剂等传统行业，其中木材加工占比最大，约占比63%。

④ 三聚氰胺下游产品加大开发推广力度。近些年来，企业在下游产品的研发和推广上投入了大量的人力和物力，取得了一些成绩，但仍需继续加大开发推广力度。一是三聚氰胺泡棉产品作为一种高开孔率、柔性好的新型泡棉塑料，在建筑、交通工具、航空、家用电器、清洁等行业均可应用，需进一步研究解决其易碎、不耐用和价格竞争力不强的问题，推动产品的销量；二是三聚氰胺硬泡产品已研发成功，具有永久阻燃、耐热性、可塑性等优点，需加快研发三聚氰胺硬泡工业化生产装置关键设备，推进工业化进程；三是研发三聚氰胺纤维可纺性技术，解决其易碎、易断的问题；四是密切关注新能源、新交通工具、新材料、节能环保、高端制造业设备等战略性新兴产业，研究三聚氰胺应用新领域。

6.3.7 其他下游产品

6.3.7.1 过碳酰胺

过碳酰胺［过氧化尿素，$CO(NH_2)_2 \cdot H_2O$］是易溶于水的白色粉末，是尿素和过氧化氢所形成的络合物。不仅尿素的氨基能中和过氧化氢的酸性，而且过碳酰胺克服了过氧化氢作为一种液体储运困难的缺点，所含活泼氧量较目前市售的各类过氧化物多，可缓慢释放，时效长，是优良的土质改良剂、杀菌剂、漂白剂、水产养殖给氧剂和饲料添加剂。

$$H_2O_2 + CO(NH_2)_2 \longrightarrow CO(NH_2)_2 \cdot H_2O$$

过碳酰胺的生产工艺有干法工艺和湿法工艺。干法工艺是采用高浓度的双氧水喷雾到无水尿素固体上进行反应，干燥后得到过碳酰胺产品。湿法工艺是采用低浓度的双氧水与饱和或过饱和的尿素溶液反应，经结晶、过滤、干燥得到过碳酰胺产品。大多数过碳酰胺生产企业采用湿法工艺。

过碳酰胺的应用领域广泛[10]：在消毒领域，过碳酰胺具有杀菌作用，溶于乙醇，可在无毒无害的行业作为消毒剂；在纺织领域，用于羊毛制品、人造丝、亚麻纤维、纸浆的木质纤维漂白，具有不损伤纤维，漂白后纤维不会变黄的优点；在养殖业与农业，过碳酰胺是优良的土质改良剂，可减少土壤板结、增加土壤透气性，同时增施氮肥；此外，在日化行业，也用作漂白剂和消毒剂。

6.3.7.2 氨基甲酸酯

氨基甲酸酯是一类氨基或胺基直接与甲酸酯的羰基相连的化合物，通式为RNHCOOR′，式中R为氢、脂烃基或芳烃基，R′为脂烃基或芳烃基。氨基甲酸酯可用于合成农药、医药和异氰酸酯的重要中间体等。

氨基甲酸酯热裂解法制备异氰酸酯是取代光气法的主要途径之一。由于异氰酸酯是生产聚氨酯的重要原料之一，其传统生产方法使用剧毒的光气为原料，副产物HCl对环境污染严重，不符合可持续发展的要求。因此，开发非光气法合成异氰酸酯显得尤为重要。所以氨基甲酸酯的非光气合成法是具有工业化前景的新工艺。

尿素路线的非光气法，是由有机胺、尿素和醇一步合成氨基甲酸酯类化合物，其优势在于原料尿素价廉易得、反应条件温和、产物收率高、副产物氨气可循环至尿素合成过程而利用，适合尿素装置下游延伸。

尿素醇解法根据压力和温度的区别分为三类[11]: ①常温常压催化合成法。其反应时间长，产品收率低，对设备腐蚀严重，产品精制困难，北京化工厂和广州化学试剂厂对此工艺进行过研究。②中温中压催化合成法。其反应温度、压力和时间都适中，反应收率在80%以上，反应所用的催化剂是过渡金属氧化物或盐与无机酸的复合物，有一定的腐蚀性，吉林通化化工和江都新华化工等均采用此法进行生产。③高温高压无催化剂合成法。此法反应温度一般在200℃以上，其反应时间大大缩短，也不存在严重的设备腐蚀和产物与催化剂的分离问题，但该反应的主要副反应为尿素的分解。

目前，尿素醇解法工艺的关键，是开发经济实用且容易分离的高效催化剂以及优化工艺条件。

6.3.7.3 碳酸二甲酯

碳酸二甲酯（DMC），常温下是一种无色透明、微有甜味的液体，熔点为4℃，沸点为90.1℃，难溶于水，但可以与醇、醚、酮等几乎所有的有机溶剂混溶。

DMC 的分子结构独特（$CH_3O—CO—OCH_3$），具有羰基、羰甲氧基等活性官能团，性能优异，有多种反应性能，在生产中具有使用安全、方便、污染少、容易运输等特点，因而该产品具有非常广泛的用途。

2020 年，DMC 消费量约 50 万吨，其中聚碳酸酯（PC）消费占比 53%，电池电解液溶剂消费占比 21%，涂料、胶黏剂、显影液、农药医药中间体等传统需求占比 26%。

近年来，受益于新能源汽车市场进入快速发展期，国内电池电解液溶剂需求拉动 DMC 消费快速增长。碳酸二甲酯（DMC）按照纯度分为工业级（99.9%）与电池级（99.999% 以上）两类。电池级 DMC 工艺要求更高，国内能生产的企业偏少，大部分生产工业级 DMC。

2020 年，我国主要碳酸二甲酯（DMC）生产企业有 16 家[12]，年总产能达到 109.6 万吨。其中最大的 DMC 生产企业是浙石化（20 万吨工业级产品）；其次是山东石大胜华化工股份有限公司（10.2 万吨工业级产品、2.3 万吨电池级产品）；第三位是铜陵金泰化工实业有限责任公司（8.5 万吨工业级产品、0.5 万吨电池级产品）；此外在建较大的项目包括华鲁恒升 30 万吨、中化泉州 10 万吨，以及安徽红四方、宏业生物、山东利华益等项目。

目前 DMC 已经工业化的生产工艺主要有：光气法、酯交换法（采用环氧树脂和甲醇为原料）和甲醇氧化羰基化法（包括液相法和气相法）、尿素醇解法（一步法和两步法）。光气法由于光气的剧毒性和工艺复杂性及其对设备的严重腐蚀性，且产品氯含量高，已经被逐步淘汰，目前国内外基本上已没有光气法 DMC 生产装置，酯交换法产能占比约 60%，其次是甲醇氧化羰基化法，尿素醇解法占比较少，约 5%。

其中，尿素一步法是直接将尿素与甲醇进行反应生成 DMC，工艺流程短，但反应要求甲醇过量，DMC 选择性较低，尿素易分解生成副产物；尿素两步法是加入 1,2-丙二醇作为原料，与尿素进行醇解作为起始反应，得到中间产物碳酸丙烯酯，再与甲醇在催化剂作用下进行酯交换反应，得到 DMC，1,2-丙二醇循环使用。

相比于目前工业应用规模较大的酯交换法，尿素醇解法的可变成本最低，受原油价格波动影响小，具有一定的优势。1999 年，中国科学院山西煤炭化学研究所开发出了由尿素和甲醇合成DMC的技术，已取得突破。2020年7月，采用该技术，由山西中科惠安化工有限公司建设的山西省长治市屯留区的全球首套5万吨尿素与甲醇间接制备碳酸二甲酯工业示范项目的关键工序——尿素与1,2-丙二醇反应制备碳酸丙烯酯项目投产。该技术为我国拥有自主知识产权，与引进技术相比可大大降低投资。该工艺尿素的转化率接近100%，碳酸丙烯酯单程收率大于90%，碳酸丙烯酯纯度大于99.95%，液氨纯度大于99.9%，显示出了良好的工业化应用前景。

6.3.7.4 氨基磺酸

我国氨基磺酸用量最大的领域是用作酸性清洗剂，约占总产量的80%，氨基磺酸中含有—NH_2缓蚀基团，对金属的腐蚀性比无机酸要小得多，在工业清洗行业得到广泛的应用。除此之外，氨基磺酸还可用作磺化剂、交联促进剂、阻燃剂、催化剂、脱硝剂和氯漂白稳定剂等。

氨基磺酸的工业合成方法主要有气相法、液相法和气液相法。气相法主要是通过三氧化硫和氨气反应制得亚氨基二磺酸铵，再经过水解、分离、精制、干燥获得成品氨基磺酸，由于其操作条件苛刻，设备投资大，副产物多等，现已很少被厂家采用。液相法是尿素和发烟硫酸在液相反应器中制得氨基磺酸，由于其操作方便、收率高、安全环保，故国内外多采用此法生产。气液相法是浓硫酸、尿素和低浓度SO_3气体直接合成，其反应原理与液相法基本相同，但由于SO_3气体较难获取，因此使用此法的厂家较少。

我国氨基磺酸生产规模在21世纪初达到高峰，当时国内氨基磺酸年生产能力达8万～9万吨，2010年后由于环保要求趋于严格，产能有所下降，目前生产能力约6万～7万吨，产销基本平衡。

6.3.7.5 其他精细化工产品

（1）尿囊素　尿囊素化学名为*N*-(2,4-二氧代咪唑烷-5-基)脲。在医药方面，尿囊素是皮肤创伤的良好愈合剂，作为药物添加剂，可用来制造治疗鳞屑性皮肤病、溃疡病等的药，此外还用于糖尿病、肝硬化、癌症及骨髓炎的治疗。尿囊素与水杨酸、抗坏血酸、甲醛、氨基乙酸、果胶脱脂剂等制得的复合物已广泛用于医疗、日用化工等行业。作为植物生长调节剂它对作物均有增产、固果、催熟作用，是开发各种复肥、微肥、缓释肥及稀土肥料必不可少的原料，在农业上具有广泛的应用前景。

目前国内外尿囊素的工业生产方法主要有尿酸高锰酸钾氧化法、乙醛酸钙盐酸溶解法和尿素二氯乙酸加热法等。其中，乙二醛氧化尿素缩合法多以硝酸或是过氧化氢氧化乙二醛生成乙醛酸，再与尿素缩合制得尿囊素。

（2）乳清酸　乳清酸称为维生素B_{13}，属于生物化学品核酸类的有机酸，化学名为1,2,3,6-四氢-2,6-二氧代-4-嘧啶羧酸或1,2,3,6-四氢-2,6二氧-4-嘧啶甲酸。乳清酸早在医药、食品、日化和生命科学等领域有着广泛的应用，目前已经研究出以乳清酸为原料生产的核酸类保健食品与药物。

目前获得乳清酸主要有两种途径，一是生物发酵，二是化学合成。我国化学合成工艺最早实现工业化的是以尿素和草酸酯为起始原料，经缩合、环化和重排反应得到乳清酸产品。目前工业生产主要是以马来酸酐、尿素和溴素为原料，经酰胺化、环化、酸化和结晶得到产品。

（3）尿烷　尿烷学名为氨基甲酸乙酯，主要用作医药、农药、香料的中间体，可用于安眠剂、镇静剂、马钱子碱及间苯二酚的解毒剂、杀菌剂、针药助溶剂和印染工业的着色剂。

主要生产方法是，由乙醇与硝酸尿素作用生产硝酸尿素盐，然后加乙醇、亚硝酸钠，在硫酸存在下进行酯化反应，生成尿烷和硝酸钠，反应产物经过滤除去硝酸钠，再经蒸馏、结晶、干燥，制得成品。

（4）磷酸脲　磷酸脲又称尿素磷酸盐或磷酸尿素，是一种具有氨基结构的磷酸复盐，在尿素工业快速发展以后被广泛应用于工农业和饲养业，是一种非蛋白氮饲料添加剂，可解决蛋白类饲料短缺问题，还可用作高效的氮磷复合肥，具有较强的保氮能力，可降低土壤微区的 pH 值，提高植物对氮肥的吸收利用率，对改良盐碱化土壤效果很好。此外，磷酸脲是聚磷酸铵的中间体、无机阻燃剂、金属表面处理剂、粒状灭火剂等，具有广阔的应用前景。

目前，国内主要以热法磷酸和尿素为原料进行间歇生产，也可由稀磷酸与尿素反应，经溶液浓缩、离心分离、干燥，制得磷酸脲成品。

参考文献

[1] 袁一，王文善，等. 尿素. 化学工业出版社，1996.
[2] 中国寰球化学工程有限公司，中国五环工程有限公司. 氮肥工艺设计手册-尿素. 北京：化学工业出版社，1988.
[3] 刘孝弟，顾学颖，李作为. 塔式尿素造粒技术分析与探讨. 中氮肥，2017，2.
[4] 王文善，程忠振，池树增，等. 尿素工学. 北京：化学工业出版社 ,2013.
[5] 柯跃民. 三聚氰酸及系列产品的开发和应用. 川化，1995(1): 10-17.
[6] 陈焕章，杨路，冯雪. 氰尿酸合成工艺研究进展. 应用化工，2016,45(5).
[7] 张宁，董志鹏，张洁，等. 三聚氰酸制备方法综述. 河北科技大学学报，2021,42(3).
[8] 魏增 . ADC 发泡剂行业现状及展望. 中国氯碱，2015(2).
[9] 李飘 . ADC 工业污水资源回收及处理技术研究. 哈尔滨：哈尔滨工程大学，2018.
[10] 冯俊香. 尿素企业的发展——过碳酰胺. 化工中间体，2014,10(12).
[11] 朱止阳，张少利，张蒙恩，等. 尿素下游产品技术发展. 河南化工，2020,37(10)
[12] 米多，孔庆国 . 2020 年碳酸二甲酯技术与市场. 化学工业，2021,39(3).

中国肥料研究与应用全书

Books of Fertilizer Research and Application in China

FERTILIZER

第7章

碳酸氢铵

碳酸氢铵是我国独有的氮肥品种。它不仅有良好的农化性质，而且与其他氮肥品种比较，有很好的环保性、节能性与经济性。就其产生与发展的技术创新作用及其对我国农业发展作出的巨大贡献，可以说，碳酸氢铵工业的诞生与发展，是二十世纪我国化学工业伟大的工程成就之一。

7.1 碳酸氢铵概况

7.1.1 碳酸氢铵的性质

碳酸氢铵（ammonium bicarbonate）[1]，简称碳铵。分子式为 NH_4HCO_3，分子量为 79.06。它为略带氨味的白色结晶，结晶为单斜或斜方晶体，相对密度为 1.58，溶解热为 −28kJ/mol（−6.69kcal/mol）（15℃，1mol 碳铵溶于 120mol 水中）。

碳铵在水中的溶解度随温度的升高而增大，见表 7-1。

表7−1 碳酸氢铵在水中的溶解度

项目	温度 /℃									
	0	5	10	15	20	25	30	35	40	45
溶解度 /(g/100g)	11.9	13.6	16.0	18.3	20.8	23.7	27.0	31.0	33.2	40.2

纯碳铵在常温常压下能发生分解反应，分解反应速率随温度的升高和含水量增加而加快。相关反应式如下：

$$NH_4HCO_3 = NH_3 + CO_2 + H_2O$$

碳铵在空气中的分解速率，决定于温度、空气湿度和含水量。在气温较低和空气湿度不大的情况下，暴露在空气中的碳铵，表现为分解和干燥；在气温较高和空气湿度较大的情况下，碳铵吸收空气中的水分形成饱和溶液，饱和溶液的氨分压大于空气中的氨分压，溶解的氨不断逸出至空气中，固体碳酸氢铵不断地被溶解，促使固体碳铵更快分解，随着氨和二氧化碳的逸出，水分越来越多，最后碳铵晶体完全潮解。

7.1.2 碳酸氢铵的用途

（1）农业用途 [2] 碳酸氢铵是 20 世纪我国氮肥的主体，是我国特有的化肥品种。碳酸氢铵可分解为 NH_3、CO_2 和 H_2O，分解后不含有害的中间产物和最终分解产物。作为农业用化学肥料，它是一种速效性氮肥。优点是适用于各种土壤，作物可以同时吸收碳铵中的铵态氮和二氧化碳，无有害物质遗留在土壤中，长期施用不会造成土壤板结。缺点一是含氮量低，含水量高，易结块；二是易分解，贮存运输不当易损失，氮素养分的利用率普遍较低。为防止氨挥发使肥效损失和灼伤作物茎叶，可采用深施、盖土的施用方式。

（2）工业用途 [2] 碳酸氢铵在工业上主要用作制药、日用化工、皮革、橡胶、电镀以及试剂等工业的原料。碳酸氢铵还是面包、饼干、糕点等行业常用的食品添加剂，利用其加热分解放出大量气体的特点用作这些食品加工过程中的膨化剂或蓬松剂。

7.1.3 碳酸氢铵产品质量标准

碳酸氢铵按照用途不同，需执行不同的国家质量标准。

（1）农业用碳酸氢铵国家标准（GB/T 3559—2001）

① 外观：白色或浅色结晶。

② 农业用碳酸氢铵技术指标见表 7-2。

表7-2 农业用碳酸氢铵技术指标

项目		碳酸氢铵			干碳酸氢铵
		优等品	一等品	合格品	
氮（N）/%	≥	17.2	17.1	16.8	17.5
水分（H_2O）/%	≤	3.0	3.5	5.0	0.5

注：优等品和一等品必须含添加剂。

（2）食品添加剂用碳酸氢铵国家标准（GB 1888—2014）

① 感官要求见表 7-3。

表7-3 食品添加剂用碳酸氢铵感官要求

项目	要求
色泽	白色
气味	轻微的氨味
状态	结晶状粉末或颗粒

② 理化指标见表 7-4。

表7-4 食品添加剂用碳酸氢铵理化指标

项目		指标
总碱量（以 NH_4HCO_3 计）（质量分数）/%		99.0 ～ 100.5
氯化物（以 Cl^- 计）（质量分数）/%	≤	0.003
硫的化合物（以 SO_4^{2-} 计）（质量分数）/%	≥	0.007
不挥发物（质量分数）/%	≤	0.05①
无机砷（以 As 计）/（mg/kg）	≤	2
铅（Pb）/（mg/kg）	≤	2
磺酸盐（以十二烷基苯磺酸钠计）/（mg/kg）		10

①添加防结块剂产品的不挥发物指标为不大于 0.55%。

7.2 工艺特点

7.2.1 生产原理

碳酸氢铵由氨、二氧化碳和水反应制得[2,3]，总反应式为：

$$NH_3 + CO_2 + H_2O = NH_4HCO_3$$

① 首先用水吸收氨气制成氨水，反应式为：

$$NH_3 + H_2O = NH_4OH$$

浓氨水的制备是用回收塔来的稀氨水和分离结晶后的母液来吸收氨合成工段送来的气氨，水吸收氨的过程是放热反应。

② 氨水再吸收二氧化碳，进行碳化反应制得碳酸铵溶液（碳化氨水），反应式为：

$$2NH_4OH + CO_2 = (NH_4)_2CO_3 + H_2O$$

③ 碳酸铵溶液继续吸收二氧化碳，生成碳酸氢铵，达到一定碳化度时，碳酸氢铵从溶液中析出，反应式为：

$$(NH_4)_2CO_3 + CO_2 + H_2O = 2NH_4HCO_3$$

用碳化度来表示氨水吸收二氧化碳的程度。碳化度用百分数来表示。

碳化度=溶液中CO_2的当量浓度/溶液中NH_3的当量浓度×100%

碳化度为100%左右时，CO_2-NH_3-H_2O三元体系处于不饱和区，只要塔内温度不低于20℃，不仅不会析出结晶，还能将附着在塔壁的结晶（结疤）溶解掉。

碳化度从100%提高到180%左右时，碳酸氢铵结晶从溶液中析出。

④ 结晶分离　从碳化塔取出的碳铵结晶悬浮液压入稠厚器停留适当时间，结晶继续长大，再进入离心机，将结晶分离。母液进入母液贮槽，供吸氨使用。碳铵成品经过下料斗进行包装。

7.2.2 工艺流程

碳酸氢铵生产工艺流程[2,3]见图7-1，由变换工段来的变换气，先进入主碳化塔，在此CO_2和碳化氨水反应生成碳酸氢铵结晶，碳化液从塔底取出。主碳化塔出口气体中CO_2含量约8%～12%，它进入预碳化塔，与浓氨水反应，使氨水碳化度达100%左右。塔底的碳化氨水经泵送入主碳化塔，出预碳化塔的气体CO_2含量在0.5%以下，再进入回收清洗塔。在回收清洗塔的回收段用软水（脱盐水）吸收气体中的氨，得到的稀氨水用来制备浓氨水；在清洗段用清水（脱盐水）进一步吸收气体中残余的氨，合格的碳化气去压缩工段经压缩机加压后进入原料气深度净化系统。

主碳化塔和预碳化塔需要定期轮换使用，以避免主碳化塔内结疤太多影响正常操作（主要是影响水箱传热），轮换后的预碳化塔（原主碳化塔）用浓氨水清洗结疤。

预碳化塔和回收清洗塔之间，部分厂设置固定副塔。也有的企业将固定副塔段、回收段和清洗段合在一个塔内。在固定副塔内加浓氨水（或稀氨水）用来保证碳化塔轮换作业时CO_2被吸净。

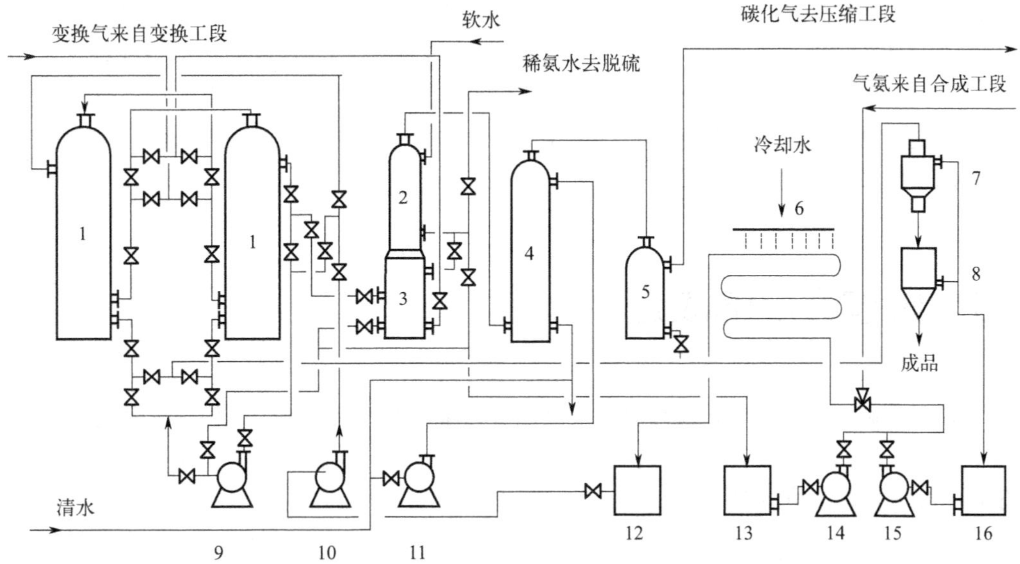

图 7-1 碳酸氢铵生产工艺流程图

1—碳化塔；2—回收清洗塔；3—固定副塔；4—清水塔；5—气水分离器；6—冷却排管；7—稠厚器；8—离心机；9—碳化泵；10—氨水泵；11—清水泵；12—氨水贮槽；13—稀氨水槽；14—稀氨水泵；15—母液泵；16—母液贮槽

7.2.3 工艺条件

碳酸氢铵生产工艺条件如下[2,3]：

（1）温度 温度对碳化过程中碳铵的产量和结晶大小有直接影响。主碳化塔的上部是预碳化区，气体的 CO_2 浓度较低，温度控制稍低一点有利于吸收。塔的中部是主反应区，温度要高一些，使反应保持较高速率并控制晶核不致生成过多。塔的下部保持较低的温度，以降低碳铵的溶解度，增加结晶数量。温度控制依靠调节冷却水的流量，一般控制在 30 ～ 40℃。

（2）氨水浓度 生产碳铵时的氨水浓度一般控制在 170 ～ 200 滴度（1 滴度 =0.85g NH_3/L）。氨水浓度过高，会使出塔气体含氨量增加，增大氨耗。氨水浓度过低，不能保证原料气中 CO_2 被吸净，并且增加了母液的循环量。氨水浓度的高低，以确保脱碳气中 CO_2 含量合格为前提，同时还要兼顾到氨的利用率。

（3）压力 提高操作压力对吸收 CO_2 和减少氨耗有利。氢氮气压缩机二段出口的半水煤气和经变换工段变换后的变换气进入碳化系统。碳化压力一般在 0.59 ～ 1.27MPa。

7.2.4 环境影响

碳酸氢铵生产存在的环境问题，一是稀氨水的平衡，二是无组织排放氨的治理。

（1）稀氨水的平衡 碳化工段补充的水主要是从回收清洗塔顶部加入的软水。其加入量若等于系统消耗的水量，就达到了水平衡。加入的水量过多或过少，都会破坏水平衡，影响正常生产。实际生产中，为了洗净碳化气中的氨，往往加水过多，造成水不平衡，导致稀氨水过剩。

20 世纪 90 年代，采用垂直筛板塔等高效传质内件的回收清洗塔，采用逐级提浓技术，在达到水平衡条件下可保证碳化尾气中 NH_3 和 CO_2 含量分别达到相关标准，做到不外排（送）含氨废水。

（2）无组织排放氨的治理　氨水易挥发，碳铵在常温常压下能分解，碳酸氢铵工段中氨水贮槽、晶液分离器、稠厚器、离心机、离心机下料口等点位存在氨的无组织排放。

“十三五”以来，部分企业将氨水贮槽顶部逸出的氨，由排放管集中送至高位吸氨装置采用水洗的方式回收，离心机下料口等无组织排放的氨采取锥罩式收集器利用管道负压集中收集并水洗吸收，氨的排放得到有效治理。

7.3　碳铵性质的改进

碳铵易分解、易结块，自碳酸氢铵产品面世以来，在产品改性方面做了大量的工作。

7.3.1　添加表面活性剂

要提高碳铵的稳定性，主要在于降低产品的含水量和提高防吸湿性能。

碳酸氢铵作为肥料，其缺点在于化学不稳定性。采用添加表面活性剂的方法来提高碳铵质量[3,4]。表面活性剂加入碳化系统后，参与碳铵结晶的生长过程，吸附在晶体的各个晶面上，改变其结晶习性，从而使碳铵结晶变形长大。与此同时，表面活性剂在碳铵微晶的表面进行吸附和解吸，最终表面活性剂仅吸附在结晶的表面，而不存在于晶体内部。

① 使用表面活性剂后的效果：结晶颗粒增大，假比重增加；含水量降低，从5%降至3%左右；分解损失减少；结块减轻。

② 使用表面活性剂对碳化操作的影响：碳化塔内不易结疤，冷却效率提高，结晶生长良好；结晶粗大，流动性好，离心机生产能力提高，便于包装。

③ 表面活性剂使用不当，易引起碳化塔起泡带液。

7.3.2　长效碳酸氢铵

长效碳酸氢铵及其生产工艺是中国科学院沈阳应用生态研究所研制的科技成果，获得国家发明专利。该长效碳铵，肥效期长达90～110天（普通碳铵为35～40天），肥效期延长了近两倍。长期贮存不结块，吸湿性减少，存放一年时间挥发损失率为2%～3%，存放两年时间损失率为3%～5%，约为普通碳铵的1/4；氮素利用率为35%；加入的稳定剂，在土壤中无残留，其本身和分解的中间产物无毒无害，在土壤中可降解为胍脲，进一步转化为尿素、氨、二氧化碳，没有环境污染问题。

7.4　发展历史及产能变化

碳酸氢铵的发展历程大致可划分为三个阶段[5]。

（1）“碳化法合成氨流程制碳酸氢铵”技术的开发　1920年前后国外曾利用焦炉气中的氨与二氧化碳反应生产碳酸氢铵，并对碳铵做了肥效对比试验，肯定了它的肥效。但是由于碳铵的性质不稳定、容易分解以及含氮量低等缺点，在国外一直没有作为肥料使用，仅有少量供工业应用。

1957年，大连化学厂的工程技术人员利用石灰窑气与氨反应，生产出碳酸氢铵。在此基础上，专家们提出可以采用二氧化碳较多的合成氨原料气直接碳化氨制取碳酸氢铵，这样在净化原料气的同时，又可使二氧化碳得到充分利用。著名化学家侯德榜考察了大连化学厂常压法制碳酸氢铵的生产情况，直接领导科研人员进行试验工作，着手开发“碳化法合成氨流程制碳酸氢铵工艺”，仅用了两个月的时间，就完成了繁重的设计、制造、安装任务，且初试一举成功。这一工艺省掉了高压水洗、氨加工的硫酸或硝酸配套装置，生产设备少、投资小、见效快，便于普及推广，是“多、快、好、省”生产化肥的新路子，是老一辈科技人员的历史功勋，是小氮肥发展的摇篮，奠定了我国小氮肥蓬勃发展的基础。

（2）“碳化法合成氨流程制碳酸氢铵”的蓬勃发展　十九世纪六七十年代，在中央和地方各级政府的关怀和支持下，全国各地开始兴建碳化法合成氨流程制碳酸氢铵企业，1965年，全国碳酸氢铵产量为12.68万吨（折纯氮），自此之后的30年中，保持了年均15.7%的增长率。1971年的产量（折纯氮）占到全国氮肥总产量的一半以上（51%），1976年的产量（折纯氮）占到全国氮肥总产量的63%（历史产量占比最高），1996年碳酸氢铵产量为1013.8万吨（折纯氮），创历史最高。1980年全国建成碳酸氢铵生产企业1374家。

（3）碳酸氢铵改产尿素和碳酸氢铵产能的逐步退出　为满足农业对高浓度氮肥的要求，1982年到1987年6月间，我国进口了2400万吨尿素，碳酸氢铵市场竞争力明显不足，国内大批碳酸氢铵生产企业亏损、关停。部分企业在国家的支持下开展了碳铵改产尿素的产品结构调整。自1997年起，碳酸氢铵产量逐年降低，至2020年，碳酸氢铵生产企业仅有29家，产量为76.2万吨（折纯氮），仅占全国氮肥总产量的1.89%，其中约46.6%的产量为三聚氰胺尾气副产。

7.5　综合评述

在我国氮肥工业的历史上，碳酸氢铵曾经发挥了重要作用，占据过重要的地位。1958年至2020年，全国共生产碳酸氢铵2.54亿吨（折纯氮），占同期全国氮肥总产量的22.8%。2020年，碳酸氢铵产量为76.2万吨（折纯氮），仅占全国氮肥总产量的1.9%，虽然作为主要肥料品种的历史已经过去，但作为食品添加剂等，仍将在我国的工农业生产中发挥积极的作用。

① 生产碳酸氢铵时，一个体积的NH_3与一个体积的CO_2相结合，与尿素相比，结合的CO_2要多一倍。以煤为原料生产碳酸氢铵时每吨氮肥向大气排放的CO_2较尿素少800立方米。因此，碳酸氢铵是低碳环保型肥料。

② 碳酸氢铵生产，把氨加工成氮肥的过程与合成氨生产中脱除二氧化碳的过程，巧妙地结合在一起，工艺流程短，能耗低，产品生产成本较低。

③ 碳酸氢铵含氮量低，适合于销售半径小的企业。

参考文献

[1] 化肥工业大全. 化学工业出版社，1988.
[2] 梅安华，小合成氨厂工艺技术与设计手册. 北京：化学工业出版社，1995.
[3] 杨春升，小型合成氨厂生产操作问答. 北京：化学工业出版社 ,1998.
[4] 秦佩芬，胡士华. 碳铵添加剂的质量及其技术要求. 小氮肥，1996, 03.
[5] 中国氮肥工业协会. 中国小氮肥工业大事记 1958—2008. 北京：化学工业出版社，2008.

中国肥料研究与应用全书

Books of Fertilizer Research and Application in China

FERTILIZER

第8章

硝酸与硝酸铵

8.1 硝酸

8.1.1 硝酸产品概况

8.1.1.1 硝酸的物理和化学性质

物理性质：硝酸是一种有强氧化性、强腐蚀性的无机酸，分子式为HNO_3，分子量为63.01，外观是无色或淡黄色透明液体。

化学性质：硝酸是一种强氧化剂，性质很活泼。容易和其他物质起化学反应，皮肤接触硝酸液滴就会被灼伤，硝酸的特性是它的不稳定性，遇光或热分解放出二氧化氮，即$4HNO_3 = 2H_2O + 4NO_2 + O_2$。常温下也有微量的硝酸分解，分解出来的二氧化氮溶于酸中，所以硝酸呈淡黄色，硝酸与碱中和生成盐和水，即$NaOH + HNO_3 = NaNO_3 + H_2O$。硝酸又分为稀硝酸和浓硝酸，常见的稀硝酸浓度在68%（质量分数）以下，常见的浓硝酸浓度在98%（质量分数）以上，硝酸的氧化性随着浓度的升高而增强。硝酸能腐蚀金属，腐蚀性与硝酸浓度、温度有关[1]。

8.1.1.2 硝酸的用途

硝酸是一种重要的化工基础原料，其产品包括稀硝酸和浓硝酸，主要用于生产硝酸盐（硝酸铵、硝酸钾、硝酸钙、硝酸钠、硝酸镁、硝酸铁、硝酸钡、硝酸锶、硝酸镍等）、硝基肥、甲苯二异氰酸酯（TDI）、二苯甲烷二异氰酸酯（MDI）、硝基苯、硝基纤维、硝基烷烃类、三硝基甲苯炸药（TNT）、军工用品、染料中间体和柴油的十六烷值增进剂等；用于钢铁工业稀土加工酸洗及抛光；用于有色冶金行业分解镍土矿及其他矿物，提取镍、铁及其他金属元素，分离有色金属和贵金属等；用于电子工业半导体和印刷电路板的清洗；用于核工业铀的提取及精制等。

由此可见，硝酸工业在国民经济、国防工业和航天事业中占有重要地位。

8.1.1.3 硝酸的产品标准

稀硝酸根据溶液中硝酸的含量不同，主要分为五个规格，我国稀硝酸的产品指标符合GB/T 337.2—2014《工业硝酸　稀硝酸》，见表8-1。

表8-1　GB/T 337.2—2014《工业硝酸　稀硝酸》

项目		指标				
		68酸	60酸	55酸	50酸	40酸
硝酸（HNO_3）的质量分数/%	≥	68.0	60.0	55.0	50.0	40.0
亚硝酸（HNO_2）质量分数/%	≤	0.10				
灼烧残渣的质量分数/%	≤	0.01				

8.1.2 工艺特点

8.1.2.1 稀硝酸的生产原理

稀硝酸在工业上主要以氨氧化法生产为主，采用铂合金网为催化剂，在催化剂作用下，空气中的氧将氨（NH_3）氧化成一氧化氮（NO），然后将一氧化氮（NO）氧化成二氧化氮（NO_2），再用水吸收二氧化氮（NO_2），即得稀硝酸产品[2]。

（1）氨氧化反应 氨与氧作用可发生下列反应：

$$4NH_3 + 5O_2 = 4NO + 6H_2O + 907.28kJ \tag{8-1}$$

$$2NH_3 + 2O_2 = N_2O + 3H_2O + 1104.90kJ \tag{8-2}$$

$$4NH_3 + 3O_2 = 2N_2 + 6H_2O + 1269.02kJ \tag{8-3}$$

上述反应均为放热反应。与此同时，还可能进行下列一些副反应：

$$2NH_3 = N_2 + 3H_2 - 91.94kJ \tag{8-4}$$

$$2NO = N_2 + O_2 + 180.62kJ \tag{8-5}$$

$$4NH_3 + 6NO = 5N_2 + 6H_2O + 1807.02kJ \tag{8-6}$$

900℃时，反应式（8-1）～反应式（8-3）的平衡常数都很大，分别为 1×10^{53}、1×10^{61}、1×10^{67}。生产稀硝酸时，希望氨氧化的目标产物为一氧化氮（NO），因此需要一种选择性催化剂。铂系催化剂具有良好的选择性及氨的氧化率，在铂系催化剂作用下，式（8-1）的反应加快，其他反应得到有效抑制，目前国内外的稀硝酸生产企业基本采用铂系催化剂。

在铂系催化剂存在下 NH_3 的氧化反应机理：

第一步：因铂系催化剂对氧的吸附能力极强，当混合气体（氨和空气）与铂网接触后，首先来自空气的氧分子（O_2）被铂系催化剂吸附，当氧分子（O_2）到达铂系催化剂表面后其中的两个氧原子（O）之间的“键”被破坏而断裂，两个氧原子分别被吸附到铂网催化剂表面。

第二步：由于铂系催化剂对氧的吸附能力极强，铂网催化剂表面首先被氧分子（O_2）和氧原子（O）占据。在 NH_3 分子被铂网催化剂吸附的过程中，其中的一个 N 原子和三个 H 原子分别与已经被铂网催化剂吸附的 O 原子相结合。

第三步：在铂系催化剂表面重新进行电子排列生成 NO 和 H_2O。

第四步：因铂系催化剂对 NO、H_2O 吸附力较小，因此，NO 和 H_2O 容易脱离铂系催化剂表面向气相中扩散。

实际生产中影响 NH_3 氧化率的因素很多，分别简述如下：

① 氧化温度 温度升高，氨转化率（注：转化率既不是指 NO 的产率，也不是指 NH_3 的氧化率，而是指包括变为 NO 以及变为 N_2 和 N_2O 在内的 NH_3 的转化率）升高，但温度过高副反应增加，铂损失增加；温度过低，氨转化率降低，铂损失减小。

② 氧化压力 氨氧化是体积增大的反应，压力升高，氧化率降低，对反应不利。但是从经济角度看，适当提高压力，可增加生产能力。

③ 混合气中氨的浓度 氨气在空气中的爆炸极限为：下限 15.5%，上限 27%。在实际生产中采用空气过量的氨空比，最佳浓度控制在 9.5% ～ 10.5% 的范围。

④ 接触时间 接触时间太短，反应不完全，氨损失大，后段工序铵盐含量高，系统不安全。反应时间长，副反应增加，生产能力下降。接触时间与操作压力、操作温度，以及铂网层数、丝径、截面积等有关。

⑤ 气体的净化度　进入氧化炉的空气和氨气的净化度是实际生产中影响氨氧化率的主要因素。空气中夹带的机械杂质（固体颗粒、粉尘、金属氧化物等）及有害气体（H_2S、CO_2、PH_3、C_2H_2 等气体）会导致铂网中毒，影响氨的氧化率；液氨当中夹带的金属氧化物和油类物质会导致铂网中毒，影响氨的氧化率；设备管道中的金属氧化物和附着在其表面的油类物质会导致铂网中毒，影响氨的氧化率。因此，在氨氧化生产工艺中，要求氨气和空气必须高度净化。

（2）NO 氧化反应　氨氧化得到的 NO 需要在系统中进一步氧化成 NO_2 才能被水吸收生成稀硝酸，NO 的氧化在管道和一系列换热设备中进行，化学反应方程式为：

$$2NO + O_2 = 2NO_2 + 124.01kJ \tag{8-7}$$

$$NO + NO_2 = N_2O_3 + 40.19kJ \tag{8-8}$$

$$2NO_2 = N_2O_4 + 56.94kJ \tag{8-9}$$

其中反应式（8-7）为主反应，反应式（8-8）和反应式（8-9）为副反应。

影响 NO 氧化率的因素有反应温度、压力、反应物的浓度、停留时间等，温度越低、压力越高，对 NO 的氧化越有利。

（3）吸收反应　NO_2 用水吸收的反应方程式如下：

$$2NO_2 + H_2O = HNO_3 + HNO_2 + 116.10kJ \tag{8-10}$$

$$N_2O_4 + H_2O = HNO_3 + HNO_2 + 59.17kJ \tag{8-11}$$

$$N_2O_3 + H_2O = 2HNO_2 + 55.68kJ \tag{8-12}$$

工业生产时，N_2O_3 的量很少，反应式（8-12）可以忽略；亚硝酸只有在温度低于 0℃且浓度极小时才稳定存在，一般工业条件下，HNO_2 会迅速分解：

$$3HNO_2 = HNO_3 + 2NO + H_2O - 75.91kJ \tag{8-13}$$

因此，用水吸收氮氧化物生产硝酸的总反应方程式可以写成：

$$3NO_2 + H_2O = 2HNO_3 + NO + 136.2kJ \tag{8-14}$$

从反应式（8-14）可以看出，用水吸收 NO_2 时 2/3 生成 HNO_3，1/3 生成 NO，因此在整个吸收过程中，NO_2 吸收和还原反应同时进行，为保证 HNO_3 的收率最大，吸收需要在低温和高压工艺条件下完成。

影响吸收反应的因素：

① 温度　低温有利于吸收反应和 NO_2 的还原反应，但温度太低，会增加 HNO_3 中 NO_2 含量，NO_2 合成 N_2O_4 溶在 HNO_3 中，在漂白塔中很难分离，从而降低了成品酸的合格率。温度太高产品吸收率低，容积系数大，生产能力降低。

② 压力　提高压力不仅可以使化学反应平衡向生成硝酸的方向移动，而且有利于提高成品酸的浓度，同时生成硝酸的反应速率增大。另外，吸收塔容积系数取决于吸收压力，吸收压力越高，容积系数越小，设备体积越小，反之亦然。

③ 容积　由上面反应方程式可知，在吸收塔每层塔盘上的反应不断伴随着生成硝酸的过程和 NO_2 的还原过程，吸收率取决于 NO_2 的还原率，NO_2 的还原率越高，吸收率就越高。NO_2 的还原率与容积有关，容积越大还原率越高。

8.1.2.2　稀硝酸的生产工艺

稀硝酸生产的历史久远，有很多的工艺流程。虽然生产流程不同，但均采用氨接触氧化法生产，稀硝酸生产工艺按压力不同分为 5 种，即常压法、综合法、单中压法、单高压法和双加压法（亦称加压综合法），常压法和综合法因环保因素在中国基本被淘汰。天津华景工程技术有限公司在传统单中压法、双加压法基础上进行改进，研发出新型单中压法和双加压法稀硝酸生产工艺，有效提高稀硝酸浓度，并降低吸收塔尾气排放浓度。目前国内 96% 以上的硝酸生产企业都采用双加压法稀硝酸生产工艺，也有些企业根据下游产品的需求采用单中压法或单高压法生产工艺。

（1）单中压法稀硝酸的生产工艺

① 典型工艺流程简述　目前企业采用的新型单中压法工艺流程包括氨-空气混合气的制备工序、氨氧化工序、NO 氧化及热能回收工序、酸吸收工序、酸漂白工序、尾气处理工序，共计六个工序，工艺流程见图 8-1。

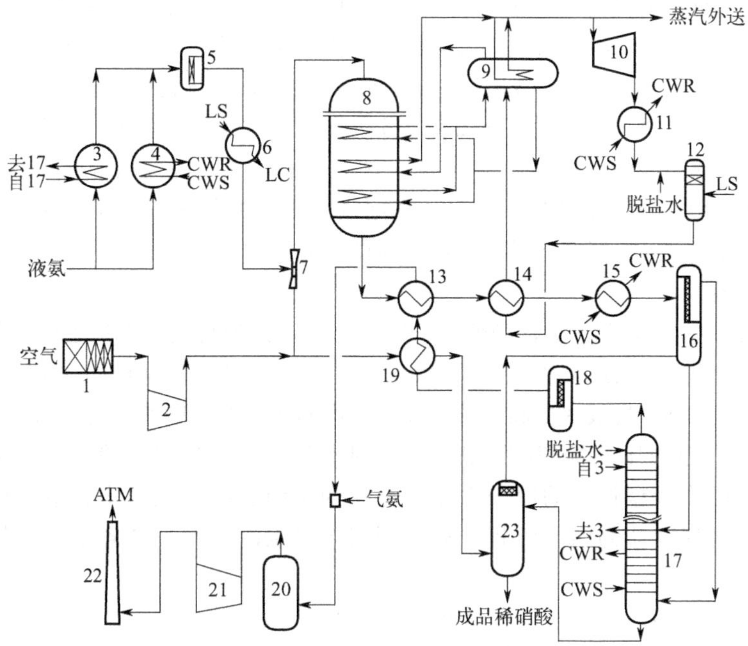

图 8-1　单中压法稀硝酸工艺流程简图

1—空气过滤器；2—空气压缩机；3—氨蒸发器 A；4—氨蒸发器 B；5—气氨过滤器；6—气氨过热器；7—氨-空混合器；8—氨氧化-热回收器；9—汽包；10—汽轮机；11—表冷器；12—除氧器；13—尾气再热器；14—节能器；15—反应水冷凝器；16—NO_x 分离罐；17—吸收塔；18—尾气分离器；19—二次空气冷却器；20—氨还原反应器；21—尾气透平；22—尾气排气筒；23—漂白塔

ATM—大气；CWR—循环回水；CWS—循环上水；LC—冷凝液；LS—蒸汽

由界区来的原料液氨送入氨蒸发器中蒸发，蒸发后的气氨送至气氨过滤器，进一步过滤除杂，过滤的气氨进入气氨过热器，氨过热到 120℃左右，然后送入氨-空混合器，再去氨氧化-热回收器。

空气经空气过滤器进入空气压缩机。压缩后的空气分为一次和二次空气两股气流：一次空气进入氨-空混合器，二次空气去吸收工序，用于稀硝酸的漂白。

氨-空气混合气进入氨氧化反应器并均匀分布于铂网上，进行氧化反应。氨氧化反应所释放出的热量及氨-空气混合气的显热使气体温度升至 860 ～ 880℃，此气流经安装在氨氧化反应器下部的蒸汽过热器和热回收器以回收热量，气体出热回收器的温度降至 400℃左右。

出热回收器的一氧化氮气体流经串联的尾气再热器和节能器，当温度降低时，混合气中的 NO 被氧化为 NO_2，NO_x 气体进入反应水冷凝器用冷却水冷却到 40℃左右，部分 NO_x 在此与冷凝水反应生成约 40% 稀硝酸，将气体和稀硝酸送至 NO_x 分离罐进行分离。稀硝酸由稀酸泵送入吸收塔相应浓度塔板，分离后的 NO_x 气体和来自吸收工序漂白塔的二次空气相混合，送入吸收塔底部。在吸收塔塔板上 NO_x 气体被水吸收而生成硝酸。生成硝酸所需的工艺水由工艺水泵送至吸收塔顶部塔板，吸收塔盘上装有冷却盘管以移走吸收反应热和氧化反应热，通过水吸收后在吸收塔底收集的酸浓度为 57% ～ 60%（质量分数）。

二次空气先在二次空气冷却器中被尾气冷却后送入漂白塔底部。吸收塔底部稀硝酸送入漂白塔顶部塔盘，通入二次空气气提出溶解其中的 NO_x 气体以完成漂白过程。

经漂白的成品酸含 $HNO_2 < 0.01\%$，成品酸从漂白塔引出后直接送入稀硝酸储槽。

由吸收塔顶来的尾气送到尾气分离器以除去夹带的雾沫。然后经二次空气冷却器、尾气预热器和尾气再热器，将尾气加热至 360℃左右，加热的尾气与气氨混合后送入氨还原反应器，在催化剂作用下进行氨还原反应，处理尾气中的 NO_x 气体。反应后的尾气送入尾气透平做功，尾气透平出来的尾气通过尾气排气筒排入大气。

② 主要设备

a．氨氧化炉　将单中压法稀硝酸装置氨氧化炉设计为与废热锅炉连成一体，传统单中压法废热锅炉结构形式采用列管式。天津华景单中压法废热锅炉结构形式采用盘管式，壳体内壁采用水冷壁，热回收效率更高，该台设备结构形式属天津华景专利技术。

b．吸收塔　单中压法稀硝酸装置吸收塔都是筛板塔，塔盘上设计有冷却盘管。传统单中压法吸收塔冷却盘管中的冷却水流程设计为单向流程，天津华景单中压法吸收塔盘管中的冷却水流程设计为两向流程，充分利用闭路水的冷量，节省闭路系统脱盐水的循环量。

c．透平压缩机组　单中压法稀硝酸装置透平压缩机组都采用“三合一机组”。根据生产企业具体状况不同可以采用汽拖（汽轮机-空压机-尾气透平）或电拖（电机-空压机-尾气透平）

③ 典型工艺流程特点　新型单中压法工艺与传统单中压法工艺比较，特点如下：

a．副产蒸汽量大（3.9MPa，435℃，1.35t/t 100%HNO_3），蒸汽的品质可根据生产需要确定，不同品质的蒸汽产汽量略有差别。

b．吸收塔出口尾气 NO_x 含量降至 1200 ～ 1600mg/m^3，氨还原处理尾气成本低，传统单中压法吸收塔尾气排放浓度在 4000 ～ 6000mg/m^3。

c．成品稀硝酸浓度提高至 57% ～ 60%（质量分数），可满足大多数硝酸盐及硝基肥生产的需要，传统单中压法生产的稀硝酸浓度为 45% ～ 50%（质量分数）。

d．工艺流程、关键设备、自控仪表、设备和管道平立面布置等设计科学合理，使装置达到安全、环保、稳定、长周期经济运行。

e．装置投资省、见效快。

④ 消耗定额　每吨折 100% 硝酸产品的消耗定额数据见表 8-2。

表8-2　新型单中压法稀硝酸生产工艺消耗定额

序号	项目	规格	消耗定额 /t
1	液氨	NH_3 含量≥ 99.8%	0.287
2	铂催化剂	Pt-Rh5	0.07g
3	循环冷却水	$\Delta t = 8℃$	151m^3
4	电	380V，50Hz	15kWh
5	低压蒸汽	0.6MPa 饱和蒸汽	0.1
6	副产蒸汽	3.9MPa、440℃	−1.33

（2）单高压法稀硝酸的生产工艺

① 典型工艺流程简述　单高压法稀硝酸生产工艺包括：氨-空混合气的制备工序、氨氧化与热能回收工序、NO 氧化及热能回收工序、NO_2 吸收工序、酸漂白工序、尾气处理工序。工艺流程见图 8-2。

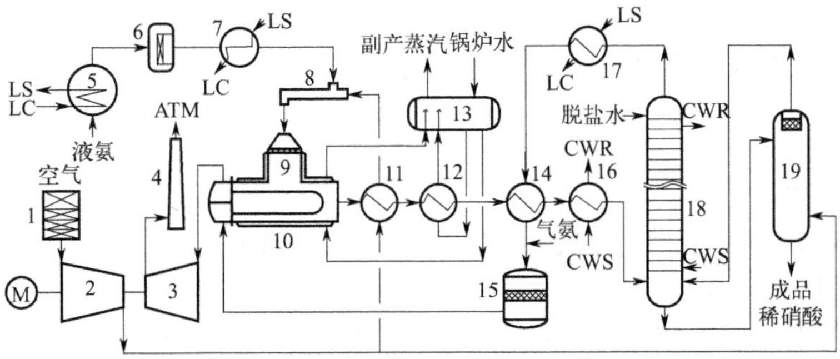

图 8-2　华景单高压法稀硝酸工艺流程简图

1—空气过滤器；2—空气压缩机；3—尾气透平；4—排气筒；5—液氨蒸发器；6—气氨过滤器；7—气氨加热器；8—氨-空混合器；9—氧化炉；10—尾气再热器；11—空气预热器；12—废热锅炉；13—汽包；14—尾气预热器；15—氨还原反应器；16—稀酸冷却冷凝器；17—尾气加热器；18—吸收塔；19—漂白塔
ATM—大气；CWR—循环回水；CWS—循环上水；LC—冷凝液；LS—蒸汽

由界区来的原料液氨送入液氨蒸发器用蒸汽加热蒸发，控制气氨压力为 0.95 ～ 1.1MPa，进入气氨过滤器，再到气氨加热器，将气氨温度升高到 120℃左右，然后进入氨-空混合器与来自空气压缩机的一次空气混合。

空气经空气过滤器进入空气压缩机。压缩后的空气分为一次空气和二次空气两股气流：一次空气进入氨-空混合器，二次空气去吸收工序，用于稀硝酸的漂白。

氨-空气混合气进入氧化炉并均匀分布于铂网上，进行氨氧化反应，氨氧化反应热使气体温度升至 870 ～ 880℃，氨氧化反应后的 NO_x 气体进入尾气再热器与尾气换热，提高尾气温度，以提高尾气透平的回收功率。经尾气再热器冷却后的 NO_x 气体进入空气预热器与一次空气换热，加热后的一次空气进入氨-空混合器。经冷却后的 NO_x 进入废热锅炉生产蒸汽，蒸汽并入蒸汽管网。NO_x 气体被锅炉水冷却后进入尾气预热器预热尾气，再进入稀酸冷却冷凝器用循环水冷却降温，最后进入吸收塔下部。进入吸收塔的 NO_x 气体在吸收塔中与塔顶加入的水逆流进行吸收反应，在塔底得到浓度为 60% ～ 65%（质量分数）的稀硝酸。

由吸收塔顶来的尾气送至尾气加热器，最原始的生产工艺是采用低压蒸汽将尾气加热至 80℃左右，考虑到节能降耗的问题，经过热量平衡计算，可以把尾气加热器放在尾气预热器之后稀酸冷却冷凝器之前，用 NO_x 和尾气换热，节省了低压蒸汽，使能耗降低。然后尾气经尾气预热器与 NO_x 气体换热后与气氨混合进入氨还原反应器，在催化剂作用下进行氨还原反应，处理尾气中的 NO_x。处理后的尾气送入尾气再热器被高温 NO_x 气体加热至500～520℃，进入尾气透平做功，与电动机一起驱动空气压缩机运行。尾气透平出口的尾气温度大约为260℃，经锅炉给水预热器回收热量后的尾气由排气筒排入大气，吸收塔尾气排放浓度为600～700mg/m^3。

吸收塔底部的稀硝酸送入漂白塔顶部塔盘，漂白塔下部通入二次空气气提出稀硝酸中溶解的 NO_x 气体以完成漂白过程，经漂白的成品酸 HNO_2 含量＜0.01%，成品酸从漂白塔引出后直接送入稀硝酸储槽。

② 主要设备

a．氧化炉　氧化炉和尾气再热器成两位一体式结构，炉温高，体积小，结构简单，热量损失少，换热效果好，因为压力高，流速快，氨耗和铂耗比单中压法和双加压法高。

b．吸收塔　吸收塔盘为筛板＋泡罩结构，吸收塔可在低于50%的负荷下稳定运行；吸收压力高，吸收率高，可根据硝酸下游产品的需求生产不同浓度的稀硝酸。

c．三合一机组　即“电动机＋空气压缩机＋尾气透平”，空气压缩机采用多级压缩，中间设置冷却器，空气压缩机出口压力高；尾气温度高，尾气透平对材质要求较高，需选用耐高温的材质。

③ 工艺流程特点

a．采用电拖压缩机组“电动机＋空气压缩机＋尾气透平”。

b．氧化温度高，副产蒸汽量大。

c．吸收压力高，成品酸浓度高，达到60%～65%（质量分数）。

d．设备紧凑，占地面积小，投资少。

e．尾气透平入口温度达500℃以上，做功量大，可回收空气压缩机消耗功率的60%以上。

f．氨氧化压力和温度高，氨耗和铂耗较高。

④ 消耗定额　每吨产品的消耗定额数据见表8-3。

表8-3　单高压法稀硝酸生产工艺消耗定额

序号	项目	规格	消耗定额/t
1	液氨	NH_3 含量≥99.8%	0.3
2	铂催化剂	Pt-Rh5	0.22g
3	循环冷却水	$\Delta t=8$℃	150m^3
4	电	380V/10000V，50Hz	285kWh
5	低压蒸汽	0.6MPa饱和蒸汽	0.13
6	副产蒸汽	1.2MPa饱和蒸汽	−1.41

（3）双加压法稀硝酸的生产工艺[3]

① 工艺流程简述　双加压法生产稀硝酸的工艺流程包括：氨-空气混合气的制备工序、氨氧化与热能回收工序、NO氧化及加压吸收工序、酸漂白工序、尾气处理工序，共计五个工序。工艺流程见图8-3。

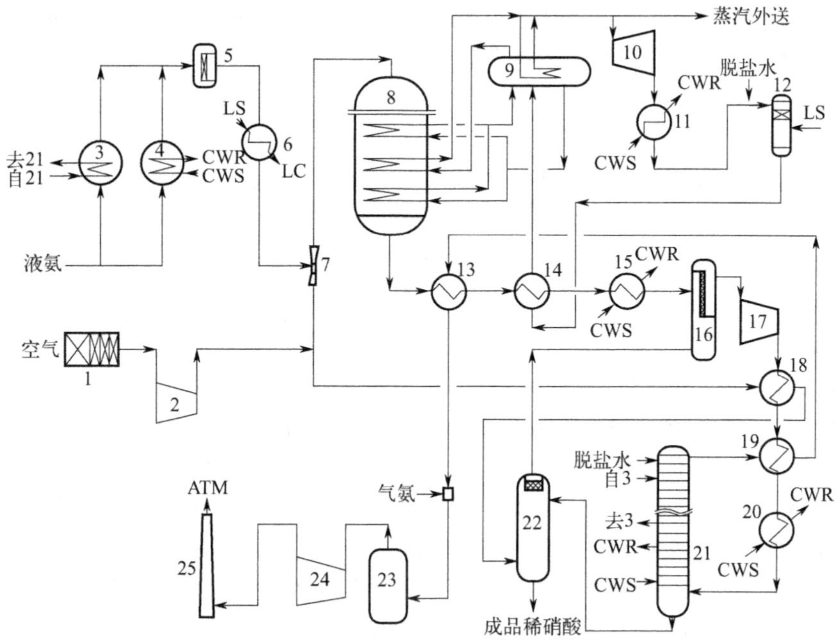

图 8-3　双加压法稀硝酸工艺流程简图

1—空气过滤器；2—空气压缩机；3—氨蒸发器 A；4—氨蒸发器 B；5—气氨过滤器；6—气氨过热器；7—氨-空混合器；8—氨氧化热回收器；9—汽包；10—汽轮机；11—表冷器；12—除氧器；13—尾气再热器；14—节能器；15—低压反应水冷凝器；16—NO_x 分离器；17—NO_x 压缩机；18—二次空气冷却器；19—尾气预热器；20—高压反应水冷凝器；21—吸收塔；22—漂白塔；23—氨还原反应器；24—尾气透平；25—排气筒

ATM—大气；CWR—循环回水；CWS—循环上水；LC—冷凝液；LS—蒸汽

由界区外来的原料液氨送入氨蒸发器，蒸发的气氨与氨辅助蒸发器来的气氨混合送至气氨过滤器，过滤除杂后送至气氨过热器中加热，气氨过热到 120℃左右，经加热后的气氨最后进入氨-空混合器，再去氨氧化反应器进行氧化反应；空气经四级空气过滤器，进入空气压缩机，经过空气压缩机压缩后出口排气压力为 0.35MPa，温度为 236℃，然后分为一次空气和二次空气两股气流，一次空气进入氨-空混合器，二次空气经二次空气冷却器用尾气冷却至 120℃，再进入漂白塔，在漂白塔内对来自吸收塔底部的稀硝酸进行漂白，漂白后的稀硝酸送入成品稀硝酸储槽。

氨-空气混合气进入氨氧化反应器，通过氧化炉气体分布器均匀分布于铂网表面，氨氧化反应所释放出的热量使气体温度升至 870℃左右，经安装在氨氧化反应器下部的蒸汽过热器和热回收器以回收热量，气体出热回收器的温度降至 380 ～ 400℃。

出氨氧化热回收器的 NO_x 气体流经串联的尾气再热器，再经节能器，当温度降低时，混合气中的 NO 氧化为 NO_2，节能器出口的 NO_x 气体进入低压反应水冷凝器用冷却水冷却到 40℃左右，部分 NO_x 气体在此与冷凝水反应生成约 45% 稀硝酸，低压反应水冷凝器出口的 NO_x 气体经 NO_x 分离器把气体中的稀酸分离下来，NO_x 分离器分离的稀酸由稀酸泵送入吸收塔相应浓度塔板；二次空气先在二次空气冷却器中被从尾气分离器分离出来的尾气冷却至 120℃然后送入漂白塔底部，把漂白塔成品酸中溶解的 NO_x 提取出来，漂白塔出口夹带 NO_x 气体的二次空气送入 NO_x 分离器，与 NO_x 气体混合后进入 NO_x 压缩机，在 NO_x 压缩机中压缩至 1.0MPa 后，进入尾气预热器、高压反应水冷凝器，NO_x 气体在高压反应水冷凝器中被循环水冷却到约 40℃，被冷

却的 NO_x 气体送入吸收塔底部，在吸收塔塔板上被水吸收而生成硝酸。生成硝酸所需的工艺水由工艺水泵送至吸收塔顶部塔板，吸收塔塔板间装有冷却盘管以移走吸收热和氧化反应热，经过吸收漂白后的稀硝酸浓度为 60% ～ 68%（质量分数），温度为 50℃。

从吸收塔顶来的尾气送到尾气分离器以除去夹带的雾沫。然后经尾气预热器及尾气再热器，将尾气加热至 360℃左右，加入少量的气氨，经过氨还原反应器处理后的尾气进入尾气透平，在此可回收总压缩功的 60% 左右，透平出口尾气通过尾气排气筒排入大气。

在漂白塔底部通入二次空气气提出稀硝酸中溶解的 NO_x 气体以完成漂白过程。经漂白成品酸 HNO_2 含量＜ 0.01%，成品酸从漂白塔引出后直接送入稀硝酸中间槽。

② 主要设备

a．氨氧化热回收器　换热段采用水平盘管型式，氧化炉内顶部设置有三层氨-空气混合气体的分布板，确保铂网底部每点的温差＜ 5℃ ；水冷壁结构设计和制造完全可以做到零间隙，确保反应热损失最小；催化剂筐设计为正六边形的蜂窝状，在生产运行过程中不会发生变形，确保铂网不易脱边，后续铵盐含量最低；热回收效率高，蒸汽产量大，经济效益显著。

b．吸收塔　吸收塔采用筛板塔盘，每层塔盘上布置有层数不同的冷却盘管，冷却盘管内通冷却水。冷却水系统分为上下两段，下段采用循环水，上段采用冷冻水，冷冻水为闭路循环，利用液氨蒸发的冷量，降低吸收塔上部的温度。吸收塔具有产出硝酸浓度高、综合能耗低、NO 氧化率高、NO_2 吸收率高等优点。

c．低压反应水冷凝器　列管式结构型式，管程走 NO_x 气体，壳程走循环水。改进的结构型式：低压反应水冷凝器分成两段，在 NO_x 进口侧的一小段换热器的换热管采用了耐高温酸腐蚀的钛材，避免了高温酸腐蚀的问题；高温入口侧管板和换热管连接的焊接接头设计内孔焊，消除了端部焊的缝隙，提高了抗间隙腐蚀和抗应力腐蚀能力。

d．空气过滤器　新型四级串联立式布置方式，具有结构简单、设计紧凑、占地面积小、空气阻力小、使用寿命长、运行成本低、空气净化质量高等优点。

e．氨-空混合器　夹套式结构型式，设备内筒筒壁和外筒筒壁之间形成一环形通道，内筒和外筒之间通过若干连接管相连通，二者筒壁上均设置有喷氨孔，具有结构简单、操作方便、安全可靠、混合均匀、阻力小等优点，具有很好的经济价值。

f．氨还原反应器　采用选择性氨还原催化剂，设备内部设上下两段催化剂层，两段催化剂层并联使用，设备体积小、气体阻力小、占地面积少、转化率高、投资运行费用低。

g．四合一机组　“四合一”机组主体设备由四个部分组成：蒸汽透平或电机 +NO_x 压缩机 + 空气压缩机 + 尾气透平。NO_x 压缩机型式为离心式，空气压缩机型式为轴流式，尾气透平型式为叶轮式。

“四合一”机组是“双加压”法硝酸装置的关键设备，集压缩设备即空气压缩机、NO_x 压缩机和驱动设备即蒸汽透平或电机、尾气透平于一体，它是该装置能否长期稳定可靠运行、达产达标的关键。

③ 工艺流程特点

a．氨利用率高　氧化炉设置有高效气体分布器，改变流向消除涡流，分布均匀，使网面温差小于 5℃，氨氧化率高。

b．铂耗低　实践证明了氧化压力控制在 0.55MPa 以下时，气体涡流夹带造成的铂损失是有限的。气体混合后均匀分布在氨氧化反应器铂网上，减少了铂表面局部过热而造成的 PtO_2 挥发损失。铂耗为 110 ～ 120mg/t 硝酸（折 100% HNO_3），目前在尾气再热器后面的

NO_x 气体管道上增加了铂回收器，双加压法的铂耗降低至 70mg/t 硝酸（折 100% HNO_3）。

c．吸收率高　吸收压力为 1.0MPa，合理利用液氨蒸发冷量供给吸收塔上部冷却，较高的压力和较低的温度使得 NO_2 被还原及吸收的速率很快，NO_x 吸收率高，吸收塔出口尾气中 NO_x 含量≤ 400mg/m^3。

d．成品酸浓度高，成品酸浓度高达 68%（质量分数）。

e．热能回收合理　废热锅炉的热效率高，副产蒸汽（4.2MPa，440℃）自给有余，除驱动汽轮机外，富余蒸汽全部外送；

f. 尾气透平能量回收率高，尾气经换热温度最终提高到 360℃，高压高温的尾气通过尾气透平膨胀做功，能量回收率可达 60% 左右。

④ 消耗定额　每吨产品的消耗定额数据见表 8-4。

表8-4　双加压法稀硝酸生产工艺消耗定额

序号	项目	规格	消耗定额 /t
1	液氨	NH_3 含量≥ 99.8%	0.281
2	铂催化剂	Pt-Rh10	0.07g（回收后）
3	循环冷却水	$\Delta t = 8$℃	180m^3
4	电	380V，50Hz	15kWh
5	低压蒸汽	0.7MPa 饱和蒸汽	0.2
6	副产蒸汽	4.0MPa、440℃	−1.35

8.1.3 发展历程

硝酸生产历史较为悠久，早在十五世纪就有用智利硝石制造硝酸的方法，一直沿用到 1900 年。其主要反应式为：

$$NaNO_3 + H_2SO_4 \xrightarrow{\text{加热}} HNO_3 + NaHSO_4$$

$$NaNO_3 + H_2SO_4 \longrightarrow HNO_3 + Na_2SO_4$$

由于原料来源受到限制，硝石主要依靠从智利进口，又需要硫酸和燃料，因此成本高，以后有了新的制造方法，此法便被淘汰了。

十九世纪初，工业上利用电弧火焰来固定大气中的游离氮，使氮与氧直接合成 NO_x 进而被水吸收变为硝酸。其主要反应式为：

$$N_2 + O_2 \xrightarrow{\text{电弧}} 2NO$$

$$2NO + O_2 \longrightarrow 2NO_2$$

$$3NO_2 + H_2O \longrightarrow 2HNO_3 + NO$$

该法原料易取，设备简单，但是电力消耗太大，每吨酸约耗电 15000kWh。尽管如此，该法相对于用智利硝石制造硝酸还是较为先进的，一直沿用到第二次世界大战后。但是，必须指出的是：从空气中直接固定氮应该是一个发展方向，具有一定的研究价值，特别是近年来，由于原子能工业的发展，直接固定氮已引起学者们的高度重视，并积极地进行着用辐射能、冲击波等来固定大气中氮的研究工作。

1902 年欧洲人发明了氨氧化法制稀硝酸，并于 1908 年建立了世界上第一座日产 3 吨的硝酸工厂。直到 1913 年合成氨工艺在工业上突破，解决了氨的来源之后，该法才得到发展，目前稀硝酸生产几乎全都是采用氨的催化氧化法进行的。

1920 年美国公司首先建成 0.81MPa 高压法稀硝酸生产装置，1959 年法国 GP 公司，建成第一个规模为 160t/d 的双加压法稀硝酸装置。

1935 年中国第一套规模为 7t/d 稀硝酸生产装置在上海投产。

1958 年在吉林、兰州、太原、四川等地建成综合法稀硝酸生产装置，并从 19 世纪 60 年代国内兴建了一批年产 8 万吨的全中压法稀硝酸生产装置。

1987 年山西天脊集团引进国外两套年产 27 万吨双加压法稀硝酸生产装置并顺利投产，它们是国内最早的双加压法稀硝酸生产装置。

2012 年国内首套年产 15 万吨浓度为 68%（质量分数）的稀硝酸生产装置开车成功，填补了国内直接生产 68%（质量分数）稀硝酸的技术空白。

2019 年国内首套年产 15 万吨单中压法稀硝酸装置顺利投产，成品酸浓度高达 60%（质量分数），最高产能达到原设计产能的 120%。

2020 年 8 月国内首套 27 万吨汽改电稀硝酸装置顺利投产成功，使稀硝酸生产企业可以有效摆脱对开车锅炉和开车蒸汽的依赖，氨氧化副产的蒸汽全部外送，电拖“四合一”机组的能量消耗指标明显优于汽拖“四合一”机组，是稀硝酸生产工艺进步的一个重要里程碑。

8.1.4 现有装置情况

经过多年发展，我国稀硝酸产能不断增长，2015 年达到最高值 2100 万吨 / 年。之后，随着行业结构调整，一些规模小、工艺落后的企业不断退出，稀硝酸产能逐渐下降。截止到 2023 年，我国稀硝酸产能为 2089 万吨 / 年，产量为 1499 万吨，生产企业有 76 家，生产装置达到 118 套。我国近些年新建稀硝酸装置规模以 15 万吨 / 年、27 万吨 / 年、36 万吨 / 年为主。

国内 20 世纪 50 年代的工厂多采用常压法生产稀硝酸，其间建有 3.5 绝压的综合法生产稀硝酸的车间，60 年代建有 1.9 绝压的小型稀硝酸车间，70 年代建有 4.5 绝压的单中压法生产稀硝酸的车间，80 年代引进了 4.5/11 绝压的双压法生产稀硝酸的装置，90 年代建有少量的全国产化双加压法稀硝酸装置，21 世纪初至今国内建有大量的全国产化双加压法稀硝酸装置。近些年随着常压法、综合法、高压法工艺逐渐淘汰，行业主要以双加压法工艺为主，截止到 2023 年，采用双加压法工艺的稀硝酸产量占比达到 96.4%，采用综合法、高压法工艺的占比仅 1.2%，采用单加压法工艺的占比为 1.8%。

目前主要稀硝酸生产企业的装置产能见表 8-5。

表8-5　我国稀硝酸主要生产企业装置产能

序号	企业名称	产能 /（万吨 / 年）
1	万华化学集团股份有限公司	132
2	天脊煤化工集团有限公司	108
3	四川金象赛瑞化工股份有限公司（包含新疆公司）	105
4	陕西兴化化学股份有限公司	91

续表

序号	企业名称	产能 /（万吨 / 年）
5	河南晋开化工投资控股集团有限责任公司	81
6	重庆华峰化工有限公司	78
7	河南神马尼龙化工有限责任公司	47
8	山东海力化工有限责任公司	47
9	山东华鲁恒升化工股份有限公司	42
10	中煤平朔能源化工有限公司	36

8.1.5 未来发展趋势

未来几年，受己二酸、硝酸盐等下游需求的拉动，会有部分新增产能，预计总量年均增长速度在 2% ～ 3%。双加压法在大规模生产装置应用上占有优势，目前采用国产化技术、已投产的 36 万吨 / 年双加压法稀硝酸装置有 2 套，45 万吨 / 年、60 万吨 / 年的四合一机组也在设计和研发中。今后行业要大力推进存量优化，从节能、环保、提高核心设备效率、提高成品稀硝酸浓度、提高铂合金网催化剂活性、低碳等方面不断改进，推动存量产能升级改造，提升现有产能效率。

8.1.5.1 节能

从提高氨氧化率方面考虑，气氨和空气的净化一定要彻底，铂网的活化性能要好，选用 Pt-Rh10、Pt-Rh7、Pt-Rh5 二元网或者使用高钯多功能套网。

最早双加压法生产硝酸，氧化炉点火之前配置氨空比时，配置氨空比的气氨先放空，放空后的气氨进行回收，用来制作氨水销售或企业内部消化，等氧化炉具备点火条件时再快速关闭放空阀，打开气氨切断阀。目前的工艺中氧化炉点火前气氨不再放空，氧化炉点火时先稳定蒸发压力，边配氨空比边点火，手动控制气氨流量调节阀的开度（原始开车做氨空比实验时，记录好气氨流量调节阀的开度与气氨流量的对应关系），快速打开氨切断阀，等氧化炉网面发红，气氨已经燃烧时，再快速提升氨空比值，使氨空比达到 9.5%，氧化炉炉温为 850 ～ 870℃。对尾气透平进行改造，采用新型流道和叶轮结构，提高单机效率。

采用新型氨氧化-热回收器，增加自产中压蒸汽量。

提高整个生产装置的冷热量的综合利用水平。

8.1.5.2 环保

随着我国环保法的实施，国家对大气排放物的排放标准要求越来越严格，稀硝酸生产过程中产生的尾气中 NO_x 的排放标准已降低至 200mg/m^3，部分地区已经执行了越来越严格的排放标准，对稀硝酸生产的尾气治理提出了更高的要求。

目前处理尾气中的 NO_x 基本都是采用选择性氨催化还原法，尾气中 NO_x 气体均能做到达标排放。目前存在的问题是人工控制加氨量，经处理后的尾气中经常有部分逃逸的气氨，设置尾气 NO_x 在线检测，根据 NO_x 含量自动调整加氨量，防止气氨逃逸；若企业自身有合成氨装置可以考虑处理 NO_x 气体采用非选择性催化还原法，合成氨弛放气中主要成分是 H_2、

CH_4、CO和低碳化合物，NO_x气体和这些还原物反应，最后生成N_2和水蒸气，通过尾气在线检测自动调整弛放气的加入量，实现处理尾气达标排放。

8.1.5.3 提高核心设备效率

稀硝酸生产的核心设备是四合一机组，国内的双加压法稀硝酸生产装置四合一机组实现国产化，通过多年的不断技术创新，汽轮机、氧化氮压缩机、空压机及尾气透平全部技术效能提高，随着生产规模的不断扩大，四合一机组技术不断创新。将来，随着稀硝酸装置规模的不断扩大和技术进步，四合一机组的功能和效率将不断提高，它与生产工艺装置更好地匹配。

8.1.5.4 提高成品稀硝酸浓度

68%（质量分数）的稀硝酸在实际应用中具有很大的优势，许多行业要用到68%的稀硝酸，提高稀硝酸的浓度还有利于提高稀硝酸下游产品的产量、降低成本、减少废水排放，目前国内新上的稀硝酸装置大部分在设计上都倾向于生产68%（质量分数）浓度的稀硝酸，许多原来生产浓度为60%～62%的稀硝酸旧装置正在通过技术改造将稀硝酸浓度提高到68%，将来稀硝酸装置生产的发展方向是生产68%的稀硝酸。提高稀硝酸装置成品酸浓度的主要途径有：

（1）除掉空气中的水分　在高湿度天气下，在空气压缩机进口或者出口把空气中的水分除去，是生产68%浓度稀硝酸不可缺少的条件。

（2）提高吸收系统压力　NO的氧化度与压力的三次方成正比，提高系统的压力有利于吸收塔的吸收，有利于提高成品稀硝酸浓度。双加压法传统的设计压力是氧化压力为0.35MPa，吸收压力是1.0MPa，随着四合一机组的设备不断改进，可以把吸收压力提高至1.1MPa以上。

（3）吸收塔设备改进设计　专门针对生产68%浓度稀硝酸设计新型吸收塔；合理配置下段循环冷却水和上段闭路循环水的层数，并且下段冷却水和上段闭路循环水系统的层数可以考虑切换。保持闭路循环水温度指标在18～22℃，确保A、B两台蒸发器的液位和蒸发压力正常，稳定吸收塔上部温度，提高吸收塔的吸收率。

8.1.5.5 提高铂合金网催化剂活性

未来的氨氧化铂合金网应该会延续现有的发展模式，使用更复杂的贵金属配比和更为立体的编织方式来减少贵金属的总填充量、延长铂合金网的使用周期、降低每吨酸的贵金属损耗，以及减少N_2O气体的排放量。同时，未来的氨氧化铂合金网的合金用量应该会考虑贵金属价格之间的差异。现在使用铂铑钯三种贵金属之间的价格差异一直不稳定。以前的思路是用价格较低的钯来回收价格较高的铂，而现在钯的价格已经高于铂，以前的最佳经济效益的平衡点已经被打破。重新结合铂、钯的价格，用数学建模的方式找到铂、钯使用量的平衡点，现在生产硝酸的各企业基本使用Pt-Rh10、Pt-Rh7、Pt-Rh5的二元网，根据市场上铂、铑、钯的价格适当调整铂网成分，铂网作为硝酸生产的催化剂既要活性强又要经济适用，是铂网发展的一个趋势。

8.1.5.6 低碳发展

硝酸生产过程产生热量，能源消耗水平较低，吨产品二氧化碳排放低于1t。但硝酸生产过程会排放氧化亚氮气体，氧化亚氮具有较高的全球变暖潜能值和破坏臭氧层的作用，与二氧化碳相比，其全球变暖潜能值（GWP）为298。我国是硝酸生产大国，硝酸年产量为1354万吨，年排放氧化亚氮总量为10.8万吨，折合二氧化碳排放当量约3200万吨。目前国内对氧化亚氮排放没有相关法规限制，氧化亚氮尾气未经处理直接排放至大气。国际上，氧化亚氮催化减排技术已较为成熟，庄信万丰、巴斯夫等催化剂已有20多年使用经验。四川蜀泰减排催化剂在四川金象年产10万吨硝酸装置上实现中试应用，该催化剂在企业减碳工作中将发挥重要作用。

8.2 硝酸铵

8.2.1 产品概况

8.2.1.1 硝酸铵性质

硝酸铵（NH_4NO_3），分子量为80.04，纯净的硝酸铵是无色无臭的透明晶体或白色晶体，相对密度为1.725（25℃），熔点为169.6℃，沸点为210℃，极易溶于水且吸热，它是一种吸湿性、结块性很强的物质。硝酸铵在常温下是稳定的，受热后开始分解，分解温度不同，生成产物不同[1]。

110℃时：$NH_4NO_3 = NH_3 + HNO_3 - Q$

185～200℃时：$NH_4NO_3 = N_2O + 2H_2O + Q$

230℃以上，同时有弱光：$2NH_4NO_3 = 2N_2 + O_2 + 4H_2O + Q$

400℃以上时，将会引起燃烧爆炸，反应如下：$4NH_4NO_3 = 3N_2 + 2NO_2 + 8H_2O + Q$

在长期的生产和使用硝酸铵的经验中发现，遵守规定的安全条例，硝酸铵是没有危险的，在生产、贮存、运输、使用过程中，如处理不当或没有采取相应的预防措施，就有可能导致严重的爆炸事故。在有氢离子（H^+）（例如硝酸、硫酸、盐酸等）存在时，硝酸铵的热分解速率明显加快，开始分解的温度降低。当有氯化物、铬酸盐、钴化合物等杂质存在时，则会对硝酸铵的热分解起催化作用。其中硝酸(H^+)和氯化物（Cl^-）的共同作用比其单独作用对硝酸铵的催化分解影响显著，并且这个反应为放热反应，在强力引爆剂的作用下，常温时也能爆炸。熔融的硝酸铵在铜、锌、锑、镍等作用下会转化成不稳定的亚硝酸铵，亚硝酸铵分解容易引起爆炸。不纯的硝酸铵（含有机杂质）会增加起火爆炸的危险性。硝酸铵应用领域广泛，主要用于生产肥料、工业炸药、化工原料以及军用炸药等。

8.2.1.2 硝酸铵产品种类和特点

根据产品形态不同，硝酸铵可分为硝酸铵溶液、结晶硝酸铵、多孔硝酸铵、工业硝酸铵（含大颗粒硝酸铵）等。

硝酸铵溶液：澄清透明水样物，能针对炸药厂家不同要求，调整好pH值和浓度，以槽车形式输送到炸药厂家，生产过程取消结晶、包装、转运等工序，降低生产成本。

结晶硝酸铵：白色结晶或无色结晶或颗粒结晶，没有肉眼可见的机械杂质，易溶于水，易吸湿和结块。

多孔硝酸铵：硝酸铵含量大于99.5%，外观为白色颗粒状结晶，无肉眼可见杂质，水分含量低，松散性和流动性好。

工业硝酸铵：白色或浅色颗粒，目测无可见机械杂质，传统的工业硝酸铵粒度和强度较小，易结块；大颗粒工业硝酸铵的粒径在2～4mm之间，颗粒比较圆润，抗压强度高，不易结块。

8.2.1.3 硝酸铵的用途

在我国，硝酸铵消费市场主要由三部分构成：一是工业领域，主要用作民爆器材的原料，制造炸药，占消费总量的65%～70%左右；二是改性或加工成硝基复合肥用作农用化肥，占消费总量的25%左右；三是用于化工、医药、轻工等行业，占消费总量的5%～10%。

8.2.1.4 硝酸铵的产品标准

硝酸铵溶液产品标准：HG/T 4523—2024《硝酸铵溶液》（见表8-6）。

表8-6 HG/T 4523—2024对硝酸铵溶液的要求

项目		指标
硝酸铵 (NH_4NO_3)w /%		65.0～93.0
pH(10% 硝酸铵溶液)		4.5～7.0
灼烧残渣（以干基计）w/%	≤	0.05
可燃物（以干基计，以C计）w/%	≤	0.2
氯化物（以干基计，以Cl计）/(mg/kg)	≤	20

结晶状硝酸铵产品标准：GB/T 2945—2017《硝酸铵》中工业用结晶状硝酸铵的要求（见表8-7）。

表8-7 GB/T 2945—2017对结晶状硝酸铵的要求

项目		指标	
		优等品	一等品
硝酸铵的质量分数（以干基计）/%	≥	99.5	
游离水的质量分数①/%	≤	0.3	0.5
酸度		甲基橙指示剂不显红色	
灼烧残渣的质量分数/%	≤	0.05	

①游离水的质量分数合格判定以出厂检验结果为准。

多孔粒状硝酸铵产品标准：HG/T 3280—2011《多孔粒状硝酸铵》（见表8-8）。

表8-8 HG/T 3280—2011对多孔粒状硝酸铵的要求

项目		指标	
		一等品	合格品
硝酸铵含量（以干基计）/%	≥	99.5	
游离水分①/%	≤	0.1	0.3
pH值	≥	4.0	

续表

项目		指标	
		一等品	合格品
吸油率 /%	≥	8 7	
疏松堆密度 /(g/cm³)		0.73 ～ 0.86	
粒度（0.50 ～ 2.50mm）/%	≥	95	90
颗粒平均抗压碎力 /N	≥	5	

①游离水分以出厂检验结果为准。

工业硝酸铵的产品标准：GB/T 2945—2017《硝酸铵》中工业用颗粒状硝酸铵的要求（见表 8-9）。

表8-9　GB/T 2945—2017对颗粒状硝酸铵的要求

项目		指标		
		优等品	一等品	合格品
硝酸铵的质量分数（以干基计）/%	≥	99.5		
游离水的质量分数①/%	≤	0.6	1.0	1.2
10% 水溶液 pH 值	≥	5.0	4.0	
10% 硝酸溶液中不溶物的质量分数 /%	≤	0.2		
颗粒平均抗压碎力②/(N/ 颗粒)	≥	5		
粒度（1.00 ～ 2.80mm）/%	≥	85		

①游离水的质量分数合格判定以出厂检验结果为准。
②颗粒平均抗压碎力为客户协议指标。

大颗粒工业硝酸铵的平均抗压碎力可达到 20N 以上，粒度一般控制在 2.00 ～ 4.00mm。

8.2.2　生产工艺

8.2.2.1　硝酸铵工艺技术简述

硝酸铵工艺[3]分为常压法和加压法两种。常压法一般在 0.11 ～ 0.13MPa 下进行氨酸中和反应，国内硝酸铵生产工艺几十年来一直沿用的是“常压中和”工艺，这主要是由于稀硝酸生产工艺技术落后，稀硝酸的浓度比较低，比如常压法、综合法以及全中压法稀硝酸装置生产的稀硝酸浓度一般在 40% ～ 50%（质量分数），用此浓度的硝酸生产硝酸铵，从技术本身考虑只能采用常压中和工艺。随着近几年稀硝酸工艺的技术进步，尤其是双加压法稀硝酸工艺技术的引进，稀硝酸的浓度可达 60% 以上。如果以此浓度的硝酸与气氨中和仍采用常压中和工艺，首先从硝酸铵生产安全角度考虑是不可行的。所以，采用加压中和工艺生产硝酸铵溶液，确保高浓度稀硝酸与气氨中和的安全可靠性。

8.2.2.2 加压法硝酸铵工艺生产原理

硝酸铵产品是由无水气氨和含水硝酸反应生成的。

$$NH_3（气态）+HNO_3（含水分）=\!=\!=NH_4NO_3（含水分）+Q$$

加压法一般是在 0.25 ～ 0.45MPa 下进行中和反应，采用加压中和反应器，可生成硝酸铵溶液。中和反应器出口硝酸铵浓度取决于硝酸浓度和操作条件（压力和温度）。

在加压中和反应器中，反应热和硝酸浓度如表 8-10 所示对应关系。

表8-10 反应热与硝酸浓度的对应关系

HNO_3 浓度 /%	50	52	54	56	58	60
反应热 /（kcal/kg 硝酸铵）	274.7	276.5	278.25	280.5	282.9	285.5

注：1kcal=4.19kJ。

加压中和反应器主要有两种结构型式，一种是管式加压中和反应器，一种是釜式加压中和反应器，国内外工业化应用最多的是管式加压中和反应器。

中和生成的硝酸铵溶液进入初蒸发和终蒸发反应工段进行提浓可生产出 92% ～ 99% 的硝酸铵溶液。

① 生产 93% 左右的硝酸铵溶液产品时，蒸发系统不需要消耗新鲜低压蒸汽，硝酸铵溶液在初蒸发器中用中和自产的工艺蒸汽加热即可，蒸发器出口的物料直接送至硝酸铵溶液储槽销售。

② 生产结晶硝酸铵产品时，蒸发系统也不需要消耗新鲜低压蒸汽，硝酸铵溶液从初蒸发器浓缩到 90% ～ 93% 后直接进入结晶器，得到结晶产品。

③ 生产多孔硝酸铵产品时，蒸发系统需要消耗一部分新鲜低压蒸汽，初蒸发器一般设计为两段，上段用自产工艺蒸汽加热，下段用低压蒸汽加热，下段蒸发器出口浓度控制在 96% ～ 97%，加入添加剂后直接送往造粒塔造粒，生产颗粒状多孔硝酸铵。

④ 生产工业硝酸铵产品时，初蒸发器不需要消耗新鲜低压蒸汽，终蒸发器需要消耗新鲜蒸汽，93% 左右的溶液送去硝酸铵终蒸发器继续用新鲜蒸汽加热浓缩到 99% 以上，通过塔式造粒生产粒径在 1 ～ 2mm 的工业硝酸铵，或者通过滚筒流化床造粒生产粒径在 2 ～ 4mm 的大颗粒硝酸铵。

8.2.2.3 管式反应器工艺

（1）硝酸铵溶液生产工艺（管式反应器） 硝酸铵溶液工艺生产流程主要包括液氨蒸发、氨酸中和、蒸发提浓等工序。

① 工艺流程简述 液氨来自界外，首先经过液氨缓冲罐进行缓冲，然后经过液氨蒸发器蒸发，再经过气氨过滤器除去油污等杂质后进入气氨过热器，用系统自产工艺蒸汽对其进行预热，之后进入管式中和反应器与稀硝酸混合。

气氨和稀硝酸在管式中和反应器中混合并发生反应，同时放出热量产生蒸汽。在中和闪蒸罐中工艺蒸汽从硝酸铵溶液中分离出来，硝酸铵溶液则留在底部，浓度一般为 75% 左右。

为提高氨和硝酸的转化率，用自动 pH 系统控制和调节酸 / 氨比，有如下特点：

a．气氨瞬间密度带压力和温度补偿。

b．气氨质量流量由瞬间密度和测得的体积流量计算获得。

c．气氨质量流量通过可调比率与硝酸流量串级控制反应。氨的质量流量是主调节，也给定了硝酸流量，若没有气氨流量，硝酸就不会进入反应器。

d．最终调节是根据工艺蒸汽的 pH 值，通过气氨旁路进行的。pH 值通过冷却从闪蒸罐出来的蒸汽来测量。

工艺蒸汽使用前，先在工艺蒸汽洗涤塔中洗涤，可以保证洗涤塔出口的工艺蒸汽硝酸铵含量≤ 120mg/kg，氨含量≤ 50mg/kg，洗涤后的工艺蒸汽用于系统介质的加热。

硝酸铵溶液真空状态下在初蒸发系统中浓缩，经闪蒸、蒸发和分离的蒸汽由真空设备抽出。此蒸发系统分为三部分：溶液在初蒸发闪蒸罐中闪蒸，在硝酸铵初蒸发器中用工艺蒸汽加热蒸发，在初蒸发分离器中分离。从蒸发系统中抽出的蒸汽在初蒸发冷凝器中用冷却水冷凝，然后收集到蒸发冷凝液槽中，经初蒸发系统浓缩的硝酸铵溶液浓度在 93%（质量分数）左右。

硝酸铵溶液生产工艺流程见图 8-4。

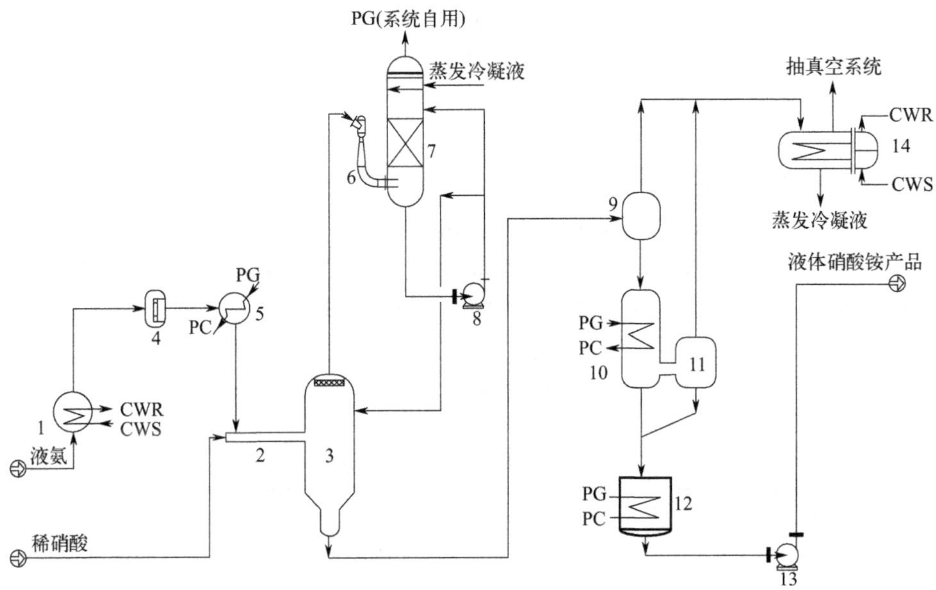

图 8-4 硝酸铵溶液生产工艺流程图

1—液氨蒸发器；2—管式中和反应器；3—中和闪蒸罐；4—气氨过滤器；5—气氨过热器；6—增湿器；7—工艺蒸汽洗涤塔；8—洗涤液循环泵；9—初蒸发闪蒸罐；10—硝酸铵初蒸发器；11—初蒸发分离器；12—硝酸铵溶液槽；13—硝铵溶液泵；14—初蒸发冷凝器

CWR—循环回水；CWS—循环上水；PG—工艺蒸汽；PC—蒸汽冷凝液

② 主要设备

a．管式中和反应器：管式中和反应器材质为耐高温腐蚀不锈钢，内设有硝酸雾化喷嘴和气氨夹套，特殊的设计结构可保证气氨和稀硝酸完全雾化并充分混合。管式中和反应器的特点是：反应器结构简单，维修方便且费用低；反应器容积小，反应快速、充分，动态硝酸铵量少，安全可靠。

b．工艺蒸汽洗涤塔：分为增湿器、填料段、塔板、高效除雾器四个部分。增湿器喷水降温，可以减轻对设备的腐蚀；填料段加酸洗氨，将氨含量降至最低；塔板和高效除雾器除去硝酸铵雾滴，保证硝酸铵和氨的洗涤效果，洗涤效率更高，操作简便，降低废水处理装置的投资及运行成本。

c．初蒸发器：采用降膜式蒸发器，设计有特殊的液体分布器，保证流体均匀分布，传热效率高，蒸汽消耗量少，设备换热面积小，投资小。

③ 工艺流程特点 国内目前大多数（90% 以上）硝酸铵装置皆采用加压管式中和工艺，实际运行效果安全、稳定、经济，操作方便灵活，它是非常成熟的技术。管式反应器操作负荷可在 70% ～ 110% 之间随时调整，管式反应器造价低，更换容易。由于中和系统采用加压中和（操作压力可控制在 0.25 ～ 0.45MPa 范围），中和分离后的硝酸铵溶液浓度一般在 80%（质量分数）左右，与洗涤循环液混合后其浓度降到 75% 左右送至蒸发系统浓缩，中和反应产生的二次蒸汽用于浓缩硝酸铵溶液产品，不需要外界蒸汽，产出的硝酸铵溶液产品浓度在 93% 左右。

该工艺把中和反应放在一段管道中进行，主要有以下特点：

a．反应器容积小，动态硝酸铵量少，操作安全；

b．中和反应压力在 0.25 ～ 0.45MPa 范围任意可调；

c．对原料硝酸浓度适应范围宽，生产调整方便灵活；

d．可一次获得高浓度的硝酸铵溶液；

e．中和反应过程物料及热能损失少、能耗低、开停车方便；

f．工艺冷凝液中硝酸铵和氨含量低。

管式反应器中和系统设计九台联锁阀门和 pH 自动调节系统；化工投料之前氨酸管线可实现自动吹扫；紧急停车或正常停车后，中和系统管线和设备也可实现自动吹扫；设计中和反应在碱性条件下进行，安全联锁设计可确保中和反应的本质安全。硝酸铵溶液系统设计自动排液和自动加水降温设施，保障生产本质安全。

④ 消耗定额 硝酸铵溶液工艺的消耗指标，每吨产品的消耗定额数据见表 8-11。

表8-11 硝酸铵溶液消耗定额

序号	项目	规格	消耗定额
1	液氨	折 100%	0.214t
2	稀硝酸	折 100%	0.786t
3	电	380V，50Hz	8kWh
4	循环水	$\Delta t = 8℃$	14m^3

（2）结晶硝酸铵生产工艺 结晶硝酸铵的工艺主要分为两部分，分别称为“湿线”和“干线”。“湿线”指的是制备 90% ～ 93% 的硝酸铵溶液，主要包括：氨与硝酸中和反应生产硝酸铵溶液；将硝酸铵溶液浓缩至 90% ～ 93%。“干线”则是将硝酸铵溶液变成结晶状的固体硝酸铵产品。

① 工艺流程简述

a．湿线工艺 液氨来自界外，首先经过液氨缓冲罐进行缓冲，然后经过液氨蒸发器蒸发，再经过气氨过滤器除去油污等杂质后进入气氨过热器，用系统自产工艺蒸汽对其进行预热，之后进入管式中和反应器与稀硝酸混合。

气氨和稀硝酸在管式中和反应器中混合并发生反应，同时放出热量产生蒸汽。在中和闪蒸罐中将工艺蒸汽从硝酸铵溶液中分离出来，硝酸铵溶液则留在底部，浓度一般为 75%（质量分数）左右。

工艺蒸汽使用前，先在工艺蒸汽洗涤塔中洗涤，可以保证洗涤塔出口的工艺蒸汽硝酸铵含量≤ 120mg/kg，氨含量≤ 50mg/kg。洗涤后的工艺蒸汽用于系统介质的加热。

硝酸铵溶液真空状态下在初蒸发系统中浓缩，经闪蒸、蒸发和分离的蒸汽由蒸汽喷射器抽出。此蒸发系统分为三部分：溶液在初蒸发闪蒸罐中闪蒸，在硝酸铵初蒸发器中用工艺蒸汽加热蒸发，在初蒸发分离器中分离。从蒸发系统中抽出的蒸汽在初蒸发冷凝器中用冷却水冷凝，然后收集到蒸发冷凝液槽中，经初蒸发系统浓缩的硝酸铵溶液浓度为90% ～ 93%（质量分数）。

b．干线工艺　硝酸铵溶液槽的90% ～ 93%硝酸铵溶液靠压差进入真空结晶机，结晶机装有搅拌器（开停车操作既可在现场又可在中控），其真空度由真空设备控制，硝酸铵溶液在真空和不断搅拌的状态下浓缩结晶，结晶过程中产生的蒸汽由真空设备抽出。抽出的蒸汽先在结晶分离器中分离，分离出少部分含硝酸铵的液滴在分离器底部流入冷凝液槽，蒸汽则进入结晶真空冷凝器用冷却水冷凝，冷凝液收集到冷凝液槽，送至工厂污水处理系统。

结晶生成的粉末状硝酸铵经产品输送带通过栈桥送去包装工序，包装后送至仓库。结晶硝酸铵生产工艺流程图见图8-5。

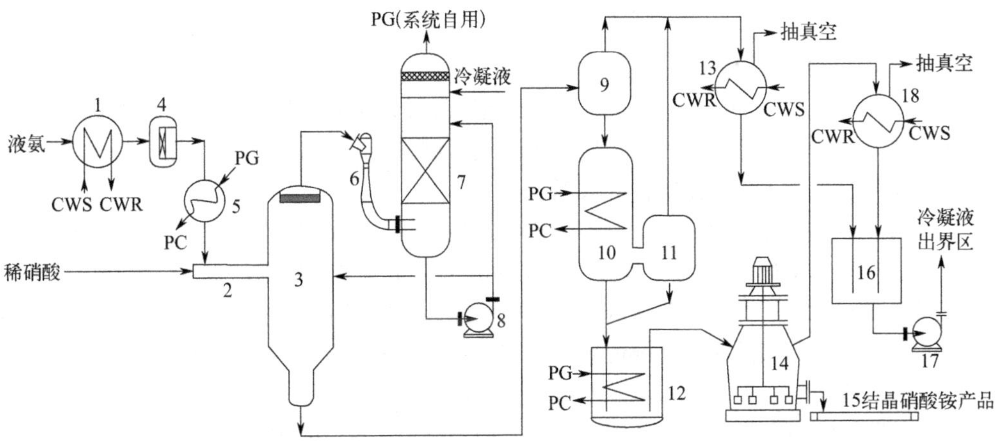

图8-5　结晶硝酸铵生产工艺流程图

1—液氨蒸发器；2—管式中和反应器；3—中和闪蒸罐；4—气氨过滤器；5—气氨过热器；6—增湿器；7—工艺蒸汽洗涤塔；8—洗涤液循环泵；9—初蒸发闪蒸罐；10—硝酸铵初蒸发器；11—初蒸发分离器；12—硝酸铵溶液槽；13—初蒸发冷凝器；14—真空结晶机；15—产品输送带；16—冷凝液槽；17—冷凝液泵；18—结晶真空冷凝器
CWR—循环回水；CWS—循环上水；PG—工艺蒸汽；PC—蒸汽冷凝液

② 主要设备　真空结晶机是结晶硝酸铵生产工艺的核心设备，其机理是：溶液进入真空结晶机后，由于在一定负压下，溶液的沸点下降，并利用溶液本身的热量进行闪蒸而使溶液的温度降低浓度提高，溶液从饱和状态进入过饱和状态，并逐步析出结晶，释放出一定的结晶热，继续促使溶液蒸发，这样溶液在不断蒸发的同时，不断产生结晶，最后得到结晶状硝酸铵固体。

真空结晶机结晶时间短，生产能力大，并配有特殊设计的搅拌器，进料、出料、抽真空均为自动控制，操作简便。

③ 工艺流程特点　加压法结晶硝酸铵生产工艺成熟，经过多年的生产实践，工艺得到了不断的改进和完善，流程更加合理。

a．二次工艺蒸汽充分利用，正常生产无需外供蒸汽；

b．硝酸铵结晶连续稳定运行，开停车灵活方便；

c．装置相对设备容积小，流程短，装置投资省。

④ 消耗定额　每吨结晶硝酸铵产品的消耗定额数据见表 8-12。

表8-12　结晶硝酸铵消耗定额

序号	项目	规格	消耗定额
1	液氨	NH_3 含量≥ 99.8%	0.214t
2	硝酸	100%	0.786t
3	电	380V，50Hz	14kWh
4	循环水	Δt = 8℃	25m^3

（3）多孔硝酸铵生产工艺　多孔硝酸铵工艺主要分为两部分，分别称为“湿线”和“干线”。“湿线”指的是制备 96% ～ 97% 的硝酸铵溶液，主要包括：氨与硝酸中和反应生产硝酸铵溶液；将硝酸铵溶液浓缩至 96% ～ 97%。“干线”则是将硝酸铵溶液变成多孔颗粒，包括原料混合、造粒、干燥、筛分、冷却、包裹、尾气处理等工序。

① 工艺流程简述

a．湿线工艺　液氨来自界外，首先经过液氨缓冲罐进行缓冲，然后经过液氨蒸发器蒸发，再经过气氨过滤器除去油污等杂质后进入气氨过热器，用系统自产工艺蒸汽对其进行预热，之后进入管式中和反应器与稀硝酸混合。

气氨和稀硝酸在管式中和反应器中混合并发生反应，同时放出热量产生蒸汽。在中和闪蒸罐中将工艺蒸汽从硝酸铵溶液中分离出来，硝酸铵溶液则留在底部，浓度一般为 75% 左右。

工艺蒸汽使用前，先在工艺蒸汽洗涤塔中洗涤，可以保证出洗涤塔出口的工艺蒸汽硝酸铵含量≤ 120mg/kg，氨含量≤ 50mg/kg。洗涤后的工艺蒸汽用于系统介质的加热。

硝酸铵溶液真空状态下在初蒸发系统中浓缩，经闪蒸、蒸发和分离的蒸汽由蒸汽喷射器抽出。此蒸发系统分为三部分：溶液在初蒸发闪蒸罐中闪蒸，在硝酸铵初蒸发器中用工艺蒸汽和外界低压蒸汽加热蒸发，在初蒸发分离器中分离。从蒸发系统中抽出的蒸汽在初蒸发冷凝器中用冷却水冷凝，然后收集到蒸发冷凝液槽中，经初蒸发系统浓缩的硝酸铵溶液浓度为 96% ～ 97%（质量分数）。

b．干线工艺　浓缩后的硝酸铵溶液进入再熔槽，与筛分出的过大过小颗粒一起溶解。然后，用泵打到造粒塔上的塔顶收槽。添加剂在添加剂槽内制备后，用泵输送到贮槽中，再经计量加到塔顶收槽，硝酸铵溶液和添加剂在塔顶收槽中用搅拌器搅匀，再经造粒喷嘴喷淋造粒。液滴在造粒塔降落过程中固化成颗粒落入塔底输送带上，然后送至干燥筒。

造粒塔顶出口含粉尘尾气在排入大气前要经过洗涤，洗涤系统包括下列设备：造粒洗涤器、造粒洗涤器槽、造粒洗涤器泵。来自塔顶的气流带有硝酸铵粉尘和微量氨，在洗涤器内用硝酸铵溶液洗涤，洗涤液喷至洗涤器的填料上，将尾气中的粉尘和微量氨洗涤回收，尾气达标排放。

干燥筒分为两部分：预干燥段和干燥段。预干燥段内的物料与干燥空气顺流接触，干燥段内的物料与干燥空气逆流接触。带有粉尘的干燥尾气由风机吸入洗涤器，用泵抽取干燥器洗涤器槽中的液体并进行洗涤，洗涤液回收，干燥尾气达标排放。

干燥后的多孔硝酸铵颗粒通过输送带和斗提机送至筛分器，过大和过小颗粒返回到再熔槽；合格的多孔硝酸铵颗粒在流化床冷却器中用空气冷却，流化床出口空气再到干燥筒以提高干燥效率，节省能量并减少污染。

为防止产品在贮存期间结块，冷却后的硝酸铵颗粒通过输送带送至包裹筒中，由于包裹筒的转动，颗粒逐步通过包裹筒，最后落在最终产品输送带上，在包裹筒内，硝酸铵颗粒表面被喷上薄薄一层防结块剂。多孔硝酸铵生产工艺流程图见图 8-6。

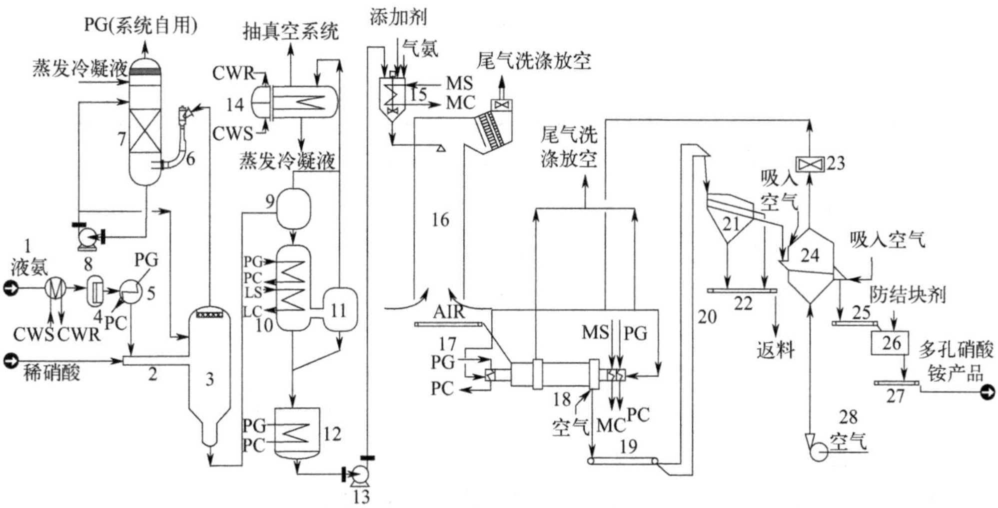

图 8-6　多孔硝酸铵生产工艺流程图

1—液氨蒸发器；2—管式中和反应器；3—中和闪蒸罐；4—气氨过滤器；5—气氨过热器；6—增湿器；7—工艺蒸汽洗涤塔；8—洗涤液循环泵；9—初蒸发闪蒸罐；10—硝酸铵初蒸发器；11—初蒸发分离器；12—硝酸铵溶液槽；13—硝酸铵溶液泵；14—初蒸发冷凝器；15—塔顶收槽；16—造粒塔；17—造粒塔底输送带；18—干燥筒；19—干燥出料输送带；20—斗提机；21—筛分器；22—返料输送带；23—引风机；24—流化床冷却器；25—流化床冷却器出口输送带；26—包裹筒；27—产品输送带；28—流化床冷却鼓风机

CWR—循环回水；CWS—循环上水；PG—工艺蒸汽；PC—蒸汽冷凝液；AIR—空气；MC—中压蒸汽冷凝液；MS—中压蒸汽；LS—蒸汽；LC—冷凝液

② 主要设备　造粒塔是生产多孔硝酸铵的主要设备，造粒喷头采用多个静止式多孔喷头，无转动部件，维护方便。喷头连接方式为卡环结构，拆装时间短，喷头更换清洗方便。

③ 工艺流程特点　多孔硝铵造粒特点主要有：

a．采用塔式造粒，颗粒表面光滑，颗粒均匀，品相好，强度较高，水分含量低，松散性和流动性好；

b．加入添加剂，利用水分蒸发，提高晶变温度，增加颗粒强度，降低塔高；

c．采用多个静止式多孔喷头；

d．干燥包括预干燥和干燥两段，保证产品的孔隙率，增加吸油率；

e．流程复杂，设备多，投资大；

f．利用液氨蒸发的冷量来冷却流化床用空气，保证冷却效果，同时降低能耗；

g．流化床冷却空气与干燥空气串级使用，减少废气排放；

h．造粒尾气和干燥尾气中的粉尘通过洗涤回收，尾气达标排放。

④ 消耗定额　每吨多孔硝酸铵产品的消耗定额数据见表 8-13。

表8-13 多孔硝酸铵消耗定额

序号	项目	规格	消耗定额
1	液氨	NH_3 含量≥ 99.8%	0.214t
2	硝酸	100%	0.786t
3	添加剂		700mg/kg
4	防结块剂		800mg/kg
5	电	380V，50Hz	35kWh
6	蒸汽	1.2MPa 饱和蒸汽	0.122t
7	循环水	Δt = 8℃	$27m^3$

（4）大颗粒工业硝酸铵生产工艺[4] 该工艺由天津华景工程技术有限公司开发，目前国内有河南永昌硝基肥有限公司建设两套工业化装置，大颗粒工业硝酸铵的生产工艺包括“湿线”和“干线”两部分,“湿线”主要包括氨酸中和、工艺蒸汽洗涤、硝酸铵溶液浓缩等工序，“干线”主要包括造粒、筛分、冷却、包装等工序。

① 工艺流程简述

a. 湿线工艺 液氨来自界外，首先经过液氨缓冲罐进行缓冲，然后经过液氨蒸发器蒸发，再经过气氨过滤器除去油污等杂质后进入气氨过热器，用系统自产工艺蒸汽对其进行预热，之后进入管式中和反应器与稀硝酸混合。

气氨和稀硝酸在管式中和反应器中混合并发生反应，同时放出热量产生蒸汽。在中和闪蒸罐中将工艺蒸汽从硝酸铵溶液中分离出来，硝酸铵溶液则留在底部，浓度一般为 75%（质量分数）左右。

工艺蒸汽使用前，先在工艺蒸汽洗涤塔中洗涤，可以保证出洗涤塔出口的工艺蒸汽硝酸铵含量≤ 120mg/kg，氨含量≤ 50mg/kg。洗涤后的工艺蒸汽用于系统介质的加热。

硝酸铵溶液真空状态下在初蒸发系统中浓缩，经闪蒸、蒸发和分离的蒸汽由蒸汽喷射器抽出。此蒸发系统分为三部分：溶液在初蒸发闪蒸罐中闪蒸，在硝酸铵初蒸发器中用工艺蒸汽加热蒸发，在初蒸发分离器中分离。从蒸发系统中抽出的蒸汽在初蒸发冷凝器中用冷却水冷凝，然后收集到蒸发冷凝液槽中，经初蒸发系统浓缩的硝酸铵溶液浓度为 93%(质量分数)左右。

来自硝酸铵溶液工艺初蒸发器的 93% 左右的硝酸铵溶液，用硝酸铵溶液泵送往硝酸铵终蒸发器。用外来低压蒸汽进一步提浓，将硝酸铵溶液提浓到 99%。

b. 干线工艺 提浓后的硝酸铵溶液进入滚筒流化床造粒机，在滚筒内设有抄板和固定流化床，抄板把滚筒底部颗粒抄入流化床，颗粒从溢流口流落，形成连续均匀的料帘。沿滚筒轴向安装有多个喷嘴，喷嘴把硝酸铵溶液雾化成液滴喷向料帘，液滴与运动颗粒碰撞接触，在颗粒表面包覆、固化，增大后的颗粒落到滚筒底部，再次被抄入流化床，重复上述过程。

造粒机出口的颗粒产品进入筛分机，大于 4mm 的大颗粒经破碎后与小于 2mm 的小颗粒作为返料返回造粒机，2 ～ 4mm 的合格粒度颗粒则输送至冷却系统，用循环水冷却。冷却后的成品颗粒直接送去包装、仓库。

造粒尾气粉尘含量较高，采用两级除尘后达标排放。

大颗粒硝酸铵生产工艺流程见图 8-7。

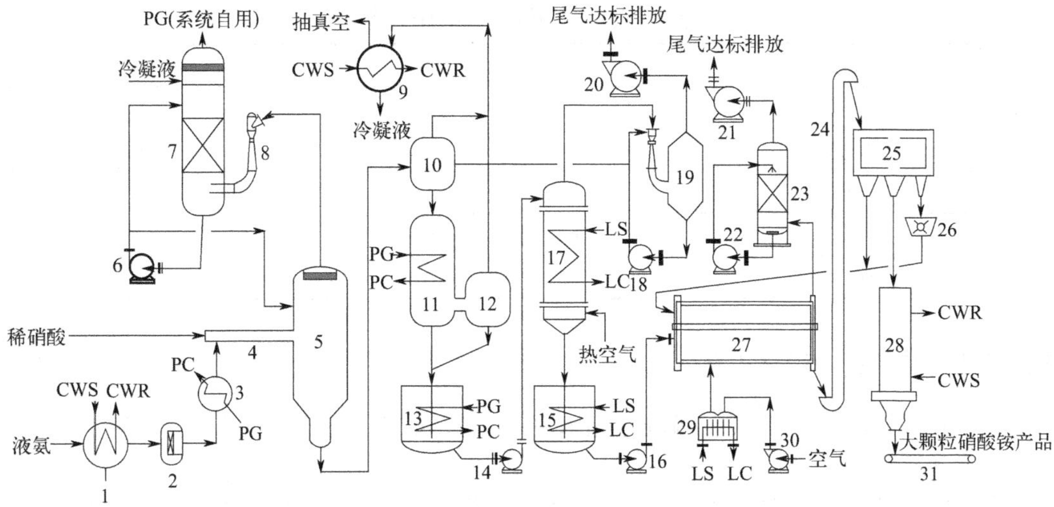

图 8-7　大颗粒硝酸铵生产工艺流程图

1—液氨蒸发器；2—气氨过热器；3—气氨过滤器；4—管式中和反应器；5—中和闪蒸罐；6—洗涤液循环泵；7—工艺蒸汽洗涤塔；8—增湿器；9—初蒸发冷凝器；10—初蒸发闪蒸罐；11—硝酸铵初蒸发器；12—初蒸发分离器；13—硝酸铵溶液槽；14—硝酸铵溶液泵；15—硝酸铵熔融液槽；16—硝酸铵熔融液泵；17—硝酸铵终蒸发器；18—尾气洗涤液循环泵；19—终蒸发洗涤器；20—洗涤引风机；21—造粒尾气引风机；22—造粒尾气洗涤泵；23—造粒尾气洗涤塔；24—斗提机；25—筛分机；26—破碎机；27—滚筒流化床造粒机；28—固体无尘冷却器；29—造粒空气预热器；30—造粒鼓风机；31—成品输送机

CWS—循环上水；CWR—循环回水；PG—工艺蒸汽；PC—蒸汽冷凝液；LS—蒸汽；LC—冷凝液

② 主要设备　滚筒流化床造粒机是大颗粒硝酸铵生产工艺的核心设备，是一种转筒造粒机，带有进料箱和出料箱，转筒的内壁上设置有升举抄板；转筒内部沿转筒轴向固设有一流化床和布风板，布风板的下部设置有风管和用于涂布造粒的雾化喷嘴。

根据硝酸铵生产规模的不同，造粒机的大小也有较大区别，一般常用的造粒机规格有 ϕ3000mm、ϕ3200mm、ϕ3500mm、ϕ3600mm、ϕ4200mm、ϕ4750mm，生产能力在 5 万～20 万吨 / 年不等。

③ 工艺流程特点　滚筒流化床造粒特点主要有：

a. 流程简单，投资较省，操作弹性大，工艺适应性强，颗粒比较圆润，抗压强度高；

b. 工艺流程设计有开车自动上料和停车自动清料系统，大幅减低了劳动强度；

c. 造粒机内部设计有内返料，外返料比仅为 1.0～1.5，有效降低了动设备的运行成本；

d. 此工艺为热造粒工艺过程，造粒料浆以浓溶液形式进入造粒机，其在造粒机内放出的显热和潜热可得到有效的利用，帮助提高造粒物料温度，降低造粒物料水分含量，本工艺造粒产品无需干燥。

目前市场上销售的普通工业硝酸铵产品都存在粒径小、强度低、结块严重等现象，在一定程度上影响了产品的销售及使用，大颗粒硝酸铵的工业化克服了现有产品的缺点，解决了结晶硝酸铵的结块问题，使得产品储存周期大大延长，使用效果也有很大改善。结晶硝酸铵仓储时很快就结成坚硬的大块，普通工业硝酸铵仓储 1 个月后出现严重的结块现象，而大颗粒硝酸铵仓储超过 3 个月才会有轻微的结块现象。

④ 消耗定额　每吨大颗粒硝酸铵产品的消耗定额数据见表 8-14。

表8-14 大颗粒硝酸铵消耗定额

序号	项目	规格	消耗定额
1	液氨	NH_3 含量≥ 99.8%	0.214t
2	稀硝酸	100%	0.786t
3	电	380V，50Hz	75kWh
4	蒸汽	1.2MPa 饱和蒸汽	0.29t
5	循环水	$\Delta t = 8℃$	$48m^3$

8.2.2.4 容积式中和器工艺

（1）硝酸铵溶液生产工艺　硝酸铵溶液生产工艺流程主要包括液氨蒸发、氨酸中和、蒸发提浓等工序。

① 工艺流程简述　液氨来自界外，进入液氨蒸发器蒸发，蒸发出来的气氨经过气氨过滤器除去油污等杂质后进入气氨过热器，用系统自产工艺蒸汽对其进行预热，之后进入中和器与稀硝酸混合反应。

中和器中有反应筒和导流筒。气氨和稀硝酸进入反应筒中，与返流来的硝酸铵溶液混合并发生反应，同时放出热量产生蒸汽。反应后的汽液混合物沿反应筒上升，出反应筒后，汽液分离，工艺蒸汽进入中和器分离段进行分离，出中和器后再进入洗涤器，将工艺蒸汽中夹带的硝酸铵溶液分离，硝酸铵溶液则沿导流筒回流至反应筒底部，再进入反应筒进行循环，同时流出部分溶液以维持中和器液位平衡。浓度一般为 78%（质量分数）左右，经闪蒸分离后浓度为 82%。

为提高氨和硝酸的利用率，系统采用自动 pH 系统控制和调节酸 / 氨比，有如下特点：

a．以稀硝酸流量为基准，调节气氨流量，两者采用比例调节。

b．气氨流量测量带压力和温度补偿。

c．气氨流量调节和稀硝酸流量调节均设置小旁路调节阀，以方便精确调节流量。最终调节是根据工艺蒸汽的 pH 值，通过气氨旁路进行的。

d．中和器的过程测量通过 pH 值分析仪进行。整个过程设置有反应段、循环段和中和工艺蒸汽取样点和 pH 值分析仪，可以及时掌握反应过程的变化情况。

e．气氨质量流量与硝酸流量串级控制反应。若没有气氨流量，则立即切断硝酸流量。

工艺蒸汽使用前，先在工艺蒸汽洗涤塔中洗涤，可以保证洗涤塔出口的工艺蒸汽硝酸铵含量≤ 100mg/kg，氨含量≤ 10mg/kg，洗涤后的工艺蒸汽用于系统介质的加热。

硝酸铵溶液真空状态下在初蒸发系统中浓缩，经闪蒸、蒸发和分离的蒸汽由真空设备抽出。此蒸发系统分为三部分：溶液在中和闪蒸槽中闪蒸，在硝酸铵一段蒸发器中用工艺蒸汽加热蒸发，在初蒸发分离器中分离。从蒸发系统中抽出的蒸汽在初蒸发冷凝器中用冷却水冷凝，然后收集到蒸发冷凝液槽中，经一段蒸发系统浓缩的硝酸铵溶液浓度 93% ～ 95%（质量分数）左右。硝酸铵溶液可直接外销或进一步加工成其他硝酸铵产品。

硝酸铵溶液生产工艺流程见图 8-8。

② 主要设备

a．中和器　中和器材质为耐高温腐蚀不锈钢，分为反应段和分离段。反应段分为反应筒和导流筒，可以保证氨和硝酸在反应过程中能够充分分散热量，分离段有足够的分离空间，可以将工艺蒸汽夹带的液滴分离下来。其特点是：反应器结构简单，维修方便且费用低；中和反应温和，安全可靠；对稀硝酸浓度的要求较宽，可适应 55% ～ 65% 的酸浓度；操作弹性大，负荷可在 60% ～ 150% 之间调节。

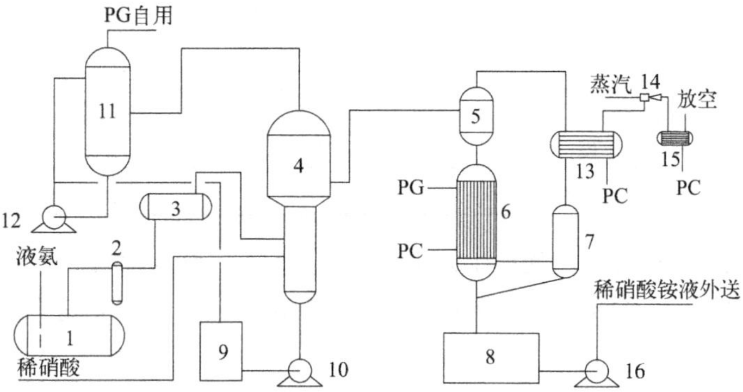

图 8-8 硝酸铵溶液生产工艺流程图

1—液氨蒸发器；2—气氨过滤器；3—气氨过热器；4—中和器；5—中和闪蒸槽；6—一段蒸发器；7—初蒸发分离器；8—稀硝酸铵槽；9—中和冷却槽；10—中和冷却泵；11—工艺蒸汽洗涤塔；12—洗涤泵；13—初蒸发冷凝器；14—喷射器；15—喷射冷却器；16—稀硝酸铵泵

PG—工艺蒸汽；PC—蒸汽冷凝液

b. 工艺蒸汽洗涤塔 分为填料段和塔盘二部分。填料段采用大流量循环洗涤，加酸洗氨，将氨含量降至最低；塔盘通过逐级除去硝酸铵雾滴，保证硝酸铵和氨的洗涤效果，洗涤效率更高，操作简便，降低废水处理装置的投资及运行成本。

c. 一段蒸发器 采用降膜式蒸发器，设计有特殊的液体分布器，保证流体均匀分布，传热效率高，蒸汽消耗量少，设备换热面积小，投资小。

③ 工艺流程特点 容积式加压中和器采用大循环稀释反应物，以控制反应热局部聚集，溶液循环为自动进行，实际运行效果安全、稳定、经济，操作弹性大，是非常成熟的技术。操作负荷可在 60% ～ 150% 之间随时调整。由于中和系统采用加压中和（操作压力可控制在 0.25 ～ 0.45MPa 范围），中和分离后的硝酸铵溶液浓度一般在 80%（质量分数）左右，送至蒸发系统浓缩，中和反应产生的二次蒸汽用于浓缩硝酸铵溶液产品，不需要外界蒸汽，产出的硝酸铵溶液产品浓度在 93% ～ 95%（质量分数）左右，最高可达 96%，适合用于后续硝酸铵工序。

容积式加压中和工艺把中和反应放在循环设备中进行，具有以下特点：

a. 中和反应是在循环溶液中分散进行，减少了局部反应的热效应，降低了风险，同时设置调温系统和联锁系统，操作安全可靠；

b. 生产负荷弹性大，可灵活调节生产；

c. 中和器设有特有的调温系统，对原料硝酸浓度适应范围宽，生产调整方便灵活；

d. 中和反应压力在 0.25 ～ 0.45MPa 范围任意可调，副产工艺蒸汽可满足系统的各种需求；

e. 一段蒸发获得高浓度的硝酸铵溶液，可以适应液体硝酸铵、结晶硝酸铵、多孔硝酸铵的需求；

f. 工艺冷凝液中硝酸铵和氨含量低，配合新的反渗透膜处理系统，可实现工艺废水的全回收利用；

g．整个系统实现 DCS 自动操作，联锁停车，操作方便，节省人力。

④ 消耗定额　每吨硝酸铵溶液产品的消耗定额数据见表 8-15。

表8-15　硝酸铵溶液消耗定额

序号	项目	规格	消耗定额
1	液氨	折 100%	0.216t
2	稀硝酸	折 100%	0.790t
3	电	380V，50Hz	8kWh
4	循环水	$\Delta t=8℃$	$14m^3$

（2）结晶硝酸铵　结晶硝酸铵的工艺主要分为两部分，分别称为“湿线”和“干线”。“湿线”指的是制备 90% ～ 93%（质量分数）的硝酸铵溶液，“干线”则是将硝酸铵溶液变成结晶状的固体硝酸铵产品。

① 工艺流程简述

a．湿线工艺　湿线流程同硝酸铵溶液流程，在一段初蒸发系统浓缩过程中控制蒸发后的硝酸铵溶液浓度为 90% ～ 93%。

b．干线工艺　在真空作用下，硝酸铵溶液槽的 90% ～ 93% 硝酸铵溶液靠压差进入真空结晶机。结晶机在真空状态下操作，其真空度由真空设备控制，结晶机装有搅拌器（开停操作既可在现场又可在中控）。硝酸铵溶液在真空和不断搅拌的状态下浓缩、结晶，结晶过程中产生的蒸汽由真空设备抽出。抽出的蒸汽先在结晶分离器中分离，分离出少部分含硝酸铵的液滴在分离器底部流入结晶冷凝液槽，蒸汽则进入结晶真空冷凝器用冷却水冷凝，冷凝液收集到结晶冷凝液槽，送至硝酸铵工艺废水处理系统处理。不凝的惰性气体则由真空泵抽出放空。

成品的结晶硝酸铵经成品输送带通过栈桥送去包装工序，包装后送至仓库。

结晶硝酸铵生产工艺流程图见图 8-9。

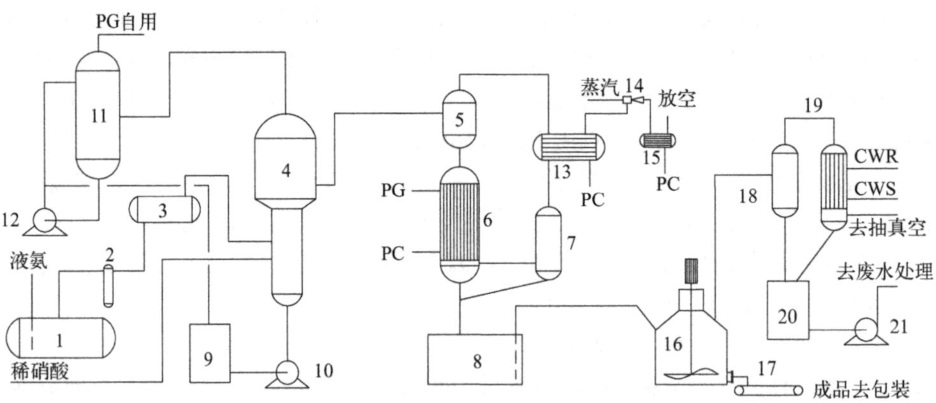

图 8-9　结晶硝酸铵生产工艺流程图

1—液氨蒸发器；2—气氨过滤器；3—气氨过热器；4—中和器；5—中和闪蒸槽；6—一段蒸发器；7—初蒸发分离器；8—硝酸铵溶液槽；9—中和冷却槽；10—中和冷却泵；11—工艺蒸汽洗涤器；12—洗涤泵；13—初蒸发冷凝器；14—喷射器；15—喷射冷却器；16—真空结晶机；17—成品输送带；18—结晶分离器；19—结晶真空冷凝器；20—结晶冷凝液槽；21—结晶冷凝液泵

PG—工艺蒸汽；PC—蒸汽冷凝液；CWS—循环上水；CWR—循环回水

② 主要设备　湿线部分主要设备同硝酸铵溶液工艺。干线部分的主要设备为真空结晶机，其生产机理是：溶液进入真空结晶机后，由于在一定负压下，溶液的沸点下降，并利用溶液本身的热量进行闪蒸而使溶液的温度降低浓度提高，溶液从饱和状态进入过饱和状态，并逐步析出结晶，释放出一定的结晶热，继续促使溶液蒸发，这样溶液在不断蒸发的同时，不断产生结晶，最后得到结晶状硝酸铵固体。

真空结晶机结晶时间短，生产能力大，并配有特殊设计的搅拌器，进料、出料、抽真空均为自动控制，操作简便。

③ 工艺流程特点　真空结晶硝酸铵生产工艺为成熟工艺，流程合理，操作简便，产品质量稳定。经过不断的改进和完善，进一步降低劳动强度，减少废水排放。

a．二次工艺蒸汽充分利用，正常生产无需外供蒸汽；

b．硝酸铵结晶连续稳定运行，开停车灵活方便；

c．装置相对设备容积小，流程短，装置投资省；

d．结晶工艺废水完全回收利用。

④ 消耗定额　每吨结晶硝酸铵产品的消耗定额数据见表 8-16。

表8-16　结晶硝酸铵消耗定额

序号	项目	规格	消耗定额
1	液氨	NH_3 含量≥ 99.8%	0.218t
2	硝酸	100%	0.792t
3	电	380V，50Hz	14kWh
4	循环水	$\Delta t = 8℃$	25m^3

（3）多孔硝酸铵　多孔硝酸铵的生产工艺主要分为两部分——“湿线”和“干线”。

“湿线”指的是由氨和稀硝酸制备 96% ～ 97%（质量分数）的硝酸铵溶液，包括中和与蒸发过程，“干线”则是将硝酸铵溶液变成颗粒状的多孔硝酸铵产品，包括造粒、干燥、筛分、冷却、包裹、包装等过程。

① 工艺流程简述

湿线工艺：湿线流程同硝酸铵溶液流程，在一段初蒸发系统浓缩过程中另外增加一段蒸发器，利用外供压力高一些的低压蒸汽，在需要的时候对一段蒸发器出来的稀硝酸铵溶液进一步加热蒸发，从而控制蒸发后的硝酸铵溶液浓度为 96% ～ 97%。

干线工艺：浓缩后的硝酸铵溶液进入再熔槽，与筛分出的过大过小颗粒一起溶解。然后，用泵打到造粒塔上的塔顶收槽。添加剂在添加剂槽内制备后，用泵输送到贮槽中，再经计量加到塔顶收槽，硝酸铵溶液和添加剂在塔顶收槽中用搅拌器搅匀，再经造粒喷嘴喷淋造粒。液滴在造粒塔降落过程中固化成颗粒落入塔底输送带上，然后送至干燥筒。

造粒塔顶出口含粉尘尾气在排入大气前要经过洗涤，洗涤系统包括下列设备：造粒洗涤器、造粒洗涤器槽、造粒洗涤器泵。来自塔顶的气流带有硝酸铵粉尘和微量氨，在洗涤器内用硝酸铵溶液洗涤，洗涤液喷至洗涤器的填料上，将尾气中的粉尘和微量氨洗涤回收，尾气达标排放。

干燥筒分为两部分：预干燥段和干燥段。预干燥段内的物料与干燥空气顺流接触，干燥段内的物料与干燥空气逆流接触。带有粉尘的干燥尾气由风机吸入洗涤器，用泵抽取干燥器洗涤器槽中的液体并进行洗涤，洗涤液回收，干燥尾气达标排放。

干燥后的多孔硝酸铵颗粒通过输送带和斗提机送至筛分器，过大和过小颗粒返回到再熔槽；合格的多孔硝酸铵颗粒在板式冷却器中冷却，冷却器分为两段，第一段采用循环水作冷却介质，第二段采用冷冻水作冷却介质。采用板式冷却器，提高了换热效率，减少产品颗粒破碎，产品冷却效果好。

为防止产品在贮存期间结块，冷却后的硝酸铵颗粒通过输送带送至包裹筒中，由于包裹筒的转动，颗粒逐步通过包裹筒，最后落在成品输送带上，在包裹筒内，硝酸铵颗粒表面被喷上薄薄一层防结块剂。

多孔硝酸铵生产工艺流程图见图 8-10。

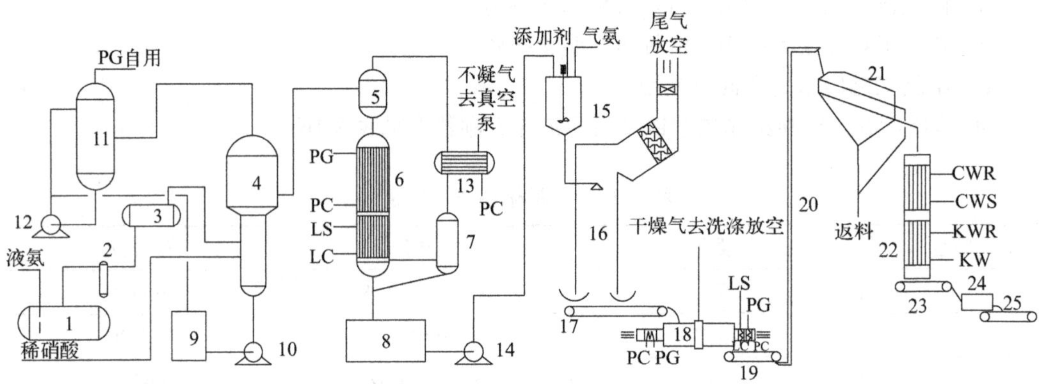

图 8-10　多孔硝酸铵生产工艺流程图

1—液氨蒸发器；2—气氨过滤器；3—气氨加热器；4—中和器；5—中和闪蒸槽；6—蒸发器；7—蒸发分离器；8—稀硝铵槽；9—中和冷却槽；10—中和冷却泵；11—工艺蒸汽洗涤器；12—洗涤泵；13—蒸发冷凝器；14—稀硝酸铵泵；15—塔顶受槽；16—造粒塔；17—塔底输送带；18—干燥筒；19—干燥输送带；20—斗提机；21—筛分机；22—板式冷却器；23—冷却输送带；24—包裹筒；25—成品输送带

PG—工艺蒸汽；PC—蒸汽冷凝液；LS—蒸汽；LC—冷凝液；CWS—循环上水；CWR—循环回水；KW—冷冻水；KWR—冷冻回水

② 主要设备

a．造粒塔：造粒塔是生产多孔硝酸铵的主要设备，造粒喷头采用多个静止式多孔喷头，无转动部件，维护方便。本工艺的造粒塔除了可采用经典的方形塔外，也可采用圆形造粒塔。

b．板式冷却器：板式冷却器，粉体物料采用密相输送，板式换热结构，水作为冷却介质。设备立式安装，颗粒料由上而下逐渐流下，逐级冷却，传热效率高，冷却效果好，物料粉碎少，动力消耗低。

③ 工艺流程特点　本多孔硝酸铵生产工艺具有如下独特点：

a．采用塔式造粒。造粒塔采用普通的复肥造粒塔，因此可与复肥生产相结合，提高了装置的适用范围；

b．采用立式板式冷却器，分段冷却、占地面积小、流程简便、产品破碎少、产品冷却效果好；

c．干燥空气采用洗涤后抽风放空，干燥筒进风可自然进气，分别控制，减少动力消耗，筛分-冷却-包裹-返料再熔部分高低配置，自然流动，减少中间输送动力消耗及输送损失；

d. 与传统多孔硝酸铵流程相比，流程较短，流程前后关联减少，湿线与干线可以独立开车，从而减少了操作难度，减少开车时间；

e. 造粒尾气、干燥尾气和包装尾气中的粉尘通过洗涤回收，尾气达标排放。

④ 消耗定额 每吨多孔硝酸铵产品的消耗定额数据见表 8-17。

表8-17 多孔硝酸铵消耗定额

序号	项目	规格	消耗定额
1	液氨	NH_3 含量≥99.8%	0.216t
2	硝酸	100%	0.795t
3	添加剂		700mg/kg
4	包裹剂		800mg/kg
5	电	380V，50Hz	35kWh
6	蒸汽	1.2MPa 饱和蒸汽	0.125t
7	循环水	$\Delta t = 8℃$	$23m^3$

8.2.3 发展历程

1659 年，德国人 J.R. 格劳贝尔首次制得硝酸铵。19 世纪末期，欧洲人用硫酸铵与智利硝石进行复分解反应生产硝酸铵。由于合成氨工业的大规模发展，硝酸铵生产获得了丰富的原料，于 20 世纪中期得到迅速发展。硝酸铵不仅可以作为化肥提高粮食产量，也可以用于生产炸药。

我国在新中国成立前就有硝酸铵生产，新中国成立后，陆续建设了一批硝酸铵工厂。

20 世纪 50 年代，大连化学厂和永利宁厂恢复了常压氧化、常压吸收的硝酸和硝酸铵生产，然后又进行了扩建。第一个五年计划期间，我国从苏联引进了硝酸和硝酸铵生产工艺吉林化肥厂、太原化肥厂、兰州化肥厂都配套生产硝酸和硝酸铵。1957 年 7 月 31 日，吉林化肥厂建成生产，设计能力为年产合成氨 5 万吨、硝酸铵 9 万吨；1958 年 9 月，兰州化肥厂建成投产，设计能力为年产合成氨 5.2 万吨、硝酸铵 9 万吨；1961 年 1 月 18 日，太原化肥厂建成投产，设计能力为年产合成氨 5 万吨、硝酸铵 12 万吨 [5]。

20 世纪 60 年代，我国自行设计、建设的中型氮肥厂，采用单加压法生产 8 万吨稀硝酸并配套生产 11 万吨硝酸铵。

20 世纪 70 年代，我国开发了全加压法稀硝酸生产工艺，建设年产 8 万吨稀硝酸和 11 万吨硝酸铵生产装置。之后，由于建设硝酸、硝酸铵装置的投资和耗用不锈钢较多，一度中止发展。1983 年，硝酸铵的产量约占中型厂氮肥产量的 28.5%，居中型氮肥品种的第二位。

可以看出，新中国成立初期，硝酸铵是氮肥的主要品种。之后随着碳酸氢铵工艺的开发，以及尿素生产技术和装备的掌握，碳酸氢铵和尿素逐渐成为我国氮肥的主角。2000 年以前，硝酸铵一直作为氮肥的一个品种，1999 年，我国硝酸铵产量为 130 万吨（实物量），占氮肥总量的 1.95%。但由于硝酸铵是制造炸药的主要原料，历史上国内外曾多次发生过硝酸铵爆炸的事件。2002 年国务院办公厅下发《关于进一步加强民用爆炸物品安全管理的通知》

（国办发 [2002]52 号文），将硝酸铵销售、购买和使用纳入民用爆炸物品管理，禁止将硝酸铵作为化肥销售，允许对硝酸铵作改性处理（制成复合肥或混合肥），使之失去爆炸性并且不可还原后作为化肥销售、使用。52 号文规定不再批准设立新的硝酸铵化肥生产厂，硝酸铵只允许销售给民爆器材定点生产企业和制药、制冷剂等生产企业及有关的教学、科研单位。因此，硝酸铵产能增长速度放缓，下游需求受使用范围的限制也增长缓慢。

技术方面，生产硝酸铵的工艺选择主要取决于硝酸原料的浓度，工艺主要有常压中和法、加压中和法和容积式中和法。前期我国常压中和法硝酸铵产能占总产能的比例达到 80%。随着我国硝酸生产工艺的改进，加压中和法的产能占比不断提高。2021 年 9 月，应急管理部等五部委联合发布《关于进一步加强硝酸铵安全管理的通知》，要求淘汰退出常压中和法硝酸铵生产工艺。截止到 2021 年底，国内常压中和法硝酸铵装置全部停产改造，常压中和法硝酸铵生产工艺彻底退出历史舞台。

8.2.4 现有装置情况

自 2002 年硝酸铵直接用作化肥受到限制后，硝酸铵总量增长幅度放缓，过去二十年硝酸铵产量年均增速在 3% 左右。硝酸铵总产能在 2016 年达到最大值 1172 万吨，之后开始小幅下降，2020 年产能为 1071 万吨。产能下降主要原因：一是对硝酸铵的安全管控加强，尤其是 2020 年“贝鲁特”爆炸事件后，国家又进一步加强硝酸铵生产、储存、销售、使用、运输等环节安全风险管控，一些安全不达标的企业陆续退出；二是硝酸铵供应过剩，落后产能逐渐被淘汰。据中国氮肥工业协会硝酸硝铵分会统计，2015 至 2023 年期间累计退出硝酸铵产能达到 405 万吨，截至 2023 年底，常压中和法装置全部停产。

硝酸铵产能 50 万吨以上的企业有 4 家，产能为 268 万吨，占总量的 27.0%；20 万～ 50 万吨的企业有 20 家，产能为 625 万吨，占比 63.1%；产能在 20 万吨以下的企业有 8 家，产能为 98 万吨，占比 9.9%。

硝酸铵主要用于民用炸药，占硝酸铵总量的 75%，其余用于生产硝基类肥料和其他工业用途。工业硝酸铵的产品结构主要包括多孔硝酸铵、结晶硝酸铵、硝酸铵溶液。过去一些年，主要以多孔和结晶硝酸铵为主，近几年硝酸铵溶液的产量快速增长，分布地区从南方地区逐渐向北方扩展，南方地区包括四川、福建、湖北、云南、贵州等，北方地区包括河北、山西、山东、河南等。快速增长主要因为国家安全管控加强，硝酸铵溶液储存和运输安全性好于固体硝酸铵。此外，民爆企业生产工艺改进，对硝酸铵溶液需求也增多。2023 年，我国硝酸铵总产量为 626.7 万吨，其中工业硝酸铵的产量为 469.6 万吨。工业硝酸铵中，多孔硝酸铵产量为 107.5 万吨，结晶硝酸铵产量为 113.8 万吨，硝酸铵溶液产量为 248.3 万吨。

目前我国有硝酸铵生产企业 32 家，有产量的企业有 22 家，主要硝酸铵生产企业的装置产能见表 8-18。

表8-18　我国硝酸铵主要生产企业装置产能（前十家企业）

序号	企业名称	产能 /（万吨 / 年）
1	河南晋开化工投资控股集团有限责任公司	80
2	陕西兴化化学股份有限公司	80
3	天脊煤化工集团股份有限公司	50

续表

序号	企业名称	产能 / (万吨 / 年)
4	新疆金圣胡杨化工有限公司	50
5	四川金象赛瑞化工股份有限公司	48
6	中煤平朔能源化工有限公司	40
7	云南解化清洁能源开发有限公司解化化工分公司	40
8	湖北凯龙楚兴化工集团有限公司	40
9	贵州开磷化肥有限责任公司	40
10	阳煤集团太原化工新材料有限公司	40

8.2.5　未来发展趋势

硝酸铵市场发展相对成熟，市场增速逐渐减缓，预计未来五年，全球硝酸铵市场将保持小幅增长态势。全球范围内，硝酸铵市场主要集中在北美、欧洲、中国以及澳大利亚等地区，其中欧洲是全球硝酸铵主要生产地区，产能占比接近四成。

未来我国硝酸铵市场将以发展平稳为主，发展趋势主要有以下几个方面：

（1）总量平稳发展　2021 年 9 月五部委发布的《关于进一步加强硝酸铵安全管理的通知》中要求，对硝酸铵新建项目从严审批，严格从业人员准入，对不符合安全生产法律法规、标准和产业布局规划的建设项目一律不予审批。今后硝酸铵新项目审批难度加大，新产能增长空间有限。对于存量产能，2020 年“贝鲁特”爆炸事件后，国家加大对硝酸铵安全管控，常压中和法硝酸铵装置和一些未达到安全要求的装置相继停车，目前存量装置运行稳定，预计今后硝酸铵供应以平稳为主。

（2）安全水平进一步提升　相关文件对硝酸铵的安全管控提出了新的要求。今后硝酸铵生产企业要适应新的更加严苛的管控要求，全方位全过程地进行自查整改。硝酸铵生产过程、储存运输等环节安全水平将会明显提升。

（3）产品结构不断优化　硝酸铵产品结构会不断进行优化，按照要求，合理配套建设与固体硝酸铵产能相匹配的硝基复合肥、硝酸铵溶液等调峰装置或产能分流设施。硝酸铵下游产品结构日益多元，三元硝基复合肥、硝酸磷肥、硝酸铵钙、UAN 及以 UAN 为原料的硝基液体肥、其他硝基类新型肥料（硝硫铵、氯基硝酸磷钾肥等）将得到广泛关注和发展。

参考文献

[1]　陈五平．无机化工工艺学上册．北京：化学工业出版社，2002.
[2]　马瑛．无机物工艺．北京：化学工业出版社，2006.
[3]　化学工业部．氮肥工艺设计手册．北京：化学工业出版社，1983.
[4]　景双伍．大颗粒硝酸铵、硝酸铵钙生产技术的开发与应用．北京：中国化肥信息 ,2018.

中国肥料研究与应用全书

Books of Fertilizer Research and Application in China

FERTILIZER

第9章

硫酸铵

9.1 硫酸铵概况

9.1.1 产品特性

硫酸铵简称硫铵，俗称肥田粉，分子式为 $(NH_4)_2SO_4$，分子量为 132.14，含氮量为 21%，含硫 24%。硫酸铵纯品为白色斜方菱形结晶，无气味，易溶于水，不溶于乙醇、丙酮、氨。若产品中混有杂质时则带黄色或灰色。硫酸铵与石灰、草木灰等碱性物质接触易分解，放出氨气，潮湿的硫酸铵对钢铁、水泥和麻袋等均有腐蚀性。

硫酸铵密度为 $1.769g/cm^3$，熔点为 512.2℃，临界相对湿度为 79.2%。硫酸铵物理性质稳定，分解温度大于 280℃，分解时放出氨而变成硫酸氢铵，当温度升高至 512.2℃，则完全分解为氨和硫酸。硫酸铵在水中的溶解度：0℃时 70.6g/100g，100℃时 103.3g/100g。水溶液为弱酸性，0.1mol/L 水溶液的 pH 为 5.5，相对密度为 1.77，折射率为 1.521。

硫酸铵对眼睛、皮肤、黏膜和上呼吸道有刺激作用。若皮肤和眼睛不慎触及，应立即用流动清水冲洗。硫酸铵产品适宜贮存于阴凉、通风的库房，防止受潮和雨淋，远离火种、热源，应与酸类、碱类分开存放，切忌混贮混运，可用普通运输工具运输。

9.1.2 产品用途

硫酸铵含有氮和硫两种植物生长营养元素，国内外普遍用作化肥使用。硫酸铵可作基肥、追肥和种肥，在用作种肥时一定要注意用量不宜多。硫酸铵不易结块，易保存，是一种速效氮肥，用于水稻、油菜等作物的追肥比尿素等其他氮肥效果好。硫酸铵既含氮又含硫，在缺硫地区施用硫酸铵，作物增产效果明显。硫酸铵为生理酸性肥料，比较适合于碱性土壤，在酸性土壤施用时应配施适量石灰或有机肥。硫酸铵可改善其他肥料的造粒性能，是国内团粒法生产复混肥的主要原料之一，产品不含氯离子，是无氯化肥的主要原料。硫酸铵适宜施用于水稻、燕麦、马铃薯、蔬菜、甘蔗等作物。

硫酸铵在化学工业、医药、纺织、制革和食品等工业方面，也得到了广泛应用。硫酸铵在工业上主要用于制备硫酸钾和过硫酸铵、稀土开采、医药、染料、皮革加工药剂的原料等。硫酸铵还可用于焊接、加工电池及织物的防火剂；食用硫酸铵可用于啤酒酿造、食盐添加剂、面团调节剂、酵母养料等。

硫酸铵生物学上的用途也很多，多用于蛋白质纯化工艺方面，因为硫酸铵属于惰性物质，不易与其他生物活性物质发生反应，在纯化过程中能最大限度地保护蛋白质活性。另外，硫酸铵的可溶性极好，能形成高盐环境，可用于蛋白质沉淀与后续的高盐纯化。硫酸铵还可用于微生物培养基的制备。

9.1.3 生产方法

中国的硫酸铵的生产最初是以氨和硫酸为原料直接合成，生产工艺简单，得到的是最早的氮肥品种之一，反应式为：

$$2NH_3 + H_2SO_4 \longrightarrow (NH_4)_2SO_4$$

当时适量的硫酸和氨作用时，则生成硫酸氢铵，其反应式为：

$$NH_3 + H_2SO_4 \longrightarrow NH_4HSO_4$$

随着溶液被氨饱和的程度增加，酸式盐又可转变为正盐硫酸铵，其反应式：

$$NH_4HSO_4 + NH_3 \longrightarrow (NH_4)_2SO_4$$

酸式盐和正盐的比例取决于母液的酸度，当酸度升高时，酸式盐的含量升高。由于酸式盐较易溶解于水或稀硫酸中，故在酸度不大的情况下，从饱和溶液中析出的只有硫酸铵结晶。

随着碳酸氢铵、尿素等肥料的发展，用硫酸和氨直接合成的生产工艺由于成本高而逐渐被焦化、化工等行业的副产工艺所代替。目前常用的含氨尾气生产硫酸铵工艺是将尾气中氨气用稀硫酸吸收后生成25%左右的稀硫酸铵，通过蒸发、结晶、离心、干燥等工艺，获得成品硫酸铵。现在国内硫酸铵基本来自于其他行业副产，例如炼焦行业、己内酰胺、硫酸尾气脱硫、电厂脱硫、丙烯腈以及甲基丙烯酸甲酯、氧化钛等副产。其生产能力和产量都受主产品的限制，因此可以说硫酸铵产业是个附属产业。但随着环保要求提高和化工产品需求的增加硫酸铵的产量逐年增加，已成为一个重要的氮肥品种。

9.2 生产工艺

9.2.1 焦炉气回收法

硫酸铵的一个重要来源是焦炉气回收的副产品[1]。焦炉气中含有1%左右的氨，气体通过鼓泡型或喷淋型饱和器，采用硫酸吸收以制取硫酸铵。根据工艺过程的不同，焦炉气回收法可分为直接发、间接法、半直接法和喷淋式饱和器法以及非饱和器法。

（1）直接法　将焦炉气进行冷却，除去焦油，然后通过鼓泡型饱和器，用硫酸进行吸收，得到的硫酸铵料浆经离心分离、洗涤和干燥，得硫酸铵产品。该方法优点是投资和操作费用低，排放废液少；缺点是结晶操作不易控制，产品易受到焦油和吡啶污染。

（2）间接法　焦炉气经气体冷却器冷却，除去焦油和水分；气体中的氨在洗涤塔中用水吸收，得到的氨水和粗氨水（由焦油和冷凝水而得）一同送蒸汽塔中蒸馏，蒸出的氨送往硫酸洗涤器以生产硫酸铵。此法优点是产品硫酸铵基本不含杂质，还可将气氨制取液氨，但该法投资大、能耗大、氨损失大，操作费用高。

（3）半直接法　首先将焦炉气冷却，分离出焦油和含水冷凝物，含水冷凝物经氨蒸馏塔蒸馏，将放出的氨与脱除焦油后的焦炉气主气流合并，并预热至70℃，送进饱和结晶器，用含有硫酸铵的母液和硫酸进行吸收（流程见图9-1）。我国20世纪60年代以前的大中型焦化厂均采用这种工艺，这种饱和器既是吸收设备，又是结晶设备，不能分别控制，因此得不到大颗粒结晶。该工艺优点是产品质量高，基本不含焦油、吡啶或其他杂质，并且氨回收率高。缺点是设备腐蚀严重，煤气系统阻力大，已经不适合现在市场发展要求。

以上三种方法的对比情况见表9-1。

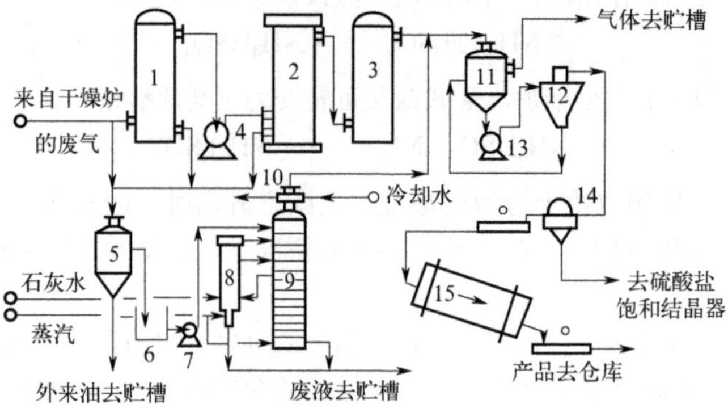

图 9-1　半直接法焦炉气回收生产硫酸铵工艺流程图

1—气体初冷却器；2—静电焦油沉淀器；3—气体预热器；4—主要气体鼓风机；5—焦油分离器；6—粗氨液体贮槽；7—蒸馏塔进料泵；8—石灰柱；9—氨蒸馏塔；10—分馏器；11—硫酸盐饱和结晶器；12—料浆浓缩器；13—料浆进料泵；14—离心机；15—回转干燥器

表9-1　鼓泡式焦炉气回收硫酸铵不同方法对比

项目	直接法	间接法	半直接法
氨来源	焦炉气中氨	焦炉气中氨	焦炉气中氨
硫酸消耗 /（t/t　硫酸铵）	0.97	0.97	0.75
优点	投资、操作费用低，排放废液少	产品硫酸铵基本不含杂质，气氨还可以生产液氨	硫酸铵产品质量高、氨回收率高
缺点	结晶操作不易控制	投资大、操作费用高、能耗大、	设备腐蚀严重，阻力大

（4）喷淋式饱和器法[2]　喷淋式饱和器生产硫酸铵工艺见图 9-2，饱和器材质通常为不锈钢（SUS316），饱和器分为上段和下段，上段为吸收室，下段为结晶室。

来自脱硫工段的焦炉煤气经预热器加热后，分两路进入喷淋式饱和器的上段，与喷洒的母液接触吸收煤气中的氨。然后，两路煤气汇合，从切线方向进入饱和器中心的旋风分离部分。煤气所夹带的酸雾分离后沉降至锥形漏斗，净煤气从饱和器中心出口管离开，进入终冷洗苯工段。

饱和器的上段和下段由降液管连通，吸氨后的硫酸铵母液从降液管流至结晶室底部。结晶室中的母液在充分搅拌下，细粒结晶呈悬浮状态，延长其停留时间，以利于硫酸铵结晶的长大，并沉积于饱和器底部。结晶泵将硫酸铵结晶抽送到结晶槽，再经离心机分离，湿硫铵送至振动流化床干燥器，用热空气干燥和冷风冷却后送入硫酸铵贮斗。最后，称量、包装、入库。喷淋式饱和器法具有设备使用寿命长、煤气系统阻力小、结晶颗粒大、产品质量好的优点，不但可以在新建厂采用，也适用于老装置的改造。

（5）非饱和器法　采用酸洗吸收塔代替饱和器吸收煤气中的氨，吸收后母液在蒸发结晶设备中采用真空蒸发结晶制硫酸铵。此法将酸洗吸收与蒸发结晶分开。工艺流程（见图 9-3）是用稀硫酸在吸收塔内吸收含氨尾气中的氨，生成稀硫酸铵溶液，稀硫酸铵溶液经蒸发加热器进入蒸发结晶器生成硫酸铵，再经稠厚器进一步结晶后，离心、干燥得到成品硫酸铵。蒸发结晶器采用外循环加热方式。此法设备简单，操作容易，从根本上克服了饱和器法的缺点；但存在流程长，设备、管道易堵塞，蒸汽消耗大，产品收率低，且不能生产大颗粒硫酸铵等问题。目前，我国副产硫酸铵采用此工艺的较多。

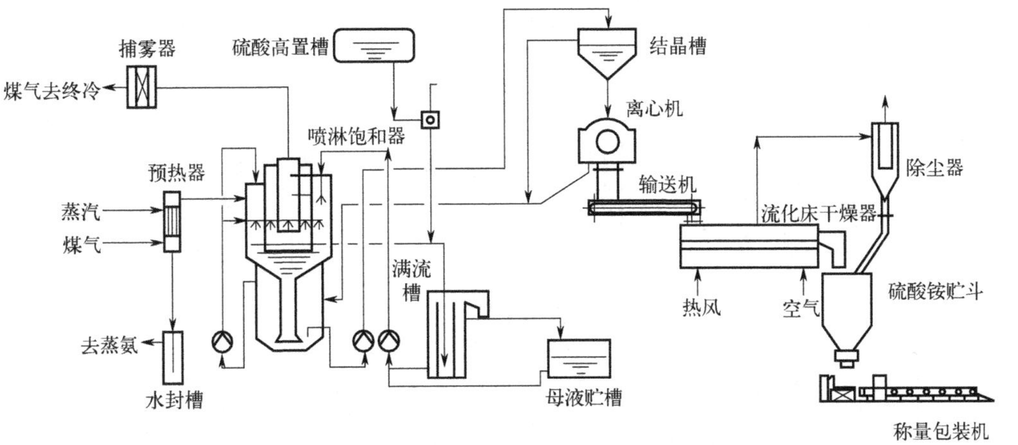

图 9-2　喷淋式饱和器的硫酸铵生产工艺流程图

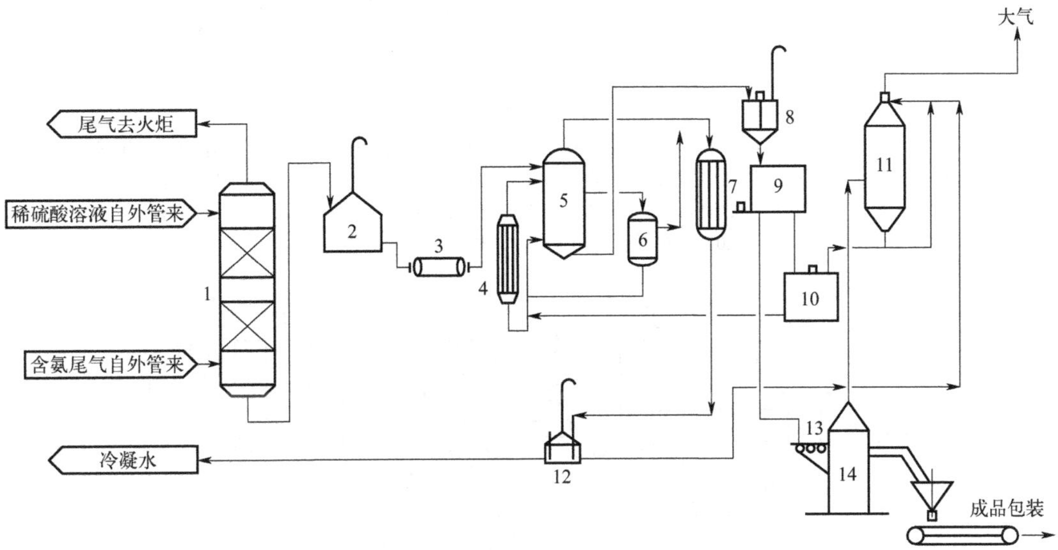

图 9-3　非饱和器法硫酸铵生产工艺流程简图

1—吸收塔；2—稀硫铵液贮罐；3—原料投放器；4—蒸发加热器；5—蒸发结晶器；6—分层器；7—结晶冷藏冷却器；8—稠厚器；9—离心机；10—母液槽；11—洗涤塔；12—冷凝水罐；13—输送机；14—洗化床干燥器

9.2.2　己内酰胺副产

硫酸铵的另一个主要来源是化工生产副产，其中己内酰胺副产是主要部分[3]，占到硫酸铵总产量的40%左右。己内酰胺生产工艺流程较长、生产技术较复杂，所用原料有苯、苯酚、环己烷和甲苯等。目前，工业化生产己内酰胺的路线一般分成两类。一类特点是以环己酮为中间产物，进行肟化、贝克曼重排。环己酮肟可以由环己酮或其他母体合成，这是迄今最重要的制造方法（Rasching 法见图 9-4）。另一类生产方法避开环己酮的生产环节，涉及其他中间体或其他工艺步骤，如采用甲苯路线工艺（Snia 法见图 9-5）、环己烷光亚硝化技术等。己内酰胺生产时副产的硫酸铵溶液经浓缩、结晶、分离、干燥，得到固体硫酸铵产品。由于不同己内酰胺企业生产工艺不同，所用的起始原料不同，因而副产硫酸铵的量也各有差异，每生产 1t 己内酰胺，可副产 1.3 ～ 3.8t 硫酸铵（见表 9-2）。随着生产工艺的改进，副产硫酸铵产量在逐渐减少。

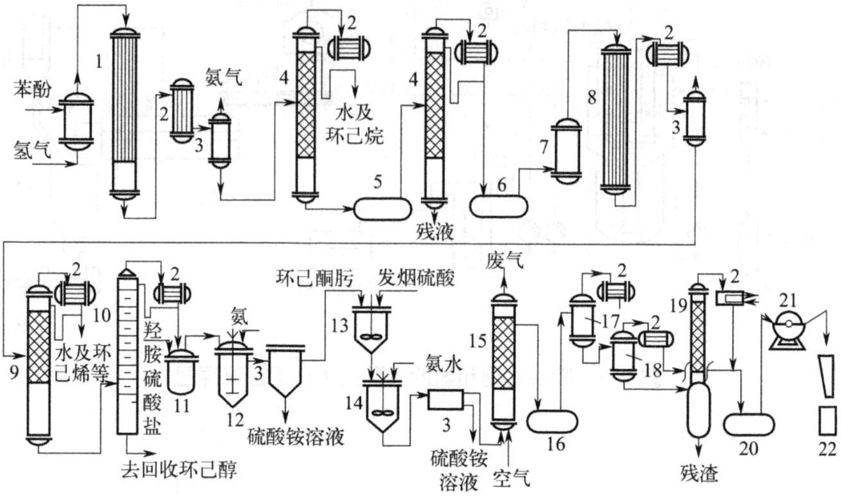

图 9-4　Rasching（苯酚）法制己内酰胺生产流程图

1—氢化器；2—冷凝器；3—分离器；4—精馏塔；5—粗环己醇贮罐；6—精环己醇贮罐；7—气化器；8—脱氢反应器；9—第一精馏塔；10—第二精馏塔；11—预肟化器；12—肟化器；13—转位器；14—中和器；15—吹出塔；16—萃取器；17—前蒸发器；18—后蒸发器；19—蒸馏塔；20—己内酰胺贮槽；21—结片机；22—成品桶

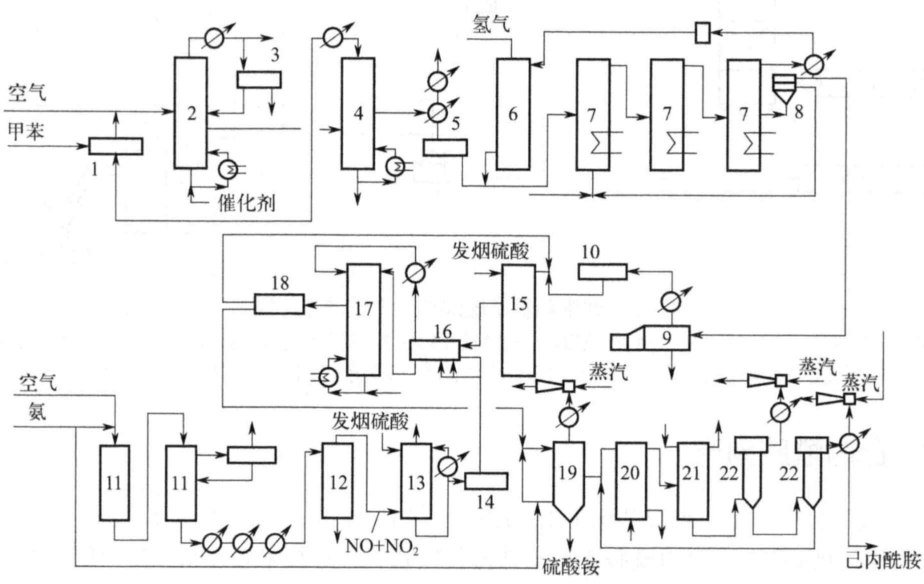

图 9-5　Snia 法制己内酰胺生产工艺流程

1—甲苯贮槽；2—氧化器；3—分离器；4—精制塔；5—苯甲酸贮槽；6—苯甲酸 / 氢气混合器；7—苯甲酸加氢反应器；8—催化剂回收器；9—环己烷羧酸蒸馏器；10—环己烷羧酸贮槽；11—氨燃烧器；12—分离器；13—亚硝酰硫酸发生器；14—亚硝酰硫酸贮槽；15—环己烷羧酸 / 发烟硫酸混合器；16—转位反应器；17—水解反应器；18—环己烷羧酸的环己烷溶液槽；19—中和与硫酸铵回收器；20—溶剂萃取器；21—水萃取器；22—己内酰胺蒸馏塔

表9-2 不同工艺副产硫酸铵产量表（t/t己内酰胺）

工艺路线	Rasching 法	BASF 法	HPO 法	NO 还原法	PNC 法	Snia 法
副产硫酸铵	4.2 ～ 4.6	2.3 ～ 2.35	1.8	0.7	1.75	4.2

9.2.3 环保脱硫副产

近十几年来，随着国家对大气污染治理的重视，作为环保技术的湿式烟气氨法脱硫工艺得到了较快的推广，国内已投运的氨法脱硫装置超过 200 套，副产硫酸铵产量已经达到 250 万吨左右，约占国内硫酸铵总产量的 15% 左右。

湿式氨法脱硫是以 NH_3 和 H_2O、SO_2 反应为基础，在多功能烟气脱硫吸收塔中，用氨水作吸收剂，将烟气中的 SO_2 吸收得到中间产品亚硫酸（氢）铵的溶液，鼓入空气，将亚硫酸（氢）铵直接氧化成硫酸铵。湿式氨法脱硫实际上是利用 $(NH_4)_2SO_3$-NH_4HSO_3 不断循环的过程来吸收烟气中的 SO_2。补充的 NH_3 并不是直接用来吸收 SO_2 的，只是保持吸收液中 $(NH_4)_2SO_3$ 的浓度比例相对稳定。

$$SO_2 + H_2O + xNH_3 \longrightarrow (NH_4)_xH_{2-x}SO_3$$

$$(NH_4)_xH_{2-x}SO_3 + 0.5O_2 + (2-x)NH_3 \longrightarrow (NH_4)_2SO_4$$

氨法脱硫工艺见图 9-6，引风机来烟气经入口烟道进入脱硫塔，在脱硫塔中，烟气中的 SO_2 被喷淋的循环吸收液吸收，反应生成亚硫酸铵和亚硫酸氢铵，吸收后的吸收液进入塔底循环。再向循环吸收液中鼓入空气将亚硫酸盐氧化成硫酸盐，同时加入氨控制吸收液的 pH 值。经洗涤降温、吸收 SO_2、除雾后的净烟气从塔顶烟囱排放。吸收了烟气中 SO_2 形成的亚硫酸铵溶液，经氧化、浓缩、结晶后得到一定固含量的硫酸铵浆液，再经旋流器、离心机、干燥机后，得到水分含量＜ 1% 的硫酸铵，从旋流器和离心机回收的清液返回脱硫塔，干燥后的硫酸铵再进入包装机包装即可得到商品硫酸铵。

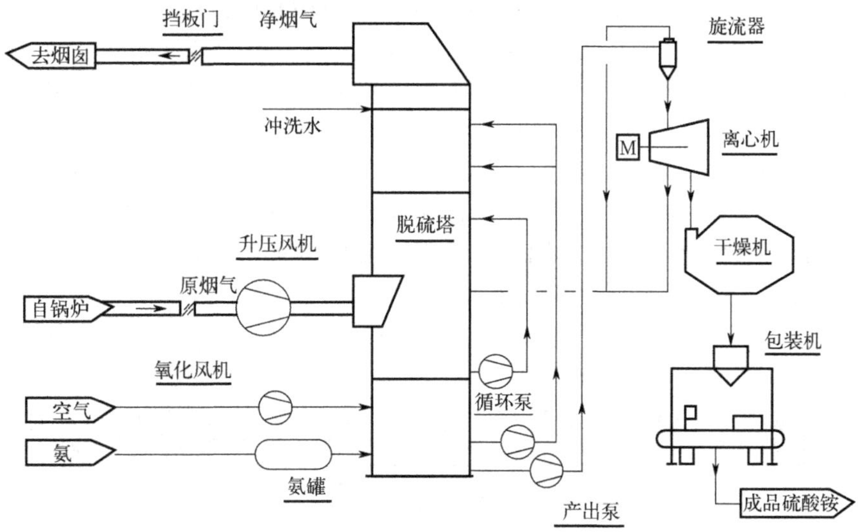

图 9-6 氨法脱硫工艺流程简图

氨法脱硫技术属循环经济新型清洁技术，尽管技术起步较晚，但其具有脱硫效率高、运行阻力小、装置设备简单、适用于新建锅炉也适用于老旧锅炉改造、可资源化回收二氧化硫、能满足循环经济要求等明显优势。但同时要处理好结垢、腐蚀、气溶胶和氨逃逸等问题。

9.2.4 丙烯腈副产

目前丙烯腈生产多采用Sohio法[3]（见图9-7），丙烯、氨和空气送入流化床反应器，进行丙烯氨氧化，离开反应器的高温反应气体去急冷塔用水喷淋冷却，为了除去反应气中未反应的氨，将急冷塔分几个部分，首先用水洗去高温反应气体中的聚合物和催化剂粉尘，再用硫酸中和气体中未反应氨，生成硫铵污水。这样得到的硫铵污水中聚合物、焦油等含量很少，以后按常规方法进行蒸发、结晶，离心分离，制得结晶硫酸铵。1t丙烯腈可以副产0.4t的硫酸铵，近些年随着生产工艺的改进，副产比例明显下降，1t丙烯腈大约可副产0.2t的硫酸铵。

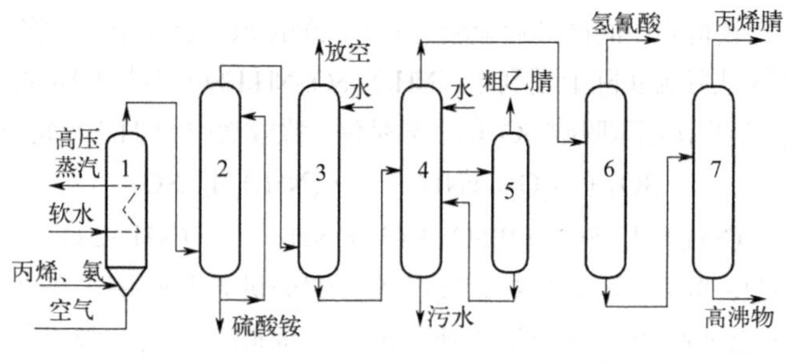

图9-7 Sohio法工艺流程

1—反应器；2—中和塔；3—吸收塔；4—萃取解吸塔；5—汽提塔；6—脱氰塔；7—成品塔

9.2.5 石膏法

石膏法是先以氨和二氧化碳合成碳酸铵，再与石膏反应生成硫酸铵和碳酸钙，反应式为：

$$2NH_3 \cdot H_2O + CO_2 \xlongequal{} (NH_4)_2CO_3 + H_2O$$

$$CaSO_4 \cdot 2H_2O + (NH_4)_2CO_3 \xlongequal{} CaCO_3 + (NH_4)_2SO_4 + 2H_2O$$

石膏法工艺[4]（见图9-8）中，首先富氨溶液吸收含二氧化碳烟气进行碳化，生成高浓度碳酸铵溶液，与磨碎后的石膏调制的料浆和氨送入三相反应结晶器，将产生的料浆过滤，分离出碳酸钙，硫酸铵母液送入蒸发结晶器，生成的晶体经分离、干燥得到硫酸铵产品。该工艺技术把CO_2转化为碳酸钙的同时，又将磷石膏中的硫转化为化肥产品，是一个加工增值的生产过程。但此技术还需进一步优化，原因一是原料价格较高，硫酸铵市场低迷，经济效益差；二是副产碳酸钙需要更合理地利用。

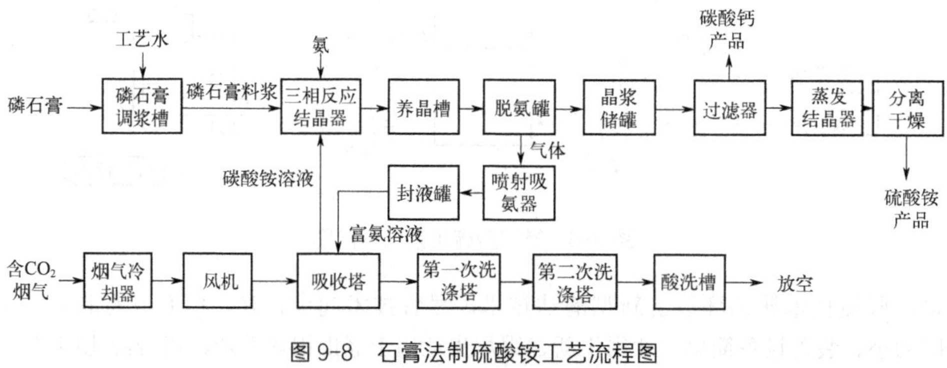

图9-8 石膏法制硫酸铵工艺流程图

该路线可以减少环境污染，延长磷石膏渣场的使用年限，解决磷石膏堆存问题，促进磷石膏硫、钙资源综合利用，2012 年国内首套年产 25 万吨磷石膏制粒状硫酸铵装置在瓮福集团投产，开辟了磷石膏综合利用的新途径。

9.2.6 直接中和法

气氨与硫酸直接中和生成硫酸铵结晶，经分离、干燥制得产品。直接中和法生产硫酸铵可分为干法和湿法两种流程[1]。

（1）干法流程　干法硫酸铵生产工艺，不用饱和器，而是硫酸和氨在喷淋塔中反应，籍反应热除去所有水分，生产出干燥的无定形硫酸铵，通过螺旋运输器不断从塔底送出。

（2）湿法流程　湿法硫酸铵生产工艺（见图 9-9），是在真空或常压条件下，利用连续操作的饱和-蒸发结晶器生产硫酸铵。氨和硫酸通过料浆循环泵加入饱和-蒸发结晶器，进行反应并加热循环料浆，然后由强制循环泵送入闪蒸室，在减压条件下闪蒸料浆，失去部分水分后过饱和，再经循环泵进入悬浮型容器，与小晶粒和晶核接触，促使晶粒成长。沉积在器底的硫酸铵料浆送入料浆浓缩器，后经离心机分离，所得固体经回转干燥机干燥得到硫酸铵产品。

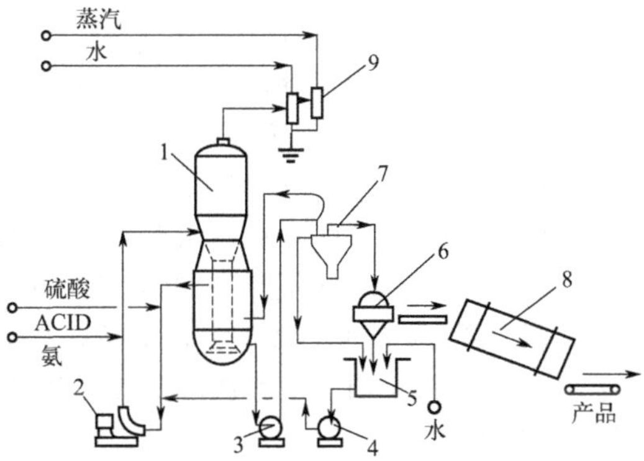

图 9-9　直接湿法中和生产硫酸铵的工艺流程图

1—真空型饱和-蒸发结晶器；2,3,4—循环泵；5—母液贮罐；6—离心机；7—料浆浓缩器；8—回转干燥机；9—真空冷凝器及排气装置

但用氨直接与硫酸生产高品质的硫酸铵基本不用于化肥，主要是用于工业或食品等，产量也很小。

9.2.7 其他副产

（1）天然硫酸钠制纯碱副产硫酸铵　天然硫酸钠制纯碱副产硫酸铵反应式为：

$$Na_2SO_4 + 2CO_2 + 2NH_3 + 2H_2O \longrightarrow (NH_4)_2SO_4 + 2NaHCO_3$$

生产过程可同时获得硫酸铵和纯碱两种有价值的产品，在分离出碳酸氢钠晶体后，溶液经蒸发和冷却，硫酸铵结晶析出，该法原料硫酸钠的利用率高达 95% ～ 97%。

（2）氧化钛生产副产硫酸铵　将原料钛铁矿进行溶解，结晶分离时使用硫酸，在中和时使用氨，最后从分离的母液中可回收硫酸铵。

由于这些副产分属行业较多，比较分散，各行业副产的硫酸铵产量又比较小，因而副产硫酸铵的产量没有完整的统计数据。

9.3 发展历程

硫酸铵是最早的氮肥品种[5]。远在18世纪末，欧洲已从煤气洗涤液中回收氨时制取硫酸铵。到19世纪，随着冶金工业的大规模发展，炼焦炉数量激增，因而从焦炉气回收氨以制取硫酸铵获得了迅速发展。1913年，德国BASF公司实现了合成氨工业化生产，从而实现了合成法生产硫酸铵，使硫酸铵的生产获得了进一步发展。同年，德国人又实现了以石膏为原料生产硫酸铵。国外大量制成硫酸铵，并开始向中国销售，硫酸铵（肥田粉）进入中国，中国正式开始使用化学肥料。

中国于1925年开始生产硫酸铵，当时在石家庄建成了奥托废热式20孔焦炉，用硫酸吸收焦炉气中的氨生产硫酸铵；1935年的大连化学厂和1937年范旭东先生在南京卸甲甸建的南京永利铔厂开始工业化生产硫酸铵，拉开了我国氮肥工业发展的序幕。

新中国成立之后，我国政府十分重视氮肥工业发展，从第一个五年计划（1953～1957年）起，中央首先恢复了南京和大连两个化肥厂硫酸铵的生产，迅速为农业提供了急需的化肥。另外，中国焦化工业发展很快，从焦化厂回收的硫酸铵也逐步增长。

在20世纪60年代以前，在我国硫酸铵是氮肥的主要品种，也是提供作物营养元素硫的主要来源之一。由于我国硫资源相对较少，用硫酸和氨直接合成的工艺经济上不合算，逐渐被淘汰，硫酸铵成为焦炉煤气、己内酰胺、环保脱硫等生产中回收的副产品。随着这些工业的发展，中国副产硫酸铵的产量逐年提高，成为中国氮肥和硫元素来源的重要补充。

近几年硫酸铵产量持续增长，截至2023年底，硫酸铵产量为1638万吨（实物量），2016～2023年期间，中国硫酸铵年均产量增长达到14.1%。硫酸铵产量增长的主要因素有：一是较多的己内酰胺、丙烯腈新装置投产，供应增加，硫酸铵副产增多；二是环保脱硫装置大量建设，脱硫副产增多；三是硫酸铵出口需求增加，据海关总署统计，2023年我国硫酸铵出口达1378万吨，同比增加11.6%。

2023年，我国硫酸铵表观消费量为260万吨，按90%作为氮肥使用，折纯后不到国内氮肥总消费量的1.3%。硫酸铵所用的液氨主要来自氮肥厂，副产的硫酸铵又回到肥料行业。因此，硫酸铵的总量变化不影响我国氮肥的供需平衡，只是对产品结构略有影响。

9.4 现有装置情况

由于硫酸铵在我国主要是工业副产品，硫酸铵装置与几个主要行业发展情况密切相关。

中国是世界上最大的焦炭生产国。焦炭是烟煤在隔绝空气的条件下，加热到950～1050℃，经过干燥、热解、熔融、黏结、固化、收缩等阶段最终制成的，这一过程叫高温炼焦（高温干馏）。由高温炼焦得到的焦炭用于高炉冶炼、铸造和气化。炼焦过程中产生的经回收、净化后的焦炉煤气既是高热值的燃料，又是重要的有机合成工业原料，焦炉煤气的脱硫过程产生大量硫酸铵。焦化属于传统煤化工行业，发展较为成熟，主要产品是焦炭，2020年中国焦炭产量为47116.1万吨，而2015年焦炭产量为44778万吨，焦炭产量增长5%。从生产企业来看，2019年焦炭产量中约24%来自钢焦联合企业，76%来自独立焦化厂。2023年底全国常规性焦炉及热回收焦炉产能合计为5.73亿吨，其中常规性焦炉为5.66亿吨，热回收焦炉为0.07t（主要生产铸造焦），其中4.3m及以下焦炉占比14.1%，5.5m焦炉占比32.8%，6m以上焦炉占比51.8%。焦炉生产的焦炭产量增长，副产的硫酸铵也在随之增加，理论上，一个100万吨的机械化焦炉生产焦炭的企业可副产出0.8万～1万吨左右的硫酸铵。近些年由于国家对焦炭产量的限制，焦炭副产硫酸铵的产量增长速度开始放缓，并有减少趋势。

氨法脱硫虽然很早就在我国硫酸尾气脱硫上应用，但工艺简单，规模较小，很多装置产生的硫酸铵溶液直接排放到废水处理设施中处理，不回收硫酸铵产品。2003年，带硫酸铵回收装置的我国第一套氨法脱硫装置在天津碱厂、电厂（天津永利电力有限公司）投运，脱硫效率能满足标准对SO_2排放的要求，副产物硫酸铵产品品质达到GB/T 535—1995合格品品质。氨法脱硫优势明显，反应速率快，能在瞬间完成，吸收剂利用率高，能达到95%～97%，脱硫效率能达到95%～99%。氨法脱硫适用于中高低硫煤，对机组负荷变化适应性强，机组负荷在30%～100%之间波动时，脱硫装置也能正常运行。该工艺过程相对简单，装置设备较少，占地面积较石灰石石膏法要小很多，一次性投资小，脱硫塔阻力仅为1000Pa左右，无需设增压风机，电耗较石灰石石膏法小得多。另外，氨水对NO_x有一定吸附作用，在脱硫工艺过程中，氨水和浆液混合后不断循环，在脱硫的同时也在不断地进行脱硝，氨法脱硫工艺中氨的利用率可达95%～97%，脱硝效率可达20%～50%，并可与SCR等脱硝工艺共用氨供应系统。在“十三五”期间氨法脱硫在火电、煤化工、化肥等行业得到了快速的推广和应用，目前国内已投运氨法脱硫装置的企业已超200家，成为了硫酸铵产品的重要来源。

我国己内酰胺主要用于生产PA6纤维和PA6工程塑料，尼龙行业的快速发展导致需求大幅增加，2023年我国己内酰胺表观消费量为499.9万吨，同比增长16.4%，我国己内酰胺2023年产能和产量分别增至635万吨/年和514万吨，2010年至2023年产能和产量年均增长率分别为23.1%和20.6%。己内酰胺装置的快速增加，也使己内酰胺法副产硫酸铵快速增加，成为国内硫酸铵的主要产品来源。目前中国己内酰胺生产厂家有21家，副产硫酸铵约771万吨。

丙烯腈是三大合成材料——塑料、合成纤维、合成橡胶的重要原料，在我国主要用于生产ABS/SAN树脂，其次用于生产腈纶，以及用于生产丙烯酰胺。世界丙烯腈产能约850万吨/年，全球前三生产企业为英力士、旭化成、中石化。全球丙烯腈生产能力正在向亚洲转移。2023年我国丙烯腈产品自给率实现100%，“十三五”以来提高21个百分点，今后产能仍具有一定的增长空间。2023年中国丙烯腈产能和产量达到436万吨/年和313万吨，副产硫酸铵约48万吨，约占国内硫酸铵总产量的3%左右。

9.5 未来发展趋势

中国硫酸铵主要来自有关工业产品副产，“十四五”期间预计继续保持增长势头。目前，中国硫酸铵生产主要来自四大领域：焦化、己内酰胺、环保脱硫和其他行业。其他行业包括丙烯腈、甲基丙烯酸甲酯、电力脱硫、磷酸铁和磷石膏治理等。中国己内酰胺、丙烯腈等供应不足，产能继续保持较快增长；环保脱硫作为磷肥行业磷石膏治理的有效手段，相应的硫酸铵产量会有所增加；焦化行业产能过剩严重，国家严格控制发展，副产硫酸铵持平；其他行业中，电力、煤化工行业氨法脱硫工艺近年来发展很快，但由于低碳发展的要求以煤为原料的相关项目会受到控制，相应副产硫酸铵会有所降低。因此，预计未来中国硫酸铵的产量可能达到1800万吨左右，约占氮肥产量的9%，硫酸铵成为中国氮肥供应和消费的重要组成。

硫酸铵的消费主要是用作化肥原料，世界硫酸铵供需基本保持平衡。硫是植物生长所需的重要中量元素之一，因此世界各国对硫肥的生产和消费比较重视，但是中国一直未把硫作为一种养分来计算，并没有真正重视硫肥的施用。一般作物当季生长需从土壤中吸收10～15kg/hm^{2}纯硫，随着作物产量的提升，作物从土壤中取出的硫含量呈增加趋势，因此为满足作物正常生长，需要不断向土壤补充硫。土壤硫主要通过施肥和大气沉降补充，在过去的几十年中，高浓度无硫肥料的使用比例增加，导致通过施肥补充土壤硫越来越少，二氧化硫排放量逐年降低导致通过大气沉降补充土壤硫变少，使得全球范围内土壤缺硫面积呈扩大趋势。土壤缺硫分布较广的地区有澳大利亚、新西兰、南美、北美以及非洲和亚洲的热带地区。我国早期土壤缺硫主要分布在浙、赣、闽北、滇中、鄂、桂等地的丘陵山区，近年来，我国有很多省和地区出现缺硫现象，如中部地区的山东、河北、河南、安徽、江西、湖北和东北地区的黑龙江等。近年来，随着我国作物产量持续提高，高浓度无硫肥料的使用比例持续增加以及二氧化硫排放量持续降低，我国缺硫土壤面积进一步扩大。

土壤缺硫问题逐渐得到政府部门的重视，近些年来，农业农村部与国际硫研究所开展了多项研究活动，促进了中国含硫肥料的直接施用的进程。据估计，中国缺硫土壤面积达40万平方千米，硫酸铵有广阔的肥料施用空间。目前中国含硫肥料产量为300万吨（折纯量，下同），主要为过磷酸钙产量即200多万吨，占到69.1%左右，硫基复合肥占比22.3%，硫酸钾占比3.9%，硫酸铵占比4.7%。随着农业生产对硫的需求不断增加，以及农业生产中使用高浓度磷复肥，需要对硫进行一定的补充。今后含硫肥料在中国的发展前景比较被看好，一些新的含硫肥料逐渐被市场接受而增长较快，例如硫酸铵、硫基复合肥等。从目前主要硫肥品种来看，硫酸铵含硫高达24%，硫含量较高，作物吸收较好，发展前景很好。同时，由于多种同养分肥料间具有可相互替代性，硫酸铵价格相对较低，具有较大国内市场发展空间。目前，我国2/3的硫酸铵用来出口，预计未来五年内出口量还会保持在平稳水平，但随着我国化肥复合化率的不断提高，以及硫酸铵部分替代氯化铵的发展趋势，预计国内农业硫酸铵需求量会有较快的增加。

目前硫酸铵在我国推广应用较慢，一方面是硫酸铵的主要来源——焦化及电力行业副产的硫酸铵呈粉状，粉状肥料有一些缺点，如难以控制结块、流动性差、难以实现机械化施肥、在施用过程中易形成粉尘而流失等，作为复混肥原料比较适合，但开拓直接施肥市场，必须进行造粒。随着BB肥以及机械施肥的推广，对颗粒肥料的需求不断增加。硫酸铵进行造粒，由粉状转化为1～4mm的颗粒肥料，具有较好的市场前景。另一方面，目前中国硫酸铵仅占氮肥总产量的1.3%，但生产企业多达上百家，行业集中度低，且多数焦化企业、电力企业副产的硫酸铵产品质量不高，没有得到农资销售、农化服务等部门的重视，市场比较混乱。今后，随着大型硫酸铵生产企业的增加，必将进一步提高硫酸铵行业的产业集中度，副产硫酸铵企业也会积极优化生产工艺，提高产品质量、改善产品外观，特别是控制灰尘等杂质含量，提高产品纯度、白度以及结晶颗粒度，加强农化服务，引导农民正确施用，生产企业形成合力，必将带动我国硫酸铵在农业领域的推广和应用，促进硫酸铵肥料的健康发展。

国际上，世界农业及肥料组织积极推动硫肥在中国、印度等发展中国家的应用，对硫酸铵肥料的需求不断增加。由于硫酸铵具有多元性、速效性、速溶性，一些发达国家的硫酸铵在氮肥品种结构中所占比例均呈上升趋势，而我国却呈下降趋势[6]。目前，世界硫酸铵消费量约占氮肥总量的3%，发达国家和地区消费比例更高，如西欧达到6.4%，拉美18%，东盟

22%。2023 年，中国硫酸铵产量约 1638 万吨，出口 1378 万吨，国内肥料消费量只有 260 万吨左右，仅占氮肥消费总量的 1.3%，与世界平均水平相比，硫酸铵消费比例明显偏低。2023 年，中国氮肥纯养分总量为 4517t，如果按照 3% 的消费比例估算，中国硫酸铵肥料需求量可达到 135 万吨 (纯养分) 左右，折合实物量约 675 万吨。进一步考虑出口及工业领域的消费，中国硫酸铵的市场潜力在 2000 万吨以上。

除作肥料外，硫酸铵还广泛用作硫酸钾、过硫酸铵、稀土开采、医药、染料、皮革加工药剂的原料等。

硫酸钾是一种不含氯离子的钾肥[7]，是经济作物 (如烟草、水果、茶叶、棉花等) 所必需的营养成分。我国钾资源短缺，无氯钾肥更短缺，而土壤缺钾又十分严重。为满足农作物需要，国家每年拿出大量外汇进口。可以硫酸铵为原料制备硫酸钾，利用硫酸铵和氯化钾在溶液中的复分解反应和产物溶解度差异来制取硫酸钾和氯化铵，其反应式如下：

$$(NH_4)_2SO_4 + 2KCl \longrightarrow K_2SO_4 + 2NH_4Cl$$

该生产工艺简单，工艺操作容易控制，副产品容易利用，生产过程具有无污染、无三废等优点，但生产成本较高，尚存一些技术障碍。

过硫酸铵的制备主要利用电解法，由硫酸铵和硫酸配制成电解液，经除杂质后进行电解，H_2SO_4 在阳极放电生成过二硫酸，再与硫酸铵反应得到过硫酸铵。当阳极液中过硫酸铵含量达到一定浓度后，经过滤、晶体离心分离、干燥即可。过硫酸铵被广泛地用于蓄电池工业，它还用作聚合的引发剂、纤维工业的脱浆剂，并可用作金属及半导体材料表面处理剂、印刷线路的刻蚀剂，还广泛用于石油开采的油层压裂、面粉和淀粉加工业、油脂工业，产量增长较快，也带动了对工业硫酸铵的需求。

硫酸铵还能与食盐进行复分解反应制造氯化铵，与硫酸铝作用生成明矾，与硼酸等一起制造耐火材料。加入电镀液中能增加导电性。也是食品酱色的催化剂，鲜酵母生产中培养酵母菌的氮源，酸性染料染色助染剂，皮革脱灰剂。此外，还用于啤酒酿造，化学试剂和蓄电池生产等。还有一重要作用就是开采稀土，开采以硫酸铵作原料，采用离子交换形式把矿土中的稀土元素交换出来，再收集浸出液，除杂、沉淀、压榨、灼烧后即成稀土原矿，每开采生产 1t 稀土原矿约需 5t 硫酸铵。

目前硫酸铵的工业年用量约 30 万吨，随着中国工业经济的继续稳定增长，对硫酸铵的工业需求也将不断增加。硫酸铵在农业、纺织、皮革、医药等多个领域中有着巨大应用需求，中国是硫酸铵生产和出口大国，其产品在国际市场上的影响力相对较大，且目前已经形成了巨大规模的贸易顺差。在未来，随着国内硫酸铵产量的逐渐提高，国内外市场开拓进程的不断加快，中国硫酸铵产业还有着非常好的发展前景。

参考文献

[1] 范可正．中国肥料手册．中国化工信息增刊，2001.
[2] 万清生，于涛．喷淋式硫铵饱和器的生产操作．燃料与化工，2004,2.
[3] 化工百科全书编辑部．化工百科全书．化学工业出版社，1991-1998.
[4] 朱志伟，何东升，陈飞，等．磷石膏预处理与综合利用研究进展 [J]．矿产保护与利用，2019, 39(4)：17-25.
[5] 中国化工博物馆编著．中国化工通史．化学工业出版社，2014.
[6] 艾玉春，张永春，宁运旺．氨法脱硫副产品硫酸铵的农业应用．江苏农业科学，2018,46: 308-311.
[7] 陈代伟，郭亚飞，邓天龙．硫酸钾生产工艺研究现状．无机盐工业 ,2010,4: 4-7.

中国肥料研究与应用全书

Books of Fertilizer Research and Application in China

FERTILIZER

第 10 章 氯化铵

10.1 氯化铵概况

10.1.1 产品性质和用途

氯化铵（ammonium chloride），分子式为NH_4Cl，分子量为53.497，为无色立方晶体或白色结晶。味咸凉而微苦。密度为1.526g/cm^3（20℃），比热容为1553.3J/（kg·K）（0～55℃），熔点为400℃[1]，沸点为520℃[2]。加热至100℃时开始显著地挥发，337.8℃时分解为氨和氯化氢，遇冷后又重新化合成颗粒极小的氯化铵而呈白色浓雾，不易下沉，也极不易再溶解于水。加热至350℃升华。易溶于水，溶解热为16.75J/mol；随温度升高溶解度显著增加；氯化铵的饱和水溶液密度为1.075g/cm^3（19℃），沸点为115.6℃；水溶液呈弱酸性，pH值一般在5.6左右；加热时酸性增强。溶于甘油和液氨，难溶于醇，不溶于丙酮和乙醚。纯品吸湿性小，但产品中含有氯化钠、硫酸钠等杂质时，或含湿气包装，会导致吸湿性增大，在潮湿阴雨天气也能吸潮结块，给运输、储存、使用带来不少困难，所以在生产过程中一般要添加防结块剂。由于有Cl^-的存在，对黑色金属和其他金属腐蚀性强，特别对铜腐蚀作用大，对生铁腐蚀作用小。

氯化铵产品按用途不同主要分为四种类别（等级），即工业用、农业用、医药用和食品添加剂。工业级产品主要用于选矿和鞣革，用作染色助剂、电镀浴添加剂、金属焊接助溶剂，也用于镀锡和镀锌、制蜡烛和黏合剂、渗铬、精密铸造与制造干电池和蓄电池及其他铵盐。我国大量的氯化铵用于农用肥料，可以直接施用或制成复合肥料施用。医药用产品须符合药典标准，用作祛痰药、辅助利尿药。亦有食品和饲料添加剂用氯化铵产品。食品添加剂氯化铵作为酵母养料、面团调节剂，一般与碳酸氢钠混合后使用，用量约为碳酸氢钠的25%，或者小麦面粉量的1%～2%（质量分数），主要用于面包、饼干等。饲料添加剂氯化铵主要用于反刍动物饲料添加，可提高产肉率。

氯化铵产品应储存在阴凉、通风、干燥的库房内，注意防潮。避免与酸类、碱类物质共存混运。运输过程中要防雨淋和烈日曝晒。装卸时要小心轻放，防止包装破损。

氯化铵产品腐蚀性较大，注意不要与皮肤接触。空气中氯化铵烟雾的容许浓度为10g/m^3。操作人员应穿工作服，戴口罩、乳胶手套等。产品生产设备要密闭，车间通风应良好。失火时，可用水、沙土、二氧化碳灭火器扑救[3]。

10.1.2 氯化铵的肥效和质量指标

在我国，由于侯氏制碱法的成功应用（也称联合制碱法，生产纯碱的同时副产氯化铵），纯碱产量占我国纯碱总产量的48.2%（2020年数据，下同），达到1343万吨，同时产出的氯化铵也达到1420万吨，为农业生产提供了大量的氮素肥料。多年来国内外对氯化铵的肥效作了大量的实验研究并且在农业生产中将其广泛使用。氯化铵在国内使用已有五十余年的历史，实践证明氯化铵是一种良好的氮素肥料[4-6]。

① 氯化铵作为氮素肥料在国外得到了广泛的使用，在日本及东南亚各国使用效果都很好。日本连续7～8年施用于水稻，比硫酸铵增产5%～6%；印度、泰国、菲律宾等热带国家增产更为显著，比尿素高10%以上。用于小麦、棉花、玉米时增产也比尿素高。日本氯化铵协会著文认为：“在热带地区氯化铵肥效优于任何氮肥。”

② 国内对氯化铵的肥效及增产效果也做了大量的研究，结果表明：只要使用得当，氯化铵与等氮量的尿素、硝铵、硫铵、碳铵等其他氮肥相对肥效相当甚至更好。在肥力较低、供氮能力较弱的土壤上，表现肥效长而稳的特点。

③ 氯化铵具有较高的利用率和较低的挥发量。氯化铵中的 Cl^- 可作为硝化抑制剂，减少土壤氮素的淋溶和反硝化损失。氮肥在下田后损失大，主要原因是硝化作用，即在土壤硝化菌与还原菌的作用下，肥料的铵离子变成硝酸，硝酸不易被土壤吸附而流失，或者再生成氧化氮逸散到空气中。硝化速度以碳铵最快，其次是尿素、硝铵、硫铵、氯化铵。因此，氯化铵流失机会少而氮素利用率相对较高。氯化铵和硝化速度快的尿素并用时，会使尿素硝化速度得到抑制而提高肥效。研究结果表明：早稻单施氯化铵及氯化铵、尿素混施比等氮量尿素单施提高氮肥利用率 7.2% ～ 8.4%；晚稻比等氮量尿素单施提高利用率 3.0% ～ 5.6%。另外，在表施情况下，氯化铵的挥发量显著低于其他氮肥。不同氮肥的挥发量有差异，总趋势是碳铵＞硝铵＞硫铵＞氯化铵。氯化铵与过磷酸钙配合施用，由于其“钙效应”和“pH 效应”可明显降低氨的初始挥发量，从而累积挥发量也较低。

④ 氯化铵具有抗病性。氯化铵不仅是一种优良的氮素肥料，而且具有抗病性。它使水稻壮实，抗倒伏能力增强；Cl^- 可降低作物对 NO_3^- 的吸收量从而可抑制 10 种作物的十几种叶、根病，如小麦全蚀病、叶锈病等。

⑤ 氯化铵对作物品质的影响及土壤氯离子积累问题。Cl^- 对大多数作物产品品质影响较小；适量 Cl^- 的存在不影响作物对 N、P、K 养分的吸收，氯化铵对极少数的农作物如烟草、橙、橘、甘蔗等作物不利，因氯离子易收容水分，因此使烟叶燃烧性差，使橙、橘、甘蔗等含糖作物保持水分稍多，影响其甜味。在有灌溉或降雨较多的条件下，Cl^- 很快被淋出土体，在土壤中基本没有积累；实验结果同样证明了这一点，在 0 ～ 20cm（模拟 150mm 降雨量情况下）土层中 Cl^- 基本无积累。我国及日本、东南亚国家 50 多年的施用也证明了这一情况。

纯氯化铵含氮量为 26.1%，工业氯化铵含氮量≥ 25.9%，农业氯化铵含氮量要求≥ 23.5%。我国农业用氯化铵的质量指标见表 10-1[7]。

表10-1 农业用氯化铵的要求（摘自GB/T 2946—2018）

项目		优等品	一等品	合格品
氮（N）的质量分数（以干基计）/%	≥	25.4	24.5	23.5
水的质量分数①/%	≤	0.5	1.0	8.5
钠盐的质量分数②（以 Na 计）/%	≤	0.8	1.2	1.6
粒度③（2.00 ～ 4.75mm）/%	≥	90	80	—
颗粒平均抗压碎力③/N	≥	10	10	—
砷及其化合物的质量分数（以 As 计）/%	≤	0.0050		
镉及其化合物的质量分数（以 Cd 计）/%	≤	0.0010		
铅及其化合物的质量分数（以 Pb 计）/%	≤	0.0200		
铬及其化合物的质量分数（以 Cr 计）/%	≤	0.0500		
汞及其化合物的质量分数（以 Hg 计）/%	≤	0.0005		

①水的质量分数仅在生产企业检验和生产领域质量抽查检验时进行判定。

②钠盐的质量分数以干基计。

③结晶状产品无粒度和颗粒平均抗压碎力要求。

10.2 生产工艺

目前，氯化铵的工业化生产方法主要有联合制碱法副产氯化铵和复分解法制小苏打、硫酸钾等产品副产氯化铵。产量最大的是联合制碱法副产氯化铵，产量占比 90% 以上。

10.2.1 氯化钠–碳酸氢铵复分解法

氯化钠-碳酸氢铵复分解法[1]，一般以溶采盐矿得到的卤水为原料制取小苏打或纯碱产品，分离碳酸氢钠后的母液以氯化铵为主，经脱氨-蒸发-结晶的方式得到副产品氯化铵和盐。小苏打产品相对来讲市场比较平稳，充分利用盐卤资源生产小苏打，尚有利润可图，一直以来在有盐卤地区有装置存在。单套装置最大规模氯化铵产量可达 18 万吨，全国总产量约 30 万吨。总反应式如下：

$$NaCl + NH_4HCO_3 \longrightarrow NaHCO_3 + NH_4Cl \quad (10\text{-}1)$$

本法是复分解小苏打工艺与热法氯化铵工艺的结合，流程简图如图 10-1 所示。

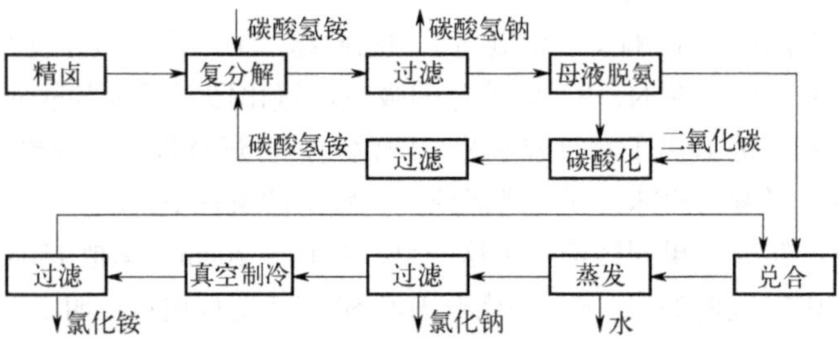

图 10-1 复分解小苏打-热法氯化铵工艺流程简图

在复分解小苏打-热法氯化铵生产过程中，制铵单元主要包括脱氨及碳酸氢铵回收、蒸发析盐、冷却析铵、干铵等几个过程。

（1）脱氨及碳酸氢铵回收 由于复分解反应是一个可逆反应，达到平衡时仍有部分碳酸氢铵存在，分离小苏打后它存于母液当中，如不加以脱除，则在进入蒸发系统时会分解出氨和二氧化碳等不凝气体，影响蒸发系统二次蒸汽的利用，增加能耗。因此脱氨的任务就是用低压蒸汽间接（或直接）加热小苏打过滤母液，使其中的碳酸氢铵分解，并将氨气和二氧化碳脱出。脱氨后热母液（脱氨液）送蒸发工序制取氯化铵。脱氨过程蒸出的氨气和二氧化碳以及部分水，经冷凝后成为碳化氨水，送至碳酸化塔内与补充的二氧化碳进行碳酸化反应，制取碳酸氢铵返回复分解工序。

脱氨是热法氯化铵的重要工序，具有承前启后作用，其中关键设备为脱氨塔，一般采用泡罩式脱氨塔，塔外设再沸器，用低压蒸汽加热。

（2）蒸发析盐、冷却析铵 蒸发的任务一是脱水，二是析盐。根据脱氨液各组分溶解度不同，通过蒸发浓缩、多温分离的方法，即可依次制取氯化钠和氯化铵产品。

蒸发采用多效（或 MVR）蒸发，先析盐后析铵、逆料工艺流程。经过脱氨后的部分脱氨液，加热蒸发浓缩，先使氯化钠充分析出，并在高温下将氯化钠（90℃以上）过滤分离，得到副产盐；滤盐母液与部分脱氨液混合后送入多效铵闪发器，利用真空系统进行闪蒸降温，使氯化铵析出，经分离即可得氯化铵产品（湿铵）。滤铵液返回与脱氨液兑合继续蒸发。

（3）干铵　湿氯化铵的干燥普遍采用流化床干燥技术，以热空气为干铵炉的流化介质和载湿体。干铵炉尾气采用干法布袋除尘。

与传统联合制碱的冷法生产氯化铵过程相比，热法生产氯化铵，母液经过了脱氨过程，氯化铵产品几乎不含游离氨，因此在氯化铵干燥过程中没有氨的无组织排放问题，环保压力小；氯化铵系统基本密闭，氨的无组织逸散或排放大大减少，氨耗降低，成本降低。但是，由于氯化铵系统高温运行，对设备材质要求高，需要用到 TA10 材料。

10.2.2　氯化钾-硫酸铵复分解法

由于有生产无氯钾肥——硫酸钾的需要，对于氯化钾-硫酸铵复分解法生产硫酸钾的工艺相关研究人员一直在研究探索，目前也已形成规模化生产。

氯化钾-硫酸铵复分解法是工业制备硫酸钾的重要途径之一。该法是以硫酸铵和氯化钾为原料，通过调节体系的温度、水分含量等条件有选择地结晶得到目标产物硫酸钾和氯化铵。

该法制备硫酸钾的基本原理是基于硫酸铵和氯化钾在水中形成的 K^+、NH_4^+、Cl^-、SO_4^{2-}四元水盐体系中各物质的结晶区域不同[8]。

具体地，从该体系 25℃的相图可知（如图 10-2 所示），硫酸钾和氯化铵是体系中的稳定盐：硫酸钾的结晶区位于左下角，结晶区面积最大；氯化铵的结晶区位于右上角，结晶区面积较小。因此，当体系按照氯化钾与硫酸铵等摩尔比配比时，过饱和溶液会优先结晶生成硫酸钾晶体，形成以硫酸钾固相为主的液固混合料浆。然后料浆进入液固分离单元，可以得到硫酸钾产品。饱和溶液则进入到蒸发浓缩系统，通过蒸发结晶的方式，将体系中的氯化铵移除，经干燥处理得到副产品氯化铵。至此，形成了以硫酸铵和氯化钾生产硫酸钾和氯化铵的复分解反应流程。该反应是一个可逆反应，其化学反应式如下：

$$(NH_4)_2SO_4 + 2KCl \longrightarrow K_2SO_4 + 2NH_4Cl \qquad (10\text{-}2)$$

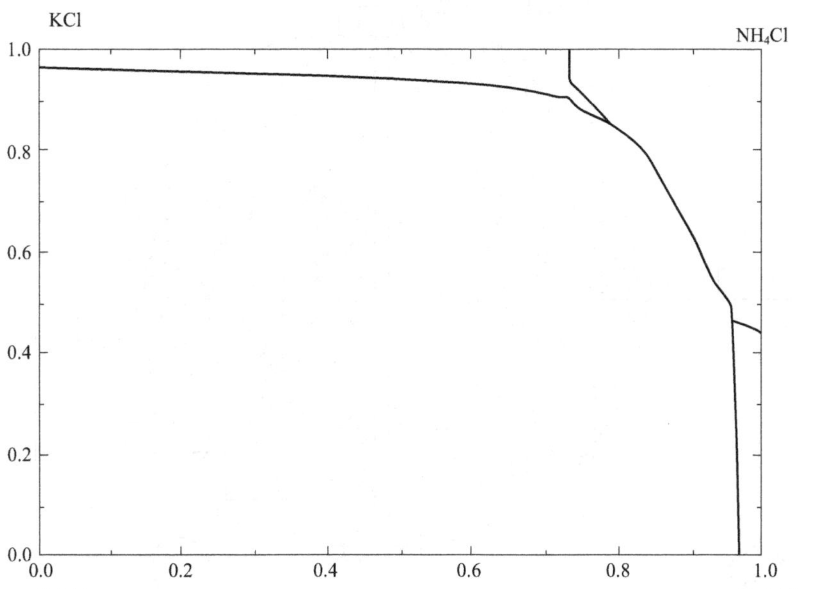

图 10-2　K^+、NH_4^+、Cl^-、SO_4^{2-} 体系相图（25℃）

该法工艺的基本流程：先将硫酸铵、氯化钾和水按一定的比例配制，在特定温度下进行复分解反应。反应完成后，溶液形成一种含有硫酸钾结晶的混合料浆，经离心分离、洗涤和烘干后，得到硫酸钾产品。离心分离得到的母液进入蒸发系统，经蒸发结晶、离心分离和干燥后，得到副产品氯化铵。

10.2.3 联合制碱法

此法系由联碱法生产纯碱时，从分离出碳酸氢钠后的母液中制取。又分为冷法氯化铵和热法氯化铵两种工艺。冷法氯化铵为传统工艺，其特点是制碱过程产生的母液Ⅰ经吸氨、换热、冷析、盐析制取氯化铵。优点是成本很低，已生产多年，目前工业生产中以此法为主。热法氯化铵是通过蒸发制碱过程产生的母液来得到氯化铵结晶，其基本过程与复分解小苏打-热法氯化铵流程相同。

10.2.3.1 联合制碱工艺介绍

联合制碱法[1,9]是以固体食盐、液氨（或气氨）和合成氨装置脱碳或低温甲醇洗工序来的二氧化碳铵（98% CO_2）为原料，通过母液吸氨（两次）、碳酸化、过滤、煅烧、冷析结晶、盐析结晶等系列过程生产纯碱和氯化铵。其工艺过程可分为制碱和制铵两个部分，纯碱行业内统一称之为Ⅰ过程（制碱）和Ⅱ过程（制铵），其他母液等物料的名称与此相对应。联合制碱法流程如图 10-3 所示。

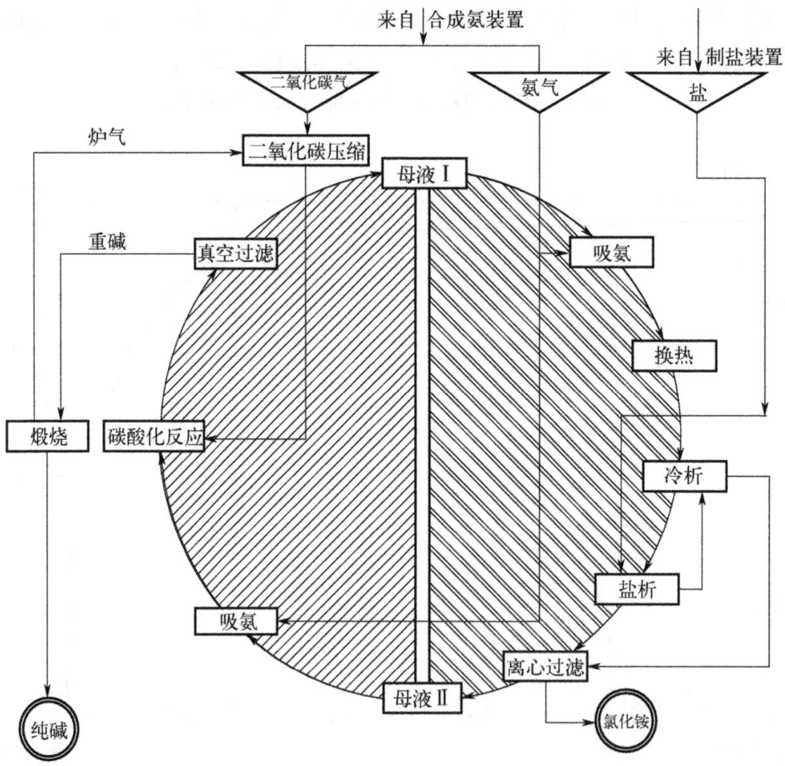

图 10-3　联合制碱法流程简图

从工厂车间（工序）设置来讲，联碱厂一般划分为重碱车间（工序）、煅烧车间（工序）和氯化铵车间（工序）。重碱车间包括二氧化碳压缩、吸氨、碳（酸）化（业内一般简称“碳化”）、过滤等工段，生产出湿的粗重碱；煅烧车间以湿的粗重碱为原料，通过蒸汽煅烧得到纯碱产品，同时对炉气进行净化，再返回二氧化碳压缩工段；氯化铵车间则是以过滤母液为原料经过冷析结晶和盐析结晶将氯化铵从母液中结晶析出，过滤得到湿氯化铵产品。

联合制碱的总反应式如下：

$$2NH_3 + CO_2 + 2NaCl + H_2O \longrightarrow Na_2CO_3 + 2NH_4Cl \tag{10-3}$$

10.2.3.2 联碱冷法制氯化铵的三元相图

联合制碱相图[1]都是以 $NaHCO_3$-NH_4HCO_3-NaCl-NH_4Cl-H_2O Jänecke 系统来表示的。联合制碱有“两次吸氨一次碳酸化”与“一次吸氨两次碳酸化”两种流程，我国采用前者流程。在“两次吸氨一次碳酸化”系统中，其 CO_2 的浓度中心值为 20tt（tt：滴度，Titer 的缩写，纯碱行业专用浓度单位，1tt=1/20mol/L）；α 值（即 FNH_3/CO_2 的比值，且联碱 CO_2 以一价计）在一定温度下是一个定数，α 值≥ 2，因此 FNH_3（游离氨，即总碱度）的浓度就可固定下来，体系中的组分变量就只有 NH_4Cl 和 NaCl，即化学组分的变数 C=2。在常压下物理变数 P=3，即固态、水溶液态和温度三个变量。于是自由度 $F=C-P+2$，则 F=2−3+2=1，即当温度变数一旦确定后，全系统就固定不变。这样，相图就是一个三元相图，也就是 NH_4Cl-NaCl-H_2O 系统内部的平衡。不过，当 CO_2 变了，就要使用另一张相图，FNH_3 随着 CO_2 变化，单位容积的产量也跟着变化。

根据以上分析，当温度一定时，冷析的 CNH_3（固定铵，NH_4Cl）残余量就确定，加入原盐后由于溶解热和生成热（结晶热）的变化以及盐析的机械搅拌和对外的冷损失（也就是外围热量的传入）又会达到一个较高的温度，这个温度稳定下来，盐析的终点残余的 CNH_3 也就确定。利用 CNH_3 变化的差值就能计算出 NH_4Cl 结晶析出的数量，同时由于盐析反应等分子地进行，所以加盐数量也可以间接地计算出来。

图 10-4 是“两次吸氨一次碳酸化”流程的三元相图，是依据下面 3 个回归式算出的数据绘制的。

冷析过程：以母液Ⅰ氨化后 $c(NaCl) = c(TCl^-)-c(CNH_3) = 30.45$tt 为 NaCl 的基准线，当温度下降后，有：

$$c(NH_4Cl) = c(CNH_3) = 60 + 0.8082t - 0.003271t^2 \tag{10-4}$$

式中，CNH_3 为固定铵；t 为温度，℃；c 为浓度，tt。

盐析过程：共饱点与温度的关系用两个回归式来决定：

$$c(NH_4Cl) = c(CNH_3) = 2.309 + 1.045t' + 0.001545t'^2 \tag{10-5}$$

$$c(NaCl) = c(TCl) - c(CNH_3) = 105.56 - 1.058t' + 0.004113t'^2 \tag{10-6}$$

式中，$t'=(20+t)$℃；c 为浓度，tt；TCl 为全氯根，Cl^-。

回归式使用的范围是：20tt < c(NaCl) < 86tt，24tt < $c(NH_4Cl)$ < 88.5tt。

图 10-5 是图 10-4 的一个简略示意图，用于说明相图点的位置与意义和反应间的数量计算关系。$P_2'P_2$ 曲线是Ⅰ、Ⅱ过程包含第一次加氨和温度两个因素引起 P_2 点轨迹的变化。在 $P_2'P_2$ 线上的各点是 NaCl-NH_4Cl-$NaHCO_3$ 的四重点，有三个盐是饱和的；它的下面由左而右按温度次序排列为各该温度下 NH_4Cl 的饱和区，而 NaCl 不饱和；在 $P_2'P_2$ 曲线上面则是 NaCl 饱

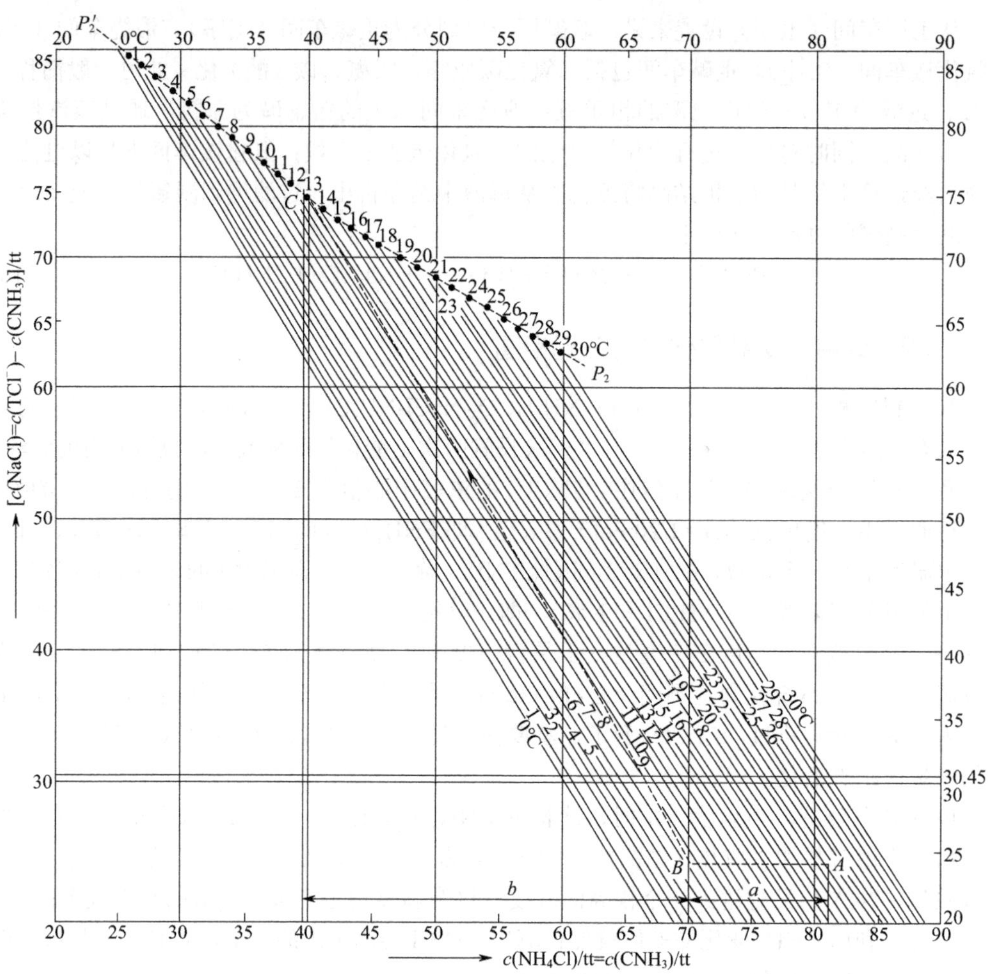

图 10-4 联碱两次吸氨一次碳酸化流程 NH_4Cl 结晶相图

和区而 NH_4Cl 不饱和，因此对联碱无用，故也不绘出等温线。*A* 点是 AⅠ（氨母液Ⅰ）的相图点，是由 AⅠ的分析数据 $c(CNH_3)=x_A$，$c(TCl)-c(CNH_3)=c(Na)=y_A$ 来决定其坐标的。它所处的等温线就是冷析开始的冷析临界点，一般 AⅠ进入结晶系统前温度要高于这个温度 2 ～ 3℃，过高会造成冷冻量负荷的无谓增加，过低又会引起过早在管路中析出 NH_4Cl, 尤其是天气较冷时，大气制冷强烈时更是如此。图中 *A* 点就在 22.5℃左右，AⅠ进入时温度则应以 24.5 ～ 25.5℃为宜。进入冷析结晶器后，由于外冷器的制冷和主循环泵的强烈循环，AⅠ的温度立即降至冷析结晶器的温度。

此时半母液Ⅱ的相图点是 *B*。*AB* 析出线是与 *x* 轴，也就是 NH_4Cl 轴（用分析数据时即 CNH_3 轴）平行，因为冷析时 NaCl 不析出，也不加入。

半母液Ⅱ依序流进盐析结晶器，这时原盐全部投进来，由于半母液Ⅱ在该温度下对 NaCl 远不饱和，盐析效应立即发生。又由于盐析时的 NaCl 溶解热和 NH_4Cl 的结晶热变化，以及盐析轴流泵投入的水能和外界热量向盐析结晶器的传入，温度要上升几摄氏度。这是因为制冷只在冷析结晶器附设的外冷器中进行，盐析结晶就不再制冷。与冷析结晶器一样，半

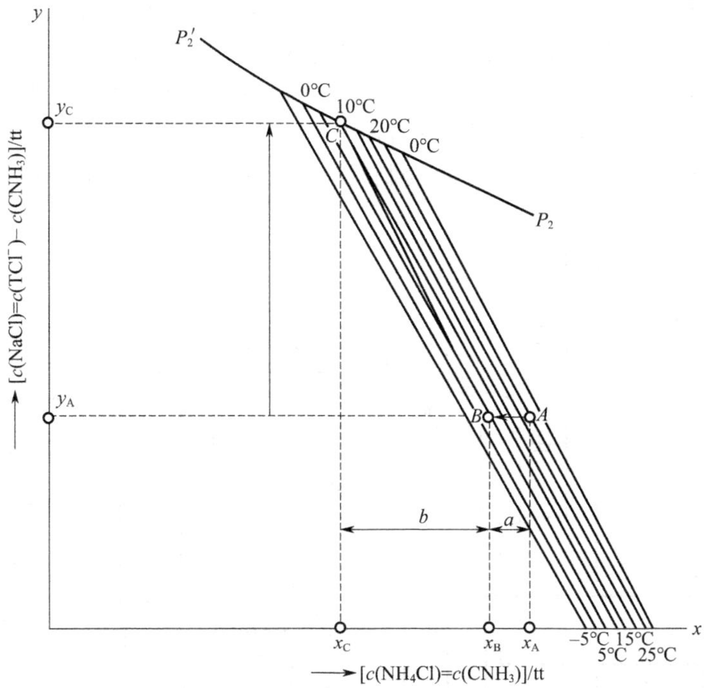

图 10-5　冷法联碱氯化铵结晶三元相图使用示意图

母液Ⅱ投入后立即升到盐析结晶器的温度，而母液Ⅱ在结晶器内的 NaCl 浓度又必须是共饱点，因此母液Ⅱ流出盐析结晶器的相图点则是 *C* 点。

AB 间的 *x* 轴向距离 *a* 就是冷析产量，以 *A* 点的 $c(CNH_3)$ 值减 *B* 点的 $c(CNH_3)$ 值而得；*BC* 间的 *x* 轴向距离 *b* 就是盐析产量；冷、盐析产量之比为 *a*/*b*，一般情况下冷析产量比盐析少，故各自占总产量的百分比为

$$盐析产量占比 =b/(a+b)\times 100\% \tag{10-7}$$

$$冷析产量占比 =a/(a+b)\times 100\% \tag{10-8}$$

而加盐量就是 *BC* 间的 *y* 轴向距离。图 10-5 的 *x*，*y* 轴刻度以 tt 为单位。

10.2.3.3　联碱法制氯化铵的工艺流程

（1）结晶取出流程　氯化铵结晶取出流程有并料流程和逆料流程之分。氨母液Ⅰ（AⅠ）加到冷析结晶器，冷析结晶器溢流半母液Ⅱ到盐析结晶器中，经加盐再析出结晶。盐析晶浆、冷盐析晶浆分别取出，盐析晶浆经洗涤，和冷盐析晶浆兑合稠厚分离出氯化铵，此即并料流程。将盐析结晶器的结晶借助于盐析晶浆泵送回冷析结晶器的晶床中去，产品全部从冷析结晶器中取出，此为逆料流程。

并料和逆料流程特点对比如下：

① 由于盐析结晶器中的结晶送到冷析结晶器的悬浮层内，其中掺杂的固体盐在钠离子浓度较低的半母液Ⅱ中，可得到充分的溶解。与并料流程相比，总的产品纯度可以提高。但在并料流程中，在冷析结晶器可得到粒度较大、质量较高的“精铵”，而逆料流程则不能制取精铵。

② 逆料流程对原盐的粒度要求不高，不像并料流程那样严格，而仍能得到合格产品。可使盐析结晶器在接近氯化钠饱和浓度的条件下进行操作，盐析结晶器的控制也较容易掌握。

③ 由于逆料流程盐析结晶器允许在接近氯化钠饱和浓度的条件下进行操作，可提高 γ 值，使母液Ⅱ的 CNH_3 浓度降低，从而提高了产率，母液的当量体积可以减小。

目前大部分装置采用逆料流程。联合制碱法制铵过程流程（逆料）见图 10-6。

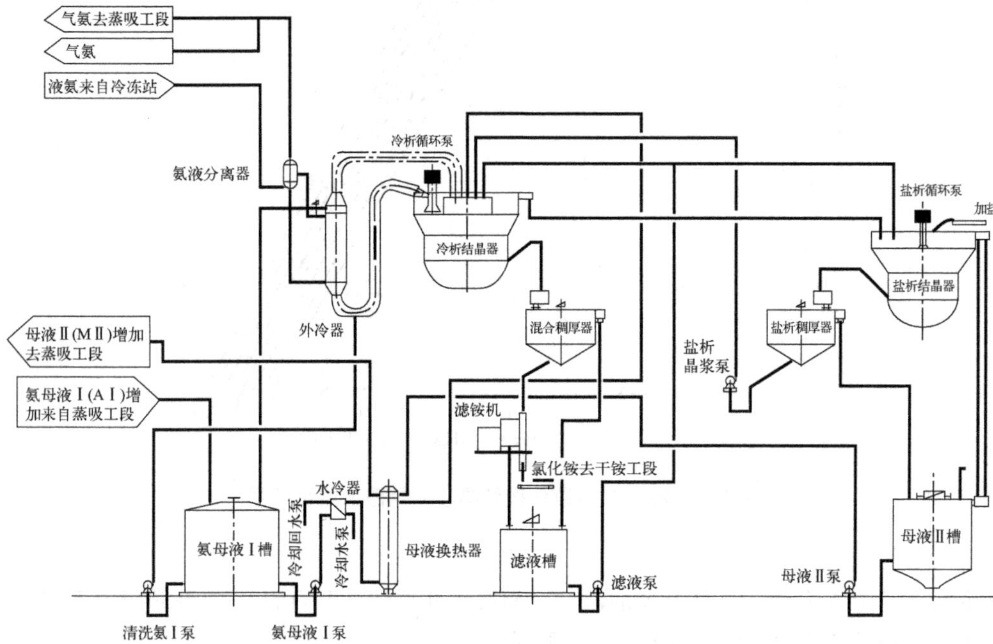

图 10-6　联合制碱法制铵过程流程（逆料）简图

过滤重碱后的滤液即母液Ⅰ，此中碳酸氢钠处于过饱和状态，为了得到纯净的氯化铵产品，通过吸收氨气达指标要求的 α 值，将溶解度较小的碳酸氢钠中和为溶解度较大的碳酸钠和碳酸铵，即为氨母液Ⅰ，再送入氯化铵工序。首先与循环水和冷的母液Ⅱ进行换热，冷却氨母液Ⅰ的同时回收冷量，然后进入冷析结晶器，与液氨或冷冻水在列管式外冷器中换热，进一步冷却，使氨母液Ⅰ析出部分氯化铵结晶，冷析结晶器的溢流液（即半母液Ⅱ）自流进入盐析结晶器；在盐析结晶器加入固体盐，在同离子效应（Cl^-）作用下，氯化铵在盐析结晶器中进一步析出。盐析结晶器中部取出的晶浆经盐析稠厚器稠厚，再经盐析晶浆泵打回冷析结晶器中心循环管（逆料流程，洗去夹带的盐分）。自冷析结晶器取出含氯化铵结晶的悬浮晶浆经稠厚、离心过滤，分离出来的固体湿氯化铵是为湿铵产品；湿铵送入流化床，用蒸汽内加热式流化床加热干燥后即得干铵产品。盐析结晶器的溢流液即母液Ⅱ，经母液换热器回收冷量后，母液Ⅱ（MⅡ）经吸氨后变为母液Ⅱ（AⅡ），送往重碱工序。母液Ⅰ和母液Ⅱ吸氨所需的氨气由合成氨及外冷器蒸发的氨气提供。

（2）液氨制冷、满液位操作工艺流程　由冰机系统液氨贮槽来的液氨经节流阀节流膨胀后入一级氨液分离器下部，与循环液氨一起回流到外冷器管间，与管内的循环母液进行热交换，使母液温度降低，产生一定的过饱和度。液氨通过沸腾传热使其汽化，含有气体的液氨与一级氨液分离器回流的液氨存在密度差，利用密度差产生自然循环。外冷器出口含有气体的液氨进入一级氨液分离器，分离的气氨进入二级氨液分离器，分离的液氨进入一级氨液分离器回流管，气氨经压力调节阀回冰机重新压缩、冷凝成液氨，入液氨贮槽循环使用。

通过二级氨液分离器气氨出口调节阀调节液氨蒸发压力，来控制外冷器作业初期和末期温差。通过一级氨液分离器下部液氨入口调节阀调节分离器液氨液位，来保持外冷器的满液位。外冷器清洗时，利用外冷器液氨放空的联络管线，将待停外冷器剩余的液氨压至待开外冷器内完成倒空。

（3）氯化铵的干燥流程　氯化铵干燥和冷却由干燥循环回路和冷却回路构成。

在干燥循环回路中，氯化铵干燥床采用循环气对湿铵进行流化，并通过低压蒸汽进行间壁换热。流化后的循环气经布袋器除尘，由引风机送入洗涤塔进行喷淋洗涤除氨后，经干燥风机送入空气加热器进行加热后重新进入氯化铵干燥床循环使用。含氨洗涤水送热电脱硫。干燥产品则由斗式提升机送入氯化铵冷却床。产生的蒸汽冷凝水送至外管。在冷却回路中，采用空气流化和循环冷却水相结合的方式对干燥产品进行冷却。产品最终冷却温度低于 60℃，含水率低于 0.5%（质量分数）。冷却产品由干铵管式皮带输送机送至干铵包装仓库。

10.2.3.4　氯化铵生产的主要设备[1,9]

（1）结晶器　结晶器是氯化铵装置的主体设备。母液过饱和度的消失，晶核的生成及成长均在结晶器内进行。氯化铵生产所用的奥斯陆外冷式结晶器，按其析出氯化铵的原理可分为冷析结晶器和盐析结晶器。盐析结晶器按其母液循环形式又分为内循环式和外循环式结晶器。冷、盐析结晶器构造大同小异。

图 10-7 为冷析结晶器。结晶器本体是用钢板卷焊而成的有锥底的圆筒形容器。按悬浮液在结晶器内的分级状况分为四部分：清液段、连接段、悬浮段及锥底。器内设有中心循环管，用拉筋固定在结晶器中心。结晶器顶盖装有 2 ～ 4 台主轴流泵，泵叶轮伸入器内约 1.2m。结晶料浆层靠轴流泵来循环母液，使之呈悬浮状。循环母液由轴流泵吸入，压至外冷器下端，然后从外冷器上端流出，与换热器来的氨母液Ⅰ（AⅠ）一同流入结晶器中心循环管的底部（锥底）后再向上流动。由于循环母液流出中心循环管后截面积突然增大，所以向上的流速较慢。在悬浮段（即结晶段）析出氯化铵结晶，并继续增大结晶。母液再向上经连接段到达清液段，因清液段的截面积再次增大，使析出氯化铵结晶后的母液上升速度更慢，可起到澄清作用。清液段开有半母液Ⅱ（Ⅱ/2）溢流口。在悬浮段中部附近开有晶浆取出口。锥底部分设有母液放空口及人孔，结晶器内壁以环氧树脂防腐，器外壁防腐并以聚氨酯泡沫塑料保冷。

图 10-8 是内循环式盐析结晶器结构示意图。结晶器本体是用钢板卷焊而成有锥底的圆筒形容器。上部为清液段，中部为悬浮段，下部为锥底。中心循环管固定在结晶器中心位置上。结晶器顶盖下边设有套筒。套筒的圆周上开有进液口。半母液Ⅱ由中心循环管上口进入，盐浆、滤液管由中心循环管中部插入。结晶器顶盖中心装有下压式主轴流泵，其叶轮插入中心循环管上方喇叭口。悬浮段的中部附近开有晶浆取出口。锥底部开有母液放空口及人孔等。清液段的上部设有母液Ⅱ（MⅡ）溢流槽。盐析结晶器的防腐，保冷同冷析结晶器。

（2）外冷器　外冷器是冷析结晶器母液降温的关键设备。按理论计算，每生产 1t 的氯化铵外冷器需移走约 840MJ 的热量，外冷器传热效率的高低直接影响着冷析结晶器内的结晶温度，影响着氯化铵的产量。

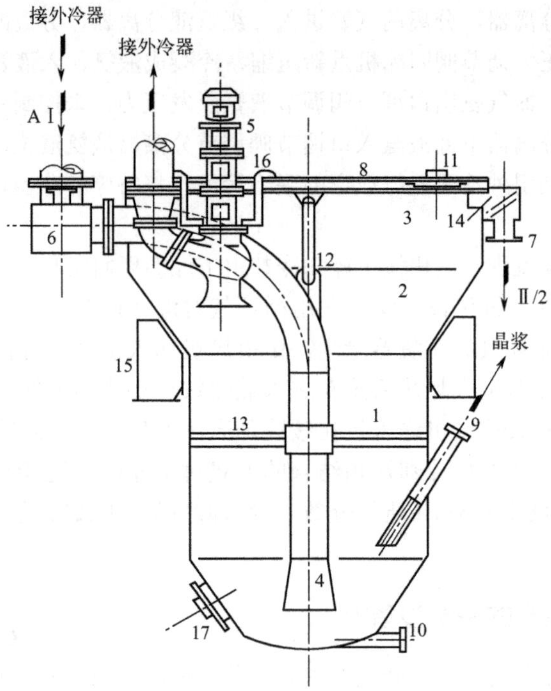

图 10-7　冷析结晶器

1—悬浮段；2—连接段；3—清液段；4—中心循环管；5—主轴流泵；6—分配箱；7—溢流管；8—结晶器盖；9—晶浆取出口；10—母液放空口；11—观察孔；12—吊环；13—支撑架；14—过滤网；15—承座；16—轴流泵吊装座；17—人孔

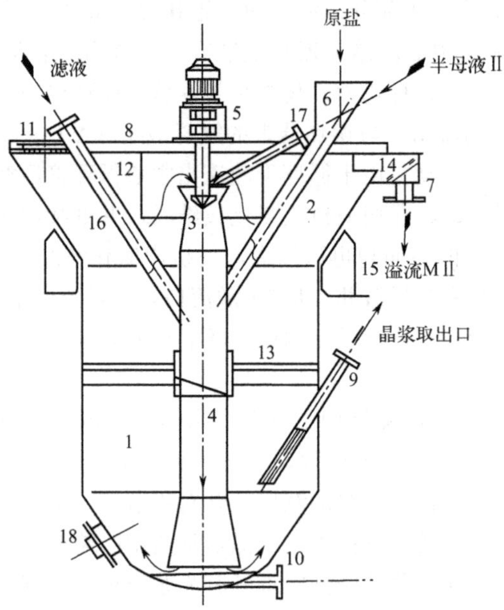

图 10-8　盐析结晶器

1—悬浮段；2—清液段；3—中心循环管入口及螺旋桨；4—中心管及放大管；5—主轴流泵；6—加盐斗；7—溢流槽；8—结晶器盖；9—晶浆取出口；10—母液放空口；11—观察孔；12—遮罩；13—支撑架；14—过滤网；15—承座；16—滤液管；17—半母液Ⅱ入口管；18—人孔

外冷器系立式单程列管换热器，壳体为钢制圆筒，两端焊接管板，上管板与上盖之间有加长圈，均以法兰和螺栓连接。在加长圈上开有热氨母液Ⅰ出口，液面计及人孔等。下管板与下盖连接，下盖开有人孔。列管（无缝钢管或钛管）以胀管法或焊接法固定在上下管板之间，管间交替安装有垂直于列管并彼此平行的圆缺形折流板，以增大冷媒流速，提高换热效率。

生产中，热流体走管内，冷流体走管外。外冷器作业一段时间后，管内结疤热阻增大，循环泵的电机电流增高，循环量减少，换热能力降低，故需要轮换备用外冷器，对结疤外冷器进行清洗。由于外冷器结疤的主要成分是氯化铵，通常采用热氨母液Ⅰ清洗之。

（3）轴流泵　轴流泵是氯化铵生产的关键动力设备之一，其特点是扬程小、流量大。

冷析轴流泵是将冷析结晶器母液送到外冷器循环降温，并使结晶器晶浆呈悬浮状态的设备。其循环量大小直接影响外冷器换热效率和结晶器生产能力。

盐析轴流泵的作用是通过内循环或外循环将半母液Ⅱ、盐浆及滤液输送至结晶器底部并使晶浆呈悬浮状态。其循环量大小直接影响盐析结晶器的正常操作和氯化铵产品质量。

（4）年产 30 万吨氯化铵装置设备介绍　目前各厂主流的氯化铵生产装置，大都能达到单套年产 30 万吨氯化铵的能力，为中国成达工程有限公司开发设计，其装备情况如下：

冷、盐析结晶器悬浮段直径为 10m，澄清段直径为 12 ～ 13m，结晶器总高 12m。外冷器直径为 2.2 ～ 2.4m，列管采用钛直管或钛波纹管。每台结晶器配 3 台外冷器，2 台作业，一台清洗。外冷器采用轴流泵循环清洗，大大降低外冷器清洗的电耗。冷析结晶器循环轴流泵扬程在 2.5 ～ 3m，扬量在 5500 ～ 7000m^3/h。盐析结晶器采用大直径、低转速轴流泵，泵叶轮直径为 1m，转速为 200r/min 左右，泵扬程在 1 ～ 1.5m，扬量在 7000 ～ 8000m^3/h。由于轴流泵的扬程和转速都降低，而流量增加，结晶器单位体积的生产能力提高，结晶粒度增大，单位产品的电耗显著下降。大型结晶器的连续作业时间，可以达到 2 年以上，有的已连续运行 3 年未经停车清洗。

10.3 氯化铵工业发展历程

氯化铵的大规模生产和使用，是随着联合制碱法工业的发展而发展起来的。

氯化铵的生产最早在 1884 年由德国开创，氯化铵用氨中和盐酸制得。早期以其他方法制得的氯化铵，规模小、产量少，仅能用于一些小规模的用途。

随着联合制碱法的大规模应用，作为副产品的氯化铵得以大量生产，人们不得不为其寻找大规模的用途，以利于纯碱工业的健康发展。作为氮肥施用即氯化铵的最大用途，为此国内外开展了多年的研究试验，验证了氯化铵作为氮肥施用对诸多作物的增产效果。到目前为止，在中国、日本、印度以及东南亚诸多国家，氯化铵的肥效已得到充分认可，农业消费量突破千万吨，已成为重要氮肥品种之一。

可以说，氯化铵工业的发展，与纯碱工业的发展息息相关。联合制碱法的发展历程即氯化铵工业的发展历程。

10.3.1 纯碱工业简史

纯碱是人类最早制取和使用的化学物质之一。7000 多年以前，天然的碳酸钠首先从幼发拉底河边生长的花的灰烬中提取得到。大约5500年以前，埃及人也开始用一种从湖水蒸发中提取的天然纯碱。当人们从海藻类植物的灰中提取丰富的钠碱时，也从木材灰中得到了丰富的钾碱。

纯碱工业发展历史悠久[1,10]，始于18世纪末。随着工业的需要和制碱原料的改变，纯碱（Na_2CO_3）生产技术得到迅速发展，生产装置趋向大型化、机械化、自动化。在纯碱工业史上，法国人N. 路布兰、比利时人E. 索尔维、我国科学家侯德榜等，都作出了突出的贡献。

1790年获得专利权的路布兰制碱法是人类历史上第一个大规模化学制碱法。本法以普通食盐为原料，用硫酸处理得芒硝（硫酸钠）及盐酸，芒硝再与石灰石、煤粉配合入炉煅烧生成纯碱。路布兰法存在产品纯度差，生产成本高，人工消耗大以及生产过程均在固相进行，难以连续作业等缺点。用此方法建成的碱厂曾遍布整个欧洲。路布兰制碱法一直延续到1930年，后来完全被索尔维制碱法所取代。

1861年，比利时工程师索尔维（Solvay）在煤气厂从事稀氨水的浓缩工作时，发现在用盐水吸收氨和二氧化碳时可得到碳酸氢钠。同年，获得了用食盐、氨和二氧化碳制取碳酸钠的工业生产方法的专利。此种生产方法被称为索尔维法（Solvay process），又称氨碱法。氨碱法具有原料普遍、易得，价格低廉，生产连续，产品纯度高（含碳酸钠98.5%以上），适合大规模工业生产等优点，迅速取代了路布兰制碱法，被广泛采用至今。

但氨碱法存在着两个难以克服的缺点：其一，氯化钠的利用率低。氯化钠的转化率在理论上可以达到84%，实际生产中由于氯化钠在氨水中的溶解度和碳酸化反应条件的限制，工业上氯化钠转化率一般只能达到72%～76%。氯化钠中仅利用了其中的部分钠离子，而24%～28%的钠离子和全部的氯离子被废弃，氯化钠的总利用率还不到30%。其二，废液的处理问题。每生产1t纯碱约有$10m^3$的废液排出，形成所谓的“白海”，不加处理则形成很大的环境问题。

鉴于氨碱法的缺点，长期以来国内外科学工作者不遗余力地寻求合理的解决办法。

1885年，德国科学家施莱卜（Schreib）首先提出在制碱后的母液中添加固体盐，并冷析出固体氯化铵，母液循环利用。1924年德国格鲁德（Gland）及吕普曼（Löpmann）两位教授做了这类研究，1931年取得成功，称为察安法（Zahn process）。这是一种间断的生产方法，首先做出碳酸氢铵结晶以处理饱和盐卤，把得到的碳酸氢钠过滤，然后将母液冷却降温，再加入食盐而得到氯化铵结晶。此法装置规模最大做到日产50t氯化铵，但由于生产过程是断续的，产品质量差，未发展起来。

1938年，我国侯德榜博士指导制碱工作者开始新法制碱的试验研究，1943年取得了满意的结果。到此，一个与察安法截然不同的氨碱联合流程——“侯氏碱法”取得了成功。它不用碳酸氢铵为原料，而是将含盐母液加氨，送进碳化塔并通入氨厂送来的二氧化碳气体，产出碳酸氢钠结晶，过滤后将母液降温，加盐析出氯化铵结晶，经过滤得氯化铵肥料，母液再加氨送进碳化塔。如此连续循环操作，得到纯碱和氯化铵双产品。它综合利用了氨厂的二氧化碳气体和碱厂废弃的氯离子，提高了原料的利用率，降低了生产成本。“侯氏碱法”今称“联合制碱法”。

1945年以后，日本纯碱工业为了提高原盐的利用率，并且适应增产肥料的要求，在索尔维法的基础上研究发展了联合制碱法，称为旭冷法，即AC法。1973年的石油危机以后，氯化铵的出口量下降，为了解决纯碱和氯化铵的销路不平衡问题，旭硝子公司将AC法进行改良：

采用石灰乳分解固体氯化铵来回收氨，并获得较浓的氯化钙溶液。此法称为新旭法，即 NA 法。其特点是联产氯化铵的产量可以调节，并且保持了原盐等原料利用率高的优点；又特别适用于纯碱与氯化钙联合生产，能量消耗较低。市场多余的氯化铵直接加石灰乳蒸馏回收氨，因而蒸汽及石灰消耗量比氨碱法少，废液量下降到接近氨碱法的 1/3，废液中氯化钙浓度可提高 2.5 倍，原盐利用率可达到 95% 以上。新旭法对碳化、结晶等工艺和设备结构也做了较大改进。

采用联合制碱法生产纯碱的国家，主要有中国、日本等。由于美国天然碱的冲击，日本、韩国的合成碱生产已经全部停产多年。

10.3.2 我国联合制碱法的发展

我国联合制碱法[9-12]始于 1938 年，当时范旭东派侯德榜等四位工程师赴德国考察察安法制碱流程，为永利碱厂进行新碱厂设计，因德方条件苛刻，转赴美国自己研究新法制碱，并由侯德榜拟定新法制碱试验全面计划。

1941 年 3 月 15 日，历经多次不同条件的试验，分析数千个样品，新法制碱试验成功，永利川厂同仁集会，由范旭东发起，定名为“侯氏碱法”。“侯氏碱法”形成制碱工业与合成氨工业紧密结合新流程，把纯碱工业技术推向新高峰。从此，中国制碱工业跃上世界舞台。

该法于 1948 年申请专利，1949 年 1 月 17 日，国民政府以京工（38）字第 1056 号通知核准“侯氏碱法”专利十年。新中国成立后，经中央工商行政管理局审查，于 1953 年 7 月 1 日为侯氏碱法颁发中国发字第壹号发明证书，给予侯氏碱法发明权 5 年。

1951 年，在对日产 10 吨的试验装置进行设计、设备制作和安装的同时，国家安排大连化学厂组织由孙庆震、陆冠钰负责的室内试验小组，全面进行“侯氏碱法”在不同温度、氨和二氧化碳不同浓度时平衡点的相图研究，并进行最优工艺条件的选择试验。

1952 年，中国在大连化工厂建立了日产 10 吨的联合制碱中试车间，1957 年加以改进，通过试验确定了一次加盐、二次吸氨、一次碳化的工艺流程，并对设备选型、操作指标加以肯定。1958 年 12 月，我国第一套年产 16 万吨联合制碱工业化装置，在大连化工厂破土动工。1961 年 9 月氯化铵部分开始试生产，1964 年 10 月全流程开车，12 月通过国家科委组织的鉴定。侯德榜先后 16 次亲临现场指导，解决设计放大和无现成经验参考带来的问题，先后闯过了连续生产关、产品质量关、产量关和经济关，取得了最后的成功。

10.3.3 热法氯化铵发展历程

据文献资料，热法生产氯化铵，国外自 19 世纪 90 年代开始，德国、日本、美国、苏联公司都做过研究开发，并有工业化生产装置的报道，最大规模的装置是苏联 1974 年投入使用的两个工厂（合计 30 万吨）[1]。

我国从 1958 年开始热法联碱的研究工作，小试、模试由大连制碱工业研究所和化工部第八设计院完成，1966 年 10 月模试通过鉴定。

2014 年中昊（大连）化工研究设计院有限公司为湖南裕华科技公司（现衡阳爱洁科技股份有限公司）设计了利用热法氯化铵技术处理复分解小苏打母液的大型工业化装置，规模为 15 万吨 / 年。将洪泽银珠在制设备用于其中，节省了业主投资，也加快了建设工期。该装置于 2016 年 8 月建成开车，顺利打通流程，产出合格产品，至今运行稳定、良好。这是我国热法氯化铵大型工业化装置的成功范例。

10.4 现有氯化铵生产装置情况

我国氯化铵的生产是随着“侯氏制碱法”即“联合制碱法”的不断推广而发展起来的。

由于联合制碱法生产双吨产品（即生成一吨纯碱的同时副产约一吨的氯化铵），有较强的市场竞争力，同时较氨碱法生产相比排污量少，所以，联合制碱法生产装置迅速发展，氯化铵产量也逐年增加。目前中国的氯化铵产量居世界第一位，与国内其他氮肥一样，存在季节和地区性的供需不均衡现象，产能相对过剩。

10.4.1 氯化铵生产企业

据中国纯碱工业协会统计，2023 年我国在产联碱企业有 21 家，氯化铵产量达到 1680 万吨（其中干铵 1147 万吨）。其中河南金山集团以 492 万吨高居榜首，其他氯化铵产量超过百万吨的企业还有四川和邦（123.93 万吨）、湖北双环（117.23 万吨）、实联化工（105.41 万吨），占到总产量的 50.30%。国内氯化铵产量排名见表 10-2。

表10-2 国内联碱企业氯化铵产量情况表

序号	企业名称	产量情况 / 万吨					备注
		2021 年	2022 年	2023 年	2023/2022 增长	增长百分比	
1	河南金山化工有限责任公司	322.48	375.17	492.08	116.91	31.16%	
2	四川和邦生物科技股份有限公司	118.11	114.48	123.93	9.45	8.25%	
3	湖北双环科技股份有限公司	108.82	111.23	117.23	6	5.39%	
4	实联化工（江苏）有限公司	98.00	97.17	105.41	8.24	8.48%	
5	昊华骏化集团有限公司	62.59	61.28	83.13	21.85	35.66%	
6	重庆湘渝盐化有限公司	76.11	75.50	83.03	7.53	9.97%	
7	天津渤化永利化工股份有限公司	55.52	66.08	80.12	14.04	21.25%	
8	江苏华昌化工股份有限公司	79.70	79.75	79.05	−0.7	−0.88%	
9	中盐昆山有限公司	76.06	79.48	77.05	−2.43	−3.06%	
10	应城新都化工有限责任公司	71.63	71.26	72.98	1.72	2.41%	
11	徐州丰成盐化工有限公司	59.51	61.28	65.91	4.63	7.56%	
12	重庆和友碱胺实业有限公司	46.75	49.28	54.41	5.13	10.41%	
13	中盐安徽红四方股份有限公司	35.36	37.66	47.42	9.76	25.92%	

续表

序号	企业名称	产量情况 / 万吨					备注
		2021 年	2022 年	2023 年	2023/2022 增长	增长百分比	
14	江苏德邦化学工业集团有限公司	58.82	60.70	45.04	−15.66	−25.80%	
15	宁夏日盛		41.06	42.03	0.97	2.36%	
16	杭州龙山化工有限公司	31.00	38.96	37.71	−1.25	−3.21%	
17	陕西延长石油兴化化工有限公司	28.60	34.99	35.65	0.66	1.89%	
18	冷水江金富源碱业有限公司	20.88	20.48	21.55	1.07	−5.22%	
19	金昌氨碱源化工有限公司	80.79	14.96	3.67	−11.29	−75.47%	
20	福州耀隆化工集团公司	25.30	19.97	0	−19.97	−100.00%	2023 年停产
21	衡阳爱洁科技股份有限公司	7.74	12.22	12.59	0.37	3.03%	复分解-热法氯化铵
	合计	1463.77	1522.96	1679.99	157.03	10.31%	

另据报道，四川能投川化集团所属广西川化天禾钾肥有限责任公司 48 万吨优质钾肥项目（一期）硫酸钾装置于 2020 年 12 月投产，副产氯化铵产能为 15 万吨 / 年[13]。

10.4.2 工艺技术及装备的进步

联碱法氯化铵装置的核心设备是盐析和冷析结晶器，自第一套联合制碱装置起，科技工作者一直在追求生产工艺的连续化、稳定化和设备的大型化，物料及能量的优化利用，达到节能降耗的目的。经过 50 多年的不断努力进步，设备大型化方面从单套的 4 万吨 / 年能力，经过了 8 万吨 / 年、15 万吨 / 年、30 万吨 / 年，一路发展到现在的最大单套能力 50 万吨 / 年。节能降耗方面，2020 年联碱企业平均盐耗为 1133kg/ 双吨产品，氨耗为 332kg/ 双吨产品，综合能耗为 152kg 标准煤 / 双吨产品；最优联碱企业的盐耗已达 1110kg/ 双吨产品，氨耗达到 330kg/ 双吨产品，综合能耗为 137kg 标准煤 / 双吨产品[14]。氨的有效利用率达到 97%。

10.4.2.1 大型冷、盐析结晶器

中国天辰工程有限公司根据河南金山集团提供的工艺技术包，完成大型氯化铵冷、盐析结晶器的工程设计，在河南金大地化工有限责任公司的联碱装置中成功运用，单系列冷、盐析结晶器氯化铵生产能力可达 50 万吨 / 年。单系列主要设备参数如下：

盐析结晶器：ϕ12600mm/ϕ17066mm×14175mm，全容积为 1910m^3，1 台

冷析结晶器：ϕ12300mm/ϕ15812mm×13300mm，全容积为 1910m^3，1 台

配套外冷器：ϕ3200mm×12296mm，F=2560m^2，4 台。换热管：ϕ45mm×1.5mm×6800mm，材质 TA1

冷析轴流泵：ZLH13500-3.3，4 台

盐析轴流泵：ZLH12000-1.35，1 台

母液换热器：ϕ1900mm×9120mm，F=720m^2。换热管：ϕ40mm/ϕ32mm×1.2mm 波纹管，材质 TA1

10.4.2.2 大型离心式氨冰机

氯化铵生产的关键动力设备为制冷冰机，由于氨本身是联碱原料，因此多使用氨制冷冰机。传统使用的螺杆冰机，在特大型化方面还有困难。60 万吨氯化铵装置往往配置多台冰机。近来大型离心式氨冰机的应用，打破了这一传统[15]。一台冰机即可满足 60 万吨装置的制冷所需。由重庆通用工业（集团）有限责任公司生产的 2MN670 型离心式氨压缩机，以汽轮机驱动，转速范围在 5624 ～ 8436r/min，在河南金大地化工有限责任公司联碱项目中成功运行，可替代 5 ～ 6 台螺杆氨冰机，并减少占地，提高效率。

10.4.2.3 闭路循环干燥氯化铵

中国天辰工程有限公司采用河南金山集团子公司专利技术为河南金大地化工有限责任公司实施了一种新型闭路循环流化床干燥氯化铵工艺技术，目前已成功投入运行，效果良好[16, 17]。传统氯化铵干燥采用流化床干燥，以空气为流化及传热介质，干法 + 湿法除尘，由于风量大，存在排放指标差，尾气含氨超标；洗水用量大，造成系统水不平衡，难以满足新环保标准的排放要求。采用酸洗虽可使排放尾气含氨量达标，但会增加危险源和成本，并且产生新的铵盐溶液需要处理。专利技术采用制碱原料气（CO_2）为流化和干燥介质；流化床热床、冷床独立设置，流化和干燥介质闭路循环；干法与湿法除尘相结合，系统自身净氨；尾气零排放、含氨（游离氨和少量氯化铵）洗水送热电装置用于烟气脱硫，节能、节水、环境友好。

10.4.2.4 余热回收装置制冷技术

由连云港市福源德邦科技发展有限公司主创的余热回收装置制冷技术，已成功应用于安徽德邦化工有限公司的联碱生产装置，替代了氨冰机，宣告联碱行业告别氨冰机压缩制冷时代的到来[18]。

该技术在传统联碱法冷盐析流程的基础上，对生产工艺进行了创新性的改造，增加预冷析结晶系统，采用余热回收装置制冷（溴化锂制冷机组）代替冰机制冷用于母液冷却结晶，回收利用了煅烧系统的热量，达到合理利用能源、降低系统电耗的目的。由于用软水代替液氨用于系统降温，从而消除了重大危险源如氨储槽及氨分离器、冰机、蒸发冷、液氨管道等多个危险源点，该项技术可大大降低安全生产风险等级和环保运行风险。同时解决了传统工艺降温冷 A Ⅰ 温度过低，换热器容易结疤堵塞的问题。冷析外冷器作业时间由 8 小时延长到 16 小时，完全取消了压氨、排油水、调节气氨压力等烦琐工作。

以 60 万吨 / 年联碱系统计算，实施该技术后年节电量约 2400 万千瓦时（双吨产品电耗降低 40kW · h），折标煤 2950t（当量），年可减少碳排放 2000 余吨。

10.4.3 行业安全环保

联合制碱法工艺流程虽然很长，过程繁杂，几乎涉及了所有的化工单元操作，但是相对

来说操作条件温和，高温高压过程较少；涉及的危险化学品只有氨，由于氨系统封闭循环，自控程度高，相对来说安全性较好。经几十年的运行实践，联碱厂的安全事故率较低。

环保方面主要是废液、废气和固废的产生和排放。

联合制碱法基本实现母液封闭循环，原料利用率高。但是也由于母液闭路循环，为降低产品盐分而必加的洗水使得母液膨胀，无法妥善处理多余母液成为困扰行业多年的大问题。但随着近年技术装备的不断进步，碳化塔重碱结晶不断改善，大型真空带滤机的普及应用，减少了洗水用量，母液收缩已成为常态。困扰多年的母液膨胀问题悄然得到了解决。

废气排放主要有碳化尾气、过滤尾气和干铵尾气的排放，主要污染物为 NH_3 和 CO_2。干铵尾气治理目前来说还是一个比较麻烦的问题。但随着前述闭路循环干燥氯化铵技术的运用，这一问题也可以得到很好解决。其他无组织排放如氯化铵输送皮带曝空逸散的氨气，现在都采用了埋刮板，微负压引风使之成为有组织排放，经吸收处理达标后排放。管式皮带机的应用，也可以减少无组织排放。

以前的联碱生产多用海盐，其中含泥沙及钙镁离子较多，因此有部分固废需要排放。目前联碱厂大都采用真空制盐得到的精盐生产，固废排放量就很少了，多数厂子的澄清桶一年只排出十数吨的废渣，这些废渣通过多级洗涤和压滤，可作为复混肥生产的原料或与制盐盐泥一起送往矿山压入地下采空盐腔。

总体来讲，联合制碱法属于安全风险较低，环境友好的绿色生产工艺。

10.5　未来发展趋势

10.5.1　氯化铵的市场前景和竞争优势

作为农用氮肥的主要品种之一，化肥市场的供求关系情况，直接反映在氯化铵的供求关系上。由于近年来国家特别强调粮食增产，化肥用量不断大幅度提高，农业的发展亦将进入一个新阶段，农用氯化铵的销量必将随着农业生产的发展而有所提升。

同时，随着联合制碱法企业近几年的扩张，氯化铵的生产能力迅速增加。与此同时，尿素、磷铵等氮肥的产能过剩情况不断加剧；随着环保新标准的实施，电厂烟气脱硫要求越来越严，副产了大量的硫酸铵，更加挤压氯化铵市场；且氯化铵主要下游产品复混肥不断向高浓度复混肥方向发展，减少了氯化铵的使用量，氯化铵市场受到打压亦在所难免；人们对氯化铵肥效及氯离子残留的了解和认识还存在有限性和片面性。这些因素反映在氯化铵市场上，不但会出现季节性滞销，还时有年份性滞销的情况发生，严重时影响到联碱企业的正常运行。

从液氨价格和氯化铵价格比较来讲，氯化铵价格倒挂的现象长期存在。理论上每吨氯化铵折算含氨 318kg，按照同期液氨和氯化铵产品价格计算，常常氯化铵的价格低于其中含氨的折算价格。但是，从不同品种氮肥市场价格折算氮素价格来看，氯化铵氮素折算价仍是最低，加上前述的氯化铵的肥效优势，农用氯化铵竞争力还是占优的。2021 年的氯化铵市场，出现了前所未有的兴旺景象，氯化铵价格翻倍，许多生产厂的产品一货难求，从不同侧面也反映了氯化铵的竞争力。

从目前产销情况来看，氯化铵产销基本平衡。但预计在短期的未来，氯化铵产能、产量还有较大增长的可能性，应充分引起重视。截至 2020 年底，我国纯碱产能约 3239 万吨 / 年，与 2019 年持平；产量 2788 万吨，产能发挥 86.1%。“氨碱法”纯碱产能为 1483 万吨 / 年，占总产能的 45.6%。但由于前述氨碱法的环保缺点，随着国家及社会生态环境意识的提高，对环境不友好型产业零容忍，氨碱法纯碱的逐步退出已现端倪。但不排除某些氨碱企业借搬迁改造的时机，转产为联碱，那样，氯化铵产能还会有较大增加。如果目前氨碱产能有一半改为联碱，将增产氯化铵 700 万吨 / 年，总产能达到 2000 余万吨 / 年，市场销售压力将会进一步加大。

10.5.2 氯化铵的分解利用

氯化铵的市场应用问题，终归是氯元素的大规模应用问题。盐的来源是大海，从大海里把盐取出，钠离子转移到目标产品纯碱，剩下的氯离子也需要好的处理方式。氨碱法用石灰分解氯化铵，有用的氨被回收，将氯离子转入氯化钙。由于氯化钙的用途有限，市场容量不大，不能从根本上解决氯离子的处理问题，多出来的氯化钙成为废液，要么排放在海滩，要么暂存到地下采空盐腔。在全民环保意识逐渐增强、环保政策逐渐收紧的新形势下，无论哪种氨碱法都恐将行之不远。

因此，考虑氯化铵的分解再利用问题，也是一个思路。聚氯乙烯行业是一个大规模应用氯元素的行业。我国聚氯乙烯树脂 2019 年产量已突破 2000 万吨，达到 2011 万吨。如能和联碱的氯化铵分解技术加以衔接，则可能开创出新的发展路径。但由于氯碱行业本身自成系统，产销基本平衡，加之氯化铵分解出的氯化氢或者转化的氯气，储存和运输不便，缺少同时具备纯碱和 PVC 装置试验条件的工厂，氯化铵分解工业化应用受到了限制。

为了解决氯化铵销路不畅制约联碱生产的问题，国内外诸多机构和人员致力于研究氯化铵的分解转化，意将低附加值的氯化铵转化为氨气和氯化氢 (或氯气)，实现氯化铵的资源化，可以缓解氯资源的紧张状况，减少电解氯化钠这类高耗能装置在氯碱工业中的比重，实现节能降耗的目标；同时，将分解出来的氨气返回联碱生产系统，实现氨的循环利用，可以省去或部分省去合成氨投资，从而大大减少天然气和煤炭资源的消耗，达到节约资源、保护环境的目的。从 20 世纪 60 年代开始，我国有关单位如天津碱厂、青岛化肥厂及大连制碱工业研究所等单位，都做过氯化铵分解的研究工作，取得了一定的成果。到目前为止，形成了多种转化方法，归纳起来主要有：无机酸 (盐) 法、金属氧化物法、金属置换分解法、有机胺法、电解法和高温络合物法等，但是反应条件相对苛刻，对设备材质要求较高 [19]。

氯化铵的分解研究，已经进行了多年，形成了上述多种方法，回收氨的同时，氯元素转化成氯气、氯化氢气体或盐酸，再由此进入终端产品。这几个产品的市场从目前看，也是过剩的，消化氯化铵的数量是有限的，还不足以促进联碱的发展。相反，氯离子转化进入氯化铵，作为肥料施入水田，除了作物吸收部分外，再由雨水携带，回归大海，完成终极循环，作者认为还是其最好的方式之一。

10.5.3 氯化铵应用的拓展

作为单独肥料施用来讲，把氯化铵造粒到 2 ～ 4mm，以利于农业机械化施肥，是一个很好的做法。造粒可以是机械造粒，也可以是结晶器造粒，方便施用，会扩大氯化铵市场份额。我国联碱行业的氯化铵产品，不少采用对滚式挤压造粒成套设备造粒，在造粒中还可将其他微量元素加入，制成作物专用肥，市场前景看好。

同时，氯化铵是配制复合肥的优选品种，用氯化铵制复合肥与尿素或硝酸铵相比，有许多优点。其一，生产出的复合肥颗粒光滑，不易黏结，不容易吸入空气中的水分，便于保存。其二，从含氮量来计算，用氯化铵制复合肥比用其他化肥便宜，经济效益显著。其三，氯化铵在水田使用更显示其优点，不易分解挥发。氯化铵配制的复合肥，在西北地区的宁夏、甘肃、新疆种植甜菜和棉花的施肥中具有良好的肥效。

在欧洲和北美许多国家，氯化铵是一种很通用的复合肥料的组分。氯化铵在美国是典型的 NPK 颗粒复合肥料中最普通的型式之一，因此在全世界范围内确立了含有氯化铵的复合肥料的生产和应用。日本较早地采用了氯化铵生产复合肥料，除了本国应用外，大部分出口国外，随着日本所有联碱厂全部停产改变方向投产天然碱，所需氯化铵从国外进口，每年要从中国进口 4 万～ 5 万吨粒状氯化铵产品作为肥料施用，亦由挤压造粒生产。

研究表明，氯化铵对棕榈树的生长有积极增产作用。印度尼西亚和马来西亚两个棕榈油主产国的棕榈树种植面积在 4000 万公顷以上，如能加大市场开发力度，这将是很大市场。

我国已是世界第一大合成碱生产国，由于美国天然碱的市场挤压，出口量很少，纯碱产业也属于产能过剩行业。国家对包括联碱在内的纯碱（天然碱除外）项目采取了限制手段，而且我国即将迎来天然碱的大开发，预计未来联碱产能不会再有大的增长，氯化铵的产能会相对稳定。当前，做好存量产品的市场开发是首要的工作，而拓展氯化铵新的市场是未来行业健康发展的关键。

参考文献

[1] 中昊（大连）化工研究设计院有限公司．纯碱工学．3 版．北京：化学工业出版社，2014.
[2] 化工百科全书：第一卷．北京：化学工业出版社，1998.
[3] 天津化工研究院，等．无机盐工业手册．2 版．北京：化学工业出版社，1996.
[4] 王之胜．浅谈氯化铵的肥效及科学施肥．化工之友，1997(1):44-45.
[5] 段志骙．我国使用氮肥氯化铵的调查报告．纯碱工业，1979(5):65-74.
[6] 日本氯化铵肥料协会．日本生产的氯化铵肥料．王正华，吴纪安，摘译．纯碱工业，1980(5):54-66.
[7] 氯化铵：GB/T 2946—2018.
[8] 石冰．硫酸铵法制备硫酸钾过程研究——硫酸钾精制与低能耗母液蒸发结晶模拟．上海：华东理工大学 .2019.
[9] 韩行治．联合制碱工艺．沈阳：辽宁科学技术出版社，1989.
[10] 陈歆文．侯德榜与侯氏碱法．纯碱工业，1999(5):57-64.
[11] 李祉川，陈歆文．侯德榜．天津：南开大学出版社，1990.
[12] 盛维勇，杨舰．大连碱厂生产技术的历史发展．中国科技史料，1989(1):37-46.
[13] 汪家铭．四川能投川化集团 48 万吨优质钾肥项目（一期）硫酸钾装置投产．合成技术及应用，2021(1):10.
[14] 2019 行业能效“领跑者”榜单发布．中国化工报，2020-09-07.
[15] 蒋威，董文林，霍小永，等．联碱氯化铵结晶工序氨冰机大型化与智能化控制．纯碱工业，2019(5):3-9.
[16] 莫如财，莫旭东，莫旭方，等．一种氯化铵干燥的闭路循环流化系统：中国，2027849900U.2018-09-11.
[17] 汤顺利，焦正平，赵春良，等．一种联碱工艺中干燥器尾气净化处理系统：中国，207755951U.2018-08-24.
[18]“联碱工业煅烧余热回收应用于结晶冷却高效节能技术”通过中国石油和化学工业联合会科技成果鉴定．纯碱工业，2022(3):36
[19] 元利峰．基于有机胺的氯化铵分解制取氯化氢和氨的工艺研究．南京：南京工业大学，2012.

中国肥料研究与应用全书

Books of Fertilizer Research and Application in China

FERTILIZER

第 11 章

硝基类肥料及其他

11.1 硝酸钙

硝酸钙是一种含氮和速效钙的新型高效复合肥，其中硝态氮无需土壤转换即能被作物所吸收，氮的挥发损失小，做基肥和追肥肥效快，能对作物进行快速补氮，广泛应用于温室和大面积农田种植的作物。硝酸钙属于中性肥料，生理酸度小，能降低土壤中活性铝的浓度，减少活性磷的固定，促进土壤中有益微生物的活动，对酸性土壤有改良作用。中量元素钙是植物结构组分元素，钙与植物内的果胶酸结合生成果胶酸钙，固定在新生组织的细胞壁中，加固植物结构，可以提高植物的抗病虫害能力。在种植经济作物、花卉、水果、蔬菜等农作物时，该肥可延长花期，促进根、茎、叶正常生长，保证果实颜色鲜艳，增加果实糖分和维生素 C 的含量，改善和提高作物的品质 [1]。

11.1.1 硝酸钙的性质和用途

（1）性质　硝酸钙一般有一水和四水合物，常温以四水合物最稳定，分子式为 $Ca(NO_3)_2 \cdot 4H_2O$，分子量为 236.15。一水合物是白色结晶性粉末状物质，熔点约 560℃，相对密度为 2.36；在空气中潮解，灼烧时分解成氧化钙，溶于水、乙醇和丙酮。四水合物为无色透明单斜晶体，有 α 型和 β 型两种，相对密度：α 型 1.896，β 型 1.82。熔点：α 型 42.7℃，β 型 39.7℃。在 132℃分解。四水合物加热到 151℃时完全脱水，加热到 495 ～ 500℃时，硝酸钙分解放出氧并生成亚硝酸钙，继续加热则分解成氧化钙及一氧化氮气体。硝酸钙具有氧化性，遇到有机物、还原剂、磷和硫黄等易发生燃烧与爆炸。

（2）用途　农业上硝酸钙肥料主要用于农作物速效补钙、补氮，广泛应用于蔬菜、水果及其他经济作物，特别是随着现代农业水肥一体化设施的推进，硝酸钙更是喷灌、滴灌、冲施、叶面喷施中补钙补氮肥的首选，有些地方也作为无土栽培的营养液。此外，硝酸钙在工业上可用作乳胶丁腈手套凝固剂、北方冬季融雪剂和水泥防冻剂、石油压井剂、污水处理剂、钢铁工业磷化剂等。

硝酸钙在 20 世纪末进入我国，初期由于没有国内标准，产品主要用于出口。2005 年 7 月 10 日，国家发展改革委发布了工业硝酸钙的行业标准（HG/T 3787—2005）。随后在国内农业上应用逐渐增多，2013 年山西阳煤丰喜肥业（集团）有限责任公司与国家化肥质量监督检验中心（上海）起草，国家工业和信息化部发布了 HG/T 4580—2013 农业用硝酸钙标准（见表 11-1）。

表11-1　农业用硝酸钙产品质量标准（HG/T 4580—2013）

项目		指标	
		一等品	合格品
硝态氮（以氮计）的质量分数 /%	≥	11.5	11.0
水溶性钙的质量分数 /%	≥	16.0	
水不溶物质量分数 /%	≤	0.5	
氯离子质量分数 /%	≤	0.015	
游离水质量分数 /%	≤	4.0	
pH 值（50g/L 溶液）		5.0 ～ 7.0	

11.1.2 硝酸钙的生产工艺

（1）中和法　用硝酸中和碳酸钙或氢氧化钙制得，是生产工业硝酸钙的主要方法。

（2）吸收法　系用石灰乳吸收硝酸尾气制得。

（3）副产法　系用硝酸分解磷矿石生产氮磷复合肥料时的副产物。即硝酸分解磷矿石所得的分解液含 $Ca(NO_3)_2$ 和 H_3PO_4，冷却到 −10 ～ 0℃左右，即得 $Ca(NO_3)_2 \cdot 4H_2O$ 晶体，过滤后可作农业用硝酸钙。

目前大多数企业沿用中和法生产硝酸钙，具体操作方法为：

用碳酸钙碎块或生石灰，与稀硝酸在酸解槽中反应，生成硝酸钙、水和 CO_2 气体，为了中和酸解液中的游离酸，将生灰石（氧化钙）与水反应生成氢氧化钙，将氢氧化钙送入酸解槽中中和游离酸，调节 pH 值到 6 左右。相关反应式如下：

$$CaCO_3 + 2HNO_3 \longrightarrow Ca(NO_3)_2 + H_2O + CO_2$$

由压滤机去除酸不溶物得到硝酸钙清液，经蒸发器蒸发提浓至 62% 左右，送入结晶器搅拌，与夹套内的循环冷却水进行换热降温得硝酸钙晶体与母液混合液，最后通过离心机固液分离，脱去母液得到晶体硝酸钙（图 11-1）[2]。

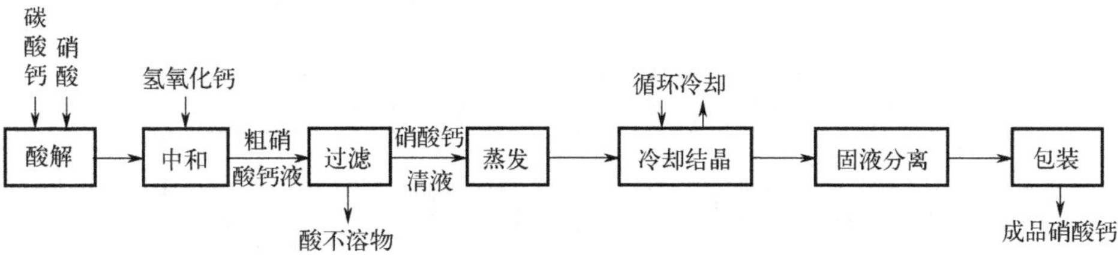

图 11-1　中和法生产硝酸钙

11.1.3 硝酸钙产品的发展现状

十九世纪初期，农业用硝酸钙作为农作物补氮、钙已有近百年的历史。硝酸钙作为肥料发展至今，在美国、加拿大、印度、欧洲等都开始大面积施用。目前，挪威海德鲁公司作为全球最大的钙肥生产企业，年产农业用硝酸钙 80 万吨左右。法国农业用硝酸钙作为氮肥占到氮肥施用量的 33%，德国农业用硝酸钙作为氮肥占氮肥施用量的 45%，波兰农业用硝酸钙作为氮肥占到了氮肥施用量的 36%。

国内硝酸钙工厂主要集中在山西，还有个别生产装置分布在山东、贵州、湖北等地。2003 年我国硝酸钙产能不到 10 万吨，到 2020 年硝酸钙产能发展到 65 多万吨，平均年增长 3.2%。由于硝酸钙主要以冷却结晶、离心分离工艺生产，存在冷却时间长、结晶器占地大的问题，我国种植户对钙和硝态氮也缺乏认识，硝酸钙施用量在氮肥中的占比不到 5%。随着四水硝酸钙连续结晶设备的推出以及颗粒硝酸钙成功生产，硝酸钙的生产工艺逐步完善，国内硝酸钙单套生产装置的产能不断提升。

11.1.4 硝酸钙的未来发展趋势

随着国人对蔬菜水果需求的增长、对食品安全的重视度提高，以及土地流转加速，规模型、技术型专业种植者越来越多，硝基钙肥将在未来的市场竞争中有明显优势。从近几年的发展情况看，由于该产品投资收益低，市场需求不断被性能差不多的硝酸铵钙所替代，并且硝酸钙一直被列入涉危产品之中，近 6 年来一直没有大的发展，总产能基本维持在 60 万吨 / 年左右。目前大多数企业将硝酸钙作为中量元素水溶肥的原料以及其他液体肥的辅助原料，直接在市场销售的农业用硝酸钙大约 12 万吨 / 年。近两年来，出现了价格上涨，预计未来几年硝酸钙产能将还会有一定的增加 [3]。

11.2 硝酸铵钙

硝酸铵钙是硝酸钙与硝酸铵的混合物，是一种新型高效复合肥料，其性能与硝酸钙类似，与硝酸钙相比氮含量高 4%、钙含量高 2%。我国 2002 年将硝酸铵纳入民爆品范围，此后国内许多硝酸铵厂转产硝酸铵钙，比如云南解化、四川金象、陕西兴化、山西太化等，多采用混合法生产硝酸铵钙，即在硝酸铵中加入一部分碳酸钙粉，再进行塔式造粒。这种方法多见于原有硝酸铵产品企业混合改产硝酸铵钙，其工艺流程见图 11-2。

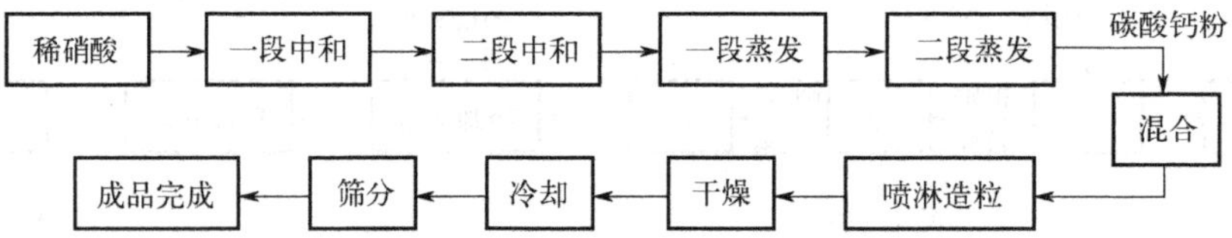

图 11-2 硝酸铵混合改产硝酸铵钙的工艺流程

2005 年由国家化肥质量监督检验中心（上海）与云南解化集团有限公司起草了 HG/T 3790—2005 硝酸铵钙肥料标准（总氮≥ 26% 钙含量≥ 3% 镁含量≥ 2%），并由国家发改委于 2005 年 7 月 10 日发布。同期以天脊集团为代表，用硝酸钙加入一部分硝酸铵生产硝酸铵钙，该产品与国际上通用的硝酸铵钙产品 [$5Ca(NO_3)_2 \cdot NH_4NO_3 \cdot 10H_2O$] 相一致。因硝酸铵钙产品名称已被改性硝铵使用，于是天脊集团与国家化肥质量监督检验中心（上海）起草了氨化硝酸钙产品的标准，国家发改委于 2004 年 12 月 14 日发布 HG/T 3733—2004（总氮≥ 14.5% 水溶性钙≥ 18%），解决了行业的标准问题。但企业在销售中发现，氨化硝酸钙与国际市场产品名称不一致，为此山西各个生产企业向农业部肥料登记评审委员会和国家化肥质量监督检验中心反映，农业部于 2012 年发布了 NY 2269—2012 农业用硝酸铵钙标准，和 NY 2268—2012 农业用改性硝酸铵标准。2016 年工信部用 HG/T 3790—2016 农业用硝酸铵钙标准代替了 HG/T 3790—2005 硝酸铵钙标准。2020 年 7 月国家农业农村部发布了 NY/T 2269—2020 农业用硝酸铵钙及使用规程代替了 NY 2269—2012，NY/T 2268—2020 农业用改性硝酸铵及使用规程代替 NY 2268—2012。

11.2.1 硝酸铵钙的性质和用途

（1）特性 硝酸铵钙又名氨化硝酸钙，分子式为 $5Ca(NO_3)_2 \cdot NH_4NO_3 \cdot 10H_2O$，分子

量 1080，含氮量为 15.5%，其中 90% 以上为硝态氮，其余为铵态氮，含水溶性氧化钙 25%。它是由硝酸钙和部分硝酸铵溶液熔融造粒生产的复合肥料，外观为白色圆形粒状固体，由于有钙元素的存在，硝酸铵钙中的含氮量比普通改性硝酸铵有所降低，其吸湿性也低于普通改性硝酸铵，从而改善了结块性和热稳定性，储存和运输中不易发生火灾和爆炸，是一种比改性硝酸铵更为安全的硝态氮肥。现在国内硝酸铵钙生产执行标准为 NY/T 2269—2020。

另一种硝酸铵钙又名农业用改性硝酸铵，分子式为 $NH_4NO_3 \cdot CaCO_3$，分子量为 181.14，是由硝酸铵与碳酸钙组成的一种复合肥，总氮≥ 26%，Ga 含量≥ 3%，Mg 含量≥ 2%，H_2O 含量≤ 1.0%，颗粒粒径在 1 ～ 4.75mm 的大于 90%，其吸湿性低于硝酸铵，国内生产此类产品执行标准 NY/T 2268—2020。

国际市场上这两种产品都叫硝酸铵钙。我国将第一种 $5Ca(NO_3)_2 \cdot NH_4NO_3 \cdot 10H_2O$ 叫农业用硝酸铵钙；第二种 $NH_4NO_3 \cdot CaCO_3$ 叫农业用改性硝酸铵。

（2）用途　硝酸铵钙是一种含氮和速效钙的新型高效复合肥料，也是一种全水溶的环保型肥料。硝酸铵钙中的硝态氮无需土壤转化即能被作物吸收，氮的挥发损失小，作基肥和追肥肥效快，能对作物进行快速补氮，广泛用于蔬菜、水果等经济作物。由于硝酸铵钙是中性肥料，适用于多种土壤，具有双向调节的效果，增加土壤团粒结构，防止土壤板结。在种植经济作物、花卉、水果、蔬菜等农作物时，使用硝酸铵钙可延长花期，促进作物根、茎、叶的正常代谢，使果实颜色鲜艳，增加果实密度、糖分和维生素 C 的含量，改善作物的品质。

硝酸铵钙含氮量虽比普通改性硝酸铵低，但钙也是作物生长发育必需的营养元素之一，在作物的成长过程中起着重要的作用。据有关专家分析，不少作物对钙的需求量仅次于氮和钾，而高于磷。现已证明，钙与维持作物细胞质膜的完整性和稳定性、降低逆境下细胞膜的孔径和透性、增加逆境下脯氨酸的含量等多种生理过程有关；许多作物出现的生长不良和各种病害，如苹果的苦味斑、西红柿和柿子椒的脐腐病、土豆的褐斑病、花生的叶锈病以及芹菜的黑心病等都是由缺钙所引起的。施用硝酸铵钙可以中和作物代谢过程中形成的有机酸，调节作物体内的 pH 值，防止细胞病菌的侵入，促进钾的吸收，避免酸性土壤中铝离子、氢离子和钠离子过多造成的盐害，从而提高作物抗病害的能力，有效防治各种病害。此外，钙对盐的胁迫有缓解作用，高含盐量土壤中的钙常被钠所置换，通过施用含钙肥料，可以使硬质土壤变得疏松，所以硝酸铵钙在盐碱土的治理方面具有很大的潜力 [1]。

11.2.2 硝酸铵钙的生产工艺

硝酸铵钙的生产方法主要有两种：

（1）中和法　硝酸与石灰石反应生成硝酸钙溶液，经石灰乳中和后，通过压滤机过滤去除酸不溶物，与硝酸铵按照一定比例进行配比混合，得到 $5Ca(NO_3)_2 \cdot NH_4NO_3 \cdot 10H_2O$ 的硝酸铵钙清液，通过蒸发提浓，达到一定浓度，最后经过造粒、冷却、筛分、包装等工艺流程，生产出成品硝酸铵钙（见图 11-3）[4]。

目前山东鲁西化工、山西三喜化工、红星化工、丰喜集团、金兰化工、华鑫化工等企业的农业用硝酸铵钙产品均采用此生产工艺。

（2）副产法　硝酸铵钙是利用硝酸分解磷矿石生产氮磷复合肥料的副产品。即硝酸分解液，含 $Ca(NO_3)_2$ 和 H_3PO_4，将其冷却至 −10 ～ 0℃左右得到硝酸钙晶体。从 NP 装置中离心过滤出来的四水硝酸钙酸性溶液，与 NH_3 中和得到 NH_3NO_3，使 $Ca(NO_3)_2/NH_4NO_3$ 的摩尔比为 5∶1，将调好的溶液蒸发浓缩，经造粒工艺加工成含氮量为 15.5%(其中含硝态氮 14.5% 铵态氮 1.0%)，含水溶性钙 18% ～ 19% 的 $5Ca(NO_3)_2·NH_4NO_3·10H_2O$ 硝酸铵钙肥料（见图 11-4）[5]。

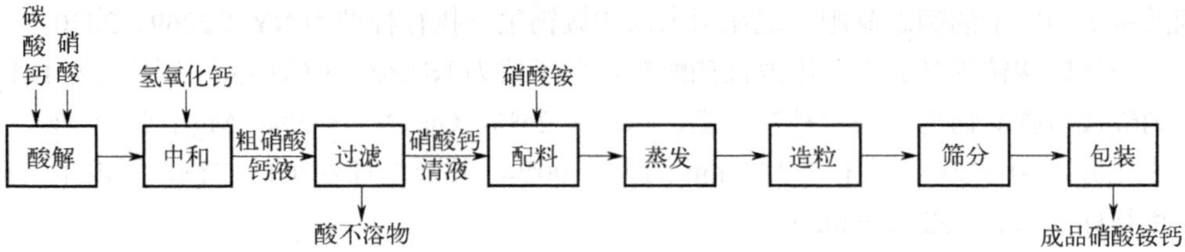

图 11-3　硝酸铵钙的中和法生产工艺流程

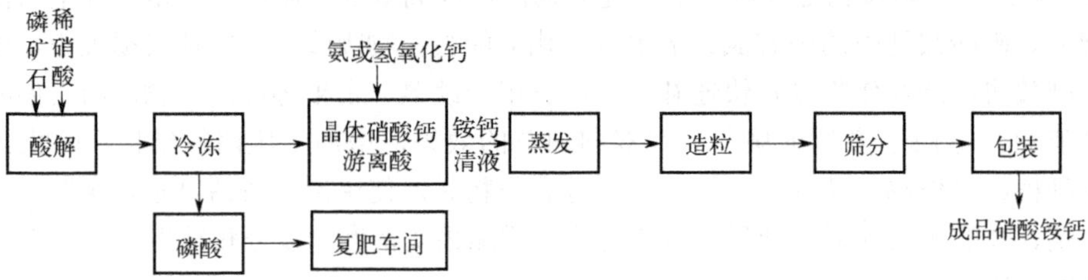

图 11-4　硝酸铵钙的副产法生产工艺流程

11.2.3　硝酸铵钙产品的发展现状

国外在 20 世纪 80 年代开始生产硝酸铵钙肥料，现生产工艺已很成熟。在美国、西欧等地区，单套硝酸铵钙生产装置最大生产能力为 40 万吨 / 年，最具代表性的为挪威海德鲁的生产工艺。目前在西欧、美国、澳大利亚等地区，硝酸铵钙作为一种重要的氮肥品种得到广泛应用，而西欧是世界上最大的生产和消费区，部分国家的消费量已占整个硝铵类肥料市场的 60% 以上。

目前硝酸铵钙的生产主要集中在挪威、荷兰、德国、瑞典以及中国等少数几个国家，据统计，2020 年全球总产能达到了 1600 万吨 (含农业用改性硝铵、石灰硝铵产品)，中国是全球最大的硝酸铵钙生产国家，占全球总产能的 16.25%，其次是加拿大，占比 12.37%，荷兰和瑞典均占比 7.42%，罗马尼亚占比 6.18%，其他占比 57.78%。

我国硝酸铵钙的生产晚于国外，2003 年天脊集团与清华大学共同开发，以冷冻法生产硝酸磷 (钾) 肥过程中产生的硝酸钙为原料，成功开发农业用硝酸铵钙，是我国第一批硝酸铵钙产品。国内目前硝酸铵钙的生产主要集中在山西、山东、贵州、湖北等少数几个省份。产品产量从 2011 年的 105 万吨，发展到 2020 年的 260 万吨，平均年增长率为 15%。硝酸铵钙进口量从 2011 年的 7600 吨，2015 年增长到了 1.35 万吨，到 2018 年的 2.2 万吨。出口量从 2011 年的 5.27 万吨发展到 2018 年的 43.95 万吨，2020 年出口量达到 60.1 万吨，2021 年 10 月 15 日起海关“对化肥出口实施出口商品检验”，导致硝酸铵钙出口量有所减少，2021 年硝酸铵钙出口量为 53.1 万吨。

大部分集中在山西交城县，形成了区域性上下游原料不平衡、价格恶性竞争比较严重的局面，同时也造成了企业在生产技术进步和产品创新方面动力不足。

为此，中国氮肥工业协会硝基钙镁肥分会就我国硝基钙镁肥的发展，在“十四五”发展规划中提出了三点意见：第一，在地方政府以及行业协会的指导下，根据国际市场上的先进技术、先进工艺，制定我国硝酸铵钙生产工艺技术标准和安全环保指标。逐步解决大多数企业目前的酸解中和尾气处理、厂房内固体粉尘排放、工业废水以及固体废渣等方面存在的问题。第二，从钙镁肥产品的资源优势产业布局的合理性出发，帮助大的企业做大做强，扶持小的企业规范发展、资源共享，推进行业的健康发展。第三，从目前的市场情况以及国家政策导向出发，一方面引导各企业根据自身特点，开拓新产品，走新、优、特的独具特色的发展道路；另一方面，根据国家双碳政策的要求，也要开始研究 CO_2 气体的治理和资源化利用，为行业的高效绿色发展奠定基础。

11.2.4　硝酸铵钙的未来发展趋势

硝酸铵钙是目前市场上溶解度最高的含钙复合肥，其近百分之百的水溶性体现了优质高效钙肥的独特优点，同时也顺应了现代农业水肥一体化发展的需求。近年来，国外硝酸铵钙市场受我国硝酸铵钙产业快速发展的影响，欧美等发达国家基本维持原有水平，仅在中东、南美以及俄乌等国家及地区有一些新的工厂建成，总产能近 1600 万吨（包括改性硝酸铵）。近年来，国际市场上对硝酸铵钙的年需求量逐渐增加，尤其中东等国家，由于土壤沙化，在作物种植过程中需要补充氮元素、钙元素，每年的需求量在 100 万吨以上。目前的生产已难以满足其日益增长的需求量，未来硝酸铵钙国际市场的需求缺口较大，市场前景广阔。同时由于硝酸铵钙独有的特性及其使用的广泛性，其在国际市场上持续走俏。

根据中国农科院资源与农业区划研究所、中国植物营养与肥料学会有关专家的分析预测，我国植物对钙肥的需求有近 10 亿亩土地，每亩地用肥 20 公斤，需要近 2000 万吨，由此可见未来硝酸铵钙在国内市场上大有可为。

11.3　硝酸镁

硝酸镁肥是一种含硝态氮和镁的中量元素肥料。其氮元素以硝态氮形式存在，对植物生长发育影响明显，当氮元素充足时，植物可合成较多的蛋白质，促进细胞分裂和增长。其镁元素在植物生长必需元素中是仅次于氮、磷、钾的第四元素，是构成植物体内叶绿素的主要成分之一，可以促进叶绿素的形成，对植物的光合作用是必不可少的，可以提高植物中功能性酶的活性，调节生理功能。能促进碳水化合物的新陈代谢、农作物中蛋白质和脂肪的合成和积累，为农产品提供营养成分，增加作物细胞壁的厚度并防止病原体的入侵[6]。

11.3.1　硝酸镁的性质和用途

（1）性质　硝酸镁有一水、二水、三水、六水、九水五种水合物，常温下以六水合物最稳定，分子式为 $Mg(NO_3)_2 \cdot 6H_2O$，分子量为 256.41。六水合物为单斜结晶体，吸湿性小，不易结块，物理性状良好，施用方便，极易溶于水、液氨、甲醇、乙醇中，与

乙醇生成 $Mg(NO_3)_2 \cdot 3C_2H_5OH$，易潮解。高于熔点（95℃）时，六水合物即脱水生成 $Mg(NO_3)_2 \cdot 4Mg(OH)_2$ 等碱式硝酸盐，加热到 300℃开始分解，在 400℃左右则完全分解为氧化镁和二氧化氮气体。硝酸镁禁止与有机物或易燃物同储，有发热自燃及着火爆炸的危险。

（2）用途　硝酸镁除用于农业肥料补充镁元素外，工业上也用作浓硝酸脱水剂和制造其他镁盐和硝酸盐的原料，国防工业上用于制造炸药，化工生产中用于制造催化剂和用作氧化剂，在实验室用作化学试剂等。

11.3.2　硝酸镁的生产工艺

硝酸镁生产方法一般有两种，一是用氧化镁或氢氧化镁与硝酸反应而制得，称为氧化镁法，其工艺流程见图 11-5；二是用碳酸镁或菱镁矿粉与硝酸反应而制取，称为碳酸镁法。目前大多数企业均采用菱镁矿煅烧制取的轻烧氧化镁为原料与硝酸反应制得，具体操作方法如下：

在不锈钢反应釜中加入 30% ～ 50% 稀硝酸，在搅拌下逐渐加入轻烧氧化镁（氧化镁含量≥ 85%，细度为 200 目），至溶液 pH 值为 5 ～ 6 为止，继续搅拌 20 分钟。静置待氢氧化铁老化凝聚。反应结束后将溶液打入板框过滤机过滤，过滤后的清液经蒸发器浓缩后，放入结晶器冷却结晶。经离心分离，风干，即得六水硝酸镁产品 [7]。

化学反应方程式：$MgO + 2HNO_3 \xlongequal{\quad} Mg(NO_3)_2 + H_2O + 881.6kJ$

该反应为强放热的固液相反应，其反应热可使反应液体温度升至 100℃以上，故必须控制 MgO 的加入速度，使反应温度控制在 60℃左右，确保反应正常进行。

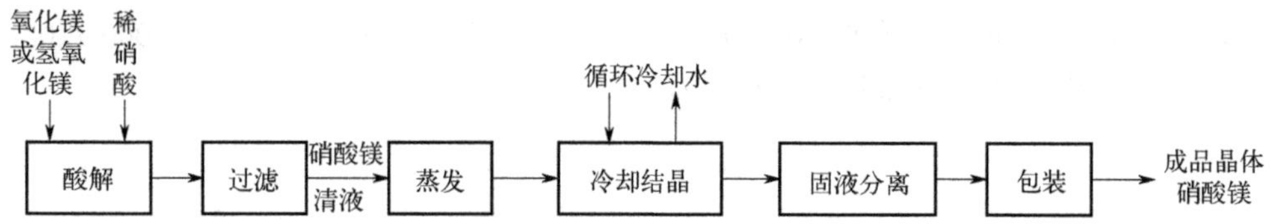

图 11-5　硝酸镁的氧化镁法生产工艺流程

硝酸镁以晶体为主，农业上为方便使用也有颗粒硝酸镁。造粒工艺有三种：塔式喷淋造粒、转鼓流化床造粒、盘式造粒。一般企业采用塔式喷淋造粒。即将一定浓度熔融液泵入造粒塔给料槽，经喷淋泵送入造粒塔顶部几组喷嘴中，同时在喷嘴处由干空气鼓入该产品晶种，熔融液从喷嘴出来成一定大小的液滴，从几十米高的塔顶落下，液滴经逆流干空气冷却后结晶成粒，从塔底出来，再经干空气冷却、包裹后即为成品。需将少量成品磨碎作晶种。造粒塔尾气需洗涤后排空。

硝酸镁作为农作物补镁的主要产品，在国内一直以来没有农业标准，只能作为原料添加到别的肥料中使用，比如中量元素水溶肥料（NY 2266—2012）标准要求 Ca+Mg 含量≥ 10%。中国氮肥工业协会在 2021 年 10 月 20 日正式发布《农业用硝酸镁》团体标准。具体要求如下：

① 外观：颗粒状产品或结晶状产品。

② 农业用硝酸镁产品应符合表 11-2 和表 11-3 的指标要求。

表11-2 农业用硝酸镁的要求

项目		指标
硝态氮（N）的质量分数 /%	≥	10
水溶性镁（以 Mg 计）的质量分数 /%	≥	9
水不溶物的质量分数 /%	≤	0.5
粒度（0.5 ～ 4.0mm）/%	≥	90
pH（5% 水溶液）		3 ～ 9

注：结晶状产品不做粒度检测。

表11-3 汞、砷、镉、铅、铬元素限量应符合的要求 单位：mg/kg

项目		指标
汞（Hg）（以元素计）	≤	5
砷（As）（以元素计）	≤	10
镉（Cd）（以元素计）	≤	10
铅（Pb）（以元素计）	≤	50
铬（Cr）（以元素计）	≤	50

11.3.3 硝酸镁产品的发展现状

当前，我国经济快速发展，国民对农产品消费需求也越来越大，人口不断增加，耕地面积有限的情况下，要求农业向高质量专业性发展，农业施肥要走“减用量、调结构、转方式”的可持续发展之路，适应不同土壤不同植物的专用肥料正日益受到人们的关注。过去国内农业从生产到宣传各方面主要推广氮、磷、钾大量元素肥料，而作为中量元素的钙镁肥料生产和宣传都非常少。为此，中国氮肥工业协会硝基钙镁肥分会与河南农业大学合作，试验对比不同元素对作物的影响。试验表明，镁作为植物体内叶绿素的主要组成元素之一，与植物的光合作用密切相关，不仅有效延缓叶片早衰，促进作物植物中功能性酶的活性，调节生理功能，还能提高农作物的抗逆性。硝酸镁的实际使用效果得到了有效的宣传推广，在国内和国际市场上形成了良好的口碑，从而为钙镁肥企业开辟了全新的市场[8]。

国内硝酸镁肥的生产主要集中在山西省交城县，产量较大的企业有：交城三喜化工有限公司、交城金兰化工有限公司、山西交城红星化工有限公司等。目前年产量近 20 万吨左右，有 70% 用于出口南美、东南亚等市场。

一些发达工业国家生产技术已经日臻成熟，而且随着滴灌等节水性农业的迅猛发展，硝酸镁、硝酸钙等水溶性复合肥料的生产及推广应用均已完善。国际上比较有知名度的生产企业主要包括：智利化学矿业公司（SQM）、挪威的雅冉（YARA）公司、英国的欧麦思（Omex）公司、以色列的海法（Haifa）公司、德国的圃朗特（Planta）公司等。

11.3.4 硝酸镁的未来发展趋势

农业用硝酸镁是能够完全溶解于水的氮、镁双元素复合型肥料，由于其速溶、吸收率高，具有一定的发展潜力。水溶性复合肥料以其见效快、无残渣、施用方便等显著优点，近几年来在国内也得到了一定的发展，尤其是在面对温室效应所带来的日趋严重的环境保护问题及水资源匮乏的情况下，滴灌系统、喷施喷灌等具有显著节水功能的新型施肥方式开始得到重视和推广，已经有越来越多的土肥专家、农业技术推广专家、农民和农资经销商认识到水溶性复合肥料的重要性。水溶性复合肥料在国外已经是非常成熟的肥料品种，并且得到了广泛的推广应用，尤其是在以色列等比较缺水的国家更是将滴灌等节水施肥系统发展到了极致。为此，水溶性复合肥料和水肥一体化的设施农业也将是我国农业高质量发展的必然趋势。美国的施可得（Scotts）公司、果茂（Grow More）公司，韩国现代特产（Hyundai Tuksan）公司，加拿大的植物产品（Plant-prod）公司等企业在生产水溶肥方面已经走在了前面。

我国硝酸镁进入农业市场比较晚，对其作用认识不够，过去国内没有农业用硝酸镁的肥料标准，硝酸镁也只能作为水溶性肥料的添加剂，为此镁肥的生产和市场范围比较小，导致发展长期受阻。随着《农业用硝酸镁》等团体标准的正式颁布，预计今后镁肥的市场用量将会越来越大。

11.4 尿素硝酸铵溶液

11.4.1 尿素硝酸铵溶液的特性和用途

（1）产品特性　尿素硝酸铵溶液（urea ammonium nitrate solution，UAN），国际上称为氮溶液（N solution），是以硝酸铵溶液、尿素溶液为原料按比例加工而成的水溶肥料。尿素硝酸铵溶液含有三种不同形态的氮，其中硝态氮含量为6.5%～7.5%，铵态氮含量为6.5%～7.5%，酰胺态氮含量为14%～17%。市场上常见的产品分为三种规格，即含氮28%、30%和32%。三种规格的盐析温度分别为−18℃、−10℃和−2℃，适合在不同气温的地区销售和施用。尿素硝酸铵溶液的配方及性质见表11-4[9]。

表11-4　三种不同规格尿素硝酸铵溶液的配方及性质表

产品 w（N）/%	各原料质量分数 /%			产品密度 /（$g \cdot cm^{-3}$）	产品盐析温度 /℃
	硝酸铵	尿素	水		
28	40.1	30.0	29.9	1.283	−18
30	42.2	32.7	25.1	1.303	−10
32	44.3	35.4	20.3	1.320	−2

（2）产品用途及优点　尿素硝酸铵溶液的生产始于20世纪70年代的美国，目前作为氮肥基础原料得到广泛使用，生产主要分布在美国、俄罗斯、西欧等国家和地区，在美国，尿素硝酸铵溶液用量占到氮肥总量的30%，是消费量最大的氮肥品种。尿素硝酸铵溶液是可以完全溶于水的多元复合肥料，经水溶解或稀释，可以用于灌溉施肥、叶面施肥、无土栽培、浸种蘸根。因其能完全溶解于水中，所以更容易被作物吸收利用，速溶、无残渣、吸收率高、见效快、施用方便等是其显著特点，而且通过应用于喷、滴灌等农业设施，可以实现水

肥一体化，达到节水、省肥、省工的效果。因此，被广泛应用于温室蔬菜、花卉、各种果树与大田作物的灌溉施肥，以及园林景观绿化植物与高尔夫球场，甚至家庭绿化植物的养护。与常规肥料相比，施用尿素硝酸铵溶液具有以下一些特殊的优点：

① 肥料利用率高　其含有的三种形态氮（铵态氮、硝态氮、酰胺态氮），硝态氮可以提供速效的氮源，供作物快速吸收；铵态氮一部分被即时吸收，一部分被土壤胶体吸附，从而延长肥效；酰胺态氮极少量被作物直接吸收，大部分需水解为碳酸铵后才能被作物吸收，而尿素水解需要时间，尤其在低温下，通常起到长效氮肥的作用。速效氮和缓效氮合理搭配，可以满足作物不同生长期对氮的需要，显著提高氮的利用率，肥料利用率可达 60% 以上。

② 它是一种绿色环保肥料。尿素硝酸铵溶液的生产过程与固体尿素、硝酸铵相比，减少了蒸发、造粒、干燥环节的能耗，能源消耗低。1 吨尿素硝酸铵溶液综合能耗比尿素低 0.31 吨标煤。此外，尿素硝酸铵溶液向周边环境排放的活性氮低于其他氮肥，降低对环境的面源污染和大气污染。

③ 尿素硝酸铵溶液产品偏中性，不会导致土壤酸化，有利于植物吸收和土壤氮素转化。

④ 具有很好的兼溶性、复配性，可与水肥一体化有效结合，也可以与非碱性的助剂、化学农药及肥料混合施用等。施肥方式灵活，可根施，也可叶面喷施，利用灌溉设施冲施、喷灌、滴灌，可实现浇水施肥同步进行。

⑤ 施用周期长　可用作播种前底（基）肥，也可在播种后立即施用（可避免灼伤叶子），后期追肥效果更佳。

⑥ 安全性高　本品虽为硝酸铵溶液，但不可燃、无爆炸性，施用后植物中硝酸盐含量也远远低于国家安全标准中的数值，安全性能十分可靠，而且不需要添加抗爆剂对硝酸铵进行抗爆处理，降低生产成本。

⑦ 尿素硝酸铵溶液水溶性好，溶解度大，溶液流动性好，是生产液体肥料的理想原料。可与多种磷钾肥原料、中微量元素及助剂复配，形成稳定的多元体系。尿素硝酸铵溶液和氯化钾配制液体肥料，不会像固体硝氯基产品那样受限（氯离子是硝酸铵敏化剂，固体硝酸铵和氯化钾配比不当，会产生雪茄燃烧现象，存在安全风险）。

（3）产品标准　2013 年 4 月，我国农业部开始登记尿素硝酸铵溶液，并将其列入肥料登记目录，该产品在国内逐渐被施用。2015 年 5 月 1 日起，农业行业标准《尿素硝酸铵溶液》（NY 2670—2015）正式实施。2020 年 11 月 1 日起，农业行业标准《尿素硝酸铵溶液及使用规程》（NY/T 2670—2020）代替 NY 2670—2015，正式实施。目前该产品执行新的标准，标准中对尿素硝酸铵溶液产品技术指标的要求如表 11-5 所示。

表11-5　尿素硝酸铵溶液产品技术指标

项目	指标
总氮（N）含量 /%	≥ 28.0
酰胺态氮（N）含量 /%	≥ 14.0
铵态氮（N）含量 /%	≥ 7.0
硝态氮（N）含量 /%	≥ 7.0
缩二脲含量 /%	≤ 0.5
pH（1∶250 倍稀释）	5.5 ～ 7.5
水不溶物含量 /%	≤ 0.5

11.4.2 尿素硝酸铵溶液的生产工艺

尿素硝酸铵溶液生产，一般采用中和工艺，即采用浓度为65% ～ 75% 的尿素溶液和浓度为92% ～ 97% 的硝酸铵溶液，经过混合、冷却，配制成不同规格的尿素硝酸铵溶液。一般根据硝酸铵溶液来源不同，生产工艺有所不同。以下是两种主要的生产工艺过程。

11.4.2.1 直接中和工艺

（1）工艺概述 对既有尿素生产装置，又有硝酸铵生产装置的企业，可以采用直接中和工艺。对现有固体尿素、固体硝酸铵生产装置进行工艺优化和技术改造，采用一段蒸发后的尿素溶液和造粒前的硝酸铵溶液，经过中和生成尿素硝酸铵溶液。

（2）工艺流程 图11-6是直接中和工艺的流程图。

① 尿素溶液的生产与输送 一段蒸发后的尿素溶液进入配制槽，配制成65% ～ 75% 的尿素溶液，然后进入到尿素槽进行储存。用泵将尿素槽内的溶液泵入到尿素硝酸铵溶液配制槽，输送管线需要采用蒸汽伴管保温。

② 硝酸铵溶液的生产与输送 采用硝酸铵装置一段蒸发出口的溶液为原料，浓度为92% ～ 97%，用泵将溶液泵入到尿素硝酸铵溶液配制槽，输送管线采用夹套保温。

③ 尿素硝酸铵溶液配制 配套立式溶液配制槽两台，容积均为100m³，配制槽上部设置搅拌器，用于加快尿液和硝酸铵溶液混合，减少配制时间。每台配制槽增加泵两台，用于溶液配制和输送，使用温度为150℃左右。增加换热器一台，换热面积为450m²。尿液和硝酸铵溶液混合均匀，加入防腐剂，调整好产品指标，分析取样合格后送至罐区。

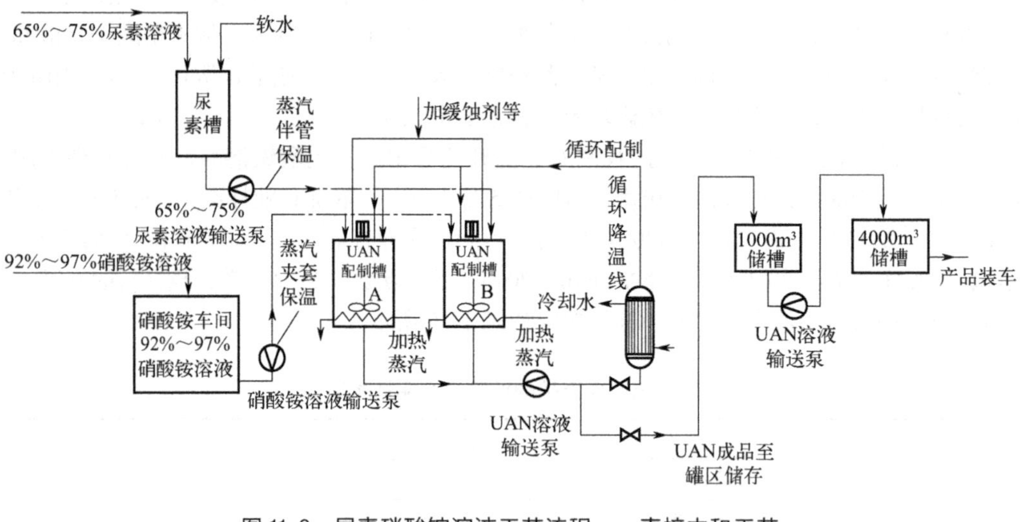

图11-6 尿素硝酸铵溶液工艺流程——直接中和工艺

（3）工艺操作条件

尿素溶液温度：（95±5）℃；

硝酸铵溶液温度：（150±5）℃；

工艺蒸汽冷凝液：常温；

尿素溶液浓度：65% ～ 75%；

硝酸铵溶液浓度：92% ～ 97%。

（4）生产消耗　尿素硝酸铵溶液的消耗定额见表 11-6。

表11-6　尿素硝酸铵溶液消耗定额

序号	名称	规格	消耗定额
1	尿素		0.46t
2	硝酸铵溶液		0.475t
3	脱盐水		0.065t
4	电	380V	12kW·h
5	低压蒸汽	0.6MPa	0.12t

（5）工艺特点　本工艺直接采用混合法把两种产品的水溶液进行配制，不改变原两种产品的生产路线。来自尿素车间浓度为 65% ～ 75% 的尿素溶液及来自硝酸铵车间浓度为 92% ～ 97% 的硝酸铵溶液和除盐水一并加入到配制槽中搅拌混合，在进混合罐前，分别在尿素溶液管道和硝酸铵溶液管道上用高精度流量计及调节阀测量和调节。采用电搅拌混合，取样分析尿素、硝酸铵含量。用硝酸铵生产过程产生的工艺蒸汽冷凝液、硝酸铵蒸发的气氨调节产品浓度和 pH 值，然后加入缓蚀剂，制成合格的尿素硝酸铵溶液。生产过程可以省略尿素和硝酸铵的蒸发、造粒、冷却、细筛等工序，不产生有毒、有害气体，不产生粉尘、烟雾、废水、废渣且所采用的设备先进、噪声小，不会造成环境污染。

11.4.2.2　尾液中和工艺

（1）工艺概述　对于有尿素生产装置，没有硝酸铵生产装置的企业，当生产系统尾液中含有氨、硝酸或硝酸铵时，可以将尾液吸收，加入尿素溶液，经过中和生成尿素硝酸铵溶液。

（2）工艺流程

① 三聚氰胺尾气生产尿素硝酸铵溶液工艺流程　三聚氰胺尾气经过滤器过滤后与硝酸在中和反应器中混合并发生反应，产生大量蒸汽并放出热量；生成的硝酸铵溶液送中和闪蒸罐闪蒸，将溶液中的工艺蒸汽分离出来，硝酸铵溶液则留在底部，浓度为 75%。75% 的硝酸铵溶液进入初蒸发闪蒸槽内闪蒸，混合液流入到初蒸发器，蒸发仅需几秒钟，靠自产工艺蒸汽便可使蒸发器底部溶液浓度达到 92%，然后浓缩后的硝酸铵溶液靠重力流入硝酸铵溶液槽。

将 75% 左右尿素溶液直接引入到静态混合器内，同时把三聚氰胺尾气用硝酸吸收后得到的 92% 硝酸铵溶液也引入到静态混合器内。尿素与硝酸铵溶液通过搅拌器在静态混合器内混合均匀，加入适量腐蚀抑制剂、工艺蒸汽冷凝液配成适当浓度的尿素硝酸铵溶液，控制 pH 值在 6.5 ～ 7.5 之间，合格产品输送到储存罐内贮存。采用三聚氰胺尾气生产尿素硝酸铵溶液的工艺流程图如图 11-7 所示。

② 含硝酸铵废水生产尿素硝酸铵溶液工艺流程　合成氨高温变换催化剂制备过程中一般会产生硝酸铵废水 200m^3 /d 以上，通过三效蒸发系统提浓后与尿素溶液中和生产尿素硝酸铵溶液，其工艺流程图如图 11-8 所示。

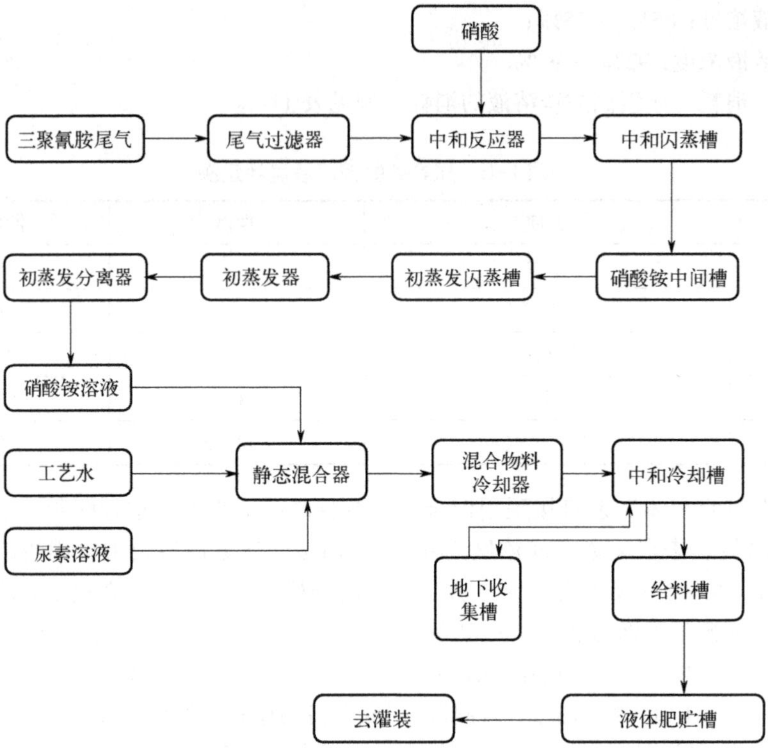

图 11-7 尿素硝酸铵溶液工艺流程——三聚氰胺尾气中和工艺

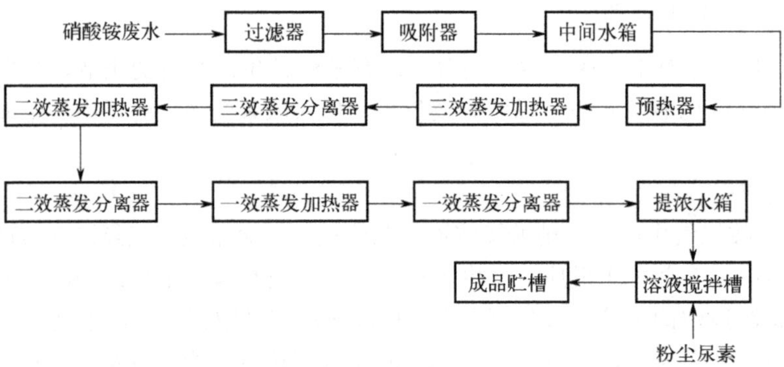

图 11-8 尿素硝酸铵溶液工艺流程——硝酸铵废水中和工艺[10]

合成氨高温变换催化剂制备所产生的高氮废液，首先进入过滤器除去废液中的悬浮物，再进入吸附器除去废液中所含的微量铁、铬等金属离子，然后进入中间水箱，达到一定的液位后，通过进料泵送入预热器。然后分别进入三效、二效、一效蒸发分离器和蒸发加热器，增浓后硝酸铵溶液经出料泵打循环，检测其浓度达到60%以上后送入提浓水箱。提浓水箱中的硝酸铵溶液达到一定液位后，由外供泵送入溶液搅拌槽，溶液搅拌槽达到一定液位后，按比例添加粉尘尿素或熔融尿液（添加前即启动搅拌器），搅拌均匀后由充装泵送入成品贮槽储存。

（3）工艺操作条件

尿素溶液温度：95℃ ±5℃；

硝酸铵溶液温度：127℃ ±5℃；

工艺蒸汽冷凝液：常温；

尿素溶液浓度：65% ～ 75%；

硝酸铵溶液浓度：92% ～ 97%。

（4）工艺特点　本工艺利用三聚氰胺尾气中的氨以及催化剂生产系统产生的废水中的硝酸铵，生产尿素硝酸铵溶液，既解决了废气、废水中氨、氨氮的处理，又实现了产品综合利用，达到了环保、节能、增效的目的。

11.4.3 尿素硝酸铵溶液的施用方法及效果

11.4.3.1 施用方法

《尿素硝酸铵溶液及使用规程》（NY/T 2670—2020）对尿素硝酸铵溶液的适用范围、施用量、施用方法都有要求。规范中提出，尿素硝酸铵溶液作为新型液体氮肥，含酰胺态氮、铵态氮和硝态氮三种形态的氮，偏中性，适用于各种土壤和作物，尤其适用于具备滴管、喷灌等灌溉设施的种植区域。施用量按照作物施氮量推荐方法。尿素硝酸铵溶液宜在作物营养生产旺期、营养生产与生殖生长转换期等最大效率期和敏感期施用，如小麦宜在拔节期、孕穗期、乳熟期施用，玉米宜在拔节期、灌浆期施用，水稻宜在分蘖期、拔节期、抽穗期、成熟期施用。尿素硝酸铵溶液宜结合水肥一体化技术用作追肥使用，宜与水溶磷钾、中量元素、微量元素以及脲酶抑制剂或硝化抑制剂按比例和水混合。具有滴灌或喷灌设施的，可采用随水滴灌、喷灌或机械注射等方法；不具备滴灌或喷灌设施的，可采用冲施、喷施、淋施或泼施等方法。

11.4.3.2 试验示范效果

在国外，尤其是欧洲和北美，尿素硝酸铵溶液是一种被普遍使用的肥料，但在国内，由于在农业应用与推广方面严重滞后，尿素硝酸铵溶液这类高效、环境友好型肥料不能发挥其优良效能。为此，中国氮肥工业协会和中国农业科学院农业资源与农业区划研究所于2015年9月联合发起尿素硝酸铵溶液试验示范推广项目。2016 ～ 2018年三年期间，在山东、河南、河北、北京、内蒙古、新疆、安徽、四川、湖南等9个省（自治区、直辖市）主要种植区，马铃薯、棉花、玉米、小麦、水稻、油菜、番茄、大蒜、苹果、桃等10种作物上，安排了尿素硝酸铵溶液及其与磷、钾、中微量元素、肥料增效剂NBPT配施效果试验示范，共计50个试验点。通过试验示范，尿素硝酸铵溶液的肥料要高于传统氮肥产品：

（1）与等氮量尿素比较，尿素硝酸铵溶液在大部分试验区域不同程度地提高了马铃薯、棉花、玉米、小麦、水稻、油菜籽、番茄等作物的产量，其中马铃薯增产4% ～ 10%，棉花籽棉增产6% ～ 22%，玉米增产4% ～ 17%，小麦增产3% ～ 11%，水稻增产7% ～ 13%，油菜籽增产4% ～ 8%，番茄增产16%。

（2）优化尿素硝酸铵溶液用量，即减施当地习惯氮肥用量的7% ～ 25%（以N计），大部分试验表明仍能提高马铃薯、棉花、玉米、小麦、水稻和油菜的产量，其中马铃薯增产6%，棉花籽棉增产15% ～ 21%，玉米增产4% ～ 10%，小麦增产8%，水稻增产3% ～ 23%，油菜籽增产38%。

（3）根据作物的需要，配施适宜的微量元素，在大部分试验区域不同程度地提高玉米（配施 Mn、Zn）、小麦（配施 Mn、Zn、B）、水稻（配施 Zn）、油菜（配施 B）、苹果（配施 Zn、B）、桃（配施 Zn、B）等作物的产量。同时，不同程度地改善作物的品质。配施脲酶抑制剂 NBPT，对于提高作物产量和品质、氮肥利用率，以及一定程度上降低氮挥发具有重要作用。

11.4.4 尿素硝酸铵溶液的发展历程

尿素硝酸铵溶液生产始于 20 世纪 70 年代的美国，由于该肥料在常压条件下稳定，对设备和操作的要求比液氨和氨水低，所以在美国和欧洲逐渐替代液氨和氨水，被广泛使用。21 世纪以来，美国对尿素硝酸铵溶液需求快速增长，也带动了全球总量的增长。过去十几年，全球总量年均增速为 3%，到 2022 年，尿素硝酸铵溶液产能达到 3690 万吨 / 年，产量达到 2263 万吨（实物量，下同）。北美是最大生产地区，产能达到 1691 万吨，占总量的 46%，其中美国产能达到 1440 万吨，占总量的 39%。欧洲地区产能为 752 万吨，占比 20%；俄罗斯、乌克兰、白俄罗斯等地区产能为 651 万吨，占比 18%。

我国尿素硝酸铵溶液生产起步较晚，2010 年开始有少量进口，2012 年以前，国内生产几乎为空白。随着国内农业现代化进程加快，水溶肥、液体肥在国内的大力推广，以及美国、澳大利亚等国家的大量进口，拉动对尿素硝酸铵溶液的需求。2013 年河南晋开建成规模为 20 万吨 / 年的装置，开启了尿素硝酸铵溶液新时代。2014 年开始，其他一些规模性企业开始生产尿素硝酸铵溶液，包括安徽淮化、鲁西集团、新疆金象等，2014 年产量达到 34 万吨，2015 年达到 43 万吨，为历史最高值。由于国内农业应用和推广滞后，国内市场需求不足，95% 左右的尿素硝酸铵溶液用于出口。所以随着美国新建装置的陆续投产，国际贸易量大幅下降，导致我国尿素硝酸铵溶液出口受阻，产量逐年下降。尤其是安徽淮化装置停产后，产量更是大幅下降。2023 年，我国尿素硝酸铵溶液产量达到 8.6 万吨左右。近几年我国尿素硝酸铵溶液产量变化情况见图 11-9。

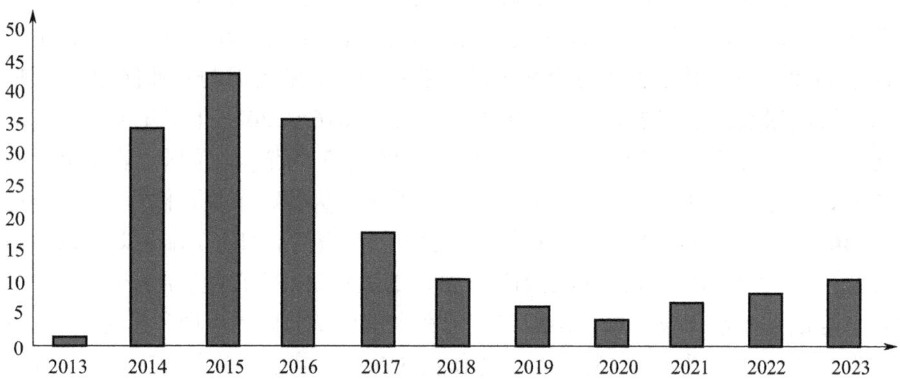

图 11-9　2013 ~ 2023 年我国尿素硝酸铵溶液产量（单位：万吨 / 年）

11.4.5 尿素硝酸铵溶液的现有装置情况

目前，国内生产尿素硝酸铵溶液的企业主要采用直接中和工艺，即要求企业既有尿素生产装置，又有硝酸铵生产装置。此外，也有采用尾液中和工艺的生产企业，以及购买原料混配的生产企业，但这类企业一般规模较小。表 11-7 中列出的为企业的装置规模，但由于国内市场需求很少，实际有产量的企业较少。

表11-7 我国尿素硝酸铵溶液主要生产企业及装置规模

序号	生产企业	装置年产规模 / 万吨
1	河南晋开化工投资控股集团有限责任公司	20
2	安徽淮化集团有限公司（已停产）	30×2
3	鲁西化工集团股份有限公司	40
4	新疆金象赛瑞煤化工科技有限公司	40
5	洛阳骏马化工有限公司	40
6	福建永安双华化工有限公司	10
7	四川金象赛瑞化工股份有限公司	6
8	柳州化工集团股份有限公司 (已停产）	5
9	四川泸天化股份有限公司	3
10	四川美丰化工股份有限公司	3
11	甘肃刘化（集团）有限责任公司（在建）	5

注：表中主要列出的为有硝酸铵生产装置、进一步生产尿素硝酸铵溶液的企业。

11.4.6 尿素硝酸铵溶液的未来发展趋势

尿素硝酸铵溶液是一种高效环保的肥料，在许多国家和地区被广泛使用。但我国长期以来存在农业应用与推广体系滞后，以及受产品包装、储运成本高、施肥机械不配套等因素制约，市场需求量少，推广难度较大，不能发挥尿素硝酸铵溶液应有的效能。尿素硝酸铵溶液稳定性好，兼溶性好，可与多种肥料复配，可与水溶性的磷钾肥及其他中微量元素肥料一起配成液体多元复混肥。以硝酸铵溶液为基础原料，开发满足水肥一体化技术要求的液体肥料，以适应设施农业和农村土地流转、集约化经营、水肥一体化快速发展的新形势，市场需求潜力较大。在国内，应借鉴国外尿素硝酸铵溶液发展的一些成熟经验，在欧美、中东一些液体肥料发展迅速的国家，已经形成从工厂到配肥站再到田间的液体肥料配方销售模式，且拥有专业的配套设备和设施。例如，美国拥有 3000 多家液体肥料工厂，年消耗液体肥料 1600 多万吨，其中很大比重是尿素硝酸铵溶液，占肥料总量的 55%。目前类似模式在我国新疆、内蒙古、东北等规划种植比例较高的地区已初见成效[11]。

施肥方式方面，国外尿素硝酸铵溶液主要配套各种灌溉系统，如通过移动式喷灌机、微喷灌、滴灌等应用，所以尿素硝酸铵溶液在国内实现大规模推广，必须和灌溉设施结合，实现水肥一体化。近年来，我国水肥一体化发展迅速，应用面积超过 4000 万亩。水肥一体化技术效果好、适用性强、发展潜力巨大，已经成为促进粮食高产稳产、水肥资源高效利用的关键技术。今后，随着农业“一控两减”工作的开展，现代农业的发展，以及喷灌、滴灌等节水设施农业面积迅速扩大，水肥一体化步入快速发展期。经测算，我国适宜发展水肥一体化的面积超过 5 亿亩，适宜作物包括小麦、玉米等粮食作物以及蔬菜、水果等经济作物。这将为水肥一体化和尿素硝酸铵溶液等液体肥、水溶肥发展提供广阔的空间。

11.5 石灰氮

11.5.1 石灰氮的性质和用途

（1）性质　石灰氮，学名氰氨化钙，分子式为 $CaCN_2$，分子量为 80.11，纯品为无色晶体，称之为白色氰氨化钙，含氮量为 34.98%。工业品为灰黑色粉末状，含氰氨化钙 58% ～ 60%，含氮量为 18% ～ 24%，有电石或氨气味，一般为氧化钙、氰氨化钙、碳等产品混合物，含有少量的硅、铝、铁等杂质[12]。

石灰氮密度为 1.083g/cm^3，熔点为 1300℃，微溶于水，显碱性，在 95% 乙醇、丙酮、二甲基亚砜溶剂中发生分解，极易吸潮后发生水解，发生如下反应：

$$2CaCN_2+2H_2O \longrightarrow Ca(HCN_2)_2+Ca(OH)_2$$

$$Ca(HCN_2)_2+2H_2O \longrightarrow 2H_2CN_2+Ca(OH)_2$$

$$H_2CN_2+3H_2O \longrightarrow CO(NH_2)_2+2H_2O \longrightarrow (NH_4)_2CO_3$$

石灰氮具有腐蚀性，吸入或食入可引起急性中毒，落入眼睛和呼吸道，会引起黏膜发炎，甚至导致心脏障碍、抽筋等；短时间接触可引起胃炎、鼻炎、咽喉炎和支气管炎，长期接触可引起神经衰弱综合征及消化道症状，长期吸入可引起尘肺。石灰氮储存宜专仓专贮，不能与食品同存，也不可与碱性农药、酸类危险品及易燃危险品等同贮；作业人员需佩戴保护眼镜、口罩、手套等，避免皮肤外露，作业后要及时洗澡，24h 内不得饮酒。

（2）用途　石灰氮是一种良好的碱性复合肥料，是除草剂、杀菌剂和杀虫剂等农药产品的主要原料之一，可用于生产硫脲、单氰胺、双氰胺和三聚氰胺等化工产品，用途十分广泛。石灰氮的养分释放过程是一个逐步水解的过程，最终形成可供植物吸收利用的铵态氮。养分释放机理和水解产物的生成使其在农业领域具有肥料、农药、土壤改良和植物生长调节剂等多重作用[13,14]。

① 用作肥料　石灰氮是一种迟效碱性氮肥，与尿素相比，在土壤中硝酸化过程要慢得多；石灰氮分解的中间产物单氰胺、双氰胺能降低土壤脲酶的活性，能抑制硝化作用，进而可以减少硝态氮的含量，减少氮素流失，提高氮利用率；另外，石灰氮中钙离子是许多酶反应必需品，可作为一种养分被植物吸收，减少疾病发生。施用方法：在播种前直接作为基肥施入土壤，或与有机肥、草木灰、过磷酸钙、尿素等混合使用作基肥施用。据研究，在石灰氮造粒过程中加入树脂等添加剂，对石灰氮起到包膜作用，可以达到肥效缓释的效果。

② 用作农药　石灰氮水解后生成单氰胺和双氰胺，其中，单氰胺是多种杀虫剂和杀菌剂的中间体，本身也具有一定的杀菌效果，能够抑制土壤中的部分细菌，对蔬菜、水稻田等起到良好的消毒杀菌效果，尤其对根结线虫、血吸虫等土壤虫害有明显的灭杀效果。“石灰氮土壤消毒技术”被农业农村部列为 2014 年主推的先进、适用技术。施用方法：采用密闭温室或大棚，施用后高温闷棚增强灭菌杀虫效果。此外，单氰胺还可防治清除部分刚发芽的杂草、枯死杂草的草根等，起到除草的效果。

③ 用作土壤改良材料　石灰氮在土壤中分解可产生氢氧化钙，对土壤酸化有着很好的调节效果。土壤中性或微碱性环境下，土壤微生物活性增强，可以促进微生物繁殖，促进有机物的分解作用。石灰氮肥料可分解秸秆中坚固纤维，在以秸秆作堆肥时，添加石灰氮可以

提升发酵速率，缩短堆肥时间。此外，实验结果表明，石灰氮可钝化重金属“镉”转移能力，减少植物对镉的吸收。

④ 用作植物生长调节剂　单氰胺能够抑制过氧化氢酶活性，导致过氧化氢含量增加，脱落酸降低，从而打破植物休眠。可有效促进果枝萌发、无性繁殖体萌芽，使作物早熟，也可加快茎叶枯凋。如可使马铃薯提前 1 ～ 2 周发芽；促进马铃薯茎叶枯萎，但对薯块品质无任何影响；亦可加速棉花落叶和枯萎。

⑤ 在工业领域，石灰氮可用于生产二氰二胺、三聚氰胺和氯熔体等多种化工产品；可生产抗氧化剂、固定剂、稳定剂、食品添加剂等；可利用单氰胺进行酸碱反应制得胺基胍碳酸盐、羟基胍和多种胍有机酸盐，它们在医药领域有着重要的应用；可用作铸铁脱硫剂、铸铁氮化剂，用于钢表面硬化和锅炉废气中二氧化硫、氮氧化物脱除等。

11.5.2　石灰氮的生产方法

在实验室中，以氧化钙、双氰胺和氮气在 900 ～ 929℃高温下反应生成纯品石灰氮，产品含量为 99.7%。

传统石灰氮工业化生产以电石、萤石和氮气为原料，在约 1000℃左右的高温下进行反应制得[15]，反应式为：

$$CaC_2 + N_2 \rightleftharpoons CaCN_2 + C + 30.1kJ$$

该反应为放热反应，反应过程是可逆的，随着温度的增加，逆反应的速率也会增加。但是温度高于 1100℃时，逆反应速率将超过氮化反应，产品含量开始下降，当温度高于 1400℃时，$CaCN_2$ 会发生热分解反应，产品收率下降，消耗增加，所以在生产过程中要避免局部过热出现。

11.5.3　石灰氮的生产工艺

电石、萤石、回炉石灰氮按照一定比例，经过破碎、球磨后送入氮化炉内，通入氮气，在 1100 ～ 1200℃的温度下进行氮化反应，反应速率受到反应温度、电石纯度、炉料细度、和催化剂等因素影响。氮化反应初期需通过加入碳电极加热炉料，反应正常后，则依靠本身的反应热维持反应进行。具体工艺流程见图 11-10。

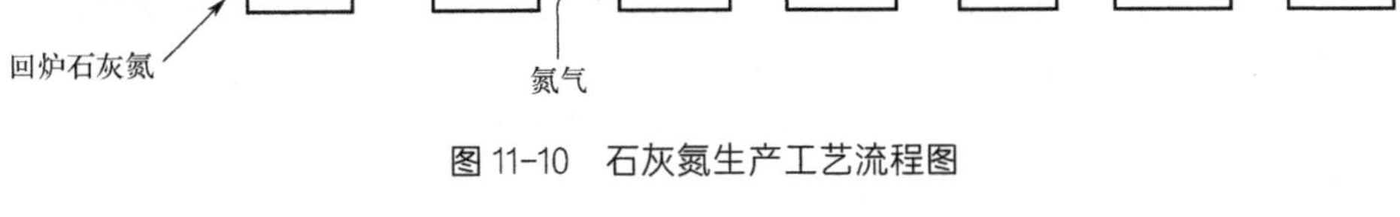

图 11-10　石灰氮生产工艺流程图

正常工艺条件：炉内反应温度在 1050 ～ 1070℃；电石粉粒度大于 2mm 占 5%，介于 2 ～ 0.3mm 占 36%，小于 0.3mm 占 60%；催化剂含量为 1% ～ 2%；回炉石灰氮含量在 20% ～ 30%；氮气纯度大于 98%，氧气小于 0.2%，水分小于 0.5%。

按照氮化反应炉炉型不同，石灰氮生产工艺可分为三种类型：固定炉法、沉降炉法和回转炉法。固定炉法为传统生产工艺，生产连续性差、环境污染严重，已基本被淘汰；大型回转炉虽然克服了固定炉的缺点，在国内迅速推广，但自身也存在炉壁易烧结和游离电石含量高等问题；沉降炉法设备投资较少、能耗相对较低且能生产高质量的石灰氮产品（含氮量大于 23%），目前国内以回转炉法和沉降炉法生产为主。

11.5.4 农业用石灰氮的生产方法

（1）颗粒状　石灰氮密度低，易挥散，对人和畜有毒。颗粒状石灰氮的制造减少了对人畜和其他非目标植物的伤害，便于使用，成为较受欢迎的一项技术。制备方法有两大类：一是水合法，用足量的水进行水合并黏结，经过脱水干燥后得到目标产物。德国 SKW 公司 perlka 工艺是将粉状石灰氮在旋转鼓中添加硝酸钙水溶液，经造粒制得。二是包裹法，采用无机或有机的黏结剂对石灰氮进行包裹，包裹材料有蜡、合成树脂、尿素、硫黄等疏水性物质。

（2）石灰氮尿素肥　石灰氮可以抑制土壤中脲酶的活性，延缓尿素的水解，有效地抑制硝化作用，能降低氮的挥发，提高氮利用率。石灰氮尿素肥的制造方法有两种：一是干混法，直接将石灰氮和尿素按一定比例混合后经过造粒机造粒成型。或将石灰氮与磷肥或钾肥的混合物加热至 120 ～ 140℃后加入尿素，在尿素熔化状态下分散后造粒成型。二是渗合法，在尿素生产的二效蒸发分离器下端加入石灰氮（2%）随尿素溶液一同去造粒塔造粒。

（3）其他产品　包括加入矿物油的防挥散品，加入磷酸铵、白土等分散剂的石灰氮悬浮液，经过水解后的石灰氮浸出液等，均以提高石灰氮贮藏安定性为目的。

11.5.5 石灰氮的发展历程

石灰氮始于 1895 年由德国发现并研究，于 1905 年建立世界上第一座制造工厂。我国石灰氮起步相对较晚，1957 年，吉林建成第一家石灰氮厂，采用固定炉法。之后在江苏、浙江、福建等地陆续建厂，60 ～ 70 年代间，石灰氮在国内广泛应用于农业施肥，行业进入快速扩张阶段。80 年代后，石灰氮本身特性导致粉末状易飘浮，对牲畜和人毒害性较大，农业应用被工业技术逐渐成熟的尿素、碳酸氢铵替代。传统固定炉工艺能耗高、投资大、污染高、质量低等限制了行业的发展，石灰氮行业进入较为艰难的调整升级阶段。90 年代后，沉降炉、回转炉等新型生产工艺的开发和应用既降低了能耗和污染，节约了生产成本，又提高了石灰氮产品的质量和含氮量，国内全面淘汰固定炉工艺。同时，下游农药和医药等领域对石灰氮的需求扩增，行业再次迎来新的发展契机。

“十二五”以来，国内石灰氮生产工艺较为落后，过剩相对严重，行业发展较为艰难，由于国内新型高效肥料和农药的不断研发和应用逐渐取缔了石灰氮的市场份额，仅在园艺作物和部分蔬菜领域应用尚可。现存企业经营情况两极分化较为明显，据统计，2020 年国内仅有 20 家生产企业，产能约 251.6 万吨 / 年，产量为 73.6 万吨。

11.5.6 石灰氮的未来发展趋势

石灰氮和原料电石均属于高耗能产品，生产过程能耗大、成本高，污染严重，在国家能耗双控和双碳目标的政策压力下，淘汰落后产能、减量置换是未来行业的重中之重。国内研究出几种新的合成方法：一是以碳酸氢铵和氧化钙为原料，在催化剂作用下，以惰性气体保护合成石灰氮，催化剂可用氟化钙、氧化铝或氧化锌等；二是以磷石膏为原料制备石灰氮代替传统制备方法，将其中的硫酸钙转化为硫酸铵。

根据《电石行业“十四五”高质量发展指南》要求，行业发展重点任务是电石总量控制、节能降耗、优化产业结构等，到2025年我国电石年产能将控制在4000万吨以下，下游醋酸乙烯、1,4-丁二醇、石灰氮等聚氯乙烯以外领域消费比重提高至40%，继续大力推进石灰氮在农业领域的应用研究。

参考文献

[1] 刘春生. 土壤肥料学 [M]. 北京：中国农业大学出版社，2006,7：206-208.
[2] 冯青松. 对硝酸钙生产的工艺改进及节能效果 [J]. 杭州化工 ,2003,33(2):29-30.
[3] 林葆，朱海舟，周卫. 硝酸钙对蔬菜产量与品质的影响 [J]. 土壤肥料，2000(2):20-22.
[4] 李倩. 结晶法生产硝酸铵钙工艺技术及经济分析 [J]. 中氮肥 ,2014(3):27-29.
[5] 牛天亮，邢王英，张耀明，等. 利用碳酸钙废渣生产硝酸铵钙工艺技术研究：中国，201410176494.9[P].2016-12-14.
[6] 张福锁，李春俭. 镁营养及其对作物产量和品质的影响 [M]. 北京：中国农业大学出版社，2021：3-10.
[7] 杨兆辉，顾振鹏，王勇，等. 一种生产六水硝酸镁的方法：中国，201611119648.6[P]. 2017-03-22.
[8] 吴礼树. 土壤肥料学 [M]. 北京：中国农业出版社 ,2011,6：218-220.
[9] 郭然，等. 大力发展硝基液体肥，开辟硝酸铵农用新路径 [J]. 磷肥与复肥 ,2019,34(1):10-12.
[10] 周程，苏礼勇. 合成氨高温变换催化剂制备废液生产尿素硝酸铵液体肥 [J]. 中氮肥 ,2020,6:38-40.
[11] 马彦平. 尿素硝铵溶液：氮肥行业新宠儿 [J]. 化工管理 ,2014,28:28-30.
[12] 邢作山，王子勤，等. 多功能肥料——石灰氮 [J]. 西北园艺 (蔬菜),2005(5):45-46.
[13] 胡永军，丁光国，孙志刚. 石灰氮 [J]. 农业知识 ,2004(26):24.
[14] 王春江. 石灰氮工业的发展及在农业上的应用前景分析 [J]. 化工管理 ,1999(9):40-41.
[15] 胡永全，朱振林，胡清. 石灰氮及其衍生物 [M]. 北京：化学工业出版社 ,2007.

中国肥料研究与应用全书

Books of Fertilizer Research and Application in China

FERTILIZER

第12章

增效氮肥

12.1 增值尿素

12.1.1 产品概述

增值尿素是指将安全环保的生物活性增效载体，添加到尿素生产工艺中，与尿素生产装置结合生产的高效尿素产品。生产中，含有腐植酸、海藻酸、氨基酸增效载体的尿素高效产品，通常分别称作腐植酸增值尿素、海藻酸增值尿素和氨基酸增值尿素[1-4]。

针对高效尿素产品普遍存在以二次加工方式生产为主，产能低、成本高、产业化推广难度大等问题，从2000年开始，中国农业科学院新型肥料团队致力于利用腐植酸、海藻提取物、氨基酸类等天然/植物源材料，开发高活性、环保安全尿素增效载体，载体微量添加（一般不超过5‰）即可实现对“肥料-作物-土壤”系统的高效综合调控，大幅度改善肥效，开辟了载体增效制肥新途径，发明增值肥料新技术。

增值肥料的主要技术特点：①载体增效制肥。增值肥料利用环保安全的有机生物活性增效载体与肥料科学配伍制备高效化肥产品，属载体增效制肥技术范畴。②增效载体通常为天然/植物源物质，安全环保。增值肥料的增效载体主要由腐植酸类、海藻提取物、氨基酸类等天然/植物源材料制成，绿色安全，不对植物、土壤、环境造成危害和产生负面影响。③综合调控“肥料-作物-土壤”系统增效。增值肥料从系统角度出发，除了调控肥料减损失、防固定和优化供肥性外，还重视促根和调动根系吸收养分的能力，并对大中微量元素综合调控，活化土壤中的营养元素。④增效载体微量高效。增效载体在肥料中的添加量一般不超过5‰（有效成分），基本不影响肥料养分含量。⑤与大型化肥生产装置结合一体化生产。增值肥料利用微量增效载体增效制肥技术，与尿素、磷铵、复合肥等大型化肥生产装置结合一体化生产，避免二次加工，突破了高效肥料产品普遍存在的产能低、成本高、技术短板的问题[5-10]。

12.1.2 生产工艺

普通尿素的生产主要分为尿素合成、分离提纯、脱水浓缩和造粒四个过程。增值尿素生产需要在大型尿素生产装置基础上，增加增效载体精准计量添加系统，并根据增效载体的性质和添加量不同，在尿素脱水浓缩的一段蒸发、二段蒸发的适宜工段将增效载体添加到尿素熔融液中，或在二段蒸发之后添加，熔匀后直接进入造粒工段。目前，已经实现产业化的增值尿素产品主要包括腐植酸增值尿素、海藻酸增值尿素和氨基酸增值尿素等。以锌腐酸尿素为例，利用锌腐酸增效载体（液体剂型）生产增值尿素的生产工艺流程如图12-1所示。

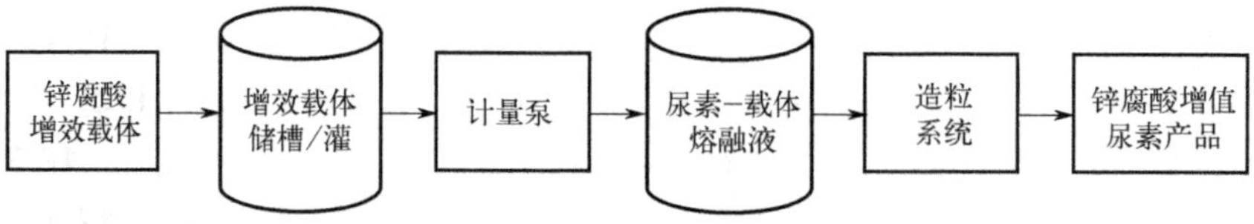

图12-1 锌腐酸增值尿素生产工艺流程

生产中，用于生产增值尿素的增效载体多为含水的液体剂型，液体载体既容易计量添加，也利于与尿素熔融液快速融合均匀。由于增效载体的活性和浓度不同，所需的添加量不同，相应的添加工段也有所不同。如果每吨尿液中液体增效载体的添加量超过20kg，带入尿液的水量较多，则可在尿素一段蒸发前添加；添加量在5～20kg，可在一段蒸发和二段蒸发之间添加；低于5kg，可在二段蒸发后添加。通常情况下，增效载体有效成分在增值尿素中的含量一般不超过5‰，载体具有微量高效的特征。目前，国内中海化学、云天化、瑞星集团、晋煤集团、心连心公司等国内众多大型尿素企业具备了增值尿素的生产能力，产能达到2500多万吨，每年产量为500多万吨，形成了锌腐酸、禾谷素、聚氨锌、黑力旺、大嘿牛、碳豹、东平湖、天野、富岛、金沙江、同心美等增值尿素知名品牌。国外，印度的含印楝素尿素、澳大利亚的腐植酸大颗粒尿素也实现了产业化。生产增值尿素的增效载体的黏性、流动性、配伍性、连续生产对装备的安全性等要符合生产要求[11-15]。

12.1.3 发展现状

增值肥料的发明改变了过去单纯依靠调控肥料营养功能改善肥效的技术策略，开启了“肥料-作物-土壤”综合调控增效的技术新途径，为推动我国尿素产业整体实现绿色转型升级铺平了道路。2011年3月20日，锌腐酸增值尿素、海藻酸增值尿素、聚合谷氨酸增值尿素在瑞星集团大型尿素装置上实现产业化，同年11月1日，瑞星集团在山东省质量技术监督局备案了我国第一个增值尿素企业标准《海藻液改性尿素》（Q/3700DRX 002-2011）。2012年12月5日，化肥增值产业技术创新联盟在北京成立，推动增值肥料产业化步入快车道，联盟的成立载入中国氮肥工业发展60周年大事记（2018）。2015年7月20日，腐植酸、海藻酸、氨基酸增值肥料被列入《关于推进化肥行业转型发展的指导意见》（工信部原〔2015〕251号），增值肥料发展上升为国家战略。2017年1月22日至3月7日，云南水富云天化有限公司产能80万吨/年的大型尿素装置上实现10万吨锌腐酸增值尿素连续不间断生产，创造增值尿素一次性不间断生产最高产量的世界纪录，于2018年载入中国氮肥工业发展60周年大事记。2017年4月1日，含腐植酸尿素（HG/T 5045—2016）、含海藻酸尿素（HG/T 5049—2016）、海藻酸类肥料（HG/T 5050—2016）3项增值尿素相关国家化工行业标准正式实施，标志着增值尿素形成新产业[16-18]。

迄今，增值尿素在瑞星集团、中海化学、中化化肥、骏化集团、云天化、安徽六国等国内数十家大型企业实现产业化，年产量为500万吨，形成了锌腐酸、聚氨锌、大嘿牛、黑力旺、东平湖等知名增值尿素品牌，年推广1.5亿亩，作物增产30亿公斤，农民增收60亿元，为我国化肥减施增效、农业高质量绿色发展做出了重要贡献[2]。

12.1.4 未来趋势

（1）增效增产理论与技术　突破单一营养调控增效，实现对“肥料-作物-土壤”综合调控增效，是增值肥料增产高效的理论基础。要深入研究与土壤-气候-作物匹配的增值肥料供肥性优化机制及其与肥料增效和作物高产的关系；增效载体与肥料-作物-土壤的互作机制及其与肥料增效和作物高产的关系；增值肥料的信号学、靶向学、基因表达等调控机制及其与肥料增效和作物高产的关系；增值肥料在不同土壤-气候-作物系统中优化调控“肥料-作物-

土壤”系统的策略与途径。总之，只有不断深入研究和完善增值肥料的理论体系，才能创制更加高效的增值肥料产品，更好地发挥肥料产品创新在粮食安全、环境保护、肥料资源可持续利用、农业绿色发展中的重要作用[2,10]。

（2）产业化技术　普通尿素产业技术本身具有技术复杂性、系统性及工艺多样性，增值尿素与大型尿素装置相偶联一体化生产，增效载体“牵一发而动全身”，构成更为复杂的产业技术系统。增值尿素生产工艺技术既要保障大型化肥生产装置生产的连续性、安全性，也要保障增值尿素的效果和功能。增值尿素产业技术体系需要建立完备的微量高效载体的精准添加系统，优化新的物料、水、热平衡体系及工艺参数，以保障载体活性和增值肥料功能，并依据大颗粒/小颗粒尿素工艺特点研发微量高效、尿素专用的增效载体[2]。

（3）标准化体系建设　标准体系建设是规范和推动增值肥料产业健康发展的重要保障。增值尿素标准化体系建设包括增效载体产品体系、增值肥料产品体系和生产过程标准化以及增值肥料施用技术标准化。过去的10年间，增效载体和增值尿素产品标准化体系建设取得了重要进展，制定了数百项增值尿素系列产品企业标准和3项国家化工行业标准。未来，增值尿素生产过程标准化、施用技术标准化建设将进一步加强[16-18]。

（4）增值尿素产业发展　目前，我国80%以上的尿素生产企业具备了生产增值尿素的能力，增值尿素产能达到2500万吨/年，约占尿素总产能的37%；增值尿素的年产量约为500万吨，占农田直接施用尿素的30%。预计未来5～10年，我国增值尿素产能将达到年产3500万吨，占到尿素总产能的一半左右；增值尿素年产量将达到1000万吨，约占农田直接施用尿素的2/3[2,7,9]。

12.2　稳定性肥料

12.2.1　产品概述

稳定性肥料是指经过一定工艺加入脲酶抑制剂和（或）硝化抑制剂，施入土壤后通过脲酶抑制剂抑制尿素的水解，和（或）通过硝化抑制剂抑制铵态氮的硝化，使肥效期得到延长的一类含氮肥料（包括含氮的二元或三元肥料和单质氮肥）。全球203个样本的大范围研究表明脲酶抑制剂、硝化抑制剂及两者混合施用的双抑制剂施用于农田体系可以显著减少总活性氮损失24%、22%、43%[19]。考虑到其添加量少（一般不超过1%）、无残留、成本低（一般不超过肥料成本的5%）等优势，是当代肥料增效的首选途径，可以有效解决当前合成氨为基础的氮肥天然存在的损失高、利用率低的问题。

稳定性肥料自20世纪50年代开始研发至今已经在部分国家成为通用型产品，许多国家还相继出台了相关法规措施以强制推行施用。2019年6月25日，欧盟肥料新法规发布，将含抑制剂肥料产品单独分为一类，并制定了肥料标准；德国从2020年2月1日开始禁用常规尿素，规定必须添加硝化或脲酶抑制剂施用；英国政府也在考虑禁止使用固体尿素肥料或限制固体尿素肥料的使用期，来减少NH_3的排放。IFA预计2026年全球稳定性肥料总量将达到2700万吨。然而，我国稳定性肥料起步较晚，2011年形成了稳定性肥料的行业标准，并于 2017 年正式通过了稳定性肥料国家标准（GB/T 35113—2017）。为了满足我国农业向绿色转型的发展需求，稳定性肥料也将迎来高速发展期。

国内外针对稳定性肥料的环境效应和农学效应开展了大量试验和综述研究，总体上证明其具有调控铵硝营养、定向减少养分损失、一定程度上可控制养分释放速率等特点，但大量荟萃分析发现其效果存在极大的不确定性，体现在不同作物体系、不同土壤类型、不同气候条件均对其效果有影响[19-20]。但以往研究较少关注抑制剂类型、抑制剂与肥料产品配合以及施用技术不同所带来的效果变异。稳定性肥料的核心是硝化抑制剂和脲酶抑制剂。硝化抑制剂通过抑制硝化细菌活性从而抑制土壤中铵态氮向硝态氮的转化。目前关于有机化合物的研究较多，主要包括四大类，含硫化合物、氰胺类化合物、乙炔及乙炔基取代物和杂环氮化合物等，具有代表性的包括 DCD、CP、DMPP 等[21]。这些产品抑制硝化过程的途径包括影响亚硝化细菌的呼吸作用和色素氧化酶活性等生物途径[22]，以及影响氨氧化酶的金属离子、改变土壤微环境等化学途径[23]。脲酶抑制剂则是通过抑制土壤脲酶活性，延缓尿素水解的一类化学制剂。脲酶的抑制途径主要包括对脲酶巯基（-SH）的作用、争夺配位体、抑制或延缓脲酶的形成等[24]，通过产业化发展形成的产品主要是 HQ、NBPT 等物质。抑制剂自诞生以来，一直在创新发展，不仅在研究中探明了多种生物和工业合成的化合物可用[25]，在生产中也发展了多种产品类型。

12.2.2 工艺特点

12.2.2.1 含硝化抑制剂的稳定性肥料

（1）含 2-氯-6-三氯甲基吡啶（CP）的稳定性肥料（国内该类型主要产品见表 12-1）

表12-1　国内市场上常见的CP硝化抑制剂品牌及稳定性肥料

序号	活性成分	抑制剂品牌	产品名称	生产企业	产品配方
1	CP	上海碧晶 NMAX	恩倍力	浙江巨隆化肥有限公司	16-16-16
2			恩久	浙江巨隆化肥有限公司	26-11-11
3	CP	金色 2.0 长效硝硫型	金色 2.0 长效硝硫型	广东拉多美化肥有限公司	17-17-17
4	CP	恩伴		美国陶氏益农公司	增效剂

2-氯-6-三氯甲基吡啶（CP）的代表产品是 NMAX 增效剂，上海碧晶农业科技有限公司于2007年自主成功研发并量产出NMAX氮肥增效剂。从生产合成到NMAX的农业应用，共获得了 4 项国内发明专利、1 项德国发明专利、2 项新型实用专利。2012 年获得农业部肥料认证中心登记证“氮肥增效添加剂”。NMAX 增效剂添加到复合肥（恩倍力复合肥 16-16-16；恩久复合肥 26-11-11）中，设计目标是调节成铵∶硝 =3∶1 的混合营养最佳搭配，从而解决在寒冷、干旱、高温、盐碱等条件下作物出苗困难、氮利用率低等问题。目前推荐用于玉米、水稻等大田作物以及枣树、苹果、番茄等园艺作物。施用方法可广泛采用撒施、沟施、穴施、冲施等传统施肥方式，但没有用于滴灌体系的产品。

研究发现，加入 900g/hm^2 NMAX 增效剂可使玉米产量增产 2.8%[26]。适宜氮肥用量配施 NMAX 增效剂使水稻叶面积指数增大，促进植株生长量及地上部干物质量的积累，配施 NMAX 增效剂较仅施氮肥处理水稻最高增产 11.3%[27]。NMAX 增效剂可使旱地黑土单位施

氮量下的 N_2O 排放通量降低 42.1% ～ 50.0%，玉米氮肥利用率最高提升 49.9%[28]。

（2）含双氰胺（DCD）的稳定性肥料（国内该类型主要产品见表 12-2）

表12-2　国内市场上常见的DCD硝化抑制剂品牌及稳定性肥料

序号	活性成分	抑制剂品牌	产品名称	生产企业	产品配方
1	DCD、NBPT	索尔维、双泰克	双泰克稳定性氮肥	众德肥料（烟台）有限公司	21-0-0、26-0-0、45-0-0
2	DCD、NBPT	中科院沈阳应用生态研究所 NAM	富满根稳定型复合肥料	吉林倍丰农业生产资料有限公司	25-11-12
3	DCD、NBPT		稳定性复合肥料	施可丰化工股份有限公司	26-11-11
4	DCD	索尔维、双泰克	双泰克稳定性复合肥	众德肥料（烟台）有限公司	硫型 15-6-28、16-16-16，氯型 18-18-18、22-6-12

众德集团双泰克稳定性肥料是添加双氰胺（DCD）的稳定性肥料代表产品（表 12-2）。双泰克是融合众德生物聚能包和索尔维抑制剂 2 项特殊原料的技术型产品，采用干法造粒技术，节能环保。众德生物聚能包糅合了海洋生物提取液和陆地生物提取物。双泰克稳定性氮肥分别有硫酸铵型（21-0-0）、硝酸铵钙型（26-0-0）和尿素型（45-0-0）。并且双泰克稳定性氮肥同时添加了硝化抑制剂 DCD 与脲酶抑制剂 NBPT，添加双效抑制剂的目的是期望能够同时抑制尿素的硝化和水解作用，提高肥料氮素利用率，促进作物对养分的吸收，减少化肥的环境污染。双泰克稳定性复合肥有硫型（15-6-28、16-16-16）与氯型（18-18-18、22-6-12）两种，但其中仅添加了硝化抑制剂 DCD，这是由于 NBPT 在复合肥中添加后很不稳定，容易与磷等营养元素发生反应使其活性降低。

（3）含 3,4-二甲基吡唑磷酸盐（DMPP）的稳定性肥料（国内该类型主要产品见表 12-3）

表12-3　国内外常见的DMPP硝化抑制剂品牌及稳定性肥料

序号	活性成分	抑制剂品牌	肥料产品名称	生产企业	产品配方
1	DMPP	巴斯夫 维百锁	Wistom	四川金象化工股份有限公司	26-0-0
2	DMPP		美滋乐	云南云天化股份有限公司	26-0-0
3	DMPP		欧神欧氮	南宁汉和生物科技股份有限公司	20-0-0
4	DMPP	康朴 诺泰克	速溶 诺泰克	德国康朴公司	20-5-10
5	DMPP		速溶 诺泰克	新洋丰农业科技股份有限公司	18-5-26
6	DMPP	欧洲化学 恩泰克	恩泰克复合肥料	欧洲化学安特卫普公司	22-7-11
7	DMPP	武威金仓	速比多	河北萌帮水溶肥料股份有限公司	17-16-17
8	DMPP		初牛	中农普罗丰禾湖北科技有限公司	24-0-0
9	DMPP		3+ 三	金正大集团股份有限公司	25-4-6
10	DMPP	Deltalent		德国康朴公司	45-0-0

20 世纪 90 年代，3,4-二甲基吡唑磷酸盐（DMPP）原创于德国巴斯夫公司。目前，巴斯夫维百锁是在我国农业农村部正式登记的 DMPP 肥料增效剂，巴斯夫公司与国内多家肥料企业合作，形成了系列肥料产品。其中稳定性氮肥包括四川金象化工股份有限公司 Wistom 稳定性氮肥 26-0-0（硝酸铵钙），南宁汉和生物科技股份有限公司欧神系列欧氮稳定性氮肥 20-0-0（硫酸铵型），云南云天化股份有限公司美滋乐稳定性氮肥 26-0-0（硝酸铵钙）（表 12-3）。稳定性复合肥包括 Wistom 稳定性复合肥 20-10-10、15-4-26、16-14-16，美滋乐稳定性复合肥 20-8-12+TE、15-15-15+TE、13-10-22+TE、17-17-17+TE、19-19-19+TE、21-21-21+TE 等。维百锁 DMPP 肥料增效剂及其稳定性肥料推荐用于多种果树、蔬菜、大田作物、经济作物和园艺作物。

12.2.2.2 含脲酶抑制剂*N*-正丁基硫代磷酰三胺（NBPT）的稳定性肥料

含脲酶抑制剂 *N*-正丁基硫代磷酰三胺（NBPT）稳定性肥料的主要产品见表 12-4。

表12-4 国内外常见的脲酶抑制剂品牌及稳定性肥料

序号	活性成分	抑制剂品牌	产品名称	生产企业	产品配方
1	DCD NBPT	索尔维 双泰克	双泰克稳定性氮肥	众德肥料（烟台）有限公司	21-0-0 26-0-0 45-0-0
2	NBPT NPPT	巴斯夫 Limus	普罗施旺普滋蓝水溶肥	南宁汉和生物科技股份有限公司	45-0-0
3			超控士尿素	河南心连心化工集团	46-0-0
4	NBPT	科氏 Agrotain	脲酶抑制剂尿素	达州玖源新材料有限公司	46-0-0
5	NBPT	AgRHO NH_4 Protect		比利时索尔维	增效剂
6	NBPT	N-TEGRATION		美国科氏农业与能源公司	增效剂
7	NBPT	Agrotain 科氏爱田		美国科氏农业与能源公司	增效剂

N-正丁基硫代磷酰三胺（NBPT）的代表产品是德国巴斯夫公司的力谋仕（Limus）。Limus 是巴斯夫公司最新研发的一款新型脲酶抑制剂，荣获多项发明专利，具有活性高、剂型稳定、操作方便等特点（表 12-4）。由尿素厂家直接将力谋仕加入尿素肥料之中生产稳定性尿素，或由配肥站、零售商、农户自己将力谋仕跟尿素混合均匀包衣后使用。国内添加 Limus 的肥料产品主要有南宁汉和生物科技股份有限公司生产的普罗施旺普滋蓝水溶肥（45-0-0）和河南心连心化工集团的超控士尿素（46-0-0）。Limus 脲酶抑制剂耐储存，便于运输管理，能够增加作物产量，提高氮肥利用率，减少氨挥发，改善生态环境。并且由于土壤中大量细菌、真菌和植物所产生的脲酶略有不同，所以 Limus 产品中添加了 NBPT 与 NPPT 两种抑制剂，有效作用于不同脲酶的结合位点，阻碍脲酶和靶标底物结合，继而达到全面抑制的效果。

Limus 对玉米具有提早抽雄、吐丝、成熟的作用，降低玉米株高、穗位高，增强玉米抗旱性，增加玉米穗长、穗行数、行粒数、百粒重，提高玉米产量[29]。中国农业大学刘学军教授团队研究结果表明，Limus 能显著减少尿素的氨挥发损失，氮肥利用率提高 11% ～ 23%，有较好的环境收益。在小麦生产中，添加 Limus 处理较常规施氮处理小麦产量增幅达到 2.24% ～ 13.75%[30]。在尿素或尿素硝酸铵溶液中使用相同有效成分含量时，力谋仕抑制氨挥发比单加 NBPT 更有效，NH_4^+-N 的损失较单加 NBPT 降低了 21.7%[31]。另外，在12个月的尿素产品储存期内Limus几乎没有损失，而NBPT含量在储存期间明显降低。

12.2.3 发展现状

12.2.3.1 硝化抑制剂发展历程

硝化抑制剂的研究开始于20世纪50年代中期，美国学者Goring等[32]首次报道了CP具有硝化抑制特性，1974年CP被开发成一种硝化抑制产品N-server（DOW Chemical），随后大面积推广使用。但CP在应用过程中存在毒性较大、不水溶等难题，所以诞生了具有硝化抑制特性的双氰胺（DCD），不仅解决了水溶性问题，其稳定性也较高，在20世纪80年代被推广应用[33]。此后，日本对硝化抑制剂也进行了深入的研究，提出了硫脲（TU）、2-氨基-4-氯-9-甲基吡啶（AM）、2-巯基-苯并噻唑（MBT）、4-氨基-1,2,4-三唑盐酸盐（ATC）和2-磺胺噻唑（ST）等应用品种[34]。由于DCD在使用中存在易淋洗、添加量较大、添加成本较高等问题，德国巴斯夫公司在20世纪90年代研制出了新的硝化抑制剂产品3,4-二甲基吡唑磷酸盐（DMPP），DMPP在尿素或铵态氮肥中添加1%的用量即可取得较好的硝化抑制效果，被广泛应用于农业生产[35-38]。

我国硝化抑制剂研究与使用始于20世纪70年代，中科院沈阳生态所周礼恺团队开展了对硝化抑制剂在土壤酶、硝化、反硝化等方面的研究，90年代初开发出了含有DCD的长效尿素和长效碳酸铵产品。90年代中期以后，硝化抑制剂开始与脲酶抑制剂组合使用[39-41]，其中HQ+DCD组合价格低廉、效果较好，使用较为广泛。21世纪以来，国内对DMPP及其衍生物的研究普遍较多[42-44]，其中，3,5-二甲基吡唑磷酸盐（DMPZP）和1-甲基吡唑-1羧酰胺（CMP）等吡唑类硝化抑制剂价格低廉、性能高效，有较好的硝化抑制效果[45-47]。目前，硝化抑制剂的产品仍在不断创新，产品特点更趋于高效稳定、环境友好。不同时期国内外使用的硝化抑制剂产品发展如表12-5所示。

12.2.3.2 脲酶抑制剂发展历程

1926年，Sumner首次发现土壤中脲酶的存在，并成功分离纯化出脲酶结晶[48]，20世纪60年代初发现含硼化合物、原子量大于50的重金属、含氟化合物、多元酚、多元醌和抗代谢物质类等对脲酶活性均有抑制作用，但当时由于条件限制，各种脲酶抑制剂不能投入实际生产应用中。直到20世纪70年代脲酶抑制剂的研究才正式展开。HQ被认为是最为有效的一种土壤脲酶抑制剂，由于HQ具有强烈的致畸性[34-49]及诱导基因突变等生理危害，其运用范畴较小[24-50]。随后Medina等人在70年代发现类似尿素的磷酰胺类抑制剂PPDA对脲酶活性有显著的抑制效果[51]，并且磷酰胺类脲酶抑制剂效果普遍好于HQ，但PPDA在田间对氨挥发抑制效果的表现并不稳定，在高温及pH较高的环境下，抑制效果受限制，PPDA易于分解形成酚[52]。所以在20世纪80年代，正丁基硫代磷酰三胺（NBPT）作为一种高效、稳定的脲酶抑制剂被研发应用[53]，并于1996年被美国IMC-Agrico公司开发成一种脲酶抑制产品Agrotain“禾谷泰”并投入使用。NBPT是目前公认的最有效的[49-54]，也是应用最广且前景最好的脲酶抑制剂[55]。不同时期国内外使用的脲酶抑制剂产品发展如表12-6所示。

20世纪80年代初，中国科学院沈阳应用生态研究所周礼恺团队对氢醌进行了系统的研究实验，并于90年代初研发出长效尿素和一系列含尿素长效复合肥。李晓鸣等[56]研究表明施用

表12-5　不同时期国内外使用的硝化抑制剂产品发展对比

类型	简称	研制 / 使用的时间、国家	稳定性	添加量	结构式	评价 / 优缺点
2-氯-6-（三氯甲基）吡啶	CP N-Serve	20 世纪 60 ～ 70 年代 美国	光解、热解、刺激性气味	纯氮 （除硝氮） 0.25 % ～ 0.5%	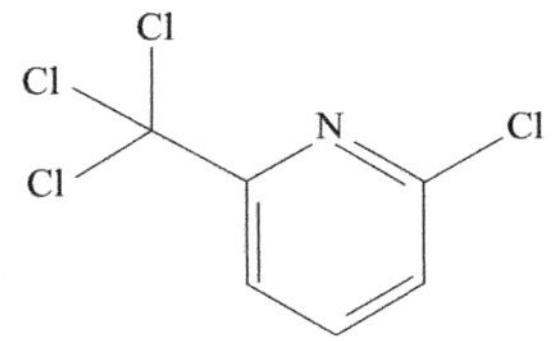	高蒸气压；气味大；腐蚀性；易爆；不水溶；有毒理学健康问题
双氰胺	DCD	19 世纪研发 20 世纪 70 年代使用 美国	良好	纯氮 （除硝氮） 2.3 % ～ 4.5%	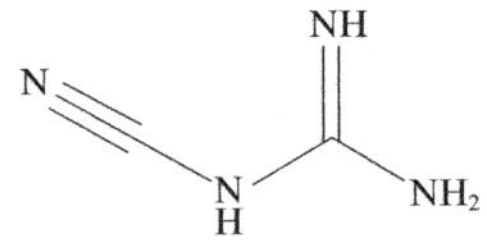	高剂量添加；易淋洗；价格高
3,5-二甲基吡唑	DMP	20 世纪 80 年代 德国	熔点低、稳定性低于 DMPP	纯氮 （除硝氮） 0.8 % ～ 1.6%	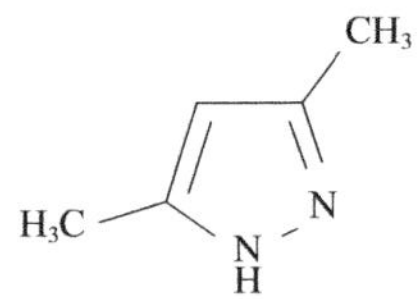	高效；低毒；不稳定
3,4-二甲基吡唑磷酸盐	DMPP	20 世纪 90 年代 德国	良好	纯氮 （除硝氮） 0.8 % ～ 1.6%	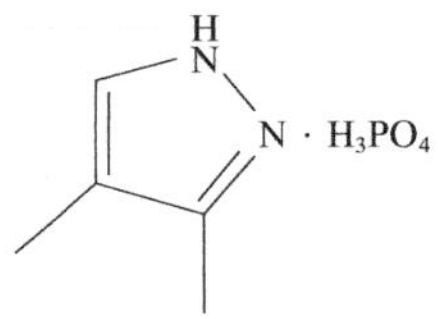	高效；低毒；稳定；价格较高
（3,4-二甲基吡唑-1-基）-琥珀酸与 2-（4,5-二甲基吡唑-1-基）-琥珀酸的同分异构体混合物	DMPSA	即将上市 俄罗斯	良好	纯氮 （除硝氮） 0.8 % ～ 1.6%	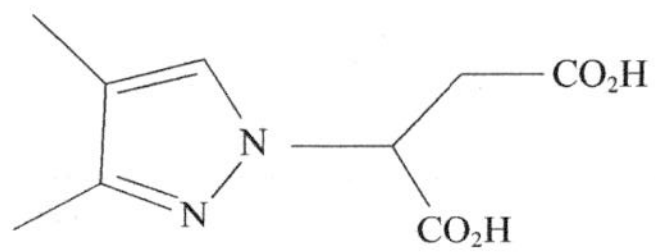	高效；低毒；稳定；价格较高

表12-6　不同时期国内外使用的脲酶抑制剂产品发展对比

类型	简称	研制 / 使用时间与国家	稳定性	添加量	结构式	评价 / 优缺点
对苯二酚（氢醌）	HQ	20 世纪 70 年代 美国	稳定，与强氧化剂、强碱、氧、铁盐不相容，光解	含酰胺态氮 0.9% ～ 2%	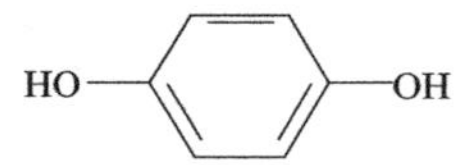	毒性，致畸性
N-正丁基硫代磷酰三胺	NBPT	20 世纪 90 年代 美国	水解、热解、酸解	含酰胺态氮 0.09% ～ 0.2%	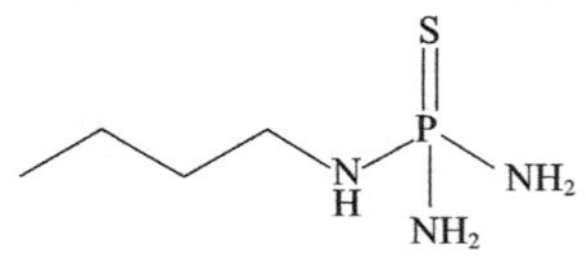	稳定性问题，与其他抑制剂、复合肥兼容问题
正丙基硫代磷酸三胺	NPPT	20 世纪 90 年代 德国	水解、热解、酸解	一般不单独添加，与 NBPT 配合添加	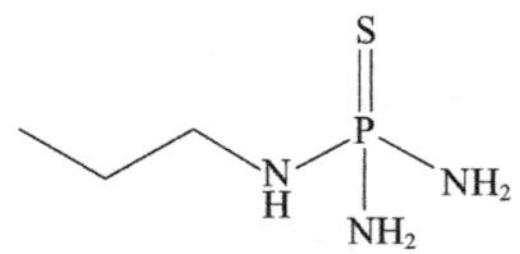	稳定性问题，与其他抑制剂、复合肥兼容问题
N-(2-硝基苯基)磷酰三胺	2-NPT	即将上市	较稳定	含酰胺态氮 0.04% ～ 0.15%	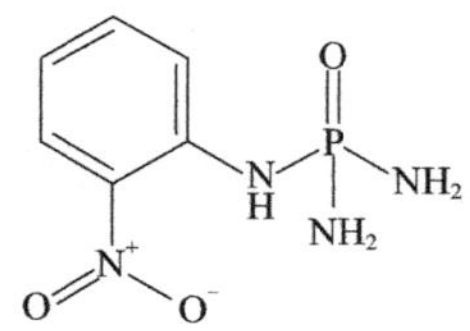	价格较贵，成本是 NBPT 的 10 倍以上

注：抑制剂的添加量基于 EC Regulation 2003/2003，按照质量分数计算。

HQ 能够提高小麦产量约 11%、氮肥利用率 13%。也有研究发现将 HQ 与 DCD 结合能提高水稻的产量，减少 N_2O 的排放[57]。陈利军等[58]研究表明 HQ 与 DCD 配合施用能显著减少 N_2O 和 NH_3 挥发，同时也能减少硝酸盐的累积。我国在 1980 年以后研究的脲酶抑制剂多为磷酸胺类化合物，主要是 *N*-丁基硫代磷酰三胺（NBPT）和苯基磷酰二胺（PPD）。王小彬等[59]研究发现当尿素表施时，NBPT 用量为 0.25% 更有利于减少氨挥发损失和提高尿素氮的有效性。

NBPT 结构基团的氨基通过和尿素竞争，与脲酶活性部位的巯基结合，在正丁基、硫基辅助结合作用下，从而抑制脲酶对尿素的分解作用。NBPT 能有效抑制土壤氨挥发，提高作物产量和氮肥利用效率，有利于改善作物品质[55]。研究表明，施用 NBPT 可以使土壤氨挥发量减少 79%，使稻田氨挥发损失总量降低 53%[60-61]。添加 NBPT 使小麦产量提高 11%，使产物蛋白质含量提高 15.7%[62]。NBPT 可以使早稻增产 8.54% ～ 12.87%，氮肥当季利用率提高 6.78% ～ 9.46%，节约氮肥约 25%[63]。NBPT 也可以抑制细菌、放线菌发酵的产酶，最大抑制率分别为 55.4% 和 67.1%[64]。

但是 NBPT 的最佳用量和使用方法因环境条件不同而不同，需要根据土壤 pH 值、气温、脲酶活性、施肥方式和植物类型的不同而调整。研究表明，使用 NBPT 会使叶尖短暂变黄，这可能是由于植物叶片组织中尿素含量升高、脲酶活性降低导致的[65]。但此过程是可逆的，随着植物生长脲酶含量可以恢复正常。另外，NBPT 会通过水、酸和高温的作用而分解，如何提高 NBPT 的有效性是当前亟待解决的问题。

12.2.4 未来趋势

化肥是国家粮食安全的基础，也是我国农业绿色发展的重要物质保障，化肥产业涉及粮食安全、资源安全、环境安全、营养健康、社会稳定等重大领域。新形势下，需要加快肥料产品创新创制的步伐，有效突破我国农业生产中减量、高效、增产、提质等瓶颈问题。当前，我国的稳定性肥料产业仍在不断创新与发展，稳定性肥料市场还有较大的空间。为了进一步促进未来稳定性肥料的健康发展，有几点关键问题需要解决：

第一，进一步推进抑制剂的研发创新。实现不同种类氮肥、复合肥专用抑制剂的开发。今后，新型脲酶抑制剂与硝化抑制剂的筛选与合成将向着环境友好、稳定高效的方向发展。

第二，改良抑制剂添加工艺。创新改善脲酶 / 硝化抑制剂向氮肥、复合肥中添加的生产工艺，并配合开发硝化抑制剂与脲酶抑制剂的添加保护技术，提高抑制剂向肥料中添加的稳定性与持效时间。

第三，研发适合特定区域的稳定性肥料。根据不同地区的环境特点及不同作物的需肥规律，研发具有针对性的适合不同作物、不同区域的专用稳定性肥料。

第四，开发功能多元化的稳定性肥料。进一步开发不同脲酶 / 硝化抑制剂的协同使用技术，以及中微量元素、氨基酸、腐植酸、海藻酸等功能物质与抑制剂配合添加技术。

12.3 水溶肥

水溶性肥料简称水溶肥，有广义和狭义之分。广义上的水溶肥包括传统的大量元素单质水溶肥(如尿素、氯化钾等)、水溶性复合肥料(磷酸一铵、磷酸二铵、硝酸钾、磷酸二氢钾等)、农业部行业标准规定的水溶性复混肥(大量元素水溶肥、中量元素水溶肥、微量元素水溶肥、氨基酸水溶肥、腐植酸水溶肥)和有机水溶肥等。狭义上的水溶肥是农业部行业标准规定的水溶性肥料产品，其定义是：水溶性肥料是经水溶解或稀释，用于灌溉施肥、叶面施肥、无土栽培、浸种蘸根等用途的液体或固体肥料。从形态分为固体水溶肥和液体水溶肥两种。从养分含量分为大量元素水溶肥料、中量元素水溶肥料、微量元素水溶肥料、含氨基酸水溶肥料、含腐植酸水溶肥料、有机水溶肥料等。农业部行业标准对水溶肥养分配方、分类、pH 值和水不溶物等都做了严格登记规定，对于产品的适用性、针对性和复合化等方面都有很大促进作用[66]。

12.3.1 产品概述

水溶肥的营养元素比较全面，含有作物生长所需要的氮、磷、钾、钙、镁、硫以及微量元素等全部营养元素，添加的微量元素主要有硼、铁、锌、铜、钼，其中以添加螯合态微量元素最优。可根据不同作物的需肥规律合理调节肥料养分配比，还可根据作物不同生长周期的需肥量合理控制施肥量，使整个施肥过程更科学合理，更具作物专一性和针对性，施肥更加准确。作为一种速效肥料，肥料元素大多是水溶性或者螯合态，不存在养分固定或者释放慢的情况。能被植物快速吸收，肥效明显，随时可以根据作物不同长势对肥料配方作出调整，快速改善作物不良性状。当遇到作物元素缺乏症时可添加所需的元素快速改善作物性状，方便作物的维护和管理。

水溶肥水溶性好，结合喷灌、滴灌等农业设施以喷施、冲施的方式以水带肥，水肥同施，实现水肥一体化。在施肥同时可以直接作用于作物的根系和叶片，直接被吸收利用，所以作物更容易、更快速地吸收利用。肥料的有效利用率明显提高，与普通施肥相比，肥效可提高一倍以上，利用率最高可达 80% ～ 90%[67-68]。在水资源缺乏的情况下，水溶肥和水肥一体化设施结合，可明显提高肥料利用率、减少肥料流失、避免环境污染、节省农业用水、减少人工劳动成本以及提高作物品质，节水节肥的同时可确保作物稳定高产。

12.3.2 工艺特点

水溶性肥料生产常用原料与常规复合肥料相比略有不同，磷源主要有工业级磷酸一铵、工业级磷酸二铵、磷酸二氢钾、磷酸脲、聚磷酸铵；氮源主要是铵、硝酸盐，分别提供铵态氮、硝态氮，不足部分用尿素补足；硝酸钾、磷酸二氢钾是主要的钾源。

固体水溶肥的生产方法通常分为物理混合法和化学合成法。物理混合法是指利用粉碎机、搅拌机等机械设备将氮、磷、钾等单质肥或复合肥料按照一定的比例直接配成水溶性肥料，产品形状、色泽等性质与原料有直接联系，通常外观、稳定性比较差[69]。同时，物理混合法的生产过程未涉及除杂程序，产品存在一定杂质，粒度、色泽等参差不齐，溶解性较差，极易吸潮结块，给销售和使用带来一定困难。化学合成法是指在一定温度和酸碱度的条件下，通过反应、除杂、蒸馏浓缩、冷却结晶等步骤，将氮、磷、钾等养分按比例制成水溶性肥料。化学合成水溶肥的困难之处在于合成反应过程中，单一物质的溶液容易掌握，而存在两相、三相甚至更多相的循环溶液，在低温冷却结晶的过程中就会出现共结晶现象，也就是产品在析出过程中实际形成了较为复杂的复盐，直接导致产品氮磷钾的养分出现波动，不会按照设想的配比析出产品。采用化学合成法生产，要实现全化学反应，必须在生产系统的液相中进行化学反应。化学合成工艺目前已日趋成熟，得到比较普遍的应用，在水溶肥产品生产和推广应用中均占相当大的比例。与物理混合法相比，化学合成法制备的固体水溶肥具有外观好、颜色粒度均匀、溶解度高、吸收效率好的特点，可以真正确保100%全水溶，速溶性和吸收率更好，产品酸碱度也更容易控制，更适合于喷灌、滴灌等“水肥一体化”灌溉设施。此外，颗粒状水溶肥的生产则需要通过造粒工艺实现，如转鼓造粒、圆盘造粒、塔式造粒。其中，塔式造粒工艺是最常用的方法，是将固体尿素、硝酸铵等氮肥进行加热熔融，随后加入磷、钾等营养元素，混合均匀后送入高塔进行喷洒，最后冷却结晶形成颗粒状的水溶性肥料[70]。

液体水溶肥的生产流程比固体水溶肥料复杂得多，主要是由于所有养分必须完全溶于水中，这在一定程度上限制了养分含量。液体水溶肥的生产主要通过溶解、螯合等方法，将各种营养元素、助剂以及活性物质溶解于水中制成均匀的液体水溶肥，其生产工艺包括除杂净化、原料溶解、养分螯合与复配、酸碱度调节等步骤[66]。液体水溶肥的生产过程还需要监测生产用水的水质情况和生产过程中的反应条件，严格执行各个生产环节。我国受液体肥料储运、施肥设备等多种限制，发展相对较慢，现阶段产品及产量占市场份额较小。但国内各大厂商不断研发创新，发展势头迅猛。

12.3.3 发展现状

我国水溶性肥料自20世纪60年代开始发展至今主要经历起步阶段、初步发展阶段和快速发展阶段这3个阶段。

（1）起步阶段（1960～2000年） 在起步阶段，受限于施肥设备的机械化程度及灌溉技术推广应用程度，主要发展以叶面肥产品为主的水溶肥，几乎没有以灌溉为主的水溶肥[71]。20世纪70年代及以前，形成的产品主要是单一无机盐类产品，包括尿素、硫酸锌、磷酸二氢钾或者草木灰浸出液等或其简单混溶产品[72]；20世纪80年代，随着少量国外叶面肥产品在市场上的出现，部分小型企业（广西喷施宝等）开始仿制叶面肥，形成了包含矿质养分、助剂等的复合体系产品，但配制技术相对简单，养分种类少、浓度低，作物吸收及应用效果不稳定。20世纪90年代开始，国外叶面肥产品大量涌入，叶面肥的开发和应用发展更加迅猛，产品向综合化发展。如添加大量植物生长活性物质，开始与农药配施等[66]。

（2）初步发展阶段（2001～2009年） 随着国家水肥一体化技术的推广和快速发展，我国水溶肥产品种类逐渐丰富，我国水溶肥产业进入了初步发展阶段。从1990年水溶肥仅登记有含氨基酸叶面肥、含腐殖酸叶面肥和微量元素叶面肥，2000年后增加了大量元素水溶肥、中量元素水溶肥、海藻酸水溶肥等，但此阶段营养型肥料主要以物理混配的固体型为主，用于经济作物的冲施肥[73-74]。从2007年开始，国内部分知名肥料企业开始引进国际上已普遍使用的适合灌溉使用的全水溶肥料，并开展相关产品研发[75]。

（3）快速发展阶段（2010年～至今） 随着水溶肥登记标准的颁布，水溶肥的生产、经营日益规范，我国水溶肥产业进入快速发展阶段。传统大企业开始跻身于水溶肥行业、企业技术研发开始走自主创新的道路、厂商更多关注产品质量及外观等问题，使得产品逐渐向复合化、多样化与差异化方向发展[76]。种植户有了更多的选择权和自主权，企业也顺应发展，培养更多专业人才，跟上国际发展趋势，走“技术＋产品＋服务”的套餐化模式[77-78]。

从2000年以前以产定销，肥料工艺决定产品，到2000年至2010年以销定产，经销商需求决定产品，再到2010年以后以需定产，农业技术解决方案决定市场。我国水溶肥产品种类从起步阶段仅包括单一原料类产品发展至多类型复合型产品齐发，产品登记数量也在三个发展阶段间呈现"阶梯式"增长状态，我国水溶肥产业已逐步进入成熟时期。

我国的水溶性肥料虽然发展迅速，但在生产技术、市场规范、配套设施以及应用研究等方面还存在一些问题。

第一，生产技术落后。相对欧美国家，我国的水溶性肥料生产技术较落后，采用简单的物理混配或掺混生产方式的小规模、小作坊生产企业占多数，企业对生产及应用技术的研究力度不够，缺乏创新性，这就造成产品质量无保障，降低企业的品牌信誉度，农民逐渐对水溶肥由好奇转为失望。而少数拥有高新技术的企业生产成本较高，造成市场中水溶肥价格高于效益值，用户只能望而却步。未来，水溶肥生产企业应集中力量推进技术创新、产品研发，要强化管理，整合资源，降低产品成本，提高产品质量，开发适销对路的产品，特别是针对不同作物的适当配方水溶肥的研发，切实开发出能够为农民创收的好产品，并进一步使价格趋于理性化。

第二，水溶肥市场不规范。目前产品种类较多，质量参差不齐，假冒伪劣产品较多。一方面是我国标准体系不完善，使得水溶肥行业准入门槛比较低，国内出现不少没有任何技术含量的简单物理混配水溶肥；另一方面，我国对于水溶肥市场的监管力度不够，使得水溶肥品牌鱼龙混杂。下一步，我国要尽快制定水溶性肥料行业标准，规范产品质量，加强市场管理，杜绝刻意炒作、偷换概念、假冒伪劣的情况发生，为水溶性肥料的发展营造一个良好的环境。

第三，配套设施不完善。水溶肥只有与相应施肥设施相配套时才能发挥最大作用，现在各地的滴灌、喷灌设施存在一些设计不合理、安装粗放、缺乏技术服务等问题，使得水溶肥的市场推广比较难。水溶肥和普通化肥的区别之一在于施肥方式不同，而目前所使用的施肥方式大都适合普通化肥，如果水溶肥质量稍次，含有不易溶解成分或溶解后残渣较多，专门针对水溶肥而购买的灌溉设备很容易被堵塞，导致人们高价购置的喷淋设备无法继续使用，目前市场上急需改进针对水溶肥专用的灌溉设备，以推动水肥一体化的发展。目前应该在干旱地区完善各项灌溉设施，大力发展、推广灌溉设施与灌溉技术，加强水肥一体化的自动化控制，相关专家与企业应加强灌溉技术宣传，对农民进行培训，帮助农民增产增收，切实推动农业的发展，真正实现水溶肥产品的价值。

第四，应用研究不系统。目前，水溶肥市场参差不齐的部分原因就是相关研究单位没有给出针对不同水溶肥品牌的试验效果官方数据，使得农民购买时没有参考。相关文献介绍水溶肥肥料利用率高，但是没有具体的试验数据支撑。目前蔬菜种植多采用无土栽培，但是水溶肥在设施农业的效果尚无数据公布。水溶肥减缓土壤恶化方面的数据也仅以土壤电导率、容重等一些浅显指标展示，缺乏深入研究的数据。有关科研部门在下一步工作中，要结合前人研究成果，从水溶肥的研究缺口出发，开展多方面、全方位示范试验等工作，为水溶肥进一步的推广应用提供理论支撑。

12.3.4 未来趋势

目前，我国农业资源供需矛盾突出，已成为制约农业发展的主要瓶颈。加快转变农业发展方式，加快发展资源节约型、环境友好型农业，走高质量绿色发展道路，已成为新时代农业发展的迫切需求。近年来，我国大力实施化肥减施增效行动，2020年，水稻、小麦、玉米三大粮食作物化肥利用率达到40.2%，比2015年高出5个百分点，化肥使用量连续4年负增长，农业农村部将加强举措，力争到2025年化肥利用率再提高3个百分点，推动农业生产方式全面绿色转型。

发展节水高效农业已成为现代农业可持续发展的重要措施，其中节水灌溉设施的大面积推广，将加快水肥一体化技术的应用。提高水肥利用率是目前我国亟待解决的问题，而当今世界上公认的提高水肥资源利用率的最佳技术就是灌溉施肥技术。灌溉施肥技术作为一种将水肥供应通过灌溉结合起来的现代农业技术，通过精确地控制灌水量、施肥量和灌溉及施肥时间，不但可以实现水肥资源的集约利用，还可实现作物产量的最大化和品质最优化，同时它对环境所产生的污染也最小。水溶肥作为发展水肥一体化的必需品，其重要性将会日益明显。我国水溶肥产业已初具雏形，其健康发展需要政府、企业和科研机构共同努力，形成行业共识，共同实现我国水溶肥产业及节水农业的蓬勃发展。

随着中国农业的集约化、规模化发展，水资源的进一步匮乏以及大型农场不断涌现，滴灌、喷灌节水设施农业面积迅速扩大，越来越多的政府部门、专家学者、技术推广部门、农业从业者认识到了水溶肥和水溶肥产业的重要性。水溶肥是符合更加环保、更加可持续发展的新一代肥料，也是中国肥料工业和产业未来的重点发展课题与项目。同时中国经济持续快速发展，受人们生活水平逐步提高、人口增长较快等因素的影响，对粮食和农作物产量及品质需求不断提高，一场新的生态农业革命——优质、高效、健康、环保的新农业正在逐渐兴起并蓬勃发展。在这场汹涌澎湃的生态革命中，水溶肥扮演了至关重要的角色。目前，水溶肥正处在由过去传统喷施、冲施，向大田批量化应用的转折点，水溶肥产品与施用技术符合“低碳节能、高效环保”的要求，水溶肥将成为未来肥料发展的一个趋势。

12.4 包膜肥料

12.4.1 产品概述

包膜缓释肥料（简称包膜肥料）的增效原理，主要是通过优化化肥养分的释放和供应模式来改善肥效。控制养分释放的包膜材料主要有树脂、硫黄、枸溶性肥料和有机质材料等，包膜的核心肥料通常为速溶性大颗粒尿素，如利用包膜材料不同而制备的缓释尿素包括树脂包膜尿素、硫包衣尿素、肥料包裹型尿素以及有机质包膜尿素等[1,49,79]。

12.4.2 生产工艺

以下主要介绍聚合物包膜和硫包衣两种工艺。

12.4.2.1 聚合物包膜工艺

聚合物包膜肥料是指肥料颗粒表面包覆了高分子膜层的肥料。通常有两种制备工艺方法，其一是喷雾相转化工艺（物理法），即将高分子材料制备成包膜剂后，用喷嘴涂布到肥料颗粒表面形成包裹层的工艺方法；其二是反应成膜工艺（化学法），即将反应单体直接涂布到肥料颗粒表面，直接反应形成高分子聚合物膜层的工艺方法。

第一种工艺方法，注重包膜剂的组配和喷雾成膜过程工艺控制。围绕包膜剂的筛选和组配，从早期主张采用聚烯烃到后来开发的聚乙烯基醋酸纤维素，实际可用的聚合物材料很少。目前依然以聚烯烃为主要膜材，通过选用不同的溶剂，在加热的情况下溶解聚合物，制备成浓度在 5% ～ 12% 范围内的包膜剂。借助流化床设备，将包膜剂喷涂在肥料颗粒表面，经过溶剂挥发、聚合物沉积成膜的过程，逐步形成一层膜层。因颗粒表面粗糙、喷雾缺陷等因素，膜层一般要 50μm，才能达到有效的控制释放。值得注意的是，为了克服该材料体系需要有机溶剂的缺点，开发了使用乳液聚合法得到的聚合物乳液作为包膜剂的技术，如采用纯丙乳液或苯丙乳液制备包膜肥料。

第二种工艺方法，因涉及化学反应的发生，整体工艺条件相对复杂，得到开发使用的技术也不多。目前反应成膜技术主要集中在利用羟基、环氧基团的加聚反应来进行，早期开发的技术主要是利用酚醛树脂、环氧树脂反应直接在肥料颗粒表面制备聚合物膜层，之后利用富含多羟基的植物油与异氰酸酯发生聚氨酯反应来制备包膜肥料。近年来，反应成膜工艺因为是在肥料颗粒表面原位成膜，可以减少膜层缺陷，膜层厚度在 20 微米左右即可有效控制养分释放，大大降低了膜材成本，因此成了当前的一个热点[1,49,80]。

12.4.2.2 硫包衣工艺

（1）TVA 法　本方法的工艺流程为：①将颗粒尿素过筛以获得大小均匀的物料；②将过筛后的物料通过流化床加热器加热到 65℃左右；③将预热物料加入喷硫转鼓，在 150℃温度下熔融的硫喷涂到尿素颗粒表面；④将完成涂硫的尿素（70℃左右）直接送到封闭剂转鼓，用 3% 的熔融微晶石蜡与 0.2% 煤焦油混合物作封闭剂喷涂到涂硫尿素颗粒上；⑤将这些物料送到调理剂转鼓，使用 1.8% 硅藻土作为调理剂，以避免蜡状物的黏性。20 世纪 80 年代，TVA 又在此基础上进行了大量改进，开发了多项制造 SCU 的专利技术，其中一项为在转鼓转动形成的尿素料幕上喷涂尿素制备大颗粒尿素，然后以此为核心肥料制备硫包衣尿素。为了提高 SCU 的缓释效果，TVA 对包封剂及其性能进行了大量研究，相继开发出了聚乙烯蜡、重油等包封剂。

（2）改良 TVA 法　1975 年，日本三井东亚化学公司在 TVA 复合肥制备技术的基础上，开发了 SCU 及包硫复合肥技术。同 TVA 法一样，包括包硫、封闭、调理三个环节，只是喷硫与封闭剂在同一转鼓中进行。调理剂包括硅藻土和滑石粉等。

（3）其他方法　另外，Nu-Gro 公司收购的 ICI 加拿大分公司（Imperial Chemical Industries Ltd, Canada Lawn & Garden Business）生产 SCU 的方法也大同小异；而加拿大 British Columbia 大学开发的包硫尿素工艺则有些特殊，主要特点是将颗粒尿素浸渍在熔融硫中，迅速将涂硫尿素离心分离，得到包硫尿素。

12.4.3 发展现状

包膜缓释肥料起源于欧美和日本等发达国家。1957 年美国首先开始研究包硫尿素（SCU），1961 年 TVA 的 RFDC 在 1 ～ 7kg/h 装置上进行了包硫尿素小试，1978 年在美建成 10t/h SCU 的示范生产厂。其间，又进行了包硫氯化钾（SCK）、包硫磷酸二铵（SCP）的研究。美国也是第一个商品化生产树脂包膜肥料的国家。1967 年在加利福尼亚生产出醇酸树脂包膜肥料 Osmocote，成为当今世界著名缓释肥料品牌。日本从 20 世纪 60 年代开始研究包膜缓释肥料，70 年代后，以研制热塑性树脂聚烯烃包膜肥料为重点，简称 POCF 工艺，通过调节 PE 与 EVA 的比例，并以无机填料为开孔剂，可制得 40 天至 360 天释放期的包膜缓释肥料。可降解聚合物包膜材料的研发及不同养分释放模式产品的创制，成为包膜缓释肥料的重点研究方向。20 世纪 80 年代以来，以色列、德国、英国、加拿大、意大利、印度等国也相继进行了包膜型缓 / 控释肥料的研究，尝试用聚合物、草炭、木质素、石蜡、无机营养材料等包裹尿素等，制成缓 / 控释肥料。1991 年 7 月在美国亚拉巴马州的 Sheffield 召开了第一届缓 / 控释肥专题研讨会，1993 年在以色列海法市召开了缓 / 控释肥料国际研讨会。

国际上，聚合物包膜缓释肥料是包膜缓释肥料的主体，主要工艺包括反应成膜和溶剂型淀积成膜两种，发展趋势是由非连续间歇性工艺向连续化生产工艺发展，产能由原来的年产数千吨发展到数万吨乃至超过 10 万吨。例如，加拿大的 Agrium 公司（Agrium Advanced Technologies Inc），于 2006 年 1 月 28 日投产了世界最大的聚合物包膜尿素，每小时产量为 30 吨（可达 40t/h），年产量为 15 万吨，商品名为 ESN，以篦麻油、异氰酸酯形成聚氨酯包膜尿素，产品总氮≥ 44%。随着包膜缓释肥料产业发展，国际上，包膜缓释肥料形成了 Osmocote、MEISTER、Nutricote、ESN、Multicote 等知名品牌，但这些产品主要用在草坪、园艺等领域，在大田作物上应用相对较少。但从产品发展趋势看，包膜缓释肥料在大田作物上的应用将越来越受到重视。如 ESN 产品的发展方向是应用到玉米、小麦、水稻、马铃薯等大田作物的一次性施肥[2,49]。

我国从 20 世纪 70 年代开始研究包膜缓释肥料，发展历程可分为三个阶段。第一阶段即从 20 世纪 70 年代初到 80 年代初，是包膜缓释肥料探索起步阶段。主要开展的工作是探索研究和开发长效碳铵等缓释肥产品。第二阶段即从 20 世纪 80 年代到 2000 年，是包膜缓释肥料探索发展阶段，包膜缓释肥料开始实现小规模产业化。开发的主要产品包括郑州大学研制的 Luxacote 包裹型缓释肥料和北京农林科学院研制的热塑性树脂包衣缓释肥料等。1983 年开始，郑州工学院许秀成等率先利用营养材料研究和开发了系列包裹型缓释肥料，先后研制出钙镁磷肥包裹尿素（1983）、磷矿粉部分酸化包裹尿素（1991）、二价金属磷酸铵钾盐包裹尿素（1995）3 类升级换代产品，养分控制释放时间超过了 95 天，突破了国内外营养材料包膜养分释放控制难度大的瓶颈。研制出年产万吨生产能力的产业化生产线，产品注册品牌为 Luxacote，已出口美国、澳大利亚、新加坡、日本等国家，成为国际知名缓释肥料品牌，1999 年被 *Fertilizer International*（国际肥料）誉为“中国的首创——未来的肥料”。树脂包膜缓释肥料的研制，起初，我国主要借鉴日本经验。1992 年开始，北京市农林科学院徐秋明等在国内率先系统开展了树脂包膜尿素的研究。在借鉴日本技术的基础上，在溶剂、包衣材料、设备等方面，均有较大的改进和突破。研究筛选出低毒溶剂，溶剂回收率在 98% 以上；包衣材料选用廉价的聚丙烯酰胺，并进行降解改性；研制出年生产能力为 3000 吨的树脂包衣尿素生产线，生产出养分控释 30 ～ 200 天或更长时间的系列包衣尿素，产品养分释放模型分为线型和 S 型，产品于 2002 年获得国家重点新产品证书。第三阶段即 2000 年以后，是包膜缓释肥料快速发展阶段。国家将新型肥料发展列入《国家中长期科学和技术发展规划纲要（2006—2020 年）》，科技部从“十五”计划开始，通过 863 计划、科技支撑计划和重点研发专项等立项，持续资助研发缓释肥料、专用复合肥料等绿色高效肥料，极大推动了我国化肥有效养分高效产品创新的发展，使中国成为新型肥料研制的全球热点地区。包膜缓释肥料各种包膜工艺不断创新，无论是聚合物反应成膜还是溶剂型淀积成膜工艺，都实现了连续化生产，产能大幅度提高，单套装置年产能超过万吨乃至 5 万吨，树脂包膜尿素、硫包衣尿素、肥料包裹型缓释肥料等都实现大面积产业化。我国的包膜缓释肥料主要针对大田作物应用，在玉米上率先实现缓释肥料一次性施肥，在水稻、冬小麦上利用缓释肥料一次性施肥技术也取得了重要进展。我国目前的包膜缓释肥料技术经过引进、集成和创新，整体上已经达到国际先进水平，在缓释肥料大田作物应用技术领域达到国际领先水平[2,79,81]。

在借鉴国外缓释肥料性能指标要求和测试方法的基础上，我国发布实施了树脂包衣缓释肥料（HG/T 4215—2011，GB/T 23348—2009）、硫包衣尿素（GB/T 29401—2020）、包裹型缓释肥料（HG/T 4217—2011）化工行业标准或国家标准，并制定了控释肥料（ISO 18644:2016）和硫包衣尿素（ISO 17323:2015）国际标准。农业农村部制定了缓释肥料登记要求的农业行业标准（NY 2267—2012），并将缓释肥料作为新肥料产品纳入登记管理[80,82-88]。

目前，我国树脂包膜尿素、硫包衣尿素、肥料包裹型缓释肥料和有机质包膜缓释肥料的年产量分别达到50万吨、10万吨、15万吨和10万吨，总年产量近90万吨，缓释肥料通过掺混等形式进入大田施用，每年应用面积约0.5亿亩，作物增产8亿～10亿公斤，节约氮肥3万～5万吨[2]。

12.4.4 未来趋势

聚合物包膜缓释肥料从生产技术到产业发展均取得了长足的进步，目前已经进入一个相对稳定的理性发展时期。从我国实际情况出发，降低聚合物包膜肥料成本，面向大田作物，才可能发挥其作用，因此其发展趋势主要为以下几点。

（1）降低成本，面向大田作物　目前影响缓释肥料在农业生产上广泛应用的主要问题是肥料价格高，主要原因包括缓释材料价格高、生产过程成本高等。因此其实际产能和市场占有率非常低，约为整个肥料销售量的0.5%，而且通过最近几年的发展，又走入产能扩展的技术瓶颈期，聚合物包膜缓释肥料的发展还是比较缓慢的。大田作物是农业生产和肥料消费的主体，因此未来缓释肥料发展的主攻方向是面向大田作物。目前缓释肥料主要用于非农业市场的原因，除价格因素外，还有认知上的问题。有人认为缓释肥料是高档消费肥料，包膜肥料披着“金衣”不可能走向大田，只能用于草坪、花卉等高档消费领域，所以研制能够走向大田作物的缓释肥料是当前迫切需要解决的首要问题。

（2）开发新型高效控释材料　控释材料技术，是缓释肥料研究的前沿技术。聚合物包膜控释材料的技术发展重点是可降解，养分释放受环境因素影响小，实现“智能”控制释放；包膜材料溶剂要求廉价高效无毒。营养材料包膜的主要技术难题是提高控释能力。另外，对木质素、纤维素、工农业无机和有机废弃物、草炭、风化煤类等材料进行控释改性，制作廉价高效的包膜、基质复合、胶结控释材料，以及筛选环境友好的土壤脲酶抑制剂、硝化抑制剂等新材料，具有较大发展潜力。

（3）研究控释新工艺、配套新设备　高聚物包膜工艺要求溶剂低毒或无毒且廉价，回收率高，设备生产具有连续性。研究开发包裹、基质复合、胶结控释的新工艺，力争在常温条件下，运用普通设备生产质高廉价的缓释肥料。采用水为分散相或者无溶剂的包膜工艺，是目前的技术发展趋势，尤其是采用生物基高分子材料作为包膜剂，制备膜层可降解、环境友好的包膜缓释肥料是又一发展趋势。流化床依然是颗粒包覆的核心设备。开发连续化、大产能和智能控制的流化床包膜设备是提高质量控制和产能的关键，目前采用的多室流化床包膜设备有望大大提升包膜缓释肥料的生产技术水平。

12.5　脲醛类肥料

12.5.1　产品概述

脲醛类肥料是尿素与醛类的缩合物，主要有脲甲醛（UF）、异丁叉二脲（IBDU）、丁烯叉二脲（CDU）等，其中最常见的是脲甲醛（UF）。脲醛类肥料的溶解性较尿素显著降低，具有缓效长效性，有利于减少氮的损失。在我国，将脲醛类肥料称作脲醛缓释肥料（urea aldehyde slow release fertilizer）（GB/T 34763—2017），定义为由尿素和醛类在一定条件下反应制得的有机微溶性氮缓释肥料[2,89-91]。

12.5.2　生产工艺

脲醛类肥料的生产工艺分为稀溶液法和浓溶液法，二者的区别在于甲醛溶液的浓度。所谓稀溶液法，即尿素和甲醛以稀溶液形式反应，生成聚甲基脲悬浮液，经固液分离，再干燥、粉碎制成产品，母液循环使用。其特点是产品质量好，但成本较高。浓溶液法是尿素和甲醛以浓溶液反应，反应中间产物不经固液分离而直接加入催化剂(固化剂)，固化为产品。其特点是可连续操作，生产成本较低，但产品中尿素含量较高[1,92-96]。

（1）稀溶液法　将37%的商品甲醛加水稀释1～2倍后，与尿素进行反应的工艺。反应所得产物以悬浮液的形态存在，通过过滤、干燥、粉碎得到粉状脲醛类肥料产品，粉状产品可进一步造粒为粒状产品。过滤后的母液循环使用。稀溶液法工艺的优点是反应条件较为温和，所得产品质量好，产品指标稳定；缺点是工艺流程相对复杂，成本较高。

（2）浓溶液法　直接将37%或更高浓度的甲醛直接作为反应液，第一阶段反应完成后，直接在固化设备中加入固化剂（将pH值由碱性转化为酸性），迅速固化，经干燥、破碎后得到粉状脲醛类肥料产品。浓溶液工艺的优点是工艺简单，生产成本相对较低；缺点是缩合反应过程瞬间发生，反应剧烈，反应条件不易控制，产品指标不够稳定，但可通过不同批次掺混得到所需求的产品。

两种不同工艺路线的工艺流程如图12-2所示。

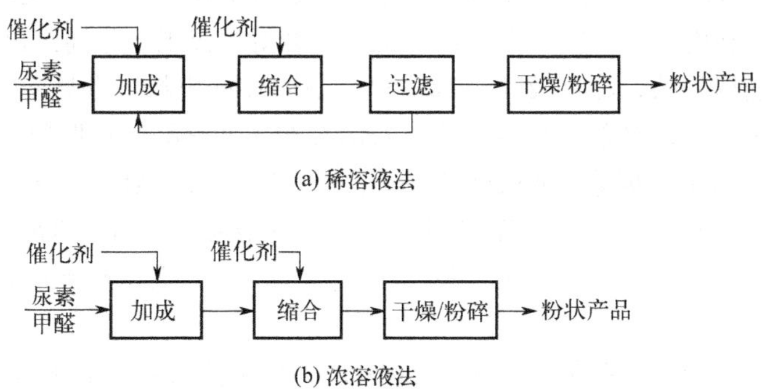

图12-2　脲醛类肥料生产工艺示意图

12.5.3 发展现状

国际上，德国于 1924 年由 Badische Anilin 和 Soda-Fabrik AG 取得了第一个制造脲醛类肥料的专利，1955 年投入工业化生产。德国 1924 年发表了用乙醛和尿素制备丁烯叉二脲（CDU）的专利，1962 年完成肥料制备流程。日本三菱株式会社于 1961 ～ 1962 年提出了尿素和异丁醛反应制备异丁叉二脲（IBDU）的专利，1964 年开始，在日本市场上有少量脲醛类肥料销售。脲甲醛产品是由不同聚合度的亚甲基脲组成的混合物，并含有部分游离尿素。聚合度越高，分子链越长，在水中的溶解度越小，缓释性越强。美国公职农业化学家协会（AOAC）将脲甲醛所含的氮划分为游离尿素氮（F-UN）、冷水可溶氮（WSN，25℃）、热水溶性氮（HWSN，98 ～ 100℃）和热水不溶氮（HWIN）四组，用以评价脲甲醛的肥料效果。冷水不溶性氮（WIN）= 全氮（TN）-（WSN+F-UN)。用氮素活度指数 [AI=(WIN−HWIN)×100%/WIN] 来衡量脲甲醛肥料的缓释性。当 AI ＞ 60%，N 释放时间为 2 ～ 4 个月；30% ＜ AI ＜ 60%，释放时间为 6 ～ 8 个月；AI ＜ 30%，释放时间在 12 个月以上。到 20 世纪 90 年代初期以前，世界缓 / 控释肥料仍以微溶性尿素反应物为主，占到 50% 以上。欧洲传统使用微溶性含氮化合物缓释肥料，其比例占到缓 / 控释肥料消费量的 70% 以上。该类肥料因养分释放速度受土壤水分、pH、微生物等因素影响较大，且售价高，主要用于草坪、苗圃、庭园绿化等非农领域，在大田作物上应用较少 [1-2]。

我国对脲醛类肥料的研究始于 20 世纪 70 年代。早在 1971 年前后，中国科学院南京土壤研究所采用脲醛树脂为材料，制得了少量包膜肥料样品，但之后发展不快。20 世纪 90 年代，又重新开始审视发展脲醛类肥料的意义，尤其进入 2000 年以后，随着国内新型肥料研发热潮的到来，脲醛类肥料研发进入快车道。2008 年 7 月，任宏业等国内化工、农业专家，共同向国家提出“关于发展化肥工业，提高我国粮食增产潜力的建议”，建议中提出增加脲甲醛生产装置，发展脲甲醛缓释肥料。2009 年 6 月 25 日，中国化工信息中心组织国内部分专家，针对脲醛类肥料在中国未来的研究和发展做了专门研讨。与会专家肯定了脲醛类肥料的作用效果，但要将其应用到大田作物上，价格问题是重要的制约因素。因此，结合大田作物的需肥规律，建议将脲甲醛部分替代尿素或其他水溶性氮源，形成速缓相济的供氮模式，既满足作物对氮素缓释长效的需求，也利于降低肥料价格。例如，日本三井东压肥料生产的 UF 尿素组合硫酸钾、磷铵复合肥料 17-17-13，其中 9% 的 N 由 UF 提供，用作水稻基肥；北京海依飞科技公司及郑州乐喜施磷复肥技术研究推广中心以 UF 全部或部分代替尿素生产的高利用率根际肥、大粒化成肥、包裹型复合肥，分别出口马来西亚、日本、澳大利亚，用于油棕种植、蔬菜及花卉栽培 [73]。日本住商肥料（青岛）有限公司在中国农业市场推广以脲甲醛为缓释剂的复合肥料。我国发布了《脲醛缓释肥料》国家标准（GB/T 34763—2017），适用于由尿素和醛类反应制得的脲甲醛（UF/MU）、异丁叉二脲（IBDU）和丁烯叉二脲（CDU），也适用于肥料中掺有一定量脲醛缓释肥料的脲醛缓释氮肥、脲醛缓释复合肥料、脲醛缓释掺混肥料。在此基础上，制定了《固态脲醛缓释肥料》国际标准（ISO 19670: 2017）[89,91]。

目前，我国各类脲醛类肥料年产量约 20 万吨，以脲醛缓释复合肥料或掺混肥料为主，每年应用 500 万亩，作物增产 0.5 亿～ 1.0 亿公斤，节约氮肥 0.5 万吨。

12.5.4 未来趋势

脲醛类肥料由于其良好的缓释性，可加工配制成掺混肥、团粒肥和液体肥供用户施用，可延长养分释放期，增强土壤微生物活性，改善肥料物理性状，是非常有潜力的缓释肥料品种，对于促进我国肥料产业升级具有积极意义。未来，脲醛类肥料重点在于降低生产成本，进一步提升其与气候-土壤-作物的匹配性。

参考文献

[1] 赵秉强，等. 新型肥料. 北京：科学出版社，2013.
[2] 赵秉强，等. 增值肥料概论. 北京：中国农业科学技术出版社，2020.
[3] 刘增兵. 腐植酸增值尿素的研制与增效机理研究. 北京：中国农业科学院，2009.
[4] 袁亮. 增值尿素新产品增效机理和标准研究. 北京：中国农业科学院，2014.
[5] 袁亮，赵秉强，林治安，等. 增值尿素对小麦产量、氮肥利用率及肥料氮在土壤剖面中分布的影响. 植物营养与肥料学报，2014, 20(3): 620-628.
[6] 赵秉强，张福锁，廖宗文，等. 我国新型肥料发展战略研究. 植物营养与肥料学报，2004, 10(5): 536-545.
[7] 赵秉强. 发展尿素增值技术，促进尿素产品技术升级. 磷肥与复肥，2013, 28(2): 6-7.
[8] 赵秉强. 化肥产品创新与产业绿色转型升级. 磷肥与复肥，2019, 34(10): 刊首语.
[9] 赵秉强. 传统化肥增效改性提升产品性能与功能. 植物营养与肥料学报，2016, 22(1): 1-7.
[10] 赵玉芬，赵秉强，侯翠红，等. 适应农业新需求，构建我国肥料领域创新体系. 植物营养与肥料学报，2018, 24(2): 561-568.
[11] 袁亮，赵秉强，李燕婷，等. 一种海藻增效尿素及其生产方法与用途：中国，ZL 201110402369.1, 2011.
[12] 袁亮，赵秉强，李燕婷，等. 一种发酵海藻液肥料增效剂及其生产方法与用途：中国，ZL 201210215693.7, 2012.
[13] 袁亮，李燕婷，赵秉强，等. 一种聚合氨基酸肥料助剂及其制备方法：中国，ZL 20140027295.1, 2014c.
[14] 赵秉强，袁亮，李燕婷，等. 一种腐植酸尿素及其制备方法：中国，ZL 201210086696.5, 2012b.
[15] 张水勤. 不同腐植酸级分的结构特征及其对尿素的调控. 北京：中国农业大学，2018.
[16] 含腐植酸尿素：HG/T 5045—2016.
[17] 含海藻酸尿素：HG/T 5049—2016.
[18] 海藻酸类肥料：HG/T 5050—2016.
[19] Li T, Zhang W, Yin J, et al. Enhanced-efficiency fertilizers are not a panacea for resolving the nitrogen problem. Global Change Biology, 2017, 24:359-360.
[20] Xia L, Shu K L, Chen D, et al. Can knowledge - based N management produce more staple grain with lower greenhouse gas emission and reactive nitrogen pollution? A meta - analysis. Global Change Biology, 2017, 23:1917-1925.
[21] 黄益宗，冯宗炜，张福珠. 硝化抑制剂硝基吡啶在农业和环境保护中的应用 [J]. 生态环境学报，2001, 10 (4):323-326.
[22] Zacherl B, Amberger A. Effect of the nitrification inhibitors dicyandiamide, nitrapyrin and thiourea on Nitrosomonas europaea[J]. Fertilizer Research, 1990, 22(1): 37-44.
[23] Vannelli T, Hooper A B. Oxidation of nitrification to 6-chloropicolinic acid by the ammonia-oxidizing bacterium Nitrosomonas europaea[J]. Applied and Environmental Microbiology, 1992, 58(7): 2321–2325.
[24] 郑福丽，李彬，李晓云，等. 脲酶抑制剂的作用机理与效应. 吉林农业科学，2006，31(6)：25-28.
[25] Subbarao G V, Rondon M, Ito O. Biological nitrification inhibition: Is ita wide spread phenomenon?. Plant and Soil, 2007, 294:5-18.
[26] 王振东，穆娟微. 氮定 NMAX 肥料增效剂在玉米上应用效果. 现代化农业，2018(7): 13-15.
[27] 魏玉光，单彩云. "NMAX-氮定"在寒地水稻应用技术研究 . 北方水稻 ,2019,49(01):19-23.
[28] 孙磊，王丽华，高中超，等. 减氮配合增效剂和缓释肥对玉米田土壤温室气体排放和产量的影响 [J]. 土壤通报 ,2020,51(1):185-194.
[29] 张素萍，刘超，代先锋. 力谋仕脲酶抑制剂在玉米上的田间试验. 安徽农学通报，2019，25(18)：115-116.
[30] 宋尚新，屈爱玲，张春山. 力谋仕脲酶抑制剂在小麦上应用报告. 农业科技通讯，2019(5)：76-79.
[31] 李欠欠. 脲酶抑制剂 LIMUS 对我国农田氨减排及作物产量和氮素利用的影响 . 北京：中国农业大学，2014.
[32] Goring C A. Control of nitrification by 2-chloro-6-（trichlorlmethyl）pyridine. Soil Science, 1962, 93(3):211-218
[33] Amberger, A. Research on dicyandiamide as a nitrification inhibitor and future outlook. Communications in Soil Science and Plant Analysis, 1989, 20(19/20):1933-1955.
[34] Trenkel M E. Controlled-release and stabilized fertilizers in agriculture. Paris: International Fertilizer Industry Association, 1997.
[35] Zerulla W , Barth T , Jürgen Dressel, et al. 3,4-Dimethylpyrazole phosphate (DMPP) -a new nitrification inhibitor for agriculture and horticulture [J]. Biology & Fertility of Soils, 2001, 34(2):79-84.
[36] 殷建祯，俞巧钢，符建荣，等. 不同作用因子下有机无机配施添加 DMPP 对氮素转化的影响 [J]. 土壤学报，2013，50(3)：144-153.
[37] 孙志梅，张阔，刘建涛，等. 氮肥调控剂对潮褐土中不同氮源氮素转化及油菜生长的影响 [J]. 应用生态学报，2012, 23(9)：2497-2503.
[38] 俞巧钢，陈英旭. 尿素添加硝化抑制剂 DMPP 对稻田土壤不同形态矿质态氮的影响 [J]. 农业环境科学学报，2011, 30(7): 1357-1363.
[39] Xu X, Wang Y, Zheng X, et al. Methane emission from a simulated rice field ecosystem as influenced by hydroquinone and

dicyandiamide [J]. Science of the Total Environment, 2000, 18: 243-253.
[40] Po L D , Jie W Z , Hua L C , et al. Nutrition release and transformation of slow/controlled release nitrogen fertilizers at maize seedling stage [J]. Chinese Journal of Soil Science, 2006.
[41] Chen Z, Chen L, Wu Z. Effects of urease and nitrification inhibitors on alleviating the oxidation and leaching of soil urea's hydrolyzed product ammonium [J]. Ying Yong Sheng Tai Xue Bao, 2005, 16(2):238-242.
[42] Wu S F, Wu L H, Shi Q W, et al. Effects of a new nitrification inhibitor 3, 4-dimethylpyrazole phosphate (DMPP) on nitrate and potassiumleaching in two soils[J]. Journal of Environmental Sciences, 2007, 19:841-847.
[43] Yu Q G, Chen Y X, Ye X Z, et al. Influence of the DMPP (3,4-dimethyl pyrazole phosphate) on nitrogen transformation and leaching in multi-layer soil columns [J]. Chemosphere, 2007, 69(5):825-831.
[44] Zhang L , Wu Z , Jiang Y , et al. Fate of applied urea 15N in a soil-maize system as affected by urease inhibitor and nitrification inhibitor [J]. Plant Soil & Environment, 2010, 56(1):8-15.
[45] Shi Y F, Wu Z J, Chen L J, et al. Inhibitory effect of 3, 5 -Dimethyl-hydroxymethyl-pyrazole (DMHMP) on soil nitrification: a preliminary study [J]. Chinese Journal of Soil Science, 2007, 38: 722-726.
[46] Sun Z M, Wu Z J, Chen L J, et al. Effects of 3, 5-dimethylpyrazole on soil urea-N transformation and NO_3-N leaching [J].Environmental Science, 2007, 28(1): 176-181.
[47] Shi Y F, Wu Z J, Chen L J, et al. The ultraviolet absorption spectra of pyrazoles and 1-carboxamidepyrazoles and their application [J]. Spectroscopy and Spectral Analysis, 2009, 3: 781-785.
[48] Sumner J B. The isolation and crystallization of the enzyme urease. Journal of Biological Chemistry, 1926, 69:435-441.
[49] Trenkel M. E. Slow-and controlled-release and stabilized fertilizers [M]/an option for enhancing nutrient efficiency in agriculture, Paris, France: International Fertilizer Industry Association 2nd edition, 2010.
[50] 陆欣，王申贵，王海洪，等. 新型脲酶抑制剂的试验研究 [J]. 土壤学报，1997, 34（4）: 461-466.
[51] Medina R，Radel R J. Mechanisms of urease inhibiton. In: Bock, B.R.,Kissel D.E.(Eds). Ammonia volatilization from urea fertilizers, pp: 137-174. Bulletin Y-206,Alabama: National Fertilizer Development Center, 1998.
[52] Watson C J, Stevens R J, Laughlin R J. Effectiveness of the urease inhibitor NBPT (N-(n-buty1) thiophosphoric triamide) for improving the efficiency of urea for ryegrass production[J]. Nutrient Cycling in Agroecosystems, 1990, 24(1): 11-15.
[53] Chai H S, Bremner J M. Evaluation of some phosphoroamides as soil urease inhibitors [J]. Biology & Fertility of Soils, 1987, 3(4):189-194.
[54] Singh J, Saggar S, Bolan N S, et al. The role of inhibitors in the bioavailability and mitigation of nitrogen losses in grassland ecosystems[J]. Developments in Soil Science, 2008, 32(7): 329-362.
[55] 卢婉芳，陈苇，王德仁. 脲酶抑制剂（NBPT）对提高尿素氮利用率的研究 [J]. 中国农学通报，1990(2):23-25.
[56] 李晓鸣. 氢醌在小麦吸收利用氮素中的作用. 黑龙江农业科学，2002, 4:4-6.
[57] Xu X, Boeckx R, Cleemput O V, Zhou L K. Urease and nitrification inhibitors to reduce emissions of CH_4 and N_2O in rice production [J]. Nutrient Cycling in Agroecosystems, 2002, 64: 203-211.
[58] 陈利军，史奕，李荣华，等. 脲酶抑制剂和硝化抑制剂的协同作用对尿素氮转化和 N_2O 排放的影响 [J]. 应用生态学报，1995，6: 365-372.
[59] 王小彬 , Bailey L D, Grant C A, 等. 关于几种土壤脲酶抑制剂的作用条件 [J]. 植物营养与肥料学报，1998, 4: 211-218.
[60] Soares J R , Cantarella H , Menegale M . Ammonia volatilization losses from surface-applied urea with urease and nitrification inhibitors[J]. Soil Biology & Biochemistry, 2012, 52:82-89.
[61] 彭玉净，田玉华，尹斌. 添加脲酶抑制剂 NBPT 对麦秆还田稻田氨挥发的影响 [J]. 中国生态农业学报，2012(1):19-23.
[62] Zaman M , Nguyen M L , Blennerhassett J D . The effect of different rates of urea with or without urease inhibitor (NBPT) on wheat yield and quality[J]. Agricultural Journal, 2013, 5(5):309-312.
[63] 张文学，孙刚，何萍，等. 双季稻田添加脲酶抑制剂 NBPT 氮肥的最高减量潜力研究 [J]. 植物营养与肥料学报，2014,20(4):821-830.
[64] 赵略，孙庆元，于英梅，等. 脲酶抑制剂 NBPT 对土壤脲酶活性和脲酶产生菌的影响 [J]. 大连轻工业学院学报，2007, 26(1):24-27.
[65] Artola E , Cruchaga S , Ariz I , Moran J F, Garnica M, Houdusse F, Mina J M G, Irigoyen I, Lasa B, Aparicio-Tejo P M. Effect of N-(n-butyl) thiophosphoric triamide on urea metabolism and the assimilation of ammonium by Triticum aestivum L[J]. Plant Growth Regulation, 2011, 63(1):73-79.
[66] 陈清，周爽. 我国水溶性肥料产业发展的机遇与挑战 [J]. 磷肥与复肥 ,2014,29(6):20-24.
[67] 汪家铭. 水溶肥发展现状及市场前景 [J]. 氮肥技术 ,2011(05):27-31.
[68] 贾冲. 水溶肥产业现状与前景 [J]. 新农业 ,2015(22):43-44.
[69] 付强强，郑瑞永，李万和，等. 固体水溶性肥料生产工艺现状 [J]. 磷肥与复肥 ,2019,34(5) : 20-22.
[70] 杨建民，尹俊东. 浅析塔式熔体造粒技术现状与发展趋势 [J]. 化肥工业，2013,40 (3): 27-28.
[71] 李代红，傅送保，操斌. 水溶性肥料的应用与发展. 现代化工，2012, 32（07）: 12-15.
[72] 张强，付强强，陈宏坤，等. 我国水溶性肥料的发展现状及前景. 山东化工，2017, 46（12）: 78-81.
[73] 李浙江，王金信，连玉朱. 壳聚糖在农药领域中的应用和前景. 农药科学与管理，2005（06）: 28-32.
[74] 刘德辉，田蕾，邵建华. 氨基酸螯合微量元素肥料在小麦和后作水稻上的效果. 土壤通报，2005（06）: 103-106.
[75] 傅送保，李代红，王洪波. 水溶性肥料生产技术. 安徽农业科学，2013（17）: 7504-7507.
[76] 周鹂，鲁剑巍，李小坤. 我国大量元素水溶肥料产业发展现状. 现代化工，2013, 33（4）: 9-14.
[77] 冯先明，王保明，彭全，等. 我国水溶肥的发展概况与建议. 现代化工，2018, 38（01）: 6-11.
[78] Satish Chander. Specialty fertilisers in Indian agriculture. Indian Journal of Fertilisers, 2021, 17 (4): 294-295.
[79] 武志杰，陈利军. 缓释 / 控释肥料: 原理与应用. 北京: 科学出版社，2003.

[80] GB/T 29401—2012 硫包衣尿素：
[81] 许秀成，李菂萍，王好斌．包裹型缓释 / 控制释放肥料专题报告．磷肥与复肥，2000, 15(3): 1-6.
[82] 缓释肥料：GB/T 23348—2009.
[83] 硫包衣尿素：HG/T 3997—2008.
[84] 控释肥料：HG/T 4215—2011.
[85] 无机包裹型复混肥料（复合肥料）：HG/T 4217—2011.
[86] Fertilizers and soil conditioners - Sulfur Coated Urea - General requirements :ISO 17323—2015.
[87] Fertilizers and soil conditioners - Controlled-release fertilizer - General requirements: ISO 18644—2016.
[88] Fertilizers and soil conditioners - Solid urea aldehyde slow release fertilizer - General requirements: ISO 19670—2017.
[89] 缓释肥料 登记要求：NY 2267—2012.
[90] 脲醛缓释肥料：GB/T 34763—2017 .
[91] 脲醛缓释肥料：HG/T 4137—2010.
[92] 郭振铎，于曦，刘彤，等．高效缓释化肥甲醛脲．天津师大学报（自然科学版）, 1998, 18(4): 41-44.
[93] 何佩华，马征平，马绮亚．脲甲醛缓释肥料的氮养分释放特征及其肥效研究．化肥工业，2011, 38(4): 18-22.
[94] 田玉．脲甲醛缓释氮肥的进展．四川教育学报，1995, 11(2): 108-111.
[95] 许秀成，李菂萍，王好斌．脲甲醛肥料在我国发展的可行性．磷肥与复肥，2009, 24(6): 5-7.
[96] 赵国钧，范凌，朱辰达，等．一种缓释长效脲醛肥料的制备．上海化工，2001(18): 17-19.

中国肥料研究与应用全书

Books of Fertilizer Research and Application in China

FERTILIZER

第 13 章

复合肥料

13.1 尿基复合肥

13.1.1 概述

尿基复合肥是以尿素为氮源，与含磷、钾等原料肥经二次加工制取的氮磷钾多元复合肥。

我国是世界最大的尿素生产和消费国，尿素也是我国主要氮肥品种，多年来尿素一直占我国氮肥总产量的 60% 以上。尿素产品单独施用时易造成淋溶、挥发损失，肥料利用率低。实践证明，将单一养分适当配制成复合肥料施用，由于养分氮、磷、钾产生的联合效应，较单一养分施肥，作物可增产 10% ～ 15%。复合肥具有养分综合、便于科学配肥、省工省时、肥效显著等优点而得到高速发展。以尿素为氮源制 NPK 三元复肥也日益受到重视，单一养分尿素用于二次加工生产高浓度复合肥的数量在逐步增多。尿基复合肥适应性广，它不仅适用于大田作物，同样也适用于经济作物，产品可以减少尿素氮在施用中的损失。

复合肥的品质在很大程度上取决于复合肥的组分，不同组分体系生产时的注意点有差异。含尿素的复合肥易吸湿，容易黏结，尿素能和许多无机盐类形成稳定的加合物。以尿素为氮源的复合肥料生产，在配料时会出现一些技术困难，如低的临界吸湿点、低的软化点、在加工过程中尿素的水解和生成加合物、P_2O_5 的退化等。

常规尿基复合肥体系有尿素-普钙-钾盐、尿素-普钙-磷铵-钾盐、尿素-钙镁磷肥-钾盐、尿素-磷铵-钾盐、尿素-重钙-钾盐等。

13.1.2 尿基复合肥产品种类

13.1.2.1 中低浓度复合肥

中低浓度复合肥是指以硫酸铵、氯化铵、尿素、普钙、钙镁磷肥、钾盐作基础肥料生产的含量在 25% ～ 40% 的复合肥料。以尿素为氮源的中低浓度复合肥的磷源一般是普钙和钙镁磷肥，辅以少量的氯化铵、硫酸铵、磷铵和重过磷酸钙等次要原料。一般中低浓度复合肥含大量、中量及微量元素，养分齐全。

（1）尿素-普钙-钾盐体系　尿素-普钙-钾盐体系复合肥是以尿素为氮源，普钙为磷源，氯化钾或硫酸钾为钾源，通过造粒工艺二次加工得到的颗粒状二元或三元复合肥，也可在系统中加入氯化铵或者硫酸铵调整配方组分。

普钙主要成分是磷酸一钙，含有游离酸，与尿素 $CO(NH_2)_2$ 混合时会发生以下反应：

$$Ca(H_2PO_4)_2 \cdot H_2O + 4CO(NH_2)_2 = Ca(H_2PO_4)_2 \cdot 4CO(NH_2)_2 + H_2O$$

$$Ca(H_2PO_4)_2 \cdot H_2O + CO(NH_2)_2 = CO(NH_2)_2 \cdot H_3PO_4 + CaHPO_4 + H_2O$$

$$H_3PO_4 + CO(NH_2)_2 = CO(NH_2)_2 \cdot H_3PO_4$$

$$H_3SiF_6 + CO(NH_2)_2 = CO(NH_2)_2 \cdot H_3SiF_6$$

反应生成磷酸脲和尿素·磷酸一钙加合物，都具有很大的溶解度，还释放出结晶水变成游离水。反应给该体系的生产带来严重困难，产物会大量溶解在配料的水分中，产生了过多的液相，会使混合物料变湿成泥浆状，造成造粒和干燥工序无法进行。

普钙与尿素混合前需进行预处理，预处理时一般加少量的碱性物质，中和游离 H_3PO_4，改善其物理和化学性质。

采用钙镁磷肥（含有碱性物质CaO、MgO）作中和剂进行改性处理时，会发生以下反应：

$$2H_3PO_4 + CaO = Ca(H_2PO_4)_2 + H_2O$$

$$Ca(H_2PO_4)_2 + CaO = 2CaHPO_4 + H_2O$$

$$2H_3PO_4 + MgO = Mg(H_2PO_4)_2 + H_2O$$

使物料中的磷酸和磷酸一钙含量降低。反应产物磷酸氢钙中的磷素为枸溶性，改性处理可能会降低磷素的水溶率，添加过量中和剂会使磷素退化成难溶性，所以其添加量要严格控制。

采用气体氨进行氨化处理时

$$H_3PO_4 + NH_3 = NH_4H_2PO_4 \text{（轻度氨化）}$$

$$H_3PO_4 + 2NH_3 = (NH_4)_2HPO_4$$

$$Ca(H_2PO_4)_2 \cdot H_2O + NH_3 + H_2O = CaHPO_4 \cdot 2H_2O + NH_4H_2PO_4 \text{（深度氨化）}$$

$$3CaHPO_4 \cdot 2H_2O + 2NH_3 = Ca_3(PO_4)_2 + (NH_4)_2HPO_4 + 2H_2O \text{（过度氨化）}$$

反应产物中的有效磷亦发生变化，控制在轻度氨化，产物中的五氧化二磷水溶率保持很高程度，不发生退化。控制在深度氨化，则五氧化二磷的水溶率降低一半；有时会出现局部过氨化情况，产物中将有磷酸三钙，它是难溶性磷酸盐，导致了少量的有效 P_2O_5 退化。因此，在复合肥料生产过程中对普通过磷酸钙的氨化处理过程需要严加控制，其程度控制在轻度氨化或适当的深度氨化阶段。加量是要根据工艺要求，严加控制。

用碳酸氢铵来改性普通过磷酸钙和用气氨的作用是一致的，其过程亦可视为先发生碳酸氢铵的分解反应。相关反应式如下：

$$NH_4HCO_3 = NH_3\uparrow + CO_2\uparrow + H_2O$$

$$H_3PO_4 + NH_4HCO_3 = NH_4H_2PO_4 + CO_2\uparrow + H_2O$$

$$Ca(H_2PO_4)_2 \cdot H_2O + NH_4HCO_3 = CaHPO_4 \cdot 2H_2O + CO_2\uparrow + NH_4H_2PO_4$$

在尿素-普钙-钾盐体系复合肥生产过程中，普钙的改性预处理是十分重要的。磷酸氢钙和磷酸三钙不会与尿素发生加合反应，从而改善了与尿素的化学相配性。在使用普钙作配料时，带入大量的硫酸钙（$CaSO_4 \cdot nH_2O$），硫酸钙与尿素也会出现加合反应：

$$CaSO_4 \cdot nH_2O + 4CO(NH_2)_2 = CaSO_4 \cdot 4CO(NH_2)_2 + nH_2O$$

当配料中含有硫酸铵、氯化钾时，会发生如下的加合反应和盐对置换反应：

$$(NH_4)_2SO_4 + CO(NH_2)_2 = (NH_4)_2SO_4 \cdot CO(NH_2)_2$$

$$(NH_4)_2SO_4 + Ca(H_2PO_4)_2 \cdot H_2O + H_2O = CaSO_4 \cdot 2H_2O + 2NH_4H_2PO_4$$

$$2KCl + (NH_4)_2SO_4 = K_2SO_4 + 2NH_4Cl$$

$$NH_4Cl + CO(NH_2)_2 = NH_4Cl \cdot CO(NH_2)_2$$

（2）尿素-钙镁磷肥-钾盐体系　钙镁磷肥是一种枸溶性磷为主，同时含有钙、镁、硅等成分的多元肥料，曾是我国磷肥的主要品种之一。钙镁磷肥不溶于水，无毒，无腐蚀性，不吸湿，不结块，为化学碱性肥料。它广泛地适用于各种作物和缺磷的酸性土壤，特别适用于南方钙镁淋溶较严重的酸性红壤土，但呈粉状，运输和使用不便。其与尿素有很好的混配性，尿素-钙镁磷肥复合肥可解决粉状钙镁磷肥使用问题，也可提高氮和磷的利用率。但钙镁磷肥作为沙性物料，即使与尿素混合也不容易成粒，在造粒过程中需要使用黏结剂。常用黏结剂是在约20%稀硫酸中溶解适量尿素制成的硫酸脲溶液，硫酸脲在水中有很大的溶解度，形成的该溶液具有很高的黏度，是粉体造粒过程的理想黏结剂。而产物硫酸脲进一步和钙镁磷肥中的氧化钙起中和反应，生成的硫酸钙起到硬化固结作用，可提高颗粒抗压强度。相关反应式如下：

$$H_2SO_4 + NH_2CONH_2 = H_2SO_4 \cdot NH_2CONH_2$$

$$CaO + H_2SO_4 \cdot NH_2CONH_2 + H_2O = CaSO_4 \cdot 2H_2O + NH_2CONH_2$$

尿素-钙镁磷肥系颗粒复合肥生产工艺简单，能实现无干燥工艺，产品颗粒均匀，是一种适应酸性土壤的复合肥料。

13.1.2.2 高浓度复合肥

高浓度复合肥料是总养分浓度大于40%的复合肥料。在以尿素为氮源时，高浓度复合肥磷素的主要来源是磷铵（磷酸一铵、磷酸二铵）、重过磷酸钙等。

（1）尿素-磷铵-钾盐体系　尿素-磷铵-钾盐体系复合肥是我国最常用的系列复合肥，工艺适应性广、配方多，是高养分的配方产品，适合于长途运输，产品含铵态氮和尿态氮，水溶性磷含量高。肥料的土壤化学研究结果证明，尿素-磷酸一铵-氯化钾复合肥具有良好的土壤化学性质，磷酸一铵可以在一定程度上抑制尿素酶的活动，从而减少尿素氮在施用中的损失和伤害作物幼苗。

该体系可以使用各种方法生产出合适的产品：

① 丸粒尿素与粉粒状磷铵（磷酸一铵或磷酸一铵和二铵的混合物）、钾盐在转鼓造粒机中造粒成颗粒状复合肥。

② 90%～95%的尿素料浆喷入造粒机与粉粒状磷铵、钾盐在造粒机内造粒成颗粒状复合肥。

③ 99%尿素溶液（或丸粒尿素熔融物）在混合槽中与粉状磷酸一铵、钾盐混合，然后通过特种喷头喷淋入造粒塔冷却成粒。

④ 固体尿素与磷铵料浆在转鼓造粒机中氨化粒化。

⑤ 大颗粒尿素与颗粒状磷铵、颗粒状钾盐掺混成复合肥。

在生产过程中也可加入氯化铵、硫酸铵等调节产品的配方。

在该体系采用团粒法生产高浓度复合肥料时，磷酸一铵（10-50、10-52等品位）的物性影响混合物料的造粒性能，可以采取以下措施：

① 在转鼓造粒机中加入少量的磷酸（$>40\%P_2O_5$）或硫酸，并在料层中通入气氨和蒸汽，在造粒过程中完成中和反应，并提高磷酸一铵的中和度(NH_3/H_3PO_4摩尔比为1.4～1.5)。利用中和热和蒸汽可保持造粒物料有较高的温度（>60℃），提高磷酸铵盐的溶解度，以满足成粒所需的液相量。用这种方法生产三元肥料时，其浓度可以达到54%，产品P_2O_5水溶率可大于80%，产品的色泽和圆润程度均好。

② 添加普钙和一定数量的碳铵，其添加量以控制物料的pH在5.8～6.2为度。此时体

系中磷铵的 NH_3/H_3PO_4 的摩尔比在 1.45 ～ 1.5 之间，处于磷酸铵盐最大溶解度区域，可向造粒物料提供较多的液相量（见图 13-1、图 13-2）。此时普钙中的游离 H_3PO_4 已被中和，部分磷酸一钙盐转变成磷酸二钙盐，尚有一定数量的磷酸一钙盐存在，能和尿素反应生成具有很大溶解度的尿素-磷酸一钙加合物，亦可提供造粒所需的液相来源。普钙中的硫酸钙、铁、铝盐类有利于造粒过程，并在造粒机中通入适量蒸汽以提供造粒物料的温度。此种方法比较简便经济，亦可成为一种综合体系的生产方法。采用该法时，养分浓度在 40% ～ 45%，但颗粒的外观色泽及强度均不如第一种方法。

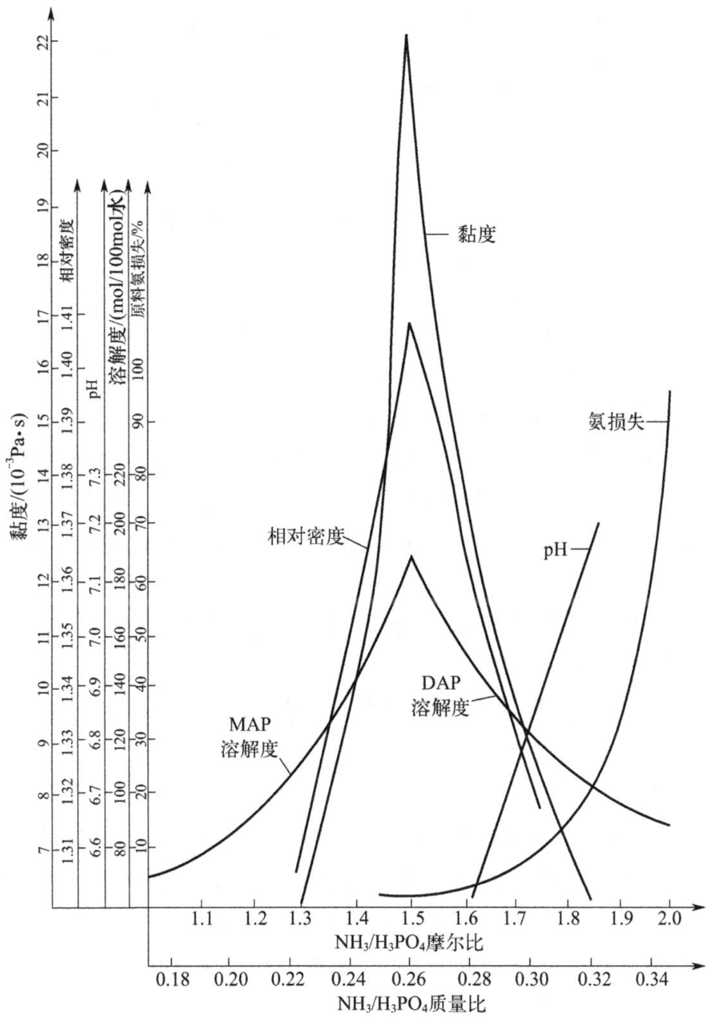

图 13-1 NH_3-H_3PO_4-H_2O 体系饱和溶液性质

③ 在尿素、磷酸一铵、钾盐的配方中添加部分辅助物料。在这种配方生产中仍要调整造粒物料的 pH 值，同样可用加入部分碳铵的方式来调整磷酸铵盐的最大溶解度，也可以将磷酸一铵和磷酸二铵配合使用，达到同样目的。辅料的种类可以用分散度高，细度在 150 目以上的商品黏土、高岭土、凹凸棒土、膨润土等，其主要成分是硅酸铁、铝、镁的盐类（Mg、Al、Fe）$_5Si_8O_{20}(OH)_2(OH_2)_4·4H_2O$，其结构形式相当复杂，也可用氧化铝、硅酸铝

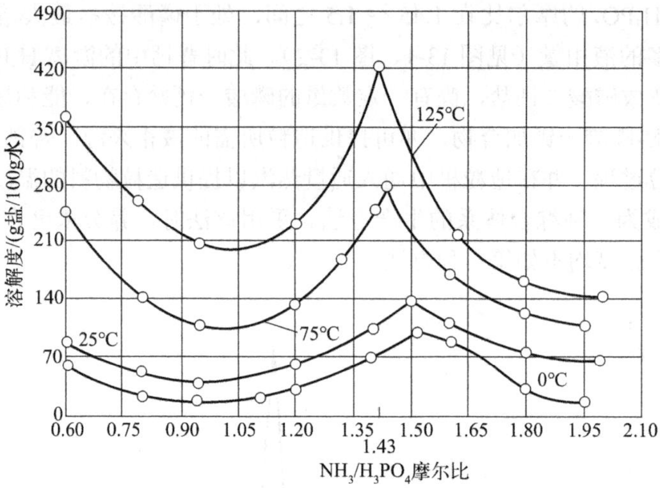

图 13-2 NH_3-H_3PO_4-H_2O 体系溶解度

的原生矿物。这类“土”在水中具有高分散度，结构解离后具有胶体性质，有聚凝物粒子的性能。一般用膨胀容、胶质价二项指标大小以衡量其黏结性能。这类“土”的添加量一般是配料总量的2%～30%；合适种类及添加量应根据企业选材及价格的认定来确定。经过实验室造粒评价试验手段确定体系的配方后再投入工业化生产，做到技术可靠、经济可行。在生产尿素分量多的高氮比例产品时，往往会在干燥过程中出现粒子软化变扁而不圆润的情况，这是因为配方物系中缺少起作支撑骨架作用的物种，可以加入对物系不起（或少起）化学变化的“惰性”物质，如硅石、滑石、白云石等粉体物料，它们能有效地改变其“软化”现象。

在该体系生产过程中，不同的工艺过程有可能发生以下反应。

尿素熔融过程中可能会产生缩二脲：

$$2CO(NH_2)_2 =\!=\!= NH_2CONHCONH_2 + NH_3$$

缩二脲的形成速率与温度和时间密切相关，温度越高，时间越长，缩二脲的形成速率越快。

磷酸一铵与尿素在一定温度下长时间接触会促使尿素分解并形成多磷酸盐：

$$CO(NH_2)_2 + 2NH_4H_2PO_4 =\!=\!= (NH_4)_2H_2P_2O_7 + CO_2 + 2NH_3$$

尿素分解放出氨气，会导致氮养分损失，同时放出 CO_2，会在液体表面形成大量的气泡而导致混合器溢流或憋压；多磷酸盐是一种黏度很大的物质，若产生的多磷酸盐过多，会增大料浆的黏度，直接影响料浆的流动性，从而影响熔体喷头造粒的正常进行。

尿素和氯化铵会生成复盐：

$$CO(NH_2)_2 + NH_4Cl =\!=\!= CO(NH_2)_2 \cdot NH_4Cl$$

加合物的生成会造成颗粒物料重结晶，出现结块现象。

（2）尿素-重过磷酸钙-钾盐体系　重过磷酸钙作为一种重要的磷素原料，主要成分与普钙相同，是磷酸一钙，但磷含量远高于普钙，可用于制造中、高浓度复合肥料，对于成粒过程具有以下有利因素：

① 塑性　重过磷酸钙有相当大的塑性。在生产 pH 值比较低的三元复合肥料时，重过磷酸钙的塑性对造粒起着重要的作用。

② 能生成磷酸二钙　重过磷酸钙氨化后变成溶解度较小带2个结晶水的磷酸二钙，导致生成新的固相，可降低物料的含水量。

③ 化学反应性：在以重过磷酸钙为原料的三元复合肥料造粒过程中，磷酸一钙和尿素之间发生化学反应，这对造粒也是一个重要的有利因素。

在采用尿素-重过磷酸钙体系生产氮磷或氮磷钾复合肥时，与尿素-普钙体系一样须考虑到三个重要的特性：

① 重过磷酸钙中游离酸促使该体系物料呈现黏性，而容易在造粒机和干燥机中结料。

② 尿素和重过磷酸钙（磷酸一钙）发生化学反应：

$$Ca(H_2PO_4)_2 \cdot H_2O + 4(NH_2)_2CO = Ca(H_2PO_4) \cdot 4(NH_2)_2CO + H_2O$$

$$H_3PO_4 + (NH_2)_2CO = (NH_2)_2CO \cdot H_3PO_4$$

反应生成的加合物四尿素磷酸一钙、磷酸脲的溶解度很大，使造粒物料成糊状，生产无法进行。

③ 在生产和贮存阶段，尿素水解生成氨从而影响产品中 P_2O_5 的水溶性。

重过磷酸钙因含有游离酸和较高的水分，物理性质较差。作为尿基复合肥原料时，需要预处理以改善该体系复合肥的生产，达到比较理想的操作状态。预处理过程与普钙预处理相同，凡是能和磷酸起中和反应又不影响肥料物理化学性质的各种碱性物质都可以作为中和剂使用，通常用气氨、碳酸氢铵、钙镁磷肥、碳酸钙粉等作其预处理剂。

大量研究结果表明，氨化重过磷酸钙与尿素有很好的配伍性，也可在尿素和重过磷钙的混合物中添加足够量的硫酸铵，此时生成溶解度很小的铵石膏［$CaSO_4 \cdot (NH_4)_2SO_4 \cdot nH_2O$］，从而将系统里水变成其分子中的结晶水，其主要反应式如下：

$$Ca(H_2PO_4)_2 + (NH_4)_2SO_4 = 2NH_4H_2PO_4 + CaSO_4$$

$$(NH_4)_2SO_4 + CaSO_4 + H_2O = CaSO_4 \cdot (NH_4)_2SO_4 \cdot H_2O$$

添加硫酸铵可防止尿素磷酸一钙加合物的生成，并且使物料变硬，从而有利于造粒过程的进行。

重过磷酸钙和碳酸氢铵的反应为吸热反应，碳酸氢铵在分解过程中要产生水，所以重过磷酸钙与碳酸氢铵反应产物中有较多的水分。在工业生产装置中，使用碳酸氢铵氨化应考虑预干燥。

重过磷酸钙的氨化对造粒过程有着明显的影响，在尿素含量较高的配方中使用氨化度较高的重过磷酸钙，反之使用氨化度较低的重过磷酸钙。

13.1.2.3　其他尿基复合肥

（1）USP系复合肥料　尿素普钙(USP)系复合肥料是以硫酸、尿素、磷矿为原料，利用尿素和硫酸钙会形成稳定的加合物四尿素硫酸钙，而尿素易溶于硫酸中形成稳定的硫酸脲溶液的原理，将现有的普钙生产方法和尿素等基础肥料的二次加工有机地结合，一步法制得配比合理的富含中量元素的氮磷复合肥料。其典型组成：总N（质量分数）为10.5%～12.5%，有效 P_2O_5（质量分数）为10.5%～12.5%，水分（质量分数）为1%～3%。产品可以单独造粒制成粒状氮磷复合肥料，或者和磷酸一铵、磷酸二铵、氯化钾等基础肥料一起造粒制成中、高浓度氮磷钾复合肥料。

尿素和硫酸可形成硫酸脲［$CO(NH_2)_2 \cdot H_2SO_4$］或［$2CO(NH_2)_2 \cdot H_2SO_4$］，有两个低共熔点 E_2 和 E_1，如图13-3所示，两个低共熔点分别代表的化学组成为尿素：硫酸（摩尔比）=3.6：1和尿素：硫酸=1.8：1，尿素的熔点是132.7℃，两个低共熔点的温度是10℃。

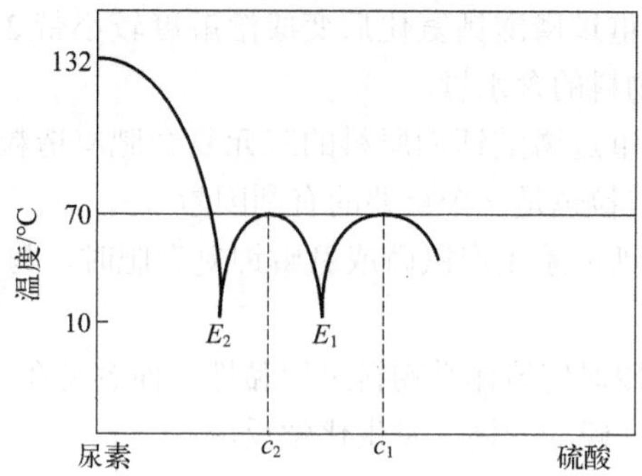

图 13-3　尿素-硫酸二元相图

早在 1937 年，Lawrence 等就研究了 $CO(NH_2)_2$- H_2SO_4- H_2O 长期保持稳定体系的三元相图，如图 13-4 所示。研究结果指出：体系中加入一定量的水能使硫酸脲溶液在室温下长期保持稳定。

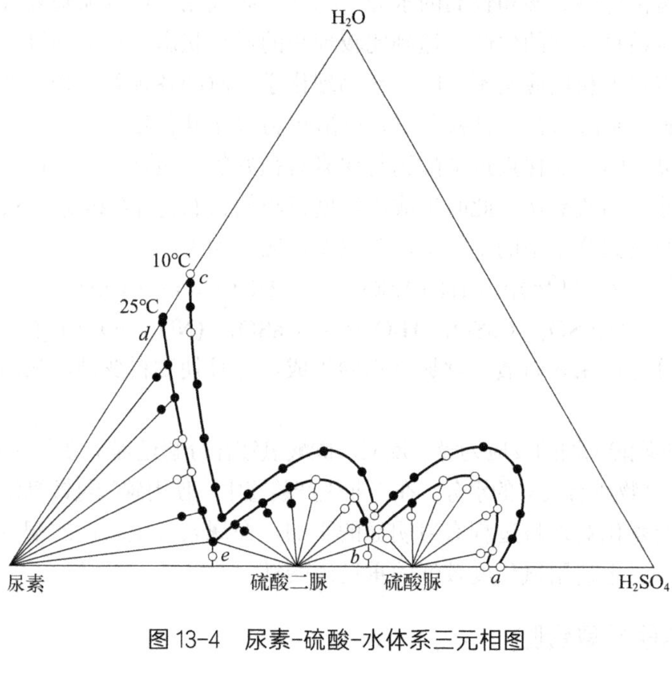

图 13-4　尿素-硫酸-水体系三元相图

将 $CO(NH_2)_2$、H_2SO_4 和 H_2O 按 3.6∶1∶1 或 1.8∶1∶1（摩尔比）混合时会放出热量，前者释放的热量比后者要小。选择第一种配比可确保在温度 60 ～ 70℃下得到稳定的硫酸脲溶液，此硫酸脲溶液对设备材料的腐蚀性较低。

硫酸脲溶液具有较强的酸性，可用它来分解磷矿粉，在酸矿反应过程中，尿素和硫酸钙形成稳定的加合物四尿素硫酸钙，磷矿粉中磷酸三钙则大部分转化为可被植物吸收的磷酸一钙和磷酸二钙，用硫酸脲分解磷矿粉得到的产物，即为尿素普钙（USP）。硫酸脲和磷矿粉反应的方程式可简单表示如下：

$$Ca_3(PO_4)_2 + 2(a+b)H_2SO_4 + 8aCO(NH_2)_2 + (1+2bx)H_2O = 2a[4CO(NH_2)_2 \cdot CaSO_4] + 2b[CaSO_4 \cdot x\,H_2O] + Ca(H_2PO_4)_2 \cdot H_2O$$

式中，$a+b=1$。

在硫酸脲分解磷矿粉的同时，磷矿中的一些杂质如碳酸盐（RCO_3）、氧化铁（Fe_2O_3）、氧化铝（Al_2O_3）等也参加反应而消耗硫酸脲。

工艺特点：

① 颗粒尿素与硫酸反应生成稳定的硫酸脲溶液，该溶液具有类似硫酸的酸性，可分解磷矿；同时腐蚀性较小，对设备材质要求不高。

② 为清洁生产工艺，在生产过程中基本无氟气逸出，由于混合反应系统中引入了尿素，并在较低的温度下操作，能够有效地固定磷矿中的氟，大大改善了操作环境。

③ 可利用国产磷矿一步法制得总养分大于 25% 的颗粒状硫基氮磷或氮磷钾复合肥料，产品含合理的水溶磷和枸溶磷配比，兼具速效性与持久性的特点，提高了磷的利用率。产品中的氮以四尿素硫酸钙形式存在，可避免尿素的淋溶、挥发损失，有效地提高了氮的利用率。

④ 产品富含钙、硫等多种作物生长所必需的中量元素，对植物的生长发育和维持土壤养分均衡大有好处。

⑤ 该技术流程适应性广，料浆法和团粒法工艺均可采用，可灵活调整产品品种和规格。

（2）乐喜施（LUXEC- OTE）包裹肥 由郑州大学开发、系统研究了以肥包肥的缓 / 控释肥料技术，并开发了相应的工艺技术与装备。以尿素等水溶性氮肥为核心，以多种不同溶解度的枸溶性含磷肥料为包裹层，在反应性黏结剂的作用下，生产不同类型的包裹缓释复合肥料。整个包裹肥成分均为植物营养物质，施入土壤后不会造成残留物污染，对环境友好。其缓释程度可通过调节包裹层的组成及结构而改变。包裹肥料的结构见图 13-5。

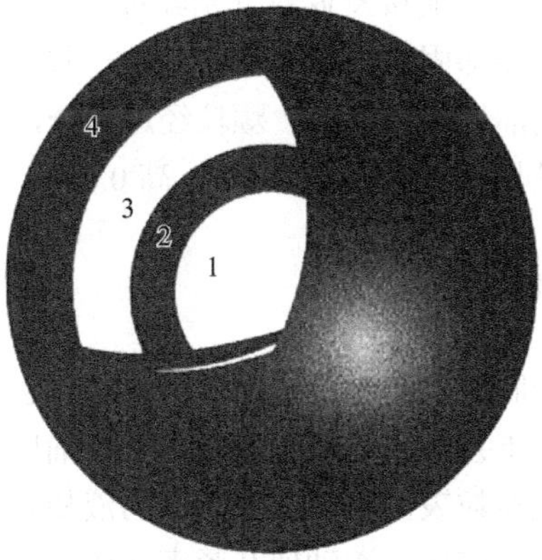

图 13-5 包裹肥料产品结构示意图

1—尿素核心；2—乐喜施复合物—xMgO · yCaO · $z$$SiO_2$$m$$NH_3$ · P_2O_5 · $n$$K_2O$；3—微溶性养分——NPK 和 Mg、Fe、Zn（将水中溶解度＜ 300mg/L 的物质定义为微溶性）；4—痕溶性养分——xMgO · yCaO · $z$$SiO_2$（将水中溶解度＜ 10mg/L 的物质定义为痕溶性）

包裹复合肥料分为两种类型，Ⅰ型产品以钙镁磷肥为主要包裹层，产品有适度缓效性；Ⅱ型产品以二价金属磷酸铵钾盐（通式 $MM'PO_4 \cdot nH_2O$，M 为 NH_4、K，M′ 为 Ca、Mg、Fe、Zn、Mn、Cu，n=1、6）为主要包裹层，通过包裹层的物理作用，实现核心氮肥的缓释作用，其中的部分磷、钾以微溶性无机化合物的形态存在，具有缓释功能。包裹层材料为无机肥料，可以使得缓释肥料低成本生产。

由于包裹层采用枸溶性的无机肥料，与水具有相亲性，所以产品的前期释放率较高，无需与其他肥料掺混即可满足作物前期的需肥要求。

在肥料的包裹层中，可以按照需要加入植物调节剂、除草剂、杀虫剂、杀菌剂等，实现药肥一体化。

以尿素为核心的Ⅰ型产品中，产品氮磷钾总养分通常在35%～40%，还含有钙、镁、硅等营养元素。氮肥具有适度缓释性，氮利用率可提高约7%。适用于大多数粮食作物及经济作物，尤其是夏播作物上增产效果明显。

以尿素为核心的Ⅱ型产品中，产品氮磷钾总养分通常在38%～45%，还含有较高含量的镁元素。产品具有较好的缓释性能，有效供肥期一般为3～4个月，在合理施肥情况下，可实现一次性施肥。广泛适用于高尔夫草坪、景观园艺、大田作物、经济作物，价格适中，性能优良。

（3）脲铵氮肥　脲铵氮肥是将尿素和硫酸铵或者尿素和氯化铵混合制得的含有脲态氮和铵态氮两种形态氮元素的固体单一肥料，是我国率先利用不同形态氮肥协同效应工业化生产的商品氮肥。不同形态氮肥具有协同效应：可减少氨的挥发损失，可减少硝态氮淋失和反硝化损失，可提高中微量元素的有效性。

以尿素与氯化铵或硫酸铵等酸性肥料为主要原料，同时加入植物生长必需的中、微量元素，经过计量、搅拌、混合均匀后造粒，造粒方法有氨酸法、团粒法、熔融法。氨酸法是利用尿素在酸中高溶解度的特性，在转鼓造粒内利用稀硫酸和合成氨反应提供的热量升高造粒物料的温度，采用低温大风量烘干。团粒法是尿素与氯化铵或硫酸铵置于造粒机内通入少量蒸汽造粒。熔融法是尿素熔融后加入氯化铵或硫酸铵，通过喷头在造粒塔内喷淋成粒。

美国TVA曾用尿素(99.5%)与炼焦副产或己内酰胺副产硫酸铵为原料，进行尿素-硫酸铵的油冷造粒中间试验。尿素、硫酸铵及返料分别经过计量后送入混合-熔融槽内加热熔融，熔料喷洒落入油槽的轻质油中冷却固化成粒。颗粒与油一起送入转筒离心机将二者分离。分离出的油被收集后用泵送回到油槽循环使用，颗粒经过筛分，1.4～3.3mm的颗粒作为成品，不合格的颗粒作为返料。油槽呈锥形，直径为1m，高0.6m。

13.1.3　尿基复合肥生产工艺

以尿素作为氮源生产复合肥的工艺主要有团粒法、料浆法和熔体法等工艺。

（1）团粒法工艺　团粒法工艺的成粒基本原理是一定细度的基础肥料借助盐类自身的溶解产生的液相和水或水蒸气把粉粒表面润湿，在适宜的液相存在条件下，通过机械搅动粒子在不断运动，物料间相互碰撞、挤压、滚动使其紧密而成型，团聚黏附成粒。团粒法工艺是我国目前颗粒状复合肥的主要生产方法。根据造粒设备的不同可以分为圆盘成粒、转鼓成粒等工艺。团粒法工艺技术和设备成熟，装置通用性强，操作和控制容易，对原料适应性强，产品规格容易调整，可使用各种基础肥料造粒生产出不同养分浓度的复合肥料，建厂条件低。

团粒法（转鼓造粒）工艺生产尿基复合肥时，由于尿素和氯化钾、磷铵容易形成低温共熔物的特性，从而对生产和工艺控制及调整带来诸多问题和难度，主要表现为：①成粒率低，缺少调节手段；②系统水平衡成问题，无法自行消化需外排，造成污染。③物料黏滞性强，干燥系统中易结成大粒或粉化，操作不稳定；④由于物料易吸潮、黏性强及小粒子细粉等均会造成筛分故障频繁，影响效率和能力，也必然影响冷却效果。因此，尿基复合肥产品的质量不易控制，生产难度较大，特别是难以生产市场需求量大的高氮尿基复合肥产品。

团粒法典型生产工艺流程见图 13-6。

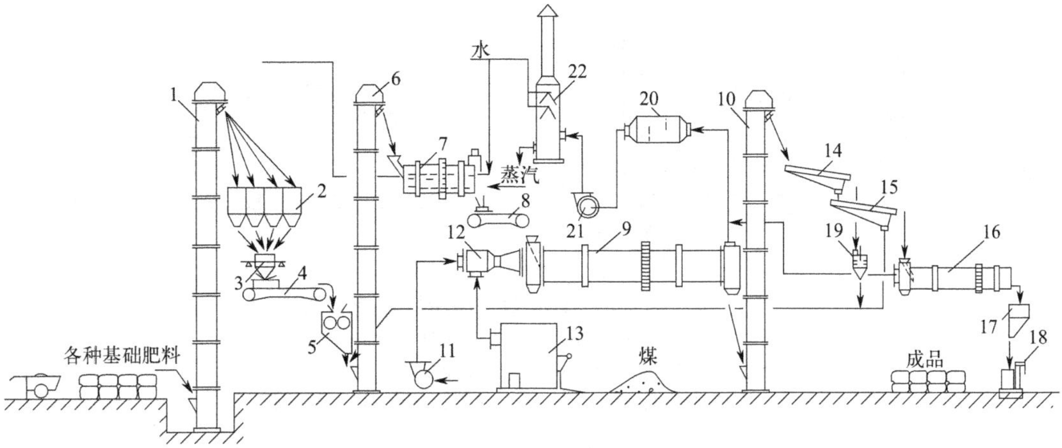

图 13-6　团粒法颗粒复合肥料生产的典型工艺流程

1,6,10—斗式提升机；2—原料贮斗群；3—斗式电子秤；4,8—皮带输送机；
5—卧式链破碎机；7—转鼓造粒机（或圆盘造粒机）；9—干燥机；11—鼓风机；
12—引风器；13—燃烧炉；14,15—振动筛；16—冷却器；17—成品贮斗；
18—秤；19—大粒破碎机；20—除尘器；21—排风机；22—洗气塔

基础肥料在进入生产系统前应尽可能破碎成＜ 20mm 的物料。用带有电脑控制的斗式电子秤进行各基础肥料的配料，经粉碎达到一定细度的粉料由斗式提升机送至造粒机（转鼓造粒机或圆盘造粒机），添加少量水或蒸汽使物料成粒。造粒机卸出的湿物料由一条皮带输送机送入干燥机，由燃烧炉产生的热烟气与湿物料成顺流方式进入干燥机。干燥机筒体进料端设置螺旋形抄板可将湿物料尽快地向筒深处移动，减少物料与高温气流的接触时间，防止熔化和减少粘料现象。筒体的中段设置升举式扬料板，将物料撒扬在干燥空间与热气流进行充分的热交换，完成传热传质过程使物料中的水分蒸发。颗粒肥料的水分蒸发过程的速度，受水分从颗粒中心向表层的扩散速度所控制，由于颗粒较为致密，扩散速度较慢，因此要有足够的干燥时间和合适的颗粒度及适当的颗粒与热气流接触表面。物料在干燥机内的停留时间一般在 15 ～ 30min。干燥机筒体的尾部不设抄板为光筒，是为了防止粉尘的撒扬，减少尾气带尘。完成热交换的含湿含尘尾气由出料箱尾气管进入除尘器，再由排风机引入洗涤系统，经洗气后排空。出干燥机的物料温度在 65 ～ 85℃，尾气温度在 70 ～ 90℃。该两项温度指标与产品的水分要求有直接关系。干燥后的物料由斗式提升机送筛分系统，筛出的大于 4mm 的颗粒经破碎后与筛出的小于 1.7mm 的细粒一起返回造粒系统，合格的 1 ～ 4mm 的颗粒经冷却器冷却后送包装。冷却作用可使滞留在颗粒肥料表层的水汽散逸，防止水汽冷凝，减少结块，减少热物料对包装塑料内袋的损伤，以保证产品的包装质量。

中低浓度复混肥生产中的干燥尾气含尘量较低，可选择效率相对较低的除尘器（如箱式除尘器）。高浓度复混肥生产中的干燥尾气含尘量高，必须选择高效除尘设备（如离心式高效旋风除尘器），大型装置有时还设置二级除尘设备（加一级布袋除尘器）。在环境保护要求严格的地区，还需设置尾气洗涤系统，一般采用水循环洗涤，含肥料成分的污水可返回系统。

尿素-钙镁磷肥系复合肥料团粒法生产工艺如图 13-7 所示。

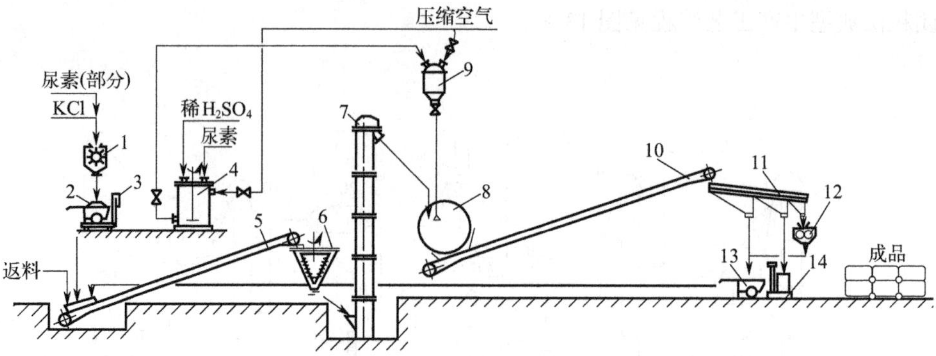

图 13-7　尿素-钙镁磷肥系复合肥料工艺流程

1—破碎机；2—料斗推车；3,14—磅秤；4—配料罐；5—皮带输送机；6—混合器；7—斗式提升机；8—圆盘造粒机；9—带压力的加液罐；10—皮带输送机；11—筛子；12—大粒破碎机；13—细料车

尿素经破碎后与粉状的钙镁磷肥、氯化钾（硫酸钾）经计量送入混合器混合均匀，由斗式提升机送至圆盘造粒机，在滚动料床的上方喷淋黏结剂（硫酸脲溶液），在液滴和黏结剂的作用下形成粒核，继续黏附粉状配料，使颗粒长大至所需规格尺寸，陈化冷却、筛分后包装。

普钙（重钙）用碳铵预处理的工艺流程如图 13-8 所示。

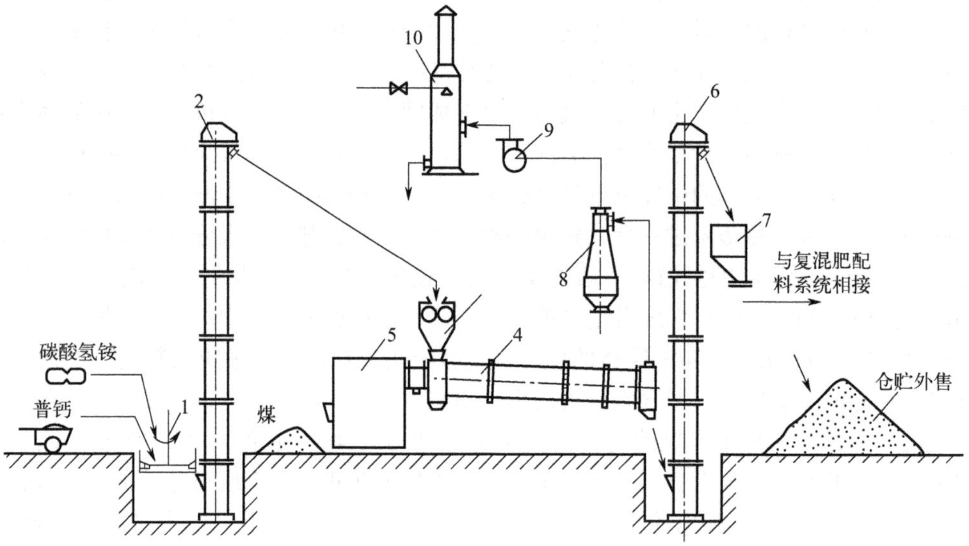

图 13-8　普钙（重钙）碳铵预处理工艺流程

1—拌和机；2,6—斗式提升机（或皮带输送机）；3—破碎机；4—干燥机；5—燃烧炉；7—料仓；8—除尘器；9—排风机；10—洗气塔

（2）料浆法工艺　料浆法工艺的原理是造粒用基础肥料一部分以料浆形式送入造粒机，料浆作为液相与其他粉粒状原料和返料在造粒机内涂布或黏结成颗粒。

为了克服团粒法工艺生产尿基复合肥中的难点，提高产量和产品品质，降低能耗，上海化工研究院开发了部分料浆法尿基复合肥生产技术。该工艺利用尿素具有较大的溶解度和较低熔点的特点，利用其料浆的热量，将≥ 95% 的高浓度溶液或熔盐直接喷入造粒机与其他粉粒状原料团聚成粒。工艺流程见图 13-9。

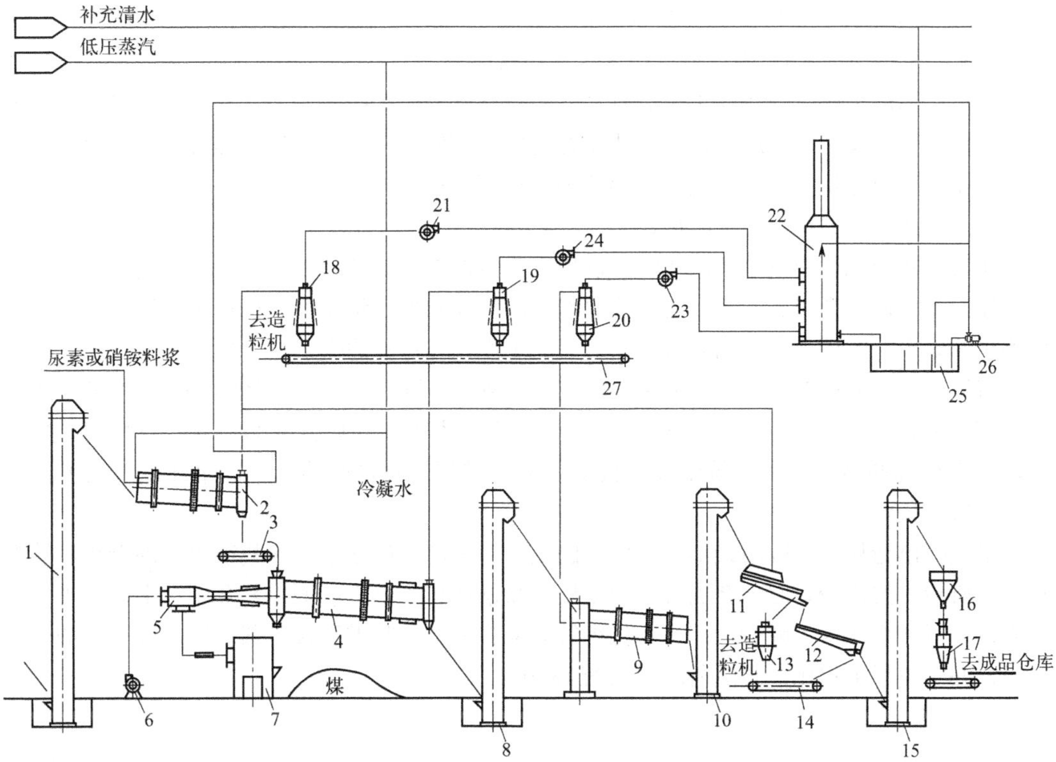

图 13-9　料浆法工艺流程

1,8,10,15—提升机；2—造粒机；3—皮带；4—干燥机；5—引风机；6—鼓风机；7—燃烧炉；9—冷却机；11—大粒筛；12—成品筛；13—破碎机；14,27—返料皮带；16—成品料斗；17—包装秤；18, 19, 20—除尘器；21, 23, 24—风机；22—洗涤塔；25—沉降池；26—离心水泵

该工艺利用低含水量的尿素溶液不仅有利于整个生产装置的水平衡，而且在造粒过程中尿素溶液能释放出结晶热，可使物料造粒温度由 40℃左右升到 60℃左右，造粒水分含量由 5% 左右降至 2.5% 左右，大大减轻了干燥负荷。用溶液造粒在成粒过程中既有团聚成粒特点又具有涂布作用，提高了物料的成粒率，生产能力增加约 30%，动力消耗相应减少 30%。产品的颗粒强度由原来的 12N 左右提高到 30N 左右，成品水分含量由 2.0% 降到 1.0%，颗粒外观的改善、结块倾向得以减缓。过程控制中自动化程度得到大大提高。操作环境得到改善，生产过程更趋平衡，产品质量稳定。

磷铵、钾盐等基础肥料及填充剂经计量送到原料提升机，提升到造粒机进口。来自于尿素车间或固体尿素溶解的尿液经泵送并计量后入造粒机。在造粒机内物料按一定的运动轨迹运动，在挤压、摩擦力的作用下，团聚成球形颗粒。在造粒机的滚动料层上方有水喷洒管及尿液管。自造粒机出来的粒化肥料约 60℃，含水分 3% 左右的物料由皮带送到干燥机，由特殊装置的升举式抄板将粒料升举抛撒在干燥机的空间，使粒料和热炉气充分接触，加速传热，完成颗粒物料的脱水干燥过程。干燥过程所需的热炉气，即为由燃烧炉燃烧煤产生的热气与由喷射风机送入的冷空气，混合达到工艺要求温度的热气，热炉气与物料顺流干燥作业。干燥后的物料进入冷却机用室温空气冷却，冷却气体与物料对流。冷却过程主要是将颗粒表层尚未扩散移除的水分，通过冷却机流动的空气把水汽带走，同时达到冷却目的。冷却后的物料经冷却料提升机送到大粒筛，将大于4.5mm的大颗粒筛除，大颗粒经破碎机破碎后与小于1.5mm的小颗粒由返料皮带进入造粒机。

（3）熔体法工艺　熔体法工艺的特点是物料处于高温熔融状态，含水量很低且可流动的熔体直接喷入冷媒（冷媒通常是空气或熔体物料不溶解的液体，如矿物油等）中，物料在冷却时固化成球形颗粒；或者可流动的熔体喷入机械造粒机内的返料粒子上，使之在细小的粒子表面涂布或黏结成符合要求的颗粒。

尿素是我国化肥中最重要的氮源，以尿素为氮源制造高浓度复合肥也日益受到重视。但由于尿素熔点低，含尿基的复合肥料临界相对湿度比较低，给生产、操作带来诸多困难，因此不带干燥系统的熔体法工艺对尿基复合肥的生产具有特殊的吸引力。

溶液的蒸发或浓缩需要消耗能量，但在能量利用方面远较干燥固体颗粒产品有效，更何况在某些生产工艺中还可以充分利用反应热来蒸发体系部分甚至全部水分；一般的造粒工艺，干燥过程通常是整个系统中设备投资最大、过程能耗最高的工序，熔体法工艺无需干燥，节省了投资和能耗。

塔式喷淋造粒工艺应用最早、最广泛的是单一氮肥（如尿素、硝酸铵等）的造粒，欧洲使用优质磷矿的硝酸磷肥工艺也普遍使用塔式喷淋造粒工艺生产颗粒复合肥。上海化工研究院开发了以熔融尿素、磷酸一铵、氯化钾等为原料的塔式喷淋造粒工艺制尿基复合肥的生产技术，并实现了工程化，其工艺流程见图13-10。

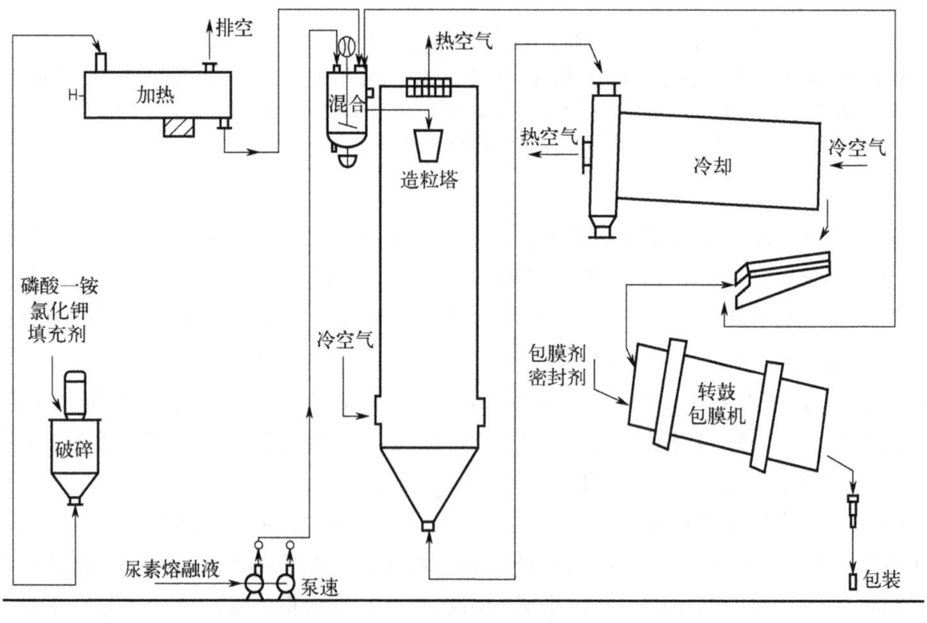

图13-10　塔式喷淋造粒工艺流程图

该技术利用熔融尿素和磷酸一铵、氯化钾可以形成低共熔点化合物的特点，将粉状磷酸一铵、氯化钾、填充剂等各自加热后，加入熔融尿素中，混合成流动性良好的NPK共熔体，再通过专用喷头喷入造粒塔，在空气中冷却固化成颗粒，获得养分分布均匀、颗粒性状较好的复合肥料。产品规格有：24-12-12、23-11-11、26-10-15等。

与常用的复合肥制造工艺相比，熔体法工艺具有以下优点：

① 可直接利用尿素浓溶液，省去了尿素溶液的喷淋造粒过程，以及固体尿素制复合肥料时的破碎操作，简化了生产流程。

② 充分利用熔融尿素的热能，物料水分含量很低，无需干燥过程，大大节省了能耗。

③ 工艺流程简单，设备少，易操作。

④ 生产高氮复合肥，可以与颗粒尿素的生产共用装置。

⑤ 一次合格产品颗粒含量高。

⑥ 颗粒表面光滑、圆润，不结块，具有较高的市场竞争力。

⑦ 操作环境好，无三废排放，属清洁生产工艺。

塔式喷淋造粒工艺的主要缺点是：

① 产品规格受到一定的限制，因为混合物必须能够形成可流动的熔体；

② 产品颗粒大小调节范围较窄，特别是颗粒较大的产品生产有一定的难度；

③ 温度、混合时间、配比、颗粒大小的控制要求比较严格；

④ 造粒塔必须有一定的高度，对小型生产装置来说，投资费用并不节省。

13.1.4 发展现状

我国缺油缺天然气，但有着丰富的煤炭资源，因此我国70%氮肥以煤为原料，以煤为原料生产合成氨会产生比天然气为原料多得多的CO_2，但此CO_2适合于生产尿素，吨尿素可以结合0.74t CO_2，既减少了生产过程中的碳排放，尿素结合的碳也是作物所需要的碳营养。尿素吨产品的养分含量高，适合于长途运输，生产就可以集中于资源地。作为一种中性肥料，尿素适用于各种土壤和植物，它易保存，使用方便，对土壤的破坏作用小。我国北方旱地作物种植区域土壤呈碱性，南方主要种植品种是水稻，与其他几种氮肥品种相比，尿素适应性强，因此我国氮肥结构中尿素占到60%以上是合适的。

尿素的有效成分是氮素，养分单一，而作物生长发育需要多种营养成分。因此，尿素应和磷、钾肥及其他作物营养元素等配合施用，以满足农作物对各种养分的需要。而且尿素与其他化肥合理混施，还能有效提高其利用率。尿基复合肥是我国主要的复合肥品种。

尿素含氮量高，施用后效果明显、无副作用，它既可作基肥、追肥，还可作根外追肥，深受农民喜爱。但若施用方法不正确，施用时期不适宜，就会导致其利用率显著下降，严重时利用率仅为10%～20%。种植户既花了钱，又浪费了时间，但却没有收到应有的效果，甚至还可能引发“肥害”，危害作物，因此，正确、科学地追施尿素产品非常必要。随着高氮尿基复合肥工艺开发成功，尿基复合肥不仅仅作为作物基肥施用，也作为追肥替代单一氮肥在作物上大规模施用，提高了氮肥利用率，为作物高产在后期提供其他营养元素。

经过30多年的高速发展，我国复合肥产业规模已经实现自给自足目标，产业已进入成熟的稳定发展阶段，虽然化肥施用总量会持续下降，但复合肥料市场前景较好，产量会小幅波动而趋向于稳定，各种专用肥料得到快速发展。生产技术已日臻成熟，几乎所有的尿基复合肥二次加工工艺我国都有或者曾经有过，并且一些工艺是中国所特有的，但工艺技术有待优化，装备水平、产品质量需要提高，能耗物耗、尾气排放等有待降低。生产现场环境较差，生产过程以凭经验手动调节控制为主，自动化程度低。农化服务体系建设严重滞后，也制约尿基复合肥市场的进一步开发。复合肥生产企业对耕地土壤、种植业、畜牧业和养殖业等缺乏共享基础数据和良好对接，不利于产品的开发和推广。

13.1.5 未来趋势

我国复合肥已从快速发展进入到平稳发展阶段，作为氮肥主要品种的尿素和以尿素为主要氮源的尿基复合肥也进入到质量发展阶段，要求产业发展与需求相适应，经济规模与合理布局相结合，产业集中与多样性市场需求相配套，全面提升行业产品、服务和运行质量。从技术、产品、服务等多方面提升是我国尿基复合肥行业的发展趋势。

（1）技术　建立产学研深度融合的技术创新体系，提高行业创新能力。从节能、减排、降耗优化工艺，实现资源高效利用，提高产品质量，实现产品绿色制造；通过技术升级提高装备技术水平，提升装置自控能力，实现质量精准控制；升级尾气处理技术，减少粉尘排放，实现清洁生产，创建绿色工厂。

产品质量是整个生产过程多个环节所决定的，尿基复合肥产品质量不仅仅是内在养分合格，还包括了外观质量：颗粒圆整度、是否均匀、是否结块等。内在和外观质量都需要重视。

（2）产品　增加产品功能，以农业高质量绿色发展为目标开发合适的尿基复合肥产品，实现肥料的减施增效。在合理的氮、磷、钾配比基础上，根据作物需肥特性、土壤供肥能力、施肥季节等生产不同作物的专用肥。有针对性地在复合肥生产过程中添加中微量营养元素实现平衡施肥，提高中微量元素的利用效率。

（3）服务　农化服务是连接复合肥产品研发、生产、销售和使用的重要环节，是消除过量施肥的负面影响、提高肥料利用率，实现减量、增效的重要手段。创新农化服务方式，健全农化服务体系，做到“有针对性”的服务，从生产体系的“以产能产量增长为主”转到服务体系的“以肥效和功能增长为主”；以农带工，从农化研究成果和施肥技术来开发产品，从满足目标市场需求创制绿色复合肥产品。

13.2 硝基复合肥

13.2.1 产品概述

13.2.1.1 硝基复合肥的定义

复合肥，即氮、磷、钾三养分中，至少有两种养分标明量的肥料[1]，由化学方法制成的产品，是复混肥料的一种[2]。

硝基复合肥是以硝态氮为氮源，添加磷、钾等复合肥原料生产出的至少有两种养分标明量的不同浓度复合肥料。此肥料中一般既含有硝态氮又含有铵态氮，主要产品有氮磷二元硝基复合肥和氮磷钾三元硝基复合肥。

13.2.1.2　硝基复合肥的种类和特点

硝基复合肥一般简称硝基肥，它含有农作物生长所需的多种营养元素，养分均衡。根据生产原料的不同，硝基复合肥主要有两大类：一是以硝酸铵为氮源，添加磷铵、硫酸钾、氯化钾、硫酸铵等，对肥料进行二次加工生产的硝酸铵改性复合肥料，主要代表产品为硝铵磷、硝铵磷钾等；二是以硝酸、磷矿为原料生产的硝酸磷肥、硝酸磷钾肥等，也称硝酸磷肥法硝基复合肥。

硝基复合肥是近十几年来我国正在迅速发展的一种高效、环保的化肥新品种。可用于各种经济作物、油料作物、旱地作物的基肥和追肥，广泛适用于各种类型的土壤，其使用方便、安全可靠、环保性能较好，是一种增产效果显著且具有良好经济效益和社会效益的优质肥料[3]。

硝基复合肥产品中的 $N+P_2O_5+K_2O$ 含量一般在 25% 以上，其中 N 包括硝态氮和铵态氮；它与传统复合肥相比，肥效更快、吸收率更高，还能抗土壤板结；与尿素和尿基复合肥比较，养分流失少，更环保。因尿素态氮和铵态氮需要二次转化成硝态氮才会被农作物吸收，硝态氮则不需要转化可以很快地被农作物直接吸收，再加上硝基肥中高浓度的有效磷和钾，使得硝基肥在全世界范围内各种作物的应用非常普遍。

13.2.1.3　硝基复合肥的产品标准

我国硝基复合肥的主要产品标准有：GB/T 15063—2020《复合肥料》，HG/T 4851—2016《硝基复合肥料》及 GB/T 10510—2023《硝酸磷肥、硝酸磷钾肥》（见表 13-1 ～表 13-4）；前两个标准适用于复混及复合肥料（包括各种专用肥料以及冠以各种名称的以氮、磷、钾为基础养分的三元或二元固体肥料），第三个标准主要适用于以硝酸分解磷矿石后加工制得的氮磷比约为 2∶1 的肥料以及在其生产过程中加入钾盐而制得的肥料。

表13-1　GB/T 15063—2020《复合肥料》

项目			指标		
			高浓度	中浓度	低浓度
总养分①($N+P_2O_5+K_2O$) 的质量分数 /%		≥	40.0	30.0	25.0
水溶性磷占有效磷百分率② /%		≥	60	50	40
硝态氮③ /%		≥	1.5		
水分④ (H_2O)　/%		≤	2.0	2.5	5.0
粒度⑤ (1.00 ～ 4.75mm 或 3.35 ～ 5.60mm) /%		≥	90		
氯离子⑥ /%	未标“含氯”的产品	≤	3.0		
	标识“含氯 (低氯)”的产品	≤	15.0		
	标识“含氯 (中氯)”的产品	≤	30.0		

续表

项目			指标		
			高浓度	中浓度	低浓度
单一中量元素⑦(以单质计)/%	有效钙	≥	1.0		
	有效镁	≥	1.0		
	总硫	≥	2.0		
单一微量元素⑧(以单质计)/%		≥	0.02		

①组成产品的单一养分含量不应小于4.0%，且单一养分测定值与标明值负偏差的绝对值不应大于1.5%。

②以钙镁磷肥等枸溶性磷肥为基础磷肥并在包装容器上注明为“枸溶性磷”时，“水溶性磷占有效磷百分率”项目不做检验和判定。若为氮、钾二元肥料，“水溶性磷占有效磷百分率”项目不做检验和判定。

③包装容器上标明“含硝态氮”时检测本项目。

④水分以生产企业出厂检验数据为准。

⑤特殊形状或更大颗粒（粉状除外）产品的粒度可由供需双方协议确定。

⑥氯离子的质量分数大于30.0%的产品，应在包装容器上标明“含氯（高氯）”，标识“含氯（高氯）”的产品氯离子的质量分数可不做检验和判定。

⑦包装容器上标明含钙、镁、硫时检测本项目。

⑧包装容器上标明含铜、铁、锰、锌、硼、钼时检测本项目，钼元素的质量分数不高于0.5%。

表13-2　HG/T 4851—2016《硝基复合肥料》

项目		类别/指标								
		硝基型			硝硫基型			硝氯基型		
总养分 ($N+P_2O_5+K_2O$) 的质量分数①/%	≥	40.0	30.0	25.0	40.0	30.0	25.0	40.0	30.0	25.0
硝态氮 (NO_3^-N) 的质量分数/%	≥	5.0			2.0			2.0		
水溶性磷占有效磷百分率②/%	≥	60	50	40	60	50	40	60	50	40
水分 (H_2O) 的质量分数③/%	≤	2.0	2.5	2.5	2.0	2.5	2.5	2.0	2.5	2.5
粒度 (1.00～4.75mm)④/%	≥	90	90	80	90	90	80	90	90	80
氯离子的质量分数⑤/%		≤3.0			≤3.0			>3.0		
硫 (S) 的质量分数/%		—			>1.0			—		

①产品应含氮、磷、钾中的至少两种养分，标明的单一养分应不小于4.0%，测定值与标明值负偏差的绝对值不应大于1.5%。

②包装容器上注明为“枸溶性磷”时,“水溶性磷占有效磷百分率”项目不做检验和判定。若为氮、钾二元肥料，“水溶性磷占有效磷百分率”项目不做检验和判定。

③水分以出厂检验数据为准。

④特殊形状或产品粒度可由供需双方协议确定。

⑤对于硝氯基型产品：氯离子的质量分数≤15%的产品，应在包装袋上标明“含氯(低氯)”；氯离子的质量分数≤30.0%的产品，应在包装袋上标明“含氯(中氯)”；氯离子的质量分数>30.0%的产品，应在包装袋上标明“含氯（高氯)”，标识“含氯（高氯)”的产品氯离子的质量分数可不做检验和判定。

表13-3　GB/T 10510—2023对硝酸磷肥的要求

项目	硝酸磷肥要求		
	Ⅰ型	Ⅱ型	Ⅲ型
总养分①($N+P_2O_5$)/%	≥40.0	≥37.0	≥35.0
总氮/%	≥20.0	≥20.0	≥20.0
有效磷(P_2O_5)/%	≥14.0	≥11.0	≥10.0
硝态氮占总氮百分率/%	≥35		
水溶性磷占有效磷百分率/%	≥65	≥50	≥40
游离水含量②(H_2O)/%	≤1.5		
粒度③(1.00～4.75mm)/%	≥90		
氯离子/%	≤0.5		

①单一养分测定值与标明值负偏差的绝对值不得大于1.5%。
②在除生产企业外的场合采样时，水分可不做检测或以生产企业出厂检验数据为准。
③当用户对粒度有特殊要求时，可由供需双方协议确定。

表13-4　GB/T 10510—2023对硝酸磷钾肥的要求

项目		硝酸磷钾肥要求		
		Ⅰ型	Ⅱ型	Ⅲ型
总养分①($N+P_2O_5+K_2O$)/%		≥45.0	≥40.0	≥35.0
总氮/%		≥15.0	≥13.0	≥10.0
有效磷(P_2O_5)/%		≥12.0	≥8.0	≥6.0
氧化钾(K_2O)/%		≥4.0	≥4.0	≥4.0
硝态氮占总氮百分率/%		≥30		
水溶性磷占有效磷百分率/%		≥40		
游离水含量②(H_2O)/%		≤1.5		
粒度③(1.00～4.75mm)/%		≥90		
氯离子④/%	未标"含氯"的产品	≤3.0		
	标识"含氯(低氯)"的产品	≤15.0		
	标识"含氯(中氯)"的产品	≤20.0		

①单一养分测定值与标明值负偏差的绝对值不得大于1.5%。
②在除生产企业外的场合采样时，水分可不做检测或以生产企业出厂检验数据为准。
③当用户对粒度有特殊要求时，可由供需双方协议确定。
④硝酸磷钾肥中的氯离子含量应≤20.0%。

13.2.2　工艺特点

13.2.2.1　硝基复合肥的生产原理

（1）硝酸铵改性硝基复合肥　硝酸铵改性复合肥是以氨与硝酸中和产生的硝酸铵溶液为

母体，添加磷酸铵、硫酸钾 / 氯化钾，充分混合经低温共融后对熔融物进行造粒干燥得到的复合肥料。生产过程中的主要化学反应方程式如下：

氨和酸发生中和反应：$NH_3+HNO_3 = NH_4NO_3$

硝酸铵和氯化钾发生下述反应：$NH_4NO_3+KCl = KNO_3+NH_4Cl$

新生成的硝酸钾与硝酸铵反应生成复盐：$NH_4NO_3+2KNO_3 = NH_4NO_3 \cdot 2KNO_3$

硝酸铵和硫酸钾发生反应：$2NH_4NO_3+K_2SO_4 = 2KNO_3+(NH_4)_2SO_4$

硫酸铵与硝酸铵反应生成复盐：$2NH_4NO_3+(NH_4)_2SO_4 = 2NH_4NO_3 \cdot (NH_4)_2SO_4$

$3NH_4NO_3+(NH_4)_2SO_4 = 3NH_4NO_3 \cdot (NH_4)_2SO_4$

此法生产的硝基复合肥主要包含磷酸铵、硝酸铵与钾盐形成的复盐，还有生产过程中添加的少量中微量元素，产品性质稳定，有效成分含量高，可满足传统化肥市场的需求。

（2）硝酸磷肥法硝基复合肥　硝酸磷肥法复合肥是用硝酸分解磷矿，经过一系列加工过程得到硝酸磷肥料浆，然后将钾盐（一般为氯化钾或硫酸钾）加入硝酸磷肥料浆混合造粒，生产的不同养分比例的氮、磷、钾三元硝基复合肥。根据处理钙方法的原理不同，生产工艺主要有：冷冻法、硝酸-硫酸法、硝酸-磷酸法、硝酸-碳化法、硝基过磷酸钙法等。冷冻法是世界上用得最早、发展最快、生产能力最大的一种工艺，其他生产工艺基本被淘汰或没有发展。下面主要对冷冻法工艺生产原理进行介绍，其生产过程中的主要化学反应方程式如下[4]：

硝酸分解磷矿的反应：$Ca_5F(PO_4)_3+10HNO_3 = 5Ca(NO_3)_2+3H_3PO_4+HF$

硝酸钙冷冻结晶反应：$Ca(NO_3)_2+4H_2O = Ca(NO_3)_2 \cdot 4H_2O$

氨中和硝酸的反应：$NH_3+HNO_3 = NH_4NO_3$

氨中和磷酸的反应：$NH_3+H_3PO_4 = NH_4H_2PO_4$

$NH_3+NH_4H_2PO_4 = (NH_4)_2HPO_4$

上述反应产物与加入的硫酸钾 / 氯化钾熔融造粒，得到的硝基复合肥主要组分为硝酸铵、磷酸一铵、磷酸二铵、磷酸二氢钙、枸溶性的磷酸氢钙以及硫酸钾 / 氯化钾，还含有磷矿中的 S、Ca、Mg、Fe、Mn、Cu、Zn、B、Mo 等中微量元素，可直接被作物吸收实现平衡利用，是一种全营养肥料，其增产作用高于等养分的其他复合肥料且可提高经济作物的品质。

13.2.2.2　硝基复合肥的生产工艺

根据生产原料的不同，硝基复合肥生产主要有半料浆法、料浆法和硝酸磷肥法三种工艺；按照造粒方式的不同，半料浆法可分为圆盘造粒法、转鼓团粒法等工艺，料浆法和硝酸磷肥法可分为转鼓流化床造粒、塔式造粒（又称“高塔造粒”）、双轴造粒等工艺。近年来，随着我国硝基复合肥生产技术的不断进步，半料浆法工艺逐渐退出市场，本小节也不再赘述。

（1）转鼓流化床造粒工艺　转鼓流化床造粒工艺属返料造粒的一种，是目前工业上生产硝基复合肥比较成熟的一种工艺，以硝酸铵熔融液、固体磷酸一铵 (MAP)/ 磷酸二铵 (DAP)、硫酸钾 (K_2SO_4)/ 氯化钾 (KCl)、硫酸铵等为主要原料。

① 工艺流程简述　转鼓流化床造粒工艺生产流程主要分为原料处理、固液混合、造粒、筛分、破碎、冷却、包裹、尾气处理等工序。

具体流程描述：

a．磷铵、钾盐等固体物料经过破碎、计量后与硝酸铵熔融液（浓度≥ 98%）充分混合，混合料浆用造粒给料泵加压至一定压力通过管道输送至造粒机。

b．来自造粒鼓风机的流化空气经加热器将其加热到一定温度后进入造粒机内部的流化床；转鼓内壁设置有抄板，抄板把固体颗粒抄入流化床，固体颗粒在流化床出料端形成连续均匀的料帘；造粒机内料浆管线上设有一排喷嘴，喷嘴把混合料浆雾化后喷向料帘，雾化液滴在料帘的颗粒表面包覆、固化，颗粒逐渐变大，从造粒机出料端输出；出料端设计有分级锥，随着造粒机的转动，大颗粒从分级锥出料口排入出料箱，细粉和小颗粒从转鼓内壁的返料螺旋自动返回造粒机前端进行二次涂布造粒。

c．从造粒机出料箱排出的颗粒产品先后经皮带输送机和斗提机输送到成品筛，产品在振动筛中进行筛分形成三股物料：一是颗粒大小合格的成品物料送冷却器，二是小颗粒和细粉作为返料进入造粒机，三是大颗粒经破碎机破碎后也作为返料进入造粒机。

d．成品物料进入冷却器进行冷却，经包裹筒包裹后进入自动包装系统得到硝基复合肥产品。

e．流化床的流化空气作用是冷却造粒物料并带出造粒产生的水分，出造粒机的空气中含有少量粉尘，湿法除尘后，空气中粉尘含量≤ 30mg/m^3，达标排放。

生产工艺流程方框图见图 13-11。

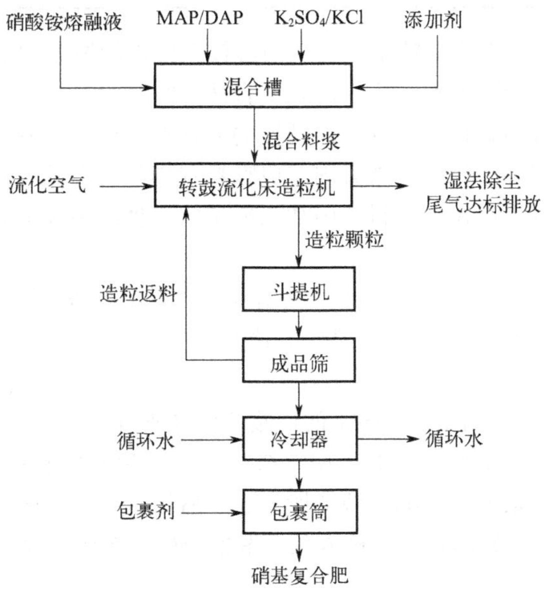

图 13-11　硝基复合肥转鼓流化床造粒工艺流程方框图

② 主要设备　造粒机是转鼓流化床造粒工艺的核心设备，是一种转筒造粒机，带有进料箱和出料箱，转筒的内壁上设置有升举抄板；转筒内部沿转筒轴向设有一流化床和布风板，布风板的下部设置有风管和用于涂布造粒的雾化喷嘴。

根据硝基复合肥生产规模的不同，造粒机的大小也有较大区别，一般常用的造粒机规格有 ϕ3000mm、ϕ3200mm、ϕ3500mm、ϕ3600mm、ϕ4200mm、ϕ4750mm，生产能力在 5 万～ 20

万吨 / 年不等。

③ 工艺流程特点　转鼓流化床造粒工艺以硝酸铵熔融液为母体生产硝基复合肥，工艺流程简单，占地面积小，投资较省，操作弹性大，颗粒圆润，粒度均匀，抗压强度高，抗结块性能优良；开车自动上料和停车自动清料，操作劳动强度低；造粒机设计有内返料，外返料小，造粒产品无需干燥，运行成本较低；工程可靠性高，生产本质安全度高。此工艺由于对造粒喷嘴雾化效果要求很高，向硝酸铵熔融液中添加的固体原料不宜过多，常用于生产含氮量≥ 26% 的硝基复合肥，不适用于生产高磷、高钾硝基复合肥。

④ 消耗定额　以三元硝基复合肥 $N:P_2O_5:K_2O=26:7:7$ 为例计算转鼓流化床造粒工艺的消耗指标，每吨产品的消耗定额数据见表 13-5。

表13-5　硝基复合肥转鼓流化床造粒工艺消耗定额

序号	项目	规格	消耗定额 /t
1	硝酸铵溶液	NH_4NO_3 含量≥ 97%	0.71
2	磷酸一铵	P_2O_5 含量≥ 48%, N 含量≥ 10%, H_2O 含量≤ 2%	0.15
3	硫酸钾	K_2O 含量≥ 50%	0.14
4	电	10kV/380V 50Hz	55kW·h
5	循环水	Δt = 8℃	7
6	蒸汽	1.3MPa 饱和蒸汽	0.05

（2）塔式造粒工艺　塔式造粒工艺要求硝酸铵熔融液的浓度大于 99%，利用熔融态的硝酸铵溶液与磷、钾复合肥原料形成共熔点化合物的特性，在熔融的硝酸铵溶液中加入磷铵、钾盐及添加剂制成混合料浆，具有流动性的混合料浆送入高塔顶部造粒机进行喷洒造粒，造粒物料从高塔下降过程中逐渐凝固变成颗粒状硝基复合肥。不同配方的肥料可通过原料的加入量生产，也可以在混合料浆中加入适量的一种或多种中微量元素，生产专用复合肥。

① 工艺流程简述　塔式造粒工艺生产硝基复合肥采用高塔喷淋熔体造粒工艺，生产流程主要分为原料输送及预处理、混合、造粒、冷却、包裹、尾气处理等工序。

具体流程描述：

a. 硝酸铵熔融液输送　浓度＞ 99% 的硝酸铵熔融液用泵送至高塔顶部的缓冲槽内，输送泵大多为两级，也有少数生产企业采用一级直接将硝酸铵熔融液从塔底直接送至塔顶；缓冲槽出口设流量计，根据生产配方调节所需流量后进入熔融槽内，自塔下成品处理系统筛分出的粗料、细料经过输送设备也进入到熔融槽与硝酸铵熔融液混合，混合液溢流至 1# 混合槽。

b. 固体原料的输送　固体原料输送系统一般由钾盐和磷铵系统两部分组成，钾盐及磷铵首先要筛分，筛分后的合格料分别计量，不合格料进行破碎后筛分，往复循环；计量后的磷铵送至 1# 混合槽与熔融槽来的硝酸铵熔融液混合（磷铵全部或部分加入熔融槽内更加安全，降低硝酸铵的爆炸危险），钾盐和填充料送至 2# 混合槽与来自 1# 混合槽的料浆混合，混合后经溢流至乳化机内进行充分研磨后去造粒。

c. 造粒　经乳化机研磨后的料浆，自流进入造粒喷头，再由喷头从塔顶将混合料浆喷淋形成液滴，球状液滴在造粒塔内落下时与塔内冷却空气逆向接触，冷却结晶成固体颗粒，落至塔底集料盘上，由塔底皮带送至成品处理工序。

d．造粒塔底部收集的硝基复合肥固体颗粒经皮带送去一次冷却、两级筛分，筛分的粗料、细料返回至熔融槽，成品硝基复合肥颗粒进入二次冷却，二次冷却充分经计量后去包裹筒进行表面防板结处理，最后送至包装。

e．尾气处理　生产尾气主要来自混合槽、造粒塔、冷却器，混合槽和冷却器尾气经过旋风除尘器和布袋除尘器处理后达标排放。

生产工艺流程方框图见图13-12。

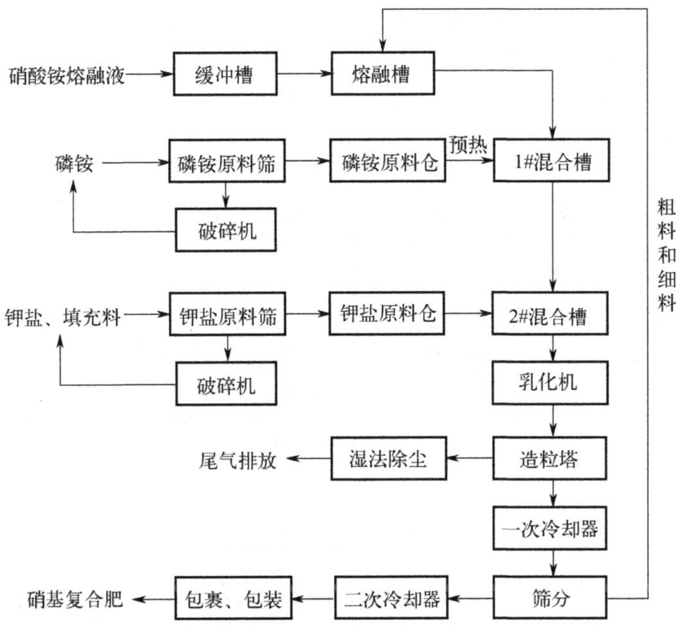

图13-12　硝基复合肥塔式造粒工艺流程方框图

② 主要设备

a．混合槽　主要用于复合肥中原料的熔融和混合，混合槽分为两级，根据物料性质，固液原料分级充分混合，保证混合料浆有很好的流动性能。

b．造粒塔　造粒塔是塔式造粒工艺生产硝基复合肥的主要设备，塔高一般为95～115m，塔径一般为16～22m，单塔生产能力为15万～40万吨/年。造粒塔的直径与高度是衡量设备的主要指标，与生产能力和产品品质密切相关。

c．造粒喷头　呈倒锥形，依能力与粒径等不同要求锥面开有一定数量直径递变的小喷孔，在旋转离心力作用下将混合料浆喷洒在造粒塔内，特点是其内设布料器，保证料浆喷洒均匀、喷洒线无交错不粘塔底和塔壁，造粒产品合格率可高达80%；可以满足不同硝基复合肥造粒料浆的要求，尤其是对中氮和低氮品种的复合肥造粒料浆有非常优良的分布和抗堵性能。

③ 工艺流程特点　塔式造粒工艺也是以硝酸铵熔融液为母体生产硝基复合肥的，该工艺通过控制混合槽的温度、停留时间及料浆液固比等主要参数，降低混合料浆的黏度，保证其流动性，减少副反应，降低氨损；生产过程中无水分引入，造粒产品无需干燥，省去了干燥设备的投资及消耗；造粒冷却过程中团聚成粒，解决了高黏度固液混合物流动不畅、易

堵塞喷头的难题；得到的硝基复合肥产品养分分布均匀稳定，颗粒表面光滑、品相好，含水量低，强度较高，具有针孔（缩孔），利于作物吸收，具有较强的市场竞争力；塔式造粒工艺可生产多种低氮、高磷、高钾硝基复合肥，代表产品有 N∶P_2O_5∶K_2O = 15∶15∶15、16∶16∶16 等，其中氮含量最低可降至 12%，适用范围比转鼓流化床造粒工艺更广，是我国目前主流的硝基复合肥生产工艺。

从安全角度考虑，塔式造粒工艺对生产过程的控制要求较高，尤其是钾盐混合工序中，向低 pH 值和高温混合物中添加氯化钾，会使混合物各组分的热稳定性变差，产生爆炸隐患。近年来，国内发生过塔式造粒混料工序爆炸的事故[5]，因此生产中需要特别注意并加强管理。

从环保角度考虑，建议加强对废气排放的监督检查，尤其是对造粒塔顶部粉状原料输送和混料工序产生的尾气要增加处理措施，保证排放尾气中的粉尘含量≤ 30mg/m^3。

④ 消耗定额　以三元硝基复合肥 N∶P_2O_5∶K_2O=15∶15∶15 为例计算塔式造粒工艺的消耗指标[6]，每吨产品的消耗定额数据见表 13-6。

表13-6　塔式造粒工艺硝基复合肥消耗定额

序号	项目	规格	消耗定额
1	硝酸铵溶液	NH_4NO_3 含量≥ 99%	0.35t
2	磷酸一铵	P_2O_5 含量≥ 48%, N 含量≥ 10%, H_2O 含量≤ 2%	0.33t
3	硫酸钾	K_2O 含量≥ 50%	0.32t
4	电	10kV/380V 50Hz	20kW·h
5	循环水	Δt = 8℃	15t
6	蒸汽	1.3MPa 饱和蒸汽	0.1t

（3）硝酸磷肥法工艺　硝酸磷肥法以硝酸磷肥料浆为母体，添加硫酸钾或氯化钾后造粒生产氮、磷、钾三元硝基复合肥，造粒可采用双轴、滚筒、高塔等多种方式。硝酸磷肥料浆是含氮、磷的二元硝基肥料浆，主要原料为硝酸、硫酸、磷矿；生产工艺主要有冷冻法和混酸法，主要区别是用酸分解磷矿石以后除钙工艺不同，酸解液分离出酸不溶物和钙后再进行一系列加工，最终制得硝酸磷肥料浆。

混酸法将磷矿中的钙离子转化为硫酸钙，即通常所说的“磷石膏”，由于磷石膏回收成本很高，企业一般都找堆场堆积存放，不但浪费了钙资源，还要消耗大量的硫资源，本小节对此工艺不做推荐，也不再详细介绍。

冷冻法是将磷矿中的钙离子转化为四水硝酸钙，此中间产品可进行深加工生产工业硝酸钙、农业用硝酸铵钙等硝基肥料，将磷矿“吃干榨净”，具有良好的经济效益、环保效益和社会效益。以下对冷冻法生产硝基复合肥工艺（硝酸磷肥法工艺）做简要介绍[7]。

① 工艺流程简述　硝酸磷肥法生产硝基复合肥工艺流程包括：酸解、酸不溶物分离、冷冻结晶、硝酸钙过滤、母液中和、料浆浓缩、造粒、干燥、筛分、冷却、包裹及配套的废气、废液治理等工序。

具体流程描述：

a. 酸解　酸解槽中一定浓度的稀硝酸溶液与磷矿混合，硝酸将磷矿分解，得到含可溶性磷、钙的酸解液，磷矿中的酸不溶物也进入到酸解液中。

b. 酸不溶物分离　酸解液中含有的酸不溶物对后续产品的加工和产品质量影响较大，

需要提前除去，利用沉降槽和机械设备将绝大部分酸不溶物从酸解液中分离出来，酸解液用泵送去结晶器。

c．冷冻结晶 酸解液在结晶器中用冷却剂冷却，降至一定温度后，酸解液中的钙离子与硝酸根离子形成四水硝酸钙晶体，并悬浮在酸解液中；冷却所需的冷量由配套的制冷压缩机提供，制冷压缩机的任务就是将来自结晶工序的冷却剂进行降温，使其能够循环使用。

d．硝酸钙过滤 结晶器送来的结晶悬浮液利用转鼓过滤设备将四水硝酸钙晶体分离，晶体熔融后作为中间产品送出界区，得到的母液送去中和槽。

e．母液中和 母液主要组分为磷酸和硝酸，向中和槽中通入气氨将酸中和，使母液变为弱酸性的铵盐料浆；根据需要向中和槽母液中加入一定量的硝酸铵溶液，目的是调节料浆的氮磷比，同时降低料浆的黏度。

f．料浆浓缩 中和后的料浆送去蒸发器，以蒸汽为热源蒸发浓缩，浓缩后的料浆直接送去造粒或与钾盐混合后送去造粒，浓缩过程蒸发出的二次蒸汽经过洗涤后用循环水冷凝得到工艺冷凝液，大部分工艺冷凝液回收使用，少部分工艺冷凝液送出界区到污水处理系统。

g．造粒 浓缩料浆可采用双轴、滚筒和高塔多种方式进行造粒，造粒方式不同，造粒流程也略有不同。双轴和喷浆造粒均为返料造粒，钾盐可通过返料皮带加入造粒机并与浓缩料浆在造粒机内成粒；高塔造粒先将钾盐与浓缩料浆混合，再经塔顶喷头喷淋造粒。造粒产品收集后送去成品处理工序。

h．干燥、筛分、冷却、包裹 造粒颗粒首先要用热空气进行干燥，然后经皮带和斗提送去筛分、冷却，筛分的细料返回造粒机作为返料，筛分的粗料破碎后也作为返料，成品硝基复合肥颗粒冷却后去包裹筒，最后送至包装。

i．废气治理 生产过程中产生的硝酸分解磷矿尾气、结晶过滤尾气分别经洗涤装置处理后，NO_x 含量低于 150mg/m^3，符合《硝酸工业污染物排放标准》GB 26131—2010 要求，达标排放；造粒干燥尾气为带颗粒物的气体，采用两级干法处理工艺，保证尾气中颗粒物含量在 30mg/m^3 以下，符合《大气污染物综合排放标准》GB 16297—1996 要求，达标排放。

生产工艺流程方框图见图 13-13。

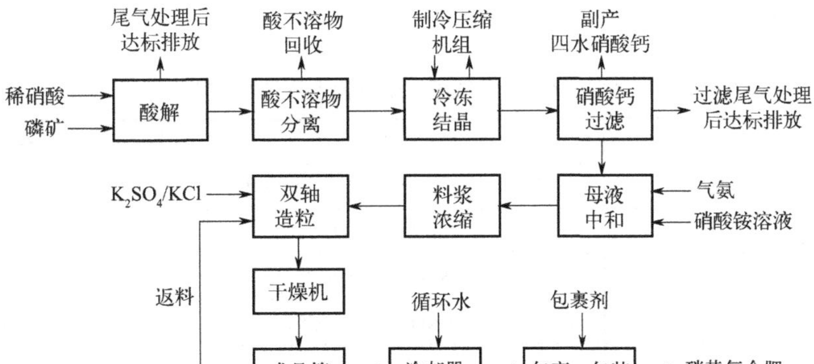

图 13-13 硝基复合肥硝酸磷肥法（双轴造粒）工艺流程方框图

② 主要设备

a．结晶器 主要用于酸解液中硝酸钙的冷冻结晶，结晶器内设置冷却盘管，用冷却剂间接换热将酸解液逐渐冷却，使酸解液中的钙离子与硝酸根离子结合形成四水硝酸钙晶体，结晶器一般由多台并联组成。

b．双转鼓过滤机　该设备由一个过滤转鼓和一个洗涤转鼓组成，主要用于四水硝酸钙晶体的过滤分离，直接关系到生产系统的除钙率，一般也是设置多台并联。

c．NP 蒸发器　中和后的料浆在蒸发器中蒸发浓缩，料浆走管程，加热蒸汽走壳程；根据不同的磷矿品位，蒸发器可设计为自然循环、强制循环或一次通过等型式，国内装置的蒸发器设计为一次通过型式，使中和料浆快速通过换热管，完成蒸发过程。

d．双轴造粒机　造粒机是整个生产过程最核心的设备，双轴造粒机尤其适用于高黏度料浆的造粒，它由两根反向旋转的轴组成，轴上安装有不同角度的桨叶，料浆和固体返料在桨叶的搅拌下形成颗粒，颗粒的成粒率在 85% 以上。

③ 工艺流程特点　以硝酸铵熔融液为母体生产硝基复合肥的所有工艺中都要用到磷酸一铵或磷酸二铵，用磷矿生产磷酸一铵和磷酸二铵的过程中会副产大量的“磷石膏”，这带来的不仅是大量硫、钙资源的严重浪费，而且已经对生态环境造成了严重影响。

硝酸磷肥法生产硝基复合肥工艺不产生“磷石膏”，磷矿中的钙可转化为全水溶硝酸铵钙、四水硝酸钙等肥料，将磷矿“吃干榨尽”，使其效益最大化；此法生产过程绿色环保，符合国家最新的产业政策，《产业结构调整指导目录 (2019 年本)》已经将硝酸磷肥法生产化肥列为鼓励类发展项目。

目前，我国硝酸磷肥法生产硝基复合肥技术已经达到国际先进水平；可用中低品位磷矿生产，解决了传统工艺对磷矿品位要求高的难题；酸不溶物的分离效率达到 80% ～ 90%，除钙率达到 80% 以上，产品品质优于国外同类产品；废固和废水全部综合利用，无外排，废气全部达标排放；生产过程本质安全。

由于新建硝酸磷肥法装置投资较大，又受磷矿资源、合成氨资源等的限制，阻碍了其广泛发展；目前该技术适用范围：有磷矿资源的生产企业、磷肥生产企业的改造和扩建、有合成氨资源同时可以购买到磷矿的生产企业。

④ 消耗定额　用磷矿、硝酸、氨及硫酸钾作原料生产硝酸磷钾肥（副产硝酸铵钙），产品以 N∶P_2O_5∶K_2O=22∶10∶10 为例计算硝酸磷肥法硝基复合肥工艺（双轴造粒）的消耗指标，每吨产品的消耗定额数据见表 13-7。

表13-7　硝酸磷肥法硝基复合肥消耗定额

序号	项目	规格	消耗定额
1	磷矿	P_2O_5 含量≥ 30%, MgO 含量≤ 1%	0.43t
2	氨	NH_3 含量≥ 99.8%	0.075t
3	硝酸	HNO_3 含量≥ 65%	0.553t
4	硝酸铵溶液	NH_4NO_3 含量≥ 92%	0.44t
5	硫酸钾	K_2O 含量≥ 50%	0.25t
6	电	10kV/380V 50Hz	140kW·h
7	循环水	Δt = 8℃	70t
8	蒸汽	2.0MPa 饱和蒸汽	0.57t
9	蒸汽	0.6MPa 饱和蒸汽	0.15t

13.2.3　我国硝基复合肥的发展现状

13.2.3.1　硝酸铵改性硝基复合肥的发展及现状

硝酸铵最早在我国直接当作化肥使用，2002 年 9 月，国务院办公厅国办发 [2002]52 号文《关于进一步加强民用爆炸物品安全管理的通知》中明确了将硝酸铵纳入民用爆炸物品管理，禁止硝酸铵作为化肥销售，但鉴于某些农作物对硝态氮肥的需要，允许将硝酸铵作改性处理，使之失去爆炸性并且不可还原后作为化肥销售、使用。农用硝酸铵肥料的禁用促进了我国硝基复合肥生产技术的研究和发展，之后出现了以硝铵磷为代表的氮磷二元硝基复合肥。

2006 年，《农用硝酸铵抗爆性能试验方法及判定》发布，硝基复合肥生产有了明确依据，除了向硝酸铵溶液中添加磷铵，还可以添加钾盐及中微量元素钙、镁、硫、硅、锌等，自此，一部分原硝酸铵生产企业开始生产氮磷钾三元硝基复合肥。

2008 ～ 2009 年，我国硝基复合肥的发展基本处于停滞阶段，发展徘徊不前；2010 年前后，硝基复合肥的总产能只有不到 60 万吨；2010 年之后，在国家大力解决“三农”问题的背景下，硝基复合肥的需求量逐渐增加，有不少企业开始建设硝酸-硝酸铵-硝基复合肥生产装置；2012 年起，复合肥企业开始大面积引进硝酸铵改性硝基复合肥装置；2013 年，我国硝酸铵改性硝基复合肥主要生产企业约 20 家，产能已达到 800 万吨；2014 ～ 2015 年，国内新硝酸铵改性硝基复合肥项目累计产能达到 1000 万吨以上，2015 年，我国已建成硝基复合肥总产能在 1500 万吨以上。

2015 年农业部在《化肥使用量零增长行动方案》中，提出了到 2020 年实现化肥用量零增长的目标，并连续取消了化肥行业的多项优惠政策，包括取消电价及天然气价补贴政策、取消运输价格优惠政策、恢复开征增值税等。这些政策的出台，大幅提高了化肥企业的经营成本，2015 至 2020 年期间，有一部分中小企业的产能退出市场，到 2020 年底，我国硝酸铵改性三元硝基复合肥的产能维持在 1500 万吨左右。

13.2.3.2　硝酸磷肥法硝基复合肥的发展及现状

二十世纪七十年代中期，当时的国家计委、燃化部和农业部为了解决氨态氮肥施用带来的负面影响，决定引进国外的硝酸磷肥品种，生产硝态氮肥。后经国务院批准，拟先引进三套年产 90 万吨硝酸磷肥装置，后期再引进四套，这样的话在二十世纪八九十年代可以达到 630 万吨硝酸磷肥产能，可以有效改变我国肥料的产品结构。

首套引进装置最终选用挪威海德鲁的间接冷冻法硝酸磷肥工艺，于 1983 年 7 月 25 日在山西化肥厂举行开工仪式，1987 年建成，并于当年 9 月 18 日产出第一粒硝酸磷肥产品。试车初期，由于受到磷矿的影响，该装置长时间无法达产。后经过长达十多年的摸索和改造，最终于 2000 年才达到设计产能。鉴于首套硝酸磷肥装置的开车运行情况，前期预定的两套装置相继取消；济南化肥厂在 90 年代模仿山西化肥厂装置建了一套年产 20 万吨硝酸磷肥装置，最终也没有开车成功。上述这些因素直接影响了硝酸磷肥法硝基复合肥在我国的发展，我国开始转向大力发展尿素、磷铵等肥料。

2012 年，天津华景工程技术有限公司、中国天辰工程有限公司、贵州芭田生态工程有限公司三方开始联合开发国产化冷冻法硝酸磷肥新技术，天津华景提供工艺包设计，中国天辰提供工程设计、贵州芭田投资建设，于 2015 年建成一套全国产化的 30 万吨 / 年硝酸磷肥副产 20 万吨 / 年硝酸铵钙装置，并利用硝酸磷肥为原料配套建设高塔造粒生产 40 万吨 / 年氮磷钾三元硝基复合肥，该装置一次试车成功，产能及各项消耗指标均达到设计要求。

13.2.4 我国硝基复合肥发展存在的问题和发展趋势

13.2.4.1 我国硝基复合肥发展存在的问题

目前我国硝酸铵改性硝基复合肥的生产企业分布较广，但在发展中存在的一个主要问题是生产过程的本质安全。

用硝酸铵溶液生产硝基复合肥的过程中，硝酸铵溶液输送和储存、硝基复合肥料浆制备（混料）等环节存在超温分解、爆炸的安全风险，添加的硫酸钾都含有残留的硫酸和氯离子，从理论上讲这些都会起到增加硝铵爆炸危险性的作用；生产氯基硝基复合肥添加氯化钾，氯化钾对高温条件下硝酸铵的稳定性有很大影响，它能够促进硝酸铵的热分解，温度越高促进作用越明显，因此向硝酸铵溶液中添加氯化钾，大大增加了硝酸铵的爆炸危险性，应禁止生产硝基氯基氮钾二元复合肥品种。磷酸一铵、硫酸铵等原料可抑制硝酸铵的爆炸性，在硝基复合肥中添加适量的磷酸一铵或硫酸铵等原料可消除硝基复合肥的爆炸危险性。所以对于硝基复合肥生产过程中的安全问题，要从设计、产品配方、工艺操作等环节严格控制，避免硝酸铵、硝基复合肥超温带来的爆炸风险。

13.2.4.2 我国硝基复合肥发展趋势

硝酸磷肥是硝基复合肥的一个重要发展方向。20 世纪 30 年代国外就开始了硝酸磷肥的发展，70 ～ 80 年代迎来了发展的高潮，东欧、西欧、印度、巴基斯坦都相继建厂，1988 年全世界硝酸磷肥的年产量已经达到 2600 万吨，而我国目前的硝酸磷肥年产能仅 120 万吨。

与硝酸铵改性硝基复合肥相比，硝酸磷肥法的生产过程优势明显，生产过程绿色环保，它的发展符合国家最新的产业政策，应该作为我国未来重点发展的硝基肥产品。2018 年 10 月 20 日，中国氮肥工业协会组织专家对国产化硝酸磷肥技术进行了科技成果鉴定，认定该整体技术达到国际先进水平；国产化装置的成功投产和先进的技术水平为硝酸磷肥法硝基复合肥在我国的发展打下了坚实的基础。

参考文献

[1] 姜善襄．磷酸、磷肥和复混肥料．北京：化学工业出版社，1991.
[2] 方天翰．复混肥料生产技术手册．北京：化学工业出版社，2002.
[3] 盖丽芳，李建峰．高塔硝基复合肥工艺技术．煤炭与化工，2015, 38 (2): 136-139.
[4] 王励生，万先达，廖华书．磷复肥及磷酸盐工艺学．成都：成都科技大学出版社，1993.
[5] 文松，姜杰，孙冰．硝基复合肥厂燃爆事故分析．事故分析与预防，2015, 15 (11): 4-7.
[6] 丁正军．高塔硝基复合肥工艺分析．工业生产，2018, 44 (8): 150.
[7] 荆宏健，等．冷冻法硝酸磷肥生产技术．北京：化学工业出版社，2002.

中国肥料研究与应用全书

Books of Fertilizer Research and Application in China

FERTILIZER

附录

重点氮肥企业名录

附表　我国重点氮肥生产企业名录

序号	地区	企业名称	尿素产能/(万吨/年)
1	河北	河北正元氢能科技有限公司	80
2		河北省东光化工有限责任公司	90
3	山西	山西天泽煤化工集团股份公司	280
4		阳煤丰喜肥业(集团)有限责任公司	172
		晋能控股装备制造集团	60
5		天源山西化工有限公司	82
6		山西兰花科技创业股份有限公司	73
7		山西晋丰煤化工有限责任公司	82
8	内蒙古	内蒙古鄂尔多斯联合化工有限公司	104
9		中煤鄂尔多斯能源化工有限公司	175
10		内蒙古博大实地化学有限公司	80
11		兴安盟博源化学有限公司	52
12		内蒙古鄂尔多斯化学工业有限公司	95
13		内蒙古天润化肥股份有限公司	52
14		呼伦贝尔金新化工有限公司	80
15	吉林	中化吉林长山化工有限公司	30
16	黑龙江	中国石油大庆石化公司化肥厂	76
17		中海石油华鹤煤化有限公司	52
18	江苏	灵谷化工集团有限公司	170
19		江苏华昌化工股份有限公司	40
20	安徽	安徽晋煤中能化工股份有限公司	162
21		安徽昊源化工集团有限公司	110
22		安徽六国化工股份有限公司	30
23		中盐安徽红四方股份有限公司	30
24	江西	江西心连心化学工业有限公司	52
25	山东	瑞星集团有限公司	310
26		山东华鲁恒升化工股份有限公司	155
27 28		山东联盟化工集团有限公司	180
29		鲁西化工集团股份有限公司	60
30		明泉集团山东晋煤明升达化工有限公司	60

续表

序号	地区	企业名称	尿素产能/(万吨/年)
31	河南	河南心连心化学工业集团股份有限公司	220
32		河南晋开化工投资控股集团有限责任公司	120
33		河南骏化发展股份有限公司	30
34		安阳中盈化肥有限公司	80
35		河南能源化工集团有限公司中原大化有限公司	52
36		河南晋控天庆煤化工有限责任公司	52
37		湖北三宁化工股份有限公司	109
38	湖北	湖北潜江金华润化肥有限公司	50
39		华强化工集团股份有限公司	80
40	海南	海洋石油富岛股份有限公司	132
41	重庆	重庆建峰工业集团有限公司	132
42	四川	四川泸天化股份有限公司	60
43		四川美丰化工股份有限公司	65
44		四川金象赛瑞化工股份有限公司	44
45	贵州	贵州赤天化桐梓化工有限公司	52
46	云南	水富云天化有限公司	80
47		云南祥丰实业集团有限公司	30
48	陕西	陕西陕化煤化工集团有限公司	92
49		陕西奥维乾元化工有限公司	52
50	甘肃	甘肃刘化（集团）有限责任公司	70
51	青海	青海云天化国际化肥有限公司	60
52		青海盐湖工业股份有限公司	66
53	宁夏	中国石油宁夏石化分公司	80
54		宁夏和宁化学有限公司	70
55	新疆	中国石油乌鲁木齐石化分公司	132
56		中国石油塔里木石化分公司	80
57		新疆宜化化工有限公司	62
58		新疆天运化工有限公司	52
59		奎屯锦疆化工有限公司	70
60		阿克苏华锦化肥有限责任公司	80
61		新疆玉象胡杨化工有限公司	60